“十三五”国家重点出版物出版规划项目

密码学辞典

CRYPTOLOGY DICTIONARY

朱甫臣　编

中国科学技术大学出版社

内 容 简 介

本辞典为一本涉及密码学理论及密码应用技术的工具书。全书内容涵盖了密码学基础理论、密码编码学与密码分析学的基本技术、密码学的数学基础、密码学的应用技术，以及密码学领域前沿技术的最新研究成果等。

本辞典的读者对象是从事密码学理论及应用技术研究的大专院校师生及科技工作者，尤其对从事密码应用技术开发的信息安全与通信保密专业的工程技术人员将会大有裨益。

图书在版编目(CIP)数据

密码学辞典/朱甫臣编. —合肥：中国科学技术大学出版社，2020.1
“十三五”国家重点出版物出版规划项目
ISBN 978-7-312-03867-9

Ⅰ.密…　Ⅱ.朱…　Ⅲ.密码学—词典　Ⅳ.TN918.161

中国版本图书馆 CIP 数据核字(2017)第 024982 号

出版　中国科学技术大学出版社
安徽省合肥市金寨路 96 号，230026
http://press.ustc.edu.cn
https://zgkxjsdxcbs.tmall.com
印刷　合肥华苑印刷包装有限公司
发行　中国科学技术大学出版社
经销　全国新华书店
开本　880 mm×1230 mm　1/32
印张　32.75
字数　1248 千
版次　2020 年 1 月第 1 版
印次　2020 年 1 月第 1 次印刷
定价　88.00 元

前　言

众所周知，通信的现代化对我国国民经济的发展、国防实力的增强以及科学技术的进步都有着重大的影响。

当前，人们越来越认识到信息技术的重要性，把信息和材料、能源并列在一起，称之为现代社会赖以生存的三大要素。

然而，信息越是重要，对保密的要求亦越加迫切。无论是经济信息、政治信息、军事信息、外交信息，还是科技发展信息，都是国家的命脉所在，都是生死攸关的要害，若是落入敌对势力之手，后果的严重性将是不堪设想的。

1．各种学科领域之中，唯有密码学（cryptology）这一学科领域与众不同，它是由两个相互对立、相互依存且又相辅相成、相互促进的分支学科所组成的。这两个分支学科：一个叫作密码编码学（cryptography），另一个叫作密码分析学（cryptanalysis）。正是这一对“矛”和“盾”之间的不断争斗，才推动了密码学的蓬勃发展。

2．20世纪80年代以前，对信息的处理，一般都是单一的点对点通信。这种处理方式只需要保密技术来确保信息在通信过程中的机密性就够了。这就是通信保密。

这时信息的对抗是“保密”与“破译”双方的密码技术对抗。

从20世纪80年代起，随着信息技术的发展，对信息的窃听截收、蓄意破坏、盗窃，对信息系统的非法入侵、破坏等威胁也随之日趋严重。因此，信息处理过程就不仅要确保通信过程中信息的保密性，还需要对信息的完整性、可鉴别性、不可否认性、可用性等加以保证。此外，还要对信息系统本身的安全性加以确保。

这些“信息安全”技术都以密码技术为核心，也可以说是密码技术应用的大拓展。

随着信息技术的深入发展，“信息安全”的内涵逐渐扩大。除了以密码技术为核心的之外，还出现了一些使用非密码技术进行身份识别、对抗非法入侵的科目，如生物识别、病毒防治、防火墙、入侵检测等。

这些都充分说明了，信息的对抗已上升到“信息安全”与“信息攻击”双方的全面对抗。

3．密码学是一门科学，是涉及数学（尤其是数论、概率论、数理统计、代数理论等）、信息论、语言学、声学、微电子理论、计算机理论、通信技术理论的高科技边缘科学技术。在整个发展历程中，无论是过去还是现在，密码编码技术都被用来作为对秘密信息实施加密保护的重要技术和手段。由于密码技术采用数字化编码理论和技术，能有机、方便地与数字化信息数据和数字化通信技术相结合，所以世界各国密码专家一致认为，密码编码技术是当今解决信息安全问题最科学、最有效、最安全、最经济实用的一种技术手段。

密码编码技术分安全验证和加密保护两个方面。

安全验证技术包括身份识别、信息验证和事件确认。

身份识别是阻止各种危害进入系统有关部位、维护系统安全的第一关，用来防止非法用户对系统信息的非法篡改窃取或注入病毒。

信息验证是对信息本身的鉴别，包括数据完整性——确保计算机化数据和其源文献相同，而未被未授权或未知方法偶然或恶意修改或破坏；数据源鉴别——提供关于原始消息源的数据源鉴别，可以使用散列函数（消息鉴别码或操作检测码）来提供数据完整性；数据源鉴别可用消息鉴别码或用数字签名。

事件确认常见的是数字签名，以确认信息已由发方发出，收方确实已收到且没有被他人非法篡改。

信息加密保护技术是保证信息机密的一种方法。当今用于信息加密的密码技术主要有两种，即传统密码技术和公开密钥密码技术。传统密码技术有序列密码和分组密码两种，它们是目前国内外军政、外交系统中使用的主要密码体制。在今后一个相当长时期内，这两种密码仍将是电子密码的主流。

4．密码学的发展历史倒也不短，但是，在密码学发展史开始的数千年，无论是密码编码学，还是密码分析学，好像都是处于“知其然而不知其所以然”阶段。一方编制了不少各种各样的密码体制，一开始总认为每种密码体制的保密性多么多么强；另一方则凭借自己的经验，依赖客观世界中存在的事实，针对每种密码体制，采用科学家们在解决自然科学问题时通常使用的研究步骤：

分析——比如，字母频率统计及每个字母的连缀关系统计；

假设——密文 X 对应的明文是 e；

推断——如果“密文 X 对应的明文是 e”，找出所有可能的明文；

证实（否定）——上述推断是对的（错的）；

推论——旁及其他。

克劳德·埃尔伍德·香农于 1948 年发表了《通信的数学理论》，由此产生了信息论。他又于 1949 年发表了《保密体制的通信理论》，这是密码学发展历史上一篇划时代的论文。在这篇论文中，香农用信息论的观点讨论了密码学。

可以将密码学发展至今的历史划分成三个历史阶段：

第一个阶段是从古代到19世纪末,长达数千年。这个时期由于生产力低下,产生的许多密码体制都是可用纸笔或者简单的器械实现加/解密的。我们称这个时期产生出的密码体制为“古典密码体制”。古典密码体制主要有两大类:一类是单表代替体制,另一类是多表代替体制。用“手工作业”进行加/解密,密码分析亦是“手工作业”。这个阶段所产生出来的所有密码体制几乎已全部被破译了。

这个历史时期的计算工具是人的大脑和纸笔,最多加上一些简单的计算器械(比如算盘、计算尺之类),计算技术基本上处于“手工作业”阶段。密码技术也是“手工作业”,因此,这个阶段亦可称为“手工密码”阶段。

第二个阶段从20世纪初到50年代末。这半个世纪期间,由于莫尔斯发明了电报,电报通信建立起来了。为了适应电报通信,密码设计者设计出了一些采用复杂的机械和电动机械设备实现加/解密的体制。这和克尔克霍夫斯的六项原则中的第四项原则“密文应可用电报发送”相符。我们称这个时期产生出的密码体制为“近代密码体制”。近代密码体制主要是像转轮机那样的机械和电动机械设备。这些密码体制基本上已被证明是不保密的,但是要想破译它们往往需要很大的计算量。

这个历史时期的计算工具增加了机械式计算机和电动机械计算机,计算技术处于“机械计算”阶段。密码技术使用的是“机械计算部件”,因此,这个阶段亦可称为“机械密码”阶段。

第三个阶段是从香农于1949年发表划时代论文《保密体制的通信理论》开始的,这篇论文证明了密码编码学有着坚实的数学基础。微电子技术的发展使电子密码走上了历史舞台,催生了“现代密码体制”。特别是20世纪70年代中期,美国联邦数据加密标准(DES)密码算法的公开发表,以及公开密钥思想的提出,更是促进了当代密码学的蓬勃发展。大规模集成电路技术和计算机技术的迅速发展,不仅给密码设计者带来了好处、便利和成功,也给密码分析者带来了好处、便利和成功。

这个历史时期的计算工具主要是电子计算机,计算技术处于“电子计算”阶段。密码技术使用的是“电子计算部件”,因此,这个阶段亦可称为“电子密码”阶段。

密码学往后发展到哪个历史阶段,是“量子密码”阶段,还是“生物(DNA)密码”阶段?这就要看计算技术朝哪个方向发展了。可见计算技术与密码学的关系非常密切。

5. 世界上没有“绝对安全”的通信!目前没有,将来也不会有!

根据香农的唯一解距离公式 $U_d = H(K)/d$,要想达到绝对保密,必须要求密钥熵 $H(K) \to \infty$,或者自然语言的多余度 $d \to 0$。这都是不现实的,即使量子计算时代到来也是如此!

“自然语言存在多余度”才是密码能被破译的根本原因。

6. 从20世纪70年代中期以来,国内外密码学领域各项研究蓬勃开展,硕果层出不穷,无论是传统的对称密码体制,还是公开密钥密码体制;无论是密码编码学,还是密码分析学;无论是密码基础理论,还是密码技术的诸多应用实践;无论是信息安全,还是计算机安全、网络安全;无论是现代应用密码技术,还是将来可能的密码前沿理论和技术(比如量子密码);等等,诸方面的研究都是相当热烈、扎实、富有成效。研究中产生出太多的概念,设计出许多颇有特色的密码算法、散列函数、数字签名方案、鉴别机制、密码协议,开发出不少有效的密码分析技术。我想,如果能把上述这些研究成果汇集在一起,对从事密码学理论及应用技术研究的大专院校师生及科技工作者,尤其对从事密码应用技术开发的信息安全与通信保密专业的工程技术人员,肯定会大有裨益。

为此,这些年来,我从密码学领域公开发表的大量论文、密码年会会议录、书籍中汲取知识、理论概念和技术,加以整理,编辑成这本《密码学辞典》。

当然,由于个人水平有限,理解有偏,书中肯定会有不当之处,甚至错误之处。另外,还由于个人能力有限,可能未把一些有用的概念、技术和方法列出来。诚请广大同行不吝赐教,本人将万分感谢。但愿我的这项工作能对我国密码事业的发展及后来从业者的进步起到一些作用。

在此特别感谢中国科学技术大学韩正甫教授!

朱甫臣

2019年1月

凡　例

1. 排序和释文

（1）为简便起见，英文词条只按英文 26 个字母（且大小写不加区分）进行排序，顺序为：a，b，…，z。希腊字母和不表示顺序的阿拉伯数字按其英文表示参与排序。其他符号不参与排序。表示顺序的阿拉伯数字仍按数值大小排序。例如，词条“π/8 gate”的英文表示是“pi/eighth gate”，排序就按“pieighthgate”进行。

（2）中文词条按汉语拼音字母排序。根据是 GB 2312—80 中的“汉语拼音索引”。根据中文术语查询时，可先查找到中文词条，再根据该中文词条对应的页码去查找。

（3）同一英文词条有几个不同译名时，对意义相同或相近者，用逗号（，）分开；对意义不同者，则用分号（；）分开。例如，词条“cipher　密码，密表；密文”。

（4）英文词条中，圆括号（）内的字是可替代的，或是缩写词。例如，词条“best linear (affine) approximation　最佳线性（仿射）逼近”和“cipher block chaining (CBC)　密码分组链接”。

（5）中文释文中，圆括号（）内的内容或是注释，或是词义全释。例如，词条“Beller-Yacobi key transport (2-pass)　贝勒-雅克比密钥传送（2 趟）”和“provable security　可证（明的）安全性，可证（明的）保密性”。

（6）几个英文词条意义相同或者部分相同时，只对主要词条列出释文，其余的则用“同×××”表示。例如，“asymmetric cryptographic system”“asymmetric cryptosystem”“public key cryptosystem”和“two-key cryptosystem”意义相同，只在“asymmetric cryptographic system”词条中列出释文，其余的则用“同 asymmetric cryptographic system”表示。

（7）英文词条中有需要进一步理解其理论、概念、词义时，在该英文词条最后用“参看×××”列出可以阅读的英文词条“×××”；而有些词条需要对照理解时，则用“比较×××”列出可以对照的英文词条“×××”。例如，词条“AES block cipher”最后有“参看 advanced encryption standard (AES)，block cipher，…”及“比较 DES block cipher”。

（8）英文缩写词条及其原文单列在附录中，按上述原则排序。

2. 一点说明

本辞典对所列出的密码算法（方案）、散列函数、数字签名机制等的描述尽可能与原设计者的描述一致。为使全书较为一致,有些描述可能略有不同,主要是所使用的表示符号不同、形式语句不同,但算法(方案)绝对等效。

3. 形式语句

本辞典中列出的许多算法是用形式语句描述的,为方便读者,除了释文中有特别说明的外,均采用这里集中给出的各类形式语句以及算法的形式语句描述的一般结构框架。

◆各种形式语句

(1) 赋值语句

$x \leftarrow A$(或 $x = A$)

$(X_1, X_2, \cdots, X_n) \leftarrow (A_1, A_2, \cdots, A_n) \Leftrightarrow X_1 \leftarrow A_1, X_2 \leftarrow A_2, \cdots, X_n \leftarrow A_n$

(2) 循环语句

for $i = a$ to b do

  运行语句

next i

(3) 条件语句

if (条件) then do

  多条运行语句

doend

else if (条件) then do

  多条运行语句

doend

…

else do

  多条运行语句

doend

如果条件语句中运行的是单个语句,则可简写成

if (条件) then 单个运行语句

else 单个运行语句

(4) 条件循环语句

while (条件) do

  运行语句

doend

(5) 逻辑运算

$\wedge$:$A \wedge B$,两个二进制数 A 和 B 进行按位与。

$\vee$:$A \vee B$,两个二进制数 A 和 B 进行按位或。

¬(或-):¬A(或 $\bar{A}$),对 A 进行按位取补。

⊕:$A \oplus B$,两个二进制数 A 和 B 进行按位异或。

<:$A<B$,A 小于 B。

>:$A>B$,A 大于 B。

⩽:$A \leqslant B$,A 小于或等于 B。

⩾:$A \geqslant B$,A 大于或等于 B。

=:$A=B$,A 等于 B。

≠:$A \neq B$,A 不等于 B。

≪:$X \ll n$,将变量 X 向左移 n 位。

≫:$X \gg n$,将变量 X 向右移 n 位。

⋘:$X \lll n$,将变量 X 向左循环移 n 位。

⋙:$X \ggg n$,将变量 X 向右循环移 n 位。

‖:$A \| B$,将 A 和 B 并置。

(6) 数学运算及符号

$\{0,1\}^k$:k 比特长的二进制串。

$\{0,1\}^*$:任意长度的二进制串。

$\mathbb{Q}$:有理数集合。

$\mathbb{R}$:实数集合。

$\mathbb{Z}$:整数集合。

$\mathbb{Z}_n$:模 n 整数集合。

$\mathbb{Z}_n^*$:$\mathbb{Z}_n$的乘法群。

Q_n:模 n 二次剩余群。

$\bar{Q}_n$:模 n 二次非剩余群。

$GF(q)$或$\mathbb{F}_q$:q 阶有限域。

$\mathbb{F}_q^*$:$\mathbb{F}_q$的乘法群。

$R[x]$:多项式环。

+:$a+b$,a 加 b。

-:$a-b$,a 减 b。

×(或·,或不用):$a \times b = a \cdot b = ab$,$a$ 乘 b。

/(或÷):$a/b = a \div b$,a 除以 b。

mod p:$a \pmod p$,模 p 运算。

gcd(a,b) (或 GCD(a,b)):a 和 b 的最大公约数。

lcm(a,b) (或 LCM(a,b)):a 和 b 的最小公倍数。

a^x:指数运算。

lg 或 $\log_2$:以 2 为底的对数。

ln:自然对数。

$\log_a$:以 a 为底的对数。

$\lceil x \rceil$:数 x 的上整数,即等于或大于 x 的最小整数。

$\lfloor x \rfloor$:数 x 的下整数,即等于或小于 x 的最大整数。

$[x]$:取数 x 的整数部分。

$(x)_{hex}$:x 为十六进制数,共有 16 个数字符号:0,1,2,3,4,5,6,7,8,9,A,B,C,D,E,F 或者 0,1,2,3,4,5,6,7,8,9,a,b,c,d,e,f。

$(x)_2$:x 为二进制数,共两个数字符号:0,1。

x:通常的十进制数,共有 10 个数字符号:0,1,2,3,4,5,6,7,8,9。

(7) 集合运算

$\cap$:$S_1 \cap S_2$,集合 S_1 和 S_2 的交。

$\cup$:$S_1 \cup S_2$,集合 S_1 和 S_2 的并。

$\backslash$:$S_1 \backslash S_2$,集合 S_1 和 S_2 的差。

$\times$:$S_1 \times S_2$,集合 S_1 和 S_2 的笛卡儿积。

$\in$:$a \in S_1$,元素 a 属于集合 S_1。

$\notin$:$a \notin S_1$,元素 a 不属于集合 S_1。

$\supset$:$S_1 \supset S_2$,集合 S_2 是集合 S_1 的真子集。

$\supseteq$:$S_1 \supseteq S_2$,集合 S_1 包含集合 S_2。

$\not\subset$:$S_1 \not\subset S_2$,集合 S_1 不是集合 S_2 的真子集。

$\subset$:$S_1 \subset S_2$,集合 S_1 是集合 S_2 的真子集。

$\subseteq$:$S_1 \subseteq S_2$,集合 S_2 包含集合 S_1。

$\varnothing$为空集合。

◆ 算法的形式语句结构框架

输入:……

输出:……

begin

  形式语句

  ……

end

目　录

A

abelian group　阿贝尔群

参看 commutative group。

access control　访问控制

信息安全的一个目标任务，把对资源的访问限制到特权实体。

参看 information security。

access control list　访问控制列表

访问控制中的一种访问主体列表，授权这些访问主体能访问某个对象。把访问矩阵模型中使用的二维矩阵 $A_{i\times j}$ 的第 j 列看作是被授权访问第 j 个访问对象 O_j 的访问控制列表。

参看 access control matrix，access matrix model。

比较 capability list。

access control matrix　访问控制矩阵

一种二维矩阵，以访问对象为横坐标，访问主体为纵坐标，矩阵的每个单元都含有访问类型，该类型指出给定访问主体都有对应的访问对象。实际上，这样的矩阵是稀疏的，存储空间有浪费。因此，在实现这样的矩阵时，可以将它表示成一个访问控制列表或权力表。用于允许访问用户计算机账号的通行字方案可以看作一个访问控制矩阵的最简单实例。

参看 access control list，access matrix model，capability list。

access matrix model　访问矩阵模型

在访问控制中把访问主体、访问对象和访问类型联系起来的一种模型。访问主体是一个能对访问对象进行访问的主动实体，例如在运行的一个程序、分时系统中的一个用户。访问对象是一个控制访问的实体，例如一个文件、存储器段、程序。一个访问类型恰好是对一个访问对象的一类访问，例如，对一个程序的访问类型可以是：运行，读源程序列表；对一个文件的访问类型可以是：读，写，添加。

访问矩阵模型使用一个二维矩阵 $A_{i\times j}$，其第 i 行、第 j 列元素 $A_{i,j}$ 表示第 i 个访问主体 S_i 具有第 j 个访问对象 O_j 的某种或某些特权（例如，一个应用程序可以具有对一个文件进行读、写、修改或运行等特权）。

参看 access control matrix。

access structure　访问结构

由一些子集合组成的一个集合。在广义秘密共享方案中，对用户集合 P 定义一个访问结构 $AS=\{A_1,A_2,\cdots\}$，其中 $A_1,A_2,\cdots$ 是 P 的若干授权子集——把这些授权子集中的任意一个子集中的那些秘密份额集中起来就能够恢复秘密 S；而把 P 中的任意一个非授权子集中的那些秘密份额集中起来却不能恢复秘密 S。

参看 generalized secret sharing，threshold scheme。

accidental repetitions　偶合重码

在古典密码的多表代替密码体制中，在密钥反复部分和明文重码的重合处，密文会产生重码，这种重码称作“真重码”。但是密文中有些重码并不表示明文一定反复，那些不是在密钥反复部分和明文重码的重合处产生的密文重码，在对多表代替密码体制的密码分析中就称作“偶合重码”。

偶合重码虽然为破译多表代替密码体制制造了一些虚假线索，但是由于偶合重码现象是随机的，不像真重码那样有一定规律，因此偶合重码还是容易被剔出的。

参看 Kasiski examination，Kasiski’s method，polyalphabetic substitution，true repetitions。

ACE-KEM　ACE 密钥密封机制

NESSIE（New European Schemes for Signatures，Integrity，and Encryption）选出的三个非对称加密方案之一。ACE-KEM 为基于一些群（特别是模一个素数的整数的乘法群和一个椭圆曲线群的一个素数阶子群）中的迪菲-赫尔曼密钥协商协议安全性的一种密钥密封机制。

1．定义和符号

一般符号　$T=X\parallel Y$ 表示并置：如果 $X=(x_1\cdots x_m)$，$Y=(y_1\cdots y_n)$，则

$$T=X\parallel Y=(x_1\cdots x_m y_1\cdots y_n)。$$

对字符的操作　令 $S=S_{Slen-1}S_{Slen-2}\cdots S_1S_0$ 表示用 $Slen$ 个 8 比特组组成的一个字符串。

$S_i(0\leqslant i\leqslant Slen-1)$，表示字符串 S 的第 i 个 8 比特组字符。

$S=\varnothing$，表示字符串 S 为空。

随机数据串的生成　$r=NextRand(r)$，表示根据输入的固定长度的随机串 r 生成下一个随机串 r。（随机数据串生成可参考公开的有关文献。）

8 比特组字符串与整数之间的转换　$S=\mathrm{I2OSP}(x,Slen)$：把整数 x 转换成用 $Slen$ 个 8 比特组组成的字符串 S。转换方法如下：首先，把 x 写成以基 256 形式的唯一分解，即

$$x = x_{Slen-1}256^{Slen-1} + x_{Slen-2}256^{Slen-2} + \cdots + x_1 256 + x_0;$$

其次，令 $S_i = x_i (0 \leqslant i \leqslant Slen-1)$；最后，$S = S_{Slen-1}S_{Slen-2}\cdots S_1 S_0$。

$x = \mathrm{OS2IP}(S)$：把用 $Slen$ 个 8 比特组组成的字符串 $S = S_{Slen-1}S_{Slen-2}\cdots S_1 S_0$ 转换成整数 x，即

$$x = \mathrm{OS2IP}(S) = \sum_{i=0}^{Slen-1} 2^{8i} S_i 。$$

有限域元素与整数之间的转换 $x = \mathrm{FE2IP}(a)$：把有限域$\mathbb{F}_q$上的元素 a 转换成整数x。转换方法如下：如果 $q = p$ 是一个奇素数，则存在一个唯一的整数 $x \in \{0,1,\cdots,p-1\}$，使得 $a \equiv x \pmod p$；如果 $q = 2^m$，a 是一个比特串 $a = (a_{m-1}a_{m-2}\cdots a_1 a_0)$，则 $x = a_{m-1}2^{m-1} + a_{m-2}2^{m-2} + \cdots + 2a_1 + a_0$。

$a = \mathrm{I2FEP}(x)$：把整数 x 转换成有限域$\mathbb{F}_q$上的元素 a。转换方法如下：当 $q = p$ 是一个奇素数时，如果 $x \notin \{0,1,\cdots,p-1\}$，则 x 无效，否则 $a = x$；当 $q = 2^m$时，如果 $x \geqslant 2^m$，则 x 无效，否则将 x 写成$x = a_{m-1}2^{m-1} + a_{m-2}2^{m-2} + \cdots + 2a_1 + a_0$，$a = (a_{m-1}a_{m-2}\cdots a_1 a_0)$。

8 比特组字符串与有限域元素之间的转换 $S = \mathrm{FE2OSP}(a)$：把有限域$\mathbb{F}_q$上的元素 a 转换成用$Slen = \lceil (\log_2 q)/8 \rceil$个 8 比特组组成的字符串 S。转换方法如下：计算 $x = \mathrm{FE2IP}(a)$；计算 $S = \mathrm{I2OSP}(x, \lceil (\log_2 q)/8 \rceil)$。

$a = \mathrm{OS2FEP}(S)$：把用 $Slen$ 个 8 比特组组成的字符串 $S = S_{Slen-1}\ S_{Slen-2}\cdots S_1 S_0$转换成有限域$\mathbb{F}_q$上的元素 a。转换方法如下：计算 $x = \mathrm{OS2IP}(S)$；再计算 $a = \mathrm{I2FEP}(x)$。

8 比特组字符串与椭圆曲线点之间的转换 $S = \mathrm{ECP2OSP}(P)$：把椭圆曲线点 $P = (x_P, y_P)$转换成用 $Slen$ 个 8 比特组组成的字符串 S。

第一种转换方法如下：

(1) 如果 $P = O$，则 $S = (00)_{\mathrm{hex}}$，$Slen = 1$。

(2) 否则，计算 $X = \mathrm{FE2OSP}(x_P)$，$Y = \mathrm{FE2OSP}(y_P)$。

最后，$S = (04)_{\mathrm{hex}} \parallel Y \parallel X$，$Slen = 2\lceil (\log_2 q)/8) \rceil + 1$。

第二种转换方法使用点压缩技术：

(1) 如果 $P = O$，则 $S = (00)_{\mathrm{hex}}$，$Slen = 1$。

(2) 否则，计算 $X = \mathrm{FE2OSP}(x_P)$。

计算：当 $q = p$ 是一个奇素数时，$yy \equiv y_P \pmod 2$。

当 $q = 2^m$时，$yy = z_0$，其中 $z = z_{m-1}X^{m-1} + z_{m-2}X^{m-2} + \cdots + z_1 X + z_0$ 可定义为 $z = y_P X_P^{-1}$；如果 $yy = 0$，则 $Y = (02)_{\mathrm{hex}}$，如果 $yy \neq 0$，则 $Y = (03)_{\mathrm{hex}}$。

最后，$S = Y \parallel X$，$Slen = \lceil (\log_2 q)/8) \rceil + 1$。

$P = \mathrm{OS2ECPP}(S)$：把用 $Slen$ 个 8 比特组组成的字符串 $S = S_{Slen-1}\ S_{Slen-2}\cdots S_1 S_0$转换成椭圆曲线点 $P = (x_P, y_P)$。转换方法如下：

(1) 如果 $S = (00)_{\mathrm{hex}}$，则 $P = O$。

（2）如果 $Slen=\lceil(\log_2 q)/8)\rceil+1$，则：

① $H=Y\|X$，其中 Y 是单个 8 比特组，而 X 是$(\log_2 q)/8)$个 8 比特组组成的串。

② $a=$ OS2FEP(X)。如果 OS2FEP 中子程序 I2FEP 输出“无效”，则 OS2FEP 输出“无效”。

③ 如果 $Y=(02)_{\text{hex}}$，则 $yy=0$；如果 $Y=(03)_{\text{hex}}$，则 $yy=1$；否则，输出“无效”。

④ 根据 x_P和 yy 将点 $P=(x_P, y_P)$解压缩：

a. 当 $q=p$ 是一个奇素数时，

（a）在$\mathbb{F}_p$中计算元素 $\alpha=x_P^3+ax_P+b$。

（b）在$\mathbb{F}_p$中计算α 的平方根。如果在$\mathbb{F}_p$中 α 没有平方根，则输出“无效”；否则，令 β 为 α 的平方根。

（c）如果 $\beta\equiv yy(\bmod 2)$，则 $y_P=\beta$；否则，$y_P=p-\beta$。

b. 当 $q=2^m$ 且 $x_P=0$ 时，$y_P=b^{2^{m-1}}$。

c. 当 $q=2^m$ 且 $x_P\neq 0$ 时，

（a）在$\mathbb{F}_q$中计算元素 $\gamma=x_P+a+bx_P^{-2}$。

（b）计算$\mathbb{F}_q$的元素 z：$z=z_{m-1}X^{m-1}+z_{m-2}X^{m-2}+\cdots+z_1X+z_0$；在$\mathbb{F}_q$中验证方程 $z^2+z=\gamma$ 成立；如果在$\mathbb{F}_q$中这样的 z 不存在，则输出“无效”。

（c）如果 $z_0=yy(\bmod 2)$，则在$\mathbb{F}_q$中 $y_P=x_Pz$；否则，$y_P=x_P(z+1)$。

⑤ 输出 $P=(x_P, y_P)$。

（3）如果 $Slen=2\lceil(\log_2 q)/8)\rceil+1$，则：

① $H=W\|X\|Y$，其中 W 是单个 8 比特组，而 X 和 Y 都是$(\log_2 q)/8$ 个 8 比特组组成的串。

② 如果 $W\neq(04)_{\text{hex}}$，则输出“无效”。

③ $x_P=$ OS2FEP(X)。如果 OS2FEP 中子程序 I2FEP 输出“无效”，则 OS2FEP 输出“无效”。

④ $y_P=$ OS2FEP(Y)。如果 OS2FEP 中子程序 I2FEP 输出“无效”，则 OS2FEP 输出“无效”。

⑤ 检验点 $P=(x_P, y_P)$的坐标，验证曲线的定义方程。如果未证实，则输出“无效”。

⑥ 输出 $P=(x_P, y_P)$。

密钥衍生函数 KDF(X, Len)（注：NESSIE 不推荐使用，这里只作为后面产生测试向量用。）

输入：一个任意长度的 8 比特组组成的串 X；输出串长度 Len。

输出：一个长度为 Len 的 8 比特组组成的串 Y。

(1) 如果 $Len > 2^{32} HashLen$,则输出“错误”并异常停机。(注:$HashLen$ 是 KDF 中使用的散列函数 $Hash(\ )$的输出值的 8 比特组组成的串的长度。)

(2) $k = \lceil Len/(HashLen) \rceil$。

(3) $Y = \varnothing$。

(4) for $i = 1$ to k do

$Y = Y \| Hash(X \| \mathrm{I2OSP}(i, 4))$

next i

(5) 取 Y 的开头 Len 个 8 比特组作为输出 Y。

转换函数 GE2OSP(X)和 OS2GEP(X) 如果所选择的群 H 是模一个素数 q 的整数的乘法群$\mathbb{Z}_q^*$,G 为 H 的一个阶为素数 p 的子群。令 q 的长度为 $qLen$。则 GE2OSP(X) = I2OSP(X, $qLen$),OS2GEP(X) = OS2IP(X)。

如果所选择的群 H 是一个椭圆曲线群,G 为 H 的一个阶为素数 p 的子群,则 GE2OSP(X) = ECP2OSP(X),OS2GEP(X) = OS2ECPP(X)。

2. 安全性参数 k 的选择

如果所选择的群 H 是模一个素数 q 的整数的乘法群$\mathbb{Z}_q^*$,G 为 H 的一个阶为素数 p 的子群。令 p 的长度为 $pLen$,q 的长度为 $qLen$,则:

如果 $qLen \geqslant 128$ 个 8 比特组,$pLen \geqslant 18$ 个 8 比特组,则 $k = 72$;

如果 $qLen \geqslant 192$ 个 8 比特组,$pLen \geqslant 20$ 个 8 比特组,则 $k = 80$;

如果 $qLen \geqslant 512$ 个 8 比特组,$pLen \geqslant 28$ 个 8 比特组,则 $k = 112$;

如果 $qLen \geqslant 750$ 个 8 比特组,$pLen \geqslant 32$ 个 8 比特组,则 $k = 128$。

如果所选择的群 H 是一个椭圆曲线群,G 为 H 的一个阶为素数 p 的子群。令 p 的长度为 $pLen$,则:

如果 $pLen \geqslant 18$ 个 8 比特组,则 $k = 72$;

如果 $pLen \geqslant 20$ 个 8 比特组,则 $k = 80$;

如果 $pLen \geqslant 28$ 个 8 比特组,则 $k = 112$;

如果 $pLen \geqslant 32$ 个 8 比特组,则 $k = 128$。

3. 密钥生成(建立公开密钥/秘密密钥对)

输入:安全性参数 1^k;一个固定长度的随机串 r;一个群 H;H 的一个具有素数阶的循环子群 G;G 的一个元素 P;P 的阶 p。

输出:ACE-KEM 的公开密钥 pk 及秘密密钥 sk。

KG1 验证 p 是否为素数,如果不是,则输出“错误”并异常停机。

KG2 验证事实:P 是群 G 的一个元素且 P 的阶为 p。如果不是,则输出“错误”并异常停机。

KG3 使用随机种子 r 生成一个整数 w($2 \leqslant w \leqslant p-1$),并需使得 w 的每一个可能值都近似等概地生成。

KG4　$r = NextRand(r)$。

KG5　使用随机种子 r 生成一个整数 $x(2 \leqslant x \leqslant p-1)$，并需使得 x 的每一个可能值都近似等概地生成。

KG6　$r = NextRand(r)$。

KG7　使用随机种子 r 生成一个整数 $y(2 \leqslant y \leqslant p-1)$，并需使得 y 的每一个可能值都近似等概地生成。

KG8　$r = NextRand(r)$。

KG9　使用随机种子 r 生成一个整数 $z(2 \leqslant z \leqslant p-1)$，并需使得 z 的每一个可能值都近似等概地生成。

KG10　计算 $W = wP$。

KG11　计算 $X = xP$。

KG12　计算 $Y = yP$。

KG13　计算 $Z = zP$。

KG14　公开密钥 $pk = (W, X, Y, Z)$，秘密密钥 $sk = (w, x, y, z)$。

KG15　输出 pk 和 sk。

4. 密封算法

输入：公开密钥 pk；一个固定长度的随机串 r；一个群 H；H 的一个具有素数阶的循环子群 G；G 的一个元素 P；P 的阶 p；所需要的对称密钥 K 的长度 $KeyLen$。

输出：$KeyLen$ 长的密钥 K 及一个密封 C。

EM1　确认公开密钥和系统参数。

EM2　在$[0, p)$范围内生成一个随机整数 s。生成方法应是：使用随机种子 r，且使 s 的每一个可能值都近似等概地生成。

EM3　$Q = \mathrm{GE2OSP}(sZ)$。

EM4　$C_1 = \mathrm{GE2OSP}(sP)$。

EM5　$K = \mathrm{KDF}(C_1 \| Q, KeyLen)$。

EM6　$C_2 = \mathrm{GE2OSP}(sW)$。

EM7　$\alpha = \mathrm{OS2IP}(Hash(C_1 \| C_2))$。

EM8　$C_3 = \mathrm{GE2OSP}(sX + \alpha sY)$。

EM9　$C = (C_1, C_2, C_3)$。

EM10　输出对称密钥 K 和密封 C。

5. 解封算法

输入：秘密密钥 sk；密封 C；一个群 H；H 的一个具有素数阶的循环子群 G；G 的一个元素 P；P 的阶 p；所需要的对称密钥 K 的长度 $KeyLen$。

输出：$KeyLen$ 长的密钥 K。

DM1 确认秘密密钥和系统参数。

DM2 $C=(C_1,C_2,C_3)$。

DM3 $P_1=\mathrm{OS2GEP}(C_1)$。

DM4 验证：P_1是群 H 的一个元素且P_1在由 P 生成的子群之中。如果不是，则输出“错误”并异常停机。

DM5 $P_2=\mathrm{OS2GEP}(C_2)$。

DM6 验证：P_2是群 H 的一个元素且P_2在由 P 生成的子群之中。如果不是，则输出“错误”并异常停机。

DM7 $P_3=\mathrm{OS2GEP}(C_3)$。

DM8 验证：P_3是群 H 的一个元素且P_3在由 P 生成的子群之中。如果不是，则输出“错误”并异常停机。

DM9 $\alpha=\mathrm{OS2IP}(Hash(C_1 \| C_2))$。

DM10 计算 $t \equiv x+\alpha y \pmod p$。

DM11 检验 $P_2= wP_1$，否则，输出“错误”并异常停机。

DM12 检验 $P_3= tP_1$，否则，输出“错误”并异常停机。

DM13 $Q=\mathrm{GE2OSP}(zP_1)$。

DM14 $K=\mathrm{KDF}(C_1 \| Q,\ KeyLen)$。

DM15 输出 K。

6. 测试向量

安全性参数 $k=80$。使用的散列函数是 SHA-1。要求产生长度 $KeyLen=16$ 个 8 比特组的密钥。使用有限域$\mathbb{F}_q$上的模运算，这里 q 的长度为 192 个 8 比特组，生成素数阶为 p 的子群的元素 P，p 的长度为 21 个 8 比特组。

q= F63D79988776665293AFD497B15FCC77 1F52D012676993E8BFDF57A99BD50564
EAB8752416C4D56F335F91E5F6C6848C 6C03F1A96CDBD112A802BA6C2618B962
01BAC254C2069FAF232ADE367FBF4B00 8A2CD76D8E0E7FA287DDE8A91A906ABF
367F47BA07E0AB95A7044A63330A8282 C55FC1AA862AB8E38AB195A68FAC6CB1
43DA3831680AD753622021B7582EDEA7 691C866F33FEDBB982AFF50993877E6F
8FA8AC6F41234EE51C642567EFAF2D12 5D4A99C383B932E8355AC7B276796B99,

p= 91BA928B7789602576872652D07BAE14D863CF8D5B,

P= 9A1C3BFAEE3570DB8FF99B324D965DA0 97990C7F1458A27729E71B7A2D6917E3
B68AE4908BF3F588DECD34E8848DE578 17EA566D3AD130A4AF63B69F9A8E920F
5E8182DE1B439615447D3CFB29BC4780 D93DFDA7558F4988B70BE22125528D8A
14336CD94FE5D52DFC21B420B6A492A8 3F46285B4647059B0241A216A7D22196
047966A99BB9C18216CE871970154CCA DB571B046F9195D8E3FC28C0259AE90F
2140B3A1FB0FF90B88F63C8FA38A9421 B058399632F00E6640000F7ACB63198C。

使用的公开密钥 pk 和秘密密钥 sk 如下：

W= 507AB6F4D38DC8F36B60F975D1EAF191 046549D0D9336A61CA3DB2731279EF6A
99DC4854B572B0BD095F6A3A74F4A3C8 8DD996792B99B7ECAD13F28B2C08B584
2E6CA574F6B7A3FFE5E2BBF9541B2098 103AC75D82010FB79228CB71F2BB0E8C
829BBECED204F1B9E9EE85A8AF55030E E9AA548A2A8E570A50FFC6AFED719295
5A2D78A3A98EAFDC0FD65A1D71B4F2E8 9E98FF39F428DBBD866714D630CE2BCA
1D1F93645824AB29DF1DA7D3D45AB29F B54C2F5BD8BEC366A5C74F5408B07094,

X= 9B1A7E9A5B8A14C4B6D2F3FA92A69CA1 BEED7F9F3F50DC37ED9FD38FB09C097F
7F693523826B90B4951CC165F71EB884 43F9E9DDC7A840876A8BCE9D46615C0C
42604F83B01980CDC8BDB8A749B6B223 A1F3E433D9D160BCF304A37094D8D935
7FBE8B9384794E7D3206BBC2F915B186 B1BCED307CB398E4440AE8C301FB4C5F
4F79EA9BDDCE3959F86FBC904DC229A2 DA0F93B0EF07C97AE383C19430C671D4
4C131A70429FF917376459A49C0967AD 9A039B12C23E62B89E7D1762197F2EF2,

Y= 0FEA8BCBC351B50817BA75CAB58F6333 9D3C884F775C2D3359774AB87DEC6B93
6B1EF29737790F7E08507C93EA3A18D3 C4E15F160E44C708D1F837720ED0A12A
0716164E26744A5743B37DB885B3943B 71D1FCB1331905DCAF172FB81D0163B9
28BEC52A1D7E8DE4995782B15A675521 6EE4D60925B8CE8BEAC8EE90C2AC6C9F
018CFA8514B574CC5D671A7866811F71 E5DCB66ED6476B566395CB8C0AAAD9AD
981DAB6701889D22E3CD69036796EEB604C5C966839FCBADDAE7C027B912E744,

Z= EB5C4FDB37DAE7EA0B07024831F281AE B97771BCB8FEF8408FE0295DE843883E
913ECEDDC63285D728999C3FDF6C8818 C26B82763168202DB917C66B310B8D15
886F14D402352FAE87E2691FC308B5D2 0FA3C4C4BE0F70F227D9C4D183EA4F2D
58A990FCE0E7340BCA261B46B3ADA468 F0212E06947029F0F04DF266C0E1FC44
9E37401987284DC0B15471D606177522 CF342CD1B960F3CA72597B8F13F22917
3C26062D51DF7552EB4680B7E63C0BEC 53B1C26C19BEC973983358B672A314CB,

w= 854B4B8962F278651290D25F0616AB83C3F885B6E3,

x= 72A5AE967910CDE05D287AF608514012D5E002101F,

y= 2715CE067E9608FDA9A0A1B6FC51085A2867C89448,

z= 41816B06DADE4B10D703F14853F039C1E83AF3FE7D。

密钥密封的测试向量：

r= 303132333435363738396162636465666768696A6B,（注:算法中令 s = OS2IP(r)。）

K= 798B355BEF635E9B0E9055C5C3B99D2F,

C_1= 3764D7B60FA7667E7E61EAFCBB03FB13 E3FC22BD0CBFBF22B31FA708CB4CBB89
936D3F455EBBC79093522383CB606707 E0B7CA1F6826F3442C912C1044858611
8FA6F885309F94CD3D75FE2136525785 F378B6D5E59E237B70BD38E15FC4F45F

E7C0CAC4A1F7EB77BFB8555AC556291C 84E76FC8DAA0B8940ECFCA2B75AF82EF
75F7B12529700F00A260B18F81D444DA 0BCB2263D50A13B4986068B4DAF43771
D34829DC5B3A75B0A0DC717C2A2B2746 88DA41DA6D1DEE08580B4A82B0380F2E,

C_2= F2CDC24EE70CFB13D269D13A6611BA87 65D167B49C950EFEBA1F65092BCFA4C1
8672A0A06511D512FD8E99F6931D0BEA 00407393B5C963F14E5DD8C7356F8280
861E56FBFDBBB73DD63974F6DE18F196 B1D9F820759E7858CC5F1EE7556C9B38
E6359F8F1577916A75BBA9C0A992CBAC 1F0572C3414204C90F7115920131684E
78AEE0A785FEF9BAC0D52A87F5C5E92A 8C7CEDB7AE6AB03CDF29FABA316955E1
3A9BE8A9BBEB9AFE904F5DEF94CD42CB EC0425638E536A6D882B30F8732CBED4,

C_3= 77602C9E02C0E9F0535374AD20E9135D D4978C5C5D981F12DD64E7CC7AC9914C
BA566BA94479A6A614B7EF060B5E2F4F 077D5A55534E5C496052016EE0441D41
84F01D59D33D2633BCB22179611C250D 97842111D5D19B7B0117E3ABD9928FAD
518959310913ADFBA3299F1F5C16E223 308758D2E78707A45794A15BA596A9F1
A9BBEF3FCA87E0F4BD66CE15BFF09826 3900C7A1A133230F93B301ED29557025
160CDC7178C31BA1051853F97051734B C9F18278A0639B989DB40790D427BFEF。

密钥解封的测试向量：

C_1= 40F09FE0D10B290183336B0E67FD2811 424E13A1E3624C52BB6A0C1AB8C60BE3
C312F528392F10B0C2383C78D3923A38 E26B2A70905B42F4B676DED2C2F98DC2
7BF94C60B1457F5780F32379C18A2741 FD1D32285BDA06F11F88FEB4D3A9459D
97CDA8DE2404616FA8F7312C2E7B3B46 7D8D2F3506F9CD0C1BEC2B87E49352ED
C7BE5114CBA10FC50294E309C352E7A3 72DA66D0EDCED06A059EFC506B04EA6B
A03DDECCC560E1A7D007533A8940A223 41965EE7BCF46DE89CBD65E4D3BA1BFE,

C_2= 9E06428DF618F0595FDEDA33F4E36921 82A06BFED2CACDD5FFD8007098F6B722
40839A3B50F9985A3EEB6FC655F2AACE 01B59783E04B096B994EB628C35EAE99
DBF9D0089D47500384C31E68D2DF7DF6 1EE557E6B6AB53DD8F5901FA5FD05077
F1B7EFB0389D949A501C597855BCC70D 93B1AF007E3B7607715ACA507C82B250
F3DBD97A9FFD73615EFA6CC8258A483C 143234C5460AD8D1B52F74BD5F66D4BF
D396B629BB2920CE7FB481F1BA3FECE6 0B7FEB05B2D37FACFFBAB261EC6A904A,

C_3= 1477B83628AAF3989E3284B3EDE68307 614C5654454551C7186F5FF556797589
F8878D4C89C563EACFD8F979C2764D62 2FA2C1058E400D71A00F03646FE3659E
9657EF71728816946CF0AED33A0DE953 87D78D1C86FA78D42C7DD61F4983C021
B3DFC63BCDFA70BAB4B97228597E81F6 1DA8A2C9A22CD6034BBA7F8D5B4F7DDE
FCFBF3EEBD9C4AC5893F61593A19FE78 15F67F82327C49185C45C0D5116B374B
F17DEA58BA5D954C046230B035DBBBF7 1BE731A50440D5639875EC335A22AE5F,

K= 480C18969F0D38100178221C069A555A。

失败的密钥解封：

下述的密钥密封 $C=(C_1,C_2,C_3)$未能解封，在解封算法的 DM11 步失败（P_1和 P_2的完整性校验）。

$C_1=$ 40F09FE0D10B290183336B0E67FD2811 424E13A1E3624C52BB6A0C1AB8C60BE3
C312F528392F10B0C2383C78D3923A38 E26B2A70905B42F4B676DED2C2F98DC2
7BF94C60B1457F5780F32379C18A2741 FD1D32285BDA06F11F88FEB4D3A9459D
97CDA8DE2404616FA8F7312C2E7B3B46 7D8D2F3506F9CD0C1BEC2B87E49352ED
C7BE5114CBA10FC50294E309C352E7A3 72DA66D0EDCED06A059EFC506B04EA6B
A03DDECCC560E1A7D007533A8940A223 41965EE7BCF46DE89CBD65E4D3BA1BFE,

$C_2=$ 11111111111111111111111111111111 11111111111111111111111111111111
11111111111111111111111111111111 11111111111111111111111111111111
11111111111111111111111111111111 11111111111111111111111111111111
11111111111111111111111111111111 11111111111111111111111111111111
11111111111111111111111111111111 11111111111111111111111111111111
11111111111111111111111111111111 11111111111111111111111111111111,

$C_3=$ 227D5E0F060C3394B971174A304ED7F5 D6315A9C809EA8F5878AEE1F125566E2
903CBF17A4DE79AC33B7D95212EAB2DA 73C961705AAD3D61ED9906116B4464C0
7786E58A76F1C4610B49BB2C47665949 E7F6664772FF7F36E5BA049F6E6E4803
1537ABEF6DD3F3A2DC10C97541E9762D D9815D84BC986BDAFED82258931DDDBE
44D161B0F16B0ED004565C4DF2271191 D89332D60198E102B9F3DFB87A013CA0
E1504B5F949D7EEDAD3857FDB8A2784A 7B58718731F647054601D32DBDDE9AE9。

下述的密钥密封 $C=(C_1,C_2,C_3)$ 未能解封，在解封算法的 DM12 步失败（P_1和 P_3的完整性校验）。

$C_1=$ 40F09FE0D10B290183336B0E67FD2811 424E13A1E3624C52BB6A0C1AB8C60BE3
C312F528392F10B0C2383C78D3923A38 E26B2A70905B42F4B676DED2C2F98DC2
7BF94C60B1457F5780F32379C18A2741 FD1D32285BDA06F11F88FEB4D3A9459D
97CDA8DE2404616FA8F7312C2E7B3B46 7D8D2F3506F9CD0C1BEC2B87E49352ED
C7BE5114CBA10FC50294E309C352E7A3 72DA66D0EDCED06A059EFC506B04EA6B
A03DDECCC560E1A7D007533A8940A223 41965EE7BCF46DE89CBD65E4D3BA1BFE,

$C_2=$ 9E06428DF618F0595FDEDA33F4E36921 82A06BFED2CACDD5FFD8007098F6B722
40839A3B50F9985A3EEB6FC655F2AACE 01B59783E04B096B994EB628C35EAE99
DBF9D0089D47500384C31E68D2DF7DF6 1EE557E6B6AB53DD8F5901FA5FD05077
F1B7EFB0389D949A501C597855BCC70D 93B1AF007E3B7607715ACA507C82B250
F3DBD97A9FFD73615EFA6CC8258A483C 143234C5460AD8D1B52F74BD5F66D4BF
D396B629BB2920CE7FB481F1BA3FECE6 0B7FEB05B2D37FACFFBAB261EC6A904A,

C_3= 11111111111111111111111111111111 11111111111111111111111111111111
11111111111111111111111111111111 11111111111111111111111111111111
11111111111111111111111111111111 11111111111111111111111111111111
11111111111111111111111111111111 11111111111111111111111111111111
11111111111111111111111111111111 11111111111111111111111111111111
11111111111111111111111111111111 11111111111111111111111111111111。

参看 Diffie-Hellman key agreement，elliptic curve over a finite field，finite field，key encapsulation mechanism（KEM），multiplicative group of $\mathbb{Z}_n$，NESSIE project，octet。

active adversary　主动敌手，主动敌人

一种可以传送、更改、删除非保密信道上信息的敌人。

比较 passive adversary。

active attack　主动攻击

敌人企图删除、添加，或以某种方式变更信道上传输的一种攻击。一位主动攻击者威胁数据完整性、鉴别和机密性。

参看 information security。

比较 passive attack。

active complexity　主动复杂性

对于对称密钥分组密码而言，像进程复杂度这样的攻击复杂度属于主动复杂性，因为敌人可以从增加资源（例如并行处理）中得到好处。

参看 complexity of attacks on a block cipher，processing complexity。

adaptive chosen-ciphertext attack　自适应选择密文攻击

（1）一种选择密文攻击，这里密文的选择可能依赖于根据早先需要接收到的明文。

（2）在分析公开密钥密码体制时，自适应选择密文攻击是选择密文攻击的一种。敌人可以使用（或者能访问）用户的解密机器（但不使用他的秘密密钥），即使在看到目标密文以后也是如此。敌人可以要求解密那些和目标密文及根据早先查询获得的解密都有关系的密文。一个限制就是不可以要求解密目标密文本身。

参看 chosen-ciphertext attack，public key cryptosystem。

adaptive chosen-message attack　自适应选择消息攻击

对公开密钥数字签名方案的一类消息攻击。允许敌人把签名者用作外部信息源；敌人可以请求一些消息的签名，这些签名依赖于签名者的公开密钥，还可以请求另外一些消息的签名，这些签名依赖于早先获得的签名或消息。

参看 digital signature,message attack,random oracle。

比较 chosen-message attack,known-message attack。

adaptive chosen-plaintext attack　自适应选择明文攻击

一种选择明文攻击。这里明文的选择可能依赖于根据早先需要接收到的密文。

参看 chosen-plaintext attack。

adaptive chosen-text attack　自适应选择文本攻击

对消息鉴别码(MAC)的一种攻击类型。在这种情况下,攻击者可以像选择文本攻击时那样选择 x_i,而且允许基于先前的查询结果进行连续的选择。

参看 chosen-text attack,message authentication code (MAC),types of attack on MAC。

addition chains　加法链

正整数 e 的长度为 s 的一个加法链 V 是一个正整数序列:$u_0,u_1,\cdots,u_s$,以及一个伴生序列:$w_0,w_1,\cdots,w_s$,其中 $w_i=(i_1,i_2)(0\leqslant i_1,i_2<i)$,具有下述特性:

① $u_0=1,u_s=e$;

② 对每一个 $u_i(1\leqslant i\leqslant s)$,都有 $u_i=u_{i_1}+u_{i_2}$。

加法链的目的是极小化指数运算中的乘法次数。

加法链指数运算算法

输入:一个群元素 g;正整数 e 的长度为 s 的一个加法链 $V=\{u_0,u_1,\cdots,u_s\}$及其一个伴生序列:$w_1,\cdots,w_s$,其中 $w_i=(i_1,i_2)$。

输出:g^e。

AE1　$g_0\leftarrow g$;

AE2　对 $i=1,2,\cdots,s$ 执行计算:$g_i\leftarrow g_{i_1}\cdot g_{i_2}$;

AE3　返回(g_s)。

参看 exponentiation。

additive cellular automata　加法细胞自动机

如果细胞自动机(CA)的反馈函数 δ 是邻近单元的模 2 加,则称之为加法 CA。加法 CA 是线性的或仿射的。例如,对 3-邻居$\{-1,0,1\}$的细胞自动机来说,加法 CA 只有 $2\times 2^3=16$ 种不同的反馈函数,占变换函数总数的 1/16,即

$$\delta(c_{i-1}(t),c_i(t),c_{i+1}(t))=k_0\oplus k_1\cdot c_{i-1}(t)\oplus k_2\cdot c_i(t)\oplus k_3\cdot c_{i+1}(t),$$

其中,$k_j\in\{0,1\}(j=0,1,2,3)$。这 16 种加法 CA 对应的规则分别为:0,15,

51,60,85,90,102,105,150,153,165,170,195,204,240 和 255。

参看 cellular automata,cellular automata rules。

additive cipher 加法密码

移位密码又叫加法密码,这是由于移位密码的加密方法可用其明文字母表(假定该字母表有 q 个字母)中字母的位置编号和密钥进行模 q 加法得出密文在明文字母表中的位置编号。

参看 shift cipher。

additive generator 加法发生器

又称作滞后斐波那契发生器。这种发生器产生随机的字;它们本身虽不安全,但可以作为安全发生器的一个构造模块。

发生器的初始状态是一列 n 比特字:8 比特、16 比特或 32 比特,诸如:$X_1, X_2, \cdots, X_m$。这个初始状态就是密钥。发生器产生的第 i 个字是

$$X_i \equiv X_{i-a} + X_{i-b} + X_{i-c} + \cdots + X_{i-m} \pmod{2^n}。$$

如果系数 $a, b, c, \cdots, m$ 选择正确,那么这个发生器的周期至少是 $2^n - 1$。构成这些系数的一个必要条件就是它们的最低有效位构成一个最大长度 LFSR。

例如,$x^{55} + x^{24} + 1$ 是一个模 2 本原多项式,这意味着下面的加法发生器是最大长度的:

$$X_i \equiv X_{i-55} + X_{i-24} \pmod{2^n}。$$

参看 linear feedback shift register (LFSR),primitive polynomial。

additive stream cipher 加性序列密码

一般同步序列密码中都采用模 2 加运算作为加/解密变换,故称这种序列密码体制为加性序列密码。

参看 modulo-2 addition,synchronous stream cipher。

ADFGVX cipher ADFGVX 密码

第一次世界大战中德军使用的一种著名的战地密码体制,其密报中只出现 ADFGVX 这六个字母,也就是说,这种密码体制所使用的字母表是{A,D,F,G,V,X}。使用这六个字母的原因是,它们之间的国际莫尔斯代码的区别很清楚,有利于减少差错。ADFGVX 密码是一种像表 A.1 所示的棋盘密码。

这种密码把一个明文字母对应的密文用双字母来代替;然后,再用换位法将双字母特性分散开,试图掩盖一些有助于还原换位的线索。

参看 checkerboard cipher,digram substitution,transposition cipher。

表 A.1

	A	D	F	G	V	X
A	c	o	8	x	f	4
D	m	k	3	a	z	9
F	n	w	l	0	j	d
G	5	s	i	y	h	u
V	p	1	v	b	6	r
X	e	q	7	t	2	g

ADFGVX system　ADFGVX 体制

同 ADFGVX cipher。

ADFGX system　ADFGX 体制

ADFGVX 体制在开始使用时只用其中五个字母 A,D,F,G,X。

参看 ADFGVX cipher。

ad hoc and practical analysis　特定和实际分析

密码协议分析的常用方法之一。这种方法由任意种有说服力的论证组成:每一次成功的协议攻击需要的资源(例如时间和空间)都大于一个可觉察到的对手所拥有的资源。经得住如此分析攻击的协议称为具有启发式安全性,这里所涉及的安全性典型地属于计算意义上的安全性,并假定敌人具有固定的资源。论证常常预先假定一些安全的标准单元。通常要求所设计的协议能抗得住那些标准攻击,并说明设计遵从大家都接受的原则。实际论证(并行复杂性理论论证)涉及集成基本的标准单元的结构可以符合安全性要求。然而,或许最常使用的和实际的方法,在某个方面只是最小满足。这种方法可以揭露协议缺陷,由此建立的协议是坏协议。然而,安全性要求仍是有疑问的,像密码协议中的细微缺陷就典型地想逃避特定分析;一些预料不到的攻击仍是一个威胁。

参看 ad hoc security,cryptographic protocol。

ad hoc security　特定安全性,特定保密性

评价密码基元和协议的安全性的一种模式。这种方法由任意种有说服力的论证组成:每一次成功的攻击需要的资源(例如时间和空间)都大于一个可觉察到的对手所拥有的固定资源。经得住如此分析攻击的密码基元和协议称为具有启发式安全性(保密性),这里所涉及的安全性(保密性)典型地属于计算意义上的安全性(保密性)。通常要求所设计的密码基元和协议能抗得住那些已知的标准攻击。然而,安全性(保密性)的要求,一般说来仍是有疑问的,一些预料不到的攻击仍是一个威胁。

参看 cryptographic primitive,cryptographic protocol,security evaluation。

advanced encryption standard (AES) 先进加密标准

1997年1月2日,美国国家标准技术协会(NIST)发起征集先进加密标准(AES)的活动,并为此成立了AES工作组。此次活动的目的是确定一个非保密的、可以公开技术细节的、全球免费使用的分组密码算法,以作为新的数据加密标准。1997年9月12日,美国联邦登记处公布了正式征集AES候选算法的通告。对AES的基本要求是:比三重DES快;安全性至少与三重DES一样;分组长度为128比特;密钥长度为128,192和256比特。到1998年6月15日,提交了21个密码算法,其中有15个满足要求的被接纳成候选算法。1998年8月20日,在第一届AES候选算法会议上公布了这15个候选算法:CAST-256, CRYPTON, E2, DEAL, FROG, SAFER +, RC6, MAGENTA, LOKI97, SERPENT, MARS, Rijndael, DFC, Twofish, HPC。1999年3月,在第二届AES候选算法会议上,对15个候选算法分析讨论,直到1999年8月NIST从中选出了5个候选算法:RC6, Rijndael, SERPENT, Twofish, MARS。2000年4月13日,在第三届AES候选算法会议上,继续对这5个候选算法进行讨论。2000年10月2日,NIST宣布把Rijndael推荐为美国21世纪数据加密标准算法。2001年11月26日,Rijndael算法被采纳为一个标准,标准号为FIPS 197。

参看 AES block cipher, CAST-256 block cipher, CRYPTON block cipher, DEAL block cipher, DES block cipher, DFC block cipher, E2 block cipher, FROG block cipher, HPC block cipher, LOKI97 block cipher, MAGENTA block cipher, MARS block cipher, RC6 block cipher, Rijndael block cipher, SAFER + block cipher, SERPENT block cipher, triple-DES, Twofish block cipher。

adversary 敌手,敌人

一个实体,在两方通信中既不是发送方,也不是接收方,它企图挫败在发送方与接收方两者之间提供的信息安全服务。和adversary同义的还有:enemy(敌人), attacker(攻击者), opponent(对手), tapper(搭线窃听者), eavesdropper(窃听者), intruder(入侵者)及interloper(入侵者)。一个敌手常常试图充当合法的发送方或合法的接收方。

比较 receiver, sender。

AES block cipher AES分组密码

比利时密码学家里吉门(V. Rijmen)和迪门(J. Daemen)设计的分组密码算法Rijndael,经过三轮评选,终获推荐为美国21世纪数据加密标准算法,于2001年11月成为美国联邦信息处理标准(FIPS PUB 197)。AES是一种商用的、公开的数据加密标准算法,用来对非密敏感信息进行加密保护。AES的分组长度是128比特,密钥长度有128,192,256比特三种可选。

1. AES分组密码算法介绍

(1) 表示方法

① 字节表示　一字节 A 由8比特组成:$a_7a_6a_5a_4a_3a_2a_1a_0$,可以用系数为{0,1}上值的多项式(即 $a_7x^7+a_6x^6+a_5x^5+a_4x^4+a_3x^3+a_2x^2+a_1x+a_0$)来表示。

② 输入/输出字块及密钥字块的阵列表示　分组长度为128比特(16字节)的输入/输出字块

$$A_{00}A_{10}A_{20}A_{30}A_{01}A_{11}A_{21}A_{31}A_{02}A_{12}A_{22}A_{32}A_{03}A_{13}A_{23}A_{33}$$

的阵列表示如下:

A_{00}	A_{01}	A_{02}	A_{03}
A_{10}	A_{11}	A_{12}	A_{13}
A_{20}	A_{21}	A_{22}	A_{23}
A_{30}	A_{31}	A_{32}	A_{33}

同样,长度为256比特(32字节)的密钥字块

$$K_{00}K_{10}K_{20}K_{30}K_{01}K_{11}K_{21}K_{31}K_{02}K_{12}K_{22}K_{32}K_{03}\cdots K_{07}K_{17}K_{27}K_{37}$$

用阵列表示如下:

K_{00}	K_{01}	K_{02}	K_{03}	K_{04}	K_{05}	K_{06}	K_{07}
K_{10}	K_{11}	K_{12}	K_{13}	K_{14}	K_{15}	K_{16}	K_{17}
K_{20}	K_{21}	K_{22}	K_{23}	K_{24}	K_{25}	K_{26}	K_{27}
K_{30}	K_{31}	K_{32}	K_{33}	K_{34}	K_{35}	K_{36}	K_{37}

长度为192比特(24字节)的密钥字块

$$K_{00}K_{10}K_{20}K_{30}K_{01}K_{11}K_{21}K_{31}K_{02}K_{12}K_{22}K_{32}K_{03}\cdots K_{05}K_{15}K_{25}K_{35}$$

用阵列表示如下:

K_{00}	K_{01}	K_{02}	K_{03}	K_{04}	K_{05}
K_{10}	K_{11}	K_{12}	K_{13}	K_{14}	K_{15}
K_{20}	K_{21}	K_{22}	K_{23}	K_{24}	K_{25}
K_{30}	K_{31}	K_{32}	K_{33}	K_{34}	K_{35}

长度为128比特(16字节)的密钥字块

$$K_{00}K_{10}K_{20}K_{30}K_{01}K_{11}K_{21}K_{31}K_{02}K_{12}K_{22}K_{32}K_{03}K_{13}K_{23}K_{33}$$

用阵列表示如下：

K_{00}	K_{01}	K_{02}	K_{03}
K_{10}	K_{11}	K_{12}	K_{13}
K_{20}	K_{21}	K_{22}	K_{23}
K_{30}	K_{31}	K_{32}	K_{33}

(2) 基本运算

① 加法 $S=A\oplus B$　$GF(2^8)$上的两个多项式 $a_7x^7+\cdots+a_1x+a_0$ 和 $b_7x^7+\cdots+b_1x+b_0$ 的加法就是它们的对应项系数进行模 2 加，和一般的字节按位加一样。即

$$S=A\oplus B=(a_7\oplus b_7,a_6\oplus b_6,\cdots,a_0\oplus b_0)。$$

② 模乘法 $P=A\otimes B$　$GF(2^8)$上的两个多项式 $a_7x^7+\cdots+a_1x+a_0$ 和 $b_7x^7+\cdots+b_1x+b_0$ 模不可约多项式 $x^8+x^4+x^3+x+1$ 的乘法：

$$\begin{aligned}p_7x^7+\cdots+p_1x+p_0&=(a_7x^7+\cdots+a_1x+a_0)\otimes(b_7x^7+\cdots+b_1x+b_0)\\&\equiv(a_7x^7+\cdots+a_1x+a_0)\cdot(b_7x^7+\cdots+b_1x+b_0)\\&\quad(\bmod x^8+x^4+x^3+x+1)。\end{aligned}$$

例如，$A=\mathrm{B7}=(10110111)$，$B=5\mathrm{D}=(01011101)$，即 $a(x)=x^7+x^5+x^4+x^2+x+1$，$b(x)=x^6+x^4+x^3+x^2+1$。由于

$$\begin{aligned}&(x^7+x^5+x^4+x^2+x+1)(x^6+x^4+x^3+x^2+1)\ (\bmod x^8+x^4+x^3+x+1)\\&\equiv x^{13}+x^{11}+x^{10}+x^8+x^7+x^6+x^{11}+x^9+x^8+x^6+x^5+x^4+x^{10}+x^8+x^7\\&\quad+x^5+x^4+x^3+x^9+x^7+x^6+x^4+x^3+x^2+x^7+x^5+x^4+x^2+x\\&\quad+1\ (\bmod x^8+x^4+x^3+x+1)\\&\equiv x^{13}+x^8+x^6+x^5+x+1\ (\bmod x^8+x^4+x^3+x+1)\\&\equiv x^5+x^4+x^2+1,\end{aligned}$$

所以 $P=A\otimes B=(00110101)=(35)_{\text{hex}}$。

③ x 乘　$x\cdot(a_7x^7+a_6x^6+a_5x^5+a_4x^4+a_3x^3+a_2x^2+a_1x+a_0)$ $(\bmod x^8+x^4+x^3+x+1)$是上面两个多项式模不可约多项式 $x^8+x^4+x^3+x+1$ 乘法的特例。

因为

$$\begin{aligned}&x\cdot(a_7x^7+a_6x^6+a_5x^5+a_4x^4+a_3x^3+a_2x^2+a_1x+a_0)\\&=a_7x^8+a_6x^7+a_5x^6+a_4x^5+a_3x^4+a_2x^3+a_1x^2+a_0x,\end{aligned}$$

所以，如果 $a_7=0$，则

$$\begin{aligned}&x\cdot(a_7x^7+a_6x^6+a_5x^5+a_4x^4+a_3x^3+a_2x^2+a_1x+a_0)\\&=a_6x^7+a_5x^6+a_4x^5+a_3x^4+a_2x^3+a_1x^2+a_0x,\end{aligned}$$

即所得结果的字节为$(a_6a_5a_4a_3a_2a_1a_00)$；如果 $a_7=1$，则

$$x\cdot(a_7x^7+a_6x^6+a_5x^5+a_4x^4+a_3x^3+a_2x^2+a_1x+a_0)$$
$$\equiv x^8+a_6x^7+a_5x^6+a_4x^5+a_3x^4+a_2x^3+a_1x^2+a_0x \pmod{x^8+x^4+x^3+x+1}$$
$$\equiv(a_6x^7+a_5x^6+a_4x^5+a_3x^4+a_2x^3+a_1x^2+a_0x)+(x^4+x^3+x+1),$$

即所得结果的字节为$(a_6a_5a_4a_3a_2a_1a_00)\oplus(00011011)$。

实际上,可用 x 乘来实现任意两个多项式模不可约多项式 $x^8+x^4+x^3+x+1$ 的乘法。

再例如,$A=\mathrm{B7}=(10110111)$,$B=\mathrm{5D}=(01011101)$。由于

$$x\cdot(x^7+x^5+x^4+x^2+x+1)\pmod{x^8+x^4+x^3+x+1}$$
$$\equiv x^6+x^5+x^4+x^2+1=(01110101),$$
$$x^2\cdot(x^7+x^5+x^4+x^2+x+1)\pmod{x^8+x^4+x^3+x+1}$$
$$\equiv x\cdot(x^6+x^5+x^4+x^2+1)\pmod{x^8+x^4+x^3+x+1}$$
$$\equiv x^7+x^6+x^5+x^3+x=(11101010),$$
$$x^3\cdot(x^7+x^5+x^4+x^2+x+1)\pmod{x^8+x^4+x^3+x+1}$$
$$\equiv x\cdot(x^7+x^6+x^5+x^3+x)\pmod{x^8+x^4+x^3+x+1}$$
$$\equiv x^7+x^6+x^3+x^2+x+1=(11001111),$$
$$x^4\cdot(x^7+x^5+x^4+x^2+x+1)\pmod{x^8+x^4+x^3+x+1}$$
$$\equiv x\cdot(x^7+x^6+x^3+x^2+x+1)\pmod{x^8+x^4+x^3+x+1}$$
$$\equiv x^7+x^2+1=(10000101),$$
$$x^5\cdot(x^7+x^5+x^4+x^2+x+1)\pmod{x^8+x^4+x^3+x+1}$$
$$\equiv x\cdot(x^7+x^2+1)\pmod{x^8+x^4+x^3+x+1}=x^4+1$$
$$=(00010001),$$
$$x^6\cdot(x^7+x^5+x^4+x^2+x+1)\pmod{x^8+x^4+x^3+x+1}$$
$$\equiv x\cdot(x^4+1)\pmod{x^8+x^4+x^3+x+1}=x^5+x$$
$$=(00100010),$$
$$x^7\cdot(x^7+x^5+x^4+x^2+x+1)\pmod{x^8+x^4+x^3+x+1}$$
$$\equiv x\cdot(x^5+x)\pmod{x^8+x^4+x^3+x+1}\equiv x^6+x^2$$
$$=(01000100),$$

所以

$$P=A\otimes B$$
$$=(00100010)\oplus(10000101)\oplus(11001111)\oplus(11101010)$$
$$\oplus(10110111)=(00110101)=(35)_{\text{hex}}。$$

④ 四字节向量的加和乘　两个四字节向量$(A_3A_2A_1A_0)$和$(B_3B_2B_1B_0)$也可用系数取自 $GF(2^8)$的多项式来表示:$A_3x^3+A_2x^2+A_1x+A_0$,$B_3x^3+B_2x^2+B_1x+B_0$。

两个四字节向量$(A_3A_2A_1A_0)$和$(B_3B_2B_1B_0)$的加就是

$$(A_3A_2A_1A_0)+(B_3B_2B_1B_0)=(A_3\oplus B_3, A_2\oplus B_2, A_1\oplus B_1, A_0\oplus B_0)。$$

两个四字节向量$(A_3A_2A_1A_0)$和$(B_3B_2B_1B_0)$的模 x^4+1 的乘用矩阵乘表示就是

$$\begin{pmatrix} C_0 \\ C_1 \\ C_2 \\ C_3 \end{pmatrix} = \begin{pmatrix} A_0 & A_3 & A_2 & A_1 \\ A_1 & A_0 & A_3 & A_2 \\ A_2 & A_1 & A_0 & A_3 \\ A_3 & A_2 & A_1 & A_0 \end{pmatrix} \cdot \begin{pmatrix} B_0 \\ B_1 \\ B_2 \\ B_3 \end{pmatrix},$$

即

$$\begin{aligned} C_0 &= A_0B_0\oplus A_3B_1\oplus A_2B_2\oplus A_1B_3, \\ C_1 &= A_1B_0\oplus A_0B_1\oplus A_3B_2\oplus A_2B_3, \\ C_2 &= A_2B_0\oplus A_1B_1\oplus A_0B_2\oplus A_3B_3, \\ C_3 &= A_3B_0\oplus A_2B_1\oplus A_1B_2\oplus A_0B_3。 \end{aligned}$$

同样,亦有 x 乘,用矩阵乘表示:

$$\begin{pmatrix} C_0 \\ C_1 \\ C_2 \\ C_3 \end{pmatrix} = \begin{pmatrix} 00 & 00 & 00 & 01 \\ 01 & 00 & 00 & 00 \\ 00 & 01 & 00 & 00 \\ 00 & 00 & 01 & 00 \end{pmatrix} \cdot \begin{pmatrix} B_0 \\ B_1 \\ B_2 \\ B_3 \end{pmatrix}。$$

(3) 基本函数

① 字节代替 SubBytes() 设输入字节为$A=(a_7a_6a_5a_4a_3a_2a_1a_0)$,先按模乘法$P=A\otimes B$求出$A$的乘法逆元$X=(x_7x_6x_5x_4x_3x_2x_1x_0)$;然后做$GF(2)$上的仿射变换:$Y=NX\oplus B$,其中$Y=(y_7y_6y_5y_4y_3y_2y_1y_0)$,$B=(01100011)$,$N$是一个固定不变的0/1矩阵。

$$\begin{pmatrix} y_0 \\ y_1 \\ y_2 \\ y_3 \\ y_4 \\ y_5 \\ y_6 \\ y_7 \end{pmatrix} = \begin{pmatrix} 1 & 0 & 0 & 0 & 1 & 1 & 1 & 1 \\ 1 & 1 & 0 & 0 & 0 & 1 & 1 & 1 \\ 1 & 1 & 1 & 0 & 0 & 0 & 1 & 1 \\ 1 & 1 & 1 & 1 & 0 & 0 & 0 & 1 \\ 1 & 1 & 1 & 1 & 1 & 0 & 0 & 0 \\ 0 & 1 & 1 & 1 & 1 & 1 & 0 & 0 \\ 0 & 0 & 1 & 1 & 1 & 1 & 1 & 0 \\ 0 & 0 & 0 & 1 & 1 & 1 & 1 & 1 \end{pmatrix} \cdot \begin{pmatrix} x_0 \\ x_1 \\ x_2 \\ x_3 \\ x_4 \\ x_5 \\ x_6 \\ x_7 \end{pmatrix} \oplus \begin{pmatrix} 1 \\ 1 \\ 0 \\ 0 \\ 0 \\ 1 \\ 1 \\ 0 \end{pmatrix}。$$

根据上式就可构造出代替表(S,见表 A.2),当然也就可构造出代替表的逆表(S^{-1},见表 A.3)。因此,字节代替函数就是查表运算。

表 A.2　AES 的代替表 S(表中数据为十六进制)

y / x	0	1	2	3	4	5	6	7	8	9	a	b	c	d	e	f
0	63	7c	77	7b	f2	6b	6f	c5	30	01	67	2b	fe	d7	ab	76
1	ca	82	c9	7d	fa	59	47	f0	ad	d4	a2	af	9c	a4	72	c0
2	b7	fd	93	26	36	3f	f7	cc	34	a5	e5	f1	71	d8	31	15
3	04	c7	23	c3	18	96	05	9a	07	12	80	e2	eb	27	b2	75
4	09	83	2c	1a	1b	6e	5a	a0	52	3b	d6	b3	29	e3	2f	84
5	53	d1	00	ed	20	fc	b1	5b	6a	cb	be	39	4a	4c	58	cf
6	d0	ef	aa	fb	43	4d	33	85	45	f9	02	7f	50	3c	9f	a8
7	51	a3	40	8f	92	9d	38	f5	bc	b6	da	21	10	ff	f3	d2
8	cd	0c	13	ec	5f	97	44	17	c4	a7	7e	3d	64	5d	19	73
9	60	81	4f	dc	22	2a	90	88	46	ee	b8	14	de	5e	0b	db
a	e0	32	3a	0a	49	06	24	5c	c2	d3	ac	62	91	95	e4	79
b	e7	c8	37	6d	8d	d5	4e	a9	6c	56	f4	ea	65	7a	ae	08
c	ba	78	25	2e	1c	a6	b4	c6	e8	dd	74	1f	4b	bd	8b	8a
d	70	3e	b5	66	48	03	f6	0e	61	35	57	b9	86	c1	1d	9e
e	e1	f8	98	11	69	d9	8e	94	9b	1e	87	e9	ce	55	28	df
f	8c	a1	89	0d	bf	e6	42	68	41	99	2d	0f	b0	54	bb	16

注　AES 的代替表 S 的查表方法:以输入字节 $A=(a_7a_6a_5a_4a_3a_2a_1a_0)$为查表地址,即 $x=a_7a_6a_5a_4$,$y=a_3a_2a_1a_0$,查表输出就是 $S(A)=S(x\,y)$,即表 S 中第 x 行、第 y 列的元素。

表 A.3　AES 的逆代替表 S^{-1}(表中数据为十六进制)

y / x	0	1	2	3	4	5	6	7	8	9	a	b	c	d	e	f
0	52	09	6a	d5	30	36	a5	38	bf	40	a3	9e	81	f3	d7	fb
1	7c	e3	39	82	9b	2f	ff	87	34	8e	43	44	c4	de	e9	cb
2	54	7b	94	32	a6	c2	23	3d	ee	4c	95	0b	42	fa	c3	4e
3	08	2e	a1	66	28	d9	24	b2	76	5b	a2	49	6d	8b	d1	25
4	72	f8	f6	64	86	68	98	16	d4	a4	5c	cc	5d	65	b6	92
5	6c	70	48	50	fd	ed	b9	da	5e	15	46	57	a7	8d	9d	84
6	90	d8	ab	00	8c	bc	d3	0a	f7	e4	58	05	b8	b3	45	06
7	d0	2c	1e	8f	ca	3f	0f	02	c1	af	bd	03	01	13	8a	6b
8	3a	91	11	41	4f	67	dc	ea	97	f2	cf	ce	f0	b4	e6	73
9	96	ac	74	22	e7	ad	35	85	e2	f9	37	e8	1c	75	df	6e
a	47	f1	1a	71	1d	29	c5	89	6f	b7	62	0e	aa	18	be	1b
b	fc	56	3e	4b	c6	d2	79	20	9a	db	c0	fe	78	cd	5a	f4

续表

x \ y	0	1	2	3	4	5	6	7	8	9	a	b	c	d	e	f
c	1f	dd	a8	33	88	07	c7	31	b1	12	10	59	27	80	ec	5f
d	60	51	7f	a9	19	b5	4a	0d	2d	e5	7a	9f	93	c9	9c	ef
e	a0	e0	3b	4d	ae	2a	f5	b0	c8	eb	bb	3c	83	53	99	61
f	17	2b	04	7e	ba	77	d6	26	e1	69	14	63	55	21	0c	7d

注　AES 的逆代替表 S^{-1} 的查表方法和代替表 S 的类似。

字节代替 SubBytes()是对输入阵列进行查 S 表操作：

A_{00}	A_{01}	A_{02}	A_{03}
A_{10}	A_{11}	A_{12}	A_{13}
A_{20}	A_{21}	A_{22}	A_{23}
A_{30}	A_{31}	A_{32}	A_{33}

输入阵列

进行查表运算后得 ⇒

$S(A_{00})$	$S(A_{01})$	$S(A_{02})$	$S(A_{03})$
$S(A_{10})$	$S(A_{11})$	$S(A_{12})$	$S(A_{13})$
$S(A_{20})$	$S(A_{21})$	$S(A_{22})$	$S(A_{23})$
$S(A_{30})$	$S(A_{31})$	$S(A_{32})$	$S(A_{33})$

输出阵列

类似地，逆字节代替函数 InvSubBytes()是对输入阵列进行查 S^{-1} 表操作：

A_{00}	A_{01}	A_{02}	A_{03}
A_{10}	A_{11}	A_{12}	A_{13}
A_{20}	A_{21}	A_{22}	A_{23}
A_{30}	A_{31}	A_{32}	A_{33}

输入阵列

进行查表运算后得 ⇒

$S^{-1}(A_{00})$	$S^{-1}(A_{01})$	$S^{-1}(A_{02})$	$S^{-1}(A_{03})$
$S^{-1}(A_{10})$	$S^{-1}(A_{11})$	$S^{-1}(A_{12})$	$S^{-1}(A_{13})$
$S^{-1}(A_{20})$	$S^{-1}(A_{21})$	$S^{-1}(A_{22})$	$S^{-1}(A_{23})$
$S^{-1}(A_{30})$	$S^{-1}(A_{31})$	$S^{-1}(A_{32})$	$S^{-1}(A_{33})$

输出阵列

② 行移位 ShiftRows()　对输入阵列按行进行字节左循环移位操作：

A_{00}	A_{01}	A_{02}	A_{03}
A_{10}	A_{11}	A_{12}	A_{13}
A_{20}	A_{21}	A_{22}	A_{23}
A_{30}	A_{31}	A_{32}	A_{33}

输入阵列

位置不变→
左环移 1 字节→
左环移 2 字节→
左环移 3 字节→

A_{00}	A_{01}	A_{02}	A_{03}
A_{11}	A_{12}	A_{13}	A_{10}
A_{22}	A_{23}	A_{20}	A_{21}
A_{33}	A_{30}	A_{31}	A_{32}

输出阵列

逆行移位 InvShiftRows()对输入阵列按行进行字节右循环移位操作：

A_{00}	A_{01}	A_{02}	A_{03}
A_{10}	A_{11}	A_{12}	A_{13}
A_{20}	A_{21}	A_{22}	A_{23}
A_{30}	A_{31}	A_{32}	A_{33}

输入阵列

位置不变→
右环移 1 字节→
右环移 2 字节→
右环移 3 字节→

A_{00}	A_{01}	A_{02}	A_{03}
A_{13}	A_{10}	A_{11}	A_{12}
A_{22}	A_{23}	A_{20}	A_{21}
A_{31}	A_{32}	A_{33}	A_{30}

输出阵列

③ 列混合 MixColumns() 即四字节向量($A_3A_2A_1A_0$)和($B_3B_2B_1B_0$)的模 x^4+1 的乘，只不过其中一个四字节向量($A_3A_2A_1A_0$)固定为(03,01,01,02)，而另一个四字节向量($B_3B_2B_1B_0$)则是输入阵列中的一个列。用矩阵乘表示如下：

$$\begin{pmatrix} C_0 \\ C_1 \\ C_2 \\ C_3 \end{pmatrix} = \begin{pmatrix} 02 & 03 & 01 & 01 \\ 01 & 02 & 03 & 01 \\ 01 & 01 & 02 & 03 \\ 03 & 01 & 01 & 02 \end{pmatrix} \cdot \begin{pmatrix} B_0 \\ B_1 \\ B_2 \\ B_3 \end{pmatrix} = M \cdot \begin{pmatrix} B_0 \\ B_1 \\ B_2 \\ B_3 \end{pmatrix},$$

即

$$C_0 = 02 \otimes B_0 \oplus 03 \otimes B_1 \oplus B_2 \oplus B_3,$$
$$C_1 = B_0 \oplus 02 \otimes B_1 \oplus 03 \otimes B_2 \oplus B_3,$$
$$C_2 = B_0 \oplus B_1 \oplus 02 \otimes B_2 \oplus 03 \otimes B_3,$$
$$C_3 = 03 \otimes B_0 \oplus B_1 \oplus B_2 \oplus 02 \otimes B_3。$$

上述运算公式可简记作$(C_0, C_1, C_2, C_3)^{\mathrm{T}} = M \cdot (B_0, B_1, B_2, B_3)^{\mathrm{T}}$，其中 T 表示转置。

由于矩阵 M 的逆阵是

$$M^{-1} = \begin{pmatrix} 0E & 0B & 0D & 09 \\ 09 & 0E & 0B & 0D \\ 0D & 09 & 0E & 0B \\ 0B & 0D & 09 & 0E \end{pmatrix},$$

故有

$$(B_0, B_1, B_2, B_3)^{\mathrm{T}} = M^{-1} \cdot (C_0, C_1, C_2, C_3)^{\mathrm{T}},$$

即

$$B_0 = 0E \otimes C_0 \oplus 0B \otimes C_1 \oplus 0D \otimes C_2 \oplus 09 \otimes C_3,$$
$$B_1 = 09 \otimes C_0 \oplus 0E \otimes C_1 \oplus 0B \otimes C_2 \oplus 0D \otimes C_3,$$
$$B_2 = 0D \otimes C_0 \oplus 09 \otimes C_1 \oplus 0E \otimes C_2 \oplus 0B \otimes C_3,$$
$$B_3 = 0B \otimes C_0 \oplus 0D \otimes C_1 \oplus 09 \otimes C_2 \oplus 0E \otimes C_3。$$

列混合 MixColumns()是对输入阵列的每一列进行混合运算操作：

A_{00}	A_{01}	A_{02}	A_{03}
A_{10}	A_{11}	A_{12}	A_{13}
A_{20}	A_{21}	A_{22}	A_{23}
A_{30}	A_{31}	A_{32}	A_{33}

输入阵列

进行列混合运算后得 ⇨

C_{00}	C_{01}	C_{02}	C_{03}
C_{10}	C_{11}	C_{12}	C_{13}
C_{20}	C_{21}	C_{22}	C_{23}
C_{30}	C_{31}	C_{32}	C_{33}

输出阵列

其中

$$(C_{0j}, C_{1j}, C_{2j}, C_{3j})^{\mathrm{T}} = M \cdot (A_{0j}, A_{1j}, A_{2j}, A_{3j})^{\mathrm{T}} \quad (j=0,1,2,3)。$$

逆列混合 InvMixColumns()是对输入阵列的每一列进行逆列混合运算操作。其中

$$(A_{0j}, A_{1j}, A_{2j}, A_{3j})^{\mathrm{T}} = M^{-1} \cdot (C_{0j}, C_{1j}, C_{2j}, C_{3j})^{\mathrm{T}} \quad (j=0,1,2,3)。$$

C_{00}	C_{01}	C_{02}	C_{03}
C_{10}	C_{11}	C_{12}	C_{13}
C_{20}	C_{21}	C_{22}	C_{23}
C_{30}	C_{31}	C_{32}	C_{33}

输入阵列

进行逆列混合运算后得 ⇒

A_{00}	A_{01}	A_{02}	A_{03}
A_{10}	A_{11}	A_{12}	A_{13}
A_{20}	A_{21}	A_{22}	A_{23}
A_{30}	A_{31}	A_{32}	A_{33}

输出阵列

④ 轮密钥加 AddRoundKey()　输入阵列和轮密钥之间进行简单的模 2 加，即

$$S_{ij} = A_{ij} \oplus RK_{ij} \quad (i=0,1,2,3; j=0,1,2,3,(4,5),(4,5,6,7))。$$

轮密钥加的逆就是其本身。

(4) 加密时的轮变换　设总共有 Nr 轮变换。

① 每轮变换(i = 第 1 轮～第 Nr − 1 轮)

用类 C 语言描述(图 A.1 示出第 i 轮变换流程)：

```
RoundTransfomation(Iᵢ,ERKᵢ)
{
    Temp1 = SubBytes(Iᵢ);
    Temp2 = ShiftRows(Temp1);
    Temp3 = MixColumns(Temp2);
    Oᵢ = AddRoundKey(Temp3,ERKᵢ);
}
```

② 最终轮变换(第 Nr 轮)　用类 C 语言描述(图 A.2 示出最终轮变换流程)：

```
FinalRoundTransfomation(I_Nr,ERK_Nr)
{
    Temp1 = SubBytes(I_Nr);
    Temp2 = ShiftRows(Temp1);
    O_Nr = AddRoundKey(Temp2,ERK_Nr);
}
```

(5) 解密时的轮变换　解密时，需用字节代替 SubBytes()、行移位 ShiftRows()及列混合 MixColumns()的逆变换。当然，解密时每轮变换用的轮密钥和加密时的一样，但顺序颠倒。

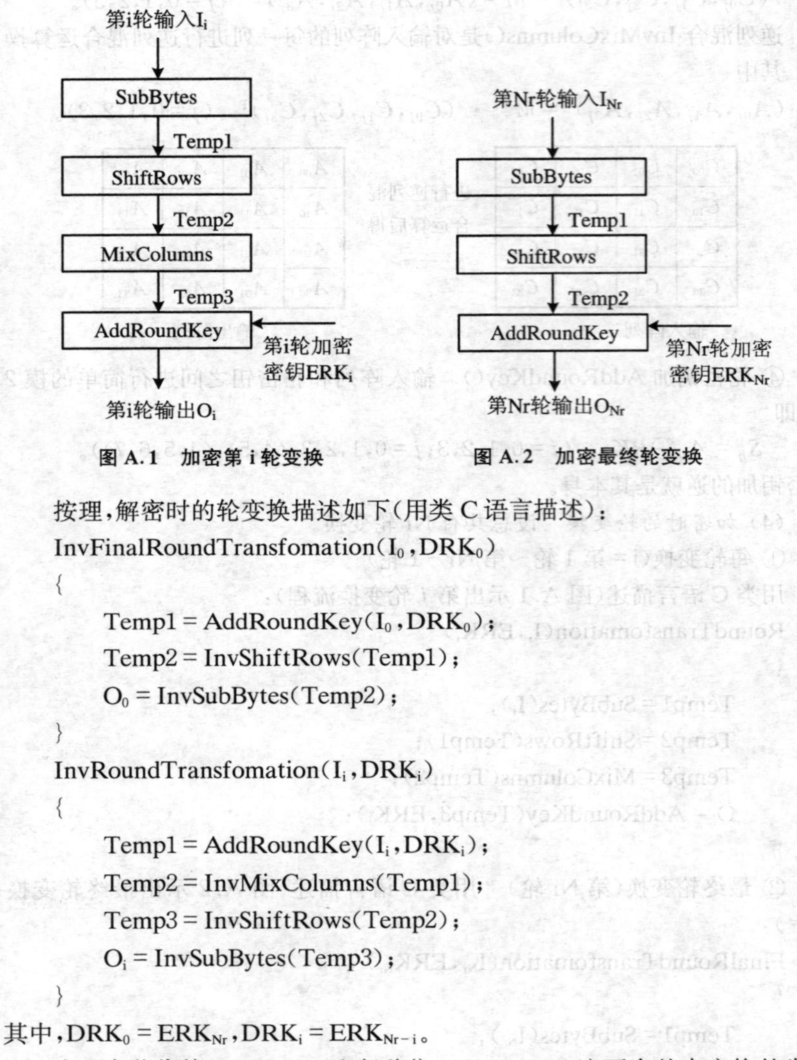

图 A.1　加密第 i 轮变换　　　**图 A.2　加密最终轮变换**

按理，解密时的轮变换描述如下（用类 C 语言描述）：

```
InvFinalRoundTransfomation(I_0, DRK_0)
{
    Temp1 = AddRoundKey(I_0, DRK_0);
    Temp2 = InvShiftRows(Temp1);
    O_0 = InvSubBytes(Temp2);
}
InvRoundTransfomation(I_i, DRK_i)
{
    Temp1 = AddRoundKey(I_i, DRK_i);
    Temp2 = InvMixColumns(Temp1);
    Temp3 = InvShiftRows(Temp2);
    O_i = InvSubBytes(Temp3);
}
```

其中，$DRK_0 = ERK_{Nr}$，$DRK_i = ERK_{Nr-i}$。

由于字节代替 SubBytes()和行移位 ShiftRows()这两个基本变换的先后顺序不影响轮变换的结果，即

$$\mathrm{ShiftRows}(\mathrm{SubBytes}(I_i)) = \mathrm{SubBytes}(\mathrm{ShiftRows}(I_i)),$$

所以有

$$\mathrm{InvShiftRows}(\mathrm{InvSubBytes}(I_i)) = \mathrm{InvSubBytes}(\mathrm{InvShiftRows}(I_i))。$$

另外，基于线性变换的特点，$L(A \oplus K) = L(A) \oplus L(K)$，则有

$\text{InvMixColumns}(\text{AddRoundKey}(I_i, DRK_i))$

$= \text{AddRoundKey}(\text{InvMixColumns}(I_i), \text{InvMixColumns}(DRK_i))$。

因此,解密时的每轮变换为(用类 C 语言描述)

InvRoundTransfomation(I_i, $MDRK_i$)

{

Temp1 = InvSubBytes(I_i);

Temp2 = InvShiftRows(Temp1);

Temp3 = InvMixColumns(Temp2);

O_i = AddRoundKey(Temp3, $MDRK_i$);

}

图 A.3 示出解密时的第 i 轮变换流程。其中

$$MDRK_i = \text{InvMixColumns}(DRK_i)。$$

解密时的最终轮变换如下(图 A.4 示出其流程,用类 C 语言描述):

InvFinalRoundTransfomation(I_{Nr}, DRK_{Nr})

{

Temp1 = InvSubBytes(I_{Nr});

Temp2 = InvShiftRows(Temp1);

O_{Nr} = AddRoundKey(Temp2, DRK_{Nr});

}

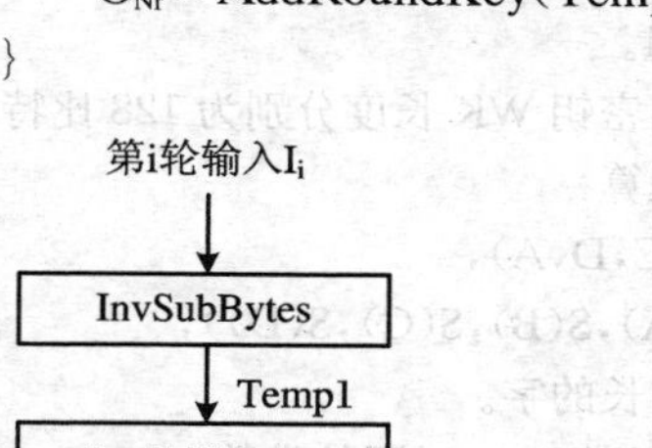

第i轮输入I_i
InvSubBytes
Temp1
InvShiftRows
Temp2
InvMixColumns
Temp3
AddRoundKey
第i轮解密密钥$MDRK_i$
第i轮输出O_i

图 A.3 解密第 i 轮变换

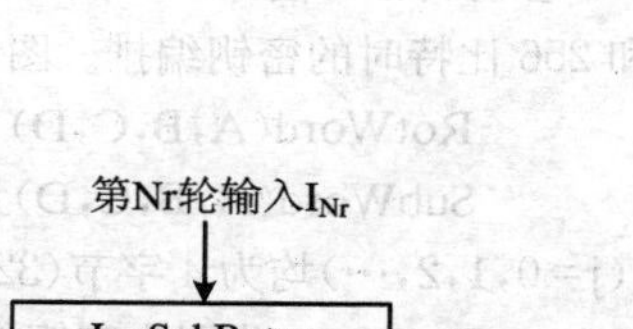

第Nr轮输入I_{Nr}
InvSubBytes
Temp1
InvShiftRows
Temp2
AddRoundKey
第Nr轮解密密钥DRK_{Nr}
第Nr轮输出O_{Nr}

图 A.4 解密最终轮变换

(6) *加密与解密* 加密和解密如图 A.5 所示,其中,$MRK_i = \text{InvMixColumns}(ERK_{Nr-i})$, $i = 1, 2, \cdots, Nr-1$。

加密	解密
输入 IB	输入 OB
$I_0 = \text{AddRoundKey}(IB, ERK_0)$	$I_0 = \text{AddRoundKey}(OB, ERK_{Nr})$
$\begin{cases} IR = \text{SubBytes}(I_0) \\ IR = \text{ShiftRows}(IR) \\ IR = \text{MixColumns}(IR) \\ I_1 = \text{AddRoundKey}(IR, ERK_1) \end{cases}$	$\begin{cases} IR = \text{InvSubBytes}(I_0) \\ IR = \text{InvShiftRows}(IR) \\ IR = \text{InvMixColumns}(IR) \\ I_1 = \text{AddRoundKey}(IR, MRK_1) \end{cases}$
……	
$\begin{cases} IR = \text{SubBytes}(I_{Nr-2}) \\ IR = \text{ShiftRows}(IR) \\ IR = \text{MixColumns}(IR) \\ I_{Nr-1} = \text{AddRoundKey}(IR, ERK_{Nr-1}) \end{cases}$	$\begin{cases} IR = \text{InvSubBytes}(I_{Nr-2}) \\ IR = \text{InvShiftRows}(IR) \\ IR = \text{InvMixColumns}(IR) \\ I_{Nr-1} = \text{AddRoundKey}(IR, MRK_{Nr-1}) \end{cases}$
$\begin{cases} IR = \text{SubBytes}(I_{Nr-1}) \\ IR = \text{ShiftRows}(IR) \\ OB = \text{AddRoundKey}(IR, ERK_{Nr}) \end{cases}$	$\begin{cases} IR = \text{InvSubBytes}(I_{Nr-1}) \\ IR = \text{InvShiftRows}(IR) \\ IB = \text{AddRoundKey}(IR, ERK_0) \end{cases}$
输出 OB	输出 IB

图 A.5 加密和解密

加密或解密的轮数 Nr 与密钥长度有关:当密钥长度为 128 比特时,称作 AES-128,Nr = 10;当密钥长度为 192 比特时,称作 AES-192,Nr = 12;当密钥长度为 256 比特时,称作 AES-256,Nr = 14。

(7) 密钥编排 图 A.6~图 A.8 示出密钥 WK 长度分别为 128 比特、192 比特和 256 比特时的密钥编排。图中的运算

$$\text{RotWord}(A,B,C,D) = (B,C,D,A),$$

$$\text{SubWord}(A,B,C,D) = (S(A),S(B),S(C),S(D)),$$

而 W_j($j = 0,1,2,\cdots$)均为 4 字节(32 比特)长的字。

Rcon1,Rcon2,…分别为密钥编排中的第 1,2,…圈的常数。

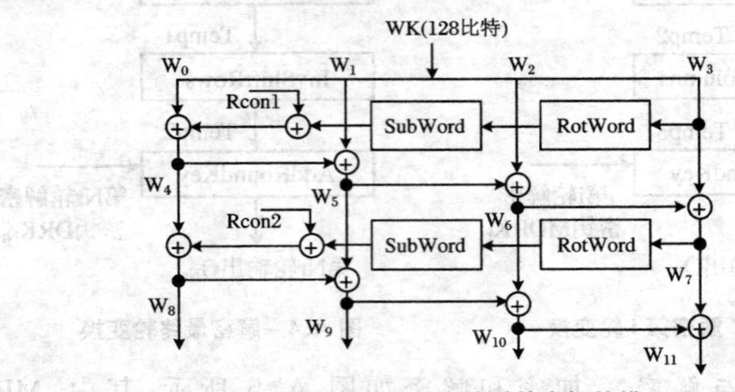

图 A.6 WK = 128 比特时的密钥编排

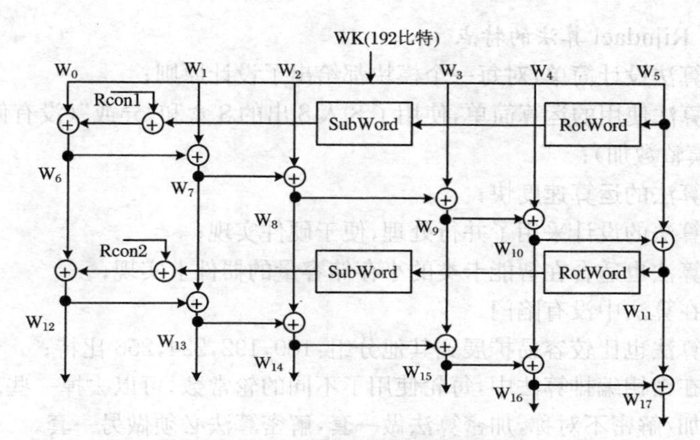

图 A.7　WK = 192 比特时的密钥编排

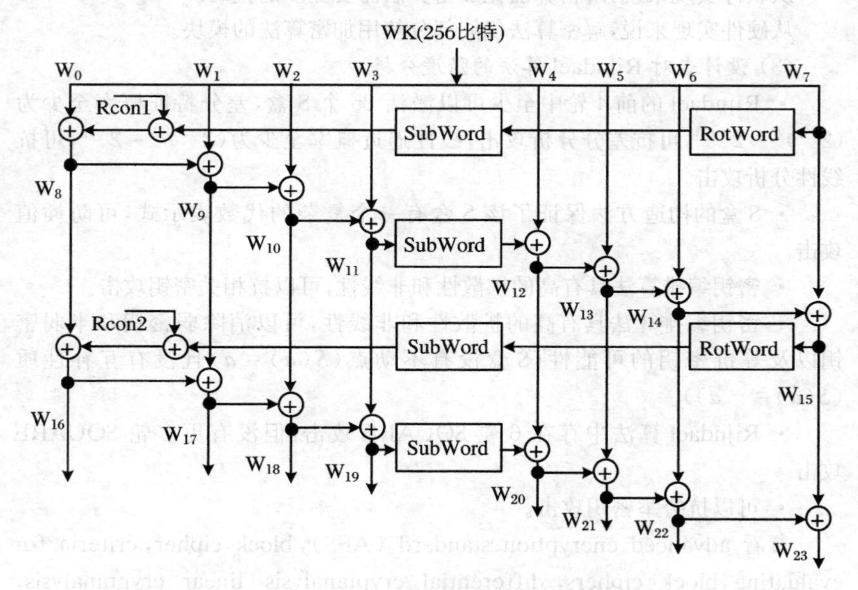

图 A.8　WK = 256 比特时的密钥编排

2．Rijndael 算法的特点

（1）Rijndael 算法的设计准则

① 抗所有的已知攻击；

② 速率和代码紧凑性适于各种不同的平台；

③ 设计简单。

(2) Rijndael 算法的特点

· 算法设计简单,对每一个模块都给出了设计原则;

· 算法使用的运算简单,使用了 8 入 8 出的 S 盒和“异或”(没有使用模整数乘和模整数加);

· 算法的运算速度快;

· 算法的设计采用了并行处理,便于硬件实现;

· 算法也适合在智能卡类的小存储容量的器件上实现;

· 在算法中没有陷门;

· 算法也比较容易扩展到其他分组:160,192,224,256 比特;

· 在密钥编排算法中,每轮使用了不同的轮常数,可以去掉一些对称性;

· 加/解密不对称,加密算法做一套,解密算法必须做另一套。

从软件实现来说,解密算法比加密算法需要更多的代码。

从硬件实现来说,解密算法仅能部分使用加密算法的模块。

(3) 设计者对 Rijndael 算法的强度分析

· Rijndael 的前 4 轮中至少可以激活 25 个 S 盒,差分特征概率至少为 $(2^{-6})^{25}=2^{-150}$,可抗差分分析攻击,线性逼近概率至少为 $(2^{-3})^{25}=2^{-75}$,可抗线性分析攻击。

· S 盒的构造方法保证了该 S 盒有一个复杂的代数表示式,可防插值攻击。

· 密钥编排算法具有高的扩散性和非线性,可以抗相关密钥攻击。

· 密钥编排算法具有高的扩散性和非线性,可以消除弱密钥和半弱密钥以及等价密钥的可能性(S 盒没有不动点($S(a)=a$)且没有互补性质($S(a)=-a$))。

· Rijndael 算法中存在 6 轮 SQUARE 攻击,但没有更多轮 SQUARE 攻击。

· 可以抗穷举密钥攻击。

参看 advanced encryption standard (AES), block cipher, criteria for evaluating block ciphers, differential cryptanalysis, linear cryptanalysis, semiweak key, strict avalanche criterion (SAC), substitution box (S-box), weak key。

比较 DES block cipher。

affine Boolean function 仿射布尔函数

一个布尔函数的代数范式中乘积项的次数均为 1,再加上一个常数 b,构成一个仿射布尔函数。令自变量为 $x_0,x_1,\cdots,x_{n-1}$,则仿射布尔函数可写成 $b+c_0x_0+c_1x_1+\cdots+c_{n-1}x_{n-1}$,其中 $b,c_0,c_1,\cdots,c_{n-1}$ 均为 $\mathbb{F}_2$ 上的常数。

n 变量仿射布尔函数共有 2^{n+1}个。

参看 affine function。

比较 linear Boolean function。

affine cipher　仿射密码

一种把加法密码和乘法密码组合在一起的简单代替密码。假定密文字符集和明文字符集相同,令明文字母表的长度为 q。对于一个位置编号为 j 的明文字母 m_j,在密钥 k_1和 k_2(k_1和 k_2均是 $0 \sim q-1$ 范围内的整数)的指示下,用第 $j \times k_1 + k_2 (\text{mod} q)$号位置上的字母代替。

仿射密码的加密过程是:先按照乘法密码将一个明文变换成中间密文;再将得到的中间密文当作明文,按照加法密码把它变换成最终密文。另外,为了避免"由于密文不能唯一地确定明文而导致解密引起多义性"这种问题,密钥 k_1必须和字母表的长度 q 互质。

参看 additive cipher, multiplicative cipher。

affine cryptosystem　仿射密码体制

参看 affine cipher。

affine function　仿射函数

仿射函数是自变量的线性组合再加一个常数。令自变量为 $x_0, x_1, \cdots, x_{n-1}$,则仿射函数可写成 $b + c_0 x_0 + c_1 x_1 + \cdots + c_{n-1} x_{n-1}$,其中,$b, c_0, c_1, \cdots, c_{n-1}$均为常数。

比较 linear function。

affine functions set　仿射函数集

所有仿射函数构成的集合。例如,2^{n+1}个仿射布尔函数就构成一个仿射布尔函数集。

参看 affine Boolean function, affine function。

A_5 stream cipher　A_5序列密码

A_5序列密码是欧洲 GSM 标准中规定的加密算法,用于数字蜂窝移动电话全双工通信的加密,加密从用户设备到基站之间的链路。对于 GSM 标准中的 A_5加密算法,曾有三种候选算法——法国算法、瑞士算法和英国算法。经讨论,法国人设计的算法被 GSM 标准采用,称作 A_5算法。

A_5序列密码算法

1. 符号注释

算法中所用变量均为单比特。

$\oplus$表示"异或运算"。

$\wedge$或者两个变量直接连写表示"与运算",例如 $xy = x \wedge y$。

∨表示“或运算”。

$\bar{x}$ 表示变量 x 的“非运算”。

$\boxed{D}$ 表示延迟单元。

2. 基本结构

(1) 伪随机源　采用三个线性反馈移位寄存器(LFSR),分别为19级、22级、23级,共64级。它们的连接多项式均为本原多项式:

LFSR1: $f_1(D)=1+D^{14}+D^{17}+D^{18}+D^{19}$ (图A.9);

LFSR2: $f_2(D)=1+D^{13}+D^{17}+D^{21}+D^{22}$ (图A.10);

LFSR3: $f_3(D)=1+D^{18}+D^{19}+D^{22}+D^{23}$ (图A.11)。

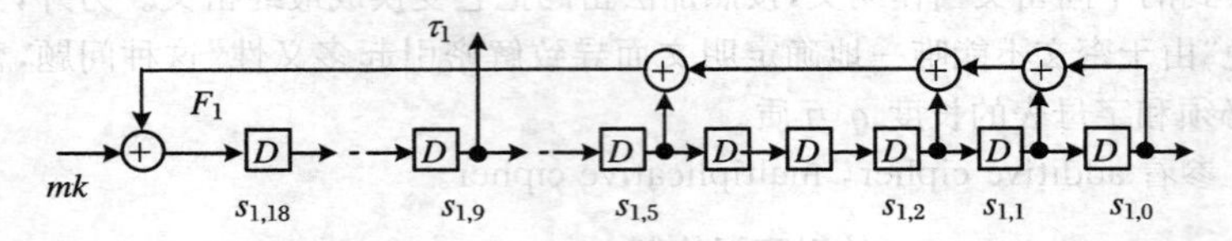

图 A.9　LFSR1

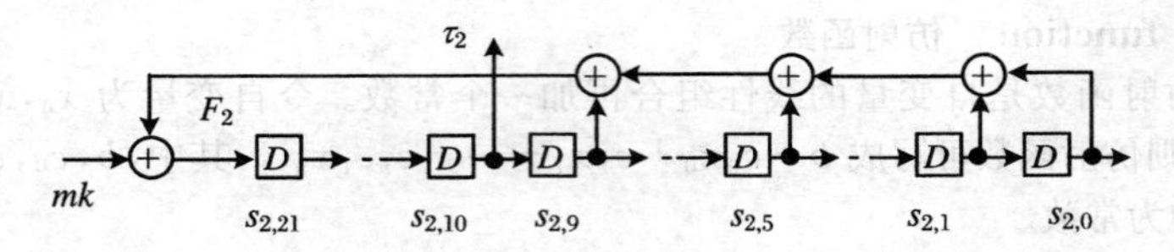

图 A.10　LFSR2

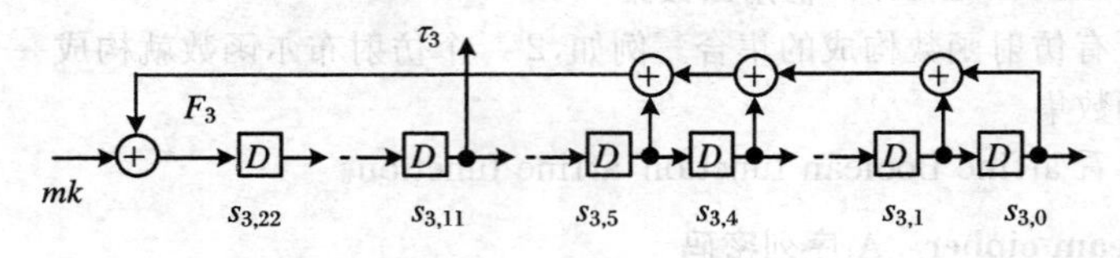

图 A.11　LFSR3

注　图A.9~图A.11中的“mk”为A_5算法初始化阶段所使用的消息密钥MK的一比特,而在A_5算法运行阶段要将“mk”置为“0”。

将LFSR1,LFSR2和LFSR3在t时刻的状态分别记作S_1,S_2和S_3:

$$S_1=(s_{1,18},s_{1,17},\cdots,s_{1,0}),$$

$$S_2=(s_{2,21},s_{2,20},\cdots,s_{2,0}),$$

$$S_3=(s_{3,22},s_{3,21},\cdots,s_{3,0})。$$

LFSR1,LFSR2和LFSR3的反馈位F_1,F_2和F_3:

$$F_1=s_{1,0}\oplus s_{1,1}\oplus s_{1,2}\oplus s_{1,5}\oplus mk,$$

$$F_2 = s_{2,0} \oplus s_{2,1} \oplus s_{2,5} \oplus s_{2,9} \oplus mk,$$
$$F_3 = s_{3,0} \oplus s_{3,1} \oplus s_{3,4} \oplus s_{3,5} \oplus mk。$$

（2）时钟控制逻辑函数　时钟控制电路的三个逻辑函数如下：

$$C_1 = \tau_1\tau_2 \vee \bar{\tau}_1\bar{\tau}_2 \vee \tau_1\tau_3 \vee \bar{\tau}_1\bar{\tau}_3 \vee \bar{\tau}_2\tau_3 \vee \tau_2\bar{\tau}_3 = \overline{\tau_1 \oplus \tau_2} \vee \overline{\tau_1 \oplus \tau_3} \vee (\tau_2 \oplus \tau_3),$$
$$C_2 = \tau_1\tau_2 \vee \bar{\tau}_1\bar{\tau}_2 \vee \bar{\tau}_1\tau_3 \vee \tau_1\bar{\tau}_3 \vee \tau_2\tau_3 \vee \bar{\tau}_2\bar{\tau}_3 = \overline{\tau_1 \oplus \tau_2} \vee (\tau_1 \oplus \tau_3) \vee \overline{\tau_2 \oplus \tau_3},$$
$$C_3 = \bar{\tau}_1\tau_2 \vee \tau_1\bar{\tau}_2 \vee \tau_1\tau_3 \vee \bar{\tau}_1\bar{\tau}_3 \vee \tau_2\tau_3 \vee \bar{\tau}_2\bar{\tau}_3 = (\tau_1 \oplus \tau_2) \vee \overline{\tau_1 \oplus \tau_3} \vee \overline{\tau_2 \oplus \tau_3}。$$

表 A.4 就是上述三个逻辑函数的真值表，图 A.12 就是用异或门、非门和或门来实现它们的硬件逻辑框图。

表 A.4

τ_1	τ_2	τ_3	C_1	C_2	C_3
0	0	0	1	1	1
1	1	1	1	1	1
0	0	1	1	1	0
1	1	0	1	1	0
0	1	0	1	0	1
1	0	1	1	0	1
0	1	1	0	1	1
1	0	0	1	1	1

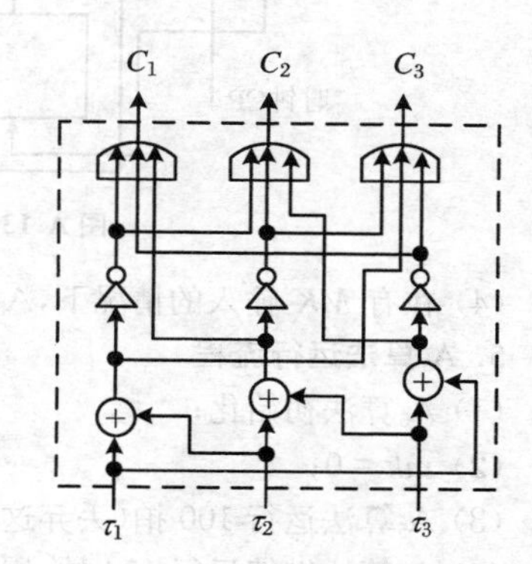

图 A.12　时钟控制电路

从上可见，这三个 LFSR 采用不规则驱动，驱动控制信号由时钟控制电路决定。时钟控制电路的三个输入为 $\tau_1 = s_{1,10}$，$\tau_2 = s_{2,11}$，$\tau_3 = s_{3,12}$。三个 LFSR 的不规则驱动信号分别为 C_1，C_2 和 C_3。只有当它们的值等于“1”时，它们所控制的那个 LFSR 才进行状态转移一拍；而当它们的值等于“0”时，它们所控制的那个 LFSR 保持状态不变。由上述规则可知，每一时刻至少有两个 LFSR 要进行状态转移一拍。

3．密钥流发生器

A_5 算法的完整框图示意在图 A.13 中。

密码输出序列 $z = s_{1,0} \oplus s_{2,0} \oplus s_{3,0}$。

4．A_5 算法初始化

（1）把 64 比特会话密钥 *SK* 输入到三个 LFSR 中，为了避免 LFSR 的初态全为“0”，将它们的最后一级都分别置成“1”；

（2）计算 C_1，C_2 和 C_3 的值，在 C_1，C_2 和 C_3 的控制下，三个 LFSR 进行状态转移一拍或保持状态不变；

（3）生成 22 比特随机数（帧号）作为消息密钥 *MK*；

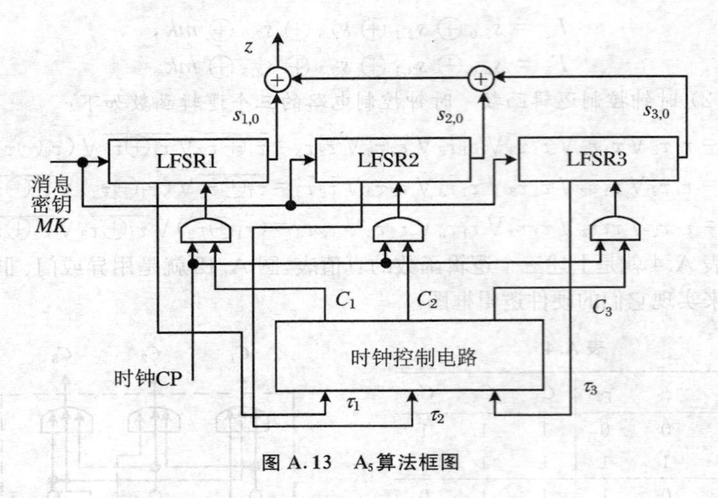

图 A.13 A_5算法框图

(4) 在有 *MK* 输入的情况下，A_5算法运行 22 拍。

5. A_5算法运行流程

(1) A_5算法初始化；

(2) $mk=0$；

(3) A_5算法运行 100 拍(丢弃这 100 比特输出)；

(4) A_5算法继续运行 114 拍，用这 114 比特输出去加密上行的一帧消息；

(5) A_5算法继续运行 100 拍(丢弃这 100 比特输出)；

(6) A_5算法继续运行 114 拍，用这 114 比特输出去加密下行的一帧消息(下行消息是通信对方发送过来的已加密的消息，故而实际上是解密下行的这帧消息)；

(7) 如果通话继续，则返回第 1 步，否则，通话结束。

参看 connection polynomial of LFSR，exclusive-or (XOR) gate，linear feedback shift register (LFSR)，NOT gate，OR gate，running key generator (RKG)，stream cipher。

algebraic attack　代数攻击

对密码算法的一种攻击方法。代数攻击采用基于代数思想的方法与技巧，将一个序列密码算法的保密性能归约为求解一个超定多变元高次方程组(即方程组中方程的个数多于变量的个数)。实际上，对序列密码算法施行代数攻击的历史还是不短的，只不过最近几年(2002 年后)人们在公开的国际密码年会上提出并发展了代数攻击技术。

假设有一个具体密码算法 S，代数攻击技术的基本思路是：① 根据 S 列出求解 S 的安全性(保密性)参数 k 的问题 P；② 采用一种方法将问题 P 规约为对一个超定多变元高次方程组的求解问题;③ 求解这个超定多变元高次方程组;④ 根据超定多变元高次方程组的解推出 S 的安全性(保密性)参数 k。

因此,问题 P 到超定多变元高次方程组的规约及超定多变元高次方程组的求解方法和技巧就成了代数攻击的关键。实践证明,代数攻击技术对许多序列密码算法(伪随机序列发生器)的安全性是一种强有力的威胁。

目前超定多变元高次方程组的求解方法主要有:线性化法、再线性化法、扩展线性化算法以及格罗波纳基算法等。

为了抵抗代数攻击,序列密码算法使用的布尔函数应该具有较高代数免疫度。

参看 algebraic immunity, linearization method, relinearization method, extended linearization(XL) method, Gröbner bases algorithm。

algebraic degree of Boolean function　布尔函数的代数次数

一个布尔函数 $f(x)$的代数次数就是其代数范式中次数最大的乘积项(单项式)的次数,记为 $\deg(f(x))$。布尔函数的代数次数又称作非线性次数。非线性次数的增大直接导致序列复杂度的增大。次数不大于 1 的布尔函数,称为线性函数(常数项为 0)或仿射(常数项为 1)函数。

如果一个 n 变量的布尔函数 f 是 m 阶相关免疫的($1 \leqslant m < n$),则其代数次数最多为 $n-m$。如果该布尔函数 f 是平衡的(即 f 的输出中恰好有一半是 0),则其代数次数最多为 $n-m-1$($1 \leqslant m < n-2$)。

参看 algebraic normal form, correlation-immune。

algebraic degree of S-box　代替盒的代数次数

S 盒 $F(x)$的代数次数 $\deg(F)$定义为

$$\deg(F) = \min_{g(x)} \deg(g(x)),$$

其中,$g(x)$是 $F(x)$分量函数的任意非零线性组合,$\deg(g(x))$为 $g(x)$的代数次数。

参看 algebraic degree, substitution box (S-box)。

algebraic immunity　代数免疫度

衡量一个密码算法抵抗代数攻击的能力。为了抵抗代数攻击,密码算法使用的布尔函数应该具有较高代数免疫度。

对于 n 元布尔函数 $f(x)$,定义 $f(x)$的零化子集合为

$$A_n(f) = \{g(x) \in B_n(x) \mid g(x) \neq 0, \text{且 } g(x)f(x) = 0\}。$$

其中,$B_n(x)$为全部 n 元布尔函数构成的集合。

$f(x)$的代数免疫度定义为

$$\mathrm{AI}(f) = \min_{\substack{g(x) \in A_n(f) \\ \text{或} g(x) \in A_n(f+1)}} \{\deg(g(x))\}。$$

参看 algebraic attack，Boolean function。

algebraic normal form 代数范式

在 n 元布尔函数中，$m(0\leqslant m\leqslant n)$个不同变量的乘积称为这些变量的 m 次乘积。每个布尔函数 $f(x_1,x_2,\cdots,x_n)$都能被写成其变量的不同 m 次乘积的模 2 和的形式，即把 $f(x)$表示成一个具有 n 个变元的多项式：

$$f(x)=f(x_1,x_2,\cdots,x_n)=a_0+\sum_{\substack{1\leqslant i_1<\cdots<i_k\leqslant n\\ 1\leqslant k\leqslant n}} a_{i_1 i_2\cdots i_k}x_{i_1}x_{i_2}\cdots x_{i_k},$$

其中，$x=(x_1,x_2,\cdots,x_n)\in\mathbb{F}_2^n$，$a_0,a_{i_1 i_2\cdots i_k}\in\mathbb{F}_2$。称上述表达式为 $f(x)$的代数范式。在 $f(x)$的代数范式中，每一个具有非零系数的乘积项 $x_{i_1}x_{i_2}\cdots x_{i_k}$ 称为 $f(x)$的一个单项式，称 k 为该单项式的次数，a_0为常数项，并规定 $f(x)=0$ 和 $f(x)=1$ 为 0 次多项式。

参看 Boolean function。

algorithm 算法

有不少人对算法提出了某种形式定义。虽然这些定义表面上不同，但是都可证明是等价的。例如，丘奇(A. Church)认为："任意一种算法都可以表示为一个图灵机，并且任意一个图灵机都表示一种算法。"这个假设称为丘奇论题，它说明算法和图灵机是等价的。

克努特(D. E. Knuth)对算法提出了一个更加通俗的定义。他认为：一个算法就是一个有穷规则的集合，其中规则规定了一个解决某一特定类型问题的运算序列。此外，一个算法还有五个重要的特性：

① 有穷性 一个算法必须总是在执行有穷步之后结束；

② 确定性 算法的每一步都必须有确切的定义，对于每种情况，有待执行的动作必须严格地和不含混地规定之；

③ 输入 一个算法有零个或多个输入数据；

④ 输出 一个算法有一个或多个输出；

⑤ 能行性 一般说来，期望一个算法是能行的，这意味着算法中所有待实现的运算必须都是相当基本的，也就是说，它们原则上都是能够精确地进行的，而且人们用笔和纸做有穷次即可完成。

克努特还认为，如果只具有(2)～(5)这四个特性，而不具有"有穷性"的步骤，可以叫作"计算方法"，但不是一个算法。

下面借助于数学的集合论给予算法的形式定义(也是克努特的)。

一个"计算方法"是一个四字式(Q,I,Ω,f)，其中 Q 是一个包含子集 I 和 Ω 的集合，f 是由 Q 到它自身的一个函数。其次，f 应当保留 Ω 的每个元素不动，即对于 Ω 的所有元素 q，$f(q)$应当等于 q。这四个量 Q,I,Ω,f 分别用来表示计算的状态、输入、输出和计算的规则。集合 I 中的每个输入 x 定义一个

“计算序列”$x_0, x_1, x_2, \cdots$如下：

$$x_0 = x \quad 且 \quad x_{k+1} = f(x_k) \quad (k \geqslant 0)。$$

计算序列说是在第 k 步终止，如果 k 是在 Ω 中的最小整数，而且在这种情况下说是由 x 产生输出 x_k（注意，如果 x_k 在 Ω 中，则 x_{k+1} 也是，因为在这种情况下，$x_{k+1} = x_k$）。某些计算序列可能永不终止。一个算法是对于 I 中的所有 x，都在有穷步内终止的一个计算方法。

不过，算法的上述形式定义并未包括前面所提到的“能行性”的限制。当然我们可以给予种种限制，而使其“能行”。

algorithm complexity　算法复杂性，算法复杂度

解某个问题的一种特定算法的时空耗费，称之为解这个问题的这种算法的复杂性。

参看 algorithm。

比较 computational complexity。

alphabet of definition　定义字母表

一种有限集合。例如，一种常用的定义字母表就是{0,1}，称之为二元字母表。其他任意字母表都可以根据二元字母表来进行编码。例如 ASCII 码（美国国家信息交换标准代码）是用 7 位二进制数字进行编码的，共定义了 128 个符号，包括大写英文字母、小写英文字母、阿拉伯数字、标点符号以及用于通信的字符等。

参看 binary alphabet。

alternating step generator　交错步进式发生器

一种前馈钟控发生器。这种发生器使用一个线性反馈移位寄存器 LFSR1 来控制另两个线性反馈移位寄存器 LFSR2 和 LFSR3 的步进。所产生的输出序列（output）是 LFSR2 和 LFSR3 输出序列的异或。如图 A. 14 所示。

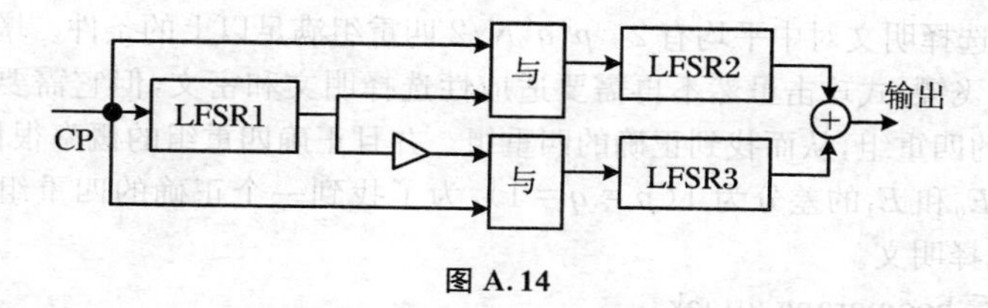

图 A. 14

图中 CP 为驱动 LFSR1，LFSR2 和 LFSR3 的时钟脉冲。这种发生器具有大的周期和线性复杂度。

参看 clock controlled generator, exclusive-or (XOR), linear feedback shift register (LFSR), pseudorandom bit generator。

alternating stop-and-go generator　交错停走式发生器

同 alternating step generator。

amount of key　密钥量

密钥空间的大小(即元素总数)称为密钥量。

参看 key space。

amount of secrecy　保密量

度量一个密码体制(或算法)保密强度的量。唯一解距离、最小掩蔽时间都是衡量保密强度的量。针对某种密码破译方法还可以得出该密码体制(或算法)的计算复杂度(包括数据复杂度、存储复杂度、进程复杂度)。现代密码体制(或算法)一般都是用其抗密码分析攻击的能力(即密码强度)来衡量。

参看 cipher strength, complexity of attacks on a block cipher, minimal cover time, unicity distance。

amplified boomerang attack　增强的飞去来器式攻击,增强的飞镖式攻击

由于飞去来器(飞镖)式攻击是适应性选择明文和密文攻击,在很多情况下并不适用。因而约翰·凯尔西(John Kelsey)等人提出了增强的飞去来器(飞镖)式攻击,该方法不再需要适应性选择明文和密文。增强的飞去来器(飞镖)式攻击通过加密很多对输入差分为 Δ 的明文对,并且寻找当 $P_1 \oplus P_2 = P_3 \oplus P_4 = \Delta$ 时,输出满足 $C_1 \oplus C_3 = C_2 \oplus C_4 = \nabla$ 的四重组。如果函数 E 如前所述,并且具有相同的差分 $\Delta \to \Delta^*$ 和 $\nabla \to \nabla^*$。那么分析表明一个四重组是正确的四重组的概率为 $2^{-(n+1)/2}pq$。这样的低概率是因为无法保证四重组中间差分 ∇^* 一定存在。假设选取 N 个明文对$(P, P \oplus \Delta)$,它们在 E_0 输出后大约有 Np 对的差分为 Δ^*。而在这些 Np 对中的每两个 P 和 Q 在 E_0 输出后的差分为 ∇^* 的概率仅为 2^{-n}。如果满足该条件,则 P' 和 Q' 在 E_0 输出后的差分也为 ∇^*。这些对中每两个对应密文对输出差分为 ∇ 的概率为 q。那么在开始 N 个选择明文对中平均有 $2^{-n}p^2q^2N/2$ 四重组满足以上的条件。增强的飞去来器(飞镖)式攻击虽然不再需要适应性选择明文和密文,但它需要验证所有可能的四重组,从而找到正确的四重组。并且正确四重组的概率很低,即使选取的 E_0 和 E_1 的差分为 $1(p = q = 1)$,为了找到一个正确的四重组也需要 $2^{n/2}$ 对选择明文。

参看 boomerang attack。

amplitude scrambling　幅度置乱

一种模拟置乱技术,其原理是把噪声或伪噪声信号叠加到话音信号上,使话音信号被噪声或伪噪声信号掩蔽起来。解密时,需要精确同步才能把所叠加的噪声或伪噪声信号去掉，露出话音信号来。另外，用噪声或伪噪声信号对话音信号的幅度进行线性调制可以提高保密度，但是需要采用宽带系统。

参看 analog scrambling。

anagramming　猜字法

密码分析中一种把密文还原成明文的方法。在对单表代替密码体制的分析时，密码分析者根据字母频率和连缀关系得出一些密文字母所对应的明文字母后，可以假设一个或几个可以与之成文的明文字母，并将所假设的明文字母所对应的密文字母位置全都用假设的明文字母填充，如果没有发生矛盾，就可以继续猜测新的明文。所猜测的新明文又可以提供有关其他字母的线索。就这样，一直到还原全部密文为止。

参看 cryptanalysis，frequency distribution，letter contact chart，simple substitution cipher。

analog cryptosystem　模拟密码体制

同 analog scrambling system。

analog encryption　模拟加密

同 analog scrambling。

analog scrambling　模拟置乱

一种话音保密技术，就是对模拟话音的频率、时间和振幅三个要素进行处理和变换，破坏话音的原有特征，使模拟变换后的话音尽可能不保留自然话音的任何痕迹，借以达到保密传输话音信号的目的。只在频率方面进行置乱称作频域置乱；只在时间方面对话音进行置乱处理称作时域置乱；同样，只在振幅方面对话音进行置乱处理就称作幅度域置乱。如果将上述三种置乱技术中的任意两个或三个组合起来使用，就构成多维置乱技术。

参看 frequency domain scrambling，amplitude scrambling，time domain scrambling，two-dimensional scrambling。

analog scrambling system　模拟置乱体制

采用模拟置乱技术的保密体制。

参看 analog scrambling。

analog speech scrambler　模拟言语置乱器

采用模拟置乱技术对言语信号进行变换的保密设备。

参看 analog scrambling。

analytical attack　解析攻击

密码分析的一种方法，可以根据密码算法定义的密文和明文(或密文和密钥)之间的确定关系,列出确定的数学方程组,如果已知一段密文,就可解此数学方程组来获得未知的明文(或密钥)。

参看 cryptanalysis,cryptographic algorithm。

AND gate 与门

实现与运算的逻辑电路,一般用框图表示(图 A.15)。

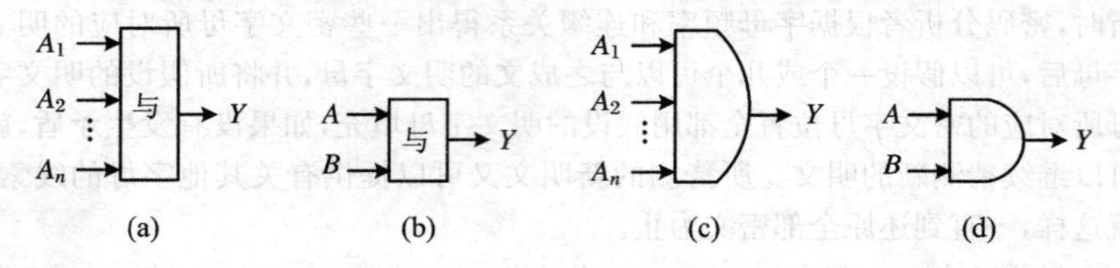

图 A.15

图(a)为多输入($n>2$)的情况,可用公式 $Y=A_1\wedge A_2\wedge\cdots\wedge A_n$来表示。

图(b)为二输入的情况,可用公式 $Y=A\wedge B$ 来表示。

而图(c)和图(d)是国际上所通常使用的相应框图。

参看 AND operation。

AND operation 与运算

与运算用符号"∧"表示,运算规则定义如下:$0\wedge 0=0,0\wedge 1=0,1\wedge 0=0,1\wedge 1=1$。

参看 Boolean algebra。

anonymity 匿名

信息安全的一个目标任务。隐蔽某个过程中所涉及的一个实体的身份。

参看 information security。

ANSI X9.17 pseudorandom bit generator ANSI X9.17 伪随机二进制数发生器

这是美国联邦信息处理标准(FIPS)根据 ANSI X9.17 标准批准的一种方法,目的是伪随机地产生 DES 使用的密钥和初始向量。具体算法如下。

ANSI X9.17 伪随机二进制数发生器算法

输入:一个随机而秘密的 64 比特种子 s,整数 m 以及 DES 的 E-D-E 加密密钥 k。

输出:m 个伪随机的 64 比特二进制数字串 $x_1,x_2,\cdots,x_m$。

PB1 计算中间值 $I=E_k(D)$,这里 D 是日期/时间的一个 64 比特表示,应尽量使之细化可用。

PB2 对 $i=1,2,\cdots,m$,执行下述计算:

PB2.1 $x_i \leftarrow E_k(I \oplus s)$；

PB2.2 $s \leftarrow E_k(x_i \oplus I)$。

PB3 返回$(x_1, x_2, \cdots, x_m)$。

上述算法中，$E_k(D)$表示在密钥 k 作用下，使用 DES 的 E-D-E 双密钥三重加密。上面得到的每一个 x_i都可以用作 DES 的一个工作方式的初始向量。为了从 x_i获得 DES 密钥，则应将 x_i的每 8 比特的第 8 比特数字重新设置成奇校验位。

参看 DES block cipher，E-D-E triple encryption。

antifixed point　反不动点

一个明文块，用一种密码算法可将该明文块变换成其补。例如，如果 DES 使用反回文半弱密钥，就存在 2^{32}个反不动点。

参看 antipalindromic key，DES block cipher。

antipalindromic key　反回文密钥

DES(数据加密标准)有 4 个半弱密钥对：

01E001E001F101F1　和　E001E001F101F101；

1FFE1FFE0EFE0EFE　和　FE1FFE1FFE0EFE0E；

011F011F010E010E　和　1F011F010E010E01；

E0FEE0FEF1FEF1FE　和　FEE0FEE0FEF1FEF1。

它们具有如下特性：其所生成的第 1 个子密钥 K_1是第 16 个子密钥 K_{16}的补，第 2 个子密钥 K_2是第 15 个子密钥 K_{15}的补……第 8 个子密钥 K_8是第 9 个子密钥 K_9的补，即

$$K_1 = \bar{K}_{16}, \quad K_2 = \bar{K}_{15}, \quad \cdots, \quad K_8 = \bar{K}_9。$$

参看 DES block cipher，semiweak key。

appended authenticator　附属鉴别码

密封鉴别码有时称为附属鉴别码。

参看 sealed authenticator。

approximate entropy test　近似熵检验

NIST 特种出版物 800-22《A Statistical Test Suite for Random and Pseudo-random Number Generators for Cryptographic Applications》中提出的 16 项检验之一。

检验目的　待测序列 $S = s_0, s_1, s_2, \cdots, s_{n-1}$。检验整个序列中所有可能的 m 比特重叠模式出现的频数。检验目的是比较两个相邻的 m 比特和 $m+1$ 比特重叠字块出现的频数是否是随机序列所期望的。

理论根据及检验技术描述　近似熵特征基于序列串中的重复模式。如果

$Y_i(m)=(s_i,\cdots,s_{i+m-1})$，则置

$$C_i^m=\frac{1}{n+1-m}\#\{j\mid 1\leqslant j<n-m, Y_j(m)=Y_i(m)\}=p_l,$$

且

$$\Phi^{(m)}=\frac{1}{n+1-m}\sum_{i=1}^{n+1-m}\log_2 C_i^m,$$

C_i^m 是序列串中模式 $Y_i(m)$ 出现的相对频数，而 $-\Phi^{(m)}$ 是发生在所有 2^m 个可能的 m 比特模式的集合上的经验分布的熵。

$$\Phi^{(m)}=\sum_{l=1}^{2^m}p_l\log_2 p_l,$$

其中，p_l 是序列串中模式 $l=(i_1,\cdots,i_m)$ 出现的相对频数。

$m(m\geqslant 1)$ 阶近似熵定义为

$$ApEn(m)=\Phi^{(m)}-\Phi^{(m+1)},$$

$ApEn(0)=-\Phi^{(1)}$。对于一个固定的字块长度 m 而言，期望在大的随机串中，$ApEn(m)\sim\ln 2$。因此，$2n(\ln 2-ApEn(m))$ 的极限分布与自由度为 2^m 的 χ^2 分布变量的分布一致。

$$\chi^2_{\text{obs}}=2n(\ln 2-ApEn(m))。$$

尾部概率为

$$P\text{-}value=\text{igamc}(2^{m-1},\chi^2_{\text{obs}}/2),$$

其中，χ^2_{obs} 是观测值，$\text{igamc}(a,x)$ 为不完全伽马函数：

$$\text{igamc}(a,x)=\frac{1}{\Gamma(a)}\int_x^{\infty}\mathrm{e}^{-u}u^{a-1}\mathrm{d}u。$$

检验统计量与参照的分布 统计量 χ^2_{obs} 近似满足 χ^2 分布(自由度为 2^m)。

检验方法描述 (1) 把待检验序列 S 开头的 $m-1$ 比特附加在 S 的末尾，以便建立 n 个 m 比特长的重叠字块。例如，待检验序列 $S=0100110101$，则 $n=10, m=3$。把 S 开头的 $m-1=2$ 比特 01 附加在 S 的末尾，得到序列 $S'=010011010101$。

(2) 统计序列 S' 中 m 比特长重叠字块出现的频数，用 $\# i$ 表示可能的 m 比特值的计数，其中 i 为 m 比特值。

对于上面给出的例子，3 比特字块(共 $2^3=8$ 个)出现的频数统计如下：

$$\#000=0,\quad \#001=1,\quad \#010=3,\quad \#011=1,$$
$$\#100=1,\quad \#101=3,\quad \#110=1,\quad \#111=0。$$

(3) 计算 $C_i^m=\# i/n$。

对于上面的例子，有

$$C_{000}^3=0,\quad C_{001}^3=0.1,\quad C_{010}^3=0.3,\quad C_{011}^3=0.1,$$
$$C_{100}^3=0.1,\quad C_{101}^3=0.3,\quad C_{110}^3=0.1,\quad C_{111}^3=0。$$

(4) 计算 $\Phi^{(m)} = \sum_{i=0}^{2^m-1} p_i \ln p_i$，其中 $p_i = C_i^m$。

对于上面的例子，有

$$\Phi^{(3)} = 0(\ln 0) + 0.1(\ln 0.1) + 0.3(\ln 0.3) + 0.1(\ln 0.1) + 0.1(\ln 0.1) + 0.3(\ln 0.3) + 0.1(\ln 0.1) + 0(\ln 0) = -1.64341772。$$

(5) $m \leftarrow m+1$，重复上面的步骤(1)～(4)。

对于上面的例子，有：

步骤(1) $m=4, S''=0100110101010$。

步骤(2) 4 比特字块（共 $2^4=16$ 个）出现的频数统计如下：$\#0011=1$，$\#0100=1$，$\#0101=2$，$\#0110=1$，$\#1001=1$，$\#1010=3$，$\#1101=1$，其他模式均为 0。

步骤(3) $C_{0011}^4 = C_{0100}^4 = C_{0110}^4 = C_{1001}^4 = C_{1101}^4 = 0.1$，$C_{0101}^4 = 0.2$，$C_{1010}^4 = 0.3$，其他均为 0。

步骤(4) $\Phi^{(4)} = -1.83437197$。

(6) 计算统计量 $\chi_{obs}^2 = 2n[\log_2 2 - ApEn(m)]$，其中 $ApEn(m) = \Phi^{(m)} - \Phi^{(m+1)}$。

对于上面的例子，有

$$ApEn(3) = \Phi^{(3)} - \Phi^{(4)} = -1.64341772 - (-1.83437197) = 0.190954,$$

$$\chi_{obs}^2 = 2 \times 10 \times (0.693147 - 0.190954) = 10.04386。$$

(7) 计算尾部概率

$$P\text{-}value = \text{igamc}(2^{m-1}, \chi_{obs}^2/2)。$$

对于上面的例子，有

$$P\text{-}value = \text{igamc}(2^2, 10.04386/2) = 0.261961。$$

判决准则（在显著性水平 1% 下） 如果 *P-value* ＜0.01，则该序列未通过该项检验；否则，通过该项检验。

判决结论及解释 根据上面(7)中的 *P-value*，得出结论：这个序列通过该项检验还是未通过该项检验。如果 $ApEn(m)$ 的值小，意味着所检验的序列具有强的规律性；值大，则意味着无规律性。

输入长度建议 参数 m 和 n 的选择应使得 $m < \lfloor \log_2 n \rfloor - 2$。

举例说明 序列 S：

11001001000011111101101010100010001000010110100011
00001000110100110001001100011001100010100010111000，

$n=100, m=2$。

计算：$ApEn(m) = 0.665393$。

计算：$\chi^2_{obs} = 5.550\ 792$。

计算：*P-value* = 0.235 301。

结论：由于 *P-value*≥0.01，这个序列通过“近似熵检验”。

参看 chi square test，NIST Special Publication 800-22，statistical hypothesis，statistical test。

arbitrated signature scheme　仲裁签名方案

一种数字签名机制。仲裁数字签名方案需要无条件信任的第三方（TTP）作为签名生成和签名验证的一部分。此方案还需要对称密钥加密算法 $E = \{E_k \mid k \in K\}$，其中 K 是密钥空间。假定每个 E_k 的输入和输出都是 n 比特字符串，并令 $h: \{0,1\}^* \to \{0,1\}^n$ 是一个单向散列函数。TTP 选择一个密钥 $k_T \in K$ 并保持 k_T 的秘密。为了验证一个签名，实体必须和 TTP 共享一个对称密钥。

设签名者为 A，验证者为 B。

(1) 密钥生成（每一个实体 A 选择一个密钥并把它秘密可靠地传送给 TTP）

KG1　A 选择一个随机的秘密密钥 $k_A \in K$；

KG2　通过某种可靠的方法秘密地使 k_A 为 TTP 可用。

(2) 签名生成（实体 A 签署一个任意长度的二进制消息 $m \in M$）

SG1　A 计算 $H = h(m)$；

SG2　A 用 E 加密 H，得到 $u = E_{k_A}(H)$；

SG3　A 把 u 和其某个身份字符串 I_A 一起发送给 TTP；

SG4　TTP 计算 $E^{-1}_{k_A}(u)$，得到 H；

SG5　TTP 计算 $s = E_{k_T}(H \parallel I_A)$，并把 s 发送给 A；

SG6　A 对消息 m 的签名是 s。

(3) 签名验证（任意实体 B 都能验证 A 对于消息 m 的签名）

SV1　B 计算 $v = E_{k_B}(s)$；

SV2　B 把 v 和其某个身份字符串 I_B 一起发送给 TTP；

SV3　TTP 计算 $E^{-1}_{k_B}(u)$，得到 s；

SV4　TTP 计算 $E^{-1}_{k_T}(s)$，得到 $H \parallel I_A$；

SV5　TTP 计算 $w = E_{k_B}(H \parallel I_A)$，并把 w 发送给 B；

SV6　B 计算 $E^{-1}_{k_B}(w)$ 得到 $H \parallel I_A$；

SV7　B 计算 $H' = h(m)$；

SV8　B 接受这个签名当且仅当 $H' = H$。

参看 digital signature，one-way hash function (OWHF)，symmetric key encryption，trusted third party (TTP)。

archival 归档

密钥管理的一个阶段。将不再正常使用的密钥资料归档,以便提供一个信息源,供特殊环境下的密钥检索用(例如调解涉及抵赖的争端)。归档指的是离线长期存储使用后的密钥。

参看 key management life cycle。

asymmetric algorithm 非对称算法

使用公开密钥进行加密而使用秘密密钥进行解密的一类密码算法。

比较 symmetric algorithm。

asymmetric cipher 非对称密码

同 asymmetric cryptographic system。

asymmetric cryptographic system 非对称密码体制

含有两个相关变换的密码体制:一个是用公开密钥定义的,称为公开变换;另一个是用秘密密钥定义的,称为秘密变换。非对称密码体制具有如下特性:根据公开变换来确定秘密变换在计算上是不可行的。

比较 symmetric cryptographic system。

asymmetric cryptosystem 非对称密码体制

同 asymmetric cryptographic system。

asymmetric key 非对称密钥

在非对称密码体制中,密钥成对出现,加密用的密钥和解密用的密钥不同,而且要想从其中一个密钥推导出另一个密钥在计算上是不可行的。

比较 symmetric key。

asymmetric key set 非对称密钥集

所有的非对称密钥对组合在一起构成非对称密钥集。

参看 asymmetric key。

asymmetric key system 非对称密钥体制;非对称密钥系统

一种密码体制(或系统):使用一个加密算法(或密钥)进行加密,而使用另一个解密算法(或密钥)进行解密。使用非对称密钥体制的一个实例就是公开密钥密码体制:加密算法或密钥是公开的,解密算法或密钥是秘密的。

参看 public key cryptosystem。

比较 symmetric key system。

Atkin's primality test 阿特金素性检测

一种素性证明算法,它基于一个类似波克林顿(Pocklington)定理的椭圆曲线。实际使用的算法通常称为阿特金测试,或者称为椭圆曲线素性证明

(ECPP)算法。在启发式论证中,已经证明:为证明一个整数 n 的素性,这个算法的期望运行时间是 $O((\ln n)^{6+\varepsilon})$(对任意 $\varepsilon>0$)。阿特金测试优于雅克比和测试,这种测试算法产生一个短的、能用于有效验证数的素性的素性证书。阿特金测试已被用于证明十进制位数长超过 1 000 位的数的素性。

参看 Jacobi sum primality test,Pocklington's theorem,primality test。

attack complexity　攻击复杂度

某一密码分析算法对某一特定密码体制(算法)进行攻击的算法复杂度。这种复杂度在不同情况下可分别用该密码分析算法的数据复杂度、存储复杂度、进程复杂度来描述。

参看 complexity of attacks on a block cipher, data complexity, processing complexity,storage complexity。

attacker　攻击者

参看 adversary。

attack models on cryptosystems　对密码体制的攻击模式

对任意一个密码体制进行密码分析攻击最常用的攻击模式有如下几种:唯密文攻击、已知明文攻击、选择明文攻击和选择密文攻击。

要求一个实用的密码体制至少必须能抗得住唯密文攻击和已知明文攻击,若能抗得住选择明文攻击更好。

参看 ciphertext only attack,chosen ciphertext attack,chosen plaintext attack,known plaintext attack。

attacks on block cipher　对分组密码的攻击

对分组密码进行攻击的目标是:企图确定该分组密码的当用密钥;或者在不知道密钥(甚至不知道分组密码算法)的情况下将密文还原成明文。

现有的对分组密码的攻击方法有:差分密码分析、线性密码分析、穷举密钥搜索、相关密钥密码分析,以及差分密码分析和线性密码分析的各种推广等。

参看 block cipher, differential cryptanalysis, differential-linear cryptanalysis, exhaustive key search, key clustering attack, linear cryptanalysis,meet-in-the-middle attack,related keys cryptanalysis,time-memory tradeoff,truncated differentials analysis。

attacks on cryptographic algorithm　对密码算法的攻击

人们为了确保密码算法的密码性能,提出了许多设计准则和密码性能衡量标准。但是这些设计准则和衡量标准仅仅是检测所设计出的密码算法(或者密码体制)是否符合要求的必要条件,而不是充分条件。原因是各种各样攻击方式的存在,需要这些准则去对抗;可是满足这些准则设计的密码体制(算法)未必保得住密。一个密码体制(算法)能抗得住某些破译攻击,未必能抗得住其他破译攻击;就算能抗得住现有的所有破译攻击,也并不能保证抗得住将来某种新的破译攻击。人们无法穷尽所有的破译分析算法,也就无法证明一个密码体制(算法)是抗破译的。所以,不要轻易宣称自己所设计的密码算法是"不可破译的",只能是,也应该是,尽心尽力地设计密码算法、严格精心地验证密码算法,以确保密码强度是符合要求的。

密码学格言中第二条:"只有密码分析者才能够鉴定一个密码体制的保密性",说得是,要"鉴定一个密码体制的保密性",就必须使这个密码体制经受最严厉的密码分析(或称密码破译)。

衡量密码体制(算法)的密码性能时,一般采用最坏情况分析,即在最坏情况条件下对该密码体制(算法)进行密码分析,使用各种可能的攻击方法对密码体制(算法)进行破译分析。

对对称密码体制(算法)的攻击可参看对分组密码的攻击和对序列密码的攻击;对非对称密码体制(算法)的攻击可参看对公开密钥加密的攻击、数论基准问题以及对具体公开密钥密码算法的安全性分析。

参看 attacks on block cipher, attacks on public key encryption, attacks on stream cipher, cipher strength, crypto-complexity, cryptographic algorithm, cryptographic design criteria, maxims of cryptology, number-theoretic reference problems, worst-case analysis, worst-case condition。

attacks on cryptographic protocols　对密码协议的攻击

敌人企图促使密码协议失败的行为。对密码协议可能采取的攻击方式有:已知密钥攻击、重放攻击、假冒攻击、字典式攻击、前向搜索攻击和交错攻击等。

参看 dictionary attack, forward search attack, impersonation attack, interleaving attack, known-key attack, replay attack。

attacks on digital signature　对数字签名的攻击

对数字签名进行攻击的目标是:伪造签名,即产生能为其他实体接受的签名。

现有的对公开密钥数字签名的基本攻击方法有两大类:唯密钥攻击和消息攻击。

参看 digital signature, key-only attack, message attack。

attacks on hash function　对散列函数的攻击

令散列函数为 $y = h(M)$,对散列函数进行攻击的目标是:根据散列值 y

确定其输入 M；或者根据任意一个指定输入 M 寻找具有相同输出 y 的任意第二个输入 M'，$M\neq M'$；或者寻找两个散列到相同输出 y 的任意两个不同输入 M 和 M'，$M\neq M'$。

现有的对散列函数的攻击方法有：生日攻击、链接攻击和伪碰撞攻击等。

参看 birthday attacks，chaining attacks，collision resistance，hash function，preimage resistance，pseudo-collisions，second (2nd)-preimage resistance。

attacks on identification protocols 对身份识别协议的攻击

敌人企图挫败身份识别协议的行为。攻击方法有如下几种：假冒攻击、重放攻击、交错攻击、反射攻击、强制延迟攻击、选择文本攻击等。

参看 chosen-text attack on identification，forced delay attack on identification，identification，impersonation attack on identification，interleaving attack on identification，reflection attack on identification，replay attack on identification。

attacks on key establishment protocal 对密钥编制协议的攻击

对密钥编制协议进行攻击的目标是：泄露、窜改、破坏密钥数据，即破坏密钥数据的保密性和可靠性。

现有的对密钥编制协议的攻击方法有：中间入侵者攻击、反射攻击、交错攻击和服务器中误置可信等。

参看 interleaving attack，intruder-in-the-middle attack，key establishment，misplaced trust in server，reflection attack。

attacks on message authentication code (MAC) 对消息鉴别码的攻击

对消息鉴别码(MAC)进行攻击的目标是：① 攻击一个 MAC：在预先不知道密钥的情况下，已知一个或多个 $(x_i, h_k(x_i))$ 文本 - MAC 对，对某个文本 $x\neq x_i$ 计算出一个新的文本 - MAC 对 $(x, h_k(x))$；② 伪造 MAC：如果伪造 MAC 可能的话。

参看 message authentication code (MAC)，types of attack on MAC，types of MAC forgery。

attacks on passwords 对通行字的攻击

对通行字进行攻击的目标是：获取该通行字。

现有的对通行字的攻击方法有：字典式攻击、穷举通行字搜索攻击、通行字猜测、预放攻击及重放攻击等。

参看 dictionary attack，exhaustive passwords search，passwords，password-guessing，pre-play attack，replay attack。

attacks on public key encryption　对公开密钥加密的攻击

想要攻击一个公开密钥加密方案的敌人的基本目标是：根据预定给某另一个实体 A 的密文系统地恢复明文。如果能达到这个目标，则这个加密方案就被非形式地称作已被破译。更渴望的目标是密钥恢复——恢复 A 的秘密密钥。如果达到这个目标，则这个加密方案就被非形式地称作已被完全破译，这是因为敌人已具有解密所有发送给 A 的密文的能力。

攻击公开密钥加密方案的攻击类型如下：因为加密变换是公开已知的，一个被动敌人总是能够对一个公开密钥加密方案安装一个选择明文攻击。较强的攻击是选择密文攻击，这里，敌人选择他备选的密文，然后通过某种方法（来自受骗者 A）获得对应的明文。这些攻击中的两种类型通常是有区别的。

参看 chosen-ciphertext attack，chosen-plaintext attack，public key cryptosystem。

attacks on stream cipher　对序列密码的攻击

对序列密码进行攻击的目标是：企图确定该序列密码的当用密钥；或者在不知道密钥（甚至不知道序列密码算法）的情况下将密文还原成明文。

现有的对序列密码的攻击方法有：相关攻击、反向攻击、线性一致性攻击、线性密码分析、穷举密钥搜索和线性校验子攻击等。

参看 correlation attack，exhaustive key attack，inversion attack on stream ciphers，exhaustive key attack，linear consistency attack，linear cryptanalysis，linear syndrome attack，stream cipher。

attacks on the compression function　对压缩函数的攻击

令散列函数为 $y=h(M)$，输入 $M=M_1 \parallel M_2 \parallel \cdots \parallel M_t$，压缩函数为 $H_i=f(H_{i-1},M_i)$ $(1\leqslant i\leqslant t)$，$H_0=IV$，$IV$ 为初始链接值。如果用压缩函数 f 替换散列函数 h，用链接变量 H_{i-1} 替换初始链接值 IV，用一单个输入字块 M_i 替换任意长度的消息 M，那么，对散列函数的任意一种攻击都可以转换成对压缩函数的攻击。

参看 compression function of an iterated hash function，iterated hash function。

比较 attacks on hash function。

attribute certificate　属性证书

一个属性证书将一段或多段属性信息和证书主体捆绑在一起。任何人都可以定义和登记一个属性类型并在属性证书中使用。证书采用数字式签名并且由一个属性证书机构发行。除了内容上的不同外，一个属性证书的管理方法和公开密钥证书一样。特别地，X. 509 基于 CRL 的撤销机制能够由一个属性证书机构用来撤销属性证书。

一个属性证书有如下这些字段：

（a）版本　特殊的证书格式的指示符(最初定义为版本1)，允许可能的将来版本。

（b）主体　这个字段标识与那些属性相联系的人或实体。识别可能是用名称或者是参照 X.509 公开密钥证书（这种参照包含 X.509 发行者的名称和 X.509 证书序列号的一个组合）。

（c）发行者　发行这种属性证书的属性机构的名称。

（d）签名　用于签署证书的数字签名算法的算法识别号。

（e）序列号　该证书的唯一编号，由发行属性机构分配并且用在 CRL 中以识别该证书。

（f）有效期　证书的开始和中止日期/时间。这个周期定义证书的使用周期，除非证书在其中止之前被撤销。

（g）属性　在拥有者字段中，指与实体相关的信息或者与证书处理相关的信息。这个信息可以由主体、属性机构或者第三方提供，该信息依赖于特殊的属性类型。

（h）发行者唯一识别号　一个可选的比特串，用于使发行属性机构的名称无二义性，即使整个发行时间内已将相同的名称再分配给不同的实体也是如此。

（i）扩展　这个字段允许将新的字段添加到证书格式中。它的工作方法与 X.509 公开密钥证书中的扩展字段相同。

参看 X.509 certificate。

Auguste Kerckhoffs　奥古斯特·克尔克霍夫斯(1835～1903)

出身于荷兰，1873 年加入法国籍。1883 年发表巨著《军事密码学》（*La Cryptographie Militaire*）。

对密码学的两大贡献：创造性地提出军事密码体制的要求——简便、可靠、迅速等等；重申“只有密码分析家才能分辨一个密码体制的保密性”这个原则。

根据上述要求和原则对军事密码体制提出六项原则：

（a）密码体制即便不是理论上不可破的，也应该是实际上不可破的；

（b）体制的泄露不应该给通信者带来麻烦；

（c）密钥应便于记忆，而且容易更换；

（d）密文应可用电报发送；

（e）器械或文件应可由一人携带和操作；

（f）体制应该简易明了，既不需要懂得冗长的规则，又不要使人神经紧张。

提出两种重要的密码分析技术:重叠法和位对称法。

参看 Kerckhoffs' assumption, Kerckhoffs' criteria, Kerckhoffs' superimposition,symmetry of position。

authenticated key establishment 鉴别密钥编制

一种提供密钥鉴别的密钥编制协议。鉴别密钥编制协议建立一个和其身份已被(或能被)证实的用户共享的秘密。

参看 key establishment, key authentication。

authenticated key exchange protocol(AKEP1/AKEP2) 鉴别密钥交换协议

一种可提供密钥交换又可提供鉴别保证的技术。假定两个实体A和B为导出一个会话密钥 K_s交换三个消息,实现相互实体鉴别及密钥 K_s的隐式鉴别。

(1) 设置 A和B共享长期对称密钥 K 和 K'(它们应当不同但不必是独立的)。h_K是用于实体鉴别的消息鉴别码MAC(有密钥散列函数)。$h'_{K'}$ 是用于密钥导出的一种伪随机置换或有密钥单向函数。

(2) 协议消息 定义 $T=(B,A,r_A,r_B)$,

$$A \to B: r_A, \quad (1)$$

$$A \leftarrow B: T, h_K(T), \quad (2)$$

$$A \to B: (A, r_B), h_K(A, r_B), \quad (3)$$

$$K_s = h'_{K'}(r_B)。$$

(3) 协议动作 执行下列步骤:

(a) A选择一个随机数 r_A,并将之发送给B。

(b) B选择一个随机数 r_B,并将 $T=(B,A,r_A,r_B)$连同使用 h 和 K 对 T 值生成的MAC一起发送给A。

(c) A对于接收到的消息(2)检验身份是否为真,即所接收到的 r_A是否和消息(1)中的相匹配,并验证MAC。

(d) 然后A把值(A,r_B)连同其MAC$(h_K(A,r_B))$一起发送给B。

(e) B对于接收到的消息(3)验证MAC是否正确,并检验所接收到的 r_B 是否和早先发送的相匹配。

(f) A和B都计算会话密钥 $K_s = h'_{K'}(r_B)$。

上述协议称作AKEP2。AKEP1是对AKEP2作了一点修改的变种:B显式产生一个随机会话密钥 K_s,并用 h'在 K'和随机数 r 的作用下用 h'概率地加密 K_s。上面(2)中的 T 和 $h_K(T)$内的最终附加字段包含了量$(r, K_s \oplus h'_{K'}(r))$,根据这个量 A 可以恢复K_s。作为一种优化,可设 $r=r_B$。

参看 key authentication, key derivation, mutual authentication。

authentication 鉴别

一种和身份有关的业务。鉴别既应用于实体又应用于信息本身。参与通信的两个用户应相互进行身份识别;而在信道上传送的信息也应提供有关源、源的日期、数据量、发送时间等的鉴别。为此,密码学上的鉴别通常划分成两大类:实体鉴别和数据源鉴别。

参看 entity authentication, data origin authentication。

authentication code (AC) 鉴别码

企图提供无条件安全性的 MAC(消息鉴别码)常常称为鉴别码,用一个鉴别标志(MAC 值)伴随着数据以提供源鉴别(包括数据完整性)。更形式地说,一个鉴别码包括源状态(明文)的有限集 S、鉴别标志 A、秘密密钥 K 以及一组规则,使得每一个 $k \in K$ 都定义一个映射 $e_k : S \to A$。一个由一源状态和一鉴别标志 A 组成的已鉴别的消息,只能够由拥有一个预先共享的密钥的预期接收者验证(就 MAC 而论)。

参看 data origin authentication, message authentication code (MAC), unconditionally security。

authentication path 鉴别路径

在鉴别树中,从每一个公开值 Y_i 到根都存在一条唯一的通路,称这条通路为鉴别路径。鉴别路径上每个边上标注的数值按顺序构成一个序列,称之为鉴别路径值。按照正确的顺序使用鉴别路径值就能提供 Y_i 的鉴别。

参看 authentication tree。

authentication protocol 鉴别协议

一种密码协议。它把关于正在进行可疑通信的另一个用户身份的某种程度的保证提供给一个用户。

参看 cryptographic protocol。

authentication server 鉴别服务器

同 key server。

authentication tree 鉴别树

鉴别树通过将一个树形结构连同一个适宜的散列函数一起使用,并鉴别根的值,来提供一种使公开的数据可用并具有可验证的可靠性的方法。鉴别树有如下应用:

① 公开密钥的鉴别(作为公开密钥证书的替代物) TTP(可信第三方)建立一个含有用户公开密钥的鉴别树,允许鉴别大量这样的密钥。

② 可信的时间标记服务　TTP 以类似方法建立一个鉴别树，使可信的时间标记服务变得更为方便。

③ 用户有效参数的鉴别　由一单个用户建立的一个鉴别树，允许那个用户以可验证的可靠性公布大量自己的有效的公开参数，例如在一次签名方案中所需要的那些参数。

鉴别树实际上是由二叉树构成的。令 h 是一个碰撞阻散列函数。可以如下构造一个能用来鉴别 t 个公开值的鉴别树(图 A.16)：

(a) 用一个唯一的公开值 Y_i 标注 t 个叶子中的每一个。

(b) 在从标注为 Y_i 的叶子离开的边上标注 $h(Y_i)$。

(c) 如果一个内部顶点的左边和右边分别标注为 h_1 和 h_2，则将该顶点的上边标注为 $h(h_1 \| h_2)$。

(d) 如果指向根顶点的边标注为 u_1 和 u_2，则将根顶点标注为 $h(u_1 \| u_2)$。

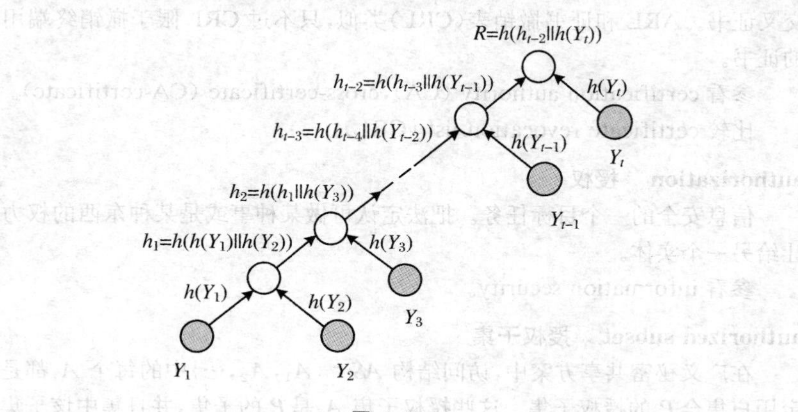

图 A.16

一旦把公开值赋给二叉树的那些叶子，这样的标注就是良定义的。假定有某种鉴别根顶点上标注的方法，那么，鉴别树就能如下提供一种鉴别 t 个叶子值中的任意一个 Y_i 的方法。对每个公开值 Y_i，都存在一条从 Y_i 到根的唯一通路，称这条通路为鉴别路径。这条通路上的每个边都是内部顶点或根的左边和右边。如果 e 是指向顶点 x 的这样一个边，则记录指向顶点 x 的其他(非 e)边上的标注。按照正确的顺序使用这种标注序列(鉴别路径值)就能提供 Y_i 的鉴别。如果一单个叶子值(例如 Y_1)被更改，则那个值的鉴别就会失败。

图 A.17 是一个带有 4 个叶子的鉴别树。

参看 binary tree, hash function, one-time signature scheme, public-key certificate, trusted third party (TTP), trusted timestamping service。

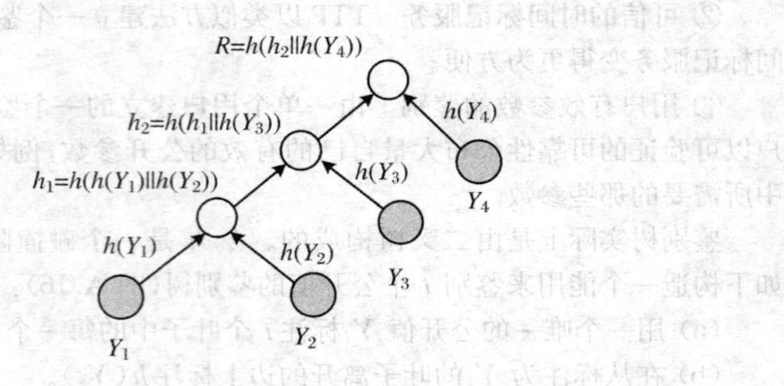

图 A.17

authority revocation list（ARL） 认证机构撤销表

用于撤销交叉证书。在分离的认证机构撤销表(ARL)上指明已撤销的交叉证书。ARL 和证书撤销表(CRL)类似,只不过 CRL 限于撤销终端用户的证书。

参看 certification authority（CA）,cross-certificate（CA-certificate）。

比较 certificate revocation list（CRL）。

authorization 授权

信息安全的一个目标任务。把法定认可做某种事或是某种东西的权力转让给另一个实体。

参看 information security。

authorized subset 授权子集

在广义秘密共享方案中,访问结构 $AS=\{A_1,A_2,\cdots\}$中的每个 A_i都是给定用户集合 P 的授权子集。这些授权子集 A_i是 P 的子集,并且集中该子集中的秘密份额就能恢复秘密 S;而集中 P 中的任意一个非授权子集中的秘密份额却不能恢复秘密 S。

参看 generalized secret sharing,access structure。

autoclave feature 自身密钥特性

自身密钥是序列密码中的一种反馈方式,使用这种反馈方式,可使密码比特流依赖于数据流。

参看 cryptographic bit stream,data stream,stream cipher。

AUTOCLAVE system 自身密钥体制

具有自身密钥特性的密码体制。

参看 autoclave feature。

autocorrelation function　自相关函数

令 $S=s_0,s_1,s_2,\cdots$ 是一个周期为 N 的周期序列，则序列 S 的自相关函数是一个整值函数 $C(t)$，定义如下：

$$C(t)=\frac{1}{N}\sum_{i=0}^{N-1}(2s_i-1)\cdot(2s_{i+t}-1)\quad(0\leqslant t\leqslant N-1)$$

自相关函数 $C(t)$ 度量序列 S 和其平移 t 个位置后的序列之间的相似程度。如果 S 是一个周期为 N 的随机的周期序列，则 $|N\cdot C(t)|$ 这个值对所有 $t\ (0<t<N)$ 值都可能相当小。

参看 period of a periodic sequence, periodic sequence。

autocorrelation test　自相关检验

对一个长度为 n 的二进制数字序列的五种基本的统计检验（又称局部随机性检验）之一。

检验目的　检测序列 $S=s_0,s_1,s_2,\cdots,s_{n-1}$ 及其（非循环）平移序列之间的相关性。

理论根据及检验技术描述　给定序列 S，n 表示该序列的长度，d 表示该序列的左移位数，用

$$A(d)=\sum_{i=0}^{n-d-1}(s_i\oplus s_{i+d})\quad(1\leqslant d\leqslant\lfloor n/2\rfloor)$$

表示待检验序列与其左移 d 位的序列之间不同的元素个数。根据中心极限定理，可知 $A(d)$ 近似服从正态分布 $N(\mu,\sigma^2)$，即当 $n\to\infty$ 时，$A(d)$ 的极限分布是正态分布 $N(\mu,\sigma^2)$。

当 $n-d\geqslant 10$ 时，

$$\lambda=2\left(A(d)-\frac{n-d}{2}\right)\Big/\sqrt{n-d}$$

符合标准正态分布 $N(0,1)$。

检验统计量与参照的分布　λ 在 $n-d\geqslant 10$ 时符合标准正态分布 $N(0,1)$。

检验方法描述　长度为 n 的序列，取 $1\leqslant d\leqslant\lfloor n/2\rfloor$ 且 $n-d\geqslant 10$，计算：

(1) $A(d)=\sum_{i=0}^{n-d-1}(s_i\oplus s_{i+d})$；

(2) $\lambda=2\left(A(d)-\frac{n-d}{2}\right)\Big/\sqrt{n-d}$。

判决准则　在显著性水平 $\alpha=0.001$ 下，否定域为 $|\lambda|\geqslant 3.09$。

判决结论及解释　如果 $-3.09<\lambda<3.09$，则通过检验。

输入长度建议　序列长度 n 和位移 d 之间应该满足关系式：$1\leqslant d\leqslant\lfloor n/2\rfloor$ 和 $n-d\geqslant 10$，建议序列长度不小于 100。

举例说明　序列 S：10111010100110001101，$n=20$；取 $d=3$。

计算：$A(3) = \sum_{i=0}^{16} s_i \oplus s_{i+3} = 10$。

计算：$\lambda = 2(10 - 8.5)/\sqrt{20-3} = 0.7276$。

结论：λ 在给定范围内，通过检验。

参看 local randomness test，normal distribution，standard normal distribution，statistical hypothesis，statistical test。

autokey cipher 自身密钥密码

使用起始密钥将一段明文加密之后，再把此段明文用作密钥来加密下一段明文，如此下去，一直把所有明文加密完，此种密码就是自身密钥密码。当然亦可把加密得到的密文用作密钥。

比较 ciphertext autokey cipher。

autonomous switching circuit 自律的开关电路

没有输入的开关电路，例如常见的反馈移位寄存器(包括线性反馈移位寄存器和非线性反馈移位寄存器)。

参看 feedback shift register (FSR)，linear feedback shift register (LFSR)，nonlinear feedback shift register (NLFSR)，switching circuit。

比较 nonautonomous switching circuit。

avalanche criteria 雪崩准则

同 avalanche effect。

avalanche effect 雪崩效应

一种密码变换呈现雪崩效应指的是：每当将该密码变换的输入位中的任一位取补时，其输出将平均有一半发生变化。

比较 strict avalanche criterion (SAC)。

avalanche vector 雪崩向量

令 E 表示具有 n 个输入、m 个输出的任意密码变换，$X=(x_0, x_1, \cdots, x_{n-1})$表示 n 比特输入向量，$Y=(y_0, y_1, \cdots, y_{m-1})$表示 m 比特输出向量，有

$$(y_0, y_1, \cdots, y_{m-1}) = E(x_0, x_1, \cdots, x_{n-1}),$$

简记作

$$Y = E(X)。$$

令 $X_j=(x_0, x_1, \cdots, \bar{x}_j, \cdots, x_{n-1})$是和 $X=(x_0, x_1, \cdots, x_j, \cdots, x_{n-1})$仅在第 $j(j=0,1,\cdots,n-1)$位不同的输入向量，有

$$V_j = Y \oplus Y_j = E(X) \oplus E(X_j),$$

称 V_j为雪崩向量。

参看 strict avalanche criterion (SAC)。

average-case complexity　平均情况复杂性

算法复杂性的一种动态度量。它是问题大小的一个函数。平均情况度量是取在一定的问题大小之下所有输入数据的复杂性的概率平均值,这种复杂性称为“平均复杂性”(或“期望复杂性”)。在某些问题中,例如分类和检索,平均情况分析几乎总是比最坏情况分析更现实一些。实际上,平均情况度量更能反映算法的动态执行情况。当然,平均情况度量也有不足之处,可能会有些输入数据集合不适宜这种平均情况度量。另外,平均情况分析往往是很困难的。例如,对不同输入数据的概率分布往往都不清楚,并且要选一个好的概率度量标准也很不容易,所以平均情况的复杂性就更难估计了。因此,目前有很多算法都只能给出最坏情况复杂性的分析。

在密码学中,平均情况复杂性比最坏情况复杂性更为重要,这是因为考虑一个密码方案是否保密的一个必要条件就是,该密码方案对应的密码分析问题平均来说是困难的(或者更严格一些说,总是困难的),而不仅仅是对某些孤立情况。

参看 algorithm complexity, dynamic complexity measure。

比较 worst-case complexity。

average-case running time　平均情况运行时间

用运行时间度量平均情况复杂性。一个算法的平均情况运行时间是遍及所有固定大小输入时的运行时间的平均值,它是问题输入大小的一个函数。

参看 average-case complexity, running time。

比较 worst-case running time。

B

baby-step giant-step algorithm　小步-大步算法

一种计算离散对数的方法。令 $m=\lceil\sqrt{n}\rceil$,其中 n 是生成元 α 的阶。小步-大步算法是穷举搜索方法的时间——存储器折中算法,该算法的基础是下述观察:如果 $\beta=\alpha^x$,则可以写成 $x=im+j$ $(0\leqslant i,j<m)$。因此,$\alpha^x=\alpha^{im}\alpha^j$,这就意味着 $\beta(\alpha^{-m})^i=\alpha^j$。下面就是计算 x 的小步-大步算法。

计算离散对数的小步-大步算法

输入:一个阶为 n 的循环群 G 的生成元 α 及一个元素 $\beta\in G$。

输出:离散对数 $x=\log_\alpha\beta$。

BG1　置 $m\leftarrow\lceil\sqrt{n}\rceil$。

BG2　构造一个表,表元素为 (j,α^j),其中 $0\leqslant j<m$。用第二个分量对这个表进行分类(另一种方法就是使用传统的对第二个分量进行散列,把表元素存储在散列表中;在这个表中放置一个表元素以及搜索一个表元素都耗费常数时间)。

BG3　计算 α^{-m} 并置 $\gamma\leftarrow\beta$。

BG4　对 $i=0,1,\cdots,m-1$,执行下述步骤:

BG4.1　检验 γ 是否是表中某个表元素的第二个分量;

BG4.2　如果 $\gamma=\alpha^j$,则返回 $(x=im+j)$;

BG4.3　置 $\gamma\leftarrow\gamma\cdot\alpha^{-m}$。

小步-大步算法的运行时间(即时间复杂度)为 $O(\sqrt{n})$ 次群乘法运算。

参看 discrete logarithm problem (DLP),time-memory tradeoff。

backtracking　回溯

密钥管理中,使用当前密钥值以及先前传输或接收的信息一起来确定先前密钥值的一种能力。

参看 key management。

balance　平衡,平衡性

密码函数的一种特性。当一个函数(或函数表)的所有输入向量 $(x_1,x_2,\cdots,x_n)$ 都是等可能的时候,如果其所有输出向量 $(y_1,y_2,\cdots,y_m)$ 也是等可能的,那么这个函数(或函数表)就是平衡的。一般来说,$n>1,m\geqslant1$。当 $m=1$ 时,就是一个单独的函数;当 $m>1$ 时,就是一个函数表。函数的平衡性对于许多类型的密码函数而言都是一种重要特性。

对一个布尔函数 $f(x)$ 而言，如果其真值表中 0 和 1 各占一半，则称 $f(x)$ 为平衡的布尔函数。

对一个 S 盒 $F(x)$ 而言，如果对于任意的 $(y_1, y_2, \cdots, y_m) \in \mathbb{F}_2^m$，都有

$$|\{(x_1, x_2, \cdots, x_n) \in \mathbb{F}_2^n \mid F(x_1, x_2, \cdots, x_n) = (y_1, y_2, \cdots, y_m)\}| = 2^{n-m},$$

则称这个 $F(x)$ 是平衡的 S 盒。

参看 Boolean function，cryptographic function，function，substitution box (S-box)。

balanced Boolean function　平衡布尔函数

其输出的 0/1 分布概率等于 1/2 的布尔函数 $F(x)$，即 $P(F(x)=1)=1/2$。

参看 balance，Boolean function。

band scrambler　频带置乱器

一种使用频带置乱技术的模拟话音保密装置。

参看 band scrambling。

band scrambling　频带置乱

一种模拟话音保密技术：先将原始信号频谱划分成若干相等的子带，然后重新排列这些子带的次序来实现置乱。在一些更为复杂的体制中，还可以将其中某些子带进行频率倒置。如图 B.1 所示。采用这种技术的体制剩余可懂度比较高，保密性不高，只能掩盖一下人的耳朵。

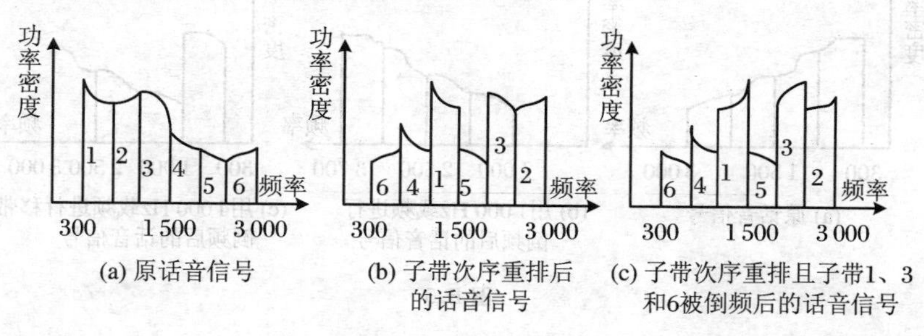

图 B.1

参看 analog scrambling，analog speech scrambler，residual intelligibility。

比较 band-shift，band-shift inverting。

band-shift　频带移动

一种模拟话音保密技术，是一种把所有频率向上或向下移动一定距离的置乱方法，移出频带的部分在频带的低端或高端重新移入频带。例如，把 300

～3 000 Hz 的话音信号向上移动 1 000 Hz(图 B.2)。

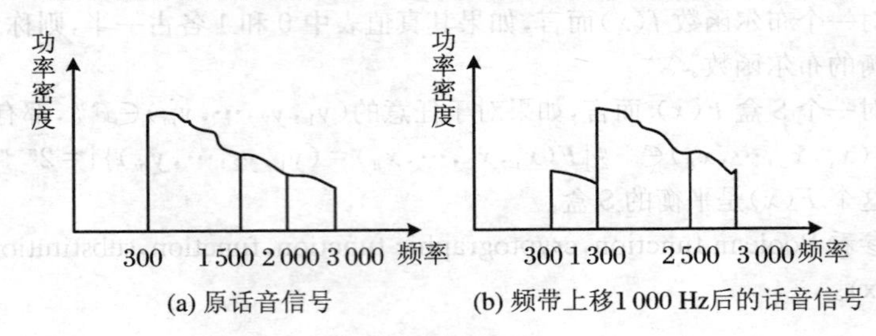

(a) 原话音信号　　(b) 频带上移1 000 Hz后的话音信号

图 B.2

这种模拟话音保密技术体制简单,容易实现,但保密性不强。

参看 analog scrambling,analog speech scrambler。

比较 band scrambling。

band-shift inverter　移带倒频器

一种使用移带倒频技术的模拟话音保密装置。

参看 band-shift inverting。

band-shift inverting　移带倒频

一种模拟话音保密技术,将频带移动和倒频两种技术结合在一起。例如,对 300～3 000 Hz 的话音信号移带倒频置乱(图 B.3)。

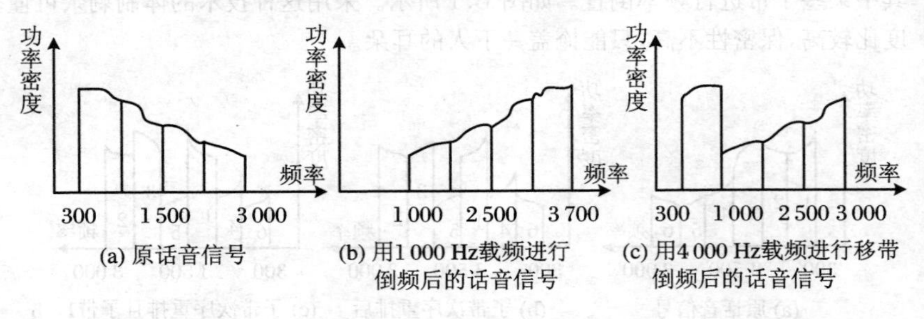

(a) 原话音信号　　(b) 用1 000 Hz载频进行倒频后的话音信号　　(c) 用4 000 Hz载频进行移带倒频后的话音信号

图 B.3

参看 analog scrambling,analog speech scrambler。

比较 band scrambling。

bandsplitter encryption　频带分割加密

同 band scrambling。

bandsplitter encryption device　频带分割加密器

同 band scrambler。

bandwidth efficiency　带宽有效性

带有消息恢复的数字签名的带宽有效性，指的是签署空间 M_S 的大小(以 2 为底)的对数与冗余函数 R 的像 M_R 的大小(以 2 为底)的对数之比。因此，带宽有效性由冗余函数 R 决定。

参看 digital signature scheme with message recovery，redundancy function，signing space。

BAN logic　BAN 逻辑

一种形式逻辑，由伯罗斯(M. Burrows)、阿巴笛(M. Abadi)和尼达姆(R. Needham)提出，用于推出信任、加密、协议的理由。BAN 逻辑简单，已被用在一些成功的工程项目中，它是"谁信任关于谁的什么"的逻辑。它是密码协议分析中常用的形式分析和验证方法——鉴别逻辑(密码协议逻辑)中最流行的一种协议逻辑。基于逻辑的方法试图努力推论一个协议是正确的，就是通过演化由每个用户所持有的一组信任，最后导出一个信任：协议目的已经达到。

参看 formal methods，cryptographic protocol。

base *b* representation　基 *b* 表示

如果一个整数 $b \geqslant 2$，则任意一个正整数 a 都能唯一表示成 $a = a_n b^n + a_{n-1} b^{n-1} + \cdots + a_1 b + a_0$，其中 a_i 是一个整数且 $0 \leqslant a_i < b$，$0 \leqslant i \leqslant n$，$a_n \neq 0$。$a$ 的上述表示就称为 a 的基 b 表示，一般写成 $a = (a_n a_{n-1} \cdots a_1 a_0)_b$。其中，整数 a_i $(0 \leqslant i \leqslant n)$ 称作数字；a_n 称作最高有效位数字或高阶数字；a_0 称作最低有效位数字或低阶数字。如果基 $b = 10$，则标准记号是 $a = a_n a_{n-1} \cdots a_1 a_0$。

基 *b* 表示算法

输入：整数 a 和 b，$a \geqslant 0$，$b \geqslant 2$。

输出：a 的基 b 表示 $a = (a_n \cdots a_1 a_0)_b$，其中 $n \geqslant 0$，如果 $n \geqslant 1$，则 $a_n \neq 0$。

BR1　$i \leftarrow 0, x \leftarrow a, q \leftarrow \lfloor x/b \rfloor, a_i \leftarrow x - qb$。($\lfloor y \rfloor$ 表示 y 的下整数，即不大于 y 的最大整数。)

BR2　当 $q > 0$ 时，执行下述步骤：

$i \leftarrow i + 1, x \leftarrow q, q \leftarrow \lfloor x/b \rfloor, a_i \leftarrow x - qb$。

BR3　返回($(a_i a_{i-1} \cdots a_1 a_0)$)。

参看 integer。

base key　基本密钥

有人称需要保密而且容易按规则进行更换的密钥为"基本密钥"。

同 working key。

basic hash attacks　基本的散列攻击

对于一个 n 比特散列函数 h 而言，人们可以期望在 2^n 次散列运算之内采用猜测攻击来寻找一个原像或者第二原像。对于一个能够选择消息的敌手而言，采用生日攻击就能使之以大约 $2^{n/2}$ 次散列运算找到消息碰撞对 x 和 x'，即 $h(x)=h(x')$，而且只需少量存储。

参看 birthday attack，hash function。

basic key　基本密钥

同 base key。

Bayes' theorem　贝叶斯定理

如果 E_1 和 E_2 是两个事件，且 $P(E_2)>0$，则

$$P(E_1|E_2)=\frac{P(E_1)P(E_2|E_1)}{P(E_2)}。$$

式中，$P(E_1)$ 和 $P(E_2)$ 分别是事件 E_1 和 E_2 发生的概率，$P(E_1|E_2)$ 是给定 E_2 时 E_1 的条件概率，$P(E_2|E_1)$ 是给定 E_1 时 E_2 的条件概率。

参看 conditional probability。

Bazeries cylinder　巴泽里埃斯圆柱体

1891 年，法国陆军军官巴泽里埃斯为法国军方设计的一种密码体制。它是由 20 个不同的密表构成的圆柱体密码。这种体制实际上和杰斐逊的轮子密码是一样的，只不过是将 36 个周围各有 26 个字母的圆盘改为 20 个周围各有 25 个字母的圆盘。

比较 Jefferson cylinder。

BB84 protocol for QKD　量子密钥分配的 BB84 协议

一个光子的极化态处在一个二维希尔伯特空间里，在这个空间有许多正交基。一般地，我们仅用其中的两个正交基，即：

(1) 由垂直极化态 $|\updownarrow\rangle$ 和水平极化态 $|\leftrightarrow\rangle$ 构成的垂直水平基，用符号“田”表示。

(2) 倾斜基，即把垂直极化态分别沿逆时针和顺时针旋转 45 度所得到的极化态 $|\nearrow\rangle$ 和 $|\nwarrow\rangle$ 所构成的基，用符号“⊠”表示。

由海森伯不确定原理可知：对这两个基的观测结果是不相容的。

约定两个量子字母表：极化态 $|\updownarrow\rangle$ 和 $|\nearrow\rangle$ 与二进制“1”对应；把极化态 $|\leftrightarrow\rangle$ 和 $|\nwarrow\rangle$ 与二进制“0”对应。

下面用 A 代表发送方，B 代表接收方，E 代表窃听者。

◆ **无噪声 BB84 协议**

第一阶段：在量子信道上进行通信。

(1) A 用掷公平硬币的方法产生一个二进制随机序列 S_A。

(2) A 对序列 S_A中的每一比特,也用掷公平硬币的方法随机选择一个量子字母表,把 S_A中的每一比特都用相应的光子极化态发送给 B。

(3) B 对接收到的每一个光子,都无法知道 A 对之选用了哪个字母表。他也只能用掷公平硬币的方法随机选择两个量子字母表中的一个,来对他所收到的光子进行相应的测量。因此,B 将有 50%的概率和 A 选用了同一个字母表。这样一来,在没有窃听的情况下,将有一半的光子,B 和 A 对之选用了相同的字母表,因而得到了相同的结果;而另一半的光子,B 和 A 对之选用了不同的字母表,当然也得到了相应的结果。在测量完毕后,B 也得到了一个二进制随机序列 S_B;

第二阶段:在公开信道上通信。

1. 毛密钥提取

(1) 在公开信道上,B 告诉 A 他每一次测量所用的量子字母表。

(2) A 再告诉 B 他哪一次测量选用了正确的字母表。

(3) 通过上面的通信,他们把所有对之选用了不相容的量子字母表的比特删除,得到毛密钥 R(raw key)。如果 E 没有窃听,则 B 和 A 得到的毛密钥将是相同的;如果 E 已经窃听,则 B 和 A 得到的毛密钥将不是完全相同的。

2. 差错估计

(1) 在公开信道上,A 和 B 对毛密钥中的一小部分进行比较,以估计出错率 ε;然后再把这些公开的比特从毛密钥中删除,得到临时最终密钥。通过比较,如果没有差错,则表明没有窃听者存在,临时最终密钥就是最终密钥;如果存在至少一个差错,就说明他们的通信被 E 窃听,在这种情况下,他们就放弃临时最终密钥,从头再来。

以上协议过程可以参看图 B.4 和图 B.5,其中标记“ * ”号的表示出错位,标记“E”的表示可以发现窃听的位置。

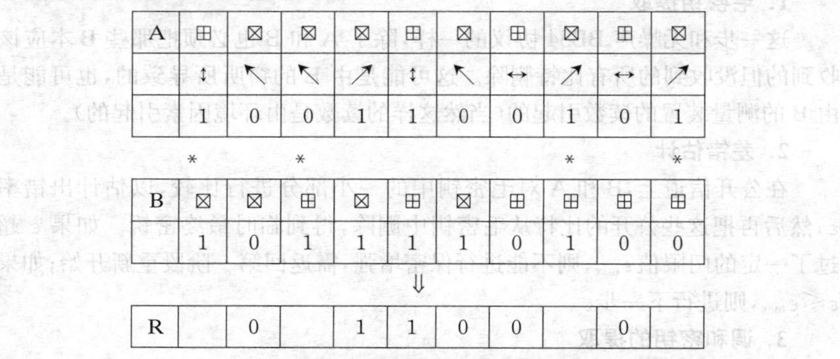

A	⊞	⊠	⊠	⊠	⊞	⊠	⊞	⊠	⊞	⊠
	↕	↖	↖	↗	↕	↖	↔	↗	↔	↗
	1	0	0	1	1	0	0	1	0	1
	*		*					*		*
B	⊠	⊠	⊞	⊠	⊞	⊠	⊞	⊞	⊞	⊞
	1	0	1	1	1	1	0	1	0	0
					⇓					
R		0		1	1	0	0		0	

图 B.4　无噪声 BB84 协议(E 没有窃听)

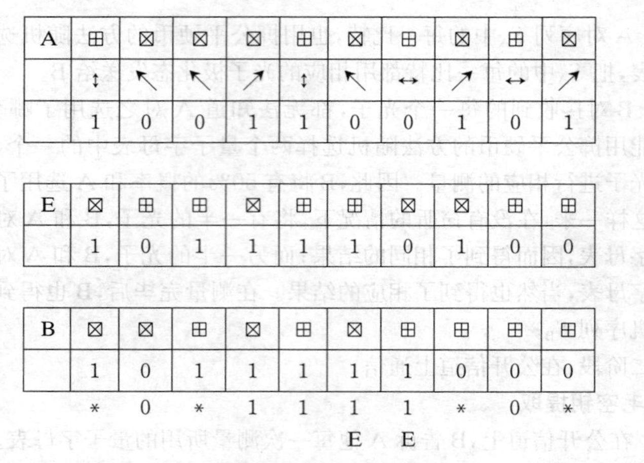

A	⊞	⊠	⊠	⊠	⊞	⊞	⊞	⊠	⊞	⊠
	↕	↖	↖	↗	↕	↖	↔	↗	↔	↗
	1	0	0	1	1	0	0	1	0	1

E	⊠	⊞	⊞	⊠	⊞	⊞	⊠	⊠	⊞	⊞
	1	0	1	1	1	1	0	1	0	0

B	⊠	⊠	⊞	⊠	⊞	⊠	⊞	⊞	⊞	⊞
	1	0	1	1	1	1	1	0	0	0
	*	0	*	1	1	1	1	*	0	*
						E	E			

图 B.5 无噪声 BB84 协议(E 在窃听)

◆ 有噪声 BB84 协议

必须假设 B 的毛密钥是有噪声的。因为 B 不能区分差错是由噪声引起的还是由 E 的窃听引起的,所以 B 能接受的实际工作情况下的假设是所有的差错是由窃听引起的。在这个假设下,毛密钥只能是部分秘密的;因此必须对毛密钥进行蒸馏:把一个长的部分保密的毛密钥蒸馏成一个较短的秘密密钥,称为保密增强(privacy amplification)。

第一阶段:在量子信道上通信。

这一阶段,除了把差错包含在噪声中以外,都和无噪声 BB84 协议的第一阶段一样。

第二阶段:在公开信道上通信。

1. 毛密钥提取

这一步和无噪声 BB84 协议的一样,除了 A 和 B 也必须把那些 B 本应该收到的但没收到的所有比特删除。这可能是由 E 的窃听所导致的,也可能是由 B 的测量装置的读数引起的(当然这样的读数是由环境因素引起的)。

2. 差错估计

在公开信道上,B 和 A 对毛密钥中的一小部分进行比较,以估计出错率 ε;然后再把这些公开的比特从毛密钥中删除,得到临时最终密钥。如果 ε 超过了一定的门限值 ε_{max},则不能进行保密增强,需返回第一阶段重新开始;如果 $\varepsilon \leqslant \varepsilon_{max}$,则进行下一步。

3. 调和密钥的提取

在这一步,A 和 B 删除他们毛密钥中的所有差错,进而得到无差错密钥,称之为调和密钥。

(1) A和B公开商定一个随机排列,并将之应用于他们各自毛密钥的剩余部分。A和B把剩余毛密钥分成长度为 l 的字块,其中 l 的选择满足使所有段内的错误不多于一个。对每一字块,A和B都公开比较总奇偶校验,以确保每次都丢弃已比较过的字块内的最后一比特。如果哪一次的总奇偶校验不一致,他们就为之启动一个对分查找,即:先把这个字块二等分为两个子字块,再公开比较每个子字块的奇偶性,并丢弃每一个子字块内的最右一比特。对于奇偶性不一致的子字块,继续进行二等分查找,直到这个错误比特被找到并被删除为止。然后,对下一 l 长字块进行同样的操作。重复这个过程,即:公开选定一个随机排列,把毛密钥的其余比特分成长度为 l 的字块,比较奇偶性,等等,直到不能再这样重复为止。

(2) A和B公开随机地从余下的毛密钥段里选定一些子集,公开比较其奇偶性,并且每一次都从他们选定的密钥样本中丢弃一个双方议定的比特。如果奇偶校验还不一致,再用上面介绍的对分查找策略定位并删除这个差错。

最后,当(2)连续重复一定次数之后,没有发现任何差错,那么,A和B就可以假定:余下的毛密钥是高概率无差错的。这余下的毛密钥就称为调和密钥(reconciled key)。

4. 保密增强

(1) 设 n 是调和密钥的比特数,k 是E能从"2.差错估计"所得知的调和密钥比特数的上界,s 是按要求而校正的保密参数。A和B从调和密钥中随机选定 $n-k-s$ 比特,但不公开这些比特的内容。这些比特的奇偶校验位就是最后密钥。可以证明E关于最后密钥的平均信息量小于 $2^{-s}/\ln 2$ 比特。

(2) 为了使E得不到任何有用信息,A和B公开选一个压缩函数 G:$\{0,1\}^n \to \{0,1\}^m$,其中 m 是压缩后的密钥长度。这样可以使E从调和密钥和 G 中获得的关于新密钥 $K=G(W)$ 的信息量尽可能少。对任意 $s<n-k$,A和B可得到长度为 $m=n-k-s$ 比特的新密钥 $K=G(W)$,其中 G:$\{0,1\}^n \to \{0,1\}^{n-k-s}$,E所获得的信息量按 s 指数递减,$V=f(e^{-ks})$。

可以将上述BB84协议用下面的四态协议概述:

BB84.1 A选择 $(4+\delta)n$ 比特随机数据 S_A(其中 δ 为出错率)。

BB84.2 A选择一个 $(4+\delta)n$ 比特的随机串 R_A。A依据 R_A 对 S_A 的每一比特进行编码:如果 R_A 中对应的比特是0,则编码为 $\{|\leftrightarrow\rangle, |\updownarrow\rangle\}$;如果 R_A 中相应的比特是1,则编码为 $\{|\nearrow\rangle, |\nwarrow\rangle\}$。

BB84.3 A把这个编码结果的量子态发送给B。

BB84.4 B接收这 $(4+\delta)n$ 个量子位,通告这个事实,并随机地对每一个量子位进行 $\{|\leftrightarrow\rangle, |\updownarrow\rangle\}$ 基或 $\{|\nearrow\rangle, |\nwarrow\rangle\}$ 基测量。

BB84.5 A通告随机串 R_A;

BB84.6 A和B丢弃那些B选用了与A制备基不同的基来测量的比特。这样将以很高的概率至少剩余 $2n$ 比特(否则,协议失败)。A和B保持这 $2n$ 比特。

BB84.7 A选择 n 比特长的一个子集,用以检验E的干扰,并告诉B自己选择了哪些比特。

BB84.8 A和B通告并比较他们的检验比特值。如果不一致的值多于可接受的数量,他们则认为协议失败。

BB84.9 A和B对剩余的 n 比特进行信息调和与保密增强,最后获得 m 比特共享密钥。

参看 Heisenberg uncertainty principle, Hilbert space, quantum key distribution (QKD), quantum state, qubit。

BEAR block cipher BEAR分组密码

安德森(R. Anderson)和比汉姆(E. Biham)受鲁比-拉可夫密码结构的启发而设计的、一种结构为不平衡费斯特尔密码的3轮分组密码。这种算法使用两次散列函数及一次序列密码。BEAR的分组长度为 m 比特,分组长度可能大到1 KB～1 MB(即 m 为8 192～8 388 608);

BEAR分组密码方案

1. 符号注释

$\oplus$表示按位异或;

$H(M,K)$是一个有密钥散列函数,密钥为 K,M 是任意长度的消息;散列结果是 t 比特的固定长度值(比如使用有密钥的SHA-1,$t=160$;使用有密钥的MD5,$t=128$)。

$S(M)$是一个序列密码或一个伪随机函数,比如SEAL序列密码,它根据已知输入 M 将生成一个任意长度的输出。

2. 加密算法

输入:m 比特长度的明文字块 M,将之划分成 L 和 R 两部分,其中 L 部分的长度是 k 比特,R 部分的长度是 $m-k$ 比特;密钥 K 由两个无关的子密钥 K_1 和 K_2 组成,它们的长度都大于 k。

输出:m 比特密文字块 C。

begin

$L = L\oplus H(R,K_1)$

$R = R\oplus S(L)$

$L = L\oplus H(R,K_2)$

end

3. 解密算法

输入:m 比特长度的密文字块 C,将之划分成 L 和 R 两部分,其中 L 部分的长度是k比特，R部分的长度是$m-k$比特；密钥K由两个无关的子密钥K_1和K_2组成，它们的长度都大于k。

输出：m比特明文字块M。

begin

$L = L \oplus H(R, K_2)$

$R = R \oplus S(L)$

$L = L \oplus H(R, K_1)$

end

参看 block cipher，Luby-Rackoff block cipher，SEAL stream cipher，secure hash algorithm (SHA-1)，unbalanced Feistel cipher。

Beaufort cipher　博福特密表，博福特密码

博福特密码正好和维吉尼亚密码互逆，它把维吉尼亚方阵每行的内容按逆序写出，就成了博福特方阵(表 B.1)。

表 B.1　博福特方阵

明文	a	b	c	d	e	f	g	h	i	j	k	l	m	n	o	p	q	r	s	t	u	v	w	x	y	z
密a	Z	Y	X	W	V	U	T	S	R	Q	P	O	N	M	L	K	J	I	H	G	F	E	D	C	B	A
钥b	A	Z	Y	X	W	V	U	T	S	R	Q	P	O	N	M	L	K	J	I	H	G	F	E	D	C	B
字c	B	A	Z	Y	X	W	V	U	T	S	R	Q	P	O	N	M	L	K	J	I	H	G	F	E	D	C
母d	C	B	A	Z	Y	X	W	V	U	T	S	R	Q	P	O	N	M	L	K	J	I	H	G	F	E	D
序e	D	C	B	A	Z	Y	X	W	V	U	T	S	R	Q	P	O	N	M	L	K	J	I	H	G	F	E
列f	E	D	C	B	A	Z	Y	X	W	V	U	T	S	R	Q	P	O	N	M	L	K	J	I	H	G	F
g	F	E	D	C	B	A	Z	Y	X	W	V	U	T	S	R	Q	P	O	N	M	L	K	J	I	H	G
h	G	F	E	D	C	B	A	Z	Y	X	W	V	U	T	S	R	Q	P	O	N	M	L	K	J	I	H
i	H	G	F	E	D	C	B	A	Z	Y	X	W	V	U	T	S	R	Q	P	O	N	M	L	K	J	I
j	I	H	G	F	E	D	C	B	A	Z	Y	X	W	V	U	T	S	R	Q	P	O	N	M	L	K	J
k	J	I	H	G	F	E	D	C	B	A	Z	Y	X	W	V	U	T	S	R	Q	P	O	N	M	L	K
l	K	J	I	H	G	F	E	D	C	B	A	Z	Y	X	W	V	U	T	S	R	Q	P	O	N	M	L
m	L	K	J	I	H	G	F	E	D	C	B	A	Z	Y	X	W	V	U	T	S	R	Q	P	O	N	M
n	M	L	K	J	I	H	G	F	E	D	C	B	A	Z	Y	X	W	V	U	T	S	R	Q	P	O	N
o	N	M	L	K	J	I	H	G	F	E	D	C	B	A	Z	Y	X	W	V	U	T	S	R	Q	P	O
p	O	N	M	L	K	J	I	H	G	F	E	D	C	B	A	Z	Y	X	W	V	U	T	S	R	Q	P
q	P	O	N	M	L	K	J	I	H	G	F	E	D	C	B	A	Z	Y	X	W	V	U	T	S	R	Q
r	Q	P	O	N	M	L	K	J	I	H	G	F	E	D	C	B	A	Z	Y	X	W	V	U	T	S	R
s	R	Q	P	O	N	M	L	K	J	I	H	G	F	E	D	C	B	A	Z	Y	X	W	V	U	T	S
t	S	R	Q	P	O	N	M	L	K	J	I	H	G	F	E	D	C	B	A	Z	Y	X	W	V	U	T
u	T	S	R	Q	P	O	N	M	L	K	J	I	H	G	F	E	D	C	B	A	Z	Y	X	W	V	U
v	U	T	S	R	Q	P	O	N	M	L	K	J	I	H	G	F	E	D	C	B	A	Z	Y	X	W	V
w	V	U	T	S	R	Q	P	O	N	M	L	K	J	I	H	G	F	E	D	C	B	A	Z	Y	X	W

续表

明文	a	b	c	d	e	f	g	h	i	j	k	l	m	n	o	p	q	r	s	t	u	v	w	x	y	z
x	W	V	U	T	S	R	Q	P	O	N	M	L	K	J	I	H	G	F	E	D	C	B	A	Z	Y	X
y	X	W	V	U	T	S	R	Q	P	O	N	M	L	K	J	I	H	G	F	E	D	C	B	A	Z	Y
z	Y	X	W	V	U	T	S	R	Q	P	O	N	M	L	K	J	I	H	G	F	E	D	C	B	A	Z

比较 Vigenére cipher。

Beaufort square　博福特方表,博福特方阵

同 Beaufort cipher。

Bell basis　贝尔基

对一个双量子位系统施行图 B.6 所示的幺正变换:先用阿达马门对第一量子位(a)施行阿达马变换;然后,以第一量子位为控制位,施行控制非(CNOT)操作。

$$|\beta_{00}\rangle=\frac{1}{\sqrt{2}}(|00\rangle+|11\rangle),\quad |\beta_{01}\rangle=\frac{1}{\sqrt{2}}(|01\rangle+|10\rangle),$$

$$|\beta_{10}\rangle=\frac{1}{\sqrt{2}}(|00\rangle-|11\rangle),\quad |\beta_{11}\rangle=\frac{1}{\sqrt{2}}(|01\rangle-|10\rangle)。$$

这四个贝尔基都是最大纠缠态,且两两正交,形成四维空间上的一组标准正交基。上述四个公式可用下述公式来记忆:

$$|\beta_{ab}\rangle=\frac{1}{\sqrt{2}}(|0b\rangle+(-1)^a|1\bar{b}\rangle),$$

其中 $\bar{b}$ 是 b 的非。

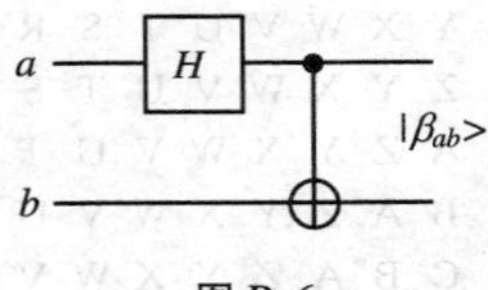

图 B.6

贝尔基,有时也称作贝尔态、EPR 态或 EPR 对。这些是根据首次指出这些状态的奇特性质的学者贝尔(Bell)和爱因斯坦(Einstein)、波多尔斯基(Podolsky)、罗森(Rosen)命名的。

(注释:公开文献中这四个贝尔基还有如下表示:$|\beta_{00}\rangle=|\phi^+\rangle$,$|\beta_{01}\rangle=|\psi^+\rangle$,$|\beta_{10}\rangle=|\phi^-\rangle$,$|\beta_{11}\rangle=|\psi^-\rangle$。)

参看 controlled operation, entangled state, Hadamard transformation, quantum gates。

Bell states　贝尔态

同 Bell basis。

Beller-Rogaway plaintext-aware encryption scheme　贝勒-罗加威知晓明文加密方案

一种把任意 k 比特到 k 比特的陷门单向置换(例如 RSA)转换成一个知晓明文加密方案的方法。令 f 是一个 k 比特到 k 比特的陷门单向置换(例如 RSA)。再令 k_0 和 k_1 是两个参数,它们使得 2^{k_0} 和 2^{k_1} 每一个都表示一个不可行的工作量(例如,$k_0 = k_1 = 128$)。明文 m 的长度固定为 $n = k - k_0 - k_1$(例如,$k = 1\,024$, $n = 768$)。令 $G:\{0,1\}^{k_0} \to \{0,1\}^{n+k_1}$ 和 $H:\{0,1\}^{n+k_1} \to \{0,1\}^{k_0}$ 是随机函数。则加密函数就是

$$E(m) = f(\{m0^{k_1} \oplus G(r)\} \parallel \{r \oplus H(m0^{k_1} \oplus G(r))\}),$$

其中,$m0^{k_1}$ 表示 m 和 k_1 长的一串"0"连接起来,r 是 k_0 长的一个随机二进制串,而"$\parallel$"表示并置。

在 G 和 H 都是随机函数的假设下,能够证明上述加密方案是知晓明文的加密方案。但实际上,G 和 H 都是从一个标准的密码散列函数(如 SHA-1)导出的,这样就不能证明上述加密方案是知晓明文的,因为随机函数假设不真了;然而这样的方案似乎能提供比使用特定技术设计的方案更高的安全性保证。

参看 hash function, one-way function, plaintext-aware encryption scheme, RSA function。

Beller-Yacobi key transport (2-pass)　贝勒-雅克比密钥传送(二趟)

将贝勒-雅克比密钥传送(四趟)协议加以修改后得到的一种密钥传送协议。这个修改协议主要是把每个用户发送的消息对组合成单个消息,就像"贝勒-雅克比密钥传送(四趟)"协议中使用注释所描述的那样。

B 产生一个随机询问 m,并将 m, $cert_B$ 发送给 A。A 计算其对并置 $M = (m, I_B)$ 的 ElGamal 签名(v, w),且把签名的 v 部分作为会话密钥 $K = v$,然后把 $P_B(v)$, $E_v(cert_A, w)$ 发送给 B。B 通过公开密钥解密恢复 $v(=K)$,并用 v 恢复 $cert_A$ 和 w,然后验证 $cert_A$ 和 A 对 $M = (m, I_B)$ 的签名。二趟协议的概略说明如表 B.2 所示。

表 B.2　二趟协议说明

终端 A		服务器 B
预先计算 x, $v \equiv \alpha^x \pmod{n_S}$		选择随机询问 m,计算 $cert_B = (I_B, n_B, G_B)$
通过 $P_T(G_B)$ 验证 $cert_B$ 计算 $(v, w) = S_A(m, I_B)$, $cert_A = (I_A, u_A, G_A)$	$\longleftarrow$	发送 m, $cert_B$
发送 $P_B(v)$, $E_v(cert_A, w)$	$\longrightarrow$	恢复 v,置 $K = v$,验证 $cert_A$,签名(v, w)

这个二趟协议的鉴别保证稍弱一些。B 获得 A 的实体鉴别并获得只有 A

知道的一个密钥 K,而A有关于B的密钥鉴别。对于获得B的显式密钥鉴别(也意味着实体鉴别)的A,可以利用B通过把 K 用在一个询问或标准消息(例如$\{0\}^{t}$)上来添加第三个消息。所有三个A的非对称操作仍然是花费不多的。

另外,在上面二趟协议的概略说明中,可以置 $K=w$ 作为会话密钥,这可以使得两个用户都能影响 K 的值(w 是 m 和 x 的函数)。

参看 Beller-Yacobi key transport (4-pass)。

Beller-Yacobi key transport (4-pass) 贝勒-雅克比密钥传送(四趟)

一种密钥传送协议。该协议提供相互实体鉴别及显式密钥鉴别,设计它,是特为在两个用户之间的处理能力不平衡的场合应用;目的是将较弱一方的计算需求降低到最小。(候选应用包括涉及芯片卡的交易,以及涉及小功率电话手机的无线通信。)这个协议的另一个特点是,仍然能够对窃听者隐蔽较弱用户(这里是A)的身份。A主要通过签署一个随机询问 m 来向B证实自己,而B则通过说明只有B自己才能恢复一个密钥 K 来向A证实自己。为说明简单起见,使用公开指数为3的RSA来描述这个协议,但实际使用推荐拉宾(Rabin)的方案,因拉宾的方案更有效。

用户A以一个四趟协议传送一个密钥 K 给用户B。

1. 注释

$E_K(y)$表示使用密钥 K 和算法E 对称加密 y。

$P_X(y)$表示把 X 的公开密钥函数应用于 y 的结果。

$S_X(y)$表示把 X 的秘密密钥函数应用于 y 的结果。

I_X表示用户 X 的身份识别字符串。

$h(y)$表示用在数字签名方案中使用的 y 的散列值。

如果 $y=(y_1,y_2,\cdots,y_n)$,则输入是这 n 个值的并置。

2. 系统设置

(1) 选择系统参数。一个适当素数 n_S和模 n_S整数乘法群的生成元 α 被固定为ElGamal系统参数。可信服务器T选择适当素数 p 和 q 得到RSA签名的公开模数 $n_T=pq$;然后,就根据公开指数 $e_T=3$ 计算满足 $e_Td_T\equiv 3(\bmod (p-1)(q-1))$的秘密密钥 d_T。

(2) 分配系统参数。把T的公开密钥及系统参数 n_T,(n_S,α)的可靠拷贝给每个用户(A和B)。T为每个用户 X 分配一个唯一的、可辨明的名称或身份识别字符串 I_X(例如 X 的名字和地址)。

(3) 终端初始化。每个起A作用的用户(终端)选择一个随机数 a($1\leqslant a\leqslant n_S-2$),并计算其ElGamal签名用的公开密钥 $u_a\equiv\alpha^a(\bmod n_S)$。A保持其秘密密钥 a 的秘密,并把 u_a的一个可靠拷贝传送给T,用本系统范围外的工具(例如个人亲自)标记它自身给 T。T 构造一个公开密钥证书 $cert_A = (I_A, u_A, G_A)$,并将之返回给 A。证书含有 A 的身份、ElGamal 签名用的公开密钥,加上 T 在这些上面的 RSA 签名:

$$G_A = S_T(I_A, u_A) \equiv (h(I_A, u_A))^{d_T} (\mathrm{mod}\ n_T)。$$

(4) 服务器初始化。每个起 B 作用的用户(服务器)建立一个加密秘密密钥及对应的基于公开指数为 3 的 RSA 的公开密钥。B 选择一个公开密钥模数作为两个适当秘密素数的乘积,并计算对应的 RSA 秘密密钥 d_B。B 把 n_B 送给 T,用本系统范围外的工具标记它自身给 T。然后 T 构造一个公开密钥证书 $cert_B = (I_B, n_B, G_B)$,并将之返回给 B。证书含有 B 的身份、RSA 加密用的公开密钥 n_B,加上 T 在这些上面的 RSA 签名:

$$G_B = S_T(I_B, n_B) \equiv (h(I_B, u_B))^{d_T} (\mathrm{mod}\ n_T)。$$

3. 协议消息

$$A \leftarrow B: cert_B = (I_B, n_B, G_B), \quad (1)$$

$$A \rightarrow B: P_B(K) \equiv K^3 (\mathrm{mod}\ n_B), \quad (2)$$

$$A \leftarrow B: E_K(m, \{0\}^t), \quad (3)$$

$$A \rightarrow B: E_K((v, w), cert_A)。 \quad (4)$$

4. 协议动作

每当要求一个共享密钥时就执行下列步骤。如果任意一个检验失败,则协议以一个故障异常停止。

(1) 终端预先计算。A 选择一个随机数 x ($1 < x \leqslant n_S - 2$),并计算三个值:$v \equiv \alpha^x (\mathrm{mod}\ n_S)$,$x^{-1} (\mathrm{mod}\ n_S - 1)$,$av (\mathrm{mod}\ n_S - 1)$。(由于 ElGamal 签名的安全性,对每一次签名 x 都必须是新的,且是互素于 $n_S - 1$,以确保 x^{-1} 存在。)

(2) B 将消息(1)发送给 A。

(3) A 通过确认 $h(I_B, n_B) \equiv G_B^3 (\mathrm{mod}\ n_T)$ 检验 n_B 的真实性。A 选择一个随机密钥 K($1 < K < n_B - 1$),并将消息(2)发送给 B,其中 $Y = P_B(K)$。

(4) B 恢复 $K = S_B(Y) \equiv Y^{d_B} (\mathrm{mod}\ n_B)$。B 选择一个随机整数 m 作为询问,将之用 t(比如说 $t = 50$)个最低有效位"0"来扩展,然后使用密钥 K 对之进行对称加密,并将消息(3)发送给 A。

(5) A 解密接收到的消息,并检验其尾部是否有 t 个"0";如果有,则承认它源自 B 且 B 知道密钥 K。A 取出已解密的询问 m,将之和用户(其公开密钥被用来共享消息(2)中的 K)的身份 I_B 并置在一起,构成并置量 $M = (m, I_B)$,然后计算 w:$w \equiv (M - av) \cdot x^{-1} (\mathrm{mod}\ n_S - 1)$,并将消息(4)发送给 B。(这里 (v, w) 是 A 对于 M 的 ElGamal 签名,且 $cert_A = (I_A, u_A, G_A)$。M 中的身份 I_B 主要是预防中间入侵者攻击。)

(6) B 解密接收到的消息，并通过检验 $h(I_A, u_A) \equiv G_A^3 (\mathrm{mod}\ n_T)$ 验证 u_A 的真实性。最终，B 根据消息(3)中记录的询问 m 及其本人的身份构造并置量 $M = (m, I_B)$，然后通过检验 $\alpha^M \equiv u_A^v \cdot v^w (\mathrm{mod}\ n_S)$ 验证 A 对于询问 m 的签名。如果检验成功，则 B 承认与身份 I_A 有联系的用户 A 作为密钥 K 的源方。

参看 RSA signature scheme，Rabin signature scheme，ElGamal signature scheme，intruder-in-the-middle attack。

bent function　bent 函数

令 $P(x)$ 是从 $GF(2^n)$ 到 $GF(2)$ 的一个函数，如果 $(-1)^{P(x)}$ 的所有傅里叶系数都是 ± 1，则 $P(x)$ 称为 bent 函数。

参看 function。

Berlekamp-Massey algorithm　伯尔坎普-梅西算法

同 Berlekamp-Massey shift register synthesis algorithm。

Berlekamp-Massey shift register synthesis algorithm　伯尔坎普-梅西移位寄存器综合算法

用于确定有限二进制序列的线性复杂度的一种有效算法。算法描述如下：

输入：一个 n 长二进制序列 $s^n = s_0, s_1, s_2, \cdots, s_{n-1}$。

输出：s^n 的线性复杂度 L $(0 \leqslant L \leqslant n)$。

BM1　初始化：$F(x) \leftarrow 1, G(x) \leftarrow 1, L \leftarrow 0, M \leftarrow 1, N \leftarrow 0$。

BM2　计算下一位线性校验子

$$D = s_N + \sum_{j=1}^{L} c_j s_{N-j} (\mathrm{mod}\ 2),$$

此处，$F(x) = 1 + c_1 x + c_2 x^2 + \cdots + c_L x^L$。

BM3　如果 $D = 0$，则 $M \leftarrow M + 1$；转 BM6。

BM4　如果 $D = 1$ 且 $2L > N$，则 $F(x) \leftarrow F(x) + x^M \cdot G(x), M \leftarrow M + 1$；转 BM6。

BM5　如果 $D = 1$ 且 $2L \leqslant N$，则

$$T(x) \leftarrow F(x),$$
$$F(x) \leftarrow F(x) + x^M \cdot G(x),$$
$$G(x) \leftarrow T(x),$$
$$L \leftarrow N + 1 - L,$$
$$M \leftarrow 1。$$

BM6　$N \leftarrow N + 1$。

BM7　如果 $N < n$，则转 BM2；否则算法结束。

参看 binary sequence,linear complexity。

Berlekamp's Q-matrix algorithm　伯尔坎普 Q 矩阵算法

有限域上的一种多项式因式分解算法。令 $f(x)=\prod_{i=1}^{t} f_i(x)$ 是次数为 n 的、具有不同不可约因式 $f_i(x)(0\leqslant i\leqslant n)$ 的$\mathbb{F}_q[x]$中首一多项式。因式分解 $f(x)$ 的伯尔坎普 Q 矩阵算法是根据下述事实的。多项式集合

$$\mathscr{B}=\{\,b(x)\in\mathbb{F}_q[x]/\,f(x)\mid b(x)^q\equiv b(x)(\bmod f(x))\}$$

是$\mathbb{F}_q$上的 t 维向量空间,就是由矩阵 $Q-I_n$的零空间中的那些向量组成的,其中 Q 是$n\times n$ 矩阵,其第(i,j)元素 q_{ij}由下式确定:

$$x^{iq}(\bmod f(x))=\sum_{j=0}^{n-1} q_{ij}x^j\quad(0\leqslant i\leqslant n-1),$$

而 I_n是一个 $n\times n$ 单位矩阵。这样用标准的线性代数技术就能求出 $\mathscr{B}$ 的一个基,

$$B=\{v_1(x),v_2(x),\cdots,v_t(x)\}。$$

最后,对 $f(x)$的每一对不同因式 $f_i(x)$和 $f_j(x)$,都存在某个 $v_k(x)\in B$ 及某个$\alpha\in\mathbb{F}_q$使得$f_i(x)$整除 $v_k(x)-\alpha$,但 $f_j(x)$不整除 $v_k(x)-\alpha$;这两个因式就能通过计算 $\gcd(f(x),v_k(x)-\alpha)$来分离。另外在下述算法中,将向量 $w=(w_0,w_1,\cdots,w_{n-1})$用多项式 $w(x)=\sum_{i=0}^{n-1} w_ix^i$ 来表示。

伯尔坎普 Q 矩阵算法

输入:$\mathbb{F}_q[x]$中一个 n 次无平方首一多项式$f(x)$。

输出:将 $f(x)$因式分解成首一不可约多项式。

BQ1　对每个 $i(0\leqslant i\leqslant n-1)$,计算多项式

$$x^{iq}(\bmod f(x))=\sum_{j=0}^{n-1} q_{ij}x^j。$$

注意每个 q_{ij}都是$\mathbb{F}_q$的一个元素。

BQ2　构造 $n\times n$ 矩阵Q,其第(i,j)元素是 q_{ij}。

BQ3　为矩阵$(Q-I_n)$的零空间确定一个基 $v_1,v_2,\cdots,v_t$,其中 I_n是一个$n\times n$ 单位矩阵。$f(x)$的不可约因式的数量就是 t。

BQ4　置 $F\leftarrow\{f(x)\}$。(F 是迄今为止所找到的$f(x)$的因式集合,它们的乘积等于 $f(x)$。)

BQ5　对 $i=1,2,\cdots,t$,执行下述步骤:

对每一个使得 $\deg h(x)>1$ 的多项式 $h(x)\in F$ 执行:

对每一个 $\alpha\in\mathbb{F}_q$计算 $\gcd(h(x),v_i(x)-\alpha)$,并用计算过程 gcd 中所有那些次数$\geqslant 1$ 的多项式替换 F 中的$h(x)$。

BQ6　返回(F 中的多项式就是$f(x)$的不可约因式)。

因式分解$\mathbb{F}_q$上的n次无平方多项式的伯尔坎普Q矩阵算法的运行时间(即时间复杂度)为$O(n^3+tqn^2)$次$\mathbb{F}_q$运算,其中t是$f(x)$的不可约因式数。这个方法仅在q小的时候有效。

参看 polynomial factorization,square-free polynomial。

比较 square-free factorization。

Bernoulli trial　伯努利试验

一种恰好有两种可能结果(成功和失败)的实验。

best linear (affine) approximation　最佳线性(仿射)逼近

一个给定的非线性布尔函数$F=F(x_0,x_1,\cdots,x_{N-1})$的最佳线性(仿射)逼近指的是:一个线性(仿射)函数$A=A(x_0,x_1,\cdots,x_{N-1})$对大多数不同的自变量$x_0,x_1,\cdots,x_{N-1}$的值,$A$的取值与非线性函数$F$的取值一致。

找出一个给定布尔函数F的最佳线性(仿射)逼近的规则是:① 计算F的沃尔什变换$S_F(\omega)$;② 找出使$|S_F(\omega)|$取最大值的非零的ω,并记作ω_{m};③ 若$S_F(\omega_{\mathrm{m}})<0$,则$\underline{\omega_{\mathrm{m}}}\cdot\underline{x}$就是最佳线性逼近,若$S_F(\omega_m)>0$,则$1+\underline{\omega_{\mathrm{m}}}\cdot\underline{x}$就是最佳仿射逼近。

参看 nonlinear Boolean function,Walsh transform。

best linear approximation for S-box　S盒的最佳线性逼近

S盒$F(x)$的任意线性逼近可以表示为

$$\alpha\cdot x=\beta\cdot F(x),$$

其中,$\alpha\in\mathbb{F}_2^n$,$0\neq\beta\in\mathbb{F}_2^m$。

若上式成立的概率为P,则$|P-1/2|$称为线性逼近优势。它与非线性度N_F的关系为

$$\left|P-\frac{1}{2}\right|\leqslant\frac{1}{2}-\frac{N_F}{2^n}。$$

当等号成立时,称$|P-1/2|$为最佳线性逼近优势,此时的线性逼近称为$F(x)$的最佳线性逼近。例如,对于$4\times m$和$8\times m$的S盒,其最佳优势分别为2^{-2}和2^{-4}。

参看 best linear (affine) approximation,nonlinearity,substitution box (S-box)。

bias　偏移

在生成随机数或伪随机数期间,某些数比其他数出现的可能性大的现象。

参看 pseudo-random number,random number。

biased bits　有偏位,有偏二进制数字

在生成随机数或伪随机数期间,二进制数字"1"(或者"0")出现的概率不

等于 1/2。

参看 bias。

bifid cipher　二叉密码，二叉密表

一种分叉密码体制，由法国人德拉斯特勒（Delastelle）在 1902 年发明，但和蔡斯（Chase）的分叉密码不同，蔡斯是把分叉数字在重新组合之前进行代替，而德拉斯特勒则是将其变换位置。这种二叉密表只要求基本的分叉代替，下表就是德拉斯特勒的二叉密表：

a	b	c	d	e	f	g	h	i	j	k	l	m	n	o	p	q	r	s	t	u	v	x	y	z
42	22	14	32	34	25	11	53	51	41	15	23	54	12	55	33	31	52	21	35	13	24	44	43	45

如果要用二叉密表将“fractionating cipher”加密成密文，则处理过程如下：

f r a c t　i o n a t　i n g c i　p h e r
2 5 4 1 3　5 5 1 4 3　5 1 1 1 5　3 5 3 5
5 2 2 4 5　1 5 2 2 5　1 2 1 4 1　3 3 4 2

按横向取两个数字一组并重新变换成字母：

25 = F，41 = J，35 = T，22 = B，45 = Z，55 = O，14 = C，31 = Q，52 = R，
25 = F，51 = I，11 = G，51 = I，21 = S，41 = J，35 = T，35 = T，33 = P，42 = A。

密文就是 FJTBZ OCQRF IGISJ TTPA。

参看 fractionating cipher。

big-endian convention　大端约定

为了在不同处理器上可以切实实现字节到字的转换（例如 32 比特字和四个 8 比特字节之间的转换），必须指定一个无二义性的约定，将一字节序列 $B_1B_2B_3B_4$ 解释为一个 32 比特字，用一个数值 W 来描述。大端约定就是一个无二义性的约定，此约定中，$W = 2^{24}B_1 + 2^{16}B_2 + 2^8B_3 + B_4$，即 B_1 为最高有效字节，B_4 为最低有效字节。

参看 byte，word。

比较 little-endian convention。

big-*O* notation　大 *O* 记号

复杂性度量中使用的一种数学记号。由于复杂性函数是不易精确表示的，所以通常考虑在问题大小无限增加时估计复杂性的极限情况，称之为“渐近时间（或空间）复杂性”。例如某一算法，在处理大小为 n 的问题时，所需的执行时间是 $c_1n^2 + c_2n + c_3$（c_1，c_2，c_3 为常数），我们就说该算法的渐近时间复杂性是 $O(n^2)$，叫作 n^2 级算法。这里的“O”是“Order”的第一个字母。在一般情况下，如果对于函数 $g(n)$ 和 $f(n)$，存在一个正常数 c，使得 $g(n) \leqslant c$

· $f(n)$对充分大的 n 都成立，则称 $g(n)$是 $O(f(n))$的，称 $O(f(n))$是 $g(n)$的渐近表示。如果算法的复杂性是 $O(n)$的，则称此算法为线性的；如果复杂性是 $O(n^k)(k>1)$的，则称此算法为多项式级的；如果复杂性是 $O(c^n)(c>1)$的，则称此算法是指数级的。

由于复杂性上界和下界的存在，为了表示上的方便，数学家们提出了各种符号，例如 $O(f(n))$，$\Omega(f(n))$，$\Theta(f(n))$，$o(f(n))$等，它们的含义如下：

① $O(f(n))$是具有如下性质的函数集合：对于 $O(f(n))$中的任一函数 $g(n)$，存在一个常数 c，使得 $g(n) \leqslant cf(n)$。记为 $g(n)=O(f(n))$，读作："量级至多为 $f(n)$"，表示函数 $g(n)$的渐近增加不快于 $f(n)$，即 $f(n)$是$g(n)$的渐近上界。

② $\Omega(f(n))$是具有如下性质的函数集合：对于 $\Omega(f(n))$中的任一函数 $g(n)$，存在一个常数 $c>0$，使得 $g(n) \geqslant cf(n)$。记为 $g(n)= \Omega(f(n))$，读作："量级至少为 $f(n)$"，即 $f(n)$是 $g(n)$的渐近下界。

③ $\Theta(f(n))$是具有如下性质的函数集合：对于 $\Theta(f(n))$中的任一函数 $g(n)$，存在常数 $c_1>0$ 和 c_2，使得 $c_1 f(n) \leqslant g(n) \leqslant c_2 f(n)$。记为 $g(n)=\Theta(f(n))$，读作："量级恰好为 $f(n)$"，即 $f(n)$是 $g(n)$的渐近紧密界。

④ $o(f(n))$是具有如下性质的函数集合：对于 $o(f(n))$中的任一函数 $g(n)$，如果对任意正常数 $c>0$ 都存在常数 $n_0>0$，使得对所有 $n \geqslant n_0$都有 $0 \leqslant f(n)<cg(n)$。记为 $g(n)=o(f(n))$，这意味着 $f(n)$是 $g(n)$的上界但又不是 $g(n)$的紧密界，换句话说，随着 n 变得较大，函数 $g(n)$相对于 $f(n)$变得无意义了。表达式 $o(1)$常用来表明这样一个函数 $f(n)$：当 n 趋向 ∞时，其极限为 0。

参看 complexity measure。

bijection　双射

如果一个函数 $f: X \rightarrow Y$ 是 1-1 映射且是映上的，则函数 f 就是一个双射。

参看 one-to-one function，onto function。

bilateral stop-and-go generator　双侧停走式发生器

一种前馈钟控发生器。这个发生器使用了两个长度为 n 的 LFSR。这个发生器的输出是两个 LFSR 输出的异或。如果在时间 $t-1$ 时，LFSR-A 的输出是 0，在时间 $t-2$ 时，LFSR-A 的输出是 1，那么在时间 t 时，LFSR-B 将不会步进；相反，如果 LFSR-B 在时间 $t-1$ 时，输出为 0，在时间 $t-2$ 时，输出为 1，同时 LFSR-B 在时间 t 时已步进，那么 LFSR-A 在时间 t 时不能步进。这个发生器的线性复杂度大约等于它的周期。图 B.7 示出了这种发生器的结构。图中 CP 为驱动 LFSR-A 和 LFSR-B 的时钟脉冲。

参看 clock controlled generator，linear complexity，linear feedback shift register (LFSR), pseudorandom bit generator, stop-and-go generator。

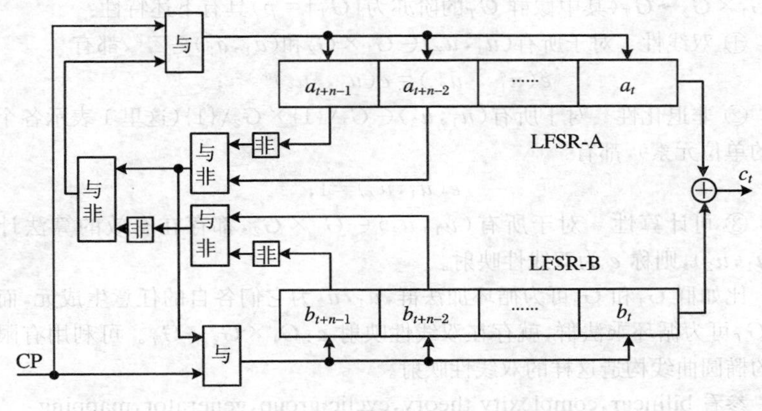

图 B.7

bilinear　双线性

一个具有两个变量的函数，如果这个函数关于其每个变量都是线性的话，就称之为是双线性的。最简单的例子就是 $f(x,y)=xy$。

参看 linear function。

bilinear Diffie-Hellman problem　双线性迪菲-赫尔曼问题

令 G 与 G_T 是两个阶为素数 q 的循环群，P 为其生成元，$e:G\times G\rightarrow G_T$ 为双线性映射。

已知 (P,aP,bP,cP)，其中 a,b,c 是未知的，并且 $a,b,c\in\mathbb{Z}_q^*$，求解 $e(P,P)^{abc}$，该问题就是在 (G,G_T,e) 上的双线性迪菲-赫尔曼(BDH)问题。

参看 bilinear map, bilinear group-pairs, Diffie-Hellman problem。

bilinear group-pairs　双线性群对

一种可用来构建签名方案的密码工具。其定义如下：

令 G_1,G_2 表示两个群，它们的阶均为素数 $p=|G_1|=|G_2|$。如果群对 (G_1,G_2) 具有下述特性：

① G_1 和 G_2 中的群运算都是可有效计算的；

② 存在一个可有效计算的双线性映射 $e:G_1\times G_2\rightarrow G_T$（像群 G_T 的阶为 $|G_T|=p$）；

③ 存在一个可有效计算的从 G_1 到 G_2 的群同构 $\psi:G_1\rightarrow G_2$，

则称 (G_1,G_2) 为双线性群对。当然可以是 $G_1=G_2$。

参看 bilinear map, complexity theory, group。

bilinear map　双线性映射

令循环群 G_1和 G_2的阶均为素数 $p=|G_1|=|G_2|$。如果存在一个映射 $e:G_1\times G_2\rightarrow G_T$(其中像群 G_T的阶亦为$|G_T|=p$)具有下述特性:

① 双线性　对于所有$(u_1,u_2)\in G_1\times G_2$和$(a_1,a_2)\in\mathbb{Z}^2$,都有

$$e(u_1^{a_1},\ u_2^{a_2})=e(u_1,\ u_2)^{a_1\cdot a_2};$$

② 非退化性　对于所有$(u_1,u_2)\in G_1\backslash\{1\}\times G_2\backslash\{1\}$(这里 1 表示各个群中的单位元素),都有

$$e(u_1,u_2)\neq 1;$$

③ 可计算性　对于所有$(u_1,u_2)\in G_1\times G_2$,都存在有效的算法计算 $e(u_1,u_2)$,则称 e 为双线性映射。

比如群 G_1和 G_2可为循环加法群,u_1,u_2为它们各自的任意生成元,而像群 G_T可为循环乘法群,就存在双线性映射 $e:G_1\times G_2\rightarrow G_T$。可利用有限域上的椭圆曲线构造这样的双线性映射。

参看 bilinear,complexity theory,cyclic group,generator,mapping。

binary alphabet　二元字母表

一种常用的定义字母表,常用{0,1}表示。其他任意字母表都可以根据二元字母表来进行编码。

参看 alphabet of definition。

binary additive stream cipher　二进制加法型序列密码

一种同步序列密码。在这种序列密码中,密钥序列、明文和密文数字都是二进制数字,并且其输出函数 h 是异或运算。如图 B.8 所示。

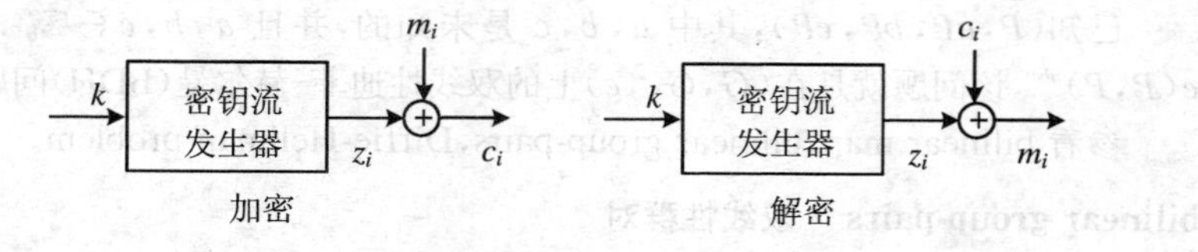

图 B.8

图 B.8 中,产生密钥序列 z_i的"密钥流发生器"就是同步序列密码的有限状态机描述中下一状态函数 f 和函数 g 的合成,也称为"滚动密钥发生器";而函数 h 和 h^{-1}均为异或运算,密钥序列 z_i和明文 m_i进行异或产生密文 c_i;密钥序列 z_i和密文 c_i进行异或恢复明文 m_i。

参看 binary digit,exclusive-or (XOR),running key generator (RKG),synchronous stream cipher。

binary derivative stream　二进制导数序列,二进制微商序列

通过将一个 n 长二进制数字序列 $S^n=s_0,s_1,s_2,\cdots,s_{n-1}$ 中相邻的二进制

数字进行模 2 加得到的一个 $n-1$ 长二进制数字序列 $S^{n-1}=s_0\oplus s_1, s_1\oplus s_2, \cdots, s_{n-2}\oplus s_{n-1}$就是原来那个 n 长二进制数字序列S^n的(一阶)二进制导数[微商]序列。$m(m>1)$阶二进制导数[微商]序列可由 $m-1$ 阶二进制导数[微商]序列生成,不过其序列长度比 $m-1$ 阶二进制导数[微商]序列少 1 比特。

参看 binary digit,exclusive-or (XOR)。

binary derivative test　二进制导数检验,二进制微商检验

一阶二进制导数[微商]序列中"1"所占的比例给出了原序列中"01"和"10"两种码形总的比例,而"0"所占的比例给出了原序列中"00"和"11"两种码形总的比例。因此对原序列及其一阶二进制导数[微商]序列分别应用频数检验,就可检验出原序列中"00""11""01"和"10"这四种码形是否等概出现;这就是说,这种检验方法和序列检验目的相同。

参看 binary derivative stream,frequency test,serial test。

binary digit　二进制数字

二进制数字系统中的字符(或为 0,或为 1),常常缩写成"bit"。

binary digit sequence　二进制数字序列

由二进制数字"0""1"构成的序列。

参看 binary digit。

binary Euclidean algorithm　二元欧几里得算法

一种计算最大公因子(gcd)的算法。由哈里斯(V. Harris)提出。这种算法把经典的欧几里得算法和二元运算组合在一起。

参看 binary operation,Euclidean algorithm,greatest common divisor。

binary extended gcd algorithm　二元扩展 gcd 算法

输入:两个正整数 x, y。

输出:整数 a, b 和 v 使得 $ax+by=v$,其中 $v=\gcd(x,y)$。

BE1　$g\leftarrow 1$。

BE2　当 x 和 y 都是偶数时,执行下述步骤:$x\leftarrow x/2, y\leftarrow y/2, g\leftarrow 2g$。

BE3　$u\leftarrow x, v\leftarrow y, A\leftarrow 1, B\leftarrow 0, C\leftarrow 0, D\leftarrow 1$。

BE4　当 u 是偶数时,执行下述步骤:

BE4.1　$u\leftarrow u/2$。

BE4.2　如果 $A\equiv B\equiv 0 \pmod 2$,则 $A\leftarrow A/2, B\leftarrow B/2$;否则 $A\leftarrow (A+y)/2, B\leftarrow (B-x)/2$。

BE5　当 v 是偶数时,执行下述步骤:

BE5.1　$v\leftarrow v/2$。

BE5.2　如果 $C\equiv D\equiv 0 \pmod 2$,则 $C\leftarrow C/2, D\leftarrow D/2$;否则 $C\leftarrow$

$(C+y)/2, D \leftarrow (D-x)/2$。

BE6 如果 $u \geqslant v$,则 $u \leftarrow u-v, A \leftarrow A-C, B \leftarrow B-D$;否则 $v \leftarrow v-u$, $C \leftarrow C-A, D \leftarrow D-B$。

BE7 如果 $u=0$,则 $a \leftarrow C, b \leftarrow D$,并返回$(a, b, g \cdot v)$;否则转到 BE4。

参看 binary gcd algorithm。

比较 extended Euclidean algorithm。

binary gcd algorithm 二元 gcd 算法

一种计算两个正整数最大公因子(gcd)的非欧几里得算法。

输入:两个正整数 x, y 且 $x \geqslant y$。

输出:$\gcd(x, y)$。

BG1 $g \leftarrow 1$。

BG2 当 x 和 y 都是偶数时,执行下述步骤:$x \leftarrow x/2, y \leftarrow y/2, g \leftarrow 2g$。

BG3 当 $x \neq 0$ 时,执行下述步骤:

BG3.1 当 x 是偶数时,执行下述步骤:$x \leftarrow x/2$;

BG3.2 当 y 是偶数时,执行下述步骤:$y \leftarrow y/2$;

BG3.3 $t \leftarrow |x-y|/2$;

BG3.4 如果 $x \geqslant y$,则 $x \leftarrow t$,否则 $y \leftarrow t$。

BG4 返回 $g \cdot y$。

参看 greatest common divisor。

比较 Euclidean algorithm for integers。

binary matrix rank test 二元矩阵秩检验

NIST 特种出版物 800-22《A Statistical Test Suite for Random and Pseudo-random Number Generators for Cryptographic Applications》中提出的 16 项检验之一。

检验目的 待测序列 $S = s_0, s_1, s_2, \cdots, s_{n-1}$。由整个序列构造不相交的子矩阵,通过统计二元矩阵秩的分布情况,检测序列中固定长度的子串之间的线性相关性,判断序列的随机特性。

理论根据及检验技术描述 可通过检查序列的固定长度字块之间的线性相关性来检验序列的随机性。由序列中连续的比特串构造二元矩阵,检测所构造的二元矩阵的行或列之间的线性相关性。由二元矩阵秩与一个理论期望值的偏差可给出有意义的统计量。

对于 $M \times Q$ 随机二元矩阵,令 $m = \min(M, Q)$,那么矩阵的秩 $r = 0, 1, 2, \cdots, m$ 的概率满足

$$P_r = 2^{r(Q+M-r)-MQ} \prod_{i=0}^{r-1} \frac{(1-2^{i-Q})(1-2^{i-M})}{1-2^{i-r}}。$$

如果 $M=Q=32$，那么待检验序列的长度为 $n=N\cdot M^2$（N 为样本规模）。实际测试中要求丢弃的比特 $n-N\cdot M^2$ 相当小即可。这种选择的原理是

$$P_M = \prod_{j=0}^{\infty}\left(1-\frac{1}{2^j}\right)=0.288\cdots,$$

$$P_{M-1}\approx 2P_M\approx 0.577\,6\cdots,$$

$$P_{M-2}\approx \frac{4}{9}P_M\approx 0.128\,4\cdots,$$

当 $M\geqslant 10$ 时，其他概率值都非常小（$\leqslant 0.005$）。

对于所得到的 N 个方阵，计算每个方阵的秩 $R_l(l=1,\cdots,N)$，并统计：秩为 M 的方阵出现频数 F_M、秩为 $M-1$ 的方阵出现频数 F_{M-1}。而秩不超过 $M-2$ 的方阵出现频数则为 $N-F_M-F_{M-1}$。统计量

$$\chi^2_{\text{obs}}=\frac{(F_M-0.288\,8N)^2}{0.288\,8N}+\frac{(F_{M-1}-0.577\,6N)^2}{0.577\,6N}+\frac{(N-F_M-F_{M-1}-0.133\,6N)^2}{0.133\,6N}$$

近似满足自由度为 2 的 χ^2 分布。

检验统计量与参照的分布 统计量 χ^2_{obs} 近似满足自由度为 2 的 χ^2 分布。

检验方法描述 (1) 将待检验序列 S 按顺序划分成长度为 MQ 比特的不相交字块，那么将会有 $N=\lfloor n/(MQ)\rfloor$ 个这样的字块，丢弃没有用到的比特。将每个长度为 MQ 比特的子块堆积成 $M\times Q$ 矩阵，此矩阵的每一行都用待检验序列 S 的连续 Q 比特字块填充。举例如下：令 $n=20$，$M=Q=3$，输入序列 $S=01011001001010101101$，那么可以分成 $N=\lfloor n/(MQ)\rfloor=2$ 个矩阵，丢弃没有用到的最后两比特(01)，构造的两个矩阵为

$$\begin{pmatrix}0&1&0\\1&1&0\\0&1&0\end{pmatrix}\quad\text{和}\quad\begin{pmatrix}0&1&0\\1&0&1\\0&1&1\end{pmatrix}。$$

第一个矩阵的第一行为输入序列的第 0～2 比特，第二行为输入序列的第 3～5 比特，第三行为输入序列的第 6～8 比特，第二个矩阵由接下来的 9 比特按同样方式构造。

(2) 确定每个矩阵的秩 $R_l(l=1,2,\cdots,N)$。对于上面的例子，有 $R_1=2$，$R_2=3$。

(3) 设 F_M 表示秩为 M 的矩阵个数，F_{M-1} 表示秩为 $M-1$ 的矩阵个数，$N-F_M-F_{M-1}$ 表示剩下的矩阵个数。对于上面的例子，有 $F_3=1$，$F_2=1$。

(4) 计算

$$\chi^2_{\text{obs}}=\frac{(F_M-0.288\,8N)^2}{0.288\,8N}+\frac{(F_{M-1}-0.577\,6N)^2}{0.577\,6N}$$

$$+\frac{(N-F_M-F_{M-1}-0.1336N)^2}{0.1336N}。$$

对于上面的例子，有

$$\chi^2_{\text{obs}}=\frac{(1-0.2888\times2)^2}{0.2888\times2}+\frac{(1-0.5776\times2)^2}{0.5776\times2}+\frac{(2-1-1-0.1336\times2)^2}{0.1336\times2}$$

$$=0.596953。$$

(5) 计算尾部概率

$$P\text{-}value=\text{igamc}(1,\chi^2_{\text{obs}}/2)=e^{-\chi^2_{\text{obs}}/2}。$$

对于上面的例子，有

$$P\text{-}value=e^{-\chi^2_{\text{obs}}/2}=e^{-0.596953/2}=0.741948。$$

判决准则(在显著性水平1%下) 如果 *P-value* <0.01，则该序列未通过该项检验；否则，通过该项检验。

判决结论及解释 根据上面(5)中的 *P-value*，得出结论：这个序列通过该项检验还是未通过该项检验。如果 *P-value* 值小(<0.01)，则说明所检验的序列中秩分布是偏离随机序列所期望的。

输入长度建议 推荐 $M=Q=32$，其他的值也可以采用，但是对应的概率值需要根据理论依据中的公式重新计算。待检验序列 S 的比特长度需满足 $n\geqslant38MQ$(在 $M=Q=32$ 情况下，待检验序列 S 最小应为 38 912 比特)。

举例说明 序列 S 为自然对数的底 e 的二进制展开式中前 100 000 比特，$n=100\,000$，$M=Q=32$，则 $N=97$。

统计计算：$F_M=23$，$F_{M-1}=60$，$N-F_M-F_{M-1}=14$。

计算：$\chi^2_{\text{obs}}=1.2619656$。

计算：*P-value* $=0.532069$。

结论：由于 *P-value* $\geqslant0.01$，所以通过该项检验。

参看 chi square test，NIST Special Publication 800-22，statistical hypothesis，statistical test。

binary operation 二元运算

集合 S 上的二元运算是一个从 $S\times S$ 到 S 的映射，即一种把 S 中的一个元素赋予 S 中的每个有序元素对的规则。令 $*$ 是一个二元运算，对 S 中的任意有序元素对 $a,b\in S$，有 $c=a*b$，$c\in S$。

参看 mapping。

binary representation 二进制表示

数的一种表示方法。任意一个正整数 a 都能表示成以 2 为基的数，即 $a=a_n2^n+a_{n-1}2^{n-1}+\cdots+a_12^1+a_0$，$a_i\in\{0,1\}$，$0\leqslant i\leqslant n$。

参看 integer。

binary sequence　二元序列,二进制序列

由二元字母表上的符号构成的序列。

参看 binary alphabet。

binary string　二进制串

同 bit string。

binary symmetric source (BSS)　二进制对称源

理论上能够发出真随机二进制数字序列的一种设备。

参看 binary digit。

binary tree　二叉树

由一些顶点和有向边组成的结构。二叉树中的顶点被划分成三种类型:

① 根顶点　它有两个指向它的边,一个称为左边,另一个称为右边;

② 内部顶点　每个内部顶点都有两个指向它的边(左边和右边)及一个离开它的边;

③ 叶子　每个叶子都有一个离开它的边。如图 B.9 所示。

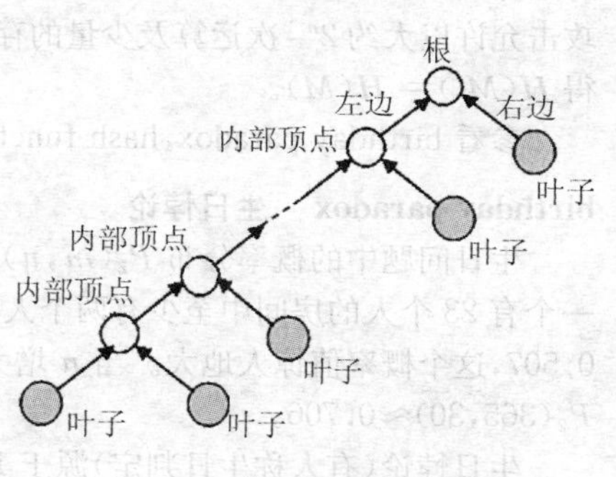

图 B.9

binary true random source　二进制真随机源

同 binary symmetric source。

binomial coefficient　二项式系数

令 n 和 k 都是非负整数。从一拥有 n 个不同对象的集合中选取 k 个(这里不考虑选取的顺序)不同对象的不同方法数,就称为二项式系数,记为 $\binom{n}{k}$。

binomial distribution　二项分布

二项分布是一种概率分布:假定对于一次特定的伯努利试验成功概率为 p,则在 n 次这样的独立试验序列中恰好有 k 次成功的概率就是

$$\binom{n}{k}p^k(1-p)^{n-k}\quad(0\leqslant k\leqslant n)。$$

n 次独立伯努利试验成功的期望值是 np,方差是 $np(1-p)$。

参看 Bernoulli trial。

binomial theorem 二项式定理

对任意实数 a, b 和非负整数 n，都有

$$(a+b)^n = \sum_{k=0}^{n} \binom{n}{k} a^k b^{n-k}。$$

参看 binomial coefficient。

birthday attack 生日攻击

生日悖论的密码应用；对散列函数的一种攻击方法：找出两个随机的消息 M 和 M'，使得 $H(M') = H(M)$。

对于一个 n 比特散列函数 $H(x)$，人们可以希望用一次猜测攻击，在 2^n 散列运算之中就能找到原像阻或第二原像阻。由于敌人能选择消息，所以生日攻击允许以大约 $2^{n/2}$ 次运算及少量的存储就能找到消息的碰撞对 M 和 M'，使得 $H(M') = H(M)$。

参看 birthday paradox，hash function，Yuval's birthday attack。

birthday paradox 生日悖论

生日问题中的概率分布 $P_2(m, n)$ 称作生日悖论。这是由于下述事实：在一个有 23 个人的房间中至少有两个人具有相同生日的概率是 $P_2(365, 23) \approx 0.507$，这个概率值惊人地大。当 n 增大时，$P_2(365, n)$ 的值也迅速增大，例如 $P_2(365, 30) \approx 0.706$。

生日悖论（有人称生日判定）源于 1939 年发表的一个著名的概率判定，是在研究查找技术（特别是研究散列存储技术）中的一个理论问题。

参看 birthday problem。

birthday problem 生日问题

在数学中有关计算下述概率的问题：一个瓮中有 m 个球，分别编号为 1～m。假定从这个瓮中抽取 n 个球，每次取出一个，记下编号，并放回瓮中。

① 至少一次重合（即一个球至少被取出两次）的概率是

$$P_2(m, n) = 1 - P_1(m, n, n) = 1 - \frac{m^{(n)}}{m^n} \quad (1 \leqslant n \leqslant m)。$$

当 $m \to \infty$ 时，

$$P_2(m, n) \to 1 - \exp\left(-\frac{n(n-1)}{2m} + O\left(\frac{1}{\sqrt{m}}\right)\right) \approx 1 - \exp\left(-\frac{n^2}{2m}\right)。$$

② 当 $m \to \infty$ 时，在一次重合之前期望抽取数是 $\sqrt{\pi m/2}$。

如果随机选出 23 个人的一群人中都存在一种相等的可能性：其中有两个人生日相同。这种令人惊奇的事实就是这个数学问题称为“生日问题”的由来。

上述生日问题是经典占有问题的一个特殊情况。

参看 classical occupancy problem。

birthday surprise　生日怪异

同 birthday paradox。

bit　二进制数字,二进制位,位;比特

是 binary digit 的缩写,它或为 0,或为 1;二进制数字系统中的最小信息单位。

bit commitment　比特承诺

零知识证明中的一种基本技术。消息 m 是一比特(或为 0,或为 1),承诺者以某种方式加密 m;m 的加密形式也称作模糊点(blob),而加密方法就称为比特承诺方案。一般情况下,比特承诺方案是一个函数 $f:\{0,1\}\times X\rightarrow Y$,其中 X 和 Y 是有限集,m 的加密值是 $f(m,x)$ $(x\in X)$。比特承诺方案应满足两个特性:一是隐蔽,接收者不能根据消息 m 的加密形式(模糊点)$y=f(m,x)$确定出 m 的值;二是制约,承诺者不能改变 m 的值,当承诺者出示 m 和 x 的值时,接收者能够验证 y,并确信 m 的值未被改变。实现比特承诺的一种方法是使用戈德瓦泽-米卡利的概率公开密钥密码体制。

参看 Goldwasser-Micali probabilistic public-key cryptosystem。

bit commitment scheme　比特承诺方案

比特承诺技术中将加密一比特消息 m(或为 0,或为 1)的方法称为比特承诺方案。

参看 bit commitment。

bit sequence　二进制数字序列,比特序列

由二进制数字(即"0"和"1")构成的序列。

参看 bit。

bit stream　二进制数字序列,比特序列,比特流

同 bit sequence。

bit string　二进制数字串,比特串

一串二进制数字。$\{0,1\}^*$ 表示有限二进制串的空间,$\{0,1\}^\infty$ 表示无限二进制串的空间。如果比特串 S 的长度为 n,则表示为 $S\in\{0,1\}^n$。

参看 bit。

bitwise AND　按位与,逐位与

两个等长二进制数逐位进行"与"运算。例如,$X=101101$,$Y=001011$,则 $X\wedge Y=001001$。

参看 AND operation,bit,bitwise operation。

bitwise complement　按位取补,逐位取补,位方式取补

对一个二进制数逐位进行“取补”运算。例如，$X=101101$，则 $\bar{X}=010010$。

参看 bit,bitwise operation,complement。

bitwise exclusive-or (XOR)　按位异或,逐位异或

两个等长二进制数逐位进行“异或”运算。例如，$X=101101$，$Y=001011$,则 $X\oplus Y=100110$。

参看 bit,bitwise operation,exclusive-or (XOR)。

bitwise modulo 2 addition　按位模 2 加,逐位模 2 加

同 bitwise exclusive-or(XOR)。

bitwise negation　位方式非

同 bitwise complement。

bitwise operation　按位运算,逐位运算

两个等长二进制数逐位进行布尔运算。

参看 bitwise AND, bitwise complement, bitwise exclusive-or (XOR), bitwise OR。

bitwise OR　按位或,逐位或

两个等长二进制数逐位进行“或”运算。例如，$X=101101$，$Y=001011$，则 $X\vee Y=101111$。

参看 bitwise operation,OR operation。

Bitzer's hash function　比泽散列函数

使用可逆密钥链接方法的散列函数。$H_0=IV$，$H_i=f(H_{i-1},x_i)=E_{k_i}(H_{i-1})$,其中 IV 为初始链接值;$k_i=x_i\oplus s(H_{i-1})$,$s(H_{i-1})$是把链接变量映射到密钥空间的一个函数;E 是一个分组密码算法。这种压缩函数没有单向性,因此抗不住中间相会链接攻击。

参看 block cipher, hash function, initial chaining value, meet-in-the-middle chaining attack。

Blakley's threshold scheme　伯莱克利门限方案

伯莱克利于 1979 年提出的一种基于向量子空间的秘密共享方案。伯莱克利想法的最简单的例子是$(2,n)$门限方案:分配给用户的秘密份额(这里称作“影子”)在一个公共平面上但不共线;任意两个用户的共享秘密是他们连线的交点。对于一个$(3,n)$门限方案,“影子”由非平行的平面组成,任意两个平面的交是一条直线,任意三个平面的交是一个点。沙米尔门限方案是完备的,而伯莱克利门限方案不完备(共享秘密的可能值集合限制为所添加的后续秘密份额)。

参看 secret share,secret sharing scheme,perfect secret sharing scheme,threshold scheme。

比较 Shamir's threshold scheme。

blind signature scheme　盲签名方案

是发送方 A 和签名者 B 两者之间的双方协议。盲签名方案的基本思想是:A 发送一段信息给 B,B 对之签名并将之返回给 A。根据这个签名,A 能计算 B 对于 A 事先选择的消息 m 的签名。在协议完成时,B 既不知道消息 m 又不知道与消息 m 相联系的签名。盲签名的目的是阻止签名者 B 观察他签署的消息及签名;因此,以后就不能把签署的消息和发送方 A 相联系。

盲签名协议要求下述两个组成部分:

(1) 签名者 B 的数字签名机制,B 对 x 的签名表示为 $S_B(x)$;

(2) 仅为发送方知道的函数 f 和 g,并使得 $g(S_B(f(m))) = S_B(m)$,f 称为盲函数,g 称为解盲函数,$f(m)$称为盲消息。

参看 Chaum's blind signature protocol。

比较 digital signature。

blinded message　盲消息

盲签名方案中仅为发送方知道的函数 f 和 g,并使得 $g(S_B(f(m))) = S_B(m)$。f 称为盲函数,g 称为解盲函数,$f(m)$称为盲消息。

参看 blind signature scheme,blinding function。

blinding function　盲函数

盲签名方案中仅为发送方知道的函数 f 和 g,并使得 $g(S_B(f(m))) = S_B(m)$。f 称为盲函数,g 称为解盲函数,$f(m)$称为盲消息。

以基于 RSA 体制的盲签名方案为例。令 $n = pq$ 是两个大的随机素数 p 和 q的乘积。实体 B 的签名算法 S_B就是 RSA 签名方案,其公开密钥是(n,e),秘密密钥是 d。令 k 是一个固定整数,且 $\gcd(n,k)=1$。这样,盲函数 $f:\mathbb{Z}_n \to \mathbb{Z}_n$可定义为$f(m)\equiv m \cdot k^e (\bmod n)$,而解盲函数 $g:\mathbb{Z}_n \to \mathbb{Z}_n$可定义为$g(m)\equiv k^{-1} \cdot m (\bmod\ n)$。上述选择的 f,g 和S_B满足要求,这是因为

$$g(S_B(f(m))) \equiv g(S_B(m \cdot k^e (\bmod\ n))) \equiv g(m^d \cdot k (\bmod\ n)) \equiv m^d (\bmod\ n) = S_B(m)。$$

参看 blind signature scheme,RSA digital signature scheme。

blob　模糊点

在比特承诺方案中,一比特消息 m(或为 0,或为 1)的加密形式称作模

糊点。

参看 bit commitment。

block 字块,字组,分组

可以当作一个单位进行处理(包括运算、传输、存储)的一组字、一组消息或一组数字。

block chaining 分组链接

在分组密码中使用链接技术。有如下几种分组链接技术:一种是在加/解密过程的每一步中,利用加/解密函数内部导出的中间值来改变密钥;一种是不改变密钥而把输入明文修改成先前的明文块和先前的密文块的函数;第三种是具有自同步性质的密文反馈方式。

参看 block cipher,chaining encipherment,cipher feedback (CFB)。

block cipher 分组密码

分组密码是将消息流序列 $\tilde{m}$ 划分成长度均为一个固定值的"分组(或称字块)",对每一个"分组"单独进行加密。因此,分组密码加密方式有如下特点:

① 分组密码实质上是一个大字母表上的简单代替密码;

② 在一个固定密钥作用下,分组密码将把相同的明文字块变换成相同的密文字块;

③ 可将分组密码看作是一种"无记忆设备"(图 B.10)。

$$C=E_k(M),\quad M=(m_1,m_2,\cdots,m_t),\quad C=(c_1,c_2,\cdots,c_n)。$$

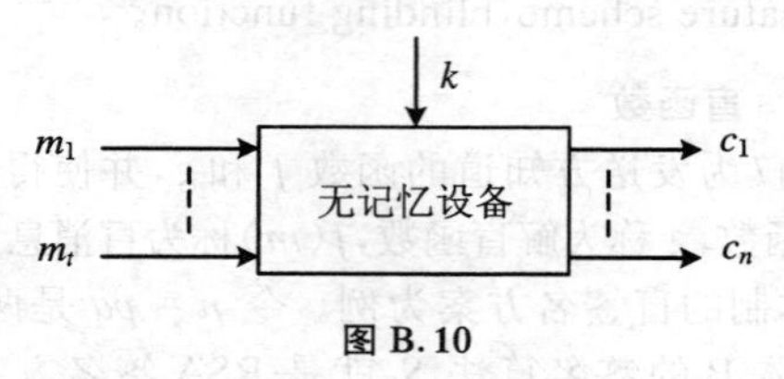

图 B.10

通常用 $C=E_k(M)$表示在密钥 k 作用下对明文M 进行加密得到密文C,而且一般来说,$t=n$。

一般情况下,都是将分组密码设计成可逆映射,加密函数 $C=E_k(M)$的逆函数称作解密函数,用 $M=D_k(C)$表示,意思是:在密钥 k 作用下将密文C 解密而恢复明文M。

参看 block,cryptographic key,simple substitution cipher。

比较 stream cipher。

block cipher algorithm 分组密码算法

分组密码算法的一般结构如图 B.11 所示。其算法特点如下：

① 密钥 K 经密钥编排算法扩展生成子密钥 $K_0, K_1, \cdots, K_{r-1}$；

② 子密钥 $K_i(i=0,1,\cdots,r-1)$参与第 i 轮函数 F_i的运算；

③ 分组密码算法的输入块 IB,可以直接亦可加以简单变换作为第 0 轮函数 F_0的输入,而后面各轮的输入就是其前一轮的输出,最后一轮的输出 OB 就是分组密码算法的输出；

④ 各轮的轮函数可以完全相同,亦可完全不同,如果完全相同,就称之为迭代分组密码,这是分组密码常用的结构形式。

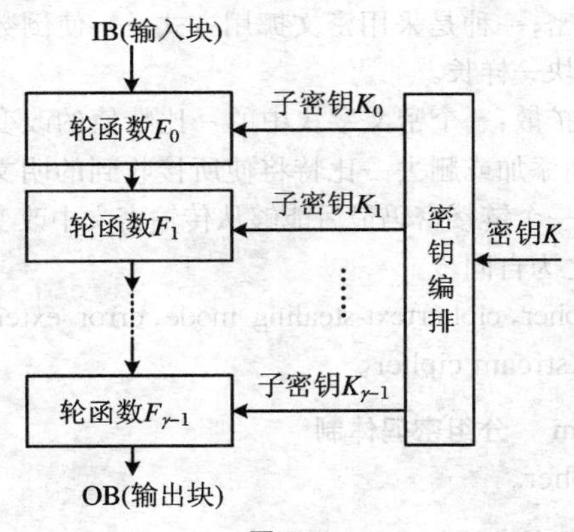

图 B.11

参看 block cipher, iterated block cipher, key scheduling algorithm。

block cipher chaining　分组密码链接

当消息的长度超过分组长度而消息又是高度格式化或者含有显著的多余度时,分组密码就出现了密码弱点。为了克服密码弱点,可使输出密文不仅依赖于密钥和当前的明文字块,而且依赖于先前的所有明文字块,这就是分组密码链接。

如果一个密文消息泄露了显著数量的高度格式化的字块,则一些密文字块可能在后继消息中重现,这就使攻击者能够编辑一个“明文/密文对”密本。如果消息具有高多余度,那么一个攻击者将有可能研制一种明文段的频率分析方法;分组密码将势必产生呈现相同频率分布的密文字块,这样一来就把有用的信息给了密码分析者。链接确保明文消息中的模式不被一直带到密文中去。只要以前的明文字块不是相同的,那么后继消息中的两个相同的明文字块将产生两个不相同的密文字块。

实现链接是通过反馈前面的明文字块或密文字块,并使反馈的字块作用于加密/解密过程。前面的明文字块或密文字块可以用于修改加密器/解密器的密钥或输入。例如,在密码分组链接中,密文输出和随后的明文字块进行异或后再作为加密器的输入。

当明文消息不是分组长度的整数倍时,最后会出现不够一个分组的明文字块,这时就要求采用特殊的办法来处理这一个不够分组的明文字块。一种解决办法就是用固定的或随机选择的字符来填充,但是这种办法在密文消息必须和明文消息一样长的情况下不适用。例如,如果要求已被加密的文件占用的存储空间和原明文相同,那么密文文件的长度就必须和原明文一样。解决此类问题有两种常用技术:一种是采用序列密码方式——用序列密码对最后一个字块进行加密;一种是采用密文挪用方式——使倒数第二个密文字块和最后一个明文字块一样长。

链接引起错误扩散:一个密文字块中的一比特值的改变将影响后面几个字块的解密过程,而添加或删去一比特将使所接收到的明文字块的余下部分完全被歪曲。如果一个链接密码最后能够从传输密文中改变一比特所引起的错误中恢复,就称之为自同步。

参看 block cipher, ciphertext-stealing mode, error extension, redundancy, self-synchronizing, stream cipher。

block cryptosystem　分组密码体制

参看 block cipher。

block length　分组长度

在密码技术中,指分组密码的一个分组(或称字组、字块)中的比特数。分组长度必须充分大,以便挫败消息穷举攻击。

参看 message exhaustion attack。

block of a sequence　序列的块组

在游程的定义中,称“1”游程为该序列的块组。

参看 run of a sequence。

比较 gap of a sequence。

block size　分组大小,分组规模,字组大小,字组规模

同 block length。

Blom's KDS bound　布罗姆 KDS 界限

在任意提供 m 比特成对会话密钥的 j-安全密钥分配体制(KDS)中,每一个用户所存储的秘密数据必须至少有 $m(j+1)$ 比特。

参看 j-secure KDS, key distribution system (KDS)。

Blom's key pre-distribution system　布罗姆密钥预分配体制

一个能满足布罗姆 KDS 界限($j<n-2$)的、非交互式的密钥分配体制。对 n 个用户中的每一个用户都只要求一个指数 $i(1\leqslant i\leqslant n)$,$i$ 可唯一地标识一个待用它构成联合密钥的用户。从这一点来看,布罗姆方案是一个基于身份的方案。每个用户都被分配初始密钥素材的一个秘密向量(称作基密钥),根据这个秘密向量,这个用户就能和其他每个用户一起计算双方共享的秘密(称作导出密钥)。

令每个用户对为(U_i,U_j),导出密钥 $K_{i,j}$ 的长度为 m 比特。对布罗姆密钥预分配体制的描述如下:

BK1 系统中的所有 n 个用户都知道 q 阶有限域 $\mathbb{F}_q$ 上的一个(n,k) MDS 编码的一个 $k\times n$ 生成元矩阵 G。

BK2 可信用户 T 建立一个 $\mathbb{F}_q$ 上的随机秘密的 $k\times k$ 对称矩阵 D。

BK3 T 把秘密密钥 S_i 配给每个用户 U_i,S_i 被定义为 $n\times k$ 矩阵 $S=(DG)^{\mathrm{T}}$ 的第 i 行。(S_i 是 $\mathbb{F}_q$ 上的一个 k 元组,有 $k\cdot\lg q$ 比特长,使得用户能计算 $(DG)^{\mathrm{T}}G$ 的第 i 行中的任意一项值。)

BK4 用户 U_i 和 U_j 计算共同的秘密 $K_{i,j}=K_{j,i}$,长度为 $m=\lg q$ 比特,计算步骤如下:U_i 使用 S_i 和 G 的第 j 列计算 $n\times n$ 对称矩阵 $K=(DG)^{\mathrm{T}}G$ 的第(i,j)项值。U_j 使用 S_j 和 G 的第 i 列计算 $n\times n$ 对称矩阵 $K=(DG)^{\mathrm{T}}G$ 的第(j,i)项值(由于 K 是对称矩阵,第(i,j)项值等于第(j,i)项值)。

参看 Blom's KDS bound, key agreement, key distribution system (KDS), MDS code。

Blowfish block cipher　Blowfish 分组密码

一个 DES 类的、密钥长度可变的、分组长度为 64 比特的分组密码。算法由两部分组成:密钥扩展和数据加密。密钥扩展把长度可达 448 比特的密钥变换成总共 4 168 字节的几个子密钥组。数据加密由一个简单函数迭代 16 轮(费斯特尔结构),每一轮都由密钥相关的置换以及密钥相关和数据相关的代替组成。所有的运算都是 32 比特字的加法和异或,另外还有一个运算是每轮的四次查表操作。Blowfish 使用了大量的子密钥,这些密钥必须在加解密之前预先计算出。

Blowfish 分组密码方案

1. 符号注释

所有变量均为 32 比特变量;

$\oplus$ 表示按位异或;

$+$ 表示模 2^{32} 加法;

$A\parallel B$ 表示并置:如果 $A=(a_0\cdots a_{31})$,$B=(b_0\cdots b_{31})$,则 $A\parallel B=(a_0\cdots a_{31}\ b_0\cdots b_{31})$。

S_1,S_2,S_3,S_4是四个S盒，每一个都含有256个表项，每个表项都是32比特数，分别用$S_{1,0},S_{1,1},\cdots,S_{1,255};S_{2,0},S_{2,1},\cdots,S_{2,255};S_{3,0},S_{3,1},\cdots,S_{3,255};S_{4,0},S_{4,1},\cdots,S_{4,255}$表示。

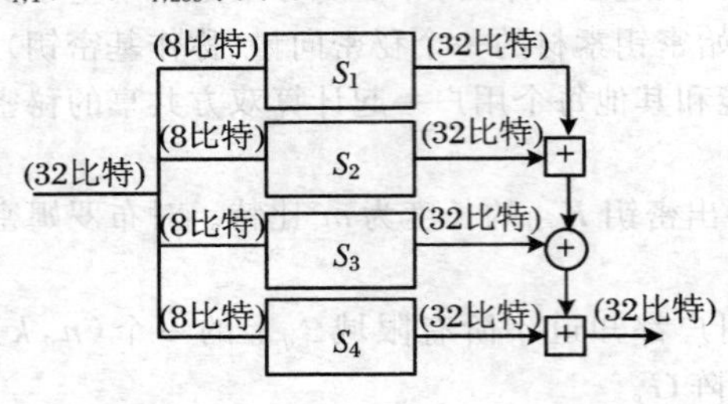

图 B.12

2. 基本函数

$y=S_j(x)$是一个查表函数，表示以x为地址去查S_j表$(j=1,2,3,4)$。

$y=F(x)$是一个函数，其逻辑框图见图B.12。设$x=a_0\parallel a_1\parallel a_2\parallel a_3,a_i\in\{0,1\}^8$$(i=0,1,2,3)$，则有

$$y=F(x)=((S_1(a_0)+S_2(a_1))\oplus(S_3(a_2)+S_4(a_3)))。$$

3. 加密算法

$c=$ Blowfish_encrypt(m,EK)，其逻辑框图如图B.13所示。

输入：64比特明文字块m；加密扩展子密钥$EK_i\in\{0,1\}^{32}(i=0,1,\cdots,17)$。

输出：64比特密文字块c。

begin

$m=L_0\parallel R_0$

for $i=0$ to 15 do

$R_{i+1}\leftarrow L_i\oplus EK_i$

$L_{i+1}\leftarrow R_i\oplus F(R_{i+1})$

next i

$R_{17}\leftarrow L_{16}\oplus EK_{16}$

$L_{17}\leftarrow R_{16}\oplus EK_{17}$

$c=L_{17}\parallel R_{17}$

end

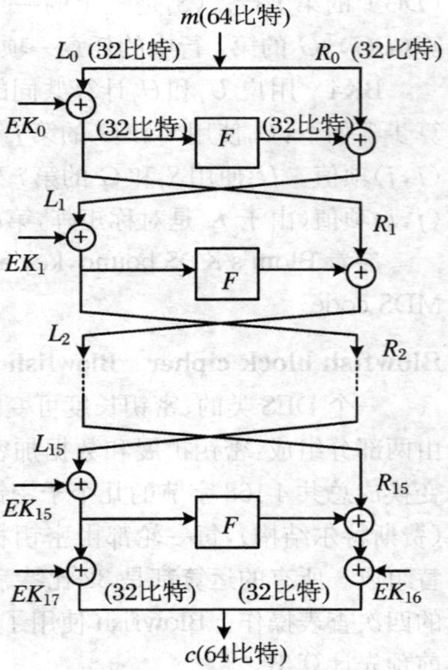

图 B.13 加密原理框图

4. 解密算法

除了子密钥使用顺序颠倒外，和加密算法一样。

输入：64比特密文字块c；解密扩展子密钥$DK_i\in\{0,1\}^{32}(i=0,1,\cdots,17)$。

输出：64比特明文字块m。

begin

$c=L_0\parallel R_0$

```
for i = 0 to 15 do
    R_{i+1} ← L_i ⊕ DK_i
    L_{i+1} ← R_i ⊕ F (R_{i+1})
next i
R_17 ← L_16 ⊕ DK_16
L_17 ← R_16 ⊕ DK_17
m = L_17 ‖ R_17
end
```

5. 密钥编排

使用 Blowfish 算法计算加/解密用的子密钥,过程如下。

(1) 用一个固定的字符串,按次序首先初始化子密钥数组 $EK_i \in \{0,1\}^{32}$ $(i=0,1,\cdots,17)$;然后初始化 4 个 S 盒。这个字符串由 π 的十六进制数字组成。

(2) 用密钥的第一个 32 比特与 EK_0异或,用密钥的第二个 32 比特与 EK_1异或,以此类推,直到做完密钥的所有比特(直到 EK_{17})。对于较短的密钥,可根据具体密钥长度周期性地循环处理密钥的所有比特直到整个子密钥数组 EK_i与密钥异或完为止。

(3) 用 Blowfish 算法加密全零明文块,使用上面步骤(1)和(2)描述的子密钥。

(4) 用步骤(3)的输出替换 EK_0和 EK_1。

(5) 用 Blowfish 算法加密步骤(3)的输出,使用上面修改过的子密钥。

(6) 用步骤(5)的输出替换 EK_2和 EK_3。

(7) 继续上述过程,用连续变化的 Blowfish 算法的输出依次将 EK_i数组的所有元素,以及 4 个 S 盒的全部内容替换完毕。

为了产生所需的全部子密钥,总共需要迭代 521 次,在应用时把这些子密钥全部存储下来,不要执行推导过程。下面用形式语言描述上述过程。

输入:≤448 比特(即 56 字节)密钥 $K = K_0 \| K_1 \| \cdots \| K_{N-1}, K_i \in \{0,1\}^8$ $(i=0,1,\cdots,N-1)$;初始化用的常数数组 P(含 18 个 32 比特数)和 Q(含 4×256个 32 比特数)。

输出:加密扩展子密钥 $EK_i \in \{0,1\}^{32}$,解密扩展子密钥 $DK_i \in \{0,1\}^{32}$ $(i= 0,1,\cdots,17)$。

```
begin
for i = 0 to 17 do        //初始化 EK_i 数组
    EK_i ← P_i
next i
```

```
for i = 0 to 255 do      //初始化 4 个 S 盒
    S_{1,i} ← Q_{1,i}
    S_{2,i} ← Q_{2,i}
    S_{3,i} ← Q_{3,i}
    S_{4,i} ← Q_{4,i}
next i
T ← K      //预先将≤448 比特密钥 K 处理成 18 个 32 比特数 T_0～T_17
for i = 0 to 17 do      //异或加入密钥
    EK_i ← EK_i ⊕ T_i
next i
m ← 0
for i = 0 to 8 do
    c = L ‖ R = Blowfish_encrypt（m, EK）      //用 Blowfish 加密
    EK_{2i} ← L, EK_{2i+1} ← R      //得出解密扩展子密钥
    m ← c
next i
for j = 1 to 4 do
    for i = 0 to 255 do
        c = L ‖ R = Blowfish_encrypt（m, EK）      //用 Blowfish 加密
        S_{j,2i} ← L, S_{j,2i+1} ← R
        m ← c
    next i
next j
for i = 0 to 17 do      //得出解密扩展子密钥
    DK_i ← EK_{17-i}
next i
end
```

参看 block cipher，DES block cipher，Feistel cipher。

Bluetooth combiner　蓝牙组合器

同 Bluetooth key stream generator。

Bluetooth key stream generator　蓝牙密钥流发生器

一个序列密码，用于蓝牙无线通信中对明文进行加密。

蓝牙密钥流发生器由四个规则驱动的线性反馈移位寄存器（LFSR）和四个记忆比特组成。随着每一个时钟脉冲的驱动，都产生一个输出比特 z_t（$t = 1,2,\cdots$）。z_t依赖于四个 LFSR 的输出 a_t，b_t，c_t和d_t以及四个记忆比特（Q_t，

P_t, Q_{t-1}, P_{t-1}）。然后计算下一组记忆比特（Q_{t+1}, P_{t+1}），以此类推。确切定义如下：

$$z_t = a_t \oplus b_t \oplus c_t \oplus d_t \oplus P_t,$$

$$S_{t+1} = (S_{t+1}^1 S_{t+1}^0) = \left\lfloor \frac{a_t + b_t + c_t + d_t + 2Q_t + P_t}{2} \right\rfloor,$$

$$P_{t+1} = S_{t+1}^0 \oplus P_t \oplus P_{t-1} \oplus Q_{t-1},$$

$$Q_{t+1} = S_{t+1}^1 \oplus Q_t \oplus P_{t-1}。$$

式中，S_{t+1}为 2 比特整数，S_{t+1}^1是其高位比特，S_{t+1}^0是其低位比特。

Q_0, P_0, Q_1和 P_1的值以及四个 LFSR 的初态必须在启动之前设置。LFSR 的级数分别为 $n_1 = 25, n_2 = 31, n_3 = 33, n_4 = 39$，而 $n = n_1 + n_2 + n_3 + n_4 = 128$ 为密钥 k 的大小。

参看 initial state，linear feedback shift register（LFSR），stream cipher。

Blum-Blum-Shub pseudorandom bit generator　布卢姆-布卢姆-舒布伪随机二进制数字发生器

一种密码上安全的伪随机二进制数字发生器，用于产生一个 l 长的伪随机二进制数字序列，亦称作 $x^2 \pmod{n}$发生器或 BBS 发生器。其安全性基于整数因子分解问题的难解性。

BB1　设置：生成两个不同的、秘密的大随机素数 p 和 q，而且它们每一个都是模 4 同余于 3，计算 $n = pq$。

BB2　在区间$[1, n-1]$上选择一个随机整数 s（作为种子）使得 $\gcd(s, n) = 1$，并计算 $x_0 \leftarrow s^2 \pmod{n}$。

BB3　对 $i = 1, 2, \cdots, l$，执行下述步骤：

BB3.1　$x_i \leftarrow x_{i-1}^2 \pmod{n}$；

BB3.2　$a_i \leftarrow x_i$的最低有效的二进制数字。

BB4　输出序列是 $a_1, a_2, \cdots, a_l$。

参看 cryptographically secure pseudorandom bit generator（CSPRBG）。

Blum-Goldwasser probabilistic public-key encryption　布卢姆-戈德瓦泽概率公开密钥加密

这是一种概率加密方案。设消息发送方为 B，消息接收方为 A。

（1）密钥生成（对 A 而言）

KG1　A 选择两个大的且不相同的随机素数 p 和 q，它们每一个都是模 4 同余于 3。

KG2　A 计算 $n = pq$。

KG3　A 使用扩展的欧几里得算法计算整数 a 和 b，使得 $ap + bq = 1$。

KG4　A 的公开密钥是 n，A 的秘密密钥是(p, q, a, b)。

(2) 加密(B 加密)

EP1 B 获得 A 的可靠的公开密钥 n。

EP2 令 $k=\lfloor \lg n \rfloor, h=\lfloor \lg k \rfloor$。B 把消息 m 表示成长度为 t 的二进制数字串 $m=m_1 m_2 \cdots m_t$,其中每一个 m_i 都是一个长度为 h 的二进制数字串。

EP3 B 选择一个种子 x_0,它是模 n 的一个随机二次剩余。(这可以通过选择一个随机整数 $r \in \mathbb{Z}_n^*$,并置 $x_0 \leftarrow r^2 \pmod n$)。

EP4 对于 $i=1,2,\cdots,t$,B 做如下事情:

EP4.1 计算 $x_i \leftarrow x_{i-1}^2 \pmod n$;

EP4.2 令 p_i 是 x_i 的最低有效的 h 个二进制数字;

EP4.3 计算 $c_i=p_i \oplus m_i$。

EP5 B 计算 $x_{t+1} \leftarrow x_t^2 \pmod n$。

EP6 B 把密文 $c=(c_1, c_2, \cdots, c_t, x_{t+1})$ 发送给 A。

(3) 解密(A 解密)

DP1 A 计算 $d_1 \equiv ((p+1)/4)^{t+1} \pmod{p-1}$。

DP2 A 计算 $d_2 \equiv ((q+1)/4)^{t+1} \pmod{q-1}$。

DP3 A 计算 $u \equiv x_{t+1}^{d_1} \pmod p$。

DP4 A 计算 $v \equiv x_{t+1}^{d_2} \pmod q$。

DP5 A 计算 $x_0 \equiv vap+ubq \pmod n$。

DP6 对 $i=1,2,\cdots,t$,A 做如下事情:

DP6.1 计算 $x_i \equiv x_{i-1}^2 \pmod n$;

DP6.2 令 p_i 是 x_i 的最低有效的 h 个二进制数字;

DP6.3 计算 $m_i=p_i \oplus c_i$。

解密正确性的证明 因为 x_t 是一个模 n 二次剩余,它也是一个模 p 二次剩余,所以 $x_t^{(p-1)/2} \equiv 1 \pmod p$。注意到

$$x_{t+1}^{(p+1)/4} \equiv (x_t^2)^{(p+1)/4} \equiv x_t^{(p+1)/2} \equiv x_t^{(p-1)/2} x_t \equiv x_t \pmod p,$$

类似地,$x_t^{(p+1)/4} \equiv x_{t-1} \pmod p$;因此,$x_t^{((p+1)/4)^2} \equiv x_{t-1} \pmod p$。重复这个过程,就得到

$$u \equiv x_{t+1}^{d_1} \equiv x_{t+1}^{((p+1)/4)^{t+1}} \equiv x_0 \pmod p。$$

类似地,$v \equiv x_{t+1}^{d_2} \equiv x_0 \pmod q$。最后,因为 $ap+bq=1$,$vap+ubq \equiv x_0 \pmod p$ 及 $vap+ubq \equiv x_0 \pmod q$,所以 $x_0=vap+ubq \pmod n$,A 恢复了 B 在加密时使用的相同的随机种子,从而也就恢复了原来的明文。

参看 probabilistic cryptosystem, probabilistic encryption。

Blum integer 布卢姆整数

一个布卢姆整数是一个形式为 $n=pq$ 的复合整数,其中 p 和 q 是不同的素数,而且每一个都是模 4 同余于 3 的素数。

参看 integer,prime number。

Blum-Micali pseudorandom generator　布卢姆-米卡利伪随机发生器

一种密码上安全的伪随机二进制数字发生器。令 D 是一个有限集合,并令 $f:D\rightarrow D$ 是一个能有效计算的置换。令 $B:D\rightarrow\{0,1\}$ 是一个布尔谓词,它具有如下特性:仅仅已知 $x\in D$,$B(x)$是难以计算的;然而,已知 $y=f^{-1}(x)$,能够有效地计算 $B(x)$。通过计算 $x_i=f(x_{i-1})$,$z_i=B(x_i)(1\leqslant i\leqslant l)$来获得对应于种子 $x_0\in D$ 的输出序列$a_1,a_2,\cdots,a_l$。能证明这种发生器可以通过下一比特检验。布卢姆和米卡利提出的这种发生器的第一个具体例子就称作布卢姆-米卡利发生器,描述如下:令 p 是一个大素数,$\alpha\in\mathbb{Z}_p^*$是一个生成元。定义 $D=\mathbb{Z}_p^*=\{1,2,\cdots,p-1\}$。用 $f(x)\equiv\alpha^x(\mathrm{mod}\ p)$定义函数 $f:D\rightarrow D$。函数 $B:D\rightarrow\{0,1\}$定义为:如果 $0\leqslant\log_\alpha x\leqslant(p-1)/2$,则 $B(x)=1$,而如果 $\log_\alpha x>(p-1)/2$,则 $B(x)=0$。假定$\mathbb{Z}_p^*$上的离散对数问题的难解性,可以证明上述布卢姆-米卡利发生器满足下一比特检验。

参看 discrete logarithm problem (DLP),next bit test,pseudorandom bit generator。

Blundo's conference KDS bound　布伦多会议 KDS 界限

在提供 m 比特会议密钥给固定规模为 t 的特权子集的任意 j-安全的会议密钥分配体制(KDS)中,每一个用户存储的秘密数据必须至少有 $m\binom{j+t-1}{t-1}$比特。

参看 j-secure KDS,key distribution system (KDS)。

BMGL stream cipher　BMGL 序列密码

一种使用单向函数来构造的同步序列密码,由瑞典人约翰·哈斯塔德(Johan Hastad)和马茨·纳斯伦(Mats Naslund)提交给 NESSIE 项目。这个伪随机序列发生器的密码核心部分是分组密码 Rijndael。可以证明对这个密码的非平凡攻击可归约为对 Rijndael 的攻击。

BMGL 序列密码算法

1. 符号注释

Rijndael 是推荐为美国 21 世纪数据加密标准(AES)的算法,由比利时的里吉门(V. Rijmen)和迪门(J. Daemen)设计。

R 表示一个 m 行、n 列的二元矩阵,

$$R=\begin{bmatrix} r_{1,1} & r_{1,2} & \cdots & r_{1,n} \\ r_{2,1} & r_{2,2} & \cdots & r_{2,n} \\ \vdots & \vdots & & \vdots \\ r_{m,1} & r_{m,2} & \cdots & r_{m,n} \end{bmatrix}。$$

所有 $m\times n$ 二元矩阵的集合用 $\mathscr{M}_m$ 来表示。

2. 基本结构

(1) 密码核心部分　Rijndael 分组密码是核心部分。

(2) 函数 $\{B_R^m \mid R\in\mathscr{M}_m\}$

$$B_R^m(x)\equiv\begin{pmatrix} r_{1,1} & r_{1,2} & \cdots & r_{1,n}\\ r_{2,1} & r_{2,2} & \cdots & r_{2,n}\\ \vdots & \vdots & & \vdots\\ r_{m,1} & r_{m,2} & \cdots & r_{m,n}\end{pmatrix}\begin{pmatrix} x_1\\ x_2\\ \vdots\\ x_n\end{pmatrix}\pmod 2$$

3. BMGL 序列密码算法

(1) 一般性定义　令 n,m,L,λ 都是整数，使得 $L=\lambda m$。并令 $f:\{0,1\}^n\to\{0,1\}^n$ 为任意一个单向函数（置换）。发生器 $BMGL_{n,m,L}(f)$ 把 $n+nm$ 比特扩展成 L 比特。按如下方式进行：输入为 x_0，而 $R\in\mathscr{M}_m$；令 $x_i=f(x_{i-1})$ $(i=1,2,\cdots,\lambda)$，输出就是 $\{B_R^m(x_i)\}_{i=1}^{\lambda}$。

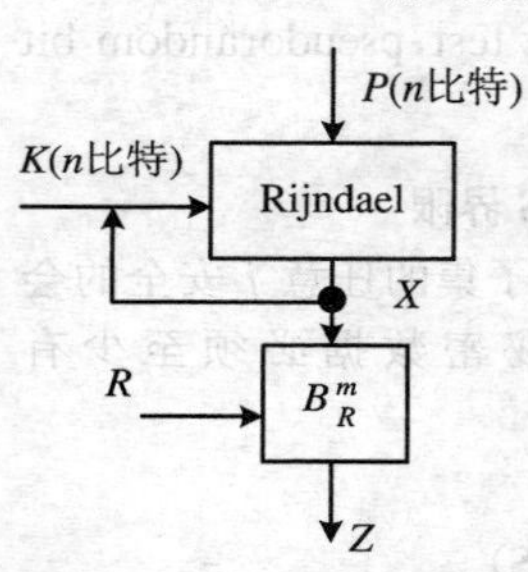

图 B.14

(2) 使用 Rijndael 分组密码　在 $BMGL_{n,m,L}(f)$ 结构中，单向函数 f 使用一个分组密码（比如 Rijndael），就可以将之看作为一种新的工作方式，称之为 KFB（密钥反馈工作方式），可用图 B.14 示意。

5. BMGL 算法运行流程

(1) 输入 n 比特 P 和 n 比特密钥 K，并从 $\mathscr{M}_m$ 中选取一个二元矩阵 R。

(2) 以 P 作为 Rijndael 分组密码的明文输入，在密钥 K 的作用下，运行一次 Rijndael 算法的加密轮变换，得到 n 比特输出 X。

(3) 计算函数 $B_R^m(X)$，得到 m 比特输出作为输出密钥序列 Z 的一部分。

(4) 置 $K=X$。

(5) 如果输出密钥序列的长度不够，则返回(2)；否则，算法停止。

参看 NESSIE project，one-way function，pseudorandom bit generator，Rijndael block cipher，stream cipher。

B92 protocol for QKD　量子密钥分配的 B92 协议

在 BB84 协议中用到了两个量子字母表，使得协议较复杂。贝内特（S. H. Bennett）于 1992 年提出一种与 BB84 类似的、只使用一个量子字母表的简单协议——B92 协议。

选用下面的量子字母表 A_θ：

$$\text{“1”}=|\theta\rangle,\quad \text{“0”}=|\bar{\theta}\rangle,$$

其中,$|\theta\rangle$和$|\bar{\theta}\rangle$分别代表一个光子相对于垂直方向偏 θ 和 $-\theta(0<\theta<\pi/4)$角的偏振态,它们是非正交态。

假定接收方的量子接收器(称为 POVM(positive operator value measure,正算子值测量接收器)基于下面的可观测量:

$$A_{\theta}=\frac{1-|\bar{\theta}\rangle\langle\bar{\theta}|}{1+\|\langle\theta|\bar{\theta}\rangle\|},$$

它是$|\theta\rangle$的可观测量,其中$\|\langle\theta|\bar{\theta}\rangle\|=\cos 2\theta$;

$$A_{\bar{\theta}}=\frac{1-|\theta\rangle\langle\theta|}{1+\|\langle\theta|\bar{\theta}\rangle\|},$$

它是$|\bar{\theta}\rangle$的可观测量;

$$A_{?}=1-A_{\theta}-A_{\bar{\theta}},$$

它是疑符的可观测量。

下面用 A 代表发送方,B 代表接收方,E 代表窃听者。

第一阶段:用量子信道进行通信。

(1) A 用掷公平硬币的方法产生一个二进制随机序列 S_{A}。

(2) A 对序列 S_{A}中的每一比特,也用掷公平硬币的方法随机选择一个偏振态$|\theta_{+}\rangle$或$|\theta_{-}\rangle$,即把 S_{A} 中的每一比特都转化为光子的偏振态,然后发送给 B。

(3) B 用他的 POVM 接收器测量接收到的光子。

第二阶段:在公开信道上通信。

这一阶段和 BB84 协议的本阶段是一样的,除了在步骤(1)中,B 公开地通知 A 在哪些时隙收到了非疑符,在这些时隙里收到的比特就成为他们的毛密钥。

通过 B 的毛密钥中的异常出错率来检测 E 的存在。通过 B 的异常疑符率也能检测 E 的存在;但如果 E 选择对疑符率没有影响的窃听策略,那么就只能通过 B 的毛密钥中的异常出错率来检测 E 的存在。

参看 BB84 protocol for QKD, observable, quantum key distribution (QKD), quantum state。

Boolean algebra　布尔代数

数学的一个分支。在这个数系中只能取两个值:真或假(或者“1”或“0”),而且,有两个二元运算符“AND(与)”和“OR(或)”及一个一元运算符“NOT(非)”。布尔代数又称逻辑代数。

参看 AND operation, NOT operation, OR operation。

Boolean function　布尔函数

n 元布尔函数是一个从$\mathbb{F}_2^n$到$\mathbb{F}_2$的映射，一般记为 $f(x):\mathbb{F}_2^n \to \mathbb{F}_2$，其中 $x=(x_1,x_2,\cdots,x_n)\in\mathbb{F}_2^n$，$\mathbb{F}_2^n$是$\mathbb{F}_2$上的 n 维空间。布尔函数 $f(x)$的真值表$(f(0),f(1),\cdots,f(2^n-1))$也称作函数序列，真值表中“1”的个数定义为$f(x)$的汉明重量，记作 $W_H(f(x))$。

存在 2^{2^n} 个不同的n 变量布尔函数，其中线性函数有 2^n个（显然，仿射函数共有 2^{n+1}个），其余的 $2^{2^n}-2^{n+1}$个为非线性函数。

参看 function，Hamming weight。

Boolean function with linear structure　具有线性结构的布尔函数，线性结构布尔函数

具有如下特征的布尔函数 $f(x)$称为线性结构布尔函数：

$$f(x+a)+f(x)=b,\quad b\in\{0,1\}, a\neq 0 \text{ 且 } a\in GF(2^n)。$$

参看 Boolean function，linear structure。

Boolean operation　布尔运算

遵从布尔代数规则进行逻辑运算或算术运算，包括二元运算“与运算”和“或运算”，以及一元运算“非运算”。

参看 AND operation，Boolean algebra，NOT operation，OR operation。

Boolean operator　布尔运算符

表示布尔运算的符号。一般用符号“∧”表示与运算，用符号“∨”表示或运算，用符号“¬”表示非运算（或者用 $\bar{x}$ 表示 x 的非运算）。

参看 Boolean operation。

boomerang attack　飞去来器式攻击，飞镖式攻击

一种选择明文攻击方法。飞去来器式攻击由瓦格纳（D. Wagner）于 1999 年提出，它是一种扩展的差分密码分析方法，攻击需要一组明文数据（内含四个明文数据）P,P',Q,Q'，它们相应的密文为 C,C',D,D'。用 $E(\cdot)$来表示加密运算，并将 E 分解成两部分，即 $E=E_1\circ E_0$。其中 E_0表示密码的前一半运算，E_1表示密码的后一半运算。找到两对输入差分为 Δ 的明文对，恢复密钥类似差分攻击。这里要求函数 E_0 在加密方向具有高概率 p 的差分 $\Delta\to\Delta^*$，而 E_1在解密方向$(E_1{}^{-1})$具有高概率 q 的差分$\nabla\to\nabla^*$。分别对函数 E_0 和 $E_1{}^{-1}$进行分析。当输入明文对(P,P')满足 $P\oplus P'=\Delta$ 时，从其相应的密文对(C,C')找到另一对密文(D,D')，使得 $C\oplus D=\nabla$和$C'\oplus D'=\nabla$。由以上特性可以得到

$$\begin{aligned}
&E_0(Q)\oplus E_0(Q')\\
&\quad=E_0(P)\oplus E_0(P')\oplus E_0(P)\oplus E_0(Q)\oplus E_0(P')\oplus E_0(Q')\\
&\quad=E_0(P)\oplus E_0(P')\oplus E_1{}^{-1}(C)\oplus E_1{}^{-1}(D)\oplus E_1{}^{-1}(C')\oplus E_1{}^{-1}(D')\\
&\quad=\Delta^*\oplus\nabla^*\oplus\nabla^*=\Delta^*。
\end{aligned}$$

分析过程如图 B.15 所示，它示出飞去来器式攻击的基本思想。

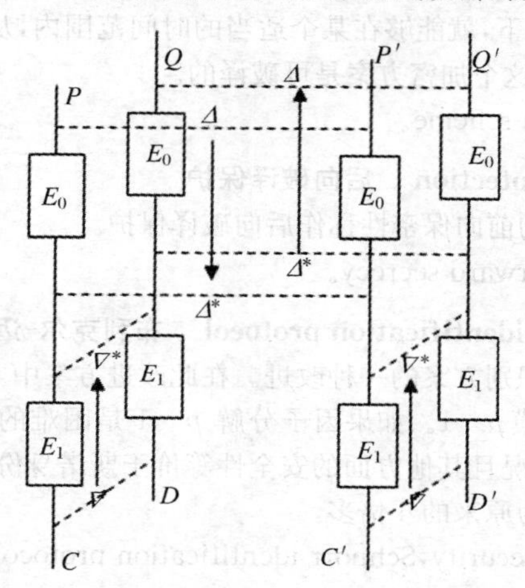

图 B.15

密文对(D,D')对应的明文对为(Q,Q')，则 $Q\oplus Q'=\Delta$ 的概率为p^2q^2。存在这样的高概率 p 和 q，飞去来器式攻击将可以适用。对于具有高概率的短差分但其长差分为低概率的分组密码，飞去来器式攻击的效果很好。

参看 chosen plaintext attack，differential cryptanalysis。

branch number of a linear transformation　线性变换的分支数

线性变换扩散能力的一种度量。如下定义一个线性变换 A 的分支数：

$$\min_{x\neq 0} \text{weight}(x)+\text{weight}(A(x)),$$

其中，weight(x)表示 x 的汉明重量。

参看 diffusion，Hamming weight。

bra vector　左矢

狄拉克发明的矢量符号。如果表征一个具体态矢量的特征量或符号为ψ，那么左矢$\langle\psi|$用来表示态矢量$|\psi\rangle$（右矢）的共轭矢量。

参看 Dirac notation，ket vector，state vector。

breakable　可破译的

在密码分析中，那些能够从密文中确定出明文或密钥的密码，或者能够根据明文/密文对确定出密钥的密码，就是可破译的密码。

参看 cryptanalysis。

breakable encryption scheme　可破译的加密方案

对一个加密方案而言，如果一个第三方在不具有加密密钥 e 及解密密钥 d 的先验知识的情况下，就能够在某个适当的时间范围内，从相应的密文中系统地恢复明文，就称这个加密方案是可破译的。

参看 encryption scheme。

break-backward protection　后向破译保护

有时候把完全的前向保密性称作后向破译保护。

参看 perfect forward secrecy。

Brickell-McCurley identification protocol　布利克尔-迈克卡勒识别协议

是对斯诺身份识别方案的一种改进。在此改进方案中，使 q 为秘密参数，模 q 指数计算改为模 $p-1$。如果因子分解 $p-1$ 是困难的，则此改进方案具有可证明的安全性，况且其他方面的安全性等价于斯诺身份识别方案，缺点是需要的计算量几乎为原来的 4 倍多。

参看 provable security，Schnorr identification protocol。

broadcast encryption　广播加密

在电话会议呼叫的会议密钥分发中，当一个中心点通过广播一个或多个消息，能使一个典型大的特权子集合的成员共享一个密钥的时候，处理过程有点类似于预置秘密共享，称之为广播加密。

参看 conference keying。

brute-force attack　强力攻击

即穷举攻击。

参看 exhaustive attack。

Buchberger's algorithm　布克伯格算法

计算格罗波讷基的一种算法。它的基础是当一个理想的基是格罗波讷基时的布克伯格准则。它计算多项式环 $K[x]$ 中的一个给定理想的一个格罗波讷基。具体描述如下：

布克伯格算法

输入：$K[x]$ 中的一个有序集合 $F=(f_1,\cdots,f_m)$。

输出：$I=\langle I_1,I_2,\cdots,I_m\rangle$ 的一个格罗波讷基 $G=\{g_1,\cdots,g_s\}$，$F\subset G$，

$G\coloneqq F$。

Repeat

　　$H\coloneqq G$

　　对 H 中的每一对 (p,q)，$p\neq q$，

　　　　如果 $S=\overline{S(p,q)}^H\neq 0$，则 $G\coloneqq G\cup\{S\}$

Until $H = G$

通过有限的步骤就可根据一个格罗波讷基计算出约化格罗波讷基。其中，$I = \langle I_1, I_2, \cdots, I_m \rangle$是$K[x]$的一个理想；$\overline{S(p,q)}^H$ 为p和q的S-多项式被H整除的剩余。

参看 Buchberger's criterion, Gröbner bases, Gröbner bases algorithm。

比较 F_4 algorithm。

Buchberger's criterion　布克伯格准则

布克伯格准则是计算格罗波讷基的布克伯格算法的基础。令 $K[x] = K[x_1, x_2, \cdots, x_n]$是一个多项式环，变量 $x_1, x_2, \cdots, x_n$是域K上的元素。先给出下述定义：

令 $f, g \in K[x]$是非零多项式。f和g的S-多项式是下述组合：

$$S(f,g) = \mathrm{LC}(g)\frac{\mathrm{lcm}(\mathrm{LM}(f),\mathrm{LM}(g))}{\mathrm{LM}(f)}f - \mathrm{LC}(f)\frac{\mathrm{lcm}(\mathrm{LM}(f),\mathrm{LM}(g))}{\mathrm{LM}(g)}g。$$

定义中有关LC( )和LM( )的定义参见词条“Gröbner bases”。

布克伯格准则就是下述定理：

$K[x]$中的一个理想I的一个基$G = \{g_1, g_2, \cdots, g_m\}$是格罗波讷基，当且仅当对于所有$(i,j)(i \neq j)$对，都有$\overline{S(g_i,g_j)}^G = 0$。其中，$\overline{S(g_i,g_j)}^G$为$g_i$和$g_j$的$S$-多项式被$G$整除的剩余。

参看 Buchberger's algorithm, Gröbner bases。

Burmester-Desmedt conference keying　伯梅斯特-德斯莫特会议密钥分发

一种会议密钥分发协议。t个具有单独迪菲-赫尔曼指数$z_i = \alpha^{r_i}$的用户$U_0, U_1, \cdots, U_{t-1}$将构成一个会议密钥 $K = \alpha^{r_0 r_1 + r_1 r_2 + r_2 r_3 + \cdots + r_{t-1} r_0}$。定义 $A_j = \alpha^{r_j r_{j+1}} = z_j^{r_{j+1}}$，$X_j = \alpha^{r_{j+1} r_j - r_j r_{j-1}}$。注意 $A_j = A_{j-1} X_j$，那么K就可以等价交换地写成下述形式(下标值应取模 t)：

$$\begin{aligned}
K_i &= A_0 A_1 \cdots A_{t-1} = A_{i-1} A_i A_{i+1} \cdots A_{i+(t-2)} \\
&= A_{i-1} \cdot (A_{i-1} X_i) \cdot (A_{i-1} X_i X_{i+1}) \cdots (A_{i-1} X_i X_{i+1} \cdots X_{i+(t-2)}) \\
&= (A_{i-1})^t \cdot (X_i)^{t-1} \cdot (X_{i+1})^{t-2} \cdots (X_{i+(t-3)})^2 \cdot (X_{i+(t-2)})^1 \\
&= (z)^{t r_i} \cdot (X_i)^{t-1} \cdot (X_{i+1})^{t-2} \cdots (X_{i+(t-3)})^2 \cdot X_{i+(t-2)}。
\end{aligned}$$

伯梅斯特-德斯莫特会议密钥分发协议

$t \geqslant 2$个用户推导他们共用的会议密钥K。

BD1　一次性设置。选择一个适当的素数p和生成元$\alpha \in \mathbb{Z}_p^*$，并把这些参数的可靠拷贝提供给$n$个系统用户中的每一个。

BD2　会议密钥产生。任意$t \leqslant n$个用户群(典型地是$t \ll n$)可以如下推导他们共用的会议密钥K。(不失一般性，用户被标记为$U_0, U_1, \cdots, U_{t-1}$，指

示用户的下标 j 应取模 t。）

(a) 每一个用户 U_i 都选择一个随机整数 r_i（$1 \leqslant r_i \leqslant p$），计算 $z_i \equiv \alpha^{r_i} \pmod p$，并且把 z_i 发送给本用户群其他 $t-1$ 个成员中的每一个。（假定已经预先把识别其他会议成员的下标 j 通知用户 U_i。）

(b) 每一个用户 U_i 在接收 z_{i-1} 和 z_{i+1} 之后计算 $X_i \equiv (z_{i+1}/z_{i-1})^{r_i} \pmod p$（注意 $X_i = \alpha^{r_{i+1}r_i - r_i r_{i-1}}$），并把 X_i 发送给本用户群其他 $t-1$ 个成员中的每一个。

(c) 在接收 X_j（$1 \leqslant j \leqslant t$，$j = i$ 除外）之后，用户 U_i 计算 $K = K_i$：

$$K_i \equiv (z_{i-1})^{tr_i} \cdot (X_i)^{t-1} \cdot (X_{i+1})^{t-2} \cdots (X_{i+(t-3)})^2 \cdot X_{i+(t-2)} \pmod p。$$

上述协议提供计算安全性，能抗得住被动敌人的攻击。

参看 computational security, conference keying, Diffie-Hellman key agreement, passive attack。

byte 字节

计算机和信息处理时作为一个单位使用的一串二进制数，常用的是 8 比特长的字块，但有些旧型号计算机中每字节不是 8 比特。

参看 bit。

比较 octet。

byte cipher feedback 字节密文反馈

反馈为 1 字节（8 比特）的密文反馈。

参看 cipher feedback。

C

CA-certificate　CA-证书

同 cross-certificate。

Caesar alphabet　恺撒密表

同 Caesar cipher。

Caesar cipher　恺撒密码，恺撒密表

早期的一种单表代替密码。相传朱利叶斯·恺撒在给其朋友写信时，使用这种密表。这种密表的明密对照关系如下：

明文：a b c d e f g h i j k l m n o p q r s t u v w x y z

密文：D E F G H I J K L M N O P Q R S T U V W X Y Z A B C

恺撒密表是加法密码的一种特例。

参看 additive cipher，cipher(2)。

Caesar cryptosystem　恺撒密码体制

采用类似于恺撒密表那样的自然序密表的密码体制。

参看 Caesar cipher。

Camellia block cipher　Camellia 分组密码

NESSIE 选出的 4 个分组密码算法之一。Camellia 分组密码的分组长度为 128 比特，密钥长度有 128，192，256 比特可选。当密钥长度为 128 比特时，算法为 18 轮；为 192，256 比特时，算法为 24 轮。Camellia 的设计基于 E2 和 MISTY 两个分组密码，是面向字节运算的费斯特尔密码。

Camellia 分组密码(注：这里的描述与设计者略有不同，但等效)

1. 符号注释

$\oplus$表示按位异或；$\wedge$ 表示按位与；$\vee$ 表示按位或；$\bar{X}$ 表示将变量 X 按位取补。

$T = X \parallel Y$ 表示并置：如果 $X = (x_{31} \cdots x_0)$，$Y = (y_{31} \cdots y_0)$，则

$$T = X \parallel Y = (x_{31} \cdots x_0 y_{31} \cdots y_0)。$$

$X \lll n$ 表示将变量 X 向左循环移 n 位。

$\Sigma_1 \sim \Sigma_6$ 为常数，下面用十六进制表示，其中

Σ_1 = ao9e667f3bcc908b，　Σ_2 = b67ae8584caa73b2，

Σ_3 = c6ef372fe94f82be，　Σ_4 = 54ff53a5f1d36f1c，

$\Sigma_5 = \text{10e527fade682d1d}$， $\Sigma_6 = \text{b05688c2b3e6c1fd}$。

S_1, S_2, S_3和S_4是四个 8 输入/8 输出的 S 盒。其中S_1是确定性的代数方法构造出的,构作方法如下:假定$x = x_1x_2x_3x_4x_5x_6x_7x_8$，$y = y_1y_2y_3y_4y_5y_6y_7y_8$，"c5"和"6e"为十六进制表示的两个常数,则

$$y = h(g(f(x \oplus c5))) \oplus 6e,$$

这里,f,g 和 h 三个函数分别描述如下:假定 $a = a_1a_2a_3a_4a_5a_6a_7a_8$，$b = b_1b_2b_3b_4b_5b_6b_7b_8$,则

$b = f(a)$:

$$b_1 = a_6 \oplus a_2,\ b_2 = a_7 \oplus a_1,\ b_3 = a_8 \oplus a_5 \oplus a_3,\ b_4 = a_8 \oplus a_3,$$

$$b_5 = a_7 \oplus a_4,\ b_6 = a_5 \oplus a_2,\ b_7 = a_8 \oplus a_1,\ b_8 = a_6 \oplus a_4;$$

$b = g(a)$:

$$(b_8 + b_7\alpha + b_6\alpha^2 + b_5\alpha^3) + (b_4 + b_3\alpha + b_2\alpha^2 + b_1\alpha^3)\beta$$
$$= 1/((a_8 + a_7\alpha + a_6\alpha^2 + a_5\alpha^3) + (a_4 + a_3\alpha + a_2\alpha^2 + a_1\alpha^3)\beta)。$$

其中,β 为$GF(2^8)$上的满足 $\beta^8 + \beta^6 + \beta^5 + \beta^3 + 1 = 0$ 的一个元素,$\alpha = \beta^{238} = \beta^6 + \beta^5 + \beta^3 + \beta^2$为 $GF(2^4)$上的满足 $\alpha^4 + \alpha + 1 = 0$ 的一个元素。另外,还假定$1/0 = 0$。

$b = h(a)$:

$$b_1 = a_5 \oplus a_6 \oplus a_2,\ b_2 = a_6 \oplus a_2,\ b_3 = a_7 \oplus a_4,\ b_4 = a_8 \oplus a_2,$$

$$b_5 = a_7 \oplus a_3,\ b_6 = a_8 \oplus a_1,\ b_7 = a_5 \oplus a_1,\ b_8 = a_6 \oplus a_3。$$

而 S_2, S_3和 S_4均是在 S_1的基础上构造的:

$S_2: y = S_1(x) \lll 1$， $S_3: y = S_1(x) \ggg 1$， $S_4: y = S_1(x \lll 1)$。

构造出的四个 S 盒见表 C.1～表 C.4(表中数据用十六进制表示)。

表 C.1 S 盒 S_1

x \ y	0	1	2	3	4	5	6	7	8	9	a	b	c	d	e	f
0	70	82	2C	EC	B3	27	C0	E5	E4	85	57	35	EA	0C	AE	41
1	23	EF	6B	93	45	19	A5	21	ED	0E	4F	4E	1D	65	92	BD
2	86	B8	AF	8F	7C	EB	1F	CE	3E	30	DC	5F	5E	C5	0B	1A
3	A6	E1	39	CA	D5	47	5D	3D	D9	01	5A	D6	51	56	6C	4D
4	8B	0D	9A	66	FB	CC	B0	2D	74	12	2B	20	F0	B1	84	99
5	DF	4C	CB	C2	34	7E	76	05	6D	B7	A9	31	D1	17	04	D7
6	14	58	3A	61	DE	1B	11	1C	32	0F	9C	16	53	18	F2	22
7	FE	44	CF	B2	C3	B5	7A	91	24	08	E8	A8	60	FC	69	50
8	AA	D0	A0	7D	A1	89	62	97	54	5B	1E	95	E0	FF	64	D2
9	10	C4	00	48	A3	F7	75	DB	8A	03	E6	DA	09	3F	DD	94
a	87	5C	83	02	CD	4A	90	33	73	67	F6	F3	9D	7F	BF	E2
b	52	9B	D8	26	C8	37	C6	3B	81	96	6F	4B	13	BE	63	2E

续表

y / x	0	1	2	3	4	5	6	7	8	9	a	b	c	d	e	f
c	E9	79	A7	8C	9F	6E	BC	8E	29	F5	F9	B6	2F	FD	B4	59
d	78	98	06	6A	E7	46	71	BA	D4	25	AB	42	88	A2	8D	FA
e	72	07	B9	55	F8	EE	AC	0A	36	49	2A	68	3C	38	F1	A4
f	40	28	D3	7B	BB	C9	43	C1	15	E3	AD	F4	77	C7	80	9E

表 C.2　S 盒 S_2

y / x	0	1	2	3	4	5	6	7	8	9	a	b	c	d	e	f
0	E0	05	58	D9	67	4E	81	CB	C9	0B	AE	6A	D5	18	5D	82
1	6E	DF	D6	27	8A	32	4B	42	DB	1C	9E	9C	3A	CA	25	7B
2	35	71	5F	1F	F8	D7	3E	9D	7C	60	B9	BE	BC	8B	16	34
3	75	C3	72	95	AB	8E	BA	7A	B3	02	B4	AD	A2	AC	D8	9A
4	3F	1A	35	CC	F7	99	61	5A	E8	24	56	40	E1	63	09	33
5	4F	98	97	85	68	FC	EC	0A	DA	6F	53	62	A3	2E	08	AF
6	50	B0	74	C2	BD	36	22	38	64	1E	39	2C	A6	30	E5	44
7	8D	88	9F	65	87	6B	F4	23	48	10	D1	51	C0	F9	D2	A0
8	7D	A1	41	FA	43	13	C4	2F	A8	B6	3C	2B	C1	FF	C8	A5
9	48	89	00	90	47	EF	EA	B7	15	06	CD	B5	12	7E	BB	29
a	37	B8	07	04	9B	94	21	66	E6	CE	ED	E7	3B	FE	7F	C5
b	34	37	B1	4C	91	6E	8D	76	03	2D	DE	96	26	7D	C6	5C
c	63	F2	4F	19	3F	DC	79	1D	52	EB	F3	6D	5E	FB	69	B2
d	80	31	0C	D4	CF	8C	E2	75	A9	4A	57	84	11	45	1B	F5
e	74	0E	73	AA	F1	DD	59	14	6C	92	54	D0	78	70	E3	49
f	10	50	A7	F6	77	93	86	83	2A	C7	5B	E9	EE	8F	01	3D

表 C.3　S 盒 S_3

y / x	0	1	2	3	4	5	6	7	8	9	a	b	c	d	e	f
0	38	41	16	76	D9	93	60	F2	72	C2	AB	9A	75	06	57	A0
1	21	F7	B5	C9	A2	8C	D2	90	F6	07	A7	27	8E	B2	49	DE
2	6B	5C	D7	C7	3E	F5	8F	67	1F	18	6E	AF	2F	E2	85	0D
3	7B	F0	9C	65	EA	A3	AE	9E	EC	80	2D	6B	A8	2B	36	A6
4	55	86	4D	33	FD	66	58	96	3A	09	95	10	78	D8	42	CC
5	7F	26	E5	61	1A	3F	3B	82	B6	DB	D4	98	E8	8B	02	EB
6	32	2C	1D	B0	6F	8D	88	0E	19	87	4E	0B	A9	0C	79	11

续表

x \ y	0	1	2	3	4	5	6	7	8	9	a	b	c	d	e	f
7	0F	22	E7	59	E1	DA	3D	C8	12	04	74	54	30	7E	B4	28
8	7D	68	50	BE	D0	C4	31	CB	2A	AD	0F	CA	70	FF	32	69
9	8C	62	00	24	D1	FB	BA	ED	45	81	73	6D	84	9F	EE	4A
a	53	2E	C1	01	E6	25	48	99	B9	B3	7B	F9	CE	BF	DF	71
b	51	CD	6C	13	64	9B	63	9D	C0	4B	B7	A5	89	5F	B1	17
c	84	BC	D3	46	CF	37	5E	47	94	FA	FC	5B	97	FE	5A	AC
d	64	4C	03	35	F3	23	B8	5D	6A	92	D5	21	44	51	C6	7D
e	61	83	DC	AA	7C	77	56	05	1B	A4	15	34	1E	1C	F8	52
f	48	14	E9	BD	DD	E4	A1	E0	8A	F1	D6	7A	BB	E3	40	4F

表 C.4 S盒 S_4

x \ y	0	1	2	3	4	5	6	7	8	9	a	b	c	d	e	f
0	70	2C	B3	C0	E4	57	EA	AE	23	6B	45	A5	ED	4F	1D	92
1	16	AF	7C	1F	3E	DC	5E	0B	A6	39	D5	5D	D9	5A	51	6C
2	1B	9A	FB	B0	74	2B	F0	84	DF	CB	34	76	6D	A9	D1	04
3	3C	3A	DE	11	32	9C	53	F2	FE	CF	C3	7A	24	E8	60	69
4	3A	A0	A1	62	54	1E	E0	64	10	00	A3	75	8A	E6	09	DD
5	17	83	CD	90	73	F6	9D	BF	52	D8	C8	C6	81	6F	13	63
6	79	A7	9F	BC	29	F9	2F	B4	78	06	E7	71	D4	AB	88	8D
7	02	B9	F8	AC	36	2A	3C	F1	40	D3	BB	43	15	AD	77	80
8	12	EC	27	E5	85	35	0C	41	EF	93	19	21	0E	4E	65	BD
9	48	8F	EB	CE	30	5F	C5	1A	E1	CA	47	3D	01	D6	56	4D
a	35	66	CC	2D	12	20	B1	99	4C	C2	7E	05	B7	31	17	D7
b	80	61	1B	1C	0F	16	18	22	44	B2	B5	91	08	A8	FC	50
c	60	7D	89	97	5B	95	FF	D2	C4	48	F7	DB	03	DA	3F	94
d	84	02	4A	33	67	F3	7F	E2	9B	26	37	3B	96	4B	BE	2E
e	09	8C	6E	8E	F5	B6	FD	59	98	6A	46	BA	25	42	A2	FA
f	8B	55	E	E0A	49	68	38	A4	28	7B	C9	C1	E3	F4	C7	9E

查表运算 $b = S_i(a)$表示:以输入字节 $A = (a_7a_6a_5a_4a_3a_2a_1a_0)$为地址,即 $x = a_7a_6a_5a_4$, $y = a_3a_2a_1a_0$,查表输出就是 $b = S_i(a) = S_i(xy)$,即表 S_i 中第x行、第y列的元素。

2. 基本函数

(1) FL 函数 $Y = FL(X, kl_i)$(图 C.1)

输入：$X \in \{0,1\}^{64}, kl_i \in \{0,1\}^{64}$。

输出：$Y \in \{0,1\}^{64}$。

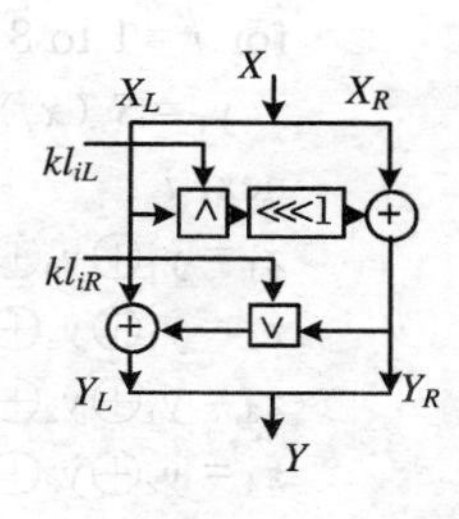

图 C.1

begin

$X = X_L \parallel X_R \qquad // X_L, X_R \in \{0,1\}^{32}$

$kl_i = kl_{iL} \parallel kl_{iR} \qquad // kl_{iL}, kl_{iR} \in \{0,1\}^{32}$

$Y_R = ((X_L \wedge kl_{iL}) \lll 1) \oplus X_R$

$Y_L = (Y_R \vee kl_{iR}) \oplus X_L$

$Y = Y_L \parallel Y_R$

end

(2) FL^{-1}函数 $X = FL^{-1}(Y, kl_i)$（图 C.2）

输入：$Y \in \{0,1\}^{64}, kl_i \in \{0,1\}^{64}$。

输出：$X \in \{0,1\}^{64}$。

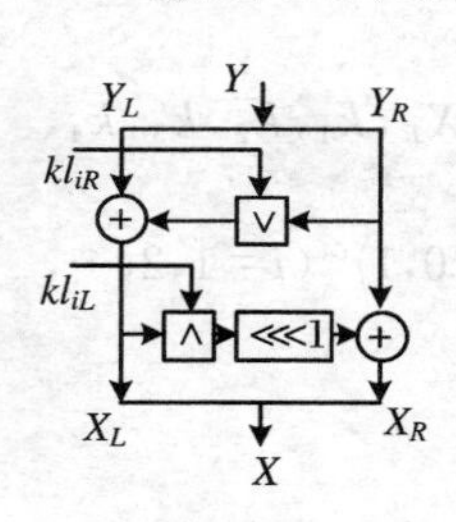

图 C.2

begin

$Y = Y_L \parallel Y_R \qquad // Y_L, Y_R \in \{0,1\}^{32}$

$kl_i = kl_{iL} \parallel kl_{iR} \qquad // kl_{iL}, kl_{iR} \in \{0,1\}^{32}$

$X_L = (Y_R \vee kl_{iR}) \oplus Y_L$

$X_R = ((X_L \wedge kl_{iL}) \lll 1) \oplus Y_R$

$X = X_L \parallel X_R$

end

(3) F 函数 $Z_i = F(L_i, k_i)$（图 C.3）

输入：$L_i \in \{0,1\}^{64}, k_i \in \{0,1\}^{64}$。

输出：$Z_i \in \{0,1\}^{64}$。

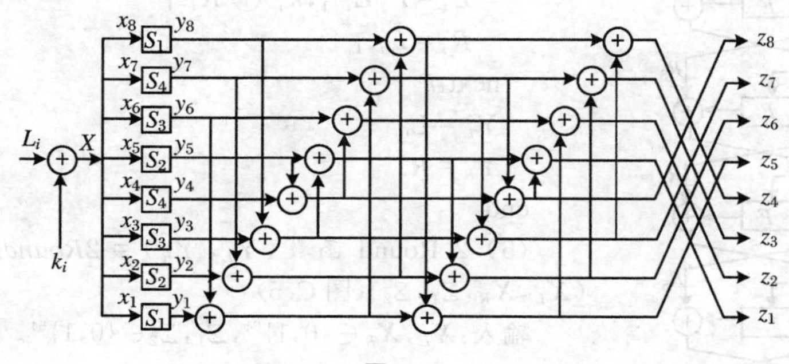

图 C.3

begin

$X = L_i \oplus k_i \qquad // L_i, k_i \in \{0,1\}^{64}$

$X = x_1 \parallel x_2 \parallel x_3 \parallel x_4 \parallel x_5 \parallel x_6 \parallel x_7 \parallel x_8$

```
    for i = 1 to 8 do
        y_i = S_i(x_i)
    next i
    z_1 = y_1 ⊕ y_3 ⊕ y_4 ⊕ y_6 ⊕ y_7 ⊕ y_8
    z_2 = y_1 ⊕ y_2 ⊕ y_4 ⊕ y_5 ⊕ y_7 ⊕ y_8
    z_3 = y_1 ⊕ y_2 ⊕ y_3 ⊕ y_5 ⊕ y_6 ⊕ y_8
    z_4 = y_2 ⊕ y_3 ⊕ y_4 ⊕ y_5 ⊕ y_6 ⊕ y_7
    z_5 = y_1 ⊕ y_2 ⊕ y_6 ⊕ y_7 ⊕ y_8
    z_6 = y_2 ⊕ y_3 ⊕ y_5 ⊕ y_7 ⊕ y_8
    z_7 = y_3 ⊕ y_4 ⊕ y_5 ⊕ y_6 ⊕ y_8
    z_8 = y_1 ⊕ y_4 ⊕ y_5 ⊕ y_6 ⊕ y_7
    Z_i = z_1 || z_2 || z_3 || z_4 || z_5 || z_6 || z_7 || z_8
end
```

（4）6-Round 函数（Y_L，Y_R）= 6*RoundFeistel*（X_L，X_R，k_1，k_2，k_3，k_4，k_5，k_6）（图 C.4）

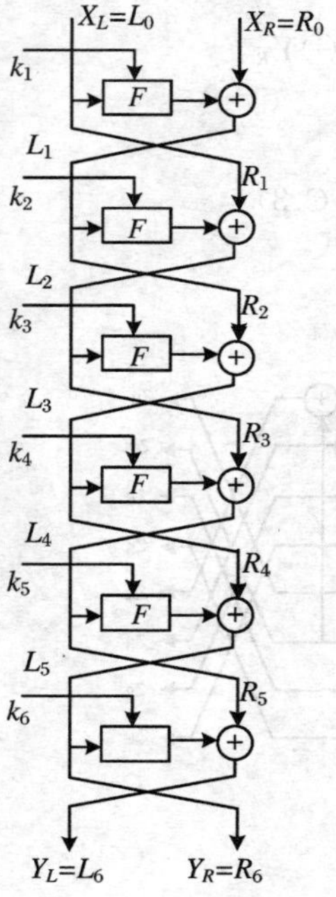

图 C.4

输入：$X_L, X_R \in \{0,1\}^{64}$，$k_i \in \{0,1\}^{64}$（$i = 1,2,\cdots,6$）。

输出：$Y_L, Y_R \in \{0,1\}^{64}$。

```
begin
    L_0 = X_L
    R_0 = X_R
    for i = 1 to 6 do
        L_i = F(L_{i-1}, k_i) ⊕ R_{i-1}
        R_i = L_{i-1}
    next i
    Y_L = L_6
    Y_R = R_6
end
```

（5）2-Round 函数（Y_L，Y_R）= 2*RoundFeistel*（X_L，X_R，Σ_1，Σ_2）（图 C.5）

输入：$X_L, X_R \in \{0,1\}^{64}$，$\Sigma_1, \Sigma_2 \in \{0,1\}^{64}$。

输出：$Y_L, Y_R \in \{0,1\}^{64}$。

```
begin
    L_0 = X_L
    R_0 = X_R
```

for $i = 1$ to 2 do

$L_i = F(L_{i-1}, \Sigma_i) \oplus R_{i-1}$

$R_i = L_{i-1}$

next i

$Y_L = L_2$

$Y_R = R_2$

end

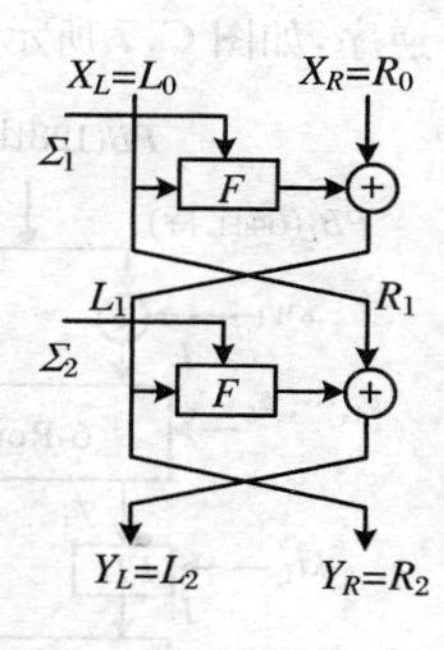

图 C.5

3. 加密算法(图 C.6)

当密钥长度为 128 比特时,算法为 18 轮,即采用 3 次 6-Round 函数;为 192,256 比特时,算法为 24 轮,即采用 4 次 6-Round 函数。

输入:128 比特明文字块 PB;密钥 K 长度 $Keysize$;扩展子密钥 $k_i \in \{0,1\}^{64}$($i = 1,2,\cdots,18$(或 24));$kw_i \in \{0,1\}^{64}$($i = 1,2,\cdots,4$);$kl_i \in \{0,1\}^{64}$($i = 1,2,\cdots,4$(或 6))。

输出:128 比特密文字块 CB。

begin

$PB = PB_L \parallel PB_R$ // $PB_L, PB_R \in \{0,1\}^{64}$

if ($Keysize = 128$) $r = 2$

if ($Keysize = 192$ 或 256) $r = 3$

$L = PB_L \oplus kw_1$

$R = PB_R \oplus kw_2$

for $j = 0$ to $r - 1$ do

$(T_1, T_2) = 6RoundFeistel(L, R, k_{6j+1}, k_{6j+2}, k_{6j+3}, k_{6j+4}, k_{6j+5}, k_{6j+6})$

$L = FL(T_1, kl_{2j+1})$

$R = FL^{-1}(T_2, kl_{2j+2})$

next j

$(T_1, T_2) = 6RoundFeistel(L, R, k_{6r+1}, k_{6r+2}, k_{6r+3}, k_{6r+4}, k_{6r+5}, k_{6r+6})$

$CB_L = T_2 \oplus kw_3$

$CB_R = T_1 \oplus kw_4$

$CB = CB_L \parallel CB_R$

end

4. 解密算法

解密过程与加密过程相同,只不过扩展子密钥应用顺序是加密过程中的逆序，如图 C.7 所示。解密全过程的形式语言描述如下。

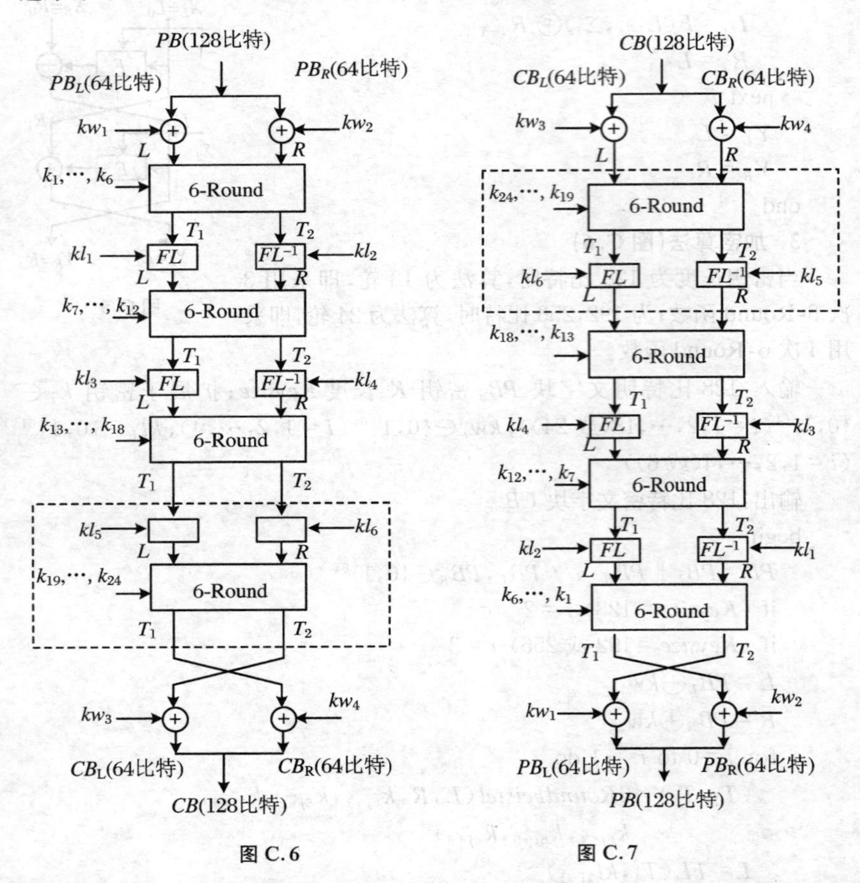

图 C.6 图 C.7

输入：128 比特密文字块 CB；密钥 K 长度 $Keysize$；扩展子密钥 $k_i \in \{0,1\}^{64}(i=1,2,\cdots,18(\text{或 }24))$；$kw_i \in \{0,1\}^{64}(i=1,2,\cdots,4)$；$kl_i \in \{0,1\}^{64}(i=1,\cdots,4(\text{或 }6))$。

输出：128 比特明文字块 PB。

begin

  $CB = CB_L \parallel CB_R$ $//CB_L, CB_R \in \{0,1\}^{64}$

  if（$Keysize=128$）$r=2$

  if（$Keysize=192$ 或 256）$r=3$

  $L = CB_L \oplus kw_3, R = CB_R \oplus kw_4$

  for $j = r$ to 1 step -1 do

$(T_1, T_2) = 6RoundFeistel(L, R, k_{6j+6}, k_{6j+5}, k_{6j+4},$
$k_{6j+3}, k_{6j+2}, k_{6j+1})$

$L = FL(T_1, kl_{2j})$

$R = FL^{-1}(T_2, kl_{2j-1})$

next j

$(T_1, T_2) = 6RoundFeistel(L, R, k_6, k_5, k_4, k_3, k_2, k_1)$

$PB_L = T_2 \oplus kw_1$

$PB_R = T_1 \oplus kw_2$

$PB = PB_L \parallel PB_R$

end

5. 密钥编排

密钥编排如图 C.8 所示。下面给出密钥编排全过程的形式语言描述。

输入:密钥 $K \in \{0,1\}^{Keysize}$, $Keysize = 128, 192$ 或 256,常数 $\Sigma_i \in \{0,1\}^{64}$。

输出:扩展子密钥 $k_i \in \{0,1\}^{64}$($i = 1, 2, \cdots, 18$(或 24));$kw_i \in \{0,1\}^{64}$($i = 1, 2, \cdots, 4$);$kl_i \in \{0,1\}^{64}$($i = 1, 2, \cdots, 4$(或 6))。

begin

if ($Keysize = 128$) then do

$K_L = K$

$K_R = 0$

doend

else if ($Keysize = 192$) then do

$K = K_1 \parallel K_2 \parallel K_3$ $\quad //K_i \in \{0,1\}^{64}(i = 1,2,3)$

$K_L = K_1 \parallel K_2$

$K_R = K_3 \parallel \bar{K}_3$

doend

else if ($Keysize = 256$) then do

$K = K_L \parallel K_R$ $\quad //K_L, K_R \in \{0,1\}^{128}$

doend

$L \parallel R = K_L \oplus K_R$ $\quad //L, R \in \{0,1\}^{64}$

$(T_1, T_2) = 2RoundFeistel(L, R, \Sigma_1, \Sigma_2)$

$K_a = T_1 \parallel T_2$

$L \parallel R = K_L \oplus K_a$

$(T_1, T_2) = 2RoundFeistel(L, R, \Sigma_3, \Sigma_4)$

$K_A = T_1 \parallel T_2$

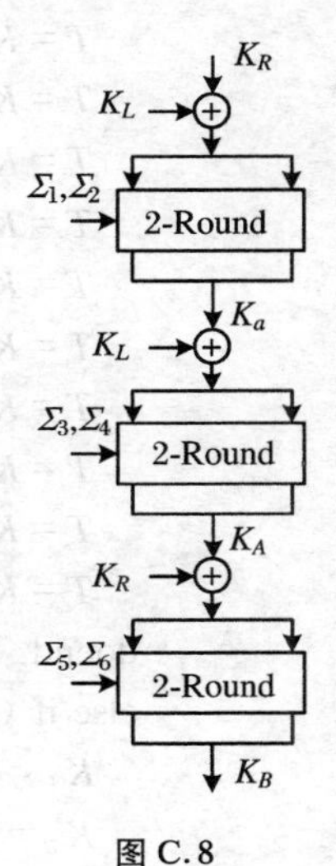

图 C.8

if (*Keysize* = 192 or *Keysize* = 256) then do

$L \| R = K_R \oplus K_A$

$(T_1, T_2) = 2RoundFeistel(L, R, \Sigma_5, \Sigma_6)$

$K_B = T_1 \| T_2$

doend

if (*Keysize* = 128) then do

$K_L = K_{LL} \| K_{LR}$ $\quad //K_{LL}, K_{LR} \in \{0,1\}^{64}$

$K_A = K_{AL} \| K_{AR}$ $\quad //K_{AL}, K_{AR} \in \{0,1\}^{64}$

$kw_1 = K_{LL}, kw_2 = K_{LR}$

$k_1 = K_{AL}, k_2 = K_{AR}$

$T = K_L \lll 15$, $T = T_L \| T_R$ $\quad //T_L, T_R \in \{0,1\}^{64}$,下同

$k_3 = T_L$, $k_4 = T_R$

$T = K_A \lll 15$, $T = T_L \| T_R$, $k_5 = T_L$, $k_6 = T_R$

$T = K_A \lll 30$, $T = T_L \| T_R$, $kl_1 = T_L$, $kl_2 = T_R$

$T = K_L \lll 45$, $T = T_L \| T_R$, $k_7 = T_L$, $k_8 = T_R$

$T = K_A \lll 45$, $T = T_L \| T_R$, $k_9 = T_L$

$T = K_L \lll 60$, $T = T_L \| T_R$, $k_{10} = T_R$

$T = K_A \lll 60$, $T = T_L \| T_R$, $k_{11} = T_L$, $k_{12} = T_R$

$T = K_L \lll 77$, $T = T_L \| T_R$, $kl_3 = T_L$, $kl_4 = T_R$

$T = K_L \lll 94$, $T = T_L \| T_R$, $k_{13} = T_L$, $k_{14} = T_R$

$T = K_A \lll 94$, $T = T_L \| T_R$, $k_{15} = T_L$, $k_{16} = T_R$

$T = K_L \lll 111$, $T = T_L \| T_R$, $k_{17} = T_L$, $k_{18} = T_R$

$T = K_A \lll 111$, $T = T_L \| T_R$, $kw_3 = T_L$, $kw_4 = T_R$

doend

else if (*Keysize* = 192 or *Keysize* = 256) then do

$K_L = K_{LL} \| K_{LR}$ $\quad //K_{LL}, K_{LR} \in \{0,1\}^{64}$

$K_B = K_{BL} \| K_{BR}$ $\quad //K_{BL}, K_{BR} \in \{0,1\}^{64}$

$kw_1 = K_{LL}, kw_2 = K_{LR}$

$k_1 = K_{BL}, k_2 = K_{BR}$

$T = K_R \lll 15$, $T = T_L \| T_R$ $\quad //T_L, T_R \in \{0,1\}^{64}$,下同

$k_3 = T_L$, $k_4 = T_R$

$T = K_A \lll 15$, $T = T_L \| T_R$, $k_5 = T_L$, $k_6 = T_R$

$T = K_R \lll 30$, $T = T_L \| T_R$, $kl_1 = T_L$, $kl_2 = T_R$

$T = K_B \lll 30$, $T = T_L \| T_R$, $k_7 = T_L$, $k_8 = T_R$

$T = K_L \lll 45$, $T = T_L \| T_R$, $k_9 = T_L$, $k_{10} = T_R$

$T = K_A \lll 45$, $T = T_L \| T_R$, $k_{11} = T_L$, $k_{12} = T_R$

$T = K_L \lll 60$, $T = T_L \| T_R$, $kl_3 = T_L$, $kl_4 = T_R$

$T = K_R \lll 60$, $T = T_L \| T_R$, $k_{13} = T_L$, $k_{14} = T_R$

$T = K_B \lll 60$, $T = T_L \| T_R$, $k_{15} = T_L$, $k_{16} = T_R$

$T = K_L \lll 77$, $T = T_L \| T_R$, $k_{17} = T_L$, $k_{18} = T_R$

$T = K_A \lll 77$, $T = T_L \| T_R$, $kl_5 = T_L$, $kl_6 = T_R$

$T = K_R \lll 94$, $T = T_L \| T_R$, $k_{19} = T_L$, $k_{20} = T_R$

$T = K_A \lll 94$, $T = T_L \| T_R$, $k_{21} = T_L$, $k_{22} = T_R$

$T = K_L \lll 111$, $T = T_L \| T_R$, $k_{23} = T_L$, $k_{24} = T_R$

$T = K_B \lll 111$, $T = T_L \| T_R$, $kw_3 = T_L$, $kw_4 = T_R$

doend

end

6. 测试向量

下面的数据均为十六进制。

密钥长度为 128 比特时，

密钥 K:0123456789ABCDEFFEDCBA9876543210,

K_A:AE71C3D55BA6BF1D169240A795F89256,

明文 PB:0123456789ABCDEFFEDCBA9876543210,

密文 CB:67673138549669730857065648EABE43,

密钥 K:4149D2ADED9456681EC8B511D9E7EE04,

K_A:C501214A4E3EBDE87C7CB2849487E0AB,

明文 PB:2A9B0B74F4C5DC6239B7063A50A7946E,

密文 CB:DB93BB9C0ADD5AB59ED94D467A6277F8。

密钥长度为 192 比特时，

密钥 K:0123456789ABCDEFFEDCBA98765432100011223344556677,

$K_A \| K_B$:0766A2135C44E288CF62016A06BABED3 ‖

8F3AFAC1CC974396C098A0B7E38B4DF2,

明文 PB:0123456789ABCDEFFEDCBA9876543210,

密文 CB:B4993401B3E996F84EE5CEE7D79B09B9,

密钥 K:5E89B44B505C09F156BF78055F78A83C24BFC19EDD5C94EF,

$K_A \| K_B$:BA0B31B670B34C26026DFF7B74564087 ‖

3C23619D33DD5FCBEE712953EEDA757F,

明文 PB:DCAC1785791E9BF611C7C7FCF3BCDFE7,

密文 CB:46DB784FF79A83ADBB9A36D617BF94B2。

密钥长度为 256 比特时，

密钥 K:0123456789ABCDEFFEDCBA98765432100011223344556677 8899AABBCCDDEEFF,

$K_A \parallel K_B$:17D1B5B046DF07FAC9BB914B7F1937EE ‖

3815214280A4D3C01848FD9AC7B1FE60,

明文 PB:0123456789ABCDEFFEDCBA9876543210,

密文 CB:9ACC237DFF16D76C20EF7C919E3A7509;

密钥 K:C940117C2EDA1D1EEA32C009D3C85421B330D6547F0D36E7AA6A2BE16D584636,

$K_A \parallel K_B$:E9E4BF7F4699FC102DC4E604048338D2 ‖

5C8D2902D7ED8F582423E290493DBB3B,

明文 PB:4DEADCB5A14F37E2679C344437032D64,

密文 CB:96379E8CC8ECCDEE43C9A5332CE5627E。

参看 block cipher, Feistel cipher, NESSIE project, substitution box (S-box)。

capability list　权力列表

访问控制中的一种访问对象列表,授权一指定的访问主体能访问这些对象以及相应的访问类型。

参看 access control matrix, access matrix model。

比较 access control list。

Capstone chip　CAPSTONE 芯片

一种比 CLIPPER 芯片更先进的密码设备。CAPSTONE(也称为 MYK-80)是美国国家安全局(NSA)开发的另一个 VLSI 加密芯片,它实现了美国政府的托管加密标准(EES)。CAPSTONE 还包含了下面的一些功能:可用 SKIPJACK 密码算法的四种基本工作模式(ECB, CBC, CFB 和 OFB)中的任意一个;密钥交换算法(基于迪菲-赫尔曼密钥协商);数字签名算法(DSA);安全散列算法(SHA);通用的高速求幂运算以及采用纯噪声源的随机数发生器。CAPSTONE 提供安全电子商务和其他的基于计算机的应用所需的密码功能。CAPSTONE 首先被应用在称作 Fortezza 的 PCMCIA 卡上。CAPSTONE 用于美国政府多级信息安全系统倡议(MISSI)中提供安全电子邮件以及其他应用。

参看 Diffie-Hellman key agreement, Digital Signature Algorithm (DSA), Secure Hash Algorithm (SHA-1), SKIPJACK block cipher。

比较 Clipper chip。

Cardano grille　卡达诺漏格板

卡达诺漏格板是隐语的一种,用硬质材料做成,上面按不规则的间隔切开一些矩形孔,孔的宽度和书写行一致,长短不等。加密者将漏格板覆盖在书写纸上,在有孔的位置上写下需隐蔽的明文,由于孔的长短不等,故写在孔中的明文可能是一个完整的字,也可能是单个字母或音节。然后拿去漏格板,用一段无关的文字填满空白。解密者只要把相同的漏格板放在收到的密文上,就可以通过那些孔读出明文来。

参看 open code。

cardinality of a set 集合的势

一个有限集合 A 中的元素数量,称为该集合的势,记作 $|A|$。

card key 卡片密钥

用记录在塑料卡片上的磁条中的数据构造的密钥。理想上这些数据应是随机的。

参看 cryptographic key。

Carmichael number 卡迈克尔数

一个对所有满足 $\gcd(a,n)=1$ 的整数 a 都使得 $a^{n-1}\equiv 1 \pmod n$ 的复合整数。

参看 composite integer, integer。

Cartesian product 笛卡儿积

集合 A 和 B 的笛卡儿积是集合 $A\times B=\{(a,b)\mid a\in A$ 且 $b\in B\}$。例如,$A=\{a_1,a_2\}$,$B=\{b_1,b_2,b_3\}$,则

$$A\times B=\{a_1,a_2\}\times\{b_1,b_2,b_3\}$$
$$=\{(a_1,b_1),(a_1,b_2),(a_1,b_3),(a_2,b_1),(a_2,b_2),(a_2,b_3)\}。$$

cascade cipher 级联密码

级联密码是多个分组密码(每个密码称作级)的串联,每个密码都具有独立的密钥。明文从第一级输入;第 j 级的输出是第 $j+1$ 级的输入;而最后一级的输出就是级联密码的密文输出。

最简单的情况下,一个级联密码中的所有级都使用 k 比特密钥,而级输入和输出全都是 n 比特数据。级密码可以不同,也可以全相同。

由 m 个具有不同密钥的密码组成的级联密码,其抗破译的能力和其第一个组成密码一样。

参看 block cipher。

cascade generator 级联式发生器

一种前馈钟控发生器。由一串线性反馈移位寄存器(LFSR)组成,其中每一个 LFSR 的驱动时钟都受前一个 LFSR 的控制。如果在时间 $t-1$ 时 LFSR-1 的输出是"1",那么将步进到 LFSR-2;如果在时间 $t-1$ 时 LFSR-2 的

输出是“1”,那么将步进到 LFSR-3……最后一个 LFSR 的输出就是这个发生器的输出。如果所有的 LFSR 具有相同的长度 L,则由 n 个 LFSR 组成的级联式发生器的线性复杂度为 $L(2^L-1)^{n-1}$。这种发生器形式如图 C.9 所示。图中 CP 为驱动 LFSR1,LFSR2 和 LFSR3 的时钟脉冲。

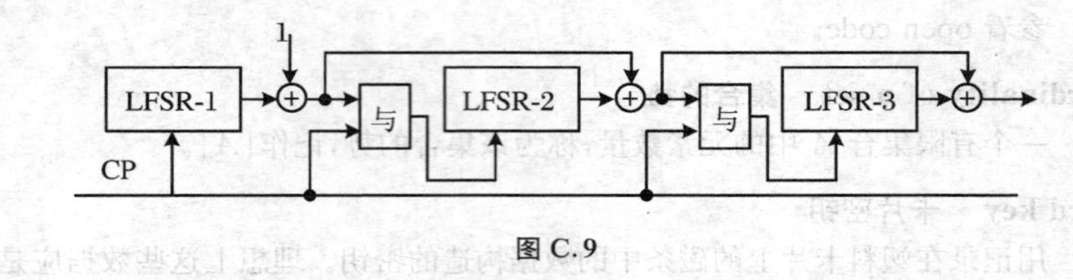

图 C.9

参看 clock controlled generator,linear complexity,linear feedback shift register (LFSR),pseudorandom bit generator。

cascading hash functions　级联散列函数

如果散列函数 h_1或 h_2是一个碰撞阻散列函数,则 h_1和 h_2的级联 $h(x)=h_1(x)\parallel h_2(x)$也是一个碰撞阻散列函数。如果 h_1和 h_2都是 n 比特散列函数,则 h 产生 $2n$ 比特输出;再用一个 n 比特碰撞阻散列函数(h_1或 h_2都可以)把 h 产生的 $2n$ 比特输出映射成 n 比特输出,这将使整个映射是碰撞阻的。如果 h_1和 h_2是无关的,则求 h 的一个碰撞就需要同时求 h_1和 h_2两者关于同一个输入的碰撞,因此攻击 h 就要求单独攻击 h_1和 h_2。这提供了一种简单而强有力的途径来增加强度。

参看 collision resistant hash function (CRHF)。

CAST block cipher　CAST 分组密码

一种 DES 类的分组密码,是由加拿大的亚当斯(C. M. Adams)和塔瓦雷斯(S. E. Tavares)设计的。其特色是采用基于 bent 函数的固定的 m 个输入/n 个输出的 S 盒($m<n$);密钥长度和迭代轮数都是可变的。CAST 算法的结构是类似的,都使用了 6 个 8 输入、32 输出的 S 盒,每个 S 盒都可以看作 32 个函数,每个函数都是具有 8 个变量的 bent 函数。这个算法的强度依赖于 S 盒,CAST 算法没有固定的 S 盒,每一次应用都需要一个新的 S 盒。一旦对 CAST 算法的一组 S 盒构造出来了,它将固定下来,这些 S 盒是与实现相关的,但不是密钥相关的。这里给出一个实例,为 64 比特分组、64 比特密钥、8 轮迭代。

CAST 分组密码方案的一个实际例子

1. 符号注释

$\oplus$表示按位异或。

$A\parallel B$ 表示并置:如果 $A=(a_0\cdots a_{31})$,$B=(b_0\cdots b_{31})$,则 $A\parallel B=(a_0\cdots a_{31}\ b_0\cdots b_{31})$。

S_1,S_2,S_3,S_4,S_5,S_6是 6 个 S 盒，每一个都含有 256 个表项，每个表项都是 32 比特数。

2. 基本函数

$y=S_j(x)$是一个查表函数，表示以 x 为地址去查S_j表（$j=1,2,\cdots,6$）。

$y=F(x,k)$是一个轮函数，其逻辑框图见图 C.10。设 $x=a_0\parallel a_1\parallel a_2\parallel a_3, a_i\in\{0,1\}^8(i=0,1,2,3), k=k_0\parallel k_1, k_i\in\{0,1\}^8(i=0,1)$，则有

$$\begin{aligned} y &= F(x,k) \\ &= S_1(a_0)\oplus S_2(a_1)\oplus S_3(a_2)\oplus S_4(a_3)\oplus S_5(k_0)\oplus S_4(k_1)。\end{aligned}$$

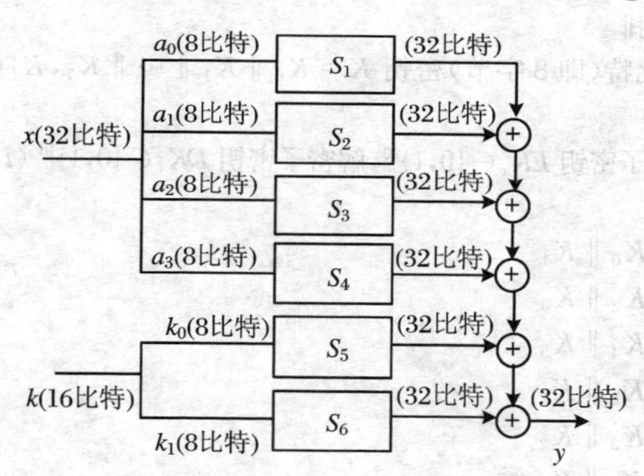

图 C.10 轮函数 F

3. 加密算法

输入：64 比特明文字块 m；加密子密钥 $EK_i\in\{0,1\}^{16}$（$i=0,1,\cdots,7$）。

输出：64 比特密文字块 c。

```
begin
  m = L0 ∥ R0
  for i = 0 to 7 do
    R(i+1) ← Li ⊕ F (Ri, EKi)
    L(i+1) ← Ri
  next i
  c = R8 ∥ L8
end
```

4. 解密算法

除了子密钥使用顺序颠倒外，和加密算法一样。

输入：64 比特密文字块 c；解密子密钥 $DK_i\in\{0,1\}^{16}$（$i=0,1,\cdots,7$）。

输出：64 比特明文字块 m。

```
begin
  c = L_0 ‖ R_0
  for i = 0 to 7 do
    R_{i+1} ← L_i ⊕ F(R_i, DK_i)
    L_{i+1} ← R_i
  next i
  m = R_8 ‖ L_8
end
```

5．密钥编排

输入：64 比特(即 8 字节)密钥 $K = K_0 \| K_1 \| \cdots \| K_7, K_i \in \{0,1\}^8$ ($i = 0,1,\cdots,7$)。

输出：加密子密钥 $EK_i \in \{0,1\}^{16}$，解密子密钥 $DK_i \in \{0,1\}^{16}$ ($i = 0,1,\cdots,7$)。

```
begin
  EK_0 ← K_0 ‖ K_1
  EK_1 ← K_2 ‖ K_3
  EK_2 ← K_4 ‖ K_5
  EK_3 ← K_6 ‖ K_7
  EK_4 ← K_3 ‖ K_2
  EK_5 ← K_1 ‖ K_0
  EK_6 ← K_7 ‖ K_6
  EK_7 ← K_5 ‖ K_4
  for i = 0 to 7 do      //得出解密子密钥
    DK_i ← EK_{7-i}
  next i
end
```

参看 block cipher。

CAST-256 block cipher　CAST-256 分组密码

美国 21 世纪数据加密标准(AES)算法评选第一轮(1998 年 8 月)公布的 15 个候选算法之一，由加拿大的亚当斯等人设计。CAST-256 分组密码的分组长度为 128 比特，密钥长度为 128～256 比特，采用 12 轮迭代运算。

CAST-256 分组密码算法

1．符号注释

$+$ 为模 2^{32} 加法；$-$ 为模 2^{32} 减法；$\oplus$ 表示按位异或；$\wedge$ 表示按位与。

$u \lll s$ 表示将变量 u 循环左移 s 位。

$A \| B$ 表示并置：如果 $A = (a_0 \cdots a_{31}), B = (b_0 \cdots b_{31})$，则

$$A \parallel B = (a_0 \cdots a_{31}\ b_0 \cdots b_{31})。$$

S_1, S_2, S_3, S_4是4个S盒(表C.5～表C.8),每个均为8个输入/32个输出的表;每个S盒都可以看作32个函数,每个函数都是具有8个变量的bent函数。

表C.5　S盒S_1

30fb40d4	9fa0ff0b	6beccd2f	3f258c7a	1e213f2f	9c004dd3	6003e540	cf9fc949
bfd4af27	88bbbdb5	e2034090	98d09675	6e63a0e0	15c361d2	c2e7661d	22d4ff8e
28683b6f	c07fd059	ff2379c8	775f50e2	43c340d3	df2f8656	887ca41a	a2d2bd2d
a1c9e0d6	346c4819	61b76d87	22540f2f	2abe32e1	aa54166b	22568e3a	a2d341d0
66db40c8	a784392f	004dff2f	2db9d2de	97943fac	4a97c1d8	527644b7	b5f437a7
b82cbaef	d751d159	6ff7f0ed	5a097a1f	827b68d0	90ecf52e	22b0c054	bc8e5935
4b6d2f7f	50bb64a2	d2664910	bee5812d	b7332290	e93b159f	b48ee411	4bff345d
fd45c240	ad31973f	c4f6d02e	55fc8165	d5b1caad	a1ac2dae	a2d4b76d	c19b0c50
882240f2	0c6e4f38	a4e4bfd7	4f5ba272	564c1d2f	c59c5319	b949e354	b04669fe
b1b6ab8a	c71358dd	6385c545	110f935d	57538ad5	6a390493	e63d37e0	2a54f6b3
3a787d5f	6276a0b5	19a6fcdf	7a42206a	29f9d4d5	f61b1891	bb72275e	aa508167
38901091	c6b505eb	84c7cb8c	2ad75a0f	874a1427	a2d1936b	2ad286af	aa56d291
d7894360	425c750d	93b39e26	187184c9	6c00b32d	73e2bb14	a0bebc3c	54623779
64459eab	3f328b82	7718cf82	59a2cea6	04ee002e	89fe78e6	3fab0950	325ff6c2
81383f05	6963c5c8	76cb5ad6	d49974c9	ca180dcf	380782d5	c7fa5cf6	8ac31511
35e79e13	47da91d0	f40f9086	a7e2419e	31366241	051ef495	aa573b04	4a805d8d
548300d0	00322a3c	bf64cddf	ba57a68e	75c6372b	50afd341	a7c13275	915a0bf5
6b54bfab	2b0b1426	ab4cc9d7	449ccd82	f7fbf265	ab85c5f3	1b55db94	aad4e324
cfa4bd3f	2deaa3e2	9e204d02	c8bd25ac	eadf55b3	d5bd9e98	e31231b2	2ad5ad6c
954329de	adbe4528	d8710f69	aa51c90f	aa786bf6	22513f1e	aa51a79b	2ad344cc
7b5a41f0	d37cfbad	1b069505	41ece491	b4c332e6	032268d4	c9600acc	ce387e6d
bf6bb16c	6a70fb78	0d03d9c9	d4df39de	e01063da	4736f464	5ad328d8	b347cc96
75bb0fc3	98511bfb	4ffbcc35	b58bcf6a	e11f0abc	bfc5fe4a	a70aec10	ac39570a
3f04442f	6188b153	e0397a2e	5727cb79	9ceb418f	1cacd68d	2ad37c96	0175cb9d
c69dff09	c75b65f0	d9db40d8	ec0e7779	4744ead4	b11c3274	dd24cb9e	7e1c54bd
f01144f9	d2240eb1	9675b3fd	a3ac3755	d47c27af	51c85f4d	56907596	a5bb15e6
580304f0	ca042cf1	011a37ea	8dbfaadb	35ba3e4a	3526ffa0	c37b4d09	bc306ed9
98a52666	5648f725	ff5e569d	0ced63d0	7c63b2cf	700b45e1	d5ea50f1	85a92872
af1fbda7	d4234870	a7870bf3	2d3b4d79	42e04198	0cd0ede7	26470db8	f881814c
474d6ad7	7c0c5e5c	d1231959	381b7298	f5d2f4db	ab838653	6e2f1e23	83719c9e
bd91e046	9a56456e	dc39200c	20c8c571	962bda1c	e1e696ff	b141ab08	7cca89b9
1a69e783	02cc4843	a2f7c579	429ef47d	427b169c	5ac9f049	dd8f0f00	5c8165bf

表C.6　S盒S_2

1f201094	ef0ba75b	69e3cf7e	393f4380	fe61cf7a	eec5207a	55889c94	72fc0651
ada7ef79	4e1d7235	d55a63ce	de0436ba	99c430ef	5f0c0794	18dcdb7d	a1d6eff3

续表

a0b52f7b	59e83605	ee15b094	e9ffd909	dc440086	ef944459	ba83ccb3	e0c3cdfb
d1da4181	3b092ab1	f997f1c1	a5e6cf7b	01420ddb	e4e7ef5b	25a1ff41	e180f806
1fc41080	179bee7a	d37ac6a9	fe5830a4	98de8b7f	77e83f4e	79929269	24fa9f7b
e113c85b	acc40083	d7503525	f7ea615f	62143154	0d554b63	5d681121	c866c359
3d63cf73	cee234c0	d4d87e87	5c672b21	071f6181	39f7627f	361e3084	e4eb573b
602f64a4	d63acd9c	1bbc4635	9e81032d	2701f50c	99847ab4	a0e3df79	ba6cf38c
10843094	2537a95e	f46f6ffe	a1ff3b1f	208cfb6a	8f458c74	d9e0a227	4ec73a34
fc884f69	3e4de8df	ef0e0088	3559648d	8a45388c	1d804366	721d9bfd	a58684bb
e8256333	844e8212	128d8098	fed33fb4	ce280ae1	27e19ba5	d5a6c252	e49754bd
c5d655dd	eb667064	77840b4d	a1b6a801	84db26a9	e0b56714	21f043b7	e5d05860
54f03084	066ff472	a31aa153	dadc4755	b5625dbf	68561be6	83ca6b94	2d6ed23b
eccf01db	a6d3d0ba	b6803d5c	af77a709	33b4a34c	397bc8d6	5ee22b95	5f0e5304
81ed6f61	20e74364	b45e1378	de18639b	881ca122	b96726d1	8049a7e8	22b7da7b
5e552d25	5272d237	79d2951c	c60d894c	488cb402	1ba4fe5b	a4b09f6b	1ca815cf
a20c3005	8871df63	b9de2fcb	0cc6c9e9	0beeff53	e3214517	b4542835	9f63293c
ee41e729	6e1d2d7c	50045286	1e6685f3	f33401c6	30a22c95	31a70850	60930f13
73f98417	a1269859	ec645c44	52c877a9	cdff33a6	a02b1741	7cbad9a2	2180036f
50d99c08	cb3f4861	c26bd765	64a3f6ab	80342676	25a75e7b	e4e6d1fc	20c710e6
cdf0b680	17844d3b	31eef84d	7e0824e4	2ccb49eb	846a3bae	8ff77888	ee5d60f6
7af75673	2fdd5cdb	a11631c1	30f66f43	b3faec54	157fd7fa	ef8579cc	d152de58
db2ffd5e	8f32ce19	306af97a	02f03ef8	99319ad5	c242fa0f	a7e3ebb0	c68e4906
b8da230c	80823028	dcdef3c8	d35fb171	088a1bc8	bec0c560	61a3c9e8	bca8f54d
c72feffa	22822e99	82c570b4	d8d94e89	8b1c34bc	301e16e6	273be979	b0ffeaa6
61d9b8c6	00b24869	b7ffce3f	08dc283b	43daf65a	f7e19798	7619b72f	8f1c9ba4
dc8637a0	16a7d3b1	9fc393b7	a7136eeb	c6bcc63e	1a513742	ef6828bc	520365d6
2d6a77ab	3527ed4b	821fd216	095c6e2e	db92f2fb	5eea29cb	145892f5	91584f7f
5483697b	2667a8cc	85196048	8c4bacea	833860d4	0d23e0f9	6c387e8a	0ae6d249
b284600c	d835731d	dcb1c647	ac4c56ea	3ebd81b3	230eabb0	6438bc87	f0b5b1fa
8f5ea2b3	fc184642	0a036b7a	4fb089bd	649da589	a345415e	5c038323	3e5d3bb9
43d79572	7e6dd07c	06dfdf1e	6c6cc4ef	7160a539	73bfbe70	83877605	4523ecf1

表 C.7　S 盒 S_3

8defc240	25fa5d9f	eb903dbf	e810c907	47607fff	369fe44b	8c1fc644	aececa90
beb1f9bf	eefbcaea	e8cf1950	51df07ae	920e8806	f0ad0548	e13c8d83	927010d5
11107d9f	07647db9	b2e3e4d4	3d4f285e	b9afa820	fade82e0	a067268b	8272792e
553fb2c0	489ae22b	d4ef9794	125e3fbc	21fffcee	825b1bfd	9255c5ed	1257a240
4e1a8302	bae07fff	528246e7	8e57140e	3373f7bf	8c9f8188	a6fc4ee8	c982b5a5
a8c01db7	579fc264	67094f31	f2bd3f5f	40fff7c1	1fb78dfc	8e6bd2c1	437be59b
99b03dbf	b5dbc64b	638dc0e6	55819d99	a197c81c	4a012d6e	c5884a28	ccc36f71
b843c213	6c0743f1	8309893c	0feddd5f	2f7fe850	d7c07f7e	02507fbf	5afb9a04
a747d2d0	1651192e	af70bf3e	58c31380	5f98302e	727cc3c4	0a0fb402	0f7fef82
8c96fdad	5d2c2aae	8ee99a49	50da88b8	8427f4a0	1eac5790	796fb449	8252dc15
efbd7d9b	a672597d	ada840d8	45f54504	fa5d7403	e83ec305	4f91751a	925669c2

续表

23efe941	a903f12e	60270df2	0276e4b6	94fd6574	927985b2	8276dbcb	02778176
f8af918d	4e48f79e	8f616ddf	e29d840e	842f7d83	340ce5c8	96bbb682	93b4b148
ef303cab	984faf28	779faf9b	92dc560d	224d1e20	8437aa88	7d29dc96	2756d3dc
8b907cee	b51fd240	e7c07ce3	e566b4a1	c3e9615e	3cf8209d	6094d1e3	cd9ca341
5c76460e	00ea983b	d4d67881	fd47572c	f76cedd9	bda8229c	127dadaa	438a074e
1f97c090	081bdb8a	93a07ebe	b938ca15	97b03cff	3dc2c0f8	8d1ab2ec	64380e51
68cc7bfb	d90f2788	12490181	5de5ffd4	dd7ef86a	76a2e214	b9a40368	925d958f
4b39fffa	ba39aee9	a4ffd30b	faf7933b	6d498623	193cbcfa	27627545	825cf47a
61bd8ba0	d11e42d1	cead04f4	127ea392	10428db7	8272a972	9270c4a8	127de50b
285ba1c8	3c62f44f	35c0eaa5	e805d231	428929fb	b4fcdf82	4fb66a53	0e7dc15b
1f081fab	108618ae	fcfd086d	f9ff2889	694bcc11	236a5cae	12deca4d	2c3f8cc5
d2d02dfe	f8ef5896	e4cf52da	95155b67	494a488c	b9b6a80c	5c8f82bc	89d36b45
3a609437	ec00c9a9	44715253	0a874b49	d773bc40	7c34671c	02717ef6	4feb5536
a2d02fff	d2bf60c4	d43f03c0	50b4ef6d	07478cd1	006e1888	a2e53f55	b9e6d4bc
a2048016	97573833	d7207d67	de0f8f3d	72f87b33	abcc4f33	7688c55d	7b00a6b0
947b0001	570075d2	f9bb88f8	8942019e	4264a5ff	856302e0	72dbd92b	ee971b69
6ea22fde	5f08ae2b	af7a616d	e5c98767	cf1febd2	61efc8c2	f1ac2571	cc8239c2
67214cb8	b1e583d1	b7dc3e62	7f10bdce	f90a5c38	0ff0443d	606e6dc6	60543a49
5727c148	2be98a1d	8ab41738	20e1be24	af96da0f	68458425	99833be5	600d457d
282f9350	8334b362	d91d1120	2b6d8da0	642b1e31	9c305a00	52bce688	1b03588a
f7baefd5	4142ed9c	a4315c11	83323ec5	dfef4636	a133c501	e9d3531c	ee353783

表 C.8 S盒 S_4

9db30420	1fb6e9de	a7be7bef	d273a298	4a4f7bdb	64ad8c57	85510443	fa020ed1
7e287aff	e60fb663	095f35a1	79ebf120	fd059d43	6497b7b1	f3641f63	241e4adf
28147f5f	4fa2b8cd	c9430040	0cc32220	fdd30b30	c0a5374f	1d2d00d9	24147b15
ee4d111a	0fca5167	71ff904c	2d195ffe	1a05645f	0c13fefe	081b08ca	05170121
80530100	e83e5efe	ac9af4f8	7fe72701	d2b8ee5f	06df4261	bb9e9b8a	7293ea25
ce84ffdf	f5718801	3dd64b04	a26f263b	7ed48400	547eebe6	446d4ca0	6cf3d6f5
2649abdf	aea0c7f5	36338cc1	503f7e93	d3772061	11b638e1	72500e03	f80eb2bb
abe0502e	ec8d77de	57971e81	e14f6746	c9335400	6920318f	081dbb99	ffc304a5
4d351805	7f3d5ce3	a6c866c6	5d5bcca9	daec6fea	9f926f91	9f46222f	3991467d
a5bf6d8e	1143c44f	43958302	d0214eeb	022083b8	3fb6180c	18f8931e	281658e6
26486e3e	8bd78a70	7477e4c1	b506e07c	f32d0a25	79098b02	e4eabb81	28123b23
69dead38	1574ca16	df871b62	211c40b7	a51a9ef9	0014377b	041e8ac8	09114003
bd59e4d2	e3d156d5	4fe876d5	2f91a340	557be8de	00eae4a7	0ce5c2ec	4db4bba6
e756bdff	dd3369ac	ec17b035	06572327	99afc8b0	56c8c391	6b65811c	5e146119
6e85cb75	be07c002	c2325577	893ff4ec	5bbfc92d	d0ec3b25	b7801ab7	8d6d3b24
20c763ef	c366a5fc	9c382880	0ace3205	aac9548a	eca1d7c7	041afa32	1d16625a
6701902c	9b757a54	31d477f7	9126b031	36cc6fdb	c70b8b46	d9e66a48	56e55a79
026a4ceb	52437eff	2f8f76b4	0df980a5	8674cde3	edda04eb	17a9be04	2c18f4df
b7747f9d	ab2af7b4	efc34d20	2e096b7c	1741a254	e5b6a035	213d42f6	2c1c7c26
61c2f50f	6552daf9	d2c231f8	25130f69	d8167fa2	0418f2c8	001a96a6	0d1526ab

续表

63315c21	5e0a72ec	49bafefd	187908d9	8d0dbd86	311170a7	3e9b640c	cc3e10d7
d5cad3b6	0caec388	f73001e1	6c728aff	71eae2a1	1f9af36e	cfcbd12f	c1de8417
ac07be6b	cb44a1d8	8b9b0f56	013988c3	b1c52fca	b4be31cd	d8782806	12a3a4e2
6f7de532	58fd7eb6	d01ee900	24adffc2	f4990fc5	9711aac5	001d7b95	82e5e7d2
109873f6	00613096	c32d9521	ada121ff	29908415	7fbb977f	af9eb3db	29c9ed2a
5ce2a465	a730f32c	d0aa3fe8	8a5cc091	d49e2ce7	0ce454a9	d60acd86	015f1919
77079103	dea03af6	78a8565e	dee356df	21f05cbe	8b75e387	b3c50651	b8a5c3ef
d8eeb6d2	e523be77	c2154529	2f69efdf	afe67afb	f470c4b2	f3e0eb5b	d6cc9876
39e4460c	1fda8538	1987832f	ca007367	a99144f8	296b299e	492fc295	9266beab
b5676e69	9bd3ddda	df7e052f	db25701c	1b5e51ee	f65324e6	6afce36c	0316cc04
8644213e	b7dc59d0	7965291f	ccd6fd43	41823979	932bcdf6	b657c34d	4edfd282
7ae5290c	3cb9536b	851e20fe	9833557e	13ecf0b0	d3ffb372	3f85c5c1	0aef7ed2

2. 基本函数

$y=S_j(x)$是一个查表函数，表示以 x 为地址去查S_j表($j=1,2,3,4$)。

(1) 三个基本函数 f_1, f_2, f_3，可用下述公式表示，其逻辑示意图见图C.11。

$$f_1(D,k_r,k_m):\begin{cases}I=I_a \parallel I_b \parallel I_c \parallel I_d=(k_m+D)\lll k_r,\\ O=((S_1(I_a)\oplus S_2(I_b))-S_3(I_c))+S_4(I_d);\end{cases}$$

$$f_2(D,k_r,k_m):\begin{cases}I=I_a \parallel I_b \parallel I_c \parallel I_d=(k_m\oplus D)\lll k_r,\\ O=((S_1(I_a)-S_2(I_b))+S_3(I_c))\oplus S_4(I_d);\end{cases}$$

$$f_3(D,k_r,k_m):\begin{cases}I=I_a \parallel I_b \parallel I_c \parallel I_d=(k_m-D)\lll k_r,\\ O=((S_1(I_a)+S_2(I_b))\oplus S_3(I_c))-S_4(I_d)。\end{cases}$$

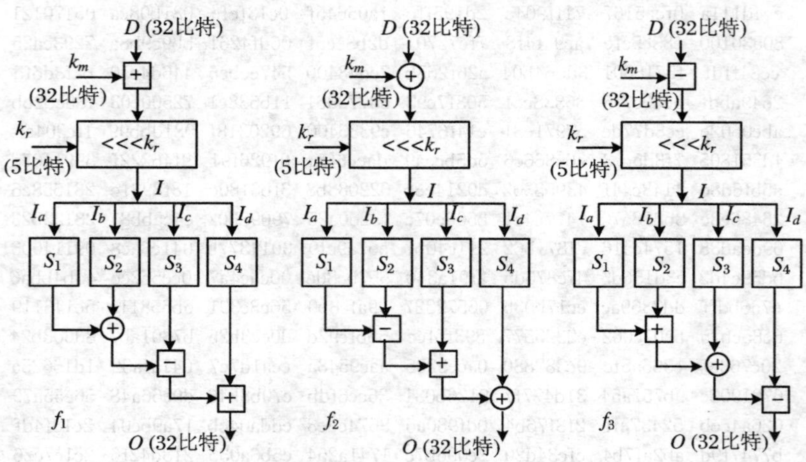

图 C.11 三个基本函数

图 C.11 中，k_r 为 5 比特，称之为“循环移位密钥”；k_m 为 32 比特，称之为“掩蔽密钥”。

(2) 轮函数　有两个互逆的轮函数 F_1 和 F_2。其逻辑框图见图 C.12。令 $X=A\|B\|C\|D$，A,B,C,D 均是 32 比特变量；令 $k_r^{(i)}=(k_{r_0}^{(i)},k_{r_1}^{(i)},k_{r_2}^{(i)},k_{r_3}^{(i)})$ 表示第 i 轮循环移位密钥，均为 5 比特；令 $k_m^{(i)}=(k_{m_0}^{(i)},k_{m_1}^{(i)},k_{m_2}^{(i)},k_{m_3}^{(i)})$ 表示第 i 轮掩蔽密钥，均为 32 比特。则

$$X \leftarrow F_1(X,k_r^{(i)},k_m^{(i)}):\begin{cases}C=C\oplus f_1(D,k_{r_0}^{(i)},k_{m_0}^{(i)}),\\B=B\oplus f_2(C,k_{r_1}^{(i)},k_{m_1}^{(i)}),\\A=A\oplus f_3(B,k_{r_2}^{(i)},k_{m_2}^{(i)}),\\D=D\oplus f_1(A,k_{r_3}^{(i)},k_{m_3}^{(i)}),\end{cases}$$

$$X \leftarrow F_2(X,k_r^{(i)},k_m^{(i)}):\begin{cases}D=D\oplus f_1(A,k_{r_3}^{(i)},k_{m_3}^{(i)}),\\A=A\oplus f_3(B,k_{r_2}^{(i)},k_{m_2}^{(i)}),\\B=B\oplus f_2(C,k_{r_1}^{(i)},k_{m_1}^{(i)}),\\C=C\oplus f_1(D,k_{r_0}^{(i)},k_{m_0}^{(i)})。\end{cases}$$

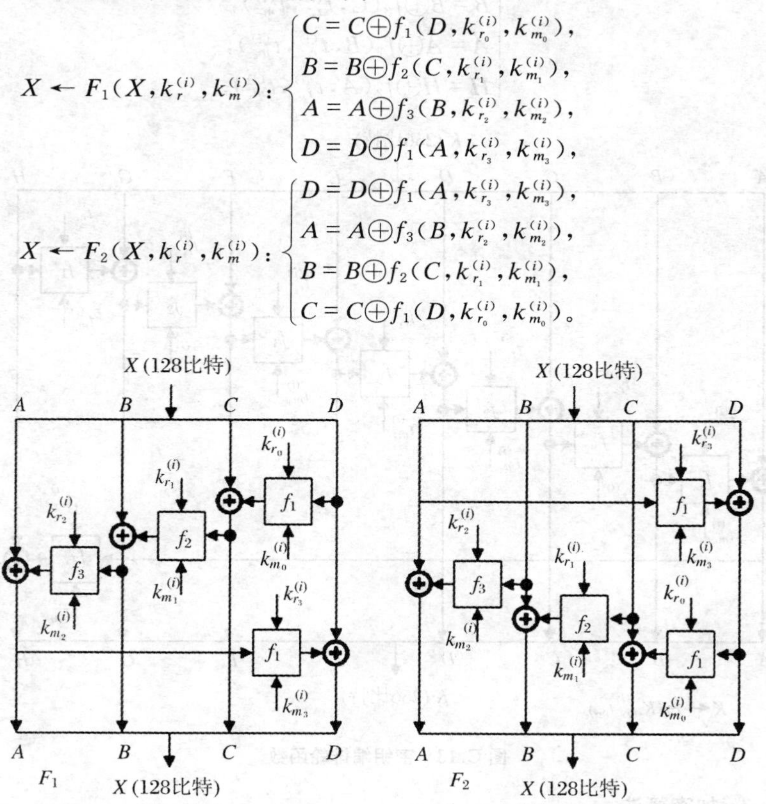

图 C.12　两个互逆的轮函数 F_1 和 F_2

(3) 密钥编排轮函数　其逻辑框图见图 C.13。令 $K=A\|B\|C\|D\|E\|F\|G\|H$，A,B,C,D,E,F,G,H 均是 32 比特变量；$t_{r_0}^{(i)},t_{r_1}^{(i)},t_{r_2}^{(i)},t_{r_3}^{(i)},t_{r_4}^{(i)},t_{r_5}^{(i)},t_{r_6}^{(i)},t_{r_7}^{(i)}$ 均为 5 比特；$t_{m_0}^{(i)},t_{m_1}^{(i)},t_{m_2}^{(i)},t_{m_3}^{(i)},t_{m_4}^{(i)},t_{m_5}^{(i)},t_{m_6}^{(i)},t_{m_7}^{(i)}$ 均为 32 比特。则

$$K \leftarrow \omega_i(K, t_r^{(i)}, t_m^{(i)}):\begin{cases} G = G \oplus f_1(H, t_{r_0}^{(i)}, t_{m_0}^{(i)}), \\ F = F \oplus f_2(G, t_{r_1}^{(i)}, t_{m_1}^{(i)}), \\ E = E \oplus f_3(F, t_{r_2}^{(i)}, t_{m_2}^{(i)}), \\ D = D \oplus f_1(E, t_{r_3}^{(i)}, t_{m_3}^{(i)}), \\ C = C \oplus f_2(D, t_{r_4}^{(i)}, t_{m_4}^{(i)}), \\ B = B \oplus f_3(C, t_{r_5}^{(i)}, t_{m_5}^{(i)}), \\ A = A \oplus f_1(B, t_{r_6}^{(i)}, t_{m_6}^{(i)}), \\ H = H \oplus f_2(A, t_{r_7}^{(i)}, t_{m_7}^{(i)})。 \end{cases}$$

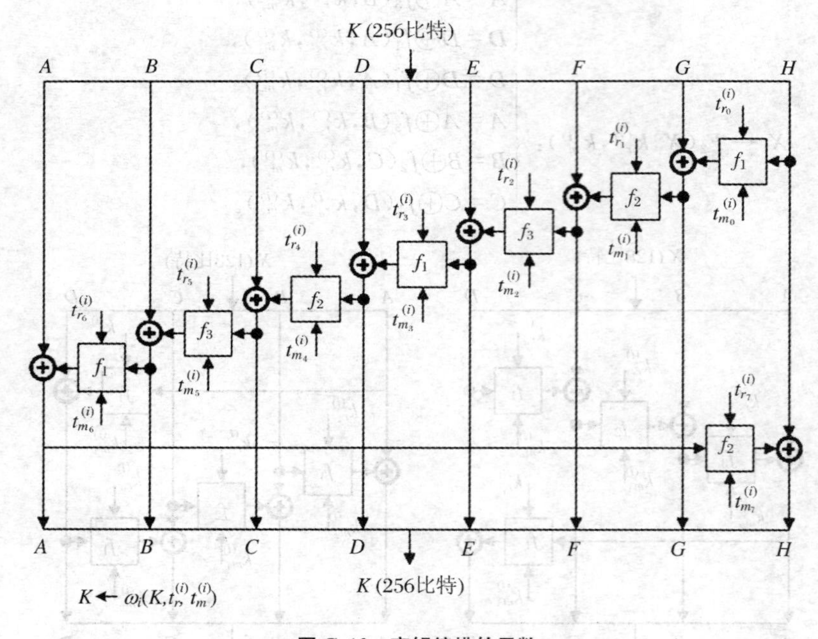

图 C.13　密钥编排轮函数

3. 加密算法

输入:128 比特明文字块 m;循环移位密钥 $k_r^{(i)} = (k_{r_0}^{(i)}, k_{r_1}^{(i)}, k_{r_2}^{(i)}, k_{r_3}^{(i)})$,$k_{r_j}^{(i)} \in \{0,1\}^5 (i = 0,1,\cdots,11; j = 0,1,2,3)$;掩蔽密钥 $k_m^{(i)} = (k_{m_0}^{(i)}, k_{m_1}^{(i)}, k_{m_2}^{(i)}, k_{m_3}^{(i)})$,$k_{m_j}^{(i)} \in \{0,1\}^{32} (i = 0,1,\cdots,11; j = 0,1,2,3)$。

输出:128 比特密文字块 c。

begin

　$X = m$

　for $i = 0$ to 5 do

$X \leftarrow F_1(X, k_r^{(i)}, k_m^{(i)})$

next i

for $i = 6$ to 11 do

$X \leftarrow F_2(X, k_r^{(i)}, k_m^{(i)})$

next i

$c = X$

end

4. 解密算法

除了子密钥使用顺序颠倒外，和加密算法一样。

输入：128 比特密文字块 c；循环移位密钥 $k_r^{(i)} = (k_{r_0}^{(i)}, k_{r_1}^{(i)}, k_{r_2}^{(i)}, k_{r_3}^{(i)})$，$k_{r_j}^{(i)} \in \{0,1\}^5 (i = 0,1,\cdots,11; j = 0,1,2,3)$；掩蔽密钥 $k_m^{(i)} = (k_{m_0}^{(i)}, k_{m_1}^{(i)}, k_{m_2}^{(i)}, k_{m_3}^{(i)})$，$k_{m_j}^{(i)} \in \{0,1\}^{32} (i = 0,1,\cdots,11; j = 0,1,2,3)$。

输出：128 比特明文字块 m。

begin

$X = c$

for $i = 0$ to 5 do

$X \leftarrow F_1(X, k_r^{(11-i)}, k_m^{(11-i)})$

next i

for $i = 6$ to 11 do

$X \leftarrow F_2(X, k_r^{(11-i)}, k_m^{(11-i)})$

next i

$m = X$

end

5. 密钥编排

输入：256 比特密钥 K。

输出：循环移位密钥 $k_r^{(i)} = (k_{r_0}^{(i)}, k_{r_1}^{(i)}, k_{r_2}^{(i)}, k_{r_3}^{(i)})$，$k_{r_j}^{(i)} \in \{0,1\}^5 (i = 0,1,\cdots,11; j = 0,1,2,3)$；掩蔽密钥 $k_m^{(i)} = (k_{m_0}^{(i)}, k_{m_1}^{(i)}, k_{m_2}^{(i)}, k_{m_3}^{(i)})$，$k_{m_j}^{(i)} \in \{0,1\}^{32} (i = 0,1,\cdots,11; j = 0,1,2,3)$。

begin

$K = A \| B \| C \| D \| E \| F \| G \| H$

$c_m = 2^{30}\sqrt{2} = (5A827999)_{hex}$

$m_m = 2^{30}\sqrt{3} = (6ED9EBA1)_{hex}$

$c_r = 19$

$m_r = 17$

for $i = 0$ to 23 do

for $j = 0$ to 7 do

$t_{m_j}^{(i)} = c_m$

$c_m = c_m + m_m$

$t_{r_j}^{(i)} = c_r$

$c_r = c_r + m_r$

next j

next i

for $i = 0$ to 11 do

$K \leftarrow \omega_{2i}(K, t_r^{(2i)}, t_m^{(2i)})$

$K \leftarrow \omega_{2i+1}(K, t_r^{(2i+1)}, t_m^{(2i+1)})$

$k_{r_0}^{(i)} \leftarrow A \wedge (1F)_{hex}$

$k_{r_1}^{(i)} \leftarrow C \wedge (1F)_{hex}$

$k_{r_2}^{(i)} \leftarrow E \wedge (1F)_{hex}$

$k_{r_3}^{(i)} \leftarrow G \wedge (1F)_{hex}$

$k_{m_0}^{(i)} \leftarrow H$

$k_{m_1}^{(i)} \leftarrow F$

$k_{m_2}^{(i)} \leftarrow D$

$k_{m_3}^{(i)} \leftarrow B$

next i

end

注 当密钥 K 的长度为 128 比特时，$E = F = G = H = 0$；K 为 160 比特时，$F = G = H = 0$；K 为 192 比特时，$G = H = 0$；K 为 224 比特时，$H = 0$。

参看 advanced encryption standard（AES），AES block cipher，bent function，block cipher。

Catch22 problem Catch22 问题

密码学的一个至今未得到解决的问题。所谓的“Catch22 问题”，直译“There are perfectly good ways to communicate in secret provided we can communicate in secret …”这句话就是：“只要我们能秘密地通信，就存在进行秘密通信的完美方法……”

香农的通用密码模型如图 C.14 所示。

从这个模型中可以看出有关密钥的三个问题：

① 密钥问题 保密的关键在于密钥的秘密传送，只有密钥保住了秘密，所要传送的信息才能保得住秘密。但问题是，你怎么知道你用的密钥“是保住了秘密的”?! 以往我们都是假定或要求密钥是保住了秘密的，都没有给出确保密钥秘密并能证明密钥确实是秘密的实际措施。在以往的任何形式的、使

用对称密码体制的通信保密中都存在这样一个至今还未解决的问题，你不能证明你所使用的密钥是秘密的。

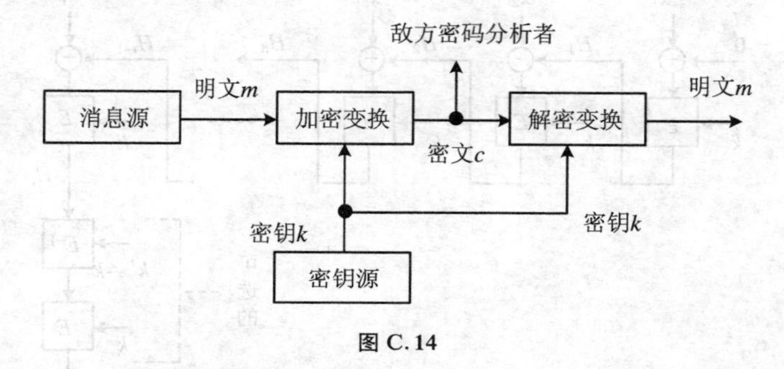

图 C.14

② 身份鉴别问题　信息的收发双方中的每一方都需要确定对方是否是自己希望的信息发送（或接收）者。

③ 入侵检测问题　信息的收发双方需要确定是否有第三者在窃听他们的信息交流。

参看 cryptographic key，cryptography，Shannon's general secrecy system。

CBC-MAC　基于密码分组链接的消息鉴别码

最常用的、基于分组密码的消息鉴别码（MAC）算法使用分组密码的密码分组链接（CBC）工作方式。

基于密码分组链接的消息鉴别码算法

输入：数据 x；分组长度为 n 比特的分组密码算法 E；E 使用秘密的 MAC 密钥 k。

输出：x 的 n 比特 MAC。

CM1　填充和分组。如果需要，则对 x 进行填充以使填充后的数据长度（比特数）是 n 的倍数。然后将填充后的数据划分成 t 个 n 比特分组 $x_1, x_2, \cdots, x_t$。

CM2　CBC 处理过程。令 E_k 表示使用密钥 k 进行加密。按下述过程进行计算：

$$H_1 \leftarrow E_k(x_1),\quad H_i \leftarrow E_k(H_{i-1} \oplus x_i)\quad (2 \leqslant i \leqslant t)。$$

CM3　增加 MAC 强度的可选处理过程。使用密钥 $k'(k' \neq k)$进行下述计算：

$$H \leftarrow E_k(E_{k'}^{-1}(H_t)),$$

式中，E^{-1}表示 E 的逆过程，即解密算法。H 就是关于输入数据 x 的 n 比特 MAC。

图 C.15 示出了上述计算过程。

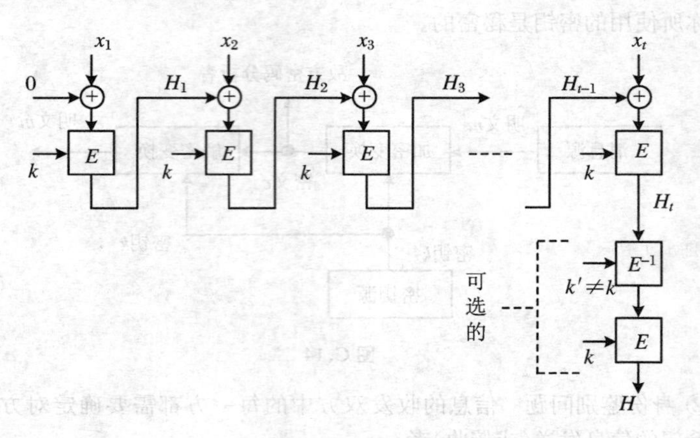

图 C.15

参看 cipher block chaining (CBC), message authentication code (MAC)。

cellular automata　细胞自动机

细胞自动机(或称细胞空间)是一个有两个内在联系部分的抽象体。第一部分是一个固定的、离散的、无限的网络,用它来表现细胞自动机的体系结构,或者细胞空间的基础结构;第二部分是一个有限自动机,网络的每一个节点都将并行地进行变化。每一个如此规定的节点都叫作一个细胞,并且将与有限个其他细胞相联系,与它联系的其他节点叫作它的邻居,从几何角度看,它们是唯一的。这种细胞之间的联系是局部的、确定的、唯一的,并且同时确定了该系统在离散时间步骤下的整体演化。

一个 d 维细胞自动机(d-CA) A 可用一个 4 元组(Z^d, S, N, δ)来描述。其中,Z 是 A 中每个节点的值构成的集合;S 是一个有限集,其每一个元素都是 A 的一个状态;N 是 Z^d的一个有限阶子集,$N=\{n_j \mid n_j=(x_{1j},\cdots,x_{dj}), j\in\{1,2,\cdots,n\}\}$,$N$ 叫作 A 的邻居;δ 是 A 的一个状态转移函数族。

假设 A 是一个细胞自动机(Z^d, S, N, δ)。细胞 c 的邻居(根据约定,可能包含细胞自己或者不包含细胞自己)是一个由所有能够决定 c 的演化的细胞所组成的集合。它是有限的,并且几何上是唯一的。任何一个 d 维细胞自动机能够由一个以与自己最相邻的几个细胞为邻居的 d 维细胞自动机模拟。

参看 finite state machine (FSM)。

cellular automata rules　细胞自动机规则

细胞自动机状态变换运算规则。对于 $GF(2)$上的一维细胞自动机,$S=$

$\{0,1\}$，$S^{n+1}=\{0,1\}^{n+1}$，将每个元素的 δ 值（1 比特）组成一个正整数值，这个正整数值就叫作规则 δ 的 Wolfram 数，相应的运算规则也用这个数来表示，比如对应的 Wolfram 数为 90，则将该运算叫作“规则 90”。

以 3-邻居$\{-1,0,1\}$的、由 n 个细胞单元组成的 1 维细胞自动机为例，每个细胞都取值于集合 $S=\{0,1\}$，则$\{0,1\}^3$的线性有序集$\{w_0,w_1,\cdots,w_7\}$的状态变换函数可用下述公式描述：$c_i(t+1)=\delta(c_{i-1}(t),c_i(t),c_{i+1}(t))$。如果 $\delta(w_i)=s_i$，则用 $s_7\cdots s_0$组成的正整数来代表运算规则 δ。反之，任何小于 $256=2^8$的正整数都可以定义一个 1 维细胞自动机。

例如 $90=2^1+2^3+2^4+2^6$，那么“规则 90”可以由下面的式子给出：

000	001	010	011	100	101	110	111
0	1	0	1	1	0	1	0

其状态变换逻辑函数为 $c_i(t+1)=c_{i-1}(t)\oplus c_{i+1}(t)$。

类似地，规则 150 的映射关系表示为

000	001	010	011	100	101	110	111
0	1	1	0	1	0	0	1

其状态变换逻辑函数为 $c_i(t+1)=c_{i-1}(t)\oplus c_i(t)\oplus c_{i+1}(t)$。

参看 cellular automata。

cellular automata stream cipher　细胞自动机序列密码

对任意一个细胞自动机，如果其变换矩阵 T 的特征多项式是一个 n 次本原多项式，则该 CA 可以达到最大周期，即其周期等于 2^n-1。这样，就可以用细胞自动机替代线性反馈移位寄存器（LFSR）充当序列密码中的伪随机源，来构造各种结构形式的伪随机二进制数字发生器。

参看 cellular automata，linear feedback shift register（LFSR），pseudorandom bit generator。

centralized key management　集中式密钥管理

一种适合于对称密钥体制的简单密钥分配模式。所谓“简单”指的是至多只有一个第三方用户介入，这个第三方用户是可信任的，称之为密钥分配中心（KDC）或密钥转发中心（KTC）。

参看 key distribution center（KDC），key translation center（KTC）。

certificate　证书，证明，凭证

（1）确保其中数据可靠性的一个消息。比如在公开密钥密码学中，一个公开密钥的用户确保那个密钥的可靠性就是很重要的。这样的一种担保可以由用户信赖的一个认证机构发行证书来提供。证书的内容可以包括：公开密钥拥有者的身份、公开密钥自身以及该密钥的终止期限数据。终止期限数据用认证机构的秘密密钥来签署。用户提供证书,而接受证书者用认证机构的公开密钥解密。接受证书者则确信用户身份和对应的公开密钥都已由一个可信的机构签署过。

(2) 用户的公开密钥和某些其他信息一起用发行它的认证机构的秘密密钥来签署而使之不可伪造。

参看 public-key certificate,certification authority (CA)。

certificate chain　证书链

同 certification path。

certificate directory　证书目录

用户读访问可以访问的一个证书数据库或服务器。认证机构可以往证书数据库中加入证书,并可维护证书数据库,用户可以在适当的访问控制下管理他们自己的数据库条目。

参看 certification authority (CA)。

certificate identifier　证书标识符

一种标识符。它或者是一个二进制数——在用于计算证书的公开密钥/秘密密钥对的保密期间不重复,或者是一个唯一的时间标记。

参看 certificate。

certificate of primality　素性证据

如果一个整数 n 是素数,则有某种证据说明:能够在多项式时间内验证它是素数。这种证据就称作素性证据。注意这里问题的焦点不在于求出这样的证据,而是在于确定是否存在这样的证据,如果存在这样的证据,就能有效地进行验证。人们已经证明,每一个素数 n 都有一个素性证据,为了验证它是素数需要 $O(\ln n)$次模乘法。

参看 integer,polynomial-time algorithm。

certificate revocation　证书撤销

每一个证书都有一个有限的有效期,有效期用一个开始日期/时间和一个终止时间指明,它包含在证书的签发部分。当一个证书被发出以后,在整个有效期都希望它可用。然而,在有些情况下,用户可能会在证书的有效期满之前停止依靠它。这些情况包括检测到和怀疑相应的秘密密钥已泄露、姓名被改变、主体和认证机构之间的关系被改变(例如,一个雇员被一个组织解雇)。在这些情况下,认证机构能够撤销证书。由于证书撤销是可能随时发生的,所以一个证书的工作期可能比它原计划的有效期短一些。

参看 certificate revocation list (CRL)。

certificate revocation list（CRL） 证书撤销表

认证机构接受并鉴别证书撤销请求，在决定一个证书被撤销后，认证机构需要通知证书用户：其证书不再有效。提供一般的撤销通知的最常用的方法是，认证机构周期性地公布一个叫作证书撤销表（CRL）的数据结构。CRL 这一概念在 X.509 标准中有描述。一个 CRL 是一个撤销证书的时间标记列表，它由认证机构数字签发，并且可由证书用户使用。CRL 可以通过各种方式来分发，例如，通过在一个已知的 Web 网站上公告，或者通过从一个认证机构拥有的 X.500 地址目录表项来发布。每一个撤销的证书在 CRL 中由它的证书序列号来识别，证书序列号由发行证书机关产生并包含在证书中，一个证书有唯一的序列号。一个简单的 CRL 的主要成分在图 C.16 中描述。

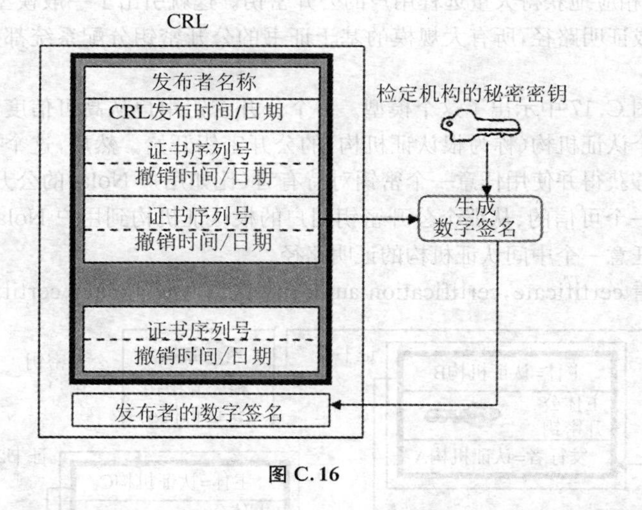

图 C.16

参看 certificate，certificate revocation，certification authority（CA），timestamp，X.509 certificate。

certification 证明，鉴定；认证，证明

在密码编码学中，通过使所推荐的密码体制遭受被认为是最有利于密码分析者的攻击，来检测该密码体制的一种方法。

信息安全的一个目标任务，一个可信实体的信息担保。

参看 cryptanalysis，cryptosystem；information security。

certification authority（CA） 认证机构

一个所有用户都信赖的可信第三方（TTP）。它为所有用户产生、发行或撤销证书。

参看 trusted third party（TTP）。

certification path　证明路径

证明对象的一个有序序列，能够将这个序列和路径中的初始对象的公开密钥一起处理来获得路径中的最终对象。

在存在多重认证机构的条件下，不实际的就是，假定一个公开密钥用户已经安全地持有特殊认证机构的公开密钥，这个特殊认证机构已经为那个公开密钥用户希望和其进行保密通信的那个用户发行一个证书。然而，为了获得那个认证机构的公开密钥，公开密钥用户或许能够找到并使用另一个证书——由另外一个认证机构发行的证书，其公开密钥被那个公开密钥用户安全持有。

人们能够递归地应用证书范型来获得逐渐增大数量的认证机构的公开密钥，并且相应地获得大量远程用户的公开密钥。这就引出了一般模型，被称作证书链或证明路径，所有大规模的基于证书的公开密钥分配系统都是基于这个模型。

在图 C.17 中示出了这个模型。一个公开密钥用户从高可信度地获得一个或多个认证机构（称为根认证机构）的公开密钥开始。然后，这个公开密钥用户能够获得并使用任意一个密钥对持有者（比如用户 Nola）的公开密钥，只要存在一个可信的、从那个公开密钥用户的根认证机构到用户 Nola 的、可能会经由任意一个中间认证机构的证明路径。

参看 certificate，certification authority (CA)，public-key certificate。

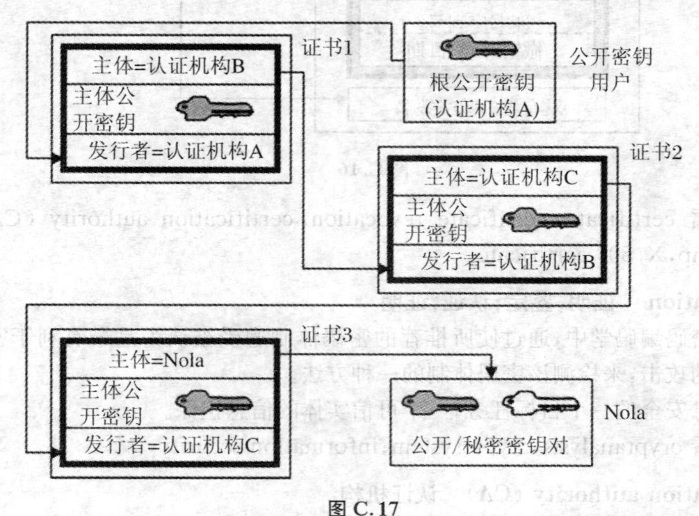

图 C.17

certification policy　证明策略

证明策略是在某种证明已经发生的情况下规定的条件，包括：在确认一个密钥之前对于证书主体实现证明的鉴别类型、用于确保证书中唯一主体名称的方法。人们可以针对一个证明策略来实现证明。

参看 certification,certification path。

certification topology 证明拓扑

存在许多可供选择的方案,用以在涉及多个认证机构的公开密钥系统中组织各个认证机构之间的可信关系。这就称作可信模型,或称作证明拓扑,而且在逻辑上不同于通信模型,虽然有可能和通信模型一致。特别是,通信链路不包含可信关系。认证机构之间的可信关系决定了由一个认证机构发行的证书怎样由(位于其他域的)不同的认证机构应用或验证。

参看 certification path。

certificational attack 证明性攻击

对双密钥三重加密方式的一种选择明文攻击。一般说来,对于一个密钥长度为 k 比特、分组长度为 n 比特的分组密码而言,攻击其双密钥三重加密方式的自然方法就是穷举搜索其 2^{2k} 个密钥对。但是证明性攻击就可以挫败双密钥三重加密方式,这种攻击大约要求 2^k 次密码运算、存储 $n+k$ 比特长的字 2^k 个,以及所选择明文相对应的 2^k 个明文-密文对。理由是:使用 2^k 个选择明文,可以如下将双密钥三重加密方式缩减成二重加密。注意图 C.18 所示的双密钥 E-D-E 三重加密方式。

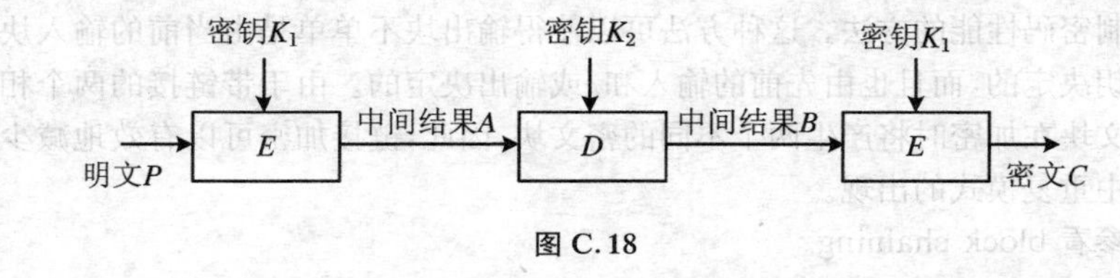

图 C.18

如果中间结果 A 为全"0"向量,那么就可对全部 2^k 个密钥值 $K_1=i$,计算 $P_i=D_i(A)$。可把计算的每一个结果都看作一个选择明文,获得对应的密文 C_i。对每一个 C_i,计算 $B_i=D_i(C_i)$,得到中间结果 B。注意 P_i 也是候选的 B 值。在一个表中对 P_i 和 B_j 值进行分类(可以使用标准的散列)。可以把对应于 $P_i=B_j$ 的密钥看作为已知问题的候选的密钥对解($K_1=i,K_2=j$)。最后,可以通过用每一对候选的密钥解来检验一些其他的已知明文-密文对,以获得正确解。由于存储需要量太大,所以上述攻击是不实际的,称之为对双密钥三重加密方式的证明性攻击,用以说明它比使用三个独立密钥的三重加密方式弱。当然,使用三个独立密钥必然加大密钥管理的负担。

参看 chosen plaintext attack,double encryption,exhaustive search,triple encryption。

certificational weakness 证明性弱点

如果使用公开密钥加密方案的设施易遭受选择密文攻击，选择密文攻击就是关系重大的；如果不易遭受选择密文攻击，选择密文攻击的存在就被看作是一个特殊方案的证明性弱点，虽然表面上不能直接利用这种攻击。

参看 chosen ciphertext attack。

CFB-MAC 密文反馈式消息鉴别码

对于分组长度为 n 比特的分组密码算法来说，使用 n 比特反馈的密文反馈工作模式产生消息鉴别码，是和使用密码分组链接(CBC)工作模式等价的。

参看 CBC-MAC。

chaining attack 链接攻击

对散列函数的攻击方式。它基于散列函数的迭代特性，特别是链接变量的使用。这种攻击对准的是压缩函数 f 而不是整个散列函数 h。链接攻击可以分成分组纠错链接攻击、中间相会链接攻击、不动点链接攻击和差分链接攻击。

参看 correcting-block chaining attack, differential chaining attack, fixed-point chaining attack, meet-in-the-middle chaining attack。

chaining encipherment 链接加密

链接加密是加/解密过程中(尤其是在分组密码中)常使用的一种增强密码体制密码性能的方法。这种方法可以使得输出块不单单是由当前的输入块和密钥决定的，而且也由先前的输入和/或输出决定的。由于带链接的两个相同明文块在加密时将产生两个不同的密文块，因此，链接加密可以有效地减少密文中重复模式的出现。

参看 block chaining。

challenge 询问

在询问-应答身份识别协议中，“询问”典型地是由一个实体在协议的开头随机且秘密地选择的一个数。它是一个随时间变化的参数。

参看 challenge-response identification。

challenge-response identification 询问-应答身份识别

密码询问-应答身份识别协议的思想是，一个实体 A(声称者)通过说明知道一个和另一个实体 B(验证者)相联系的秘密来向实体 B 证明自己的身份，而且在协议执行期间不把秘密自身泄露给验证者 B。这通过提供一个应答给一个随时间变化的询问就可以做到，在这里那个应答依赖于实体的秘密和询问。如果通信线路被监听，执行一次身份识别协议中的应答不应把对后续身份识别有用的信息提供给敌方，后续的询问亦将不同。询问-应答身份识别协议有基于对称密钥技术的，有基于公开密钥技术的，还有基于零知识理论的。

参看 identification，public key technique，symmetric key technique，zero-knowledge identification。

change point test　变异点检验

一种基于伯努利试验的字符串假设检验。在一个 n 长二进制数字序列 $S^n = s_0, s_1, s_2, \cdots, s_t, \cdots, s_{n-1}$ 中，将序列中从头到第 t 位置的“1”的比例和剩余序列中的“1”的比例相比较，其中出现最大变化的位置就称为变异点。应用这种检验可以确定：这种变化对于序列中“1”出现的比例是 1/2 的二项分布是否显著。检验的假设是：遍及整个序列“1”的这种特性没有显著变化。所使用的统计量是

$$U[t] = n \cdot S[t] - t \cdot S[n],$$

其中，$S[n]$是序列 S^n 中“1”的总数，$S[t]$是序列 S^n 中从头到第 t 位置的“1”的个数。令

$$M = \max(|U[t]|)。$$

与这个统计量有关的尾部概率近似为

$$\alpha = \exp(-2M^2/n \cdot S[n] \cdot (n - S[n]))。$$

参看 hypothesis testing。

channel　信道

把信息从一个实体输送到另一个实体的工具。

characteristic of a field　域的特征

对一个域而言，如果 $\underbrace{1+1+\cdots+1}_{m个}$ 对于任意 $m \geqslant 1$ 都不等于 0，则域的特征为 0；否则，使 $\sum_{i=1}^{m} 1 = 0$ 的最小正整数 m 就是这个域的特征。

参看 field。

characteristic polynomial of LFSR　线性反馈移位寄存器的特征多项式

L 级线性反馈移位寄存器（LFSR）的状态转移矩阵

$$T = \begin{pmatrix} c_1 & 1 & 0 & \cdots & 0 \\ c_2 & 0 & 1 & \cdots & 0 \\ \vdots & \vdots & \vdots & & \vdots \\ c_{L-1} & 0 & 0 & \cdots & 1 \\ c_L & 0 & 0 & \cdots & 0 \end{pmatrix}$$

的特征方程 $|xI - T|$ 就是其特征多项式，而 $|xI - T| = x^L + c_1 x^{L-1} + \cdots + c_{L-1}x + c_L$，可记作 $c(x)$。它是个首一多项式。$c(x)$是该线性反馈移位寄存

器(LFSR)的连接多项式 $C(D)=1+c_1D+c_2D^2+\cdots+c_LD^L$ 的互反多项式。

参看 connection polynomial of LFSR, linear feedback shift register (LFSR), monic polynomial, state transition matrix。

Chaum's blind signature protocol　沙姆盲签名协议

这是一个基于RSA体制的盲签名协议。发送方A接收B对一个盲消息的签名。为此,A计算B对由A事先选择的一个消息 $m(0\leqslant m\leqslant n-1)$ 的签名。B和 m 都不知道与 m 相联系的签名。

(1) 注释

B的RSA公开密钥是 (n,e),秘密密钥是 d。k 是由A选择的一个随机秘密整数,k 满足 $0\leqslant k\leqslant n-1$ 且 $\gcd(n,k)=1$。

(2) 协议动作

(a) (盲)A计算 $m^*\equiv mk^e \pmod n$,并将之发送给B。

(b) (签名)B计算 $s^*\equiv(m^*)^d \pmod n$,并将之发送给A。

(c) (解盲)A计算 $s\equiv k^{-1}s^* \pmod n$,$s$ 是B对于 m 的签名。

参看 blind signature scheme, RSA digital signature scheme。

Chaum-van Antwerpen undeniable signature scheme　沙姆-范安特卫本不可否认签名方案

设签名者为A,验证者为B。

(1) 密钥生成(A建立一个公开密钥/秘密密钥对)

KG1　A选择两个随机素数 p 和 q,并使得 $p=2q+1$。

KG2　A选择 $\mathbb{Z}_p^*$ 的 q 阶子群的一个生成元 α。

KG2.1　A选择一个随机元素 $\beta\in\mathbb{Z}_p^*$,并计算 $\alpha\equiv\beta^{(p-1)/q} \pmod p$;

KG2.2　如果 $\alpha=1$,则转移到KG2.1。

KG3　A选择一个随机整数 $a\in\{1,2,\cdots,q-1\}$,并计算

$$y\equiv\alpha^a \pmod p。$$

KG4　A的公开密钥是 (p,α,y);秘密密钥是 a。

(2) 签名生成(A签署一个消息 $m\in\mathbb{Z}_p^*$ 的 q 阶子群)

SG1　A计算 $s\equiv m^a \pmod p$;

SG2　A对消息 m 的签名是 s。

(3) 签名验证(B使用A的公开密钥验证A对于消息 m 的签名)

SV1　B获得A的可靠的公开密钥 (p,α,y);

SV2　B选择两个随机秘密整数 $x_1,x_2\in\{1,2,\cdots,q-1\}$;

SV3　B计算 $z\equiv s^{x_1}y^{x_2} \pmod p$,并把 z 发送给A;

SV4　A计算 $w\equiv z^{a^{-1}} \pmod p$(其中 $aa^{-1}\equiv1 \pmod q$),并把 w 发送给B;

SV5　B计算 $w'=m^{x_1}\alpha^{x_2} \pmod p$;接受这个签名当且仅当 $w=w'$。

对签名验证的证明：

$$w \equiv z^{a^{-1}} \equiv (s^{x_1} y^{x_2})^{a^{-1}} \equiv (m^{ax_1} \alpha^{ax_2})^{a^{-1}}$$
$$\equiv m^{x_1} \alpha^{x_2} \equiv w' \pmod p。$$

参看 undeniable signature scheme。

Chebyshëv's inequality　切比雪夫不等式

令 X 是一个随机变量，其均值 $\mu = E(X)$，方差 $\sigma^2 = \mathrm{Var}(X)$，则对于任意 $t > 0$ 都有

$$P(|X - \mu| \geqslant t) \leqslant \sigma^2/t^2。$$

checkerboard cipher　棋盘密表

参看 Polybius square。

check sum　校验和

(1) 在鉴别中，产生出一个固定长度的字块作为校验和，它是消息中每比特的一个函数。

(2) 在编码中，它是为检错用的一组数据项的总和。这些数据项或者是数字、二进制数字，或者是其他被认为是数字的、可用于计算目的的字符串。

参看 authentication。

Chinese remainder theorem　中国剩余定理，孙子定理，大衍求一术

如果整数 $n_1, n_2, \cdots, n_k$ 是两两互素的，则联立同余方程组

$$\begin{cases} x \equiv a_1 \pmod{n_1}, \\ x \equiv a_2 \pmod{n_2}, \\ \cdots, \\ x \equiv a_k \pmod{n_k} \end{cases}$$

有模 $n = n_1 n_2 \cdots n_k$ 的唯一解。可用高斯算法来解上述联立同余方程组。当整数值较大时可使用加纳算法来解。

参看 Garner's algorithm, Gauss's algorithm。

chipcard　芯片卡

信用卡大小的一种塑料卡片，内含一个嵌入式微处理器或集成电路，亦称作智能卡或 IC 卡。

chi-square (χ^2) distribution　χ^2 分布

如果一个(连续)随机变量 X 的概率密度函数定义为

$$f(x) = \begin{cases} \dfrac{1}{\Gamma(n/2) 2^{n/2}} x^{(n/2)-1} \mathrm{e}^{-x/2}, & 0 \leqslant x < \infty, \\ 0, & x < 0, \end{cases}$$

则称之为具有 n 自由度的 χ^2 分布，其中 Γ 是伽马函数。这种分布的均值 $\mu =$

n,方差 $\sigma^2=2n$。

参看 continuous random variable,probability density function。

chi-square test　χ^2检验

一种非参数性假设检验——分布拟合检验。其基础为皮尔逊定理。

χ^2检验的步骤(基本假设为 H_0,随机变量为 ξ):

(1) 把 ξ 的一切可能值的集合 X 进行分割,

$$X=\bigcup_{k=1}^{r}B_k,\quad B_i\cap B_j=\varnothing\quad (i\neq j)。$$

(2) 统计出对 ξ 的观测值出现在 $B_k(k=1,2,\cdots,r)$中的频数 μ_{mk}:对来自 ξ 的随机样本 $\xi_1,\xi_2,\cdots,\xi_m$,μ_{mk} 表示落入 B_k 的观测值的个数(即 μ_{mk} 表示事件 $\{\xi\in B_k\}$在 m 次独立观测中出现的次数)。

(3) 在假设 H_0真的前提下,分别求观测值落入 B_k 的期望频数 E_{mk}:令

$$P_k=P(\xi\in B_k\mid H_0)\quad (k=1,2,\cdots,r)。$$

显然,$\sum\limits_{k=1}^{r}P_k=1$。假设 $P_k>0$(否则,可适当改变(1) 中的分割),则有

$$E_{mk}=mP_k\quad (k=1,2,\cdots,r)。$$

(4) 统计量

$$\chi_m^2=\sum_{k=1}^{r}\frac{(\mu_{mk}-E_{mk})^2}{E_{mk}}=\sum_{k=1}^{r}\frac{(\mu_{mk}-mP_k)^2}{mP_k}。$$

由皮尔逊定理知 χ_m^2 的极限分布是 χ^2 分布,自由度等于 $r-1$。因此,当 m 充分大时,此检验的否定域就是

$$V=\{\chi_m^2\geqslant\chi_{\alpha,r-1}^2\},$$

其中,$\chi_{\alpha,r-1}^2$是自由度为 $r-1$ 的 χ^2分布的 α 水平上侧分位数,有表可查(见附录 E)。

这里要说明一点,样本容量 m 要充分大,而 P_k又不能太小,所以在实际应用这一近似分布时,应控制期望频数 $E_{mk}=mP_k$的值不要太小。一般要求 $mP_k\geqslant4$,否则可通过改变(1)中的分割使之达到要求。

参看 hypothesis testing,Pearson's theorem。

chi test　χ 检验

古典密码分析中基于卡帕值 K_r和K_p的一种检验,这种检验和 φ 检验都是根据重合码的基本原则提出来的。正如频率统计把分散出现的各个字母集中起来便于归类一样,φ 检验和χ 检验把不同的频率统计数列结合起来便于比较各次统计。这两种检验是弗里德曼(Friedman)的助手索洛蒙·库尔巴克(Solomon Kullback)博士在 1935 年提出的。

χ 检验利用这种方法比较两个频率分布,告诉我们两个频率代表的字母是否用相同的密钥加密,不论是单表代替还是多表代替。例如,它能告诉我们

两份维吉尼亚密报是否用相同密钥字,或者更重要的是,它能找出克尔克霍夫斯重叠法中那些用相同密钥字母加密的纵行,从而能把这些纵行的字母统计(这些字母通常是很少的)合并在一起处理。

不论是检验多表代替频率分布还是检验单表代替频率分布,χ 检验的原理都是一样的,唯一的区别就是在多表代替计算中用 K_r,而在单表代替计算中用 K_p。χ 检验一次只比较两个频率分布。方法是这样的:以一个频率分布的字母总数乘另一个频率分布的字母总数,再乘以 K_p 或 K_r。这就是 χ 的理论值。然后再以一个频率分布的 a 字母数乘另一个频率分布的 a 字母数,以一个频率分布的 b 字母数乘另一个频率分布的 b 字母数,以此类推。把这些乘积相加得出总和。这个总和就是 χ 的观察值。如果 χ 的观察值同 χ 的理论值较接近,这两个频率分布就表示字母群是用相同密表加密的。

例如,下列三个统计都是单表代替频率统计(其中,f_1,f_2,f_3 是频率分布)。它们是否都用相同密表加密呢?

	A	B	C	D	E	F	G	H	I	J	K	L	M	N	O	P	Q	R	S	T	U	V	W	X	Y	Z	字母总数
f_1	·	1	·	1	·	4	·	1	3	2	1	·	2	4	·	·	1	1	·	2	1	1	·	·	·	·	25
f_2	2	1	2	2	·	2	3	·	·	4	·	3	4	·	3	·	·	·	·	·	6	·	·	·	2	1	35
f_3	·	·	·	1	·	2	2	1	·	2	·	4	1	1	·	·	·	1	·	·	2	·	·	2	·	·	19

由于它们是单表代替的,就用 K_p 计算 χ 的理论值:

$$f_1\text{和 } f_2: 25\times35\times0.066\,7=58,$$

$$f_1\text{和 } f_3: 25\times19\times0.066\,7=32,$$

$$f_2\text{和 } f_3: 35\times19\times0.066\,7=44。$$

计算 χ 的观察值:

	A	B	C	D	E	F	G	H	I	J	K	L	M	N	O	P	Q	R	S	T	U	V	W	X	Y	Z	χ
$f_1\times f_2$:	0	+1	+0	+2	+0	+8	+0	+0	+0	+8	+0	+0	+8	+0	+0	+0	+0	+0	+0	+0	+6	+0	+0	+0	+0	+0	=33
$f_1\times f_3$:	0	+0	+0	+1	+0	+8	+0	+1	+0	+4	+0	+0	+2	+4	+0	+0	+0	+1	+0	+0	+2	+0	+0	+0	+0	+0	=23
$f_2\times f_3$:	0	+0	+0	+2	+0	+4	+6	+0	+0	+8	+0	+12	+4	+0	+0	+0	+0	+0	+0	+0	+12	+0	+0	+0	+0	+0	=48

只有第二和第三两份密报的频率统计的 χ 理论值和观察值比较接近,这两份密报可看成是用相同密表加密,在各方面都能在一起处理,从而使识别明文字母容易得多。在使用克尔克霍夫斯重叠法时,纵行只要有 10 个或 15 个字母,χ 检验就能有效地实现破译。

参看 Kappa value,Kerckhoffs' superimposition。

比较 phi test。

Chor-Rivest knapsack　乔-里夫斯特背包

这是一种目前看来具有一定安全性的背包密码体制。设消息发送方为 B,消息接收方为 A。

(1) 密钥生成(对A而言)

KG1　A选择一个特征为 p 的有限域$\mathbb{F}_q$,其中 $q=p^h(p\geqslant h)$,并且对于$\mathbb{F}_q$上的离散对数问题是可行的。

KG2　A选择$\mathbb{Z}_p$上的一个随机的 h 次首一不可约多项式$f(x)$。$\mathbb{F}_q$上的元素将被表示为多项式环$\mathbb{Z}_p[x]$上次数小于 h 的多项式,这可通过执行模$f(x)$乘法运算来实现。

KG3　A选择域$\mathbb{F}_q$上的一个随机本原元素$g(x)$。

KG4　A对每一个基础域元素 $i\in\mathbb{Z}_p$,求出域元素 $x+i$ 以$g(x)$为底的离散对数 $a_i=\log_{g(x)}(x+i)$。

KG5　A选择对于整数集合$\{0,1,2,\cdots,p-1\}$的一个随机置换π。

KG6　A选择一个随机整数 $d(0\leqslant d\leqslant p^h-2)$。

KG7　A计算 $c_i=(a_{\pi(i)}+d)(\text{mod } p^h-1)\ (0\leqslant i\leqslant p-1)$。

KG8　A的公开密钥是$((c_0,c_1,\cdots,c_{p-1}),p,h)$;A的秘密密钥是$(f(x),g(x),\pi,d)$。

(2) 加密(B加密)

EP1　B获得A的可靠的公开密钥$((c_0,c_1,\cdots,c_{p-1}),p,h)$。

EP2　B把消息 m 表示成长度为$\left\lfloor \log_2\binom{p}{h}\right\rfloor$的二进制数字串,其中$\binom{p}{h}$是二项式系数。

EP3　把 m 看作一个整数的二进制表示。把这个整数变换成一个长度为 p 的、恰好具有 h 个1的二进制向量 $M=(M_0,M_1,\cdots,M_{p-1})$,方法如下:

EP3.1　置 $k\leftarrow h$;

EP3.2　对于 $i=1$ 到 p,做如下事情:

如果 $m\geqslant\binom{p-i}{k}$,则置 $M_{i-1}\leftarrow 1, m\leftarrow m-\binom{p-i}{k}, k\leftarrow k-1$;

否则,置 $M_{i-1}\leftarrow 0$。

(注:对于 $n\geqslant 0,\binom{n}{0}=1$;对于 $k\geqslant 1,\binom{0}{k}=0$。)

EP4　B计算 $c=\sum_{i=0}^{p-1}M_ic_i(\text{mod } p^h-1)$。

EP5　B把密文 c 发送给用户A。

(3) 解密(A解密)

DP1　A计算 $r=(c-hd)(\text{mod } p^k-1)$。

DP2　A计算 $u(x)=g(x)^r(\text{mod } f(x))$。

DP3　A计算 $s(x)=u(x)+f(x)$,这是$\mathbb{Z}_p$上的一个 h 次首一多项式。

DP4　A 将 $s(x)$ 因式分解成 $\mathbb{Z}_p$ 上的线性因子：$s(x)=\prod_{j=1}^{h}(x+t_j)$，其中 $t_j\in\mathbb{Z}_p$。

DP5　向量 M 的那些为 1 的分量具有指标 $\pi^{-1}(t_j)$ $(1\leqslant j\leqslant h)$，剩余的分量是 0。

DP6　A 从 M 中恢复消息 m，方法如下：

DP6.1　置 $m\leftarrow 0, k\leftarrow h$；

DP6.2　对于 $i=1$ 到 p，做如下事情：

如果 $M_{i-1}\leftarrow 1$，则置 $m\leftarrow m+\binom{p-i}{k}$，$k\leftarrow k-1$。

解密正确性的证明　可以看到

$$
\begin{aligned}
u(x) &= g(x)^r \pmod{f(x)} \\
&\equiv g(x)^{c-hd}\equiv g(x)^{(\sum_{i=0}^{p-1}M_ic_i)-hd} \pmod{f(x)} \\
&\equiv g(x)^{(\sum_{i=0}^{p-1}M_i(a_{\pi(i)}+d))-hd}\equiv g(x)^{\sum_{i=0}^{p-1}M_ia_{\pi(i)}} \pmod{f(x)} \\
&\equiv \prod_{i=0}^{p-1}\left[g(x)^{a_{\pi(i)}}\right]^{M_i}\equiv \prod_{i=0}^{p-1}(x+\pi(i))^{M_i} \pmod{f(x)}。
\end{aligned}
$$

由于 $\prod_{i=0}^{p-1}(x+\pi(i))^{M_i}$ 和 $s(x)$ 都是 h 次首一多项式，并且它们是模 $f(x)$ 同余的，因此

$$
s(x)=u(x)+f(x)=\prod_{i=0}^{p-1}(x+\pi(i))^{M_i}。
$$

所以，$s(x)$ 的 h 个根都在 $\mathbb{Z}_p$ 中，将 π^{-1} 应用于这些根就可以得到 M 的那些等于 1 的坐标。

参看 monic polynomial, public key cryptography (PKC)。

Chor-Rivest knapsack cryptosystem　乔-里夫斯特背包密码体制

一种公开密钥密码体制，目前看来还是具有一定安全性的背包密码体制。当仔细选择该体制的参数时，目前还未发现对该体制的可行的攻击方法。特别是，背包集合 $(c_0,c_1,\cdots,c_{p-1})$ 的密度是 $p/\log_2(\max c_i)$，它大到足以挫败对一般子集和问题的低密度攻击。但是，如果泄露了部分秘密密钥（例如，当 $g(x)$ 和 d 已知时，或者当 $f(x)$ 已知时，或者当 π 已知时），该体制就不安全了。

参看 Chor-Rivest knapsack。

Chor-Rivest knapsack public-key encryption　乔-里夫斯特背包公开密钥加密

同 Chor-Rivest knapsack。

Chor-Rivest public-key encryption　乔-里夫斯特公开密钥加密

同 Chor-Rivest knapsack。

chosen ciphertext attack　选择密文攻击

密码分析攻击的一种类型。密码分析者能够选择一些密文,并构造出这些密文所对应的明文来。发动上述这种攻击的一种途径就是密码分析者能够访问用于解密的密码设备(但不能获得安全嵌入在密码设备中的解密密钥)。选择密文攻击的目标就是能够在不访问这样的密码设备的情况下根据密文推出明文来。

参看 cryptanalysis。

chosen-message attack　选择消息攻击

对公开密钥数字签名方案的一类消息攻击。在试图破译签名方案之前,敌方根据所选择的一个消息列表获得有效的签名。在看到任意一个签名之前选择消息这种意义上来说,这种攻击是非适应性的。对签名方案的选择消息攻击类似于对公开密钥加密方案的选择密文攻击。

参看 chosen ciphertext attack,digital signature,message attack。

比较 adaptive chosen-message attack,known-message attack。

chosen plaintext attack　选择明文攻击

密码分析攻击的一种类型。密码分析者能够选择一些明文,并构造出这些明文所对应的密文来。接着,密码分析者就使用推导出的任意信息来恢复对应于先前未发现密文的明文。

参看 cryptanalysis。

chosen-text attack　选择文本攻击

对消息鉴别码(MAC)的一种攻击类型。在这种情况下,对于攻击者所选择的 x_i,攻击者可以利用一个或多个文本 MAC 对(x_i,$h_k(x_i)$)。

参看 message authentication code (MAC),types of attack on MAC。

chosen-text attacks on identification　对身份识别的选择文本攻击

对询问-应答式身份识别协议的一种攻击方法。此处,敌方在尝试提取关于申请人的长期密钥中颇为策略地选择询问。有时候,把选择文本攻击看作是使用申请人作为一个外部信息源,也就是,不能仅仅根据申请人的公开密钥来计算以获得信息。如果要求申请人对询问进行签字、加密或求消息鉴别码(MAC),则涉及选择明文攻击,如果要求解密询问,则涉及选择密文攻击。

防止选择文本攻击的一种对抗措施是:使用零知识技术;将混淆码嵌入到每个询问-应答中。

参看 challenge-response identification, confounder, identification, random oracle,zero-knowledge protocol。

cipher　密码,密表;密文

(1) 一种借助于某种秘密变换改变一个二进制数字(或字符)序列的密码技术;密表加密是按固定明文长度为单位进行操作的(比如都以一个字母为单位或都以三个字母为单位),而且密文的长度严格地和明文的长度相关。

(2)"密表"是一种把明文变换成密文形式的对应表。基本的变换方法有两种,一种是代替法,一种是换位法。用其他字母、数字或符号代替明文中的字母,此法就是代替法;而将明文字母的正常次序打乱,就是换位法(或称置换法)。

(3) 有些场合中 cipher 的意思就是 ciphertext,比如在"cipher feedback (CFB)"中。

(4) 一个加密方案有时也称为一个密码。

参看 encryption scheme, substitution cipher, transposition cipher。

比较 code。

cipher algorithm　密码算法

同 cryptographic algorithm。

cipher alphabet　密表,密码字母表

同 cipher。

cipher block　密码分组;密码块,密码字组

(1) 通过应用一种密码函数来保护一个数据块所得到的结果。一般说来,这种处理前后该数据块中长度(比特)是相同的。

(2) 用一种分组密码将一预先指定长度的明文块进行加密所产生的一个数据块。该密码块的长度可以(但也不一定)等于明文的长度。

参看 block cipher, cryptographic function。

cipher block chaining (CBC)　密码分组链接

分组密码的一种工作方式,用以克服电子密本方式的密码弱点。密文输出依赖于密钥和先前的所有明文字块。这样一来,高度格式化的消息将没有电子密本方式那样的密文字块重复的缺陷。图 C.19 是这种工作方式的示意图。

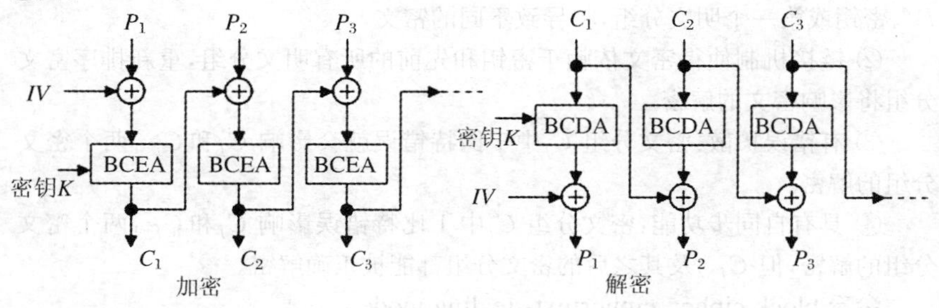

图 C.19

图中,BCEA 表示分组密码加密算法,BCDA 表示分组密码解密算法。

(1) 加密过程　第一个明文分组 P_1先和一个称作初始向量(IV)的数据块进行模 2 加,然后再用 BCEA 进行加密得到第一个密文分组 C_1;将第一个密文分组 C_1先和第二个明文分组 P_2进行模 2 加后,再用 BCEA 进行加密得到第二个密文分组 C_2;将第二个密文分组 C_2先和第三个明文分组 P_3进行模 2 加后,再用 BCEA 进行加密得到第三个密文分组 C_3;以此类推。所有加密都是在同一个密钥 K 作用下进行的。

(2) 解密过程　先用 BCDA 把第一个密文分组 C_1解密后,再和初始向量 IV 进行模 2 加恢复第一个明文分组 P_1;先用 BCDA 把第二个密文分组 C_2解密后,再和第一个密文分组 C_1进行模 2 加恢复第二个明文分组 P_2;先用 BCDA 把第三个密文分组 C_3解密后,再和第二个密文分组 C_2进行模 2 加恢复第三个明文分组 P_3;以此类推。所有解密也都是在同一个密钥 K 作用下进行的。

上述加/解密过程亦可用数学方式描述:

$$C_n = \mathrm{BCEA}_K(P_n \oplus C_{n-1}),\quad C_0 = IV\quad (n=1,2,3,\cdots),$$
$$P_n = \mathrm{BCDA}_K(C_n) \oplus C_{n-1},\quad C_0 = IV\quad (n=1,2,3,\cdots)。$$

当明文消息不是分组长度的整数倍时,最后会出现不够一个分组的明文字块,这时就要求采用特殊的办法来处理最后那个不够一个分组的明文字块。一种解决办法就是用数字“0”来填充,但是这样做就会给密码分析者提供有用信息;另一种安全一些的解决办法就是用随机选择的字符来填充,但是这种办法需要加上指示信息(称作填充指示符(padding indicator))来通知接收者哪些是。但是这种办法在密文消息必须和明文消息一样长的情况下不适用。例如,如果要求已被加密的文件占用的存储空间和原明文相同,那么密文文件的长度就必须和原明文一样。解决此类问题就不能采用填充字符的方式,而必须采用别的方式,比如密文挪用方式。

CBC 工作方式的特点是:

① 在同一个密钥和 IV 作用下,相同的明文被加密成相同的密文;改变 IV、密钥或第一个明文分组,将导致不同的密文。

② 链接机制使得密文依赖于密钥和先前的所有明文分组,重新排序密文分组将影响密文的解密。

③ 有错误扩散:密文分组 C_j中 1 比特错误就会影响 C_j和 C_{j+1}两个密文分组的解密。

④ 具有自同步功能:密文分组 C_j中 1 比特错误影响 C_j和 C_{j+1}两个密文分组的解密,但 C_{j+2}及其之后的密文分组都能被正确解密。

参看 block cipher,ciphertext-stealing mode。

比较 cipher feedback（CFB），electronic code book（ECB），output feedback(OFB)。

cipher disk　密码圆盘

最早在15世纪60年代出现的一种实现多表代替加密的密码器械，由意大利佛罗伦萨人L. B. 艾尔伯蒂发明，它由大小两个圆盘组成，大圆盘是固定的，小圆盘可转动。图C.20示出了这种密码圆盘。

大小两个圆盘的圆周均被划分为24个等分位置，大圆盘的每个位置上写上红色大写字母，从A开始，按字母的自然序逐一写上，但省去了H，K和Y，而且没有J，U和W，就只有20个字母，余下的四个位置用黑色写上数字1，2，3和4；小圆盘的24个位置上乱序写上黑色的小写字母。加密时，可每加密三四个字母就按规定转动小圆盘一次，以实现多表代替加密。

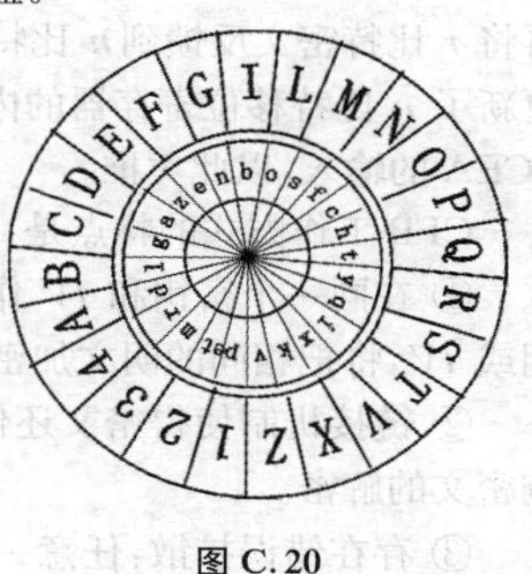

图 C.20

另外还有其他类似的密码圆盘。

参看 polyalphabetic substitution，Wheatstone disc。

cipher feedback（CFB）　密文反馈

分组密码的一种工作方式。图C.21是这种工作方式的示意图。

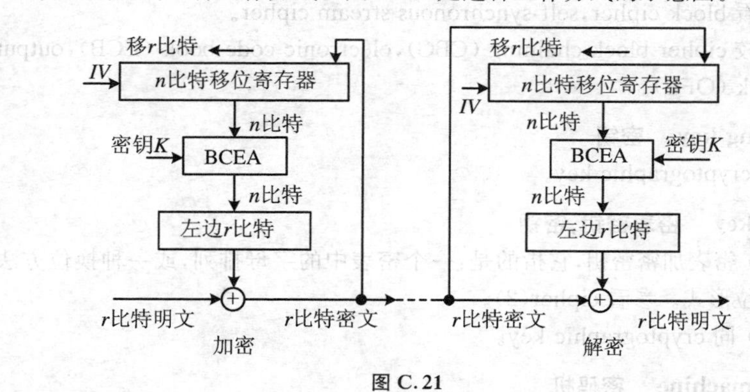

图 C.21

(1) 加密过程　n 比特移位寄存器用初始向量 IV 来初始化；n 比特移位寄存器的内容作为分组密码加密算法BCEA的输入，在密钥 K 的作用下，产生 n 比特伪随机序列；用BCEA输出的 n 比特伪随机序列的左边 $r(r\leqslant n)$ 比特数据和 r 比特明文进行模2加，得到 r 比特密文；将 n 比特移位寄存器移 r 比特，再将 r 比特密文反馈到 n 比特移位寄存器移位后空出的位置上，这样一来，就更新了 n 比特移位寄存器的内容；下面就把 n 比特移位寄存器的内容再作为 BCEA 的输入，以此类推。

(2) 解密过程　n 比特移位寄存器用初始向量 IV 来初始化；n 比特移位寄存器的内容作为分组密码加密算法 BCEA 的输入，在密钥 K 的作用下，产生 n 比特伪随机序列；用 BCEA 输出的 n 比特伪随机序列的左边 r 比特数据和 r 比特密文进行模 2 加，得到 r 比特明文；将 n 比特移位寄存器移 r 比特，再将 r 比特密文反馈到 n 比特移位寄存器移位后空出的位置上，这样一来，就更新了 n 比特移位寄存器的内容；下面就把 n 比特移位寄存器的内容再作为 BCEA 的输入，以此类推。

CFB 工作方式的特点是：

① 在同一个密钥和 IV 作用下，相同的明文被加密成相同的密文；改变密钥或 IV，将把相同的明文加密成不同的密文。

② 链接机制使得密文还依赖于先前的明文分组，重新排序密文分组将影响密文的解密。

③ 存在错误扩散：任意一密文分组中 1 比特或多比特错误就会影响这个密文分组及其后 $\lceil n/r \rceil$ 个密文分组的解密。

④ 具有自同步功能：类似于 CBC 的工作方式，在从出错密文分组开始往后的 $\lceil n/r \rceil+1$ 个密文分组解密出错后就可正确解密。

⑤ 吞吐率和 CBC 工作方式相比，降低到 CBC 的 r/n。

参看 block cipher，self-synchronous stream cipher。

比较 cipher block chaining (CBC)，electronic code book (ECB)，output feedback (OFB)。

ciphering key　密钥

同 cryptographic key。

cipher key　密表密钥，密钥

(1) 密表加密密钥，它指的是：一个密表中的字母排列，或一种换位方法中的换位形式。参看 cipher(2)。

(2) 同 cryptographic key。

cipher machine　密码机

实现密码变换（加密变换/解密变换）的设备。

cipher strength　密码强度

又称密码性能，指一个密码体制（算法）抗密码分析攻击的能力。

现代密码体制（算法）的密码性能的衡量标准主要应有以下六个方面：密码周期、密钥量、随机性、线性不可预测性（线性复杂性）、相关免疫性和密码破译复杂性。对上述六条标准的测试是衡量一个密码算法强度的重要过程。

需要提醒的是：上述这些衡量标准只是衡量一个密码体制（算法）的密码性能是否符合要求的必要条件，而不是充分条件。也就是说，一个密码体制（算法）必须满足这些衡量标准的各项要求；但是，上述这些衡量标准都满足了，也不能证明一个密码体制（算法）就是不可破译的。

参看 amount of key，correlation-immunity，crypto-complexity，cryptographic period，cryptographic algorithm，cryptosystem，linear complexity，local randomness。

cipher synchronization　密码同步

为收发两端的密码设备提供一个共同的时间参考点，以确保它们能够正确进行加/解密。在线式数字保密通信设备中，密码同步是保证保密通信有效性和可靠性的必要条件之一。密码同步一般采用群同步方式。当代的密码同步过程一般分为两部分：一是同步码组的编/解码；二是消息密钥的编/解码。对一个具体密码算法而言，一旦其初始参数（主要是各类密钥）确定下来，就会产生相同的具有所期望（一般是相当大）周期 p 的密码序列 S^p。同步码组为收发两端的密码设备提供一个共同的时间参考点，消息密钥为实际用来进行加/解密的密码序列段 S^m（$m \ll p$，S^m 是 S^p 上的一个截断）提供一定数量的不同的起点，用以达到“一次一密”的效果。密码同步通常分为一次同步、多次同步和随机同步三种方式：通信一开始建立同步，以后不再进行同步过程，或是发现失步才重新建立同步，或是一次密码作业期间同步一次，这些都称作一次同步；定时进行同步过程，不管密码作业是否完成，就称作多次同步，那种定时间歇很短的多次同步又称作连续同步；至于那种从密文中提取特殊码组作为同步码组来进行群同步的，称作随机同步，另外还有为了改进随机同步，而提出的从 m 序列（即最长周期线性反馈移位寄存器序列）中提取同步码组的伪随机同步，也属随机同步。

参看 message key，m-sequence，one-time-pad。

cipher system　密表体制；密码体制，密码系统

（1）将密码编码应用于等长明文元素的一种密码体制。参看 cipher（2）。

（2）同 cryptographic system。

比较 code system。

ciphertext　密文；密表密文

（1）已被加密的信息。

（2）通过使用一个密码体制所产生的不可懂的文本或信号。

（3）用密表体制加密的结果称作密表密文。

参看 cipher (2),cipher system (1)。

比较 codetext,plaintext。

ciphertext auto-key cipher　密文自身密钥密码

使用起始密钥将一段明文加密之后,再把加密结果(密文)用作密钥来加密下一段明文,如此下去一直到把所有明文加密完,此种密码就是密文自身密钥密码。这种体制的缺点是把密钥给了窃听的密码分析者。

比较 autokey cipher。

ciphertext key autokey cipher　密文密钥自身密钥密码

将密文反馈到加密单元产生密码比特流的一种链接序列密码的技术。

比较 autokey cipher。

ciphertext only attack　唯密文攻击

密码分析攻击的一种类型:密码分析者只根据所能观察到的一些密文就试图推导出解密密钥或明文。凡是抗不住这种类型密码攻击的任意密码方案都是完全不保密的。

参看 cryptanalysis。

ciphertext searching　密文搜索

密码分析中的一种根据大量密文推出明文信息的技术。例如,浏览一个大数据库就能揭示出那些含有相同密文字块的记录,从而可以指出那些具有相同属性(如政治派别、工资收入、健康状况等)的人员。

参看 cryptanalysis。

ciphertext space　密文空间

用密钥空间中的所有可能密钥加密消息空间中的所有可能明文所产生的所有可能密文的总集合,即所有可能的密文组成密文空间。密文空间中的所有可能形式应当都是人们不可以直接理解的。

参看 cryptanalysis,key space,message space。

ciphertext-stealing mode　密文挪用方式

分组密码链接中用以避免消息扩展的一种工作方式。如果明文消息的长度不是分组长度的整数倍,则从倒数第二个密文字块中挪用一些比特数据和最后那个不足一个分组的明文字块相加。假如分组长度是 n 而最后一个明文字块只有 j($j<n$)比特,则将倒数第二个密文字块中的前面 j 比特挪用过来和最后一个明文字块的那 j 比特明文进行模 2 加,然后将之作为最后一个密文字块输出。不过解密时,需要先将倒数第二个密文字块解密,然后再将最后一个密文字块解密。这样做就可确保密文消息的长度和明文消息一样。但

是，这样的做法，对最后 j 比特明文字块只是一些辅助性信息的还可以，如果那最后 j 比特明文字块也是重要信息，显然保密强度不够。

图 C.22 所示的也是一种方法。在对最后一个完整分组 P_{n-1} 加密之后，再将其加密一次，然后选择密文的最左边 j 比特和不完整分组（短分组）P_n 进行异或运算。这种方法的不足之处是当窃听者不能恢复最后明文分组时，他可以通过修改密文的一些个别比特有系统地改变它们。因此，这样的做法，也是对最后 j 比特明文字块只是一些辅助性信息的还可以，如果那最后 j 比特明文字块也是重要信息，显然保密强度不够。

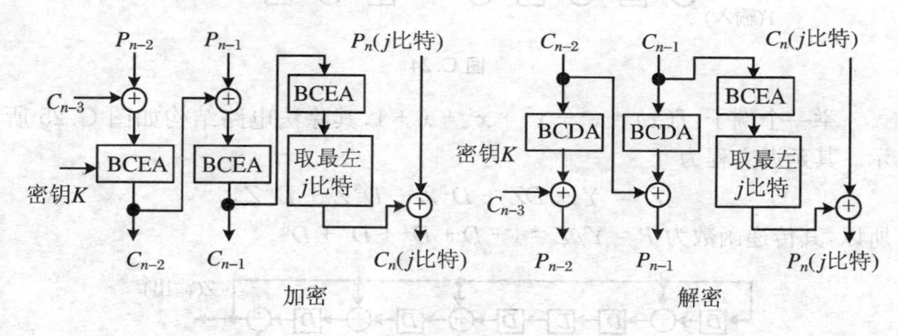

图 C.22

图 C.23 所示的密文挪用是一个很好的方法。

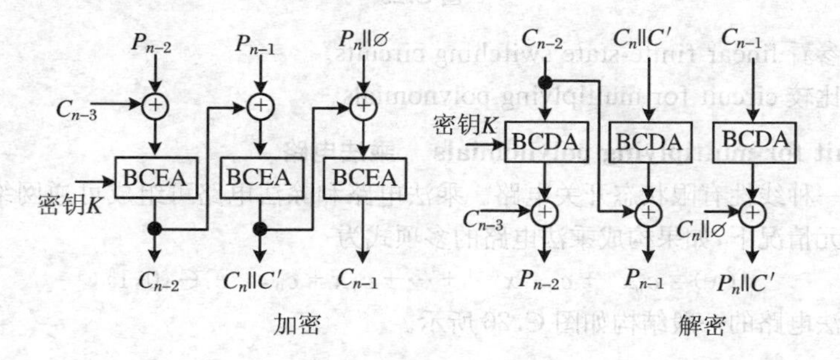

图 C.23

将最后一个完整的明文分组 P_{n-1} 加密之后，作如下处理：① 把 P_{n-1} 加密后的密文的最左 j 比特作为 C_n 输出；② 把 P_{n-1} 加密后的密文和 $P_n \| \varnothing$（$\varnothing$ 表示填充 $n-j$ 个 0）进行模 2 加后，再去进行加密，而将加密结果作为 C_{n-1} 输出。其中，C' 是一个中间结果而不是密文的一部分。该方法的优点是所有明文消息位都用加密算法处理过。

参看 cipher block chaining (CBC)。

circuit for dividing polynomials　除法电路

一种线性有限状态的开关电路。除法电路和乘法电路可组成可逆网络对。在二元情况下，如果构成除法电路的多项式为

$$f(x)=c_nx^n+c_{n-1}x^{n-1}+\cdots+c_1x+c_0,\quad c_i\in\{0,1\},$$

则除法电路的一般结构如图 C.24 所示。

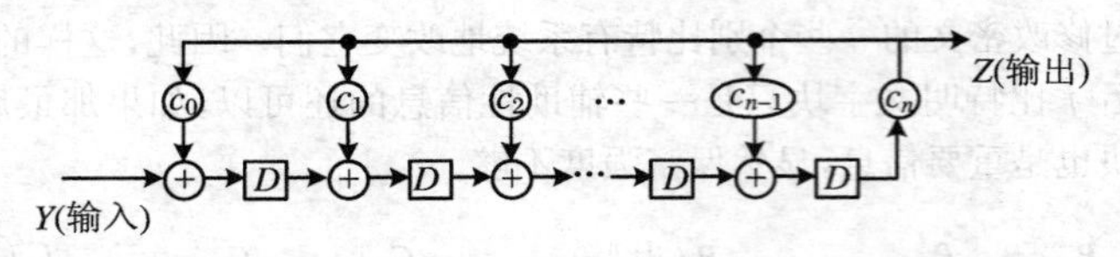

图 C.24

举一个例子：$f(x)=x^6+x^5+x^4+x+1$，其除法电路结构如图 C.25 所示。其延迟方程为

$$Z=Y+DZ+D^2Z+D^5Z+D^6Z,$$

所以，其传递函数为 $P=Y/Z=1+D+D^2+D^5+D^6$。

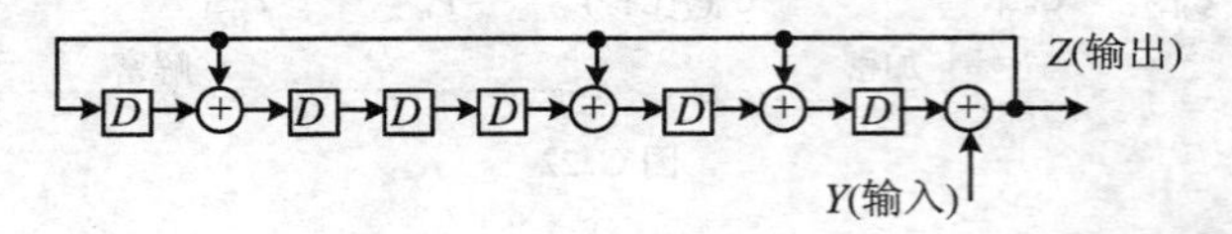

图 C.25

参看 linear finite-state switching circuits。

比较 circuit for multiplying polynomials。

circuit for multiplying polynomials　乘法电路

一种线性有限状态开关电路。乘法电路和除法电路可组成可逆网络对。在二元情况下，如果构成乘法电路的多项式为

$$f(x)=c_nx^n+c_{n-1}x^{n-1}+\cdots+c_1x+c_0,\quad c_i\in\{0,1\},$$

则乘法电路的一般结构如图 C.26 所示。

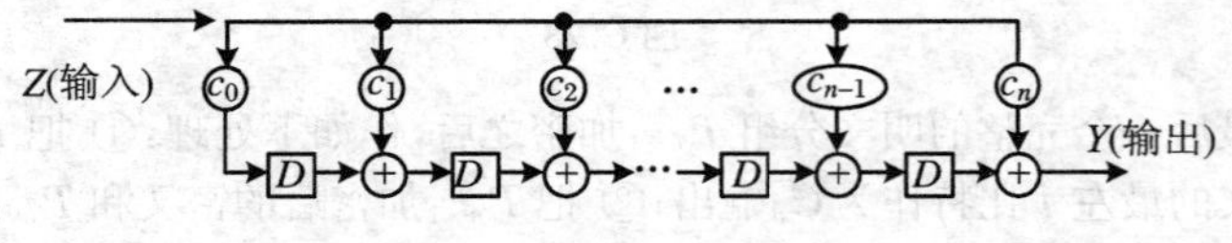

图 C.26

举一个例子：$f(x)=x^6+x^5+x^4+x+1$，其乘法电路结构如图 C.27 所示。其延迟方程为

$$Y=Z+DZ+D^2Z+D^5Z+D^6Z,$$

所以,其传递函数为 $P=Z/Y=1/(1+D+D^2+D^5+D^6)$。

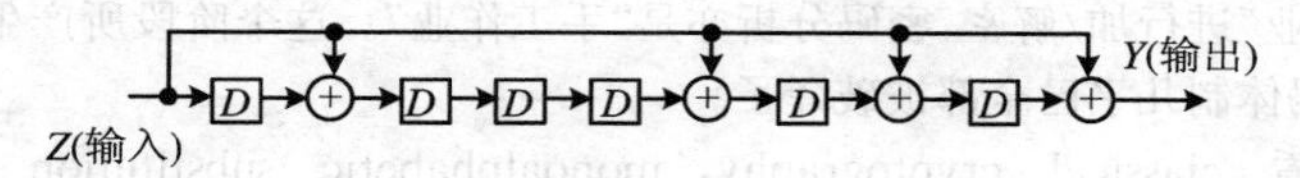

图 C.27

参看 linear finite-state switching circuits。

比较 circuit for dividing polynomials。

claimant 申请者

身份识别中,声称其身份并待验证者进行验证的实体。

参看 identification。

class BPP problem BPP 类问题

有界错误概率多项式时间问题类。对这类判定问题,存在一个在(最坏情况)多项式时间内运行的具有双侧错误的随机化算法。

所谓"双侧错误"是指:令 A 是判定问题 L 的一个随机化算法,I 是判定问题 L 的任意一个实例。如果概率 P(A 输出"是"|I 的答案为"是")$\geqslant 2/3$ 且 P(A 输出"是"|I 的答案为"否")$\leqslant 1/3$,则称算法 A 具有双侧错误。

参看 expected running time,randomized algorithm。

class co-NP problem co-NP 类问题

解 NP 类的判定问题,若答案为"否",可以在多项式时间内找到一个简单的证明;如果答案为"是",那就必须列出所有可能的情况来证明其答案为"是"。

参看 computational problems。

classical cipher 古典密码,经典密码

密码学发展历史第一个阶段中产生的密码。古典密码技术主要是简单代替、简单换位以及它们的变种。

参看 classical cryptography,classical cryptosystem。

classical cryptography 古典密码学,传统密码学

密码学发展历史中的第一个历史阶段。第一个阶段是从古代到 19 世纪末,长达数千年。这个时期由于生产力低下,产生的许多密码体制都是可用纸笔或者简单的器械实现加/解密的。

参看 classical cryptosystem。

classical cryptosystem 古典密码体制,传统密码体制

把密码学发展第一个历史阶段产生出的密码体制称为古典密码体制。古典密码体制主要有两大类：一类是单表代替体制，另一类是多表代替体制；用"手工作业"进行加/解密，密码分析亦是"手工作业"。这个阶段所产生出来的所有密码体制几乎已全部被破译了。

参看 classical cryptography，monoalphabetic substitution cipher，polyalphabetic substitution cipher。

classical modular multiplication　经典模乘法

一种常用的、最直截了当的模乘法。

经典模乘法

输入：两个正整数 x，y 和一个模数 m，并且它们都是以基 b 表示。

输出：$x \cdot y \pmod{m}$。

MM1　计算 $x \cdot y$。

MM2　计算 $x \cdot y$ 被 m 除时的余数 r。

MM3　返回 r。

参看 base b representation。

classical occupancy problem　经典占有问题

在数学中有关计算下述概率的问题：

一个瓮中有 m 个球，分别编号 $1,2,\cdots,m$。假定从这个瓮中取出 n 个球，每次取出一个，记下编号，并放回瓮中。恰好 t 个不同的球被取出的概率是

$$P_1(m,n,t)=\left\{\begin{matrix} n \\ t \end{matrix}\right\}\frac{m^{(t)}}{m^n}\quad(1\leqslant t\leqslant n)。$$

其中

$$\left\{\begin{matrix} n \\ t \end{matrix}\right\}=\frac{1}{t!}\sum_{k=0}^{t}(-1)^{t-k}\binom{t}{k}k^n\quad（第二类斯特林数），$$

$$m^{(t)}=m(m-1)(m-2)\cdots(m-t+1)。$$

上述问题就是经典占有问题，而生日问题是经典占有问题的一个特殊情况。

class NP problem　NP 类问题

目前解法的难易程度还不确定的问题类。这类问题，目前还仅有指数式时间算法，但是还不能证明无多项式时间算法存在。这是对决定性机器而言的。如果用非决定性机器来解这类问题（即每一操作的结果及其下面应执行的指令不是唯一确定的），结果也会在多项式时间内解这类问题。我们称这类问题为 NP 类问题（字母"NP"表示"非决定性多项式"）。对 NP 类的判定问题，人们只能用猜测的方法来解。若答案为"是"，可以在多项式时间内找到一

个简单的证明;如果答案为“否”,那就必须列出所有可能的情况来证明其答案为“否”,这当然是个无效的算法。

参看 computational problems。

class P problem P 类问题

多项式时间内可解的问题类。如果一个算法的执行时间(或空间)$f(n)$为问题大小 n 的多项式函数,则认为这种算法是有效的,或称这个问题是易处理的。

参看 computational problems。

class RP problem RP 类问题

随机多项式时间问题类。对这类判定问题,存在一个在(最坏情况)多项式时间内运行的具有单侧错误的随机化算法。

所谓“单侧错误”是指:令 A 是判定问题 L 的一个随机化算法,I 是判定问题 L 的任意一个实例。如果概率 P(A 输出“是”|I 的答案为“是”)$\geqslant 1/2$ 且 P(A 输出“是”|I 的答案为“否”)= 0,则称算法 A 具有单侧错误。

参看 expected running time,randomized algorithm。

class ZPP problem ZPP 类问题

0 侧错误概率多项式时间问题类。对这类判定问题,存在一个在期望多项式时间内运行的具有 0 侧错误的随机化算法。

所谓“0 侧错误”是指:令 A 是判定问题 L 的一个随机化算法,I 是判定问题 L 的任意一个实例。如果概率 P(A 输出“是”|I 的答案为“是”)= 1 且 P(A 输出“是”|I 的答案为“否”)= 0,则称算法 A 具有 0 侧错误。

参看 expected running time,randomized algorithm。

Claude Elwood Shannon 克劳德・埃尔伍德・香农(1916~2001)

美国人,1948 年发表《通信的数学理论》(*A Mathematical Theory of Communication*),奠定了信息论;1949 年发表《保密体制的通信理论》(*Communication Theory of Secrecy Systems*),用信息论解释密码学。

提出评价保密体制的五条准则。

香农对密码学的巨大贡献在于指出:多余度为密码分析奠定了基础。

参看 cryptanalysis,redundancy,Shannon's five criteria,Shannon's general secrecy system。

claw-free 无爪

同 claw-resistant。

claw-free permutation pairs 无爪置换对

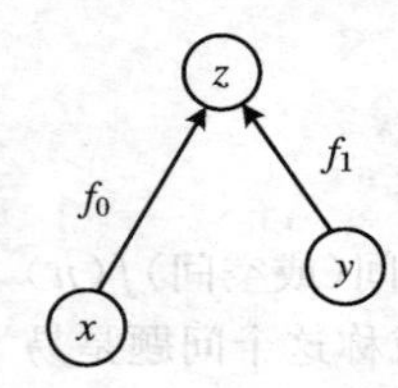

图 C.28

形式上,在一个共用定义域上存在置换 f_0 和 f_1,对于它们求出一个三元组(x,y,z)使得 $f_0(x)=f_1(y)=z$(一个"爪"或者"f-爪",图 C.28)是计算上不可行的。

定义 如果对于某个 k 和一个无爪置换对生成元 G,有$(d,f_0,f_0^{-1},f_1,f_1^{-1})\in[G(1^k)]$,则称 $f=(d,f_0,f_1)$ 是一个无爪置换对。在这种情况下,f^{-1} 将表示置换对(f_0^{-1},f_1^{-1})。

参看 claw-free permutation pair generator, computationally infeasible, permutation, trapdoor permutations。

claw-free permutation pair generator 无爪置换对生成元

令 G 是 RA(RA 表示概率多项式时间算法集合)中的一个算法:输入 1^k,输出算法的一个有序五元组$(d,f_0,f_0^{-1},f_1,f_1^{-1})$。如果存在一个多项式 p,使得:

① 算法 d 总是在 $p(k)$ 步内停止,并定义有限集合 $D=[d()]$($D=[d()]$ 表示陷门置换 f 及其逆 f^{-1} 的定义域)上的一个均匀概率分布;

② 对于任意输入 $x\in D$,算法 f_0,f_0^{-1},f_1 和 f_1^{-1} 总是在 $p(k)$ 步内停止(对于不在 D 中的输入 x,这些算法或是永远循环,或是停止并打印一个错误消息:输入不在必要的定义域中。),此外,函数 $x\mapsto f_0(x)$ 和 $x\mapsto f_0^{-1}(x)$ 是 D 的互逆置换,而 $x\mapsto f_1(x)$ 和 $x\mapsto f_1^{-1}(x)$ 也是 D 的互逆置换;

③ 对于所有(做成爪的)算法 $I(\cdot,\cdot,\cdot,\cdot)\in RA$,以及所有 c 和充分大的 k,都有

$$P(f_0(x)=f_1(y)=z\,|\,(d,f_0,f_0^{-1},f_1,f_1^{-1})\leftarrow G(1^k);$$
$$(x,y,z)\leftarrow I(1^k,d,f_0,f_1))<k^{-c},$$

则称 G 是一个无爪置换对生成元。

参看 claw-free permutation pairs, probabilistic space arising from probabilistic algorithms, trapdoor permutations。

claw-resistant 无爪

此术语源于一个函数映射的图表示,这种函数映射说明在不同的函数 $f^{(i)}$ 和 $f^{(j)}$ 作用下把两个不同定义域的元素映射成相同值域的元素:$z=f^{(i)}(x)=f^{(j)}(y)$,其轨迹为一个爪。

令 $g_i:X\to X(i=0,1)$ 是定义在一个有限集合 X 上的两个置换。如果求出 $x,y\in X$,使得 $g_0(x)=g_1(y)$ 是计算上不可行的,则称 g_0 和 g_1 是一无爪置换对。元素取自 X 的、具有 $g_0(x)=g_1(y)=z$ 的三元组(x,y,z)称为一个爪。

参看 function,functional graph,computationally infeasible,permutation。

cleartext 明文;明报

没有加密就发出的报文叫作明报,或明发(in clear),或以明语发报(in plain language)。

同 plaintext。

Clipper chip CLIPPER 芯片

CLIPPER 芯片(也叫 MYK-78T)是一种由美国国家安全局(NSA)设计的、依照美国政府联邦信息处理标准 FIPS 185 的、防窜改硬件加密设备,准备用于对敏感的但非密的电话(话音和数据)通信进行加密。它是美国政府实现托管加密标准(EES)的两种芯片之一。芯片由 VLSI 公司制造,由 Mykotronx 公司对芯片进行程序设计。最初,CLIPPER 用于 AT&T 3600 型电话安全设备中。FIPS 185 指定使用 SKIPJACK 加密算法及法律强制访问字段(LEAF)的形成方法,这个算法是由 NSA 设计的秘密密钥加密算法,仅用 OFB 方式。

CLIPPER 芯片及整个 EES 最具争议的是密钥托管协议。每个芯片有一个特定的密钥,对于消息不是必需的。它用于加密每个用户消息密钥的副本。在同步处理过程中,发送方 CLIPPER 芯片产生和发送一个法律强制的访问字段(LEAF)给接收方 CLIPPER 芯片。LEAF 包含了一个用特殊密钥(称为设备密钥)加密当前会话密钥的拷贝。这允许政府窃听者恢复会话密钥,然后用会话密钥恢复出会话的明文信息。

参看 escrowed encryption standard (EES),SKIPJACK block cipher。

比较 capstone chip。

Clipper key escrow CLIPPER 密钥托管

CLIPPER 密钥托管系统包括 CLIPPER 芯片(或类似的防窜改硬件设备,一般称之为托管芯片)的使用以及一些管理程序和控制。基本想法是把两个密钥组成部分(这两个组成部分联合起来才能确定一个加密密钥)存放在两个可信第三方(托管代理)处,允许它们以后在适当的授权之下可以恢复已加密的用户数据。

更准确地说,两个用户之间的远程通信加密如下进行。每个用户都有一个和密钥托管芯片组合在一起的电话,两用户协商或者用其他方法建立一个会话密钥 K_s,K_s 是加密数据的那个用户的托管芯片的输入。托管芯片用一种秘密的方法建立一个称作法律强制性访问字段(LEAF)的数据块,它是 K_s 和初始向量(IV)的函数。在通信会话的呼叫建立期间把 LEAF 和 IV 传输到远端。近端托管芯片则在 K_s 作用下加密用户数据,即用美国政府的保密对称算法 SKIPJACK 产生 $E_{K_s}(D)$。仅当所传输的 LEAF 真正合法有效时远端托管芯片才解密通信流。这样的验证要求远端芯片访问和近端芯片共用的一个族密钥 K_f。

LEAF 含有会话密钥 K_s在设备专用密钥 K_u作用下加密的一个拷贝。在芯片制造时并在芯片被嵌入安全产品之前，就生成 K_u并将数据注入芯片中。通过提供在密钥托管系统定义的适当授权（这由密钥托管系统定义）情况之下第三方访问目标个体的设备密钥 K_u，系统就可达到目的。

为了用身份识别号（UID）推导出嵌入在一个托管芯片中的密钥 K_u，建立两个密钥分量 K_{C1}和 K_{C2}，$K_{C1} \oplus K_{C2} = K_u$。其中每一个分量都在密钥 K_{CK}作用下被加密，$K_{CK} = K_{N1} \oplus K_{N2}$，其中，$K_{N1}$是由第一个可信密钥托管代理输入到芯片编程设备中的，而 K_{N2}是由第二个可信密钥托管代理输入到芯片编程设备中的。（用于编程一些芯片，由托管代理存储 K_{N1}和 K_{N2}，以供以后恢复 K_{CK}。）给每一个托管代理一个加密的密钥分量，每一个托管代理都把它和 UID 一起存储，以备后面的请求服务使用。取自两个代理的存储数据，以后必须通过授权官员获得，才能允许恢复 K_u（首先恢复 K_{CK}，然后恢复 K_{C1}和 K_{C2}，$K_u = K_{C1} \oplus K_{C2}$）。

图 C.29 揭示出了 LEAF 的详情。每一个托管芯片都含有一个 32 比特的设备唯一识别号（UID）、一个 80 比特的设备唯一密钥（K_u），以及一大群用户共用的一个 80 比特的族密钥（K_f）。LEAF 含有 80 比特会话密钥 K_s在 K_u作用下加密的一个拷贝，以及用未泄露的方法建立的一个 16 比特加密鉴别码（EA）；然后把这些在 K_f作用下加密。这样，根据 LEAF 恢复 K_s就需要 K_f和 K_u。加密鉴别码是一个校验和，它被设计来检测 LEAF 窜改（例如，敌人企图阻止授权恢复 K_s从而恢复 D）。

参看 Clipper chip，escrowed encryption standard（EES），key escrow system。

clock controlled generator　时钟受控的发生器，钟控发生器

在基于线性反馈移位寄存器（LFSR）的密钥流发生器中引入非线性的一种方法：使一个 LFSR 的输出去控制另一个 LFSR 的驱动时钟。应用于 LFSR 的钟控技术可分成两大类，一类是前馈钟控：用一个 LFSR 的输出去控制另一个 LFSR 的驱动时钟。另一类是反馈钟控：用一个 LFSR 的输出去控制这个 LFSR 自己的驱动时钟。前馈钟控发生器有停走式发生器、交错停走式发生器、双侧停走式发生器和级联式发生器等；反馈钟控发生器有自采样发生器等。

参看 alternating stop-and-go generator，bilateral stop-and-go generator，cascade generator，linear feedback shift register（LFSR），pseudorandom bit generator，self-decimation generator，stop-and-go generator。

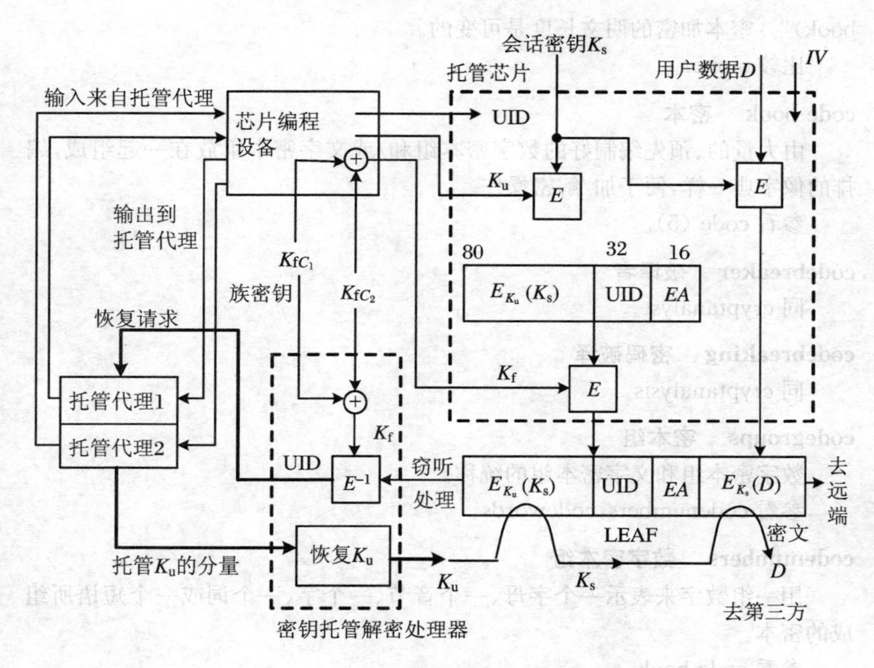

图 C.29

clock pulse for driving feedback shift register　驱动反馈移位寄存器的时钟脉冲

时钟脉冲是由时钟发生器产生的、具有一定频率的、周期性同步脉冲信号。

反馈移位寄存器除了应具有一个输入和一个输出之外，还需要一个驱动时钟来控制数据的移动。

参看 feedback shift register。

code　码，代码，编码；密本

(1) 表示数据的符号，便于对数据的自动化处理。

(2) 在计算中，是程序的指令或语句，或者是生成指令或语句的作用。

(3) 在数据通信中，是用于把字母数字信息转换成适于通信传输形式的一组符号。

(4) 概述表示数据的方法的一组规则。

(5) 在密码编码学中，是一种编码规则保密的编码方法(加密技术)：它用一组数字或文字来表示一个字母、一个音节、一个字、一个词或一个短语。大量的、预先编制好的数字组和/或文字组放在一起就组成了“密本(code

book)”。密本加密的明文长度是可变的。

比较 cipher。

code book　密本

由大量的、预先编制好的数字密本组和/或文字密本组放在一起组成，编排的像字典一样，便于加/解密操作。

参看 code (5)。

codebreaker　破译者

同 cryptanalyst。

codebreaking　密码破译

同 cryptanalysis。

codegroups　密本组

数字密本组和文字密本组的统称。

参看 codenumbers，codewords。

codenumbers　数字密本组

用一组数字来表示一个字母、一个音节、一个字、一个词或一个短语所组成的密本。

参看 code book。

code system　代码系统；密本体制

(1) 从最广意义上来说，是把信息转换成适于通信或加密形式的方法，例如编码语言、莫尔斯代码、电传打字电报代码等。

(2) 在计算机中，将符号组用于表示长度各不相同的明文单元的任意通信系统。

(3) 在密码编码学中，是一种密码体制：以毫无意义的组合方式形成的密本组(由数字密本组和/或文字密本组组成)被用来代替明文单元(词、短语或句子)。

比较 cipher system。

codetext　密本密文

用密本体制加密的结果称作密本密文。

参看 code system (3)。

比较 ciphertext (3)。

codewords　文字密本组

用一组文字来表示一个字母、一个音节、一个字、一个词或一个短语所组成的密本。

参看 code book。

codomain of a function　函数的上域

从集合 X 到集合 Y 的一个函数 $f: X \to Y$。集合 X 称为这个函数的定义域，而 Y 称为这个函数的上域。

参看 function。

coincidence　重合

对于由 n 个字母组成的一种字母表而言，从中随机选取两个字母，如果这两个字母相同，则称这两个字母"重合"。

参看 alphabet of definition。

collision　碰撞，冲突

散列函数将任意长度的二进制串映射成某个固定长度（比如说 n 比特长）的二进制串。也就是说，散列函数 h 的定义域 X 的势比其值域 R 要大，$|X| > |R|$，因此，函数 $h: X \to Y$ 是"多到一"的映射，这就意味着存在碰撞是不可避免的。如果 h 是随机的，即 h 的所有输出都是等可能的，那么，两个随机选择的输入得到相同输出（即发生碰撞）的概率应是 2^{-n}。

参看 hash function。

collision attack　碰撞攻击

同 collision（fixed *IV*）attack。

collision（fixed *IV*）attack　碰撞（固定 *IV*）攻击

令 $y = h(IV, x)$ 表示一个散列函数，其中，IV 为初始链接值，x 为输入，y 为散列值。对于预先指定的一个初始链接值 $IV = V_0$，攻击者寻找两个输入 x 和 x'，$x \neq x'$，使得 $h(V_0, x) = h(V_0, x')$。

对于一个 n 比特散列函数 $y = h(IV, x)$ 而言，如果碰撞攻击的复杂度低于 $2^{n/2}$，则认为这个散列函数存在缺陷。

参看 hash function，ideal security of unkeyed hash function，initial chaining value。

collision（random *IV*）attack　碰撞（随机 *IV*）攻击

令 $y = h(IV, x)$ 表示一个散列函数，其中 IV 为初始链接值，x 为输入，y 为散列值。随机选择一个初始链接值 $IV = V$，攻击者寻找两个输入 x 和 x'，$x \neq x'$，使得 $h(V, x) = h(V, x')$。

对于一个 n 比特散列函数 $y = h(IV, x)$ 而言，如果碰撞攻击的复杂度低于 $2^{n/2}$ 的话，则认为这个散列函数存在缺陷。

如果允许自由选择 IV，那么，通过删除目标消息领先的几个分组，就可以找到平凡伪碰撞。例如,对迭代散列函数($H_0 = IV; H_i = f(H_{i-1}, M_i), 1 \leqslant i \leqslant t$),有 $h(IV, x_1 x_2) = f(f(IV, x_1), x_2)$。因此,对于 $IV' = f(IV, x_1)$,$h(IV', x_2) = h(IV, x_1 x_2)$产生 h 的一个伪碰撞,它与 f 的强度无关。(MD 增强算法消除了这一点。)

参看 hash function, ideal security of unkeyed hash function, initial chaining value, iterated hash function, MD-strengthening。

collision resistance　碰撞阻

对于一个散列函数 h 来说,寻找两个散列到相同输出的任意两个不同输入 x 和x'是计算上不可行的,也就是说,寻找任意两个输入 x 和 $x' \neq x$,使得 $h(x) = h(x')$是计算上不可行的。(注:以往称此特性为散列函数的强无碰撞性(strongly collision-free)。)

对 n 比特无密钥散列函数而言,理想安全性为寻找一个碰撞需要大约 $2^{n/2}$次的运算。

参看 hash function, ideal security of unkeyed hash function。

collision resistant hash function (CRHF)　碰撞阻散列函数

具有第二原像阻和碰撞阻这两个附加特性的散列函数。

参看 hash function, second (2nd)-preimage resistance, collision resistance。

combining cipher　组合密码

将两个或两个以上的密码体制用各种方法组合起来构成一个新的密码体制。假定有两个密码体制 S_1和 S_2,组合方法有如下两种:

第一种称作"加权和"——$S = pS_1 + qS_2$。其中,采用 S_1的概率为 p,采用 S_2的概率为 q,且 $p + q = 1$。这种方法首先得进行选择,即以概率 p 和q 来决定是采用 S_1还是采用 S_2。当然,这种选择是 S 的密钥的一部分。

第二种称作"乘积"——$S = S_1 S_2$。

参看 cryptographic system, product cipher。

combining function　组合函数

非线性组合技术中使用的函数。它把几个 LFSR 的输出作为输入变量,而其输出作为密钥流。一般要求组合函数是非线性函数,具有较大的非线性次数和较高的相关免疫度。

参看 nonlinear combining function, nonlinear combination, nonlinear combiner generator, nonlinear order。

combining function with memory　有记忆组合函数

输出既依赖于当前的输入变量又与先前的输出有关的组合函数。

参看 combining function。

比较 combining function without memory。

combining function without memory　无记忆组合函数

输出只依赖于当前的输入变量而与时间无关的组合函数。

参看 combining function。

比较 combining function with memory。

common cryptographic architecture　公用密码体系结构

为 IBM 系统研制的密码体系结构。

参看 control vector。

common modulus attack on RSA　对 RSA 的共用模数攻击

每个用户都应选择其自己的 RSA 模数 n，多个用户不能共用一个模数 n。有时候人们建议一个中央可信机构应当选择一单个 RSA 模数 n，然后把不同的加密/解密指数对(e_i, d_i)分配给网上的每个用户。然而，任意(e_i, d_i)对的知识都能使因子分解模数 n 成为可能，因此，任意用户都能够确定网上所有其他用户的解密指数。同样，如果一单个消息被加密并发送给网上的两个或多个用户，那么就有一种技术，搭线窃听者(不在网上的任意实体)使用这种技术就能以很高的概率恢复那个消息，而且只需要使用公开的可利用的信息。

参看 RSA public-key encryption scheme。

communicating pair　通话对

密钥管理中预先同意交换数据的逻辑用户。而一个用户和密钥管理中心交换密码勤务报不构成通话对。

参看 key management，key management center。

communications security (COMSEC)　通信安全，通信保密

为确保通信的可靠性以及防止未经许可的人获取通信信息，而采取一些保护措施，这样的保护就是通信安全(保密)。通信安全(保密)包括资料和信息的密码安全(保密)、传输安全、发射安全以及物理安全。

参看 cryptography。

commutative group　交换群

对于群$(G, *)$中的任意两个元素 a, b，都有 $a * b = b * a$，则称 G 是交换群，又称阿贝尔群。

参看 group。

commutative ring　交换环

如果一个环$(R,+,\times)$对所有$a,b\in R$,都有$a\times b=b\times a$,则称R是一个交换环。

参看 ring。

complement　补,补数

(1) 在二进制算术运算中,把一个二进制数字从0变成1或从1变成0。同 NOT operation。

(2) 数学中从一个指定数中减去已知数得出的一个数。

complementation property of DES　DES 的互补性

如果用E来表示DES算法,并令输入x的位方式取补得$\bar{x}$,则$y=E_K(x)$意味着$\bar{y}=E_{\bar{K}}(\bar{x})$。这就是说,把密钥$K$和明文$x$都按位方式取补,结果得出的密文也是位方式取补。

参看 bitwise complement,DES block cipher。

complete function　完备函数

如果一种函数的每个输出位都依赖于其每个输入位,则称此函数是完备的。实际上完备性是指函数的每个输入变量都对其输出变量有影响,也就是说,在函数的最简表达式中,所有输入变量都必须出现。

参看 function。

complete inner product space　完备的内积空间

给定一个序列$f_1,f_2,\cdots,f_n,\cdots$,如果对任意小正数$\varepsilon>0$,总可以找到一个正整数$N$,使得对任意两个整数$n\geqslant N$和$m\geqslant N$,都有$\|f_n-f_m\|<\varepsilon$,则称这个序列为柯西(Cauchy)序列。根据柯西收敛准则,柯西序列一定有极限存在。

如果以内积空间中的矢量为元素的任意柯西序列的极限也都在此内积空间中,则称这个内积空间是完备的。

参看 unitary space。

completeness of language　语言的完全性,语言的完备性

假定有某语言类S,有某语言L_0。我们称L_0是S-完全的,如果下面两个条件满足:

① $L_0\in S$;

② 对于S中的任何语言L,L都可以P归约为语言L_0。

参看 language,polytime reduction。

completeness of cryptographic transformation　密码变换的完备性,密码变换的完全性

对于每一对比特位⟨i,j⟩,必定存在至少两个仅仅在第 i 位不同的输入字块,而它们的输出字块至少在第 j 位不同。更简单一些来说,一种密码变换的完备性指的是:该密码变换的每一输出位必须依赖于所有输入位。

参看 strict avalanche criterion (SAC)。

completeness for interactive proof system　交互式证明系统的完备性

如果在已知一个诚实证明者和一个诚实验证者的情况下,协议以优势概率成功(即验证者接受证明者的主张),则称这个交互式证明(协议)是完备的。优势的定义依赖于应用,但一般是指失败的概率不具有实际意义。

参看 interactive proof system。

complexity　复杂度,复杂性

在数学上,是与用完成计算所要求的资源来度量计算问题的难度有关系的。复杂性是一个活跃的研究领域,在密码学领域亦有广泛的应用。

complexity classes　复杂性类

按照解计算问题所需要的资源将计算问题进行分类。度量的资源典型地是时间,有时候用空间。对决定性算法,可分成 P 类、NP 类和 co-NP 类;对随机化算法,可分成 ZPP 类、RP 类和 BPP 类。这些复杂性类之间有如下关系:P⊆ZPP⊆RP⊆BPP 且 RP⊆NP。

参看 complexity theory, computational problems, deterministic algorithm, randomized algorithm, class P problem, class NP problem, class co-NP problem, class ZPP problem, class RP problem, class BPP problem。

complexity measure　复杂性度量

衡量一个算法效率和质量的方法。复杂性度量可以分为两类:一类是静态的(与输入数据的大小及特征无关);一类是动态的(依赖于输入数据)。

复杂性度量使用“大 O 记号”。

参看 big-O notation, dynamic complexity measure, static complexity measure。

complexity of attacks on a block cipher　攻击分组密码的复杂度

实用分组密码的保密性的最好的可用度量就是当前最好的已知攻击的复杂度。这种复杂度在不同情况下可分别称作数据复杂度、存储复杂度、进程复杂度。攻击复杂度就是它们中的主要者(例如,对 DES 分组密码的线性攻击主要是数据复杂度)。

参看 data complexity, DES block cipher, processing complexity, storage complexity。

complexity of cryptographic mapping　密码映射的复杂性

密码算法的复杂性。密码映射是要用逻辑电路(硬件)或计算机指令代码(软件)来实现的,因此,密码算法的复杂性既影响开发的实现代价又影响固定资源(硬件门计数或软件代码/数据规模)的实现代价,还影响固定资源的实时性能(吞吐量)。有的密码特别便于硬件实现,而有的密码特别便于软件实现。

参看 algorithm complexity,throughput。

complexity-theoretic analysis　复杂性理论分析

密码协议分析的常用方法之一。定义一种适当的计算模式,并假定对手具有多项式计算能力,即对手发动的攻击是适当安全性参数大小的多项式时间和空间。然后构造和这种模式有关的一种安全性证明。典型地假设存在具有指定特性的基础密码基元。目标就是设计一种要求最少密码基元或者最弱假设的密码协议。使用渐近分析,必须特别小心,以便确定什么时候的证明具有实际意义。可是,可行的多项式攻击在这种模式下,实际上仍然可能是计算上不可行的。渐近分析对实际中的具体问题是受限制的,因具体问题的规模都是有限的。不管这些问题,复杂性理论分析对于系统说明基本原理及进一步证实直觉知识是非常有价值的。

参看 asymptotic running time, complexity-theoretic security, cryptographic primitive。

complexity-theoretic security　复杂性理论安全性,复杂性理论保密性

评价密码基元和协议的安全性的一种模式。定义一种适当的计算模式,并假定对手具有多项式计算能力,即对手发动的攻击是适当安全性参数大小的多项式时间和空间。然后构造和这种模式有关的一种安全性证明。一个目标就是设计一种基于能够预料一个强有力对手的最弱假设的密码方法。使用渐近分析和最坏情况分析,必须特别小心,以便确定什么时候的证明具有实际意义。可是,可行的多项式攻击在这种模式下,实际上仍然可能是计算上不可行的。

这种类型的安全性分析不具有所有情况下的实际价值,尽管如此,也可以为较好地、全面地理解安全性铺平道路。复杂性理论分析对于系统说明基本原理和进一步证实直觉知识是非常有价值的。

参看 security evaluation。

complexity theory　复杂性理论

复杂性理论的主要目的是,为按照解计算问题所需要的资源来将计算问题进行分类提供一种机制,这种分类应当不依赖特殊的计算模型,而应当度量问题的固有难度。度量的资源可以包括时间、存储空间、随机比特、处理器数量等等,但典型的是时间,有时候是空间。

对某个问题或某类问题研究其复杂性的目的,一方面是要设计出一种复杂性较小的求解方法,另一方面是要研究能否提高求解该问题的速度。前者是复杂性的上界问题,而后者正是复杂性的下界问题。求某个问题的复杂性的上界,只要研究一个解法的复杂性就可以了,而求同一个问题的下界,就必须考察所有的解法,因而,求下界不是一件易事。常见的办法是对问题加以某些限制,在一定的范围内进行理论上的证明。如果已知某个问题的复杂性的上界,那就是知道了目前求解该问题的最好算法的时空耗费量。比如矩阵乘法的复杂性上界是 $n^{2.52}$,这就是说,矩阵乘法目前的最好算法只需 $n^{2.52}$ 次算术运算就可以求得两个 $n \times n$ 矩阵的积了。能否对此上界再进行改进呢?这是人们所关心的问题。如果能,那我们就可找到所需时空耗费量更少的算法。时空耗费量尽可能少是我们所期望的,这就是我们使复杂性上界尽可能好的意义之所在。

复杂性下界的存在能回答解该问题的目前最好算法"能否改进"以及"能改进多少"这两个问题。比如矩阵乘法的复杂性下界是 n^2。若设矩阵乘法的复杂性为 $M(n)$,则有如下关系式:$n^2 \leqslant M(n) \leqslant n^{2.52}$。由此关系式可看出,目前进行两个 $n \times n$ 矩阵乘法的最好算法是能够改进的(据说,V. Pan 又将之改进到 $n^{2.49}$),但是无论怎样改进,指数也不会小于 2。

从复杂性下界的情况也可看出某问题能否求解,以及能否实际计算。比如说,如果某问题的复杂性下界是无穷大,那么该问题一般说来是不能用机器求解的;如果我们已知某问题的复杂性下界为 $n!$,则对于大的 n,该问题实际上是计算上不可行的,并且无论怎样动脑筋去改进以往的方法(只要不改变问题)也找不到好的算法。

复杂性理论的主要任务是:鉴别一个问题是容易处理的还是难以处理的。如果一个算法的执行时间(或空间)$f(n)$为问题大小 n 的多项式函数,则认为这种算法是有效的、"好"的,或称这个问题是容易处理的。反之,如果一个算法的执行时间(或空间)$f(n)$为问题大小 n 的指数式函数,则认为这种算法是无效的、"坏"的,或称这个问题是难以处理的。

参看 computational problems。

compliant key establishment　柔性的密钥编制协议

同 operational key establishment。

composite integer　复合整数

设有一个正整数 $n \geqslant 2$,如果其正整数因子除了 1 和 n 之外,还有其他正整数因子,则称 n 为复合整数。

参看 integer。

比较 prime number。

composite modulus 复合模数

模算术运算中的模数 m 是一个复合数。

参看 composite integer，modular arithmetic。

composition of functions 函数的合成

令 X，Y 和 U 都是有限集合，并令函数 $f:X\to Y$，$g:Y\to U$。则函数 g 和 f 的合成是从 X 到 U 的一个函数，表示成 $g\circ f$(或者简单地写成 gf)，并定义为 $g\circ f(x)=g(f(x))$，对所有 $x\in X$。

函数的合成很容易扩展到两个以上的函数，比如 m 个函数 $f_1,f_2,\cdots,f_m$ 的合成就定义为 $f_m\circ\cdots\circ f_2\circ f_1(x)=f_m(\cdots(f_2(f_1(x))))$，但要求 f_j 的定义域等于 f_{j-1} 的上域($j=2,3,\cdots,m$)。

参看 function。

compound transposition 复合换位

两个或更多个各自周期分别为 $t_1,t_2,\cdots,t_j$ 的简单换位按序合成就称作复合换位。复合换位等价于周期为 $t=\mathrm{lcm}(t_1,t_2,\cdots,t_j)$ 的简单换位。

比较 simple transposition。

compression function of an iterated hash function 迭代散列函数的压缩函数

迭代散列函数的压缩函数 f 的输入是上一次计算的 n 比特中间结果 H_{i-1} 和这一次的 k 比特输入字块 M_i，输出是这一次计算的 n 比特中间结果 H_i，即 $H_i=f(H_{i-1},M_i)$，其中 $i\geqslant 1$，H_0 为初始链接值 IV。

参看 initial chaining value，iterated hash function。

computational complexity 计算复杂性，计算复杂度

解一类问题时所需的最少时空耗费，称为该类问题的“计算复杂性”，或称“问题复杂性”，常简称“复杂性”。

参看 computational problems。

比较 algorithm complexity。

computational Diffie-Hellman problem 计算迪菲-赫尔曼问题

同 Diffie-Hellman problem。

computationally equivalent 计算上等价的

令 A 和 B 是两个计算问题。如果 $A\leqslant_P B$ 且 $B\leqslant_P A$，则称 A 和 B 是计算上等价的，写作 $A\equiv_P B$。

参看 computational problems，polytime reduction。

computationally equivalent decision problems　计算上等价的判定问题

令 L_1和 L_2是两个判定问题。如果 $L_1 \leqslant_P L_2$且 $L_2 \leqslant_P L_1$，则称 L_1和 L_2是计算上等价的判定问题。

参看 decision problems，polytime reduction。

computationally infeasible　计算上不可行的

在密码分析中与计算有关系的一种概念，指的是：一种计算在理论上是可以完成的，但是用当前的或可以预料到的高性能计算机来执行这种计算所花费的时间却是不现实的。

参看 cryptanalysis。

computationally secure　计算上安全的，计算上保密的

在密码分析中与密码有关系的一种概念，指的是：一种密码在理论上是可破的，但用现有的可利用的资源都不能破译这种密码。

参看 cryptanalysis。

computationally strong　计算上强的

同 computationally secure。

computational problems　计算问题

从原则上来说，对任意一个问题，只要能设计出算法，就一定可以用计算机来解(这里抛开那些已被证明是不可解的问题)。但是，对于某些问题，虽然可以找到解它们的算法，并且也总能得到一个正确的答案，但是至今未能得到它的实际的一般解，就是因为需要的计算时间太长。

从表 C.9 和图 C.30 中可以看出，随着问题大小 n 的增大，多项式函数值增长的速度比指数式函数要慢。对任意指数式函数和多项式函数，都存在一个值，当 n 超过此值时，指数式函数的值就一定比多项式函数的值大。

表 C.9　复杂性函数的比较表

$f(n)$ \ n	1	2	3	4	5	6	7	8	9	10	11
$n+1$	2	3	4	5	6	7	8	9	10	11	12
n^2+n+1	3	7	13	21	31	43	57	73	91	111	133
n^3+n^2+n+1	4	15	40	85	156	259	400	585	820	1 111	1 464
2^n	2	4	8	16	32	64	128	256	512	1 024	2 048
$n!$	1	2	6	24	120	720	5 040	40 320	362 880	3 628 800	39 916 800
n^n	1	4	27	256	3 125	46 656	823 543	16 777 216	387 420 489	10^{10}	285 311 670 611

因而,如果一个算法的执行时间(或空间)$f(n)$为问题大小 n 的多项式函数,则认为这种算法是有效的、"好"的,或称这个问题是容易处理的。反之,如果一个算法的执行时间(或空间)$f(n)$为问题大小 n 的指数式函数,则认为这种算法是无效的、"坏"的,或称这个问题是难以处理的。鉴别一个问题是容易处理的还是难以处理的,这是复杂性理论的主要任务。

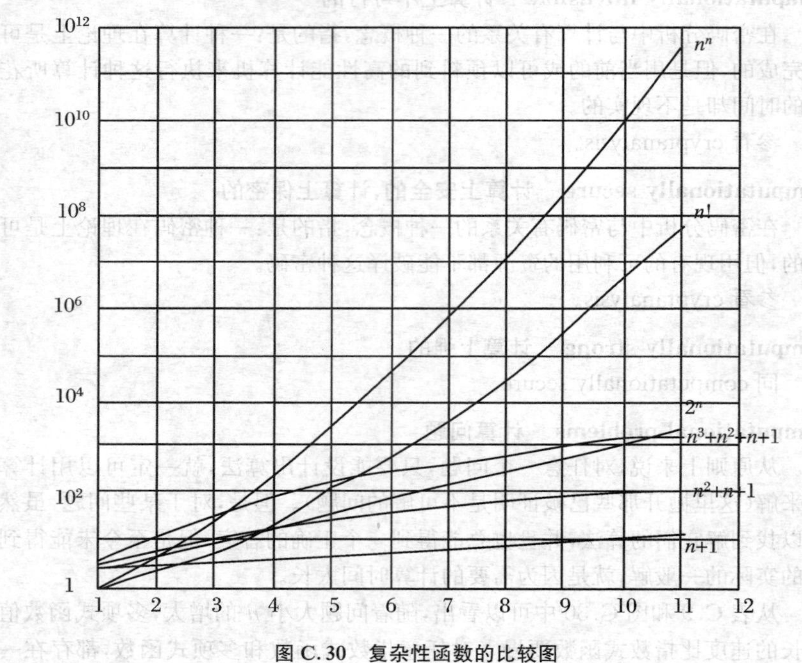

图 C.30　复杂性函数的比较图

如果某算法的执行时间(或空间)是问题大小 n 的指数式函数,我们则称该算法为指数式时间(或空间)算法;如果是问题大小 n 的多项式函数,我们则称该算法为多项式时间(或空间)算法。

可以根据问题类的目前解法的难易程度将问题进行分类如下:

① 已证明是不可解的问题类——不存在任何算法的那些问题。

② 已证明是可解的问题类:

(a) 已证明是难解的问题类——只具有指数式时间算法的问题类;

(b) 已证明是易解的问题类——具有多项式时间算法的问题类;

(c) 目前还不确定的问题类——对于这些问题,目前仅有指数式时间算法,但是还不能证明无多项式时间算法存在,这就是 NP 类问题。

公开密钥密码体制安全性的基础是一些计算问题的难解性。这些计算问题包括:因子分解问题、RSA 问题、二次剩余问题、模 n 平方根问题、离散对数问题、广义的离散对数问题、迪菲-赫尔曼问题、广义的迪菲-赫尔曼问题、子集和问题。

参看 complexity theory, integer factorization, RSA-problem, quadratic residuosity problem, square root modulo n problem, discrete logarithm problem, generalized discrete logarithm problem, Diffie-Hellman problem, generalized Diffie-Hellman problem, subset sum problem。

computational security　计算安全,计算安全性,计算保密,计算保密性

评价密码基元和协议的安全性的一种模式。这种模式度量用目前最有名的方法破译一个体制所要求的计算量;在这里必须假定,已经很好地研究过这个体制,以便确定哪些攻击是贴切的。如果(使用已知的最佳攻击)破译该体制所要求的可觉察到的计算水平超出假想敌人的计算资源(当然要有一个合适的界限),则称所推荐的技术为计算上安全的。

通常这一类方法是和困难问题有关系,但是和可证安全性不一样,没有什么等价性证明是已知的。当前使用的大部分最有名的公开密钥和对称密钥方案都属于这一类。这一类有时候还叫作实际安全性(实际保密性)。

参看 security evaluation。

比较 provable security。

computational zero-knowledge protocol　计算零知识协议

如果一个限于概率多项式时间测试的观察者不能把真实文本和假冒文本区别开来,则称这种协议是计算上的零知识协议。按照惯例,当不再进一步限制时,我们称"零知识协议"指的就是"计算零知识协议"。

在计算零知识协议情况下,真实文本和假冒文本称为多项式不可区分的(使用多项式时间算法不可区分的)。在多项式时间内,一个验证者通过和证明者的交互作用所提取的任意信息都不给验证者提供任何便利。

参看 zero-knowledge protocol。

比较 perfect zero-knowledge protocol。

computation-resistance　抗计算性

已知零个或多个"文本-MAC"对$(x_i, h_k(x_i))$,为任意一个新的输入$x \neq x_i$(可能包括对于某个 i 的 $h_k(x) = h_k(x_i)$)计算任意"文本-MAC"对$(x, h_k(x))$是计算上不可行的。

如果抗计算性不成立,那么 MAC 算法就容易遭受 MAC 伪造。抗计算性意味着具有密钥不可恢复特性(即已知密钥 k 作用下的一个或多个"文本-MAC"对$(x, h_k(x))$恢复那个密钥 k 必须是计算上不可行的),但密钥不可恢复特性并不意味着具有抗计算性(实际上,未必总是恢复密钥才能伪造新的

MAC)。

参看 message authentication code (MAC)。

computer security (COMPUSEC) 计算机安全

对一个计算机系统的信息及物理资产的保护。信息保护的目的在于防止未经许可的泄露、操作、插入、破坏或更改数据。而物理资产的保护意思是指能抗击偷窃、破坏或滥用计算机设备(即处理器、外围设备、数据存储介质、通信线路和界面)的安全措施。计算机安全是信息系统安全的一部分。

concatenation operation 并置运算

把两个字符串连接起来形成一个字符串。用"$\|$"表示并置运算。例如:$X=x_1x_2\cdots x_n$,$Y=y_1y_2\cdots y_m$,则 $X\|Y=x_1x_2\cdots x_n\|y_1y_2\cdots y_m=x_1x_2\cdots x_ny_1y_2\cdots y_m$。这里,可以是 $n=m$,也可以是 $n\neq m$。

conditional entropy 条件熵

令 X 和 Y 值都是取自一个有限值集合$\{x_1,x_2,\cdots,x_n\}$的随机变量,则已知 $Y=y$ 时 X 的条件熵是

$$H(X\mid Y=y)=-\sum_x P(X=x\mid Y=y)\log_2(P(X=x\mid Y=y)),$$

这里,求和指标 x 的取值范围遍及 X 的所有值。已知 Y 时 X 的条件熵也称作 Y 关于 X 的暧昧度,它的表达式是

$$H(X\mid Y)=\sum_y P(Y=y)H(X\mid Y=y))$$

这里,求和指标 y 的取值范围遍及 Y 的所有值。

条件熵具有如下特性:

① 量 $H(X|Y)$度量在已经观察到 Y 之后,剩余的那些关于 X 的不确定度;

② $H(X|Y)\geqslant 0$ 且 $H(X|X)=0$;

③ $H(X,Y)=H(X)+H(Y|X)=H(Y)+H(X|Y)$;

④ $H(X|Y)\leqslant H(X)$,等号成立当且仅当 X 和 Y 是相互独立的。

参看 entropy, joint entropy。

conditional mutual information 条件互信息

同 conditional transinformation。

conditional probability 条件概率

令 E_1 和 E_2 是两个事件,$P(E_2)>0$。已知 E_2 发生的条件下 E_1 发生的条件概率(用 $P(E_1|E_2)$表示)是

$$P(E_1|E_2)=\frac{P(E_1\cap E_2)}{P(E_2)}。$$

conditional transinformation　条件互信息

已知随机变量 Z,随机变量对(X,Y)的条件互信息是 $I_Z(X;Y)=H(X|Z)-H(X|Y,Z)$。条件互信息具有如下特性:

① 量 $I_Z(X;Y)$可被解释为:Y 在已知Z 被观察到的情况下,提供有关 X 的信息的信息量;

② $I(X;Y,Z)=I(X;Y)+I_Y(X;Z)$;

③ $I_Z(X;Y)=I_Z(Y;X)$。

参看 mutual information。

conference keying　会议密钥分发

会议密钥分发协议是对两用户密钥编制的一个推广,以便把一个共享的秘密密钥提供给三方用户或更多用户。

参看 Burmester-Desmedt conference keying,key establishment。

confidentiality　机密性

信息安全的一个目标任务。保持信息秘密,防止所有人都看到它,但允许被授权的人看它。

参看 information security。

confirmation　证实

信息安全的一个目标任务。承认已提供了服务。

参看 information security。

confounder　混淆码

一种自己选择的随机数。对询问-应答式身份识别协议的选择文本攻击的一种对抗措施,将混淆码嵌入到每个询问应答中,并使用零知识技术。

参看 challenge-response identification,chosen-text attack,zero-knowledge identification。

confusion　混乱

香农提出的两种实用的挫败统计分析攻击的方法之一。混乱法的目的就是使密文和明文、密钥之间的关系尽可能复杂化。

比较 diffusion。

congruences of integers　整数同余

如果 a 和b 都是整数,则当 n 整除$a-b$ 时,称 a 模n 同余于b,写作 $a\equiv b \pmod{n}$。整数 n 称作同余模数。

令 $a,b,a_1,b_1,c\in\mathbb{Z}$,同余的性质如下:

① $a\equiv b \pmod{n}$ 当且仅当 a 和b 在被n 除时,得到相同的余数;

② (自反性) $a \equiv a \pmod n$;

③ (对称性)如果 $a \equiv b \pmod n$,则 $b \equiv a \pmod n$;

④ (传递性)如果 $a \equiv b \pmod n$ 且 $b \equiv c \pmod n$,则 $a \equiv c \pmod n$;

⑤ 如果 $a \equiv a_1 \pmod n$ 且 $b \equiv b_1 \pmod n$,则 $a + b \equiv a_1 + b_1 \pmod n$, $ab \equiv a_1 b_1 \pmod n$。

参看 integer。

congruences of polynomials 多项式同余

如果 $g(x), h(x) \in F[x]$,那么,如果 $f(x)$ 整除 $g(x) - h(x)$,则称 $g(x)$ 模 $f(x)$ 同余于 $h(x)$,表示成 $g(x) \equiv h(x) (\bmod f(x))$。

令 $g(x), h(x), g_1(x), h_1(x), s(x) \in F[x]$,同余的性质如下:

① $g(x) \equiv h(x) (\bmod f(x))$ 当且仅当 $g(x)$ 和 $h(x)$ 在被 $f(x)$ 除时,得到相同的余式;

② (自反性) $g(x) \equiv g(x) (\bmod f(x))$;

③ (对称性)如果 $g(x) \equiv h(x) (\bmod f(x))$,则

$$h(x) \equiv g(x) (\bmod f(x));$$

④ (传递性)如果 $g(x) \equiv h(x) (\bmod f(x))$ 且 $h(x) \equiv s(x) (\bmod f(x))$,则

$$g(x) \equiv s(x) (\bmod f(x));$$

⑤ 如果 $g(x) \equiv g_1(x) (\bmod f(x))$ 且 $h(x) \equiv h_1(x) (\bmod f(x))$,则

$$g(x) + h(x) \equiv g_1(x) + h_1(x) (\bmod f(x)),$$

$$g(x) h(x) \equiv g_1(x) h_1(x) (\bmod f(x))。$$

参看 polynomial。

比较 congruences of integers。

congruential generator 同余发生器

一种数字发生器。其生成序列的第 i 个元素是一个取值于 $\{0, 1, \cdots, m-1\}$ 的数字,该数字是通过下述(广义)同余式计算出来的:

$$x_i \equiv \sum_{j=1}^{k} \alpha_j \Phi_j (x_{-n_0}, \cdots, x_{-1}, x_0, \cdots, x_{i-1}) \pmod m,$$

其中, α_j 和 m 是任意整数,而 $\Phi_j (1 \leqslant j \leqslant k)$ 是可计算的整数函数。

同余发生器基本上都是密码上不安全的,不能直接用同余发生器产生的序列作为对明文实施加密保护的密码输出序列。

参看 congruences of integers,number generator。

connection polynomial of LFSR 线性反馈移位寄存器的连接多项式

L 级线性反馈移位寄存器(LFSR)可用 $\langle L, C(D) \rangle$ 来表示,其中 $C(D) = 1 + c_1 D + c_2 D^2 + \cdots + c_L D^L$ 就称作该 LFSR 的连接多项式(图 C.31),又称为反馈多项式。

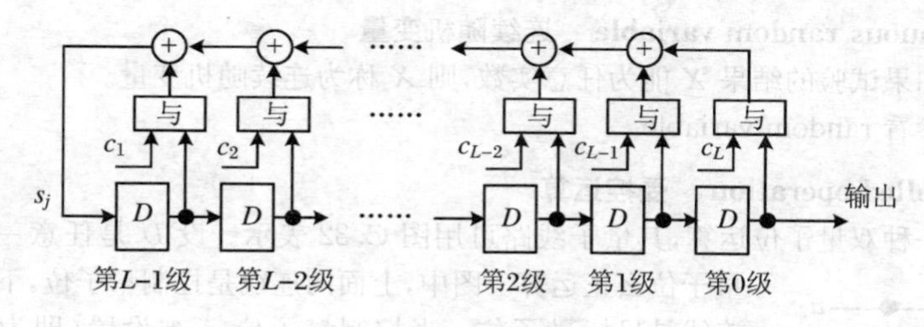

图 C.31

例如,4 级 LFSR

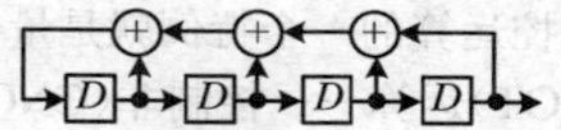

的连接多项式 $C(D)=1+D+D^2+D^3+D^4$。

4 级 LFSR

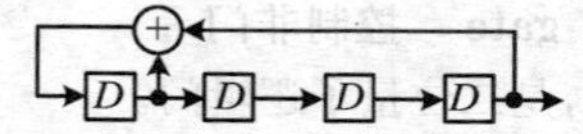

的连接多项式 $C(D)=1+D+D^4$。

参看 linear feedback shift register (LFSR)。

contemporary cryptography　现代密码学,现代密码编码学,当代密码学,当代密码编码学

密码学发展历史中的第三个历史阶段。第三个阶段是从香农于 1949 年发表的划时代论文《保密体制的通信理论》开始的,这篇论文证明了密码编码学有着坚实的数学基础。微电子技术的发展使电子密码走上历史舞台,催生了“现代密码体制”。特别是 20 世纪 70 年代中期,美国联邦数据加密标准(DES)密码算法的公开发表,以及公开密钥思想的提出,更是促进了当代密码学的蓬勃发展。大规模集成电路技术和计算机技术的迅速发展,不仅给密码设计者带来了好处、便利和成功,也给密码分析者带来了好处、便利和成功。

参看 DES block cipher, public key cryptography (PKC)。

contemporary cryptology　现代密码学,当代密码学

密码学发展历史中的第三个历史阶段中的密码编码技术和密码分析技术。当代密码学的蓬勃发展,不仅设计出了许许多多好的或较好的对称密钥密码算法和非对称密钥密码算法,同时还发现了一些可行的密码分析技术和技巧。密码编码学和密码分析学的相互斗争、相反相成,更是促进了密码学的发展。

参看 contemporary cryptography。

continuous random variable　连续随机变量

如果试验的结果 X 能为任意实数,则 X 称为连续随机变量。

参看 random variable。

controlled operation　受控运算

一种双量子位运算,其量子线路可用图 C.32 表示。设 U 是任意一个单量子位幺正运算。图中,上面的连线是控制量子位,下面的连线是目标量子位。当控制量子位 a 被设置(即为"1")时,则将 U 应用于目标量子位 b;否则,目标量子位保持不变。可用下式描述:$|a\rangle|b\rangle \to |a\rangle U^a|b\rangle$。

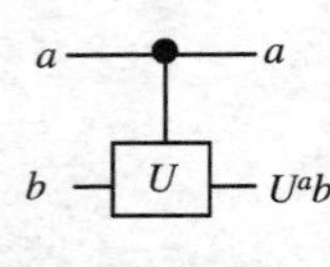

图 C.32

受控运算的一个特例就是量子运算中极其有用的控制非(CNOT)运算——控制非(CNOT)门。

参看 controlled NOT (CNOT) gate, quantum circuits, unitary transformation。

controlled-NOT (CNOT) gate　控制非门

受控运算的一个特例,是二位量子逻辑门。

在量子运算中控制非(CNOT)门是极其有用的,其量子线路可用图 C.33 表示。公式描述为

$$|a\rangle|b\rangle \to |a\rangle|a \oplus b\rangle。$$

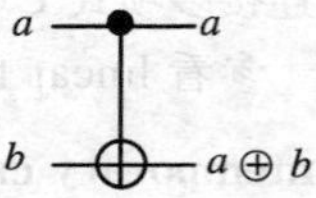

图 C.33

控制非门的矩阵表示为

$$CNOT = \begin{pmatrix} 1 & 0 & 0 & 0 \\ 0 & 1 & 0 & 0 \\ 0 & 0 & 0 & 1 \\ 0 & 0 & 1 & 0 \end{pmatrix}。$$

参看 controlled operation, quantum gates。

controlled-phase gate　控制相位门

受控运算的一个特例,是二位量子逻辑门。其量子线路可用图 C.34 表示。公式描述为

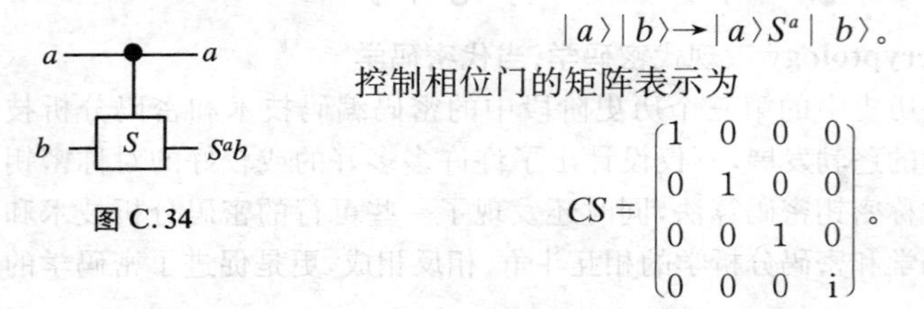

$$|a\rangle|b\rangle \to |a\rangle S^a|b\rangle。$$

控制相位门的矩阵表示为

$$CS = \begin{pmatrix} 1 & 0 & 0 & 0 \\ 0 & 1 & 0 & 0 \\ 0 & 0 & 1 & 0 \\ 0 & 0 & 0 & i \end{pmatrix}。$$

图 C.34

参看 controlled operation, quantum gates。

controlled-swap gate　控制交换门

受控运算的一个特例，是三位量子逻辑门。其量子线路可用图 C.35 表示。公式描述为

$$|c\rangle|a\rangle|b\rangle \rightarrow |c\rangle|x\rangle|y\rangle = |c\rangle|ac \oplus bc \oplus a\rangle|ac \oplus bc \oplus b\rangle。$$

控制相位门的矩阵表示为

$$CSWAP = \begin{pmatrix} 1 & 0 & 0 & 0 & 0 & 0 & 0 & 0 \\ 0 & 1 & 0 & 0 & 0 & 0 & 0 & 0 \\ 0 & 0 & 1 & 0 & 0 & 0 & 0 & 0 \\ 0 & 0 & 0 & 1 & 0 & 0 & 0 & 0 \\ 0 & 0 & 0 & 0 & 1 & 0 & 0 & 0 \\ 0 & 0 & 0 & 0 & 0 & 0 & 1 & 0 \\ 0 & 0 & 0 & 0 & 0 & 1 & 0 & 0 \\ 0 & 0 & 0 & 0 & 0 & 0 & 0 & 1 \end{pmatrix}。$$

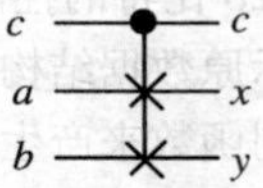

图 C.35

参看 controlled operation，quantum gates。

controlled-*Z* gate　控制 *Z* 门

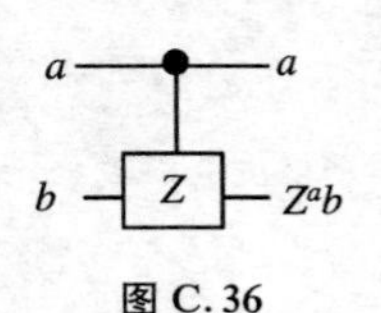

图 C.36

受控运算的一个特例，是二位量子逻辑门。其量子线路可用图 C.36 表示。公式描述为

$$|a\rangle|b\rangle \rightarrow |a\rangle Z^a|\ b\rangle。$$

控制 *Z* 门的矩阵表示为

$$CZ = \begin{pmatrix} 1 & 0 & 0 & 0 \\ 0 & 1 & 0 & 0 \\ 0 & 0 & 1 & 0 \\ 0 & 0 & 0 & -1 \end{pmatrix}。$$

参看 controlled operation，quantum gates。

control vector　控制向量

密钥管理中的一个非秘密的密码变量，它在 IBM 的共用密码体系结构中用来控制密钥用途。

控制向量含有一个提供与密钥相关联的详细信息的字段（64 比特、128 比特或大于 128 比特），或者含有一个通常的密码变量。二元组（*C*，*K*）由控制向量和相关联的密钥 *K* 组成，如此设计是要使得涉及密钥 *K* 的密码处理只能够当请求处理请求被控制向量认可时才执行。

控制向量以明文形式提供，因此，可以在专用密码硬件之外解释控制向量。然而，控制向量必须和密钥（或者在一般情况下和密码变量）相配合，用这样的方式使得不同的控制向量不能代替原来的值。实现方法是：可以通过把控制向量和 2 倍长的密钥加密密钥（*KK*）组合在一起，用来保护存储中或传输

中的 K。另一方面,基于 C 和 K 两者之值的鉴别码也可以和控制向量相关联。

把控制向量和密钥加密密钥 KK 组合在一起的方法涉及产生控制向量的一个128比特的散列函数。在64比特数据结构情况下,控制向量自身并置起来,然后设置一个2比特的扩展字段来指示原数据结构是128比特的。对于128比特的控制向量,散列函数是一个恒等函数,然后设置一个扩展字段来指示原数据结构是128比特的。对于超过128比特的数据结构,用一个密码散列函数来产生一个128比特的字段,同样设置一个扩展字段来指示原数据结构长度是超过128比特的。上面讨论的散列函数运算的结果则和DES的密钥加密密钥(KK)进行模2加;结果产生的128比特密钥被用于加密密钥 K。

这样一来,如果一个非法的控制向量配有密钥 K,则通过把 KK 和已经散列运算的控制向量模2加所形成的密钥加密密钥,将和原来用于加密 K 的密钥不一致,因而最后的解密操作将产生一个假的 K 值。

参看 hash function,key management,key-encrypting key。

conventional encryption　传统加密

对称密钥加密又称传统加密。

参看 symmetric key encryption。

coprime　互素,互质

同 relatively prime。

correcting-block chaining attack　校正字块链接攻击

对散列函数的一种链接攻击方式。人们可以尝试用一个新的消息 x' 来替换消息 x,使得 $h(x)=h(x')$,这可以通过使用预先指定的 x' 中的一种单一的无约束校正字块,以使得能产生整个散列结果等于目标值 $h(x)$ 的链接值。这样的校正字块链接攻击能用于求出原像和碰撞。如果无约束字块是消息的第一(最后)字块,就称之为校正第一(最后)字块攻击。

参看 chaining attack,hash function,hash-result。

比较 meet-in-the-middle chaining attack,fixed-point chaining attack,differential chaining attack。

correct synchronization　正确同步

同步码组已被发端发送出去,收端也正确识别出来。令同步码组中码元数为 n,码元的误码率为 q,同步码组识别时允许发生 k 个码元出错,则正确同步(即同步码组被正确接收)的概率为

$$P_{c}(n)=\sum_{j=0}^{k}C_{n}^{j}q^{j}(1-q)^{n-j}。$$

参看 cipher synchronization。

correlation attack　相关攻击

由西根塔勒(T. Siegenthaler)首先提出的对非线性组合发生器的一种唯密文攻击方法。假定一个非线性组合发生器使用了 n 个最大长度线性反馈移位寄存器 LFSR1,LFSR2,…,LFSRn,所有 LFSR 的连接多项式和组合函数 F 都是众所周知的;并将所有 LFSR 的初始状态作为密钥(这种发生器的密钥量就是 $\prod_{i=1}^{n}(2^{L_i}-1)$)。假定在发生器的输出序列和 LFSR1 的输出序列之间存在一种相关概率 $P>1/2$ 的相关性。如果知道了一段充分长的发生器输出序列,就可以根据发生器输出序列的所有可能移位和 LFSR1 的输出序列之间的符合率(相关概率)推导出 LFSR1 的初态密钥来。在这样的条件下,找到 LFSR1 的初态将至少试验 $2^{L_1}-1$ 次。而确定 n 个 LFSR 的初态,将大约试验 $\sum_{i=1}^{n}(2^{L_i}-1)$ 次,这个数远比发生器的密钥量小。以类似的方法,能够利用这些 LFSR 的特定子集的输出序列和密钥流之间的相关性。鉴于上述情况,应当仔细选择组合函数 F 以使得 n 个 LFSR 序列的任意小集合和密钥流之间不存在任何统计相关性。要满足这个条件,就需要选择那些是 m 阶相关免疫的 F。

参看 ciphertext only attack, correlation-immune, linear feedback shift register (LFSR), nonlinear combiner generator。

correlation-immune　相关免疫的

令 $X_1,X_2,\cdots,X_n$ 是独立的二进制变量,每一个取值"0"或"1"的概率是 1/2。如果对于 m 个随机变量 $X_{i_1},X_{i_2},\cdots,X_{i_m}$ 的每个子集($1\leqslant i_1<i_2<\cdots<i_m\leqslant n$),随机变量 $Z=f(X_1,X_2,\cdots,X_n)$ 都是统计独立于随机向量 $(X_{i_1},X_{i_2},\cdots,X_{i_m})$ 的,则布尔函数 $f(x_1,x_2,\cdots,x_n)$ 是 m 阶相关免疫的,等价地表示成随机变量 Z 和随机向量 $(X_{i_1},X_{i_2},\cdots,X_{i_m})$ 的互信息 $I(Z;X_{i_1},X_{i_2},\cdots,X_{i_m})=0$。

参看 Boolean function, mutual information。

correlation-immunity　相关免疫,相关免疫性

参看 correlation-immune。

counter mode(CTR)　计数器方式

分组密码的输出反馈(OFB)工作方式的一种简化方式:更新输入字块不是用来自输出的反馈,而是采用计数器方式——第 $j+1$ 个输入字块 I_{j+1} 等于第 j 个输入字块 I_j 再加上 1,写作 $I_{j+1}=I_j+1$。

一般来说，分组密码的这种工作方式要求：计数器序列 $I_0, I_1, \cdots, I_{m-1}$ 中的所有字块都是两两不同的。如果给定一个计数器序列 $I_0, I_1, \cdots, I_{m-1}$，假定待加密的 m 个明文字块序列为 $P_0, P_1, \cdots, P_{m-1}$，所使用的分组密码算法用 E 来表示，其分组长度为 n，密钥用 K 来表示，那么，CTR 工作方式定义如下。

CTR 加密

输入：密钥 K；计数器序列 $I_0, I_1, \cdots, I_{m-1}$，其中 $I_j \in \{0,1\}^n (j=0,\cdots,m-1)$；明文字块序列 $P_0, P_1, \cdots, P_{m-1}$，其中 $P_j \in \{0,1\}^n (j=0,\cdots,m-2)$，$P_{m-1} \in \{0,1\}^u (u \leqslant n)$。

输出：密文字块序列 $C_0, C_1, \cdots, C_{m-1}$。

begin
  for $j=0$ to $m-2$ do
    $O_j = E_K(I_j)$
    $C_j = P_j \oplus O_j$
  next j
  $O_{m-1} = E_K(I_{m-1})$
  $C_{m-1} = P_{m-1} \oplus MLB_u(O_{m-1})$　　//$MLB_u(O_{m-1})$表示取字块 O_{m-1} 的左边 u 比特
end

CTR 解密

输入：密钥 K；计数器序列 $I_0, I_1, \cdots, I_{m-1}$，其中 $I_j \in \{0,1\}^n (j=0,\cdots,m-1)$；密文字块序列 $C_0, C_1, \cdots, C_{m-1}$，其中 $C_j \in \{0,1\}^n (j=0,\cdots,m-2)$，$C_{m-1} \in \{0,1\}^u (u \leqslant n)$。

输出：明文字块序列 $P_0, P_1, \cdots, P_{m-1}$。

begin
  for $j=0$ to $m-2$ do
    $O_j = E_K(I_j)$
    $P_j = C_j \oplus O_j$
  next j
  $O_{m-1} = E_K(I_{m-1})$
  $P_{m-1} = C_{m-1} \oplus MLB_u(O_{m-1})$　　//$MLB_u(O_{m-1})$表示取字块 O_{m-1}的左边 u 比特
end

参看 output feedback (OFB)。

cover time　掩蔽时间

一个密码体制能够抗住一种特定攻击的时间通常称作对这种攻击的掩蔽时间。

参看 cryptanalysis，cryptosystem。

CRC-based MAC　基于循环冗余码的消息鉴别码

一种为序列密码加密机制提供数据源鉴别和数据完整性保证的消息鉴别码生成技术。

基于 CRC 的 MAC

输入：b 比特消息 B；MAC 源和验证者之间共享的密钥。

输出：B 的 m 比特 MAC 值。

CR1　符号：$B = B_{b-1}\cdots B_1 B_0$，多项式 $B(x) = B_{b-1}x^{b-1} + \cdots + B_1 x + B_0$。

CR2　MAC 密钥的选择：

CR2.1　选择一个 m 次随机二进制不可约多项式 $p(x)$；(这表示从一个 (b, m) 散列函数族中随机抽取一个函数 h。)

CR2.2　选择一个随机的 m 比特一次一密密钥 k(像一次一密乱码本那样使用)。

秘密的 MAC 密钥由 $p(x)$ 和 k 组成，它们两者必须由 MAC 源发方和验证者之间预先共享。

CR3　计算 $h(B) \equiv \mathrm{coef}(B(x) \cdot x^m (\mathrm{mod}\ p(x)))$，系数的 m 比特串取自 $B(x) \cdot x^m$ 被 $p(x)$ 除后的 $m-1$ 次余多项式。

CR4　B 的 m 比特 MAC 值为 $h(B) \oplus k$。

上面“CR3”中的多项式除法可以使用线性反馈移位寄存器来实现。基于 CRC 的 MAC 的安全性：对任意 b 和 $m > 1$，上述算法产生的散列函数族都是 ε-平衡的，$\varepsilon = (b+m)/2^{m-1}$，MAC 伪造的概率至多是 ε。

参看 cyclic redundancy code (CRC)，data integrity，data origin authentication，ε-balanced(b, m) hash-family，linear feedback shift register (LFSR)，message authentication code (MAC)。

credential　凭证

一个数据项。在鉴别中可以将之转换，用来为一个实体建立其声称的身份。

参看 Kerberos authentication protocol。

criteria for breaking signature schemes　破译签名方案的准则

敌人的目的是伪造签名，也就是，敌人能够产生一个签名，为其他某个实体所接受。破译一个签名方案的准则包括：

① 完全破译 敌人或是能计算出签名者的秘密密钥信息，或是能找到一个功能上等价于合法签名算法的有效签名算法；

② 选择性伪造 敌人能为事先选择的一个特殊消息或一类消息建立一个合法签名，建立这样的签名不直接涉及合法签名者；

③ 存在的伪造 敌人至少能伪造一个消息的签名，敌人几乎不能控制获得其签名的消息，而合法签名者可能被卷入欺骗之中。

参看 digital signature, existential forgery, selective forgery, total break (2)。

criteria for evaluating block ciphers 分组密码评价准则

实际中评价分组密码的准则包括：

① 预计的保密性水平 如果一种密码经受了相当长时间（比如几年甚至更长）的专业密码分析并能抗得住，则对这种密码的保密性的信任程度增强；这样的密码必定被认为比没有经受专业密码分析的那些密码更安全。这可以包括所选择的和各种不同类型的设计准则有关的密码组成部分的性能，这些设计准则是近年来被推荐或已获得证实的。发动实际攻击所需要的密文量常常大大地超过密码的唯一解距离，唯一解距离提供为恢复唯一的加密密钥所需要的密文量的一个理论估计。

② 密钥大小 有效的密钥长度（或者更确切地说，密钥空间的熵）定义一种密码的保密性的一个上界（穷举搜索量）。较长的密钥典型地带来额外的耗费（比如，密钥的产生、传输、存储、记忆通行字的难度）。

③ 吞吐量 吞吐量和密码映射的复杂性有关系，是使映射满足特殊的实现媒体或平台要求的程度。

④ 分组长度 分组长度既影响保密性（希望大些）又影响复杂性（分组大一些实现起来代价更高）。分组长度也可以影响性能，例如，要求填充时。

⑤ 密码映射的复杂性 算法复杂性既影响开发的实现代价又影响固定资源（硬件门计数或软件代码/数据规模）的实现代价，还影响固定资源的实时性能（吞吐量）。一些密码特别便于硬件或软件实现。

⑥ 数据扩展 一般是希望，而常常是强制：加密不增大明文数据的规模。多名码代替和随机化加密技术导致数据扩展。

⑦ 错误扩散 含有比特错误的密文解密可能导致对已复原明文的各种不同类型的影响，包括对后续明文块的错误扩散。不同的错误特征在各种不同类型的应用中是可以接受的。分组长度典型地影响错误扩散。

参看 security, key size, throughput, block size, data expansion, error propagation。

cross-certificate（CA-certificate） 交叉证书(CA-证书)

一种证书。由一个认证机构建立的证书,用于证明另一个认证机构的公开密钥。

参看 certification authority (CA)。

cross-certificate pair 交叉证书对

令 CA_X表示认证机构 X,CA_Y表示认证机构 Y;并令 $CA_X\{CA_Y\}$表示一个由认证机构 X 签署的证书,这个证书把认证机构 Y 和公开密钥 P_Y捆绑在一起;同样,令 $CA_Y\{CA_X\}$表示一个由认证机构 Y 签署的证书,这个证书把认证机构 X 和公开密钥 P_X捆绑在一起。对 CA_X来说,$CA_Y\{CA_X\}$是 CA_X的前向证书,而 $CA_X\{CA_Y\}$是 CA_X的反向证书。称($CA_Y\{CA_X\}$,$CA_X\{CA_Y\}$)为一交叉证书对。可以使用交叉证书对来建立证明路径。

参看 certification path,forward certificate,reverse certificate。

cryptanalysis 密码分析学;密码分析

(1) 密码学中的一个分支学科,它和密码学的另一个分支学科——密码编码学是两个相互对立、相互依存、相辅相成、相互促进的学科。

(2) 是企图挫败密码技术以及更一般说来的信息安全业务的数学技术学科。

(3) 在密码学中,是对密码体制、密码体制的输入输出关系进行分析,以便推出机密变量、包括明文在内的敏感数据。

(4) 密码学中,在不知道加密算法所使用的密钥的情况下,将已被加密的消息转换成明文要做的步骤和操作,称作密码分析,有时又称作密码破译(codebreaking)。

(5) 密码分析依赖于自然语言的多余度,使用“分析—假设—推断—证实(或否定)”的四步作业方法,基本数学工具是统计分析、数学演绎和归纳。

比较 cryptography。

cryptanalysis by brute force 强力密码分析

同 exhaustive attack。

cryptanalyst 密码分析者

从事密码分析的人,又叫破译者。

参看 cryptanalysis。

cryption 密码作业

加密或解密的过程。

参看 decrypt,encrypt。

cryptoalgorithm　密码算法

同 cryptographic algorithm。

crypto-complexity　密码复杂度,密码破译复杂度

某一密码体制的密码破译复杂度指的是,对此密码体制进行破译分析时所需要的最小猜测次数。

注意:上述定义并没有涉及每次猜测后的密码破译分析算法的计算复杂度。一般说来,一个密码体制的密码破译复杂度可能要比破译该密码体制的计算复杂度小几个数量级。

虽然对一个具体的密码算法来说,密码破译复杂性也是一个定值,但是由于它与破译该密码算法的最佳破译算法有关,即此定值是破译该密码算法的最佳破译算法的复杂性,也就是说,此定值是破译该密码算法的破译算法的复杂性下界。但是,复杂性下界问题是算法复杂性理论中难度最大的几个问题之一。因为要求得一个问题的复杂性下界,必须穷尽解此问题的所有算法才行。

这里从算法复杂性角度给密码体制(算法)的保密性下一个定义:

如果对于破译分析一种密码体制的任意算法的复杂性 $M(n)$,都有$M(n) \leqslant cf(n)$ $(c>0)$,那么,就称这种密码体制的保密性达到了 $f(n)$水平(其中正整数 n 是此密码体制中的某种测度)。

一般情况下,下界问题的解决是不容易的。但是我们必须给密码体制的密码破译复杂性一个衡量值。我们可以根据自己现有的水平,给出目前最好的破译算法的复杂性,也就是破译该密码算法的破译算法的复杂性上界,用它来作为密码破译复杂性的衡量值。

参看 complexity,computational complexity,cryptosystem。

cryptogram　密文,密报

(1) 同 ciphertext。

(2) 已加密并发出的报文。

比较 cleartext(2)。

cryptogram space　密文空间

同 ciphertext space。

cryptographic algorithm　密码算法

密码算法是加密算法和解密算法的统称,它是密码体制的核心。

密码算法可看成一些变换(或函数、规则)的组合。当输入为明文时,在特定的密钥作用下,经过这些变换输出为密文。这是加密变换的过程,此时密码算法称为加密算法。反过来,当输入为密文时,亦在同一特定密钥作用下,经过这些变换输出就为明文。这就是解密变换过程,此时密码算法称为解密算法。如图 3.37 所示。

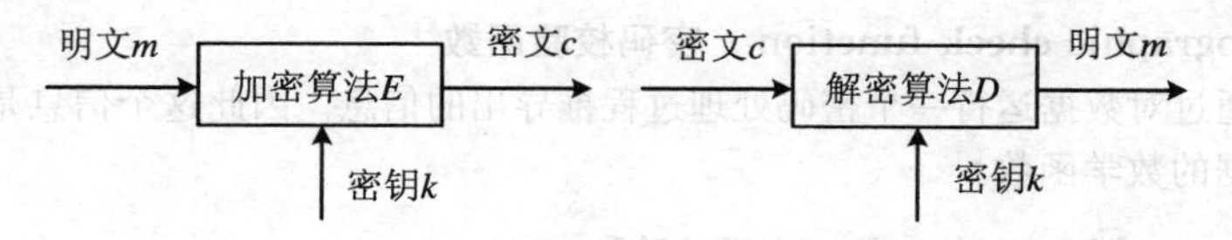

图 C.37 加密和解密

加密算法和解密算法互为逆算法。若用 E 和 D 分别表示加密算法和解密算法,则有

$$c=E_k(m),\quad m=D_k(c)=D_k(E_k(m))。$$

此外,可以使加密用的密钥和解密用的密钥完全相同,或者虽不同,但一种密钥可以很容易地从另一种密钥推导出来。这就是对称密钥密码算法(体制)(或称单密钥密码算法(体制)),即秘密密钥密码技术的基础。亦可以使加密用的密钥和解密用的密钥完全不同,而且要想从其中一个密钥推导出另一个密钥是计算上不可行的。这就是非对称密钥密码算法(体制)(或称双密钥密码算法(体制)),即公开密钥密码技术的基础。

参看 decryption algorithm, encryption algorithm, public key technique, symmetric key technique。

cryptographically secure pseudorandom bit generator (CSPRBG) 密码上安全的伪随机二进制数字发生器

通过下一比特检验的伪随机二进制数字发生器。当然在某些似是而非但未能证明的数学假设(比如整数因子分解的难解性)情况下,应尽可能通过下一比特检验。这样的发生器有 RSA 伪随机二进制数字发生器、布卢姆-布卢姆-舒布伪随机二进制数字发生器等。

参看 next bit test, pseudorandom bit generator, RSA pseudorandom bit generator, Blum-Blum-Shub pseudorandom bit generator。

cryptographic API 密码应用程序接口

应用程序和密码业务之间的接口,可以使应用程序以规定的格式调用密码业务。

cryptographic authentication 密码鉴别

使用与加密有关的技术来提供鉴别。

参看 message authentication。

cryptographic bit stream 密码比特流

序列密码中由滚动密钥发生器产生的二进制数字序列。密码比特流和明文组合在一起形成密文。

参看 running key generator。

cryptographic check function　密码校验函数

通过对数据运行一个密码处理过程推导出的信息。因此这个信息是密钥和数据的数学函数。

cryptographic checksum　密码校验和

使用一个秘密密钥计算出的校验和。

同 cryptographic check function。

cryptographic checkvalue　密码校验值

通过对数据单元运行一个密码变换推导出的信息;有密钥散列函数的散列值。

同 cryptographic checksum, keyed hash function。

cryptographic control　密码控制

使用密码技术来保护在通信线路上传输的或在计算机中存储的信息。

参看 cryptographic techniques。

cryptographic design criteria　密码设计准则

设计密码体制(算法)的基本原则。所谓的设计准则,就是为了确保所设计的密码算法的密码性能(或称密码强度)的原则要求。主要的设计准则有:密码体制即便不是在理论上不可破的,也应该是在实际上不可破的;秘密必须全部寓于密钥之中,这就是说,密码体制和密码算法是不保密的,即使敌方得到了密码体制和算法,只要他无法得到当时所用的密钥,他也很难破译这种体制;解密时错误扩散应尽可能小,以避免信息损失大,需要重发密文;经加密处理后,不希望消息的规模增大,否则通信效率会降低。一般来说,现在所设计的密码体制都是属于“计算上保密的”体制。所谓“计算上保密”的含义就是密码体制“理论上可破,实际上难破,而不是不可破”。

参看 cipher strength, cryptographic algorithm, cryptographic key, cryptosystem, Kerckhoffs' criteria, Shannon's five criteria, theoretically breakable, computationally secure, practical secrecy。

cryptographic device　密码装置,密码设备,密码机

密码过程的实现工具。

cryptographic equipment　密码设备

实现密码功能(加密、鉴别、密钥生成等)的设备。

cryptographic facility　密码装置,密码设备

同 cryptographic equipment。

cryptographic function　密码函数

同 cryptographic transformation。

cryptographic hash function　密码散列函数

密码散列函数通常称作单向散列函数。

参看 one-way hash function (OWHF)。

cryptographic key　密钥

(1) 密钥是一个秘密参数,或一组秘密参数,或一个秘密符号,或一个秘密符号序列;

(2) 密钥可用来控制加密/解密运算;

(3) 密钥是密码体制(算法)中的一切可变因素;

(4) 密钥仅为拥有它的人可知、可用。

密钥实际上是在密码算法不保密情况下的一种或几种可变的秘密参数,它决定着密码序列的走向和起点(对序列密码而言),或者决定着代替表的不同(对分组密码而言)。

对分组密码而言,一旦密钥确定之后,一个大的代替表就随之确定下来了,明文块和其对应的密文块亦可确定下来。如果换了密钥,那就换成了另外一个大代替表,同一明文块就和另外一个密文块对应了。

对序列密码而言,如果其独立的内部记忆单元有 N 个,则算法的可能状态数就为 2^N。这 2^N 个状态中哪个状态为起始状态以及这 2^N 个状态所对应的密码输出序列按怎样的时序排列,就由算法结构和密钥共同来决定。

参看 block cipher, cryptosystem, decryption, encryption, stream cipher。

cryptographic key data set (CKDS)　密钥数据集

密钥管理中,用密钥加密并保存在备用存储器中的一组密钥。

参看 key-encrypting key, key management。

cryptographic keying material　密钥资料,密钥材料,密钥素材

参看 keying material。

cryptographic mapping　密码映射

同 cryptographic transformation。

cryptographic module　密码模块

实现密码逻辑(包括密码算法和密钥产生)或过程的一组硬件、软件、固件,或者这些部件的组合。

参看 cryptographic algorithm, key generation。

cryptographic period　密码周期

密码学中的一个规定的时间周期、使用周期或事件数，不同的密码周期之内，密钥亦不同。密码周期是密码性能的一个重要衡量标准。

参看 cipher strength。

cryptographic primitive　密码基元

用于提供信息安全的基本密码工具，包括加密方案、散列函数、数字签名方案等等。图 C.38 列出了主要的一些密码基元以及它们之间的关系。

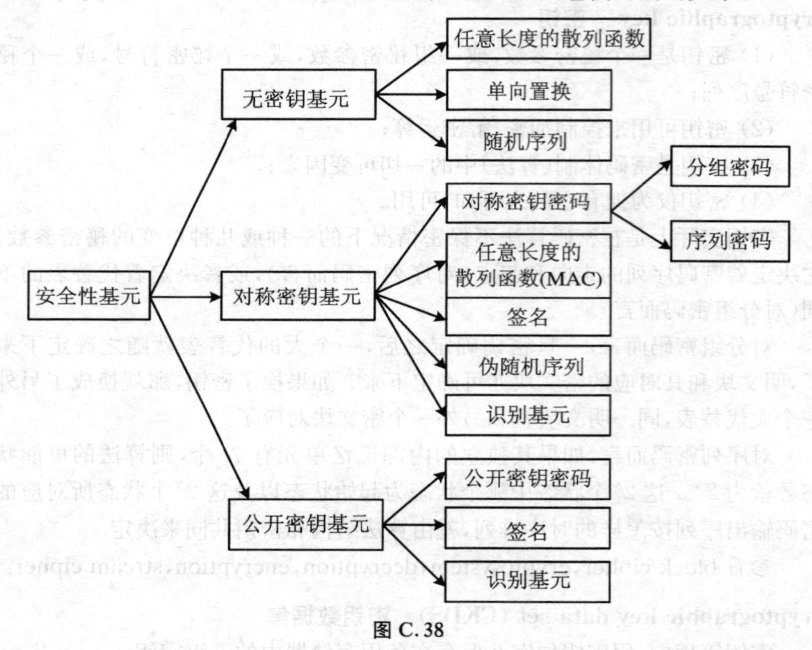

图 C.38

应根据各种各样的准则来评估这些密码基元，例如安全性级别、功能性、运算方式、性能以及实现的容易程度。

参看 block cipher，digital signature scheme，encryption scheme，hash function，identification，pseudorandom sequences，public key cryptography (PKC)，stream cipher。

cryptographic protocol　密码协议，密码规程

一个密码协议是一种分布式算法，该算法是用要求两个或多个实体做的一系列步骤(确切地说是动作)以便完成一种特定的安全任务来定义的。

密码协议在密码学中起着主要作用，而且在满足和信息安全有关的一些目标任务方面是必不可少的。加密方案、数字签名、散列函数，以及随机数发生器等密码基元都可以用于构建一个密码协议。

下面这个例子是一个简单的密钥协商协议。Alice 和 Bob 已经选择了一个对称密钥加密方案,用于在一个不安全的信道上进行通信。为了加密,他们需要一个密钥。通信协议如下:

① Bob 构造一个公开密钥加密方案,并在信道上把他的公开密钥发送给 Alice;

② Alice 为对称密钥加密方案产生一个密钥;

③ Alice 使用 Bob 的公开密钥加密这个密钥,并把这个已加密的密钥发送给 Bob;

④ Bob 使用其秘密密钥解密这个密钥,恢复这个对称(秘密)密钥;

⑤ Alice 和 Bob 使用对称密钥系统与共用的秘密密钥进行秘密通信。

这个协议使用基本函数尝试在不安全信道上实现保密通信。所使用的基本密码基元是对称密钥和公开密钥加密方案。这个协议虽然有缺陷(比如抗不住假冒攻击),但是它的确传达了一个协议的思想。

由于密码协议可能发生失败,故在协议设计时必须重视下述两个步骤:

(a) 验明协议或机制设计中的所有假设;

(b) 对每一个假设都要确定违反假设时对安全性客体的影响。

参看 cryptographic primitive, information security, key agreement, protocol, protocol failure。

cryptographic sealing　密码密封,密码印记

参看 digital signature。

cryptographic strength　密码强度

同 cipher strength。

cryptographic system　密码系统(1);密码体制(2)

(1) 密码学中,那些被当作一个单元用于提供一种单一的加密工具的文献、装置、设备以及有关的技术。

(2) 同 cryptosystem。

cryptographic techniques　密码技术,密码编码技术

通常是指对信息(包括话音、数据、图像等)加以保护所用的密码编码(加/解密)技术。

密码学是一门科学,是涉及数论、概率论、代数理论、信息论、微电子理论、计算机理论、通信技术理论的高科技边缘科学技术。密码技术一直都被用来作为对秘密信息实施加密保护的重要技术和手段。由于密码技术采用数字化编码理论和技术,能有机、方便地与数字化信息数据和数字化通信技术相结合，所以密码技术是当今解决信息安全问题最科学、最有效、最安全、最经济实用的一种技术手段。

密码技术分加密保护和安全验证两大方面(图 C.39)。

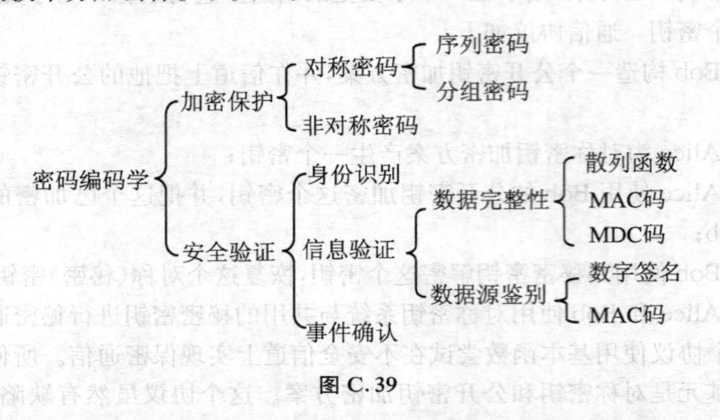

图 C.39

信息加密保护技术是保证信息机密的一种方法。当今用于信息加密的密码技术主要有两种，即对称密码技术和非对称密码(公开密钥密码)技术。

对称密码技术有序列密码技术和分组密码技术两种，它们是目前国内外军政、外交系统中使用的主要密码体制。在今后一个相当长时期内，这两种密码仍将是电子密码的主流。

安全验证技术包括身份识别、信息验证和事件确认。

身份识别是阻止各种危害进入系统有关部位、维护系统安全的第一关，用来防止非法用户对系统信息的非法篡改、窃取或注入病毒。

信息验证是对信息本身的鉴别，包括数据完整性——确保计算机化数据和其源文献相同，而未被未授权或未知方法的偶然或恶意修改或破坏；数据源鉴别——提供关于原始消息源的数据源鉴别。可以使用散列函数(消息鉴别码 MAC 或操作检测码 MDC)来提供数据完整性；数据源鉴别可用消息鉴别码或用数字签名。

事件确认常见的是数字签名，以确认信息已由发方发出，收方确实已收到且没有被他人非法篡改。

参看 data integrity, data origin authentication, information security, identification, public key technique, symmetric key technique。

cryptographic throughput factor　密码吞吐因子

密码学中对由于填充所产生的消息扩展的一种度量。它被定义为消息的长度(比特)与对应密文的对应长度(比特)之比。

参看 padding。

cryptographic transformation　密码变换

由秘密参数(一个或多个,一组或多组)控制的变换。通常称秘密参数为“密钥”。

参看 cryptographic key,function。

cryptographic transparency　密码透明度

密码学中的一种技术。使用这种技术,一个特权用户能够在不知道解密过程的情况下访问处于解密状态的已加密资料。

参看 decryption,encryption。

cryptographic variable　密码变量

密码算法的一个参数,由于这个参数是秘密的(例如公开密钥密码体制中的秘密密钥),密码算法才提供保密性。

参看 cryptographic algorithm, cryptographic key, public key cryptosystem。

cryptography　密码编码学,密码术,密码学

(1) 密码编码学是密码学(cryptology)的一个分支学科,它研究与信息安全(例如机密性、数据完整性、实体鉴别及数据源鉴别)方面有关的数学技术。

(2) 密码编码学是包含有数据变换的原理、工具和方法的一门学科,这种数据变换的目的是隐藏数据的信息内容,阻止对数据的窜改以及防止未经认可使用数据。

(3) 密码编码学是论述使明文变得不可懂以及把已加密的消息变换成可懂形式的艺术和技巧。

(4) 密码编码学是密写的科学和研究科目。一种密码就是一种密写的方法,利用它,就可以把明文变换成密文。把明文变换成密文的过程叫作加密;其逆过程,即把密文变换成明文的过程叫作解密。加密和解密都是用一个或多个密钥来控制的。

比较 cryptanalysis。

crypto-information　密码信息

显著地有助于对已加密文本或密码体制进行破译分析的信息。

参看 cryptanalysis。

crypto key　密钥

同 cryptographic key。

CRYPTOKI　密码标记接口标准

就是 PKCS 公开密钥密码标准中的 PKCS＃11。

参看 PKCS standards。

cryptology　密码学,密码术,保密学

密码编码学和密码分析学这两个学科的统称。

参看 cryptanalysis,cryptography。

cryptomanagement　密码管理

为确保密码体制提供所要求的保密度,必须执行和操作的步骤。

参看 cryptosystem。

CRYPTON block cipher　CRYPTON 分组密码

美国 21 世纪数据加密标准(AES)算法评选第一轮(1998 年 8 月)公布的 15 个候选算法之一,由韩国的 Chae Hoon Lim 设计。CRYPTON 分组密码的分组长度为 128 比特,密钥长度为 $64+32k=64\sim256$ 比特($0\leqslant k\leqslant6$),采用 12 轮迭代运算。

CRYPTON 分组密码算法

1. 符号注释

$\oplus$表示按位异或;$\wedge$表示按位与;$\vee$表示按位或。

$x \lll s$ 表示将变量 x 循环左移 s 位。

$x \| y$ 表示并置:如果 $x=(x_0\cdots x_7)$,$y=(y_0\cdots y_7)$,则

$$x \| y=(x_0\cdots x_7\ y_0\cdots y_7)。$$

$\bar{x}$ 表示 x 按位方式取补。

$f\circ g$ 表示函数 f 和 g 的复合,即 $f\circ g(x)=f(g(x))$。

用 A 表示一个 4×4 字节矩阵,写成

$$A=(A[3],A[2],A[1],A[0])^{\mathrm{T}},$$

其中,$A[i]$是 4 字节字:$A[i]=a_{i3}\|a_{i2}\|a_{i1}\|a_{i0}$;向量或阵列的上标 T 表示向量或阵列的转置。即

$$A=a_{00}a_{01}a_{02}a_{03}a_{10}a_{11}a_{12}a_{13}a_{20}a_{21}a_{22}a_{23}a_{30}a_{31}a_{32}a_{33}$$

的阵列表示如下:

$A[0]$	a_{03}	a_{02}	a_{01}	a_{00}
$A[1]$	a_{13}	a_{12}	a_{11}	a_{10}
$A[2]$	a_{23}	a_{22}	a_{21}	a_{20}
$A[3]$	a_{33}	a_{32}	a_{31}	a_{30}

S_0,S_1是 2 个 S 盒,每个均为 8 个输入/8 个输出的表;每个 S 盒都是依据三个 4 输入/4 输出的小 S 盒构成的,见图 C.40 和表 C.10。

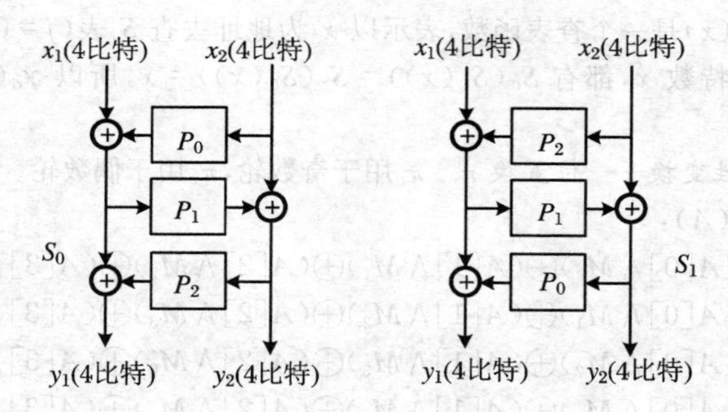

图 C.40

表 C.10　4 输入/4 输出的小 S 盒 P_0, P_1 和 P_2(以 16 进制表示)

	0	1	2	3	4	5	6	7	8	9	A	B	C	D	E	F
P_0	F	9	6	8	9	9	4	C	6	2	6	A	1	3	5	F
P_1	A	F	4	7	5	2	E	6	9	3	C	8	D	1	B	0
P_2	0	4	8	4	2	F	8	D	1	1	F	7	2	B	E	F

注　P_1应是 1－1 映射,其他不必;进一步可要求 P_1满足严格雪崩准则。

用公式表示如下:

$$y = S_0(x):\begin{cases} x = x_1 \parallel x_2, \\ y_2 = x_2 \oplus P_1(x_1 \oplus P_0(x_2)), \\ y_1 = x_1 \oplus P_0(x_2) \oplus P_2(y_2), \\ y = y_1 \parallel y_2; \end{cases}$$

$$y = S_1(x):\begin{cases} x = x_1 \parallel x_2, \\ y_2 = x_2 \oplus P_1(x_1 \oplus P_2(x_2)), \\ y_1 = x_1 \oplus P_2(x_2) \oplus P_0(y_2), \\ y = y_1 \parallel y_2. \end{cases}$$

2. 基本函数

(1) 非线性代替 γ　γ_o用于奇数轮,γ_e用于偶数轮。

$$B = \gamma_o(A):\begin{cases} B[0] \leftarrow S_1(a_{03}) \parallel S_0(a_{02}) \parallel S_1(a_{01}) \parallel S_0(a_{00}), \\ B[1] \leftarrow S_0(a_{13}) \parallel S_1(a_{12}) \parallel S_0(a_{11}) \parallel S_1(a_{10}), \\ B[2] \leftarrow S_1(a_{23}) \parallel S_0(a_{22}) \parallel S_1(a_{21}) \parallel S_0(a_{20}), \\ B[3] \leftarrow S_0(a_{33}) \parallel S_1(a_{32}) \parallel S_0(a_{31}) \parallel S_1(a_{30}); \end{cases}$$

$$B = \gamma_e(A):\begin{cases} B[0] \leftarrow S_0(a_{03}) \parallel S_1(a_{02}) \parallel S_0(a_{01}) \parallel S_1(a_{00}), \\ B[1] \leftarrow S_1(a_{13}) \parallel S_0(a_{12}) \parallel S_1(a_{11}) \parallel S_0(a_{10}), \\ B[2] \leftarrow S_0(a_{23}) \parallel S_1(a_{22}) \parallel S_0(a_{21}) \parallel S_1(a_{20}), \\ B[3] \leftarrow S_1(a_{33}) \parallel S_0(a_{32}) \parallel S_1(a_{31}) \parallel S_0(a_{30}). \end{cases}$$

其中，$y=S_j(x)$是一个查表函数，表示以 x 为地址去查 S_j表（$j=0,1$）。由于对任意 8 比特数 x，都有 $S_0(S_1(x))=S_1(S_0(x))=x$，所以 $\gamma_o(\gamma_e(A))=\gamma_e(\gamma_o(A))$。

(2) 线性变换——位置换 π　π_o用于奇数轮，π_e用于偶数轮。

$B=\pi_o(A)$：

$$\begin{cases} B[0]\leftarrow(A[0]\wedge M_0)\oplus(A[1]\wedge M_1)\oplus(A[2]\wedge M_2)\oplus(A[3]\wedge M_3), \\ B[1]\leftarrow(A[0]\wedge M_1)\oplus(A[1]\wedge M_2)\oplus(A[2]\wedge M_3)\oplus(A[3]\wedge M_0), \\ B[2]\leftarrow(A[0]\wedge M_2)\oplus(A[1]\wedge M_3)\oplus(A[2]\wedge M_0)\oplus(A[3]\wedge M_1), \\ B[3]\leftarrow(A[0]\wedge M_3)\oplus(A[1]\wedge M_0)\oplus(A[2]\wedge M_1)\oplus(A[3]\wedge M_2); \end{cases}$$

$B=\pi_e(A)$：

$$\begin{cases} B[0]\leftarrow(A[0]\wedge M_1)\oplus(A[1]\wedge M_2)\oplus(A[2]\wedge M_3)\oplus(A[3]\wedge M_0), \\ B[1]\leftarrow(A[0]\wedge M_2)\oplus(A[1]\wedge M_3)\oplus(A[2]\wedge M_0)\oplus(A[3]\wedge M_1), \\ B[2]\leftarrow(A[0]\wedge M_3)\oplus(A[1]\wedge M_0)\oplus(A[2]\wedge M_1)\oplus(A[3]\wedge M_2), \\ B[3]\leftarrow(A[0]\wedge M_0)\oplus(A[1]\wedge M_1)\oplus(A[2]\wedge M_2)\oplus(A[3]\wedge M_3)。 \end{cases}$$

其中 M_0,M_1,M_2,M_3 是 4 个掩码，定义为 $M_0=(\text{3FCFF3FC})_{\text{hex}}$，$M_1=(\text{FC3FCFF3})_{\text{hex}}$，$M_2=(\text{F3FC3FCF})_{\text{hex}}$，$M_3=(\text{CFF3FC3F})_{\text{hex}}$。

(3) 线性变换——字节换位 τ　$B=\tau(A)$，其中 $b_{ij}=a_{ji}$，即

$A[0]$	a_{03}	a_{02}	a_{01}	a_{00}
$A[1]$	a_{13}	a_{12}	a_{11}	a_{10}
$A[2]$	a_{23}	a_{22}	a_{21}	a_{20}
$A[3]$	a_{33}	a_{32}	a_{31}	a_{30}

$\Rightarrow$

$B[0]$	a_{30}	a_{20}	a_{10}	a_{00}
$B[1]$	a_{31}	a_{21}	a_{11}	a_{01}
$B[2]$	a_{32}	a_{22}	a_{12}	a_{02}
$B[3]$	a_{33}	a_{23}	a_{13}	a_{03}

(4) 密钥加　输入阵列 A 和轮密钥 K 之间进行简单的模 2 加，即

$$B=A\oplus K:\begin{cases} B[0]\leftarrow A[0]\oplus K[0], \\ B[1]\leftarrow A[1]\oplus K[1], \\ B[2]\leftarrow A[2]\oplus K[2], \\ B[3]\leftarrow A[3]\oplus K[3]。 \end{cases}$$

(5) 轮函数 ρ　有两个轮函数 ρ_o和 ρ_e，其中 ρ_o用于奇数轮，ρ_e用于偶数轮，它们的逻辑框图分别见图 C.41(a)和(b)。可用公式描述如下：

$$O=\rho_o(I,K)=(\tau\circ\pi_o\circ\gamma_o)(I)\oplus K,$$

$$O=\rho_e(I,K)=(\tau\circ\pi_e\circ\gamma_e)(I)\oplus K。$$

(6) 变换 ϕ_e和 ϕ_o　逻辑框图见图 C.42(a)和(b)。用公式描述如下：

$$O=\phi_e(I)=(\tau\circ\pi_e\circ\tau)(I),$$

$$O=\phi_o(I)=(\tau\circ\pi_o\circ\tau)(I)。$$

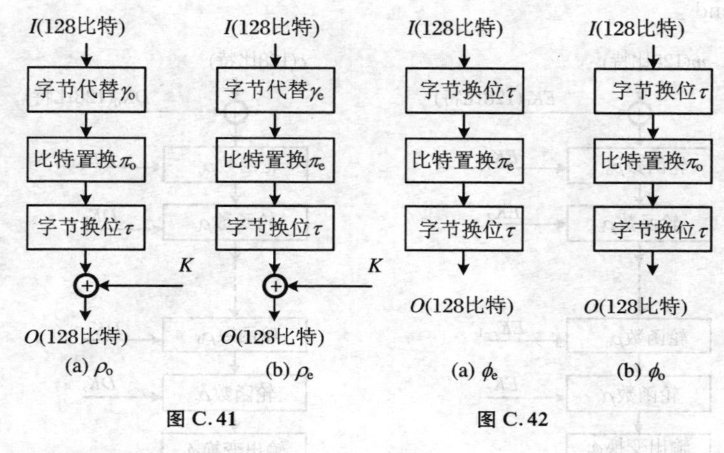

(a) ρ_o　　(b) ρ_e

图 C.41

(a) ϕ_e　　(b) ϕ_o

图 C.42

3. 加密算法(图 C.43 所示)

输入:128 比特明文字块 m;第 i 轮加密子密钥 $EK_i \in \{0,1\}^{128}(i=0,1,\cdots,r)$。

输出:128 比特密文字块 c。

begin

　$T \leftarrow m \oplus EK_0$

　for $i=0$ to $r/2$ do

　　$T \leftarrow \rho_o(T, EK_{2i+1})$

　　$T \leftarrow \rho_e(T, EK_{2i+2})$

　next i

　$c \leftarrow \phi_e(T)$

end

4. 解密算法(图 C.44)

输入:128 比特密文字块 c;第 i 轮解密子密钥 $DK_i \in \{0,1\}^{128}(i=0,1,\cdots,r)$。

输出:128 比特明文字块 m。

begin

　$T \leftarrow c \oplus DK_0$

　for $j=0$ to $r/2$ do

　　$T \leftarrow \rho_o(T, DK_{2j+1})$

　　$T \leftarrow \rho_e(T, DK_{2j+2})$

　next j

　$m \leftarrow \phi_e(T)$

end

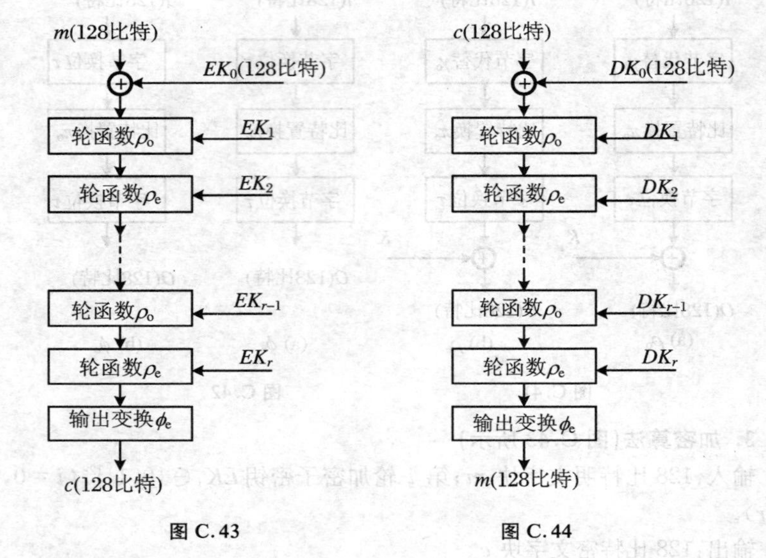

图 C.43　　　　图 C.44

5. 密钥编排

输入:256 比特密钥 $K=k_0k_1\cdots k_{30}k_{31},k_i\in\{0,1\}^8(i=0,1,\cdots,31)$。

输出:加密子密钥 $EK_i\in\{0,1\}^{128}(i=0,1,\cdots,r)$;解密子密钥 $DK_i\in\{0,1\}^{128}(i=0,1,\cdots,r)$;

begin

for $i=0$ to 7 do

$U[i]\leftarrow k_{4i+3}k_{4i+2}k_{4i+1}k_{4i}$

next i

$U_0=(U[6],U[4],U[2],U[0])^{\mathrm{T}}$

$U_1=(U[7],U[5],U[3],U[1])^{\mathrm{T}}$

$P=(P_3,P_2,P_1,P_0)^{\mathrm{T}}$

$P_0=(\mathrm{BB67AE85})_{\mathrm{hex}},P_1=(\mathrm{3C6EF372})_{\mathrm{hex}}$

$P_2=(\mathrm{A54FF53A})_{\mathrm{hex}},P_3=(\mathrm{510E527F})_{\mathrm{hex}}$

$Q=(Q_3,Q_2,Q_1,Q_0)^{\mathrm{T}}$

$Q_0=(\mathrm{9B05688C})_{\mathrm{hex}},Q_1=(\mathrm{1F83D9AB})_{\mathrm{hex}}$

$Q_2=(\mathrm{5BE0CD19})_{\mathrm{hex}},Q_3=(\mathrm{CBBB9D5D})_{\mathrm{hex}}$

$V_0=(V[3],V[2],V[1],V[0])^{\mathrm{T}}=(\tau\circ\gamma_{\mathrm{o}})(\pi_{\mathrm{o}}(U_0)\oplus P)$

$V_1=(V[7],V[6],V[5],V[4])^{\mathrm{T}}=(\tau\circ\gamma_{\mathrm{e}})(\pi_{\mathrm{e}}(U_1)\oplus Q)$

$T_0=V[0]\oplus V[1]\oplus V[2]\oplus V[3]$

$T_1 = V[4] \oplus V[5] \oplus V[6] \oplus V[7]$

for $i = 0$ to 3 do

$E[i] = V[i] \oplus T_1$

$E[i+4] = V[i+4] \oplus T_0$

next i

$EK_0 = (E[3], E[2], E[1], E[0])^{\mathrm{T}}$

$EK_1 = (E[7], E[6], E[5], E[4])^{\mathrm{T}}$

$RC_0 = (01010101)_{\mathrm{hex}}, RC_1 = (02020202)_{\mathrm{hex}}, RC_2 = (04040404)_{\mathrm{hex}}$

$RC_3 = (08080808)_{\mathrm{hex}}, RC_4 = (10101010)_{\mathrm{hex}}, RC_5 = (20202020)_{\mathrm{hex}}$

$S[0] = E[0] \lll 8, S[1] = E[1] \oplus RC_0$

$S[2] = E[2] \lll 16, S[3] = E[3] \oplus RC_0$

$EK_2 = (S[3], S[2], S[1], S[0])^{\mathrm{T}}$

$S[4] = E[4] \oplus RC_0, S[5] = E[5] \lll 16$

$S[6] = E[6] \oplus RC_0, S[7] = E[7] \lll 24$

$EK_3 = (S[7], S[6], S[5], S[4])^{\mathrm{T}}$

$E[0] = S[0] \oplus RC_1, E[1] = S[1] \lll 24$

$E[2] = S[2] \oplus RC_1, E[3] = S[3] \lll 8$

$EK_4 = (E[3], E[2], E[1], E[0])^{\mathrm{T}}$

$E[4] = S[4] \lll 8, E[5] = S[5] \oplus RC_1$

$E[6] = S[6] \lll 16, E[7] = S[7] \oplus RC_1$

$EK_5 = (E[7], E[6], E[5], E[4])^{\mathrm{T}}$

$S[0] = E[0] \lll 16, S[1] = E[1] \oplus RC_2$

$S[2] = E[2] \lll 24, S[3] = E[3] \oplus RC_2$

$EK_6 = (S[3], S[2], S[1], S[0])^{\mathrm{T}}$

$S[4] = E[4] \oplus RC_2, S[5] = E[5] \lll 24$

$S[6] = E[6] \oplus RC_2, S[7] = E[7] \lll 8$

$EK_7 = (S[7], S[6], S[5], S[4])^{\mathrm{T}}$

$E[0] = S[0] \oplus RC_3, E[1] = S[1] \lll 8$

$E[2] = S[2] \oplus RC_3, E[3] = S[3] \lll 16$

$EK_8 = (E[3], E[2], E[1], E[0])^{\mathrm{T}}$

$E[4] = S[4] \lll 16, E[5] = S[5] \oplus RC_3$

$E[6] = S[6] \lll 24, E[7] = S[7] \oplus RC_3$

$EK_9 = (E[7], E[6], E[5], E[4])^{\mathrm{T}}$

$S[0] = E[0] \lll 24, S[1] = E[1] \oplus RC_4$

$S[2] = E[2] \lll 8, S[3] = E[3] \oplus RC_4$

$EK_{10}=(S[3],S[2],S[1],S[0])^{T}$

$S[4]=E[4]\oplus RC_4, S[5]=E[5]\lll 8$

$S[6]=E[6]\oplus RC_4, S[7]=E[7]\lll 16$

$EK_{11}=(S[7],S[6],S[5],S[4])^{T}$

$E[0]=S[0]\oplus RC_5, E[1]=S[1]\lll 16$

$E[2]=S[2]\oplus RC_5, E[3]=S[3]\lll 24$

$EK_{12}=(E[3],E[2],E[1],E[0])^{T}$

for $i=0$ to r step 2 do

$DK_{r-i}=\phi_e(EK_i)=(\tau\circ\pi_e\circ\tau)(EK_i)$

next i

for $i=1$ to r step 2 do

$DK_{r-i}=\phi_o(EK_i)=(\tau\circ\pi_o\circ\tau)(EK_i)$

next i

end

注:当密钥 K 的长度小于 256 比特时,左边填充 0,使之达到 256 比特。

参看 advanced encryption standard, block cipher, strict avalanche criterion (SAC)。

crypto-operation　密码操作

密码方法的功能性应用。

(1) 脱机密码操作。和已加密文本的传输不同,加/解密操作是单独执行的操作,用手工或是用不和信号线有电连接的机器来执行。

参看 off-line crypto-operation。

(2) 联机密码操作。使用直接连接到信号线上的密码设备,使加密和传输或接收和解密连续进行处理。

参看 on-line crypto-operation。

cryptoperiod　密码周期

同 cryptographic period。

cryptoperiod of a key　密钥的密码周期

一个密钥的密码周期是密钥管理中的一个时间跨度,在这个时间跨度内批准一个指定的密钥使用,或者一个给定系统使用的密钥仍然有效。

密码周期可以起到如下作用:

(1) 限制可为密码分析者利用的(与指定密钥有关的)信息;

(2) 在一个个别密钥泄露的情况下,限制遭受损害;

(3) 限制将一种特殊技术用于估计密钥的有效使用寿命;

(4) 限制可为计算能力强的密码分析攻击利用的时间(在应用时不要求长期密钥保护)。

参看 cryptographic period,key management。

crypto-protocol 密码协议,密码规程

同 cryptographic protocol。

cryptosystem 密码体制

密码学中,以形式术语来说,一个密码体制有五个组成部分:一个消息空间(又叫明文空间)$\mathcal{M}$;一个密文空间$\mathcal{C}$;一个密钥空间$\mathcal{K}$;一个加密变换族$\mathcal{E}$;一个解密变换族$\mathcal{D}$。因此,可用一个五元组($\mathcal{M}$,$\mathcal{C}$,$\mathcal{K}$,$\mathcal{E}$,$\mathcal{D}$)来表示一个密码体制。消息空间是由那些能被加密的所有可能的明文消息组成。加密变换使用密钥空间中的一个加密密钥把消息空间中的一个明文消息映射成密文空间中的一个密文,解密变换用对应的解密密钥执行逆变换。

一般说来,密码体制应当满足下述要求:加/解密算法应对所有密钥都有效;体制应当易于操作;体制的保密性应依赖于密钥的保密性,而不依赖于加/解密算法的保密性。

通常人们都用香农的密码模型(通用保密体制)来说明密码体制到底是什么。

参看 ciphertext space,decryption transformation,encryption transformation,key space,message space,Shannon's general secrecy system。

cryptotext 密文

同 ciphertext。

cumulative sums (cusums) test 累积和检验

NIST 特种出版物 800-22《A Statistical Test Suite for Random and Pseudo-random Number Generators for Cryptographic Applications》中提出的 16 项检验之一。

检验目的 待测序列 $S = s_0, s_1, s_2, \cdots, s_{n-1}$。检测根据序列中已调整的($-1$, $+1$)数字的累积和来定义的随机走动的最大偏移(对零的)。检验目的是,确定在已检验的序列中出现的特殊序列的累积和相对于随机序列的累积和的期望特性是否太大或太小。这个累积和可以看作为一个随机走动。对于一个随机序列而言,随机走动的偏移应当接近于零。而对于一个非随机序列而言,对零的随机走动偏移将是大的。

理论根据及检验技术描述 这个检验基于以 ± 1 方式表示的序列的特殊和的最大绝对值。这个统计量的大的值表示:在该序列的初期阶段存在太多的“1”或者太多的“0”;小的值表示:“1”和“0”混合得太均匀。对偶检测能够根

据使用 $\Sigma'_k = X_n + \cdots + X_{n-k+1}$ 的反向时间随机走动推导出来。使用这个定义，检测结果的解释可以修改成“用后期阶段替代初期阶段”。

这个检验基于部分和 $\max\limits_{1\leqslant k\leqslant n}|\Sigma_k|$ 的最大绝对值的极限分布：

$$\lim_{n\to\infty}P\left(\frac{\max\limits_{1\leqslant k\leqslant n}|\Sigma_k|}{\sqrt{n}}\leqslant z\right)=\frac{1}{\sqrt{2\pi}}\int_{-z}^{z}\sum_{k=-\infty}^{\infty}(-1)^k\exp\left\{-\frac{(u-2kz)^2}{2}\right\}\mathrm{d}u$$

$$=\frac{4}{\pi}\sum_{j=0}^{\infty}\frac{(-1)^j}{2j+1}\exp\left\{-\frac{(2j+1)^2\pi^2}{8z^2}\right\}$$

$$=H(z)\quad(z>0)。$$

使用检验统计量 $z=\max\limits_{1\leqslant k\leqslant n}|\Sigma_k|(obs)/\sqrt{n}$，对于大的 z 值则拒绝该随机性假设，而其对应的尾部概率

$$P\text{-}value = 1-H(\max_{1\leqslant k\leqslant n}|\Sigma_k|(obs)/\sqrt{n})$$

$$=1-G(\max_{1\leqslant k\leqslant n}|\Sigma_k|(obs)/\sqrt{n}),$$

其中，$\max\limits_{1\leqslant k\leqslant n}|\Sigma_k|(obs)$ 是观测值，函数 $G(z)$ 定义如下：

$$G(z)=\frac{1}{\sqrt{2\pi}}\int_{-z}^{z}\sum_{k=-\infty}^{\infty}(-1)^k\exp\left\{-\frac{(u-2kz)^2}{2}\right\}\mathrm{d}u$$

$$=\sum_{k=-\infty}^{\infty}(-1)^k[\Phi((2k+1)z)-\Phi((2k-1)z)]$$

$$=\Phi(z)-\Phi(-z)+2\sum_{k=1}^{\infty}(-1)^k[\Phi((2k+1)z)-\Phi((2k-1)z)]$$

$$=\Phi(z)-\Phi(-z)-2\sum_{k=1}^{\infty}[2\Phi((4k-1)z)$$

$$-\Phi((4k+1)z)-\Phi((4k-3)z)]$$

$$\approx\Phi(z)-\Phi(-z)-2[2\Phi(3z)-\Phi(5z)-\Phi(z)]$$

$$\approx 1-\frac{4}{\sqrt{2\pi}z}\exp\left\{-\frac{z^2}{2}\right\}\quad(z\to\infty)。$$

其中，$\Phi(x)$ 是标准正态分布。

使用里夫兹(Pal Revesz)于1990年写的论文《Random Walk in Random and Non-Random Environments》(Singapore：World Scientific)中第17页定理2.6，可以直接得到

$$P(\max_{1\leqslant k\leqslant n}|\Sigma_k|\geqslant z)=1-\sum_{k=-\infty}^{\infty}P((4k-1)z<S_n<(4k+1)z))$$

$$+\sum_{k=-\infty}^{\infty}P((4k+1)z<S_n<(4k+3)z))。$$

使用上述公式来计算尾部概率 *P-value*，其中 $z=\max\limits_{1\leqslant k\leqslant n}|\Sigma_k|(obs)/\sqrt{n}$。对于

大的 z 值则拒绝该随机性假设。

检验统计量与参照的分布 统计量 z 为在相应的$(-1,+1)$序列中的累积和的起点的最大偏移。检验统计量的参照分布是正态分布。

检验方法描述 (1) 将$(0,1)$序列 S 转换成$(-1,+1)$序列 X,其中 $X_i = 2s_i - 1$。例如序列 $S=1011010111$,则 $X= 1,-1,1,1,-1,1,-1,1,1,1$。

(2) 计算连续的较大的子序列的部分和 Σ_i,每次计算都是从 X_1 开始(如果 $mode=0$)或者从 X_n 开始(如果 $mode=1$),如表 C.11 所示。

表 C.11

$mode=0$(前向)	$mode=1$(后向)
$\Sigma_1 = X_1$	$\Sigma_1 = X_n$
$\Sigma_2 = X_1 + X_2$	$\Sigma_2 = X_n + X_{n-1}$
$\Sigma_3 = X_1 + X_2 + X_3$	$\Sigma_3 = X_n + X_{n-1} + X_{n-2}$
…	…
$\Sigma_k = X_1 + X_2 + X_3 + \cdots + X_k$	$\Sigma_k = X_n + X_{n-1} + X_{n-2} + \cdots + X_{n-k+1}$
…	…
$\Sigma_n = X_1 + X_2 + X_3 + \cdots + X_k + \cdots + X_n$	$\Sigma_n = X_n + X_{n-1} + X_{n-2} + \cdots + X_{k-1} + \cdots + X_1$

可以看出,对于 $mode=0$,$\Sigma_k = \Sigma_{k-1} + X_k$,而对于 $mode=1$,$\Sigma_k = \Sigma_{k-1} + X_{n-k+1}$。

对于上面的例子,可得到

$$\Sigma_1 = 1,\ \Sigma_2 = 0,\ \Sigma_3 = 1,\ \Sigma_4 = 2,\ \Sigma_5 = 1,$$
$$\Sigma_6 = 2,\ \Sigma_7 = 1,\ \Sigma_8 = 2,\ \Sigma_9 = 3,\ \Sigma_{10} = 4。$$

(3) 计算检验统计量 $z = \max\limits_{1 \leqslant k \leqslant n} |\Sigma_k|$,其中 $\max\limits_{1 \leqslant k \leqslant n} |\Sigma_k|$ 是部分和 Σ_k 的绝对值的最大者。

对于上面的例子,Σ_k 的最大值是 4,所以 $z=4$。

(4) 计算尾部概率

$$P\text{-}value = 1 - \sum_{k=(-n/z+1)/4}^{(n/z-1)/4} \left[\Phi\left(\frac{(4k+1)z}{\sqrt{n}}\right) - \Phi\left(\frac{(4k-1)z}{\sqrt{n}}\right) \right] + \sum_{k=(-n/z-3)/4}^{(n/z-1)/4} \left[\Phi\left(\frac{(4k+3)z}{\sqrt{n}}\right) - \Phi\left(\frac{(4k+1)z}{\sqrt{n}}\right) \right],$$

其中,Φ 是标准正态累积概率分布函数:

$$\Phi(z) = \frac{1}{\sqrt{2\pi}} \int_{-\infty}^{z} e^{-u^2/2} du。$$

对于上面的例子,$P\text{-}value = 0.411\,658\,8$。

判决准则(在显著性水平 1%下) 如果 $P\text{-}value < 0.01$,则该序列未通过

该项检验;否则,通过该项检验。

判决结论及解释 对于上面的例子,*P-value*≥0.01,所以通过该项检验。

注意 当 *mode* = 0 时,大的统计量值表示在该序列的初期阶段存在太多的"1"或者太多的"0";而当 *mode* = 1 时,大的统计量值表示在该序列的后期阶段存在太多的"1"或者太多的"0"。小的统计量值应表示"1"和"0"混合得太均匀。

输入长度建议 建议输入序列的长度应满足 $n \geqslant 100$ 比特。

举例说明 序列 S:

11001001000011111101101010100010001000010110100011
00001000110100110001001100011001100010100010111000,

$n = 100$。

计算:当 *mode* = 0 时,$z = 16$;当 *mode* = 1 时,$z = 19$。

计算:当 *mode* = 0 时,*P-value* = 0.219 194;当 *mode* = 1 时,*P-value* = 0.114 866。

结论:由于 *P-value*≥0.01,这个序列通过"累积和检验"。

参看 normal distribution, NIST Special Publication 800-22, statistical hypothesis, statistical test。

比较 random excursions test。

customized hash function 定制的散列函数

专门设计用于散列目的的那些散列函数,例如 MD4, MD5, SHA-1, RIPEMD-160 等。人们可使之具有最佳特性。

参看 hash function, MD4 hash function, MD5 hash function, secure hash algorithm (SHA-1), RIPEMD-160 hash function。

cut-and-choose protocol 切割-选择协议

这种协议的思想和询问-应答协议组合在一起就是零知识交互协议。"切割-选择协议"这一术语的来源是:两个小孩分一块饼,分法是其中一个小孩切割饼,但由另一个小孩进行选择。

参看 challenge-response identification, zero-knowledge protocol。

cycle of a periodic sequence 周期序列圈

如果无穷序列 $S = s_0, s_1, s_2, \cdots$ 是一个周期为 N 的周期性序列,则 S 的圈就是子序列 S^N。

参看 periodic sequence。

cycle of cellular automata 细胞自动机的周期

把细胞自动机(CA)从时间 1 开始的所有连续状态记为 $s_1, s_2, s_3, s_4, \cdots$,

则存在正整数 P 使得 $s_{i+P}=s_i(i=1,2,3,\cdots)$，$P$ 称为该CA的周期。如果 P 是CA的所有周期中最小的正整数，则称 P 为该CA的最小周期，通常简称为CA的周期。

参看 *cellular automata*。

cyclical band-shift inverter　循环移带倒频器

移带倒频器的一种形式。在这种形式中，用一个伪随机数发生器的输出来选择载频。

参看 band-shift inverter。

cyclically distinct sequence　循环相异序列

参看 cyclically equivalent sequence。

cyclically equivalent sequence　循环等价序列

设 S 是 $\mathbb{F}_q$ 上的一个周期序列，$S=s_0,s_1,s_2,\cdots$。设 t 为一个非负整数，令 $S^t=s_t,s_{t+1},s_{t+2},\cdots$，称序列 S^t 是序列 S 的一个相移。如果对两个周期序列 $S=s_0,s_1,s_2,\cdots$ 和 $R=r_0,r_1,r_2,\cdots$，存在一个非负整数 t，使得 $S=R^t$，即有 $r_{t+j}=s_j(j=0,1,2,\cdots)$，则称 S 和 R 为"循环等价序列"。如果不存在这样的一个非负整数，则称 S 和 R 为"循环相异序列"。

参看 finite field，periodic sequence。

cyclic cellular automata　循环细胞自动机

以3-邻居$\{-1,0,1\}$的、由 n 个细胞单元组成的1维细胞自动机为例，将细胞自动机的各级看成一个圈，头尾相接，头尾两级和中间各级一样依赖于自身和相邻的两级，即

$$c_1(t+1)=\delta_1(c_n(t),c_1(t),c_2(t)),$$

$$c_i(t+1)=\delta_i(c_{i-1}(t),c_i(t),c_{i+1}(t))\quad(i=2,3,\cdots,n-1),$$

$$c_n(t+1)=\delta_n(c_{n-1}(t),c_n(t),c_1(t)),$$

则称之为循环细胞自动机。

参看 cellular automata。

cyclic group　循环群

如果存在一个元素 $\alpha\in G$，使得对每一个 $b\in G$ 都存在一个整数 i，有 $b=\alpha^i$，则 G 是个循环群。这样的一个元素 α 就称作 G 的生成元。

参看 group，integer。

cyclic left shift　循环左移，左循环移位

同 left rotation。

cyclic right shift　循环右移，右循环移位

同 right rotation。

cyclic shift　循环移位

把一个字符串首尾相连进行移位。

参看 left rotation，right rotation。

cyclic redundancy code (CRC)　循环冗余码

循环冗余码是通常使用的校验和。一个 k 比特 CRC 算法把任意长度的输入映射成 k 比特印记，并提供明显好于 k 比特算术校验和（即输入数据中所有 k 比特长数据的算术和，且只取最低 k 比特）的检错能力。该算法基于一个仔细选择的 $k+1$ 比特向量，此向量被表示成一个二进制多项式；比如对于 $k=16$，通常使用的多项式（CRC-16）是 $g(x)=1+x^2+x^{15}+x^{16}$。一个 t 比特数据输入被表示成一个 $t-1$ 次的二进制多项式 $d(x)$，对应于 $d(x)$ 的 CRC 值就是一个用 $c(x)$ 表示的 16 比特二进制数字串，$c(x)$ 是 $x^{16}\cdot d(x)$ 被 $g(x)$ 除的余多项式。对于那些 $t<32\ 768$ 的所有消息 $d(x)$，CRC-16 能够检测出下述所有错误：仅一比特出错、双比特错、三比特错、任意奇数比特错、16 比特或小于 16 比特长的所有突发错误、17 比特长突发错误的 99.997 %($1-2^{-15}$)、18 比特或大于 18 比特长突发错误的 99.998 %($1-2^{-16}$)。（b 比特长突发错误是指任意开头和结尾均为“1”的 b 比特数据串。）由于要想求得一个和消息 $d(x)$ 具有相同余多项式的另一个消息 $d'(x)$，只需添加 $g(x)$ 的一个倍式到 $d(x)$ 上或把 $g(x)$ 的一个倍式插入到 $d(x)$ 中就行了，因此，循环冗余码不提供像 MDC（操作检测码）能提供的那样的单向性。实际上，CRC 是一类线性（纠错）码，只具有类似于异或和那样的单向性。

参看 check sum，manipulation detection code (MDC)。

cyclic register　环形寄存器

一种线性反馈移位寄存器。对于 L 级环形寄存器，其连接多项式为 $C(D)=1+D^L$。

参看 connection polynomial of LFSR，linear feedback shift register (LFSR)。

cycling attacks on RSA　对 RSA 的循环攻击

令 $c\equiv m^e \pmod n$ 是一个密文。再令 k 是一个正整数使 $c^{e^k}\equiv c \pmod n$；因为加密是消息空间$\{0,1,2,\cdots,n-1\}$的一个置换，所以这样的整数 k 一定存在。由于同样的理由，还一定有 $c^{e^{k-1}}\equiv m \pmod n$。这就导致了下述的关于 RSA 密码体制的循环攻击。一个敌手计算 $c^e \pmod n$，$c^{e^2} \pmod n$，$c^{e^3} \pmod n$，…直到首次获得 c。如果 $c^{e^k} \pmod n \equiv c$，则循环中的前一个数（即 $c^{e^{k-1}} \pmod n$）就等于明文 m。

推广的循环攻击就是寻找一个最小的正整数 u，使得 $f=\gcd(c^{e^u}-c,n)>1$。如果

$$c^{e^u}\equiv c(\bmod p) \quad 且 \quad c^{e^u}\not\equiv c(\bmod q), \tag{1}$$

则 $f=p$。类似地，如果

$$c^{e^u}\not\equiv c(\bmod p) \quad 且 \quad c^{e^u}\equiv c(\bmod q), \tag{2}$$

则 $f=q$。在这两种情况下，n 已被因子分解，敌方就能恢复 d，然后恢复 m。另一方面，如果

$$c^{e^u}\equiv c(\bmod p) \quad 且 \quad c^{e^u}\equiv c(\bmod q), \tag{3}$$

则 $f=n$ 且 $c^{e^u}\equiv c(\bmod n)$。实际上，u 必须是满足 $c^{e^k}\equiv c(\bmod n)$的最小正整数 k。在这种情况下，基本的循环攻击已经成功，因此，能够有效地计算 $m\equiv c^{e^{u-1}}(\bmod n)$。由于期望式(3)发生的不比式(1)和式(2)多，所以推广的循环攻击通常在做循环攻击之前终止。为此，推广的循环攻击能被看作主要是因子分解的一种算法。由于因子分解 n 被假定是难处理的，故这些循环攻击不对 RSA 加密的安全性造成威胁。

参看 RSA public-key encryption scheme。

cyclotomic coset　割圆陪集，分圆陪集

在正整数 1 到 p 之间与 p 互质的有 $\phi(p)$ 个数(ϕ 是欧拉函数)。这 $\phi(p)$ 个数对模 p 乘法构成一个群，记为$\mathbb{Z}_p^*$。如果 p 是奇数，则集合$\{1,2,4,8,\cdots\}$构成一个子群。特别是，当 $p=2^n-1$ 时，乘法子群由$\{1,2,4,\cdots,2^{n-1}\}$这 n 个元素组成，这个子群记为 H。

任取一个元素 $a\in\mathbb{Z}_p^*$，将之与子群 H 中的每一个数相乘，就得到一个陪集。这样一来，就可以将群$\mathbb{Z}_p^*$划分成 $\phi(2^n-1)/n$ 个不相交的陪集。

除了 $\phi(2^n-1)/n$ 个真陪集之外，总存在一个或多个非真陪集(或称之为广义陪集)。这些非真陪集是由子群 H 中的每个元素乘上不互质于 p 的一个整数而产生的。$\{0\}$总是它自身的一个陪集。当 p 为素数时，$\{0\}$是唯一的非真陪集；而当 p 不是素数时，除$\{0\}$之外还有一些非真陪集。

例 1　当 $p=31=2^5-1$ 时，有 $\phi(2^5-1)/5=6$ 个真陪集和一个非真陪集$\{0\}$，6 个真陪集是

$$\begin{aligned}
&H=\{1,2,4,8,16\},\\
&3H=\{3,6,12,24,17\},\\
&5H=\{5,10,20,9,18\},\\
&7H=\{7,14,28,25,19\},\\
&11H=\{11,22,13,26,21\},\\
&15H=\{15,30,29,27,23\}。
\end{aligned}$$

例 2　当 $p=15=2^4-1$ 时，有 $\phi(2^4-1)/4=2$ 个真陪集和 3 个非真陪集：

$$H=\{1,2,4,8\}\ (\text{真陪集}),$$
$$7H=\{7,14,13,11\}\ (\text{真陪集}),$$
$$3H=\{3,6,12,9\}\ (\text{非真陪集}),$$
$$5H=\{5,10\}\ (\text{非真陪集}),$$
$$0H=\{0\}\ (\text{非真陪集})。$$

乘法子群的所有陪集(包括真陪集和非真陪集)构成的集合就是模 p 的割圆陪集,其个数用 $Y(p)$表示,有

$$Y(p)=\sum_{d|p}\frac{\varphi(d)}{e_2(d)}=\frac{1}{n}\sum_{i=1}^{n}(2^{\gcd(i,n)}-1)$$
$$=\left(\frac{1}{n}\sum_{d|n}\varphi(d)\cdot 2^{n/d}\right)-1,$$

其中,$e_2(d)$表示以 d 为周期的不可约多项式的最高幂次数,$\gcd(i,n)$ 表示 i 和 n 的最大公约数。特别是,对所有 n,都有 $Y(p)\geqslant(p+n-1)/n$,并且对于 $n\neq 2$,$Y(p)$是奇数。

参看 Euler phi (ϕ) function, greatest common divisor, multiplicative group of $\mathbb{Z}_n$, relatively prime, subgroup。

cyclotomic equation　分圆方程,割圆方程

就是方程 $x^p=1$,其解 $\zeta_k=e^{2\pi ik/p}$是单位根。可以证明:只要 p 是一个费马素数,就能够把分圆方程归约为解一系列二次方程。一个不可约分圆方程是一个形如下式的表达式:

$$\frac{x^p-1}{x-1}=x^{p-1}+x^{p-2}+\cdots+1=0,$$

其中,p 是一个素数。其根 z_i满足$|z_i|=1$。

参看 Fermat number, root of unity。

cyclotomic polynomial　分圆多项式,割圆多项式

称多项式 $\Phi_h(x)=(x-\zeta_1)(x-\zeta_2)\cdots(x-\zeta_n)$为分圆多项式,其中,$\zeta_1$, $\zeta_2,\cdots,\zeta_n$为复数域上的h 次本原单位根,$\zeta_k=e^{2\pi ik/h}$,$n=\phi(h)$。有

$$x^h-1=\prod_{d|h}\Phi_d(x)\quad(d\ \text{遍历}\ h\ \text{的正因子})。$$

可证明

$$\Phi_h(x)=\prod_{d|h}(x^d-1)^{\mu(h/d)},$$

或者写成

$$\Phi_h(x)=\prod_{d|h}(1-x^{h/d})^{\mu(d)},$$

其中,μ 为默比乌斯函数。例如

$$\Phi_1(x)=x-1,$$

$$\Phi_2(x) = x + 1,$$
$$\Phi_3(x) = x^2 + x + 1,$$
$$\Phi_4(x) = x^2 + 1,$$
$$\Phi_5(x) = x^4 + x^3 + x^2 + x + 1,$$
$$\Phi_6(x) = x^2 - x + 1,$$
$$\Phi_7(x) = x^6 + x^5 + x^4 + x^3 + x^2 + x + 1,$$
$$\Phi_8(x) = x^4 + 1,$$
$$\Phi_9(x) = x^6 + x^3 + 1,$$
$$\Phi_{10}(x) = x^4 - x^3 + x^2 - x + 1。$$

参看 Möbius function，primitive root of unity。

D

data authentication code (DAC)　数据鉴别码

同 message authentication code (MAC)。

data authentication algorithm (DAA)　数据鉴别算法

美国联邦信息处理标准 FIPS 113 指定的基于 DES 的 CBC-MAC 算法。算法输出的 MAC 称作数据鉴别码(DAC)。最后一个数据块采用左对齐,如果不完整,则在处理之前右边填充"0";其结果是最左 m 比特输出,而 m 是 8 的倍数,且 $16 \leqslant m \leqslant 64$。具体实现方法可以是使用 $IV = 0$ 的 CBC 工作方式,或者使用 $IV = D_1$(第一个数据块)的 CFB-64 工作方式。对于要用此数据鉴别算法鉴别的 7 比特 ASCII 编码的数据,应预先将之处理成以"0"开头的 8 比特字符。

参看 DES block cipher,CBC-MAC。

data complexity　数据复杂度

攻击一个分组密码体制(算法)的某种攻击方法所要求的预计输入数据单位数。

参看 complexity of attacks on a block cipher。

data encapsulation mechanism (DEM)　数据密封机制

DEM 形式定义如下:一种 DEM 是一对确定算法(*DEM.Encrypt*,*DEM.Decrypt*)。加密算法 *DEM.Encrypt* 以消息 m 和密钥 K 为输入,并计算一个密文 χ。解密算法 *DEM.Decrypt* 以密文 χ 和密钥 K 为输入,并输出一个消息 m'或出错符号$\perp$。

DEM 必须是强壮的,也就是说,对于所有有效的密钥 K 和消息 m,都有 $DEM.Decrypt(DEM.Encrypt(m,K),K) = m$,而且必须满足某个安全性条件。这里应注意 DEM 不可以访问 KEM 使用的公开密钥,只可以访问由 KEM 产生的对称密钥和消息本身。

参看 hybrid encryption, hybrid encryption scheme, symmetric cryptographic system。

比较 key encapsulation mechanism (KEM)。

data-encrypting key　数据加密密钥

用于加/解密数据的密钥。

同 primary key。

Data Encryption Algorithm (DEA) 数据加密算法

美国国家标准协会(ANSI)于 1981 年发布的一个加密标准(ANSI X3.92),它和美国联邦信息处理标准(FIPS)第 46 号出版物数据加密标准中的密码函数完全一样。

参看 DES block cipher。

data encryption standard (DES) 数据加密标准

同 DES block cipher。

data expansion 数据扩展

同 message expansion。

data integrity 数据完整性

信息安全的一个目标任务。确保计算机化数据和源文献相同,而未被未授权或未知方法的偶然或恶意修改或破坏的一种特性。

数据完整性是一种业务,它定位数据的未经授权的变更。为了确保数据完整性,人们必须有能力检测未授权用户的数据操作。数据操作包括插入、删除及替换。

下面列出使用散列函数来提供数据完整性的三种基本方法。

1. 只使用消息鉴别码(MAC)的数据完整性(图 D.1)

设用户 A 为发送方,B 为接收方,A 和 B 共用一个 MAC 算法,共享一个秘密密钥 k。

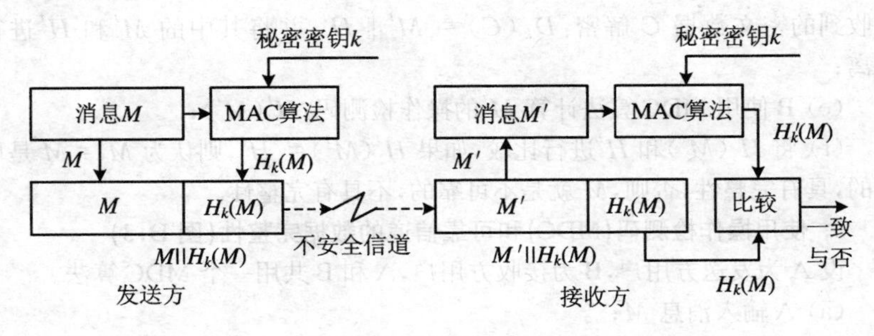

图 D.1

(a) A 输入消息 M;

(b) A 使用 MAC 算法和秘密密钥 k 计算 M 的消息鉴别码(MAC):$H_k(M)$;

(c) A 将 $M \parallel H_k(M)$ 发送给 B;

(d) B 通过某些方法(例如明文识别符字段)确定声称的源方身份,并将

接收到的数据 $M \| H_k(M)$ 中的 M 和 MAC 码 $H_k(M)$ 进行分离；

(e) 假定 B 分离出的消息为 M'，B 使用 MAC 算法和秘密密钥 k 计算 M' 的消息鉴别码(MAC)：$H_k'(M')$；

(f) 将 $H_k'(M')$ 和 $H_k(M)$ 进行比较，如果 $H_k'(M') = H_k(M)$，则认为 M 是可靠的，具有完整性，否则，M 就是不可靠的，不具有完整性。

2. 使用操作检测码(MDC)和加密的数据完整性(图 D.2)

设 A 为发送方用户，B 为接收方用户，A 和 B 共用一个 MDC 算法，共用一个加密算法 E 及其对应的解密算法 D，共享一个秘密密钥 k。

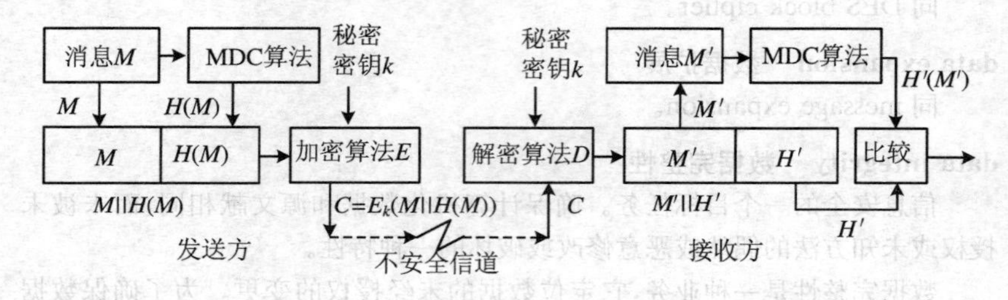

图 D.2

(a) A 输入消息 M；

(b) A 使用 MDC 算法计算 M 的操作检测码：$H(M)$；

(c) A 用加密算法 E 将 $M \| H(M)$ 加密：$C = E_k(M \| H(M))$，然后发送给 B；

(d) B 通过某些方法(例如明文识别符字段)确定解密所使用的密钥 k，将接收到的密文数据 C 解密：$D_k(C) = M' \| H'$，并将其中的 M' 和 H' 进行分离；

(e) B 使用 MDC 算法计算 M' 的操作检测码：$H'(M')$；

(f) 将 $H'(M')$ 和 H' 进行比较，如果 $H'(M') = H'$，则认为 $M' = M$ 是可靠的，具有完整性，否则，M 就是不可靠的，不具有完整性。

3. 使用操作检测码(MDC)和可靠信道的数据完整性(图 D.3)

设 A 为发送方用户，B 为接收方用户，A 和 B 共用一个 MDC 算法。

(a) A 输入消息 M；

(b) A 使用 MDC 算法计算 M 的操作检测码：$H(M)$；

(c) A 经由一个不安全信道传送消息 M，但通过一个能提供数据源鉴别的独立信道(例如电话，通过话音识别；存放在可信地方的任意数据介质，像软盘、纸片等；其他任意难以伪造的公开媒体)传送散列值 $H(M)$ 给 B；

(d) B 使用 MDC 算法对接收到的 M，独立计算其操作检测码：$H'(M)$；

(e) 将 $H'(M)$ 和接收到的 $H(M)$ 进行比较，如果 $H'(M) = H(M)$，则认

为 M 是可靠的，具有完整性，否则，M 就是不可靠的，不具有完整性。

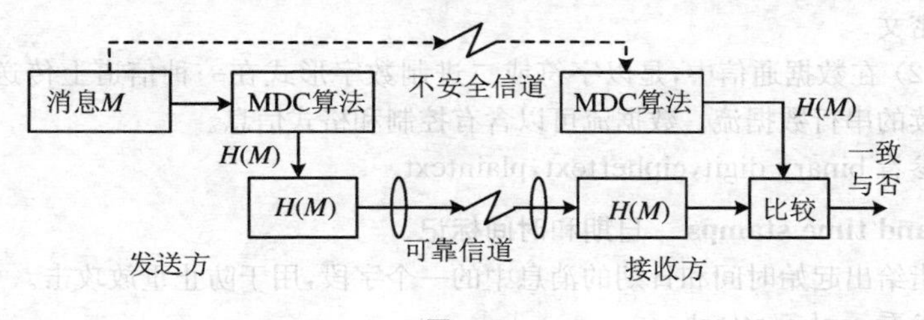

图 D.3

参看 information security，hash function，message authentication code（MAC），manipulation detection code（MDC）。

data key　数据密钥

用于对用户的数据进行密码运算（例如加/解密、鉴别）的密钥，在密钥分层中处于最低一层。用于加/解密数据时就是数据加密密钥或会话密钥。

参看 data-encrypting key，key layering。

data link encryption　数据链路加密

在物理线路上的数据加密。用这种加密形式，数据以明文方式进入中间节点和最终节点。

同 link encryption。

data origin authentication　数据源鉴别

一种鉴别类型。利用这种鉴别，可以进一步证实一个用户就是指定数据的正源（消息源发方），他在过去某个时间建立了这种数据。数据源鉴别技术把消息源发方的身份的一个保证（通过确定的证据）提供给接收该消息的用户。通常是把一个消息和附加信息一道提供给用户，以便该用户能确定消息源发方的身份。这种形式的鉴别虽不提供时间性保证，但在通信双方中一个用户不是主动用户的情况下是有用的。数据源鉴别隐式地提供数据完整性，这是因为，如果消息在传输期间被修改过，消息的源发方亦随之改变。

提供数据源鉴别的方法有：消息鉴别码（MAC）、数字签名方案、（在加密之前）把一个秘密的鉴别码值附加到加密文本上。

参看 authentication，message authentication code（MAC），digital signature scheme，appended authenticator。

data security　数据安全

同 information security。

data stream　数据流

(1) 在密码编码学中，是被看作为序列密码中的一个密码字符序列的明文或密文。

(2) 在数据通信中，是以字符或二进制数字形式在一种信道上传送的一个连续的串行数据流。数据流可以含有控制和格式信息。

参看 binary digit，ciphertext，plaintext。

date and time stamps　日期和时间标记

指给出起始时间和日期的消息中的一个字段，用于防止重放攻击。

参看 replay attack。

David Kahn　戴维·卡恩(1930～)

美国人，密码学家，曾任美国密码协会主席。

他的鸿篇巨制《破译者》(*The Codebreakers*)描述了密码学发展历史，其中技术性资料具有一定的参考价值。

Davies-Meyer hash function　戴维斯-迈耶散列函数

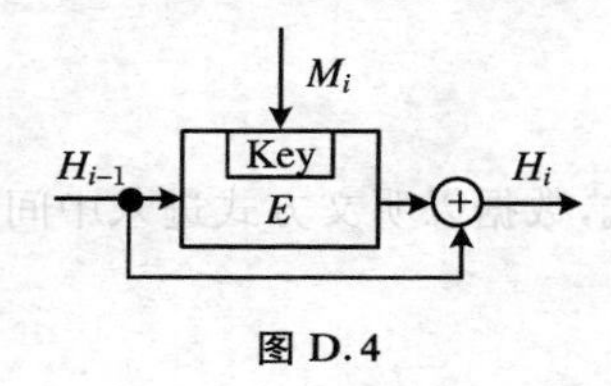

图 D.4

使用分组密码构造的一类无密钥散列函数(称作操作检测码)。

可用图 D.4 说明。图中，E 是一个分组长度为 n 比特、密钥长度为 k 比特的分组密码，其中 Key 为 E 的密钥编排部分。

首先，将任意长度的输入数据 M 划分成 k 比特长度的字块，比如可划分成 t 个 k 比特长度的字块，则 $M = M_1 \| M_2 \| \cdots \| M_t$；如果第 t 个字块 M_t 不完整，即其长度小于 k，则将 M_t 左边对齐，右边填充"0"，以使 M_t 的长度补到 k 比特。然后预先指定一个初始向量 IV。

进行如下计算：$H_0 = IV$；$H_i = E_{M_i}(H_{i-1}) \oplus H_{i-1}(1 \leqslant i \leqslant t)$。最后输出的 H_t 就是输入 M 的 n 比特散列值。

参看 block cipher，unkeyed hash function，hash function based on block cipher。

比较 Matyas-Meyer-Oseas hash function，Miyaguchi-Preneel hash function。

DEAL block cipher　DEAL 分组密码

美国 21 世纪数据加密标准(AES)算法评选第一轮(1998 年 8 月)公布的 15 个候选算法之一，由 L. R. 克努森设计。DEAL 分组密码是一种基于 DES (DEA)的分组密码，其分组长度为 128 比特，密钥长度可为 128，192，256 比特。

DEAL 分组密码方案

1. 符号注释

用 $C = DES_K(A)$表示用 DES 加密算法在密钥 K 的作用下对 64 比特数据 A 进行加密的结果；

用 $Y = E_Z(X)$表示用 DEAL 加密算法在密钥 Z 的作用下对 128 比特数据 X 进行加密的结果；

$\oplus$表示按位异或。

2. 轮变换

如图 D.5 所示。公式描述如下：

$$L_j = DES_{RK_j}(L_{j-1}) \oplus R_{j-1},$$
$$R_j = L_{j-1}。$$

3. 加密

如图 D.6 所示。当密钥长度为 128 比特或 192 比特时，加密轮数 $r = 6$；为 256 比特时，加密轮数 $r = 8$。

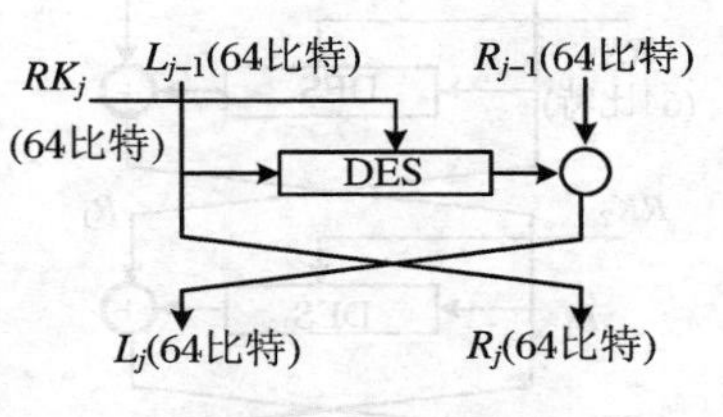

图 D.5 DEAL 轮变换

4. 解密

如图 D.7 所示。

5. 密钥编排

输入：密钥 $K = K_1K_2\cdots K_s$，$K_j \in \{0,1\}^{64}$ $(j = 1,2,\cdots,s, s = 2$ 或 3 或 4)。

输出：子密钥 $RK_1, RK_2, \cdots, RK_r$，$RK_j \in \{0,1\}^{64}$ $(j = 1,2,\cdots,r)$。

begin

　$T = (0123456789ABCDEF)_{hex}$

　$A = (8000000000000000)_{hex}$

　$B = (4000000000000000)_{hex}$

　$C = (1000000000000000)_{hex}$

　$D = (0100000000000000)_{hex}$

　if $s = 2$ then do

　　$RK_1 = E_T(K_1)$

　　$RK_2 = E_T(K_2 \oplus RK_1)$

　　$RK_3 = E_T(K_1 \oplus A \oplus RK_2)$

　　$RK_4 = E_T(K_2 \oplus B \oplus RK_3)$

　　$RK_5 = E_T(K_1 \oplus C \oplus RK_4)$

　　$RK_6 = E_T(K_2 \oplus D \oplus RK_5)$

　doend

　else if $s = 3$ then do

$RK_1 = E_T(K_1)$

$RK_2 = E_T(K_2 \oplus RK_1)$

$RK_3 = E_T(K_3 \oplus RK_2)$

$RK_4 = E_T(K_1 \oplus A \oplus RK_3)$

$RK_5 = E_T(K_2 \oplus B \oplus RK_4)$

$RK_6 = E_T(K_3 \oplus C \oplus RK_5)$

doend

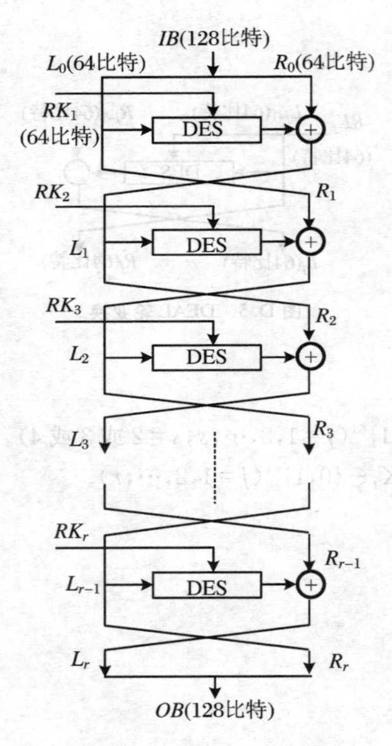

图 D.6 DEAL 加密

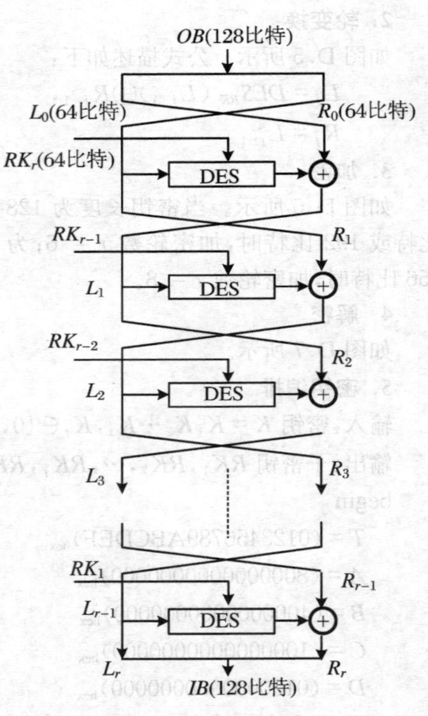

图 D.7 DEAL 解密

else then do　　$//s = 4$

$RK_1 = E_T(K_1)$

$RK_2 = E_T(K_2 \oplus RK_1)$

$RK_3 = E_T(K_3 \oplus RK_2)$

$RK_4 = E_T(K_4 \oplus RK_3)$

$RK_5 = E_T(K_1 \oplus A \oplus RK_4)$

$RK_6 = E_T(K_2 \oplus B \oplus RK_5)$

$RK_7 = E_T(K_3 \oplus C \oplus RK_6)$

$RK_8 = E_T(K_4 \oplus D \oplus RK_7)$

doend

end

参看 advanced encryption standard (AES),DES block cipher。

de Bruijn FSR　德・布鲁因反馈移位寄存器

若一个 L 级非奇异 FSR 的输出序列的周期(对任意初始状态而言)是 2^L,则称之为德・布鲁因反馈移位寄存器。

参看 non-singular FSR。

de Bruijn-Good diagram　德・布鲁因-古德图

一种向量图,且是有向图,其顶点是二进制 n 元向量,共有 2^n 个向量(顶点)。箭头从每一个向量指向它的所有可能的后继。因为向量$(a_1, a_2, \cdots, a_n)$有两个可能的后继$(a_2, \cdots, a_n, 0)$和$(a_2, \cdots, a_n, 1)$,也有两个可能的先导$(0, a_1, \cdots, a_{n-1})$和$(1, a_1, \cdots, a_{n-1})$,所以德・布鲁因-古德图中每一个顶点都有两个箭头进入,两个箭头走出。图 D.8 给出了 $n=1,2,3,4$ 时的德・布鲁因-古德图 G_n。

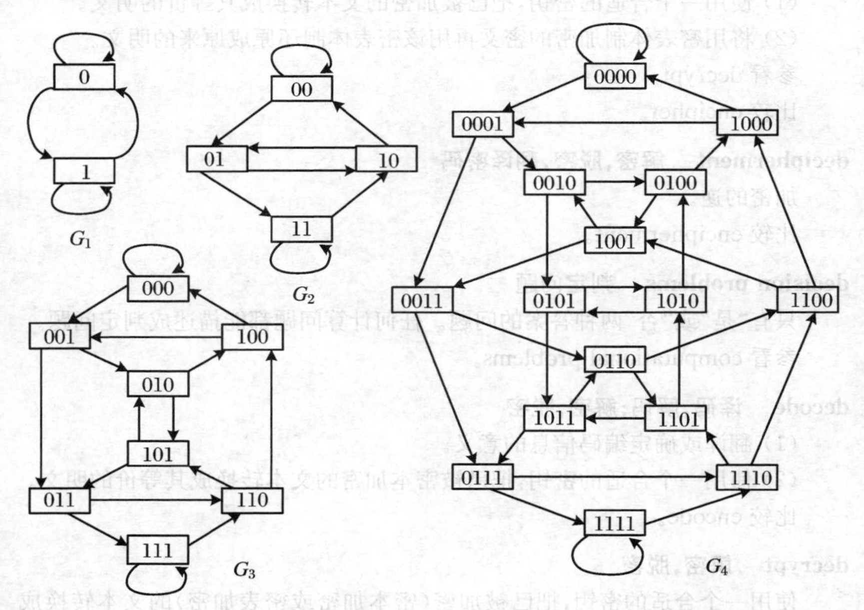

图 D.8

一个长度为2^n的移位寄存器序列对应于走遍德·布鲁因-古德图 G_n中所有顶点的一条闭合通路,且每一个顶点只通过一次。它也对应于在 G_{n-1}中的一条完全通路,即 G_{n-1}中的一条闭合通路,它沿着箭头方向经过每一条边恰好一次。

参看 de Bruijn sequence。

de Bruijn sequence　德·布鲁因序列

如果一个长度为 L 的非奇异的反馈移位寄存器(FSR)(从任意初始状态起)的输出序列的周期都是 2^L,则此 FSR 就称为德·布鲁因 FSR,而其输出序列就称为德·布鲁因序列。

参看 non-singular FSR。

decimated subsequence　采样子序列

收缩式发生器的输出序列是被控制输出的那个线性反馈移位寄存器的输出序列的一个缩减版本,也可以称作不规则采样子序列。

参看 shrinking generator。

decipher　解密,脱密;密表解密,密表脱密

(1) 使用一个合适的密钥,把已被加密的文本转换成其等价的明文。

(2) 将用密表体制加密的密文再用该密表体制还原成原来的明文。

参看 decrypt。

比较 encipher。

decipherment　解密,脱密,翻译密码

加密的逆。

比较 encipherment。

decision problems　判定问题

只有“是”或“否”两种答案的问题。任何计算问题都能描述成判定问题。

参看 computational problems。

decode　译码,解码;解密,脱密

(1) 翻译或确定编码信息的意义。

(2) 使用一个合适的密钥,把已被密本加密的文本转换成其等价的明文。

比较 encode。

decrypt　解密,脱密

使用一个合适的密钥,把已被加密(密本加密或密表加密)的文本转换成其等价的明文。

比较 encrypt。

decryption **解密,脱密**

同 decipherment。

decryption algorithm **解密算法,脱密算法**

当输入为密文时,经过密码变换(在一特定密钥作用下),输出为明文。这就是解密变换过程,此时密码算法称为解密算法。解密算法和加密算法互为逆算法。

参看 cryptography。

比较 encryption algorithm。

decryption function **解密函数,脱密函数**

对于密钥空间 K 中的每一个元素 d,都唯一确定一个从 C 到 M 的双射 $D_d: C \to M$。D_d称作一个解密函数或解密变换。

参看 cryptosystem。

比较 encryption function。

decryption transformation **解密变换,脱密变换**

同 decryption function。

degenerate Boolean function **退化的布尔函数**

若存在$\mathbb{F}_2$上的 $n \times m(m < n)$矩阵 D 和函数$g(y): \mathbb{F}_2^m \to \mathbb{F}_2$,使得布尔函数 $f(x) = g(xD) = g(y)$,其中 $y = xD$,则称 $f(x)$是退化的;否则,称 $f(x)$为非退化的。

参看 Boolean function。

degree of integer **整数的次数**

令 a 为一个整数,且 $\gcd(m, a) = 1$。如果 l 为满足 $a^l \equiv 1 \pmod m$的最小正整数,则称 l 为"a 关于模 m 的次数",或称"a 的次数,模 m"。

参看 greatest common divisor,integer。

degree of polynomial **多项式的次数**

环 R 上的未定元x 的多项式$f(x) = a_n x^n + \cdots + a_2 x^2 + a_1 x + a_0$中,$a_n \neq 0$ 的最大整数 n 称为$f(x)$的次数,表示为 $\deg f(x)$。

参看 polynomial。

delay cell **延迟单元**

构成反馈移位寄存器的级单元称作延迟单元,它是用双稳态触发器电路构造的。本书中,使用符号$\boxed{D}$表示一个延迟单元。

参看 feedback shift register(FSR),linear feedback shift register (LFSR)。

dense coding　稠密编码

利用量子纠缠现象的一种传递信息的方式。稠密编码使用一个量子位和一个 EPR(纠缠)对来传输 2 比特的经典信息。主要步骤如下：

(1) 制备一个 EPR(纠缠)对 $|\psi_0\rangle=(1/\sqrt{2})(|00\rangle+|11\rangle)$，并把纠缠对中的第一个粒子发送给 Alice，第二个粒子发送给 Bob。

(2) Alice 接收 2 比特信息 0～3，并依据 2 比特信息对自己拥有的那个粒子进行如表 D.1 所示的变换：

表 D.1

值	变换	新的态
0	$\psi_0=(I\otimes I)\ \psi_0$	$(1/\sqrt{2})(\|00\rangle+\|11\rangle)$
1	$\psi_1=(Z\otimes I)\ \psi_0$	$(1/\sqrt{2})(\|00\rangle-\|11\rangle)$
2	$\psi_2=(X\otimes I)\ \psi_0$	$(1/\sqrt{2})(\|01\rangle+\|10\rangle)$
3	$\psi_3=(Y\otimes I)\ \psi_0$	$(1/\sqrt{2})(-\|10\rangle+\|01\rangle)$

(3) Alice 把她的量子位发送给 Bob。

(4) Bob 应用控制非(CNOT)于纠缠对的两个量子位，如表 D.2 所示。

表 D.2

初始态	最终态	第 1 量子位	第 2 量子位
$\psi_0=\frac{1}{\sqrt{2}}(\|00\rangle+\|11\rangle)$	$\frac{1}{\sqrt{2}}(\|00\rangle+\|10\rangle)$	$\frac{1}{\sqrt{2}}(\|0\rangle+\|1\rangle)$	$\|0\rangle$
$\psi_1=\frac{1}{\sqrt{2}}(\|00\rangle-\|11\rangle)$	$\frac{1}{\sqrt{2}}(\|00\rangle-\|10\rangle)$	$\frac{1}{\sqrt{2}}(\|0\rangle-\|1\rangle)$	$\|0\rangle$
$\psi_2=\frac{1}{\sqrt{2}}(\|01\rangle+\|10\rangle)$	$\frac{1}{\sqrt{2}}(\|01\rangle+\|11\rangle)$	$\frac{1}{\sqrt{2}}(\|0\rangle+\|1\rangle)$	$\|1\rangle$
$\psi_3=\frac{1}{\sqrt{2}}(-\|10\rangle+\|01\rangle)$	$\frac{1}{\sqrt{2}}(-\|11\rangle+\|01\rangle)$	$\frac{1}{\sqrt{2}}(-\|1\rangle+\|0\rangle)$	$\|1\rangle$

(5) Bob 测量第 2 量子位，如果是 1，则 Bob 就知道这个数是 2 或 3；否则这个数就是 0 或 1。

(6) Bob 把阿达马变换 H 应用于第 1 量子位(即对两个粒子应用 $H\otimes I$)。这样，Bob 就观测到第 1 量子位。

这样，2 比特值经典信息就能被转换出来，如表 D.3 所示。

参看 Bell basis，bit，controlled NOT（CNOT）gate，entangled state，Hadamard transformation，quantum state。

比较 quantum teleportation。

表 D.3

第 1 量子位	第 2 量子位	数值
$\|0\rangle$	$\|0\rangle$	0
$\|1\rangle$	$\|0\rangle$	1
$\|0\rangle$	$\|1\rangle$	2
$\|1\rangle$	$\|1\rangle$	3

density of a knapsack set　背包集合的密度

令 $S=\{a_1,a_2,\cdots,a_n\}$是一个背包集合。定义 S 的密度为

$$d=\frac{n}{\max\{\lg\ a_i \mid 1\leqslant i\leqslant n\}}。$$

参看 knapsack set。

dependence test　相关性检验

对于 n 输入比特到 m 个输出比特的任意函数 f，当 n 和 m 较大时，可通过完备性、雪崩效应、严格雪崩准则，测试 f 是否近似为一个随机函数。

参看 avalanche effect，Boolean function，complete function，strict avalanche criterion (SAC)。

depth of a binary tree　二叉树的深度

考察一个二叉树中从每个叶子到根的路径的长度(或路径上边的数量)。当这个树平衡的时候，即当构造这样的树使得所有这样的路径都在长度方面至多差 1 的时候，最长路径的长度达到最小值。在由 t 个叶子组成的平衡二叉树中，从一个叶子到根的路径的长度大约是 $\log_2 t$。

参看 binary tree。

derivative of a polynomial　多项式的导数

令 $f(x)=\sum_{i=0}^{n}a_i x^i$ 是一个次数为 $n\geqslant 1$ 的多项式。$f(x)$的(形式)导数是多项式 $f'(x)=\sum_{i=0}^{n-1}a_{i+1}(i+1)x^i$。

derived key　导出密钥

提供密钥分离的一种自然方法。此法使用附加的非秘密参数和一个非秘密函数，从一个单独的基密钥导出分离密钥。所得到的结果就称作密钥变种

或导出密钥。

参看 key separation。

DES block cipher　DES 分组密码

21 世纪 70 年代中期,美国联邦数据加密标准(DES)密码算法公开发表。这是一个公开发表并完整说明其实现细节的第一个商用级的现代密码算法。

DES 分组密码

1. DES 的算法结构(图 D.9)

数据加密标准是一个典型的分组密码体制,采用费斯特尔结构。在 56 比特密钥作用下,它将 64 比特明文数据加密成 64 比特密文数据。将 56 比特密钥中的每 7 比特加 1 比特校验位,校验位对算法不起作用。

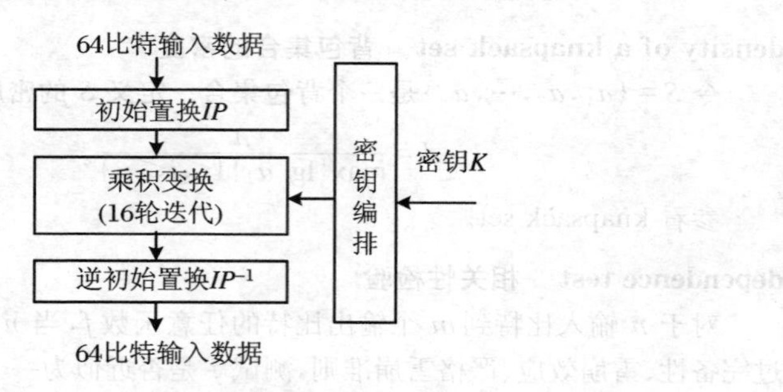

图 D.9　DES 的算法结构

2. 初始置换和逆初始置换

DES 算法的第一步是对明文数据进行初始置换(IP),然后进行 16 轮的迭代(乘积变换)运算,最后进行逆初始置换(IP^{-1}),形成密文数据。(IP 和 IP^{-1} 见表 D.4。)

表 D.4　初始置换 IP 与逆初始置换 IP^{-1}

IP								IP^{-1}							
58	50	42	34	26	18	10	2	40	8	48	16	56	24	64	32
60	52	44	36	28	20	12	4	39	7	47	15	55	23	63	31
62	54	46	38	30	22	14	6	38	6	46	14	54	22	62	30
64	56	48	40	32	24	16	8	37	5	45	13	53	21	61	29
57	49	41	33	25	17	9	1	36	4	44	12	52	20	60	28
59	51	43	35	27	19	11	3	35	3	43	11	51	19	59	27
61	53	45	37	29	21	13	5	34	2	42	10	50	18	58	26
63	55	47	39	31	23	15	7	33	1	41	9	49	17	57	25

3. DES 轮变换

16 轮迭代运算是算法的主体，第 i 轮的加密方式(图 D.10)是：先将 64 比特输入数据分成左右各 32 比特的两个字块 L_i 和 R_i；将右边的 32 比特字块 R_i 直接输出作为下一轮的左输入字块 L_{i+1}；而将右边的 32 比特字块 R_i 和该轮所用的子密钥 K_i 一起作为轮函数 F_i 的两个输入，F_i 的 32 比特输出再和左边的 32 比特字块 L_i 进行模 2 加，得到的 32 比特字块就作为下一轮的右输入字块 R_{i+1}。

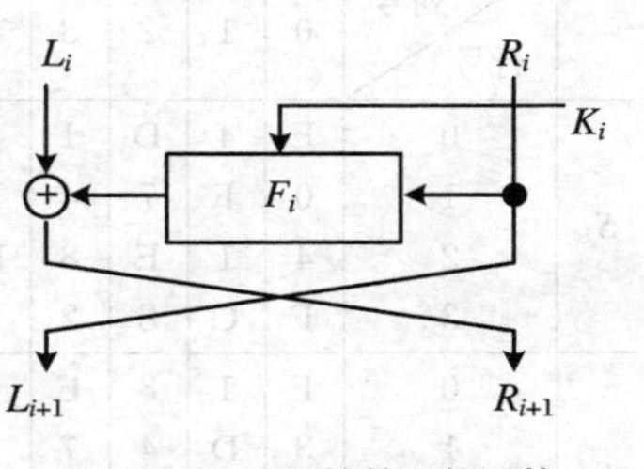

图 D.10　DES 的第 i 轮运算

4. DES 轮函数

DES 的轮函数 F_i(图 D.11)是由代替和置换(换位)两种密码体制组合而成的乘积密码。

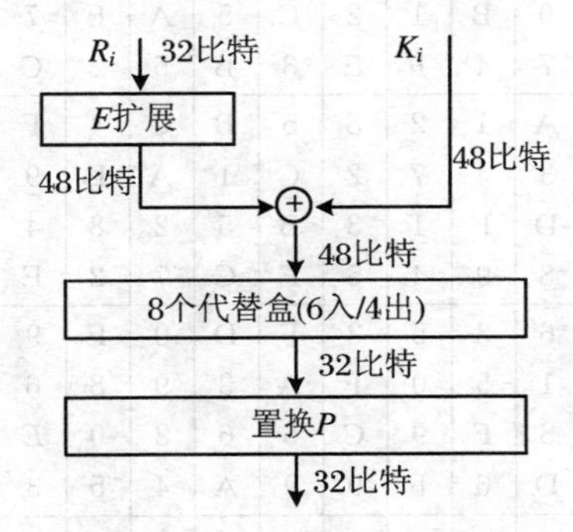

图 D.11　DES 的轮函数 F_i

运算过程如下：

(a) 对 32 比特的右输入字块 R_i 进行“E 扩展”(见表 D.5)，使之成为 48 比特的字块；

(b) 将得到的 48 比特字块和 48 比特子密钥 K_i 进行按位模 2 加，并将结果依次划分成八个 6 比特长的字块：$A_0, A_1, \cdots, A_7$；

(c) 分别以 $A_0, A_1, \cdots, A_7$ 为地址，从八个代替盒(见表 D.7)中取数据，从每个代替盒中取 4 比特数据，总共取出 32 比特数据；

(d) 最后将这 32 比特数据经置换 P(P 是一个固定置换，见表 D.6)进行换位后，作为轮函数 F_i 的输出数据。

表 D.5　E 扩展

32	1	2	3	4	5
4	5	6	7	8	9
8	9	10	11	12	13
12	13	14	15	16	17
16	17	18	19	20	21
20	21	22	23	24	25
24	25	26	27	28	29
28	29	30	31	32	1

表 D.6　置换 P

16	7	20	21
29	12	28	17
1	15	23	26
5	18	31	10
2	8	24	14
32	27	3	9
19	13	30	6
22	11	4	25

表 D.7 DES 的八个 S 盒(表中数据为十六进制)

	行号 \ 列号	0	1	2	3	4	5	6	7	8	9	A	B	C	D	E	F
S_1	0	E	4	D	1	2	F	B	8	3	A	6	C	5	9	0	7
	1	0	F	7	4	E	2	D	1	A	6	C	B	9	5	3	8
	2	4	1	E	8	D	6	2	B	F	C	9	7	3	A	5	0
	3	F	C	8	2	4	9	1	7	5	B	3	E	A	0	6	D
S_2	0	F	1	8	E	6	B	3	4	9	7	2	D	C	0	5	A
	1	3	D	4	7	F	2	8	E	C	0	1	A	6	9	B	5
	2	0	E	7	B	A	4	D	1	5	8	C	6	9	3	2	F
	3	D	8	A	1	3	F	4	2	B	6	7	C	0	5	E	9
S_3	0	A	0	9	E	6	3	F	5	1	D	C	7	B	4	2	8
	1	D	7	0	9	3	4	6	A	2	8	5	E	C	B	F	1
	2	D	6	4	9	8	F	3	0	B	1	2	C	5	A	E	7
	3	1	A	D	0	6	9	8	7	4	F	E	3	B	5	2	C
S_4	0	7	D	E	3	0	6	9	A	1	2	8	5	B	C	4	F
	1	D	8	B	5	6	F	0	3	4	7	2	C	1	A	E	9
	2	A	6	9	0	C	B	7	D	F	1	3	B	5	2	8	4
	3	3	F	0	6	A	1	D	8	9	4	5	E	C	7	2	E
S_5	0	2	C	4	1	7	A	B	6	8	5	3	F	D	0	E	9
	1	E	B	2	C	4	7	D	1	5	0	F	A	3	9	8	6
	2	4	2	1	B	A	D	7	8	F	9	C	5	6	3	0	*E*
	3	B	8	C	7	1	E	2	D	6	F	0	9	A	4	5	3
S_6	0	C	1	A	F	9	2	6	8	0	D	3	4	E	7	5	B
	1	A	F	4	2	7	C	9	5	6	1	D	E	0	B	3	8
	2	9	E	F	5	2	8	C	3	7	0	4	A	1	D	B	6
	3	4	3	2	C	9	5	F	A	B	E	1	7	6	0	8	D
S_7	0	4	B	2	E	F	0	8	D	3	C	9	7	5	A	6	1
	1	D	0	B	7	4	9	1	A	E	3	5	C	2	F	8	6
	2	1	4	B	D	C	3	7	E	A	F	6	8	0	5	9	2
	3	6	B	D	8	1	4	A	7	9	5	0	F	E	2	3	C
S_8	0	D	2	8	4	6	F	B	1	A	9	3	E	5	0	C	7
	1	1	F	D	8	A	3	7	4	C	5	6	B	0	E	9	2
	2	7	B	4	1	9	C	E	2	0	6	A	D	F	3	5	8
	3	2	1	E	7	4	A	8	D	F	C	9	0	3	5	6	B

注　八个 S 盒的查表方法如下,假定查 S_i 表的地址 $A_i = a_1a_2a_3a_4a_5a_6$,则 S_i 表输出数据的行号为$(a_1a_6) = 2 \cdot a_1 + a_6$,列号为$(a_2a_3a_4a_5) = 2^3 \cdot a_2 + 2^2 \cdot a_3 + 2 \cdot a_4 + a_5$。

八个代替盒中的每个代替盒(表 D.7)都可看作是内分 64 个方格的盒子,每个方格存放一个数字,其值为 0 到 15 这 16 个数字中的某一个。地址值 $A_0, A_1, \cdots, A_7$ 就指示从哪个方格中取数据。当然,这 16 个数字在代替盒中的位置是按一定的设计准则排定的。我们也可把代替盒看作是具有 6 个输入和 4 个输出的函数表。

5. DES 的密钥编排

DES 的 16 轮迭代中所用的 16 个子密钥是由密钥编排算法(图 D.12)生成的。

密钥编排算法以 56 比特密钥 K 为输入,先经过固定置换"PC-1",将得到的 56 比特数据划分成前 28 比特数据 C_0 和后 28 比特数据 D_0;将前 28 比特数据 C_0 循环左移 1 位得 C_1,再将后 28 比特数据 D_0 循环左移 1 位得 D_1,将前后两个 28 比特数据 C_1 和 D_1 合在一起,经过固定置换"PC-2",输出作为第一轮的子密钥 K_1;将前 28 比特数据 C_1 循环左移 1 位得 C_2,再将后 28 比特数据 D_1 循环左移 1 位得 D_2,将前后两个 28 比特数据 C_2 和 D_2 合在一起,经过固定置换"PC-2",输出作为第二轮的子密钥 K_2……就这样进行下去,一直到 16 个子密钥全部生成出来为止。不过,除了第一轮、第二轮、第九轮、第十六轮循环左移 1 位之外,其余各论均为循环左移 2 位。固定置换 PC-1 和 PC-2 见表 D.8。

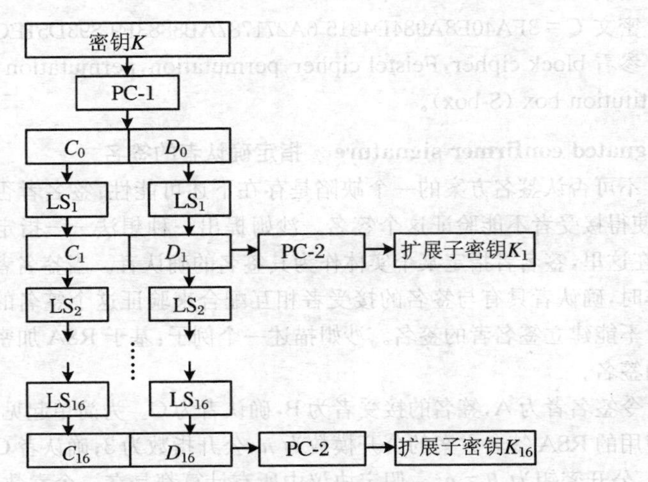

图 D.12 DES 的密钥编排算法

表 D.8　固定置换 PC-1 和 PC-2

	PC-1							PC-2					
C_i	57	49	41	33	25	17	9	14	17	11	24	1	5
	1	58	50	42	34	26	18	3	28	15	6	21	10
	10	2	59	51	43	35	27	23	19	12	4	26	8
	19	11	3	60	52	44	36	16	7	27	20	13	2
D_i	63	55	47	39	31	23	15	41	52	31	37	47	55
	7	62	54	46	38	30	22	30	40	51	45	33	48
	14	6	61	53	45	37	29	44	49	39	56	34	53
	21	13	5	28	20	12	4	46	42	50	36	29	32

6. DES 的解密过程

使用 DES 的解密过程和加密过程相同，只不过输入是密文数据，乘积变换中各轮的子密钥以和加密过程相反的顺序参与运算，输出将是明文数据。可用 DES^{-1} 表示 DES 的解密。

7. DES 测试向量

明文 P = 4E6F772069732074 68652074696D6520 666F7220616C6C20；

密钥 K = 0123456789ABCDEF；

密文 C = 3FA40E8A984D4815 6A271787AB8883F9 893D51EC4B563B53。

参看 block cipher，Feistel cipher，permutation，permutation box（P-box），substitution box（S-box）。

designated confirmer signature　指定确认者的签名

不可否认签名方案的一个缺陷是存在下述可能性：签名者否认或拒绝合作，使得接受者不能验证这个签名。沙姆提出一种想法——指定确认者的签名，在这里，签名者指定某个实体作为其签名的确认者。当签名者否认或拒绝合作时，确认者具有与签名的接受者相互配合来验证这个签名的能力。但确认者不能建立签名者的签名。沙姆描述一个例子：基于 RSA 加密的指定确认者的签名。

令签名者为 A，签名的接受者为 B，确认者为 C。为简单起见，假定签名者 A 使用的 RSA 签名方案的公开模数为 n，公开指数为 3；确认者 C 的秘密密钥为 z，公开密钥为 $h = g^z$。假定协议中所有计算都是在一个素数阶群中进行，并假定这里的离散对数问题是困难的。

签名协议（签名者为 A，签名的接受者为 B）

(1) A 选择一个随机数 x，计算 $a = g^x$，$b = h^x$，$\alpha \equiv (F(a, b) \oplus H(m))^{1/3} \pmod n$，其中 H 是一个适当的散列函数，而 F 是个组合函数，它破坏乘法结

构,但却是易于可逆的函数。(例如,可以是一个代替——置换网络,而其中的代替是使用众所周知密钥的 DES 加密。)然后,A 把 a,b 和 α 发送给 B。

(2) B 选择随机数 s 和 t,计算 $c=g^s h^t$,并把 c 发送给 A。

(3) A 选择一个随机数 q,计算 $d=g^q$,$e=(cd)^x$,并把 d 和 e 发送给 B。这一步与确认协议有关。当 B 说明 c 是正确构成的时候,A 只泄露 q。

(4) B 把 s 和 t 发送给 A,A 验证 c 的确是正确构成的。

(5) A 把 q 发送给 B。

(6) B 通过计算 $d=g^q$ 来验证 q 是正确的;检验 $e/a^q=a^s b^t$ 是否成立,这就使 B 确信 $b=a^z$,但是却没有留给 B 证明 b 是别的任何东西的方法。B 还可检验 $F(a,b)\oplus H(m)\equiv\alpha^3 \pmod n$ 是否成立。

下面提出两类不同的确认协议。

确认协议 1(确认者为 C,验证者为 V)

(1) V 选择随机数 u 和 v,计算 $k=g^u a^v$,并把 k 发送给 C。

(2) C 选择一个随机数 p,计算 $l=g^p$,$n=(kl)^z$,并把 l 和 n 发送给 V。

(3) V 把 u 和 v 发送给 C,C 验证 $g^u a^v=k$ 是否成立。

(4) C 把 p 发送给 V。

(5) V 通过计算 $g^p=l$ 来验证 p 是正确的;检验 $n/h^p=h^u b^v$ 是否成立,这就使 V 确信 $b=a^z$,而且没有给 V 任何可变换的证明。

确认协议 2(确认者为 C,验证者为 V)

(1) C 选择一个随机数 w,计算 $r=a^w$,$y=w+zF(a,r)$,并把 r 和 y 发送给 V。

(2) V 检验 $a^y=rb^{F(a,r)}$ 是否成立,来使 V 确信 $b=a^z$。

参看 DES block cipher, RSA digital signature scheme, substitution-permutation(SP)network, undeniable signature scheme。

de-skewing technique　纠偏技术

自然的随机二进制数字源可能有缺陷,其输出二进制数字可能有偏差(此源产生一个"1"的概率不等于 1/2)或者是相关的(此源产生一个"1"的概率依赖于先前产生的那些二进制数字)。有各种各样的技术可以利用这样一个有缺陷发生器的输出二进制数字生成真随机二进制数字序列,这样的技术称为"纠偏技术"。

例(消除输出二进制数字中的偏差)　假设一个发生器产生了有偏差但不相关的二进制数字。假定产生一个"1"的概率为 p,产生一个"0"的概率为 $1-p$,其中 $p(0<p<1)$ 是一个固定的未知量。将这个发生器的输出序列分组成 2 比特对,然后把"10"对变成"1","01"对变成"0",而舍去"00"和"11"对,这样所得到的结果序列是既无偏差又不相关的二进制数字序列。

一种实用(虽未证明)的纠偏技术就是使有偏差或相关的二进制数字序列经过密码散列函数(如 SHA-1 或 MD5)处理。

参看 biased bits, cryptographic hash function, MD5 hash function, random bit generator, secure hash algorithm (SHA-1), unbiased bits。

DES modes of operation DES 工作方式

DES 的实用工作方式有四种：电子密本(ECB)方式、密码分组链接(CBC)方式、密文反馈(CFB)方式及输出反馈(OFB)方式。

ECB 工作方式(图 D.13)是将明文按 64 比特一组进行分组，各个明文分组都在同一个密钥作用下被加密成 64 比特密文分组。不同的明文分组被加密成不同的密文分组，相同的明文分组被加密成相同的密文分组。就像是一个 2^{64} 个明文分组到一个 2^{64} 个密文分组的大代替表一样。

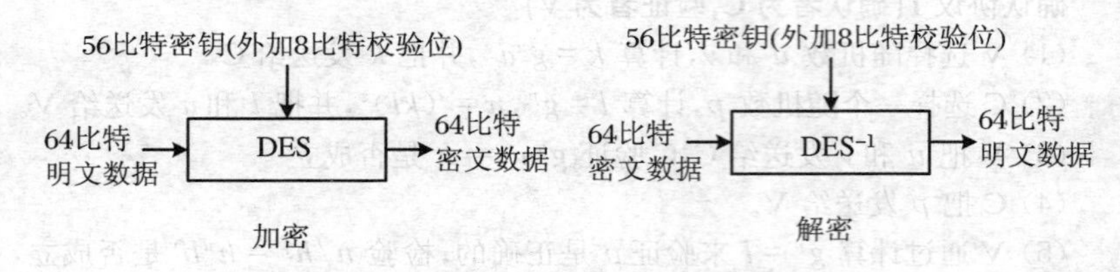

图 D.13 ECB 工作方式

CBC 工作方式(图 D.14)是把第一个 64 比特明文分组 M_1 先和一个称作初始向量(IV)的 64 比特数据进行模 2 加，然后再用 DES 进行加密得到第一个密文分组 C_1；将第一个密文分组 C_1 先和第二个明文分组 M_2 进行模 2 加后，再用 DES 进行加密得到第 2 个密文分组 C_2；将第二个密文分组 C_2 先和第三个明文分组 M_3 进行模 2 加后，再用 DES 进行加密得到第三个密文分组 C_3……以此类推。所有加密都是在同一个密钥作用下进行的。

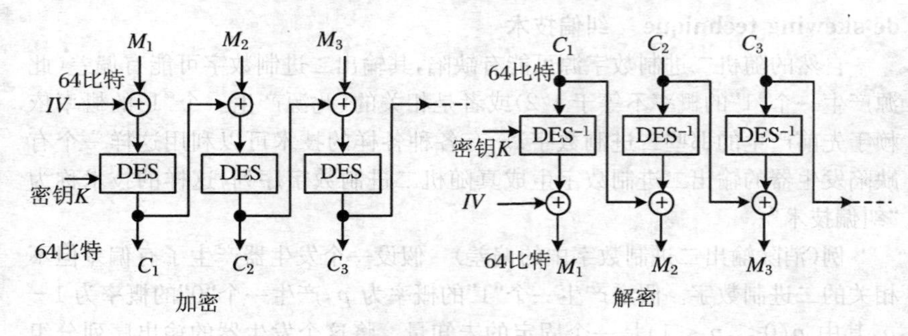

图 D.14 CBC 工作方式

CFB 工作方式(图 D.15)也有个 64 比特的初始向量(IV)，先用 IV 作为

DES 的第一组输入数据在密钥的作用下产生出 64 比特密钥流数据，然后把密钥流数据和第一个明文分组进行模 2 加得到第一个密文分组；再将第一个密文分组反馈回去作为第二组输入数据，在同一个密钥作用下又产生出 64 比特密钥流数据，把这个密钥流数据和第二个明文分组进行模 2 加得到第二个密文分组；再将第二个密文分组反馈回去作为第三组输入数据……以此类推。当然反馈回去的数据不一定是整个密文分组，也可以是部分数据，一般为 $k=8$（一次加密 1 字节数据）或 $k=1$（一次加密 1 比特数据）。这种工作方式是一种自同步性质的序列密码。

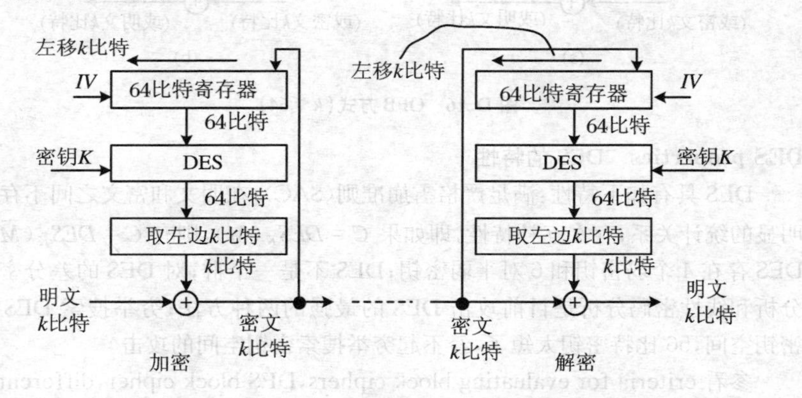

图 D.15　CFB 工作方式（$k \leqslant 64$）

OFB 工作方式（图 D.16）实际上是把 DES 当作一个伪随机数发生器来使用。它也需要一个 64 比特的初始向量（IV）。先用 IV 作为 DES 的第一组输入数据在密钥的作用下产生出第一组 64 比特密钥流数据，然后把第一组密钥流数据和第一个明文分组（解密时是第一个密文分组）进行模 2 加得到第一个密文分组（解密时是第一个明文分组）；再将第一组密钥流数据反馈回去作为第二组输入数据，在同一个密钥作用下产生出第二组密钥流数据，第二组密钥流数据和第二个明文分组（解密时是第二个密文分组）进行模 2 加得到第二个密文分组（解密时是第二个明文分组）；再将第二组密钥流数据反馈回去作为第三组输入数据……以此类推。同样，反馈回去的数据不一定是整个密钥流数据，也可以是部分数据，一般为 $k=8$（一次加密 1 字节数据）或 $k=1$（一次加密 1 比特数据）。图 D.16 中的（a）和（b）两种方式都可以，但（b）这种方式适宜 OFB 工作方式的硬件实现。

参看 DES block cipher，cipher block chaining (CBC)，cipher feedback (CFB)，electronic code book (ECB)，output feedback(OFB)。

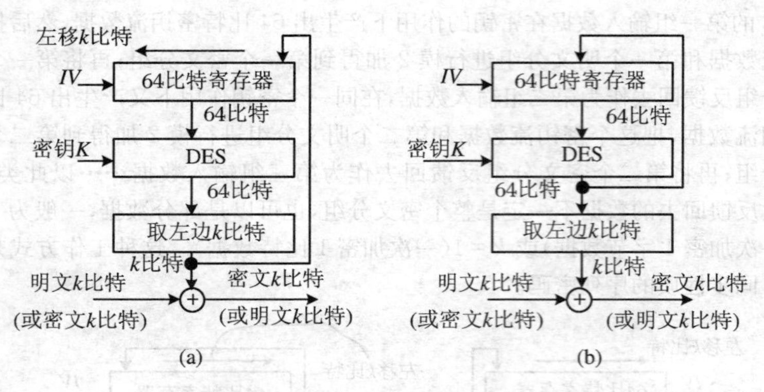

图 D.16 OFB 方式($k \leqslant 64$)

DES properties DES 的特性

DES 具有如下特性:满足严格雪崩准则(SAC);在明文和密文之间不存在明显的统计关系;存在互补特性,即如果 $C = DES_K(M)$,则有 $\bar{C} = DES_{\bar{K}}(\bar{M})$;DES 存在 4 个弱密钥和 6 对半弱密钥;DES 不是一个群;对 DES 的差分密码分析和线性密码分析是目前攻击 DES 的最强的两种方法;穷举搜索 DES 的密钥空间,56 比特密钥太短了,经不起穷举搜索密钥空间的攻击。

参看 criteria for evaluating block ciphers, DES block cipher, differential cryptanalysis, linear cryptanalysis, semiweak key, strict avalanche criterion (SAC), weak key。

DES strength DES 的密码强度

表 D.9 给出了是 DES 抗各种攻击类型的密码强度。

表 D.9

攻击方法	数据复杂度		存储复杂度	进程复杂度
	已知明文	选择明文		
穷举预先计算	—	1	2^{56}	1(查表)
穷举搜索	1	—	可忽略	2^{55}
线性分析	2^{43}(85%)	—	存文本	2^{43}
	2^{38}(10%)	—	存文本	2^{50}
差分分析	—	2^{47}	存文本	2^{47}
	2^{55}	—	存文本	2^{55}

参看 DES block cipher, chosen plaintext attack, complexity of attacks on a block cipher, differential cryptanalysis, exhaustive attack, known plaintext attack，linear cryptanalysis。

detection of cheaters secret sharing　检测欺骗者的秘密共享

一种带有扩展能力的广义秘密共享方案。这个方案对准由一个或多个集团成员进行的欺骗。

参看 generalized secret sharing。

deterministic algorithm　决定性算法

每当用相同的输入数据运行算法时，该算法都沿着相同的执行路径（运算序列）进行，这样的算法就称作决定性算法。

比较 randomized algorithm。

deterministic signature　确定性签名

如果签署的指标集合$\mathfrak{R}$中的元素数等于1，即$|\mathfrak{R}| = 1$，则称（带有附件的或带有消息恢复的）数字签名方案为确定性数字签名方案。

参看 indexing set for signing。

DFC block cipher　DFC 分组密码

美国21世纪数据加密标准（AES）算法评选第一轮（1998年8月）公布的15个候选算法之一，由法国的S. 弗登那设计。DFC分组密码的分组长度为128比特，密钥长度可为不大于256比特的任意密钥。

DFC 分组密码方案

1. 符号注释和常数定义

$A = a_0 \cdots a_{n-1}$表示一个n位二进制数字串（简称n比特数字），并约定a_0为最高位，a_{n-1}为最低位；

$(\mathrm{EFCDAB89})_{\mathrm{hex}}$为十六进制表示的数；

$A \parallel B$表示并置：如果$A = (a_0 \cdots a_{31})$，$B = (b_0 \cdots b_{31})$，则

$$A \parallel B = (a_0 \cdots a_{31}\ b_0 \cdots b_{31})；$$

$\oplus$表示按位异或；

$A \wedge B$表示按位与；

$\bar{u}$表示按位取补；

$+$、$\times$、mod都是整数上的算术运算。

RT是一个含有64个表项的S盒，每个表项都是32比特数，见表D.10。

表 D.10　RT 表（表中数据均为十六进制）

B7E15162	8AED2A6A	BF715880	9CF4F3C7
62E7160F	38B4DA56	A784D904	5190CFEF
324E7738	926CFBE5	F4BF8D8D	8C31D763

续表

DA06C80A	BB1185EB	4F7C7B57	57F59584
90CFD47D	7C19BB42	158D9554	F7B46BCE
D55C4D79	FD5F24D6	613C31C3	839A2DDF
8A9A276B	CFBFA1C8	77C56284	DAB79CD4
C2B3293D	20E9E5EA	F02AC60A	CC93ED87
4422A52E	CB238FEE	E5AB6ADD	835FD1A0
753D0A8F	78E537D2	B95BB79D	8DCAEC64
2C1E9F23	B829B5C2	780BF387	37DF8BB3
00D01334	A0D0BD86	45CBFA73	A6160FFE
393C48CB	BBCA060F	0FF8EC6D	31BEB5CC
EED7F2F0	BB088017	163BC60D	F45A0ECB
1BCD289B	06CBBFEA	21AD08E1	847F3F73
78D56CED	94640D6E	F0D3D37B	E67008E1

32 比特常数 $KC=(\text{EB64749A})_{\text{hex}}$；

64 比特常数 $KD=(\text{86D1BF275B9B241D})_{\text{hex}}$；

64 比特常数 $KA_2=(\text{B7E151628AED2A6A})_{\text{hex}}$；

64 比特常数 $KA_3=(\text{BF7158809CF4F3C7})_{\text{hex}}$；

64 比特常数 $KA_4=(\text{62E7160F38B4DA56})_{\text{hex}}$；

64 比特常数 $KB_2=(\text{A784D9045190CFEF})_{\text{hex}}$；

64 比特常数 $KB_3=(\text{324E7738926CFBE5})_{\text{hex}}$；

64 比特常数 $KB_4=(\text{F4BF8D8D8C31D763})_{\text{hex}}$；

256 比特常数 $KS=(\text{DA06C80ABB1185EB4F7C7B5757F59584})_{\text{hex}} \| (\text{90CFD47D7C19BB42158D9554F7B46BCE})_{\text{hex}}$。

2. 函数的定义

(1) $y=RT(x)$是一个查表函数，表示以 x 为地址去查 RT 表，得到 y 的值。

(2) 混乱置换 CP 是一个函数，其逻辑框图见图 D.17。设 $X=X_1\|X_2$，$X_i\in\{0,1\}^{32}(i=1,2)$，则有

$$\begin{aligned}Y&=CP(X)=CP(X_1\|X_2)\\&=[(X_2\oplus RT(X_1\gg 26))\|(X_1\oplus KC)]+KD(\text{mod }2^{64})。\end{aligned}$$

(3) 轮函数 RF 的逻辑框图见图 D.18。设 $RK_j=K_{j1}\|K_{j2}$，$K_{ji}\in\{0,1\}^{64}(j=0,1,\cdots,7;i=1,2)$，则有

$Y_j = RF(R_j, RK_j) \equiv CP(((K_{j1} \times R_j + K_{j2}) \bmod (2^{64}+13)) \bmod 2^{64})$。

(4) 轮变换的逻辑框图见图 D.19。公式描述如下：

$$\begin{cases} L_{j+1} = R_j, \\ R_{j+1} = RF(R_j, RK_j) \oplus L_j, \quad j = 0,1,\cdots,7。\end{cases}$$

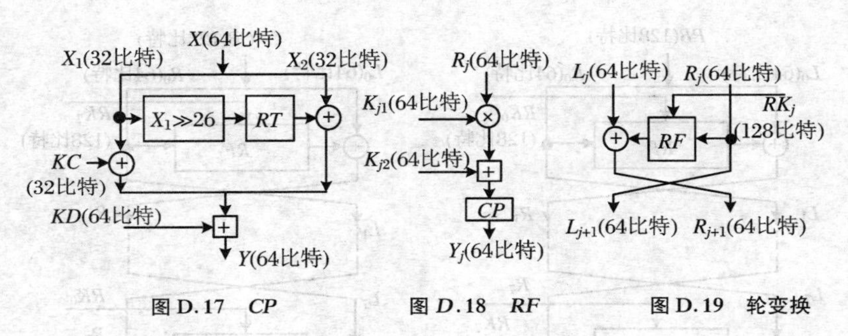

图 D.17 *CP*　　图 *D*.18 *RF*　　图 D.19 轮变换

3. 加密

标准费斯特尔密码如图 D.20 所示。用形式语言描述如下：

输入：128 比特明文字块 *PB*；第 *j* 轮加密子密钥 $RK_j \in \{0,1\}^{128}$ ($j=0,1,\cdots,7$)。

输出：128 比特密文字块 *CB*。

begin

　$L_0 \| R_0 = PB$

　for $j = 0$ to 7 do

　　$L_{j+1} = R_j$

　　$R_{j+1} = RF(R_j, RK_j) \oplus L_j$

　next j

　$CB = R_8 \| L_8$

end

4. 解密

如图 D.21 所示。用形式语言描述如下：

输入：128 比特密文字块 *CB*；第 *j* 轮加密子密钥 $RK_j \in \{0,1\}^{128}$ ($j=0,1,\cdots,7$)。

输出：128 比特明文字块 *PB*。

begin

　$L_0 \| R_0 = CB$

　for $j = 0$ to 7 do

　　$L_{j+1} = R_j$

$R_{j+1} = RF\ (R_j, RK_{7-j}) \oplus L_j$

next j

$PB = R_8 \parallel L_8$

end

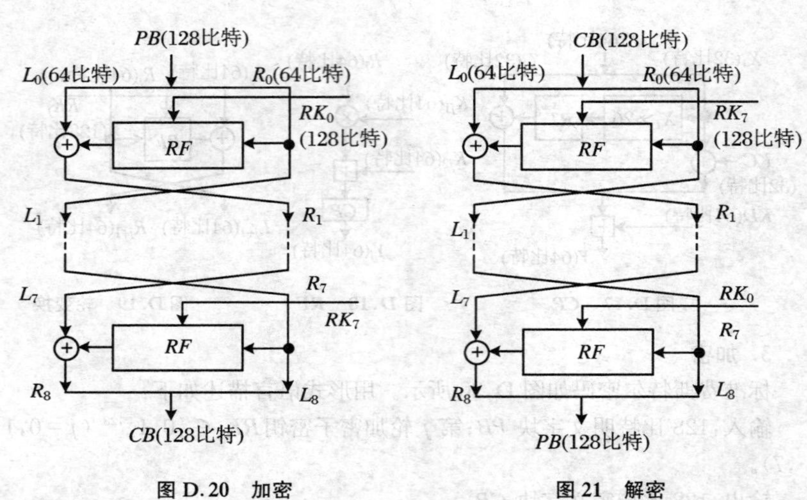

图 D.20　加密　　　　图 21　解密

5. 密钥编排

输入：密钥 K，其二进制数长度 $b \leqslant 256$。

输出：子密钥 $RK_0, RK_1, \cdots, RK_7, RK_j \in \{0,1\}^{128}\ (j = 0,1,\cdots,7)$。

begin

$PK = K \parallel$（KS 的前 $256 - b$ 比特数据）

$PK = PK_0 \parallel PK_1 \parallel \cdots \parallel PK_7 \qquad //PK_j \in \{0,1\}^{32}\ (j = 0,1,\cdots,7)$

$OAP_1 = PK_0 \parallel PK_7$

$OBP_1 = PK_4 \parallel PK_3$

$EAP_1 = PK_1 \parallel PK_6$

$EBP_1 = PK_5 \parallel PK_2$

for $i = 2$ to 4 do

$OAP_i = OAP_1 \oplus KA_i$

$OBP_i = OBP_1 \oplus KB_i$

$EAP_i = EAP_1 \oplus KA_i$

$EBP_i = EBP_1 \oplus KB_i$

next i

$RV_{0,5} = 0, RV_{0,4} = 0$

```
for i = 1 to 8 do
  RV_{i,0} = RV_{i-1,5}, RV_{i,1} = RV_{i-1,4}
  if i = 1, 3, 5 or 7 then do
    for j = 1 to 4 do
      RV_{i,j+1} = RF(RV_{i,j}, OAP_j || OBP_j) ⊕ RV_{i,j-1}
    next j
  doend
  if i = 2,4,6 or 8 then do
    for j = 1 to 4 do
      RV_{i,j+1} = RF(RV_{i,j}, EAP_j || EBP_j) ⊕ RV_{i,j-1}
    next j
  doend
  RK_{i-1} = RV_{i,5} || RV_{i,4}
next i
end
```

参看 advanced encryption standard(AES),block cipher,Feistel cipher。

_d_-fold clocked LFSR　_d_ 倍时钟线性反馈移位寄存器

当对设计好的一个线性反馈移位寄存器(LFSR)采用 $d(d>1$,系统时钟设为1)倍时钟驱动时,如果按系统时钟输出 LFSR 序列,则输出序列就是原 LFSR 的 d-采样。

参看 d-th decimation, linear feedback shift register (LFSR), linear feedback shift register sequence (LFSR-sequence)。

DFT scrambler　离散傅里叶变换置乱器

利用离散傅里叶变换置乱技术的模拟话音保密装置。

参看 DFT scrambling。

DFT scrambling　离散傅里叶变换置乱

一种话音置乱技术。按照这种技术,先将言语信号数字化后再分割成帧;每一帧信号都经过离散傅里叶变换处理,并将变换后的频域分量进行置换;最后再将信号经过逆离散傅里叶变换处理后传送出去。

参看 voice scrambling。

Dickson polynomial　迪克森多项式

令 R 是具有单位元的交换环,$a \in R$。k 次迪克森多项式 $g_k(x,a) \in R[x]$定义如下:

$$g_k(x,a) = \sum_{j=0}^{[k/2]} \frac{k}{k-j} \binom{k-j}{j} (-a)^j x^{k-2j},$$

其中,$[k/2]$表示取不大于 $k/2$ 的最大整数。有恒等式

$$x_1^k + x_2^k = \sum_{j=0}^{[k/2]} \frac{k}{k-j}\binom{k-j}{j}(-x_1x_2)^j(x_1+x_2)^{k-2j},$$

其中,k 是正整数,x_1和 x_2是变元。如果令 $x_1 = y, x_2 = a/y$,则可得到

$$y^k + \left(\frac{a}{y}\right)^k = g_k\left(y + \frac{a}{y}, a\right)。$$

特别地,当 $a=0$ 时,$g_k(x,0) = x^k$。

参看 permutation polynomial。

Dickson scheme　迪克森方案

缪勒和诺鲍尔提议用迪克森多项式 $g_k(x,1)$(下面简写成 $g_k(x)$)替代多项式 x^e来建立一个改进的 RSA 加密方案,称之为迪克森方案,描述如下。

设消息发送方为 B,消息接收方为 A。

(1) 密钥生成(A 建立自己的公开密钥/秘密密钥对)

KG1　A 选择一个正整数 r、r 个奇素数方幂 $p_i^{e_i}$ 以及一个加密密钥 e,而 e 对所有 $i=1,2,\cdots,r$,都有 $\gcd(e, p_i^{e_i-1}(p_1^2-1))=1$;

KG2　A 计算 $n = \prod_{i=1}^{r} p_i^{e_i}$,以及

$$V(n) = \operatorname{lcm}(p_1^{e_1-1}(p_1^2-1), p_2^{e_2-1}(p_1^2-1), \cdots, p_r^{e_r-1}(p_1^2-1));$$

KG3　A 计算出整数 d,$1<d<V(n)$,使得 $ed\equiv 1(\bmod V(n))$;

KG4　A 的公开密钥是(n,e),秘密密钥是 d。

(2) B 加密消息 m

EM1　B 获得 A 的可靠的公开密钥(n,e);

EM2　B 把消息表示为区间$[0,n-1]$上的一个整数 m;

EM3　B 计算 $c = g_e(m)(\bmod n)$;

EM4　B 把密文 c 发送给 A。

(3) A 解密恢复消息 m

A 使用秘密密钥 d,计算 $g_d(c)(\bmod n) = g_d(g_e(m))(\bmod n) = m$ 来恢复消息 m。

参看 Dickson polynomial, permutation polynomial, RSA public-key encryption scheme。

dictionary attack　字典式攻击

通常是对通行字的攻击,用于非法获得他人的通行字。先将所有可能的通行字构成一个大字典,用于猜测通行字。通过对通行字条目的在线监督可以检测出这样的攻击。在某些系统中,通行字被不可逆加密后再存储在一个通行字文件中。这种加密技术可以不要秘密密钥,而把通行字用作密钥来加

密一个固定的数据块。在这种情况下,如果攻击者能够恢复通行字文件,就可以离线进行字典式攻击。攻击者加密字典中的每一个条目,并对照所存储的已加密的通行字表来校验加密结果。

参看 passwords。

difference　差,差分

伊莱·比汉姆(Eli Biham)和埃迪·沙米尔(Adi Shamir)针对 DES 类分组密码算法提出的差分密码分析,定义两个 n 比特串 X 和 X^* 的差 ΔX 是基于异或运算(⊕)的:$\Delta X = X \oplus X^*$。两个明文 P 和 P^* 的差 $\Delta P = P \oplus P^*$;两个密文 C 和 C^* 的差 $\Delta C = C \oplus C^*$。

后来,来学嘉博士等学者把差分密码分析推广应用到马尔可夫密码时,把差分的概念从⊕推广到特定的群运算⊗上:$\Delta X = X \otimes (X^*)^{-1}$,其中 $(X^*)^{-1}$ 是群元素 X 的逆。

参看 DES block cipher,differential cryptanalysis,exclusive-or (XOR),Markov cipher。

difference of sets　集合的差

令 A 和 B 是两个集合,则集合 A 和 B 的差就是集合 $A - B = \{x \mid x \in A$ 但 $x \notin B\}$。

比较 intersection of sets,union of sets。

differential approximation probabilities of an S-box　S 盒的差分逼近概率

令 X 和 Y 分别是 S 盒的 2^n 个可能输入/输出的集合。一个具有 n 个输入/n 个输出的 S 盒的差分逼近概率 DP_S 定义为

$$DP_S \stackrel{d}{=} \max_{\Delta x \neq 0, \Delta y} \frac{\#\{x \in X \mid S(x) \oplus S(x \oplus \Delta x) = \Delta y\}}{2^n},$$

其中,$\Delta x \in X$,$\Delta y \in Y$。

参看 substitution box (S-box)。

differential chaining attack　差分链接攻击

对散列函数的一种链接攻击方式。差分密码分析也可用于对散列函数(包括 MAC)进行密码分析。对散列函数而言,可以检查其压缩函数的输入差分及对应的输出差分;一个碰撞就对应于输出差分为 0。

参看 chaining attack,collision,differential cryptanalysis,hash function。

比较 correcting-block chaining attack,meet-in-the-middle chaining attack,fixed-point chaining attack。

differential cryptanalysis　差分密码分析

差分密码分析是以色列密码学家伊莱·比汉姆和埃迪·沙米尔于 1990

年提出的，是攻击迭代密码的一种有效方法，是一种选择明文攻击。其基本思想是：通过分析明文对的差值对密文对的差值的影响来恢复某些密钥比特。

这里采用来学嘉博士等学者推广的差分密码分析概念。

典型的 r 轮迭代密码如图 D.22 所示，假定其分组长度为 n 比特。

定义两个 n 比特串 Y_i 和 Y_i^* 的差分：$\Delta Y_i = Y_i \otimes (Y_i^*)^{-1}$，其中 $\otimes$ 表示 n 比特串集上的一个特定群运算，$(Y_i^*)^{-1}$ 表示 Y_i^* 在此群中的逆元。

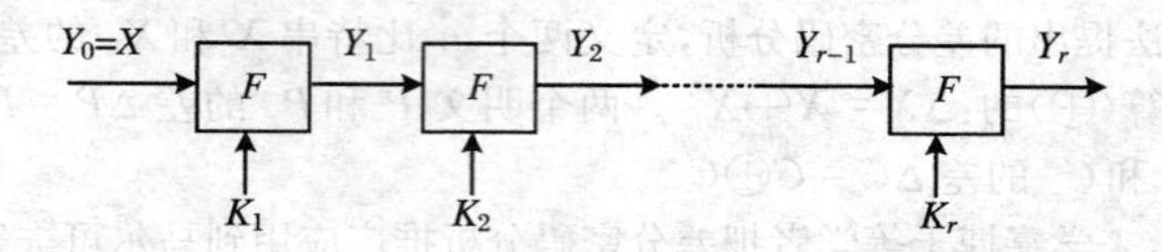

图 D.22

通过加密一对明文可得差分序列：$\Delta Y_0, \Delta Y_1, \cdots, \Delta Y_r$，其中 Y_0 和 Y_0^* 是明文对，Y_i 和 Y_i^* $(1 \leqslant i \leqslant r)$ 是第 i 轮的输出，同时也是第 $i+1$ 轮的输入。第 i 轮的子密钥记为 K_i，轮函数为 F，则 $Y_i = F(Y_{i-1}, K_i)$。图 D.23 示出了这一过程。

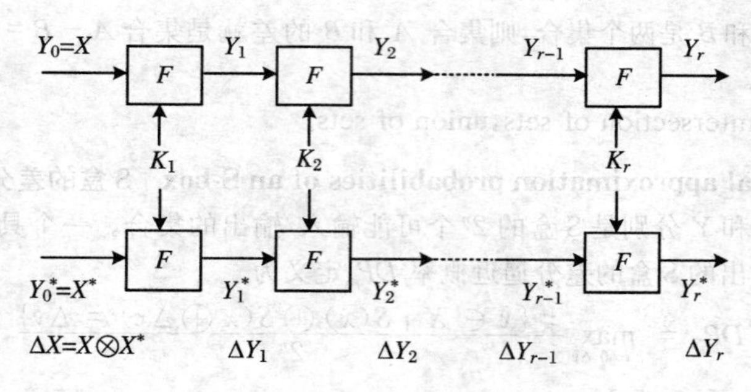

图 D.23

如果通过给定的一些三元组 $(\Delta Y_{i-1}, Y_i, Y_i^*)$ 确定子密钥 K_i（在大多数情况下）都是可行的，则称轮函数 F 是密码上弱的，其中 $Y_i = F(Y_{i-1}, K_i)$，$Y_i^* = F(Y_{i-1}^*, K_i)$。因此，如果给定密文对，且能以某种方式得到最后一轮输入对的差分，则一般来说，确定最后一轮的子密钥或部分密钥是可行的。在差分密码分析中，可通过选择具有特定差分值 α_0 的明文对 (Y_0, Y_0^*)，使得最后一轮的输入差分 ΔY_{i-1} 以很高的概率取特定值 α_{i-1} 来达到这一点。

对一个 r 轮迭代密码进行差分密码分析攻击的基本过程如下：

(1) 寻找一个 $r-1$ 轮差分 (α, β)，使得 $P(\Delta Y_{r-1} = \beta \mid \Delta X = \alpha)$ 具有最大或接近最大概率。

(2) 均匀、随机地选择明文 X，并计算 X^*，使得 X 和 X^* 之间的差分为

α。在有效密钥 K 下加密 X 和 X^*。根据得到的密文 Y_r 和 Y_r^*，寻找对应于预期差分 $\Delta Y_{r-1}=\beta$ 的最后一轮的子密钥 K_r 的每一个可能值(如果有的话)。子密钥 K_r 的每一个这样的值的出现都增加一个计数。

(3) 重复(2)直到所计数的子密钥 K_r 的一个或多个值常常比其他值更有意义为止。取这个最常计数的子密钥或最常计数子密钥的小集合作为密码分析者对实际子密钥 K_r 的判定。

注意 在差分密码分析攻击中，所有的子密钥都是固定不变的，唯有明文能被随机选择。然而，在计算差分概率时，明文和所有的子密钥都是无关而且均匀随机的。在筹备差分密码分析攻击时，人们把所计算的差分概率用于确定在攻击中使用哪一个差分；因此，人们默认下述假设：

随机等价性假设 对一个 $r-1$ 轮差分(α,β)而言，$P(\Delta Y_{r-1}=\beta\mid\Delta X=\alpha)\approx P(\Delta Y_{r-1}=\beta\mid\Delta X=\alpha, Z_1=\omega_1,\cdots,Z_{r-1}=\omega_{r-1})$对几乎所有子密钥值$(\omega_1,\omega_2,\cdots,\omega_{r-1})$都成立。

根据上面的差分密码分析攻击描述以及 ΔY_{r-1} 存在 2^m-1 个可能值，人们推出下列结果。

假定随机等价性假设为真，那么，一个具有独立子密钥的 r 轮密码抗不住差分密码分析，当且仅当轮函数是弱的，且存在一个 $r-1$ 轮差分(α,β)，使得 $P(\Delta Y_{r-1}=\beta\mid\Delta X=\alpha)\gg 2^{-m}$，其中 m 是密码的分组长度。

令 $Comp(r)$表示一个 r 轮密码的差分密码分析的复杂度，它被定义为所用的加密次数。有如下定理成立：

定理 (对一个 r 轮迭代密码进行差分密码分析攻击的复杂度下界)假定随机等价性假设为真，那么，在一个使用差分密码分析的攻击中，

$$Comp(r)\geqslant 2/(p_{\max}-1/(2^m-1)),$$

其中，$p_{\max}=\max\limits_{\alpha}\max\limits_{\beta}P(\Delta Y_{r-1}=\beta\mid\Delta X=\alpha)$，$m$ 是明文的分组长度。特别地，如果 $p_{\max}\approx 1/(2^m-1)$，则差分密码分析攻击不成功。

参看 chosen plaintext attack，DES block cipher，difference，iterated block cipher，i-round differential，n-round characteristic。

differential fault analysis 差分故障分析

1997 年，伊莱·比汉姆和埃迪·沙米尔将故障攻击方法应用于对称密码体制，提出了“差分故障分析”的概念，并成功地攻击了 DES 算法。

攻击的基本过程如下：

(1) 选择明文，获得该明文对应的正确密文。

(2) 从算法的最后一轮开始，对加密过程进行随机故障诱导，获得所需要的错误密文；利用差分分析，恢复出该轮子密钥的部分字节信息；重复这一过程，直至完全恢复出该轮的子密钥。

(3) 对算法的倒数第 2 轮进行随机故障诱导,获得所需的错误密文。利用(2)中已经恢复出的最后一轮的子密钥,对最后一轮进行解密;由解密得到的中间值,结合差分分析,恢复出倒数第 2 轮子密钥的部分字节信息;重复这一过程,直至完全恢复出倒数第 2 轮的密钥。

(4) 同样,使用上述相同方法进行随机故障诱导,依次攻击该算法的倒数第 3 轮、倒数第 4 轮,恢复出这些轮的密钥。

(5) 使用已经恢复出的后 4 轮的子密钥,根据密钥扩展算法,逆向计算出各轮的子密钥以及加密密钥的值。

为了避免这类攻击,需要对加密设备进行保护,阻止攻击者对其进行故障诱导。

参看 chosen plaintext attack,DES block cipher,differential cryptanalysis,fault analysis。

differential fault attack　差分故障攻击

同 differential fault analysis。

differential-linear cryptanalysis　差分线性密码分析

把差分分析和线性分析结合起来的一种密码分析。

参看 differential cryptanalysis,linear cryptanalysis。

differential power attack　差分能量攻击

能量攻击的一类。采用先进的统计方法和/或纠错技术分析实现密码算法的密码模块中电源消耗的变化情况,来达到与简单能量攻击同样的目的。使用外部(直流)电源的密码模块承受的风险最大。目前,尚无有效的方法能够彻底缓解能量攻击,但是,有些方法可减少这种攻击的整体威胁。这些方法有:使用电容器平衡电能消耗;使用内部电源;控制密码算法或过程的单个操作以平衡密码处理过程中的耗电率。

参看 power attack。

比较 simple power attack。

differential uniformness of an S-box　S 盒的差分均匀性

对于 S 盒 $F(x)=(f_1(x),f_2(x),\cdots,f_m(x))$,定义

$$\delta_F=\max_{\substack{\alpha\in\mathbb{F}_2^n\\ \alpha\neq0}}\max_{\beta\in\mathbb{F}_2^m}\delta_F(\alpha,\beta)=\max_{\substack{\alpha\in\mathbb{F}_2^n\\ \alpha\neq0}}\max_{\beta\in\mathbb{F}_2^m}|\{x\in\mathbb{F}_2^n\mid F(x+\alpha)+F(x)=\beta\}|$$

为 $F(x)$的差分均匀性。

参看 substitution box (S-box)。

Diffie-Hellman algorithm　迪菲-赫尔曼算法

同 Diffie-Hellman key distribution scheme。

Diffie-Hellman key agreement　迪菲-赫尔曼密钥协商

利用迪菲-赫尔曼技术提供未鉴别密钥协商的一种基本技术。该协议的基本版本如下：

用户A和B在一公开信道上进行密钥协商，以使双方共享一个秘密密钥 K。

迪菲-赫尔曼密钥协商协议(基本版本)

(1) 一次性设置

选择一个适当的素数 p 以及 $\mathbb{Z}_p^*$ 的生成元 $\alpha(2\leqslant\alpha\leqslant p-2)$，并公布于众。

(2) 协议消息

$$A\rightarrow B: \alpha^x \pmod p, \quad ①$$

$$A\leftarrow B: \alpha^y \pmod p。\quad ②$$

(3) 协议动作

每当需要一个共享密钥时，就执行下述步骤：

(a) A选择一个随机的秘密 $x(1\leqslant x\leqslant p-2)$，并把消息①发送给B。

(b) B选择一个随机的秘密 $y(1\leqslant y\leqslant p-2)$，并把消息②发送给A。

(c) B接收 α^x，并计算 $K\equiv(\alpha^x)^y \pmod p$ 以作为共享密钥。

(d) A接收 α^y，并计算 $K\equiv(\alpha^y)^x \pmod p$ 以作为共享密钥。

参看 Diffie-Hellman technique，key agreement。

Diffie-Hellman key distribution scheme　迪菲-赫尔曼密钥分配方案

参看 Diffie-Hellman technique。

Diffie-Hellman problem　迪菲-赫尔曼问题

给定一个素数 p，模 p 乘法群 $\mathbb{Z}_p^*$ 上的一个生成元 α，以及元素 $\alpha^a \pmod p$ 和 $\alpha^b \pmod p$，求 $\alpha^{ab} \pmod p$。

参看 multiplicative group of $\mathbb{Z}_n$。

Diffie-Hellman technique　迪菲-赫尔曼技术

用公开密钥方法进行密钥分配的一种技术。两个用户交换信息，此种信息使他们中的每个人都能确定相同的秘密密钥，而一个窃听者要想根据所交换的信息来确定那个秘密密钥却是计算上不可行的。

假定有两个用户A和B，待分配的密钥是 K。

(1) 用户A和B商定好两个整数：α 和素数 p；

(2) A选择一个整数 a，并计算 $y_a\equiv\alpha^a \pmod p$；

(3) B选择一个整数 b，并计算 $y_b\equiv\alpha^b \pmod p$；

(4) A和B交换 y_a 和 y_b；

(5) A使用接收到的 y_b 和秘密数 a 来计算：$K\equiv(y_b)^a \pmod p$；

(6) B使用接收到的 y_a 和秘密数 b 来计算：$K\equiv(y_a)^b(\text{mod } p)$。

这样，A和B就分配到了相同的秘密密钥 $K\equiv(\alpha)^{ab}(\text{mod } p)$。

上面每个用户的计算量等于 $2\log_2 p$ 次模 p 乘法。然而，窃听者就需要计算 a 或 b 来确定 K，其中 $a\equiv\log_\alpha y_a(\text{mod } p)$。计算整数 a 要求近似 $p^{1/2}$ 次计算。如果 p 稍小于 2^{200}，则通信用户要执行400次模 p 乘法就可确定 K，而攻击者必须进行 2^{100}（即近似 10^{30}）计算才能确定 K。

然而，迪菲-赫尔曼技术容易遭受"中间人攻击"。可见迪菲-赫尔曼技术不能用于加/解密信息。

参看 computationally infeasible，key distribution，man-in-the-middle attack，public key technique。

Diffie-Lamport one-time signature scheme　迪菲-兰波特一次签名方案

拉宾在1978年提出第一个一次签名方案，兰波特也提出了一个类似的机制，但验证时不要求和签名者进行交互作用。迪菲建议使用一个单向散列函数来改善这个方法的效率。由此，常称这种机制为迪菲-兰波特方案。

参看 Rabin one-time signature scheme。

Diffie's randomized stream cipher　迪菲随机化序列密码

W.迪菲于1984年在一个不公开发表的著作中提出的一种概率密码。

迪菲随机化序列密码算法

输入：消息 $x=x_1,x_2,\cdots$；密钥 K：一个随机 n 比特数字串。

输出：在 2^n+1 个电话线路上发送 y 和 $r_1,r_2,\cdots,r_{2^n}$。

DS1　掷出 2^n 个随机序列 $r_1,r_2,\cdots,r_{2^n}$；

DS2　使用第 k 个随机数字串 r_k 作为一次一密乱码本来加密 x：$y=x\oplus r_k$。

参看 randomized stream cipher。

diffusion　散布，扩散

香农提出的两种实用的挫败统计分析攻击的方法之一。扩散法的目的就是将每一位明文数字的影响尽可能地散布到较多个输出密文数字中去，以便隐蔽明文数字的统计特性。对密钥数字的处理也应如此。

扩散和混乱的结果，使得密码分析需要截获很多密文数据才能试图用统计分析方法进行破译工作。但是也带来一个缺点：在收端进行解密时，会由于传输中的一个错误而引起许多错误出现。通常称这种现象为"错误扩散"。产生这种现象的原因就是，"每一位明文数字的影响尽可能地散布到多个输出密文数字中"，那么，这"输出密文数字"中的某一个如果在传输过程中出错，就会影响多位明文数字在收端的恢复。

参看 error extension，statistical cryptanalysis。

比较 confusion。

digital enveloping　数字包封

密码编码学中的一种技术，任何人都能使用这种技术来密封一个消息，而只有指定的接收者才能打开已被密封的消息。典型的例子如下：发方选择一个随机的秘密对称密钥并用之加密消息。而该对称密钥自己则用收方的公开密钥进行加密，然后把已加密的密钥和已加密的消息传送出去。

参看 cryptography，symmetric key，symmetric key encryption，public key，public key encryption。

digital fingerprint　数字指纹

同 message digest。

digital signature　数字签名

一种密码基元，是一种把信息和一个实体绑在一起的工具。数字签名是鉴别、授权及不可否认的基础。签字的过程需要将消息和那个实体持有的某个秘密信息变换成一个称为“签名”的标志。说白了，数字签名实际上是一个把数字形式的消息和某个始发实体相联系的数据串；把它附加在一个消息或完全加密的消息上，以便于消息的接收方能够鉴别消息的内容，并证明消息只能始发于所声称的发方。

令 M 是能被签字的消息集合；S 是称作签名的元素集合，可能是一固定长度的二进制数字串。令 S_A是从消息集合 M 到签名集合 S 的一个变换，$S_A: M \to S$，并称之为实体 A 的签名变换。A 保持变换 S_A的秘密，并且将被用来为取自 M 的消息建立签名。令 V_A是从集合 $M \times S$ 到集合$\{true, false\}$的一个变换，$V_A: M \times S \to \{true, false\}$。$V_A$称为实体 A 的签名的一个验证变换，它是众所周知的，其他任何实体都可以用来验证由实体 A 建立的签名。（注意：M 和 S 的笛卡儿积 $M \times S$ 由所有的(m, s)对组成，其中 $m \in M, s \in S$。）S_A和 V_A构成实体 A 的一个数字签名方案。

签署过程　实体 A（签名者）为消息 $m \in M$ 建立一个签名。

(1) 计算 $s = S_A(m)$；

(2) 发送(m, s)，其中 s 称作消息 m 的签名。

验证过程　实体 B（验证者）验证由 A 建立的关于消息 m 的签名。

(1) B 获得 A 的验证函数 V_A；

(2) 计算 $u = V_A(m, s)$；

(3) 如果 $u = true$，则接受该签名为 A 建立的签名，如果 $u = false$，则拒绝该签名。

例子：$M=\{m_1,m_2,m_3\}$，$S=\{s_1,s_2,s_3\}$（图 D.24）。

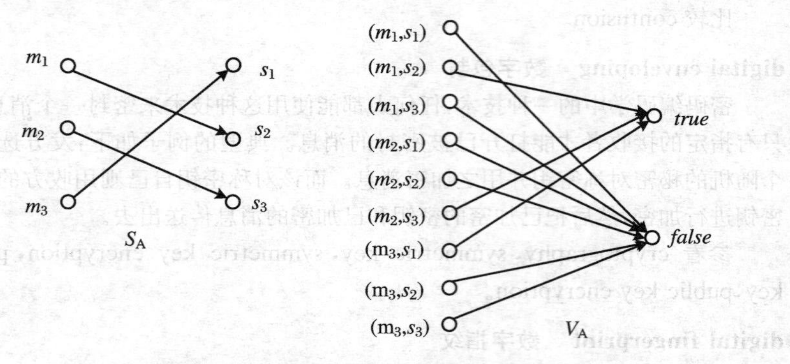

图 D.24 数字签名的签名函数和验证函数

签名和验证函数所要求的特性 签名和验证变换必须满足下述两个特性：

(1) s 是实体 A 关于消息 m 的一个有效签名，当且仅当 $V_A(m,s)=$ *true*。

(2) 除了 A 以外的任意实体，对于任意的 $m\in M$，求得 $s\in S$，使得 $V_A(m,s)=$ *true* 都是计算上不可行的。

参看 cryptographic primitive。

digital signature algorithm (DSA) 数字签名算法

由美国国家标准和技术研究所(NIST)于 1991 年 8 月推荐的一种数字签名算法，是 ElGamal 签名方案的一种变形(参看 ElGamal signature scheme)，后成为美国联邦信息处理标准(FIPS 186)，称作数字签名标准(DSS)。这是第一个由一个政府认可的数字签名方案。

参看 digital signature standard (DSS)。

digital signature generation algorithm 数字签名产生算法

产生一个数字签名的方法。

参看 digital signature。

digital signature scheme 数字签名方案

一个数字签名方案由一个数字签名产生算法及与其相关的数字签名验证算法组成。

参看 digital signature。

digital signature scheme with appendix 带有附件的数字签名方案

要求把源消息作为验证算法输入的数字签名方案。如 DSA，ElGamal，

Schnorr等签名方案。

每个实体都建立一个秘密密钥用于签署消息，并且建立一个对应的公开密钥，以便由其他实体用来验证签名。

数字签名机制的符号：

M——称作消息空间的元素集合；消息空间 M 是一个签名者能够添加一个数字签名的元素集合。

M_S——称作签署空间的元素集合；签署空间 M_S是一个将签名变换应用其上的元素集合。

S——称作签名空间的元素集合；签名空间 S 是与M 中的消息有关的那些元素的集合。这些元素被用来把签名者和消息结合在一起。

R——称作冗余函数，从 M 到M_S的一个一一映射。

M_R——R 的像（即 $M_R = \mathrm{Im}(R)$）。

R^{-1}——R 的逆（即 $R^{-1}: M_R \to M$）。

$\mathfrak{R}$——称作签署的指标集合的元素集合；指标集合$\mathfrak{R}$用来标识指定的签名变换。

h——具有定义域 M 的一个单向函数；

M_h——h 的像（即 $h: M \to M_h$）；$M_h \subseteq M_S$称作散列值空间。

设签名者为实体 A，验证者为实体 B。

(1) 密钥生成（A 建立一个公开密钥/秘密密钥对）

KG1 A 应选择一个秘密密钥，它定义一个变换集合 $S_A = \{S_{A,k} \mid k \in \mathfrak{R}\}$；每个 $S_{A,k}$都是一个从M_h到S 的一一映射，并称之为签名变换。

KG2 S_A定义一个从$M_h \times S$ 到$\{true, false\}$的相应映射 V_A，使得

$$V_A(\tilde{m}, s^*) = \begin{cases} true, & S_{A,k}(\tilde{m}) = s^*, \\ false, & \text{其他}, \end{cases}$$

对于所有 $\tilde{m} \in M_h, s^* \in S$。这里，对于 $m \in M, \tilde{m} = h(m)$。$V_A$称为验证变换，构造验证变换需使之在不知道签名者秘密密钥的情况下也可以计算它。

KG3 A 的公开密钥是 V_A，秘密密钥是集合 S_A。

(2) 签名生成（A 为消息 $m \in M$ 产生一个签名$s \in S$）

SG1 A 选择一个元素 $k \in \mathfrak{R}$；

SG2 A 计算 $\tilde{m} = h(m)$和 $s^* = S_{A,k}(\tilde{m})$；

SG3 A 对消息 m 的签名是s^*，m 和s^*两者都可供想要验证这个签名的实体利用。

(3) 签名验证（B 使用 A 的公开密钥验证 A 对消息 m 的签名）

SV1 B 获得 A 的可靠的公开密钥 V_A；

SV2 B 计算 $\tilde{m} = h(m)$和 $u = V_A(\tilde{m}, s^*)$；

SV3 如果 $u = true$，B 接受这个签名，否则，拒绝这个签名。

图 D.25 就是带有附件的数字签名方案的示意图。

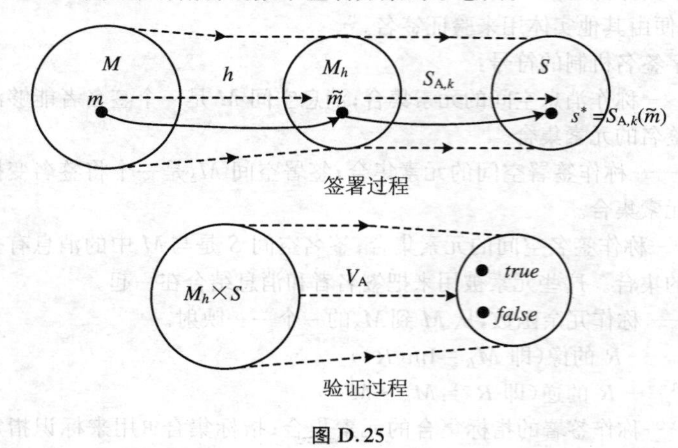

图 D.25

注意 要求这类数字签名方案中的签名变换和验证变换具有下述特性：

(a) 对于每个 $k \in \mathfrak{R}$，应能有效计算 $S_{A,k}$；

(b) 应能有效计算 V_A；

(c) 其他任何一个实体(不是实体 A)寻找一个 $m \in M$ 和一个 $s^* \in S$，使得 $V_A(\tilde{m}, s^*) = true$(其中 $\tilde{m} = h(m)$)应是计算上不可行的。

参看 digital signature algorithm，ElGamal digital signature，Schnorr digital signature。

比较 digital signature scheme with message recovery。

digital signature scheme with message recovery 带有消息恢复的数字签名方案

不要求把源消息作为验证算法输入的数字签名方案，在这种情况下，源消息由签名本身恢复。如 RSA，Rabin，Nyberg-Rueppel 等公开密钥签名方案。

每个实体都建立一个秘密密钥用于签署消息，并且建立一个对应的公开密钥由其他实体用来验证签名。

数字签名机制的符号：

M——称作消息空间的元素集合；消息空间 M 是一个签名者能够添加一个数字签名的元素集合。

M_S——称作签署空间的元素集合；签署空间 M_S 是一个将签名变换应用其上的元素集合。

S——称作签名空间的元素集合；签名空间 S 是与 M 中的消息有关的那

些元素的集合。这些元素被用来把签名者和消息结合在一起。

R——称作冗余函数,是从 M 到 M_S 的一个一一映射;

M_R——R 的像(即 $M_R = \mathrm{Im}(R)$);

R^{-1}——R 的逆(即 $R^{-1}: M_R \to M$);

$\mathfrak{R}$——称作签署的指标集合的元素集合;指标集合 $\mathfrak{R}$ 用来标识指定的签名变换。

h——具有定义域 M 的一个单向函数;

M_h——h 的像(即 $h: M \to M_h$);$M_h \subseteq M_S$ 称作散列值空间。

设签名者为实体 A,验证者为实体 B。

(1) 密钥生成(A 建立一个公开密钥/秘密密钥对)

KG1 A 应选择一个变换集合 $S_A = \{S_{A,k} \mid k \in \mathfrak{R}\}$;每个 $S_{A,k}$ 都是一个从 M_S 到 S 的一一映射,并称之为签名变换。

KG2 S_A 定义一个相应映射 V_A,V_A 具有如下特性:对于所有 $k \in \mathfrak{R}$,$V_A \circ S_{A,k}$ 是 M_S 上的恒等映射。V_A 称为验证变换,构造验证变换需使之在不知道签名者秘密密钥的情况下也可以计算它。

KG3 A 的公开密钥是 V_A,秘密密钥是集合 S_A。

(2) 签名生成(实体 A 为消息 $m \in M$ 产生一个签名 $s \in S$)

SG1 A 选择一个元素 $k \in \mathfrak{R}$;

SG2 A 计算 $\tilde{m} = R(m)$(R 是一个冗余函数)和 $s^* = S_{A,k}(\tilde{m})$;

SG3 A 的签名是 s^*,它可供想要验证这个签名并恢复消息 m 的实体利用。

(3) 签名验证(B 使用 A 的公开密钥验证 A 对于消息 m 的签名并恢复消息 m):

SV1 B 获得 A 的可靠的公开密钥 V_A;

SV2 B 计算 $\tilde{m} = V_A(s^*)$;

SV3 如果 $\tilde{m} \in M_R$,则 B 接受这个签名;否则,拒绝这个签名;

SV4 恢复消息 m,$m = R^{-1}(\tilde{m})$。

图 D.26 就是带有消息恢复的数字签名方案的示意图。

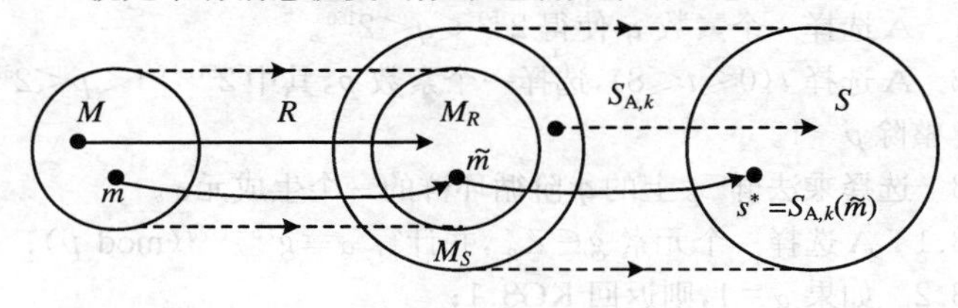

图 D.26

注意 要求这类数字签名方案中的签名变换和验证变换具有下述特性：

(a) 对于每个 $k\in\Re$，应能有效计算 $S_{\mathrm{A},k}$；

(b) 应能有效计算 V_{A}；

(c) 其他任何一个实体(不是实体 A)寻找一个 $s^*\in S$，使得 $V_{\mathrm{A}}(s^*)\in M_R$ 应是计算上不可行的。

冗余函数 冗余函数 R 及其逆 R^{-1} 是众所周知的。选择一个适当的 R 对于系统的安全性是关键的。为了说明这一点，假设 $M_R=M_S$，并假设 R：$M\to M_R$ 是双射函数，$S_{\mathrm{A},k}:M_S\to S$ 是双射函数。这就意味着 M 和 S 具有相同数目的元素。那么，对于任意的 $s^*\in S$，都有 $V_{\mathrm{A}}(s^*)\in M_R$，并且如下求出消息 m 和对应的将由验证算法接受的签名是平常的事。

(a) 选择随机数 $k\in\Re$ 及随机数 $s^*\in S$；

(b) 计算 $\tilde{m}=V_{\mathrm{A}}(s^*)$；

(c) 计算 $m=R^{-1}(\tilde{m})$。

元素 s^* 是消息 m 的签名，并且是在不知道签名变换集合 S_{A} 的情况下建立的。

例 假设 $M=\{m\mid m\in\{0,1\}^n\}$，$n$ 是一个固定的正整数，并假设 $M_S=\{t\mid t\in\{0,1\}^{2n}\}$。定义 $R:M\to M_S$ 为 $R(m)=m\parallel m$，其中 $\parallel$ 表示并置；即 $M_R=\{m\parallel m\mid m\in M\}\subseteq M_S$。对于大的 n 值，量 $|M_R|/|M_S|=(1/2)^n$ 是一个很小的分数。只要敌人一方不合适地选择 s^* 就将具有获得 $V_{\mathrm{A}}(s^*)\in M_R$ 的不可忽略的概率，那么这个冗余函数是适当的。

参看 RSA digital signature scheme，Rabin public-key signature scheme，Nyberg-Rueppel signature scheme。

比较 digital signature scheme with appendix。

digital signature standard (DSS) 数字签名标准

美国联邦信息处理标准(FIPS 186)。此标准中使用的单向散列函数 h 明确要求使用安全散列函数(SHA-1)(FIPS 180-1)。

设签名者为 A，验证者为 B。

(1) 密钥生成(A 建立一个公开密钥/秘密密钥对)

KG1 A 选择一个素数 q 使得 $2^{159}<q<2^{160}$。

KG2 A 选择 $t(0\leqslant t\leqslant 8)$，选择一个素数 p，其中 $2^{511+64t}<p<2^{512+64t}$，并且使得 q 整除 $p-1$。

KG3 选择乘法群 $\mathbb{Z}_p^*$ 上的 q 阶循环群的一个生成元 α。

KG3.1 A 选择一个元素 $g\in\mathbb{Z}_p^*$，并计算 $\alpha\equiv g^{(p-1)/q}\pmod p$；

KG3.2 如果 $\alpha=1$，则返回 KG3.1；

KG4 A 选择一个随机整数 a，使得 $1\leqslant a\leqslant q-1$。

KG5 A计算 $y \equiv \alpha^a \pmod p$。

KG6 A的公开密钥是(p, q, α, y)，秘密密钥是a。

(2) 签名生成(A签署一个任意长度的二进制消息 m)

SG1 A选择一个随机整数 k $(0<k<q)$；

SG2 A计算 $r \equiv \alpha^k \pmod p \pmod q$；

SG3 A计算 $k^{-1} \pmod q$；

SG4 A计算 $s \equiv k^{-1}[h(m)+ar] \pmod q$；

SG5 A对消息 m 的签名是(r, s)对。

(3) 签名验证(B使用A的公开密钥验证A对于消息 m 的签名)

SV1 B获得A的可靠的公开密钥(p, q, α, y)；

SV2 B验证 $0<r<q$ 和 $0<s<q$，如果不是这样，则拒绝该签名；

SV3 B计算 $w \equiv s^{-1} \pmod q$ 及 $h(m)$；

SV4 B计算 $u_1 \equiv w \cdot h(m) \pmod q$ 及 $u_2 \equiv rw \pmod q$；

SV5 B计算 $v \equiv (\alpha^{u_1} y^{u_2} \bmod p) \pmod q$；

SV6 B接受这个签名，当且仅当 $v = r$。

对签名验证的证明

$$s \equiv k^{-1}[h(m)+ar] \pmod q,$$
$$ks \equiv h(m)+ar \pmod q,$$
$$h(m) \equiv -ar+ks \pmod q,$$
$$w \cdot h(m)+arw \equiv k \pmod q$$
$$\alpha^{w \cdot h(m)+arw} \equiv \alpha^k \pmod q,$$
$$(\alpha^{u_1} y^{u_2} \bmod p) \pmod q \equiv (\alpha^k \bmod p) \pmod q,$$
$$v = r。$$

参看 digital signature, secure hash algorithm (SHA-1)。

digital signature verification algorithm 数字签名验证算法

验证一个数字签名是否可靠的一种方法，即检验该数字签名是否的确为指定实体所建立的。

参看 digital signature standard (DSS)。

digital voice encryption 数字话音加密

首先，通过模/数(A/D)转换将话音模拟信号数字化；然后，采用适当的数字加密方法对数字化话音信号进行加密；被加密的数字化话音信号经公开信道传送到接收方；接收方采用相应的解密方法进行解密；最后，将解了密的数字化话音信号通过数/模(D/A)转换恢复成模拟话音信号。

比较 analog scrambling。

digram 双字母

一对连续字母。在利用统计攻击方法对某个密码进行密码分析时,已知一个给定语言的各种各样双字母的出现频数,就有可能用之尝试破译那个密码。

参看 frequency distribution,frequency of digraphs。

digram frequency 双字母频率

同 frequency of digraphs。

digram frequency distribution 双字母频率分布

参看 frequency of digraphs。

digram substitution 双字母代替

古典代替密码体制的一种加密方法,两个明文字符组成的双字母序列用其他的双字母来代替。

参看 Playfair cipher,polygraphic substitution。

digraph 双字母,双码

同 digram。

digraphic substitution 双字母代替,双码代替

同 digram substitution。

digraphic substitution system 双字母代替体制

两个明文字符组成的双字母序列可以用其他的双字母来替换。在 26 个字母的英文中,双字母代替的密钥可以是 26^2 个可能双字母中的任一个,因此,有 $(26^2)!$ 个密钥。

参看 polygraphic substitution cipher。

dimension of a vector space 向量空间的维数

如果一个向量空间 V 有一个基,则基中的元素数称为 V 的维数,用 $\dim V$ 表示。

参看 vector space。

Dirac notation 狄拉克符号

量子态空间及作用其上的变换都可以利用矢量和矩阵来描述,或者以更简洁的、狄拉克发明的左矢/右矢符号来描述。像 $|x\rangle$ 这样的右矢表示列矢量,用来表示量子态。相匹配的左矢 $\langle x|$ 表示 $|x\rangle$ 的共轭转置。例如,令 2 维希尔伯特空间的正交基是 $\{|0\rangle,|1\rangle\}$,则此空间上形式为 $a|0\rangle+b|1\rangle$ 的任意一个矢量都能写成 $(a,b)^{\mathrm{T}}$。此外,对应的左矢是 (a^*,b^*)。

$\langle x\|y\rangle$ 表示 $|x\rangle$ 和 $|y\rangle$ 的内积,也可表示为 $\langle x|y\rangle$。例如,对上述正交基

$\{|0\rangle,|1\rangle\}$，$\langle 0|1\rangle=0$，$\langle 1|1\rangle=1$。

符号$|x\rangle\langle y|$是$|x\rangle$和$\langle y|$的外积，表示从$\mathbb{H}$到$\mathbb{H}$的一个变换，其中$\mathbb{H}$是对应的希尔伯特空间。例如，$|0\rangle\langle 1|$是把$|1\rangle$映射到$|0\rangle$而把$|0\rangle$映射到$(0,0)^{\mathrm{T}}$，因为

$$|0\rangle\langle 1\|1\rangle=|0\rangle\langle 1|1\rangle=|0\rangle 1=|0\rangle,$$
$$|0\rangle\langle 1\|0\rangle=|0\rangle\langle 1|0\rangle=|0\rangle 0=(0,0)^{\mathrm{T}}.$$

等价地，能将$|0\rangle\langle 1|$写成矩阵形式，其中$|0\rangle=(1,0)^{\mathrm{T}}$，$\langle 0|=(1,0)$，$\langle 1|=(0,1)$。因此

$$|0\rangle\langle 1|=\begin{pmatrix}1\\0\end{pmatrix}(0,1)=\begin{pmatrix}0&1\\0&0\end{pmatrix}(0,1)。$$

这样一来，就能用这种符号简洁地依据基矢来表示变换。

参看 Hilbert space，quantum state，state (vector) space。

Dirichlet theorem　狄利克雷定理

狄利克雷定理　如果$\gcd(a,n)=1$，则存在无限多个模n同余于a的素数。

狄利克雷定理(明显形式)　令$\pi(x,n,a)$表示区间$[2,x]$上模n同余于a的素数的个数，其中$\gcd(a,n)=1$，则有

$$\pi(x,n,a)\sim\frac{x}{\varphi(n)\ln x}。$$

换句话说，素数近似均匀分布在$\mathbb{Z}_n$(n为任意一个值)上的$\phi(n)$个同余类中。

参看 congruences of integers，greatest common divisor，prime number。

disavowal protocol　抵赖协议，否认协议

这个协议确定签名者A是否企图不承认使用沙姆-范安特卫本不可否认签名方案的一个有效签名s，或者确定这个签名是否是伪造的。

DP1　B获得A的可靠的公开密钥(p,α,y)；

DP2　B选择两个随机秘密整数$x_1,x_2\in\{1,2,\cdots,q-1\}$，计算$z\equiv s^{x_1}y^{x_2}\pmod p$，并把$z$发送给A；

DP3　A计算$w\equiv(z)^{a^{-1}}\pmod p$(其中$aa^{-1}\equiv 1\pmod q$)，并把$w$发送给B；

DP4　如果$w\equiv m^{x_1}\alpha^{x_2}\pmod p$，则B接受这个签名$s$，协议停止；

DP5　B选择两个随机秘密整数$x_1',x_2'\in\{1,2,\cdots,q-1\}$，计算$z'\equiv s^{x_1'}y^{x_2'}\pmod p$，并把$z'$发送给A；

DP6　A计算$w'\equiv(z')^{a^{-1}}\pmod p$，并把$w'$发送给B；

DP7　如果$w'\equiv m^{x_1'}\alpha^{x_2'}\pmod p$，则B接受这个签名$s$，协议停止；

DP8　B计算$c\equiv(w\alpha^{-x_2})^{x_1'}\pmod p$和$c'\equiv(w'\alpha^{-x_2'})^{x_1}\pmod p$。如果$c$

$=c'$,则B可以断定这个签名 s 是伪造的;否则,B可以断定这个签名是有效的,而A企图不承认签名 s。

参看 Chaum-van Antwerpen undeniable signature scheme。

discrepancy sequence　线性校验子序列

在用伯尔坎普-梅西移位寄存器综合算法对一个二进制序列进行综合的过程中,所有下一位线性校验子组成的序列称为线性校验子序列。

参看 Berlekamp-Massey shift register synthesis algorithm。

discrete Fourier transform (DFT) scrambler　离散傅里叶变换置乱器

同 DFT scrambler。

discrete Fourier transform (DFT) scrambling　离散傅里叶变换置乱

同 DFT scrambling。

discrete Fourier transform (spectral) test　离散傅里叶变换(谱)检验

NIST特种出版物800-22《A Statistical Test Suite for Random and Pseudo-random Number Generators for Cryptographic Applications》中提出的16项检验之一。

检验目的　检验序列 $S=s_0,s_1,s_2,\cdots,s_{n-1}$ 的周期性。

理论根据及检验技术描述　这个检验基于离散傅里叶变换。

令 x_k 表示第 k 比特($k=1,2,\cdots,n$)。假设这些比特被编码成"$-1/+1$"。令

$$f_j = \sum_{k=1}^{n} x_k \exp(2\pi \mathrm{i}(k-1)j/n),$$

其中,$\exp(2\pi \mathrm{i}kj/n)=\cos(2\pi kj/n)+\mathrm{i}\sin(2\pi kj/n)$ ($j=0,\cdots,n-1$),而 $\mathrm{i}=\sqrt{-1}$。由于实数到复数变换的对称性,可以只考虑从0到 $n/2-1$ 这一半值。令 mod_j 为复数 f_j 的模。在级数 x_i 的随机性假设下,能将置信区间设置在 mod_j 的值上。更准确地说,mod_j 的值有95%应当小于 $h=\sqrt{3n}$。基于这个阈值的尾部概率(*P-value*)来自二项分布。令 N_1 是小于 h 的峰值的个数。只考虑前 $n/2$ 个峰值。

令 $N_0=0.95n/2$, $d=\dfrac{N_1-N_0}{\sqrt{n(0.95)(0.05)/2}}$,则

$$P\text{-}value = 2(1-\Phi(|d|)) = \mathrm{erfc}(|d|/\sqrt{2}),$$

其中,$\Phi(x)$ 为标准正态分布的累积概率函数,$\mathrm{erfc}(x)$ 为补余误差函数:

$$\mathrm{erfc}(x) = \frac{2}{\sqrt{\pi}}\int_x^{\infty} \mathrm{e}^{-u^2}\,\mathrm{d}u\,。$$

检验统计量与参照的分布　统计量 d 是超过95%阈值的频率分量的观

察数和期望数两者之间的标准差。这个检验的参照分布是正态分布。

检验方法描述 (1) 将待检验序列 S 转换成 -1 和 $+1$ 序列：$X_0, X_1, \cdots, X_{n-1}$，其中 $X_i = 2s_i - 1$。

例如，$S = 1001010011$，$n = 10$，则 $X = 1, -1, -1, 1, -1, 1, -1, -1, 1, 1$。

(2) 对 X 应用离散傅里叶变换(DFT)生成：$T = \mathrm{DFT}(X)$。所生成的复变量序列表示序列 S 在不同频率上的周期分量。

(3) 计算 $M = modulus(T') \equiv |T'|$，其中 T' 是由 T 中前 $n/2$ 个元素组成的子串，而 $modulus$ 函数产生一个峰值高度序列。

(4) 计算 $h = \sqrt{3n} = 95\%$ 峰值高度阈值。在随机性假设下，这个检验获得的值中有 95%应当不超过 h。

(5) 计算 $N_0 = 0.95n/2$。N_0 是(在随机性假设下)小于 h 的峰值的期望理论(95%)数。

(6) 统计 M 中小于 h 的峰值的实际观察数 N_1。

(7) 计算 $d = \dfrac{N_1 - N_0}{\sqrt{n \cdot 0.95 \cdot 0.05/2}}$。

(8) 计算尾部概率：

$$P\text{-}value = \mathrm{erfc}(|d|/\sqrt{2})。$$

判决准则(在显著性水平 1%下) 如果 $P\text{-}value < 0.01$，则该序列未通过该项检验；否则，通过该项检验。

判决结论及解释 根据上面计算出的 $P\text{-}value$，如其值不小于 0.01，则这个序列通过该项检验；否则未通过该项检验。

注意，d 值太低表示小于 h 的峰值(<95%)太少，而大于 h 的峰值(>5%)太多。

输入长度建议 建议序列长度不小于 1 000 比特。

举例说明 序列 S：

11001001000011111101101010100010001000010110100011

00001000110100110001001100011001100010100010111000，

$n = 100$，$N_1 = 46$，$N_0 = 47.5$。

计算：$d = -0.973\,329$。

计算：$P\text{-}value = 0.330\,390$。

结论：由于 $P\text{-}value \geq 0.01$，这个序列通过“离散傅里叶变换(谱)检验”。

参看 binomial distribution, normal distribution, statistical hypothesis, statistical test, tail probability。

discrete logarithm problem (DLP) 离散对数问题

给定一个素数 p，模 p 乘法群 $\mathbb{Z}_p^*$ 上的一个生成元 α，以及一个元素 $\beta \in$

$\mathbb{Z}_p^*$,求一个整数 x $(0\leqslant x\leqslant p-2)$,使得 $\alpha^x\equiv\beta(\bmod p)$。

参看 multiplicative group of $\mathbb{Z}_n$,prime number。

distance criterion　距离准则

迈耶(W. Meier)及斯坦福巴赫(O. Staffelbach)两人在 Eurocrypt'89 上对密码函数提出了一种度量非线性的准则——距离准则。距离准则就是指用一个密码函数到线性结构函数集的距离,或者是到仿射函数集的距离来度量那个密码函数的非线性。他们的想法是:有用的准则应当在某个变换群下保持不变。这种观点在密码学上是特别有意义的。如果一个密码函数在简单的变换(例如线性变换或仿射变换)作用下可以变成线性函数或仿射函数,那这样的密码函数的密码性能就是弱的。使用线性函数或仿射函数的密码体制是容易破译的,这已被事实和历史所证实。可以用函数到仿射函数集或线性结构函数集的距离来度量该函数的非线性程度。从字面上来理解,就是离所有线性(仿射)函数的距离越远,非线性程度就越大。

两个密码函数(比如布尔函数)$f(x)$和 $g(x)$(其中 $x=x_1x_2\cdots x_n$,$x_i\in\{0,1\}$,$i=1,2,\cdots,n$)之间的距离 $d(f,g)$定义为这两个函数之间的汉明距离:

$$d(f,g)=\sum_x|f(x)-g(x)|\quad 或者\quad d(f,g)=W_{\mathrm{H}}(f(x)+g(x))。$$

一个密码函数 $f(x)$到某个函数集 S 的距离$d(f,S)$定义为 f 到S 中所有函数的汉明距离的最小者,即

$$d(f,S)=\min_{g\in S}d(f,g)。$$

令 A 表示仿射函数集,LS 表示线性结构函数集。则一个密码函数 $f(x)$到仿射函数集的距离 $\delta(f)=d(f,A)$,到线性结构函数集的距离 $\sigma(f)=d(f,LS)$。

参看 affine functions set, functions set with linear structure, Hamming distance。

distinguishing attack　区分攻击

通过某种方法,攻击者能够把给定的一定长度的密钥流和同样长度的随机比特流区分开来。

参看 distinguishable probability distributions, key stream, random bit sequence。

distinguishable probability distributions　可区分概率分布

如果存在一个有效的概率算法 A,使得

$$\left|\Pr_{y\in D_1}(A(y)=1)-\Pr_{y\in D_2}(A(y)=1)\right|\geqslant\delta(n),$$

则称 n 长字符串的两个概率分布 D_1和 D_2是(计算上)$\delta(n)$-可区分的。这里,$\delta(n)$称作 A 的优势。如果没有这样的 A 存在,则称 D_1和 D_2是 $\delta(n)$-不可区分的。

参看 probabilistic algorithm, probability distribution。

divide and conquer method　分割解决法

攻击某些类序列密码的一种已知明文攻击。这种攻击的假设条件有三个：

① 密码分析者知道少量连续明文比特；

② 密码分析者知道密文；

③ 密码分析者知道所用序列密码发生器的类型、伪随机源的结构(包括线性反馈移位寄存器(LFSR)的长度及抽头设置)。

例如，对图 D.27 所示的求和式发生器，其中

$$z_j = a_j \oplus b_j \oplus c_{j-1}, \qquad (1)$$

$$c_j = a_j b_j \oplus (a_j \oplus b_j) c_{j-1} \quad (j = 0,1,2,\cdots), \qquad (2)$$

可以编制下述分割解决攻击法：设 LFSR1 的长度为 n_1，LFSR2 的长度为 n_2。

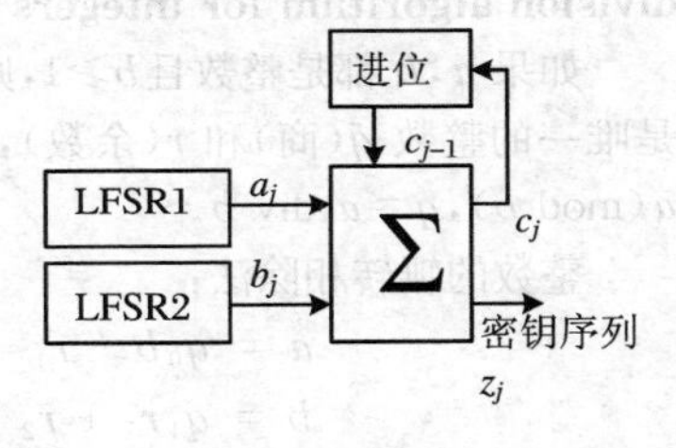

图 D.27

输入：r 比特长连续的密钥序列 $z_0, z_1, z_2, \cdots, z_{r-1}$ $(r > n_1 + n_2 + 1)$。

输出：LFSR1 初始状态 $a_0, a_1, a_2, \cdots, a_{n_1-1}$，LFSR2 的初始状态 $b_0, b_1, b_2, \cdots, b_{n_2-1}$ 及 c_{-1}。

DC1　选择 a_0 和 b_0。存在四种可能选择。其中每一种都定义式(1)中的 c_{-1} 的一个值以匹配 z_0。将 a_0, b_0 和 c_{-1} 的值代入式(2)，可求得 c_0。

DC2　选择 $a_1, a_2, \cdots, a_{n_1-1}$。

DC3　至此，对 b_0 和 $a_0, a_1, a_2, \cdots, a_{n_1-1}$ 的可能选择总共有 $2(2^{n_1}-1)$ 种。在选择一种 $a_0, a_1, a_2, \cdots, a_{n_1-1}$ 后，就可根据 LFSR1 的递归关系依次推导出 $a_{n_1}, a_{n_1+1}, \cdots, a_{r-1}$。

DC4　将 a_j 和 z_j 的值代入式(1)和式(2)，可求得相应的 b_j 和 c_{j-1} 的值 $(j = 1, 2, \cdots, n_2 - 1)$。

DC5　根据上面所得到的 $b_0, b_1, b_2, \cdots, b_{n_2-1}$ 和 LFSR2 的递归关系可依次推导出 $b_{n_2}, b_{n_2+1}, \cdots, b_{r-1}$。

DC6　将上面所得到的 $(a_{n_2}, \cdots, a_{r-1})$，$(b_{n_2}, \cdots, b_{r-1})$ 及 $(c_{n_2-1}, \cdots, c_{r-2})$ 分别代入式(1)，可求得 $(u_{n_2}, \cdots, u_{r-1})$。将它与 $(z_{n_2}, \cdots, z_{r-1})$ 相比较：如果 $u_j \neq z_j$ $(j = n_2, \cdots, r-1)$，则需返回 DC1 或 DC2 重新选择 b_0 和 $a_0, a_1, a_2, \cdots, a_{n_1-1}$ 的值；如果 $u_j = z_j$ $(j = n_2, \cdots, r-1)$，则算法停止。

只要 r 的值足够大 $(r > n_1 + n_2 + 1)$，这个算法就可以高概率地找到正确的答案。

参看 known plaintext attack, linear feedback shift register（LFSR）, stream cipher, summation generator。

division for integers　整数除法

令 a, b 都是整数。如果存在一个整数 c,使得 $b = ac$,则称 a 整除 b;或等价地说,a 是 b 的一个除数(或因子)。如果 a 整除 b,则用 $a|b$ 来表示。

参看 integer。

division for polynomials　多项式除法

如果 $a(x), b(x) \in F[x]$,那么,如果 $a(x)(\text{mod } b(x)) \equiv 0$,则称 $b(x)$整除 $a(x)$,记成 $b(x)|a(x)$。

参看 division for integers。

division algorithm for integers　整数的辗转相除法

如果 a, b 都是整数且 $b \geqslant 1$,则 a 被 b 除用普通的长除法可以得到两个都是唯一的整数 q(商)和 r(余数),使得 $a = qb + r (0 \leqslant r < b)$。可以写成 $r \equiv a(\text{mod } b)$, $q = a \text{ div } b$。

整数的辗转相除法:

$$
\begin{aligned}
a &= q_0 b + r_1 \quad (0 < r_1 < b), \\
b &= q_1 r_1 + r_2 \quad (0 < r_2 < r_1), \\
r_1 &= q_2 r_2 + r_3 \quad (0 < r_3 < r_2), \\
&\cdots, \\
r_{n-2} &= q_{n-1} r_{n-1} + r_n \quad (0 < r_n < r_{n-1}), \\
r_{n-1} &= q_n r_n。
\end{aligned}
$$

参看 integer。

division algorithm for polynomials　多项式的辗转相除法

如果 $a(x), b(x) \in F[x]$, $b(x) \neq 0$,并用$\partial^\circ f(x)$表示多项式 $f(x)$的次数,则 $a(x)$被 $b(x)$除可用普通的多项式长除法进行,得到多项式 $q(x), r(x) \in F[x]$,使得

$$a(x) = q(x)b(x) + r(x), \quad \partial^\circ r(x) < \partial^\circ b(x)。$$

此外,$q(x)$和 $r(x)$都是唯一的。$q(x)$称为商多项式,$r(x)$称为余多项式。余多项式有时表示成 $a(x)(\text{mod } b(x))$,而商多项式有时表示成

$$a(x) \text{div } b(x)。$$

多项式的辗转相除法:

$$
\begin{aligned}
a(x) &= q_0(x)b(x) + r_1(x), \quad \partial^\circ r_1(x) < \partial^\circ b(x), \\
b(x) &= q_1(x)r_1(x) + r_2(x), \quad \partial^\circ r_2(x) < \partial^\circ r_1(x), \\
r_1(x) &= q_2(x)r_2(x) + r_3(x), \quad \partial^\circ r_3(x) < \partial^\circ r_2(x),
\end{aligned}
$$

…,

$r_{n-2}(x) = q_{n-1}(x)r_{n-1}(x) + r_n(x),\ \partial^\circ r_n(x) < \partial^\circ r_{n-1}(x),$

$r_{n-1}(x) = q_n(x)r_n(x)$。

参看 division algorithm for integers,polynomial。

Dixon's algorithm　迪克逊算法

为了解决随机平方因子分解法中 t 的最佳选择(因子基的大小)以及怎样有效生成整数对(a_i, b_i)两个技术问题,人们已经提出了一些技术,其中最简单的就是迪克逊算法:首先随机地选择 a_i,并计算 $b_i \equiv a_i^2 (\mathrm{mod}\ n)$。其次,用因子基中的元素进行试除来测试 b_i是否是p_t-平滑的。如果不是,则随机地选择另外一个 a_i,并重复上述过程。

参看 random square factoring methods。

DNA computer　DNA 计算机

DNA 计算机利用 DNA 分子保存信息。DNA 分子是由 A(腺嘌呤),G(鸟嘌呤),C(胞嘧啶)及 T(胸腺嘧啶) 四种核苷酸(碱基)组成的序列。不同的序列可用来表示不同的信息。通过 DNA 分子之间的一系列生化反应来进行运算,可产生表示结果的 DNA 分子。DNA 计算机的优点是:高度并行性——所有 DNA 分子同时运算;能耗低——是半导体计算机的 $1/10^{10}$;存储密度大——是磁存储器的 10^{12}倍。DNA 计算机的缺点是:生化反应慢,操作有随机性、DNA 分子容易水解,DNA 分子之间难以通信。

domain of a function　函数的定义域

设从集合 X 到集合 Y 的一个函数 $f: X \to Y$。集合 X 称为这个函数的定义域,而 Y 称为这个函数的上域。

参看 function。

double DES　双重 DES

双重加密中的密码算法为 DES 分组密码算法。

参看 double encryption。

double encryption　双重加密

多重加密的一种重要情形。明文 P 先输入第一级并在密钥K_1的作用下进行加密,然后将结果 M 作为第二级的输入并在密钥 K_2的作用下再进行加密,得出密文 C 作为输出。如图 D. 28 所示。双重加密中的两个密钥 K_1和K_2是相互独立的。

比较 triple encryption。

double-length MDC　二倍长 MDC

基于分组密码的散列函数产生的操作检测码(MDC)的长度为该分组密码的分组长度的二倍。例如,把 DES 分组密码作为基础分组密码,则产生的操作检测码(MDC)的长度就是 128 比特。

参看 DES block cipher, manipulation detection code (MDC)。

比较 single-length MDC。

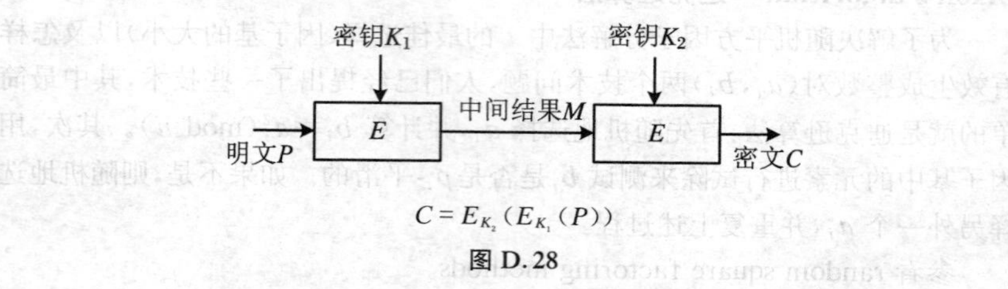

图 D.28

doubling operation of elliptic curve point 椭圆曲线点的二倍运算

就是椭圆曲线点 P 和自己相加这种情况:$R = P + P = 2P$。令 $P = (x_P, y_P)$, $R = (x_R, y_R)$, 则:

① 当在素域$\mathbb{F}_p$上时, $x_R = \lambda^2 - 2x_P$, $y_R = \lambda(x_P - x_R) - y_P$, 其中 $\lambda = (3x_P^2 + a)/2y_P$。

② 当在特征为 2 的有限域$\mathbb{F}_q$($q = 2^m$)上时, $x_R = \lambda^2 + \lambda + a$, $y_R = x_P^2 + (\lambda + 1)x_R$, 其中 $\lambda = x_P + y_P/x_P$。

参看 elliptic curve over a finite field。

***d*-th decimation of periodic sequence 周期序列的 *d*-采样**

设 S 是$\mathbb{F}_q$上的一个周期序列, $S = s_0, s_1, s_2, \cdots$。再设 d 为一正整数,令 $S^{(d)} = s_0, s_d, s_{2d}, \cdots$, 那么,就称序列 $S^{(d)}$ 是序列 S 的一个采样,或称作 S 的 d-采样。

如果 S 是一个 m 序列,那么,当两个不同的采样值 d_1和 d_2属于模 p($p = 2^n - 1$)的割圆陪集中的同一个陪集时, d_1-采样和 d_2-采样出来的序列 $S^{(d_1)}$ 和 $S^{(d_2)}$ 是两个循环等价的周期序列。而当两个不同的采样值 d_1和 d_2不属于同一个陪集时, d_1-采样和 d_2-采样出来的序列 $S^{(d_1)}$ 和 $S^{(d_2)}$ 是不同的两个周期序列,称之为循环相异的周期序列,但都是 m 序列。

参看 cyclically distinct sequence, cyclically equivalent sequence, cyclotomic coset, m-sequence, periodic sequence。

***D*-transform of a sequence 序列的 *D* 变换**

半无限序列 $\tilde{s} = s_0, s_1, s_2, \cdots$ 的 D 变换 $S(D)$ 定义为未定元 D 的形式幂级数:

$$S(D) = s_0 + s_1 D + s_2 D^2 + \cdots = \sum_{j=0}^{\infty} s_j D^j。$$

dual control　双重控制

一种简单的共享控制方案。如果必须把一个秘密数 $S(0 \leqslant S \leqslant m-1, m$ 是整数)输入一个设备中去(例如一个种子密钥),但由于操作上的原因,不希望任何单个人(不是可信方)知道这个数,就可以使用下述方案。可信方 T 生成一个随机数 $S_1(1 \leqslant S_1 \leqslant m-1)$,并把 S_1 发送给用户 A,把 $S - S_1 \pmod m$ 发送给用户 B。A 和 B 则把各自得到的数值分别输入设备中去,这样,这两个数值的模 m 之和就恢复了 S。如果 A 和 B 都是可信的,而没有共谋,那么,两个人都没有有关 S 的任意信息,因为他们每个人拥有的值都是 0 到 $m-1$ 之间的一个随机数。这是拆分知识方案的一个例子——把秘密 S 的知识在两个人中间进行拆分,需要 S 的任意动作都是在双重控制之下,需要两个人来启动这个动作。

方案中的模运算都可以用异或运算替代,使用的数据值 S 和 S_i 的二进制长度都是固定的,为 $\log_2 m$。

参看 key management,shared control schemes。

dual key　对偶密钥,孪生密钥

涉及弱密钥和半弱密钥两者的一个术语。

参看 semiweak key,weak key。

dynamic complexity measure　动态复杂性度量

衡量一个算法效率和质量的方法。典型的动态复杂性度量是程序执行时间和存储空间,也就是所谓的时间耗费和空间耗费,统称时空耗费。动态度量比静态度量要重要得多,一般都是从动态角度去研究算法复杂性。对同一个算法而言,其程序执行时间和存储空间都是随着问题大小 n(n 是问题大小的某种测度)的变化而变化的,即是问题大小的函数 $f(n)$。由问题大小的函数表示的某算法的程序执行时间就称为这个算法的时间复杂性(或称该算法的“时间界”),而表示的存储空间称为这个算法的空间复杂性(或称该算法的“空间界”)。

动态度量与输入数据有极其密切的关系,输入数据不同,动态度量亦不同。可行的标准有两种:一种是用最坏情况度量——最坏情况复杂性;另一种是平均情况度量——平均情况复杂性。

参看 average-case complexity,complexity measure,complexity theory,worst-case complexity。

比较 static complexity measure。

dynamic key establishment　动态密钥编制

一种密钥编制协议,利用它可以在后面的执行当中变更由一个固定用户对(或用户集团)建立的密钥。动态密钥编制还称为会话密钥编制。在这种情况下,会话密钥是动态变化的,而且通常表示这种协议是抗已知密钥攻击的。

比较 key pre-distribution scheme,known-key attack。

dynamic secret sharing scheme　动态秘密共享方案

一种带有扩展能力的广义秘密共享方案,也是预先定位的秘密共享方案。其中由不同授权子集重新构造的秘密是用传递启动秘密份额的值来变更的。

参看 generalized secret sharing,pre-positioned secret sharing scheme。

E

eavesdropper　窃听者

和 adversary 同义。

参看 adversary。

ECDSA digital signature scheme　ECDSA 椭圆曲线数字签名方案

NESSIE 选出的三个数字签名方案之一。ECDSA 是数字签名算法(DSA)的椭圆曲线类方案，是一个随机化的带有附件的数字签名方案，基于椭圆曲线离散对数问题。

1. 定义和符号

(1) 一般符号

$T = X \| Y$ 表示并置：如果 $X = (x_1 \cdots x_m)$，$Y = (y_1 \cdots y_n)$，则

$$T = X \| Y = (x_1 \cdots x_m y_1 \cdots y_n)。$$

(2) 对字符的操作　令 $S = S_{Slen-1} S_{Slen-2} \cdots S_1 S_0$ 表示用 $Slen$ 个 8 比特组组成的一个字符串。

$S_i (0 \leqslant i \leqslant Slen - 1)$ 表示字符串 S 的第 i 个 8 比特组字符。

$S = \varnothing$ 表示字符串 S 为空。

(3) 8 比特组字符串与整数之间的转换　$S = \mathrm{I2OSP}(x, Slen)$ 表示把整数 x 转换成用 $Slen$ 个 8 比特组组成的字符串 S。转换方法如下：首先，把 x 写成以基 256 形式的唯一分解，即

$$x = x_{Slen-1} 256^{Slen-1} + x_{Slen-2} 256^{Slen-2} + \cdots + x_1 256 + x_0;$$

其次，令 $S_i = x_i (0 \leqslant i \leqslant Slen - 1)$；最后，$S = S_{Slen-1} S_{Slen-2} \cdots S_1 S_0$。

$x = \mathrm{OS2IP}(S)$ 表示把用 $Slen$ 个 8 比特组组成的字符串 $S = S_{Slen-1} S_{Slen-2} \cdots S_1 S_0$ 转换成整数 x，即

$$x = \mathrm{OS2IP}(S) = \sum_{i=0}^{Slen-1} 2^{8i} S_i。$$

(4) 有限域元素与整数之间的转换　$x = \mathrm{FE2IP}(a)$ 表示把有限域 $\mathbb{F}_q$ 上的元素 a 转换成整数 x。转换方法如下：如果 $q = p$ 是一个奇素数，则存在一个唯一的整数 $x \in \{0, 1, \cdots, p-1\}$，使得 $a \equiv x \pmod p$；如果 $q = 2^m$，a 是一个比特串，$a = (a_{m-1} a_{m-2} \cdots a_1 a_0)$，则 $x = a_{m-1} 2^{m-1} + a_{m-2} 2^{m-2} + \cdots + 2a_1 + a_0$。

2. 参数生成

ECDSA 的参数集为 $Param = (l, FI, a, b, G, q, h, Hid)$。其中：

l 是安全性参数。

FI 是有限域标识符：如果有限域$\mathbb{F}$是一个素数域$\mathbb{F}_p$，则 $FI=(p)$；如果有限域$\mathbb{F}$是一个特征为 2 的有限域$\mathbb{F}_{2^m}$，则 $FI=(m,f(x))$，其中 $f(x)$为指定用于域元素的多项式基表示的不可约多项式。

a 和 b 为定义椭圆曲线的系数。

G 是椭圆曲线上阶为素数 q 的一个点，而 $h=\#E(\mathbb{F})/q$ 是余因子。

Hid 为某个散列函数的标识符，根据 Hid 选定一个散列函数 $Hash$。

上述参数满足下述要求：

① 取 $E(\mathbb{F})$上的对数应是难处理的；

② $\#E(\mathbb{F})\neq\#\mathbb{F}$；

③ 对于任意 $1\leqslant B<20$，$(\#\mathbb{F})^B\not\equiv 1 \pmod q$；

④ $h\leqslant 4$。

3．密钥生成（建立公开密钥/秘密密钥对）

输入：参数集 $Param$。

输出：ECDSA 的公开密钥 pk 及秘密密钥 sk。

KG1 生成一个随机整数 d，使得 $d\in\{1,2,\cdots,q-1\}$。

KG2 计算点 $Q=dG$。

KG3 公开密钥 $pk=Q$，秘密密钥 $sk=d$。

KG4 输出 pk 和 sk。

4．签名生成

输入：参数集 $Param$，秘密密钥 sk；消息 m；一个随机整数 $k\in\{1,2,\cdots,q-1\}$。

输出：附件 S。

SG1 随机选择一个整数 $k\in\{1,2,\cdots,q-1\}$。

SG2 计算点 $R=kG$，令 $R=(x_R,y_R)$。

SG3 $i=\mathrm{FE2IP}(x_R)$。

SG4 计算 $r=i \pmod q$。

SG5 计算整数 $e=Hash(m)$。

SG6 计算整数 $s=k^{-1}(e+dr) \pmod n$。

SG7 如果 $s=0$，则返回 SG1。

SG8 计算 $S=\mathrm{I2OSP}(r)\parallel\mathrm{I2OSP}(s)$。

SG9 输出 S。

5．签名验证

输入：参数集 $Param$，公开密钥 pk；消息 m；附件 S。

输出：布尔值 $valid/invalid$（有效/无效）。

SV1　$S = S_1 \| S_2$,其中 S_1 和 S_2 都是由 $\lceil(\log_2 q)/8)\rceil$ 个 8 比特组组成的字符串。

SV2　计算整数 $r = \mathrm{OS2IP}(S_1)$ 和 $s = \mathrm{OS2IP}(S_2)$。

SV3　验证 $s \in \{1,\cdots,q-1\}$。

SV4　计算整数 $e = Hash(m)$。

SV5　计算整数 $w = ew(\mathrm{mod}\ q)$。

SV6　计算整数 $u_1 = rw(\mathrm{mod}\ q)$。

SV7　计算整数 $u_2 = s^{-1}(\mathrm{mod}\ q)$。

SV8　计算点 $T = u_1G + u_2Q$,令 $T = (x_T, yT_R)$。如果 $T = O$,则输出"无效"并停止。

SV9　$j = \mathrm{FE2IP}(x_T)$。

SV10　计算 $t = j(\mathrm{mod}\ q)$。

SV11　如果 $t = r$,则输出"有效";否则,输出"无效"。

参看 digital signature, digital signature algorithm (DSA), digital signature scheme with appendix, elliptic curve discrete logarithm problem (ECDLP), elliptic curve over a finite field, finite field, NESSIE project, octet, polynomial basis representation, randomized digital signature scheme。

E-D-E triple encryption　E-D-E 三重加密

三重加密方式中的一种,如图 E.1 所示(图中,E 是加密变换,D 是解密变换,即 $D = E^{-1}$)。

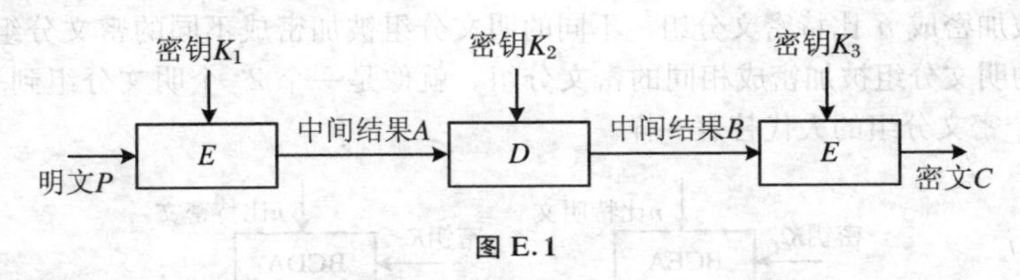

图 E.1

用公式表示:$C = E(P) = E_{K_3}(D_{K_2}(E_{K_1}(P)))$。

参看 triple encryption。

E-E-E triple encryption　E-E-E 三重加密

三重加密方式中的一种,如图 E.2 所示(图中 E 是加密变换)。

用公式表示:$C = E(P) = E_{K_3}(E_{K_2}(E_{K_1}(P)))$。

参看 triple encryption。

E expansion　E 扩展

DES(数据加密标准)中一个固定的扩展运算(有人称作扩展函数)。它把一个 32 比特的数据扩展成 48 比特的数据。

参看 DES block cipher。

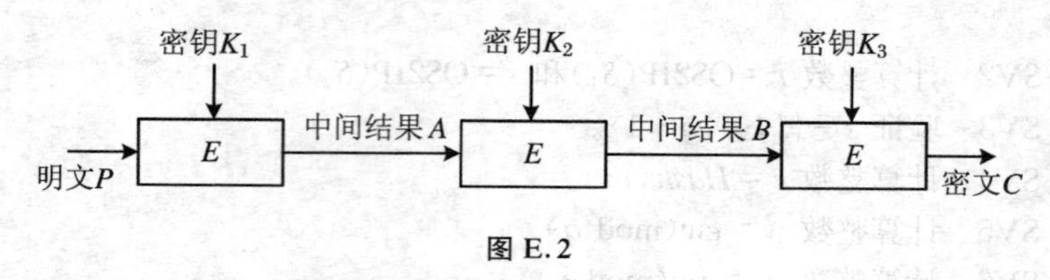

图 E.2

effective key size　有效密钥大小

如果密钥量是$|K|$,则有效密钥大小为 $\log_2|K|$。如果所有的 k 比特向量都是有效密钥,则有效密钥大小就为 k,这是因为向量空间 $V_k = K$。如果$|K|$个密钥中的每个密钥都是等可能出现并且都能定义一个不同的双射密码变换,则这个密钥空间的熵也等于 $\log_2|K|$。

参看 amount of key,key space。

electromagnetic emanation attack　电磁辐射攻击

"边信道攻击"中的一种方法,即在密码芯片周围放置线圈,研究可测量的电磁场来实现攻击。

参看 side channel attack。

electronic code book (ECB)　电子密本

分组密码的一种工作方式。图 E.3 是这种工作方式的示意图。ECB 工作方式是将明文按 n 比特一组进行分组,各个明文分组都在同一个密钥作用下被加密成 n 比特密文分组。不同的明文分组被加密成不同的密文分组,相同的明文分组被加密成相同的密文分组。就像是一个 2^n 个明文分组到一个 2^n 个密文分组的大代替表一样。

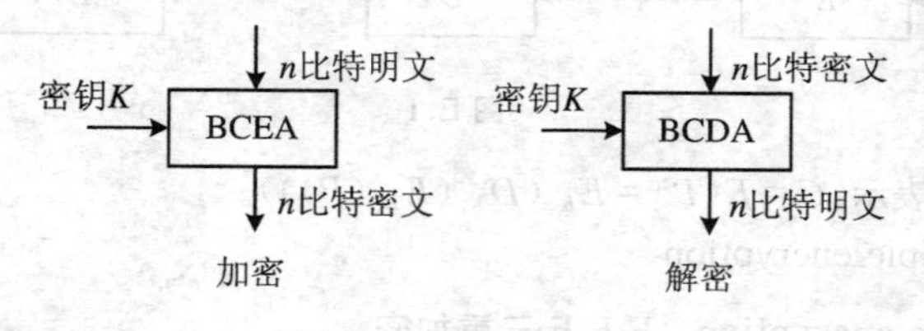

图 E.3

ECB 工作方式的特点如下:

① 在同一个密钥作用下,不同的明文分组被加密成不同的密文分组,相同的明文分组被加密成相同的密文分组;就像是一个 2^n 个明文分组到一个 2^n 个密文分组的大代替表一样。

② 各个明文分组都是被独立加密的,重新排序密文分组将导致明文分组

的重新排序。

③ 密文中1比特或多比特错误仅仅影响它所在的那个密文分组的解密。

参看 block cipher。

比较 cipher block chaining（CBC），cipher feedback（CFB），output feedback（OFB）。

ElGamal cipher　埃尔盖莫尔密码

一种安全性基于离散对数问题的难解性和迪菲-赫尔曼问题的公开密钥加密方案。

设消息发送方为B,消息接收方为A。

(1) 密钥生成(A建立自己的公开密钥/秘密密钥对)

KG1　A生成一个大的随机素数 p 和模 p 整数集合上的乘法群 $\mathbb{Z}_p^*$ 的一个生成元 α；

KG2　A选择一个随机整数 a $(1\leqslant a\leqslant p-2)$,并且计算 $\alpha^a \pmod p$；

KG3　A的公开密钥是 (p,α,α^a),秘密密钥是 a。

(2) B加密消息 m

EM1　B获得A的可靠的公开密钥 (p,α,α^a)；

EM2　B把消息表示为 $\{0,1,\cdots,p-1\}$ 范围内的一个整数 m；

EM3　B选择一个随机整数 k $(1\leqslant k\leqslant p-2)$；

EM4　B计算 $\gamma\equiv\alpha^k \pmod p$ 以及 $\delta\equiv m\cdot(\alpha^a)^k \pmod p$；

EM5　B把密文 $c=(\gamma,\delta)$ 发送给A。

(3) A解密恢复消息 m

DM1　A使用秘密密钥 a 计算 $\gamma^{p-1-a} \pmod p$（注意：$\gamma^{p-1-a}=\gamma^{-a}=\alpha^{-ak}$）；

DM2　A通过计算 $(\gamma^{-a})\cdot\delta \pmod p$ 来恢复消息 m。

解密正确性的证明

$$(\gamma^{-a})\cdot\delta\equiv\alpha^{-ak}m\alpha^{ak}\equiv m \pmod p)。$$

参看 discrete logarithm problem，Diffie-Hellman problem。

ElGamal digital signature　埃尔盖莫尔数字签名

埃尔盖莫尔数字签名方案是一种随机化签名方法。它生成数字签名附加在任意长度的二进制消息上,并且要求一个散列函数 $h:\{0,1\}^*\rightarrow\mathbb{Z}_p$,其中 p 是一个大素数。

设签名者为A,验证者为B。

(1) 密钥生成(A建立一个公开密钥/秘密密钥对)

KG1　A生成一个大的随机素数 p 和乘法群 $\mathbb{Z}_p^*$ 上的一个生成元 α；

KG2　A选择一个随机整数 a $(1\leqslant a\leqslant p-2)$；

KG3　A 计算 $y = \alpha^a \pmod{p}$；

KG4　A 的公开密钥是(p, α, y)，秘密密钥是 a。

(2) 签名生成(A 签署一个任意长度的二进制消息 m)

SG1　A 选择一个随机整数 k $(1 \leqslant k \leqslant p-2)$，且有 $\gcd(k, p-1) = 1$；

SG2　A 计算 $r = \alpha^k \pmod{p}$；

SG3　A 计算 $k^{-1} \pmod{p-1}$；

SG4　A 计算 $s = k^{-1}[h(m) - ar] \pmod{p-1}$；

SG5　A 对消息 m 的签名是(r, s)对。

(3) 签名验证(B 使用 A 的公开密钥验证 A 对消息 m 的签名)

SV1　B 获得 A 的可靠的公开密钥(p, α, y)；

SV2　B 验证 $1 \leqslant r \leqslant p-1$，如果不是这样，则拒绝该签名；

SV3　B 计算 $v_1 = y^r r^s \pmod{p}$；

SV4　B 计算 $h(m)$及 $v_2 = \alpha^{h(m)} \pmod{p}$；

SV5　B 接受这个签名，当且仅当 $v_1 = v_2$。

对签名验证的证明

$$s \equiv k^{-1}[h(m) - ar\}] \pmod{p-1},$$
$$ks \equiv h(m) - ar \pmod{p-1},$$
$$h(m) \equiv ar + ks \pmod{p-1},$$
$$\alpha^{h(m)} \equiv \alpha^{ar+ks} \equiv (\alpha^a)^r r^s \equiv y^r r^s \pmod{p},$$
$$v_2 = v_1。$$

参看 hash function，randomized digital signature scheme。

ElGamal key agreement　埃尔盖莫尔密钥协商

迪菲-赫尔曼密钥协商的一个变种。它是带有指定接收者对源发者进行单方密钥鉴别的一趟协议，但要求源发者预先知道接收者的公开密钥。当和埃尔盖莫尔加密有关系时，这个协议是更为简单的迪菲-赫尔曼密钥协商，在这一点上接收者的公开指数是固定的，而且具有可验证的真实性(例如被嵌入在一个证书之中)。

用户 A 向用户 B 发送一个消息，允许一趟密钥协商。

埃尔盖莫尔密钥协商协议

(1) 一次性设置(密钥产生和发布)　用户 B 执行如下步骤：选择一个适当的素数 p 以及$\mathbb{Z}_p^*$的生成元α；选择一个随机整数 b $(2 \leqslant b \leqslant p-2)$，并计算 $\alpha^b \pmod{p}$；B 公布自己的公开密钥(p, α, α^b)，保持自己的秘密密钥 b。

(2) 协议消息

$$A \rightarrow B: \alpha^x \pmod{p}。 \quad ①$$

(3) 协议动作　每当需要一个共享密钥时，就执行下述步骤：

(a) A 可靠地获得 B 的公开密钥(p,α,α^b)；

(b) A 选择一个随机整数 $x(1\leqslant x\leqslant p-2)$，并把消息①发送给 B。

(c) A 计算 $K=(\alpha^b)^x(\mathrm{mod}\ p)$作为共享密钥。

(d) B 接收 α^x并计算$K=(\alpha^x)^b(\mathrm{mod}\ p)$作为共享密钥。

参看 Diffie-Hellman key agreement，key agreement。

ElGamal public-key encryption　埃尔盖莫尔公开密钥加密

同 ElGamal cipher。

elementary key　基本密钥，初级密钥

同 primary key。

elliptic curve　椭圆曲线

令 K 是任意一个域，$a_1,a_2,a_3,a_4,a_6\in K$；并令 $b_2=a_1^2+4a_2$，$b_4=a_1a_3+2a_4$，$b_6=a_3^2+4a_6$，$b_8=a_1^2a_6-a_1a_3a_4+4a_2a_6+a_2a_3^2-a_4^2$。那么，当 $\Delta=-b_2^2b_8-8b_4^3-27b_6^2+9b_2b_4b_6\neq 0$ 时，域 K 上的点集

$$E=\{(x,y)\mid y^2+a_1xy+a_3y=x^3+a_2x^2+a_4x+a_6\}\cup\{O\}$$

称作域 K 上的椭圆曲线。其中方程 $y^2+a_1xy+a_3y=x^3+a_2x^2+a_4x+a_6$是魏尔斯特拉斯(Weierstrass)方程，$\Delta$ 为其判别式；O 为无穷远点；称常数 a_1,a_2,a_3,a_4,a_6为椭圆曲线的系数。

通常，密码学感兴趣的是有限域上的椭圆曲线。

参看 elliptic curve over a finite field，field。

elliptic curve over a finite field　有限域上的椭圆曲线

这里给出有限域上的椭圆曲线概念。

(1) 当 $p>3$ 是一个素数时($\mathbb{F}_p$称作素域)，同余式

$$y^2\equiv x^3+ax+b\ (\mathrm{mod}\ p)$$

的解集合为$(x,y)\in\mathbb{F}_p\times\mathbb{F}_p$，其中 $a,b\in\mathbb{F}_p$是满足 $4a^3+27b^2\not\equiv 0(\mathrm{mod}\ p)$ 的常数。$\mathbb{F}_p$上的椭圆曲线E: $y^2=x^3+ax+b$ 是由这些解集合(x,y)再加上一个称为无穷远点的一个特殊点 O 构成的点集，可记作

$$E(\mathbb{F}_p)=\{(x,y)\mid y^2=x^3+ax+b\}\cup\{O\}。$$

通过定义椭圆曲线 E 的点集上的一种适当运算，能够使这个椭圆曲线成为一个阿贝尔群。将这种运算写成加法形式，其定义如下(这里所有算术运算都在$\mathbb{F}_p$上进行)：假设 $P=(x_1,y_1)$和 $Q=(x_2,y_2)$都是 $E(\mathbb{F}_p)$上的点，则有：

(a) $O+O=O$；

(b) $P+O=O+P=P$，O 为单位元(零元)；

(c) 如果 $x_2=x_1$且 $y_2=-y_1$，则 $P+Q=O$，即(x_1,y_1)的负元是$(x_1,-y_1)$；

(d) 如果 $P\neq -Q$，则 $P+Q=(x_3,y_3)$，其中

$$\begin{cases} x_3 = \lambda^2 - x_1 - x_2, \\ y_3 = \lambda(x_1 - x_3) - y_1, \end{cases}$$

而

$$\lambda = \begin{cases} \dfrac{y_2 - y_1}{x_2 - x_1}, & P \neq Q, \\ \dfrac{3x_1^2 + a}{2y_1}, & P = Q。 \end{cases}$$

(2) 当 $q=2^m$ 时，域 $\mathbb{F}_q$（称作特征为 2 的有限域）上的椭圆曲线 $E: y^2+xy=x^3+ax^2+b$ 为 $\mathbb{F}_q$ 上的方程 $y^2+xy=x^3+ax^2+b$ 的解集合 $(x,y)\in \mathbb{F}_q\times\mathbb{F}_q$ 再加上一个无穷远点 O 构成的点集，其中 $a,b\in\mathbb{F}_q$ 是常数且 $b\neq 0$，可记作

$$E(\mathbb{F}_q)=\{(x,y)\mid y^2+xy=x^3+ax^2+b\}\cup\{O\}。$$

同样，通过定义椭圆曲线 E 的点集上的一种加法运算，能够使这个椭圆曲线成为一个阿贝尔群。其定义如下（这里所有算术运算都在 $\mathbb{F}_q$ 上进行）：假设 $P=(x_1,y_1)$ 和 $Q=(x_2,y_2)$ 都是 $E(\mathbb{F}_q)$ 上的点，则有：

(a) $O+O=O$；

(b) $P+O=O+P=P$，O 为单位元（零元）；

(c) 如果 $x_2=x_1$ 且 $y_2=x_1+y_1$，则 $P+Q=O$，即 (x_1,y_1) 的负元是 (x_1,x_1+y_1)；

(d) 如果 $P\neq -Q$，则 $P+Q=(x_3,y_3)$，其中

$$x_3 = \lambda^2 + \lambda + x_1 + x_2 + a,$$
$$y_3 = \lambda(x_1 + x_3) + x_3 + y_1,$$

而

$$\lambda = \begin{cases} \dfrac{y_2 + y_1}{x_2 + x_1}, & P \neq Q, \\ \dfrac{x_1^2 + y_1}{x_1}, & P = Q。 \end{cases}$$

参看 abelian group，elliptic curve，finite field，integers modulo n。

elliptic curve cryptosystem　椭圆曲线密码体制

可以用椭圆曲线来构造公开密钥密码体制；可以用椭圆曲线实现已存在的公钥密码算法，如迪菲-赫尔曼算法、埃尔盖莫尔算法以及斯诺算法，都可用有限域上的椭圆曲线来实现。椭圆曲线的吸引人之处在于，它提供了由“元素”和“组合规则”来组成群的构造方式。用这些群来构造密码算法具有完全相似的特性，但它们并没有减少密码分析的分析量。有限域 $GF(2^n)$ 上的椭圆曲线是特别有趣的，域上的算术运算器容易构造，并且 n 在 130～200 比特范围的实现是相当简单的。它们提供了一个较快的且具有较小密钥长度的公开

密钥密码体制。椭圆曲线密码体制设计中主要应解决的问题是寻找合适的椭圆曲线。

下面提出一种埃尔盖莫尔型椭圆曲线公开密钥密码体制。

设 E 为定义在有限域$\mathbb{F}_q$上的椭圆曲线,以 $E(\mathbb{F}_q)$表示椭圆曲线 E 在$\mathbb{F}_q$中的有理点集,它是一个有限群。$E(\mathbb{F}_q)$上点的个数称为 $E(\mathbb{F}_q)$的阶,用$\# E(\mathbb{F}_q)$表示。在 $E(\mathbb{F}_q)$中选一个点 P 作为基点,设 P 的阶为n(即 $nP=O$,通常要求 n 是一个大素数),并用$\langle P\rangle$表示 E 的包含基点P 的一个 n 阶循环群。用户 A 选取一个整数 $e(1\leqslant e<n)$作为秘密密钥,而以 $D=eP$ 作为其公开密钥。

椭圆曲线公开密钥密码体制

设消息发送方为 B,消息接收方为 A。

(1) 密钥生成(A 建立自己的公开密钥/秘密密钥对)

KG1 选择基域$\mathbb{F}_q$($q=2^m$或$q=p$ 是个素数)上的椭圆曲线 E;

KG2 A 从 E 在$\mathbb{F}_q$中的有理点集$E(\mathbb{F}_q)$中选一个基点 P,其阶为 n;

KG3 A 选择一个整数 e $(1\leqslant e<n)$;

KG4 A 计算点 $D=eP$;

KG5 A 的公开密钥是(q,P,n,D),秘密密钥是 e。

(2) B 加密消息 m

EM1 B 获得 A 的可靠的公开密钥(q,P,n,D);

EM2 B 把消息 m 表示为区间$(0,q)$中的一个数字;

EM3 B 随机选择一个整数 $k\in\mathbb{Z}$,计算 $kP=(x_1,y_1)$;

EM4 B 计算 $kD=(x_2,y_2)$;

EM5 B 计算密文 $c=m\oplus x_2$;

EM6 B 把(c,x_1,y_1)发送给 A。

(3) A 解密恢复消息 m

DM1 A 计算$(x_2,y_2)=e(x_1,y_1)$;

DM2 A 计算 $m=c\oplus x_2$,恢复消息 m。

可以看出,$e(x_1,y_1)=ekP=k\cdot eP=kD=(x_2,y_2)$,所以上述解密是正确的。

参看 ElGamal cipher, elliptic curve over a finite field, Galois field, public key cryptosystem。

elliptic curve discrete logarithm problem(ECDLP) 椭圆曲线离散对数问题

已知椭圆曲线 E 在其基域$\mathbb{F}_q$上的有理点集$E(\mathbb{F}_q)$中的一个阶为 n 的基点P,且 $D\in\langle P\rangle$(其中$\langle P\rangle$表示 E 的一个包含基点P 的 n 阶循环群),求一个整数 $k\in\mathbb{Z}$,使得 $D=kP$。

上述问题中的整数 k 称为关于 P 的离散对数。

比较 discrete logarithm problem (DLP)。

elliptic curve factoring algorithm 椭圆曲线因子分解算法

这是求一个复合整数的因子的专用因子分解算法，是波拉德 $p-1$ 算法的推广。在波拉德 $p-1$ 算法中，$p-1$ 是群 $\mathbb{Z}_p^*$ 的阶，椭圆曲线因子分解算法就是用 $\mathbb{Z}_p$ 上的一个随机椭圆曲线群来代替。而此群的阶在区间 $[p+1-2\sqrt{p}, p+1+2\sqrt{p}]$ 上大致均匀分布。如果选择的群的阶是关于某个预先选定的界限平滑的，那么椭圆曲线因子分解算法将高概率地找到复合整数 n 的一个非平凡因子。如果这个群的阶不是平滑的，则该算法将可能失败，但可以重新选择一个不同的椭圆曲线群，重复上述过程。椭圆曲线因子分解算法是一种次指数算法，为找到 n 的一个因子 p 的期望运行时间是 $L_p[1/2, \sqrt{2}]$。由于这个运行时间依赖于 n 的素因子的大小，所以该算法倾向于首先寻找小素因子。目前选择该算法来分解非常大的复合整数的 40 位以下十进制数的素因子。当 n 是两个大小大致相同的素数乘积时，椭圆曲线因子分解算法期望运行时间是 $L_n[1/2, 1]$，这就和二次筛法一样了。然而，在实际应用中分解这样的复合整数椭圆曲线因子分解算法不如二次筛法有效。

参看 Pollard's $p-1$ algorithm, quadratic sieve factoring algorithm, smooth integers, subexponential-time algorithm。

elliptic curve primality proving (ECPP) algorithm 椭圆曲线素性证明算法

参看 Atkin's primality test。

EMAC message authentication code EMAC 消息鉴别码

NESSIE 选出的四个消息鉴别码之一。EMAC 方案是 CBC-MAC 的一种变体。EMAC 方案推荐的基础密码 E 为 128 比特分组的 AES 或 Camellia。下面用 $E_K(M)$ 表示在密钥 K 作用下对 M 进行加密。

EMAC 消息鉴别码

输入：长度 $n \geqslant 0$ 比特的消息 M，q（=128,192 或 256）比特密钥 K。

输出：M 的 128 比特 MAC 码。

1. 消息扩展(预处理)

填充 M 使得其比特长度为 128 的倍数，做法如下：在 n 比特 M 之后先添加一个“1”，接着添加 $r-1$ 个“0”。r 的取值要使得 $n+r=128m$ 时最小的那个值。这样，就将输入划分成 m 个 128 比特长的字块，表示成 $M_0, M_1, \cdots, M_{m-1}$。

2. 消息鉴别码:*MAC* = *EMAC*(*K*,*M*)

输入:消息扩展后的 m 个字块 $M_i \in \{0,1\}^{128}(i=0,1,\cdots,m-1)$;$K \in \{0,1\}^q$。

输出:M 的 128 比特 MAC 值。

begin

$K' = K \oplus (\mathrm{F0F0 \cdots F0})_{\mathrm{hex}}$　　//根据 K 推导出 K'

//下面是压缩运算

$H_0 \leftarrow 0^{128}$　　//0^{128}表示由 128 个"0"构成的比特串

for $i=0$ to $m-1$ do

$H_{i+1} = E_K(H_i \oplus M_i)$

next i

//下面是输出变换

$H_{\mathrm{out}} = E_{K'}(H_m)$

$MAC = H_{\mathrm{out}}$

end

注:如果需要 $p(<128)$比特的 MAC 值,则截取 H_{out} 最左边 p 比特作为 MAC 码。

3. 测试向量

下面,"消息 M"中字符为 ASCII 码,"密钥 K"和"MAC" 中数据为十六进制;运算中 E 采用 AES 分组密码,密钥长度为 128 比特。

消息 M = ""(空串),

密钥 K = 0123456789ABCDEF0123456789ABCDEF,

MAC = 33BD8D7DE983CD8D452695152A53AE8A;

消息 M = "a",

密钥 K = 0123456789ABCDEF0123456789ABCDEF,

MAC = DC525ADE636062644FA0B53468FFAB7E;

消息 M = "abc",

密钥 K = 0123456789ABCDEF0123456789ABCDEF,

MAC = BDF207BB71B862988C3ED0DCED005460;

消息 M = "message digest",

密钥 K = 0123456789ABCDEF0123456789ABCDEF,

MAC = B6D4B0F97C0B5AD662CAC18BBD5514DA;

消息 M = "abcdefghijklmnopqrstuvwxyz",

密钥 K = 0123456789ABCDEF0123456789ABCDEF,

MAC = 41256D33451F4CFDB1845BD7F26C8CA3;

消息 M = "abcdbcdecdefdefgefghfghighij

hijkijkljklmklmnlmnomnopnopq",

密钥 K = 0123456789ABCDEF0123456789ABCDEF,

MAC = EE83D79574167C7A139047156D2B26BD;

消息 M = "A…Za…z0…9",

密钥 K = 0123456789ABCDEF0123456789ABCDEF,

MAC = 497C2A4E4DA3C237F69779E084489A6D;

消息 M = 8 个"1234567890",

密钥 K = 0123456789ABCDEF0123456789ABCDEF,

MAC = 4C76C4509DBE50FAD2B32D969C082677;

消息 M = "Now is the time for all ",

密钥 K = 0123456789ABCDEF0123456789ABCDEF,

MAC = D1F8838FDE9D149D897C0470478774A5;

消息 M = "Now is the time for it",

密钥 K = 0123456789ABCDEF0123456789ABCDEF,

MAC = CEBB575BDA40FF9BBF53557DC352D328;

消息 M = 10^6个"a",

密钥 K = 0123456789ABCDEF0123456789ABCDEF,

MAC = 3DDFDF81FA36B6A5E7A2DCFD50F590C3。

参看 AES block cipher，Camellia block cipher，CBC-MAC，message authentication code (MAC)，NESSIE project。

encipher　**密表加密;加密**

(1) 用一个密表体制把明文变换成不可懂形式,变换的结果称作密表密文。参看 cipher，cipher system，ciphertext，plaintext。

(2) 同 encrypt。

enciphered code　**加表密本,加表密本组**

对文字密本组或数字密本组进行移位或代替变换,经过这种加密变换的密本就叫作加表密本或加表密本组。

参看 code book，codegroups，codenumbers，codewords。

encipherment　**加密,译成密码**

对数据进行密码变换产生密文。

同 encryption。

encode　**编码;译成电码,译成密码;密本加密**

(1) 在数据通信中,用一种编码来变换数据,以这样的方法使得在后来可以把变换后的数据再恢复成原来的形式。

(2) 在数据通信中,从一种通信体制变换成另一种通信体制。

(3) 在密码编码学中,用一个密本体制把明文变换成不可懂形式,变换的结果称作密本密文。

参看 code,code system,codetext。

比较 encipher。

encrypt **加密**

用一个密码体制把明文变换成不可懂形式,变换的结果称作密文。

参看 cryptosystem,ciphertext,plaintext。

encrypt-decrypt-encrypt (EDE) mode 加密-解密-加密模式

同 E-D-E triple encryption。

encryption **加密**

密码学中把数据变换成不可懂形式的过程,按照这样的方法,或者不能得到原数据(单向加密),或者不使用解密过程就不能得到原数据(双向加密)。

参看 cryptography。

encryption algorithm **加密算法**

(1) 在密码学中,用固件或软件实现的并和一个秘密密钥一起用来加密明文和解密密文的算法。

(2) 密码学中的一组数学表示的法则,这些法则通过使用一些可变因素(借助把一个密钥应用于标准的信息表示来控制这些可变因素)来实现一系列的变换,使信息不可懂。

参看 cryptography。

encryption function **加密函数**

对于密钥空间 K 中的每一个元素 e,都唯一确定一个从 M(消息空间)到 C(密文空间)的双射 $E_e:M\to C$。E_e 称作一个加密函数或加密变换。

参看 cryptosystem。

比较 decryption function。

encryption matrix **加密矩阵**

密码体制的一种表示方式。将明文空间(或称消息空间)M 中的每一个明文 m_i、密钥空间 K 中的每一个密钥 k_h 和密文空间 C 中的每一个密文 c_j 的对应关系,用矩阵的形式表示出来。例如,某密码体制的明文空间 $M=\{m_1,m_2,m_3\}$,密文空间 $C=\{c_1,c_2,c_3\}$,密钥空间 $K=\{k_1,k_2,k_3\}$,如果该密码体制使用的加密函数 E 为

$$E_{k_1}(m_1)=c_1,\quad E_{k_1}(m_2)=c_3,\quad E_{k_1}(m_3)=c_2,$$
$$E_{k_2}(m_1)=c_3,\quad E_{k_2}(m_2)=c_2,\quad E_{k_2}(m_3)=c_1,$$
$$E_{k_3}(m_1)=c_2,\quad E_{k_3}(m_2)=c_1,\quad E_{k_3}(m_3)=c_3,$$

则可用下述加密矩阵来表示：

	m_1	m_2	m_3
k_1	c_1	c_3	c_2
k_2	c_3	c_2	c_1
k_3	c_2	c_1	c_3

参看 ciphertext space，cryptosystem，encryption function，key space，message space。

encryption scheme　加密方案

如果用 M 表示消息空间，用 K 表示密钥空间，用 C 表示密文空间，则一个加密方案就是由一个加密变换集合$\{E_e \mid e\in K\}$和一个解密变换集合$\{D_d \mid d\in K\}$组成的，并且具有如下特性：对于每一个 $e\in K$，都存在一个唯一的密钥 $d\in K$，使得 $D_d=E_e^{-1}$，即对于所有 $m\in M$，都有 $D_d(E_e(m))=m$。一个加密方案有时称作一个密码(cipher)。上面的密钥 e 和 d 组成一个密钥对，可记作(e,d)。可以是 $e=d$，亦可以是 $e\neq d$。要构造一个加密方案，就要求人们选择一个消息空间 M、一个密文空间 C、一个密钥空间 K、一个加密变换集合$\{E_e \mid e\in K\}$以及一个解密变换集合$\{D_d \mid d\in K\}$。

参看 ciphertext space，decryption transformation，encryption transformation，key space，message space。

encryption transformation　加密变换

同 encryption function。

endomorphic cryptosystem　自同态密码体制

若一个密码体制的消息空间 M 和密文空间 C 相同，则称之为自同态密码体制。

参看 cryptographic system。

end-to-end encipherment　端对端加密，端端加密

同 end-to-end encryption。

end-to-end encryption　端对端加密，端端加密

网络内部加密的方法之一。在源端系统内对数据进行加密，而对应的解密仅仅发生在目的端系统内。也就是说，端(对)端加密是对一对用户之间的信息提供无缝的加密保护，而信息对其传送中间的各个节点来说都是保密的。

参看 network encryption。

比较 link encryption,node encryption。

enemy　敌人

同 adversary。

Enigma　恩尼格马

在第二次世界大战中德国及其同盟国使用的一种多转轮类型的密码机。最初的恩尼格马有 3 个转轮,每个转轮有 26 个位置。

参看 rotor machine,rotor machine cipher。

Enigma machine　恩尼格马密码机

参看 Enigma。

E91 protocol for QKD　量子密钥分配的 E91 协议

E91 是一个三态的协议,它利用贝尔不等式作为一个隐参数来检测是否存在窃听者。下面利用 EPR 光子对的极化态来描述这个协议。选择下面三个可能的极化态作为 EPR 对:

$$|\Omega_0\rangle = \frac{1}{\sqrt{2}}(|0\rangle_1 |3\pi/6\rangle_2 - |3\pi/6\rangle_1 |0\rangle_2),$$

$$|\Omega_1\rangle = \frac{1}{\sqrt{2}}(|\pi/6\rangle_1 |4\pi/6\rangle_2 - |4\pi/6\rangle_1 |\pi/6\rangle_2),$$

$$|\Omega_2\rangle = \frac{1}{\sqrt{2}}(|2\pi/6\rangle_1 |5\pi/6\rangle_2 - |5\pi/6\rangle_1 |2\pi/6\rangle_2)。$$

对于每一个态,选择表 E.1 对应的相互非正交的字母表 A_0,A_1 和 A_2。这三个字母表相应的测量算子分别是

$$M_0 = |0\rangle\langle 0|, \quad M_1 = |\pi/6\rangle\langle \pi/6|, \quad M_2 = |2\pi/6\rangle\langle 2\pi/6|。$$

此协议分两个阶段:第一阶段在一个量子信道上进行通信;第二阶段在一个公开信道上进行通信。

下面用 A 代表发送方,B 代表接收方,E 代表窃听者。

表 E.1　线性极化量子字母表 A_0,A_1,A_2

	A_0		A_1		A_2	
符号	$\|0\rangle$	$\|3\pi/6\rangle$	$\|\pi/6\rangle$	$\|4\pi/6\rangle$	$\|2\pi/6\rangle$	$\|5\pi/6\rangle$
比特	0	1	0	1	0	1

第一个阶段:在量子信道上的通信。

对于每一个时隙,从态集 $\{|\Omega_0\rangle, |\Omega_1\rangle, |\Omega_2\rangle\}$ 中等概地随机选择一个态 $|\Omega_j\rangle$。然后以所选择的态 $|\Omega_j\rangle$ 建立一个 EPR 对。把所制备的 EPR 对中的

一个光子发送给 A,另一个光子发送给 B。A 和 B 以相同的概率随机独立地选择三个测量算子 M_0,M_1和 M_2中的一个来测量各自的光子。A记录他的测量比特。另一方面,B 记录他测量的比特的补。这个过程根据需要重复多个时隙。

第二个阶段:在公开信道上的通信

(1) 首先,A 和 B 在一个公开信道上讨论来确定他们使用相同测量算子的比特位置。然后,他们分别把各自的比特序列分成两个子序列。一个子序列称作毛密钥,是由使用相同的测量算子得出的那些比特组成的。另外一个子序列称作耗损密钥,是由所有剩余比特组成的。

(2) 把贝尔不等式应用于耗损密钥来检测 E 是否出现。与 BB84 和 B92 协议不同,E91 协议不是抛弃耗损密钥,而是使用它来检测 E 的存在。A 和 B 在公开信道上进行讨论,比较各自的耗损密钥以确定是否满足贝尔不等式:如果满足,则存在窃听;如果不满足,则不存在窃听。

对于 E91 协议,贝尔不等式可以写成下面这种形式:给定 A 和 B 各自所使用的测量算子或者是 M_i和M_j,或者是 M_j和M_i,令 $P(\neq|i,j)$表示 A 和 B 的耗损密钥中的两个对应比特不匹配的概率。令

$$P(=|i,j)=1-P(\neq|i,j),$$
$$\Delta(i,j)=P(\neq|i,j)-P(=|i,j),$$
$$\beta=1+\Delta(1,2)-|\Delta(0,1)-\Delta(0,2)|。$$

那么,在这种情况下贝尔不等式归约成 $\beta\geqslant 0$,而对于量子力学来说(即没有隐参数)却是 $\beta=-1/2$,这显然违反了贝尔不等式。

(3) 在存在噪声的情况下,后面的步骤和 BB84 及 B92 协议所描述的一样进行密钥调和。

参看 B92 protocol for QKD, BB84 protocol for QKD, entangled state, EPR pairs, quantum key distribution (QKD), quantum state。

entangled state 纠缠态

n 粒子系统所处的一种态。如果不能把 n 粒子系统写成其组成粒子的 n 个态的张量积形式,则此 n 粒子系统所对应的态称作纠缠态,具有纠缠态的粒子称作纠缠粒子。例如二粒子系统 $|\phi\rangle=\frac{1}{\sqrt{2}}(|00\rangle+|11\rangle)$,它就不能写成一个张量积,因此$|\phi\rangle$是一个二粒子纠缠态。

在测量上述$|\phi\rangle$时,如果使用标准的可观测量测量第一个粒子,我们将以 1/2 概率观测到$|0\rangle$,而且那个态将坍缩到$|00\rangle$。现在,如果我们去测量第二个粒子,就将以概率 1 观测到它是$|0\rangle$。因此,测量第一个粒子已经影响和第二个粒子的测量有关联的概率。所以,对于纠缠粒子而言,对其中一个测量将

影响对另一个测量。当然可以把上述作用扩展到多于两个粒子的情况。

参看 observable，tensor product。

entanglement swapping　纠缠交换

量子隐形传态的一种应用，能使从未相互作用的量子位发生纠缠。纠缠交换原理如图 E.4 所示。

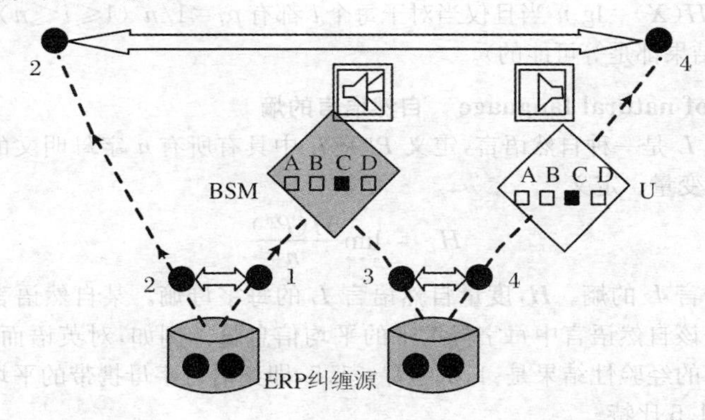

图 E.4

两个 EPR 源产生两对纠缠量子位 1-2 和 3-4(用短箭头标示)。对量子位 1 和 3(来自不同的纠缠对)执行贝尔态测量(BSM)，这个测量导致量子位 2 和 4 相互纠缠(用长箭头标示)。

参看 Bell basis，entangled state，quantum teleportation。

entity　实体

能够发送、接收或操作信息的某个人或某种事物就称作实体或用户。实体可以是一个人、一台计算机终端。

entity authentication　实体鉴别

同 identification。

entropy　熵

令 X 是其值取自一个有限值集合$\{x_1, x_2, \cdots, x_n\}$的随机变量，$X$ 取值为 x_i 的概率是 $P(X = x_i) = p_i$，其中对每个 i 都有 $0 \leqslant p_i \leqslant 1\ (1 \leqslant i \leqslant n)$，并且有 $\sum_{i=1}^{n} p_i = 1$。随机变量 X 的熵是通过观测 X 所提供的信息量的一种数学测度。等价地说，它是在观测 X 之前关于结果的不确定性。

随机变量 X 的熵(或不确定性)$H(X)$定义为

$$H(X) = -\sum_{i=1}^{n} p_i \lg p_i = \sum_{i=1}^{n} p_i \lg \frac{1}{p_i}。$$

这里约定：当 $p_i=0$ 时，$p_i\lg p_i=p_i\lg(1/p_i)=0$。

熵具有如下特性：

(1) $0\leqslant H(X)\leqslant\lg n$；

(2) $H(X)=0$ 当且仅当对于某个 i 有 $p_i=1$，且对于所有 $j\neq i$ 都有 $p_j=0$（也就是说，不存在结果的不确定性）；

(3) $H(X)=\lg n$ 当且仅当对于每个 i 都有 $p_i=1/n$ $(1\leqslant i\leqslant n)$（也就是说，所有结果都是等可能的）。

entropy of natural language　自然语言的熵

假定 L 是一种自然语言，定义 P^n 是 L 中具有所有 n 字母明文的概率分布的随机变量。定义

$$H_L=\lim_{n\to\infty}\frac{H(P^n)}{n}$$

为自然语言 L 的熵。H_L 度量自然语言 L 的每字母熵。某自然语言的每字母熵就是该自然语言中每字母携带的平均信息量。例如，对英语而言，各种实验得出的经验性结果是：$1.0\leqslant H_L\leqslant 1.5$，即英语每字母携带的平均信息量为 1.0～1.5 比特。

参看 entropy。

envelope method with padding　带有填充的密封法

这是一种用操作检测码(MDC)算法构造 MAC 算法的方法。对于一个密钥 k 和一个操作检测码(MDC)算法 h，计算一个消息 M 的 MAC 码：$h_k(M)=h(k\parallel p\parallel M\parallel k)$)，其中 p 是一个二进制数字串，用于将 k 填充到一个分组长度，以确保内部计算至少含有两次迭代。例如，如果 h 是 MD5，k 是 128 比特，则 p 是一个 384 比特的填充二进制数字串。

参看 MAC from MDCs。

ephemeral secret　短命秘密

像会话密钥这样的秘密。它的使用期被限制在一个短的时间周期之内，如限制在一次电信连接或会话期间，而后其踪迹全部消除。

参看 session key。

EPR pairs　EPR 对

同 Bell basis。

EPR protocol for QKD　量子密钥分配的 EPR 协议

同 E91 protocol for QKD。

EPR states　EPR 态

同 Bell basis。

ε-balanced (b, m) hash-family　ε-平衡的(b, m)散列函数族

一个(b, m)散列函数族 H 是一个把 b 比特消息映射成 m 比特散列值的散列函数集合。如果对于所有的消息 $B \neq 0$ 及所有的 m 比特散列值 c,都有 $prob_h(h(B)=c) \leqslant \varepsilon$,这里概率是遍及所有随机选择的函数 $h \in H$,那么这个(b, m)散列函数族就是 ε-平衡的。

参看 hash function。

equivalent keys　等价密钥

密码编码中的一种现象:用两个不同的密钥加密一组特定的明文块,得到同一个密文块。这是由于密码算法中的某些变换可能具有某种对称特性,使得上述现象出现。因此,必须要求一个密码体制(算法)中的加/解密算法应对所有密钥都有效,尽量减少等价密钥存在的可能性。

假设明文空间中的所有元素和密文空间中的所有元素有可能相对应的总数为 N,那么密钥空间的大小不要大于这个 N 值。因为明文空间和密文空间元素相对应的每一种可能都是在密钥空间中的某一个密钥作用下产生的,最多 N 个密钥也就足够了,多于 N 的那些密钥每一个所起的作用都必定和前面 N 个密钥中的某一个相同。

同 key collision。

equivocation　暧昧度,疑义度

如果 X, Y 是随机变量,已知 $Y=y$ 时 X 的条件熵是

$$H(X \mid Y=y) = -\sum_x P(X=x \mid Y=y)\lg(P(X=x \mid Y=y)),$$

其中,求和指数 x 遍及 X 的所有值,则 Y 关于 X 的暧昧度(即已知 Y 时,X 的条件熵)是

$$H(X \mid Y) = \sum_y P(Y=y)H(X \mid Y=y),$$

其中,求和指数 y 遍及 Y 的所有值。

参看 key equivocation, message equivocation。

error expansion　错误扩散

同 error extension。

error extension　错误扩散

在密码学中,当有噪信道产生错误,或者一个攻击者在传送的密文中插入改变时发生的将错误扩大的作用,这样的错误将在后面接收的明文中引起更多的错误。这种现象主要发生在分组密码的 CBC 和 CFB 两种工作方式中。

参看 cipher block chaining (CBC), cipher feedback (CFB)。

error propagation　错误扩散,错误传播

同 error extension。

escrowed encryption standard（EES） 密钥托管加密标准

此为美国联邦信息处理标准 FIPS 185。这个标准指定 SKIPJACK 对称密钥分组密码的参数和使用，以及供 CLIPPER 密钥托管系统使用的法律强制性访问字段（LEAF）的建立方法。其目的是允许法律授权下的搭线窃听。

参看 Clipper key escrow，law enforcement access field（LEAF），SKIPJACK block cipher。

ESIGN signature scheme ESIGN 签名方案

一种安全性基于大数因子分解困难性的数字签名方案。“ESIGN”是“efficient digital SIGNature”的缩写。这种签名方案属于带有附件的签名方案类，需要一个单向散列函数 $h:\{0,1\}^* \to \mathbb{Z}_n$。

设签名者为 A，验证者为 B。

(1) 密钥生成（A 建立一个公开密钥/秘密密钥对）

KG1 A 选择两个随机素数 p 和 q，并使得 $p \geqslant q$，而且两者的二进制位数大致相同；

KG2 A 计算 $n = p^2 q$；

KG3 A 选择一个正整数 $k \geqslant 4$；

KG4 A 的公开密钥是 (n, k)，秘密密钥是 (p, q)。

(2) 签名生成（A 签署一个任意长度的二进制消息 m）

SG1 A 计算 $v = h(m)$；

SG2 A 选择一个随机秘密整数 x $(0 \leqslant x < p)$。

SG3 A 计算

$w = \lceil (v - x^k) (\mathrm{mod}\ n) / (pq) \rceil$ 和 $y = w \cdot (kx^{k-1})^{-1} (\mathrm{mod}\ p)$；

SG4 A 计算 $s = x + ypq (\mathrm{mod}\ n)$；

SG5 A 对消息 m 的签名是 s。

(3) 签名验证（B 使用 A 的公开密钥验证 A 对消息 m 的签名）

SV1 B 获得 A 的可靠的公开密钥 (n, k)；

SV2 B 计算 $u = s^k (\mathrm{mod}\ n)$ 和 $z = h(m)$；

SV3 如果 $z \leqslant u \leqslant z + 2^{\lceil (2/3) \lg n \rceil}$，则接受这个签名，否则拒绝这个签名。

对签名验证的证明

由于

$$s^k \equiv (x + ypq)^k \equiv \sum_{i=0}^{k} \binom{k}{i} x^{k-i} (ypq)^i \equiv x^k + kypqx^{k-1} (\mathrm{mod}\ n),$$

以及

$$kx^{k-1} y \equiv w (\mathrm{mod}\ p),$$

这样,对于某个 $l\in\mathbb{Z}$,有 $kx^{k-1}y=w+lp$,所以

$$\begin{aligned}s^k&\equiv x^k+pq(w+lp)\equiv x^k+pqw\\&\equiv x^k+pq\left\lceil\frac{(h(m)-x^k)(\bmod n)}{pq}\right\rceil\\&\equiv x^k+pq\left(\frac{h(m)-x^k+jn+\varepsilon}{pq}\right)(\bmod\ n),\end{aligned}$$

其中,$\varepsilon\equiv(x^k-h(m))(\bmod\ pq)$。因此

$$s^k\equiv x^k+h(m)-x^k+\varepsilon(\bmod\ n)。$$

又由于 $0\leqslant\varepsilon<pq$,所以

$$h(m)\leqslant s^k(\bmod\ n)\leqslant h(m)+pq\leqslant h(m)+2^{\lceil(2/3)\lg n\rceil}。$$

参看 digital signature scheme with appendix。

E2 block cipher　E2 分组密码

美国 21 世纪数据加密标准(AES)算法评选第一轮(1998 年 8 月)公布的 15 个候选算法之一,由日本 NTT 公司提供。E2 分组密码的分组长度为 128 比特,密钥长度有 128,192,256 比特三种可选,基本结构是 12 轮费斯特尔结构,另外加上初始变换和最终变换。

E2 分组密码方案

1. 符号与约定

$A=a_{n-1}\cdots a_0$ 表示一个 n 位二进制数字串(简称 n 比特数字),并约定 a_{n-1} 为最高位,a_0 为最低位;

$(\text{efcdab89})_{\text{hex}}$ 为十六进制表示的数;

$A\parallel B$ 表示并置:如果 $A=(a_{31}\cdots a_0)$,$B=(b_{31}\cdots b_0)$,则

$$A\parallel B=(a_{31}\cdots a_0b_{31}\cdots b_0)。$$

$A\oplus B$ 表示按位异或;

$A\vee B$ 表示按位或;

+、×、mod 都是整数集上的算术运算。

S 是一个含有 256 个表项的 S 盒,每个表项都是 8 比特数,见表 E.2。

代替表 S 的构造方法:

第一步,将输入字节 $A=(a_7a_6a_5a_4a_3a_2a_1a_0)$ 表示成 $GF(2^8)$ 上的一个多项式:$a(x)=a_7x^7+a_6x^6+a_5x^5+a_4x^4+a_3x^3+a_2x^2+a_1x+a_0$,$a_i\in\{0,1\}$ $(i=0,1,\cdots,7)$;根据 $GF(2^8)$ 上的两个多项式模不可约多项式 $x^8+x^4+x^3+x+1$ 的乘法,计算 $y\equiv a(x)^{127}(\bmod\ x^8+x^4+x^3+x+1)$。

第二步,将 y 表示成 $\mathbb{Z}_{256}$ 中的一个整数,根据 $\mathbb{Z}_{256}$ 中的加法和乘法运算(都执行模 256 运算),计算 $B\equiv97y+225\ (\bmod\ 256)$。

表 E.2　E2 的 S 盒 S(表中数据为十六进制)

x \ y	0	1	2	3	4	5	6	7	8	9	a	b	c	d	e	f
0	e1	42	3e	81	4e	17	9e	fd	b4	3f	2c	da	31	1e	e0	41
1	cc	f9	82	7d	7c	12	8e	bb	e4	58	15	d5	6f	e9	4c	4b
2	35	7b	5a	9a	90	45	bc	f8	79	d6	1b	88	02	ab	cf	64
3	09	0c	f0	01	a4	b0	f6	93	43	63	86	dc	11	a5	83	8b
4	c9	d0	19	95	6a	a1	5c	24	6e	50	21	80	2f	e7	53	0f
5	91	22	04	ed	a6	48	49	67	ec	f7	c0	39	ce	f2	2d	be
6	5d	1c	e3	87	07	0d	7a	f4	fb	32	f5	8c	db	8f	25	96
7	a8	ea	cd	33	65	54	06	8d	89	0a	5e	d9	16	0e	71	6c
8	0b	ff	60	d2	2e	d3	c8	55	c2	23	b7	74	e2	9b	df	77
9	2b	b9	3c	62	13	e5	94	34	b1	27	84	9f	d7	51	00	61
a	ad	85	73	03	08	40	ef	68	fe	97	1f	de	af	66	e8	b8
b	ae	bd	b3	eb	c6	6b	47	a9	d8	a7	72	ee	1d	7e	aa	b6
c	75	cb	d4	30	69	20	7f	37	5b	9d	78	a3	f1	76	fa	05
d	3d	3a	44	57	3b	ca	c7	8a	18	46	9c	bf	ba	38	56	1a
e	92	4d	26	29	a2	98	10	99	70	a0	c5	28	c1	6d	14	ac
f	f3	5f	4f	c4	c3	d1	fc	dd	b2	59	e6	b5	36	52	4a	2a

注　E2 的代替表 S 的查表方法：以输入字节 $A=(a_7a_6a_5a_4a_3a_2a_1a_0)$ 查表地址，即 $x=a_7a_6a_5a_4$，$y=a_3a_2a_1a_0$，查表输出就是 $S(A)=S(x\ y)$，即表 S 中第 x 行、第 y 列的元素。

2. 函数定义

(1) 查表函数 S　令输入为 $A\in\{0,1\}^8$，则输出 $B=S(A)$，$B\in\{0,1\}^8$，表示以 A 为地址去查 S 盒，得到 B 的值。

(2) 字节置换 BP　令输入为 $X=X_0\parallel X_1\parallel X_2\parallel X_3=x_0\parallel x_1\parallel x_2\parallel\cdots\parallel x_{15}$，$X_i\in\{0,1\}^{32}(i=0,1,2,3)$；$x_j\in\{0,1\}^8(j=0,1,\cdots,15)$，其中 $X_i=x_{4i}\parallel x_{4i+1}\parallel x_{4i+2}\parallel x_{4i+3}(i=0,1,2,3)$，则输出 $Y=Y_0\parallel Y_1\parallel Y_2\parallel Y_3=y_0\parallel y_1\parallel y_2\parallel\cdots\parallel y_{15}=BP(X)$，$y_j\in\{0,1\}^8(j=0,1,\cdots,15)$，其中 $Y_i=y_{4i}\parallel y_{4i+1}\parallel y_{4i+2}\parallel y_{4i+3}(i=0,1,2,3)$，由下述置换 BP 确定：

$$\begin{pmatrix} y_0 & y_1 & y_2 & y_3 & y_4 & y_5 & y_6 & y_7 & y_8 & y_9 & y_{10} & y_{11} & y_{12} & y_{13} & y_{14} & y_{15} \\ x_0 & x_5 & x_{10} & x_{15} & x_4 & x_9 & x_{14} & x_3 & x_8 & x_{13} & x_2 & x_7 & x_{12} & x_1 & x_6 & x_{11} \end{pmatrix},$$

其逆置换 BP^{-1} 是

$$\begin{pmatrix} x_0 & x_1 & x_2 & x_3 & x_4 & x_5 & x_6 & x_7 & x_8 & x_9 & x_{10} & x_{11} & x_{12} & x_{13} & x_{14} & x_{15} \\ y_0 & y_{13} & y_{10} & y_7 & y_4 & y_1 & y_{14} & y_{11} & y_8 & y_5 & y_2 & y_{15} & y_{12} & y_9 & y_6 & y_3 \end{pmatrix}。$$

(3) *初始变换* IT 是一个函数，其逻辑框图见图 E.5。令输入 $X = X_0 \| X_1 \| X_2 \| X_3, X_i \in \{0,1\}^{32} (i=0,1,2,3)$；$A = A_0 \| A_1 \| A_2 \| A_3, A_i \in \{0,1\}^{32} (i=0,1,2,3)$；$B = B_0 \| B_1 \| B_2 \| B_3, B_i \in \{0,1\}^{32} (i=0,1,2,3)$。则输出 $Y = IT(X, A, B)$ 可用下述公式描述：

$$\begin{cases} X = X_0 \| X_1 \| X_2 \| X_3, \\ T_0 \equiv (X_0 \oplus A_0) \times (B_0 \vee 1) (\mathrm{mod}\ 2^{32}), \\ T_1 \equiv (X_1 \oplus A_1) \times (B_1 \vee 1) (\mathrm{mod}\ 2^{32}), \\ T_2 \equiv (X_2 \oplus A_2) \times (B_2 \vee 1) (\mathrm{mod}\ 2^{32}), \\ T_3 \equiv (X_3 \oplus A_3) \times (B_3 \vee 1) (\mathrm{mod}\ 2^{32}), \\ T = T_0 \| T_1 \| T_2 \| T_3, \\ Y = BP(T)。 \end{cases}$$

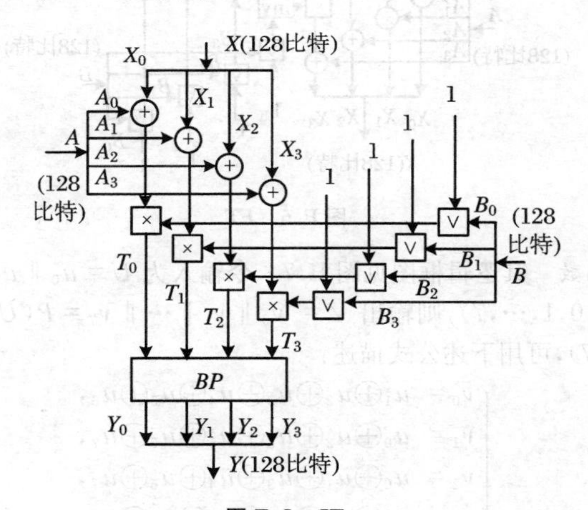

图 E.5 IT

(4) *最终变换* FT 是初始变换的逆函数，其逻辑框图见图 E.6。令输入 $Y = Y_0 \| Y_1 \| Y_2 \| Y_3, Y_i \in \{0,1\}^{32} (i=0,1,2,3)$；$A = A_0 \| A_1 \| A_2 \| A_3, A_i \in \{0,1\}^{32} (i=0,1,2,3)$；$B = B_0 \| B_1 \| B_2 \| B_3, B_i \in \{0,1\}^{32} (i=0,1,2,3)$（图 E.6 中运算 inv 表示求输入 b 的模乘逆元 $b^{-1} (\mathrm{mod}\ n)$）。则输出 $X = FT(Y, A, B)$ 可用下述公式描述：

$$\begin{cases} T = BP^{-1}(Y), \\ T = T_0 \parallel T_1 \parallel T_2 \parallel T_3, \\ X_0 = (T_0 \times (B_0 \vee 1)^{-1} (\text{mod } 2^{32})) \oplus A_0, \\ X_1 = (T_1 \times (B_1 \vee 1)^{-1} (\text{mod } 2^{32})) \oplus A_1, \\ X_2 = (T_2 \times (B_2 \vee 1)^{-1} (\text{mod } 2^{32})) \oplus A_2, \\ X_3 = (T_3 \times (B_3 \vee 1)^{-1} (\text{mod } 2^{32})) \oplus A_3, \\ X = X_0 \parallel X_1 \parallel X_2 \parallel X_3 。\end{cases}$$

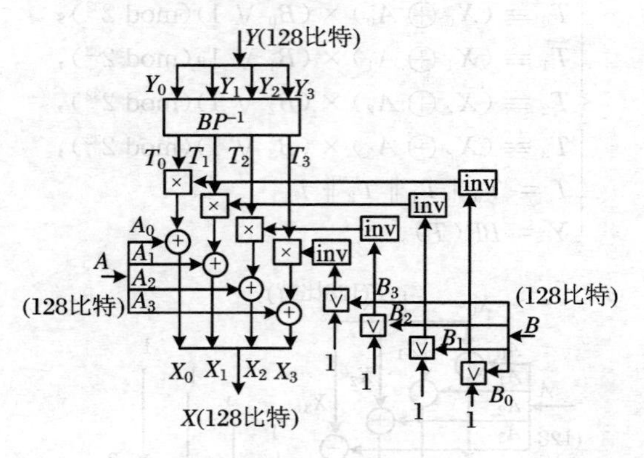

图 E.6　*FT*

(5) P 函数　其逻辑框图见图 E.7。令输入为 $U = u_0 \parallel u_1 \parallel \cdots \parallel u_7, u_i \in \{0,1\}^8 (i = 0,1,\cdots,7)$，则输出 $V = v_0 \parallel v_1 \parallel \cdots \parallel v_7 = P(U), v_j \in \{0,1\}^8 (j = 0,1,\cdots,7)$，可用下述公式描述：

$$\begin{cases} v_0 = u_1 \oplus u_2 \oplus u_3 \oplus u_4 \oplus u_5 \oplus u_6, \\ v_1 = u_0 \oplus u_2 \oplus u_3 \oplus u_5 \oplus u_6 \oplus u_7, \\ v_2 = u_0 \oplus u_1 \oplus u_3 \oplus u_4 \oplus u_6 \oplus u_7, \\ v_3 = u_0 \oplus u_1 \oplus u_2 \oplus u_4 \oplus u_5 \oplus u_7, \\ v_4 = u_0 \oplus u_1 \oplus u_3 \oplus u_4 \oplus u_5, \\ v_5 = u_0 \oplus u_1 \oplus u_2 \oplus u_5 \oplus u_6, \\ v_6 = u_1 \oplus u_2 \oplus u_3 \oplus u_6 \oplus u_7, \\ v_7 = u_0 \oplus u_2 \oplus u_3 \oplus u_4 \oplus u_7 。\end{cases}$$

(6) 轮函数 F　其逻辑框图见图 E.8。令 E2 分组密码算法的第 j 轮的右半输入 $R_j = R_j^{(0)} \parallel R_j^{(1)} \parallel \cdots \parallel R_j^{(7)}, R_j^{(i)} \in \{0,1\}^8 (j = 0,1,\cdots,11; i = 0,1,\cdots,7)$；第 j 轮的子密钥 $K_j = K_j^{(0)} \parallel K_j^{(1)} \parallel \cdots \parallel K_j^{(15)}, K_j^{(i)} \in \{0,1\}^8 (j = 0,1,\cdots,11; i = 0,1,\cdots,15)$。则第 j 轮轮函数的输出 $Y_j = Y_j^{(0)} \parallel Y_j^{(1)} \parallel \cdots \parallel Y_j^{(7)} = F(R_j, K_j), Y_j^{(i)} \in \{0,1\}^8 (j = 0,1,\cdots,11; i = 0,1,\cdots,7)$。可用下述形式语言

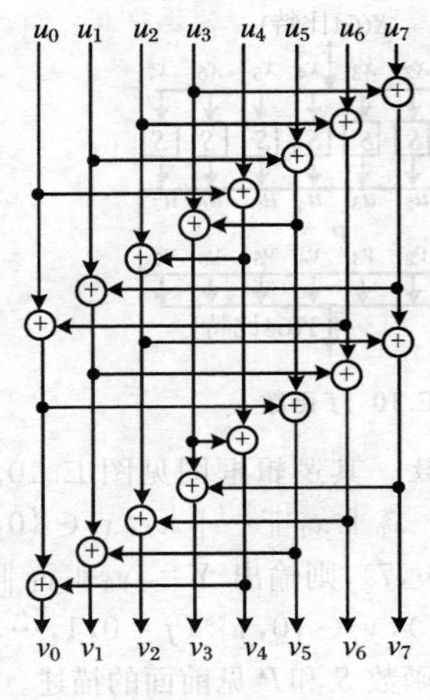

图 E.7 *P* 函数

描述轮函数 F:

Round_Function F

begin

for $i = 0$ to 7 do

$u_i = S\ (R_j^{(i)} \oplus K_j^{(i)})$

next i

$U = u_0 \parallel u_1 \parallel \cdots \parallel u_7$

$V = P(U)$

$V = v_0 \parallel v_1 \parallel \cdots \parallel v_7$

for $i = 1$ to 7 do

$Y_j^{(i-1)} = S\ (v_i \oplus K_j^{(i+8)})$

next i

$Y_j^{(7)} = S\ (v_0 \oplus K_j^{(8)})$

end

(7) 轮变换的逻辑框图　见图 E.9。用公式描述如下:

$$\begin{cases} L_{j+1} = R_j, \\ R_{j+1} = F(R_j, K_j) \oplus L_j, \quad j = 0, 1, \cdots, 11, \end{cases}$$

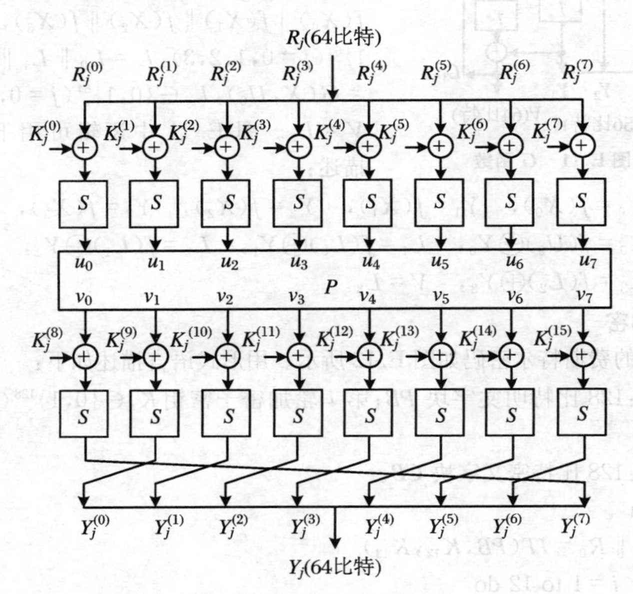

图 E.8　轮函数 *F*

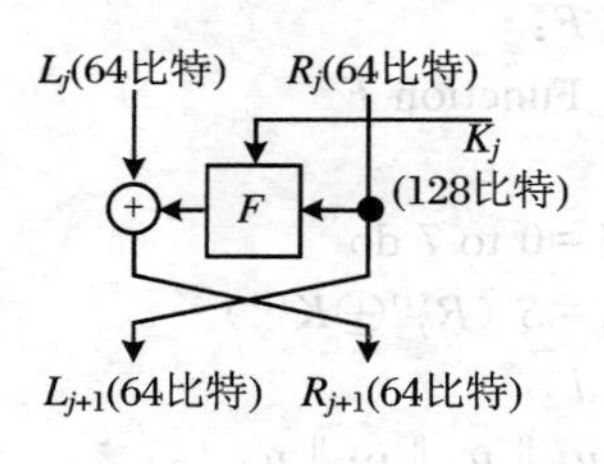

图 E.9 轮变换

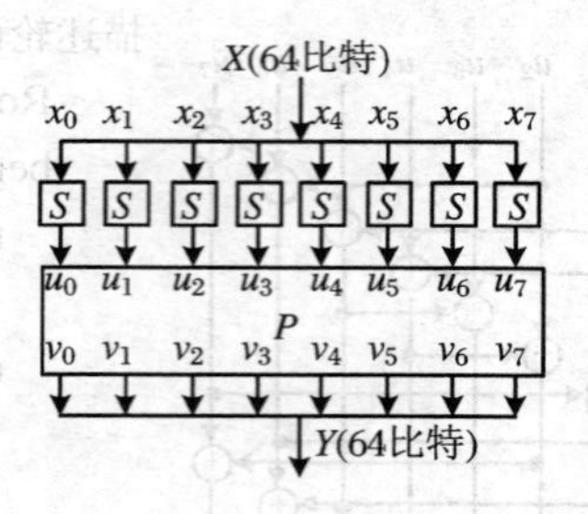

图 E.10 f 函数

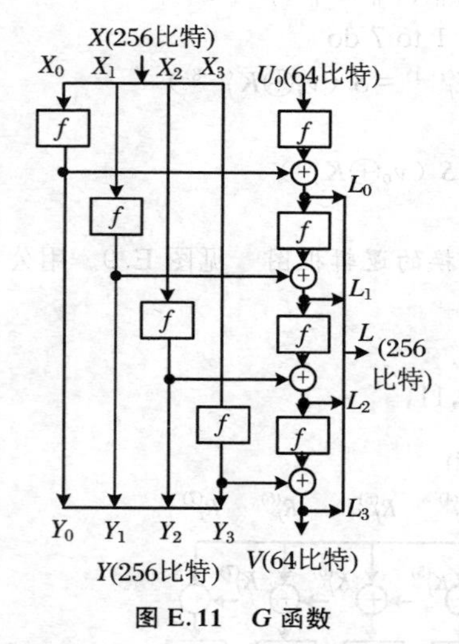

图 E.11 G 函数

(8) f 函数　其逻辑框图见图 E.10。令输入为 $X = x_0 \parallel x_1 \parallel \cdots \parallel x_7, x_j \in \{0,1\}^8 (j = 0,1,\cdots,7)$，则输出 $Y = y_0 \parallel y_1 \parallel \cdots \parallel y_7 = f(X), y_j \in \{0,1\}^8 (j = 0,1,\cdots,7)$。其中查表函数 S 和 P 见前面的描述。

(9) 密钥编排轮函数 G　其逻辑框图见图 E.11。令输入为 $X = X_0 \parallel X_1 \parallel X_2 \parallel X_3, X_i \in \{0,1\}^{64} (i = 0,1,2,3), U_0 \in \{0,1\}^{64}$，则输出 $Y = Y_0 \parallel Y_1 \parallel Y_2 \parallel Y_3 = f(X_0) \parallel f(X_1) \parallel f(X_2) \parallel f(X_3), Y_j \in \{0,1\}^{64} (j = 0,1,2,3), L = L_0 \parallel L_1 \parallel L_2 \parallel L_3 = G(X, U_0), L_j \in \{0,1\}^{64} (j = 0,1,2,3), V = L_3$。图 E.11 中逻辑可用下述公式描述：

$$Y_0 = f(X_0),\quad Y_1 = f(X_1),\quad Y_2 = f(X_2),\quad Y_3 = f(X_3),$$
$$L_0 = f(U_0) \oplus Y_0,\quad L_1 = f(L_0) \oplus Y_1,\quad L_2 = f(L_1) \oplus Y_2,$$
$$L_3 = f(L_2) \oplus Y_3,\quad V = L_3。$$

3. 加密

标准的费斯特尔密码如图 E.12 所示。用形式语言描述如下：

输入：128 比特明文字块 PB；第 i 轮加密子密钥 $K_i \in \{0,1\}^{128} (i = 1,2,\cdots,12)$。

输出：128 比特密文字块 CB。

begin

　$L_0 \parallel R_0 = IT(PB, K_{12}, K_{13})$

　for $i = 1$ to 12 do

　　$L_i = R_{i-1}$

$R_i = F(R_{i-1}, K_{i-1}) \oplus L_{i-1}$

next i

$CB = FT(R_{12} \| L_{12}, K_{14}, K_{15})$

end

4. 解密

如图 E.13 所示。用形式语言描述如下：

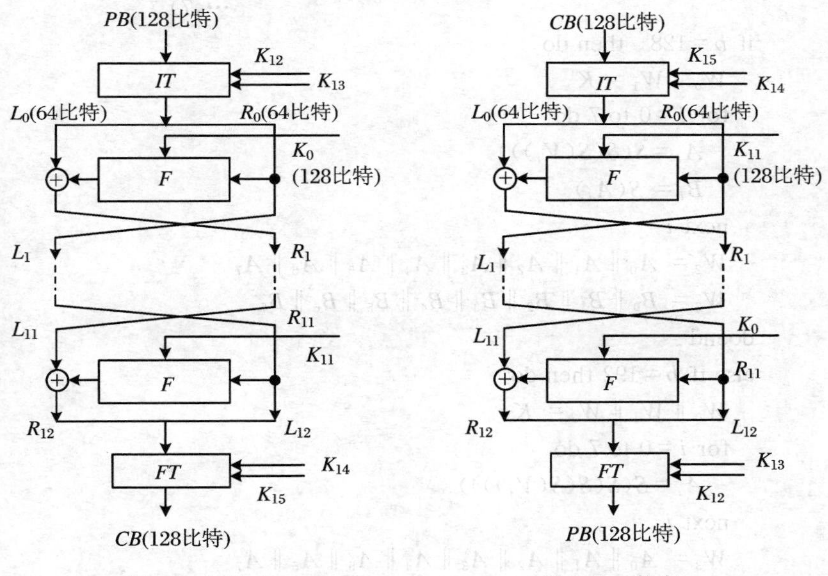

图 E.12 加密　　图 E.13 解密

输入：128 比特密文字块 CB；第 i 轮解密子密钥 $K_{12-i} \in \{0,1\}^{128}$ $(i = 1, 2, \cdots, 12)$。

输出：128 比特明文字块 PB。

begin

$L_0 \| R_0 = IT(CB, K_{15}, K_{14})$

for $i = 1$ to 12 do

$L_i = R_{i-1}$

$R_i = F(R_{i-1}, K_{12-i}) \oplus L_{i-1}$

next i

$PB = FT(R_{12} \| L_{12}, K_{13}, K_{12})$

end

5. 密钥编排

输入:密钥 K,其二进制数长度 $b \leqslant 256$。

输出:子密钥 $K_0, K_1, \cdots, K_{15}, K_j \in \{0,1\}^{128}(j=0,1,\cdots,15)$。

```
begin
  V = (0123456789abcdef)_hex
  V = V_0 ‖ V_1 ‖ V_2 ‖ V_3 ‖ V_4 ‖ V_5 ‖ V_6 ‖ V_7   //V_i ∈ {0,1}^8(i = 0,1,
                                                              …,7)
  if b = 128   then do
    W_0 ‖ W_1 = K
    for i = 0 to 7 do
      A_i = S(S(S(V_i)))
      B_i = S(A_i)
    next i
    W_2 = A_0 ‖ A_1 ‖ A_2 ‖ A_3 ‖ A_4 ‖ A_5 ‖ A_6 ‖ A_7
    W_3 = B_0 ‖ B_1 ‖ B_2 ‖ B_3 ‖ B_4 ‖ B_5 ‖ B_6 ‖ B_7
  doend
  else if b = 192 then do
    W_0 ‖ W_1 ‖ W_2 = K
    for i = 0 to 7 do
      A_i = S(S(S(S(V_i))))
    next i
    W_3 = A_0 ‖ A_1 ‖ A_2 ‖ A_3 ‖ A_4 ‖ A_5 ‖ A_6 ‖ A_7
  doend
  else do           // b = 256
    W_0 ‖ W_1 ‖ W_2 ‖ W_3 = K
  doend
  L_{-1} = V
  for i = 0 to 3 do
    Y_i = f(W_i)
    L_i = f(L_{i-1}) ⊕ Y_i
  next i
  L_{-1} = L_3
  for j = 0 to 7 do
    for i = 0 to 3 do
      Y_i = f(Y_i)
```

$L_i = f(L_{i-1}) \oplus Y_i$

next i

$L_{-1} = L_3$

$k_{2j}^0 \| k_{2j}^1 \| k_{2j}^2 \| \cdots \| k_{2j}^7 = L_0 \quad //k_{2j}^t \in \{0,1\}^8 (t = 0,1,\cdots,15)$

$k_{2j}^8 \| k_{2j}^9 \| k_{2j}^{10} \| \cdots \| k_{2j}^{15} = L_1$

$k_{2j+1}^0 \| k_{2j+1}^1 \| \cdots \| k_{2j+1}^7 = L_2 \quad //k_{2j+1}^t \in \{0,1\}^8 (t = 0,1,\cdots,15)$

$k_{2j+1}^8 \| k_{2j+1}^9 \| \cdots \| k_{2j+1}^{15} = L_3$

next j

$K_0 = k_0^0 \| k_1^0 \| k_2^0 \| \cdots \| k_{15}^0, K_1 = k_0^8 \| k_1^8 \| k_2^8 \| \cdots \| k_{15}^8$

$K_2 = k_0^1 \| k_1^1 \| k_2^1 \| \cdots \| k_{15}^1, K_3 = k_0^9 \| k_1^9 \| k_2^9 \| \cdots \| k_{15}^9$

$K_4 = k_0^2 \| k_1^2 \| k_2^2 \| \cdots \| k_{15}^2, K_5 = k_0^{10} \| k_1^{10} \| k_2^{10} \| \cdots \| k_{15}^{10}$

$K_6 = k_0^3 \| k_1^3 \| k_2^3 \| \cdots \| k_{15}^3, K_7 = k_0^{11} \| k_1^{11} \| k_2^{11} \| \cdots \| k_{15}^{11}$

$K_8 = k_0^4 \| k_1^4 \| k_2^4 \| \cdots \| k_{15}^4, K_9 = k_0^{12} \| k_1^{12} \| k_2^{12} \| \cdots \| k_{15}^{12}$

$K_{10} = k_0^5 \| k_1^5 \| k_2^5 \| \cdots \| k_{15}^5, K_{11} = k_0^{13} \| k_1^{13} \| k_2^{13} \| \cdots \| k_{15}^{13}$

$K_{12} = k_0^6 \| k_1^6 \| k_2^6 \| \cdots \| k_{15}^6, K_{13} = k_0^{14} \| k_1^{14} \| k_2^{14} \| \cdots \| k_{15}^{14}$

$K_{14} = k_0^7 \| k_1^7 \| k_2^7 \| \cdots \| k_{15}^7, K_{15} = k_0^{15} \| k_1^{15} \| k_2^{15} \| \cdots \| k_{15}^{15}$

end

6. 测试向量

下面的数据均为十六进制：

(1) 密钥长度为 128 比特：

K = 00000000000000000000000000000000，

M = 00000000000000000000000000000000，

C = c2883490b9d9d5e5a03f216edb815fff。

(2) 密钥长度为 192 比特：

K = 000000000000000000000000000000000000000000000000，

M = 00000000000000000000000000000000，

C = 882f80269d3c146d6ebb9addc4715b4c。

(3) 密钥长度为 256 比特：

K = 00000000000000000000000000000000
00000000000000000000000000000000，

M = 00000000000000000000000000000000，

C = 5002cb8cd878f26fbab9f52e6c96501e。

参看 advanced encryption standard，AES block cipher，block cipher，Feistel cipher，integers modulo n，modular arithmetic。

Euclidean algorithm for integers　整数的欧几里得算法

求两个整数 a 和 b（假定 $a \geqslant b$）的最大公约数 $d = \gcd(a, b)$：

$$a = q_1 b + r_1, \quad 0 < r_1 < b,$$
$$b = q_2 r_1 + r_2, \quad 0 < r_2 < r_1,$$
$$r_1 = q_3 r_2 + r_3, \quad 0 < r_3 < r_2,$$
$$\cdots,$$
$$r_{t-2} = q_t r_{t-1} + r_t, \quad 0 < r_t < r_{t-1},$$
$$r_{t-1} = q_{t+1} r_t。$$

可以证明：

$$d = \gcd(a, b) = \gcd(b, r_1) = \gcd(r_1, r_2) = \cdots = \gcd(r_{t-1}, r_t) = r_t。$$

欧几里得算法 求 $d = \gcd(a, b)$，下面用仿C语言描述。

```
EuclideanAlgorithm(Variable a, Variable b)  // a>=b
{
    Local Variable r;
    while(b!=0){r=a%b; a=b; b=r};
    return(a);
}
```

参看 greatest common divisor, integer。

Euclidean algorithm for polynomials 多项式的欧几里得算法

令$\mathbb{Z}_p$是一个阶为 p 的有限域。可以将整数中最大公约数理论和欧几里得算法直接转到多项式环$\mathbb{Z}_p[x]$上来。令 $g(x), h(x) \in \mathbb{Z}_p[x]$，这里两者未必都是0。那么，$g(x)$和 $h(x)$的最大公因子(用 $\gcd(g(x), h(x))$表示)是能整除 $g(x)$和 $h(x)$的最大次数的首一多项式。按照定义，$\gcd(0,0) = 0$。

多项式的欧几里得算法

输入：两个多项式 $g(x), h(x) \in \mathbb{Z}_p[x]$。

输出：$g(x)$和 $h(x)$的最大公因子。

```
begin
  while h(x)≠0 do
    r(x)←g(x) mod h(x)
    g(x)←h(x)
    h(x)←r(x)
  doend
  return (g(x))
end
```

参看 finite field, greatest common divisor, monic polynomial, polynomial, polynomial ring。

比较 Euclidean algorithm for integers。

Euler liar　欧拉说谎者

令 n 是一个奇复合数，a 是一个整数，且 $1\leqslant a\leqslant n-1$。如果 $\gcd(a,n)=1$ 并且 $a^{(n-1)/2}\equiv\left(\frac{a}{n}\right)(\bmod n)$，则认为 n 是一个基为 a 的欧拉伪素数(这就是说，n 的作用就像一个素数一样，对特殊基 a 满足欧拉准则)，称 a 是 n 的素性的欧拉说谎者。

事实上，如果 n 是一个奇复合数，则至多有 $\phi(n)/2$ 个 $a(1\leqslant a\leqslant n-1)$ 是 n 的素性的欧拉说谎者。这里 ϕ 是欧拉 ϕ 函数。

参看 Euler phi (ϕ) function，Euler's criterion，Solovay-Strassen primality test。

比较 Euler witness。

Euler phi(ϕ) function　欧拉 ϕ 函数

对于 $n\geqslant 1$，令 $\phi(n)$ 表示区间 $[1,n]$ 上和 n 互素的整数的个数，称 ϕ 为欧拉 ϕ 函数。

欧拉 ϕ 函数的性质：

(1) 对素数 p，有 $\phi(p)=p-1$；

(2) 如果 $\gcd(m,n)=1$，则 $\phi(mn)=\phi(m)\phi(n)$；

(3) 如果 $n=p_1^{e_1}p_2^{e_2}\cdots p_k^{e_k}$ 是 n 的素因子分解，则

$$\phi(n)=n\left(1-\frac{1}{p_1}\right)\left(1-\frac{1}{p_2}\right)\cdots\left(1-\frac{1}{p_k}\right)。$$

前 50 个欧拉 ϕ 函数值如表 E.3 所示。

表 E.3

m	1	2	3	4	5	6	7	8	9	10	11	12	13	14	15	16	17
$\phi(m)$	1	1	2	2	4	2	6	4	6	4	10	4	12	6	8	8	16
m	18	19	20	21	22	23	24	25	26	27	28	29	30	31	32	33	34
$\phi(m)$	6	18	8	12	10	22	8	20	12	18	12	28	8	30	16	20	16
m	35	36	37	38	39	40	41	42	43	44	45	46	47	48	49	50	
$\phi(m)$	24	12	36	18	24	16	40	12	42	20	24	22	46	16	42	20	

参看 greatest common divisor，integer，integer factorization。

Euler pseudoprime　欧拉伪素数

如果奇复合数 n 的作用就像一个素数一样，对特殊基 a 满足欧拉准则，就说这个奇复合数 n 是一个基为 a 的欧拉伪素数。

参看 Euler liar。

Euler's criterion　欧拉准则

令 n 是一个奇素数，则对于满足 $\gcd(a,n)=1$ 的所有整数 a，都有 $a^{(n-1)/2}\equiv\left(\frac{a}{n}\right)(\bmod n)$，式中 $\left(\frac{a}{n}\right)$ 是雅克比符号。

参看 Jacobi symbol。

Euler's theorem　欧拉定理

欧拉定理　令 $n\geqslant 2$ 是一个整数。如果 $a\in\mathbb{Z}_n^*$，则 $a^{\phi(n)}\equiv 1(\bmod n)$。

如果 n 是不同素数的乘积，且 $r\equiv s(\bmod \phi(n))$，则对所有整数 a 都有 $a^r\equiv a^s(\bmod n)$。换句话说，在模这样的 n 运算时，能够将指数降低成模 $\phi(n)$。

参看 integer。

Euler totient function　欧拉 ϕ 函数

同 Euler phi function (ϕ)。

Euler witness　欧拉证据

令 n 是一个奇复合数，a 是一个整数，且 $1\leqslant a\leqslant n-1$。如果 $\gcd(a,n)>1$ 或者 $a^{(n-1)/2}\not\equiv\left(\frac{a}{n}\right)(\bmod n)$，则称 a 是 n 的复合性的欧拉证据。

比较 Euler liar。

exclusive-or（XOR）　异或

异或运算用符号“$\oplus$”表示，运算规则定义如下：

$$0\oplus 0=0,\quad 0\oplus 1=1,\quad 1\oplus 0=1,\quad 1\oplus 1=0。$$

exclusive-or（XOR）gate　异或门

实现异或运算的逻辑电路，实际上是用与、非、或三种逻辑门来实现的：$F=A\bar{B}\vee\bar{A}B$。

参看 AND gate，exclusive-or（XOR），NOT gate，OR gate。

exhaustive attack　穷举攻击

(1) 目的在于通过尝试所有的可能性来揭露秘密数据并检验其正确性的一种攻击方法。

(2) 一种密码分析技术，通过直接搜索的方法来尝试获得明文或密钥。

参看 message exhaustion attack，exhaustive key attack。

exhaustive break　穷举破译，穷举破译法

同 exhaustive attack。

exhaustive cryptanalysis　穷举密码分析

同 exhaustive attack。

exhaustive key attack　穷举密钥攻击

密码分析中的一种穷举攻击技术。任何一个密码方案都可以通过尝试密钥空间中的所有密钥来破译(当然这里假定密码算法为破译者所知)。因此,密钥量(也就是密钥空间的大小)应当大到足够使穷举搜索密钥空间的方法在计算上是不可行的。一个密码方案设计者的目标就是:使破译该方案的最佳方法就是穷举搜索密钥空间;而破译它的任意破译分析算法的复杂度都不小于穷举密钥搜索量。

参看 cryptanalysis,exhaustive attack。

exhaustive key search　穷举密钥搜索

同 exhaustive key attack。

exhaustive password search　穷举通行字搜索

目的在于通过简单地(随机地或系统地)尝试所有可能的通行字,每次尝试一个通行字,然后进行实际验证。如果是正确的,就终止;如果不正确,就继续尝试另一个通行字,直到找到正确的那个通行字为止。

参看 exhaustion attack,passwords。

exhaustive search　穷举搜索

同 exhaustive attack。

existential forgery　存在性伪造

破译数字签名方案的准则之一。敌人至少能伪造一个消息的签名。敌人几乎不能控制获得其签名的消息,而合法签名者可能被卷入欺骗之中。例如在埃尔盖莫尔数字签名方案中,如果没有使用散列函数 h,则签名方程就变成 $s = k^{-1}(m - ar) \pmod{p-1}$。这样一来,敌人就容易按照如下方法安装一个存在伪造签名攻击:选择任意一个整数对(u, v),$\gcd(v, p-1) = 1$。计算 $r = \alpha^u y^v \pmod{p} = \alpha^{u+av} \pmod{p}$和 $s = -rv^{-1} \pmod{p-1}$。(r, s)就是消息 $m = su \pmod{p-1}$的一个有效签名,因为$(\alpha^m \alpha^{-ar})^{s^{-1}} = \alpha^u y^v = r$。

参看 criteria for breaking signature schemes,ElGamal digital signature。

比较 selective forgery,total break(2)。

existential forgery on MAC　对 MAC 的存在性伪造

消息鉴别码(MAC)的一类伪造方法。凭借这种攻击,敌手能够产生一个新的文本- MAC 对,但不能控制那个文本的值。

参看 message authentication code (MAC),types of MAC forgery。

比较 selective forgery on MAC。

expansion function　扩展函数

同 E expansion。

expansion of message 消息扩展

在某些密码体制中,加密处理过程使得被加密的消息的规模扩大,即加密后的密文消息比明文消息长。这样会降低通信效率,大多数通信系统不希望有这种现象出现。

参看 Shannon's five criteria。

expected running time 期望运行时间

随机化算法的期望运行时间是每一个输入的期望运行时间的一个上界(其期望值遍及此算法所使用的随机数发生器的所有输出),它是输入大小的一个函数。

参看 randomized algorithm。

expected value 期望值

令 S 是一个具有概率分布 P 的样本空间,X 是 S 上的一个随机变量。X 的期望值(又称均值)定义为 $E(X) = \sum_{s_i \in S} X(s_i)P(s_i)$。

参看 probability, probability distribution, random variable。

explicit key authentication 显式密钥鉴别

显式密钥鉴别是一种特性,当隐式密钥鉴别和密钥确认都成立时就获得这种特性。在显式密钥鉴别这种情况下,可以知道被识别的一方实际上拥有一个指定的密钥,这个密钥是不能用其他方法导出的。

比较 key authentication, key confirmation。

exponential key exchange 指数密钥交换

同 Diffie-Hellman key agreement。

exponential-time algorithm 指数时间算法

如果某算法的执行时间是问题大小 n 的指数式函数,其渐近表示为 $O(c^n)$,这里 $c>0$ 是一个常数,则称该算法为指数式时间算法。

参看 dynamic complexity measure。

exponentiation 指数运算

指数运算是公开密钥密码体制中最重要的算术运算。令 g 是有限群 G 的一个元素,称作指数运算的基,e 是一个非负整数,称作指数运算的指数,而 g^e 就称作指数运算。如果 $G=\mathbb{Z}_n^*$,则指数运算就是 $g^e \pmod n$。

参看 group。

exponentiation cipher 指数密码

加/解密处理涉及把明文/密文消息自乘到指定次幂(即指数)的模算术运算的一类密码。例如 RSA、迪菲-赫尔曼密钥分配算法、波里格-赫尔曼密码等。

参看 Diffie-Hellman key distribution scheme, modular arithmetic, Pohlig-Hellman cipher, RSA public-key encryption scheme。

exponentiation modulo *p*　模 *p* 指数运算

这是一个候选的单向函数(实际上是单向置换)。此函数易于计算,而其逆却要求解$\mathbb{Z}_p^*$上的离散对数问题。

模 *p* 指数运算　令 p 是一个素数,α 是$\mathbb{Z}_p^*$的一个生成元。定义函数 $f:\mathbb{Z}_p^* \to \mathbb{Z}_p^*$ 为$f(x)=\alpha^x \pmod p$。

参看 discrete logarithm problem (DLP), one-way function。

extended Euclidean algorithm for integers　整数的扩展欧几里得算法

已知两个非负整数 a 和 b,且 $a \geqslant b$,求 $d=\gcd(a,b)$及满足 $ax+by=d$ 的整数 x 和 y。下面用仿 C 语言描述:

```
External Variable d, x, y;
ExtendedEuclideanAlgorithm(Variable a, Variable b)   //a>=b
{
  Local Variable x1, x2, y1, y2, q, r, x, y;
  if (b=0) {d=a;   x=1;   y=0;   return};
  x2=1;   x1=0;   y2=0;   y1=1;
  while (b>0) {
     q=a/b;          //取 a/b 的整数部分
     r=a-q*b;   x=x2-q*x1;   y=y2-q*y1;   a=b;
     b=r;   x2=x1;   x1=x;   y2=y1;   y1=y;
  }
  d=a;   x=x2;   y=y2;   return;
}
```

比较 Euclidean algorithm for integers。

extended Euclidean algorithm for polynomials　多项式的扩展欧几里得算法

输入:两个多项式 $g(x), h(x) \in \mathbb{Z}_p[x]$。

输出:$d(x)=\gcd(g(x),h(x))$及满足 $s(x)g(x)+t(x)h(x)=d(x)$的多项式 $s(x), t(x) \in \mathbb{Z}_p[x]$。

begin

if $h(x)=0$ then do

$d(x)\leftarrow g(x)$, $s(x)\leftarrow 1$, $t(x)\leftarrow 0$

doend

else do

$s_2(x)\leftarrow 1$, $s_1(x)\leftarrow 0$, $t_2(x)\leftarrow 0$, $t_1(x)\leftarrow 1$

while $h(x)\neq 0$ do

$q(x)\leftarrow g(x)$ div $h(x)$, $r(x)\leftarrow g(x)-h(x)q(x)$

$s(x)\leftarrow s_2(x)-q(x)s_1(x)$, $t(x)\leftarrow t_2(x)-q(x)t_1(x)$

$g(x)\leftarrow h(x)$, $h(x)\leftarrow r(x)$

$s_2(x)\leftarrow s_1(x)$, $s_1(x)\leftarrow s(x)$, $t_2(x)\leftarrow t_1(x)$, $t_1(x)\leftarrow t(x)$,

doend

$d(x)\leftarrow g(x)$, $s(x)\leftarrow s_2(x)$, $t(x)\leftarrow t_2(x)$

doend

return $(g(x),s(x),t(x))$

end

比较 Euclidean algorithm for polynomials。

extended linearization (XL) method　扩展线性化(XL)算法

求解超定多元多项式方程组的一种有效算法，由科托依斯(N. Courtois)、克里莫夫(A. Klimov)、帕塔林(J. Patarin)和沙米尔(A. Shamir)在欧洲密码年会 Eurocrypt 2000 上提出。

令 K 是一个域，A 是一个多元二次方程组 $l_k=0\ (1\leqslant k\leqslant m)$，其中每一个 l_k 都是多元多项式 $f_k(x_1,\cdots,x_n)-b_k$。

问题是：对一个给定的 $b=(b_1,\cdots,b_n)\in K^m$，求出至少一个解 $x=(x_1,\cdots,x_n)\in K^n$。

称形式为 $\prod_{j=1}^{k}x_{i_j}*l_i=0$ 的方程是 x^kl 类型，并且称 x^kl 为所有这些方程的集合。例如，初始方程 $\mathscr{I}_0=A$ 属于类型 l。

用 x^k 表示所有次数恰好为 k 的单项式的集合，$\prod_{j=1}^{k}x_{i_j}$。它是通用约定 $x=(x_1,x_2,\cdots,x_n)$ 的稍作修改的扩展。

令ℕ为正整数集合，$D\in\mathbb{N}$，考察总次数 $\leqslant D$ 的所有多项式 $\prod_{j=1}x_{i_j}*l_i$。

令 $\mathscr{I}_D$ 是这些多项式张成的线性空间。那么，$\mathscr{I}_D$ 是由所有的 x^rl $(0\leqslant r\leqslant D-2$ 且总次数 $\leqslant D)$ 张成的线性空间。此外，$\mathscr{I}_D\subset\mathscr{I}$，$\mathscr{I}$ 是由 l_i 生成的理想(可记作 $\mathscr{I}_\infty$)。

XL 算法的思想就是在某个 $\mathscr{I}_D$ 中寻找一个方程组，该方程组比初始方程

组 $\mathscr{I}_0 = A$ 更容易求解。

XL 算法

(1) 乘　生成所有乘积 $\prod_{j=1}^{k} x_{i_j} * l_i \in \mathscr{I}_D$($k \leqslant D - 2$ 且总的次数 $\leqslant D$)。

(2) 线性化　把次数$\leqslant D$ 的每一个单项式 x_i 看作为一个新的变量，并且对在步骤(1)中所获得的方程执行高斯消去法。对那些单项式进行排序，必须使得含有一个变量(比如说 x_1)的所有项最后都被消去。

(3) 求解　假定步骤(2)中得到至少一个以 x_1 的方幂形式的单变量方程。在有限域上解这个方程(例如，用伯尔坎普算法)。

(4) 重复　简化那些方程，并重复求解过程，求出其他变量的值。

注意　通过再线性化获得的每一个独立方程都在 XL 中(以不同形式)存在，因此，XL 可看作是再线性化的简化和改进版本。

参看 algebraic attack。

比较 linearization method，relinearization method，Gröbner bases algorithm。

extension field　扩域

如果域 E 的一个子集合 F 自身也是关于 E 的运算的一个域，则称 F 是 E 的一个子域，而 E 称作 F 的一个扩域。

参看 field。

E_0 encryption system　E_0 加密体制

同 Bluetooth key stream generator。

E_0 key stream generator　E_0 密钥流发生器

同 Bluetooth key stream generator。

F

factor base　因子基

在随机平方因子分解法中，首先选择一个由开头 t 个素数组成的集合$S=\{p_1,p_2,\cdots,p_t\}$，这个集合 S 就称为因子基。在计算离散对数的指标计算算法中，首先在循环群 G 的元素中选择一个相对小的子集合S，称 S 为因子基。

参看 index-calculus algorithm，random square factoring methods。

fail-stop digital signature　故障停止式数字签名

这是允许实体 A 证明一个声称(但事实上不是)由 A 签署的签名是伪造品的数字签名。这种签名应具有如下特性：

① 如果一个签名者依照这种机制签署一个消息，则校验这个签名的验证者应当接受这个消息；

② 一个伪造者没有指数式工作量就不能构造出通过验证算法的签名；

③ 如果一个伪造者成功地构造一个通过验证检验的签名，那么真正的签名者能够高概率地产生伪造品的一个证明；

④ 一个签名者不能构造在以后某个时间声称是伪造品的那些签名。

下面的数字签名方案是故障停止式数字签名机制的一个例子，它是一个基于$\mathbb{Z}_p^*$上的 q 阶子群上的离散对数问题的一次数字签名方案。设签名者为 A，验证者为 B。

(1) 密钥生成(A 建立一个公开密钥/秘密密钥对)

一个可信第三方(TTP)应做如下工作：

TTP-KG1　TTP 选择两个素数 p 和 q，使得 $q\mid(p-1)$，并且使得$\mathbb{Z}_p^*$上的离散对数问题是难解的。

TTP-KG2　TTP 为$\mathbb{Z}_p^*$上的q 阶循环子群 G 选择一个生成元α。

① 选择一个随机元素 $g\in\mathbb{Z}_p^*$，并计算 $\alpha=g^{(p-1)/q}(\bmod\ p)$；

② 如果 $\alpha=1$，则转步骤①。

TTP-KG3　TTP 选择一个随机整数 a，使得 $1\leqslant a\leqslant q-1$，并计算 $\beta=\alpha^a(\bmod\ p)$。TTP 保持整数 a 的秘密。

TTP-KG4　TTP 把(p,q,α,β)明传给 A。

A 应做如下工作：

A-KG1　A 在区间$[0,q-1]$上选择秘密整数 x_1,x_2,y_1,y_2；

A-KG2　A 计算 $\beta_1=\alpha^{x_1}\beta^{x_2}(\bmod p)$和 $\beta_2=\alpha^{y_1}\beta^{y_2}(\bmod p)$；

A-KG3　A 的公开密钥是$(\beta_1,\beta_2,p,q,\alpha,\beta)$，秘密密钥是四元组 $\bar{x}=(x_1,x_2,y_1,y_2)$。

(2) 签名生成(A 签署一个消息 $m\in[0,q-1]$)

SG1　A 计算 $s_{1,m}=x_1+my_1 \pmod q$ 和 $s_{2,m}=x_2+my_2 \pmod q$；

SG2　A 对消息 m 的签名是$(s_{1,m},s_{2,m})$。

(3) 签名验证(B 使用 A 的公开密钥验证 A 对消息 m 的签名)

SV1　B 获得 A 的可靠的公开密钥$(\beta_1,\beta_2,p,q,\alpha,\beta)$；

SV2　B 计算 $v_1\equiv\beta_1\beta_2^m \pmod p$ 和 $v_2\equiv\alpha^{s_{1,m}}\beta^{s_{2,m}} \pmod p$；

SV3　B 接受这个签名，当且仅当 $v_1=v_2$。

(4) 伪造签名证明(A 证明对消息 m 的一个签名 $s'=(s'_{1,m},s'_{2,m})$是伪造签名，这可通过推导出 $a=\log_\alpha\beta$ 来作为伪造签名的证明)

PF1　A 使用其秘密密钥 $\bar{x}=(x_1,x_2,y_1,y_2)$计算消息 m 的签名对 $s=(s_{1,m},s_{2,m})$；

PF2　如果 $s=s'$，则返回 PF1；

PF3　计算 $a=(s_{1,m}-s'_{1,m})\cdot(s_{2,m}-s'_{2,m})^{-1} \pmod q$。

对签名验证的证明

$$v_1\equiv\beta_1\beta_2^m\equiv(\alpha^{x_1}\beta^{x_2})(\alpha^{y_1}\beta^{y_2})^m\equiv\alpha^{x_1+my_1}\beta^{x_2+my_2}$$
$$\equiv\alpha^{s_{1,m}}\beta^{s_{2,m}}\equiv v_2 \pmod p。$$

参看 digital signature, discrete logarithm problem, one-time signature scheme, trusted third party (TTP)。

fair blind signature scheme　公平的盲签名方案

由斯塔德勒(M. Stadler)等人在 EUROCRYPT'95 会议上提出的一种盲签名方案。该方案扩展了盲签名方案的思想，使得签名者和一个可信第三方合作，能够把消息和签名连接起来，并跟踪发送者。

参看 blind signature scheme, trusted third party (TTP)。

fair cryptosystem　公正的密码体制

一种既能保护个人隐私，又允许法院授权的搭线窃听的密码体制。在这种密码体制中，秘密密钥被划分成许多份额，分发给不同的机构。类似秘密共享方案，这些机构可集中到一起并重新构造秘密密钥。但是，这些密钥份额还具有一种额外的性质：无需重新构造秘密密钥便能分别验证这些密钥份额是否正确。

参看 key escrow system, secret sharing scheme。

false solution　伪解

同 spurious key decipherment。

false synchronization　假同步,虚同步

发端没有发送同步码组,但收端却识别出同步码组来。令同步码组中码元数为 n,同步码组识别时允许发生 k 个码元出错,则虚同步的概率为

$$P_{\mathrm{f}}(n) = 2^{-n}\sum_{j=0}^{k} C_n^j。$$

参看 cipher synchronization。

fast correlation attack　快速相关攻击

迈耶(W. Meier)和斯坦福巴赫(O. Staffelbach)两人在西根塔勒(T. Siegenthaler)提出的相关攻击方法基础上提出的两种更为有效的相关攻击方法。这两种方法采用纠错码的方法取代相关攻击中的穷举法,减少了攻击中的计算量。如果一个滚动密钥发生器输出的密钥流 $\tilde{z}$ 与一个线性反馈移位寄存器(LFSR)的输出序列 $\tilde{a}$ 之间的相关概率 $p>0.5$,就可以使用下面提出的两种快速相关攻击方法。

第一种算法(算法 A)　假定已知序列 $\tilde{z}$ 的 N 位数字、带有 t 个抽头的 k 级线性反馈移位寄存器(LFSR),以及相关概率 p。

此算法利用 LFSR 的输出序列 $\tilde{a}$ 的线性关系式来寻找 $z_n = a_n$ 的那些正确数字位。可以依据它们的反馈多项式来描述线性关系式。通过反复平方反馈多项式就能为每一位数字 a_n 生成各种各样的线性关系式,它们全都涉及 $\tilde{a}$ 中的其他 t 个数字位。能计算出这些关系式的平均数

$$m = m(N,k,t) = \log_2 \frac{n}{2k}\cdot(t+1)。\tag{1}$$

已知 m 个关系式中有一个被满足,则 $z_n = a_n$ 的概率 p^* 就是

$$p^* = \frac{ps^h(1-s)^{m-h}}{ps^h(1-s)^{m-h} + (1-p)(1-s)^h s^{m-h}},\tag{2}$$

其中,$s = s(p,t)$ 可用下述递归关系递推导出:

$$s(p,t) = ps(p,t-1) + (1-p)(1-s(p,t-1)),\quad s(p,1) = p。\tag{3}$$

此外,一个数字位 z_n 至少满足 m 个关系式中的 h 个的概率由下式给出:

$$Q(p,m,h) = \sum_{i=h}^{m}\binom{m}{i}(ps^i(1-s)^{m-i} + (1-p)(1-s)^i s^{m-i})。\tag{4}$$

$z_n = a_n$ 且 m 个关系式中至少有 h 个被满足的概率是

$$R(p,m,h) = \sum_{i=h}^{m}\binom{m}{i}ps^i(1-s)^{m-i}。\tag{5}$$

这样一来,在已知 m 个关系式中至少有 h 个被满足的条件下,$z_n = a_n$ 的概率就是

$$T(p,m,h) = \frac{R(p,m,h)}{Q(p,m,h)}。$$

这些公式说明，随着 m 的增大，我们有更多的自由度来选择一个适当的 h，使得两个概率 $Q(p,m,h)$ 和 $T(p,m,h)$ 对于一次攻击来说将同时足够大。

算法 A

A1 根据公式(1)确定 m。

A2 求出 h 的最大值，使得 $Q(p,m,h)N \geqslant k$。然后，利用 $r=(1-T(p,m,h))\cdot k$ 来确定平均出错量 r。

A3 搜索 $\tilde{z}$ 中满足至少 h 个关系式的那些数字位，并把这些数字位用作为 $\tilde{a}$ 的在对应下标位置上的一个参考猜测 I_0。

A4 通过检验修正的 I_0 来寻找正确的猜测，这种修正是以与 I_0 的汉明距离为 0,1,2,…时的变换。寻找是通过对应的 LFSR 序列与序列 $\tilde{z}$ 的相关性来进行的。

在顺利的条件下，A4 这一步不是必要的。一般来说，能够证明：算法 A 的计算复杂性为 $O(2^{H(\theta)})$，其中 $\theta=r/k$，$H(x)$ 是二元熵函数。

第二种算法(算法 B) 在算法 A 中，当一个数字位仅满足少量几个关系式时，条件概率 p^* 就小，往往引起错误。这就导致了下述攻击方法：如果序列 $\tilde{z}$ 中的任意一个数字位满足的关系式小于一定数量，则将这个数字位取补。在顺利的条件下，我们可以期望："已校正的"序列有少量数字位和 LFSR 序列 $\tilde{a}$ 不同。

一个可替代的且较好的途径是：最初时保留整个 $\tilde{z}$ 序列不变，但给每一数字位指定一个新的概率 p^*。这就允许在每一轮都用改变了的新概率 p^* 来重复这个过程。几轮之后，错误的数字位就趋于具有低概率，而正确的数字位就趋于具有高概率。这就给我们一个明确的准则来校正序列 $\tilde{z}$：对那些概率 p^* 低于一个适当的门限值 p_{thr} 的数字位取补；然后，用替代 $\tilde{z}$ 的新序列重新启动全过程，这时仍给每一数字位指定原概率。直观的想法就是重复上述过程，直到重新产生出 LFSR 序列 $\tilde{a}$ 为止。

为了给算法 B 以严谨的描述，需要添加几个计算概率的公式。

① 一个数字位 z_n 至多满足 m 个关系式中的 h 个的概率：

$$U(p,m,h)=\sum_{i=0}^{h}\binom{m}{i}(ps^i(1-s)^{m-i}+(1-p)(1-s)^i s^{m-i});\quad(6)$$

② $z_n=a_n$ 且至多满足 m 个关系式中的 h 个的概率：

$$V(p,m,h)=\sum_{i=0}^{h}\binom{m}{i}ps^i(1-s)^{m-i};\quad(7)$$

③ $z_n\neq a_n$ 且至多满足 m 个关系式中的 h 个的概率：

$$W(p,m,h)=\sum_{i=0}^{h}\binom{m}{i}(1-p)(1-s)^i s^{m-i}。\quad(8)$$

按照它们至多满足 h 个关系式时校正数字位的描述方法，这些公式使我们能够计算 $\tilde{z}$ 中所改变的数字位的总数为

$$U(p,m,h)\cdot N,\tag{9}$$

而错误改变的数字位的总数为

$$V(p,m,h)\cdot N,\tag{10}$$

正确改变的数字位的总数就是

$$W(p,m,h)\cdot N。\tag{11}$$

因此，校正数字位的增量是式(11)和式(10)的差值，而相对增量是

$$I(p,m,h)=W(p,m,h)-V(p,m,h)。\tag{12}$$

为了使校正更有效，需要确定使得 $I(p,m,h)$ 对于给定的 p 和 m 为最大的 h 值($h_{\max}$)。为此，考虑 p^*，我们需要一个适当的概率门限 p_{thr}。为获得最佳校正效果，选择

$$p_{\mathrm{thr}}=\frac{1}{2}(p^*(p,m,h_{\max})+p^*(p,m,h_{\max}+1))。\tag{13}$$

在第一轮之后，具有 p^* 低于 p_{thr} 的那些数字位的期望数就是

$$N_{\mathrm{thr}}=U(p,m,h_{\max})\cdot N。\tag{14}$$

整个攻击过程基本上是在下述两个阶段之间进行交换：

Ⅰ. 计算阶段——把新的概率 p^* 分配给 $\tilde{z}$ 中的每一数字位。这个阶段可能要反复进行，迭代次数定为 α(大多数情况下，选 $\alpha=5$)。为此，公式(2)中的 $s(p,t)$ 必须推广到下述情况：t 个数字位中的每一个都可以有不同的概率 $p_1,p_2,\cdots,p_t$。

$$\begin{aligned}&s(p_1,\cdots,p_t,t)\\&=p_ts(p_1,\cdots,p_{t-1},t-1)+(1-p_t)(1-s(p_1,\cdots,p_{t-1},t-1)),s(p_1,1)\\&=p_1。\end{aligned}\tag{15}$$

Ⅱ. 校正阶段——将 p^* 低于 p_{thr} 的那些数字位取补，并且把每个数字位的概率重新设置成原来的 p 值。

算法 B

B1 根据公式(1)确定 m。

B2 寻找使得 $I(p,m,h)$ 为最大的那个 h 值($h_{\max}$)。如果 $I_{\max}=I(p,m,h_{\max})\leqslant 0$，则在第Ⅰ阶段没有任何校正作用，这意味着攻击失败。如果 $I_{\max}>0$，则根据式(13)和式(14)计算 p_{thr} 和 N_{thr}，否则，算法终止。

B3 迭代计数器 i 置 0，即 $i=0$。

B4 对于 $\tilde{z}$ 中的每一个数字位都根据式(2)和式(15)计算出相对于所满足的关系式的各个数目的新概率 p^*。确定 $p^*<p_{\mathrm{thr}}$ 的那些数字位的数量 N_w。

B5 如果 $N_w<N_{\mathrm{thr}}$ 或者 $i<\alpha$，则 i 加 1，并返回到 B4。

B6 对 $\tilde{z}$ 中具有 $p^* < p_{thr}$ 的那些数字位取补,并把每个数字位的概率重新设置为原来的 p 值(第Ⅱ阶段)。

B7 如果存在 $\tilde{z}$ 中的数字位不满足基本的反馈关系式,则返回到 B3。

B8 当 $\tilde{a} = \tilde{z}$ 时,算法终止。

在算法 B 成功的条件下,其计算复杂度为 $O(k)$,也就是 LFSR 长度 k 的线性函数。为了获得这样的条件,引入一个函数 $F(p,t,N/k) = I(p,m,h_{max}) \cdot (N/k)$ 来度量校正效果。如果 $F(p,t,N/k) \leqslant 0$,则算法 B 失败。

为了阻止上述两种算法的攻击,就得出序列密码的新的设计准则:

① 应当避免与小于 10 个抽头的一个 LFSR 有任何相关性;

② 与长度短于 100 的一个一般的 LFSR 应当没有任何相关性(主要是在假设反馈连接是已知的时候)。

这就是说,设计者在设计序列密码时应选用抽头数≥10、级数≥100 的 LFSR。

参看 computational complexity, correlation attack, linear feedback shift register (LFSR), nonlinear combiner generator, stream cipher。

fast data encryption algorithm (FEAL)　快速数据加密算法

同 FEAL block cipher。

fault analysis　故障分析

1996 年,本尼(Boneh)等人针对 RSA 公开密钥密码体制提出的一种攻击方法。该方法利用了密码计算过程中的错误。

对密码体制进行故障攻击的基本思想是:首先选择明文,对加密过程进行故障诱导,分别获得该明文对应的正确密文和错误密文(此阶段称为故障诱导与数据收集);最后对收集到的数据进行分析,恢复出密钥。

参看 RSA public-key encryption scheme。

fault attack　故障攻击

同 fault analysis。

FEAL block cipher　FEAL 分组密码

由日本 NTT 公司的研究人员设计的一族数据加密算法,分组长度和密钥均为 64 比特,迭代轮数为 N(一般来说,$N = 4, 8, 16, 32$),具有 N 轮迭代的 FEAL 算法叫作 FEAL-N。FEAL-N 在 64 比特密钥的作用下把 64 比特明文变换成 64 比特密文,是一个类似于 DES 的 N 轮费斯特尔密码。FEAL 算法的轮函数 f 非常简单(图 F.1),只使用字节运算,包括 8 比特的模 256 加法、左循环移 2 位以及异或运算,因而加密/解密速度比较快。对于 $N = 4$ 和 $N = 8$ 的 FEAL 算法,已证明存在成功的破译分析方法:差分密码分析和线性密码分析。

FEAL分组密码方案(以下描述针对FEAL-8,其他类似)

1. 符号注释

所有变量均为8比特变量;∅表示空集合。

⊕表示按位异或;

ROT2(X)表示将8比特变量X循环左移2位;

$S_d(x,y)=\text{ROT2}(x+y+d \pmod{256})$为代替函数,$d=0$或1。

$f(\alpha,k)$为加密/解密用的轮函数,如图F.1所示。其中,$\alpha=\alpha_0\|\alpha_1\|\alpha_2\|\alpha_3$,$k=k_0\|k_1$,$f(\alpha,k)=f_0\|f_1\|f_2\|f_3$。

$f(A,B)$为密钥编排用的轮函数,如图F.2所示。其中$A=A_0\|A_1\|A_2\|A_3$,$B=B_0\|B_1\|B_2\|B_3$,$f_k(A,B)=f_{k0}\|f_{k1}\|f_{k2}\|f_{k3}$。

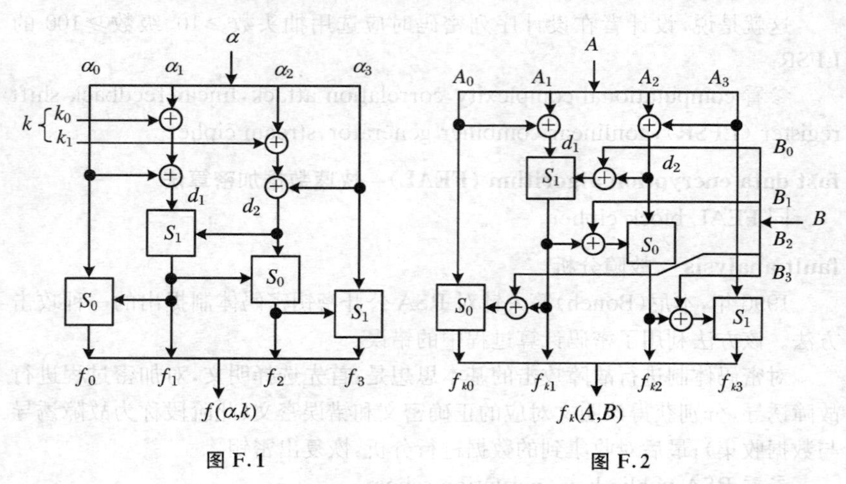

图F.1　　　　图F.2

用公式描述如下:

$$f(\alpha,k)=\begin{cases}d_1=\alpha_0\oplus\alpha_1\oplus k_0,\\ d_2=\alpha_2\oplus\alpha_3\oplus k_1,\\ f_1=S_1(d_1,d_2),\\ f_0=S_0(\alpha_0,f_1),\\ f_2=S_0(f_1,d_2),\\ f_3=S_1(\alpha_3,f_2),\end{cases}\qquad f_k(A,B)=\begin{cases}d_1=A_0\oplus A_1,\\ d_2=A_2\oplus A_3,\\ f_{k1}=S_1(d_1,(d_2\oplus B_0)),\\ f_{k0}=S_0(A_0,(f_{k1}\oplus B_2)),\\ f_{k2}=S_0(d_2,(f_{k1}\oplus B_1)),\\ f_{k3}=S_1(A_3,(f_{k2}\oplus B_3))。\end{cases}$$

2. 加密

输入:64比特明文$M=m_1m_2\cdots m_{64}$;64比特密钥$K=k_1k_2\cdots k_{64}$。

输出:64比特密文$C=c_1c_2\cdots c_{64}$。

EN1　用密钥编制算法,根据密钥K计算出16个16比特子密钥:K_0,

$K_1, \cdots, K_{15}$。

EN2 $IB = M \oplus (K_8 \parallel K_9 \parallel K_{10} \parallel K_{11}) = I_1 I_2 \cdots I_{64}$。

EN3 $L_0 = I_1 I_2 \cdots I_{32}, R_0 = I_{33} I_{34} \cdots I_{64}$。

EN4 $R_0 \leftarrow R_0 \oplus L_0$。

EN5 对 $i = 1, 2, \cdots, 8$,执行运算:$L_i \leftarrow R_{i-1}, R_i \leftarrow L_{i-1} \oplus f(R_{i-1}, K_{i-1})$。

EN6 $L_8 \leftarrow L_8 \oplus R_8$。

EN6 $R_8 \leftarrow R_8 \oplus (K_{12} \parallel K_{13}), L_8 \leftarrow L_8 \oplus (K_{14} \parallel K_{15})$。

EN6 输出密文 $C \leftarrow (R_8 \parallel L_8)$。

3. 解密

输入:64 比特密文 $C = c_1 c_2 \cdots c_{64}$;64 比特密钥 $K = k_1 k_2 \cdots k_{64}$。

输出:64 比特明文 $M = m_1 m_2 \cdots m_{64}$。

DN1 用密钥编制算法,根据密钥 K 计算出 16 个 16 比特子密钥:$K_0, K_1, \cdots, K_{15}$。

DN2 $IB = C \oplus (K_{12} \parallel K_{13} \parallel K_{14} \parallel K_{15}) = I_1 I_2 \cdots I_{64}$。

DN3 $L_0 = I_1 I_2 \cdots I_{32}, R_0 = I_{33} I_{34} \cdots I_{64}$。

DN4 $R_0 \leftarrow R_0 \oplus L_0$。

DN5 对 $i = 1, 2, \cdots, 8$,执行运算:$L_i \leftarrow R_{i-1}, R_i \leftarrow L_{i-1} \oplus f(R_{i-1}, K_{8-i})$。

DN6 $L_8 \leftarrow L_8 \oplus R_8$。

DN7 $R_8 \leftarrow R_8 \oplus (K_8 \parallel K_9), L_8 \leftarrow L_8 \oplus (K_{10} \parallel K_{11})$。

DN8 输出明文 $M \leftarrow (R_8 \parallel L_8)$。

4. 密钥编排

输入:64 比特密钥 $K = k_1 k_2 \cdots k_{64}$。

输出:256 比特扩展密钥(16 个子密钥 $K_0, K_1, \cdots, K_{15}$,每个 K_i 均为 16 比特)。

KS1 $A \leftarrow k_1 k_2 \cdots k_{32}, A = A_0 \parallel A_1 \parallel A_2 \parallel A_3$;$B \leftarrow k_{33} k_{34} \cdots k_{64}, B = B_0 \parallel B_1 \parallel B_2 \parallel B_3$;$D \leftarrow \varnothing, D = D_0 \parallel D_1 \parallel D_2 \parallel D_3$。

KS2 对 $i = 1, 2, \cdots, 8$,执行运算:

$$T \leftarrow B, B \leftarrow f_k(A, B \oplus D), \quad D \leftarrow A, \quad A \leftarrow T.$$

$$K_{2i-2} = B_0 \parallel B_1, \quad K_{2i-1} = B_2 \parallel B_3.$$

KS3 输出子密钥 $K_0, K_1, \cdots, K_{15}$。

另外,还有一种将密钥长度扩展到 128 比特的变种算法——FEAL-NX,其加/解密过程一样,只是密钥编排变成如下(这里仍以轮数 $N = 8$ 为例):

FEAL-NX 的密钥编排

输入:128 比特密钥 $K = k_1 k_2 \cdots k_{128}$。

输出：$(N/2)+4$ 个 16 比特长子密钥 $K_0, K_1, \cdots, K_{(N/2)+3}$。

KS1 $K_{R1} \leftarrow k_{65} \cdots k_{96}, K_{R2} \leftarrow k_{97} \cdots k_{128}$。定义

$$Q_i = \begin{cases} K_{R1} \oplus K_{R2}, & i \equiv 1 \pmod 3, \\ K_{R1}, & i \equiv 2 \pmod 3, \\ K_{R2}, & i \equiv 0 \pmod 3), \quad 1 \leqslant i \leqslant (N/2)+4。 \end{cases}$$

KS1 $A \leftarrow k_1 k_2 \cdots k_{32}, A = A_0 \| A_1 \| A_2 \| A_3; B \leftarrow k_{33} k_{34} \cdots k_{64}, B = B_0 \| B_1 \| B_2 \| B_3; D \leftarrow \varnothing, D = D_0 \| D_1 \| D_2 \| D_3$。

KS2 对 $i = 1, 2, \cdots, (N/2)+4$，执行运算：

$$T \leftarrow B, B \leftarrow f_k(A, B \oplus D \oplus Q_i), \quad D \leftarrow A, \quad A \leftarrow T。$$

$$K_{2i-2} = B_0 \| B_1, \quad K_{2i-1} = B_2 \| B_3。$$

KS3 输出子密钥 $K_0, K_1, \cdots, K_{(N/2)+3}$。

FEAL 测试向量

明文 P = 00000000 00000000，

密钥 K = 01234567 89ABCDEF，

子密钥 $K_0, K_1, \cdots, K_7$ = DF3B CA36 F17C 1AEC 45A5 B9C7 26EB AD25，

子密钥 $K_8, K_9, \cdots, K_{15}$ = 8B2A ECB7 AC50 9D4C 22CD 479B A8D5 0CB5，

FEAL-8 密文 C = CEEF2C86 F2490752，

FEAL-16 密文 C = 3ADE0D2A D84D0B6F，

FEAL-32 密文 C = 69B0FAE6 DDED6B0B，

对于 128 比特密钥 (K_L, K_R)，$K_L = K_R = K$ = 01234567 89ABCDEF，

明文 P = 00000000 00000000 对应的 FEAL-8X 密文

C = 92BEB65D 0E9382FB。

表 F.1 是 FEAL 抗各种攻击类型的强度列表。

表 F.1

攻击方法	数据复杂度		存储复杂度	进程复杂度
	已知明文	选择明文		
FEAL-4_LC	5		30 KB	6 分钟
FEAL-6_LC	100		100 KB	40 分钟
FEAL-8_LC	2^{24}			10 分钟
FEAL-8_DC		2^7 对	280 KB	2 分钟
FEAL-16_DC		2^{29} 对		2^{30} 操作
FEAL-24_DC		2^{45} 对		2^{46} 操作
FEAL-32_DC		2^{66} 对		2^{67} 操作

注释 上表中 LC 表示线性密码分析，DC 表示差分密码分析；时间是通

用计算机或工作站上使用的机时。

参看 block cipher，Feistel cipher，DES block cipher，differential cryptanalysis，linear cryptanalysis。

feedback function　反馈函数

L 级线性反馈移位寄存器（LFSR）或非线性反馈移位寄存器（NLFSR）的反馈位（即其第 $L-1$ 级的输入）是 L 个延迟单元中的所有可能单元的当前值的一个布尔函数 f，称为反馈函数，即

$$s_j = f(s_{j-1}, s_{j-2}, \cdots, s_{j-L}) \quad (j \geqslant L)。$$

参看 feedback shift register（FSR），LFSR（linear feedback shift register）。

feedback logic　反馈逻辑

同 feedback function。

feedback polynomial of LFSR　线性反馈移位寄存器的反馈多项式

同 connection polynomial of LFSR。

feedback shift register（FSR）　反馈移位寄存器

长度为 L 的反馈移位寄存器由 L 个延迟单元组成，可将它们按顺序编号为 $0,1,\cdots,L-1$，每个延迟单元都能存储 1 比特数，并且具有一个输入和一个输出，还有一个时钟控制数据的移动。在每一个时钟拍节期间，第 0 级的状态被输出，并作为反馈移位寄存器的输出；第 i 级的状态被移到第 $i-1$ 级（$1 \leqslant i \leqslant L-1$）；其第 $L-1$ 级的输入是反馈位 s_j，s_j 是那 L 个延迟单元中的所有可能单元的当前值的一个布尔函数 f（称为反馈函数），即

$$s_j = f(s_{j-1}, s_{j-2}, \cdots, s_{j-L}) \quad (j \geqslant L)。$$

这种移位寄存器可用于产生伪随机序列。图 F.3 示出一个 L 级 FSR。如果反馈函数 f 是一个线性函数，则 FSR 就是线性反馈移位寄存器（LFSR）；如果 f 是一个非线性函数，则 FSR 就称为非线性反馈移位寄存器（NLFSR）。

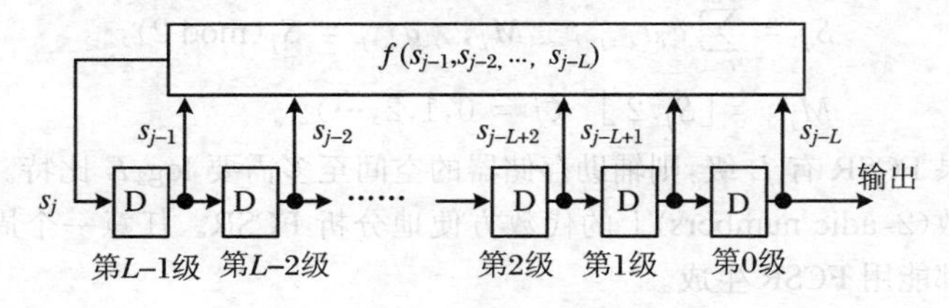

图 F.3　时钟控制电路

（另注：本书中只涉及二元移位寄存器，没有谈及 $q(>2)$ 元移位寄存器的情况。对 $q(>2)$ 元移位寄存器感兴趣者请参看有关书籍或文献。）

参看 Boolean function，state of FSR，linear feedback shift register (LFSR)，nonlinear feedback shift register (NLFSR)，pseudorandom sequences。

feedback with carry shift register (FCSR) 带进位反馈的移位寄存器

带进位的反馈移位寄存器(FCSR)是一类新型的反馈移位寄存器。同LFSR类似，它们都有一个移位寄存器和反馈函数；不同之处在于FCSR还有一个加法器和一个用来存储整数进位值的存储器(图F.4)。

加法器把所有的抽头位进行算术加，并与存储器的当前值进行算术加求出它们的和 S。将 S 的最低有效位(即求 $S(\mathrm{mod}\ 2)$)反馈到移位寄存器的第1级，而将 S 的其余位(即求 $\lfloor S/2 \rfloor$)保留作为辅助存储器的新值。

假定长度为 L 的FCSR由 L 个延迟单元(称 L 级)组成，将 L 个延迟单元按顺序编号为 $0,1,\cdots,L-1$。每个延迟单元都能存储1比特数，令它们的初始值分别为 $a_0,a_1,\cdots,a_{L-1}$，存储器的初始值 $M_0=0$。每个延迟单元都具有一个数据输入和一个输出，以及一个控制数据移动的时钟。

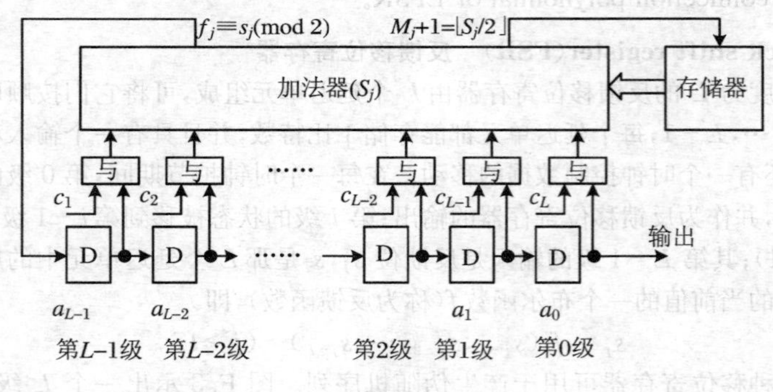

图 F.4

用公式表示如下：

$$S_j = \sum_{i=1}^{L} c_i a_{L+j-i} + M_j,\quad a_{L+j} = S_j(\mathrm{mod}\ 2),$$

$$M_{j+1} = \lfloor S_j/2 \rfloor \quad (j = 0,1,2,\cdots)。$$

如果FCSR有 L 级，则辅助存储器的空间至多需要 $\log_2 L$ 比特。可以使用二进数(2-adic numbers)上的代数方便地分析FCSR。任意一个周期性二元序列都能用FCSR生成。

比较 linear feedback shift register (LFSR)。

feedforward nonlinear function 非线性前馈函数

同 nonlinear filtering function。

feedforward-type running-key generator　前馈型滚动密钥发生器

同 nonlinear filter generator。

Feige-Fiat-Shamir identification protocol　菲基-菲亚特-沙米尔身份识别协议

此协议是菲亚特-沙米尔身份识别协议基本版本的一个推广。这个协议涉及一个给自身做标记的实体,该实体通过使用一个零知识证明来证明自己知道一个秘密;协议没有泄露有关 A 的秘密身份识别值(s)的任何部分信息。该协议需要有限的计算,而且非常适宜于使用低功率处理器(例如 8 位的芯片卡微处理器)的应用程序。

A 以 t 次执行一个三趟协议来向 B 证明其身份。

(1) 系统参数选择　可信中心 T 在选择两个秘密素数 p 和 q(这两个素数都是模 4 同余于 3)以后,对所有用户发布一个共用模数 $n = pq$(n 是一个布卢姆整数),而且对这样的 n 进行因子分解是计算上不可行的。定义整数 k 和 t 为安全参数。

(2) 选择每个实体的秘密

(a) 每个实体 A 都在 $1 \leqslant s_i \leqslant n-1$ 范围内选择 k 个整数 $s_1, s_2, \cdots, s_k$,并选择 k 个随机二进制数 $b_1, b_2, \cdots, b_k$。(为了技术上的原因,要求 $\gcd(s_i, n) = 1$,而几乎一定保证了这一要求,它的失败就是允许因子分解 n。)

(b) 每个实体 A 都对 $1 \leqslant i \leqslant k$,计算 $v_i = (-1)^{b_i} \cdot (s_i^2)^{-1} (\bmod n)$。(这样做就使得 v_i 分布在具有雅克比符号 +1、与 n 互素的所有整数范围内,技术条件要求证明:没有泄露任何秘密信息;通过 n 的选择,对 v_i 的确切的一个正负符号的选择使之有一个平方根。)

(c) A 用非密码方法(例如照片识别号)为自身做标记给可信中心 T,此后登记 A 的公开密钥($v_1, v_2, \cdots, v_k; n$),而只有 A 自己知道其秘密密钥($s_1, s_2, \cdots, s_k$)。这就完成了一次设置阶段。

(3) 协议消息　t 轮中的每一轮都有三个具有如下形式的消息:

$$A \rightarrow B:\ x(= \pm r^2 (\bmod n)), \tag{1}$$

$$A \leftarrow B:\ (e_1, e_2, \cdots, e_k), e_i \in \{0,1\}, \tag{2}$$

$$A \rightarrow B:\ y(= r \cdot \prod_{e_j = 1} s_j (\bmod n))。 \tag{3}$$

(4) 协议动作　下列步骤执行 t 次;如果所有 t 轮全成功,B 就接受 A 身份。假定 B 有 A 的可靠的公开密钥($v_1, v_2, \cdots, v_k; n$);或者就像在斯诺身份识别协议中那样使用,可以按消息(1)发送一个证书。

(a) A 选择一个随机整数 r($1 \leqslant r \leqslant n-1$)以及一个随机二进制数 b,计算 $x = (-1)^b \cdot r^2 (\bmod n)$,并将 x(证据)发送给 B。

(b) B随机选择一 k 比特向量$(e_1,e_2,\cdots,e_k)$(询问),并将之发送给A。

(c) A计算 $y = r \cdot \prod_{j=1}^{k} s_j^{e_j} \pmod n$,并将 y(应答) 发送给B。

(d) B计算 $z = y^2 \cdot \prod_{j=1}^{k} v_j^{e_j} \pmod n$,并验证 $z = \pm x$ 及$z \neq 0$。(后者可预防敌人通过选择 $r = 0$ 获得成功。)

参看 Blum integer, Fiat-Shamir identification protocol, Schnorr identification protocol。

Feige-Fiat-Shamir signature scheme 菲基-菲亚特-沙米尔签名方案

这个签名方案是对菲亚特和沙米尔提出的一个较早签名方案的改进,需要一个单向散列函数 $h:\{0,1\}^* \to \{0,1\}^k$, k 是一个固定的正整数。这里$\{0,1\}^k$表示二进制数字位数为k 的二进制数字串集合,而$\{0,1\}^*$ 表示二进制数字位数为任意长的所有二进制数字串。此方案和菲亚特-沙米尔签名方案相比,计算量减少且签名较短。

设签名者为A,验证者为B。

(1) 密钥生成(A建立一个公开密钥/秘密密钥对)

KG1 A生成两个不同的、秘密的随机素数 p 和 q,并计算 $n = pq$;

KG2 A选择一个正整数 k 以及 k 个不同的随机整数 $s_1, s_2, \cdots, s_k \in \mathbb{Z}_n^*$;

KG3 A计算 $v_j = s_j^{-2} \pmod n$ $(1 \leqslant j \leqslant k)$;

KG4 A的公开密钥是 k 元组$(v_1, v_2, \cdots, v_k)$与模数 n;秘密密钥是 k 元组$(s_1, s_2, \cdots, s_k)$。

(2) 签名生成(A签署一个任意长度的二进制消息 m)

SG1 A选择一个随机整数 r $(1 \leqslant r \leqslant n-1)$;

SG2 A计算 $u = r^2 \pmod n$;

SG3 A计算 $e = (e_1, e_2, \cdots, e_k) = h(m \parallel u)$,每个 $e_i \in \{0,1\}$;

SG4 A计算 $s = r \cdot \prod_{j=1}^{k} s_j^{e_j} \pmod n$;

SG5 A对消息 m 的签名是(e, s)。

(3) 签名验证(B使用A的公开密钥验证A对消息 m 的签名并恢复消息 m)

SV1 B获得A的可靠的公开密钥$(v_1, v_2, \cdots, v_k)$与 n;

SV2 B计算 $w = s^2 \cdot \prod_{j=1}^{k} v_j^{e_j} \pmod n$;

SV3 B计算 $e' = h(m \parallel w)$;

SV4 B接受这个签名,当且仅当 $e = e'$。

对签名验证的证明

$$w \equiv s^2 \cdot \prod_{j=1}^{k} v_j^{e_j} \equiv r^2 \cdot \prod_{j=1}^{k} s_j^{2e_j} \prod_{j=1}^{k} v_j^{e_j}$$

$$\equiv r^2 \cdot \prod_{j=1}^{k} (s_j^2 v_j)^{e_j} \equiv r^2 \equiv u \pmod{n}。$$

由于 $w = u$,所以 $e = e'$。

参看 Fiat-Shamir signature scheme。

Feistel cipher　费斯特尔密码

一种迭代密码,它将一个 $2t$ 比特分组的明文 $PB(L_0, R_0)$(其中 L_0 和 R_0 均为 t 比特分组)经过 $r(r \geqslant 1)$ 轮处理映射成一个密文 $CB(R_r, L_r)$。对于 $1 \leqslant i \leqslant r$,第 i 轮映射

$$(L_{i-1}, R_{i-1}) \xrightarrow{K_i} (L_i, R_i)$$

如下式:

$$\begin{cases} L_i = R_{i-1}, \\ R_i = L_{i-1} \oplus f(R_{i-1}, K_i)。\end{cases}$$

其中,每个子密钥 K_i 是由密钥 K 推出的。

费斯特尔密码的迭代轮数 $r \geqslant 3$,而且常常是偶数。费斯特尔结构的密文输出 CB 是 (R_r, L_r)(或者写成 (R_r, R_{r-1}))。解密变换和加密变换相同,只不过子密钥使用的次序需要颠倒过来,如图 F.5 所示。

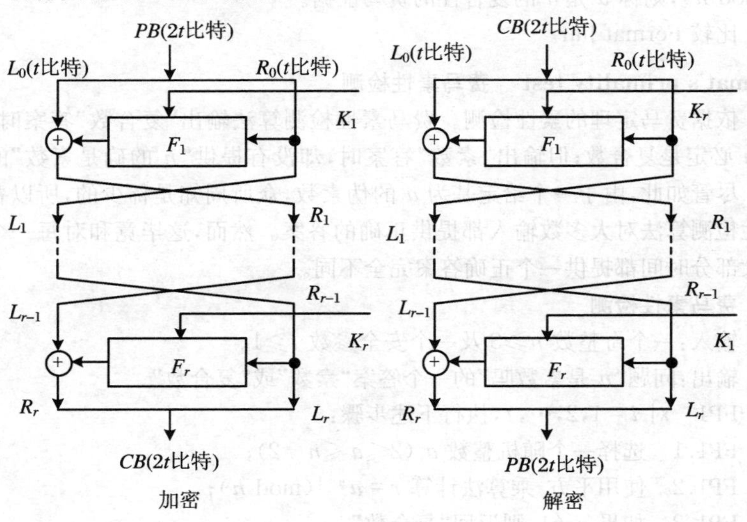

图 F.5

参看 iterated cryptosystem。

Feistel network　费斯特尔网络

同 Feistel cipher。

Feistel scheme　费斯特尔方案

同 Feistel cipher。

Fermat liar　费马说谎者

令 n 是一个奇复合数，a 是一个整数，且 $1\leqslant a\leqslant n-1$。如果 $a^{n-1}\equiv 1(\bmod n)$，则认为 n 是一个基为 a 的伪素数，称 a 是 n 的素性的费马说谎者。

比较 Fermat witness。

Fermat number　费马数

称形式为 $n=2^{2^k}+1$ 的整数为费马数。

参看 integer。

Fermat prime　费马素数

费马数是一个素数。

参看 Fermat number。

Fermat witness　费马证据

令 n 是一个奇复合数，a 是一个整数，且 $1\leqslant a\leqslant n-1$。如果 $a^{n-1}\not\equiv 1(\bmod n)$，则称 a 是 n 的复合性的费马证据。

比较 Fermat liar。

Fermat's primality test　费马素性检测

依据费马定理的素性检测。费马素性检测算法输出“复合数”答案时，说明 n 必定是复合数；但输出“素数”答案时，却没有提供“n 的确是素数”的证明。尽管如此，由于一个给定基为 a 的伪素数，众所周知是稀少的，所以费马素性检测算法对大多数输入都提供正确的答案。然而，这毕竟和对每一个输入大部分时间都提供一个正确答案完全不同。

费马素性检测

输入：一个奇整数 $n\geqslant 3$ 及一个安全参数 $t\geqslant 1$。

输出：问题“n 是素数吗”的一个答案“素数”或“复合数”。

FP1　对 $i=1,2,\cdots,t$，执行下述步骤：

FP1.1　选择一个随机整数 a $(2\leqslant a\leqslant n-2)$；

FP1.2　使用平方-乘算法计算 $r=a^{n-1}(\bmod n)$；

FP1.3　如果 $r\neq 1$，则返回“复合数”。

FP2　返回“素数”。

参看 Fermat's theorem，square-and-multiply algorithm。

Fermat's theorem　费马定理

费马（小）定理是欧拉定理的一种特殊情况。

费马定理　令 p 是一个素数。如果 $\gcd(a,p)=1$，则 $a^{p-1}\equiv 1 \pmod p$。

如果 $r\equiv s \pmod{p-1}$，则对所有整数 a 都有 $a^r\equiv a^s \pmod p$。换句话说，在模素数 p 运算时，能够将指数降低成模 $p-1$。特别地，对所有整数 a 都有 $a^p\equiv a \pmod p$。

参看 Euler's theorem。

***F*$_4$ algorithm　*F*$_4$算法**

计算格罗波讷基的一种算法。具体描述如下：

令 $K[x]=K[x_1,x_2,\cdots,x_n]$是一个多项式环，变量 $x_1,x_2,\cdots,x_n$是域K上的元素。

下面约定：对于一个 $s\times m$ 矩阵 A，A 的第 i 行、第 j 列元素表示成 A_{ij}，A 的第 i 行表示成 $\mathrm{row}(A,i)$。矩阵 A 的转置表示成 A^{T}，向量 v 的转置表示成 v^{T}。

$K[x]$中的任意有限的多项式列表都用一个矩阵及 T 的一个有序子集构成的一对来表示。表示方式如下：对于一个给定的有限列表 $L=(f_1,f_2,\cdots,f_s)$，令 $M_L=[t_1,t_2,\cdots,t_m]$是 L 中所有多项式的单项式的一个有序集合。注意：作为一个集合，$M_L=M(L)$。令 A_{ij}作为f_i中t_j的系数（$i=1,2,\cdots,s$；$j=1,2,\cdots,m$），并且构成一个 $s\times m$ 矩阵$A=(A_{ij})$。则用(A,M_L)表示为

$$L^{\mathrm{T}} = AM_L^{\mathrm{T}}。$$

称上述矩阵 A 为关于M_L的 L 的系数矩阵，并用 $A^{(L,M_L)}$表示。相反，根据任意对(A,X)（A 是一个$s\times m$ 矩阵，X 是具有 m 个元素的M 的一个有序子集），定义

$$\mathrm{Rows}(A,X) = X\hat{A}^{\mathrm{T}},$$

其中，$\hat{A}$ 是根据A 通过消去所有元素都为 0 的行获得的矩阵。注意：

$$\mathrm{Rows}(A,X)=\{\mathrm{row}(A,i)X^{\mathrm{T}}\mid \mathrm{row}(A,i)\neq 0\}$$

被看成集合。

通过使用上述矩阵表示，定义 $K[x]$的一个给定有限子集的行梯次基：对于关于 M_L的L 的系数矩阵$A=A^{(L,M_L)}$，令 $\widetilde{A}$ 为 A 的通过以标准的线性代数使用初等行运算（注：就是高斯消元过程）的行梯次形式。则称 $\widetilde{L}=\mathrm{Rows}(\widetilde{A},M_L)$是 L 的行梯次基。当对于 $K[x]$的一个给定有限子集 F 及一种排序$<$，$L=Sort(\{M(f)\mid f\in F\},<)$时，称 $\widetilde{F}=\widetilde{L}$ 为 F 关于$<$的行梯次基。当取 L

的约化行梯次形式时，称 $\widetilde{F}$ 为 L 的约化行梯次基。

注意，根据定义，由 $\mathrm{Rows}(\widetilde{A},M_L)$ 生成的理想和由 L 生成的理想相同，也就是

$$\langle \mathrm{Rows}(\widetilde{A},L)\rangle = \langle L\rangle 。$$

下述例子说明了 $L=M_<(F)$，$A^{(L,M_L)}$ 和 F 的行梯次基之间的关系。

令 $f_1=x^3-x^2y-y^2+x$，$f_2=x^3+y^2+x$，$f_3=x^3+x^2y+3y^2+x$，$L=(f_1,f_2,f_3)$。当我们选择梯度字典序时，$M_L=(x^3,x^2y,y^2,x)$。

$$\begin{cases} f_1=x^3-x^2y-y^2+x \\ f_2=x^3+y^2+x \\ f_3=x^3+x^2y+3y^2+x \end{cases} \longleftrightarrow \begin{pmatrix} 1 & -1 & -1 & 1 \\ 1 & 0 & 1 & 1 \\ 1 & 1 & 3 & 1 \end{pmatrix}$$

$$\downarrow \text{高斯消元}$$

$$\begin{cases} g_1=x^3-x^2y-y^2+x \\ g_2=x^2y+2y^2 \\ g_3=0 \end{cases} \longleftrightarrow \begin{pmatrix} 1 & -1 & -1 & 1 \\ 0 & 1 & 2 & 0 \\ 0 & 0 & 0 & 0 \end{pmatrix}$$

这样，就有了行梯次基 $\widetilde{L}=(g_1,g_2,g_3)$。如果我们取 L 的系数矩阵的约化行梯次形式，则有 L 的约化行梯次基 $(x^3-x^2y-y^2+x,x^2y+2y^2)$。

下述直接来源于行梯次形式的初等特性的命题说明了行梯次基的重要性。

命题 令 F 是 $K[x]$ 的一个有限子集，$<$ 是一种排序，而 $\widetilde{F}$ 是 F 关于 $<$ 的行梯次基。我们定义

$$\widetilde{F}^+=\{g\in\widetilde{F}\mid LM(g)\notin LM(F)\}。$$

对于 F 的所有子集合 F_-，使得 $size(F_-)=size(LM(F))$ 且 $LM(F_-)=LM(F)$，那么，$G=\widetilde{F}^+\cup F_-$ 就是由 F 生成的 K-模 V_F 的一个三角基。对于所有 $f\in V_F$，存在 K 的 $(\lambda_j)_j$ 个元素及 G 的 $(g_j)_j$ 个元素，使得 $f=\sum_j \lambda_j g_j$，$LM(g_1)=LM(f)$，$LM(g_j)>LM(g_{j+1})$。

定义 (1) 一关键对多项式 (f_i,f_j) 是 $M^2\times K[x]\times M\times K[x]$ 的一个元素，$Pair(f_i,f_j)=(lcm_{ij},t_i,f_i,t_j,f_j)$ 使得

$$\begin{aligned} lcm(Pair(f_i,f_j)) &= lcm_{ij}=LM(t_i,f_i)=LM(t_j,f_j) \\ &= lcm(LM(f_i),LM(f_j))。\end{aligned}$$

(2) 对于一关键对 $p_{ij}=Pair(f_i,f_j)$，称 lcm_{ij} 为 p_{ij} 的次数，并用 $\deg(p_{ij})$ 表示。我们定义两个投影 $Left(p_{ij})=(t_i,f_i)$ 和 $Right(p_{ij})=(t_j,f_j)$。对于一关键对集合 P，我们写成

$$Left(P)=\bigcup_{p_{ij}\in P}Left(p_{ij}),\quad Right(P)=\bigcup_{p_{ij}\in P}Right(p_{ij})。$$

(3) 对于 $f\in K[x]$和 $K[x]$中的一个有限集合 G,存在 $g\in G$ 和 $q,r\in K[x]$,使得 $f=qg+r$ 且 $LM(r)<LM(f)$,则称 f 为模 G 首要可归约的。

算法 F_4

输入:F:$K[x]$的一个有限子集合;Sel:一函数列表 List($Pairs$)→List($Pairs$)。

输出:$K[x]$的一个有限子集合。

$G=F,\widetilde{F}_0^+=F,d=0$

$P=\{Pair(f,g)\mid f,g\in G$ 且 $f\neq g\}$

while $P\neq\varnothing$ do

  $d=d+1$

  $P_d=Sel(P)$

  $P=P\setminus P_d$

  $L_d=Left(P_d)\cup Right(P_d)$

  $\widetilde{F}_d^+=\mathrm{Reduction}(L_d,G)$

  for $h\in\widetilde{F}_d^+$ do

    $P=P\cup\{Pair(h,g)\mid g\in G\}$

    $G=G\cup\{h\}$

return G

Reduction

输入:L:$M\times K[x]$的一个有限子集合;G:$K[x]$的一个有限子集合。

输出:$K[x]$的一个有限子集合(可能是空集合)。

$F=\mathrm{Symbolic\ Preprocessing}(L,G)$

$\widetilde{F}$=归约到 F 关于$<$的行梯次基

$\widetilde{F}^+=\{f\in\widetilde{F}\mid LM(f)\notin LM(F)\}$

return $\widetilde{F}^+$

Symbolic Preprocessing

输入:L:$M\times K[x]$的一个有限子集合;G:$K[x]$的一个有限子集合。

输出:$K[x]$的一个有限子集合。

$F=\{t*f\mid(t,f)\in L\}$

$Done=\mathrm{LM}(F)$

while $M(F)\neq Done$ do

  $Done=Done\cup\{m\}$,其中 $m\in M(F)\setminus Done$

  如果 m 是模 G 首要可归约的,则

    对某个 $f\in G$ 及某个 $m'\in M$,计算 $m=m'*LM(f)$

$F = F \cup \{ m' * f \}$

return F

参看 Gröbner bases，Gröbner bases algorithm。

比较 Buchberger's algorithm。

Fiat-Shamir identification protocol 菲亚特-沙米尔身份识别协议

这是零知识证明的一个例子。零知识证明的目的是用户 A 通过证明自己知道一个秘密 s（它通过可靠的公开数据和 A 相关联）给任意验证者 B，而不泄露有关 s 的任何信息，B 预先执行这个协议也不可能知道或计算 s。其安全性基于求模一个大复合数 n（不知其因子分解）的平方根的困难性，等价于因子分解 n。

菲亚特-沙米尔身份识别协议基本版本如下：

A 以 t 次执行一个三趟协议来向 B 证明自己知道秘密 s。

（1）一次设置

（a）可信中心 T 选择并发布一个 RSA 类的模数 $n = pq$，但是保持素数 p 和 q 是秘密的；

（b）每个申请人 A 都选择一个和 n 互素的秘密 s（$1 \leqslant s \leqslant n-1$），计算 $v = s^2 \pmod n$，并向 T 登记 v 作为其公开密钥。

（2）协议消息 t 轮中的每一轮都有三个具有如下形式的消息：

$$A \to B: x = r^2 \pmod n, \tag{1}$$

$$A \leftarrow B: e \in \{0,1\}, \tag{2}$$

$$A \to B: y = r \cdot s^e \pmod n。 \tag{3}$$

（3）协议动作 下列步骤（依次且独立地）迭代 t 次。如果所有 t 轮全成功，B 就接受该证明。

（a）A 选择一个随机的（承诺）r（$1 \leqslant r \leqslant n-1$），并将 $x = r^2 \pmod n$（证据）发送给 B。

（b）B 随机选择一个二进制数 $e = 0$ 或 $e = 1$（询问），并将 e 发送给 A。

（c）A 计算 y（如果 $e = 0$，则 $y = r$；如果 $e = 1$，则 $y = rs \pmod n$），并将 y（应答）发送给 B。

（d）根据验证 $y^2 = x \cdot v^e \pmod n$，如果 $y = 0$，则拒绝这个证明；否则，接受这个证明。（取决于 e，$y^2 = x$ 或 $y^2 = xv \pmod n$，$v = s^2 \pmod n$。注意检验 $y = 0$ 以防止 $r = 0$ 这种情况。）

参看 integer factorization，zero-knowledge proof，zero-knowledge protocol。

Fiat-Shamir signature scheme 菲亚特-沙米尔签名方案

此签名方案的基础是菲亚特-沙米尔身份识别协议。

设签名者为A，验证者为B。

(1) 密钥生成(A建立一个公开密钥/秘密密钥对)

KG1 A生成两个不同的、秘密的随机素数 p 和 q，并计算 $n = pq$；

KG2 A选择一个正整数 k 以及 k 个不同的随机整数 $s_1, s_2, \cdots, s_k \in \mathbb{Z}_n^*$；

KG3 A计算 $v_j = s_j^{-2} \pmod n$ $(1 \leqslant j \leqslant k)$；

KG4 A的公开密钥是 k 元组 $(v_1, v_2, \cdots, v_k)$ 与模数 n，秘密密钥是 k 元组 $(s_1, s_2, \cdots, s_k)$。

(2) 签名生成(A签署一个任意长度的二进制消息 m)

SG1 A选择 t 个随机整数 $r_1, r_2, \cdots, r_t$ $(1 \leqslant r_i \leqslant n-1)$；

SG2 A计算 $x_i = r_i^2 \pmod n$ $(i = 1, 2, \cdots, t)$；

SG3 A计算 $h(m \parallel x_1 \parallel x_2 \parallel \cdots \parallel x_t)$，取其结果的前 kt 比特作为 e_{ij} 的值，$e_{ij} \in \{0, 1\}$ $(1 \leqslant i \leqslant t, 1 \leqslant j \leqslant k)$；

SG4 A计算 $y_i = r_i \cdot \prod_{e_{ij}=1} s_j \pmod n$ $(i = 1, 2, \cdots, t)$；

SG5 A对消息 m 的签名是矩阵 e_{ij} 与 $(y_1, y_2, \cdots, y_t)$。

(3) 签名验证(B使用A的公开密钥验证A对消息 m 的签名并恢复消息 m)

SV1 B获得A的可靠的公开密钥 $(v_1, v_2, \cdots, v_k)$ 与 n；

SV2 B计算 $w_i = y_i^2 \cdot \prod_{e_{ij}=1} v_j \pmod n$ $(i = 1, 2, \cdots, t)$；

SV3 B计算 $h(m \parallel w_1 \parallel w_2 \parallel \cdots \parallel w_t)$，取其结果的前 kt 比特作为 d_{ij} 的值，$d_{ij} \in \{0, 1\}$ $(1 \leqslant i \leqslant t, 1 \leqslant j \leqslant k)$；

SV4 B接受这个签名，当且仅当 $d_{ij} = e_{ij}$ $(1 \leqslant i \leqslant t, 1 \leqslant j \leqslant k)$ 成立。

对签名验证的证明

$$w_i \equiv y_i^2 \cdot \prod_{e_{ij}=1} v_j \equiv r_i^2 \cdot \prod_{e_{ij}=1} (s_j^2 v_j) \equiv r_i^2 \equiv x_i \pmod n。$$

由于 $w_i = x_i$，所以 $h(m \parallel w_1 \parallel w_2 \parallel \cdots \parallel w_t) = h(m \parallel x_1 \parallel x_2 \parallel \cdots \parallel x_t)$。

参看 Fiat-Shamir identification protocol。

Fibonacci configuration 斐波那契配置

L 级线性反馈移位寄存器(LFSR)按其抽头序列构造出的LFSR。

例1 抽头序列为(4,1)的4级LFSR如图F.6所示。

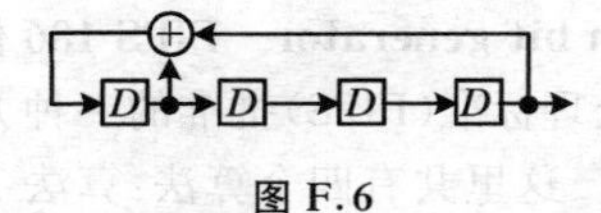

图 F.6

例2 抽头序列为(5,4,2,1)的5级LFSR如图F.7所示。

参看 linear feedback shift register（LFSR），tap sequence。

比较 Galois configuration。

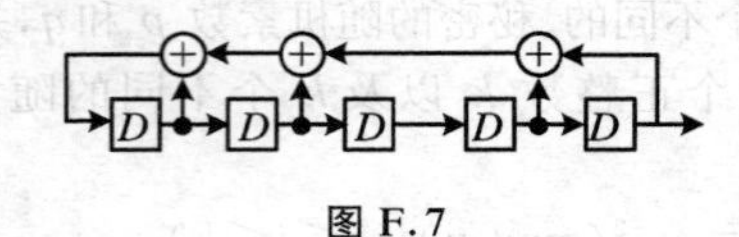

图 F.7

field　域

一种交换环，其所有非零元素都有乘法逆元。

参看 multiplicative inverse，ring。

filtering function　滤波函数

同 nonlinear filtering function。

finite field　有限域

一个含有有限数量元素的域$\mathbb{F}$。$\mathbb{F}$的阶就是$\mathbb{F}$中的元素数。又称伽罗瓦域。如果 p 是一个素数，则有限域 $GF(p)$是一个含有有限个元素$\{0,1,\cdots,p-1\}$的代数系。此代数系中定义两种运算。一种是模 p 加法：$c=a+b \pmod p$；一种是模 p 乘法：$d=a\times b \pmod p$；加法的单位元是 0，乘法的单位元是 1。每一个非零元都有唯一的逆元（如果 p 不是素数，这一点不成立）。交换律、结合律和分配律均成立。如果 $n=p^m$（$m\geqslant 1$，p 是素数），则称 $GF(n)$是一个特征为 p 的有限域（伽罗瓦域），记作 $GF(p^m)$。有限域（伽罗瓦域）$GF(p)$也表示成$\mathbb{F}_p$，$GF(p^m)$ 也表示成$\mathbb{F}_{p^m}$。密码学中常用 $p=2$ 时的有限域：$GF(2)$（或$\mathbb{F}_2$），$GF(2^m)$（或$\mathbb{F}_{2^m}$）。

参看 modular addition，modular multiplication。

finite state machine（FSM）　有限状态机

数字系统的一种数学模型。有限状态机由有限状态集合 $S=\{S_i\}$构成，其输入取自有限集合 $A=\{A_i\}$，输出亦取自有限集合 $B=\{B_i\}$。对于任意给定的状态 S_i和输入A_j，输出 B_k由输出函数f_o决定：$B_k=f_o(S_i,A_j)$；下一状态S_{i+1}由下一状态函数 f_s 决定：$S_{i+1}=f_s(S_i,A_j)$。因此，有限状态机可用五元组来形式描述：(A,B,S,f_o,f_s)。

FIPS 186 pseudorandom bit generator　FIPS 186 伪随机二进制数发生器

这是美国联邦信息处理标准（FIPS）批准的一种方法，目的是伪随机地产生 DSA 使用的秘密参数。这里共有四个算法：算法 1 产生 DSA 的秘密密钥 a；算法 2 产生在签署消息时使用的秘密参数 k；算法 1 和算法 2 中用的单向函数 $G(t,c)$可用算法 3 或算法 4 来构造。

算法 1 FIPS 186 伪随机二进制数发生器算法

输入:一个整数 m 和一个 160 比特的素数 q。

输出:区间[0, $q-1$]中 m 个伪随机数 $a_1, a_2, \cdots, a_m$。

PB1 如果使用算法 3,则选择一个任意整数 b ($160 \leqslant b \leqslant 512$);如果使用算法 4,则置 $b \leftarrow 160$。

PB2 产生一个随机而秘密的 b 比特种子 s。

PB3 定义一个 160 比特长的数字串

$t = (67452301\ \text{EFCDAB89}\ \text{98BADCFE}\ 10325476\ \text{C3D2E1F0})_{\text{hex}}$。

PB4 对 $i = 1, 2, \cdots, m$,执行下述步骤:

PB4.1 (可选用户输入)选择一个 b 比特长的数字串 y_i,或置 $x_i \leftarrow 0$;

PB4.2 $z_i \leftarrow s + x_i \pmod{2^b}$;

PB4.3 $a_i \leftarrow G(t, z_i)$;

PB4.4 $s \leftarrow 1 + s + a_i \pmod{2^b}$;

PB5 返回($a_1, a_2, \cdots, a_m$)。(这 m 个数中每一个都可用作 DSA 的秘密密钥 a。)

算法 2 FIPS 186 伪随机二进制数发生器算法

输入:一个整数 m 和一个 160 比特的素数 q。

输出:区间[0, $q-1$]上 m 个伪随机数 $k_1, k_2, \cdots, k_m$。

PB1 如果使用算法 3,则选择一个任意整数 b ($160 \leqslant b \leqslant 512$);如果使用算法 4,则置 $b \leftarrow 160$。

PB2 产生一个随机而秘密的 b 比特种子 s。

PB3 定义一个 160 比特长的数字串

$t = (\text{EFCDAB89}\ \text{98BADCFE}\ 10325476\ \text{C3D2E1F0}\ 67452301)_{\text{hex}}$。

PB4 对 $i = 1, 2, \cdots, m$,执行下述步骤:

PB4.1 $k_i \leftarrow G(t, s) \pmod{q}$;

PB4.2 $s \leftarrow 1 + s + k_i \pmod{2^b}$;

PB5 返回($k_1, k_2, \cdots, k_m$)。(这 m 个数中每一个都可用作 DSA 签名时用的秘密密钥 k。)

算法 3 FIPS 186 单向函数算法(使用 SHA-1)

输入:一个 160 比特的数字串 t 和一个 b($160 \leqslant b \leqslant 512$)比特的数字串 c。

输出:一个 160 比特的数字串 $G(t, c)$。

OW1 把 t 划分成 5 个 32 比特的字块:$t = H_1 \parallel H_2 \parallel H_3 \parallel H_4 \parallel H_5$。

OW2 用"0"填充 c 获得一个 512 比特的消息字块:$X \leftarrow c \parallel 0^{512-b}$。

OW3 把 X 划分成 16 个 32 比特长的字:$x_0 x_1 \cdots x_{15}$,并置 $m \leftarrow 1$。

OW4 执行 SHA-1。(这就更改了 $H_1, H_2, \cdots, H_5$。)

OW5　输出是并置：$G(t,c)=H_1\parallel H_2\parallel H_3\parallel H_4\parallel H_5$。

算法 4　FIPS 186 单向函数算法(使用 DES)

输入：两个 160 比特的数字串 t 和 c。

输出：一个 160 比特的数字串 $G(t,c)$。

OW1　把 t 划分成 5 个 32 比特的字块：$t=t_0\parallel t_1\parallel t_2\parallel t_3\parallel t_4$。

OW2　把 c 划分成 5 个 32 比特的字块：$c=c_0\parallel c_1\parallel c_2\parallel c_3\parallel c_4$。

OW3　对 $i=0,1,\cdots,4$，执行：$x_i\leftarrow t_i\oplus c_i$。

OW4　对 $i=0,1,\cdots,4$，执行下述步骤：

OW4.1　$b_1\leftarrow c_{(i+4)\ (\mathrm{mod}\ 5)}$，$b_2\leftarrow c_{(i+3)\ (\mathrm{mod}\ 5)}$；

OW4.2　$a_1\leftarrow x_i$，$a_2\leftarrow x_{(i+1)(\mathrm{mod}\ 5)}\oplus x_{(i+4)\ (\mathrm{mod}\ 5)}$；

OW4.3　$A\leftarrow a_1\parallel a_2$，$B\leftarrow b_1'\parallel b_2$，其中 b_1'表示 b_1的 24 个最低有效位；

OW4.4　以 B 为密钥使用 DES 加密 A：$y_i\leftarrow \mathrm{DES}_B(A)$；

OW4.5　把 y_i划分成两个 32 比特的字块：$y_i=L_i\parallel R_i$。

OW5　对 $i=0,1,\cdots,4$，执行：$z_i\leftarrow L_i\oplus R_{(i+2)\ (\mathrm{mod}\ 5)}\oplus L_{(i+3)\ (\mathrm{mod}\ 5)}$

OW6　输出是并置：$G(t,c)=z_0\parallel z_1\parallel z_2\parallel z_3\parallel z_4$。

参看 DES block cipher，digital signature algorithm（DSA），secure hash algorithm（SHA-1）。

FISH stream cipher　FISH 序列密码

一种加法发生器，基于收缩式发生器中使用的技术。它产生一个 32 比特字的密钥流，这个密钥流与明文流异或产生密文流，或者跟密文流异或产生明文流。称之为 FISH，是因为它是一个斐波那契收缩式发生器。

此算法使用两个斐波那契收缩式发生器。密钥作为它们的初始值。

$$A_i=(A_{i-55}+A_{i-24})(\mathrm{mod}\ 2^{32}),$$

$$B_i=(B_{i-52}+B_{i-19})(\mathrm{mod}\ 2^{32})。$$

如果 B_i的最低有效位是 1，则输出这对(A_i,B_i)；否则，就丢弃这对(A_i,B_i)。令它们产生的两个收缩序列分别记为 $z_0,z_1,\cdots$和 $h_0,h_1,\cdots$。将这两个收缩序列划分成对(z_{2i},z_{2i+1})及(h_{2i},h_{2i+1})。根据这些数对产生两个 32 比特的输出字：r_{2i}和 r_{2i+1}。

$$c_{2i}=z_{2i}\oplus(h_{2i}\wedge h_{2i+1}),\quad d_{2i}=h_{2i+1}\wedge(c_{2i}\oplus z_{2i+1}),$$

$$r_{2i}=c_{2i}\oplus d_{2i},\quad r_{2i+1}=z_{2i+1}\oplus d_{2i}。$$

上述公式中⊕表示按位加运算，∧表示按位逻辑与运算。这个算法运行速度快，但不安全。

参看 additive generator，shrinking generator。

fixed point　不动点，固定点

如果一个明文分组 x 通过一个密码变换 E 却未改变，即 $E_K(x)=x$，则称

这个明文分组 x 为不动点。例如在 DES 中,如果使用一个弱密钥,则存在 2^{32} 个不动点。

参看 DES block cipher,weak key。

fixed-point chaining attack 不动点链接攻击

对散列函数的一种链接攻击方式。一个压缩函数的不动点就是使得 $f(H_{i-1},x_i)=H_{i-1}$ 的一对(H_{i-1},x_i)。对于这样的消息字块和链接值而言,在产生链接值的链接点插入任意数量的相同字块,关于这个消息的整个散列都是不变的。如果能被整理成链接变量有一个已知是不动点的值,那这样的攻击就是有意义的了。这包括下述两种情况:能求出不动点,并且能容易整理成链接变量取一个特定值;对任意链接值 H_{i-1},都能求出产生不动点的字块 x_i。

参看 chaining attack,hash function。

比较 correcting-block chaining attack, meet-in-the-middle chaining attack, differential chaining attack。

Floyd's cycle-finding algorithm 弗洛伊德循环求解算法

由于波拉德 ρ 因子分解算法为求一个碰撞需要大量的存储,而用弗洛伊德循环求解算法就能够减少存储量。弗洛伊德循环求解算法起始于整数对(x_1,x_2),并根据前面的整数对(x_{i-1},x_{2i-2})计算(x_i,x_{2i}),直到对某个 m 有 $x_m=x_{2m}$ 为止。如果这个序列的尾部有 λ 长,并且循环长度为 μ,则第一次 $x_m=x_{2m}$ 是在 $m=\mu(1+\lfloor\lambda/\mu\rfloor)$ 时。注意,当 $\lambda<m\leqslant\lambda+\mu$ 时,这个算法的期望运行时间是 $O(\sqrt{n})$。

令 p 是一个复合数 n 的一个素因子。因子分解 n 的波拉德 ρ 算法试图在整数序列 $x_0,x_1,x_2\cdots$ 中找到两个完全相同的整数,这个整数序列定义为:$x_0=2,x_{i+1}=f(x_i)=x_i^2+1 \pmod p$ ($i\geqslant 0$)。弗洛伊德循环求解算法用来求出 x_m 和 x_{2m},使得 $x_m\equiv x_{2m} \pmod p$。因为 p 整除 n 但又是未知的,所以就要通过计算 $x_i \pmod n$ 这一项,并检验是否有 $\gcd(x_m-x_{2m},n)>1$。如果还是 $\gcd(x_m-x_{2m},n)<n$,则得到 n 的一个非平凡因子。(出现 $\gcd(x_m-x_{2m},n)=n$ 的概率可忽略。)

参看 Pollard's rho algorithm。

flywheeling 飞轮效应

在序列密码系统中传送密钥更新数据的一种技术。密钥更新数据可以在消息传送期间被发送到接收端,以便使发送端能够改变密码比特流,并能维持同步。接收端将密钥更新信息解密,并用之把密码比特流发生器置成更新设置。然而,如果失步,由于信道噪声或干扰,接收端就不能继续解密。飞轮效应克服了这种问题:从一个伪随机数发生器得到密钥更新数据。在这种情况下,如果接收端失去了一个密钥更新数据,那么它就能从伪随机数发生器中得到密钥更新数据,并用它重新设置密码比特流发生器。

参看 cryptographic bit-stream,pseudo-random number。

forced delay attacks on identification 对身份识别的强制延迟攻击

对身份识别协议的一种攻击方法。强制延迟发生在敌人截获一个消息(典型地包含一个序列号)时,并在以后的某个时间转发。注意,延迟的消息不是一次重放。

防止强制延迟攻击的一种对抗措施是:把随机数和短的应答超时组合使用;时间标记再加上适当的附加技术。

参看 attacks on identification protocols,challenge-response identification,random number,timestamp。

比较 replay attack。

formal methods 形式方法

密码协议分析的常用方法之一。所谓的形式分析和验证方法包括:鉴别逻辑(密码协议逻辑)、条目重写系统、专家系统,以及把代数和状态转移技术组合在一起的各种各样的其他方法。最流行的协议逻辑是伯罗斯-阿巴笛-尼达姆(BAN)逻辑。基于逻辑的方法试图努力推论一个协议是正确的,就是通过演化由每个用户所持有的一组信任,最后导出一个信任:协议目的已经达到。已经证明,形式方法在寻找协议中的缺陷及多余东西方面是实用的,而且可自动地变化等级。另一方面,提供的"证明"只是在指定的形式系统内部的证明,而不能解释为安全的绝对证明。片面性仍然是:没有发现缺陷并不意味着没有缺陷。这些技术中的一些还是不实用的,或者只能应用于协议或攻击种类的一个子集。许多都要求(人工地)将一个具体协议转化成一个形式规范,转化成一个自己可以经受住细微缺陷的关键过程。

参看 BAN logic,cryptographic protocol。

forward certificate 前向证书

令 CA_X表示认证机构X。和CA_X有关系的前向证书由CA_X上面的那个认证机构直接建立,签署了CA_X的公开密钥,并且在分层结构中用一个指向CA_X的向下的箭头说明。

参看 certification authority (CA)。

比较 reverse certificate。

forward search 正向搜索,向前搜索

正向搜索攻击类似于字典式攻击,一般用于公开密钥加密场合。攻击者将所有可能明文加密,得到所有可能密文;通过把实际加密所得到的密文与之进行比较，就可确定出明文来。

参看 dictionary attack。

forward search attack　前向搜索攻击

如果明文消息空间小或者是可预测的，那么，一个敌手能通过简单地加密所有可能的明文消息，直到获得和一个给定的密文相同为止，就可以破译这个密文。阻止这种攻击的一种简单方法就是填充消息：在加密明文消息 m 之前，预先把一个适当长度（如至少 64 比特）的伪随机产生的二进制数字串附加到明文消息上；对每一次加密而言，伪随机二进制数字串应当是独立产生的。

参看 RSA public-key encryption scheme，salting the message。

fractionating cipher　分叉密码

其发明者是蔡斯（Pliny Earle Chase）。这种密码体制的基础是波里比乌斯方表，蔡斯制作一种方表，如表 F.2 所示。

表 F.2

	1	2	3	4	5	6	7	8	9	0
1	x	u	a	c	o	n	z	l	p	φ
2	b	y	f	m	&	e	g	j	q	ω
3	d	k	s	v	h	r	w	t	i	λ

把各个明文的两个坐标数字代码彼此分开，分别进行各种密码处理。例如，将明文“fractionating”的两个坐标码纵向写下：

```
f r a c t i o n a t i n g
2 3 1 1 3 3 1 1 1 3 3 1 2
3 6 3 4 8 9 5 6 3 8 9 6 7
```

保持上面一行数字不变，而将下面一行数字乘以 9（带进位），得出如下结果：

```
  2 3 1 1 3 3 1 1 1 3 3 1 2
3 2 7 1 4 0 6 0 7 5 0 7 0 3
```

再将上述结果代回方表中可得出文字形式：3 = A（或 F，或 S），22 = Y，37 = W，11 = X，…，最后得出密文是 AYWXCλRφZOλWφF。当然这是非常简单的加密处理方式。

参看 Polybius square。

fractionating cipher system　分叉密码体制

参看 fractionating cipher。

free-start collision attack　自由起始碰撞攻击

同 pseudo-collision attack。

free-start target attack　自由起始目标攻击

同 pseudo-preimage attack。

frequency distribution　频率分布

传统密码分析依赖于源语言(明文)的多余度。源语言中语言单位(字母、字、词)出现的频数自然是密码分析者所关注的,例如密码学家们对英语中单字母、双字母、三字母进行的频率统计。

参看 frequency of digraphs, frequency of trigraphs, single letter frequency distribution。

frequency division scrambling　频分置乱

就是把频带分割和频率倒置两种模拟置乱技术结合在一起。

同 band scrambling。

frequency domain scrambler　频域置乱器

利用频域置乱技术的模拟保密装置。

参看 frequency domain scrambling。

frequency domain scrambling　频域置乱

包括频率倒置、频带移动、频带置乱、FFT 谱系置乱等。频域置乱的作用主要是通过置乱改变话音信号的瞬时功率谱密度的分布,从而使得话音的谱特征和原始话音的大相径庭。一般说来,频域置乱技术易受攻击,难于确保足够低的剩余可懂度,保密性低。因此,频域置乱技术主要应用在只要求提供"隐蔽性"程度的保护的场合。

参看 frequency inversion, band-shift, band scrambling。

frequency inversion　频率倒置,倒频

最早的一种模拟话音保密技术:将话音频谱做镜像变换。如用 3 300 Hz 的载频对 300～3 000 Hz 的话音信号进行调制(图 F.8)。

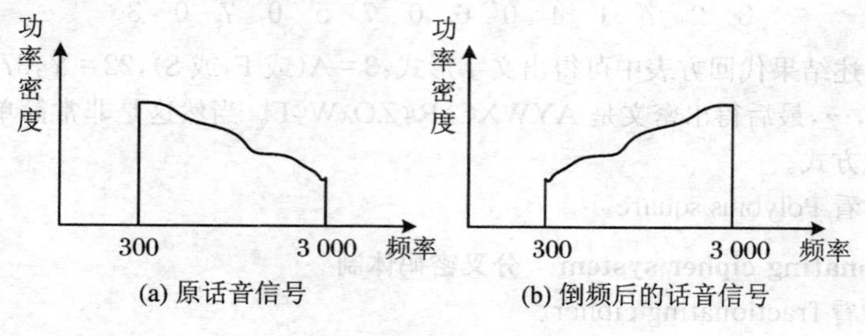

图 F.8

这种模拟话音保密技术体制简单、容易实现,但保密性不强。

参看 analog scrambling。

frequency（monobit）test　频数(单比特)检验

NIST 特种出版物 800-22《A Statistical Test Suite for Random and Pseudo-random Number Generators for Cryptographic Applications》中提出的 16 项检验之一。

检验目的　检测序列 $S = s_0, s_1, s_2, \cdots, s_{n-1}$ 中 0 和 1 的个数是否大致相等。

理论根据及检验技术描述　最基本的检验就是对下述虚假设的检验：在一个独立同分布的伯努利随机变量（X_i 或 s_i，其中 $X_i = 2s_i - 1$，并且使得 $S_n = X_0 + X_1 + \cdots + X_{n-1} = 2(s_0 + s_1 + \cdots + s_{n-1}) - n$）序列中，"1"出现的概率是 1/2。根据经典的棣莫弗-拉普拉斯定理，对于充分大的试验次数用 $\sqrt{n}$ 归一化的二项式和的分布是闭逼近标准正态分布的。

对于随机走动 $S_n = X_0 + X_1 + \cdots + X_{n-1}$，根据中心极限定理，有

$$\lim_{n\to\infty} P(S_n/\sqrt{n} \leqslant z) = \Phi(z) = \frac{1}{\sqrt{2\pi}}\int_{-\infty}^{z} \mathrm{e}^{-u^2/2}\mathrm{d}u,$$

其中，$\Phi(z)$ 为标准正态分布的累积概率函数。这意味着，对 $z > 0$，有

$$P(|S_n|/\sqrt{n} \leqslant z) = 2\Phi(z) - 1。$$

统计量的观测值 s_{obs} 为 $|s_{\text{obs}}| = |X_0 + X_1 + \cdots + X_{n-1}|/\sqrt{n}$，则尾部概率

$$P\text{-}value = 2[1 - \Phi(|s_{\text{obs}}|)] = \mathrm{erfc}(|S_{\text{obs}}|/\sqrt{2}),$$

其中，erfc(x) 为补余误差函数，

$$\mathrm{erfc}(x) = \frac{2}{\sqrt{\pi}}\int_{x}^{\infty} \mathrm{e}^{-u^2}\mathrm{d}u。$$

检验统计量与参照的分布　统计量 s_{obs} 的参照分布是半正态分布。

检验方法描述　(1) 将待检验序列 S 转换成 −1 和 +1 序列：$X_0, X_1, \cdots, X_{n-1}$，其中 $X_i = 2s_i - 1$。

例如：$S = 1011010101$，$n = 10$，则 $X_0, X_1, \cdots, X_{n-1}$ 为 1，−1，1，1，−1，1，−1，1，−1，1。

(2) 计算 $S_n = X_0 + X_1 + \cdots + X_{n-1}$。

上例中，$S_{10} = 2$。

(3) 计算统计量 s_{obs}：$s_{\text{obs}} = |S_n|/\sqrt{n}$。

上例中，$s_{\text{obs}} = 2/\sqrt{10} = 0.632\,455\,532$。

(4) 计算尾部概率 P-$value$：

$$P\text{-}value = \mathrm{erfc}(|S_{\text{obs}}|/\sqrt{2})。$$

上例中，

$$P\text{-}value = \text{erfc}(0.632\,455\,532/\sqrt{2}) = 0.527\,089。$$

判决准则(在显著性水平 1%下) 如果 *P-value* <0.01,则该序列未通过该项检验;否则,通过该项检验。

判决结论及解释 因为在上面的第(4)步中 *P-value*≥0.01(*P-value* = 0.527089),故得出结论:这个序列通过该项检验。

注意,如果 *P-value* 小(<0.01),则应是由$|S_n|$或$|s_{obs}|$大引起的。$|S_n|$大,如果 S_n 是正值,则指示"1"太多;如果 S_n是负值,则指示"0"太多。

输入长度建议 建议序列长度不小于 100 比特。

举例说明 序列 S:

11001001000011111101101010100010001000010110100011

00001 000110100110001001100011001100010100010111000,

$n = 100$。

计算:$S_{100} = -16$。

计算:$s_{obs} = 1.6$。

计算:*P-value* = 0.109 599。

结论:由于 *P-value* ≥0.01,这个序列通过"频数(单比特)检验"。

这项检验的目的和功效类似于局部随机性检验的五种基本统计检验中的"频数检验"。

参看 NIST Special Publication 800-22, standard normal distribution, statistical hypothesis, statistical test, tail probability。

比较 frequency test。

frequency of digraphs 双字母频率

英语的双字母统计特性如表 F.3 所示。

表 F.3 50 个常见的两字母组出现频数的先后次序

(最高)	TH	HE	IN	ER	AN	RE	ED	ON	ES	ST	→
→	EN	AT	TO	NT	HA	ND	OU	EA	NG	AS	→
→	OR	TI	IS	ET	IT	AR	TE	SE	HI	OF	→
→	AL	VE	SA	LE	ME	TA	SH	RO	NE	LI	→
→	EC	RA	EL	WA	RI	CO	DE	BE	DT	TT	(最低)

参看 statistical nature of English。

frequency of trigraphs 三字母频率

英语的三字母统计特性如表 F.4 所示。

表 F.4 50个常见的三字母组出现频数的先后次序

(最高)	THE	ING	AND	HER	ERE	ENT	THA	NTH	WAS	ETH	→
→	FOR	DTH	HAT	SHE	ION	INT	HIS	STH	ERS	VER	→
→	TTH	TER	HES	EDT	EST	THI	HAD	OTH	ALL	ATI	→
→	TIO	ITH	TIN	FTH	AST	OME	ONT	YOU	OUL	OFT	→
→	ONE	ULD	REA	RTH	EAR	NGT	OUN	ATT	WIT	RES	(最低)

参看 statistical nature of English。

frequency scrambling　频率置乱

同 frequency domain scrambling。

frequency test　频数检验,频率检验

对一个长度为 n 的二进制数字序列的五种基本的统计检验(又称局部随机性检验)之一。

检验目的　检测序列 $S=s_0,s_1,s_2,\cdots,s_{n-1}$ 中0和1的个数是否大致相等。

理论根据及检验技术描述　基本假设 H_0:样本 ξ 服从伯努利分布,$p=1/2,q=1-p=1/2$。样本序列的长度为 n。

(a) $\xi=1$ 或 $\xi=0$;

(b) $\xi=1$ 的频数 $\mu_{n_1}=n_1$,$\xi=0$ 的频数 $\mu_{n_0}=n_0$,$n_1+n_0=n$;

(c) $E_{n_1}=np=n/2$,$E_{n_0}=nq=n/2$,

$$X_f=\sum_{k=0}^{1}\frac{(\mu_{n_k}-E_{n_k})^2}{E_{n_k}}=\frac{(\mu_{n_0}-E_{n_0})^2}{E_{n_0}}+\frac{(\mu_{n_1}-E_{n_1})^2}{E_{n_1}}$$

$$=\frac{(n_0-n/2)^2}{n/2}+\frac{(n_1-n/2)^2}{n/2}$$

$$=\frac{(n_1-n_0)^2}{n}。$$

检验统计量与参照的分布　由皮尔逊定理,X_f 服从自由度为1的 χ^2 分布。

检验方法描述　(1) 统计序列 S 中0和1的个数 n_0 和 n_1,$n=n_0+n_1$ 为序列长度;

(2) 计算 $X_f=(n_1-n_0)^2/n$。

判决准则　在显著性水平1%下,自由度为1的 χ^2 分布值为6.635。

判决结论及解释　如果 $X_f<6.635$,则通过频数检验;否则没有通过。

输入长度建议　建议序列长度不小于100。

举例说明　序列 S:10101101011001001。

统计：$n_0=8, n_1=9, n=17$。

计算：$X_f=\frac{(8-9)^2}{17}\approx 0.0588$。

结论：由于 $X_f<6.635$，故这个序列通过频数检验。

参看 binomial distribution, chi square test, local randomness test, statistical hypothesis, statistical test。

frequency test within a block　一个字块内的频数检验

NIST 特种出版物 800-22《A Statistical Test Suite for Random and Pseudo-random Number Generators for Cryptographic Applications》中提出的 16 项检验之一。

检验目的　检验序列 $S=s_0, s_1, s_2, \cdots, s_{n-1}$ 中一个 M 比特字块中"1"的频数是否接近于 $M/2$。

理论根据及检验技术描述　这个检验试图检测对理想的 50%的"1"的频数的局部偏离程度，通过把检测序列分解成一些不重叠的子序列，应用 χ^2 检验来检验实验频数是否同质匹配理想的 1/2。小的 *P-value* 指示至少在一个子序列中"1"和"0"的相等比率有大的偏离。把 0/1（或等价地 $-1/+1$）串划分成一些不相交的子串。对每一个子串计算其中"1"所占的比率。χ^2 统计量把这些子串比率和理想的 1/2 作比较。这个统计量参照 χ^2 分布，自由度等于子串的数量。

将序列 S 划分成 N 个子串，每个子串长 M 比特，则 $n=MN$。对每个子串，通过观察其中"1"的相对频数来估计"1"出现的概率 p_i（$i=1,2,\cdots,N$）。则有

$$\chi^2_{\text{obs}}=4M\sum_{i=1}^{N}(p_i-1/2)^2。$$

满足 χ^2 分布，自由度为 N。尾部概率

$$P\text{-}value=\text{igamc}(N/2, \chi^2_{\text{obs}}/2),$$

其中，χ^2_{obs} 是观测值，$\text{igamc}(a, x)$ 为不完全伽马函数：

$$\text{igamc}(a, x)=\frac{1}{\Gamma(a)}\int_x^{\infty}\mathrm{e}^{-u}u^{a-1}\mathrm{d}u。$$

检验统计量与参照的分布　统计量 χ^2_{obs} 满足自由度为 N 的 χ^2 分布。

检验方法描述　(1) 将待检验序列 S 划分成 $N=\lfloor n/M\rfloor$ 个不重叠的字块，丢弃不用的比特。

例如：$S=0110011010$，$n=10$，$M=3$，则 $N=3$，得到 3 个字块：011，001 和 101。丢弃最后 1 比特（"0"）。

(2) 确定每个 M 比特字块中"1"所占的比率。

上例中，$p_1=2/3$，$p_2=1/3$，$p_3=2/3$。

(3) 计算统计量：$\chi^2_{obs} = 4M\sum_{i=1}^{N}(p_i - 1/2)^2$。

上例中，

$$\chi^2_{obs} = 4 \times 3 \times ((2/3 - 1/2)^2 + (1/3 - 1/2)^2 + (2/3 - 1/2)^2) = 1.$$

(4) 计算尾部概率 *P-value*：

$$P\text{-}value = \text{igamc}(N/2, \chi^2_{obs}/2)。$$

上例中，

$$P\text{-}value = \text{igamc}(3/2, 1/2) = 0.801\,252。$$

判决准则(在显著性水平 1%下) 如果 *P-value* <0.01,则该序列未通过该项检验;否则,通过该项检验。

判决结论及解释 因为在上面的第(4)步中 *P-value*≥0.01(*P-value* = 0.801 252),故得出结论:这个序列通过该项检验。

注意,*P-value* 小表示至少在一个字块中“1”和“0”的比率有大的偏离。

输入长度建议 建议序列长度不小于 100 比特。

举例说明 序列 S：

1100100100001111110110101010001000100001011010001100001000110100110001001100011001100010100010111000，

$n = 100, M = 10, N = 10$。

计算：$\chi^2_{obs} = 7.2$。

计算：$P\text{-}value = 0.706\,438$。

结论：由于 *P-value*≥0.01,故这个序列通过“一个字块内的频数检验”。

参看 chi-square (χ^2) distribution, chi square test, NIST Special Publication 800-22, statistical hypothesis, statistical test, tail probability。

Friedrich W. Kasiski 弗里德里希·卡西斯基(1805～1881)

普鲁士人。1863 年出版发行其具有划时代意义的著作《密码和破译技术》(*Die Geheimschriften und die Dechiffrir-kunst*)。为破译使用重复密钥字的多表代替密码体制提出了一般的通用技巧,称之为“卡西斯基法”。

参看 Kasiski's method。

FROG block cipher FROG 分组密码

美国 21 世纪数据加密标准(AES)算法评选第一轮(1998 年 8 月)公布的 15 个候选算法之一,由美国的乔高迪斯(D. Georgoudis)设计。FROG 分组密码算法的结构不是通常惯用的,它的基本思想是把大多数计算过程隐蔽在一个秘密的内部密钥中。其分组长度为 128 比特(16 字节),密钥长度为 5～125 字节(40～1 000 比特),迭代次数为 8,所有运算都是面向字节的运算。

FROG 分组密码方案

1. 符号注释和常数定义

$(\mathrm{EFCDAB89})_{\mathrm{hex}}$为十六进制表示的数；

$A \oplus B$ 表示两个字节 A 和 B 进行按位异或；

RandomSeed 是一个含有 251 个表项的常数表，每个表项都是一个 8 比特常数，如表 F.5 所示（表中的数为十进制）。

表 F.5

113	21	232	18	113	92	63	157	124	193	166	197	126	56	229	229
156	162	54	17	230	89	189	87	169	0	81	204	8	70	203	225
160	59	167	189	100	157	84	11	7	130	29	51	32	45	135	237
139	33	17	221	24	50	89	74	21	205	191	242	84	53	3	230
231	118	15	15	107	4	21	34	3	156	57	66	93	255	191	3
85	135	205	200	185	204	52	37	35	24	68	185	201	10	224	234
7	120	201	115	216	103	57	255	93	110	42	249	68	14	29	55
128	84	37	152	221	137	39	11	252	50	144	35	178	190	43	162
103	249	109	8	235	33	158	111	252	205	169	54	10	20	221	201
178	224	89	184	182	65	201	10	60	6	191	174	79	98	26	160
252	51	63	79	6	102	123	173	49	3	110	233	90	158	228	210
209	237	30	95	28	179	204	220	72	163	77	166	192	98	165	25
145	162	91	212	41	230	110	6	107	187	127	38	82	98	30	67
225	80	208	134	60	250	153	87	148	60	66	165	72	29	165	82
211	207	0	177	206	13	6	14	92	248	60	201	132	95	35	215
118	177	121	180	27	83	131	26	39	46	12					

2. 函数定义

(1) 函数 *makeInternalKey*(*middleData*)

输入:2 304 字节 *middleData*。

输出:2 304 字节 *internalKey*。

begin

for $i=0$ to 7 do　　//将 2 304 字节 *middleData* 划分成 8 组，每组 288 字节

for $j=0$ to 15 do　　//其中 *xorBu* 每组 16 字节

xorBu$[i][j]$ = *middleData* $[288\times i + j]$

next j

for $j=0$ to 255 do　　//其中 *substPermu* 每组 256 字节

substPermu$[i][j]$ = *middleData* $[288\times i + j+16]$

```
      next j
      substPermu[i] = makePermutation(substPermu[i],256)
      if decryption then do
        substPermu[i] = invertPermutation(substPermu[i],256)
      doend
      for j = 0 to 15 do      //其中 bombPermu 每组 16 字节
        bombPermu[i][j] = middleData[288×i + j + 272]
      next j
      bombPermu[i] = makePermutation(bombPermu[i],16)
      Validate(bombPermu[i])
    next i
  end
```

(2) 函数 *hashKey*(*userKey*, *keyLen*, *randomSeed*)

输入:用户密钥 *userKey*,其字节长度 *keyLen*,251 字节随机种子 *randomSeed*。

输出:2 304 字节随机密钥 *randomKey*。

```
  begin
      S = 0
      K = 0
      for i = 0 to 2 303 do      //建立 2 304 字节简单密钥 simpleKey
        simpleKey[i] = randomSeed[S]⊕userKey[K]
        if S<250 then S = S + 1 else S = 0
        if K<keyLen - 1 then K = K + 1 else K = 0
      next i
      last = keyLen - 1
      if last≥16 then last = 15
        for i = 0 to last do
          IV[i] = 0
        next i
      //下面将 simpleKey 变换成加密内部密钥,仍用 simpleKey 表示
      makeInternalKey(simpleKey)
      for i = 0 to last do      //建立一个 16 字节 IV
        IV[i] = IV[i]⊕userKey[i]
      next i
      IV[0] = IV[0]⊕keyLen
```

```
    //下面调用 FROG 的 CBC 模式加密产生随机密钥 randomKey
    //明文为 2 304 字节、全“0”的 allzero，初始向量为 16 字节 IV
    for i = 0 to 143 do
      IV = FROGencrypt(allzero, IV, simpleKey)
      randomKey[i] = IV
    next i
    randomKey = randomKey[0]
        ‖ randomKey[1] ‖ … ‖ randomKey[143]
end
```

(3) 函数 *makePermutation*(*input*, *lastElem*)

输入：*lastElem* 字节 *input*。

输出：*lastElem* 字节 *output*。

```
begin
    for i = 0 to lastElem - 1 do
      use[i] = i
    next i
    last = lastElem - 1
    index = 0
    for i = 0 to lastElem - 2 do
      index = (index + input[i]) mod (last + 1)
      output[i] = use[index]
      if index < last then do
        for k = index to lastElem - 1 do
          use[k] = use[k + 1]
        next k
      doend
      last = last - 1
      if index > last then index = 0
    next i
    output[lastElem - 1] = use[0]
end
```

(4) 函数 *Validate*(*bombPermu*)

输入：16 字节 *bombPermu*。

输出：16 字节 *bombPermu*。

```
begin
```

```
    for i = 0 to 15 do
      used[i] = 0
    next i
    index = 0
    for i = 0 to 14 do
      if bombPermu[index] = 0 then do
        k = index
        repeat k = (k + 1) (mod 16) until used[k]≠0
        bombPermu[index] = k
        l = k
        while bombPermu[l]≠k do
          l = bombPermu[l]
        bombPermu[l] = 0
      doend
      used[index] = 1
      index = bombPermu[index]
    next i
    //下面使置换 bombPermu 中没有一个元素指向表中的下一位置
    for i = 0 to 15 do
      if bombPermu[i] = (i + 1) (mod 16) then do
          bombPermu[i] = (i + 2) (mod 16)
      doend
    next i
end
```

3. 加密

如图 F.9 所示。输入字块是明文,输出字块是密文。

FROGencrypt(*plainText*, *cipherText*, *internalKey*)

输入:16 字节明文 *plainText*,2 304 字节内部密钥 *internalKey*。

输出:16 字节密文 *cipherText*。

```
begin
    for j = 0 to 7 do
      for i = 0 to 15 do
        plainText[i] = plainText[i]⊕xorBu[i]
        plainText[i] = substPermu[plainText[i]]
        if i < 15 then plainText[i + 1] = plainText[i + 1]⊕plainText[i]
```

else $plainText[0] = plainText[0] \oplus plainText[i]$
$k = bombPermu[i]$
$plainText[k] = plainText[k] \oplus plainText[i]$
next i
next j
$cipherText = plainText$
end

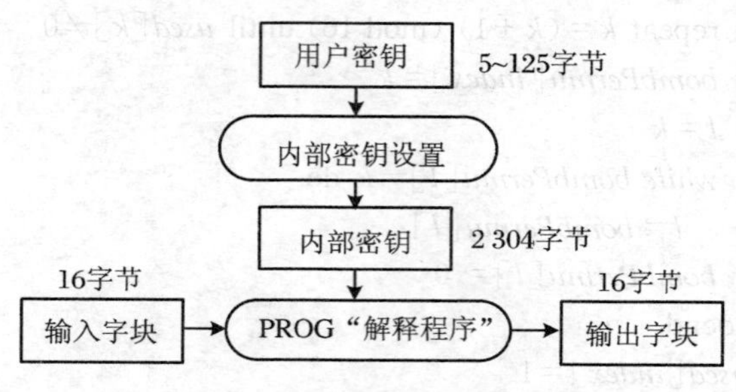

图 F.9 FROG 加密/解密原理图

4. 解密

如图 F.9 所示。输入字块是密文,输出字块是明文。逆向使用内部密钥中的 *xorBu*, *substPermu* 与 *bombPermu* 这三个字段。

FROGdecrypt(*cipherText*, *plainText*, *internalKey*)

输入:16 字节密文 *cipherText*,2 304 字节内部密钥 *internalKey*。

输出:16 字节明文 *plainText*。

begin
for $j = 7$ down to 0 do
for $i = 15$ down to 0 do
$k = bombPermu[i]$
$cipherText[k] = cipherText[k] \oplus cipherText[i]$
if $i < 15$ then $cipherText[i+1] = cipherText[i+1] \oplus cipherText[i]$
else $cipherText[0] = cipherText[0] \oplus cipherText[i]$
$cipherText[i] = substPermu[cipherText[i]]$
$cipherText[i] = cipherText[i] \oplus xorBu[i]$
next i
next j
$plainText = cipherText$
end

5. 密钥编排

如图 F.10 所示。

输入：用户密钥 *userKey*，其字节长度 *keyLen*，251 字节随机种子 *randomSeed*。

输出：2 304 字节有效的 FROG 内部密钥 *internalKey*。

begin

randomKey = *hashKey*（*userKey*，*keyLen*，*randomSeed*）

internalKey = *makeInternalKey*（*randomKey*）

end

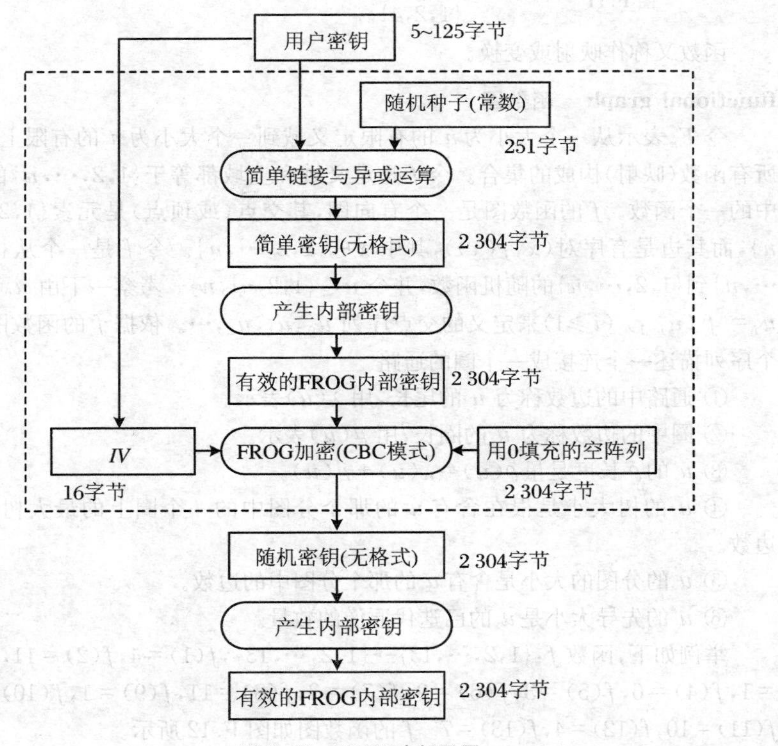

图 F.10　FROG 密钥设置

参看 advanced encryption standard，AES block cipher，block cipher。

function　函数

一个函数由两个集合 X 和 Y 以及一种规则 f 来定义，规则 f 对 X 中的每个元素都确切地分配 Y 中的一个元素。集合 X 称为这个函数的定义域，而

Y 称为这个函数的上域。如果 x 是 X 的一个元素(通常写成 $x \in X$),则 x 的像是 Y 中的元素 y,规则 f 将 y 和 x 联系起来;x 的像 y 用 $y=f(x)$来表示。从集合 X 到集合 Y 的一个函数 f 的标准记号是 $f: X \rightarrow Y$。如果 $y \in Y$,则 y 的原像是使得 $f(x)=y$ 的元素 $x \in X$。Y 中的那些至少有一个原像的所有元素组成的集合称为 f 的像,表示为 $\mathrm{Im}(f)$。

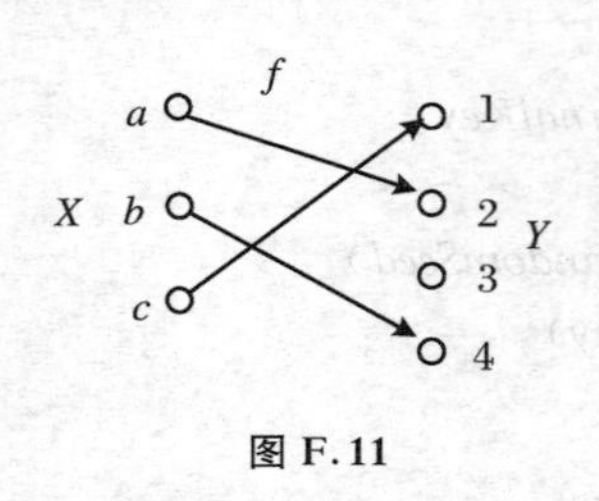

图 F.11

图 F.11 是函数的一个例子。其中 $X=\{a, b, c\}$,$Y=\{1,2,3,4\}$,从 X 到 Y 的规则 f 定义如下:$f(a)=2$,$f(b)=4$,$f(c)=1$。$\mathrm{Im}(f)=\{1,2,4\}$。

函数又称作映射或变换。

functional graph　函数图

令 F_n 表示从一个大小为 n 的有限定义域到一个大小为 n 的有限上域的所有函数(映射)构成的集合。令 f 是定义域和上域都等于$\{1,2,\cdots,n\}$的 F_n 中的一个函数。f 的函数图是一个有向图,其交点(或顶点)是元素$\{1,2,\cdots,n\}$,而其边是有序对$(x, f(x))$,其中 $x \in\{1,2,\cdots,n\}$。令 f 是一个从$\{1,2,\cdots,n\}$到$\{1,2,\cdots,n\}$的随机函数,并令 $u \in\{1,2,\cdots,n\}$。考察一下由 $u_0=u$,$u_i=f(u_{i-1})$ $(i \geqslant 1)$来定义的交点序列 $u_0, u_1, u_2, \cdots$。依据 f 的函数图,这个序列描述一个连接成一个圈的通路。

① 通路中的边数称为 u 的尾长,用 $\lambda(u)$表示。

② 圈中的边数称为 u 的圈长,用 $\mu(u)$表示。

③ u 的ρ 长度是量$\rho(u)=\lambda(u)+\mu(u)$。

④ u 的树大小是根在含有 u 的那个分图中的一个圈上的最大树中的边数。

⑤ u 的分图的大小是含有 u 的那个分图中的边数。

⑥ u 的先导大小是 u 的已迭代原像的数量。

举例如下,函数 $f:\{1,2,\cdots,13\} \rightarrow\{1,2,\cdots,13\}$,$f(1)=4$,$f(2)=11$,$f(3)=1$,$f(4)=6$,$f(5)=3$,$f(6)=9$,$f(7)=3$,$f(8)=11$,$f(9)=1$,$f(10)=2$,$f(11)=10$,$f(12)=4$,$f(13)=7$。$f$ 的函数图如图 F.12 所示。

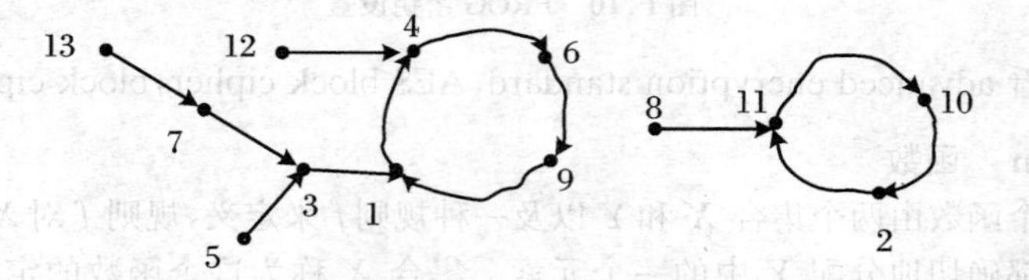

图 F.12　函数 $f:\{1,2,\cdots,13\} \rightarrow\{1,2,\cdots,13\}$的函数图

上面的函数图有 2 个分图和 4 个终端点(即无原像的点)。对 $u=3$ 这个交点来说,$\lambda(u)=1,\mu(u)=4,\rho(u)=5,u$ 的树大小为 4,分图大小为 9,先导大小为 3。

当 n 趋向无穷大时,有关一个取自 F_n的随机函数f 的函数图的下述语句为真:期望的分图数是$(1/2)\ln n$;圈上的期望交点数是 $\sqrt{\pi n/2}$;期望的终端点数是 n/e;期望的 k 次迭代像点数是$(1-\tau_k)n$,其中 τ_k满足下述递归关系:$\tau_0=0,\tau_{k+1}=\mathrm{e}^{-1+\tau_k}(k\geqslant 0)$(如果对于某个 y 有 $x=f(f(\cdots f(y)\cdots))$,则 x 是 k 次迭代像点)。

当 n 趋向无穷大时,和$\{1,2,\cdots,n\}$中的一个随机顶点及取自 F_n的一个随机函数有关的某些参数的期望值如下:① 尾长:$\sqrt{\pi n/8}$;② 圈长:$\sqrt{\pi n/8}$;③ ρ 长:$\sqrt{\pi n/2}$;④ 树大小:$n/3$;⑤ 分图大小:$2n/3$;⑥ 先导大小:$\sqrt{\pi n/8}$。

当 n 趋向无穷大时,取自 F_n的一个随机函数的最大尾长、圈长和 ρ 长分别为$c_1\sqrt{n},c_2\sqrt{n},c_3\sqrt{n}$,其中 $c_1\approx 0.78248,c_2\approx 1.73746,c_3\approx 2.4149$。

参看 function。

functionally trusted third party　功能上可信的第三方

如果假定一个可信第三方是诚实的和公平的,而且不能访问用户的秘密密钥,那么称这个可信第三方是功能上可信的。

参看 trusted third party (TTP)。

比较 unconditionally trusted third party。

functions set with linear structure　线性结构函数集

所有线性结构函数构成的集合。

参看 function with linear structure。

function with linear structure　线性结构函数

具有线性结构的函数。

参看 function,linear structure。

G

Galois configuration　伽罗瓦配置

用抽头序列的每一位和发生器的输出相异或,并将异或结果再放回抽头序列的那一位,同时将发生器的输出作为新的反馈位。这样构造出的 LFSR 称作伽罗瓦配置。

例 1　抽头序列为(4,1)的 4 级 LFSR 如图 G.1 所示,

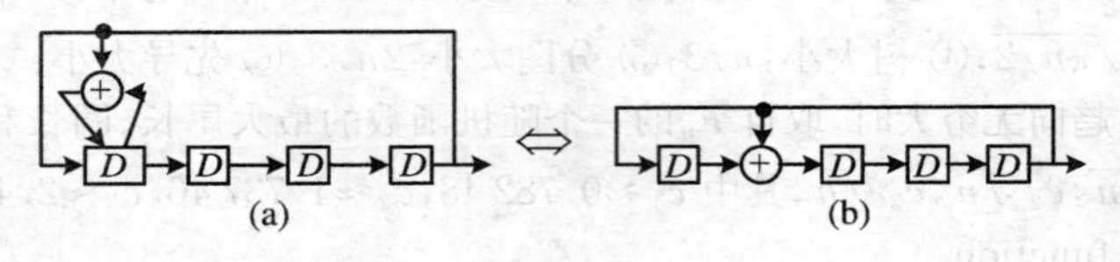

图 G.1

例 2　抽头序列为(5,4,2,1)的 5 级 LFSR 如图 G.2 所示。

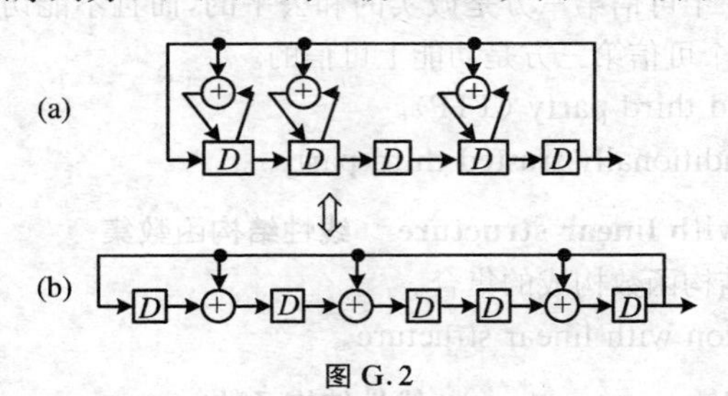

图 G.2

上述两例中,图(a)所示结构易于用软件实现,而图(b)所示结构易于用硬件实现。

参看 linear feedback shift register (LFSR),tap sequence。

比较 Fibonacci configuration。

Galois field　伽罗瓦域

同 finite field。

gap of a sequence　序列的间隔

在游程的定义中,称“0”游程为该序列的间隔。

参看 run of a sequence。

比较 block of a sequence。

garble extension 错误扩展

同 error extension。

Garner's algorithm 加纳算法

解孙子定理中联立同余方程组的一种有效算法。算法中描述了把一个整数从模数表示变换成标准的基表示的一种方法。在已知 x（$0 \leqslant x < M$）的模两两互素模数 $m_1, m_2, \cdots, m_t$ 的剩余 $v(x) = (v_1, v_2, \cdots, v_t)$ 的情况下，这是确定 x 的一种有效算法。

孙子定理的加纳算法

输入：一个正整数 $M = \prod_{i=1}^{t} m_i > 1$，其中，对所有 $i \neq j$，都有 $\gcd(m_i, m_j) = 1$，并且 x 对 m_i 的模数表示 $v(x) = (v_1, v_2, \cdots, v_t)$。

输出：基 b 表示的整数 x。

GN1 对于 $i = 2, 3, \cdots, t$，执行如下步骤：

GN1.1 $C_i \leftarrow 1$。

GN1.2 对于 $j = 1, 2, \cdots, i-1$，执行：$u \leftarrow m_j^{-1} \pmod{m_i}$，$C_i \leftarrow u \cdot C_i \pmod{m_i}$。

GN2 $u \leftarrow v_1$，$x \leftarrow u$。

GN3 对于 $i = 2, 3, \cdots, t$，执行：$u \leftarrow (v_i - x) C_i \pmod{m_i}$，$x \leftarrow x + u \prod_{j=1}^{i-1} m_j$。

GN4 返回(x)。

参看 Chinese remainder theorem, greatest common divisor, radix b representation, modular representation。

Gaussian normal basis 高斯正规基

设 q 是一个素数或素数幂。如果 $kn+1$ 是一个素数，其中 k 和 n 是两个正整数，且 $\gcd(kn+1, q) = 1$，设 β 是 $GF(q^{nk})$ 中一个 $kn+1$ 次本原单位根，设 q 模 $kn+1$ 的阶为 e，其中 $\gcd(nk/e, n) = 1$，则对任一个 τ，τ 模 $kn+1$ 的阶为 k 时，由

$$\alpha = \sum_{i=0}^{k-1} \beta^{\tau^i}$$

生成一个 $GF(q^n)$ 到 $GF(q)$ 上的正规基，其复杂度 C 满足

$$C \leqslant \begin{cases} (k+1)n - k, & p \nmid k, \\ kn - 1, & p \mid k, \end{cases}$$

其中，p 是 $GF(q)$ 的特征。人们感兴趣的是 $GF(2^n)$ 到 $GF(2)$ 上的高斯正规基，称上述构造出的为 k 型高斯正规基。

参看 finite field，greatest common divisor，normal basis。

Gauss's algorithm 高斯算法

孙子定理中联立同余方程组的解 x，可以如下计算：

$$x = \sum_{i=1}^{k} a_i N_i M_i (\bmod n),$$

其中，$N_i = n/n_i$，$M_i \equiv N_i^{-1} (\bmod n_i)$。这些计算能在 $O(\lg^2 n)$ 比特操作内完成。

参看 Chinese remainder theorem。

Geffe's generator 杰弗发生器

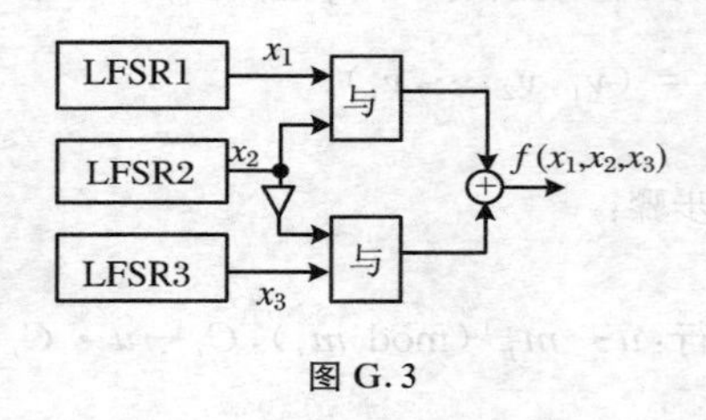

图 G.3

一种非线性组合发生器，如图 G.3 所示。

三个线性反馈移位寄存器 LFSR1，LFSR2 和 LFSR3 的级数 L_1，L_2 和 L_3 两两互素，非线性组合函数 $f(x_1, x_2, x_3) = x_1 x_2 \oplus x_2 x_3 \oplus x_3$。这种发生器所生成的输出序列的周期是 $(2^{L_1} - 1) \cdot (2^{L_2} - 1) \cdot (2^{L_3} - 1)$，而其线性复杂度为 $LC = L_1 L_2 + L_2 L_3 + L_3$。

由于关于 LFSR1 和 LFSR3 的状态信息泄露到输出序列中，所以这种发生器是密码上弱的。令 $x_1(t)$，$x_2(t)$，$x_3(t)$ 分别表示三个 LFSR 的输出序列，$z(t)$ 表示杰弗发生器的输出序列，则

$$P(z(t) = x_1(t)) = P(z(t) = x_3(t)) = 3/4。$$

因此，杰弗发生器抗不住相关攻击。

参看 correlation attack，linear complexity，nonlinear combiner generator。

generalized Diffie-Hellman problem 广义的迪菲-赫尔曼问题

给定一个有限循环群 G，G 的一个生成元 α，以及群元素 α^a 和 α^b，求 α^{ab}。

比较 cyclic group，Diffie-Hellman problem。

generalized discrete logarithm problem（GDLP） 广义的离散对数问题

给定一个 n 阶有限循环群 G，G 的一个生成元 α，以及一个元素 $\beta \in G$，求一个整数 $x(0 \leqslant x \leqslant n-1)$，使得 $\alpha^x = \beta$。

比较 cyclic group，discrete logarithm problem。

generalized ElGamal public-key encryption 推广的埃尔盖莫尔公开密钥加密

指将设置在乘法群 $\mathbb{Z}_p^*$ 中的埃尔盖莫尔加密方案推广到任意有限循环群

G 中。其安全性基于群 G 中离散对数问题的难解性。不过应仔细地选择群 G,使之满足下述两个条件:有效性——G 中的群运算应相对容易应用;安全性——G 中的离散对数问题应是计算上不可行的。下面列出的群看来像是满足上述两个条件:模素数 p 的整数的乘法群$\mathbb{Z}_p^*$;特征为 2 的有限域$\mathbb{F}_{2^m}$的乘法群$\mathbb{F}_{2^m}^*$;有限域上的一个椭圆曲线的点群;有限域$\mathbb{F}_q$的乘法群$\mathbb{F}_q^*$,其中 $q=p^m$,p 是个素数;单位元素群$\mathbb{Z}_n^*$,其中 n 是复合整数;定义在有限域上的一个超椭圆曲线的雅克比行列式;一个虚二次数域的类群。其中前三个最引人注意。

设消息发送方为 B,消息接收方为 A。

(1) 密钥生成(A 建立自己的公开密钥/秘密密钥对)

KG1 A 选择一个合适的循环群 G 及其一个生成元α(这里假定 G 中的运算可用乘法来写);

KG2 A 选择一个随机整数 a $(1\leqslant a\leqslant n-2)$,并且计算群元素 α^a;

KG3 A 的公开密钥是(α,α^a)以及 G 中怎样乘元素的描述,秘密密钥是 a。

(2) B 加密消息 m

EM1 B 获得 A 的可靠的公开密钥(α,α^a);

EM2 B 把消息表示为群 G 中的一个元素 m;

EM3 B 选择一个随机整数 k $(1\leqslant k\leqslant n-1)$;

EM4 B 计算 $\gamma=\alpha^k$以及$\delta=m\cdot(\alpha^a)^k$;

EM5 B 把密文 $c=(\gamma,\delta)$发送给 A。

(3) A 解密恢复消息 m

DM1 A 使用秘密密钥 a 计算 γ^a,然后计算 γ^{-a};

DM2 A 通过计算$(\gamma^{-a})\cdot\delta$ 来恢复消息m。

解密正确性的证明

$$(\gamma^{-a})\cdot\delta=\alpha^{-ak}\cdot m\cdot(\alpha^a)^k=m。$$

参看 cyclic group,discrete logarithm problem。

比较 ElGamal cipher。

generalized secret sharing 广义秘密共享

可以将门限方案的想法推广到广义秘密共享方案。方法如下:给定一个用户集合 P,定义一个访问结构 $AS=\{A_1,A_2,\cdots\}$,其中 $A_1,A_2,\cdots$是 P 的若干授权子集。然后计算出秘密份额,并将这些秘密份额分配给用户,但须使得对应于任意一个授权子集 $A_i\in AS$,集中其秘密份额都允许恢复秘密 S;而对应于 P 中的任意一个非授权子集$B\subseteq P$,$B\notin AS$,集中其秘密份额却不能恢复秘密 S。

门限方案是广义秘密共享方案的一个特殊类，其访问结构是由所有的 t 用户子集组成。

参看 access structure，secret sharing，threshold scheme。

general number field sieve　通用数域筛法

数域筛法的通用版本。此算法应用于所有整数，为次指数时间算法，其期望运行时间为 $L_n[1/3,c]$，其中 $c=(64/9)^{1/3}\approx 1.923$。此算法是已知整数因子分解算法中（渐近地）最快的一种。数域筛法的运行时间小于二次筛法的主要原因就是，数域筛中的候选平滑数远比二次筛中的小。

参看 number field sieve，subexponential-time algorithm。

比较 special number field sieve。

general-purpose factoring algorithm　通用因子分解算法

针对一般形式的整数 n 提出的因子分解算法。这些算法的运行时间完全依赖于整数 n 的大小。通用因子分解算法有：二次筛法、通用数域筛法。

参看 general number field sieve，integer factorization problem，quadratic sieve factoring algorithm。

比较 special-purpose factoring algorithm。

general Walsh spectrum　广义沃尔什谱

设 $F(x)=(f_1(x),f_2(x),\cdots,f_m(x)):\mathbb{F}_2^n\to\mathbb{F}_2^m$ $(n\geqslant m)$。对于

$$u=(u_1,u_2,\cdots,u_m)\in\mathbb{F}_2^m,\quad v=(v_1,v_2,\cdots,v_n)\in\mathbb{F}_2^n,$$

定义

$$W_F(u,v)=\sum_{x\in\mathbb{F}_2^n}(-1)^{u\cdot F(x)+v\cdot x}$$

为 $F(x)$ 在 (u,v) 点的广义沃尔什谱值，其中 $u\cdot F(x)$ 代表 u 与 $F(x)$ 的内积，即 $u\cdot F(x)=u_1f_1(x)+u_2f_2(x)+\cdots+u_mf_m(x)$，$v\cdot x$ 代表 v 与 x 的内积，所有的 $W_F(u,v)$ 称为 $F(x)$ 的广义沃尔什谱。

参看 Walsh spectrum，Walsh transform。

generator　生成元

如果存在一个元素 $\alpha\in G$，使得对每一个 $b\in G$ 都存在一个整数 i，有 $b=\alpha^i$，则 G 是个循环群。这样的一个元素 α 就称作 G 的生成元，或称为 G 的一个本原元。

下面提出一个有效的随机化算法，来求循环群 G 的一个生成元。

求循环群生成元的算法

输入：一个 n 阶循环群 G，以及 n 的素因子分解：$n=p_1^{e_1}p_2^{e_2}\cdots p_k^{e_k}$。

输出：G 的一个生成元 α。

FG1　在 G 中选择一个随机元素 α。

FG2　对 $i=1,2,\cdots,k$，执行下述步骤：

FG2.1　计算 $b \leftarrow \alpha^{n/p_i}$；

FG2.2　若 $b=1$，则转移到 FG1。

FG3　返回(α)。

参看 cyclic group。

genuine cipher　真密码

明文和密文不同的一种密码(加密方案)。

参看 encryption scheme。

Giovanni Battista Porta　乔瓦尼·巴蒂斯塔·波他(1535～1615)

意大利人。1563 年发表《密写评介》(*De Furtivis Literarum Notis*)。最早提出换位(transposition)和代替(substitution)体制标准；首先阐明主要密码分析技术——可能字法。

参看 probable word method，substitution，transposition。

Girault's self-certified public key　吉劳尔特自动证明的公开密钥

为建立隐式证明的公开密钥而提出的一种机制。这种机制和冈瑟隐式证明的公开密钥机制不同，它允许用户"自动证明"密钥，在这个意义上用户自己是知道那个秘密密钥的唯一用户(这和能访问每个用户的秘密密钥的可信方不同)。

下述机制就是在不知道对应的秘密密钥情况下，一个可信方 T 为用户 A 建立一个隐式证明的、可公开恢复的迪菲-赫尔曼公开密钥。

吉劳尔特自动证明的公开密钥

GR1　可信服务器 T 选择秘密素数 p 和 q($n=pq$)，$\mathbb{Z}_n^*$ 中的最大阶元素 α，以及适当的整数 e 和 d 作为一个(公开、秘密)RSA 密钥对。

GR2　T 赋给每个用户 A 一个唯一的可区分的名称或身份识别字符串 I_A(名称和地址)。

GR3　用户 A 自己选择一个秘密密钥 a，并以一种可鉴别的方式提供一个公开密钥 $\alpha^a \pmod n$ 给 T。(α^a 是 A 的密钥协商公开密钥。)此外，A 向 T 提供一个证明：他知道对应的秘密 a。(这对防止 A 以某种方法进行的伪造攻击是必要的。)

GR4　T 计算 A 的重构公开数据(主要替换证书)为 $P_A=(\alpha^a-I_A)^d \pmod n$。(这样一来，$(P_A^e+I_A) \pmod n = \alpha^a \pmod n$，任意用户都能单独根据公开信息计算 A 的公开密钥 $\alpha^a \pmod p$。)

参看 Diffie-Hellman technique，implicitly-certified public key，trusted server。

比较 Günther's implicitly-certified public key。

GMR one-time signature scheme　GMR 一次签名方案

GMR(Goldwasser-Micali-Rivest)签名方案是一个需要一无爪置换对的一次数字签名方案。当和一个树形鉴别过程组合在一起时,能提供签署多于一个消息的签名机制。GMR 签名方案已被证明能抗得住自适应选择消息攻击。

设签名者为 A,验证者为 B。

(1) 密钥生成(A 建立一个公开密钥/秘密密钥对)

KG1　A 选择某个集合 X 上的一陷门无爪置换对 g_0 和 g_1(依据这个陷门,A 自己可以计算 g_0^{-1} 和 g_1^{-1});

KG2　A 选择一个随机元素 $r \in X$(称 r 为确认参数);

KG3　A 的公开密钥是 (g_0, g_1, r),秘密密钥是 (g_0^{-1}, g_1^{-1})。

(2) 签名生成(A 签署一个二进制串 $m = m_1 m_2 \cdots m_t$)

SG1　A 计算 $S_r(m) = \prod_{i=0}^{t-1} g_{m_{t-i}}^{-1}(r)$;

SG2　A 对消息 m 的签名是 $S_r(m)$。

(3) 签名验证(B 使用 A 的公开密钥验证 A 对消息 m 的签名)

SV1　B 获得 A 的可靠的公开密钥 (g_0, g_1, r);

SV2　B 计算 $r' = \prod_{i=1}^{t} g_{m_i}(S_r(m))$;

SV3　B 接受这个签名,当且仅当 $r' = r$。

对签名验证的证明

$$r' = \prod_{i=1}^{t} g_{m_i}(S_r(m)) = \prod_{i=1}^{t} g_{m_i} \prod_{j=0}^{t-1} g_{m_{t-j}}^{-1}(r)$$

$$= g_{m_1} \circ g_{m_2} \circ \cdots \circ g_{m_t} \circ g_{m_t}^{-1} \circ g_{m_{t-1}}^{-1} \circ \cdots \circ g_{m_1}^{-1}(r) = r。$$

(注:上式中"∘"表示函数的合成。)

参看 adaptive chosen-message attack, one-time signature scheme, trapdoor claw-free pair of permutations, validation parameters。

GOAL stream cipher　GOAL 序列密码

这是一个改进的线性同余发生器,它是自钟控的,并有一个带有记忆的非线性前馈函数。自钟控和线性同余发生器这两部分都非常容易用软件或硬件实现,而带有记忆的非线性前馈函数非常容易用硬件实现。由塞尔维亚的乔凡·吉·戈利克(Jovan Dj Golić)提出。

首先,随机地选择一个 n 次本原二进制多项式 f,其中 $n \geqslant 100$,而其权 W

$= w+1$ 不小于 5。f 不应有低次的三项式倍式(这很容易检验出),并且可以由一个秘密密钥来控制。这个多项式定义一个模 2^{32} 线性同余,且多项式带有 w 个非零二进制系数。用秘密密钥控制初始条件。循环移动 32 比特反馈,以使得最低有效位变成最高有效位。将改进的反馈划分成两个 16 比特部分,并将这两部分按位模 2 加,形成改进线性同余的 16 比特输出。

16 个二进制输出序列中的每一个都分别用一个组合器进行变换,每个组合器都带有 15 比特记忆并具有单个输入和输出。所有 16 个组合器都具有相同的下一状态函数,定义为一个 16×15 的二进制数表,而输出函数是输入位和某个状态位的模 2 和。随机生成那个二进制数表,以使得输入和输出线性函数之间的最大平方相关系数接近于 2^{-16},做到这样并不困难。这个表能存储在一个 1 M 位的单片机上,并且可以用秘密密钥来控制。16 个 15 比特初始状态向量也可以用密钥来控制。各个组合器可以不同,但需要占用更多空间。

用改进线性同余的前一次输出的所有 16 比特的模 2 和来定义一个约束(1,2)-钟控,这一次输出不用来形成当前的反馈。如果控制位为"1",则输出被放弃,并再计算一次同余,通过带有记忆的组合器进行变换,形成当前的 16 比特整数输出。注意,约束钟控的密码性能比非约束钟控要弱,但前者比后者快,且不会引起缓冲区控制问题。平均来说,这个方案中每产生 32 比特输出就要进行三次改进线性同余计算。

参看 clock controlled generator, linear congruential generator, next-state function, nonlinear feedforward function, output function, self-clock controlled generator。

Goldwasser-Micali probabilistic public-key cryptosystem　戈德瓦泽-米卡利概率公开密钥密码体制

这是一种概率加密体制。在假定二次剩余性问题是难解的情况下,这个概率加密体制是语义安全的。设消息发送方为 B,消息接收方为 A。

(1) 密钥生成(对 A 而言)

KG1　A 选择两个大的且不相同的随机素数 p 和 q,而 p 和 q 的量级大致相同。

KG2　A 计算 $n = pq$。

KG3　A 选择一个 $y\in\mathbb{Z}_n$,使得 y 是一个模 n 二次非剩余并且雅可比符号 $\left(\frac{y}{n}\right)=1$($y$ 是模 n 的一个伪平方)。

KG4　A 的公开密钥是(n, y),秘密密钥是(p, q)。

(2) 加密(B 加密)

EP1　B 获得 A 的可靠的公开密钥 (n, y)。

EP2 B把消息 m 表示成长度为 t 的二进制数字串 $m=m_1m_2\cdots m_t$。

EP3 对于 $i=1,2,\cdots,t$,B做如下事情:

EP3.1 随机选择一个 $x\in\mathbb{Z}_n^*$;

EP3.2 如果 $m_i=1$,则置 $c_i\leftarrow yx^2 \pmod n$,否则,置 $c_i\leftarrow x^2 \pmod n$。

EP4 B把 t 元组 $c=(c_1c_2\cdots c_t)$发送给用户A。

(3) 解密(A解密)

DP1 对于 $i=1,2,\cdots,t$,A做如下事情:

DP1.1 计算勒让德符号 $e_i=\left(\frac{c_i}{p}\right)$;

DP1.2 如果 $e_i=1$,则置 $m_i\leftarrow 0$,否则,置 $m_i\leftarrow 1$。

DP2 被解密的消息是 $m=m_1m_2\cdots m_t$。

解密正确性的证明 如果一个消息位 $m_i=0$,则 $c_i=x^2 \pmod n$是一个模 n 二次剩余。如果一个消息位 $m_i=1$,则因为 y 是一个模 n 伪平方,$c_i=yx^2 \pmod n$也是一个模 n 伪平方。这是因为:c_i是一个模 n 二次剩余当且仅当c_i是一个模 p 二次剩余,或等价地,勒让德符号$\left(\frac{c_i}{p}\right)=1$。因为A知道 p,所以A能够计算这个勒让德符号,因此,A能恢复消息位 m_i。

参看 Jacobi symbol, Legendre symbol, probabilistic cryptosystem, quadratic residuosity problem, semantically secure public-key encryption。

Golomb's randomness postulates 戈龙的随机性公设

设二进制序列的周期为 p。

R1 如果 p 是偶数,则长度为 p 的序列圈中含有相等数目的"0"和"1"。如果 p 是奇数,则"0"的数目比"1"的数目多一个或少一个。

R2 在长度为 p 的序列圈中,游程总数的1/2是长度为1的游程,1/4是长度为2的游程,1/8是长度为3的游程。一般说来,对于有一个以上游程的每个长度 i 而言,i 长度的游程占游程总数的 $1/2^i$。此外,对每一种长度,"0"游程和"1"游程数相等。

R3 异相自相关是一个常数。

对于那些满足戈龙的三条随机性公设的二进制序列,称之为"G-随机的"。但"G-随机"是针对一个完整周期长的二进制序列定义的。对于实际使用的密码序列段,又是怎样判断它是否表现得随机呢?人们通常采用所谓的"局部随机性检验"方式进行统计的假设检验,来判断一个密码序列段的随机性能否满足密码性能的要求。

参看 autocorrelation function, binary sequence, local randomness test, run of a sequence, statistical test。

Gordon's algorithm for strong prime generation　强素数生成的戈登算法

此算法用来生成一个强素数 p。

GD1　生成两个二进制位数大致相等的、大的随机素数 s 和 t。

GD2　选择一个整数 i_0，在序列 $2it+1(i=i_0, i_0+1, i_0+2, \cdots)$ 中寻找第一个素数，并将它表示成 $r=2it+1$。

GD3　计算 $p_0=(2s^{r-2}(\bmod\ r))s-1$。

GD4　选择一个整数 j_0，在序列 $p_0+2jrs(j=j_0, j_0+1, j_0+2, \cdots)$ 中寻找第一个素数，并将它表示成 $p=p_0+2jrs$。

GD5　返回(p)。

参看 strong prime。

GOST block cipher　GOST 分组密码

GOST 是苏联设计的、作为政府标准的、类似于 DES 的分组密码算法。其分组长度为 64 比特，密钥长度为 256 比特。这个算法将一个简单的加密算法迭代 32 轮，是一个费斯特尔密码。

GOST 分组密码

1．符号注释

$+$ 为模 2^{32} 加法；

$\oplus$表示按位异或；

$A \parallel B$ 表示并置：如果 $A=(a_7 \cdots a_0)$，$B=(b_7 \cdots b_0)$，则

$$A \parallel B=(a_7 \cdots a_0\ b_7 \cdots b_0);$$

$ROL_s(X)$表示将变量 X 循环左移 s 位；

GOST 使用的 S 盒共有 8 个，均是 4 输入/4 输出的数表，可用随机数发生器来产生，表 G.1 是其中一例。

表 G.1　GOST 的 S 盒(表中的数为十六进制)

输入	0	1	2	3	4	5	6	7	8	9	a	b	c	d	e	f
S_1	4	a	9	2	d	8	0	e	6	b	1	c	7	f	5	3
S_2	e	b	4	c	6	d	f	a	2	3	8	1	0	7	5	9
S_3	5	8	1	d	a	3	4	2	e	f	c	7	6	0	9	b
S_4	7	d	a	1	0	8	9	f	e	4	6	c	b	2	5	3
S_5	6	c	7	1	5	f	d	8	4	a	9	e	0	3	b	2
S_6	4	b	a	0	7	2	1	d	3	6	8	5	9	c	f	e
S_7	d	b	4	1	3	f	5	9	0	a	e	7	6	8	2	b
S_8	1	f	d	0	5	7	a	4	9	2	3	e	6	b	8	b

2. 函数定义

(1) 查表函数 S_i　令输入为 $u_i \in \{0,1\}^4$，则输出 $v_i = S_i(u_i)$，$v_i \in \{0,1\}^4$，表示以 u_i 为地址去查 S_i 表，得到 v_i 的值。

(2) $Y = ROL_{11}(X)$，$X, Y \in \{0,1\}^{32}$　表示将 32 比特变量 X 循环左移 11 位得到 32 比特变量 Y。

(3) 轮函数 F　如图 G.4 所示。令 GOST 分组密码算法的第 j 轮的右半输入为 $R_j \in \{0,1\}^{32}$ ($j = 0,1,\cdots,31$)，第 j 轮的子密钥为 $K_j \in \{0,1\}^{32}$ ($j = 0, 1,\cdots,31$)，则第 j 轮轮函数的输出 $F_j = F(R_j, K_j)$，$F_j \in \{0,1\}^{32}$ ($j = 0,1,\cdots, 11$)。可用下述形式语言描述轮函数 F。

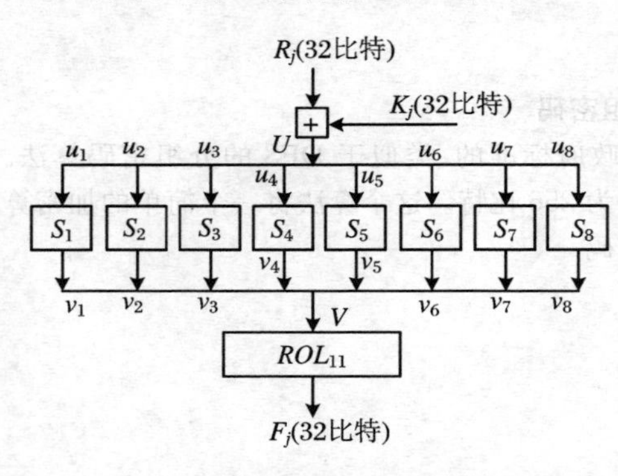

图 G.4　轮函数 F

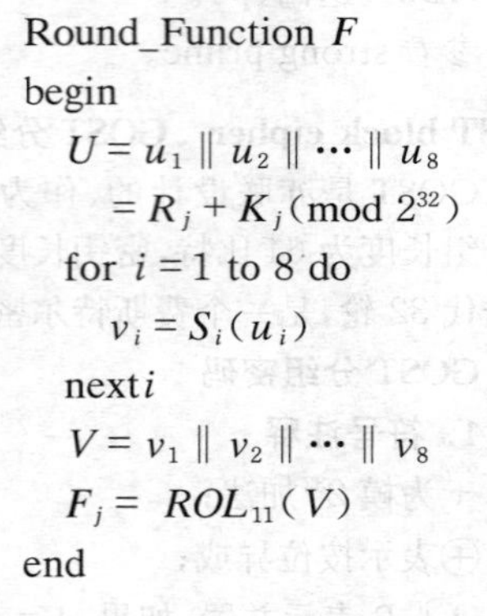

Round_Function F

begin

　$U = u_1 \parallel u_2 \parallel \cdots \parallel u_8$

　　$= R_j + K_j \pmod{2^{32}}$

　for $i = 1$ to 8 do

　　$v_i = S_i(u_i)$

　next i

　$V = v_1 \parallel v_2 \parallel \cdots \parallel v_8$

　$F_j = ROL_{11}(V)$

end

(4) 轮变换　如图 G.5 所示。

用公式描述如下：

$$L_{j+1} = R_j,$$

$$R_{j+1} = F(R_j, K_j) \oplus L_j。$$

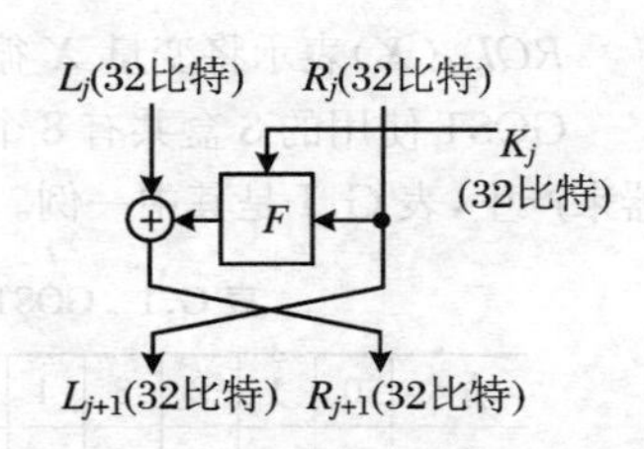

图 G.5　轮变换

3. 加密

标准的费斯特尔密码如图 G.6 所示。

用形式语言描述如下。

输入：64 比特明文字块 PB；第 i 轮加密子密钥 $K_i \in \{0,1\}^{32}$ ($i = 0,1,\cdots,31$)。

输出：64 比特密文字块 CB。

begin

　$L_0 \parallel R_0 = PB$

　for $i = 0$ to 31 do

　　$L_{i+1} = R_i$

　　$R_{i+1} = F(R_i, K_i) \oplus L_i$

next i

$CB = R_{32} \| L_{32}$

end

4. 解密

如图 G.7 所示。

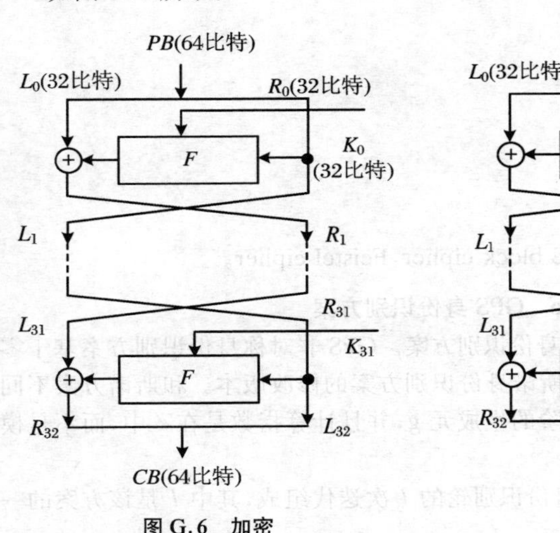

图 G.6 加密

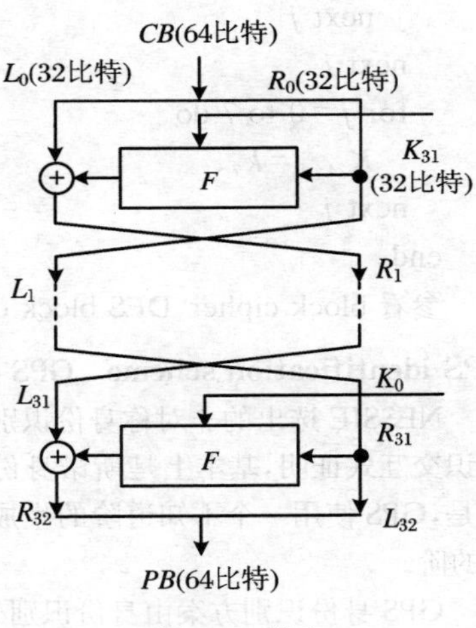

图 G.7 解密

用形式语言描述如下：

输入：64 比特密文字块 CB；第 i 轮解密子密钥 $K_{31-i} \in \{0,1\}^{32}$（$i = 0,1,\cdots,31$）。

输出：64 比特明文字块 PB。

begin

$L_0 \| R_0 = CB$

for $i = 0$ to 31 do

$L_{i+1} = R_i$

$R_{i+1} = F(R_i, K_{31-i}) \oplus L_i$

next i

$PB = R_{32} \| L_{32}$

end

5. 密钥编排

子密钥的产生非常简单。

输入：密钥 K，其二进制数长度 $b = 256$。

输出：子密钥 $K_0, K_1, \cdots, K_{31}, K_j \in \{0,1\}^{32}$（$j = 0,1,\cdots,31$）。

```
begin
  K = k0 ‖ k1 ‖ k2 ‖ k3 ‖ k4 ‖ k5 ‖ k6 ‖ k7
  for i = 0 to 2 do
    for j = 0 to 7 do
      K8i+j = kj
    next j
  next i
  for j = 0 to 7 do
    K24+j = k7-j
  next j
end
```

参看 block cipher，DES block cipher，Feistel cipher。

GPS identification scheme GPS 身份识别方案

NESSIE 选出的非对称身份识别方案。GPS 非对称身份识别方案基于零知识交互式证明，基本上是斯诺身份识别方案的修改版本。和斯诺方案不同的是，GPS 使用一个不知道阶的生成元 g，并且计算指数是在$\mathbb{Z}$中，而不是模 g 的阶。

GPS 身份识别方案由身份识别轮的 l 次迭代组成，其中 l 是该方案的一个安全参数。

假设证明者 A 向验证者 B 证明其身份（以一种三趟协议方式）。

(1) 系统参数的选择

公开参数：A, B, S, g, I 和 n。

(a) 参数 A, B, S：$|A| \geqslant |S| + |B| + 80$，$|B| = 32$（比特），$|S| > 140$（比特）。

(b) RSA 模数 $n = pq$（这里 p 和 q 都是 512 比特长的素数）。

(c) g 是$\mathbb{Z}_n$中的一个和 n 互素的随机元素，$I = g^{-s} \pmod{n}$。

(2) 每个用户参数的选择

A 选择一个秘密密钥 s，$s \in [1, S]$，并计算 $I = g^{-s} \pmod{n}$。

(3) 协议消息

协议含有三个消息：

$$\mathrm{A} \rightarrow \mathrm{B}: x = g^r \pmod{n}, \quad (1)$$

$$\mathrm{A} \leftarrow \mathrm{B}: c \in \{1, 2, \cdots, B-1\}, \quad (2)$$

$$\mathrm{A} \rightarrow \mathrm{B}: y = r + sc。 \quad (3)$$

(4) 协议动作（一轮）

A 向验证者 B 证明自身：

(a) 承诺：A 随机地选择一个 $r \in \{1, 2, \cdots, A-1\}$，计算（证据）$x = g^r$

(mod n) 并把消息(1)发送给 B。

(b) 询问:B 选择一个随机数 $c \in \{1,2,\cdots,B-1\}$,并把消息(2)发送给 A。

(c) 应答:A 检验 $c \in \{1,2,\cdots,B-1\}$,计算 $y = r + sc$,并把消息(3)发送给 B。

(d) 验证:B 检验 $y \in \{0,1,\cdots,A+(B-1)(S-1)-1\}$,计算 $z = g^y I^c$ (mod n),当且仅当 $z = x$ 时承认 A 的身份。

GPS 的安全性 如果 l 和 B 都是 $|n|$ 的多项式,而且 lSB/A 是很小的,那么,GPS 协议是计算上零知识的。如果 n 是两个素数 p 和 q 的乘积,使得 $(p-1)/2$ 与 $(q-1)/2$ 都没有小的素因子,而且 g 是模一个素因子的二次剩余及模另一个素因子的二次非剩余(只要 $|B| \geqslant 2\text{ord}(g)$),则 GPS 协议是证据不可区分的。

参看 computational zero-knowledge protocol, identification, integer, integers modulo n, NESSIE project, quadratic residue, Schnorr identification protocol。

GQ identification protocol GQ 身份识别协议

吉劳(Guillou)-奎斯夸特(Quisquater)(GQ)识别协议是菲亚特-沙米尔身份识别协议的一个扩展。这个协议减少交换的消息数量以及用户秘密的存储需求,而且,和菲亚特-沙米尔协议一样,适宜于应用在有限功率及存储器的应用程序中。

A 执行一个三趟协议来向 B 证明其身份(借助于 s_A)。

(1) 系统参数选择

(a) 把其身份绑定在公开密钥上的所有用户都信任的一个机构 T,选择两个秘密的、RSA 似的随机素数 p 和 q,得到一个模数 $n = pq$,而且对这样的 n 进行因子分解是计算上不可行的。

(b) T 定义一个公开指数 $v \geqslant 3$, $\gcd(v,\phi) = 1$,其中 $\phi = (p-1)(q-1)$,并计算出秘密指数 $s = v^{-1} \pmod{\phi}$。

(c) 系统参数(v, n)是所有用户都可利用的,需保证其可靠性。

(2) 选择每个用户的参数

(a) 给每个实体 A 一个唯一身份 I_A,根据 I_A 可得满足 $1 < J_A < n$ 的冗余身份 $J_A = f(I_A)$,f 是一个冗余函数。(如果因子分解 n 是困难的,则意味着 $\gcd(J_A,\phi) = 1$。)

(b) T 给 A 的秘密(特许数据)$s_A = (J_A)^{-s} \pmod{n}$。

(3) 协议消息 t 轮中的每一轮都有三个具有如下形式的消息(通常 $t = 1$):

$$A \to B: I_A, x = r^v \pmod{n}, \quad (1)$$

$$A \leftarrow B: e \quad （这里 1 \leqslant e \leqslant v）， \qquad (2)$$

$$A \rightarrow B: y = r \cdot s_A^e \pmod{n}， \qquad (3)$$

(4) 协议动作　下列步骤执行 t 次。如果所有 t 轮全成功，B 就接受 A 的身份。

(a) A 选择一个随机秘密整数（承诺）$r(1 \leqslant r \leqslant n-1)$，并计算（证据）$x = r^v \pmod{n}$。

(b) A 将整数对 (I_A, x) 发送给 B。

(c) B 选择一个随机整数 e（询问），并将它发送给 A。

(d) A 计算 $y = r \cdot s_A^e \pmod{n}$，并将 y（应答）发送给 B。

(e) B 接收 y，使用 f 根据 I_A 构造 J_A，计算 $z = J_A^e \cdot y^v \pmod{n}$。如果 $z = x$ 且 $z \neq 0$，则接受 A 的身份证明。（后者可预防敌方通过选择 $r = 0$ 获得成功。）

参看 Fiat-Shamir identification protocol, RSA public-key encryption scheme。

GQ signature scheme　GQ 签名方案

由 GQ 身份识别协议转化而成，只是把 GQ 身份识别协议中的询问用一个单向散列函数 h 来替换。令 $h: \{0,1\}^* \rightarrow \mathbb{Z}_n$ 是一个散列函数，其中 n 是一个正整数。

设签名者为 A，验证者为 B。

(1) 密钥生成（A 建立一个公开密钥/秘密密钥对）

KG1　A 选择两个不同的、秘密的随机素数 p 和 q，并计算 $n = pq$。

KG2　A 选择一个整数 $e \in \{1, 2, \cdots, n-1\}$，使得 $\gcd(e, (p-1)(q-1)) = 1$。

KG3　A 选择一个整数 $J_A(1 < J_A < n)$ 作为 A 的标识符，并使 $\gcd(J_A, n) = 1$。（可以用来传输有关 A 的信息，如 A 的名字、地址、驱动程序的许可证号等。）

KG4　A 如下确定一个整数 $a \in \mathbb{Z}_n$，使得 $J_A a^e \equiv 1 \pmod{n}$：

KG4.1　计算 $J_A^{-1} \pmod{n}$；

KG4.2　计算 $d_1 = e^{-1} \pmod{p-1}$ 及 $d_2 = e^{-1} \pmod{q-1}$；

KG4.3　计算 $a_1 = (J_A^{-1})^{d_1} \pmod{p}$ 及 $a_2 = (J_A^{-1})^{d_2} \pmod{q}$；

KG4.4　求联立同余方程组 $a \equiv a_1 \pmod{p}$，$a \equiv a_2 \pmod{q}$ 的一个解 a。

KG5.　A 的公开密钥是 (n, e, J_A)，秘密密钥是 a。

(2) 签名生成（A 签署一个任意长度的二进制消息 $m \in M$）

SG1　A 选择一个随机整数 k，并计算 $r = k^e \pmod{n}$；

SG2　A 计算 $l = h(m \parallel r)$；

SG3 A计算 $s=ka^l \pmod n$；

SG4 A对消息 m 的签名是 (s,l)。

(3) 签名验证(B使用A的公开密钥验证A对于消息 m 的签名)

SV1 B获得A的可靠的公开密钥 (n,e,J_A)；

SV2 B计算 $u=s^e J_A^l \pmod n$ 及 $l'=h(m \| u)$；

SV3 B接受这个签名，当且仅当 $l'=l$。

对签名验证的证明 由

$$u \equiv s^e J_A^l \equiv (ka^l)^e J_A^l \equiv k^e (a^e J_A)^l \equiv k^e \equiv r \pmod n,$$

可推出 $l'=l$。

参看 digital signature，GQ identification protocol，one-way hash function (OWHF)。

Graham-Shamir knapsack 格拉罕姆-沙米尔背包

一种背包密码，据称比原始的莫克尔-赫尔曼背包密码要安全些、快速些，并且容易实现。容易的背包向量被表示成一个二进制数字矩阵。矩阵的每一行表示背包向量 $(a_1,a_2,\cdots,a_n)$ 的一个整数。一个单独行 a_j 被用一行二进制数字 (R_j,I_j,O_j,S_j) 来表示，其中，

R_j：长的随机二进制数字序列；

I_j：n 比特数据，其第 j 位为"1"，其余均为"0"；

O_j：一串"0"；

S_j：第二个随机二进制数字序列。

例如

	R	I	O	S
$a_1=$	0101	1000	000	1010，
$a_2=$	1110	0100	000	1110，
$a_3=$	1011	0010	000	0110，
$a_4=$	1101	0001	000	0010。

如果明文消息1100用这个背包向量来加密，则应将二进制数字串 a_1 和 a_2 相加，构成密文消息：

	R	I	O	S
$c=$	10011	1100	001	1000。

密文中没有隐匿原始明文，因为：I 字块对应于原始明文消息；避免 S 字块中的数字求和影响 I 字块，这是由于来自 S 字块中的任意进位都只能进到 O 字块里面，为此，O 字块必须足够长。对于加密，容易的背包向量能够以和迈克尔-赫尔曼背包类似的方法转换成难的背包。因此，选择两个整数 w 和 m，对矩阵的行进行模 m 乘法运算。这个矩阵是公开加密密钥，而消息像在

迈克尔-赫尔曼密码中一样被加密，矩阵的行对应于背包向量$(a_1, a_2, \cdots, a_n)$。在接收端已加密的消息乘以 $w^{-1}(\mathrm{mod}\ m)$，并且把表示原始明文消息的二进制数字从 I 字块中提取出来。

参看 knapsack cipher，Merkle-Hellman knapsack cipher。

G-random　G 随机的

称满足戈龙的三条随机性公设的序列为 G 随机的序列，也称为伪噪声(PN)序列。

参看 Golomb's randomness postulates。

greatest common divisor　最大公约数，最大公因子

如果非负整数 d 是 a 和 b 的公约数，而且无论何时，只要 $c \mid a$ 且 $c \mid b$，则 $c \mid d$，就称 d 是 a 和 b 的最大公约数，记为 $d = \gcd(a, b)$（或 $d = \mathrm{GCD}(a, b)$）。

令 $\mathbb{Z}_p$ 是一个阶为 p 的有限域。可以将整数中最大公约数理论直接转到多项式环 $\mathbb{Z}_p[x]$ 上来。令 $g(x), h(x) \in \mathbb{Z}_p[x]$，这里两者未必都是 0。那么，$g(x)$ 和 $h(x)$ 的最大公因子（用 $\gcd(g(x), h(x))$ 表示）是能整除 $g(x)$ 和 $h(x)$ 的最大次数的首一多项式。按照定义，$\gcd(0,0) = 0$。

参看 Galois field，integer，monic polynomial。

Gröbner bases　格罗波讷基

令 $K[x] = K[x_1, x_2, \cdots, x_n]$ 是一个多项式环，变量 $x_1, x_2, \cdots, x_n$ 是域 K 上的元素。

以 $x_1, x_2, \cdots, x_n$ 表示的单项式是一个形如 $x_1^{\alpha_1} x_2^{\alpha_2} \cdots x_n^{\alpha_n}$ 的乘积，其中 $\alpha_1, \alpha_2, \cdots, \alpha_n$ 为非负整数。为简化符号起见，把一个 n 元组 $\alpha = (\alpha_1, \alpha_2, \cdots, \alpha_n)$ 写作 $x^\alpha = x_1^{\alpha_1} x_2^{\alpha_2} \cdots x_n^{\alpha_n}$。对一个单项式 $x^\alpha = x_1^{\alpha_1} x_2^{\alpha_2} \cdots x_n^{\alpha_n}$，$|\alpha| = \alpha_1 + \alpha_2 + \cdots + \alpha_n$ 称为这个单项式的总次数。下面将所有以 $x_1, x_2, \cdots, x_n$ 表示的单项式的集合用 $M(x_1, x_2, \cdots, x_n)$ 表示，或者简化成 M。有如下两种单项式排序，定义如下：

定义 1（字典序）　对于 $\alpha = (\alpha_1, \alpha_2, \cdots, \alpha_n), \beta = (\beta_1, \beta_2, \cdots, \beta_n) \in \mathbb{Z}_{\geqslant 0}^n$，如果向量 $\alpha - \beta \in \mathbb{Z}^n$ 的最左边非零项是正的，则称 $x^\alpha >_{\mathrm{lex}} x^\beta$。

定义 2（梯度字典序）　对于 $\alpha, \beta \in \mathbb{Z}_{\geqslant 0}^n$，如果 $|\alpha| > |\beta|$，或者 $|\alpha| = |\beta|$ 且 $\alpha >_{\mathrm{lex}} \beta$，则称 $x^\alpha >_{\mathrm{glex}} x^\beta$。

有许多单项式排序方式。可选择其中一个对 T 进行排序，并用 $<$ 表示。

$K[x]$ 中的一个非零多项式 f 写作 $f = \sum_\alpha c_\alpha x^\alpha$，其中 c_α 是 K 的一个非零元素，$c_\alpha x^\alpha$ 称作 f 的一个项。对于 $f = \sum_\alpha c_\alpha x^\alpha \in K[x]$，使用下述符号：

$T(f) = \{c(\alpha_1, \alpha_2, \cdots, \alpha_n) x_1^{\alpha_1} \cdots x_n^{\alpha_n} \mid c(\alpha_1, \alpha_2, \cdots, \alpha_n) \neq 0\}$　（f 的项集合），

$M(f) = \{x_1^{\alpha_1} x_2^{\alpha_2} \cdots x_n^{\alpha_n} \mid c(\alpha_1, \alpha_2, \cdots, \alpha_n) \neq 0\}$　（f 的单项式集合），

那么,对于 $f = \sum_{\alpha} c_{\alpha} x^{\alpha}$,定义:$f$ 的相对于 $<$ 的总次数 $\deg(f) = \max\{|\alpha| = \alpha_1 + \alpha_2 + \cdots + \alpha_n \mid c_{\alpha} \neq 0\}$;多重次数 $\mathrm{multdeg}(f) = \max\{\alpha \in \mathbb{Z}_{\geqslant 0}^n \mid c_{\alpha} \neq 0\}$;首单项式 $\mathrm{LM}(f) = \max\{M(f)\}$;首项系数 $\mathrm{LC}(f) = \mathrm{LM}(f)$ 的系数;首项 $\mathrm{LT}(f) = \max\{T(f)\} = \mathrm{LC}(f) \cdot \mathrm{LM}(f)$。对于 $K[x]$ 的一个有限子集合 F,定义 $\mathrm{LT}(F) = \{\mathrm{LT}(f) \mid f \in F\}$,$\mathrm{LM}(F) = \{\mathrm{LM}(f) \mid f \in F\}$,$M(F) = \{M(f) \mid f \in F\}$。

$K[x]$中由子集合 F 生成的$K[x]$中的理想表示成$\langle F \rangle$。用$\langle I_1, I_2, \cdots, I_n \rangle$表示含有理想$I_1, I_2, \cdots, I_n$的极小理想。

定义 3(一个多项式被一个有限的多项式集合整除) 固定 $M(x) = M(x_1, x_2, \cdots, x_n)$的一个次数,并令 $F = (f_1, f_2, \cdots, f_m)$是 $K[x]$中的一个有序的多项式集合。则任意的$f \in K[x]$都能够写成 $f = a_1 f_1 + \cdots + a_m f_m + r$(其中 $a_i, r \in K[x]$),使得 r 没有任何非零项能被 $\mathrm{LM}(f_1), \mathrm{LM}(f_2), \cdots, \mathrm{LM}(f_m)$中的任意一个整除。称这个 r 为f 被F 整除的剩余,并将之写成 $\bar{f}^F$。

注意 $\bar{f}^F$ 不是唯一的。

定义 4(格罗波讷基) 令 M 是$K[x]$的所有单项式的集合,并且以一个固定次序进行$>$排序。如果

$$\langle \mathrm{LT}(g_1), \mathrm{LT}(g_2), \cdots, \mathrm{LT}(g_m) \rangle = \langle \mathrm{LT}(\mathscr{I}) \rangle,$$

则称理想 $\mathscr{I}$的有限子集 $G = \{g_1, g_2, \cdots, g_m\}$为一个格罗波讷基。

注意 对于一个给定的理想 $\mathscr{I}$,其格罗波讷基不是唯一的。

参看 field, polynomial ring。

比较 reduced Gröbner bases。

Gröbner bases algorithm 格罗波讷基算法

求解超定多元多项式方程组的一种有效算法。主要思想是:首先利用格罗波讷基理论求出由高次方程组中的各个方程所生成的理想 $\mathscr{I}$的第一消元理想 $\mathscr{I}_1 = \mathscr{I} \cap K[x_2, \cdots, x_n]$的格罗波讷基,然后利用(广义)结式理论将 $\mathscr{I}_1$中的多项式的一个零点扩张成理想 $\mathscr{I}$的公共零点,从而将含有 n 个变元的代数方程组转化为$n-1$ 个变元和单变元的情形处理,换句话说,就是利用消元定理和扩张定理可以将 n 个变元的代数方程组的求解转化为单变元的代数方程的求根问题。

计算格罗波讷基的算法称为格罗波讷基算法。布克伯格算法是其中之一。它是基于当一个理想的基是格罗波讷基时的布克伯格准则。还有一个称作 F_4的格罗波讷基算法。

参看 Buchberger's algorithm, F_4 algorithm, Gröbner bases。

group 群

一个群$(G,*)$由一个具有 G 上的二元运算 $*$ 的集合 G 组成,二元运算 $*$ 满足下面三条公理:

(1) 群运算是可结合的,即对所有 $a,b,c\in G$,都有 $a*(b*c)=(a*b)*c$;

(2) 存在一个单位元 $1\in G$,使得对所有 $a\in G$,都有 $a*1=1*a=a$;

(3) 对每个 $a\in G$ 都存在一个逆元 a^{-1},使得 $a*a^{-1}=a^{-1}*a=1$。

更进一步,

(4) 如果对所有 $a,b\in G$,都有 $a*b=b*a$,则 G 是一个阿贝尔群或交换群。

参看 abelian group,binary operation。

group signature 群签名

群签名是由沙姆(D. Chaum)和范海斯特(E. van Heijst)提出的概念。群签名具有下述特性:① 只有预先定义的一个用户群中的成员才能对消息进行签名;② 任何一个人都能够验证签名的有效性,但没有一个人能够识别是这个用户群中的哪一位成员签的名;③ 在有争论的情况下,能够公开签名(有或没有群成员的帮助都行),以揭示那个签过名的群成员的身份。

参看 digital signature。

Grover's search algorithm 格罗弗搜索算法

这是一个著名的量子算法。一大类问题都能列入如下形式的搜索问题之中:在一个可能解集合中寻找某个 x,使得语句 $P(x)$为真。这样的问题范围从数据库搜索一直到分类。一个分类问题能被看作对一置换的搜索,也就是语句“置换 x 将初始状态取成所希望的分类状态”为真。

非结构化搜索问题是一类对于解空间和语句 P 的结构方面的任何事情都不知道(或者不使用任何假设)的搜索问题。例如,确定 $P(x_0)$未提供关于 $P(x_1)(x_1\neq x_0)$的可能值的任何信息。

结构化搜索问题是一类能够利用有关搜索空间和语句 P 的信息的搜索问题。例如,搜索一个字母表就是一个结构化搜索问题,而且这个结构能被用来构造有效算法。

问题:令一个系统具有 $N=2^n$个态,标记为 $S_1,S_2,\cdots,S_N$。这 2^n个态表示为 n 比特串。令存在一个唯一态,比方说 S_v,它满足条件 $P(S_v)=1$,而对其他所有态 S,$P(S)=0$(假设:对任意态 S,条件 $P(S)$都能在单位时间内被计算出来)。问题就是识别那个态 S_v。

格罗弗搜索算法

GS1 准备一个寄存器,它含有 $x_i\in\{0,1,\cdots,2^n-1\}$的所有可能值的一个叠加。

GS2　计算这个寄存器的 $P(x_i)$。有一个门阵列 U_P，使得 $U_P|x,0\rangle \to |x,P(x)\rangle$。

GS3　此时，在 2^n 个可能态中，唯一的一个态 $P(x_i)$ 将是 1。应用变换于这个叠加态，以便于观察到所要求态的概率增大。为此，将下述两个操作重复若干次：

GS3.1　应用 Z 变换：如果态是一个 1，则倒置幅度；

GS3.2　反演平均值。

GS4　观察最终态，如果我们有 $|x,1\rangle$，则 x 就是所要求的元素，否则重复上面的步骤。

反演平均值(图 G.8)　假设有 N 个数 $X_1,X_2,\cdots,X_N$ 及它们的平均值 A，则反演 X_i 的平均值是指，我们想要一个 X_i'，使得如果 $X_i=A+x$，则 $X_i'=A-x$，即 $X_i'=2A-X_i$。

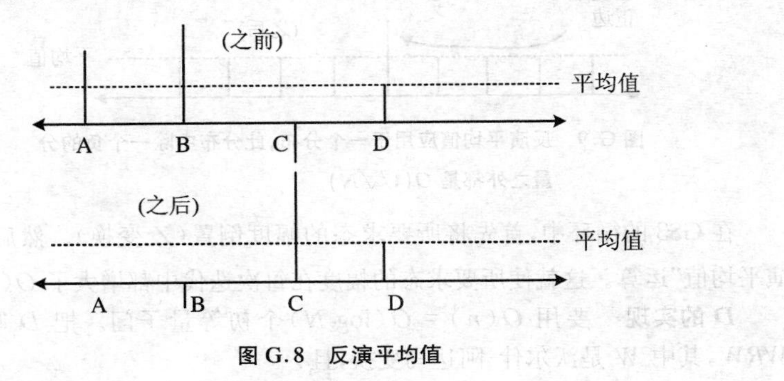

图 G.8　反演平均值

定义扩散变换 D 如下：

$$D_{ij}=\begin{cases}\dfrac{2}{N}, & i\neq j,\\[2ex] -1+\dfrac{2}{N}, & i=j。\end{cases}$$

可以证明 D 就是如图 G.8 中所示的“反演平均值”，而且 D 是幺正变换。将 D 写成 $D=-I+2P$，其中 I 是单位矩阵，P 是一个满足 $P_{ij}=1/N$(对所有 i,j)的矩阵。很容易验证 P 的下述两个性质：

① $P^2=P$；

② P 作用于任意矢量 v 都给出一个矢量，其每个分量都等于这些分量的平均值。

由 $P^2=P$，$D=-I+2P$，得出 $D^2=I$，因此 D 是幺正的。当 D 作用于一个任意矢量 v 时，得到

$$Dv=(-I+2P)v=-v+2Pv。$$

此时,矢量 Pv 的每个分量都是A,这里 A 是矢量 v 的所有分量的平均值。因此,矢量 Dv 的第 i 个分量由 $-v+2A$ 给定,它就是"反演平均值"。当"反演平均值"运算应用于一个矢量时,这个矢量的每一个分量(除了一个分量之外)都等于一个值(比方说 C),这个值近似等于 $1/\sqrt{N}$。不同的一个分量是负的(由于 Z 变换的应用)。平均值 A 近似等于C。由于 $N-1$ 个分量中的每一个都等于这个平均值,所以作为"反演平均值"的结果没有较大的变化。开始时负的那个分量现在变成正的了,而且它的数量大约增大了 $3C$,近似变成 $2/\sqrt{N}$。如图 G.9 所示。

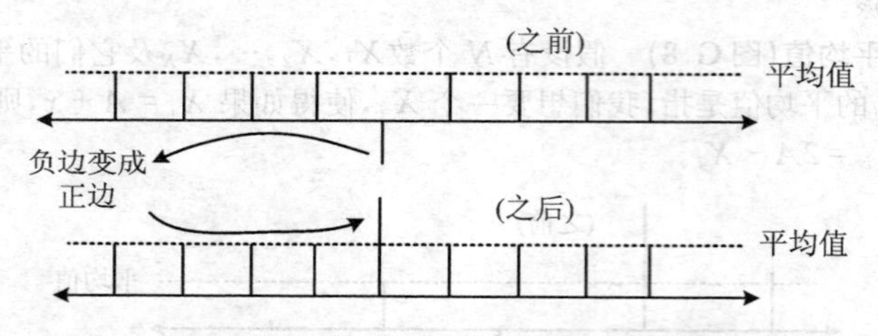

图 G.9 反演平均值应用于一个分布,此分布中除一个负的分量之外都是 $O(1/\sqrt{N})$

在 GS3 的循环中,首先将所要求态的幅度倒置(Z 变换)。然后执行"反演平均值"运算。这就使所要求态的幅度在每次迭代中都增大了 $O(1/\sqrt{N})$。

D 的实现 要用 $O(n)=O(\log_2 N)$个初等量子门。把 D 写成 $D=WRW$,其中 W 是沃尔什-阿达马变换,且

$$R=\begin{pmatrix}1 & 0 & \cdots & 0\\ 0 & -1 & \cdots & 0\\ \vdots & \vdots & & \vdots\\ 0 & \cdots & \cdots & -1\end{pmatrix}。$$

为了设法使 $D=WRW$,令 $R=R'-I$,其中 I 是单位矩阵,且

$$R'=\begin{pmatrix}2 & 0 & \cdots & 0\\ 0 & 0 & \cdots & 0\\ \vdots & \vdots & & \vdots\\ 0 & 0 & \cdots & 0\end{pmatrix}。$$

这样,

$$WRW=W(R'-I)W=WR'W-I。$$

容易验证

$$WR'W = \begin{pmatrix} \frac{2}{N} & \frac{2}{N} & \cdots & \frac{2}{N} \\ \frac{2}{N} & \frac{2}{N} & \cdots & \frac{2}{N} \\ \vdots & \vdots & & \vdots \\ \frac{2}{N} & \frac{2}{N} & \cdots & \frac{2}{N} \end{pmatrix}。$$

因此，$WRW = WR'W - I = D$。

如果有如下态矢：对其中任意一个态而言，幅度是 k_1，而余下的 $N-1$ 个态中的每一个的幅度都是 l_1，那么在应用扩散变换 D 之后，在一个态中的幅度是 $k_2 = \left(\frac{2}{N}-1\right)k_1 + 2\,\frac{N-1}{N}l_1$，而在余下的 $N-1$ 个态中的每一个态幅度是 $l_2 = \frac{2}{N}k_1 + \frac{N-2}{N}l_1$。

由上述可推出，如果有如下态矢：对任意一个态而言，其幅度是 k，对余下的 $N-1$ 个态中的每一个态而言，其幅度都是 l。令 k 和 l 是实数(一般来说，幅度可能是复数)。令 k 是负的，l 是正的，且 $|k/l| < \sqrt{N}$，则在应用扩散变换 D 之后，k_1和 l_1都是正数。

又可推出，如果有如下态矢：对满足 $P(S)=1$ 的态而言，其幅度是 k，对余下的 $N-1$ 个态中的每一个态而言，其幅度都是 l，那么如果在应用扩散变换 D 之后，新的幅度分别是 k_1和 l_1，则有

$$k_1^2 + (N-1)l_1^2 = k^2 + (N-1)l^2。$$

所以，如果令在第一步迭代之前的态矢如下：对满足 $P(S)=1$ 的一个态而言，其幅度是 k，对余下的 $N-1$ 个态中的每一个态而言，其幅度都是 l，使得 $0 < k < 1/\sqrt{2}$且 $l > 0$。在迭代两步之后 k 的变化(Δk)在算法的第 3 步中是 $\Delta k > 1/2\sqrt{N}$。在此步之后，$l > 0$。

因此，应用 GS3 步的 $O(\sqrt{N})$次迭代，我们就能以大于 1/2 的概率获得所要求的元素(因为在$\sqrt{N}$次迭代之后，幅度将增大至少 $1/\sqrt{2}$)。

参看 Pauli matrices，quantum gates，quantum state，state vector。

Günther's implicitly-certified public key　冈瑟隐式证明的公开密钥

为建立隐式证明的公开密钥而提出的一种机制。使用这种机制一个可信方就可以为一个实体建立一个隐式证明的迪菲-赫尔曼公开密钥 $r^s \pmod p$。这样的公开密钥，可以根据公开数据重构，用在要求证明迪菲-赫尔曼公开密钥的密钥协商协议中，来代替用公开密钥证书传递这些密钥。

下述机制就是一个可信方 T 为用户 A 建立一个隐式证明的、可公开恢复

的迪菲-赫尔曼公开密钥，并把对应的秘密密钥传递给 A。

冈瑟隐式证明的（基于身份）公开密钥

GU1 可信服务器 T 选择一个适当的固定的公开素数 p 和 $\mathbb{Z}_p^*$ 中的生成元 α。T 选择一个随机数 t 作为它的秘密密钥，$1 \leqslant t \leqslant p-2$ 且 $\gcd(t, p-1)=1$，并公布其公开密钥 $u=\alpha^t \pmod p$ 以及 α, p。

GU2 T 赋给每个用户 A 一个唯一的可区分的名称或身份识别字符串 I_{A}（例如名称和地址），以及一个随机整数 k_{A}，$\gcd(k_{\mathrm{A}}, p-1)=1$。然后，T 计算 $P_{\mathrm{A}}=\alpha^{k_{\mathrm{A}}} \pmod p$。（$P_{\mathrm{A}}$是 A 的重构公开数据，允许其他用户计算$(P_{\mathrm{A}})^a$。要求 $\gcd(k_{\mathrm{A}}, p-1)=1$ 是为保证 P_{A}本身是一个生成元。）

GU3 使用一个适用的散列函数 h，T 解下述方程中的 a（如果 $a=0$，则重新选用一个 k_{A}）：$h(I_{\mathrm{A}}) \equiv t \cdot P_{\mathrm{A}}+k_{\mathrm{A}} \cdot a \pmod{p-1}$。

GU4 T 安全地把其对 I_{A}的埃尔盖莫尔签名$(r, s)=(P_{\mathrm{A}}, a)$传送给 A。（$a$ 是 A 的迪菲-赫尔曼密钥协商的秘密密钥。）

GU5 任意其他用户都能根据公开可利用的信息$(\alpha, I_{\mathrm{A}}, u, P_{\mathrm{A}}, p)$进行下面的计算来重构 A 的迪菲-赫尔曼公开密钥 $P_{\mathrm{A}}^a(=\alpha^{k_{\mathrm{A}}a})$：

$$P_{\mathrm{A}}^a=\alpha^{h(I_{\mathrm{A}})} \cdot u^{-P_{\mathrm{A}}} \pmod p。$$

参看 Diffie-Hellman key agreement，ElGamal digital signature，hash function，implicitly-certified public key，trusted third party (TTP)。

比较 Girault's self-certified public key。

Günther's key agreement　冈瑟密钥协商

这是使用隐式证明公开密钥机制进行密钥分配的一个例子。

利用迪菲-赫尔曼技术提供未鉴别密钥协商的一种基本技术。该协议的基本版本如下：

用户 A 和用户 B 之间的基于迪菲-赫尔曼技术的密钥协商，以使双方建立一个带有密钥鉴别的共享秘密 K。

冈瑟密钥协商协议

(1) 一次性设置（全程参数的定义） 使用“冈瑟隐式证明的公开密钥”机制，可信方 T 分别对 A 和 B 的身份进行埃尔盖莫尔签名(P_{A}, a)和(P_{B}, b)，并把这两个签名作为秘密分别给 A 和 B，同时将下述可靠的系统公开参数作为“冈瑟隐式证明的公开密钥”机制的公开参数：素数 p，$\mathbb{Z}_p^*$ 的生成元 α 以及 T 的公开密钥 u。

(2) 协议消息

$$\mathrm{A} \rightarrow \mathrm{B}: I_{\mathrm{A}}, P_{\mathrm{A}}, \tag{1}$$

$$\mathrm{A} \leftarrow \mathrm{B}: I_{\mathrm{B}}, P_{\mathrm{B}}, (P_{\mathrm{A}})^y \pmod p, \tag{2}$$

$$\mathrm{A} \rightarrow \mathrm{B}: (P_{\mathrm{B}})^x \pmod p。 \tag{3}$$

(3) 协议动作　每当需要一个共享密钥时，就执行下述步骤：

(a) A 把消息(1)发送给 B。

(b) B 产生一个随机整数 y $(1 \leqslant y \leqslant p-2)$，并把消息(2)发送给 A。

(c) A 产生一个随机整数 x $(1 \leqslant x \leqslant p-2)$，并把消息(3)发送给 B。

(d) 密钥计算。和"冈瑟隐式证明的公开密钥"机制一样，A 和 B 分别构造另一用户的基于身份的公开密钥(分别等于 $(P_B)^b \pmod p$ 及 $(P_A)^a \pmod p$)。A 和 B 分别计算 $K=(P_A^y)^a \cdot (P_B^b)^x \pmod p$，$K=(P_A^a)^y \cdot (P_B^x)^b \pmod p$，就建立了共用的密钥协商密钥 $K(=\alpha^{k_A ya+k_B bx})$。

参看 Günther's implicitly-certified public key，implicitly-certified public key，key agreement。

比较 Diffie-Hellman key agreement。

H

Hadamard gate　阿达马门

实现阿达马变换的量子逻辑门，它们的量子线路如图 H.1 表示。

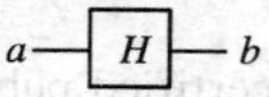

a —[H]— b

图 H.1

阿达马门的矩阵表示是

$$H=\frac{1}{\sqrt{2}}\begin{pmatrix}1 & 1\\ 1 & -1\end{pmatrix},$$

公式描述为 $|a\rangle \to H\,|a\rangle = |b\rangle$。

参看 Hadamard transformation，quantum gates。

Hadamard transformation　阿达马变换

定义单比特阿达马变换为

$$H:|0\rangle \to \frac{1}{\sqrt{2}}(|0\rangle+|1\rangle),\quad |1\rangle \to \frac{1}{\sqrt{2}}(|0\rangle-|1\rangle)。$$

因此，H 建立一个叠加态。

参看 superposition state。

Hagelin M-209　哈格林 M-209 密码机

一种实现多表代替的转轮机。它使用六个密钥轮，确切地说，它是一种自解密的博福特密表（即解密运算和加密运算相同），加密运算是 $E_k(m_i)=k_i-m_i \pmod{26}=c_i$，解密运算是 $D_k(c_i)=k_i-c_i \pmod{26}=m_i$；其周期为 $26\times25\times23\times21\times19\times17=101\,405\,850$ 个字母。这样一来，对于六个密钥轮的一个固定有序集合而言，其密码周期大于 10^8。可以把 k_i 看作是密钥流中的第 i 个字符，由密钥轮的一个特殊排序、密钥轮的销钉设置以及起始位置来确定。在加密一个字符之后所有密钥轮都转动一个位置。只有在周期等于所有密钥轮齿数的最小公倍数（由于那些密钥轮的齿数都是互素的，所以是它们的乘积）之后，那些密钥轮才同时返回到它们的初始位置。使用 M-209 密码机内部的机械细节知识，并假设明文中自然语言的多余度，用 1 000～2 000 个字符就能进行唯密文攻击；用 50～100 个字符就能进行已知明文攻击。

参看 Beaufort cipher，polyalphabetic substitution，rotor machine，rotor machine cipher。

Hall sequence　霍尔序列

一种伪随机序列。设 p 为一素数，且可以表成 $4x^2+27$，其中 x 为正整数。$\alpha \in \mathbb{Z}_p^*$ 为最小的一个生成元，定义序列 $a_0, a_1, a_2, \cdots$，其中

$$a_i = \begin{cases} +1, & i \equiv \alpha^t \pmod{p} \text{ 且 } t \equiv 0,1 \text{ 或 } 3 \pmod{6}, \\ -1, & \text{其他}, \end{cases}$$

这样就得到一个周期等于 p 的伪随机二元序列，称之为霍尔序列。

霍尔序列生成算法

输入：素数 $p = 4x^2 + 27$，为一正整数。

输出：霍尔序列 $a_0, a_1, a_2, \cdots, a_i \in \{-1, +1\}$。

HS1 在 $\mathbb{Z}_p^*$ 中选定一个生成元 α。

HS2 构造正整数集合 $A = \{A_0, A_1, \cdots, A_{3k-1}\}$：

$k = \lfloor p/6 \rfloor$

for $j = 0$ to $k-1$ do

  $A_{3j} = \alpha^{6j} \pmod{p}$

  $A_{3j+1} = \alpha^{6j+1} \pmod{p}$

  $A_{3j+2} = \alpha^{6j+3} \pmod{p}$

next j

HS3 生成霍尔序列：

for $i = 0$ to $p-1$ do

  if $i \in A$ then $a_i \leftarrow +1$

  else $a_i \leftarrow -1$

next i

参看 binary sequence, generator, pseudorandom sequences。

Hamming distance 汉明距离

两个二进制整数的汉明距离就是这两个整数的二进制位不同的数量。例如，整数 115 和 85（十进制表示），它们的二进制表示分别为 1110011 和 1010101，则它们之间的汉明距离是 3。

两个布尔函数 $f(x)$ 和 $g(x)$ 之间的汉明距离定义为这两个函数真值表之间的汉明距离。例如，布尔函数 $f(x_1, x_2, x_3) = x_1x_2 \vee x_2x_3 \vee x_1x_3$ 和 $g(x_1, x_2, x_3) = x_1 \oplus x_2 \oplus x_3$ 之间的汉明距离就等于 6，这是因为 $f(x_1, x_2, x_3)$ 的真值表为 00010111，$g(x_1, x_2, x_3)$ 的真值表为 01101001。等价地，可将布尔函数 $f(x)$ 和 $g(x)$ 之间的汉明距离定义为函数 $f(x) + g(x)$ 的汉明重量 $W_H(f(x) + g(x))$。

参看 binary representation, Hamming weight。

Hamming weight 汉明重量

一个整数的汉明重量就是这个整数的二进制表示中“1”的个数。例如，整数 115（十进制表示），其二进制表示为 1110011，其汉明重量就是 5。

一个布尔函数 $f(x)$的汉明重量定义为这个函数真值表中"1"的个数，记作 $W_H(f(x))$。

参看 binary representation。

handwritten signature　手写签名

可以将手写签名解释为一种特殊类型的数字签名。为了理解这一点，取签名集合 S 只包含一个元素，它是 A 的手写签名，用 s_A表示。用验证函数简单地检验 A 对消息的签名是否是s_A。

参看 digital signature。

hard *k*-bit predicate　硬 *k* 比特谓词

令 $f:S\to S$ 是一个单向函数，其中 S 是一个有限集合。如果一个布尔谓词(注：谓词是数理逻辑中的概念)$B^{(k)}:S\to\{0,1\}^k$具有下述特性：① 给定 $x\in S$，$B^{(k)}(x)$是容易计算的；② 对于每一个布尔谓词 $B:\{0,1\}^k\to\{0,1\}$，在只给定 $f(x)$(其中 $x\in S$)的情况下，能以显著大于 1/2 的概率正确计算 $B(B^{(k)}(x))$的一个外部信息源，能被用来使 f 的反演容易，则称 $B^{(k)}$是 f 的一个硬 k 比特谓词。如果这样的 $B^{(k)}$存在，则称 f 隐藏k 比特或者称这k 比特是联立安全的。非形式地来看，如果在只给定 $f(x)$的情况下确定关于 $B^{(k)}(x)$的任何部分信息的难度和反演 f 本身一样，$B^{(k)}$就是单向函数 f 的一个硬 k 比特谓词。

参看 one-way function。

hard predicate　硬谓词

令 $f:S\to S$ 是一个单向函数，其中 S 是一个有限集合。如果一个布尔谓词 $B:S\to\{0,1\}$具有下述特性：① 给定 $x\in S$，$B(x)$是容易计算的；② 在只给定 $f(x)$(其中 $x\in S$)的情况下能以显著大于 1/2 概率正确计算 $B(x)$的一个外部信息源，能被用来使 f 的反演容易，则称 B 是f 的一个硬谓词。非形式地来看，如果在只给定 $f(x)$的情况下确定关于 x 的信息的一比特$B(x)$的难度和反演 f 本身一样的话，B 就是单向函数f 的一个硬谓词。

参看 one-way function。

hardware-based random bit generator　基于硬件的随机二进制数字发生器

基于硬件的随机二进制数字发生器利用某种物理现象中存在的随机性。这样的物理过程可能产生有偏的或相关的二进制数字。在这样的情况下，应使用纠偏技术来处理。通常称利用物理现象所研制的二进制数字发生器为"物理噪声源"。能利用的物理现象包括：

① 放射性衰变期间粒子发射之间的经过时间；

② 半导体二极管或电阻器产生的热噪声；

③ 多谐振荡器的频率不稳定性；

④ 一段固定时间内对金属隔离半导体电容器进行充电的充电量；

⑤ 密封磁盘驱动器内部的空气湍流，它在磁盘驱动器扇区读出等待时间内引起随机波动；

⑥ 来自麦克风的声音或来自照相机的视频输入。

通常，基于前两种现象的发生器必须设置在使用随机二进制数字的设备的外部，因此容易受到敌手的观察和操纵。而基于振荡器和电容器的发生器则可以构建在超大规模集成电路(VLSI)设备上，它们能够密封在防窜改硬件中，这样就能防止主动敌手的攻击。

参看 active adversary, biased bits, de-skewing, physical noise source, random bit generator。

hash-based MAC　基于散列的 MAC

一种用操作检测码(MDC)算法构造 MAC 算法的方法。对于一个密钥 k 和一个操作检测码(MDC)算法 h，计算一个消息 M 的 MAC 码：$\mathrm{HMAC}(M) = h(k \| p_1 \| h(k \| p_2 \| M))$，其中 p_1 和 p_2 是两个不同的二进制数字串，它们的长度应足够将 k 填充到压缩函数所需要的整个分组长度。尽管两次调用，此法的总体结构还是相当有效的，因为外部的执行过程只有一个与 M 的长度无关的两分组输入。

参看 MAC from MDCs。

hash-code　散列码

同 hash value。

hash function　散列函数，杂凑函数

散列函数是一种计算上有效的函数，它将任意长度的二进制串映射成某个固定长度的二进制串。散列函数至少应具有下述两个特性：一是压缩性，即将任意长度的二进制串映射成某个固定长度的二进制串；二是容易计算，即已知散列函数和一个输入，容易计算出输出值。密码上用的散列函数一般分成两大类：无密钥散列函数和有密钥散列函数。

散列函数一般为迭代型函数。

参看 iterated hash function, keyed hash function, unkeyed hash function。

hash function based on block cipher　基于分组密码的散列函数

无密钥散列函数可以用分组密码来构造：将任意长度输入 M 划分成长度均为该分组密码的分组长度的若干字块 M_i，最后一个字块若小于分组密码的分组长度，则采用填充技术补齐；赋予一个初始向量 H_0；将 H_{i-1} 作为分组密

码的输入,M_i作为分组密码的"密钥",进行"加密运算",得到输出 H_i,即

$$H_i = E_{M_i}(H_{i-1}) \quad (i=1,2,\cdots)。$$

一般地说,可以如图 H.2 那样构造散列长度等于分组密码的分组长度的散列函数。

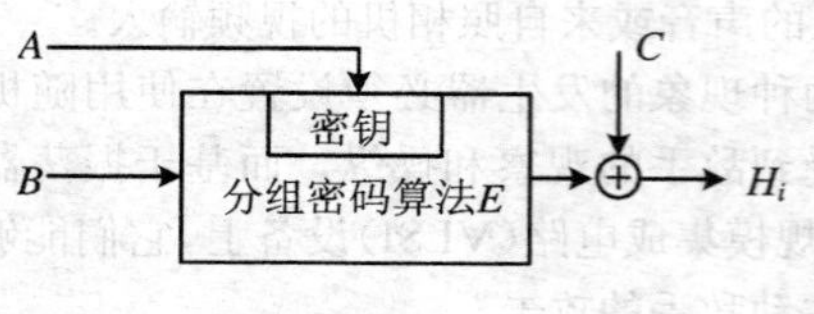

图 H.2

这里,$H_0 = IV, H_i = E_A(B) \oplus C$,$IV$ 是随机初始值;A,B 和 C 可以取消息分组 $M_i, H_{i-1}, M_i \oplus H_{i-1}$以及常数(比如 0)这四种值中的任意一个,因此总共有 64 种不同方案。这 64 种不同方案中除了 52 种由于不安全而不能用之外,可用的有 12 种,其中有 4 种很安全,能够抗得住所有的攻击,它们是

$$H_i = E_{H_{i-1}}(M_i) \oplus M_i,$$
$$H_i = E_{H_{i-1}}(M_i) \oplus M_i \oplus H_{i-1},$$
$$H_i = E_{H_{i-1}}(M_i \oplus H_{i-1}) \oplus M_i,$$
$$H_i = E_{H_{i-1}}(M_i \oplus H_{i-1}) \oplus M_i \oplus H_{i-1}。$$

另外 8 种有足够的安全性,能抵抗除定点攻击以外的所有攻击,它们是

$$H_i = E_{M_i}(H_{i-1}) \oplus H_{i-1},$$
$$H_i = E_{M_i}(M_i \oplus H_{i-1}) \oplus M_i \oplus H_{i-1},$$
$$H_i = E_{M_i}(H_{i-1}) \oplus M_i \oplus H_{i-1},$$
$$H_i = E_{M_i}(M_i \oplus H_{i-1}) \oplus H_{i-1},$$
$$H_i = E_{M_i \oplus H_{i-1}}(M_i) \oplus M_i,$$
$$H_i = E_{M_i \oplus H_{i-1}}(H_{i-1}) \oplus H_{i-1},$$
$$H_i = E_{M_i \oplus H_{i-1}}(M_i) \oplus H_{i-1},$$
$$H_i = E_{M_i \oplus H_{i-1}}(H_{i-1}) \oplus M_i。$$

参看 hash function, Davies-Meyer hash function, Matyas-Meyer-Oseas hash function, Miyaguchi-Preneel hash function, MDC-2 hash function, MDC-4 hash function, fixed-point chaining attack。

hash function based on modular arithmetic　基于模算术的散列函数

这种散列函数的基本思想是使用模算术作为压缩函数的基础来构造一个迭代散列函数。

参看 hash function, MASH-1 hash function, MASH-2 hash function。

hash-result　散列结果

同 hash value。

hash value　散列值，杂凑值

散列函数输出的固定长度的二进制串称为散列值。

参看 hash function。

HAVAL hash function　HAVAL 散列函数

一种长度可变的单向散列函数，由 Wollongong 大学计算机科学系的郑玉良（音）（Zheng Yuliang）等人设计。HAVAL 散列函数是 MD5 的改进版本，处理的消息字块长度是 1 024 比特，为 MD5 的 2 倍。它有 8 个 32 比特链接变量，也为 MD5 的 2 倍。它的轮数可在 3～5 中变化，并且能产生长度为 128，160，192，224 或 256 比特的散列值。这意味着该算法有 15 种不同的形式。

HAVAL 用高非线性的七变量函数取代 MD5 的简单非线性函数，其中每一个函数都能满足严格雪崩准则。每轮使用单个函数，但在每一步对输入进行了不同的置换。在每轮中有新的消息顺序，且每一步（第一轮中的除外）使用了不同的加法常数。该算法同样有两种循环移位方式。

HAVAL 散列函数

输入：任意长度 $b \geqslant 0$ 的比特串 x。

输出：x 的 n 比特散列码，$n = 128, 160, 192, 224$ 或 256。

1．符号注释

下面所有大写英文字母变量均为 32 比特。

$x \oplus y$ 表示位方式模 2 加，$x, y \in \{0,1\}$。

xy 表示位方式模 2 乘，$x, y \in \{0,1\}$。

$X + Y$ 表示 32 比特变量 X 和 Y 进行模 2^{32} 加。

$X \cdot Y$ 表示 32 比特变量 X 和 Y 进行位方式模 2 乘。

$X \ggg s$ 表示将 32 比特变量 X 循环右移 s 位。

$(X_1, \cdots, X_j) \leftarrow (Y_1, \cdots, Y_j)$ 表示分别将 Y_i 的值赋给 X_i，即 $X_i \leftarrow Y_i$ $(i = 1, 2, \cdots, j)$。

$X \parallel Y$ 表示并置：如果 $X = (x_{31} \cdots x_0)$，$Y = (y_{31} \cdots y_0)$，则

$$X \parallel Y = (x_{31} \cdots x_0 y_{31} \cdots y_0)。$$

2．基本函数

五个布尔函数：

$f_1(x_6, x_5, x_4, x_3, x_2, x_1, x_0) = x_1 x_4 \oplus x_2 x_5 \oplus x_3 x_6 \oplus x_0 x_1 \oplus x_0,$

$f_2(x_6, x_5, x_4, x_3, x_2, x_1, x_0)$

$= x_1 x_2 x_3 \oplus x_2 x_4 x_5 \oplus x_1 x_2 \oplus x_1 x_4 \oplus x_2 x_6 \oplus x_3 x_5 \oplus x_4 x_5 \oplus x_0 x_2 \oplus x_0,$

$f_3(x_6, x_5, x_4, x_3, x_2, x_1, x_0) = x_1 x_2 x_3 \oplus x_1 x_4 \oplus x_2 x_5 \oplus x_3 x_6 \oplus x_0 x_3 \oplus x_0,$

$f_4(x_6,x_5,x_4,x_3,x_2,x_1,x_0)$

$= x_1x_2x_3 \oplus x_2x_4x_5 \oplus x_3x_4x_6 \oplus x_1x_4 \oplus x_2x_6 \oplus x_3x_4 \oplus x_3x_5$

$\oplus x_3x_6 \oplus x_4x_5 \oplus x_4x_6 \oplus x_0x_4 \oplus x_0$,

$f_5(x_6,x_5,x_4,x_3,x_2,x_1,x_0) = x_1x_4 \oplus x_2x_5 \oplus x_3x_6 \oplus x_0x_1x_2x_3 \oplus x_0x_5 \oplus x_0$,

其中，$x_i \in \{0,1\}(i=0,1,\cdots,6)$。

下面对32比特输入变量的五个函数依据上面的五个布尔函数执行位方式运算：

$F_1(X_6,X_5,X_4,X_3,X_2,X_1,X_0)$

$= X_1 \cdot X_4 \oplus X_2 \cdot X_5 \oplus X_3 \cdot X_6 \oplus X_0 \cdot X_1 \oplus X_0$,

$F_2(X_6,X_5,X_4,X_3,X_2,X_1,X_0)$

$= X_1 \cdot X_2 \cdot X_3 \oplus X_2 \cdot X_4 \cdot X_5 \oplus X_1 \cdot X_2 \oplus X_1 \cdot X_4 \oplus X_2 \cdot X_6$

$\oplus X_3 \cdot X_5 \oplus X_4 \cdot X_5 \oplus X_0 \cdot X_2 \oplus X_0$,

$F_3(X_6,X_5,X_4,X_3,X_2,X_1,X_0)$

$= X_1 \cdot X_2 \cdot X_3 \oplus X_1 \cdot X_4 \oplus X_2 \cdot X_5 \oplus X_3 \cdot X_6 \oplus X_0 \cdot X_3 \oplus X_0$,

$F_4(X_6,X_5,X_4,X_3,X_2,X_1,X_0)$

$= X_1 \cdot X_2 \cdot X_3 \oplus X_2 \cdot X_4 \cdot X_5 \oplus X_3 \cdot X_4 \cdot X_6 \oplus X_1 \cdot X_4$

$\oplus X_2 \cdot X_6 \oplus X_3 \cdot X_4 \oplus X_3 \cdot X_5 \oplus X_3 \cdot X_6 \oplus X_4 \cdot X_5$

$\oplus X_4 \cdot X_6 \oplus X_0 \cdot X_4 \oplus X_0$,

$F_5(X_6,X_5,X_4,X_3,X_2,X_1,X_0)$

$= X_1 \cdot X_4 \oplus X_2 \cdot X_5 \oplus X_3 \cdot X_6 \oplus X_0 \cdot X_1 \cdot X_2 \cdot X_3 \oplus X_0 \cdot X_5 \oplus X_0$,

其中，$X_i \in \{0,1\}^{32}(i=0,1,\cdots,6)$。函数

$$S \boxplus T = (S_{n-1} \parallel S_{n-2} \parallel \cdots \parallel S_0) \boxplus (T_{n-1} \parallel T_{n-2} \parallel \cdots \parallel T_0)$$
$$= (S_{n-1}+T_{n-1}) \parallel (S_{n-2}+T_{n-2}) \parallel \cdots \parallel (S_0+T_0),$$

其中 $S_i, T_i \in \{0,1\}^{32}, i=0,1,\cdots,n-1$。

32比特字处理顺序见表H.1。

表H.1 32比特字处理顺序

原序	0	1	2	3	4	5	6	7	8	9	10	11	12	13	14	15
	16	17	18	19	20	21	22	23	24	25	26	27	28	29	30	31
ord_2	5	14	26	18	11	28	7	16	0	23	20	22	1	10	4	8
	30	3	21	9	17	24	29	6	19	12	15	13	2	25	31	27
ord_3	19	9	4	20	28	17	8	22	29	14	25	12	24	30	16	26
	31	15	7	3	1	0	18	27	13	6	21	10	23	11	5	2
ord_4	24	4	0	14	2	7	28	23	26	6	30	20	18	25	19	3
	22	11	31	21	8	27	12	9	1	29	5	15	17	10	16	13
ord_5	27	3	21	26	17	11	20	29	19	0	12	7	13	8	31	10
	5	9	14	30	18	6	28	24	2	23	16	22	4	1	25	15

变量坐标置换见表 H.2。

表 H.2　变量坐标置换

置换	x_6 ↓	x_5 ↓	x_4 ↓	x_3 ↓	x_2 ↓	x_1 ↓	x_0 ↓
$\phi_{3,1}$	x_1	x_0	x_3	x_5	x_6	x_2	x_4
$\phi_{3,2}$	x_4	x_2	x_1	x_0	x_5	x_3	x_6
$\phi_{3,3}$	x_6	x_1	x_2	x_3	x_4	x_5	x_0
$\phi_{4,1}$	x_2	x_6	x_1	x_4	x_5	x_3	x_0
$\phi_{4,2}$	x_3	x_5	x_2	x_0	x_1	x_6	x_4
$\phi_{4,3}$	x_1	x_4	x_3	x_6	x_0	x_2	x_5
$\phi_{4,4}$	x_6	x_4	x_0	x_5	x_2	x_1	x_3
$\phi_{5,1}$	x_3	x_4	x_1	x_0	x_5	x_2	x_6
$\phi_{5,2}$	x_6	x_2	x_1	x_0	x_3	x_4	x_5
$\phi_{5,3}$	x_2	x_6	x_0	x_4	x_3	x_1	x_5
$\phi_{5,4}$	x_1	x_5	x_3	x_2	x_0	x_4	x_6
$\phi_{5,5}$	x_2	x_5	x_0	x_6	x_4	x_3	x_1

3．常数定义

用 π 的小数部分定义 136 个 32 比特常数值(下面全用十六进制表示)：

$D_{0,0}, D_{0,1}, \cdots, D_{0,7}$

= 243F6A88, 85A308D3, 13198A2E, 03707344, A4093822, 299F31D0, 082EFA98, EC4E6C89;

$K_{2,0}, K_{2,1}, \cdots, K_{2,31}$

= 452821E6, 38D01377, BE5466CF, 34E90C6C, C0AC29B7, C97C50DD, 3F84D5B5, B5470917, 9216D5D9, 8979FB1B, D1310BA6, 98DFB5AC, 2FFD72DB, D01ADFB7, B8E1AFED, 6A267E96, BA7C9045, F12C7F99, 24A19947, B3916CF7, 0801F2E2, 858EFC16, 636920D8, 71574E69, A458FEA3, F4933D7E, 0D95748F, 728EB658, 718BCD58, 82154AEE, 7B54A41D, C25A59B5。

$K_{3,0}, K_{3,1}, \cdots, K_{3,31}$

= 9C30D539, 2AF26013, C5D1B023, 286085F0, CA417918, B8DB38EF, 8E79DCB0, 603A180E, 6C9E0E8B, B01E8A3E, D71577C1, BD314B27, 78AF2FDA, 55605C60, E65525F3, AA55AB94, 57489862, 63E81440, 55CA396A, 2AAB10B6, B4CC5C34, 1141E8CE, A15486AF, 7C72E993, B3EE1411, 636FBC2A, 2BA9C55D, 741831F6, CE5C3E16, 9B87931E, AFD6BA33, 6C24CF5C。

$K_{4,0}, K_{4,1}, \cdots, K_{4,31}$

= 7A325381, 28958677, 3B8F4898, 6B4BB9AF, C4BFE81B, 66282193, 61D809CC, FB21A991, 487CAC60, 5DEC8032, EF845D5D, E98575B1, DC262302, EB651B88, 23893E81, D396ACC5, 0F6D6FF3, 83F44239, 2E0B4482, A4842004, 69C8F04A, 9E1F9B5E, 21C66842, F6E96C9A, 670C9C61, ABD388F0, 6A51A0D2, D8542F68, 960FA728, AB5133A3, 6EEF0B6C, 137A3BE4。

$K_{5,0}, K_{5,1}, \cdots, K_{5,31}$

= BA3BF050, 7EFB2A98, A1F1651D, 39AF0176, 66CA593E, 82430E88, 8CEE8619, 456F9FB4, 7D84A5C3, 3B8B5EBE, E06F75D8, 85C12073, 401A449F, 56C16AA6, 4ED3AA62, 363F7706, 1BFEDF72, 429B023D, 37D0D724, D00A1248, DB0FEAD3, 49F1C09B, 075372C9, 80991B7B, 25D479D8, F6E8DEF7, E3FE501A, B6794C3B, 976CE0BD, 04C006BA, C1A94FB6, 409F60C4。

4. 预处理

填充 x 使得其比特长度为 1 024 的倍数，做法如下：先添加一个“1”在 x 的最高有效位之前，接着添加一些“0”，使得 x 的长度为 944(mod 1 024)；然后，再添加 3 比特版本号、3 比特轮数指示、10 比特散列值长度指示、64 比特原消息长度指示。如图 H.3 所示。

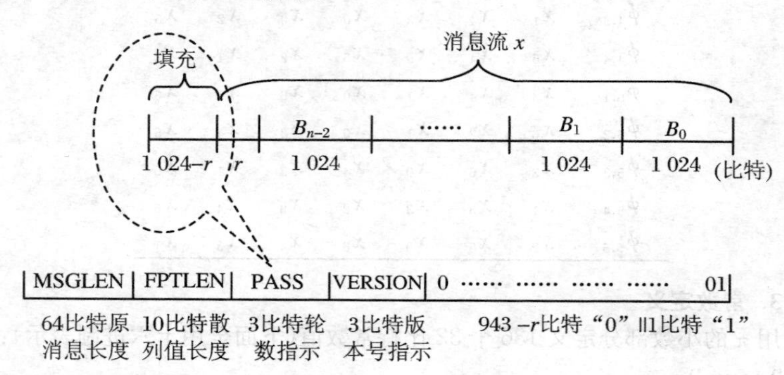

图 H.3 填充

填充后的第 $n-1$ 个 1 024 比特消息字块 B_{n-1} 就是 MSGLEN ‖ FPTLEN ‖ PASS ‖ VERSION ‖ $(943-r)$个“0” ‖ 1 ‖ 原消息的最后 r 比特。

这样一来，待散列的消息就扩充成 $B = B_{n-1} B_{n-2} \cdots B_1 B_0$, $B_i \in \{0,1\}^{1\,024}$ $(i=0,1,\cdots,n-1)$。

5. 处理(这里用形式语言描述)

HAVAL

输入：填充处理后的消息字块 $B_{n-1}, B_{n-2}, \cdots, B_0$, $B_i \in \{0,1\}^{1\,024}$ $(i=0,1,\cdots,n-1)$。

输出：散列值 D(128 比特，160 比特，192 比特，224 比特，或 256 比特)。

begin

for $i=0$ to $n-1$ do

$D_{i+1} = H(D_i, B_i)$

next i

$D = \text{Output\_Processing}(D_n)$

```
end
H(D_in, B)
输入:消息字块 B ∈{0,1}^1024;D_in∈{0,1}^256;PASS(=3,4,或 5)。
输出:D_out∈{0,1}^256。
begin
  E_0 = D_in
  for j = 1 to PASS do
    E_j = F (E_{j-1}, B, PASS, j)
  next j
  D_out = E_PASS ⊞ E_0
  return D_out
end
F(E_in, B, PASS, j)
输入:消息字块 B ∈{0,1}^1024;E_in∈{0,1}^256;PASS(=3 或 4 或 5)。
输出:E_out∈{0,1}^256。
begin
  E_in = E_7 ‖ E_6 ‖ … ‖ E_0
  B = W_31 ‖ W_30 ‖ … ‖ W_0
  if j>1 then
    for t = 0 to 31 do
       W_t = ord_j(W_t) ⊞ K_{j,t}
    next t
  for k = 0 to 7 do
    T_k = E_k
  next k
  for t = 0 to 31 do
    P = F_j(φ_{PASS,j}(T_6, T_5, T_4, T_3, T_2, T_1, T_0))
    R = (P >>> 7) ⊞ (T_7 >>> 11) ⊞ W_i
    T_7 = T_6, T_6 = T_5, T_5 = T_4, T_4 = T_3, T_3 = T_2, T_2 = T_1, T_1 = T_0, T_0 = R
  next t
  E_out = T_7 ‖ T_6 ‖ … ‖ T_0
  return E_out
end
Output_Processing (D_n)
输入:D_n∈{0,1}^256, hash_length。
```

输出：$HASH\_result$（= 128,160,192,224,256 比特）。

begin

$D_n = D_{n7} \| D_{n6} \| \cdots \| D_{n0}$

if $hash\_length = 256$ then

$HASH\_result = D_n$

else if $hash\_length = 128$ then do

$D_{n7} = X_{73} \| X_{72} \| X_{71} \| X_{70}$ $//X_{7i} \in \{0,1\}^8$ $(i=3,2,1,0)$

$D_{n6} = X_{63} \| X_{62} \| X_{61} \| X_{60}$ $//X_{6i} \in \{0,1\}^8$ $(i=3,2,1,0)$

$D_{n5} = X_{53} \| X_{52} \| X_{51} \| X_{50}$ $//X_{5i} \in \{0,1\}^8$ $(i=3,2,1,0)$

$D_{n4} = X_{43} \| X_{42} \| X_{41} \| X_{40}$ $//X_{4i} \in \{0,1\}^8$ $(i=3,2,1,0)$

$Y_3 = D_{n3} \boxplus (X_{73} \| X_{62} \| X_{51} \| X_{40})$

$Y_2 = D_{n2} \boxplus (X_{72} \| X_{61} \| X_{50} \| X_{43})$

$Y_1 = D_{n1} \boxplus (X_{71} \| X_{60} \| X_{53} \| X_{42})$

$Y_0 = D_{n0} \boxplus (X_{70} \| X_{63} \| X_{52} \| X_{41})$

$HASH\_result = Y_3 \| Y_2 \| Y_1 \| Y_0$

doend

else if $hash\_length = 160$ then do

$D_{n7} = X_{74} \| X_{73} \| X_{72} \| X_{71} \| X_{70} // X_{74}, X_{72} \in \{0,1\}^7; X_{73}, X_{71}, X_{70} \in \{0,1\}^6$

$D_{n6} = X_{64} \| X_{63} \| X_{62} \| X_{61} \| X_{60} // X_{64}, X_{62} \in \{0,1\}^7; X_{63}, X_{61}, X_{60} \in \{0,1\}^6$

$D_{n5} = X_{54} \| X_{53} \| X_{52} \| X_{51} \| X_{50} // X_{54}, X_{52} \in \{0,1\}^7; X_{53}, X_{51}, X_{50} \in \{0,1\}^6$

$Y_4 = D_{n4} \boxplus (X_{74} \| X_{63} \| X_{52})$

$Y_3 = D_{n3} \boxplus (X_{73} \| X_{62} \| X_{51})$

$Y_2 = D_{n2} \boxplus (X_{72} \| X_{61} \| X_{50})$

$Y_1 = D_{n1} \boxplus (X_{71} \| X_{60} \| X_{54})$

$Y_0 = D_{n0} \boxplus (X_{70} \| X_{64} \| X_{53})$

$HASH\_result = Y_4 \| Y_3 \| Y_2 \| Y_1 \| Y_0$

doend

else if $hash\_length = 192$ then do

$D_{n7} = X_{75} \| X_{74} \| X_{73} \| X_{72} \| X_{71} \| X_{70}$

$// X_{75}, X_{72} \in \{0,1\}^6; X_{74}, X_{73}, X_{71}, X_{70} \in \{0,1\}^5$

$D_{n6} = X_{65} \| X_{64} | X_{63} \| X_{62} \| X_{61} \| X_{60}$

$// X_{65}, X_{62} \in \{0,1\}^6; X_{64}, X_{63}, X_{61}, X_{60} \in \{0,1\}^5$

$Y_5 = D_{n5} \boxplus (X_{75} \| X_{64})$

$Y_4 = D_{n4} \boxplus (X_{74} \| X_{63})$

$Y_3 = D_{n3} \boxplus (X_{73} \| X_{62})$

$Y_2 = D_{n2} \boxplus (X_{72} \| X_{61})$

$Y_1 = D_{n1} \boxplus (X_{71} \| X_{60})$

$Y_0 = D_{n0} \boxplus (X_{70} \| X_{65})$

$HASH\_result = Y_5 \| Y_4 \| Y_3 \| Y_2 \| Y_1 \| Y_0$

doend

else if $hash\_length = 224$ then do

$D_{n7} = X_{76} \| X_{75} \| X_{74} \| X_{73} \| X_{72} \| X_{71} \| X_{70}$

$//X_{76}, X_{75}, X_{73}, X_{71} \in \{0,1\}^5; X_{74}, X_{72}, X_{70} \in \{0,1\}^4$

$Y_6 = D_{n6} \boxplus X_{70}$

$Y_5 = D_{n5} \boxplus X_{71}$

$Y_4 = D_{n4} \boxplus X_{72}$

$Y_3 = D_{n3} \boxplus X_{73}$

$Y_2 = D_{n2} \boxplus X_{74}$

$Y_1 = D_{n1} \boxplus X_{75}$

$Y_0 = D_{n0} \boxplus X_{76}$

$HASH\_result = Y_6 \| Y_5 \| Y_4 \| Y_3 \| Y_2 \| Y_1 \| Y_0$

doend

return $HASH\_result$

end

6. 完成

最终输出的散列值是 $HASH\_result$。

参看 brute-force attack，customized hash function，hash-code，hash function。

Hebern machine　黑本密码机

一种基于转轮原理的电动密码机，它有五个转轮。美国海军在1929～1930年及其以后几年间使用的密码机。

参看 rotor machine cipher，rotor machine。

Hebern polyalphabetic rotor system　黑本多表转轮体制

同 Hebern machine。

Heisenberg uncertainty principle　海森伯不确定原理

量子力学中最为著名的结果。海森伯不确定原理的常见表示形式为

$$\Delta C \Delta D \geqslant \frac{|\langle \psi | [C, D] | \psi \rangle|}{2},$$

其中，$|\psi\rangle$是一个量子态；C 和 D 是两个可观测量，它们之间的对易子$[C, D] \equiv CD - DC$；ΔC 和 ΔD 分别表示 C 和 D 的结果的标准偏差。

海森伯不确定原理的正确解释：如果我们以同一个量子态$|\psi\rangle$制备大量

的量子系统，然后对其中一部分量子系统执行 C 的测量，而对另一部分量子系统执行 D 的测量，那么，执行 C 测量结果的标准偏差 ΔC 和执行 D 测量结果的标准偏差 ΔD 的乘积将满足上述不等式。

参看 observable，quantum state。

heuristic security　启发式安全性

用特定安全性评价密码基元和协议的安全性，是由任意种有说服力的论证组成的：每一次成功的攻击需要的资源（例如时间和空间）都大于一个可觉察到的对手所拥有的固定资源。经得住如此分析攻击的密码基元和协议称为具有启发式安全性（保密性）。

参看 ad hoc security。

hexadecimal digit　十六进制数字

在十六进制记数系统中用于表示小于 16 的整数符号，共有 16 个：0，1，2，3，4，5，6，7，8，9，A，B，C，D，E，F。

hexadecimal number　十六进制数

用十六进制数字表示的数，如 25AD，用十进制数字表示即是 9 645，用二进制数字表示它是 10010110101101。

参看 hexadecimal digit。

Heyst-Pedersen fail-stop signature scheme　海斯特-佩得森故障停止式签名方案

同 fail-stop digital signature。

higher order differentials cryptanalysis　高阶差分密码分析

1994 年来学嘉博士对差分密码分析进行推广，提出了高阶差分分析。

定义 1　设 f：$S\to T$ 是阿贝尔群 $(S,+)$ 到阿贝尔群 $(T,+)$ 的函数，f 在点 $a\in S$ 的导数定义为

$$\Delta_a f(x)=f(x+a)-f(x).$$

f 在点 $a_1,\cdots,a_i$ 上的 i 阶导数定义为

$$\Delta_{a_1,\cdots,a_i}^{(i)} f(x)=\Delta_{a_i}(\Delta_{a_1,\cdots,a_{i-1}}^{(i-1)} f(x)).$$

由此可知，差分密码分析中的特征及差分概念类似于 1 阶导数。因此可以将差分推广到高阶差分。

定义 2　一轮 i 阶差分是满足 $\Delta_{a_1,\cdots,a_i}^{(i)} f(x)=\beta$ 的 $i+1$ 元组 $(a_1,\cdots,a_i,\beta)$。

对于一般的迭代密码，高阶差分存在这样的一个定理：

定理　给定一个迭代分组密码，令 d 表示下述函数的多项式次数：倒数第二轮输出（即最后一轮的输入）的密文比特表示成明文比特的函数。此外，令 b 表示最后一轮子密钥的比特数。假定密文比特的多项式次数随着轮数的

增加而增大。则存在一个可以成功恢复最后一轮子密钥的 d 阶差分攻击，该攻击的平均时间复杂度为 2^{d+b}，但要求 2^{d+1} 个选择明文。

参看 differential cryptanalysis，iterated block cipher。

higher order strict avalanche criteria 高阶严格雪崩准则

如果对于任意满足 $W_H(\alpha)=1$ 的 $\alpha\in\mathbb{F}_2^n$，$f(x)\oplus f(x\oplus\alpha)$ 都是平衡的，则一个 n 变量布尔函数 f 满足严格雪崩准则（SAC）。如果通过保持至多 k 个输入比特为常数，从 $f(x_1,x_2,\cdots,x_n)$ 中获得的每一个子函数都满足 SAC，则这个函数 f 满足 k 阶严格雪崩准则 SAC(k)。

参看 Hamming weight，strict avalanche criterion (SAC)。

high-order digit 高位数字

同 most significant digit。

Hilbert space 希尔伯特空间

一个完备的内积空间。这个空间

(1) 是复数集合 C 上的一个矢量空间；

(2) 有一个内积 $\langle\psi|\phi\rangle$，将矢量 ψ,ϕ 这个有序对映射到 C 上；

(3) 关于模 $\|\psi\|=\langle\psi|\psi\rangle^{1/2}$，是完备的。

希尔伯特空间中的矢量可以用来完全描述量子系统的态。

参看 complete inner product space，quantum state。

Hill cipher 希尔密码

一种用一个可逆的 $n\times n$ 矩阵 $A=(a_{ij})_1^n$ 作为密钥把一个 n 字符明文 $(m_1,m_2,\cdots,m_n)$ 映射成一个 n 字母密文 $(c_1,c_2,\cdots,c_n)$ 的多码代替体制，其中 $c_i=\sum_{j=1}^{n}a_{ij}m_j\ (i=1,2,\cdots,n)$。解密使用逆矩阵 A^{-1}。这里英文字符 A～Z 可以用整数 0～25 来表示，而运算就用模 26 算术。这种多码代替密码是一种线性变换，抗不住已知明文攻击。

参看 known plaintext attack，polygram substitution cipher。

historical work factor 有历史意义的工作因子

使用在一给定时刻最著名的算法从公开密钥计算秘密密钥所需要的最小工作量。由于算法和技术的改进，有历史意义的工作因子会随着时间而变化。它对应于计算安全性。

参看 computational security。

比较 work factor。

HMAC 基于散列的 MAC

同 hash-based MAC。

HMAC message authentication code HMAC 消息鉴别码

NESSIE 选出的四个消息鉴别码之一。HMAC 是基于散列的消息鉴别码的通用结构。令基础散列函数 H 采用的消息分组长度为 b 比特,输出的散列码长度为 l 比特。NESSIE 推荐使用的作为基础散列函数 H 的无碰撞散列函数为 Whirlpool 散列函数($b=512, l=512$)、SHA-256 散列函数($b=256, l=512$)或 SHA-512 散列函数($b=512, l=1\,024$)。

HMAC 消息鉴别码

输入:长度 $n \geqslant 0$ 比特的消息 M,q 比特密钥 K。

输出:M 的 p 比特 MAC 码。

1. 密钥扩展(预处理)

如果密钥 K 的长度 q 小于消息分组长度 b 的话,则需添加 $b-q$ 个"0"到 K 中:$K=(k_0, k_1, \cdots, k_{q-1}) \parallel 0^{b-q}$($0^{b-q}$ 表示由 $b-q$ 个"0"构成的比特串)。

2. 消息鉴别码:*MAC* = HMAC(*K*, *M*, *Outlen*)

输入:长度 $n \geqslant 0$ 比特的消息 M,经密钥扩展后的 b 比特密钥 K,输出散列码长度 l。

输出:M 的 p 比特 MAC 值。

begin

$C_1=(3636\cdots36)_{\text{hex}}$ //加法常数 $C_1 \in \{0,1\}^b$

$C_2=(5C5C\cdots5C)_{\text{hex}}$ //加法常数 $C_2 \in \{0,1\}^b$

$H_1=H(K \oplus C_1 \parallel M)$ //$K \oplus C_1 \parallel M$ 为 $n+b$ 比特,H_1 为 l 比特

$H_2=H(K \oplus C_2 \parallel H_1)$ //$K \oplus C_2 \parallel H_1$ 为 $b+l$ 比特,H_2 为 l 比特

if $p=l$ then $MAC=H_2$

else $MAC=H_2$ 最左边 p 比特

end

3. 测试向量

下面,"消息 M"中字符为 ASCII 码;"密钥 K"和"MAC"中数据为十六进制。运算中基础散列函数采用 SHA-256,密钥长度为 512 比特。SHA-256 中运算采用大端约定。

消息 M= ""(空串),

密钥 K= 0123456789ABCDEF0123456789ABCDEF
0123456789ABCDEF0123456789ABCDEF
0123456789ABCDEF0123456789ABCDEF
0123456789ABCDEF0123456789ABCDEF,

MAC= 5FE3C3165038E39BB4EDD8F359DEE4EC

498B42EAC720DCE4AE3C72A59004C864;

消息 M= "a",

密钥 K= 0123456789ABCDEF0123456789ABCDEF
0123456789ABCDEF0123456789ABCDEF
0123456789ABCDEF0123456789ABCDEF
0123456789ABCDEF0123456789ABCDEF,

MAC= 3E68B80599468985E22387166FC3CE56
FB3A163C2FA74DA24E1EE60646620D31;

消息 M= "abc",

密钥 K= 0123456789ABCDEF0123456789ABCDEF
0123456789ABCDEF0123456789ABCDEF
0123456789ABCDEF0123456789ABCDEF
0123456789ABCDEF0123456789ABCDEF,

MAC= 3A2232B8A45BAC227251703663B6C127
049A44301EC1CC94BBF137DD803BA5F3;

消息 M = "message digest",

密钥 K= 0123456789ABCDEF0123456789ABCDEF
0123456789ABCDEF0123456789ABCDEF
0123456789ABCDEF0123456789ABCDEF
0123456789ABCDEF0123456789ABCDEF,

MAC= 63D6AD7C0708C100C8E3762F38290D8D
26B7685C108B838EEE1E4BB30EAA93DD;

消息 M= "abcdefghijklmnopqrstuvwxyz"

密钥 K= 0123456789ABCDEF0123456789ABCDEF
0123456789ABCDEF0123456789ABCDEF
0123456789ABCDEF0123456789ABCDEF
0123456789ABCDEF0123456789ABCDEF,

MAC= B2E53839554FD9DC715D72CAB7A1EB9A
4375FFB195711AAD59A6B29BF91BF33E;

消息 M= "abcdbcdecdefdefgefghfghighij
hijkijkljklmklmnlmnomnopnopq",

密钥 K= 0123456789ABCDEF0123456789ABCDEF
0123456789ABCDEF0123456789ABCDEF
0123456789ABCDEF0123456789ABCDEF
0123456789ABCDEF0123456789ABCDEF,

MAC= 52B1479DC3283500CEA71E3B1AD7BF96
425A1669F22CC81F89CC0BE89CEF89B7;

消息 *M*= ″A…Za…z0…9″,

密钥 *K*= 0123456789ABCDEF0123456789ABCDEF
0123456789ABCDEF0123456789ABCDEF
0123456789ABCDEF0123456789ABCDEF
0123456789ABCDEF0123456789ABCDEF,

MAC= CD6A1D7D07CEAA8770F5617A39A3369B
3993759C33B9B02483AF573AB4CAE1DF;

消息 *M*= 8 个″1234567890″,

密钥 *K*= 0123456789ABCDEF0123456789ABCDEF
0123456789ABCDEF0123456789ABCDEF
0123456789ABCDEF0123456789ABCDEF
0123456789ABCDEF0123456789ABCDEF,

MAC= D2BC3DAC84555DD0C27BFF9FA17CB1B3
7BA9CE77C1B7A2C1E7DFD192B12BF625;

消息 *M*= ″Now is the time for all″,

密钥 *K*= 0123456789ABCDEF0123456789ABCDEF
0123456789ABCDEF0123456789ABCDEF
0123456789ABCDEF0123456789ABCDEF
0123456789ABCDEF0123456789ABCDEF,

MAC= 420142767320C2C9EC8E0BC6EB6C25CD
A6342CD94F881200F90D7AF948F9AC53;

消息 *M*= ″Now is the time for it″,

密钥 *K*= 0123456789ABCDEF0123456789ABCDEF
0123456789ABCDEF0123456789ABCDEF
0123456789ABCDEF0123456789ABCDEF
0123456789ABCDEF0123456789ABCDEF,

MAC= C4BE6C24D373A293AF43CB500B1DBCCE
61755F5B5E064FB7B08136F029FC90BF;

消息 *M*= 10^6个 ″a″,

密钥 *K*= 0123456789ABCDEF0123456789ABCDEF
0123456789ABCDEF0123456789ABCDEF
0123456789ABCDEF0123456789ABCDEF
0123456789ABCDEF0123456789ABCDEF,

MAC= 50008B8DC7ED3926936347FDC1A01E9D

5220C6CC4B038B482C0F28A4CD88CA37。

参看 big-endian convention，hash-based MAC，message authentication code（MAC），NESSIE project，SHA-256 hash function，SHA-512 hash function，whirlpool hash function。

homomorphic property of RSA　RSA 的同态特性

令 m_1和 m_2是两个明文消息，用 RSA 公开密钥加密算法将它们加密得出的密文分别是 c_1和 c_2，则有

$$(m_1 m_2)^e \equiv m_1^e m_2^e \equiv c_1 c_2 (\bmod n)。$$

换句话说，就是对应于明文 $m \equiv m_1 m_2 (\bmod n)$的密文是 $c \equiv c_1 c_2 (\bmod n)$。这称为 RSA 的同态特性。RSA 的这种特性导致了对 RSA 的自适应选择密文攻击。

参看 multiplicative property in RSA。

homophonic substitution　多名码代替

古典代替密码体制的一种加密方法，用多个代替码来代替一个单字符。比如，可以用 16，74，35，21 这四个数字中的任一个来代替明文字母 e。

参看 homophonic substitution cipher。

比较 monoalphabetic substitution。

homophonic substitution cipher　多名码代替密码

令 A 是一个含有 q 个符号的字母表，每个符号 $a \in A$ 都和一含有 t 个符号的符号串集合 $H(a)$相联系，并限制所有集合 $H(a)(a \in A)$是两两不相交的。加密时用从 $H(a)$中随机选择的一个符号串来替换明文消息块中的每个符号 a。为了解密一个含有 t 个符号的符号串 c，必须确定一个 $a \in A$，使得 $c \in H(a)$。这种密码的密钥由集合 $H(a)$组成。

参看 homophonic substitution。

HPC block cipher　HPC 分组密码

美国 21 世纪数据加密标准(AES)算法评选第一轮(1998 年 8 月)公布的 15 个候选算法之一，由美国的施罗佩尔(R. Schroeppel)设计。HPC 是一种分组长度可变的分组密码，其分组长度可为任意比特数。HPC 分组密码含有 5 个不同的子密码。

HPC 分组密码方案

1. 符号注释和常数定义

运算符采用 C 语言约定：+ 是加法，- 是减法，* 是乘法，^ 是按位异或，| 是按位或，& 是按位与，≫是右移，≪是左移。

UD64 表示 64 比特无符号整数。

常数:UD64 PI19= 3141592653589793238= 0x2B992DDFA23249D6,

UD64 E19= 2718281828459045235= 0x25B946EBC0B36173,

UD64 R220= 14142135623730950488= 0xC442F56BE9E17158。

常数:UD64 PERM1= 0x324f6a850d19e7cb,

UD64 PERM1I= 0xc3610a492b8dfe57,

UD64 PERM2= 0x2b7e1568adf09c43,

UD64 PERM2I= 0x5c62e738d9a10fb4。

常数表 UD64 perma[16] =

{0x243F6A8885A308D3,0x13198A2E03707345,
0xA4093822299F31D2,0x082EFA98EC4E6C8A,
0x452821E638D01373,0xBE5466CF34E90C69,
0xC0AC29B7C97C50DB,0x9216D5D98979FB1C,
0xB8E1AFED6A267E9E,0xA458FEA3F4933D77,
0x0D95748F728EB652,0x7B54A41DC25A59BE,
0xCA417918B8DB38E3,0xB3EE1411636FBC27,
0x61D809CCFB21A99F,0x487CAC605DEC803D};

常数表 UD64 permai[16] =

{0xA4093822299F31D2,0x61D809CCFB21A99F,
0x487CAC605DEC803D,0x243F6A8885A308D3,
0x13198A2E03707345,0x7B54A41DC25A59BE,
0xB8E1AFED6A267E9E,0x452821E638D01373,
0x0D95748F728EB652,0x082EFA98EC4E6C8A,
0xB3EE1411636FBC27,0x9216D5D98979FB1C,
0xBE5466CF34E90C69,0xC0AC29B7C97C50DB,
0xA458FEA3F4933D77,0xCA417918B8DB38E3};

常数表 UD64 permb[16]=

{0xB7E151628AED2A6A,0xBF7158809CF4F3C6,
0x62E7160F38B4DA54,0xA784D9045190CFEC,
0x324E7738926CFBE1,0xF4BF8D8D8C31D75E,
0xDA06C80ABB1185E5,0x4F7C7B5757F5957D,
0x90CFD47D7C19BB3A,0x158D9554F7B46BC5,
0x8A9A276BCFBFA1BE,0xE5AB6ADD835FD195,
0x86D1BF275B9B2411,0xF0D3D37BE67008D4,
0x0FF8EC6D31BEB5BE,0xEB64749A47DFDFAA};

常数表 UD64 permbi[16]=

```
{0xE5AB6ADD835FD195,0xF0D3D37BE67008D4,
 0x90CFD47D7C19BB3A,0xF4BF8D8D8C31D75E,
 0x4F7C7B5757F5957D,0x324E7738926CFBE1,
 0x62E7160F38B4DA54,0xBF7158809CF4F3C6,
 0x8A9A276BCFBFA1BE,0xEB64749A47DFDFAA,
 0xB7E151628AED2A6A,0xDA06C80ABB1185E5,
 0x0FF8EC6D31BEB5BE,0x86D1BF275B9B2411,
 0x158D9554F7B46BC5,0xA784D9045190CFEC};
```

常数表 UD64 swizpoly[]=

```
{0,3,7,0xb,0x13,0x25,0x43,0x83,0x11d,0x211,0x409,
 0x805,0x1053,0x201b,0x402b,0x8003,0x1002d,0x20009,
 0x40027,0x80027,0x100009,0x200005,0x400003,0x800021,
 0x100001b,0x2000009,0x4000047,0x8000027,0x10000009,
 0x20000005,0x40000053,0x80000009};
```

子密码:根据分组长度共有五个子密码,如表 H.3 所示。

表 H.3

分组长度(比特)	子密码名称	子密码编号
0～35	HPC-Tiny	1
36～64	HPC-Short	2
65～128	HPC-Medium	3
128～512	HPC-Long	4
≥513	HPC-Extended	5

密钥扩展表 KX:每个子密码都有一个密钥扩展表,表中含有 256 个表项,每个表项都是一个 64 比特字,此表根据密钥伪随机地生成。另外,还要将 KX[0]～KX[29]复制在 KX[255]之后,形成一个含有 286 个表项的密钥扩展表 KX,即 KX[256]=KX[0],KX[257]=KX[1],…,KX[285]=KX[29]。

辅助密钥 SPICE[8],共 8 个 64 比特字,即 512 比特。SPICE 为全"0"时用 SPIZ 来表示。

2. 函数定义(下面全用 C 语言程序描述)

(1) 搅拌函数 StirringFunction

```
StirringFunction(int pass)
{
  int i,j;
```

```
UD64 s0,s1,s2,s3,s4,s5,s6,s7;
s0 = KX[248]; s1 = KX[249]; s2 = KX[250]; s3 = KX[251];
s4 = KX[252]; s5 = KX[253]; s6 = KX[254]; s7 = KX[255];
  for(j = 0; j<pass; j++) {
    for(i = 0; i<256; i++) {
      s0 ^= (KX[i]^KX[(i+83)&255]) + KX[s0&255];
      s1 += s0; s3^= s2; s5 -= s4; s7^= s6; s3 += s0>>13;
      s4^= s1<<11; s5^= s3<<(s1&31); s6 += s2>>17;
      s7| = s3 + s4; s2 -= s5; s0 -= s6^I; s1^= s5 + PI19;
      s2 += s7>>j; s2^= s1; s4 -= s3; s6^= s5; s0 += s7;
      KX[i] = s2 + s6;
    }
  }
}
```

(2) 加密轮函数 HPC_Medium_Encryption_RoundFunction ()

```
HPC_Medium_Encryption_RoundFunction(s0, s1, blocksize, lmask, i,
SPICE)
UD64 s0,s1,lmask,SPICE[];
int blocksize,i;
{
  UD64 k,t,kk;
  k^= KX[s0&255]; s1 += k; s0^= k<<8; s1^= s0; s1&= lmask;
  s0 -= s1>>11;    s0^= s1<<2;    s0 -= SPICE[i^4];
  s0 += (s0<<32)^(PI19 + blocksize); s0^= s0>>17; s0^= s0>>34;
  t = SPICE[i]; s0^= t; s0 += t<<5; t>> = 4; s1 += t; s0^= t;
  s0 += s0<<(22 + (s0&31)); s0^= s0>>23;    s0 -= SPICE[i^7];
  t = s0&255; k = KX[t]; kk = KX[t + 3 * i + 1]; s1^= k; s0^= kk<<8;
  kk^= k; s1 += kk>>5; s0 -= kk<<12; s0^= kk&~255; s1 += s0;
  s0 += s1<<3; s0^= SPICE[i^2]; s0 += KX[blocksize + 16 + i];
  s0 += s0<<22; s0^= s1>>4; s0 += SPICE[i^1]; s0^= s0>>(33 + i);
}
```

(3) 解密轮函数 HPC_Medium_Decryption_RoundFunction ()

将加密轮函数 HPC_Medium_Encryption_RoundFunction ()逆向运行，各个运算都用其逆代替。具体描述如下。

```
HPC_Medium_Decryption_RoundFunction(s0, s1, blocksize, lmask, i,
```

```
SPICE)
UD64 s0,s1,lmask,SPICE[];
int blocksize,i;
{
  UD64 t,k,kk,kkk,u;
  s0^=s0>>(33+i);  s0-=SPICE[i^1];  s0^=s1>>4;
  t=s0-(s0<<22);   s0-=t<<22;  //"s0+=s0<<22"的逆是这两个
                                 语句
  s0-=KX[blocksize+16+i];  s0^=SPICE[i^2];s0-=s1<<3;
  s1-=s0;t=s0+255;  k=KX[t];  kk=KX[t+3*i+1];
  kkk=k^kk;s0^=(kkk&~255);  s0+=kkk<<12;
  s1-=kkk>>5;  s0^=kk<<8;s1^=k;  s0+=SPICE[i^7];
  s0^=s0>>23;  s0^=s0>>46;     //"s0^=s0>>23"的逆是这两个语句
  t=22+(s0&31);  //"s0+=s0<<(22+(s0&31))"的逆是这三个语句
  u=s0-(s0<<t);  s0-=u<<t;
  t=SPICE[i];kk=t>>4;s0^=kk;s1-=k;s0-=t<<5;s0^=t;
  s0^=s0>>17;  //"s0^=s0>>17;s0^=s0>>34"的逆是此语句
  t=(s0-(PI19+blocksize))<<32;  //"s0+=(s0<<32)^(PI19+
                                   blocksize))"的逆是这三个
                                   语句
  t^=(PI19+blocksize);  s0-=t;
  s0+=SPICE[i^4];s1&=lmask;s0^=s1<<2;s0^=s1>>11;
  s1^=s0;t=s0&255;k=KX[t];s0^=k<<8;s1-=k;s1&=lmask;
}
```

(4) 加密轮函数 HPC_Long_Encryption_RoundFunction()

```
HPC_Long_Encryption_RoundFunction(s0,s1,s2,s3,s4,s5,s6,s7,
blocksize,lmask,i,SPICE)
UD64s0,s1,s2,s3,s4,s5,s6,s7,lmask,SPICE[];
int blocksize,i;
{
  UD64 k,t,kk;
  t=s0&255;  k=KX[t];kk=KX[t+3*i+1];  s1+=k;
  s0^=kk<<8;kk^=k;  s1+=kk>>5;  s0-=kk<<12;  s7+=kk;
  s7^=s0;s7&=lmask;s1+=s7;s1^=s7<<13;  s0-=s7>>11;
  s0+=SPICE[i];s1^=SPICE[i^1];  s0+=s1<<(9+i);
```

```
    s1 += (s0≫3)^(PI19 + blocksize);s0^ = s1≫4;
    s0 += SPICE[i^2];   t = SPICE[i^4];   s1 += t;
    s1^ = t≫3;   s1 -= t≪5;   s0^ = s1;
    if (blocksize>449&&blocksize<=512) goto GT448
    if (blocksize>385&&blocksize<=448) goto GT384
    if (blocksize>321&&blocksize<=384) goto GT320
    if (blocksize>257&&blocksize<=320) goto GT256
    if (blocksize>193&&blocksize<=256) goto GT192
    GT448:s6 += s0;s6^ = s3≪11;s1 += s6≫13;s6 += s5≪7;s4^ = s6;
    GT384:s5^ = s1;s5 += s4≪15;s0 -= s5≫7;s5^ = s3≫9;s2^ = s5;
    GT320:s4 -= s2;s4^ = s1≫10;s0^ = s4≪3;s4 -= s2≪6;s3 += s4;
    GT256:s3^ = s2;s3 -= s0≫7;s2^ = s3≪15;s3^ = s1≪5;s1 += s3;
    GT192:s2^ = s1;s2 += s0≪13;s1 -= s2≫5;s2 -= s1≫8;s0^ = s2;
    s1^ = KX[(blocksize + 17 + (i≪5))&255];   s1 += s0≪19;
    s0 -= s1≫27;s1^ = SPICE[i^7];s7 -= s1;s0 += s1&s1≫5;
    s1^ = s0≫(s0&31);   s0^ = KX[s1&255];
}
```

(5) 解密轮函数 HPC_Long_Decryption_RoundFunction ()

类似 HPC_Medium_Decryption_RoundFunction ()。

```
HPC_Long_Decryption_RoundFunction (s0, s1, s2, s3, s4, s5, s6, s7,
blocksize,lmask,i,SPICE)
UD64 s0,s1,s2,s3,s4,s5,s6,s7,lmask,SPICE[];
int Blocksize,i;
{
   UD64 t,k,kk,kkk;
   s0^= KX[s1&255];   s1^= s0≫(s0&31);   s0 -= s1&(s1≫5);
   s7 += s1;s7&= lmask;   s1^ = SPICE[i^7];   s0 += s1≫27;
   s1 -= s0≪19;s1^ = KX[blocksize + 17 + (i≪5)&255];
   if (blocksize<=192)goto tag;
   s0^ = s2;s2 += s1≫8;s1 += s2≫5;s2 -= s0≪13;s2 += s1≫8;s2^ = s1;
   if (blocksize<=256)goto tag;
   s1 -= s3;s3^ = s1≪5;s2^ = s3≪15;s3 += s0≫7;s3^= s2;
   if (blocksize<=320)goto tag;
   s3 -= s4;s4 += s2≪6;s0^ = s4≪3;s4^ = s1≫10;s4 += s2;
   if (blocksize<=384)goto tag;
```

```
  s2^= s5;s5^= s3>>9;s0 += s5>>7;s5 -= s4<<15;s5^= s1;
  if (blocksize<= 448)goto tag;
  s4^= s6;s6 -= s5<<7;s1 -= s6>>13;s6^= s3<<11;s6 -= s0;
  tag:
  s0^= s1;   t = SPICE[i^4];   s1 += t<<5;   s1^= t>>3;   s1 -= t;
  s0 -= SPICE[i^2];s0^= s1>>4;s1 -= (s0>>3)^(PI19 + blocksize);
  s0 -= s1<<(9 + i);s1^= SPICE[i^1];s0 -= SPICE[i];s0 += s7>>11;
  s1^= s7<<13;   s1 -= s7;   s7^= s0;   t = s0&255;   k = KX[t];
  kk = KX[t + 3 * i + 1];   kkk = k^kk;   s7 -= kkk;   s0 += kkk<<12;
  s1 -= kkk>>5;   s0^= kk<<8;   s1 -= k;
}
```

(6) 加密轮函数 HPC_Extended_Encryption_RoundFunction ()

```
HPC_Extended_Encryption_RoundFunction(s0,s1,s2,s3,s4,s5,s6,s7,
blocksize,lmask,i,SPICE)
UD64 s0,s1,s2,s3,s4,s5,s6,s7,lmask,SPICE[];
int blocksize,i;
{
  UD64 k,kk,t,tt,ttt;
  t = s0 & 255;k = KX[t];kk = KX[t + 1 + (i<<2)];s3 += s7;s5^= s7;
  s1 += k;s2^= k;s4 += kk;s6^= kk;s4^= s1;s5 += s2;s0^= s5>>13;
  s1 -= s6>>22;s2^= s7<<7;s7^= s6<<9;s7 += s0;t = s1&31;
  tt = s1>>t;ttt = s2<<t;s3 += ttt;s4 -= s0;s5^= ttt;s6^= tt;s7 += tt;
  t = s4>>t;s2 -= t;s5 += t;
  if (i = = 1){
    s0 += SPICE[0];s1^= SPICE[1];s2 -= SPICE[2];
    s3^= SPICE[3];s4 += SPICE[4];s5^= SPICE[5];
    s6 -= SPICE[6];s7^= SPICE[7];
  }
  s7 -= s3;s7&= lmask;s1^= s7>>11;s6 += s3;s0^= s6;
  t = s2^s5;s3 -= t;t &= 0x5555555555555555;s2^= t;s5^= t;
  s0 += t;   t = s4<<9;s6 -= t;s1 += t;
}
```

(7) 解密轮函数 HPC_Extended_Decryption_RoundFunction ()

```
HPC_Extended_Decryption_RoundFunction(s0,s1,s2,s3,s4,s5,s6,s7,
blocksize,lmask,i,SPICE)
```

```
UD64 s0,s1,s2,s3,s4,s5,s6,s7,lmask,SPICE[];
int blocksize,i;
{
  UD64 k,kk,t,tt,ttt;
  t = s4<<9;s6 += t;s1 -= t;
  t = s2^s5;s3 += t;t &= 0x5555555555555555;s2^ = t;s5^ = t;s0 -= t;
  s7&= lmask;s1^ = s7>>11;s0^ = s6;s6 -= s3;s7 += s3;
  if (i == 1){
    s0 -= SPICE[0];s1^ = SPICE[1];s2 += SPICE[2];
    s3^ = SPICE[3];s4 -= SPICE[4];s5^ = SPICE[5];
    s6 += SPICE[6];s7^ = SPICE[7];
  }
  t = s1&31;  tt = s4>>t;s2 += tt;s5 -= tt;tt = s1>>t;ttt = s2<<t;
  s3 -= ttt;s4 += s0;s5^ = ttt;s6^ = tt;s7 -= tt;s7 -= s0;s7^ = s6<<9;
  s7&= lmask;s0^ = s5>>13;s1 += s6>>22;s2^ = s7<<7;
  s5 -= s2;   s4^ = s1;t = s0 & 255;k = KX[t];kk = KX[t + 1 + (i<<2)];
  s1 -= k;s2^ = k;s4 -= kk;s6^ = kk;s3 -= s7;s5^ = s7;
}
```

(8) 加密轮函数 HPC_Short_Encryption_RoundFunction ()

```
HPC_Short_Encryption_RoundFunction(s0,blocksize,lmask,i,SPICE,
GAP,LBH,LBQ,LBT)
UD64 s0,lmask,SPICE[];
int blocksize,i,GAP,LBH,LBQ,LBT;
{
  UD64 k,t;
  k = KX[s0 & 255] + SPICE[i];s0 += k<<8;s0^ = (k>>GAP)&~255;
  s0 += s0<<(LBH + i);t = SPICE[i^7];s0^ = t;s0 -= t>>(GAP + i);
  s0 += t>>13;s0 &= lmask;s0^ = s0>>LBH;t = s0 &255;k = KX[t];
  k^ = SPICE[i^4];k = KX[t + 3 * i + 1] + (k>>23) + (k<<41);
  s0^ = k<<8;s0 -= (k>>GAP)&~255;s0 -= s0<<LBH;
  t = SPICE[i^1]^(PI19 + blocksize);s0 += t<<3;s0^ = t>>(GAP + 2);
  s0 -= t;s0 &= lmask;s0^ = s0>>LBQ;s0 += permb[s0 &15];
  t = SPICE[i^2];s0^ = t>>(GAP + 4);s0 += s0<<(LBT + (s0 & 15));
  s0 += t;s0 &= lmask;s0^ = s0>>LBH;
}
```

(9) 解密轮函数 HPC_Short_Decryption_RoundFunction ()

```
HPC_Short_Decryption_RoundFunction(s0,blocksize,lmask,i,SPICE,
GAP,LBH,LBQ,LBT)
UD64 s0,lmask,SPICE[];
int blocksize,i,GAP,LBH,LBQ,LBT;
{
  UD64 k,j,t;
  s0 &= lmask;s0^ = s0>>LBH;t = SPICE[i^2];s0 -= t;
  j = LBT + (s0 & 15);s0 -= (s0 - (s0<<j))<<j;s0^ = t>>(GAP + 4);
  s0 -= permbi[s0 & 15];s0 &= lmask;s0^ = s0>>LBQ;
  s0^ = s0>>(2 * LBQ);t = SPICE[i^1]^(PI19 + blocksize);s0 += t;
  s0^ = t>>(GAP + 2);s0 -= t<<3;s0 += s0<<LBH;t = s0 & 255;
  k = KX[t];k^ = SPICE[i^4];k = KX[t + 3 * i + 1] + (k>>23) + (k<<
41);
  s0 += (k>>GAP)&~255;s0^ = k<<8;s0 &= lmask;
  s0^ = s0>>LBH;t = SPICE[i^7];s0 -= t>>13;
  s0 += t>>(GAP + i);s0^ = t;s0 -= s0<<(LBH + i);
  k = KX[s0 & 255] + SPICE[i];s0^ = (k>>GAP)&~255;s0 -= k<<8;
}
```

3. 加密

输入字块是明文,输出字块是密文。

(1) HPC_Tiny_Encryption ()

```
HPC_Tiny_Encryption (UD64 * PB,UD64 * CB,int blocksize,UD64
SPICE[8])
{UD64 lmask,lmask4,s0,k,t,t2,u,tmp[10],tmp0,tmp1;
 int i,j,lbm4,LBH,r;
 r = blocksize>>6;   blocksize &= 63;
 if (blocksize == 0) return;
 lmask = 0xFFFFFFFFFFFFFFFF >>(64 - blocksize);
 s0 = (PB[0] + KX[blocksize]) & lmask;
 if (blocksize <= 4) {
  tmp[0] = KX[16 + 2 * blocksize] + r; tmp[1] = KX[17 + 2 *
blocksize];
  HPC_Medium_Encryption(tmp,tmp,128,SPICE);
  if (blocksize == 1) {
```

```
    t = u = tmp[0] + tmp[1]; t2 = tmp[1]; t += t2≫25; if(t<u)t2 + + ;
    t^ = t≫55; t^ = t2≪9; t2^ = t2≫55; t += t≫34; t += t2≪30;
    t^ = t≫21; t += t≫13; t^ = t≫8; t += t≫5; t^ = t≫3; t += t≫2;
    t^ = t≫1; t += t≫1; s0^ = t; goto z;
  }
  if (blocksize == 2) {
    for (i = 0; i<2; i ++ ) {
      t = tmp[i];
      for (j = 0; j<16; j ++ , t≫ = 4) {
        s0^ = t; s0 += t≫2; s0≪ = 1; s0 += (s0≫2)&1;
      }
    }
    goto z;
  }
  if (blocksize == 3) {
    for (i = 0; i<2; i ++ ) {
      t = tmp[i];
    for (j = 0; j<11; j + + , t≫ = 6) {
        s0^ = t; s0 += t≫3; s0≪ = 1; s0 += (s0≫3)&1;
      }
    }
    goto z;
  }
  if (blocksize == 4) {
    for (i = 0; i<2; i ++ ) {
      t = tmp[i];
      for (j = 0; j<8; j ++ , t≫ = 8) {
        s0^ = t; s0 &= 15; s0 = PERM1≫(s0≪2);
        s0 += t≫4; s0 &= 15; s0 = PERM2≫(s0≪2);
      }
    }
  goto z;
}
}
if (blocksize == 5) {
```

```
    tmp[0] = KX[26] + r; tmp[1] = KX[27]; tmp[2] = KX[28];
    HPC_Long_Encryption(tmp,tmp,192,SPICE);
    for (i=0;i<3;i++) {
      t = tmp[i];
      for (j=0;j<7;j++,t>>=9) {
        s0^= t; s0 = s0 & 16 | PERM1>>(s0<<2 & 60) & 15;
        s0^= s0>>3; s0 += t>>5;
        s0 = s0 & 16 | PERM2>>(s0<<2 & 60) & 15;
      }
    }
  goto z;
    }
    if (blocksize ==6) {
      for (i=0;i<6;i++) tmp[i] = KX[16+2 * blocksize +i];
      tmp[0] += r;
      HPC_Long_Encryption (tmp,tmp,384,SPICE);
      for (i=0;i<6;i++) {
        t = tmp[i];
        for (j=0;j<6;j++,t>>=11) {
          s0^= t; s0 = s0 & 48 | PERM1>>(s0<<2 & 60) & 15;
          s0^= s0>>3; s0 += t>>6;
          s0= s0 & 48 | PERM2>>(s0<<2 & 60) & 15;
        }
      }
      goto z;
    }
    if (blocksize <16) {
      lmask4 = lmask>>4; lbm4 = blocksize - 4;
      LBH = (blocksize +1)/2;
      for (i=0;i<8;i++) tmp[i] = KX[16+4 * blocksize + i]^SPICE
  [i];
      tmp[0] += r;
      HPC_Long_Encryption(tmp,tmp,512,SPIZ);
      for (i=0,tmp0=tmp1=tmp[7];i<8;i++) {
        tmp0 += ((tmp0<<21) + (tmp0>>13))^(tmp[i] +KX[16+i]);
```

```
        tmp1^= tmp0;
      }
      tmp[8] = tmp0; tmp[9] = tmp1;
      for (i = 0;i<10;i++) {
        tmp0 = tmp[i]; k = 64/(blocksize≪1);
        if (64% (blocksize≪1)>0) k++;
        for (j = 0;j<k;j++) {
          s0 += tmp0; t = s0 & 15; s0≫= 4; s0^= KX[16 * i + t];
          s0 &= lmask4; s0 |= t≪lbm4; s0^= s0≫LBH;
          tmp0≫= blocksize; s0^= tmp0; s0 += s0≪(LBH + 2);
          s0^= perma[s0 & 15]; s0 += s0≪LBH; tmp0≫= blocksize;
        }
      }
      goto z;
    }
    else { /* blocksize 16 to 35 */
      for (i = 0;i<8;i++)tmp[i] = KX[16 + 4 * blocksize + i]^SPICE
  [i];
      tmp[0] += r;
      HPC_Long_Encryption(tmp,tmp,512,SPIZ);
      for (i = 0,tmp0 = tmp1 = tmp[7];i<8;i++) {
        tmp0 += ((tmp0≪21) + (tmp0≫13))^(tmp[i] + KX[16 + i]);
        tmp1^= tmp0;
      }
      tmp[8] = tmp0; tmp[9] = tmp1;
      for (i = 0;i<10;i++) {
        tmp0 = tmp[i]; k = 64/blocksize; if(64%blocksize>0) k++;
        for (j = 0;j<k;j++,tmp0≫= blocksize){
          s0 += tmp0; t = s0&255; s0≫= 8; s0^= KX[t];
          s0 &= lmask≫8; s0|= t≪ (blocksize - 8);
        }
      }
    }
  z:CB[0] = (CB[0] & ~lmask) | ((s0 + KX[blocksize + 8]) & lmask);
  }
```

(2) HPC_Short_Encryption ()

```
HPC_Short_Encryption (UD64 * PB, UD64 * CB, int blocksize, UD64
SPICE[8])
{UD64 lmask, s0; int i, GAP, LBH, LBQ, LBT;
 lmask  = 0xFFFFFFFFFFFFFFFF ≫(64 - blocksize);
 s0 = (PB[0] + KX[blocksize]) & lmask;
 LBH = (blocksize + 1)/2;  LBQ = (LBH + 1)/2;
 LBT = (blocksize + LBQ)/4 + 2;
 GAP = 64 - blocksize;
 for (i = 0; i<8; i++)
 HPC_Short_Encryption_RoundFunction(s0, blocksize, lmask, i, GAP,
 LBH, LBQ, LBT);
 s0 += KX[blocksize + 8];  s0 &= lmask;  CB[0] = (CB[0] &~lmask)
 ^s0;
}
```

(3) HPC_Medium_Encryption ()

```
HPC_Medium_Encryption (UD64 * PB, UD64 * CB, int blocksize,
UD64 SPICE[8])
{UD64 lmask, s0, s1; int i;
 lmask = 0xFFFFFFFFFFFFFFFF≫(128 - blocksize);
 s0 = PB[0] + KX[blocksize];  s1 = (PB[1] + KX[blocksize + 1])&
 lmask;
 for (i = 0; i<8; i++)
   HPC_Medium_Encryption_RoundFunction(s0, s1, blocksize, lmask,
   i);
 CB[0] = s0 + KX[blocksize + 8];
 CB[1] = (CB[1]&~lmask) | ((s1 + KX[blocksize + 9])& lmask);
}
```

(4) HPC_Long_Encryption ()

```
HPC_Long_Encryption (UD64 * PB, UD64 * CB, int blocksize, UD64
SPICE[8])
{UD64 lmask, s0, s1, s2, s3, s4, s5, s6, s7; int i, lwd;
 s0 = PB[0] + KX[blocksize];  s1 = (PB[1] + KX[blocksize + 1])&
 lmask;
 lwd = (blocksize + 63)/64;
```

```
lmask = 0xFFFFFFFFFFFFFFFF≫((-blocksize)& 63);
t = blocksize & 255;
s0 = PB[0] + KX[t]; s1 = PB[1] + KX[t+1];
s7 = (PB[lwd-1] + KX[t+7]) & lmask;  /* 剩余部分总是放在 s7 中 */
if (lwd>3) s2 = PB[2] + KX[t+2];
if (lwd>4) s3 = PB[3] + KX[t+3];
if (lwd>5) s4 = PB[4] + KX[t+4];
if (lwd>6) s5 = PB[5] + KX[t+5];
if (lwd>7) s6 = PB[6] + KX[t+6];
for (i=0;i<8; i++)
   HPC_Long_Encryption_RoundFunction(s0,s1,s2,s3,s4,s5,s6,s7,
   blocksize,lmask,i);
CB[0] = s0 + KX[blocksize+8]; CB[1] = s1 + KX[blocksize+9];
if (lwd>3)CB[2] = s2 + KX[blocksize+10];
if (lwd>4)CB[3] = s3 + KX[blocksize+11];
if (lwd>5)CB[4] = s4 + KX[blocksize+12];
if (lwd>6)CB[5] = s5 + KX[blocksize+13];
if (lwd>7)CB[6] = s6 + KX[blocksize+14];
CB[lwd-1] = (CB[lwd-1]&~lmask)|((s7 + KX[blocksize+15])&
lmask);
}
```

(5) HPC_Extended_Encryption ()

```
HPC_Extended_Encryption(UD64 * PB, UD64 * CB, int blocksize,
UD64 SPICE[8])
{UD64 lmask,s0,s1,s2,s3,s4,s5,s6,s7,k,kk,t,tt,ttt,swz;
 int lwd,lfrag,i,q,qmsk;
 lwd = (blocksize+63)/64; lfrag = blocksize - 64 * (lwd-1);
 lmask = 0xFFFFFFFFFFFFFFFF; t = blocksize & 255;
 for (qmsk = 8; qmsk<lwd; qmsk≪= 1) {}; qmsk--;
 for (i = swz = 0; swz<= qmsk; i++) swz = swizpoly[i];
 s0 = PB[0] + KX[t]; s1 = PB[1] + KX[t+1]; s2 = PB[2] + KX[t+2];
 s3 = PB[3] + KX[t+3]; s4 = PB[4] + KX[t+4];  s5 = PB[5] + KX[t
 +5];
 s6 = PB[6] + KX[t+6];   s7 = PB[7] + KX[t+7];
```

```
  for (i=0;i<3;i++) HPC_Extended_Encryption_RoundFunction (s0,
  s1,s2,s3,s4,s5,s6,s7,blocksize,lmask,i,SPICE);
  i=0; q=7;
case2:CB[q]=((~lmask)&CB[q]) | s7; q++;
   if (q==lwd-1) lmask=0xFFFFFFFFFFFFFFFF ≫(64-lfrag);
   if (q<lwd) {
     s7=PB[q] & lmask;
     HPC_Extended_Encryption_RoundFunction(s0,s1,s2,s3,s4,s5,s6,
     s7,blocksize,lmask,i,SPICE);
     goto case2;
   }
   s7=CB[7]; lmask=0xFFFFFFFFFFFFFFFF;
   HPC_Extended_Encryption_RoundFunction(s0,s1,s2,s3,s4,s5,s6,
   s7,blocksize,lmask,i,SPICE); s0+=blocksize;
   for (i=0;i<2;i++) HPC_Extended_Encryption_RoundFunction
   (s0,s1,s2,s3,s4,s5,s6,s7,blocksize,lmask,i,SPICE);
   s0+=blocksize;  i=0; q=0; CB[7]=s7;
 case4: if (q){
   if (q!= lwd-1)CB[q]=s7;
   else {
     CB[q]=((~lmask)&CB[q]) | s7;
     lmask =0xFFFFFFFFFFFFFFFF;
   };
   };
   do {q=((q≪2)+q+1)&qmsk;} while ( q&&(q>=lwd || q<8));
   if (q==lwd-1) lmask=0xFFFFFFFFFFFFFFFF≫(64-lfrag);
   if (q) {
     s7=CB[q] & lmask;
     HPC_Extended_Encryption_RoundFunction(s0,s1,s2,s3,s4,s5,s6,
     s7,blocksize,lmask,i,SPICE);
     goto case4;
   }
   s7=ctx[7]; /* lmask=0xFFFFFFFFFFFFFFFF; */
   i=1;
   HPC_Extended_Encryption_RoundFunction(s0,s1,s2,s3,s4,s5,s6,
```

```
    s7,blocksize,lmask,i,SPICE);
    s0 += blocksize;
    for (i = 0; i<2; i ++ ) HPC_Extended_Encryption_RoundFunction
    (s0,s1,s2,s3,s4,s5,s6,s7,blocksize,lmask,i,SPICE);
    s0 += blocksize; i=0; q=1; CB[7]=s7; qmsk++;
  case6: if (q>1) {
    if (q! =lwd-1)CB[q]=s7;
    else {
        CB[q]=((~lmask) & CB[q])|s7;
        lmask=0xFFFFFFFFFFFFFFFF;
    };
  };
  do {q<<=1; if (q & qmsk) q^= swz; } while (q>1 && (q>=lwd ||
q<8));
  if (q==lwd-1) lmask=0xFFFFFFFFFFFFFFFF>>(64-lfrag);
  if (q>1) {
    s7=CB[q] & lmask;
    HPC_Extended_Encryption_RoundFunction(s0,s1,s2,s3,s4,s5,s6,
    s7,blocksize,lmask,i,SPICE);
    goto case6;
  }
  s7=CB[7];  /* lmask=0xFFFFFFFFFFFFFFFF; */
  HPC_Extended_Encryption_RoundFunction(s0,s1,s2,s3,s4,s5,s6,
  s7,blocksize,lmask,i,SPICE);
  for (i=0;i<3; i++) HPC_Extended_Encryption_RoundFunction
  (s0,s1,s2,s3,s4,s5,s6,s7,blocksize,lmask,i,SPICE);
  t =blocksize &255;
  CB[0]=s0+KX[t+8];  CB[1]=s1+KX[t+9];
  CB[2]=s2+KX[t+10];  CB[3]=s3+KX[t+11];
  CB[4]=s4+KX[t+12];  CB[5]=s5+KX[t+13];
  CB[6]=s6+KX[t+14]; CB[7]=s7+KX[t+15];
}
```

(6) HPC_ Encryption ()

```
HPC_Encryption (int blocksize)
{UD64 *PB, *CB; int i;
```

```
 if (blocksize<=35) {
    PB[0]←blocksize 比特长明文;
    HPC_Tiny_Encryption(PB,CB,blocksize,SPICE);
 }
if (blocksize>=36 && blocksize<=64) {
   PB[0]←blocksize 比特长明文;
   HPC_Short_Encryption(PB,CB,blocksize,SPICE);
 }
if (blocksize>=65 && blocksize<=128) {
   PB[0]←开头 64 比特明文;
   PB[1] ←后面(blocksize-64)比特长明文;
   HPC_Medium_Encryption(PB,CB,blocksize,SPICE);
 }
if (blocksize>=129 && blocksize<=512) {
   lwd=(blocksize+63)/64;
/*将 blocksize 比特长明文 M 划分成 lwd 个字块,前 lwd-1 个字块 M0,
M1,…,Mlwd-2均为 64 比特长,最后一个字块 Mlwd-1为 blocksize-64*
(lwd-1)比特长。*/
for(i=0; i<lwd; i++) PB[i] ← Mi;
   HPC_Long_Encryption(PB,CB,blocksize,SPICE);
 }
else {    // blocksize>=513
   lwd=(blocksize+63)/64;
/*将 blocksize 比特长明文 M 划分成 lwd 个字块,前 lwd-1 个字块 M0,
M1,…,Mlwd-2均为 64 比特长,最后一个字块 Mlwd-1为 blocksize-64*
(lwd-1)比特长。*/
      for(i=0; i<lwd; i++) PB[i] ← Mi;
      HPC_Extended_Encryption(PB,CB,blocksize,SPICE);
   }
 }
```

4. 解密

输入字块是密文,输出字块是明文。

(1) HPC_Tiny_Decryption ()

HPC_Tiny_Decryption (CB,PB,blocksize,SPICE)

```
UD64 CB[],PB[],SPICE[];
int blocksize;
{UD64 lmask, s0, k, t, t2, u, tmp[10], tmp0, tmp1;  int i, j, lbm4,
 LBH, r;
 r = blocksize≫6;  blocksize &= 63;
 if (blocksize == 0) return;
 lmask = 0xFFFFFFFFFFFFFFFF ≫(64 - blocksize);
 s0 = (CB[0] - KX[blocksize + 8]) & lmask;
 if (blocksize< = 4) {
  tmp[0] = KX[16 + 2 * blocksize] + r; tmp[1] = KX[17 + 2 *
  blocksize];
  HPC_Medium_Encryption (tmp,tmp,128,SPICE);
  if (blocksize == 1)  {      /* 1 比特时,解密 == 加密 */
    t = u = tmp[0] + tmp[1]; t2 = tmp[1];
    t += t2≫25; if (t<u) t2 + + ; t^ = t≫55; t^ = t2≪9;
    t2^ = t2≫55; t += t≫34; t += t2≪30; t^ = t≫21;
    t += t≫13; t^ = t≫8; t += t≫5; t^ = t≫3;
    t += t≫2; t^ = t≫1; t += t≫1; s0^ = t; goto z;
  }
  if (blocksize = = 2) {
    for (i = 1;i> = 0;i -- ) {
      t = tmp[i];
      for (j = 60;j> = 0;j -= 4) {
        s0 &= 3; s0 += s0≪2; s0≫ = 1;
        s0 -= t≫(j + 2);  s0^ = t≫j;
      }
    }
    goto z;
  }
  if (blocksize == 3) {
  for (i = 1;i> = 0;i -- ) {
    t = tmp[i];
    for (j = 60;j> = 0;j -= 6) {
      s0 &= 7;  s0 += s0≪3; s0≫ = 1;
      s0 -= t≫(j + 3); s0^ = t≫j;
```

```
      }
    }
    goto z;
  }
  if (blocksize == 4) {
    for (i = 1;i>= 0;i--) {
      t = tmp[i];
      for (j = 56;j>= 0;j -= 8) {
       s0 &= 15; s0 = PERM2I>>(s0<<2);
       s0 -= t>>(j + 4); s0 &= 15;
       s0 = PERM1I>>(s0<<2); s0 ^= t>>j;
      }
    }
    goto z;
  }
}
if (blocksize == 5) {
  tmp[0] = KX[26] + r; tmp[1] = KX[27]; tmp[2] = KX[28];
  HPC_Long_Encryption(tmp,tmp,192,SPICE);
  for (i = 2;i>= 0;i--) {
    t = tmp[i];
    for (j = 54;j>= 0;j -= 9){
      s0 = s0 & 16 | PERM2I>>(s0<<2&60)& 15;
      s0 -= t>>(j + 5); s0^= (s0>>3)& 3;
      s0 = s0&16 | PERM1I>>(s0<<2 & 60) & 15;
      s0 ^= t>>j;
    }
  }
  goto z;
}
if (blocksize == 6) {
  for (i = 0;i<6;i++) tmp[i] = KX[16 + 2 * blocksize + i]; tmp[0] +
= r;
  HPC_Long_Encryption (tmp,tmp,384,SPICE);
  for (i = 5;i>= 0;i--) {
```

```
    t = tmp[i];
    for (j = 55;j>= 0;j -= 11) {
        s0 = s0 & 48|PERM2I>>(s0<<2 & 60) & 15;
        s0 -=  t>>(j+6); s0 ^= (s0>>3) & 7;
        s0 = s0 & 48 | PERM1I>>(s0<<2 &60) & 15;
        s0 ^= t>>j;
    }
  }
  goto z;
 }
 if (blocksize<16) {
  lbm4 = blocksize - 4; LBH = (blocksize + 1)/2;
  for (i = 0;i<8;i ++ ) tmp[i] = KX[16 + 4 * blocksize + i]^SPICE[i];
  tmp[0] += r;
  HPC_Long_Encryption (tmp,tmp,512,SPIZ);
  for (i = 0,tmp0 = tmp1 = tmp[7];i<8;i ++ ) {
    tmp0 += ((tmp0<<21) + (tmp0>>13)) ^ (tmp[i] + KX[16 + i]);
    tmp1 ^= tmp0;
  }
  tmp[8] = tmp0; tmp[9] = tmp1;
  for (i = 9;i>= 0;i -- ) {
    tmp0 = tmp[i]; k = 64/ (blocksize<<1);
    if(64% (blocksize<<1)>0) k ++;
    for (j = 2 * blocksize * (k - 1);j>= 0;j- = 2 * blocksize) {
        s0 - = s0<<LBH; s0 ^= permai[s0 & 15];
        s0 -= s0<<(LBH + 2); s0 ^= (tmp0>>j)>> blocksize;
        s0 &= lmask; s0 ^= s0>>LBH; t = s0>>lbm4;
        s0 ^= KX[16 * i + t]; s0<< = 4; s0 += t; s0 -= tmp0>>j;
    }
  }
  goto z;
}
else {  /* blocksize 16 to 35 */
  for (i = 0;i<8;i ++ ) tmp[i] = KX[16 + 4 * blocksize + i]^SPICE[i];
  tmp[0] += r;
```

```
    HPC_Long_Encryption (tmp,tmp,512,SPIZ);
    for (i=0,tmp0=tmp1=tmp[7];i<8;i++) {
      tmp0 += ((tmp0≪21) + (tmp0≫13))^(tmp[i] + KX[16+i]);
      tmp1 ^= tmp0;
    }
    tmp[8] = tmp0; tmp[9] = tmp1;
    for (i=9;i>=0;i--) {
      tmp0 = tmp[i]; k = 64/ blocksize; if(64%blocksize)>0) k++;
      for (j= blocksize * (k-1);j>=0;j-= blocksize) {
        t = s0≫(blocksize-8); s0 ^= KX[t]; s0≪=8;
    s0 += t; s0 -= tmp0≫j; s0 &= lmask;
        }
      }
    }
   z:PB[0] = (PB[0] & ~lmask) | ((s0 - KX[blocksize]) & lmask);
}
```

(2) HPC_Short_Decryption ()

```
HPC_Short_Encryption (CB,PB,blocksize,SPICE)
UD64 CB[],PB[],SPICE[];
int blocksize;
{UD64 lmask,s0;
 int i,GAP,LBH,LBQ,LBT;
 lmask = 0xFFFFFFFFFFFFFFFF ≫(64 - blocksize);
 s0 = (CB[0] - KX[blocksize + 8]) & lmask;
 LBH = (blocksize + 1)/2; LBQ = (LBH + 1)/2;
 LBT = (blocksize + LBQ)/4 + 2;
 GAP = 64 - blocksize;
 for (i=7;i>=0;i--)
     HPC_Short_Decryption_RoundFunction(s0, blocksize, lmask, i,
     GAP,LBH,LBQ,LBT);
  s0 -= KX[blocksize]; s0 &= lmask; PB[0] = (PB[0] &~ lmask)
^ s0;
}
```

(3) HPC_Medium_Decryption ()

```
HPC_Medium_Encryption (CB,PB,blocksize,SPICE)
```

```
UD64 CB[],PB[],SPICE[];
int blocksize;
{UD64 lmask,s0,s1;  int i;
 lmask = 0xFFFFFFFFFFFFFFFF≫(128 - blocksize);
 s0  = CB[0] - KX[blocksize + 8]; s1 = (CB[1] - KX[blocksize + 9]) &
 lmask;
 for (i = 7;i> = 0;i -- )
    HPC_Medium_Decryption_RoundFunction(s0,s1,blocksize,lmask,
    i);
  PB[0] = s0 - KX[blocksize];
  PB[1] = (CB[1]&~lmask)|((s1 - KX[blocksize + 1])& lmask);
}
```

(4) HPC_Long_Dencryption ()

```
HPC_Long_Encryption (CB,PB,blocksize,SPICE)
UD64 CB[],PB[],SPICE[];
int blocksize;
{UD64 lmask,s0,s1,s2,s3,s4,s5,s6,s7;   int i,lwd;
 s0 = PB[0] + KX[blocksize]; s1 = (PB[1] +  KX[blocksize + 1])&
 lmask;
 lwd = (blocksize  + 63)/64;
 lmask = 0xFFFFFFFFFFFFFFFF≫(( - blocksize)& 63);
 t = blocksize & 255;
 s0 = CB[0] - KX[t + 8]; s1 = CB[1] - KX[t + 9];
 s7 = (CB[lwd - 1] - KX[t + 15]) & lmask;  /*剩余部分总是放在 s7
                                                              中*/
 if (lwd>3) s2 = CB[2] + KX[t + 10];
 if (lwd>4) s3 = CB[3] + KX[t + 11];
 if (lwd>5) s4 = CB[4] + KX[t + 12];
 if (lwd>6) s5 = CB[5] + KX[t + 13];
 if (lwd>7) s6 = CB[6] + KX[t + 14];
for (i = 7;i> = 0;i --()
    HPC_Long_Decryption_RoundFunction(s0,s1,s2,s3,s4,s5,s6,s7,
    blocksize,lmask,i);
  t = blocksize&255;
  PB[0] = s0 - KX[t]; PB[1] = s1 - KX[t + 1];
```

```
  if (lwd>3)PB[2] = s2 - KX[blocksize + 2];
  if (lwd>4)PB[3] = s3 - KX[blocksize + 3];
  if (lwd>5)PB[4] = s4 - KX[blocksize + 4];
  if (lwd>6)PB[5] = s5 - KX[blocksize + 5];
  if (lwd>7) PB[6] = s6 - KX[blocksize + 6];
  PB[lwd - 1] = (PB[lwd - 1] &~lmask) | ((s7 + KX[t + 7]) & lmask);
}
```

(5) HPC_Extended_Decryption ()

```
HPC_Extended_Decryption(UD64 * CB, UD64 * PB, int blocksize,
UD64 SPICE[8])
{UD64 lmask,s0,s1,s2,s3,s4,s5,s6,s7,k,kk,t,tt,ttt,swz;
 int lwd,lfrag,i,q,qq,qmsk;
 lwd = (blocksize +63)/64; lfrag = blocksize - 64 * (lwd - 1);
 lmask = 0xFFFFFFFFFFFFFFFF;   t = blocksize & 255;
 for (qmsk = 8; qmsk<lwd; qmsk<<= 1) {}; qmsk -- ;
 for (i = swz = 0; swz<= qmsk; i++) swz = swizpoly[i];
 s0 = CB[0] - KX[t + 8]; s1 = CB[1] - KX[t + 9]; s2 = CB[2] - KX[t
 + 10];
 s3 = CB[3] - KX[t + 11]; s4 = CB[4] - KX[t + 12]; s5 = CB[5] - KX
 [t + 13];
 s6 = CB[6] - KX[t + 14]; s7 = CB[7] - KX[t + 15];
 for (i = 2; i>= 0; i --) HPC_Extended_Decryption_RoundFunction
 (s0,s1,s2,s3,s4,s5,s6,s7,blocksize,lmask,i,SPICE);
 i = 0; q = 1;
 HPC_Extended_Decryption_RoundFunction(s0,s1,s2,s3,s4,s5,s6,s7,
 blocksize,lmask,i,SPICE);
 PB[7] = s7;
case6:
  do {if(q & 1) q^= swz; q>>= 1; } while (q>1 && (q>= lwd || q<
  8));
  if (q>1) {
     if (q == lwd - 1) lmask = 0xFFFFFFFFFFFFFFFF >>(64 - lfrag);
     s7 = PB[q] & lmask;
     HPC_Extended_Decryption_RoundFunction(s0, s1, s2, s3, s4, s5,
     s6,s7,blocksize,lmask,i,SPICE);
```

```
    if (q ! = lwd - 1)PB[q] = s7;
    else {PB[q] = ((~lmask) & PB[q]) | s7;
    lmask = 0xFFFFFFFFFFFFFFFF; }
    goto case6;
  };
  /* lmask = 0xFFFFFFFFFFFFFFFF; */
  s7 = PB[7];  s0 -= blocksize;
  for (i=1;i>=0;i--)HPC_Extended_Decryption_RoundFunction
  (s0,s1,s2,s3,s4,s5,s6,s7,blocksize,lmask,i,SPICE);
  s0 -= blocksize;  q=0; i=1;
  /* lmask = 0xFFFFFFFFFFFFFFFF;qmsk = bunch of 1s */
  HPC_Extended_Decryption_RoundFunction(s0,s1,s2,s3,s4,s5,s6,
  s7,blocksize,lmask,i,SPICE);
  i=0; PB[7] = s7;
case4:
  do { q--;qq=q≪2; qq+=qq≪1; qq+=qq≪4; qq+=qq≪8;
  qq+=qq≪16;q=(q+qq)&qmsk;
  }while ( q&&(q>=lwd || q<8));
  if (q==lwd-1) lmask=0xFFFFFFFFFFFFFFFF≫(64-lfrag);
  if (q) {
    s7=PB[q] & lmask;
    HPC_Extended_Decryption_RoundFunction(s0,s1,s2,s3,s4,s5,
    s6,s7,blocksize,lmask,i,SPICE);
    if (q! = lwd-1)PB[q] = s7;
    else {PB[q] = ((~lmask) & PB[q]) | s7;
    lmask = 0xFFFFFFFFFFFFFFFF; };
    goto case4;
  }
  /* lmask = 0xFFFFFFFFFFFFFFFF; */
  s7=PB[7];  s0 -= blocksize;
  for (i=1;i>=0;i--)HPC_Extended_Decryption_RoundFunction
  (s0,s1,s2,s3,s4,s5,s6,s7,blocksize,lmask,i,SPICE);
  s0 -= blocksize;  i=0;
  HPC_Extended_Decryption_RoundFunction(s0,s1,s2,s3,s4,s5,s6,
  s7,blocksize,lmask,i,SPICE);
```

```
    PB[7]=s7;
    q=lwd-1; lmask =0xFFFFFFFFFFFFFFFF≫(64-lfrag);
case2:
    s7 =PB[q] & lmask;
    HPC_Extended_Decryption_RoundFunction(s0,s1,s2,s3,s4,s5,s6,
    s7,blocksize,lmask,i,SPICE);
    PB[q]=((~lmask) & PB[q]) | s7;
    lmask=0xFFFFFFFFFFFFFFFF;
    q--; if (q>7) goto case2;
    s7 =PB[7];
    for (i=2;i>=0;i--)HPC_Extended_Decryption_RoundFunction
    (s0,s1,s2,s3,s4,s5,s6,s7,blocksize,lmask,i,SPICE);
    t =blocksize &255;
    PB[0]= s0-KX[t]; PB[1]=s1-KX[t+1];
    PB[2]=s2-KX[t+2]; PB[3]=s3-KX[t+3];
    PB[4]=s4-KX[t+4]; PB[5]=s5-KX[t+5];
    PB[6]=s6-KX[t+6]; PB[7]=s7-KX[t+7];
  }
```

(6) HPC_Decryption ()

```
HPC_Decryption (int blocksize)
{UD64 *CB, *PB;   int i;
 if (blocksize<=35) {
     CB[0]←blocksize 比特长密文;
     HPC_Tiny_Decryption(CB,PB,blocksize,SPICE);
   }
   if (blocksize>=36 && blocksize<=64) {
     CB[0]←blocksize 比特长密文;
     HPC_Short_Decryption(PB,CB,blocksize,SPICE);
   }
   if (blocksize>=65 && blocksize<=128) {
     CB[0]←开头 64 比特密文;
     CB[1] ←后面 blocksize-64 比特长密文;
     HPC_Medium_Decryption(CB,PB,blocksize,SPICE);
   }
   if (blocksize>=129 && blocksize<=512) {
```

```
  lwd = (blocksize + 63)/64;
 /* 将 blocksize 比特长密文 C 划分成 lwd 个字块，前 lwd - 1 个字块
 C0,C1,…,Clwd-2均为 64 比特长，最后一个字块 Clwd-1为 blocksize - 64
 *(lwd - 1)比特长。 */
 for (i = 0; i<lwd; i++) CB[i] ← Ci;
 HPC_Long_Decryption(CB, PB, blocksize, SPICE);
 }
 else {    // blocksize>=513
  lwd = (blocksize + 63)/64;
 /* 将 blocksize 比特长密文 C 划分成 lwd 个字块，前 lwd - 1 个字块
 C0,C1,…,Clwd-2均为 64 比特长，最后一个字块 Clwd-1为 blocksize - 64
 *(lwd - 1)比特长。 */
 for(i = 0; i<lwd; i++) CB[i] ← Ci;
 HPC_Extended_Decryption(CB, PB, blocksize, SPICE);
}
}
```

5. 密钥编排

建立密钥扩展表 KX。

```
UD64 KX[286];
CreatKXTable (int subcipher, int KeyLen, * Key)
{
  int i, j, b, bb;
  KX[0] = PI19 + subcipher;   KX[1] = E19 * KeyLen;
  KX[2] = (R220<<subcipher)^((R220>>(64 - subcipher));
  for (i = 3; i<256; i++)
    KX[i] = KX[i - 1] + ( KX[i - 2]^KX[i - 3]>>23^KX[i - 3]<<41);
    b = KeyLen/64;
    if (KeyLen%64>0) b += 1;
    if (b == 0) StirringFunction(pass);
    else if(b<=128) {
      for (i = 0; i<b; i++) KX[i] ^= Key[i];
      StirringFunction(pass);
    }
```

```
    else {    // b>128
      bb = b / 128;   r = b % 128;
      for(j = 0; j<bb; j++) {
      for(i = 0; i<128; i++) KX[i] ^= Key[128 * j + i];
        StirringFunction(pass);
      }
      for(i = 0; i<r; i++) KX[i] ^= Key[128 * bb + i];
      StirringFunction(pass);
    }
  for(i = 0; i<30; i++) KX[256 + i] = KX[i];
}
```

参看 advanced encryption standard (AES),block cipher。

hybrid cellular automata　混合型细胞自动机

指细胞自动机的各级反馈函数不完全相同。

参看 cellular automata。

比较 uniform cellular automata。

hybrid encryption　混合加密

与对称加密算法相比,非对称加密方案通常速度慢,消息空间较小。因此,实际使用时,非对称加密方案通常只用来加密一个随机生成的对称密钥,这个对称密钥被用来加密较长的消息。使用这种技术的非对称加密方案称为混合加密方案。KEM-DEM 模式是这种想法的形式化。

参看 asymmetric cryptographic system, KEM-DEM cryptosystems, symmetric cryptographic system,symmetric key。

hybrid encryption scheme　混合加密方案

混合加密方案由两个组成部分:一个是 KEM(密钥密封机制),使用一个非对称加密来加密一个对称密钥;另一个是 DEM(数据密封机制),使用对称技术(一个"数字封套")来保护大量数据的秘密和完整性。

参看 data encapsulation mechanism (DEM), data integrity, digital enveloping,key encapsulation mechanism (KEM),secrecy。

hybrid protocol　混合协议

既使用非对称技术又使用对称技术的协议。例如,贝勒-雅克比密钥传送协议。

参看 Beller-Yacobi key transport (4-pass)。

hypothesis testing　假设检验

统计假设检验是一个过程，它基于随机变量的观测值，得出是接受统计假设 H_0，还是拒绝统计假设 H_0。这种检验仅仅为通过数据和假设的对照得出的证据的强度提供一种测度；因此，检验的结论不是确定的，而是概率的。

参看 random variable，statistical hypothesis。

I

IC card　IC 卡

同 chipcard。

IDEA block cipher　IDEA 分组密码

来学嘉和 J. 梅西于 1990 年公布的一种分组密码算法。分组长度为 64 比特,密钥长度为 128 比特,同一个算法既可用于加密,也可用于解密。IDEA 既使用混乱技术又使用扩散技术。该算法的设计原则是一种“来自于不同代数群的混合运算”。三个代数群进行混合运算,无论用硬件还是软件,它们都易于实现。对于两个长度为 16 比特的子块 a 和 b 的三种基本运算分别是 XOR(异或):$a \oplus b$;模 2^{16} 加:$a + b \pmod{65\,536}$,算法中用 $a \boxplus b$ 来表示;模 $2^{16}+1$ 乘(实际上应是模 $2^{16}+1$ 整数集合 $\mathbb{Z}_{65\,537}$ 的乘法群 $\mathbb{Z}^*_{65\,537}\{1, 2, \cdots, 65\,536\}$ 上的乘法运算,只不过把 65 536 这个元素用 0 来表示,以便用 16 比特就能表示该元素):$ab \pmod{65\,537}$,算法中用 $a \odot b$ 来表示。IDEA 算法框图如图 I.1 所示。

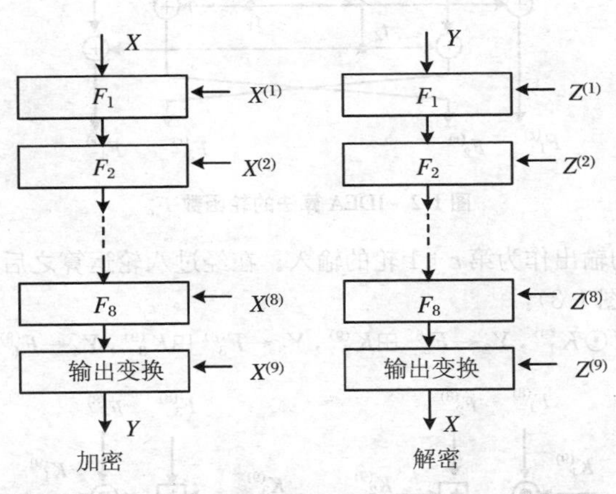

图 I.1　IDEA 算法框图

64 比特的输入数据块 $X = (x_1 x_2 \cdots x_{64})$ 被划分成四个 16 比特子块:$X_1 = (x_1 \cdots x_{16})$,$X_2 = (x_{17} \cdots x_{32})$,$X_3 = (x_{33} \cdots x_{48})$ 和 $X_4 = (x_{49} \cdots x_{64})$,这四个子块成为算法的输入。算法总共有八轮,外加一个输出变换。最后输出 64 比特的数据块 $Y = (y_1 y_2 \cdots y_{64})$,且分成四个 16 比特子块:$Y_1 = (y_1 \cdots y_{16})$,$Y_2 =$

$(y_{17}\cdots y_{32})$，$Y_3=(y_{33}\cdots y_{48})$和 $Y_4=(y_{49}\cdots y_{64})$。第 r 轮使用的子密钥$K^{(r)}$被划分成六个 16 比特子块：$K_1^{(r)}$，$K_2^{(r)}$，$K_3^{(r)}$，$K_4^{(r)}$，$K_5^{(r)}$ 和 $K_6^{(r)}$。

第 r 轮轮函数F_r(图 I.2)用形式语言描述如下：

输入：$X_i^{(r)}\in GF(2^{16})$ $(i=1,2,3,4)$；$K_j^{(r)}\in GF(2^{16})$ $(j=1,2,\cdots,6)$。

输出：$F_i^{(r)}\in GF(2^{16})$ $(i=1,2,3,4)$。

begin

$T_1\leftarrow X_1^{(r)}\odot K_1^{(r)}$，$T_2\leftarrow X_2^{(r)}\boxplus K_2^{(r)}$

$T_3\leftarrow X_3^{(r)}\boxplus K_3^{(r)}$，$T_4\leftarrow X_4^{(r)}\odot K_4^{(r)}$

$t_0\leftarrow(T_1\oplus T_3)\odot K_5^{(r)}$，$t_1\leftarrow((T_2\oplus T_4)\boxplus t_0)\odot K_6^{(r)}$，$t_2\leftarrow t_0\boxplus t_1$

$F_1^{(r)}\leftarrow T_1\oplus t_1$，$F_2^{(r)}\leftarrow T_3\oplus t_1$，$F_3^{(r)}\leftarrow T_2\oplus t_2$，$F_4^{(r)}\leftarrow T_4\oplus t_2$

end

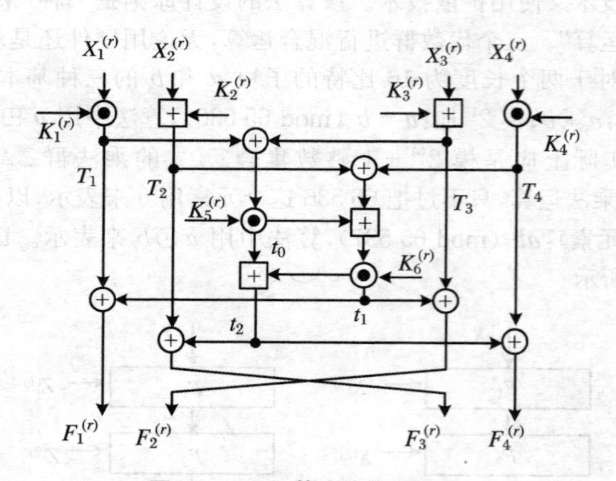

图 I.2 IDEA 算法的轮函数 F_r

第 r 轮的输出作为第$r+1$ 轮的输入。在经过八轮运算之后，有一个最终的输出变换(图 I.3)：

$Y_1\leftarrow F_1^{(8)}\odot K_1^{(9)}$，$Y_2\leftarrow F_2^{(8)}\boxplus K_2^{(9)}$，$Y_3\leftarrow F_3^{(8)}\boxplus K_3^{(9)}$，$Y_4\leftarrow F_4^{(8)}\odot K_4^{(9)}$。

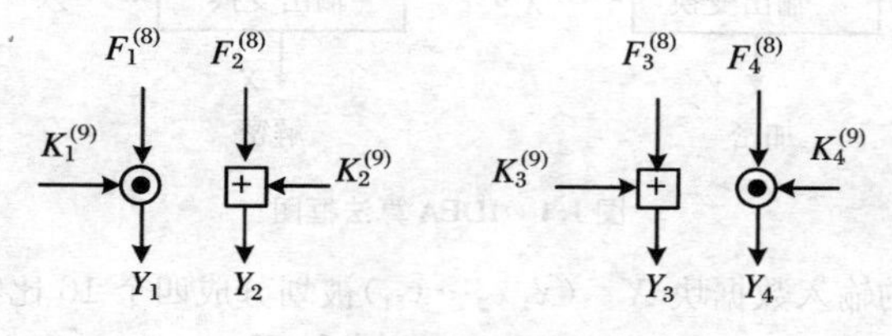

图 I.3 IDEA 算法的输出变换

最后，这四个子块重新连接到一起产生 64 比特的输出数据块 Y。

产生子密钥也是很容易的。这个算法用了 52 个子密钥(八轮中的每一轮需要六个,且其他四个用于输出变换)。首先,将 128 比特的密钥分成八个 16 比特子密钥。这些是算法的第一批八个子密钥(第一轮的六个,第二轮的前两个)。然后,密钥左环移 25 比特后再分成八个子密钥。开始四个用在第二轮;后面四个用在第三轮。密钥再次左环移 25 比特生成另外八个子密钥,如此进行直到算法结束。

解密过程和加密过程基本上一样(如图 I.1 所示),只是解密子密钥有些不同,解密子密钥要么是加密子密钥的加法逆,要么是乘法逆。计算子密钥要花点时间,但对每一个解密,解密子密钥只需做一次。表 I.1 给出了加密子密钥和相对应的解密子密钥。

表 I.1 IDEA 的加密子密钥和解密子密钥

轮次 r	加密子密钥 $K_1^{(r)}$ $K_2^{(r)}$ $K_3^{(r)}$ $K_4^{(r)}$ $K_5^{(r)}$ $K_6^{(r)}$	解密子密钥 $Z_1^{(r)}$ $Z_2^{(r)}$ $Z_3^{(r)}$ $Z_4^{(r)}$ $Z_5^{(r)}$ $Z_6^{(r)}$
1	$K_1^{(1)}$ $K_2^{(1)}$ $K_3^{(1)}$ $K_4^{(1)}$ $K_5^{(1)}$ $K_6^{(1)}$	$(K_1^{(9)})^{-1}$ $-K_2^{(9)}$ $-K_3^{(9)}$ $(K_4^{(9)})^{-1}$ $K_5^{(8)}$ $K_6^{(8)}$
2	$K_1^{(2)}$ $K_2^{(2)}$ $K_3^{(2)}$ $K_4^{(2)}$ $K_5^{(2)}$ $K_6^{(2)}$	$(K_1^{(8)})^{-1}$ $-K_3^{(8)}$ $-K_2^{(8)}$ $(K_4^{(8)})^{-1}$ $K_5^{(7)}$ $K_6^{(7)}$
3	$K_1^{(3)}$ $K_2^{(3)}$ $K_3^{(3)}$ $K_4^{(3)}$ $K_5^{(3)}$ $K_6^{(3)}$	$(K_1^{(7)})^{-1}$ $-K_3^{(7)}$ $-K_2^{(7)}$ $(K_4^{(7)})^{-1}$ $K_5^{(6)}$ $K_6^{(6)}$
4	$K_1^{(4)}$ $K_2^{(4)}$ $K_3^{(4)}$ $K_4^{(4)}$ $K_5^{(4)}$ $K_6^{(4)}$	$(K_1^{(6)})^{-1}$ $-K_3^{(6)}$ $-K_2^{(6)}$ $(K_4^{(6)})^{-1}$ $K_5^{(5)}$ $K_6^{(5)}$
5	$K_1^{(5)}$ $K_2^{(5)}$ $K_3^{(5)}$ $K_4^{(5)}$ $K_5^{(5)}$ $K_6^{(5)}$	$(K_1^{(5)})^{-1}$ $-K_3^{(5)}$ $-K_2^{(5)}$ $(K_4^{(5)})^{-1}$ $K_5^{(4)}$ $K_6^{(4)}$
6	$K_1^{(6)}$ $K_2^{(6)}$ $K_3^{(6)}$ $K_4^{(6)}$ $K_5^{(6)}$ $K_6^{(6)}$	$(K_1^{(4)})^{-1}$ $-K_3^{(4)}$ $-K_2^{(4)}$ $(K_4^{(4)})^{-1}$ $K_5^{(3)}$ $K_6^{(3)}$
7	$K_1^{(7)}$ $K_2^{(7)}$ $K_3^{(7)}$ $K_4^{(7)}$ $K_5^{(7)}$ $K_6^{(7)}$	$(K_1^{(3)})^{-1}$ $-K_3^{(3)}$ $-K_2^{(3)}$ $(K_4^{(3)})^{-1}$ $K_5^{(2)}$ $K_6^{(2)}$
8	$K_1^{(8)}$ $K_2^{(8)}$ $K_3^{(8)}$ $K_4^{(8)}$ $K_5^{(8)}$ $K_6^{(8)}$	$(K_1^{(2)})^{-1}$ $-K_3^{(2)}$ $-K_2^{(2)}$ $(K_4^{(2)})^{-1}$ $K_5^{(1)}$ $K_6^{(1)}$
输出变换	$K_1^{(9)}$ $K_2^{(9)}$ $K_3^{(9)}$ $K_4^{(9)}$	$(K_1^{(1)})^{-1}$ $-K_2^{(1)}$ $-K_3^{(1)}$ $(K_4^{(1)})^{-1}$

IDEA 测试向量:加密样本数据如表 I.2 所示,

表 I.2

	128 比特密钥 $K=(1,2,3,4,5,6,7,8)$						64 比特明文 $M=(0,1,2,3)$			
	轮输出						轮子密钥			
r	$K_1^{(r)}$	$K_2^{(r)}$	$K_3^{(r)}$	$K_4^{(r)}$	$K_5^{(r)}$	$K_6^{(r)}$	X_1	X_2	X_3	X_4
1	0001	0002	0003	0004	0005	0006	00F0	00F5	010A	0105
2	0007	0008	0400	0600	0800	0A00	222F	21B5	F45E	E959
3	0C00	0E00	1000	0200	0010	0014	0F86	39BE	8EE8	1173
4	0018	001C	0020	0004	0008	000C	57DF	AC58	C65B	BA4D

续表

	128 比特密钥 $K=(1,2,3,4,5,6,7,8)$						64 比特明文 $M=(0,1,2,3)$			
	轮输出						轮子密钥			
5	2800	3000	3800	4000	0800	1000	8E81	BA9C	F77F	3A4A
6	1800	2000	0070	0080	0010	0020	6942	9409	E21B	1C64
7	0030	0040	0050	0060	0000	2000	99D0	C7F6	5331	620E
8	4000	6000	8000	A000	C000	E001	0A24	0098	EC6B	4925
9	0080	00C0	0100	0140	—	—	11FB	ED2B	0198	6DE5

IDEA 测试向量:解密样本数据如表 I.3 所示。

表 I.3

	128 比特密钥 $K=(1,2,3,4,5,6,7,8)$						密文 $C=(11FB,ED2B,0198,6DE5)$			
	轮输出						轮子密钥			
r	$K_1^{(r)}$	$K_2^{(r)}$	$K_3^{(r)}$	$K_4^{(r)}$	$K_5^{(r)}$	$K_6^{(r)}$	X_1	X_2	X_3	X_4
1	FE01	FF40	FF00	659A	C000	E001	D98D	D331	27F6	82B8
2	FFFD	8000	A000	CCCC	0000	2000	BC4D	E26B	9449	A576
3	A556	FFB0	FFC0	52AB	0010	0020	0AA4	F7EF	DA9C	24E3
4	554B	FF90	E000	FE01	0800	1000	CA46	FE5B	DC58	116D
5	332D	C800	D000	FFFD	0008	000C	748F	8F08	39DA	45CC
6	4AAB	FFE0	FFE4	C001	0010	0014	3266	045E	2FB5	B02E
7	AA96	F000	F200	FF81	0800	0A00	0690	050A	00FD	1DFA
8	4925	FC00	FFF8	552B	0005	0006	0000	0005	0003	000C
9	0001	FFFE	FFFD	C001	—	—	0000	0001	0002	0003

参看 block cipher,confusion,diffusion,Feistel cipher。

ideal secrecy　理想保密

理想保密体制的唯一解距离(U_d)趋向于无穷大,意味着语言的多余度趋向于零。要消除语言中的全部多余度,事实上是不可能的。因此,这种密码体制是不实用的。但是,这可以提示我们,在设计密码体制(算法)时,应尽量缩小多余度。加密之前先对明文消息进行信源编码就可达到此目的。

参看 ideal secrecy system,theoretical secrecy,unicity distance。

ideal secrecy system　理想保密体制

香农在对理论保密性的研究中得出的一种理论上不可破译的密码体制:

唯一解距离(U_d)趋向于无穷大的密码体制。

参看 ideal secrecy,theoretical secrecy,unicity distance。

ideal secret sharing scheme 理想的秘密共享方案

信息率为1的秘密共享方案。

参看 information rate,secret sharing scheme。

ideal security of unkeyed hash function 无密钥散列函数的理想安全性

如果给定一个散列输出,产生一个原像和一个第二原像都需要大约 2^n 次运算,而产生一个碰撞需要大约 $2^{n/2}$ 次运算,则称一个 n 比特无密钥散列函数具有理想安全性。

参看 collision resistance, preimage resistance, second (2nd)-preimage resistance,unkeyed hash function。

idempotent cryptosystem 幂等的密码体制

如果一个密码体制 S 具有如下特性:$SS = S^2 = S$,则称此密码体制是幂等的;否则,称之为非幂等的密码体制。许多密码体制都是幂等的,例如,移位、替换、仿射、希尔、维吉尼亚和置换密码都是幂等的。

如果一个密码体制 S 是幂等的,那么使用乘积体制 S^2 就没有意义,因为它需要额外的密钥,但不提供更多的密码性能。

参看 affine cipher, cryptographic system, Hill cipher, shift cipher, substitution cipher, transposition cipher, Vigenère cipher。

比较 non-idempotent cryptosystem。

identification 身份识别

信息安全的一个目标任务。为防止假冒攻击采用的一种技术,这种技术使得一个用户能获得另一个用户(申请者)身份确是其声称的身份的保证。最常用的技术是,由一个验证者检验一个消息的正确性,从而说明申请者拥有一个与其真实身份有关联的秘密。这种技术就称为身份识别,或称实体鉴别,或称身份验证。

身份识别协议要求的安全性水平取决于环境和当前的应用。应当考虑"猜测攻击"的成功概率,还应当考虑安装联机或脱机攻击(使用已知的最好技术)所要求的计算量的不同。对局部攻击、远程攻击、脱机或非交互式攻击,应选择不同的安全性参数。

参看 information security, impersonation attack, local attack, non-interactive attack,remote attack。

identity authentication 身份鉴别

一组能验证用户身份的人工过程或自动过程。

参看 identification。

identity-based key establishment　基于身份的密钥编制

如果一个密钥编制协议中所涉及的用户方的身份信息(例如姓名和地址,或者识别指标)被用作该用户的公开密钥,就称之为基于身份的密钥编制协议。一个有关的思想就是将身份信息用作函数的一个输入,这个函数确定编制密钥。

参看 key establishment。

identity-based Feige-Fiat-Shamir signature　基于身份的菲基-菲亚特-沙米尔签名

假设可信第三方(TTP)构造素数 p 和 q,得出 $n=pq$;模数 n 为系统中所有实体共用。这样就可以把菲基-菲亚特-沙米尔签名方案修改成基于身份的签名方案。实体 A 的二进制数字串 I_A 含有识别 A 的信息。TTP 计算 $v_j = f(I_A \| j)$ $(1 \leqslant j \leqslant k)$,其中 $f: \{0,1\}^* \to Q_n$ 是一个单向散列函数,j 是以二进制表示的,并计算 $v_j^{-1} (\mathrm{mod}\ n)$ 的平方根 $s_j (1 \leqslant j \leqslant k)$。A 的公开密钥简单地是身份信息 I_A,而 A 的秘密密钥就是 k 元组 $(s_1, s_2, \cdots, s_k)$,它是由 TTP 安全、秘密地传递给 A 的。函数 h, f 和模数 n 都是全系统共用的。

这种修改的有益之处是公开密钥从一个较小的量 I_A 产生,减小了存储及传输耗费。但其不利之处是实体的秘密密钥为 TTP 所知,模数 n 成了全系统共用的量,使之成为引人注意的目标。

参看 Feige-Fiat-Shamir signature scheme, one-way hash function (OWHF), trusted third party (TTP)。

identity-based system　基于身份的系统

一个基于身份的密码系统是一个非对称系统。在此系统中,一个实体的公开身份识别信息(唯一名称)扮演其公开密钥的作用,并且由一个可信机构 T 用作输入并与 T 的秘密密钥一道来计算该实体对应的秘密密钥。

参看 identity-based Feige-Fiat-Shamir signature。

identity cipher　恒等密码

明文和密文等同的一种密码(加密方案)。

参看 encryption scheme。

identity verification　身份验证

同 identification。

image of a function　函数的像

函数 $f: X \to Y$ 的上域 Y 中的那些至少有一个原像的所有元素组成的集

合称为 f 的像，表示为 $\mathrm{Im}(f)$。

参看 function。

impersonation　假冒，冒名顶替

一个实体（可以是某个人、某个组织、某台计算机终端，或者某个事件）声称自己是另一个不同实体的行为。例如，一个未被授权的用户企图访问一个系统，伪装成另一个已被授权的用户。为防止假冒，可以采用身份识别技术。

参看 identification。

impersonation attacks on identification　对身份识别的假冒攻击

对身份识别协议的攻击方法。可以通过重放、交错、反射或者强制延迟等攻击类型来进行假冒。如果敌手能够发现一个实体的长期（秘密的）密钥资料（例如，使用选择文本攻击来发现），则假冒就是明显的事了。在不是零知识的协议中，由于申请者使用其秘密密钥计算他的应答，而应答可能会泄露部分信息，因此，这种情况是可能的。而对主动敌人，攻击还涉及敌方自己初始化一个或多个新的协议运行，并且建立、注入或以其他方式更改新的或先前的消息。

参看 claimant, forced delay attacks on identification, identification, impersonation, interleaving attacks on identification, keying material, long-term key, reflection attacks on identification, replay attacks on identification, response。

impersonator　假冒者

一个未被授权的第三方用户。它伪装成另一个已被授权的合法用户企图访问一个系统。

参看 impersonation attack。

implicit key authentication　隐式密钥鉴别

由于密钥鉴别不涉及第二用户的任何作用。因此，有时更确切地称这种密钥鉴别为隐式密钥鉴别。

参看 key authentication。

implicitly-certified public key　隐式证明的公开密钥

分配公开密钥的一种途径。使用此种途径的系统和使用公开密钥证书的系统大不相同，也和基于身份的系统大不相同。这种系统中存在显式用户公开密钥，但是公开密钥必须被重构，而不是像基于证书的系统中那样通过公开密钥证书来传送。设计带有隐式证明的公开密钥的系统，要使得：

① 实体的公开密钥可以根据公开数据进行重构（实质上是替换一个证书）；

② 公开数据（根据它可重构一个公开密钥）包括：与一个可信方 T 相联系

的公开(即系统)数据、用户实体的身份(或身份识别信息,例如名称和地址)、附加的每个用户的公开数据(重构公开数据);

③ 重构公开密钥的完整性是不可直接验证的,但是仅从可靠的用户公开数据就能恢复一个“正确的”公开密钥。

关于重构公开密钥的可靠性,系统设计必须确保:

① 一个用户身份或重构公开数据的变动导致恢复一个不可靠的公开密钥,这引起拒绝服务,但不是密码暴露。

② 一个敌人(在不知道 T 的秘密数据的情况下)计算对应于任意一个用户公开密钥的秘密密钥是计算上不可行的,或者为能计算对应的秘密密钥构造一个匹配的用户身份及重构公开数据也是计算上不可行的。因此,由结构对重构公开密钥进行隐式鉴别。

有两类隐式证明的公开密钥:一类是基于身份的公开密钥;一类是自动证明的公开密钥。

参看 Girault self-certified public key, Günther's implicitly-certified public key。

impossible differentials attack　不可能差分攻击

一种选择明文攻击方法。不可能差分利用概率为 0(或非常小)的特征或差分。其基本思想是:利用概率为 0(或者非常小)的特征或差分,排除能导致这些结果的候选密钥,再结合其他方法测试剩下的候选密钥,从而得出正确的密钥方法。在不可能差分攻击中主要利用的是整个密码算法中扩散层的特性。在密码算法的设计中,若扩散层扩散不完全就有可能产生漏洞。

参看 AES block cipher, chosen plaintext attack。

imprint　印记

同 message digest。

improved PES (IPES)　改进的 PES

即 IDEA 分组密码。

参看 IDEA block cipher。

in clear　明发

以明文形式发出报文。

参看 cleartext。

incremental hashing　增量散列

由贝莱尔(M. Bellare)、戈德莱克(O. Goldreich)与戈德瓦泽(S. Goldwasser)引入的一种计算散列值的思想。它包括:计算数据的一个散列值,然后在改变数据后更新那个散列值;其目标是:更新所要求的计算正比于变化量。

参看 hash function，hash value。

independent events 独立事件

如果 $P(E_1 \cap E_2) = P(E_1)P(E_2)$，则两个事件 E_1 和 E_2 称为是独立的。这就是说，如果两个事件 E_1 和 E_2 是独立的，则其中一个事件的发生不影响另一个事件发生的概率，因此有 $P(E_1|E_2) = P(E_1)$，$P(E_2|E_1) = P(E_2)$。

参看 conditional probability。

index-calculus algorithm 指标计算算法

这是已知的、计算离散对数最强有力的计算算法。此算法要求，首先在循环群 G 的元素中选择一个相对小的子集合 S（称 S 为因子基），以这种方法使得，G 中一部分有意义的元素能被有效地表示成 S 中元素的乘积。

循环群 G 上离散对数的指标计算算法

输入：一个阶为 n 的循环群 G 的生成元 α 及一个元素 $\beta \in G$。

输出：离散对数 $x = \log_\alpha \beta$。

IC1 （选择一个因子基 S）选择 G 的一个子集合 $S = \{p_1, p_2, \cdots, p_t\}$，使得 G 中所有元素的有意义部分都能被有效地表示成 S 中元素的乘积。

IC2 收集涉及 S 中元素的对数的线性关系。

IC2.1 选择一个随机整数 k $(0 \leqslant k \leqslant n-1)$，并计算 α^k。

IC2.2 尝试把 α^k 写成 S 中元素的乘积：$\alpha^k = \prod_{i=1}^{t} p_i^{c_i}$，$c_i \geqslant 0$。如果成功，则将这个式子两边取对数，得到线性方程

$$k \equiv \sum_{i=1}^{t} c_i \log_\alpha p_i \pmod{n}$$

IC2.3 重复步骤 IC2.1 和步骤 IC2.2，直到得到 $t+c$ 个上述形式的线性方程（c 是个小整数，例如 $c = 10$，使得由 $t+c$ 个关系给出的方程组高概率地具有唯一解）。

IC3 （求 S 中元素的对数）进行模 n 运算，解上一步中收集到的具有 t 个未知量的 $t+c$ 个方程组成的线性方程组，得到 $\log_\alpha p_i$ $(1 \leqslant i \leqslant t)$。

IC4 计算 y。

IC4.1 选择一个随机整数 k $(0 \leqslant k \leqslant n-1)$，并计算 $\beta \cdot \alpha^k$。

IC4.2 尝试把 $\beta \cdot \alpha^k$ 写成 S 中元素的乘积：$\beta \cdot \alpha^k = \prod_{i=1}^{t} p_i^{d_i}$ $(d_i \geqslant 0)$。如果尝试不成功，则重复步骤 IC4.1。否则，将这个式子两边取对数，得到 $y = \log_\alpha \beta = \left(\sum_{i=1}^{t} d_i \log_\alpha p_i - k\right) \pmod{n}$；返回 (y)。

当循环群 G 为 $\mathbb{Z}_p^*$ 或 $\mathbb{F}_q^*$（其中 $q = 2^m$）时，其上离散对数的指标计算算法

的运行时间(即时间复杂度)为 $L_q[1/2,c]$,其中 $q=p$(p 是素数)或 $q=2^m$,$c>0$ 是一常数。

参看 cyclic group, discrete logarithm problem (DLP), subexponential-time algorithm。

indexing set for signing　签署的指标集合

用于标识指定的签名变换的集合。

参看 signing transformation。

index of coincidence (I.C.)　重合指数

著名的密码学家威廉・弗雷德里克・弗里德曼(William Frederick Friedman)于 1920 年提出的密码分析技术中的一个概念。

重合指数是密文样本中的字母相对频数的一种测度,它通过确定周期 t(可以代替卡西斯基法)使对多表密码的破译分析变得更加容易。

参看 coincidence, Kasiski's method。

indifferent chosen-ciphertext attack　无差别选择密文攻击

在分析公开密钥密码体制时,无差别选择密文攻击是选择密文攻击的一种。敌人备有其选择的任意密文的解密,但是这些密文必须在接收目标密文之前被选择,而这些目标密文是敌人实际上想要解密的。

参看 chosen-ciphertext attack。

比较 adaptive chosen-ciphertext attack。

indistinguishable probability distributions　不可区分概率分布

参看 distinguishable probability distributions。

information rate　信息率

对于秘密共享方案而言,一个特殊用户的信息率就是比特大小的比率:共享秘密的大小/用户秘密份额的大小。一个秘密共享方案本身的信息率就是所有用户的信息率中的最小信息率。信息率用来度量秘密共享方案的效率。

参看 secret sharing scheme。

information security　信息安全

对信息资源实施保护,使其免遭偶然的或有意的(未经授权的)泄露、窜改、破坏,或避免丧失对信息的处理能力。信息安全随着情况和要求的不同在许多方面都有表现。和信息安全有关的一些目标任务如下:

・机密性——保持信息秘密,防止所有人都看到它,但允许被授权的人看它。

・数据完整性——确保信息未被未授权或未知方法的修改。

· 实体鉴别或识别——一个实体(例如一个人、一个计算机终端、一张信用卡等)的身份的证实。

· 消息鉴别——证实信息源;也称之为数据源鉴别。

· 签名——把信息和一个实体连接在一起的方法。

· 授权——把法定认可做某种事或是某种东西的权力转让给另一个实体。

· 确认——提供授权使用或维护信息或资源的时间性的一种方法。

· 访问控制——把对资源的访问限制到特权实体。

· 认证——一个可信实体的信息担保。

· 时间标志——记录信息建立或存在的时间。

· 证据——由一个实体而不是建立者来验证信息的建立或存在。

· 收据——承认信息已被收到。

· 证实——承认已提供了服务。

· 所有权——为一个实体提供使用或传送一种资源给其他实体的合法权利的一种方法。

· 匿名——隐蔽某个过程中所涉及的一个实体的身份。

· 不可否认——防止否认以前的承诺或动作。

· 撤销——撤销证书或授权。

单单通过数学算法和协议往往是不可能达到信息安全的目标的,而是要求程序性技术和法律的遵守才能达到希望的结果。

参看 access control,anonymity,authorization,certification(2),confidentiality,confirmation,data integrity,entity authentication,message authentication,nonrepudiation,ownership,receipt,revocation,signature,timestamp,validation,witnessing。

information security service　信息安全业务,信息安全服务

提供某一特殊安全状况的方法。例如,传输数据的完整性是一安全目标,而确保传输数据的完整性的方法就是一种信息安全业务。

参看 information security。

information-theoretic analysis　信息论分析

密码协议分析的常用方法之一。这种方法使用涉及熵关系的数学证明来证明协议是无条件安全的。在某些情况下,这包括部分秘密被泄露的情况。模仿敌人拥有无限的计算资源。而无条件安全性毕竟是所希望的,由于一些原因,这种方法不可应用于大多数实际方案。这些包括:许多方案(例如基于公开密钥技术的那些方案)最好也不过是计算上安全的;而信息论方案典型地或是涉及实际不大的密钥规模,或是密钥只能使用一次。这种方法不能和计算复杂性论证组合在一起,这是由于它允许无限的计算。

参看 computationally secure,unconditionally security。

information theory 信息论

(1) 通信的数学理论,它涉及信息率、信道容量、噪声以及其他影响信息传输的因素。

(2) 信息论中熵和互信息的概念及其性质在密码学中是非常重要的。无论是密码编码学还是密码分析学,都需要信息论理论的指导。

参看 conditional entropy,conditional mutual information,entropy,joint entropy,mutual information。

initial contents 初始内容,初始状态,初态

同 initial state。

initial chaining value 初始链接值

一个随机常数。在迭代散列函数中用于初始化链接值 H_0。

参看 iterated hash function。

initialization vector 初始化向量

(1) 在密码编码中,用作加密一数据序列的起始点的一个数称作初始化向量,以便通过引入附加的密码变化来增加安全性,并使密码设备同步;

(2) 在密码编码中,紧接在加密或解密输入序列之前,序列密码中的移位寄存器的状态,或者带有链接的分组密码的移位寄存器的状态,称作初始化向量。

参看 cipher synchronization,cryptography,encryption,modes of operation for a block cipher,stream cipher。

initializing variable 初始化变量

同 initialization vector。

initial state 初始状态,初态

L 级反馈移位寄存器(FSR)(线性反馈移位寄存器(LFSR)或非线性反馈移位寄存器(NLFSR))的 L 个延迟单元的初始内容$(s_{L-1},s_{L-2},\cdots,s_1,s_0)$,称作这个 FSR(LFSR 或 NLFSR)的初始状态(简称初态)。

参看 feedback shift register(FSR),linear feedback shift register (LFSR),nonlinear feedback shift register (NLFSR)。

injective function 内射函数

同 one-to-one function。

in-line trusted third party 线上可信第三方

一类可信第三方。可信第三方T位于通信双方A和B的中间,充当A和B通信的实时工具。如图I.4所示。

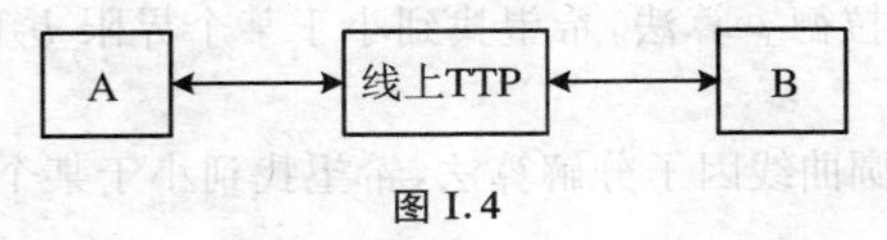

图I.4

参看 trusted third party (TTP)。

比较 off-line trusted third party, on-line trusted third party。

inner product　内积

令 $x=(x_1,x_2,\cdots,x_n)$ 和 $y=(y_1,y_2,\cdots,y_n)$ 是 n 维实数空间 $\mathbb{R}^n$ 中的两个向量。x 和 y 的内积就是实数 $\langle x,y\rangle = x_1y_1+x_2y_2+\cdots+x_ny_n$。

inner product space　内积空间

同 unitary space。

in plain language　以明语发报

同 in clear。

input size　输入大小,输入规模

使用一个适当的编码方案表示普通二进制符号中的输入所需要的总的比特数。偶尔,也有将输入中的项数当作输入大小。

参看 binary representation。

insider　局内人

通过某种特权工具(例如,物理访问私人计算机资源、共谋等)能访问附加信息(例如会话密钥或部分秘密信息)的敌人。

参看 adversary。

比较 outsider。

integer　整数

整数集合 $\{\cdots,-3,-2,-1,0,1,2,3,\cdots\}$ 用符号 $\mathbb{Z}$ 来表示。

integer factorization　整数因子分解

当前许多密码技术的安全性取决于大整数因子分解的难解性。比如RSA公开密钥加密方案、RSA数字签名方案、拉宾公开密钥加密方案等。到目前为止,数学家们提出了一些因子分解算法。例如,针对特殊形式的整数 n 提出的专用因子分解算法有:试除法、波拉德 ρ 算法、波拉德 $p-1$ 算法、椭圆曲线因子分解算法、特定数域筛法;针对一般形式的整数 n 提出的通用因子分解算法有:二次筛法、一般数域筛法。

当人们面临一个大整数 n 因子分解问题时，一般采取的策略如下：

首先，应用试除法，用小于某个界限 b_1 的小素数去试除 n。

其次，应用波拉德 ρ 算法，希望找到小于某个界限 b_2 的任意小素数，$b_2 > b_1$。

再次，应用椭圆曲线因子分解算法，希望找到小于某个界限 b_3 的任意小素数，$b_3 > b_2$。

最后，应用一种更强的通用因子分解算法，如二次筛法或一般数域筛法。

参看 elliptic curve factoring algorithm, general number field sieve, general-purpose factoring algorithm, integer factorization problem, Pollard's $p-1$ algorithm, Pollard's rho algorithm, quadratic sieve factoring algorithm, special number field sieve, special-purpose factoring algorithm, trial division。

integer factorization problem　整数因子分解问题

给定一个整数 n，求它的素因子分解；也就是说，写出 $n = p_1^{e_1} p_2^{e_2} \cdots p_k^{e_k}$，其中 p_i 是两两不同的素数，且每个 $e_i \geqslant 1$。

参看 integer, prime number。

integers modulo *n*　模 *n* 整数

令 n 是一个正整数。模 n 整数，用 $\mathbb{Z}_n$ 表示，是整数集合 $\{0,1,2,\cdots,n-1\}$ 的等价类。$\mathbb{Z}_n$ 中的加法、减法和乘法都执行模 n 运算。

如果 n 是一个素数，则 $\mathbb{Z}_n$ 是一个有限域，一般用 $\mathbb{Z}_p$ 或 $\mathbb{F}_p$ 来表示。

参看 finite field, modular arithmetic。

integral attack　积分攻击

同 integral cryptanalysis。

integral cryptanalysis　积分密码分析

积分攻击是克努森（L. Knudsen）和瓦格纳（D. Wagner）在总结平方攻击、渗透攻击和多重集合攻击的基础上，提出的一种密码分析方法。

积分密码分析可以看成是差分密码分析的孪生方法，并可以将之应用于能抗击差分攻击的那些密码。这种方法特别能应用于那些仅使用双射分量的分组密码。

在差分密码分析中，人们考虑到（对）值之间的差分的扩散。而在积分密码分析中，人们考虑到（许多）值之和的扩散。

下面采用国防科技大学李超教授领导的课题组在《分组密码的攻击与实例分析》（科学出版社，2010）一书中介绍的积分攻击的原理。

积分攻击考虑一系列状态求和，考虑到在特征为 2 的有限域上，差分的定义就是两个元素的求和，高阶差分是在一个线性子空间上求和，因此积分攻击可以看作差分攻击的一种推广，而高阶差分密码分析又可以看作积分攻击的一个特例。

积分攻击的最主要环节是寻找积分区分器。

1. 基本概念

积分攻击通过对满足特定形式的明文加密，然后对密文求和（称之为积分），通过积分值的非随机性将一个密码算法与随机置换区分开。

定义 1 设 $f(x)$ 是从集合 A 到集合 B 的映射，$V \subseteq A$，则 $f(x)$ 在集合 V 上的积分定义为

$$\int_V f = \sum_{x \in V} f(x)。$$

通常在找到 r 轮积分区分器后，为方便攻击，需要将区分器的轮数进行扩展，这就是高阶积分的概念。

定义 2 设 f 是从集合 $A_1 \times A_2 \times \cdots \times A_k$ 到集合 B 的映射，$V_1 \times V_2 \times \cdots \times V_k \subseteq A_1 \times A_2 \times \cdots \times A_k$，则 f 在集合 $V_1 \times V_2 \times \cdots \times V_k$ 上的 k 阶积分定义为

$$\int_{V_1 \times \cdots \times V_k} f = \sum_{x_1 \in V_1} \cdots \sum_{x_k \in V_k} f(x_1, \cdots, x_k)。$$

例 1 若对任意的常数 c_1, c_2 和 c_3，f 的一阶积分为 $\sum_x f(x, c_1, c_2, c_3) = 0$，则 f 的二阶积分为

$$\sum_x \sum_y f(x, y, c_2, c_3) = \sum_y \left(\sum_x f(x, y, c_2, c_3) \right) = 0。$$

在特征为 2 的有限域上，高阶差分就是在一个特定的线性子空间上求和，因此根据定义，高阶差分可以看作积分攻击的一个特殊情形。积分攻击的主要目的就是找到一个特定的集合 V，对于相应的密文 $c(x)$ $(x \in V)$，计算相应的积分值 $\int_V c$。首先看随机的情形。

性质 1 若 X_i $(0 \leqslant i \leqslant t)$ 均为 $GF(2^n)$ 上均匀分布的随机变量，则 $\sum_{i=0}^{t} X_i = a$（其中 a 为某一常数）的概率为 $1/2^n$。

上述性质说明，如果对某些特殊形式明文对应的密文 C_i，能确定 $\sum C_i$ 的值，那就可以将这个算法与随机置换区分开来。这个能将密码算法与随机置换区分开来的区分器称为积分区分器。

计算积分值（寻找区分器）有如下三种方法：一是传统经验判断方法；二是基于多项式理论的代数方法；三是基于比特积分所采用的计数方法。

(1) 经验判断法

下面给出的定义是迪门（Daemen）等分析 SQUARE 密码安全性时提出

的，其中术语“集合”中的元素可以重复，这就是“多重集合(multiset)攻击”名称的由来。

定义 3 若定义在 $GF(2^n)$上的集合 $A=\{a_i|0\leqslant i\leqslant 2^n-1\}$对任意 $i\neq j$ 均有$a_i\neq a_j$，则称 A 为$GF(2^n)$上的活跃集。

定义 4 若定义在 $GF(2^n)$ 上的集合 $B=\{a_i\mid 0\leqslant i\leqslant 2^n-1\}$满足$\sum_{i=0}^{2^n-1}a_i=0$，则称 B 为$GF(2^n)$ 上的平衡集。

定义 5 若定义在 $GF(2^n)$上的集合 $C=\{a_i|0\leqslant i\leqslant 2^n-1\}$对任意 i 均有 $a_i=a_0$，则称 C 为$GF(2^n)$上的稳定集。

下面给出上述集合的一些常用的性质，即寻找一个算法积分区分器时所遵循的基本原则。

性质 2 不同性质字集间的运算满足如下性质：

① 活跃/稳定字集通过双射(如可逆 S 盒、密钥加)后，仍然是活跃/稳定的。

② 通过非线性双射，通常无法确定平衡字集的性质。

③ 活跃字集与活跃字集的和不一定为活跃字集，但一定是平衡字集；活跃字集与稳定字集的和仍然为活跃字集；两个平衡字集的和为平衡字集。

证明 这里只给出活跃字集的和为平衡字集的证明，其他性质的证明比较简单。设 $X=\{x_i|0\leqslant i\leqslant 2^n-1\}$和 $Y=\{y_j|0\leqslant j\leqslant 2^n-1\}$均为活跃字集，则

$$\sum_{i=0}^{2^n-1}(x_i\oplus y_i)=\left(\sum_{i=0}^{2^n-1}x_i\right)\oplus\left(\sum_{i=0}^{2^n-1}y_i\right)=\left(\sum_{a\in GF(2^n)}a\right)\oplus\left(\sum_{b\in GF(2^n)}b\right)=0,$$

即 X,Y 的和为平衡字集。

上述性质中，第二条是寻找积分区分器的“瓶颈”。如果能确定平衡集通过S盒后的性质，那就有可能寻找到更多轮数的积分区分器，这就是代数方法和计数器方法所研究的内容。下面，将用 A,B 和 C 分别代表活跃字集、平衡字集和稳定字集。

(2) *代数方法*

在经验判断时，由于将整体看成一个集合，对其中不同元素的性质考虑较少，比如通常只能确定 $A\oplus A=B$，并不能刻画出更细致的性质。代数方法从元素的角度来研究积分的性质。首先给出有限域上的多项式和多项式函数的区别。

有限域 $GF(q)$ 上的多项式是指 $f(x)=\sum_{i=0}^{N}a_ix^i$，其中 $a_i\in GF(q)$；而有限域 $GF(q)$ 上的多项式函数是指次数$\leqslant q-1$的多项式，因此，$\mathbb{F}_q[x]$中的任意一个多项式 $f(x)$ 都有一个唯一的多项式函数 $g(x)$ 与之对应，即 $g(x)\equiv$

$f(x)(\bmod x^q - x)$。

在下面的分析中，如无特殊说明，多项式均指多项式函数。

定理 1 设多项式 $f(x) = \sum_{i=0}^{q-1} a_i x^i \in \mathbb{F}_q[x]$，其中 q 是某个素数的方幂，则

$$\sum_{x \in \mathbb{F}_q} f(x) = -a_{q-1}。$$

定理 2 若多项式 $f(x) = \sum_{i=0}^{q-1} a_i x^i \in \mathbb{F}_q[x]$ 是置换多项式，则 $a_{q-1} = 0$。

定理 1 说明，要确定加密若干轮后某个字节是否平衡，可以通过研究该字节和相应明文之间的多项式函数的最高项系数。

经验判断法是代数方法的特殊形式，如活跃集对应置换多项式，平衡集则对应多项式最高项系数为 0。

代数方法要求我们对有限域上的多项式理论比较熟悉，比如置换多项式的复合还是置换多项式，置换多项式与常数的和为置换多项式等，这些在寻找特定算法的积分区分器时将会发挥特殊的作用。

(3) 计数方法

基于计数方法求积分值最早由 Z'aba 等提出。由于在基于比特运算的密码算法中，经验判断法和代数方法很难实施，因此 Z'aba 等在 FSE 2008 上提出了基于比特的积分攻击，实际上就是一种特殊的计数方法。

在 $GF(2^n)$ 上，若 $\int_V f = a$，则 $\int_V f^{(i)} = a^{(i)}$，其中 $f^{(i)}(x)$ 和 $a^{(i)}$ 分别表示 $f(x)$ 和 a 的第 i 分量，显然 $f^{(i)}(x), a^{(i)} \in \{0, 1\}$，这说明要确定 $a^{(i)}$ 的值，只需知道在序列 $(f^{(i)}(x))$ 中不同元素出现次数 N 的奇偶性：若 N 为偶数，则 $a^{(i)} = 0$；对于 N 为奇数的情形，通常不能确定相应位置是否平衡。

为了计算序列中元素重复次数的奇偶性，Z'aba 等给出了序列如下不同模式的定义：

定义 6（常量模式） 序列 $(q_0 q_1 \cdots q_{2^n-1})$（其中 $q_i \in \mathbb{F}_2$）为常量模式是指对任意 $1 \leqslant i \leqslant 2^n - 1$，均有 $q_i = q_0$，常量模式记为 c。

定义 7（第一类活跃模式） 序列 $(q_0 q_1 \cdots q_{2^n-1})$（其中 $q_i \in \mathbb{F}_2$）为第一类活跃模式，是指存在 $0 \leqslant t \leqslant n-1$，使得在序列中，$2^t$ 个 0 和 2^t 个 1 交替出现，第一类活跃模式记为 a_t。

定义 8（第二类活跃模式） 序列 $(q_0 q_1 \cdots q_{2^n-1})$（其中 $q_i \in \mathbb{F}_2$）为第二类活跃模式，是指存在 $0 \leqslant t \leqslant n-1$，使得在序列中，相同比特总是连续出现 2^t 次，第二类活跃模式记为 b_t。

定义 9（平衡模式） 若序列 $(q_0 q_1 \cdots q_{2^n-1})$（其中 $q_i \in \mathbb{F}_2$）满足 $\sum_{i=0}^{2^n-1} q_i =$

0,则称该序列平衡。

例 2 (00000000)和(11111111)均是常量模式(c);(00110011)是第一类活跃模式(a_1),同时也是第二类活跃模式(b_1),(00110000)是第二类活跃模式(b_1)。上述四个序列均为平衡模式。

根据定义可知,若一个序列为第一类活跃模式,则该序列一定也为第二类活跃模式,常量模式和第一类活跃模式均为平衡模式;除 b_0外,其余第二类活跃模式均为平衡模式。

下面给出有关上述定义的若干性质。

性质 3 不同模式序列之间的运算遵从以下规律:

① $\alpha \oplus c = \alpha$,其中 $\alpha \in \{c, a_i, b_i\}$;

② $a_i \oplus a_i = c$;

③ $\alpha_i \oplus \beta_i = b_{\min(i,j)}$,$\alpha, \beta \in \{a, b\}$。

可以验证,序列 $T = (0101000101010001)$是平衡序列,但不属于上述 a_i,b_i和c 的任何模式,因此给出如下定义。

定义 10 设序列 $M = (m_0 m_1 \cdots m_{N-1})$,则$(M)_k$表示将序列$M$ 重复k 次后得到的长为$k \times N$ 的序列,即

$$(M)_k = \underbrace{M \cdots M}_{k个}。$$

根据定义,序列 $T = (0101000101010001) = (01010001)_2 = ((01)_2(0)_3 1)_2$。

在具体分析一个算法时,一般不能确定某个位置的具体值,因此,将序列 $M = (m_0 m_1 \cdots m_{N-1})$简记为 $M = (\underbrace{v \cdots v}_{N个})$,其中 v 重复N 次。注意区分$(\underbrace{v \cdots v}_{N个})$和$(v)_k$:前者表示任意 k 个值串联,后者表示同一个值重复 k 次。比如,$\mathbb{F}_2$上任意一个长为 N 的序列均可写成$M = (\underbrace{v \cdots v}_{N个})$的形式,而 $M^* = (v)_N$ 只对应了两个长为N 的序列,即$(\underbrace{0 \cdots 0}_{N个})$和$(\underbrace{1 \cdots 1}_{N个})$。利用这个符号,上述序列又可记为 $T = ((vv)_2(v)_3 v)_2$。

因为上述符号本质上是一种周期刻画,从而可以求出

$$(v_{2^{k_1}} v_{2^{k_1}}) \oplus (v_{2^{k_2}} v_{2^{k_2}}) = ((v_{2^{k_2}} v_{2^{k_2}})_{2^{k_1-k_2-1}} (v_{2^{k_2}} v_{2^{k_2}})_{2^{k_1-k_2-1}}),$$

其中,$k_2 < k_1$,其他各种模式的和可类似求出。另外可以验证,若将一个序列的每个元素都乘以或者加上相同的数,则不改变原有序列的模式。

2. 积分攻击的基本过程

对 r 轮密码实施积分攻击的一般流程如下:

步骤 1 计算某个特殊的 $r-1$ 轮积分值,即寻找区分器;

步骤 2 根据区分器选择相应的明文集合,对其进行加密;

步骤 3　猜测第 r 轮密钥,部分解密后,验证所得中间值的和是否为 $r-1$ 轮积分值,若不是,则淘汰该密钥;

步骤 4　如果有必要,重复上述步骤 2 和步骤 3,直到密钥唯一确定。

根据上述步骤可知,第一步确定 $r-1$ 轮算法的某个积分值是积分攻击能否成功的关键,而选择明文量和部分解密所需要猜测的密钥量是影响攻击复杂度的主要因素。

参看 abelian group, bijection, differential cryptanalysis, higher order differentials cryptanalysis, multiset, multiset attack, saturation attack, square attack。

integrity check value (ICV)　完整性校验值

用于数据完整性机制的散列值。为了能杜绝不能检测出的有意修改,特别将数据完整性机制设计成基于密码散列函数。由密码散列函数得出的散列值有时称为完整性校验值,在有密钥散列函数的情况下,称之为密码校验值。

参看 cryptographic checkvalue, data integrity, hash function, hash value, keyed hash function。

interactive proof system　交互式证明系统

在交互式证明系统中,证明者和验证者之间交换多个消息(询问和应答),这些消息典型地依赖于随机数(理想地应是抛掷公平硬币的结果),证明者 A 和验证者 B 可以保持这些随机数的秘密。证明者的目标是使验证者确信(向验证者证明)一个主张的真实性,例如一个秘密要求的知识。验证者或是接受或是拒绝这个证明。然而,习惯的数学证明符号被更改成交互式博弈,博弈中证明是概率的而不是绝对的;在这个意义上一个证明必须是正确的只有在其具有有界概率的情况下,即使概率可能任意地接近于 1 也是如此。因此,一个交互式证明有时候称为用协议证明。

用于身份识别的交互式证明可以表述为知识证明。A 拥有某个秘密 s,并企图通过正确的应答查询(包括公开已知的输入及商定的函数)使 B 确信它拥有 s 的知识,这种查询要求由 s 的知识来回答。注意,证明 s 的知识与证明这样的 s 存在是不同的,例如,证明 n 的素因子的知识与证明 n 是复合数是不同的。如果一个交互式证明具有完备性和强壮性两种特性,就称之为一个知识证明。

参看 challenge, challenge-response identification, completeness for interactive proof system, response, soundness for interactive proof system。

intercharge key　交换密钥

(1) 在端端加密方案中,由两方用户当作密钥加密密钥用的一种密钥。

(2) 在密钥公证方案中,是一种辅助密钥;它和一个节点或一对节点有关联;用于和用户身份组合在一起构成一个公证密钥,即用来加密数据加密密钥。

参看 key-encrypting key, key notarization, data-encrypting key。

interleaving attack　交错攻击

这种类型的攻击通常涉及一个鉴别协议中的某种形式的假冒。假冒或其他欺骗涉及选择的信息组合,这些信息来自于一个或多个先前或同时(并行会话)在进行的协议执行,包括敌人自己执行的协议运行的可能起点。防止交错攻击的一种对抗措施是,把来自协议运行中的所有消息都链接在一起(例如,使用链式现用值)。

参看 identification, impersonation, nonce。

interleaving attacks on identification　对身份识别的交错攻击

对身份识别协议的一种攻击方法。交错攻击是一种假冒或其他欺骗手段,这种手段首先从一个或多个先前或同时正在进行的协议运行中得到一些信息,然后有选择地组合这些信息。这里包括那些可能由敌人自己发起的一个或多个协议运行。

防止交错攻击的一种对抗措施是,把来自协议运行中的所有消息都链接在一起(例如,使用链式现用值)。

参看 identification, impersonation, nonce。

interleaving attack on key establishment　对密钥编制的交错攻击

攻击密钥编制协议的一种方法。下面举一个有缺陷的鉴别协议来说明。

$$A \to B : r_A, \quad (1)$$

$$A \leftarrow B : r_B, s_B(r_B, r_A, A), \quad (2)$$

$$A \to B : r'_A, s_A(r'_A, r_B, B), \quad (3)$$

其中,s_A表示用户的签名操作,并假定所有用户都拥有其他用户的公开密钥的一个可信拷贝。此协议的用意是,通过A和B分别选择随机数,与签名一起,为新鲜性和实体鉴别提供保证。然而,敌人E能够自称是A,和B一起启动一个协议,而又能够自称是B,和A一起启动另外一个协议,如下所示:

$$E \to B : r_A, \quad (1)$$

$$E \leftarrow B : r_B, s_B(r_B, r_A, A), \quad (2)$$

$$E \to A : r_B, \quad (1')$$

$$E \leftarrow A : r'_A, s_A(r'_A, r_B, B), \quad (2')$$

$$E \to B : r'_A, s_A(r'_A, r_B, B)。 \quad (3)$$

这样一来,就可以把来自后一个协议的消息(2′),用于成功地完成前一个协议，由此，就欺骗了 B，使之相信 E 就是 A（是 A 启动了这个协议）。

由于消息(2)和(3)的对称性，这个攻击是可能的。因此，要阻止这种攻击，可以使它们的结构不同，比如为每个消息绑定一个标识符，或者简单地要求用原始的 r_A 替换(3)中的 r'_A。

参看 authentication protocol，challenge-response identification，digital signature，entity authentication，key establishment，random number，symmetric key。

interloper　未经许可的人，入侵者

同 adversary。

internal vertex　内部顶点

二叉树中的三种类型顶点的一种。每个内部顶点都有两个指向它的边（左边和右边）及一个离开它的边。

参看 binary tree。

international data encryption algorithm（IDEA）　国际数据加密算法

同 IDEA block cipher。

interpolation attack on block cipher　分组密码的插值攻击

基于拉格朗日插值公式思想的一种对分组密码的攻击方法。插值攻击仅对轮数很少或轮函数的次数很低的密码算法有效。如果密文可以表示成明文的一个多项式，根据具体条件，则插值攻击可以给出等价于加密或解密算法的一个变换，或者恢复出最后一轮的子密钥。

假定有一个分组长度为 m 的迭代分组密码。把密文表示为明文的一个多项式，并令 n 表示多项式中系数的个数。如果 $n \leqslant 2^m$，则存在一个插入攻击，时间复杂度为 n，需要 n 个已知明文（这些明文都是用一个秘密密钥 K 加密的），这个攻击找到一个等价于用 K 加密（或解密）的算法。

假定有一个分组长度为 m 的迭代分组密码。把倒数第二轮的输出表示为明文的一个多项式，并令 n 表示该多项式中系数的个数。令 b 表示最后一轮子密钥的比特数。则存在一个插入攻击，时间复杂度为 $2^{b-1}(n+1)$，需要 $n+1$ 个已知（或选择）明文，这个攻击将成功地恢复最后一轮子密钥。

如果攻击中使用中间相会攻击技术，那么就有下述结论：假定有一个分组长度为 m 的 r 轮迭代分组密码。把第 $s(s \leqslant r-1)$ 轮的输出表示为明文的一个多项式，并令 n_1 表示该多项式中系数的个数。同样，把 s 轮的输出表示为第 $r-1$ 轮输出的一个多项式，并令 n_2 表示该多项式中系数的个数。令 $n = n_1 + n_2$，令 b 表示最后一轮子密钥的比特数。则存在一个插入攻击，时间复杂度为 $2^{b-1}(n-1)$，需要 $n-1$ 个已知（或选择）明文，这个攻击将成功地恢复最后一轮子密钥。

参看 complexity of attacks on a block cipher, iterated block cipher, linear cryptanalysis, meet-in-the-middle attack, time complexity。

intersection of sets 集合的交

设 A 和 B 是两个集合,则 A 和 B 的交是集合 $A \cap B = \{x \mid x \in A$ 且 $x \in B\}$。

比较 difference of sets, union of sets。

intersymbol dependence 码间相关性

密码的一个特性:密文字块的每一比特都是输入明文中每一先前比特的充分复杂的函数,密码分组链接(CBC)工作方式就呈现出这种密文——明文的码间相关性。

密文和密钥之间也有这种相关性:密文字块的每一比特都是所有密钥比特的复杂函数。

参看 cipher block chaining (CBC)。

intruder 入侵者

同 adversary。

intruder-in-the-middle attack 中间入侵者攻击

对无鉴别的迪菲-赫尔曼密钥协商的一种攻击。如图 I.5 所示。

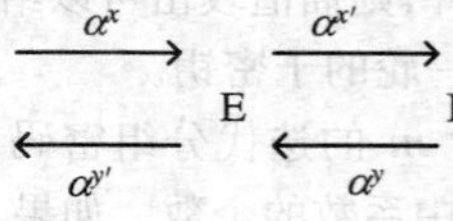

$$A \underset{\alpha^{y'}}{\overset{\alpha^{x}}{\rightleftarrows}} E \underset{\alpha^{y}}{\overset{\alpha^{x'}}{\rightleftarrows}} B$$

图 I.5

两个用户 A 和 B 分别拥有秘密密钥 x 和 y。入侵者 E 建立密钥 x' 和 y'。E 截获 A 发送给 B 的指数 α^{x} 后用 $\alpha^{x'}$ 来替换;截获 B 发送给 A 的指数 α^{y} 后用 $\alpha^{y'}$ 来替换。这样一来,A 形成的会话密钥 $K_{A} = \alpha^{xy'}$;B 形成的会话密钥 $K_{B} = \alpha^{x'y}$。E 能计算这两个会话密钥。以后,当 A 发送一个在 K_{A} 下加密的消息给 B 时,E 截获此消息,用 K_{A} 解密,然后再用 K_{B} 加密,发送给 B。类似地,E 同样能截获 B 加密发送 A 的消息。但此时,A 和 B 还以为他们的通信是安全的。

参看 Diffie-Hellman key agreement。

inverse function 逆函数

如果函数 $f: X \rightarrow Y$ 是一个双射,则可以简单地如下定义一个从 Y 到 X 的双射 g:对于每一个 $y \in Y$ 定义 $g(y) = x$,其中 $x \in X$ 且 $f(x) = y$。函数 g

称为f的逆函数，记为$g=f^{-1}$。图 I.6 示出一个双射函数$f: X\to Y$及其逆函数$g: Y\to X$。

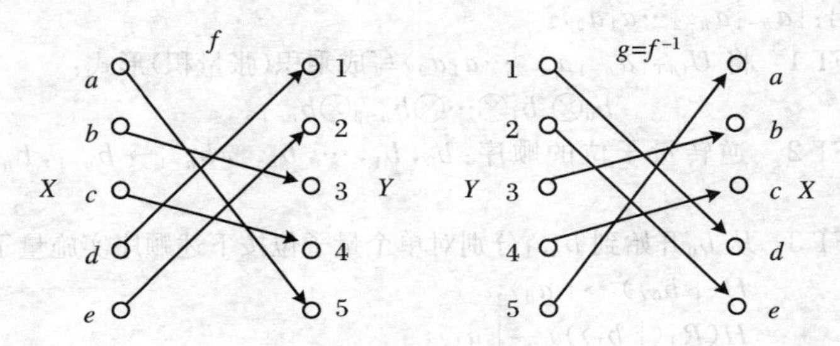

图 I.6

参看 function。

inverse quantum Fourier transform（IQFT） 逆量子傅里叶变换

量子傅里叶变换的逆运算。

$$U_{\mathrm{QFT}}^{-1}\left(\frac{1}{q^{1/2}}\sum_{c=0}^{q-1}\mathrm{e}^{2\pi\mathrm{i}ac/q}\mid c\rangle\right)\to\mid a\rangle。$$

由量子傅里叶变换的乘积形式和实现量子傅里叶变换的有效量子线路可以推出实现逆量子傅里叶变换的有效量子线路(图 I.7)。

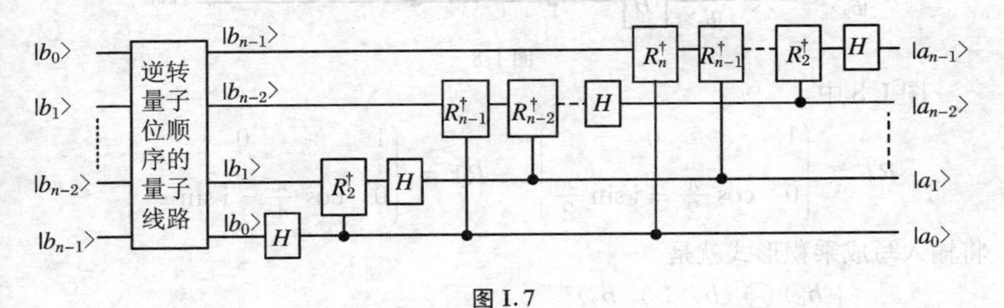

图 I.7

图 I.7 中，H是阿达马门，实施阿达马变换；量子门$R_k^\dagger$是R_k的共轭转置，即$R_k^\dagger R_k=R_kR_k^\dagger=I$。

由于

$$R_k=\begin{pmatrix}1 & 0\\ 0 & \mathrm{e}^{2\pi\mathrm{i}/2^k}\end{pmatrix}=\begin{pmatrix}1 & 0\\ 0 & \cos\dfrac{2\pi}{2^k}+\mathrm{i}\sin\dfrac{2\pi}{2^k}\end{pmatrix},$$

所以

$$R_k^\dagger=\begin{pmatrix}1 & 0\\ 0 & \cos\dfrac{2\pi}{2^k}-\mathrm{i}\sin\dfrac{2\pi}{2^k}\end{pmatrix}。$$

逆量子傅里叶变换

输入：$U_{\mathrm{QFT}}|a_{n-1}a_{n-2}\cdots a_1a_0\rangle$。

输出：$|a_{n-1}a_{n-2}\cdots a_1a_0\rangle$。

IQFT 1　将 $U_{\mathrm{QFT}}|a_{n-1}a_{n-2}\cdots a_1a_0\rangle$写成乘积(张量积)形式：

$$b_0\otimes b_1\otimes\cdots\otimes b_{n-2}\otimes b_{n-1}。$$

IQFT 2　逆转量子位的顺序：$b_0,b_1,\cdots,b_{n-2},b_{n-1}\to b_{n-1},b_{n-2},\cdots,b_1,b_0$。

IQFT 3　从 b_0开始到 b_{n-1}分别对单个量子位按下述顺序实施量子变换：

$$H(|b_0\rangle)\to|a_0\rangle,$$
$$H(R_2^{\dagger}(|b_1\rangle))\to|a_1\rangle,$$
$$\cdots,$$
$$H(R_2^{\dagger}(\cdots(R_{n-1}^{\dagger}(|b_{n-2}\rangle))\cdots))\to|a_{n-2}\rangle,$$
$$H(R_2^{\dagger}(\cdots(R_{n-1}^{\dagger}(R_n^{\dagger}(|b_{n-1}\rangle))\cdots)))\to|a_{n-1}\rangle。$$

例　当 $n=3$ 时，逆量子傅里叶变换的量子线路如图 I.8 所示。

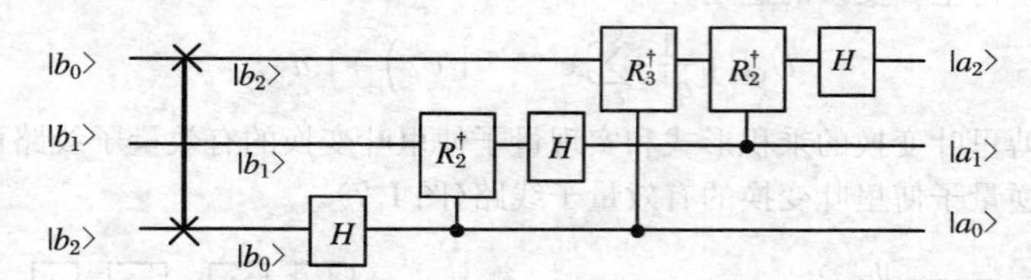

图 I.8

图 I.8 中，

$$R_2^{\dagger}=\begin{pmatrix}1 & 0\\ 0 & \cos\frac{\pi}{2}-\mathrm{i}\sin\frac{\pi}{2}\end{pmatrix},\quad R_3^{\dagger}=\begin{pmatrix}1 & 0\\ 0 & \cos\frac{\pi}{4}-\mathrm{i}\sin\frac{\pi}{4}\end{pmatrix}。$$

将输入写成乘积形式就是

$$|b_0\rangle\otimes|b_1\rangle\otimes|b_2\rangle$$
$$=\frac{1}{\sqrt{2}}(|0\rangle+\mathrm{e}^{2\pi\mathrm{i}\cdot 0.a_0}|1\rangle)\cdot\frac{1}{\sqrt{2}}(|0\rangle+\mathrm{e}^{2\pi\mathrm{i}\cdot 0.a_1a_0}|1\rangle)$$
$$\cdot\frac{1}{\sqrt{2}}(|0\rangle+\mathrm{e}^{2\pi\mathrm{i}\cdot 0.a_2a_1a_0}|1\rangle)。$$

例如，如果

$$U_{\mathrm{QFT}}|a_2a_1a_0\rangle$$
$$=\frac{1}{\sqrt{8}}\{|000\rangle+\mathrm{e}^{3\pi\mathrm{i}/4}|001\rangle-\mathrm{e}^{\pi\mathrm{i}/2}|010\rangle+\mathrm{e}^{\pi\mathrm{i}/4}|011\rangle$$
$$-|100\rangle-\mathrm{e}^{3\pi\mathrm{i}/4}|101\rangle+\mathrm{e}^{\pi\mathrm{i}/2}|110\rangle-\mathrm{e}^{\pi\mathrm{i}/4}|111\rangle\},$$

则其可写成乘积形式

$$\frac{1}{\sqrt{8}}\{(|0\rangle-|1\rangle)\cdot(|0\rangle-\mathrm{e}^{\pi i/2}|1\rangle)\cdot(|0\rangle+\mathrm{e}^{3\pi i/4}|1\rangle)\},$$

从而有

$$|b_0\rangle=\frac{1}{\sqrt{2}}(|0\rangle-|1\rangle),\quad |b_1\rangle=\frac{1}{\sqrt{2}}(|0\rangle-\mathrm{e}^{\pi i/2}|1\rangle),$$

$$|b_2\rangle=\frac{1}{\sqrt{2}}(|0\rangle+\mathrm{e}^{3\pi i/4}|1\rangle)。$$

故可推出

$$H(|b_0\rangle)=H\left(\frac{1}{\sqrt{2}}(|0\rangle-|1\rangle)\right)\to|1\rangle=|a_0\rangle,$$

$$H(R_2^\dagger(|b_1\rangle))=H\left(R_2^\dagger(\frac{1}{\sqrt{2}}(|0\rangle-\mathrm{e}^{\pi i/2}|1\rangle)\right)$$

$$=H\left(\frac{1}{\sqrt{2}}(|0\rangle-|1\rangle)\right)\to|1\rangle=|a_1\rangle,$$

$$H(R_2^\dagger(R_3^\dagger(|b_2\rangle)))=H\left(R_2^\dagger\left(R_3^\dagger\left(\frac{1}{\sqrt{2}}(|0\rangle+\mathrm{e}^{3\pi i/4}|1\rangle)\right)\right)\right)$$

$$=H\left(R_2^\dagger\left(\frac{1}{\sqrt{2}}(|0\rangle+\mathrm{e}^{\pi i/2}|1\rangle)\right)\right)$$

$$=H\left(\frac{1}{\sqrt{2}}(|0\rangle+|1\rangle)\right)\to|0\rangle$$

$$=|a_2\rangle。$$

最后得到$|a_2a_1a_0\rangle=|011\rangle$。

参看 Hadamard transformation, quantum circuits, quantum gates, qubit。

比较 quantum Fourier transform (QFT)。

inversion attack on stream ciphers　对序列密码的反向攻击

戈利克(Golić)对非线性滤波发生器提出的一种攻击方法。

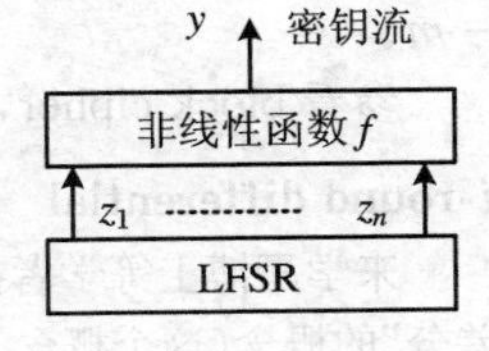

图 I.9

已知条件　线性反馈移位寄存器(LFSR)的 r 次反馈多项式;滤波函数 $f(z_1,z_2,\cdots,z_n)=z_1+g(z_2,z_3,\cdots,z_n)$;抽头序列 $\gamma:\gamma_1,\gamma_2,\cdots,\gamma_n$;一段密钥流序列(图 I.9)。

攻击目的　重新构造 LFSR 的初始状态。

符号约定

输入序列为 $x=(x(t))_{t=-r}^{\infty}=(x(-r),x(-r+1),\cdots,x(-1),x(0),x(1),\cdots)$。

输出序列为 $y=(y(t))_{t=0}^{\infty}=y(0),y(1),\cdots$。

$$y(t)=f(x(t-\gamma_1),x(t-\gamma_2),\cdots,x(t-\gamma_n))\quad(t\geqslant 0)。\tag{1}$$

由滤波函数可得

$$x(t)=y(t)+g(x(t-\gamma_2),\cdots,x(t-\gamma_n))\quad(t\geqslant 0)。\tag{2}$$

攻击步骤

IA1 假定(不预先检验)未知初始状态为 M 比特:$(x(t))_{t=-M}^{-1}$。

IA2 根据密钥流序列的已知序列段$(y(t))_{t=0}^{r-M-1}$,使用公式(2)产生一段输入序列$(x(t))_{t=0}^{r-M-1}$。

IA3 根据开头 r 比特$(x(t))_{t=-M}^{r-M-1}$,使用 LFSR 的线性递归关系产生一个序列$(x(t))_{t=r-M}^{N-1}$。

IA4 根据$(x(t))_{t=r-2M}^{N-1}$,使用公式(1)计算$(y(t))_{t=r-M}^{N-1}$,并且将它和已观察到的$(y(t))_{t=r-M}^{N-1}$相比较。如果两者相同,则接受所假定的初始状态并停止运算;否则,返回到 IA1。

参看 balanced Boolean function,nonlinear filter generator。

inverter 倒频器;反相器

(1) 使用倒频技术的模拟置乱设备。参看 frequency inversion。

(2) "非"门电路。

involution 对合

一类函数。定义如下:令 S 是一个有限集合,并令 f 是一个从 S 到 S 的双射函数(即 $f:S\to S$)。如果 $f=f^{-1}$,则函数 f 称为对合。等价的一种说法就是,对于所有 $x\in S$ 都有 $f(f(x))=x$。

参看 function。

involutory block cipher 对合分组密码

具有对合特性的分组密码算法。假如用 $E_k(m)$表示一个对合分组密码算法,其中 k 表示所用密钥,m 表示被加密的明文消息,则有 $E_k(E_k(m))=m$。

参看 block cipher,involution。

***i*-round differential *i* 轮差分**

来学嘉博士等学者把差分密码分析推广应用到马尔可夫密码时,定义"i 轮差分"的概念(这个概念与伊莱·比汉姆(Eli Biham)等定义的"i 轮特征"不同)。

一个 i 轮差分是一对(α,β),其中 α 是一对不同明文 X 和 X^* 的差,β 是最后得到的第 i 轮输出 Y_i 和 Y_i^* 的可能差。一个 i 轮差分(α,β)的概率是条件概率:当明文 X 和子密钥 $K_1,\cdots,K_i$ 都是独立且均匀随机的时候,已知明文对(X,X^*)具有差分 $\Delta X=\alpha$,在 i 轮后的密文对的差分 $\Delta Y_i=\beta$。把这个差分概率表示为 $P(\Delta Y_i=\beta\mid\Delta X=\alpha)$。

i 轮特征可看作是$(\Delta X,\Delta Y_1,\cdots,\Delta Y_i)$的可能值的一个 $i+1$ 元组$(\alpha,\beta_1,\cdots,\beta_i)$。因此,一个 1 轮特征与一个 1 轮差分相同,而且,一个 i 轮特征确定 i 个差分的一个序列,$(\Delta X,\Delta Y_j)=(\alpha,\beta_j)$。一个 i 轮特征的概率定义为

$$P(\Delta Y_1=\beta_1,\Delta Y_2=\beta_2,\cdots,\Delta Y_i=\beta_i \mid \Delta X=\alpha),$$

其中,明文 X 与子密钥 $K_1,\cdots,K_i$ 是无关且均匀随机的。

参看 difference, differential cryptanalysis, Markov cipher。

比较 n-round characteristic。

irreducible polynomial　不可约多项式

令 $f(x)\in F[x]$(这里 F 是任意一个域)是一个次数至少为 1 的多项式。那么,如果它不能被写成 $F[x]$中的每个都是正次数的两个多项式的乘积,则 $f(x)$称为 F 上的不可约多项式。如果 $f(x)$是$\mathbb{Z}_p$上的不可约多项式,就可以使用 $f(x)$表示有限域 $GF(p^m)=\mathbb{Z}_p[x]/f(x)$的元素,这些元素就是$\mathbb{Z}_p[x]$中所有次数小于 m 的多项式的集合,这里多项式运算(加、乘等)都执行模 $f(x)$运算。

参看 finite field, polynomial, polynomial ring。

比较 reducible polynomial。

irregularly clock-driven shift register　不规则时钟驱动的移位寄存器

同 clock controlled generator。

irreversible encryption　不可逆加密

(1) 一种对明文进行加密变换的方法,按照这种加密变换,要想把已被加密的文本解密恢复成原来的明文,除了采用穷举过程之外别无他法。

(2) 一种只有对明文进行加密变换成密文而没有对应的将密文解密变换成明文的方法。这种加密技术可用于以一种安全的方法存储通行字。以后用户输入的通行字须经相同的加密处理,然后将处理的结果和存储的已被加密的通行字相比较。

参看 exhaustive attack。

isomorphic cryptogram　同文密报

分别用两个不同密钥来加密同一个报文所得到的两个密文。同文密报有可能提供出加密所用体制的密码结构,因此,获得同文密报对密码分析者有利。

参看 cryptosystem。

iterated block cipher　迭代分组密码

一种使用连续重复一个内部函数(称作轮函数)的分组密码。迭代分组密码的参数包括迭代轮数 r、分组长度 n,以及输入密钥 K 的比特数 k,根据 k

比特输入密钥K推导出r个子密钥K_i(轮密钥)。由于可逆性(允许唯一解密),对于每一个子密钥K_i的值,轮函数都是关于轮输入的一个双射。

参看 bijection,block cipher。

iterated cryptosystem　迭代密码体制

如果一个自同态的密码体制S自乘n次,记为S^n,则称之为n次迭代密码体制。使用具有幂等特性的密码体制构造n次迭代密码体制是没有意义的,因为迭代并不提供更多的保密性。因此,迭代密码体制必须使用非幂等的密码体制。这是现代密码编码学中分组密码体制的基本设计思想。

参看 endomorphic cryptosystem,idempotent cryptosystem。

iterated hash function　迭代散列函数

大多数无密钥散列函数h都被设计成迭代处理:首先,将任意长度的输入数据M划分成某个固定长度(比如说k比特长度)的字块,假设可划分成t个k比特长度的字块,则$M = M_1 \| M_2 \| \cdots \| M_t$;如果第$t$个字块$M_t$不完整,即其长度小于$k$,则将$M_t$左边对齐,右边填充"0"以使$M_t$的长度补齐到$k$比特。假设迭代压缩函数用$f$表示,它的输入是上一次计算的$n$比特中间结果$H_{i-1}$和这一次的$k$比特输入字块$M_i$,输出是这一次计算的$n$比特中间结果$H_i$,即$H_i = f(H_{i-1}, M_i)$。当然,应预先指定一个$n$比特初始链接值$IV$。

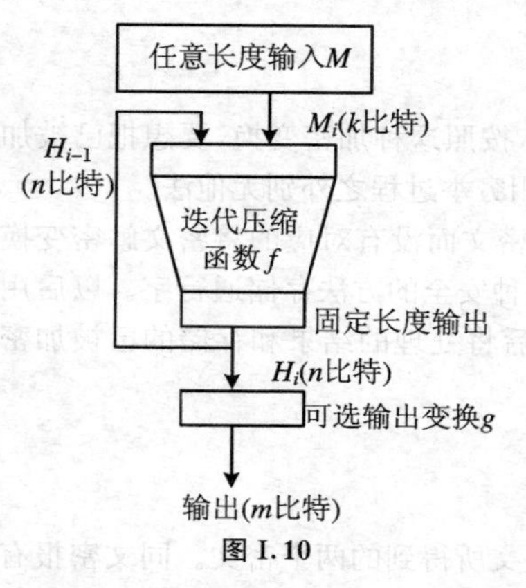

图 I.10

对输入$M = M_1 \| M_2 \| \cdots \| M_t$进行如下迭代运算:$H_0 = IV$;$H_i = f(H_{i-1}, M_i)$ $(1 \leqslant i \leqslant t)$。最后对$H_t$进行输出变换就得到输入$M$的$m$比特散列值,$h(M) = g(H_t)$,这里的$g$是一个把$n$比特变量映射成$m$比特结果的变换,当然$g$也可以是一个恒等映射$g(H_t) = H_t$,不过此时的散列结果是$n$比特值。

迭代散列函数的基本结构可用图I.10说明。

参看 hash function,initial chaining value,unkeyed hash function。

J

Jacobi sum primality test　雅克比和素性检测

这是一种真素性检测。基本思想是:检测一个同余集合。这是费马定理在某些割圆环中的类推。确定一个整数的素性的雅克比和素性检测的运行时间是$O((\ln n)^{c\ln\ln\ln n})$位运算,$c$是某个常数。这种检测算法几乎是一个多项式时间算法,因为对于有意义的n值范围,指数$\ln\ln\ln n$的作用就像一个常数。例如,当$n\leqslant 2^{512}$时,$\ln\ln\ln n<1.78$。雅克比和素性检测实际中使用的版本是一个随机化算法,它对每一个$k\geqslant 1$都至少以$1-(1/2)^k$的概率在$O(k(\ln n)^{c\ln\ln\ln n})$步之内终止,并且总是给出一个正确答案。这种算法的一个缺陷是:不能产生一个"凭证",以便使之能在比运行算法本身短得多的时间内检验答案。这个素性检测算法复杂但实用,特别是检测数百十进制数字长的数的素性时,只需几分钟计算机时。

参看 Fermat's theorem, polynomial-time algorithm, primality test。

Jacobi symbol　雅克比符号

雅克比符号则是把勒让德符号推广到整数n是一个奇数但不必是素数的情况。

令$n\geqslant 3$是一个奇数,其素因子分解为$n=p_1^{e_1}p_2^{e_2}\cdots p_k^{e_k}$,$a$是一个整数。那么,雅克比符号$\left(\frac{a}{n}\right)$定义为:$\left(\frac{a}{n}\right)=\left(\frac{a}{p_1}\right)^{e_1}\left(\frac{a}{p_2}\right)^{e_2}\cdots\left(\frac{a}{p_k}\right)^{e_k}$。可以看出,当$n$为素数时,雅克比符号就正好是勒让德符号。

令$m\geqslant 3$,$n\geqslant 3$都是奇整数,且$a,b\in\mathbb{Z}$。那么,雅克比符号具有如下特性:

① $\left(\frac{a}{n}\right)=0,1$或$-1$。此外,$\left(\frac{a}{n}\right)=0$当且仅当$\gcd(a,n)\neq 1$。

② $\left(\frac{ab}{n}\right)=\left(\frac{a}{n}\right)\left(\frac{b}{n}\right)$。因此,如果$a\in\mathbb{Z}_n^*$,则$\left(\frac{a^2}{n}\right)=1$。

③ $\left(\frac{a}{mn}\right)=\left(\frac{a}{m}\right)\left(\frac{a}{n}\right)$。

④ 如果$a\equiv b \pmod n$,则$\left(\frac{a}{n}\right)=\left(\frac{b}{n}\right)$。

⑤ $\left(\frac{1}{n}\right)=1$。

⑥ $\left(\frac{-1}{n}\right)=(-1)^{(n-1)/2}$。因此,当 $n\equiv1\pmod 4$时,$\left(\frac{-1}{n}\right)=1$;当 $n\equiv 3\pmod 4$时,$\left(\frac{-1}{n}\right)=-1$。

⑦ $\left(\frac{2}{n}\right)=(-1)^{(n^2-1)/8}$。因此,当 $n\equiv1$ 或 $7\pmod 8$时,$\left(\frac{2}{n}\right)=1$;当 $n\equiv 3$ 或 $5\pmod 8$时,$\left(\frac{2}{n}\right)=-1$。

⑧ $\left(\frac{m}{n}\right)=\left(\frac{n}{m}\right)(-1)^{(m-1)(n-1)/4}$。换句话说,只要 m 和 n 不都是模 4 同余于 3,就有$\left(\frac{m}{n}\right)=\left(\frac{n}{m}\right)$;否则,$\left(\frac{m}{n}\right)=-\left(\frac{n}{m}\right)$。

参看 Legendre symbol。

Jacobi symbol computation　雅克比符号计算

由雅克比符号的特性可得出,如果 n 是一个奇数,且 $a=2^e a_1$,其中 a_1是一个奇数,则$\left(\frac{a}{n}\right)=\left(\frac{2^e}{n}\right)\left(\frac{a_1}{n}\right)=\left(\frac{2}{n}\right)^e\left(\frac{n \pmod{a_1}}{a_1}\right)(-1)^{(a_1-1)(n-1)/4}$。由此可得出计算雅克比符号的递归算法如下。

雅克比符号计算:JACOBI(a,n)

输入:一个奇整数 $n\geqslant3$,一个整数 a $(0\leqslant a<n)$。

输出:雅克比符号$\left(\frac{a}{n}\right)$。

JS1　如果 $a=0$,则返回(0)。

JS2　如果 $a=1$,则返回(1)。

JS3　记 $a=2^e a_1$,其中 a_1是一个奇数。

JS4　如果 e 是偶数,则置 $s\leftarrow1$。否则,当 $n\equiv1$ 或 $7\pmod 8$时,置 $s\leftarrow1$;当 $n\equiv3$ 或 $5\pmod 8$时,置 $s\leftarrow-1$。

JS5　如果 $n\equiv3\pmod 4$且 $a_1\equiv3\pmod 4$,则置 $s\leftarrow -s$。

JS6　置 $n_1\leftarrow n \pmod{a_1}$。

JS7　返回($s\cdot$JACOBI(n_1,a_1))。

上述算法的运行时间是 $O((\log_2 n)^2)$位运算。

参看 Jacobi symbol。

jargon code　专门隐语

隐语的一种。是预先人为安排好的词义表,比如,"三只黑狗"可以表示"三架敌机"。

参看 open code。

Jefferson cylinder　杰斐逊圆柱

参看 Jefferson's wheel cipher。

Jefferson's wheel cipher　杰斐逊轮子密码

18 世纪末美国总统托马斯·杰斐逊发明的一种密码体制。该体制可以实现多表代替加密，它由 36 个轮子组成一个圆柱体，每个轮子的圆周等分成 26 格，用于写上 26 个字母。如果将这个圆柱体的某一行排列成要传送的明文，那么其他 25 行的字母就是杂乱排列的，既无次序，又没有意义；将那 25 行中的任意一行记录下来，传送给接收方；接收方排列轮子使得收到的那一行乱序排列的字母再现，然后找到那行有意义的字母就可得到明文了。

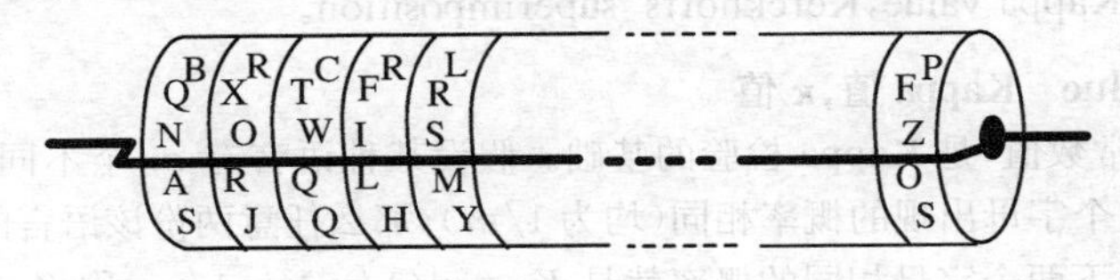

图 J.1

参看 cryptosystem，polyalphabetic substitution。

joint entropy　联合熵

随机变量 X 和 Y 的联合熵定义为

$$H(X, Y) = -\sum_{x,y} P(X = x, Y = y)\lg(P(X = x, Y = y)),$$

其中，求和指标 x 和 y 的取值范围分别遍及 X 和 Y 的所有值。此定义可以扩展到任意多个随机变量。

参看 entropy。

***j*-secure KDS　*j* 安全的 KDS**

已知指定对数的用户中，如果任意 j 个或少于 j 个用户的联合，汇集他们的部分秘密数据，都不能做到：计算两个用户共享的密钥，比一个用户在没有任何这样的部分秘密数据情况下猜测这个密钥要好，那么就称这个密钥分配体制(KDS)是 j 安全的。

参看 key distribution system (KDS)。

K

Kappa test　Kappa 检验，κ 检验

基于 Kappa 值 K_r和 K_p，并利用克尔克霍夫斯重叠法破译多表代替密码；如果重叠的密文字母重码率接近 K_r，则说明未把同密钥的密文重叠在一起；如果重叠的密文字母重码率接近 K_p，则说明已把同密钥的密文重叠在一起。

参看 Kappa value，Kerckhoffs' superimposition。

Kappa value　Kappa 值，κ 值

两个常数值，是 Kappa 检验的基础。假设某种语言有 m 个不同的字母。如果这 m 个字母出现的概率相同（均为 $1/m$），那么任意两份该语言的文本重叠起来，上下两个字母相同的概率就是 $K_r = m(1/m)^2 = 1/m$；称 K_r为随机字母的重码率。好的密码体制应能使其密文字母达到这种要求。

如果这 m 个字母出现的概率不同，那么任意两份该语言的文本重叠起来，上下两个字母相同的概率就是 K_p。令这 m 个字母出现的概率分别为 p_i（$i = 1, 2, \cdots, m$），则有

$$K_p = \sum_{i=1}^{m} p_i^2,$$

称 K_p为明文字母重码率。通常明文就是这种情况。

语言不同，K_r和 K_p也不同。比如对英文而言，$m = 26$，其 Kappa 值：$K_r = 0.038\,5$，$K_p = 0.066\,7$；对俄文而言，$m = 30$，其 Kappa 值：$K_r = 0.033\,3$，$K_p = 0.052\,9$；对德文而言，$K_p = 0.076\,2$；对意大利文而言，$K_p = 0.073\,8$；对西班牙文而言，$K_p = 0.077\,5$。

参看 Kappa test。

Karatsuba-Ofman multiplication　卡拉茨巴-奥夫曼乘法

两个 n 位数相乘，利用经典算法需要 $O(n^2)$位运算。卡拉茨巴-奥夫曼算法只要求 $O(n^{\lg 3})$（或近似为 $O(n^{1.59})$）位运算。令 x 和 y 是两个 n 位数。为简单起见，假定 n 是 2 的方幂。先将 x 和 y 划分成如图 K.1 所示的两半。如果把每一半都作为 $n/2$ 位数来看待，则

$$\begin{aligned} xy &= (a \cdot 2^{n/2} + b) \cdot (c \cdot 2^{n/2} + d) = ac \cdot 2^n + (ad + bc) \cdot 2^{n/2} + bd \\ &= ac \cdot 2^n + [(a + b)(c + d) - ac - bd] \cdot 2^{n/2} + bd. \end{aligned}$$

从上式可以看出，在第二个“=”号后面需做四个 $n/2$ 位的乘法，而在第三个“=”号后面仅需做三个 $n/2$ 位的乘法就行了，只不过增加了三次加减运算。

暂且不考虑 $a+b$ 和 $c+d$ 可能为 $n/2+1$ 位数字。假定它们只有 $n/2$ 位。这样,我们就可编制如下的乘法程序:

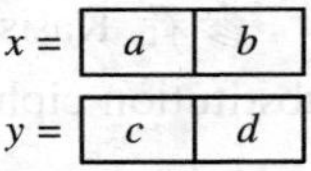

```
begin
    u←(a+b)*(c+d);
    v←a*c;w←b*d;
    z←v*2^n+(u-v-w)*2^(n/2)+w;
end
```

$x=$	a	b
$y=$	c	d

图 K.1

这里仅用三个 $n/2$ 位数的乘法,加上某些加法及移位,可以递归地运用乘法程序来计算乘积 u, v 和 w。对于 $a+b$ 和 $c+d$ 都可能为 $n/2+1$ 位数字的情况,可通过设这两个 $n/2+1$ 位数字的最左面1位分别为 a_1 和 c_1,而它们剩下的 $n/2$ 位数字分别为 b_1 和 d_1,则

$$(a+b)(c+d)=(a_1\cdot 2^{n/2}+b_1)\cdot(c_1\cdot 2^{n/2}+d_1)。$$

这就又可以递归地使用前面的乘法程序了。

参看 big-O notation。

Kasiski attack　卡西斯基攻击

参看 Kasiski method。

Kasiski examination　卡西斯基检定法

在用卡西斯基法破译使用重复密钥字的多表代替密码体制时,根据重码的位置计算出所有重码之间的距离,对每个距离数进行因子分解,找出出现频率最高的因子,这个因子就是所用密钥字的长度。

参看 Kasiski's method,polyalphabetic substitution cipher。

Kasiski's method　卡西斯基法

卡西斯基法为破译使用重复密钥字的多表代替密码体制提供了一般技巧。这种破译方法基于如下现象:明文的重复部分用密钥字的同一部分加密后得出相同的密文段。因此,人们预料在开始重复的密文段之间的字符数是密钥字长度的倍数。理论上,只要计算如此重复密文段之间的各种不同距离的最大公因子就够了,但是巧合的重复密文段也可以发生。尽管如此,对所有这样的距离中间的公因子的分析(称作卡西斯基检定法)还是可能的;通常出现的最大因子最有可能的是密钥字的长度。一般说来,长度为4或更长的重复密文段最有用,而此时巧合的重码出现的可能性小。

密钥字的长度 t(即密钥字中的字母数)指明了一个多表代替密码体制中使用的字母表的数量。这样一来,就可以把密文字符按每 t 个字母一组进行划分,并将每组写成一行,各组排列整齐,形成一个方阵。横看这个方阵的每一行,行中的每个字母都由互不相同的单表代替形成;竖看这个方阵的每一列，列中的每个字母都是由同一个单表代替形成的。因此，就可以利用单表代替的破译分析方法了。

参看 Kasiski examination，polyalphabetic substitution cipher，simple substitution cipher。

KEM-DEM cryptosystems　KEM-DEM 密码体制

一个 KEM-DEM 密码体制是两个算法的合成：一个是密钥密封机制（KEM）；一个是数据密封机制（DEM）。KEM-DEM 密码体制的形式定义如下：

一个基于 KEM-DEM 的密码体制是由一个 KEM（G，$KEM.Encrypt$，$KEM.Decrypt$）和一个 DEM（$DEM.Encrypt$，$DEM.Decrypt$）合成的一个混合的非对称加密方案，这里 KEM 的输出密钥空间和 DEM 的密钥空间相同。为了加密一个消息 m，混合方案如下运行：

① 产生一个随机种子 r；

② 运行 $KEM.Encrypt(pk, r)$产生一个密封对(K, ψ)；

③ 运行 $DEM.Encrypt(m, K)$产生一个密文 χ；

④ 输出 $C = (\psi, \chi)$。

对密文 C 的解密算法是：

① 经分析把 C 划分为适当规模的ψ 和χ；

② 运行 $KEM.Decrypt(\psi, sk)$获得一个密钥 K'或$\perp$；

③ 运行 $DEM.Decrypt(\chi, K')$获得一个消息 m'或$\perp$；

④ 输出 m'或$\perp$。

混合方案的密钥生成由 G 提供。

参看 data encapsulation mechanism（DEM），hybrid encryption，hybrid encryption scheme，key encapsulation mechanism（KEM），seed。

Kerberos authentication protocol　Kerberos 鉴别协议

Kerberos 这个名称起源于麻省理工学院的雅典娜项目的分布式鉴别服务。基本的 Kerberos 协议涉及客户 A、服务器和验证者 B，以及一个可信服务器 T（Kerberos 鉴别服务器）。在开头，A 和 B 没有共享秘密，而 T 和他们每一个都共享一个秘密（例如用户通行字，它可用一个适当的函数变换成密钥）。主要目的是为 B 验证 A 的身份；建立一个共享密钥只是一个副作用。可选项有：提供相互实体鉴别的一个最终消息，建立一个由 A 和 B 共享的附加秘密（不由 T 选择的子会话密钥）。这个协议如下进行：A 从 T 处申请适当的凭证（数据项），以便 A 能向 B 鉴别自己。T 起一个 KDC 的作用，它返回给 A 一个 A 用的已加密的会话密钥及 B 用的一个票证。B 用的票证由 A 转发给 B，票证上含有会话密钥和 A 的身份；这使得当伴随有一个适当消息（鉴别码）时，A

能向 B 鉴别自己,因为那个适当消息是由 A 创建的,含有一个在那个会话密钥作用下最近加密的时间标记。

下面的基本 Kerberos 鉴别协议是一个简化版本。

基本 Kerberos 鉴别协议

(1) *注释* 可选项用星号“*”表示。

$E_K(y)$表示使用密钥 K 和对称算法 E 加密 y。

N_A是 A 选择的现用值;T_A是取自 A 的本地时钟的一个时间标记。

k 是由 T 选择的会话密钥,A 和 B 将共享它。

L 指示一个有效周期(称之为“生存期”)。

(2) *一次性设置* A 和 T 共享密钥 K_{AT},B 和 T 共享密钥 K_{BT}。定义票证和鉴别码分别为

$$ticket_B = E_{K_{BT}}(k, A, L), \quad authenticator = E_k(A, T_A, A_{subkey}^*)。$$

(3) *协议消息*

$$A \to T: A, B, N_A, \quad (1)$$

$$A \leftarrow T: ticket_B, E_{K_{AT}}(k, N_A, L, B), \quad (2)$$

$$A \to B: ticket_B, authenticator, \quad (3)$$

$$A \leftarrow B: E_k(T_A, B_{subkey}^*)。 \quad (4)$$

(4) *协议动作*

(a) A 生成一个现用值 N_A,并把消息(1)发送给 T。

(b) T 生成一个新的会话密钥 k,并定义票证的一个有效期(生存期 L),它由结束时间和可选的起始时间组成。T 使用共享密钥 K_{AT}加密 k、接收的现用值 N_A、生存期 L 及接收的识别号 B。T 还使用共享密钥 K_{BT}创建一个安全的票证,内含 k、接收的识别号 A 及生存期 L。T 把消息(2)发送给 A。

(c) A 使用共享密钥 K_{AT}解密消息(2)的非票证部分,恢复:k,N_A,生存期 L,以及实际创建那个票证的用户的识别号。A 验证:这个识别号和 N_A是否与消息(1)中发送的一致,并保存 L 作为参照。A 取其自己的识别号和新的时间标记 T_A,可选地生成一个秘密 A_{subkey},然后用 k 加密它们,形成一个鉴别码。A 把消息(3)发送给 B。

(d) B 接收消息(3),使用共享密钥 K_{BT}解密票证,得到 k,而后将鉴别码解密。B 检验:票证中的识别号字段和鉴别码中的是否一致;鉴别码中的时间标记 T_A是否有效;B 的本地时间是否在票证中指定的生存期 L 之内。如果所有这些检验都通过,则 B 宣称 A 的鉴别成功,并保存 A_{subkey}(如果提供的话)。

(e) (相互实体鉴别可选)B 构造并发送消息(4)给 A,消息(4)含有取自鉴别码中的时间标记 T_A,用 k 加了密。B 可选地包含一个子密钥,它允许协商一个子会话密钥。

(f)(相互实体鉴别可选)A解密消息(4)。如果时间标记和消息(3)中发送的一致,则A宣称B的鉴别成功,并保存B_{subkey}(如果提供的话)。

参看 key distribution center (KDC), mutual authentication, nonce, timestamp。

Kerckhoffs' assumption 克尔克霍夫斯假设

为了评估一个密码的保密性,习惯上总是假定敌人知道除秘密密钥之外的全部加密函数的细节。

参看 confidentiality, encryption function。

Kerckhoffs' criteria 克尔克霍夫斯准则

在密码学发展史上,克尔克霍夫斯(A. Kerckhoffs)在19世纪对军事密码体制提出的六项原则:

① 密码体制即便不是在理论上不可破的,也应该是在实际上不可破的;

② 体制的泄露不应该给通信者带来麻烦;

③ 密钥应便于记忆,而且容易更换;

④ 密文应可用电报发送;

⑤ 器械或文件应可由一人携带和操作;

⑥ 体制应该简易明了,既不需要懂得冗长的规则,又不要使人神经紧张。

上述这六项原则相互之间存在着一些矛盾,没有一个体制能同时符合这六项原则。"密钥应便于记忆",那就得使密钥尽可能短些;"体制应该简易明了",就不能设计很复杂的密码算法。这些都势必影响第一项原则,而不可能达到"密码体制即便不是在理论上不可破的,也应该是在实际上不可破的"这条要求。"体制简易明了"了,"体制的泄露"会不会"给通信者带来麻烦"呢?这就很难保证。

克尔克霍夫斯的前两项原则至今仍然是现代密码编码学的基本原则。尤其是第二项最为著名,用现代的语言来说,它就是"秘密必须全部寓于密钥之中"。其含义是,密码体制和密码算法是不保密的,也就是说,即使敌方得到了密码体制和算法,只要他无法得到当时所用的密钥,他也很难破译这种体制。"体制的泄露不应该给通信者带来麻烦",即"秘密必须全部寓于密钥之中"这项原则,是密码设计者在设计密码体制(算法)和评价密码体制(算法)的密码强度时必须遵循的重要原则。要想做到"秘密必须全部寓于密钥之中",那"密码体制即便不是在理论上不可破,也应该是在实际上不可破的"这项原则也必须遵循。

参看 ciphertext, cryptosystem, cryptographic key, theoretically unbreakable。

Kerckhoffs' desiderata　克尔克霍夫斯要求

同 Kerckhoffs' criteria。

Kerckhoffs' principle　克尔克霍夫斯原则

同 Kerckhoffs' criteria。

Kerckhoffs' superimposition　克尔克霍夫斯重叠法

克尔克霍夫斯提出的破译多表代替密码体制的最一般的方法。密码分析者将几份用相同密钥加密的报文重叠起来，使得用相同密钥字母加密的字母落在同一纵行里。这样一来，每一纵行就可以作为一种普通的单表代替来破译。

参看 polyalphabetic substitution cipher，simple substitution cipher。

***k*-error linear complexity of binary sequences　二元序列的 *k*-错复杂度**

k-错复杂度是指改变序列一个周期段中 k 个或少于 k 个符号后所得到的序列的最小线性复杂度。

令 S^N 是 $GF(q)$ 上周期为 N 的序列，S^N 的 k-错复杂度定义为

$$LC_k(S^N)=\min_{W_H(E^N)\leqslant k} LC(S^N+E^N)。$$

而 S^N 的 k-错复杂度曲线定义为 S^N 的 k-错复杂度序列，这里 $0\leqslant k\leqslant W_H(S^N)$。即

$$LC(S^N),LC_1(S^N),LC_2(S^N),\cdots,LC_{W_H(S^N)}(S^N)。$$

此外，定义 minerror(S^N) 为满足 $LC_k(S^N)<LC(S^N)$ 的最小 k 值，即 minerror(S^N) 是满足 $LC(S^N+E^N)<LC(S^N)$ 的错误矢量 E^N 的最小汉明重量。

由 k-错复杂度曲线和 minerror(S^N) 的定义，可得 minerror(S^N) 是序列 S^N 的 k-错复杂度曲线上第一个跃变点，即

$$LC(S^N)=LC_1(S^N)=LC_2(S^N)=\cdots=LC_{k-1}(S^N)>LC_k(S^N)。$$

参看 Hamming weight，linear complexity，linear complexity profile，periodic sequence。

ket vector　右矢

狄拉克发明的矢量符号。如果表征一个具体态矢量的特征量或符号为 ψ，那么右矢 $|\psi\rangle$ 就用来表示这个态矢量。

参看 Dirac notation，state vector。

key　密钥

同 cryptographic key。

key access server　密钥访问服务器

可以将一个密钥服务器推广成密钥访问服务器，在控制访问两个或多个用户集团中的单个成员的情况下提供共享密钥。方法如下：用户 A 把一个密钥 K 安全地存放于服务器，同时存放一个指明授权访问它的实体的访问控制表。服务器存储密钥及其有关的表。以后，实体连接这个服务器，并通过定位一个密钥识别号（由 A 提供的）来申请那个密钥。经过实体鉴别，如果那个实体已获授权，服务器则允许它访问密钥资料。

参看 key server。

key agreement　密钥协商

一种协议或机制。它是一种密钥编制技术，依照这种技术两个（或多个）用户可以得到他们共享的秘密，该秘密是由这些用户中的每一个提供（或者是和这些用户中的每一个都有联系）的信息的函数，这样一来（理想地说），就使得没有一个用户能够预先确定结果是什么。

密钥协商可以使用对称密钥技术，例如布罗姆密钥预分配体制；也可以使用公开密钥技术，例如迪菲-赫尔曼密钥协商、冈瑟密钥协商、MTI/A0 密钥协商、埃尔盖莫尔密钥协商、站-站密钥协商。

参看 Blom's key pre-distribution system，Diffie-Hellman key agreement，ElGamal key agreement，Günther's key agreement，key establishment，MTI/A0 key agreement，station-to-station (STS) key agreement。

比较 key transport。

key authentication　密钥鉴别

密钥鉴别是一种特性，利用这种特性，可使一个用户确信：除了一个特别标定的第二用户（以及能额外标定的可信用户）之外，没有其他用户可以访问一个特定的秘密密钥。密钥鉴别是和第二用户对这样的密钥的实际拥有无关的，或者第一用户知道这样的实际拥有。实际上，密钥鉴别不涉及第二用户的任何作用。因此，有时更确切地称这种密钥鉴别为隐式密钥鉴别。密钥鉴别的中心点是第二用户的身份不是具体的密钥值，而密钥确认却相反。

比较 explicit key authentication，key confirmation。

key auto-key cipher　密钥自身密钥密码

将密码比特流反馈到加密单元再产生密码比特流的一种密码链接技术。

参看 autokey cipher。

key backup　密钥备份

密钥管理的一个阶段。将密钥资料独立备份到安全的存储介质上，以便为密钥恢复提供一个数据源。密钥备份指的是在操作使用期间密钥的短期存储。

参看 key management life cycle。

key bitlength　密钥长度

密钥的二进制长度，即密钥空间的熵。

参看 key space。

key certification authority　密钥认证机构

同 certification authority。

key certification center　密钥认证中心

密钥管理中的一种设施，由密钥认证机构操作，用以产生并返回证书。

参看 certificate。

key check value　密钥校验值

同 key verification code。

key-ciphertext avalanche effect　密钥-密文雪崩效应

在密码编码中，密码的一种特性：在明文固定的情况下，如果改变密钥中的任意一比特值，密文输出中将平均有一半发生变化。

参看 avalanche effect。

比较 plaintext-ciphertext avalanche effect。

key clustering attack　密钥聚类攻击

对分组密码的一种攻击方式。密码分析者首先找到一些“接近”正确密钥的密钥，然后在一群“最接近”正确密钥的密钥中搜索出正确的那个密钥。

参看 block cipher，cryptographic key。

key collision　密钥冲突，密钥碰撞

密码编码中的一种现象：用两个不同的密钥加密一组特定的明文块，得到同一个密文块。

同 equivalent keys。

key component　密钥组成部分，密钥分量

在密码编码中，至少有两个具有密钥格式的参数，其中的一个和另一个或更多个类似的参数进行异或来构成密钥。

key confirmation　密钥确认

密钥确认是一种特性，利用这种特性，可使一个用户确信：第二用户（可能是未标定的）实际上已拥有一个特定的秘密密钥，也就是提供某个用户拥有一个秘密密钥的证据。

参看 key authentication。

key control 密钥控制

在一些协议(如密钥传送协议)中,一个用户选择一个密钥值。而在另一些协议(如密钥协商)中,密钥是根据联合信息推导出来的,希望用户或是能控制密钥值或是能预测密钥值。

参看 key transport,key agreement。

key creation 密钥建立

同 key generation。

key crunching 密钥碾压

密钥管理中,一种把易于记忆的字符序列变换成一个 DES 密钥的技术。一个 DES 密钥由 64 位二进制数字组成,其中有 8 位是奇偶校验位,因此使用者仅有 56 比特(即 7 字节)的自由选择。使用 7 字节易于记忆的字母数字字符序列,严格限制可能密钥的范围。如果使用密钥碾压技术,使用者则输入一串易于记忆的字符序列,这串序列实际上大于 7 个字符。用密码分组链接方式加密这串序列,并将最后一个密文分组的最右边的 56 比特返回去作为所要求的密钥。

参看 key management。

key de-registration 密钥登记撤销

密钥管理的一个阶段。一旦不再需要一个密钥值或者不再维护这个密钥和一个实体的联系时,就撤销该密钥的登记(即从现存密钥的正式记录上清除)。同时还需要进行密钥销毁。

参看 key destruction,key management life cycle。

key derivation 密钥导出

密钥更新的一种方法。导出的会话密钥基于一个用户提供的每次会话的随机输入。在这种情况下,有一单个消息:“$A \to B: r_A$”。计算出的会话密钥就是 $W = E_K(r_A)$。这种技术为 A 和 B 都提供隐式密钥鉴别。然而,这种技术易受已知密钥攻击。这里的随机数 r_A 可以用其他时变参数来替换,例如,接收者通过比较其本地时钟证实的一个时间标记 t_A,只要长期密钥 K 未被泄露,就可以提供一种隐式的密钥刷新特性。在这里,A 能控制 W 的值,可以通过选择 $r_A = D_K(x)$来强制使得 $W = x$。由于这种技术本身不要求解密,可以用一个适当的有密钥伪随机函数 h_K 来替换 E,这样,计算出的会话密钥就是 $W = h_K(r_A)$。

参看 implicit key authentication,key update,known-key attack。

key destruction 密钥销毁

密钥管理的一个阶段。密钥登记撤销的同时,还要将该密钥的所有拷贝都销毁。在秘密密钥情况下,还要安全地擦除该密钥的所有痕迹。

参看 key de-registration,key management life cycle。

key distribution 密钥分配

一种集中式密钥管理技术:用户 A 请求和用户 B 共享一个密钥;密钥分配中心(KDC)产生或者用其他方法获得一个密钥 K,并将 K 用密钥 K_{AT}(K_{AT} 是用户 A 和 KDC 共享的)加密后发送给用户 A;此外,还将 K 的一个拷贝用密钥 K_{BT}(K_{BT} 是用户 B 和 KDC 共享的)加密后经由用户 A 发送给用户 B;或者由 KDC 直接把用密钥 K_{BT} 加密后的 K 发送给用户 B。如图 K.2 所示。

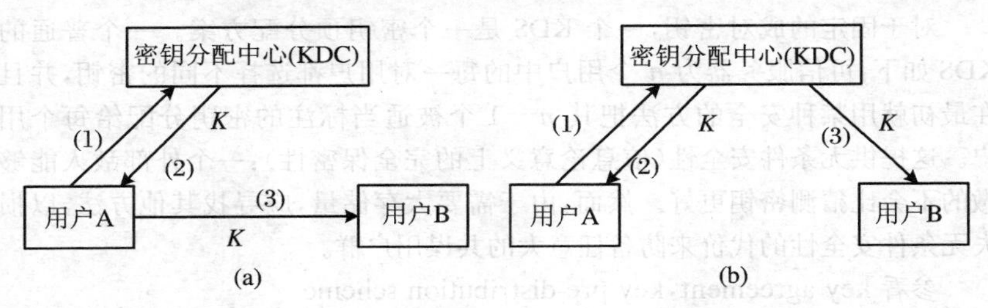

图 K.2

参看 centralized key management。

key distribution center (KDC) 密钥分配中心

集中式密钥管理中的一种可信第三方用户(或称中央用户)。KDC 用于在用户之间分配密钥,每个用户都和 KDC 共享一种密钥,但是任意两用户之间不共享密钥。KDC 提供集中式的密钥生成。

参看 key distribution。

key distribution problem 密钥分配问题

对于对称密钥密码体制而言,一个重要的问题是找到一个有效的方法来安全地商定和交换密钥。这就是密钥分配问题。

在一个拥有 n 个用户的、使用对称密钥技术的系统中,如果每对用户之间都需要进行保密通信,那么每对用户都必须共享不同的秘密密钥。在这种情况下,每个用户都必须拥有 $n-1$ 个秘密密钥。因此,这个系统中的总的密钥数(这些密钥需要集中备份)就是 $n(n-1)/2$,近似为 n^2。随着系统规模的增大,密钥数将大得令人难以接受。

解决密钥分配问题的办法有两种:一种是采用集中式密钥服务器,即设置星形的或辐轮状的网络,在通信中心设有一个可信的第三方用户(或称中央用户、密钥分配中心(KDC)、密钥转发中心(KTC));一种是采用公开密钥技术。

近二十多年又出现了解决密钥分配问题的第三种办法,就是基于量子力学理论的密钥协商:量子密钥分配协议(QKD),包括 BB84,B92,E91 等。

参看 BB84 protocol for QKD,B92 protocol for QKD,E91 protocol for QKD,key distribution center (KDC),key translation center(KTC),public key technique,quantum key distribution (QKD)。

key distribution system (KDS) 密钥分配体制

一种基于对称技术进行密钥协商的方法。利用这种方法,在初始化阶段,一个可信服务器产生并分配秘密数据值(部分)给用户,使得任意一对用户以后都可以计算出他们共享而其他所有用户不知的密钥来(服务器除外)。

对于固定的成对密钥,一个 KDS 是一个密钥预分配方案。一个普通的 KDS 如下:可信服务器为 n 个用户中的每一对用户都选择不同的密钥,并且在最初就用某种安全的方法把其 $n-1$ 个被适当标注的密钥分配给每个用户。这提供无条件安全性(信息论意义上的完全保密性):一个外部敌人能够做的不会比猜测密钥更好。然而,由于需要大存储量,应寻找其他方法,以损失无条件安全性的代价来防备任意大的共谋用户群。

参看 key agreement,key pre-distribution scheme。

key diversity 密钥变化量,密钥量

同 amount of key。

keyed hash function 有密钥散列函数

对散列函数在最高层次上进行分类,有密钥散列函数是其中一类,它要求两个不同的输入参数:一个消息及一个秘密密钥。专用于消息鉴别的有密钥散列函数称作消息鉴别码(MAC)算法。

参看 hash function,message authentication code (MAC)。

key encapsulation mechanism (KEM) 密钥密封机制

密钥密封机制:给定一个公开密钥,推导一个随机密钥,并提供加密(密封)和解密(解封)那个随机密钥的方法。这种机制典型地使用非对称技术。数据密封机制使用那个随机密钥加密消息(典型地使用对称技术)。KEM 形式定义如下:

一个 KEM 是一个三元组(三个确定算法组成):(G,$KEM.Encrypt$,$KEM.Decrypt$))。G 是一个密钥生成算法,它取一个一元字符串 1^{λ}(这里 λ 称为安全性参数)和一个固定长度的随机种子 r 作为输入,输出一个密钥对(pk,sk)。密封算法 $KEM.Encrypt$ 以公开密钥 pk 和一个随机种子为输入,输出一数据对(K,ψ)。解封算法 $KEM.Decrypt$ 以密封 ψ 和秘密密钥 sk 为输入,输出一个密钥值 K' 或出错符号⊥。

要求 KEM 是强壮的,也就是说,对于任意有效的密钥对(pk,sk),解封一个被密封的密钥都得到这个密钥本身,或者换句话说,如果 *KEM*. *Encrypt*(pk, r) = (K, ψ),则 *KEM*. *Decrypt*(ψ, sk) = K。也应需要某类安全性,这类安全性限制攻击者根据公开密钥和密封 ψ 推导出有关密钥的信息的能力。请注意:KEM 密封算法仅把一个随机种子和公开密钥 pk(它通常被认为是一个系统参数)作为输入,决不可以访问消息。

参看 asymmetric cryptographic system, hybrid encryption, hybrid encryption scheme, seed, symmetric cryptographic system。

比较 data encapsulation mechanism (DEM)。

key-encrypting key　密钥加密密钥

用于对数据密钥或其他密钥进行加密保护的一种密钥。

参看 data key, key layering。

key-encrypting key pair　密钥加密密钥对

密钥管理中一起用于对其他密钥进行加密/解密的两个密钥。

参看 key management。

key equivocation　密钥暧昧度,密钥疑义度

一个密钥的暧昧度与一给定密文的接收有关,由下式给定:

$$H_C(K) = -\sum P(C)\sum P_C(K)\log_2(P_C(K)),$$

其中,$P(C)$ = 密文 C 的接收概率,$P_C(K)$ = 已知密文 C 被接收的条件下使用密钥 K 的概率。

如果密钥暧昧度为 0,则所用密钥不存在任何不确定性。密钥暧昧度常常随着消息长度的增加而减小。

参看 equivocation。

key escrow agent　密钥托管代理

由可信第三方(TTP)为用户提供的一种高级业务。用于在特殊环境下提供对用户秘密密钥的第三方访问。

参看 Clipper key escrow, key escrow system, trusted third party (TTP)。

key escrow system　密钥托管体制

密钥托管加密体制的目标是提供用户通信(话音或数据)的加密,使得用于通信加密的会话密钥可在特殊情况下("紧急访问")被适当授权的第三方利用。这就给予监督用户通信的第三方解密用户通信的权力。这种体制可用于执法机构,使之便于合法地搭线窃听犯罪集团的电话,以和犯罪活动作斗争。

参看 Clipper key escrow, escrowed encryption standard (EES)。

key establishment　密钥编制

密钥编制是一种过程或协议，借此过程或协议，两个或多个用户可以为以后的密码用途利用一个共享的秘密密钥。

密钥编制可以大致分成密钥传送和密钥协商两类。

参看 key agreement，key transport。

key exchange　密钥交换

在通信实体间安全地交换密钥的方案。已经发明出一些巧妙的方案，例如，迪菲-赫尔曼技术及无密钥密码编码技术，这些技术能使通信双方在不要求一个安全的通信线路的情况下为传送信息交换密钥。

参看 Diffie-Hellman technique，keyless cryptography。

key exhaustion attack　密钥穷举攻击

这是密码分析中的一种穷举攻击技术。攻击者拥有一段明文及其对应的密文，并知晓密码算法。选择一个试验密钥，用这个密钥加密明文并将加密结果和已知的密文相比较。另一方面，如果只有密文可利用，则用试验密钥将密文解密，并检查得到的明文，看看它是否对应于一个有意义的消息。

参看 exhaustion attack。

key fill gun　密钥枪，密钥注入枪

同 key gun。

key freshness　密钥新鲜性

从一个用户的观点来看，要求能确保一个密钥是最新的，而不是由于敌方或者授权用户的活动被重新使用的旧密钥。当然，这和密钥控制有关系。

参看 key control。

key generation　密钥产生，密钥生成

密钥管理的一个阶段；产生一个密钥或一个密钥集的过程。密钥产生还应包括：适当特性的度量，以确保密钥适应预期应用或算法；随机性的度量，以确保密钥数据的不可预测性。

参看 key management life cycle。

key generator　密钥产生器，密钥生成器

产生密钥的一种设备，还包括有关的告警和自检单元在内。一般都使用性能好的物理噪声源来产生出真随机序列，以确保密钥生成器所产生序列的随机性；再将序列经其他数字化处理、随机性检验，通过后再将之作为密钥数据。

参看 key generation。

key gun　密钥枪

一种传送电存储密钥的设备。一种典型的密钥枪大小和一个袖珍式计算器差不多,枪上带有连接头,可以从密钥产生源接受密钥,并把密钥交付给目的密码设备。电气耦合或光耦合均可使用。密钥枪必须具有如下机制:能阻止攻击者装入密钥;能阻止攻击者从枪中读出密钥;能阻止把枪中存储的密钥装入攻击者的密码设备中;只有被授权的密钥产生器和目的密码设备才能正确向密钥枪装入密钥或从密钥枪中读出密钥。采用密钥枪通行字、密钥枪防窜改模块等机制,可以有效地阻止攻击者从密钥枪中获取密钥。

key hashing　密钥散列

同 key crunching。

keying material　密钥资料,密钥材料,密钥素材

在密钥管理中建立和维护密钥关系所必需的数据(例如密钥、初始向量)。

参看 key management。

keying relationship　密钥关系

密钥关系是一种状态。在这种状态中,通信实体共享共用数据(密钥材料),以便于实施密码技术。这些共用数据可以包括公开密钥或者秘密密钥、初始值以及附加的非秘密参数。

在一个通信环境中的密钥关系至少实时涉及两个用户(一个发送方和一个接收方)。而在存储环境中,或许只有单个用户,这个用户在不同时间点存储和恢复数据。

参看 cryptographic techniques,keying material,public key,secret key。

key installation　密钥安装

密钥管理的一个阶段。为操作使用把密钥资料安装在一个实体的软件或硬件内部,安装要用到各种各样的技术,包括:人工输入一个通行字或个人识别号,复制一个磁盘,只读存储设备,芯片卡或其他硬件设备(例如密钥装入器)。初始密钥资料可以用来建立一次安全的在线会话,借助它可以确立一个工作密钥。在以后的更新期间,安装新的密钥资料来替换在使用着的密钥资料,理想地是通过一种安全的在线更新技术。

密钥管理系统要求一个初始密钥关系来提供一个初始的安全信道,并通过自动化技术任意地支持其后的(长期的和短期的)工作密钥的建立。初始化过程典型地涉及非密码的一次性进程,例如亲自传送密钥材料,或者通过可信任的信使或其他的可信信道来传送密钥材料。

适当构建的系统的安全性归结为密钥材料的安全性,而最终归结为初始密钥安装的安全性。为此,初始密钥安装可能会涉及双重控制或分割控制,需要两个或多个独立的可信用户的协作。

参看 dual control，keying relationship，key loader，key management life cycle，key update。

key layering　密钥分层

根据被保护信息（例如是用户数据，还是密钥资料）的性质对密钥进行分类。自然的密钥分层是：主密钥 → 密钥加密密钥 → 数据密钥。处于上一层的那个密钥用来保护下一层的密钥。这种约定意图是使攻击更困难，限制由一个特定密钥的泄露引起的暴露。如果密钥加密密钥被泄露，那么它所保护的所有密钥都将受到影响。主密钥也是这样，但主密钥本身未采用密码保护，因此必须采用特殊措施来保护主密钥，包括：严格限制访问和使用、硬件保护等等。

参看 master key，key-encrypting key，data key。

keyless cryptography　无密钥密码编码

在密钥管理中，一种交换密钥的方法，依据这种方法在通信方之间为建立密钥而交换的消息是不保密的，但是它们的源发方是保密的。

源发方为密钥选择一个名称（比如 K），然后独立地产生一个 $2n$ 比特的二进制数。这样一来，用户 A 产生一个数 $A(1),A(2),\cdots,A(2n)$，用户 B 产生一个数 $B(1),B(2),\cdots,B(2n)$。

下一步，用户 A 产生 $2n$ 个形式如下的消息：

消息 K：我的第 i 比特是 $A(i)$。用户 B 也是如此。

用户 A 和用户 B 要以被动窃听者不能确定消息源发方的方式来交换消息，虽然消息本身是可以读的。例如，用户的每一方都可以应用一个安全信道把消息传送到一个中心，然后在那个中心显示消息，但不给出消息源发方的路线。比如在读下述消息对：

消息 K：我的第 5 比特是 1，

消息 K：我的第 5 比特是 0

时，用户 B 知道自己产生的第 5 比特是 1（比方说），因此用户 A 在第 5 比特传送的是 0。然而，未经批准的消息接收者就不知道从用户 A 传送给用户 B 的第 5 比特是什么。但是，如果两个“第 5 比特”相等，攻击者就能精确地知道其值。因此，当用户 A 和用户 B 读消息时发现重合比特时，则两方都将之从密钥中撤销，产生一个较短的新密钥。例如：

用户 A 初始发送的密钥是：110111011000101010111，

用户 B 初始发送的密钥是：011011100001001001101，

用户 A 的新密钥是：　　10101101101，

用户 B 的新密钥是：　　01010010010。

如果需要可以重复这个过程以产生一个较长的密钥。按照约定，传送的密钥是由用户 A 最后产生的那个密钥,而用户 B 最后产生的是那个密钥的补。

参看 key management。

key library　密钥库

为单个用户或指定用户集团使用的存储密钥集。对密钥库的访问由一个分离的秘密密钥控制。

key life cycle　密钥使用期,密钥使用寿命

对任何种类的密钥都应赋予一定的使用期,不应长期使用。理由是:随着时间的推移,密钥序列重复的可能性会增大,密钥数据被泄露的可能性会增大,计算上保密的密码体制的密钥被破译的可能性也会增大。

key list　密钥表

密码编码中的一个文献,它含有在指定的密码周期内由一个密码体制使用的密钥。

参看 cryptographic period,cryptosystem。

key loader　密钥装入器;密钥装入程序

密钥管理中的一种独立的电子部件,它能存储至少一个密钥,并能在请求时把那个密钥传递到密码设备中去。

参看 key management。

同 key gun。

key-loading device　密钥装入设备

同 key gun。

key management　密钥管理

支持在批准的用户之间建立和维护密钥关系的成套技术和过程。

密钥管理包括的成套技术和过程如下:

(1) 一个范围内的系统用户的初始化;

(2) 密钥资料的生成、分配和安装;

(3) 控制密钥资料的使用;

(4) 密钥资料的更新、撤销和自毁;

(5) 密钥资料的存储、备份/恢复和归档。

密钥管理的目标是以能够抗击有关威胁的方法维护密钥关系和密钥材料,例如:

① 危及秘密密钥的机密性。

② 危及秘密密钥或公开密钥的可靠性(真实性)。可靠性(真实性)要求包括共享一个密钥或与之有关系的用户的真实身份的知识或可验证性。

③ 秘密密钥或公开密钥的非授权使用。例如，使用一个不再有效的密钥，或者为除一个预期目的之外的其他目的使用这个密钥。

实际上，一个附加的目标是适应有关的安全性策略。

参看 cryptographic key，keying material，keying relationship。

key management center (KMC) 密钥管理中心

进行密钥管理的可信第三方。

参看 key management。

key management device 密钥管理设备，密钥管理装置

在密钥管理中，为把数据加密密钥安全地电子式分配给批准的用户而设置的部件。

参看 key management。

key management facility 密钥管理设施

提供一些密钥管理方面的服务的设施。这些服务包括：密钥的存储和归档、审计收集和报告，以及强制实施包括更新密钥与撤销密钥的使用期要求。有关的密钥服务器或认证机构可以提供与密钥管理和更新、证书生成和撤销等有关的所有事件的(审计追踪)记录。

参看 key management。

key management life cycle 密钥管理持续期

密码算法所使用的密钥需要周期性地更新，为了确保密钥本身的安全，一系列手续或过程或协议就成为必要，这就需要对密钥资料的行进状态加以管理。密钥资料贯穿其整个生存期的进展状态序列称为密钥管理持续期。持续期由密钥管理的各个阶段组成，这些阶段包括：用户登记、用户初始化、密钥生成、密钥安装、密钥登记、正常使用、密钥备份、密钥更新、归档、密钥登记撤销和销毁、密钥恢复、密钥撤销。上述各个阶段，除了密钥恢复和密钥撤销是在特殊情况下才发生之外，其他阶段都必须正规列入。图 K.3 示出了密钥管理持续期密钥资料的流动路线。

参看 archival，key backup，key de-registration，key destruction，key installation，key generation，key management，key recovery，key registration，key revocation，key update，normal use，user initialization，user registration。

key management through symmetric-key techniques 完全使用对称密钥技术的密钥管理

完全使用对称密钥技术进行密钥管理。在这样的密钥管理网络系统中有一个可信第三方(TTP)，网络中其他所有实体都信任 TTP。其他每个实体 A_i 都和 TTP 共享一个不同的对称密钥 K_{iT}，且这些对称密钥都是经由安全信道进行分配的。如果两个实体想要进行保密通信，则由 TTP 产生一个密钥（有时称之为会话密钥），并将之分别用那两个实体和 TTP 共享的对称密钥进行加密后发送给那两个实体；那两个实体分别将接收到的已加密的会话密钥解密，就可共享一个会话密钥进行保密通信了。图 K.4 示出一个含有 TTP 和 6 个实体 $A_1, A_2, \cdots, A_6$ 的网络的密钥管理情况。TTP 和每个实体 A_i 之间的连线上标注的 K_{iT}（$i=1,2,\cdots,6$）是 TTP 和实体 A_i 共享的对称密钥。

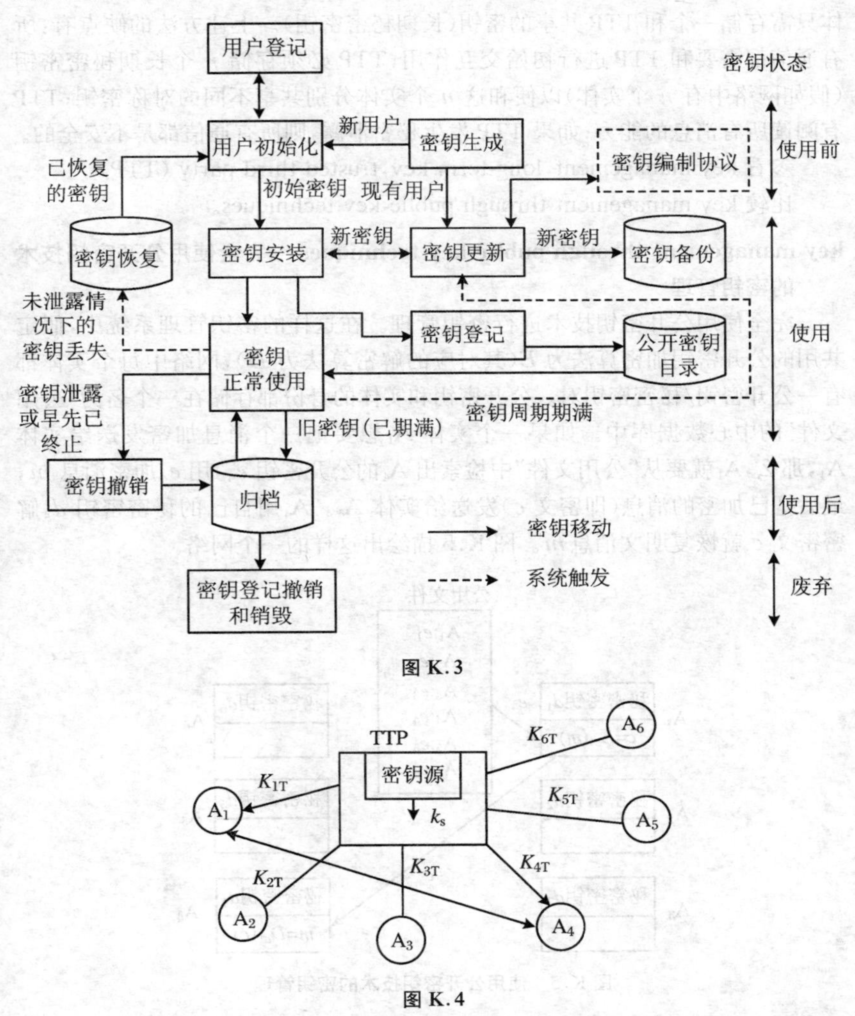

图 K.3

图 K.4

假如实体 A_1 想要和实体 A_4 进行保密通信，那么，TTP 就产生一个会话密

钥 k_s；TTP 用系统共用的加密算法 E(其对应的解密算法是 D)分别在密钥 K_{1T}和 K_{4T}的作用下对 k_s进行加密，得到 $E_{K_{1T}}(k_s)$和 $E_{K_{4T}}(k_s)$，将它们分别发送给实体 A_1和实体 A_4；A_1和 A_4分别对接收到的已加密的 k_s进行解密，$D_{K_{1T}}(E_{K_{1T}}(k_s))=k_s$，$D_{K_{4T}}(E_{K_{4T}}(k_s))=k_s$，即可恢复 k_s；至此，A_1和 A_4就可用会话密钥 k_s进行保密通信。

上述方法的好处有：容易向网络中添加实体和从网络中撤销实体；每个实体只需存储一个和 TTP 共享的密钥(长期秘密密钥)。上述方法的缺点有：所有通信都需要和 TTP 进行初始交互作用；TTP 必须存储 n 个长期秘密密钥(假如网络中有 n 个实体)以便和这 n 个实体分别共享不同的对称密钥；TTP 有阅读所有消息的能力；如果 TTP 发生秘密泄露，则所有通信都是不安全的。

参看 key management，long-term key，trusted third party (TTP)。

比较 key management through public-key techniques。

key management through public-key techniques　完全使用公开密钥技术的密钥管理

完全使用公开密钥技术进行密钥管理。在这样的密钥管理系统中，假定共用的公开密钥加密算法为 E(其对应的解密算法为 D)，网络中每个实体都有一公开密钥/秘密密钥对。公开密钥和实体的身份都存储在一个名为“公用文件”的中心数据库中。如果一个实体 A_1想要把一个消息加密发送给实体 A_4，那么，A_1就要从“公用文件”中检索出 A_4的公开密钥 e_4，用 e_4加密消息 m，最后把已加密的消息(即密文 c)发送给实体 A_4。A_4用自己的秘密密钥 d_4解密密文 c 就恢复明文消息 m。图 K.5 描绘出这样的一个网络。

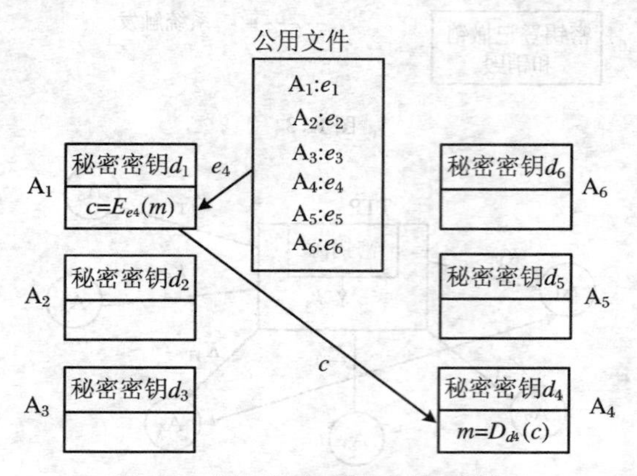

图 K.5　使用公开密钥技术的密钥管理

上述方法的好处有：不需要可信第三方；“公用文件”属于每个实体；只需要存储 n 个公开密钥就能在任意一对实体之间进行保密通信，当然这要假定攻击只是由被动敌人发动的。

当人们必须考虑到主动敌人(即敌人能更改含有公开密钥的公用文件)时,密钥管理问题变得更困难。图 K.6 示出一个主动敌人 F 是怎样危及上述的密钥管理方案的。

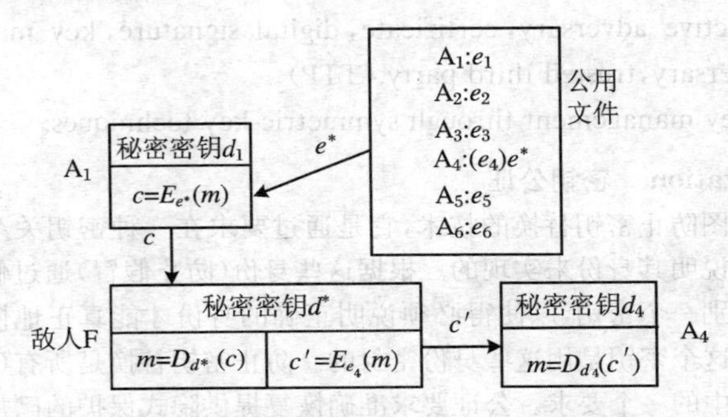

图 K.6 主动敌人用公开密钥 e^* 替换 A_4 的公开密钥 e_4

敌人 F 用自己的公开密钥 e^* 替换用户 A_4 的公开密钥 e_4。这样一来,任何一个人(比如 A_1)要加密发送给 A_4 的任意消息 m 都只有敌人 F 能解密;F 得到消息 m 后,再使用 A_4 的公开密钥 e_4 将 m 加密后发送给 A_4。然而,此时 A_1 还以为只有 A_4 能解密他所发送的密文。

为了阻止这种类型的攻击,实体可以使用可信第三方(TTP)来证明每个实体的公开密钥。TTP 有一个秘密的签名算法 S_T 和一个所有实体都知道的验证算法 V_T。TTP 仔细地验证每个实体的身份,并对由识别号及该实体的可靠公开密钥组成的消息进行签名。这就是一例简单的证书,它把一个实体的身份和其公开密钥捆绑在一起。图 K.7 示出这种情况。仅在证书签名被成功验证的时候 A_1 才使用 A_4 的公开密钥。

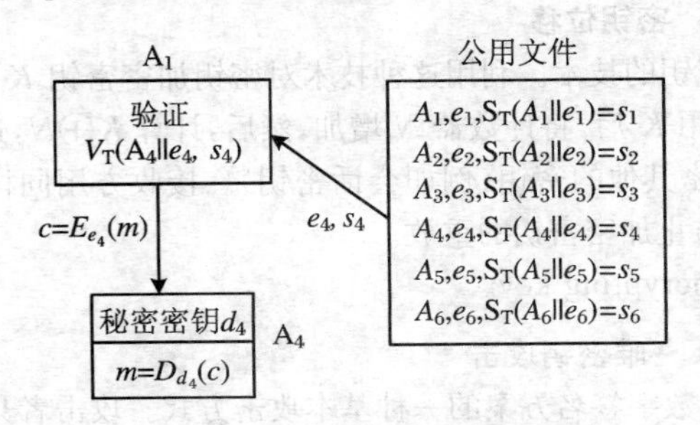

图 K.7 TTP 的公开密钥鉴别

使用 TTP 来维护公用文件的完整性的好处有:阻止一个主动敌人对网络的假冒;TTP 不能监督通信,实体必须相信只有 TTP 把身份和公开密钥真正捆绑在一起;如果实体本地存储证书,可以不用每次通信和公用文件进行交互作用。

即使有了 TTP,还仍然存在某些让人担心的事:如果 TTP 的签名密钥被泄露,那所有的通信都不安全;所有的信任都放在一个实体身上是不合适的。

参看 active adversary, certificate, digital signature, key management, passive adversary, trusted third party (TTP)。

比较 key management through symmetric-key techniques。

key notarization　密钥公证

一种企图防止密钥替换的技术,它是通过要求在一种密钥关系中所涉及的用户显式说明其身份来实现的。根据这些身份(防止假冒)通过修改密钥加密密钥来鉴别一个密钥,以使得必须说明正确的身份才能真正地恢复被保护的密钥。称这个密钥是用这些身份密封的。防止密钥替换是所有(可鉴别)密钥编制协议中的一个要求。公证要求准确恢复提供隐式保护的已加密密钥的真正控制信息。

密钥公证的基本技术涉及一个可信服务器(公证人),或一个共享密钥的用户,使用一个密钥加密密钥 K 来加密会话密钥 S,打算供源发方 i 和接收方 j 一起使用,如 $E_{K \oplus (i \| j)}(S)$。这里 i 和 j 都被假定是给定系统中的身份唯一的实体。想要从中恢复 S 的用户必须共享 K,并以正确顺序显式说明 i 和 j;否则,将会恢复出一个随机密钥来。

参看 key-encrypting key, key establishment, session key, trusted server。

keynumber　密钥数字

在代替密码中,如果用一个数字作密钥,就把这个数字称作密钥数字。

参看 substitution cipher。

key offsetting　密钥位移

一种改变密钥的技术。利用这种技术对密钥加密密钥 K 进行修改,方法如下:在每次使用 K 后,将计数器 N 增加,然后,计算 $K \oplus N$,这就是修改后的密钥,可用之加密其他的密钥(例如会话密钥)。接收方用同样的做法修改密钥 K。这可以防止加密密钥的重放。

参看 key-encrypting key。

key-only attack　唯密钥攻击

对公开密钥数字签名方案的一种基本攻击方式。攻击者只知道签名者的公开密钥。

参看 digital signature。

比较 message attack。

key pair **密钥对**

加密变换中的加密密钥 e 和解密密钥 d 组成一个密钥对，可记作 (e,d)。

参看 encryption scheme。

key partitioning **密钥划分，密钥分割**

密钥管理中的一种技术，使用主密钥及其变体来加密辅助密钥和原始密钥。这种技术确保对一种密码操作定义的密钥不可能被另一种密码操作误用或控制。因此，可在不同应用之间实现隔离和独立。

参看 key management，master key，primary key。

key phrase **密钥短语**

一种增大单表代替密码体制密钥量的方法。由于任何一个短语都可以用来构作密钥，故而使用短语作密钥的密码具有相当大的密钥量。例如，任意排列英语中的 26 个字母，就有 $26! \approx 4 \times 10^{26}$ 种排列。密钥短语的构作方法参看 key phrase cipher。

参看 monoalphabetic substitution cipher。

key phrase cipher **密钥短语密码**

这种密码的构造方法是：先任意选取一个特定字母；再任意选择一个英文短语，并将此短语中重复的字母删去，作为"密钥短语"；然后，从特定字母下开始写出密钥短语，再把字母表中未在密钥短语中出现过的字母依次写在密钥短语的后面（注意，写到 z 下面之后，剩下的要从 a 下面写起）。比如，选 e 为特定字母；选词组"INFORMATION SECURITY"，去掉重复字母后"INFORMATSECUY"就作为密钥短语，这样明密对照表就可如下写出：

明文：a b c d e f g h i j k l m n o p q r s t u v w x y z，

密文：V W X Z I N F O R M A T S E C U Y B D G H J K L P Q。

参看 key phrase。

key pre-distribution scheme **密钥预分配方案**

一种密钥编制协议。利用这种方案，结果建立的密钥是由初始密钥资料预先完全确定的。

参看 Blom's key pre-distribution system，key establishment。

比较 dynamic key establishment。

key recovery **密钥恢复**

密钥管理的一个阶段。如果密钥资料丢失，但没有泄露（例如，由于设备损坏或忘记通行字），能够从一个安全的备份拷贝中恢复该密钥资料。

参看 key backup，key management life cycle。

key registration　密钥登记

密钥管理的一个阶段。密钥登记和密钥安装有关联,密钥资料可以由登记机关正式记录,并和一个唯一的名称相联系,这个名称表明一个实体。对于公开密钥情况,可以由一个认证机构(这个机构作为这种联系的担保者)建立公开密钥证书,并使之借助公开目录或其他工具就可为其他实体利用。

参看 key installation,key management life cycle,public-key certificate。

key revocation　密钥撤销

密钥管理的一个阶段。由于密钥泄露等原因,必须在最初规定的终止期限之前从操作使用中撤销密钥。对于通过证书分配的公开密钥,还涉及证书的撤销。

参看 certificate revocation,key management life cycle。

key schedule　密钥编排

同 key scheduling。

key scheduling　密钥编排

在多轮迭代类型的分组密码中,由工作密钥扩展生成每轮子密钥的过程。

参看 block cipher algorithm。

key scheduling algorithm　密钥编排算法

在多轮迭代类型的分组密码中,将密钥扩展生成每轮子密钥的算法。

参看 block cipher algorithm。

key scheduling scheme　密钥编排方案

同 key scheduling algorithm。

key separation　密钥分离

一种原则:不同用处的密钥应是密码学意义上分离开的。密钥滥用是有威胁的,可从技术上防止密钥滥用,确保那些密钥只用于那些在密钥创建时就预先认可的用途。限制密钥的使用可以通过程序上的技术、物理保护(防窜改的硬件)或密码技术来强制。

key server　密钥服务器

一个中央用户或称可信用户,又叫鉴别服务器。它提供的基本功能便于其他用户之间的密钥编制,包括实体鉴别。密钥分配中心(KDC)和密钥转发中心(KTC)也属密钥服务器。

参看 key distribution center (KDC),key translation center(KTC)。

key size　密钥大小,密钥长度

密钥空间的熵。

同 key bitlength。

key space　密钥空间

所有的可能密钥(即密钥集合)组成一个密钥空间。密钥空间中的元素就是密钥。密钥空间的大小(即元素总数)就称为密钥量。

参看 amount of key,cryptosystem。

key states　密钥状态

密钥管理持续期的各个阶段中密钥的状态,是指与可应用性有关的密钥状态的一个最小集合。一般来说,密钥状态的一种分类如下:① 使用前——密钥还尚未用于正式密码操作;② 使用——密钥是可用的,且在正常使用中;③ 使用后——密钥不再处于正常使用中,但对于特殊目的能够离线访问这个密钥;④ 废弃——密钥不再是可用的,这个密钥值的所有记录全被删除。

参看 key management life cycle。

key stream　密钥流,密钥序列

令$\mathcal{K}$是一组加密变换的密钥空间,称符号序列 $e_1e_2e_3\cdots e_i\in\mathcal{K}$为密钥流或密钥序列。

参看 encryption transformation,key space。

key stream generator　密钥流发生器,密钥序列发生器

在序列密码中产生密码比特流的装置和算法。或者随机地产生出密钥流,或者从一个初始的小密钥序列(称作种子)开始,运行一个算法产生出所需要的密钥流。

参看 seed,stream cipher。

key tag　密钥标志

一个二进制数字向量或结构化字段,它在密钥的整个使用期间都伴随着那个密钥,并保持与那个密钥的联系。和密钥一起对密钥标志进行加密,由此来限制那个密钥,仅当密钥被解密时,密钥标志才以明文形式出现。如果密钥标志与密钥的组合足够短使得加密在一单个分组运算中(例如,64 位分组长度的分组密码中,密钥长为 56 位,密钥标志用 8 位长),则由加密提供的固有完整性就妨碍了标志的有意义的操作。

参看 key life cycle。

key translation　密钥转发

一种集中式密钥管理技术:用户 A 产生一个密钥 K,并将 K 用密钥 K_{AT}(K_{AT}是用户 A 和密钥转发中心共享的)加密后发送给 KTC;KTC 将 K 解密,并用密钥 K_{BT}(K_{BT}是用户 B 和 KTC 共享的)加密后再返回用户 A,由 A 转发给用户 B，或者 KTC 直接把用密钥 K_{BT}加密后的 K 发送给用户 B。如图 K.8 所示。

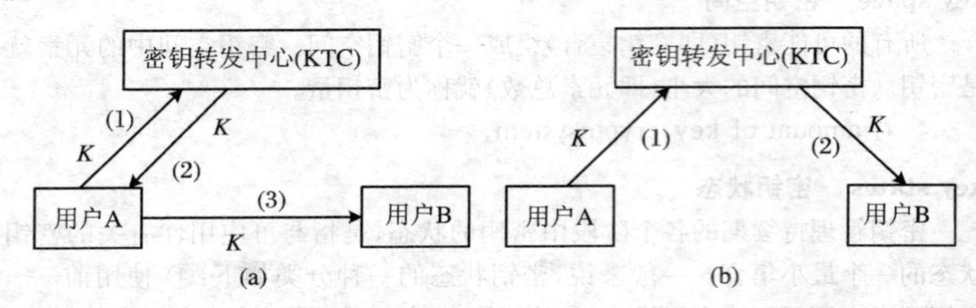

图 K.8

下面的消息转发协议使用了 KTC。当协议中转发的秘密消息是会话密钥时，该协议就成了密钥转发协议。假定用户 A 和用户 B、可信服务器(KTC) T 之间进行交互作用，以便把一个秘密消息 M(或会话密钥 K)传送给 B。

消息转发协议

(1) 注释　E 是一个对称加密算法。M 是秘密消息，可以是会话密钥 K。

(2) 一次性设置　A 和 T 共享密钥 K_{AT}，B 和 T 共享密钥 K_{BT}。

(3) 协议消息

$$A \rightarrow T: A, E_{K_{AT}}(B, M), \quad (1)$$

$$A \leftarrow T: E_{K_{BT}}(M, A), \quad (2)$$

$$A \rightarrow B: E_{K_{BT}}(M, A)。 \quad (3)$$

(4) 协议动作　每当需要一个共享密钥时，就执行下述步骤：

(a) A 用 K_{AT}对期望接收者的识别号 B 及 M 进行加密，并把消息(1)发送给 T。

(b) T 依据解密消息确定期望接收者是 B，并查寻指定接收者的密钥 K_{BT}。并用 K_{BT}加密 M 及 A 的识别号，把消息(2)发送给 A。

(c) A 把 T 转发过来的消息(2)(即消息(3))发送给 B。当然，T 也可以把消息(2)直接发送给 B。

参看 centralized key management。

key translation center(KTC)　密钥转发中心

集中式密钥管理中的一种可信第三方用户(或称中央用户)。KTC 用于在用户之间分配密钥，但是所分配的会话密钥不是由 KTC 产生的，而是由用户产生的，KTC 只是转发会话密钥。这是 KTC 和密钥分配中心的不同之处。

参看 key translation。

比较 key distribution center (KDC)。

key transport　密钥传送

一种协议或机制。它是一种密钥编制技术：一个用户建立或者用其他方法获得一个秘密数值，并把它安全地传送给其他用户。

密钥传送可以使用对称密钥技术，例如沙米尔的无密钥协议、Kerberos鉴别协议、尼达姆-施罗德共享密钥协议、奥特威-里斯协议等；也可以使用公开密钥技术，例如贝勒-雅克比密钥传送（四趟）、贝勒-雅克比密钥传送（二趟）、尼达姆-施罗德公开密钥协议、X.509强双向鉴别协议、X.509强三向鉴别协议等。

参看 Beller-Yacobi key transport（2-pass），Beller-Yacobi key transport（4-pass），Kerberos authentication protocol，key establishment，Needham-Schroeder public-key protocol，Needham-Schroeder shared-key protocol，Otway-Rees protocol，Shamir's no-key protocol，X.509 strong two-way authentication protocol，X.509 strong three-way authentication protocol。

比较 key agreement。

key-transport key　密钥传送密钥

在密钥传送协议中使用的密钥加密密钥也称作密钥传送密钥，这种密钥本身亦可被其他密钥保护。

参看 key-encrypting key，key transport。

key transport module　密钥传送模块

同 key gun。

key update　密钥更新

密钥管理的一个阶段。在密码周期终止之前，用新的密钥资料替换在使用的密钥资料。这个过程可能涉及密钥产生、密钥导出、两用户密钥编制协议的执行，或与可信第三方的通信。对于公开密钥，新密钥的更新和登记还典型地涉及和认证机构的保密通信协议。

参看 key establishment，key derivation，key generation，key management life cycle。

key variant　密钥变体

在密钥管理中，通过简单的数学运算（比如颠倒所选择的二进制位、和一个常数进行模2加等等）从另一个主密钥推导出的一个主密钥。这种技术允许使用一个主密钥分层，而只需要将其中一个加以安全存储。

参看 master key。

key variations　密钥变化量，密钥量

同 amount of key。

key verification code 密钥验证码

一个和已存储的DES密钥的值有关的数。用已存储的密钥加密一个64比特的全“0”字块，所得到的密文字块的最高24比特有效位就作为密钥验证码。通过计算密钥的密钥验证码，并将之和一个记录值作比较，就可以在不泄露密钥值的情况下检验该密钥的存储值。

参看 DES block cipher。

keyword 密钥字

在代替密码中，如果用一个字作密钥，就把这个字称作密钥字。

参看 substitution cipher。

Khafre block cipher Khafre 分组密码

Khafre是莫克尔(Merkle)提出的两个密码体制中的第二个。在设计上，它类似于Khufu，只是它被设计成应用在无需预先计算的场合。S盒与密钥无关，而Khafre使用固定的S盒，这个S盒是从一个初始S盒伪随机产生的，而初始S盒是根据RAND公司在1955年公布的随机数构造的。且密钥与加密数据字块的异或不仅在第一轮之前和最后一轮之后，而且也在每八轮加密之后进行。

Khafre密钥长度是64的倍数(64比特和128比特密钥是典型的)；而且Khafre比Khufu应当需要更多加密轮。再加上Khafre的每一轮比Khufu的更复杂，这就使得Khafre算法更慢。作为补偿，Khafre不要求任何预先计算且会更快地加密少量数据。

1990年，比汉姆(Biham)和沙米尔(Shamir)对Khafre使用差分密码分析技术。他们用了1 500次不同加密的选择明文攻击法破译了16轮的Khafre。用他们的个人计算机，花了大约一个小时，如用已知明文攻击需要大约2^{38}次加密。用2^{53}次加密的选择明文攻击或用2^{59}次加密的已知明文攻击能破译24轮的Khafre。

参看 block cipher，DES block cipher。

比较 Khufu block cipher。

Khufu block cipher Khufu 分组密码

1990年，莫克尔提出了两个算法：Khufu和Khafre。(Khufu和Khafre是以两个埃及法老的名字命名的。)它们的基本的设计原理如下：

① DES的56比特密钥长度太短。考虑到增加密钥长度花费微不足道(计算机内存是廉价的和大量的)，故它应该加长。

② DES大量使用的置换适合于硬件实现，用软件实现非常困难。DES的快速软件实现采用查表来实现置换。查表能提供与置换同样的“扩散”特性，

但它具有更大的灵活性。

③ DES中的S盒小,每个S盒仅有64个4比特单元。现在存储器更大了,S盒应该增大。况且,全部八个S盒同时使用,这一点对硬件是适合的,但它对软件来说却是不合理的限制。应该顺序地(而非并行地)使用大的S盒。

④ 人们普遍认为DES的初始置换和最终置换无密码学意义,应该取消它。

⑤ 所有DES的快速实现都是预先计算出每一轮的密钥。基于这个事实,可以使得这种计算更复杂一些。

⑥ 和DES不一样,S盒的设计准则应该公开。

针对这些列出的问题,莫克尔现在可能要增加"抗差分密码分析和线性攻击",但这些攻击在当时还是未知的。

Khufu和Khafre是DES类密码,可以作为DES的面向快速软件实现的替代方案。它们都是64比特分组,都有8×32比特的S盒,都是轮数(典型地是16,24或32)可变的。

Khufu是一个64比特块长的分组密码。64比特明文首先分为两个32比特:L和R。首先,两半部都与密钥异或。然后,它们通过类似于DES的一系列轮运算。在每一轮中,L的最低字节作为一个S盒的输入,每个S盒有8比特输入和32比特输出,S盒中选出的32比特元素再与R异或。然后L循环移动8比特的某个倍数,接着L和R交换,这一轮就结束了。S盒本身是动态的,每八轮就要改变。S盒是从用户密钥中伪随机产生的。最后一轮结束后,L和R与更多的密钥异或,然后组成密文块。

虽然部分密钥在算法开始和结束时与加密块异或,但密钥的主要目的是产生S盒。这些S盒都是秘密的,且本质上可看成密钥的一部分。Khufu算法需要512比特(64字节)的密钥,且给出了一个从密钥产生S盒的算法。这个算法的轮数是未定的。莫克尔认为八轮的Khufu可能受到选择明文分析,因此推荐轮数为16,24或32(他把轮数的选择限制为8的倍数)。

由于Khufu有一个与密钥相关的且秘密的S盒,能抗差分密码分析,存在一种攻击16轮Khufu的差分攻击,它需要2^{31}个选择明文来恢复密钥,但该方法不能扩展到更多的轮。如果强力攻击是攻击Khufu的最好方法,512比特密钥给出了2^{512}的复杂性——在这种情形下,破译它是相当困难的。

参看block cipher,DES block cipher。

比较Khafre block cipher。

knapsack cipher 背包密码

由莫克尔和赫尔曼于1978年提出的一种早期形式的公开密钥密码体制。这些体制都是基于NP完全问题——子集和问题,基本思想是:选择子集和问题的一个容易求解的特例，然后把这个特例作为希望是难以求解的一般子集和问题的一个特例。原始的背包集合可以作为秘密密钥，而把变换后的背包集合作为公开密钥。

参看 Merkle-Hellman knapsack cipher，Graham-Shamir knapsack，subset sum problem。

knapsack generator　背包式发生器

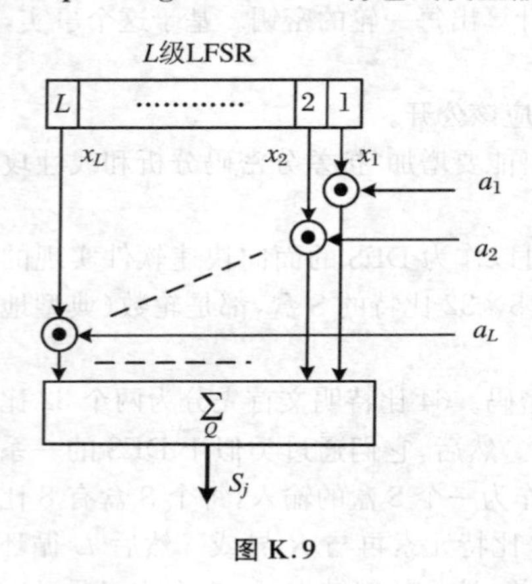

图 K.9

一种利用背包作为非线性滤波函数的非线性滤波发生器。此种发生器由一个最大长度线性反馈移位寄存器(LFSR)和一个模数来构成。如图 K.9 所示，令 LFSR 的级数为 L，LFSR 的状态用$(x_1,x_2,\cdots,x_L)$表示，模数 $Q=2^L$，背包集合为$\{a_1,a_2,\cdots,a_L\}$，则第 j 时刻的背包和就由 LFSR 的第 j 时刻状态和背包集合确定，为 $S_j=\sum_{i=1}^{L}x_ia_i \pmod{Q}$。这种发生器的输出序列就从 S_j 中抽取构成。

参看 nonlinear filter，nonlinear filter generator。

knapsack problem　背包问题

给定两个正整数集合$\{a_1,a_2,\cdots,a_n\}$和$\{b_1,b_2,\cdots,b_n\}$，并给定两个正整数 s 和 t，确定是否存在$\{1,2,\cdots,n\}$的一个子集 S，使得$\sum_{i\in S}a_i\leqslant s$以及$\sum_{i\in S}b_i\geqslant t$。

可以看出子集和问题是背包问题的一个特殊情况，即对于 $i=1,2,\cdots,n$，有 $a_i=b_i$，并且 $s=t$。

参看 subset sum problem。

knapsack public-key encryption　背包公开密钥加密

同 knapsack cipher。

knapsack set　背包集合

子集和问题中给定的那个正整数集合$\{a_1,a_2,\cdots,a_n\}$称为背包集合。

参看 subset sum problem。

known-key attack　已知密钥攻击

对协议的一种攻击方法。敌人获得了过去使用过的某些密钥，并且使用这些信息确定新密钥。对一个协议而言,如果过去的会话密钥的泄露使得被动敌人能危及将来的会话密钥,或者使得一个主动敌人在将来能假冒,则称这个协议抗不住已知密钥攻击。

参看 active attack,passive attack,session key。

known-message attack　已知消息攻击

对公开密钥数字签名方案的一类消息攻击。敌人拥有对一组消息的签名,这组消息是敌人已知的,但不由敌人选择。

参看 digital signature,message attack。

比较 adaptive chosen-message attack,chosen-message attack。

known plaintext attack　已知明文攻击

密码分析攻击的一种类型:密码分析者已知一些明文及其对应的密文。

参看 cryptanalysis。

known-plaintext unicity distance　已知明文唯一解距离

在已知明文密钥搜索情况下唯一确定一个密钥所要求的明文-密文对的数量,就是已知明文唯一解距离。这是一个最小的整数 t,使得一个 t 长历史记录遇到假密钥好像是不大可能发生的。例如,对于 L 个随机分组密码(分组长度为 n 比特,密钥长度为 k 比特)的级联,能估计其(已知明文)唯一解距离:一个 t 长历史记录遇到假密钥的期望数大约为 2^{Lk-tn};当 $t > Lk/n$ 时,预计遇到的假密钥数小于 1。

参看 random cipher,unicity distance。

known-text attack　已知文本攻击

对消息鉴别码的一种攻击类型。在这种情况下,攻击者可以利用一个或多个文本-MAC 对$(x_i, h_k(x_i))$。

参看 message authentication code (MAC),types of attack on MAC。

Koblitz curves　科布利茨曲线

一类特殊的椭圆曲线,定义在有限域$\mathbb{F}_2$上。其定义如下:

$$E_a: y^2 + xy = x^3 + ax^2 + 1 \quad (a = 0, 1)。$$

参看 elliptic curve over a finite field。

L

lagged Fibonacci generator　滞后斐波那契发生器

同 additive generator。

Lagrange's interpolation formula　拉格朗日插值公式

令 R 是一个域，给定 $2n$ 个元素 $x_1, x_2, \cdots, x_n, y_1, y_2, \cdots, y_n \in R$，其中各 x_i 是互不相同的。定义

$$f(x) = \sum_{i=1}^{n} y_i \prod_{1 \leqslant j \leqslant n, j \neq i} \frac{x - x_j}{x_i - x_j},$$

则 $f(x)$ 是 R 上次数至多为 $n-1$ 的唯一多项式，使得对 $i = 1, 2, \cdots, n$，有 $f(x_i) = y_i$。

参看 field，polynomial。

Lagrange's theorem　拉格朗日定理

如果 G 是一个有限群，H 是 G 的一个子群，则 $|H|$ 整除 $|G|$。因此，如果 $a \in G$，则 a 的阶整除 $|G|$。

参看 group，subgroup。

Lamport's one-time-password scheme　兰波特一次一通行字方案

基于单向函数的一次一通行字方案。这种方案中，用户从一个秘密 w 开始。使用一个单向函数来定义通行字序列：$w, H(w), H(H(w)), \cdots, H^t(w)$。第 i 次身份识别会话的通行字就被定义为 $w_i = H^{t-i}(w)$ $(1 \leqslant i \leqslant t)$。

兰波特一次一通行字方案

A 使用取自一个序列的一次通行字来向 B 证明自己的身份。

(1) 一次设置

(a) 用户 A 从一个秘密 w 开始。令 H 是一个单向函数。

(b) 固定一个常数 t（例如，$t = 100$ 或 1 000），定义允许的身份识别数。

(c) A 以一种确保可靠性的方法把初始共享秘密 $w_0 = H^t(w)$ 传输给系统 B。B 初始化 A 的计数器为 $i_A = 1$。

(2) 协议消息　t 轮中的每一轮都有三个具有如下形式的消息：

$$A \rightarrow B: A, i, w_i (= H^{t-i}(w)) \quad (1)$$

(3) 协议动作　为了第 i 次会话证明自己的身份，执行下述步骤：

(a) A 的设备计算 $w_i = H^{t-i}(w)$，并把消息(1)传送给 B。

(b) B 检验 $i = i_A$，并检验接收到的通行字 w_i 是否满足 $H(w_i) = w_{i-1}$。

如果满足,则接受这个通行字,置 $i_A \leftarrow i_A + 1$,并保存 w_i 为下一次会话验证使用。

上述协议及类似一次一通行字方案抗不住主动敌人的攻击。

参看 one-time-password scheme。

language 语言

这里所谓“语言”是指形式语言,由一个字母表的符号组成的任意有限长度的一行符号称作“句子”,由“句子”组成的任意集合就称作“语言”。大多数有趣的语言都包含有无穷多个句子。

Latin square 拉丁方

N 个字符的拉丁方要求:用 N 个字母分别表示这 N 个字符;把这 N 个字符写成一个 $N \times N$ 阵列,并要求在阵列的每一行和每一列中每个字母都恰好出现一次。通常,一个 $N \times N$ 拉丁方的第一行和第一列是 N 个字符的标准字母表。称 $N \times N$ 拉丁方为 N 阶拉丁方。

2 阶或 3 阶拉丁方只有 1 个,4 阶拉丁方有 4 个,如下所示:

```
ab  abc  abcd  abcd  abcd  abcd
ba  bca  bcda  bdac  badc  badc
    cab  cdab  cadb  cdba  cdab
         dabc  dcba  dcab  dcba
```

5 阶拉丁方有 56 个;6 阶拉丁方有 9 408 个;7 阶拉丁方有 16 942 080 个;8 阶拉丁方有 535 281 401 856 个;9 阶拉丁方约有 3.78×10^{17} 个……

当然,可用正整数来描述拉丁方,比如 3 阶拉丁方可描述成

```
123
231
312
```

下面描述的是一个 $N = 10$ 的拉丁方,使用 $\mathbb{Z}_{10} = \{0,1,2,3,4,5,6,7,8,9\}$。

```
0123456789
1572890346
2461389057
3057248961
4906135872
5890724613
6789013524
7618902435
8345671290
9234567108
```

参看 integers modulo n。

lattice 格

令 $B=\{b_1,b_2,\cdots,b_m\}$是 n 维实数空间$\mathbb{R}^n$中的一个线性无关向量,$m\leqslant n$。称 $b_1,b_2,\cdots,b_m$的所有整数线性组合的集合 L 为 m 维格;也就是 $L=\mathbb{Z}b_1+\mathbb{Z}b_2+\cdots+\mathbb{Z}b_m$($\mathbb{Z}$ 为整数集合)。称集合 B 为格 L 的一个基。一个格可能有许多不同的基。如果一个基是由长度相对小的向量组成的,则称之为约化基。

参看 reduced basis。

lattice basis reduction 格基归约

已知格的一个基,寻找其一个约化基的过程。

参看 lattice,lattice basis reduction algorithm。

lattice basis reduction algorithm 格基约化算法

已知格的一个基,寻找一个约化基的算法。比如,L^3 格基约化算法就是一个好的算法。

参看 L^3-lattice basis reduction algorithm。

law enforcement access field (LEAF) 法律强制性访问字段

密钥托管芯片用一种秘密的方法建立的一个数据块,它是 K_S和初始向量(IV)的函数。有关 LEAF 的细节请参看 Clipper key escrow 词条。

参看 Clipper key escrow。

law of large numbers 大数定律

令 X 是表示在 n 次独立的伯努利试验(每次试验的成功概率为 p)中的成功率的随机变量。则对任意的 $\varepsilon>0$,当 $n\to\infty$时,有 $P(|X-p|>\varepsilon)\to 0$。

参看 Bernoulli trial。

law of quadratic reciprocity 二次互反定律

如果 q 是一个和 p 不同的奇素数,则$\left(\dfrac{p}{q}\right)=\left(\dfrac{q}{p}\right)(-1)^{(p-1)(q-1)/4}$。换句话说,只要 p 和 q 不都是模 4 同余于 3,就有$\left(\dfrac{p}{q}\right)=\left(\dfrac{q}{p}\right)$;否则,$\left(\dfrac{p}{q}\right)=-\left(\dfrac{q}{p}\right)$。

参看 Legendre symbol。

leading coefficient 首项系数

环 R 上的未定元x 的多项式$f(x)=a_nx^n+\cdots+a_2x^2+a_1x+a_0$中,$a_n$称为 $f(x)$的首项系数。

参看 polynomial ring。

leaf of a binary tree　二叉树的叶子

二叉树中的一种顶点,这种顶点都有一个离开它的边。

参看 binary tree。

least common multiple　最小公倍数

令 a 和 b 都是整数,d 是非负整数。如果 $a|d,b|d$,而且无论何时只要 $a|c,b|c$,就有 $d|c$,则非负整数 d 是 a 和 b 的最小公倍数。记为 $d=\mathrm{lcm}(a,b)$(或者 $d=\mathrm{LCM}(a,b)$)。

参看 integer。

least significant digit　最低有效位

在正整数 a 的基 b 表示中,通常将 a 写成 $a=(a_n a_{n-1}\cdots a_1 a_0)_b$。整数 $a_i(0\leqslant i\leqslant n)$称作"位",$a_0$就是最低有效位,或称低位数。

参看 base b representation。

left rotation　循环左移,左循环移位

把一个字符串首尾相连向左进行循环移位。一般用符号"ROL_n"或"$\lll n$"表示"循环左移"n 位。例如:$X=(x_7x_6x_5x_4x_3x_2x_1x_0)$,则 $ROL_3(X)$表示"循环左移"3 位,即 $ROL_3(X)=ROL_3(x_7x_6x_5x_4x_3x_2x_1x_0)=(x_4x_3x_2x_1x_0x_7x_6x_5)$(或者写成 $X\lll 3=(x_4x_3x_2x_1x_0x_7x_6x_5)$)。

参看 cyclic shift。

比较 right rotation。

Legendre sequence　勒让德序列

同 quadratic residue sequence。

Legendre symbol　勒让德符号

勒让德符号对于掌握一个整数 a 是否是模一个素数 p 的二次剩余是一个有用工具。令 p 是一个奇素数,a 是一个整数。勒让德符号$\left(\frac{a}{p}\right)$定义为

$$\left(\frac{a}{p}\right)=\begin{cases}0, & p|a,\\ 1, & a\in Q_p,\\ -1, & a\in \bar{Q}_p。\end{cases}$$

令 p 是一个奇素数,且 $a,b\in\mathbb{Z}$。那么,勒让德符号具有如下特性:

① $\left(\frac{a}{p}\right)\equiv a^{(p-1)/2}(\mathrm{mod}\ p)$。特别地,$\left(\frac{1}{p}\right)=1$ 而$\left(\frac{-1}{p}\right)=(-1)^{(p-1)/2}$。因此,当 $p\equiv1(\mathrm{mod}\ 4)$时,$-1\in Q_p$;当 $p\equiv3(\mathrm{mod}\ 4)$时,$-1\in\bar{Q}_p$。

② $\left(\frac{ab}{p}\right)=\left(\frac{a}{p}\right)\left(\frac{b}{p}\right)$。因此,如果 $a\in\mathbb{Z}_p^*$,则$\left(\frac{a^2}{p}\right)=1$。

③ 如果 $a\equiv b \pmod p$,则$\left(\frac{a}{p}\right)=\left(\frac{b}{p}\right)$。

④ $\left(\frac{2}{p}\right)=(-1)^{(p^2-1)/8}$。因此,当 $p\equiv 1$ 或 $7 \pmod 8$时,$\left(\frac{2}{p}\right)=1$;当 $p\equiv 3$ 或 $5 \pmod 8$时,$\left(\frac{2}{p}\right)=-1$。

⑤(二次互反定律)如果 q 是一个和 p 不同的奇素数,则 $\left(\frac{p}{q}\right)=\left(\frac{q}{p}\right)(-1)^{(p-1)(q-1)/4}$。换句话说,只要 p 和 q 不都是模 4 同余于 3,就有 $\left(\frac{p}{q}\right)=\left(\frac{q}{p}\right)$;否则,$\left(\frac{p}{q}\right)=-\left(\frac{q}{p}\right)$。

参看 integer,quadratic residue。

Legendre symbol computation　勒让德符号计算

当其中的整数 n 为素数时,雅克比符号计算算法就成了勒让德符号计算算法。

参看 Jacobi symbol computation。

Lehmer's gcd algorithm　莱莫最大公约数算法

经典欧几里得算法的一个变种,而且适宜于涉及多精度整数的计算。该算法将许多多精度除法用较简单的单精度运算来代替。

莱莫最大公约数算法

输入:两个以基 b 表示的正整数 x 和 y,$x\geqslant y$。

输出:gcd(x,y)。

LH1　当 $y\geqslant b$ 时,执行下述步骤:

LH1.1　置 $\tilde{x},\tilde{y}$ 分别是 x 和 y 的高位数字($\tilde{y}$ 可能是 0)。

LH1.2　$A\leftarrow 1, B\leftarrow 0, C\leftarrow 0, D\leftarrow 1$。

LH1.3　当 $\tilde{y}+C\neq 0$ 且 $\tilde{y}+D\neq 0$ 时,执行:

$$q\leftarrow\lfloor(\tilde{x}+A)/(\tilde{y}+C)\rfloor,\quad q'\leftarrow\lfloor(\tilde{x}+B)/(\tilde{y}+D)\rfloor。$$

如果 $q\neq q'$,则转到 LH1.4。

$$t\leftarrow A-qC,\ A\leftarrow C,\ C\leftarrow t,\ t\leftarrow B-qD,\ B\leftarrow D,\ D\leftarrow t。$$

$$t\leftarrow\tilde{x}-q\tilde{y},\ \tilde{x}\leftarrow\tilde{y},\ \tilde{y}\leftarrow t。$$

LH1.4　如果 $B=0$,则 $T\leftarrow x \pmod y, x\leftarrow y, y\leftarrow T$;

否则,$T\leftarrow Ax+By, u\leftarrow Cx+Dy, x\leftarrow T, y\leftarrow u$。

LH2　使用经典欧几里得算法,计算 $v=\gcd(x,y)$。

LH3　返回(v)。

参看 Euclidean algorithm for integers,multiple-precision integer。

Lempel-Ziv compression test　伦佩尔-齐夫压缩检验

NIST 特种出版物 800-22《A Statistical Test Suite for Random and Pseudo-random Number Generators for Cryptographic Applications》中提出的 16 项检验之一。

检验目的　待测序列 $S = s_0, s_1, s_2, \cdots, s_{n-1}$。这个检验的目的是确定被检验的序列 S 能被压缩多少。如果这个序列能被显著压缩,则认为这个序列是不随机的。一个随机序列应具有不同模式的特征数。

理论根据及检验技术描述　伦佩尔-齐夫压缩检验使用(1977)伦佩尔-齐夫算法压缩选择的随机序列。如果缩减在与一个理论期望结果相比较时是统计上有意义的,则说明这个序列不是随机的。

可以认为伦佩尔-齐夫压缩检验包含了频数、游程、其他压缩以及可能的谱检验,但是它可能和随机二元矩阵秩检验相交叉。这个检验类似于熵检验,更类似于默勒的通用统计检验。然而,伦佩尔-齐夫检验直接包括了定义近代信息论的压缩探索。

对二进制序列 S 进行如下特别处理:

(1) 把序列分成连续不相交的串(字),使得下一个字是还没有见到的最短的串。

(2) 对这些字以基 2 连续编号。

(3) 赋予每一个字一个前缀及一个后缀:前缀是先前的那些匹配所有数字但不匹配最后一个数字的字;后缀是最后那个数字。

令 $W(n)$表示一个长为 n 的二进制随机序列的语法分析中字的数量。1988 年奥尔德斯(Aldous)和希尔兹(Shields)证明了

$$\lim_{n\to\infty}\frac{E[W(n)]}{n/\log_2 n}=1,$$

使得期望压缩是渐近地良逼近于 $n/\log_2 n$,而且

$$\frac{W(n)-E[W(n)]}{\sigma[W(n)]}\sim N(0,1)。$$

这意味着,中心极限定理对伦佩尔-齐夫压缩中字的数量是成立的。

1994 年基尔申霍夫(Kirschenhofer)、普罗丁格(Prodinger)和斯捷潘可夫斯基(Szpankowski)证明了

$$\sigma^2[W(n)]\simeq\frac{n[C+\delta(\log_2 n)]}{\log_2^3 n},$$

其中,$C=0.266\,00$(对五个有意义的数位),$\delta(\cdot)$是均值为 0 且$|\delta(\cdot)|<10^{-6}$的缓慢变化的连续函数。

分析一个给定序列,并对字的数量计数。不必处理完所有的伦佩尔-齐夫

编码,因为字的数量 W 是足够的。使用 W 来计算

$$z=\frac{W-n/\log_2 n}{\sqrt{0.266n/\log_2^3 n}},$$

然后将它和标准正态分布相比较。这个检验最好是单侧的,这是由于实际上在为压缩后太长的某些模式序列做标记。

如下计算尾部概率 *P-value*:

$$P\text{-}value=\frac{1}{2}\mathrm{erfc}\left(\frac{\mu-W_{\mathrm{obs}}}{\sqrt{2\sigma^2}}\right)$$

其中,W_{obs} 为观测值,erfc(x)为补余误差函数,

$$\mathrm{erfc}(x)=\frac{2}{\sqrt{\pi}}\int_x^{\infty}\mathrm{e}^{-u^2}\,\mathrm{d}u。$$

注意 由于没有一个已知的理论可利用来确定 μ 和 σ 的精确值,所以使用 SHA-1(在一个随机性假设之下)计算这些值。布卢姆-布卢姆-舒布发生器也给出类似的 μ 和 σ 的值。使用 SHA-1 生成 1 兆比特序列,计算出均值 μ 是69 586.25,方差 σ^2 是 70.448 718。

检验统计量与参照的分布 W_{obs} 为序列中不相交且渐增不同模式字的数量。

这个检验统计量的参照分布是正态分布。

检验方法描述 (1) 把序列分成连续的、不相交且不同的字,这些字将构成序列中字的一个"字典"。这可通过根据序列的连续比特建立子串来实现,直到建立一个子串,而这个子串先前未在序列中找到。得出的子串是字典中的一个新子串。

令 W_{obs} 为渐增不同的字的数量。

例如,如果 $s=010110010$,则检验如表 L.1 进行。这个字典中有 5 个字:0,1,01,10,010。因此 $W_{\mathrm{obs}}=5$。

表 L.1

比特位置	比特	新字?	这个字是
1	0	YES	0(第 1 比特)
2	1	YES	1(第 2 比特)
3	0	NO	
4	1	YES	01(第 3,4 比特)
5	1	NO	
6	0	YES	10(第 5,6 比特)
7	0	NO	
8	1	NO	
9	0	YES	010(第 7,8,9 比特)

(2) 计算尾部概率 *P-value*：

$$P\text{-}value = \frac{1}{2}\operatorname{erfc}\left(\frac{\mu - W_{\text{obs}}}{\sqrt{2\sigma^2}}\right),$$

其中，当 $n=10^6$时，$\mu=69\,586.25$，$\sigma^2=70.448\,718$。对于 n 的其他值，必须计算 μ 和 σ 的值。

由于上面的例子比推荐的长度短得多，μ 和 σ 的值不是有用的。假定这个检验处理 1 兆比特长的序列，并得到 $W_{\text{obs}}=69\,600$，则

$$P\text{-}value = \frac{1}{2}\operatorname{erfc}\left(\frac{69\,586.25-69\,600}{\sqrt{2\times 70.448\,718}}\right)=0.949\,310。$$

判决准则（在显著性水平 1%下） 如果 *P-value*<0.01，则该序列未通过该项检验；否则，通过该项检验。

判决结论及解释 因为在上面的第(2)步中 *P-value*≥0.01（*P-value* = 0.949 310），故得出结论：这个序列通过该项检验。

注意，对于 $n=10^6$，如果 $W_{\text{obs}}=69\,561$，则应得出结论：这个序列是可显著压缩的，因而不是随机的。

输入长度建议 建议待检验的序列最少包含 1 000 000 比特(即 $n\geqslant 10^6$)。

举例说明 序列 S：自然对数的底 e 的二进制展开式中前 1 000 000 比特，$n=1\,000\,000=10^6$。

统计：$W_{\text{obs}}=69\,559$。

计算：*P-value* = 0.000 584

结论：因为 *P-value*<0.01，故这个序列未通过该项检验。

参看 approximate entropy test，binary matrix rank test，discrete Fourier transform (spectral) test，frequency test，Maurer's universal statistical test，NIST Special Publication 800-22，normal distribution，runs test，standard normal distribution，statistical hypothesis，statistical test，tail probability，Ziv-Lempel complexity。

length of a vector 向量的长度

令 $y=(y_1,y_2,\cdots,y_n)$ 是 n 维实数空间$\mathbb{R}^n$中的一个向量，则实数 $\|y\|=\sqrt{\langle y,y\rangle}=\sqrt{y_1^2+y_2^2+\cdots+y_n^2}$称为向量 y 的长度或模。

参看 vector space。

Leon Battista Alberti 利昂·巴蒂斯塔·艾尔伯蒂(1404～?)

意大利人，西方密码学之父。

三件非凡的首创：在西方最早阐明密码分析；发明多表代替；发明加表密本。

参看 cryptanalysis，enciphered code，polyalphabetic substitution。

letter contact chart　字母连缀图,字母连缀关系

自然语言中,一个字母可以和哪些字母相连接,不可以和哪些字母相连接,都是有一定规律的。例如,英语单词中,字母“q”和字母“u”连接在一起,经常以“qu”形式出现,但从不以“uq”形式出现。而字母“t”和字母“h”连接在一起,经常以“th”形式出现,但从不以“ht”形式出现。字母连缀关系有利于密码分析。

参看 cryptanalysis。

LEVIATHAN stream cipher　LEVIATHAN 序列密码

LEVIATHAN 是一个同步序列密码,其加密是用密钥流与明文串的位方式二进制加法,由美国 Cisco 系统公司的麦格鲁(David A. McGrew)和弗卢勒(Scott R. Fluhrer)设计提交给 NESSIE 项目。LEVIATHAN 每次输出的比特数用 n 表示,密钥的字节数用 m 表示。$n=32$,$m=16$(128 比特密钥时)或 $m=32$(256 比特密钥时)。

LEVIATHAN 密钥流用二叉树结构来定义。每个树的高度为 16,这样每个树就都有 2^{16} 个叶子。每个叶子都和密钥流的一个 n 比特字相联系。存在 2^{32} 个这样的树,因此可给出 $n \cdot 2^{48}$ 比特输出。

LEVIATHAN 序列密码算法

1. 符号注释

算法中所用变量均为 $n=32$ 比特。所有的变量都看作是比特串,或者等价地,看作是以二进制表示的、最低有效位在右边的无符号整数。

$Y \| X$ 表示并置:如果 $Y=(y_{31}\cdots y_0)$,$X=(x_{31}\cdots x_0)$,则 $Y \| X=(y_{31}\cdots y_0 x_{31}\cdots x_0)$。

$n=32$ 比特变量 $X=X_3 \| X_2 \| X_1 \| X_0$,其中 $X_3=(x_{31}\cdots x_{24})$,$X_2=(x_{23}\cdots x_{16})$,$X_1=(x_{15}\cdots x_8)$,$X_0=(x_7\cdots x_0)$。类似地,有 32 比特变量 $Y=Y_3 \| Y_2 \| Y_1 \| Y_0$,$Z=Z_3 \| Z_2 \| Z_1 \| Z_0$。

$\oplus$表示按位异或。

$\bar{x}$ 表示将变量 x 按位取补。

$+$ 表示模 2^n 整数加法。

R 表示右循环移 $n/4$ 位,当 $n=32$ 时,就是右循环移 1 字节。

L 表示左循环移 $n/4$ 位,当 $n=32$ 时,就是左循环移 1 字节。

二叉树的“节点编号”用 Z 来表示,并且把它作为其相对应的那个节点的状态的一部分。以传统的方法计算这个编号:根的节点编号定义为 1;如果一个节点的节点编号是 Z,其左边儿子的节点编号就是 $2Z$,而其右边儿子的节点编号就是 $2Z+1$。

二叉树的每个节点都有 $3n$ 比特的内部状态,用变量 T 来表示节点状态。将 $3n$ 比特变量 T 写成 $Z \| Y \| X$,即 T 的最高有效 n 比特是 Z(节点编号),

次低有效 n 比特是 Y,最低有效 n 比特是 X。

S_0,S_1,S_2和 S_3为四个可逆函数表,对于 $n=32$ 比特变量而言,它们均为 8 输入/8 输出的 S 盒,由密钥设置产生。

2. 基本函数

(1) 非线性"混乱"函数 f

$$f(Z \parallel Y \parallel X)=2Z \parallel S(R(S(R(Y)))) \parallel L(S(L(S(X)))),$$

见图 L.1。

(2) 非线性"混乱"函数 g

$$g(Z \parallel Y \parallel X)=2Z+1 \parallel L(S(L(S(Y)))) \parallel S(R(S(R(\bar{X})))),$$

见图 L.2。

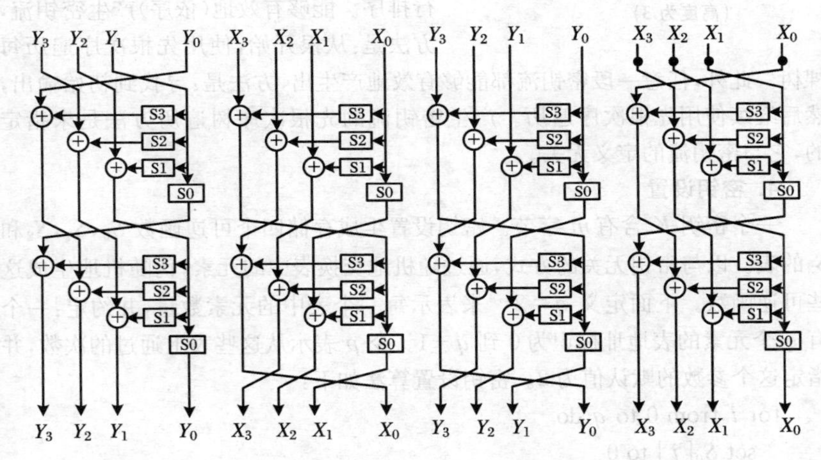

图 L.1 函数 f　　图 L.2 函数 g

(3) 扩散函数 d

$$d(Z \parallel Y \parallel X)=Z \parallel X+Y+Z \parallel 2X+Y+2Z,$$

即 $Y=X+Y+Z$,$X=2X+Y+2Z$。

(4) 分支函数 a 和 b　$a=f\circ d$,$b=g\circ d$。

(5)"滤波"函数 c　$c(Z \parallel Y \parallel X)=X \oplus Y$。

(6) 非线性函数 S

$$S(X_3 \parallel X_2 \parallel X_1 \parallel X_0)=X_3 \oplus S_3(X_0) \parallel X_2 \oplus S_2(X_0) \parallel X_1 \oplus S_1(X_0) \parallel S_0(X_0)$$

3. LEVIATHAN 序列密码算法

LEVIATHAN 的输出是 n 比特字。用下述算法产生出第 i 个字:

set N to i mod 2^{16}, and set T to $1 \parallel 0 \parallel i/2^{16}$

for j from 15 down to zero do

```
if the jth least significant bit of N is zero then
    set T to a(T)
else
    set T to b(T)
end if
end for
output c(T)
```

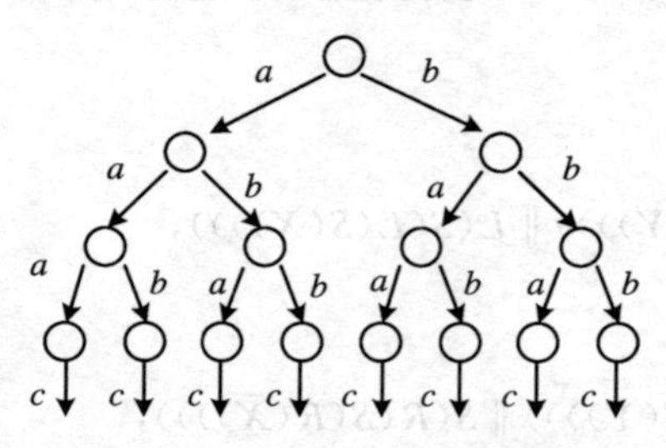

图 L.3 LEVIATHAN 的计算树图例（高度为 3）

计算树可用图 L.3 加以说明。

密钥流是所有树的输出的并置，对这些树进行排序，使得这些树的根按升序进行排序。能够有效地（依序）产生密钥流，方法是：从根开始，使用先根次序遍历每棵树。此外，任意一段密钥流都能够有效地产生出，方法是：寻找到初始输出，然后继续使用先根次序遍历。产生密钥流的先根次序树遍历方法是未指定的，它与密钥流的定义无关。

4. 密钥设置

一个密钥 K 含有 m 字节。密钥设置生成存储四个可逆函数 S_0，S_1，S_2 和 S_3 的表。以与密钥无关的方式，通过随机地交换表中的元素，伪随机地生成这些可逆函数。下面定义 $q=2^{n/4}$ 来表示每一个表中的元素数量，并约定：一个有 q 个元素的表地址标识为 0 到 $q-1$。令 p 表示从这些表上通过的次数，并指定这个参数的默认值为 2。密钥设置算法如下：

```
for i from 0 to q do
    set S0[i] to 0
    set S1[i] to 0
    set S2[i] to 0
    set S3[i] to 0
end for
for j from 0 to 3 do
    for i from 0 to q do
        set S3[i] to S2[i]
        set S2[i] to S1[i]
        set S1[i] to S0[i]
        set S0[i] to i
    end for
    set k to j
```

```
for t from 1 to p do
  for i from 0 to q do
    set k to k+(K[i mod m] + S0[i]) mod q
    exchange S0[i] with S0[k]
    exchange S1[i] with S1[k]
    exchange S2[i] with S2[k]
    exchange S3[i] with S3[k]
  end for
 end for
end for
```

5. 测试向量

下列数据均为 16 进制。

密钥: de c0 c0 c5 57 fa,

密钥流: 1861600e 88244832 2a6d8201 ffd0f37d
b8767ce6 e7bd8954 b3fc97f0 e88caba1;

密钥: 01 23 45 67 89 ab cd ef fe ca be ba be ba fe ca,

密钥流: 44a7742e ba1625e3 1c00e70a 71fffd3b
9aa8ea1f d02a5f08 ef52ffd7 8e3b31e7;

密钥: 01 23 45 67 89 ab cd ef fe ca be ba be ba fe ca
be ba fe ca fe ca be ba 89 ab cd ef 01 23 45 67,

密钥流: 669017c4 b85204eb 25aab14a 99cde76b
163c76bb 6c7b12a6 d5c8c1e8 f550c41c。

参看 NESSIE project, pseudorandom bit generator, Rijndael block cipher, stream cipher, substitution box (S-box)。

LFSR-based keystream generator 基于线性反馈移位寄存器的密钥流发生器

因为有关 LFSR 的理论完整,使用起来比较方便,电路又容易实现,所以实际中序列密码体制大都使用基于线性反馈移位寄存器(LFSR)的密钥流发生器。LFSR 能为密码序列提供确定的周期保证,还可提供一些随机特性。但由于 LFSR 的线性性,故不能只用 LFSR 来构造密钥流发生器。必须使用适当的非线性变换来破坏 LFSR 的线性性,例如非线性组合函数发生器、非线性滤波发生器、钟控发生器等。

对于基于 LFSR 的密钥流发生器,希望它对所有可能密钥都具有下述特性:大的周期;大的线性复杂度;良好的统计特性。但这些要求,对于"一个密钥流发生器是密码上安全的"这种认识,只是必要条件。目前还不知道这样的密钥流发生器安全性的数学上的证明。

参看 clock controlled generator，key stream generator，linear feedback shift register （LFSR），nonlinear combiner generator，nonlinear filter generator。

LFSR-synthesis algorithm　线性反馈移位寄存器综合算法

同 linear feedback shift register synthesis algorithm。

liar　说谎者

概率素性检测中的一个术语。在概率素性检测中，如果一个奇正整数 n 是复合数，则称 $W(n)$的元素为 n 的复合性的证据（witness），而补集合 $L(n)=Z(n)\setminus W(n)$中的元素为说谎者。

参看 probabilistic primality test。

LILI-128 stream cipher　LILI-128 序列密码

LILI-128 密钥流发生器是一种基于 LFSR 的同步序列密码，密钥为 128 比特。由澳大利亚昆士兰工业大学的道森（E. Dawson）等人设计提交给 NESSIE 项目。LILI-128 发生器实际上可以看作为一个时钟受控的非线性滤波发生器。LILI-128 的周期为$(2^{39}-1)(2^{89}-1)\approx 2^{128}$。

LILI-128 序列密码算法

1. 符号注释

除了整数 c 之外，都是单比特变量。

$\oplus$表示按位异或。

$\boxed{D}$表示延迟单元。

2. 基本结构和函数

（1）时钟控制子系统　由线性反馈移位寄存器 $LFSR_c\langle 39, C_c(D)\rangle$。（图 L.4）和函数 f_c组成。

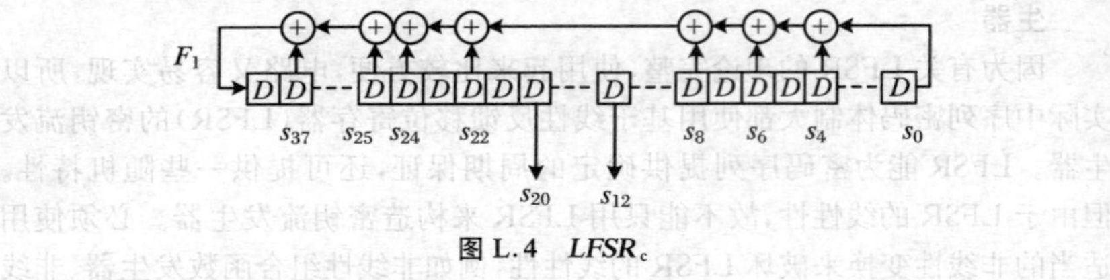

图 L.4　$LFSR_c$

$LFSR_c$的连接多项式为本原多项式：

$$C_c(D)=1+D^2+D^{14}+D^{15}+D^{17}+D^{31}+D^{33}+D^{35}+D^{39}。$$

将 $LFSR_c$的状态记作 S，

$$S=(s_{38},s_{37},\cdots,s_0)。$$

$LFSR_c$的反馈位：

$$F_1 = s_{37} \oplus s_{25} \oplus s_{24} \oplus s_{22} \oplus s_8 \oplus s_6 \oplus s_4 \oplus s_0。$$

整数函数

$$c = f_c(s_{12}, s_{20}) = 2(s_{12}) + s_{20} + 1。$$

可以看出 $c \in \{1,2,3,4\}$。

(2) 数据生成子系统　由线性反馈移位寄存器 $LFSR_d\langle 89, C_d(D)\rangle$(图 L.5)和函数 f_d组成。

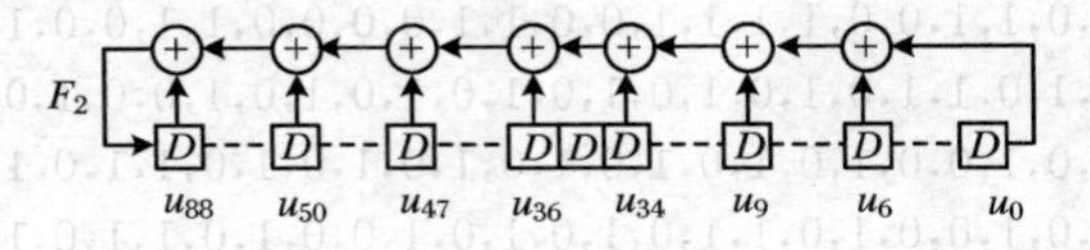

图 L.5　$LFSR_d$

$LFSR_d$的连接多项式为本原多项式：

$$C_d(D) = 1 + D + D^{39} + D^{42} + D^{53} + D^{55} + D^{80} + D^{83} + D^{89}。$$

将 $LFSR_d$的状态记作 U，

$$U = (u_{88}, u_{87}, \cdots, u_0)。$$

$LFSR_d$的反馈位：

$$F_2 = u_{88} \oplus u_{50} \oplus u_{47} \oplus u_{36} \oplus u_{34} \oplus u_9 \oplus u_6 \oplus u_0。$$

输出函数

$$z = f_d(u_0, u_1, u_3, u_7, u_{12}, u_{20}, u_{30}, u_{44}, u_{65}, u_{80})。$$

这个布尔函数有 10 个输入，其特性如下：平衡，3 阶相关免疫，非线性次数为 6，非线性度为 480，无线性结构。

f_d的真值表：

0,0,1,1,1,1,0,0,1,1,0,0,0,0,1,1,1,1,0,0,0,0,1,1,0,0,1,1,1,1,0,0,
0,0,1,1,1,1,0,0,1,1,0,0,0,0,1,1,1,1,0,0,0,0,1,1,0,0,1,1,1,1,0,0,
0,0,1,1,1,1,0,0,1,1,0,0,0,0,1,1,1,1,0,0,0,0,1,1,0,0,1,1,1,1,0,0,
1,1,0,0,0,0,1,1,0,0,1,1,1,1,0,0,0,0,1,1,1,1,0,0,1,1,0,0,0,0,1,1,
0,1,0,1,1,0,1,0,1,0,1,0,0,1,0,1,1,0,1,0,0,1,0,1,0,1,0,1,1,0,1,0,
0,1,0,1,1,0,1,0,1,0,1,0,0,1,0,1,1,0,1,0,0,1,0,1,0,1,0,1,1,0,1,0,
0,1,0,1,1,0,1,0,1,0,1,0,0,1,0,1,1,0,1,0,0,1,0,1,0,1,0,1,1,0,1,0,
1,0,1,0,0,1,0,1,0,1,0,1,1,0,1,0,0,1,0,1,1,0,1,0,1,0,1,0,0,1,0,1,
0,1,1,0,0,1,1,0,1,0,0,1,1,0,0,1,1,0,0,1,1,0,0,1,0,1,1,0,0,1,1,0,
0,1,1,0,0,1,1,0,1,0,0,1,1,0,0,1,1,0,0,1,1,0,0,1,0,1,1,0,0,1,1,0,
0,1,1,0,1,0,0,1,0,1,1,0,1,0,0,1,1,0,0,1,0,1,1,0,1,0,0,1,0,1,1,0,
0,1,1,0,1,0,0,1,1,0,0,1,0,1,1,0,0,1,1,0,1,0,0,1,1,0,0,1,0,1,1,0,

0,0,0,0,1,1,1,1,1,1,1,1,0,0,0,0,1,1,1,1,0,0,0,0,0,0,0,1,1,1,1,
1,1,1,1,0,0,0,0,0,0,0,0,1,1,1,1,0,0,0,0,1,1,1,1,1,1,1,1,0,0,0,0,
0,0,1,1,0,0,1,1,1,1,0,0,1,1,0,0,1,1,0,0,1,1,0,0,0,0,1,1,0,0,1,1,
1,1,0,0,1,1,0,0,0,0,1,1,0,0,1,1,0,0,1,1,0,0,1,1,1,1,0,0,1,1,0,0,
0,0,1,1,1,1,0,0,0,0,1,1,1,1,0,0,1,1,0,0,0,0,1,1,1,1,0,0,0,0,1,1,
1,1,0,0,0,0,1,1,1,1,0,0,0,0,1,1,0,0,1,1,1,1,0,0,0,0,1,1,1,1,0,0,
0,0,1,1,1,1,0,0,1,1,0,0,0,0,1,1,0,0,1,1,1,1,0,0,1,1,0,0,0,0,1,1,
1,1,0,0,0,0,1,1,0,0,1,1,1,1,0,0,1,1,0,0,0,0,1,1,0,0,1,1,1,1,0,0,
0,1,0,1,0,1,0,1,1,0,1,0,1,0,1,0,1,0,1,0,1,0,1,0,0,1,0,1,0,1,0,1,
1,0,1,0,1,0,1,0,0,1,0,1,0,1,0,1,0,1,0,1,0,1,0,1,1,0,1,0,1,0,1,0,
0,1,0,1,1,0,1,0,0,1,0,1,1,0,1,0,1,0,1,0,0,1,0,1,1,0,1,0,0,1,0,1,
1,0,1,0,0,1,0,1,1,0,1,0,0,1,0,1,0,1,0,1,1,0,1,0,0,1,0,1,1,0,1,0,
0,1,0,1,1,0,1,0,1,0,1,0,0,1,0,1,0,1,0,1,1,0,1,0,1,0,1,0,0,1,0,1,
1,0,1,0,0,1,0,1,0,1,0,1,1,0,1,0,1,0,1,0,0,1,0,1,0,1,0,1,1,0,1,0,
0,1,1,0,0,1,1,0,0,1,1,0,0,1,1,0,1,0,0,1,1,0,0,1,1,0,0,1,1,0,0,1,
1,0,0,1,1,0,0,1,1,0,0,1,1,0,0,1,0,1,1,0,0,1,1,0,0,1,1,0,0,1,1,0,
0,1,1,0,0,1,1,0,1,0,0,1,1,0,0,1,0,1,1,0,0,1,1,0,1,0,0,1,1,0,0,1,
1,0,0,1,1,0,0,1,0,1,1,0,0,1,1,0,1,0,0,1,1,0,0,1,0,1,1,0,0,1,1,0,
0,1,1,0,1,0,0,1,0,1,1,0,1,0,0,1,0,1,1,0,1,0,0,1,0,1,1,0,1,0,0,1,
1,0,0,1,0,1,1,0,1,0,0,1,0,1,1,0,1,0,0,1,0,1,1,0,1,0,0,1,0,1,1,0。

3. 密钥流发生器

如图 L.6 所示,时钟控制子系统生成伪随机整数序列

$$\tilde{c}=\{c(t)\}_{t=1}^{\infty},$$

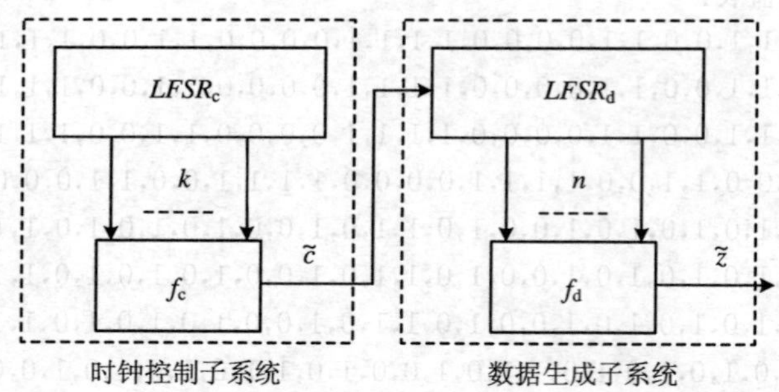

图 L.6 LILI 密钥流发生器

数据生成子系统输出滚动密钥序列

$$\tilde{z}=\{z(t)\}_{t=1}^{\infty}。$$

4. 算法初始化

直接使用 128 比特密钥来构成两个移位寄存器的初始值，从左到右，开头 39 比特在 $LFSR_c$中，剩余的 89 比特在 $LFSR_d$中。它们的初始状态决不允许是全"0" 状态。

5. 算法运行流程

(1) 算法初始化。

(2) 计算函数 f_c: $c = f_c$。

(3) 计算函数 f_d: $z = f_d$，并输出 z 作为密钥流比特。

(4) $LFSR_c$在时钟脉冲的驱动下，状态转移 1 拍。

(5) $LFSR_d$在时钟脉冲的驱动下，状态转移 c 拍。

(6) 如果需要继续产生密钥流比特，则返回(2)；否则算法停止。

参看 clock-controlled generator, NESSIE project, nonlinear filter generator, pseudorandom bit generator, stream cipher。

linear (affine) approximation of Boolean function　布尔函数的线性(仿射)逼近

用线性(仿射)函数 $A = A(x) = A(x_0, x_1, \cdots, x_{N-1})$来逼近一个给定的非线性布尔函数 $F = F(x) = F(x_0, x_1, \cdots, x_{N-1})$，就是看看对不同的自变量 $x_0, x_1, \cdots, x_{N-1}$的值，$A$ 的取值与非线性函数 F 的取值有多少是一致的。也就是求出 $F = F(x_0, x_1, \cdots, x_{N-1})$与 $A = A(x_0, x_1, \cdots, x_{N-1})$ 函数之间的汉明距离：

$$d(F, A) = \sum_x |F(x) - A(x)| \text{ 或 } d(F, A) = W_H(F(x) + A(x)),$$

其中，汉明距离最小者就是非线性布尔函数 F 的最佳线性(仿射)逼近函数。

参看 best linear (affine) approximation, distance criterion, Hamming distance。

linear approximation probabilities of an S-box　S 盒的线性逼近概率

令 X 和 Y 分别是 S 盒的 2^n个可能输入/输出的集合。一个具有 n 个输入/n 个输出的 S 盒的线性逼近概率 LP_S定义为

$$LP_S \stackrel{d}{=} \max_{\Gamma x, \Gamma y \neq 0} \left(\frac{\#\{x \in X \mid x \cdot \Gamma x = S(x) \cdot \Gamma y\} - 2^{n-1}}{2^{n-1}} \right)^2。$$

其中，$\Gamma x \in X$，$\Gamma y \in Y$，$a \cdot b$(0 或 1)表示 a 和 b 的按位乘积的奇偶性。

参看 substitution box (S-box)。

linear Boolean function　线性布尔函数

一个布尔函数的代数范式中乘积项的次数均为 1 的就称为线性布尔函数。令自变量为 $x_0, x_1, \cdots, x_{n-1}$，则线性函数可写成 $c_0 x_0 + c_1 x_1 + \cdots + c_{n-1}$

x_{n-1},其中 $c_0,c_1,\cdots,c_{n-1}$均为常数。n 变量线性布尔函数共有 2^n个。

参看 linear function。

比较 affine Boolean function。

linear cellular automata 线性细胞自动机

加法细胞自动机是线性的或仿射的。

参看 additive cellular automata。

linear combination 线性组合

令 $S=\{v_1,v_2,\cdots,v_n\}$是域 F 上的一个向量空间 V 的一个有限子集。S 的线性组合是形如$a_1v_1+a_2v_2+\cdots+a_nv_n$的一个表达式,其中每个 $a_i\in F$。

参看 vector space。

linear complexity 线性复杂性,线性复杂度

能用来生成一个给定的二进制数字序列的最短线性反馈移位寄存器的级数,就称作这个二进制数字序列的线性复杂度。

在序列密码中,密码输出序列的线性复杂性是一种非常重要的表征性质。这是因为存在一种多项式时间算法——伯尔坎普-梅西的线性反馈移位寄存器综合算法。这种算法形成的线性等价攻击,对一些滚动密钥产生器来说,是一种有威胁的攻击手段。

参看 Berlekamp-Massey shift register synthesis algorithm。

linear complexity profile 线性复杂性曲线

令 $s=s_0,s_1,\cdots$是一个无限二进制数字序列,L_N表示子序列 $s^N=s_0,s_1,\cdots,s_{N-1}(N\geqslant 0)$的线性复杂度。序列 $L_1,L_2,\cdots$就称作 s 的线性复杂性曲线。类似地,如果 $s^n=s_0,s_1,\cdots,s_{n-1}$是一个有限二进制数字序列,则序列 $L_1,L_2,\cdots,L_n$就称作s^n的线性复杂性曲线。

一个序列的线性复杂性曲线可以用伯尔坎普-梅西移位寄存器综合算法来计算。

线性复杂性曲线具有如下特性:

① 如果 $j>i$,则 $L_j\geqslant L_i$;

② 仅当 $L_N\leqslant N/2$ 时,$L_{N+1}>L_N$才是可能的;

③ 如果 $L_{N+1}>L_N$,则 $L_{N+1}+L_N=N+1$。

参看 Berlekamp-Massey shift register synthesis algorithm。

linear complexity test 线性复杂性检验

NIST 特种出版物 800-22《A Statistical Test Suite for Random and Pseudo-random Number Generators for Cryptographic Applications》中提出的 16 项检验之一。

检验目的　待测序列 $S = s_0, s_1, s_2, \cdots, s_{n-1}$。检验的目的是：确定实际使用的密码序列是否足够复杂，即是否具有足够的线性复杂性。

理论根据及检验技术描述　给定长度为 n 的序列 $S^n = s_0, s_1, s_2, \cdots, s_{n-1}$，其线性复杂度 $\Lambda(S^n)$ 就是用来生成这个序列的最短线性反馈移位寄存器的级数。当二进制序列 S^n 是真随机序列的时候，其线性复杂度的均值 $E[\Lambda(S^n)]$ 和方差 $V[\Lambda(S^n)]$ 存在。

统计量 $(\Lambda(S^n) - E(\Lambda(S^n)))/\sqrt{V(\Lambda(S^n))}$ 的渐近分布，无论 n 为偶数还是为奇数，都是通过两个几何随机变量（其中一个只取负值）的混合而获得的一个离散随机变量的渐近分布。严格说来，这样的渐近分布是不存在的。对于 n 为偶数和奇数这两种情况必须分别处理，使用两个不同的极限分布。

由于上述事实，采用下述统计量序列：

$$T_n = (-1)^n(\Lambda(S^n) - E(\Lambda(S^n))) + \frac{2}{9}。\tag{1}$$

其中

$$E(\Lambda(S^n)) = \frac{n}{2} + \frac{4 + (n(\mathrm{mod}\ 2))}{18} - 2^{-n}\left(\frac{n}{3} + \frac{2}{9}\right)。$$

当 $P(T=0) = 1/2$ 时，对于 $k = 1, 2, \cdots$，有

$$P(T = k) = 1/2^{2k},\tag{2}$$

而对于 $k = -1, -2, \cdots$，有

$$P(T = k) = 1/2^{2|k|+1}。\tag{3}$$

根据式(2)，可得出

$$P(T \geqslant k > 0) = 1/(3 \times 2^{2k-2});$$

根据式(3)，可得出

$$P(T \leqslant k) = 1/(3 \times 2^{2|k|-1})。$$

对应于观测量 T_{obs} 的尾部概率 *P-value*，可以用下述方式计算：令 $\kappa = [|T_{obs}|] + 1$，则

$$P\text{-}value = \frac{1}{3 \times 2^{2\kappa-1}} + \frac{1}{3 \times 2^{2\kappa-2}} = \frac{1}{2^{2\kappa-1}}。$$

鉴于这个分布的离散特性，以及达到 *P-value* 的均匀分布的不可能性，可以使用相同的策略，即和这种情况下的其他检验一起使用相同的策略。也就是，把 n 长序列串划分成 N 个子串，每个子串长度为 M，并使得 $n = MN$。根据式(1)计算第 $i(i = 1, 2, \cdots, N)$ 个子串的线性复杂度统计量 T_i，并依据 M 将所得到的 T_i 分成 $K+1$ 类。T_i 值落入这 $K+1$ 类的每一类中的频数用 $v_0, v_1, \cdots, v_K$ 来表示。比如，对于适当大的 M 值和 N 值，可以选择 $K = 6$，将 T_i 值的分布情况分成 7 类：$\{T_i \leqslant -2.5\}$，$\{-2.5 < T_i \leqslant -1.5\}$，$\{-1.5 < T_i \leqslant -0.5\}$，$\{-0.5 < T_i \leqslant 0.5\}$，$\{0.5 < T_i \leqslant 1.5\}$，$\{1.5 < T_i \leqslant 2.5\}$，$\{T_i > 2.5\}$。

T_i值落入这 7 类的每一类中的频数就用 $v_0, v_1, \cdots, v_6$来表示。

根据式(2)和式(3)确定 T_i值落入这 $K+1$ 类的理论概率 $p_0, p_1, \cdots, p_K$。对于上面选择 $K=6$ 的情况，$p_0=0.010\,417$，$p_1=0.031\,25$，$p_2=0.125\,00$，$p_3=0.500\,00$，$p_4=0.250\,00$，$p_5=0.062\,50$，$p_6=0.020\,833$。

统计量

$$\chi^2_{\text{obs}} = \sum_{i=0}^{K} \frac{(v_i - Np_i)^2}{Np_i},$$

近似 χ^2分布，自由度为 K。尾部概率

$$P\text{-}value = \text{igamc}\left(\frac{K}{2}, \frac{\chi^2_{\text{obs}}}{2}\right),$$

其中，χ^2_{obs}是观测值，igamc(a, x)为不完全伽马函数，

$$\text{igamc}(a, x) = \frac{1}{\Gamma(a)}\int_x^{\infty} e^{-u}u^{a-1}du。$$

检验统计量与参照的分布　统计量 χ^2_{obs}满足 χ^2分布（自由度为 K）。

检验方法描述　(1) 将长度为 n 的待检验序列 S 划分成 N 个独立字块，每个字块的长度均为 M，$n=MN$。第 i 个字块用 S_i ($i=1,2,\cdots,N$)表示。

(2) 使用伯尔坎普-梅西算法确定这 N 个字块中的每一个字块的线性复杂度 $\Lambda(S_i)$。例如，$M=13$，字块为 1101011110001，其 $\Lambda(S_i)=4$。

(3) 在随机性假设下，计算理论均值 $E[\Lambda(S_i)]$：

$$E(\Lambda(S_i)) = \frac{M}{2} + \frac{4+(M(\text{mod } 2))}{18} - 2^{-M}\left(\frac{M}{3}+\frac{2}{9}\right)。$$

对于上面的例子，有 $E(\Lambda(S_i))=6.777\,222$。

(4) 对每一个子串，计算一个 T_i值：

$$T_i = (-1)^M \cdot (\Lambda(S_i) - E(\Lambda(S_i))) + \frac{2}{9}。$$

对于上面的例子，有 $T_i=(-1)^{13}\cdot(4-6.777\,222)+2/9=2.999\,444$。

(5) 根据 T_i值，统计 $v_0, v_1, \cdots, v_6$：

如果 $T_i \leqslant -2.5$，则 v_0的值增加 1；

如果 $-2.5 < T_i \leqslant -1.5$，则 v_1的值增加 1；

如果 $-1.5 < T_i \leqslant -0.5$，则 v_2的值增加 1；

如果 $-0.5 < T_i \leqslant 0.5$，则 v_3的值增加 1；

如果 $0.5 < T_i \leqslant 1.5$，则 v_4的值增加 1；

如果 $1.5 < T_i \leqslant 2.5$，则 v_5的值增加 1；

如果 $T_i > 2.5$，则 v_6的值增加 1。

(6) 计算 $\chi^2_{\text{obs}} = \sum_{i=0}^{K} \frac{(v_i - Np_i)^2}{Np_i}$，其中

$p_0 = 0.010\,417$，　$p_1 = 0.031\,25$，　$p_2 = 0.125\,00$，　$p_3 = 0.500\,00$，

$p_4 = 0.25000$， $p_5 = 0.06250$， $p_6 = 0.020833$。

(7) 计算尾部概率

$$P\text{-}value = \text{igamc}\left(\frac{K}{2}, \frac{\chi^2_{obs}}{2}\right)。$$

判决准则(在显著性水平 1%下) 如果 *P-value*<0.01,则该序列未通过该项检验;否则,通过该项检验。

判决结论及解释 根据上面的第(7)步中的 *P-value*,得出结论:这个序列通过该项检验还是未通过该项检验。如果 *P-value*<0.01,则说明所观察的频数 v_i 与期望值不同。

输入长度建议 参数 n,M 和 N 的选择应保证输入序列的长度满足 $n \geqslant 10^6$,$500 \leqslant M \leqslant 5\,000$,$N \geqslant 200$。

举例说明 序列 S:为自然对数的底 e 的二进制展开式中开头 1 000 000 比特,$n = 1\,000\,000$。

选择:$M = 1\,000$,$K = 6$。

统计:$v_0 = 11$,$v_1 = 31$,$v_2 = 116$,$v_3 = 501$,$v_4 = 258$,$v_5 = 57$,$v_6 = 26$。

计算:$\chi^2_{obs} = 2.700348$。

计算:*P-value* = 0.845 406。

结论:通过该项检验。

参看 Berlekamp-Massey algorithm, chi square test, linear complexity, NIST Special Publication 800-22, statistical hypothesis, statistical test。

比较 local linear complexity test based on expectation of linear complexity。

linear congruential generator 线性同余发生器

一种同余发生器。这是根据线性递归方程 $x_n = ax_{n-1} + b \pmod m$ $(n \geqslant 1)$,产生一个伪随机数字序列 $x_1, x_2, x_3, \cdots$ 的一种发生器,其中参数 a,b 和 m 表征这个发生器,而 x_0 是一个秘密种子。这种发生器虽能通过随机性检验,但它是可预测的,在密码上是不安全的。

参看 congruential generator。

linear congruential sequence 线性同余序列

线性同余发生器产生的伪随机数字序列 $x_1, x_2, x_3, \cdots$ 称为线性同余序列。

参看 linear congruential generator。

linear consistency attack 线性一致性攻击

对密钥流发生器的一种已知明文攻击,由曾肯成教授等提出。这种攻击方法能够发现各种发生器中的密钥冗余度。密钥冗余度的定义如下:如果使用穷举搜索法发现密码体制中设置的 k 比特密钥只有 $k_1<k$ 比特密钥对密码体制的密码强度起决定因素作用,那么,剩下的 $k-k_1$ 比特密钥就是多余的,称 $(k-k_1)/k$ 为该密码体制的密钥信息冗余度。在下述情况下,这种攻击方法是有效的:从 k 比特密钥中能挑选出 k_1 比特,组成一个线性方程组 $Ax=b$,其中,矩阵 A 由 k_1 比特密钥确定,而 b 由已知的密钥流确定。如果 k_1 比特密钥为真,则这个线性方程组是相容的(即高概率地有一个唯一解),否则是不相容的。这样一来,人们就能先穷举搜索 k_1 比特密钥,然后再去攻击剩下的 $k-k_1$ 比特密钥。因此,该密钥流发生器的保密性水平是 $2^{k_1}+2^{k-k_1}$,而不是 2^k。

参看 key stream generator,known plaintext attack。

linear cryptanalysis　线性密码分析

松井充(Mitsuru Matsui)于 1993 年提出的一种密码分析攻击方法。这种攻击使用线性逼近来描述分组密码的运算。

线性密码分析在本质上是一种已知明文攻击方法,其主要思想是:寻找具有最大概率的明文若干比特的异或、密钥若干比特的异或与密文之间若干比特的异或之间的线性表达式,从而破译密钥的相应比特。

用 $A[i]$ 表示 A 的第 i 比特;定义:$A[i,j,\cdots,k]=A[i]\oplus A[j]\oplus\cdots\oplus A[k]$。

对于 n 比特的明文组 P、密文组 C 及 m 比特密钥 K,记明文组为 $P[1]$, $P[2],\cdots,P[n]$,密文组为 $C[1],C[2],\cdots,C[n]$,密钥为 $K[1],K[2],\cdots,K[m]$。

线性密码分析的目标就是要找到一个下列形式的有效线性等式:

$$P(i_1,i_2,\cdots,i_a)\oplus C(j_1,j_2,\cdots,j_b)=K(k_1,k_2,\cdots,k_c),\qquad(1)$$

其中,$1\leqslant a,b\leqslant n$,$1\leqslant c\leqslant m$,$i_1,i_2,\cdots,i_a,j_1,j_2,\cdots,j_b,k_1,k_2,\cdots,k_c$ 代表固定的比特位置。对于任意随机给定的明文 P 及其对应的密文 C,要求上式成立的概率 $p\neq 1/2$。数值 $|p-1/2|$ 表示方程(1)的有效性。一旦确定了这种关系,实际过程就是对大量明密文对计算上述等式的左半部分。若多数情况下结果为 0,则假设 $K(k_1,k_2,\cdots,k_c)=0$;若多数情况下结果为 1,则假设 $K(k_1,k_2,\cdots,k_c)=1$。

一旦成功地得到一个有效的线性表达式,通过下述基于极大似然估计的算法就能够确定一个密钥比特 $K(k_1,k_2,\cdots,k_c)$。

线性密码分析算法

(1) 令 T 是使得方程(1)左边等于 0 的明文的数量,令 N 是明文的总数量。

(2) 如果 $T>N/2$,则推测:当 $p>1/2$ 时,$K(k_1,k_2,\cdots,k_c)=0$;当 $p<$

1/2 时，$K(k_1,k_2,\cdots,k_c)=1$。

否则推测：当 $p>1/2$ 时，$K(k_1,k_2,\cdots,k_c)=1$；当 $p<1/2$ 时，$K(k_1,k_2,\cdots,k_c)=0$。

这种方法的成功率当 N 和 $|p-1/2|$ 增大时明显增大。把最有效(即 $|p-1/2|$ 最大)的线性表达式称作最佳表达式，其概率 p 称作最佳概率。

线性密码分析的关键点在于：怎样找到有效的线性表达式；成功率用 N 和 p 描述的明确形式；最佳表达式的搜索以及最佳概率的计算。

参看 best linear (affine) approximation, exclusive-or (XOR), known plaintext attack。

比较 differential cryptanalysis。

linear cryptanalysis with multiple linear approximations　使用多重线性逼近的线性密码分析

多重线性密码分析的目的是使得线性密码分析所需要的明密文对降低，从已知结果和试验数据能看出：n 重线性密码分析所需要的明密文对，一般不会少于单个线性密码分析所需要明密文对的 $1/n$，而多重线性密码分析的计算量比单个线性密码分析大，因此，多重线性密码分析是单个线性密码分析的一点改进。可以通过提高抵抗线性密码分析的能力，来抵抗多重线性密码分析。

参看 best linear (affine) approximation, linear cryptanalysis。

linear equivalence　线性等价，线性等价量

同 linear complexity。

linear feedback shift register (LFSR)　线性反馈移位寄存器

长度为 L 的线性反馈移位寄存器由 L 个延迟单元(称 L 级)组成，将 L 个延迟单元按顺序编号为 $0,1,\cdots,L-1$。每个延迟单元都能存储 1 比特数，令它们的初始值分别为 $s_0,s_1,\cdots,s_{L-1}$，称 $(s_{L-1},\cdots,s_1,s_0)$ 为 L 级线性反馈移位寄存器的初始状态(简称初态)。每个延迟单元都具有一个数据输入和一个输出，以及一个控制数据移动的时钟。

在每一个时钟拍节期间，第 0 级的值被输出，作为线性反馈移位寄存器的输出；第 i 级的值移到第 $i-1$ 级 $(1\leqslant i\leqslant L-1)$；反馈位 s_j 的值移到第 $L-1$ 级。L 级线性反馈移位寄存器的这些动作称为状态转移。

反馈位 s_j 是那 L 个延迟单元中的所有可能单元的当前值的一个线性函数(又称线性递归关系)，即

$$s_j=\left(\sum_{i=1}^{L}c_i s_{j-i}\right) \bmod 2 \quad (j\geqslant L)。$$

这种移位寄存器可用于产生伪随机序列。图 L.7 示出一个 L 级 LFSR。

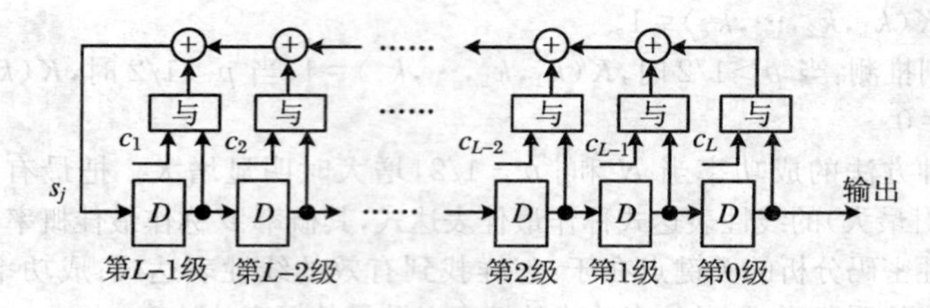

图 L.7

例如，4 级 LFSR 的反馈逻辑是(图 L.8)

$$s_j = s_{j-1} \oplus s_{j-4} \quad (j \geqslant 4)。$$

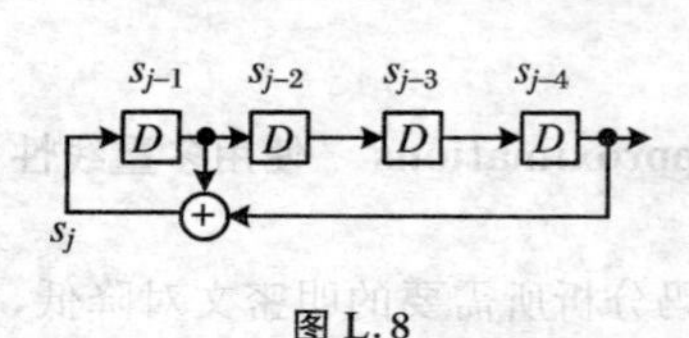

图 L.8

参看 delay cell，feedback shift register (FSR)，linear Boolean function，linear recurrence relation。

比较 nonlinear feedback shift register (NLFSR)。

linear feedback shift register sequence (LFSR-sequence) 线性反馈移位寄存器序列

线性反馈移位寄存器的输出序列。令 L 级 LFSR 的初态为($s_{L-1}, \cdots, s_1, s_0$)，则根据线性递归关系

$$s_j = \left(\sum_{i=1}^{L} c_i s_{j-i}\right) (\bmod 2) \quad (j \geqslant L)$$

的 LFSR 的输出序列是右无穷序列 $s_0, s_1, s_2, \cdots$。

如果一个 L 级 LFSR 是非奇异的，即描述 LFSR 的连接多项式的次数为 L，则当 LFSR 的初始状态全为“0”时，其输出序列是全“0”序列(图 L.9(a))；当 LFSR 的初始状态不全为“0”时，其输出序列是一个周期序列(图 L.9(b))。

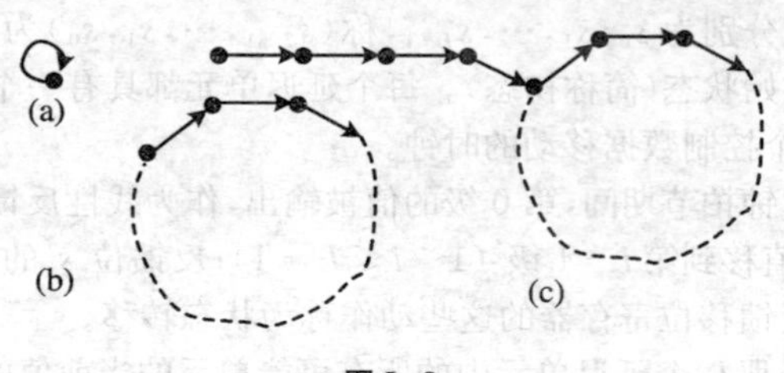

图 L.9

如果一个 L 级 LFSR 是奇异的，即描述 LFSR 的连接多项式的次数小于 L，则 LFSR 的输出序列并不都是周期序列，但这些序列却都是终归周期性的，也就是说，这些序列通过去掉开头有限数量的项就是周期性的了(图

L.9(c))。

参看 linear feedback shift register (LFSR), linear recurrence sequence, non-singular FSR, non-singular LFSR。

linear feedback shift register synthesis algorithm　线性反馈移位寄存器综合算法

参看 Berlekamp-Massey shift register synthesis algorithm。

linear finite-state switching circuits　线性有限状态开关电路

用于实现线性编码的一些电路。构造线性(有限状态)开关电路的基本构件为下述三种电路:加法器、存储器、常数因子,分别用图 L.10 中的三个框图表示。

图 L.10

在二元情况下,加法器就是"异或"运算;存储器就是一个延迟单元或通常的二元移位寄存器的一级,其能存储的数字只是"0"或"1";而常数因子就是连接(常数 $c=1$)或不连接(常数 $c=0$)。也就是说,在二元情况下,线性有限状态开关电路就是线性移位寄存器电路。

参看 exclusive-or (XOR), delay cell, feedback shift register (FSR), linear feedback shift register (LFSR)。

linear function　线性函数

数学中,如果一个函数由一些项组成,而这些项中的每一项都是一个且仅是一个变量的常数倍,所有变量都是一次,那么称这种函数为线性函数。例如,$f=3x+7y+z$。

参看 function。

linear functions set　线性函数集

所有线性函数构成的集合。例如,2^n 个线性布尔函数就构成一个线性布尔函数集。

参看 linear function。

linearization method　线性化法

求解超定多元多项式方程组的一种算法。具体描述如下:

令 Σ 为一个二次齐次方程组,Σ 由含有 n 个变量 $x_1, x_2, \cdots, x_n$ 的 m 个方程 $f_i=0(i=1,2,\cdots,m)$ 组成,其中 $f_i \in K[x_1, x_2, \cdots, x_n]$,$K$ 为一个域。

L1　对于任意 $1\leqslant i,j\leqslant n$，令 $x_ix_j=y_{ij}$，则可得 $n(n+1)/2$ 个新的独立变量 y_{ij}，将之代入原方程组，可得到一个含有 $n(n+1)/2$ 个新变量 y_{ij} 的线性方程组 Σ'，仍为 m 个方程。

L2　如果 $m=n(n+1)/2$，则可以利用高斯消元法求解这个方程组 Σ'，得到 $n(n+1)/2$ 个变量 $y_{ij}(1\leqslant i,j\leqslant n)$ 的值。

L3　通过在域 K 上求出 y_{ii} 的平方根，就能对每个 x_i 求出两个可能的值，并使用 y_{ij} 来正确组合 y_{ii} 与 y_{jj} 的平方根。

注　只有当 $m\geqslant n(n+1)/2$ 时，线性方程组 Σ' 才可能有唯一解。如果 $m<n(n+1)/2$，就需要使用再线性化法、扩展线性化（XL）算法以及格罗波讷基算法。

参看 algebraic attack，relinearization method，extended linearization（XL）method，Gröbner bases algorithm。

linearly dependent　线性相关

令 $S=\{v_1,v_2,\cdots,v_n\}$ 是域 $\mathbb{F}$ 上的一个向量空间 V 的一个有限子集。如果存在不全为 0 的标量 $a_1,a_2,\cdots,a_n$，使得 $a_1v_1+a_2v_2+\cdots+a_nv_n=0$，则集合 S 在 $\mathbb{F}$ 上线性相关。

参看 linear combination，vector space。

比较 linearly independent。

linearly independent　线性无关，线性独立

令 $S=\{v_1,v_2,\cdots,v_n\}$ 是域 $\mathbb{F}$ 上的一个向量空间 V 的一个有限子集。如果不存在不全为 0 的标量 $a_1,a_2,\cdots,a_n$，使得 $a_1v_1+a_2v_2+\cdots+a_nv_n=0$，则集合 S 在 $\mathbb{F}$ 上线性无关。

参看 linear combination，vector space。

比较 linearly dependent。

linear multivariate congruential generator　线性多元同余发生器

一种线性同余发生器。其递归方程是

$$X_n=a_1x_{n-1}+a_2x_{n-2}+\cdots+a_kx_{n-k}+b\ (\mathrm{mod}\ m)。$$

参看 linear congruential generator。

linear recurrence relation　线性递归关系

参看 linear recurrence sequence。

linear recurrence sequence　线性递归序列

令 $S=s_0,s_1,\cdots$ 是一个二进制数字序列，如果存在如下形式的关系：

$$s_{t+n}=c_0s_t+c_1s_{t+1}+\cdots+c_{n-1}s_{t+n-1},$$

则称序列 S 为一个线性递归序列。上述形式的关系就是线性递归关系。线性反馈移位寄存器(LFSR)序列就是线性递归序列。

参看 LFSR-sequence。

linear shift register　线性移位寄存器

二元情况下的线性有限状态开关电路。像反馈移位寄存器(包括线性反馈移位寄存器、非线性反馈移位寄存器)这些类型的线性移位寄存器都是序列密码算法设计中常用的基本部件。

参看 linear finite-state switching circuits, feedback shift register(FSR), linear feedback shift register (LFSR), nonlinear feedback shift register (NLFSR)。

linear span　线性生成

二进制周期序列的线性生成是能产生这个序列的最小 LFSR 的级数,也就是这个序列的线性复杂度。

参看 linear complexity, linear feedback shift register (LFSR)。

linear structure　线性结构

令 $f(x)$是$\mathbb{F}_2^n \to \mathbb{F}_2$的函数,设 $\alpha \in \mathbb{F}_2^n$。若对任意的 $x \in \mathbb{F}_2^n$, $f(x+\alpha)+f(x)$为一常数,则称 α 是$f(x)$的一个线性结构。若 $f(x+\alpha)+f(x)=0$,则称 α 是$f(x)$的不变线性结构;若 $f(x+\alpha)+f(x)=1$,则称 α 是$f(x)$的恒变线性结构。

参看 Boolean function, Galois field。

linear syndrome attack　线性校验子攻击

对密钥流发生器的一种已知明文攻击,由曾肯成教授等提出。在下述情况下这种攻击方法是有效的:已知的密钥流 B 能被写成形式 $B=A \oplus X$,其中 A 是一个连接多项式已知的线性反馈移位寄存器(LFSR)的输出序列,而 X 是未知的稀疏序列(序列中"0"比"1"多)。例如,对杰弗(Geffe)发生器而言,如果敌人知道其所有 LFSR 的连接多项式,而且这些连接多项式都是级数不超过 n 的本原三项式,那么,只要获取 $37n$ 比特长的一段密钥流序列,就能利用此攻击方法有效地恢复杰弗发生器中三个 LFSR 的初始状态(秘密密钥)。

参看 Geffe's generator, key stream generator, known plaintext attack, linear feedback shift register(LFSR)。

linear unpredictability　线性不可预测性

同 linear complexity。

link-by-link encryption　链路加密

同 link encryption。

link encryption 链路加密

网络内部加密的方法之一。把在线的密码操作应用于通信网中的一个链路(两个相邻节点之间的通信线路),使得通过这个链路的所有信息都作为一个整体被加密保护。信息的这种加密保护方式具有如下特点(图 L.11):

① 每个节点上的信息都以明文形式出现,因此节点本身必须是安全的;

② 通信网中不同链路上使用的密码机和密码机使用的密钥不必相同;

③ 能防止搭线窃听,但不能防止消息交换过程中错误路由所造成的泄密;

④ 密码功能对用户来说是透明的;

⑤ 由于所有信息都被加密保护,故有利于对抗业务流量分析。

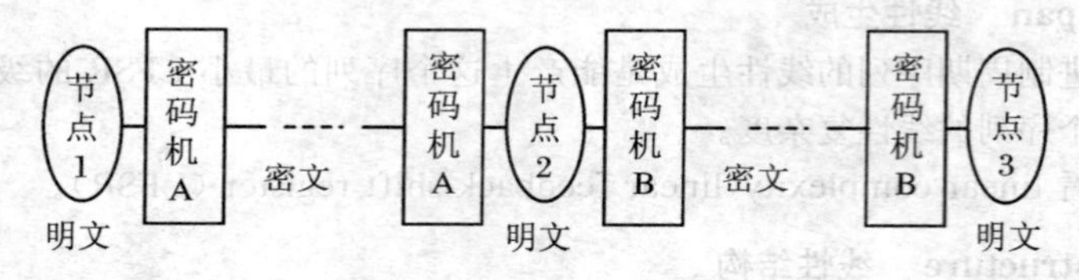

图 L.11

参看 network encryption。

比较 end-to-end encryption,node encryption。

link-to-link encryption 链路加密

同 link encryption。

LION block cipher LION 分组密码

安德森(R. Anderson)和比汉姆(E. Biham)受鲁比-拉可夫密码结构的启发而设计的、一种结构为不平衡费斯特尔密码的三轮分组密码。与 BEAR 分组密码不同的是:这种算法使用两次序列密码及一次散列函数。LION 的分组长度为 m 比特,分组长度可能大到 1 K～1 M 字节(即 $m = 8\,192 \sim 8\,388\,608$)。

LION 分组密码方案

1. 符号注释

$\oplus$表示按位异或;

$H(M)$是一个无碰撞散列函数,M 是任意长度的消息;散列结果是 t 比特的固定长度值(例如,使用 SHA-1,$t = 160$;使用 MD5,$t = 128$)。

$S(M)$是一个序列密码或一个伪随机函数,比如 SEAL 序列密码,它根据已知输入 M 将生成一个任意长度的输出。

2. 加密算法

输入:m 比特长度的明文字块 M,将之划分成 L 和 R 两部分,其中 L 部分的长度是k比特，R部分的长度是$m-k$比特；密钥K由两个无关的子密钥K_1和K_2组成，它们的长度都等于k。

输出：m比特密文字块C。

begin

$R = R \oplus S(L \oplus K_1)$

$L = L \oplus H(R)$

$R = R \oplus S(L \oplus K_2)$

end

3．解密算法

输入：m比特长度的密文字块C，将之划分成L和R两部分，其中L部分的长度是k比特，R部分的长度是$m-k$比特；密钥K由两个无关的子密钥K_1和K_2组成，它们的长度都等于k。

输出：m比特明文字块M。

begin

$R = R \oplus S(L \oplus K_2)$

$L = L \oplus H(R)$

$R = R \oplus S(L \oplus K_1)$

end

参看 block cipher，Luby-Rackoff block cipher，SEAL stream cipher，secure hash algorithm（SHA-1），strongly collision-free，unbalanced Feistel cipher。

比较 BEAR block cipher。

little-endian convention　小端约定

为了在不同处理器上可以切实实现字节到字的转换（例如32比特字和四个8比特字节之间的转换），必须指定一个无二义性的约定，将一字节序列$B_1B_2B_3B_4$解释为一个32比特字，用一个数值W来描述。小端约定是一个无二义性的约定，此约定中，$W = 2^{24}B_4 + 2^{16}B_3 + 2^8B_2 + B_1$，即$B_4$为最高有效字节，$B_1$为最低有效字节。

参看 byte，word。

比较 big-endian convention。

$LLL(L^3)$-lattice basis reduction algorithm　L^3-格基约化算法

许多数论算法中的关键组成部分。用它来解一些子集和问题，而且它已被用来对一些基于子集和问题的公开密钥加密方案进行密码分析。

L^3-格基约化算法是一个多项式时间算法，用于在已知格的一个基的条件下寻找一个约化基。

L^3-格基约化算法

输入：m 维实数空间$\mathbb{R}^m$中的一个格L的一个基$(b_1,b_2,\cdots,b_n)(m\geqslant n)$。

输出：L 的一个约化基。

LB1 $b_1^* \leftarrow b_1, B_1 \leftarrow \langle b_1^*, b_1^* \rangle$。

LB2 对 $i=2,3,\cdots,n$，执行下述步骤：

LB2.1 $b_i^* \leftarrow b_i$；

LB2.2 对 $j=1,2,\cdots,i-1$，置 $\mu_{i,j} \leftarrow \langle b_i, b_j^* \rangle / B_j, b_i^* \leftarrow b_i^* - \mu_{i,j} b_j^*$；

LB2.3 $B_i \leftarrow \langle b_i^*, b_i^* \rangle$。

LB3 $k \leftarrow 2$。

LB4 执行子程序 RED$(k,k-1)$，尽可能更新某些 $\mu_{i,j}$。

LB5 如果 $B_k < \left(\frac{3}{4} - \mu_{k,k-1}^2\right) B_{k-1}$，则执行下述步骤：

LB5.1 置 $\mu \leftarrow \mu_{k,k-1}, B \leftarrow B_k + \mu^2 B_{k-1}, \mu_{k,k-1} \leftarrow \mu B_{k-1}/B, B_k \leftarrow B_{k-1} B_k / B, B_{k-1} \leftarrow B$；

LB5.2 交换 b_k 和 b_{k-1}；

LB5.3 如果 $k>2$，则交换 $\mu_{k,j}$ 和 $\mu_{k-1,j}(j=1,2,\cdots,k-2)$；

LB5.4 对 $i=k+1,k+2,\cdots,n$，置 $t \leftarrow \mu_{i,k}, \mu_{i,k} \leftarrow \mu_{i,k-1} - \mu t, \mu_{i,k-1} \leftarrow t + \mu_{k,k-1} \mu_{i,k}$；

LB5.5 $k \leftarrow \max(2,k-1)$；

LB5.6 转 LB4。

否则，对 $l=k-2,k-3,\cdots,1$，执行 RED(k,l)，最终置 $k \leftarrow k+1$。

LB6 如果 $k \leqslant n$，则转 LB4；否则返回$(b_1,b_2,\cdots,b_n)$。

RED(k,l) 如果$|\mu_{k,l}|>1/2$，则执行下述步骤：

R1 $r \leftarrow \lfloor 0.5 + \mu_{k,l} \rfloor, b_k \leftarrow b_k - r b_l$；

R2 对 $j=1,2,\cdots,l-1$，置 $\mu_{k,j} \leftarrow \mu_{k,j} - r \mu_{l,j}$；

R3 $\mu_{k,l} \leftarrow \mu_{k,l} - r$。

参看 inner product，lattice，reduced basis，subset sum problem。

local attack 局部攻击，本地攻击

对身份识别协议的攻击，敌人简单地猜测合法用户的秘密。对付这种攻击，应选择好安全参数，使这些安全参数把一次猜测攻击成功假冒的概率限制到 $1/2^{20}$（20 比特的安全性），如果对每一次尝试假冒所谓的假冒者都要求局部状态，且有尝试失败的代价，那么，上述限制是足够的。在基于与代价有关而导致的潜在损失时，可以要求 10~30 比特的安全性。

参看 identification。

比较 non-interactive attack，remote attack。

local linear complexity test　局部线性复杂性检验

提出"局部线性复杂性"检验的缘由是:实际使用的密码序列仅仅是一个完整周期的密码序列中很小很小的一段;要求实际使用的密码分段具有良好的线性复杂性。因此,检测一个密码算法(或体制)产生的密码序列的线性复杂性是否符合要求,只要检测其任意分段的"局部线性复杂性"是否符合要求就可以了。

有两种局部线性复杂性检验方法:"基于线性复杂度的期望值的局部线性复杂性检验"和"基于随机走动设置的局部线性复杂性检验"。要求这两种检验均通过,才算是通过了局部线性复杂性检验。

参看 local linear complexity, local linear complexity test based on expectation of linear complexity, local linear complexity test based on random walk setup。

local linear complexity test based on expectation of linear complexity

基于线性复杂度的期望值的局部线性复杂性检验

检验目的　这个检验和"基于随机走动设置的局部线性复杂性检验"的目的都是:确定实际使用的密码序列段是否具有良好的线性复杂性。

理论根据及检验技术描述　令 $a^n = a_0, a_1, \cdots, a_{n-1}$ 表示 n 个独立的且均匀分布的二进制随机变量序列。a^n 序列的线性复杂度表示为 $\Lambda(a^n)$。

根据鲁坡(R. A. Rueppel)所著的《序列密码的分析与设计》一书第四章中的命题 4.2 和命题 4.3,知:

(a) 上述 a^n 序列的线性复杂度的期望值为

$$E(\Lambda(a^n)) = \frac{n}{2} + \frac{4+(n(\mathrm{mod}\ 2))}{18} - 2^{-n}\left(\frac{n}{3}+\frac{2}{9}\right)。$$

当 $n \gg 1$ 时,

$$E(\Lambda(a^n)) \approx \frac{n}{2} + \frac{4+(n(\mathrm{mod}\ 2))}{18} = \begin{cases} \dfrac{n}{2}+\dfrac{2}{9}, & n\text{ 是偶数}, \\ \dfrac{n}{2}+\dfrac{5}{18}, & n\text{ 是奇数}。\end{cases}$$

(b) 上述 a^n 序列的线性复杂度的方差为

$$V(\Lambda(a^n)) = \frac{86}{81} - 2^{-n}\left(\frac{14-(n(\mathrm{mod}\ 2))}{27}n + \frac{82-2(n(\mathrm{mod}\ 2))}{81}\right) - 2^{-2n}\left(\frac{1}{9}n^2 + \frac{4}{27}n + \frac{4}{81}\right),$$

且有

$$\lim_{n\to\infty} V(\Lambda(a^n)) = \frac{86}{81}。$$

根据中心极限定理,可知 $\Lambda(a^n)$ 近似服从正态分布 $N(\mu, \sigma^2)$,即当 $n \to$

∞时，$\Lambda(a^n)$的极限分布是正态分布$N(\mu,\sigma^2)$，其中

$$\mu=E(\Lambda(a^n))\approx\frac{n}{2}+\frac{4+(n(\bmod 2))}{18}=\mu_0,$$

$$\sigma^2=V(\Lambda(a^n))\approx\frac{86}{81}=\sigma_0^2。$$

这样就可以利用参数性统计假设检验(比如 t 检验)来进行局部线性复杂性的检验。

基本假设 $H_0:\mu=\mu_0$。

显著性水平：$\alpha(0<\alpha<1)$。

检验的统计量：

$$t=\frac{\bar{\xi}-\mu_0}{s/\sqrt{m}},$$

其中，$\bar{\xi}=\frac{1}{m}\sum_{i=1}^{m}\xi_i$ 为样本均值，$s^2=\frac{1}{m-1}\sum_{i=1}^{m}(\xi-\bar{\xi})^2$ 为修正样本方差。在假设 H_0 下，统计量 t 服从自由度为 $m-1$ 的 t 分布。

检验统计量与参照的分布 t：固定长度序列的线性复杂度的观测值和在随机性的一个假设之下的期望值怎样匹配好的一种度量。

这个检验统计量的参照分布是 t 分布。

检验方法描述 (1) 假定待检验的二进制序列为 $a_0,a_1,\cdots,a_{N-1}$，在此序列中任意截取 m 个分段，分段长均为 n。

(2) 用伯尔坎普-梅西算法对这 m 个分段分别进行综合，求出每个分段的线性复杂度，得到 m 个样本值 $\xi_1,\xi_2,\cdots,\xi_m$。

(3) 计算统计量：

$$\bar{\xi}=\frac{1}{m}\sum_{i=1}^{m}\xi_i,\quad s^2=\frac{1}{m-1}\sum_{i=1}^{m}(\xi-\bar{\xi})^2,\quad t=\frac{\bar{\xi}-\mu_0}{s/\sqrt{m}}。$$

(4) 显著性水平：$\alpha(0<\alpha<1)$。

判决准则 基本假设 H_0的 α 水平否定域：

$$\left\{(\xi_1,\cdots,\xi_m)\ \middle|\ |t|=\frac{|\bar{\xi}-\mu_0|}{s/\sqrt{m}}\geqslant t_{\alpha,m-1}\right\},$$

其中，$t_{\alpha,m-1}$是自由度为 $m-1$ 的 t 分布的α 水平双侧分位数，有表可查。

判决结论及解释 如果统计量 t 落在基本假设H_0的 α 水平否定域中，则得出这个序列不能通过"基于线性复杂度的期望值的局部线性复杂性检验"的结论；否则，得出这个序列通过"基于线性复杂度的期望值的局部线性复杂性检验"的结论。

输入长度建议 选择 $n\geqslant1\,024$，$m\geqslant100$，则 $N\geqslant nm=102\,400$。

举例说明 序列 $S=$"某算法的开头 102 400 个二进制数字"，$n=1\,024$，

$m=100, \alpha=0.01, t_{\alpha,m-1}=t_{0.01,99}=2.6260$。

计算:用伯尔坎普-梅西算法求出各个分段的线性复杂度,得到 m 个样本值 $\xi_1, \xi_2, \cdots, \xi_m$。

计算: $t=-0.3391$。

结论:因为 $|t|<t_{0.01,99}$,所以这个序列通过"基于线性复杂度的期望值的局部线性复杂性检验"。

参看 Berlekamp-Massey algorithm, linear complexity, statistical hypothesis, statistical test, *t*-test, *t*-distribution。

local linear complexity test based on random walk setup 基于随机走动设置的局部线性复杂性检验

检验目的 这个检验和"基于线性复杂度的期望值的局部线性复杂性检验"的目的都是:确定实际使用的密码序列段是否具有良好的线性复杂性。

理论根据及检验技术描述 根据鲁坡所著的《序列密码的分析与设计》一书第四章中的命题 4.4,知:"一个随机序列的线性复杂性曲线看来好像是平均步长为 4 时间单位、平均步高为 2 线性复杂度单位的一个不规则阶梯"。如果在待检验的二进制序列 $a_0, a_1, \cdots, a_{N-1}$ 中任意截取 m 个分段,每个分段均为 n 比特。用 BM 算法对这 m 个分段分别进行综合,求出每个分段的线性复杂性曲线的平均步长 $\overline{\Delta N_i}$ 和平均步高 $\overline{\Delta L_i}$ $(i=1,2,\cdots,m)$。就以这 m 个 $\overline{\Delta N_i}$ 或 m 个 $\overline{\Delta L_i}$ 作为样本值 $\xi_1, \xi_2, \cdots, \xi_m$,其期望值为 $\overline{\Delta N}=4$ 或 $\overline{\Delta L}=2$,就取 μ_0 为 $\overline{\Delta N}$ 或 $\overline{\Delta L}$。可见由上述方法所得到的 $\xi_1, \xi_2, \cdots, \xi_m$ 是独立同分布的。根据中心极限定理,可知它们近似服从正态分布。

这样就可以利用参数性统计假设检验(比如 t 检验)来进行局部线性复杂性的检验。

基本假设 $H_0: \mu=\mu_0$。

显著性水平: α $(0<\alpha<1)$。

检验的统计量:

$$t=\frac{\bar{\xi}-\mu_0}{s/\sqrt{m}},$$

其中, $\bar{\xi}=\frac{1}{m}\sum_{i=1}^{m}\xi_i$ 为样本均值, $s^2=\frac{1}{m-1}\sum_{i=1}^{m}(\xi-\bar{\xi})^2$ 为修正样本方差。在假设 H_0 下,统计量 t 服从自由度为 $m-1$ 的 t 分布。

检验统计量与参照的分布 t:固定长度序列的线性复杂度的观测值和在随机性的一个假设之下的期望值怎样匹配好的一种度量。

这个检验统计量的参照分布是 t 分布。

检验方法描述 (1) 假定待检验的二进制序列为 $a_0, a_1, \cdots, a_{N-1}$,在此序

列中任意截取 m 个分段,分段长均为 n。

(2) 用伯尔坎普-梅西算法对这 m 个分段分别进行综合,求出每个分段的线性复杂性曲线的平均步长 $\overline{\Delta N_i}$ 或平均步高 $\overline{\Delta L_i}$($i=1,2,\cdots,m$),作为样本值 $\xi_1,\xi_2,\cdots,\xi_m$。

(3) 计算统计量:

$$\overline{\xi}=\frac{1}{m}\sum_{i=1}^{m}\xi_i,\quad s^2=\frac{1}{m-1}\sum_{i=1}^{m}(\xi-\overline{\xi})^2,\quad t=\frac{\overline{\xi}-\mu_0}{s/\sqrt{m}}。$$

(4) 显著性水平:$\alpha(0<\alpha<1)$。

判决准则 基本假设 H_0 的 α 水平否定域:

$$\left\{(\xi_1,\cdots,\xi_m)\,\middle|\,|t|=\frac{|\overline{\xi}-\mu_0|}{s/\sqrt{m}}\geqslant t_{\alpha,m-1}\right\},$$

其中,$t_{\alpha,m-1}$ 是自由度为 $m-1$ 的 t 分布的 α 水平双侧分位数,有表可查。

判决结论及解释 如果统计量 t 落在基本假设 H_0 的 α 水平否定域中,则得出这个序列不能通过"基于随机走动设置的局部线性复杂性检验";否则,得出这个序列通过"基于随机走动设置的局部线性复杂性检验"。

输入长度建议 选择 $n\geqslant 1\,024$,$m\geqslant 100$,则 $N\geqslant nm=102\,400$。

举例说明 序列 S="某算法的开头 102 400 个二进制数字",$n=1\,024$,$m=100$,$\alpha=0.01$,$t_{\alpha,m-1}=t_{0.01,99}=2.626\,0$。

计算:用伯尔坎普-梅西算法求出各分段各自的线性复杂度,得到 m 个样本值 $\xi_1,\xi_2,\cdots,\xi_m$。

计算:$t=0.283\,2$。

结论:因为 $|t|<t_{0.01,99}$,所以这个序列通过"基于随机走动设置的局部线性复杂性检验"。

参看 Berlekamp-Massey algorithm, linear complexity, linear complexity profile, statistical hypothesis, statistical test, t-distribution, t-test。

local randomness 局部随机性

对实际使用的密码序列段进行统计检验,验证这段密码序列是否显得像随机序列。这类随机性常常称作局部随机性。

参看 local randomness test。

local randomness test 局部随机性检验,局部随机性测试

对于一个密码序列的最基本的要求就是,它应当是随机序列。不然的话,统计攻击将是破译此类密码体制的有效方法。

实际使用的密码机产生的密码序列,严格说来都不是随机序列,因为它具有一定大小的周期 p。但是当我们每次使用的密码序列分段长度远小于其周

期 p 时，如果此密码序列分段显得像随机序列，那么统计攻击在此密码序列分段就无能为力了。为此，我们要求密码序列的局部随机性一定要好。

人们通常采用所谓的“局部随机性检验”方式进行统计的假设检验，来判断一个密码序列段的随机性能否满足要求。

“局部随机性检验”中的检验项目一般有频数检验、序列检验、扑克检验、游程检验、自相关检验等。其中频数检验的目的是看看该密码序列段中的“0”和“1”的数目是否大致相等；序列检验的目的是确保该密码序列段中相邻位的转移概率是合理的；扑克检验是看看该密码序列段中各种长度的码组出现的概率是否一致；游程检验是看看该密码序列段中各种长度游程的分布是否符合戈龙的第二条随机性公设(R2)；自相关检验是针对戈龙的第三条随机性公设(R3)的。要求一种密码算法能生成随机性好的密码序列就是为了对付“统计攻击”(即利用概率统计的方法来破译密码算法)。

参看 autocorrelation test, frequency test, Golomb's randomness postulates, local randomness, poker test, runs test, serial test, statistical attack。

LOKI block cipher LOKI 分组密码

LOKI 是澳大利亚人布朗(L. Brown)等人于 1990 年提出的作为替代 DES 的一种分组密码算法。它使用了 64 比特的数据块和 64 比特的密钥。LOKI 的早期版本 LOKI89 存在一些缺陷，设计者加以改进，形成 LOKI91。

LOKI91 分组密码方案

1. 符号注释与常数

$\oplus$表示按位异或；

$\wedge$表示按位与；

ROL12(KL)表示将 32 比特变量 KL 循环左移 12 位；

ROL13(KL)表示将 32 比特变量 KL 循环左移 13 位；

$A \parallel B$ 表示并置：如果 $A=(a_7\cdots a_0)$，$B=(b_7\cdots b_0)$，则 $A \parallel B=(a_7\cdots a_0\ b_7\cdots b_0)$。

P_r为轮常数，见表 L.2。

表 L.2

r	1	2	3	4	5	6	7	8
P_r	375	379	391	395	397	415	419	425
r	9	10	11	12	13	14	15	16
P_r	433	445	451	463	471	477	487	499

2. 基本函数

$Y=E(X)$为扩展置换，将 32 比特输入 X 扩展成 48 比特输出 Y：令输入为 $X=(x_{31}\cdots x_0)$，则

$Y=(y_{47}\cdots y_0)=(x_3\ x_2\ x_1\ x_0\ x_{31}\cdots x_{24}\ x_{27}\cdots x_{16}\ x_{19}\cdots x_8\ x_{11}\cdots x_0)$。

$O=S(I)$为代替盒，其中 $I=(i_{11}\cdots i_0)$为 12 比特输入，O 为 8 比特输出。令 $r=(i_{11}\,i_{10}\,i_1\,i_0)$，$c=(i_9\,i_8\cdots i_3\,i_2)$，则 $O=(c+((r\times 17)\oplus(\mathrm{FF})_{\mathrm{hex}})\wedge(\mathrm{FF})_{\mathrm{hex}})^{31}(\mathrm{mod}\ P_r)$。

$Y=P(X)$为置换盒，把输入 $X=(x_{31}\cdots x_0)$映射成输出 $Y=(y_{31}\cdots y_0)$，见表 L.3。即 $y_{31}=x_{31}$，$y_{23}=x_{30}$，$y_{15}=x_{29}$，…。

表 L.3

31	23	15	7	30	22	14	6	29	21	13	5	28	20	12	4
27	19	11	3	26	18	10	2	25	17	9	1	24	16	8	0

3. 轮函数 F_j

如图 L.12 所示。形式描述如下：

$$\begin{cases}U=E(R_j\oplus K_j)=u_1\parallel u_2\parallel u_3\parallel u_4,\\ v_i=S(u_i),\quad i=1,2,3,4,\\ V=v_1\parallel v_2\parallel v_3\parallel v_4,\\ F_j=P(V)。\end{cases}$$

4. 轮变换

如图 L.13 所示。公式描述如下：

$$\begin{cases}R_{j+1}=F_j(R_j,K_j)\oplus L_j,\\ L_{j+1}=R_j。\end{cases}$$

5. 加密

如图 L.14 所示。

输入：明文 $PB\in\{0,1\}^{64}$；密钥 $K\in\{0,1\}^{64}$。

子密钥 $K_1,K_2,\cdots,K_{16},K_j\in\{0,1\}^{32}(j=1,2,\cdots,16)$。

输出：密文 $CB\in\{0,1\}^{64}$。

```
begin
  PB = L1 ‖ R1
  for j = 1 to 16 do
    R_{j+1} = F_j(R_j, K_j) ⊕ L_j
    L_{j+1} = R_j
  next j
  CB = (R17 ‖ L17) ⊕ K
```

end

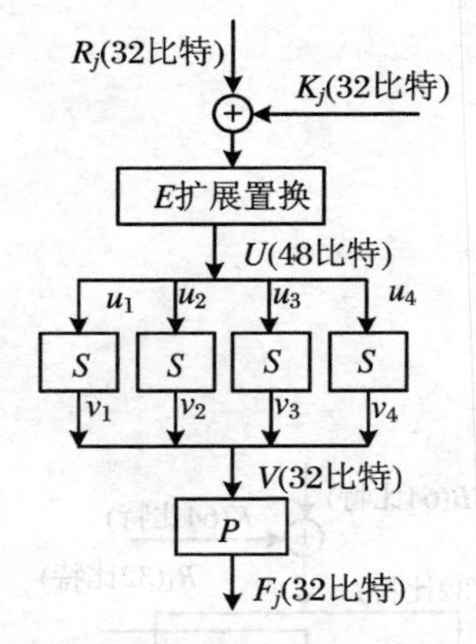

图 L.12　LOKI91 轮函数 F_j

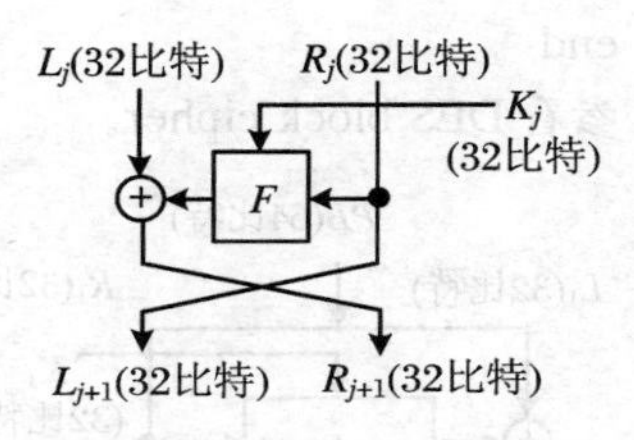

图 L.13　LOKI91 轮变换

6. 解密

如图 L.15 所示。

输入：密文 $CB\in\{0,1\}^{64}$；密钥 $K\in\{0,1\}^{64}$。子密钥 $K_1,K_2,\cdots,K_{16},K_j\in\{0,1\}^{32}(j=1,2,\cdots,16)$。

输出：明文 $PB\in\{0,1\}^{64}$。

```
begin
   L1 ‖ R1 = CB⊕K
   for j = 1 to 16 do
      Rj+1 = Fj(Rj, K17-j)⊕Lj
      Lj+1 = Rj
   next j
   PB = R17 ‖ L17
end
```

7. 密钥编排

输入：密钥 $K\in\{0,1\}^{64}$。

输出：子密钥 $K_1,K_2,\cdots,K_{16},K_j\in\{0,1\}^{32}(j=1,2,\cdots,16)$。

```
begin
   K = KL ‖ KR                //KL∈{0,1}^32, KR∈{0,1}^32
   for j = 1 to 16 step 4 do
      Kj = KL
      ROL12(KL)
      Kj+1 = KL
```

ROL13(*KL*)
$K_{j+2} = KR$
ROL12(*KR*)
$K_{j+3} = KR$
ROL13(*KR*)
next *j*
end

参看 DES block cipher。

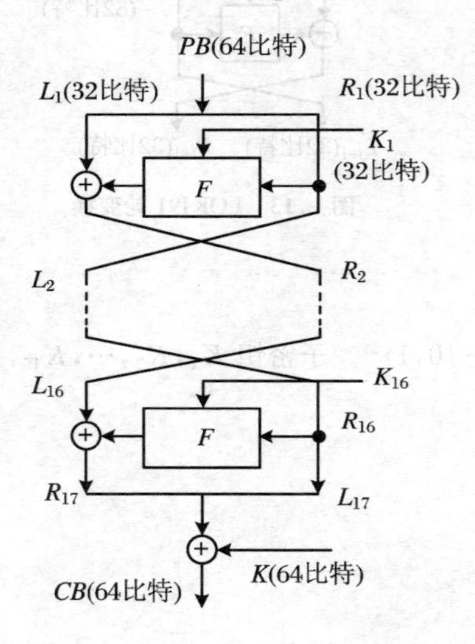

图 L.14 LOKI91 加密

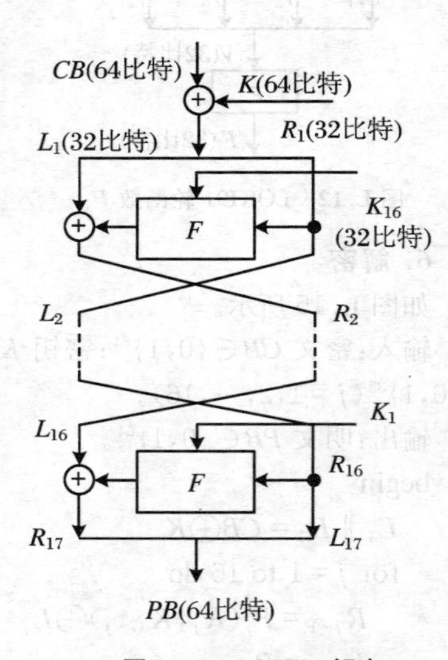

图 L.15 LOKI91 解密

LOKI97 block cipher LOKI97 分组密码

美国 21 世纪数据加密标准(AES)算法评选第一轮(1998 年 8 月)公布的 15 个候选算法之一,由澳大利亚的 L. 布朗等人设计。其分组长度为 128 比特(16 字节),密钥长度有 128,192,256 比特三种可选,迭代次数为 16,为平衡的费斯特尔密码。

LOKI97 分组密码方案

1. 符号注释

+ 表示模 2^{64} 整数加法;- 表示模 2^{64} 整数减法。

⊕表示按位异或;∧表示按位与;$\bar{B}$ 表示将 B 按位取补。

$A \| B$ 表示并置:如果 $A = (a_4 \cdots a_0)$,$B = (b_7 \cdots b_0)$,则

$$A \| B = (a_4 \cdots a_0\ b_7 \cdots b_0)。$$

2. 基本函数

$KP(A,B)$为一密钥控制的置换，其中$A = A_l \| A_r$是64比特，A_l，A_r和B都是32比特。$KP(A,B) = A_l \wedge \bar{B} \| A_r \wedge B \| A_r \wedge \bar{B} \| A_l \wedge B$。

$Y = E(X)$为扩展置换，将64比特输入X扩展成96比特输出Y：令输入为$X = (x_{63} \cdots x_0)$，则$Y = (y_{95} \cdots y_0) = (x_4 x_3 x_2 x_1 x_0 x_{63} \cdots x_{56}\ x_{58} \cdots x_{48}\ x_{52} \cdots x_{40}\ x_{42} \cdots x_{32}\ x_{34} \cdots x_{24}\ x_{28} \cdots x_{16}\ x_{18} \cdots x_8\ x_{12} \cdots x_0)$。

$T_1 = S_1(X)$为代替盒，其中$X = (x_{12} \cdots x_0)$为13比特输入，T_1为8比特输出。

$$S_1(X) = ((X \oplus 1\mathrm{FFF})^3 (\bmod 2\,911)) \wedge \mathrm{FF},$$

其中1FFF，2911和FF均为十六进制数；指数运算为模多项式$x^{13} + x^{11} + x^8 + x^4 + 1$（用2 911示出其系数）的运算。

$T_2 = S_2(X)$为代替盒，其中$X = (x_{10} \cdots x_0)$为11比特输入，T_2为8比特输出。

$$S_2(X) = ((X \oplus 7\mathrm{FF})^3 (\bmod \mathrm{AA7})) \wedge \mathrm{FF},$$

其中，7FF，AA7和FF均为十六进制数；指数运算为模多项式$x^{11} + x^9 + x^7 + x^5 + x^2 + x + 1$（用AA7示出其系数）的运算。

$Y = P(X)$为置换盒，把输入$X = (x_{63} \cdots x_0)$映射成输出$Y = (y_{63} \cdots y_0)$，见表L.4。即$y_{56} = x_{63}, y_{48} = x_{62}, y_{40} = x_{61}, \cdots$。

表 L.4

56	48	40	32	24	16	8	0	57	49	41	33	25	17	9	1
58	50	42	34	26	18	10	2	59	51	43	35	27	19	11	3
60	52	44	36	28	20	12	4	61	53	45	37	29	21	13	5
62	54	46	38	30	22	14	6	63	55	47	39	31	23	15	7

函数$G = g_j(A,B,C) = F((A + C + \delta \times j), K_j)$，其中$F$是LOKI97的轮函数（下面描述）；$\delta = (\sqrt{5} - 1) \times 2^{63} = (9\mathrm{E}3779\mathrm{B}97\mathrm{F}4\mathrm{A}7\mathrm{C}15)_{\mathrm{hex}}$是一个常数。

3. 轮函数 $F_j = F(R_j, K_j)$

如图L.16所示。形式描述如下：

$K_j = K_{j_1} \| K_{j_2} \qquad //K_{j_1}, K_{j_2} \in \{0,1\}^{32}$

$T = KP(R_j, K_{j_1})$

$A = E(T) = A_1 \| A_2 \| \cdots \| A_7 \| A_8 \qquad //A_1, A_3, A_6, A_8 \in \{0,1\}^{13}$,

$U_i = S_1(A_i), i = 1,3,6,8 \qquad //A_2, A_4, A_5, A_7 \in \{0,1\}^{11}$

$U_i = S_2(A_i), i = 2,4,5,7$

$U = U_1 \| U_2 \| \cdots \| U_7 \| U_8$

$B=P(U)=B_1\parallel B_2\parallel\cdots\parallel B_7\parallel B_8$

$K_{j_2}=K_{j_{21}}\parallel K_{j_{22}}\parallel\cdots\parallel K_{j_{27}}\parallel K_{j_{28}}$ $//K_{j_{21}},K_{j_{22}},K_{j_{25}},K_{j_{26}}\in\{0,1\}^3$,

$V_i=S_2(K_{j_{2i}}\parallel B_i),i=1,2,5,6$ $//K_{j_{23}},K_{j_{24}},K_{j_{27}},K_{j_{28}}\in\{0,1\}^5$

$V_i=S_1(K_{j_{2i}}\parallel B_i),i=3,4,7,8$

$F_j=V_1\parallel V_2\parallel\cdots\parallel V_7\parallel V_8$

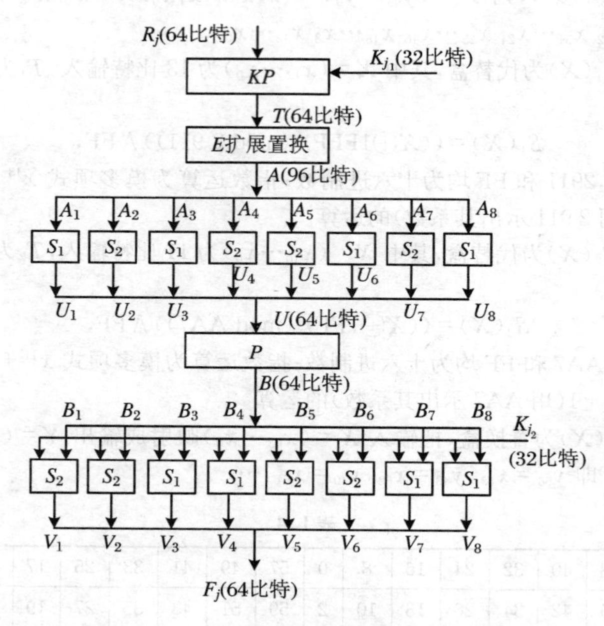

图 L.16 LOKI97 轮函数

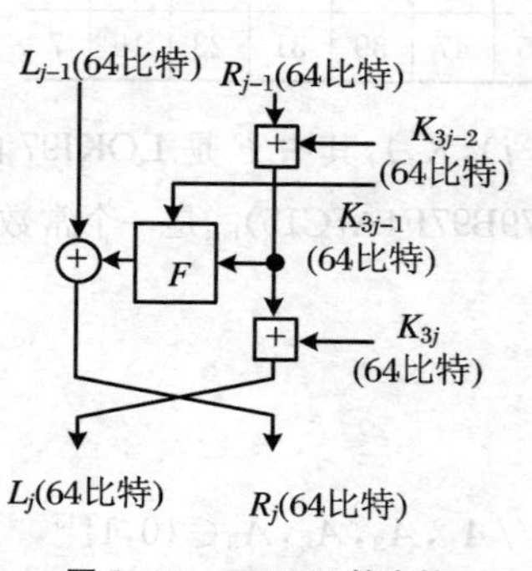

图 L.17 LOKI97 轮变换

4. 轮变换

加密轮变换如图 L.17 所示。公式描述如下：

$$\begin{cases}R_j=F(R_{j-1}+K_{3j-2},K_{3j-1})\oplus L_{j-1},\\L_j=R_{j-1}+K_{3j-2}+K_{3j}。\end{cases}$$

解密轮变换类似，只是右边线路上的“+”改成“-”。

5. 加密

如图 L.18 所示。

输入：明文 $PB\in\{0,1\}^{128}$；子密钥 K_1，$K_2,\cdots,K_{48},K_j\in\{0,1\}^{64}(j=1,2,\cdots,48)$。

输出：密文 $CB \in \{0,1\}^{128}$。

begin

　$PB = L_0 \parallel R_0$

　for $j = 1$ to 16 do

　　$R_j = F(R_{j-1} + K_{3j-2}, K_{3j-1}) \oplus L_{j-1}$

　　$L_j = R_{j-1} + K_{3j-2} + K_{3j}$

　next j

　$CB = R_{16} \parallel L_{16}$

end

6. 解密

如图 L.19 所示。

输入：密文 $CB \in \{0,1\}^{128}$；子密钥 $K_1, K_2, \cdots, K_{48}, K_j \in \{0,1\}^{64}$ ($j = 1, 2, \cdots, 48$)。

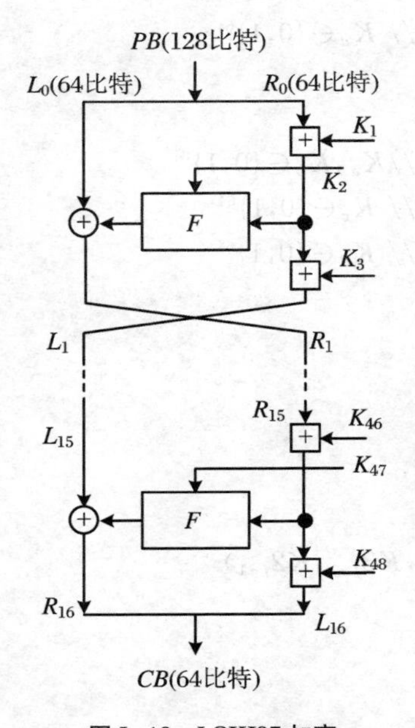

图 L.18　LOKI97 加密　　　　图 L.19　LOKI97 解密

输出：明文 $PB \in \{0,1\}^{128}$。

begin

　$CB = L_0 \parallel R_0$

　for $j = 1$ to 16 do

　　$R_j = F(R_{j-1} - K_{3(17-j)}, K_{3(17-j)-1}) \oplus L_{j-1}$

$L_j = R_{j-1} - K_{3(17-j)} - K_{3(17-j)-2}$

next j

$PB = R_{16} \parallel L_{16}$

end

7. 密钥编排

输入:密钥 $K \in \{0,1\}^k, k = 256,192,128$ 比特。

输出:子密钥 $K_1, K_2, \cdots, K_{48}, K_j \in \{0,1\}^{64}$ $(j = 1,2,\cdots,48)$。

begin

if $k = 256$ then do

$K = K_a \parallel K_b \parallel K_c \parallel K_d$ // $K_a, K_b, K_c, K_d \in \{0,1\}^{64}$

doend

if $k = 192$ then do

$K = K_a \parallel K_b \parallel K_c$ // $K_a, K_b, K_c \in \{0,1\}^{64}$

$K_d = F(K_a, K_b)$ // $K_d \in \{0,1\}^{64}$

doend

if $k = 128$ then do

$K = K_a \parallel K_b$ // $K_a, K_b \in \{0,1\}^{64}$

$K_c = F(K_b, K_a)$ // $K_c \in \{0,1\}^{64}$

$K_d = F(K_a, K_b)$ // $K_d \in \{0,1\}^{64}$

doend

$K4_0 = K_a$

$K3_0 = K_b$

$K2_0 = K_c$

$K1_0 = K_d$

for $j = 1$ to 48 do

$K_j = K1_j = K4_{j-1} \oplus g_j(K1_{j-1}, K3_{j-1}, K2_{j-1})$

$K4_j = K3_{j-1}$

$K3_j = K2_{j-1}$

$K2_{j+3} = K1_{j-1}$

next j

end

LOKI97 测试向量

明文 M = 000102030405060708090A0B0C0D0E0F,

密钥 K = 000102030405060708090A0B0C0D0E0F

101112131415161718191A1B1C1D1E1F,

密文 $C = 75080E359F10FE640144B35C57128DAD$。

参看 advanced encryption standard，Feistel cipher。

long-term key　长期密钥

对密钥基于时间上的考虑来进行分类，长期密钥是其中一类，包括主密钥(往往是密钥加密密钥)和用于简化密钥协议的密钥。一般说来，数据存储时的加密保护要求使用长期密钥，常用长期密钥保护短期密钥。

参看 key-encrypting key，master key。

比较 short-term key。

lower bound on complexity　复杂性下界

解一类问题时的算法至少所必需的时空耗费，称之为解这类问题的计算复杂性的"下界"。下界实际上是一个界线，就是解某类问题的计算复杂性再好也不能好过这个界线。例如，矩阵乘法的复杂性下界是 n^2。不过这个下界是所谓的"平凡下界"，因为这个下界是输入和输出之间呈线性关系的情况下得到的，两个 $n \times n$ 矩阵相乘要产生 n^2 个输出。目前还不知道非平凡下界。

参看 computational complexity，computational problems。

比较 upper bound on complexity。

low-order digit　低位数

同 least significant digit。

Luby-Rackoff block cipher　鲁比-拉可夫分组密码

由鲁比和拉可夫提出的根据伪随机函数构造伪随机置换方法在密码编码中的应用，鲁比-拉可夫分组密码是特殊类型的费斯特尔密码，要求密码上强的轮函数，但轮数不多(一般只需 3 或 4 轮)。其轮函数基于的伪随机函数可以是一个散列函数、序列密码或伪随机数字发生器等。鲁比-拉可夫分组密码的基本框架如下：

$$S = L \oplus H(K_1 \oplus R),$$
$$T = R \oplus H(K_2 \oplus S),$$
$$U = S \oplus H(K_3 \oplus T),$$

其中，L 和 R 两个字块是明文字块 M 的适当划分；密钥 K_1，K_2 和 K_3 都是相互独立的；H 是一个具有较高密码性能的散列函数(如 SHA-1，MD5 等)。

参看 block cipher，Feistel cipher，hash function，MD5 hash function，pseudo-random number generator，SHA-1 hash function，stream cipher。

Lucas sequences　卢卡斯序列

整数序列 $u_n = \dfrac{\alpha^n - \beta^n}{\alpha - \beta}$ $(n = 0, 1, \cdots)$ 和 $v_n = \alpha^n + \beta^n (n = 0, 1, \cdots)$，其中 α

和 β 是整系数二次方程 $x^2-Px+Q=0(\gcd(P,Q)=1)$ 的两个根。u_n 和 v_n 都称作卢卡斯序列。

参看 integer。

Lucas-Lehmer primality test　卢卡斯-莱莫素性检测

用来检测墨森尼数素性的一个确定性多项式时间算法。当 $s\geqslant 3$ 时，墨森尼数 2^s-1 是素数当且仅当下述两个条件被满足：① s 是素数；② 由 $u_0=4$ 及 $u_{k+1}=(u_k^2-2)(\bmod 2^s-1)(k\geqslant 0)$ 定义的整数序列中 $u_{s-2}=0$。

卢卡斯-莱莫素性检测

输入：一个墨森尼数 $n=2^s-1$ $(s\geqslant 3)$。

输出：问题"n 是素数吗？"的一个答案"素数"或"复合数"。

LL1　使用试除法检验 s 是否有在 2 和 $\lfloor\sqrt{s}\rfloor$ 之间的因子；如果有，则返回（复合数）。

LL2　置 $u\leftarrow 4$。

LL3　对于 $k=1,2,\cdots,s-2$，执行下述步骤：计算 $u\leftarrow(u^2-2)(\bmod n)$。

LL4　如果 $u=0$，则返回（素数）；否则，返回（复合数）。

参看 Mersenne number，square-and-multiply algorithm。

LUC cryptosystem　LUC 密码体制

一种类似 RSA 的公开密钥密码算法。美国新泽西的研究人员施密斯（P. Smith）等于 1993 年提出一种利用卢卡斯序列 $V_n(P,1)$ 构造的公开密钥密码算法。早在 20 世纪 80 年代缪勒（W. Müller）和诺鲍尔（Nöbauer）利用迪克森多项式 $g_n(x,1)$ 也构造了一种公开密钥密码算法。但卢卡斯序列和迪克森多项式是等价的。

第 n 个卢卡斯数 $V_n(P,1)$ 定义为

$$V_n(P,1)=PV_{n-1}(P,1)-V_{n-2}(P,1)。$$

算法描述如下：设消息发送方为 B，消息接收方为 A。

(1) 密钥生成（A 建立自己的公开密钥/秘密密钥对）

KG1　A 随机选择两个大素数 p 和 q；

KG2　A 计算 $n=pq$，并计算 $r=\mathrm{lcm}(p-1,q-1,p+1,q+1)$；

KG3　A 选择一个随机整数 $e(1<e<r)$，使得 $\gcd(e,r)=1$；

KG4　A 计算出整数 $d(1<d<r)$，使得 $ed\equiv 1(\bmod r)$；

KG5　A 的公开密钥是 (n,e)，秘密密钥是 d。

(2) B 加密消息 m

EM1　B 获得 A 的可靠的公开密钥 (n,e)；

EM2　B 把消息表示为区间 $[0,n-1]$ 中的一个整数 m；

EM3　B 计算 $c=V_e(m,1)(\bmod n)$；

EM4 B 把密文 c 发送给 A。

(3) A 解密恢复消息 m

A 使用秘密密钥 d 计算 $V_d(c,1)(\bmod\ n)=V_d(V_e(m,1))(\bmod\ n)=m$ 来恢复消息 m。

参看 Dickson polynomial, Dickson scheme, Lucas sequences, RSA public-key encryption scheme。

Lucifer block cipher　Lucifer 分组密码

20 世纪 60 年代末,在费斯特尔和后来的塔奇曼(W. Tuchman)领导下,IBM 启动了计算机密码学中的一个研究计划,称之为“Lucifer”。70 年代早期,至少有两个极其不同的算法用了“Lucifer”这个名字:一个是费斯特尔的 SP 网络结构的且使用了 4 比特输入、4 比特输出的 S 盒的算法;另一个是 J. L. 施密斯的与 DES 紧密相关(但大大弱于 DES)的一个算法。

费斯特尔的 Lucifer 算法是代替-置换(SP)网络,设置两种 4 比特输入、4 比特输出的 S 盒——S_0 和 S_1;并设置一个 128 比特的位置换 P。每一轮都是先并行进行 32 个代替运算(查 S 盒),其中每一个代替运算都分别用一个密钥位来控制使用 S_0 或 S_1;然后进行位置换 P;每一轮 S 盒的输入都是其前一轮位置换 P 的输出;第一轮 S 盒的输入是明文,最后一轮位置换 P 的输出是密文。与 DES 不同的是,两轮之间没有交换而且不使用半个分组。Lucifer 有 16 轮、128 比特的分组,且密钥编制算法比 DES 简单。

施密斯的 Lucifer 算法是 DES 的直接先驱,而且是首次引入费斯特尔密码结构:128 比特的分组分成左右两个“半分组”,每一轮都是用一个简单的函数(这个函数依赖于两个可逆的 4 比特输入、4 比特输出的 S 盒——S_0 和 S_1)交替地处理其中一个“半分组”;算法共 16 轮;密钥为 128 比特。

目前看来,两种 Lucifer 体制都是不安全的。

参看 DES block cipher, Feistel cipher, substitution-permutation (SP) network。

M

MAC from MDCs　用 MDC 构造的 MAC

通过简单地把一个秘密密钥 k 也作为一个 MDC 算法的输入部分，就可用 MDC 算法来构造一个 MAC 算法。这样构造的 MAC 需要经过仔细分析。常用的构造方法有：秘密前缀法、秘密后缀法、带有填充的密封法、基于散列的 MAC 等。

参看 envelop method with padding, hash-based MAC, manipulation detection code（MDC），message authentication code（MAC），secret prefix method，secret suffix method。

MAGENTA block cipher　MAGENTA 分组密码

美国 21 世纪数据加密标准（AES）算法评选第一轮（1998 年 8 月）公布的 15 个候选算法之一，由德国的克劳斯·胡玻（Klaus Huber）等人设计。MAGENTA 分组密码的分组长度为 128 比特，密钥长度有 128，192，256 比特三种可选，基本结构是 6 或 8 轮费斯特尔结构。

MAGENTA 分组密码

1. 符号注释

$\oplus$表示按位异或。

$K = K_1 \| K_2$ 表示并置：如果 $K_1 = (x_0 \cdots x_7)$，$K_2 = (y_0 \cdots y_7)$，则

$$K = K_1 \| K_2 = (x_0 \cdots x_7 y_0 \cdots y_7)。$$

2. 基本函数(注：下面各个函数中的变量均是 8 比特，即 1 字节。)

(1) 函数 f　令 α 为域 $GF(256)$ 上的一个本原元，其生成多项式是 $p(x) = x^8 + x^6 + x^5 + x^2 + 1$，且 $p(\alpha) = 0$。对所有 $x \in \{0,1\}^8$，定义

$$f(x) = \begin{cases} \alpha^x, & x \neq 255, \\ 0, & x = 255。\end{cases}$$

(2) 函数 $A(x,y)$　$A(x,y) = f(x \oplus f(y))$。

(3) 函数 $PE(x,y)$

$$PE(x,y) = (A(x,y), A(y,x)) = (f(x \oplus f(y)), f(y \oplus f(x)))。$$

(4) 函数 $\Pi(x_0, x_1, x_2, \cdots, x_{15})$

$$\Pi(x_0, x_1, x_2, \cdots, x_{15}) = (PE(x_0, x_8), PE(x_1, x_9), \cdots, PE(x_7, x_{15}))。$$

(5) 函数 $T(x_0, x_1, x_2, \cdots, x_{15})$

$$T(x_0, x_1, x_2, \cdots, x_{15}) = \Pi(\Pi(\Pi(\Pi(x_0, x_1, x_2, \cdots, x_{15}))))。$$

(6) 函数 $C(x_0,x_1,x_2,\cdots,x_{15})$ 对于 $X=(x_0,x_1,x_2,\cdots,x_{15})$,定义

$$X_e=(x_0,x_2,\cdots,x_{14}),\quad X_o=(x_1,x_3,\cdots,x_{15})。$$

下面是函数 C 的递归定义:

$$C^{(1)}(x_0,x_1,x_2,\cdots,x_{15})=T(x_0,x_1,x_2,\cdots,x_{15}),$$

$$C^{(j+1)}(x_0,x_1,x_2,\cdots,x_{15})$$

$$=T((x_0,x_1,\cdots,x_7)\oplus C_e^{(j)},(x_8,x_9,\cdots,x_{15})\oplus C_o^{(j)})\quad (j\geqslant 1)。$$

(7) 轮函数 $E^{(3)}(x_0,x_1,x_2,\cdots,x_{15})$ $E^{(3)}(x_0,x_1,x_2,\cdots,x_{15})=C_e^{(3)}$。

(8) 轮变换 $F_Y(X)$ 令 $X=(x_0,x_1,\cdots,x_{15})$,$Y=(y_0,y_1,\cdots,y_7)$,则

$$F_Y(X)=((x_8,x_9,\cdots,x_{15}),(x_0,x_1,\cdots,x_7)$$
$$\oplus E^{(3)}(x_8,x_9,\cdots,x_{15},y_0,y_1,\cdots,y_7)。$$

3. 加密算法

输入:128 比特明文字块 $M=(m_0,m_1,\cdots,m_{15})$;$k$ 比特密钥 K($k=128$ 或 192 或 256)。

输出:128 比特密文字块 $C=ENC_K(M)$。

begin
  if $k=128$ then do
    $K=K_1\parallel K_2$ //K_1 和 K_2 均为 8 字节
    $C=ENC_K(M)=F_{K_1}(F_{K_1}(F_{K_2}(F_{K_2}(F_{K_1}(F_{K_1}(M))))))$
  doend
  else if $k=192$ then do
    $K=K_1\parallel K_2\parallel K_3$ //K_1,K_2 和 K_3 均为 8 字节
    $C=ENC_K(M)=F_{K_1}(F_{K_2}(F_{K_3}(F_{K_3}(F_{K_2}(F_{K_1}(M))))))$
  doend
  else then do   // $k=256$
    $K=K_1\parallel K_2\parallel K_3\parallel K_4$ //K_1,K_2,K_3 和 K_4 均为 8 字节
    $C=ENC_K(M)=F_{K_1}(F_{K_2}(F_{K_3}(F_{K_4}(F_{K_4}(F_{K_3}(F_{K_2}(F_{K_1}(M))))))))$
  doend
end

4. 解密算法

输入:128 比特密文字块 $C=(c_0,c_1,\cdots,c_{15})$;$k$ 比特密钥 K($k=128$ 或 192 或 256)。

输出:128 比特明文字块 $M=DEC_K(C)=V(ENC_k(V(C)))$,其中 $V(x_0,x_1,\cdots,x_{15})=(x_8,x_9,\cdots,x_{15},x_0,x_1,\cdots,x_7)$。

begin
  $X=V(C)=(c_8,c_9,\cdots,c_{15},c_0,c_1,\cdots,c_7)$

if $k=128$ then do

$K=K_1\|K_2$ // K_1 和 K_2 均为 8 字节

$Z=ENC_K(X)=F_{K_1}(F_{K_1}(F_{K_2}(F_{K_2}(F_{K_1}(F_{K_1}(X))))))$

$=(z_0,z_1,\cdots,z_{15})$

$M=V(Z)=(z_8,z_9,\cdots,z_{15},z_0,z_1,\cdots,z_7)$

doend

else if $k=192$ then do

$K=K_1\|K_2\|K_3$ // K_1,K_2 和 K_3 均为 8 字节

$Z=ENC_K(X)=F_{K_1}(F_{K_2}(F_{K_3}(F_{K_3}(F_{K_2}(F_{K_1}(X))))))$

$=(z_0,z_1,\cdots,z_{15})$

$M=V(Z)=(z_8,z_9,\cdots,z_{15},z_0,z_1,\cdots,z_7)$

doend

else then do // $k=256$

$K=K_1\|K_2\|K_3\|K_4$ // K_1,K_2,K_3 和 K_4 均为 8 字节

$Z=ENC_K(X)=F_{K_1}(F_{K_2}(F_{K_3}(F_{K_4}(F_{K_4}(F_{K_3}(F_{K_2}(F_{K_1}(X))))))))$

$=(z_0,z_1,\cdots,z_{15})$

$M=V(Z)=(z_8,z_9,\cdots,z_{15},z_0,z_1,\cdots,z_7)$

doend

end

参看 advanced encryption standard，block cipher。

man-in-the-middle attack 中间人攻击

在用公开密钥方法进行密钥交换时，如果中间人能够截收两个通信用户之间的通信，就可以利用中间人攻击技术。中间人产生一个整数 c，并计算 $y_c=\alpha^c(\mathrm{mod}\ p)$。中间人截收来自用户 A 的 y_a，而用 y_c代替传送给用户 B；同样，截收来自用户 B 的 y_b，而用 y_c代替传送给用户 A。用户 A 根据 y_c和 a 计算出一个密钥；而用户 B 则根据 y_c和 b 计算出一个密钥；中间人同样计算出两个用户的密钥。这样一来，中间人就可以将用户 A 和 B 加密的数据解密，然后重新加密后再往前传送。

阻止中间人攻击的办法就是要对两个通信用户使用身份识别技术。

参看 Diffie-Hellman technique，identification，key exchange。

manipulation detection code（MDC） 操作检测码

无密钥散列函数的一个子类，也称作修改检测码（MDC），不大常见的称呼是消息完整性码（MIC），MDC 的目的是（非形式地）提供消息的一种表示图像或散列，这种表示图像或散列满足一些附加特性。最终目的是像一些特殊应用所要求的那样使数据完整性保证更方便（当然要与其他机制一起使用）。

MDC 还可以进一步划分成两类：一类是单向散列函数——求散列到一个预先指定的散列值的输入是困难的；另一类是碰撞阻散列函数——求散列到同一个散列值的任意两个输入是困难的。

参看 collision resistant hash function (CRHF), one-way hash function (OWHF), unkeyed hash function。

mapping 映射

同 function。

Markov cipher 马尔可夫密码

这是来学嘉博士等学者为推广应用差分密码分析而引入的。对于一个轮函数为 $Y=f(X,K)$ 的迭代密码而言，如果存在一个定义差分的群运算 $\otimes$，使得对 $\alpha(\alpha\neq e)$ 和 $\beta(\beta\neq e)$ 的所有选择，当子密钥 K 均匀随机时，$P(\Delta Y=\beta|\Delta X=\alpha, X=\gamma)$ 与 γ 无关，那么，这种迭代密码就是马尔可夫密码；或者等价地说，如果当子密钥 K 均匀随机时，对于 γ 的所有选择都有 $P(\Delta Y=\beta|\Delta X=\alpha, X=\gamma)=P(\Delta Y(1)=\beta_1|\Delta X=\alpha)$，则称这种迭代密码为马尔可夫密码。

下述定理解释了"马尔可夫密码"这一术语：如果一个 r 轮迭代密码是一个马尔可夫密码，且 r 轮密钥都是独立的和均匀随机的，那么，差分序列 $\Delta X=\Delta Y(0), \Delta Y(1), \cdots, \Delta Y(r)$ 是一个齐次马尔可夫链。此外，如果 ΔX 均匀分布在群的非零元素上，则这个马尔可夫链是稳定的。

对于马尔可夫密码，有如下事实：对于具有独立与均匀随机轮子密钥的一个分组长度为 m 的马尔可夫密码而言，如果半无穷的马尔可夫链 $\Delta X=\Delta Y_0, \Delta Y_1, \cdots$ 具有一个"稳态概率"分布，即存在一个概率向量 $(p_1, p_2, \cdots, p_M)$，使得对所有 α_i 都有 $\lim\limits_{r\to\infty}P(\Delta Y_r=\alpha_j|\Delta X=\alpha_i)=p_i$，则这个稳态分布必须是均匀分布 $(1/M, 1/M, \cdots, 1/M)$，即对每一个差分 (α, β) 都有 $\lim\limits_{r\to\infty}P(\Delta Y_r=\beta|\Delta X=\alpha)=1/(2^m-1)$，以至每一个差分在足够多轮以后大致上都是等可能的。如果我们额外假定随机等价性假设对这个马尔可夫密码成立，那么，对几乎所有的子密钥而言，在足够多轮以后，这个密码都是抗得住差分密码分析攻击的。

参看 difference, differential cryptanalysis, *i*-round differential, iterated block cipher。

MARS block cipher MARS 分组密码

美国 21 世纪数据加密标准(AES)算法评选第一轮(1998 年 8 月)公布的 15 个候选算法之一，第二轮(1999 年 3 月)公布的 5 个候选算法之一，由美国 IBM 公司的伯维克(C. Burwick)等人设计。MARS 分组密码的分组长度 128 比特，密钥长度为 128～1 248 比特。

MARS 分组密码

1. 符号注释

⊕表示按位异或；⊗表示模 2^{32} 乘法；田表示模 2^{32} 加法；日表示模 2^{32} 减法。

$ROL_n(X)$ 表示将变量 X 向左循环移 n 位。

$ROR_n(X)$ 表示将变量 X 向右循环移 n 位。

$T=X \parallel Y$ 表示并置：如果 $X=(x_{31}\cdots x_0)$，$Y=(y_{31}\cdots y_0)$，则

$$T=X \parallel Y=(x_{31}\cdots x_0 y_{31}\cdots y_0)。$$

S_0 和 S_1 是两个 8 输入/32 输出的 S 盒，合在一起就是一个 9 输入/32 输出的 S 盒，就用 S 表示，$S=S_0 \parallel S_1$。见表 M.1（表中数据用十六进制表示）。

表 M.1　S 盒 S

09d0c479	28c8ffe0	84aa6c39	9dad7287	7dff9be3	d4268361	c96da1d4	7974cc93
85d0582e	2a4b5705	1ca16a62	c3bd279d	0f1f25e5	5160372f	c695c1fb	4d7ff1e4
ae5f6bf4	0d72ee46	ff23de8a	b1cf8e83	f14902e2	3e981e42	8bf53eb6	7f4bf8ac
83631f83	25970205	76afe784	3a7931d4	4f846450	5c64c3f6	210a5f18	c6986a26
28f4e826	3a60a81c	d340a664	7ea820c4	526687c5	7eddd12b	32a11d1d	9c9ef086
80f6e831	ab6f04ad.	56fb9b53	8b2e095c	b68556ae	d2250b0d	294a7721	e21fb253
ae136749	e82aae86	93365104	99404a66	78a784dc	b69ba84b	04046793	23db5c1e
46cae1d6	2fe28134	5a223942	1863cd5b	c190c6e3	07dfb846	6eb88816	2d0dcc4a
a4ccae59	3798670d	cbfa9493	4f481d45	eafc8ca8	db1129d6	b0449e20	0f5407fb
6167d9a8	d1f45763	4daa96c3	3bec5958	ababa014	b6ccd201	38d6279f	02682215
8f376cd5	092c237e	bfc56593	32889d2c	854b3e95	05bb9b43	7dcd5dcd	a02e926c
fae527e5	36a1c330	3412e1ae	f257f462	3c4f1d71	30a2e809	68e5f551	9c61ba44
5ded0ab8	75ce09c8	9654f93e	698c0cca	243cb3e4	2b062b97	0f3b8d9e	00e050df
fc5d6166	e35f9288	c079550d	0591aee8	8e531e74	75fe3578	2f6d829a	f60b21ae
95e8eb8d	6699486b	901d7d9b	fd6d6e31	1090acef	e0670dd8	dab2e692	cd6d4365
e5393514	3af345f0	6241fc4d	460da3a3	7bcf3729	8bf1d1e0	14aac070	1587ed55
3afd7d3e	d2f29e01	29a9d1f6	efb10c53	cf3b870f	b414935c	664465ed	024acac7
59a744c1	1d2936a7	dc580aa6	cf574ca8	040a7a10	6cd81807	8a98be4c	accea063
c33e92b5	d1e0e03d	b322517e	2092bd13	386b2c4a	52e8dd58	58656dfb	50820371
41811896	e337ef7e	d39fb119	c97f0df6	68fea01b	a150a6e5	55258962	eb6ff41b
[illegible]	[illegible]	bcf09576	2672c073	f003fb3c	4ab7a50b	1484126a	487ba9b1
[illegible]	[illegible]	38b06a75	dd805fcd	63d094cf	f51c999e	1aa4d343	b8495294
[illegible]	[illegible]	c7c275cc	378453a7	7b21be33	397f41bd	4e94d131	92cc1f98
[illegible]	[illegible]	c9980a88	1d74fd5f	b0a495f8	614deed0	b5778eea	5941792d
[illegible]	[illegible]	c4965372	3ff6d550	4ca5fec0	8630e964	5b3fbbd6	7da26a48
[illegible]	[illegible]	2d639306	2eb13149	16a45272	532459a0	8e5f4872	f966c7d9
[illegible]	[illegible]	afc8d52d	06316131	d838e7ce	1bc41d00	3a2e8c0f	ea83837e
[illegible]	[illegible]	c4f8b949	a6d6acb3	a215cdce	8359838b	6bd1aa31	f579dd52

续表

21b93f93	f5176781	187dfdde	e94aeb76	2b38fd54	431de1da	ab394825	9ad3048f
dfea32aa	659473e3	623f7863	f3346c59	ab3ab685	3346a90b	6b56443e	c6de01f8
8d421fc0	9b0ed10c	88f1a1e9	54c1f029	7dead57b	8d7ba426	4cf5178a	551a7cca
1a9a5f08	fcd651b9	25605182	e11fc6c3	b6fd9676	337b3027	b7c8eb14	9e5fd030
6b57e354	ad913cf7	7e16688d	58872a69	2c2fc7df	e389ccc6	30738df1	0824a734
e1797a8b	a4a8d57b	5b5d193b	c8a8309b	73f9a978	73398d32	0f59573e	e9df2b03
e8a5b6c8	848d0704	98df93c2	720a1dc3	684f259a	943ba848	a6370152	863b5ea3
d17b978b	6d9b58ef	0a700dd4	a73d36bf	8e6a0829	8695bc14	e35b3447	933ac568
8894b022	2f511c27	ddfbcc3c	006662b6	117c83fe	4e12b414	c2bca766	3a2fec10
f4562420	55792e2a	46f5d857	ceda25ce	c3601d3b	6c00ab46	efac9c28	b3c35047
611dfee3	257c3207	fdd58482	3b14d84f	23becb64	a075f3a3	088f8ead	07adf158
7796943c	facabf3d	c09730cd	f7679969	da44e9ed	2c854c12	35935fa3	2f057d9f
690624f8	1cb0bafd	7b0dbdc6	810f23bb	fa929a1a	6d969a17	6742979b	74ac7d05
010e65c4	86a3d963	f907b5a0	d0042bd3	158d7d03	287a8255	bba8366f	096edc33
21916a7b	77b56b86	951622f9	a6c5e650	8cea17d1	cd8c62bc	a3d63433	358a68fd
0f9b9d3c	d6aa295b	fe33384a	c000738e	cd67eb2f	e2eb6dc2	97338b02	06c9f246
419cf1ad	2b83c045	3723f18a	cb5b3089	160bead7	5d494656	35f8a74b	1e4e6c9e
000399bd	67466880	b4174831	acf423b2	ca815ab3	5a6395e7	302a67c5	8bdb446b
108f8fa4	10223eda	92b8b48b	7f38d0ee	ab2701d4	0262d415	af224a30	b3d88aba
f8b2c3af	daf7ef70	cc97d3b7	e9614b6c	2baebff4	70f687cf	386c9156	ce092ee5
01e87da6	6ce91e6a	bb7bcc84	c7922c20	9d3b71fd	060e41c6	d7590f15	4e03bb47
183c198e	63eeb240	2ddbf49a	6d5cba54	923750af	f9e14236	7838162b	59726c72
81b66760	bb2926c1	48a0ce0d	a6c0496d	ad43507b	718d496a	9df057af	44b1bde6
054356dc	de7ced35	d51a138b	62088cc9	35830311	c96efca2	686f86ec	8e77cb68
63e1d6b8	c80f9778	79c491fd	1b4c67f2	72698d7d	5e368c31	f7d95e2e	a1d3493f
dcd9433e	896f1552	4bc4ca7a	a6d1baf4	a5a96dcc	0bef8b46	a169fda7	74df40b7
4e208804	9a756607	038e87c8	20211e44	8b7ad4bf	c6403f35	1848e36d	80bdb038
1e62891c	643d2107	bf04d6f8	21092c8c	f644f389	0778404e	7b78adb8	a2c52d53
42157abe	a2253e2e	7bf3f4ae	80f594f9	953194e7	77eb92ed	b3816930	da8d9336
bf447469	f26d9483	ee6faed5	71371235	de425f73	b4e59f43	7dbe2d4e	2d37b185
49dc9a63	98c39d98	1301c9a2	389b1bbf	0c18588d	a421c1ba	7aa3865c	71e08558
3c5cfcaa	7d239ca4	0297d9dd	d7dc2830	4b37802b	7428ab54	aeee0347	4b3fbb85
692f2f08	134e578e	36d9e0bf	ae8b5fcf	edb93ecf	2b27248e	170eb1ef	7dc57fd6
1e760f16	b1136601	864e1b9b	d7ea7319	3ab871bd	cfa4d76f	e31bd782	0dbeb469
abb96061	5370f85d	ffb07e37	da30d0fb	ebc977b6	0b98b40f	3a4d0fe6	df4fc26b
159cf22a	c298d6e2	2b78ef6a	61a94ac0	ab561187	14eea0f0	df0d4164	19af70ee

2. 基本函数(注:下面各个函数中的变量均是 32 比特。)

(1) 无密钥前向混合函数 F_1(图 M.1)

输入:$D[i]\in\{0,1\}^{32}(i=0,1,2,3)$。

输出：$F_1[i] \in \{0,1\}^{32}$（$i=0,1,2,3$）。

begin

$D[0] = b_3 \parallel b_2 \parallel b_1 \parallel b_0$

$F_1[1] = D[1] \oplus S_0[b_0] \boxplus S_1[b_1]$

$F_1[2] = D[2] \boxplus S_0[b_2]$

$F_1[3] = D[3] \oplus S_1[b_3]$

$F_1[0] = \mathrm{ROR}_{24}(D[0])$

end

（2）无密钥后向混合函数 F_2（图 M.2）

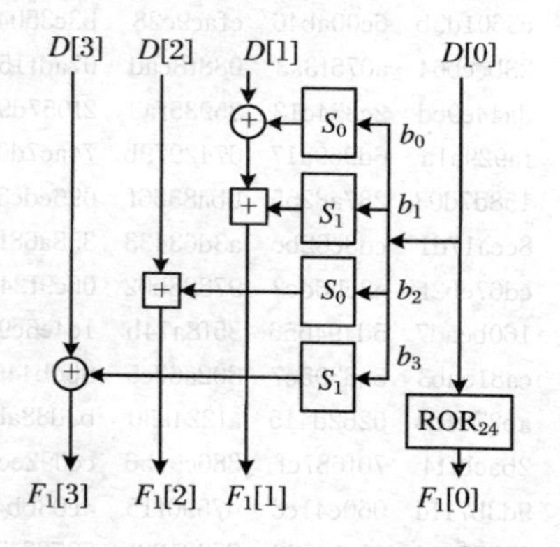

图 M.1 F_1

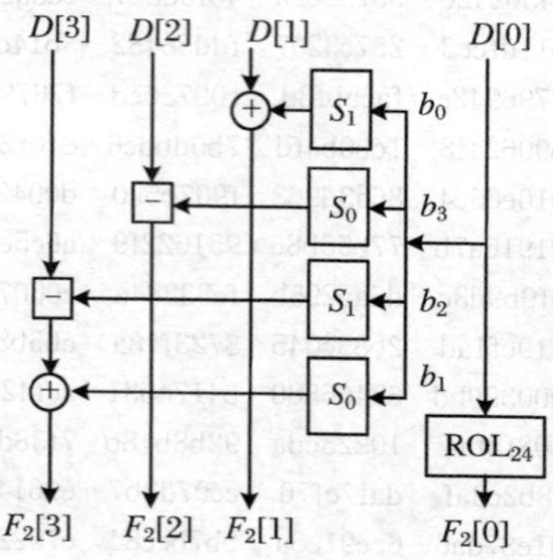

图 M.2 F_2

输入：$D[i] \in \{0,1\}^{32}$（$i=0,1,2,3$）。

输出：$F_2[i] \in \{0,1\}^{32}$（$i=0,1,2,3$）。

begin

$D[0] = b_3 \parallel b_2 \parallel b_1 \parallel b_0$

$F_2[1] = D[1] \oplus S_1[b_0]$

$F_2[2] = D[2] \boxminus S_0[b_3]$

$F_2[3] = (D[3] \boxminus S_1[b_2]) \oplus S_0[b_1]$

$F_2[0] = \mathrm{ROL}_{24}(D[0])$

end

（3）有密钥变换函数 E_i（$i=1,2,\cdots,16$）（图 M.3）

输入：$in \in \{0,1\}^{32}$，$K[2i+2] \in \{0,1\}^{32}$，$K[2i+3] \in \{0,1\}^{32}$。

输出：$out1, out2, out3 \in \{0,1\}^{32}$。

begin

$M = \mathrm{in} \boxplus K[2i+2]$

$R = \mathrm{ROL}_{13}(in)$

$t = M \wedge (1\mathrm{FF})_{\mathrm{hex}}$

$L = S[t]$

$R_1 = \mathrm{ROL}_5(R \otimes K[2i+3])$

$Out3 = R_2 = \mathrm{ROL}_5(R_1)$

$a = R_1 \wedge (1F)_{\mathrm{hex}}$

$out2 = \mathrm{ROL}_a(M)$

$L_1 = L \oplus R_1$

$L_2 = L_1 \oplus R_2$

$b = R_2 \wedge (1F)_{\mathrm{hex}}$

$out1 = \mathrm{ROL}_b(L_2)$

end

(4) 密钥编排轮函数 G(图 M.4)

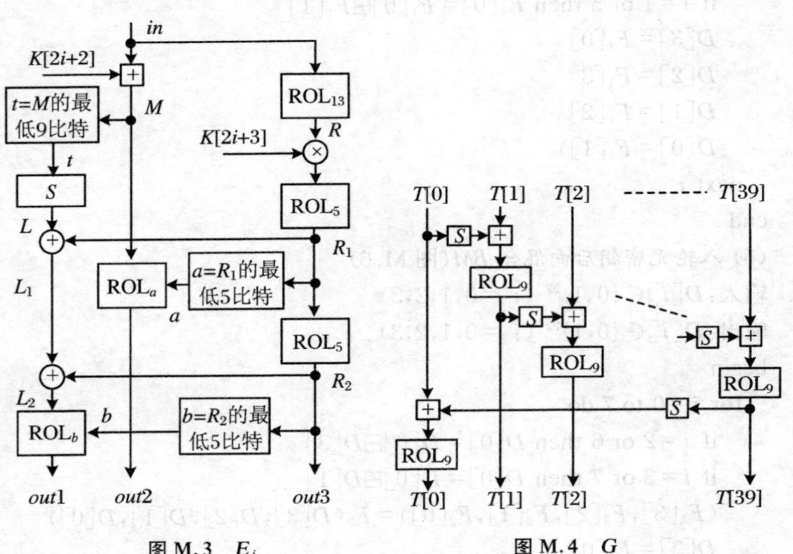

图 M.3 E_i

图 M.4 G

输入:$T[i] \in \{0,1\}^{32}$ ($i = 0,1,\cdots,39$)。

输出:$T[i] \in \{0,1\}^{32}$ ($i = 0,1,\cdots,39$)。

begin

for $i = 1$ to 39 do

$a = T[i-1] \wedge (1\mathrm{FF})_{\mathrm{hex}}$

$T[i] = T[i] \boxplus S[a]$

```
    T[i] = ROL9(T[i])
  next i
  a = T[39] ∧ (1FF)hex
  T[0] = T[0] ⊞ S[a]
  T[0] = ROL9(T[0])
end
```

(5) 八轮无密钥前向混合 *FM*(图 M.5)

输入:$D[i]\in\{0,1\}^{32}$ ($i=0,1,2,3$)。

输出:$D[i]\in\{0,1\}^{32}$ ($i=0,1,2,3$)。

```
begin
  for i = 0 to 7 do
    (F1[3], F1[2], F1[1], F1[0]) = F1(D[3], D[2], D[1], D[0])
    if i = 0 or 4 then F1[0] = F1[0] ⊞ F1[3]
    if i = 1 or 5 then F1[0] = F1[0] ⊞ F1[1]
    D[3] = F1[0]
    D[2] = F1[3]
    D[1] = F1[2]
    D[0] = F1[1])
  next i
end
```

(6) 八轮无密钥后向混合 *BM*(图 M.6)

输入:$D[i]\in\{0,1\}^{32}$ ($i=0,1,2,3$)。

输出:$D[i]\in\{0,1\}^{32}$ ($i=0,1,2,3$)。

```
begin
  for i = 0 to 7 do
    if i = 2 or 6 then D[0] = D[0] ⊟ D[3]
    if i = 3 or 7 then D[0] = D[0] ⊟ D[1]
    (F2[3], F2[2], F2[1], F2[0]) = F2(D[3], D[2], D[1], D[0])
    D[3] = F2[0]
    D[2] = F2[3]
    D[1] = F2[2]
    D[0] = F2[1])
  next i
end
```

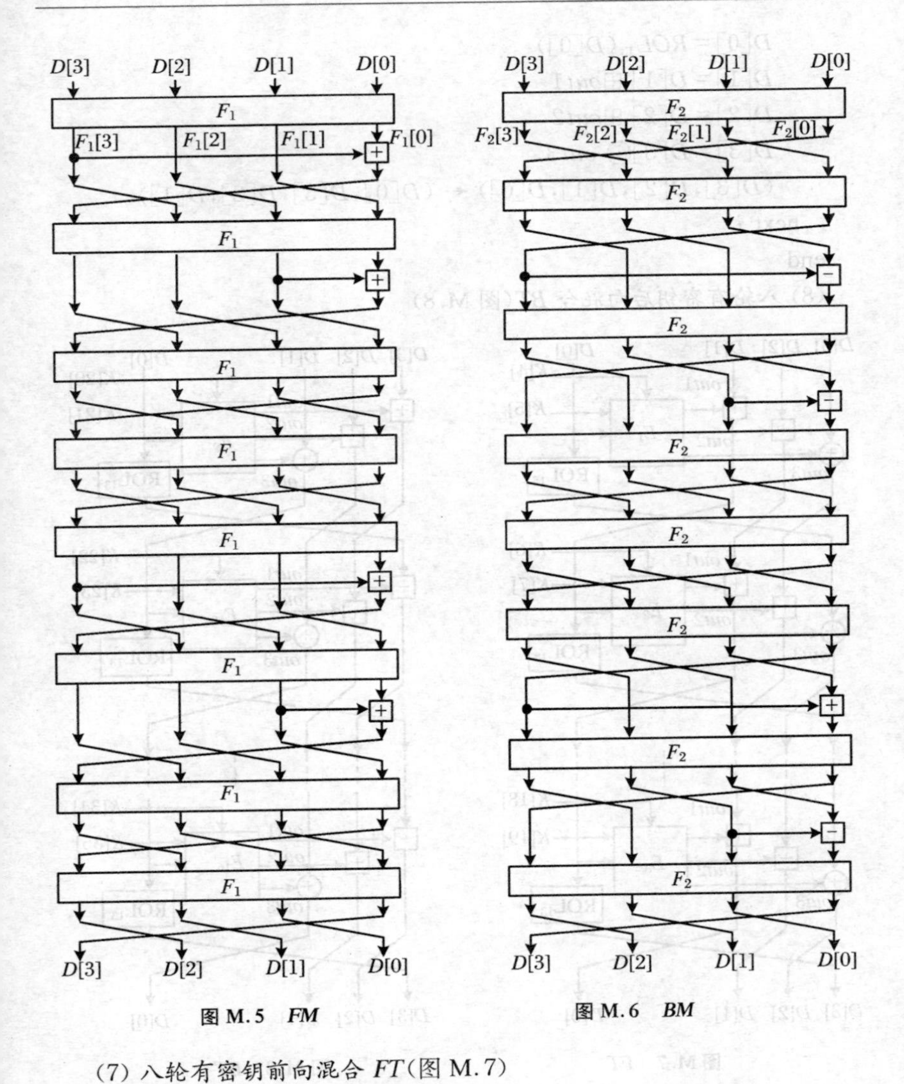

图 M.5 *FM*　　图 M.6 *BM*

(7) 八轮有密钥前向混合 FT(图 M.7)

输入:$D[i]\in\{0,1\}^{32}$ ($i=0,1,2,3$)。

扩展子密钥 $K[j]\in\{0,1\}^{32}$ ($j=4,\cdots,19$)。

输出:$D[i]\in\{0,1\}^{32}$ ($i=0,1,2,3$)。

begin

for $i=1$ to 8 do

$(out1,out2,out3)=E_i(D[0],K[2i+2],K[2i+3])$

$D[0]=ROL_{13}(D[0])$

$D[1]=D[1]\boxplus out1$

$D[2]=D[2]\boxplus out2$

$D[3]=D[3]\oplus out3$

$(D[3],D[2],D[1],D[0])\leftarrow(D[0],D[3],D[2],D[1])$

next i

end

(8) 八轮有密钥后向混合 BT(图 M.8)

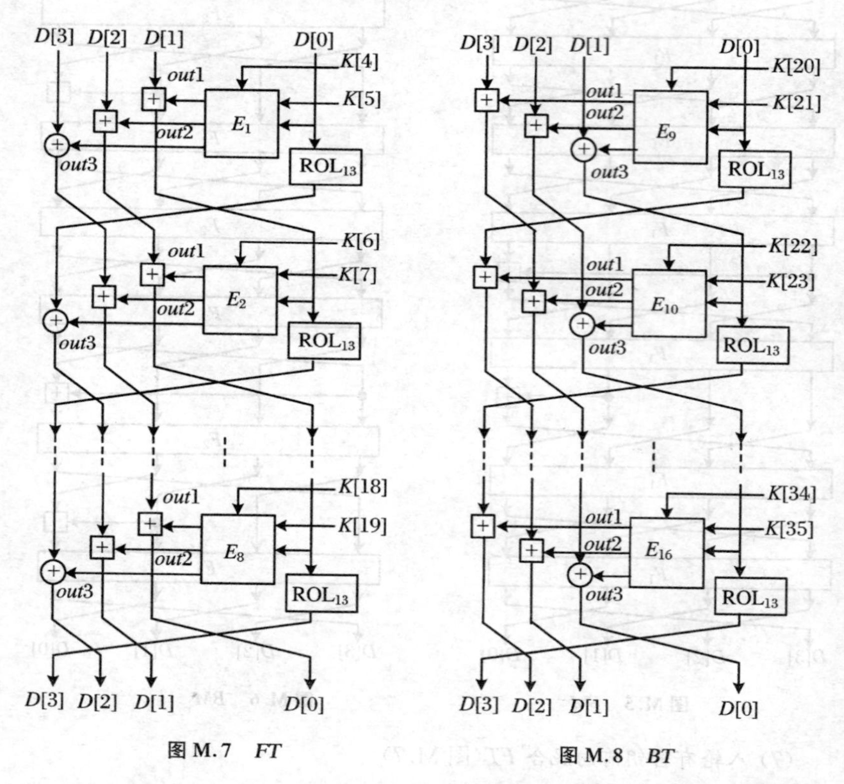

图 M.7 *FT*　　图 M.8 *BT*

输入:$D[i]\in\{0,1\}^{32}$ ($i=0,1,2,3$)。扩展子密钥 $K[j]\in\{0,1\}^{32}$ ($j=20,\cdots,35$)。

输出:$D[i]\in\{0,1\}^{32}$ ($i=0,1,2,3$)。

begin

for $i=9$ to 16 do

$(out1,out2,out3)=E_i(D[0],K[2i+2],K[2i+3])$

$D[0]=\mathrm{ROL}_{13}(D[0])$

$D[1]=D[1]\oplus out3$

$D[2]=D[2]\boxplus out2$

$D[3]=D[3]\boxplus out1$

$(D[3],D[2],D[1],D[0])\leftarrow(D[0],D[3],D[2],D[1])$

next i

end

3. 加密算法

如图 M.9 所示。

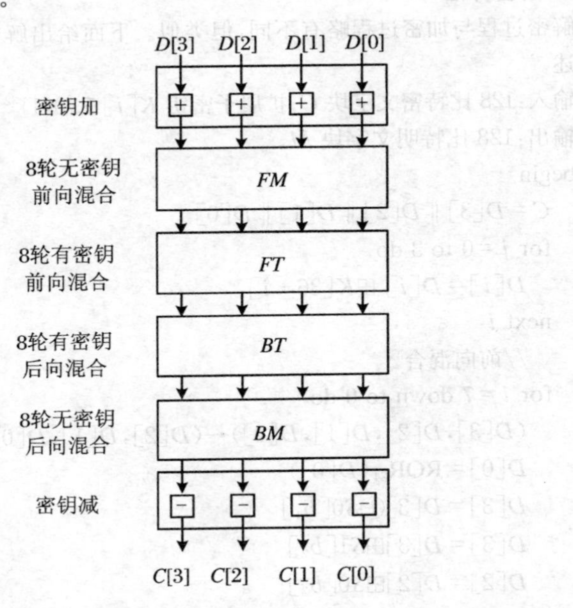

图 M.9 加密算法

输入:128 比特明文字块 M;扩展子密钥 $K[i]\in\{0,1\}^{32}$ $(i=0,1,\cdots,39)$。

输出:128 比特密文字块 C。

begin

$M=D[3]\parallel D[2]\parallel D[1]\parallel D[0]$

for $i=0$ to 3 do

$D[i]=D[i]\boxplus K[i]$

next i

$(D[3],D[2],D[1],D[0])=FM(D[0],D[3],D[2],D[1])$

$(D[3],D[2],D[1],D[0])$

$= FT(D[0], D[3], D[2], D[1], K[4], \cdots, K[19])$

$(D[3], D[2], D[1], D[0])$

$= BT(D[0], D[3], D[2], D[1], K[20], \cdots, K[35])$

$(D[3], D[2], D[1], D[0]) = BM(D[0], D[3], D[2], D[1])$

for $i = 0$ to 3 do

$C[i] = D[i] \boxminus K[36 + i]$

next i

end

4. 解密算法

解密过程与加密过程略有不同，但类似。下面给出解密全过程的形式语言描述。

输入：128 比特密文字块 C；扩展子密钥 $K[i] \in \{0,1\}^{32}$ ($i = 0, 1, \cdots, 39$)。

输出：128 比特明文字块 M。

begin

$C = D[3] \| D[2] \| D[1] \| D[0]$

for $i = 0$ to 3 do

$D[i] = D[i] \boxplus K[36 + i]$

next i

//前向混合

for $i = 7$ down to 0 do

$(D[3], D[2], D[1], D[0]) \leftarrow (D[2], D[1], D[0], D[3])$

$D[0] = \mathrm{ROR}_{24}(D[0])$

$D[3] = D[3] \oplus S0[b_1]$

$D[3] = D[3] \boxplus S1[b_2]$

$D[2] = D[2] \boxplus S0[b_3]$

$D[1] = D[1] \oplus S1[b_0]$

if $i = 2$ or 6 then $D[0] = D[0] \boxplus D[3]$

if $i = 3$ or 7 then $D[0] = D[0] \boxplus D[1]$

next i

//有密钥变换

for $i = 16$ down to 1 do

$(D[3], D[2], D[1], D[0]) \leftarrow (D[2], D[1], D[0], D[3])$

$D[0] = \mathrm{ROR}_{13}(D[0])$

$(out1, out2, out3) = E_i(D[0], K[2i + 2], K[2i + 3])$

$D[2] = D[2] \boxminus out2$

```
    if i<8 then do
      D[1]=D[1] ⊟out1
      D[3]=D[3]⊕out3
    doend
    else do
      D[3]=D[3] ⊟out1
      D[1]=D[1]⊕out3
    doend
  next i
    //后向混合
  for i=7 down to 0 do
    (D[3],D[2],D[1],D[0])←(D[2],D[1],D[0],D[3])
    if i=0 or 4 then D[0]=D[0]⊟D[3]
    if i=1 or 5 then D[0]=D[0]⊟D[1]
    D[0]=ROL24(D[0])
    D[3]=D[3]⊕S1[b3]
    D[2]=D[2]⊟S0[b2]
    D[1]=D[1]⊟S1[b1]
    D[1]=D[1]⊕S0[b0]
  next i
  for i=0 to 3 do
    D[i]=D[i]⊟K[i]
  next i
end
```

5．密钥编排

下面给出密钥编排全过程的形式语言描述。

输入：密钥 $k[i]\in\{0,1\}^{32}$ $(i=0,1,\cdots,n-1,4\leqslant n\leqslant 39)$。

输出：扩展子密钥 $K[j]\in\{0,1\}^{32}$ $(j=0,1,\cdots,39)$。

```
begin
    B[ ]={a4a8d57b,5b5d193b,c8a8309b,73f9a978}//均为十六进制数

    for i=-7 to -1 do
      T[i]=S[i+7]
    next i
    for i=0 to 38 do
```

```
    T[i] = (ROL3(T[i-7]⊕T[i-2]))⊕ k[i (mod n)]⊕ i
  next i
  T[39] = n
  for i = 1 to 7 do
    T = G(T)      // T = T[0] ‖ T[1] ‖ … ‖ T[39]
  next i
  for i = 0 to 39 do
    K[7i (mod 40)] = T[i]
  next i
  for i = 5,7,…,35 do
    j = K[i] ∧ 3
    w = K[i] ∨ 3
    for t = 0 to 31 do
      if((w_t 位于 w 中的 10 连“0”或 10 连“1”序列中) AND (w_{t-1} = w_t
      = w_{t+1}) AND (t≥2)) then   M_t = 1
      else M_t = 0
    next t
    r = least five bits of K[i+3]
    p = ROL_r(B[ j])
    K[i] = w⊕(p ∧ M)
  next i
end
```

参看 advanced encryption standard (AES), block cipher。

Martin Hellman　马丁·赫尔曼

密码学家。1976 年,和惠特菲尔德·迪菲一起提出公开密钥密码编码学的思想,发表了开创性论文《密码学的新方向》(*New Directions in Cryptography*)。

参看 public key cryptography (PKC)。

MASH-1 hash function　MASH-1 散列函数

一种基于模算术的散列函数。MASH-1 散列函数包含 RSA 似模数 M 的使用,模数 M 的(二进制)位长度影响安全性。M 应当是难以因子分解的,而且对于不知其因子分解的 M,安全性还部分基于求模平方根的困难性。M 的位长度还决定处理消息的位长度,以及散列值的大小(例如,1 025 比特长的模数可以得到 1 024 比特长的散列值)。

MASH-1 散列函数(1995 年 11 月版本)

输入:数据 x,其(二进制)位长度 b $(0\leqslant b<2^{n/2})$。

输出:x 的 n 比特散列(n 接近模数 M 的比特长度)。

MH1 系统设置和常数定义。固定一个 RSA 似模数 $M=pq$,M 的比特长度为 m,其中 p 和 q 是随机选择的秘密素数,使得 M 难以因子分解。定义散列值的比特长度 n 小于 m 且是 16 的最大倍数(即 $n=16n'<m$)。定义 $H_0=0$ 为初始向量 IV,并定义一个 n 比特长的整数常数 $A=(F0\cdots0)_{\text{hex}}$。"$\vee$"表示"按位或";"$\oplus$"表示"按位异或";

MH2 填充、分组和 MD 增强。如果必要,则用"0"填充 x,以便对于最小可能的 $t\geqslant1$ 获得一个长度为 $t\cdot n/2$ 的比特串。将填充好的文本划分成 $n/2$ 比特长的字块 $x_1,\cdots,x_t$,并附加一个最末字块 x_{t+1},它包括 b 的 $n/2$ 长的比特表示。

MH3 扩展。将每个 x_i 都扩展成 n 比特长的字块 y_i,做法是:先将每个 x_i 都划分成半字节(即 4 比特长),然后在每个半字节的前面插入 4 个"1";但 y_{t+1} 除外,它在每个半字节前面插入的是"1010"。

MH4 压缩函数处理。对于 $1\leqslant i\leqslant t+1$,将两个 n 比特输入 (H_{i-1},y_i) 映射成一个 n 比特输出 H_i,做法如下:$H_i\leftarrow((((H_{i-1}\oplus y_i)\vee A)^2 \pmod M)\dashv n)\oplus H_{i-1}$。这里"$\dashv n$"表示保留 m 比特结果的最右 n 比特。

MH5 完成。散列值就是 n 比特字块 H_{t+1}。

参看 hash function based on modular arithmetic, MD-strengthening, RSA public-key encryption scheme, SQROOT problem。

MASH-2 hash function MASH-2 散列函数

一种基于模算术的散列函数。只要将 MASH-1 散列函数算法中的"MH4 压缩函数处理"这一步中的指数 $e=2$ 用 $e=2^8+1$ 来替换就成了 MASH-2 散列函数。

参看 MASH-1 hash function。

master key 主密钥

处于密钥分层结构的最高层的一种密钥,这种密钥本身未用密码保护。主密钥由人工分配,最初安装和保护是通过过程控制及物理或电子隔离来实现的。主密钥用于对长期数据或其他密钥进行加密保护,也可以说是顶层的密钥加密密钥。

参看 key layering。

Matyas-Meyer-Oseas hash function 玛塔斯-迈耶-奥西斯散列函数

使用分组密码构造的一类无密钥散列函数(称作操作检测码(MDC))。

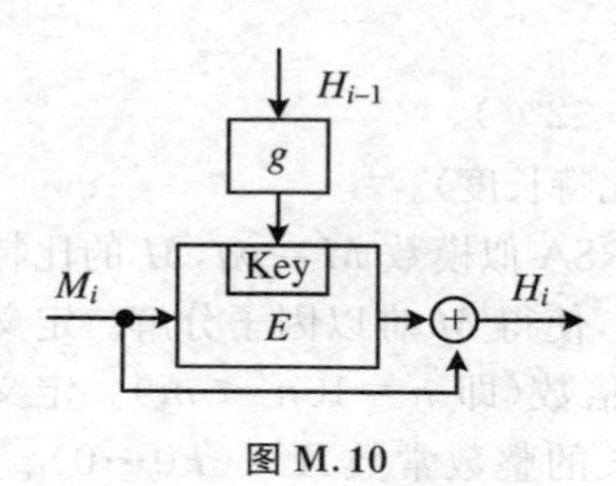

图 M.10

可用图 M.10 说明。

图中，E 是一个分组长度为 n 比特、密钥长度为 k 比特的分组密码；g 是一个把 n 比特输入映射成 k 比特的函数，其中 Key 为 E 的密钥编制部分。

首先，将任意长度的输入数据 M 划分成 n 比特长度的字块，比如可划分成 t 个 n 比特长度的字块，则 $M = M_1 \| M_2 \| \cdots \| M_t$；如果第 t 个字块 M_t 不完整，即其长度小于 n，则将 M_t 左边对齐，右边填充"0"以使 M_t 的长度补到 n 比特。然后预先指定一个初始向量 IV。

进行如下计算：$H_0 = IV$；$H_i = E_{g(H_{i-1})}(M_i) \oplus M_i\ (1 \leqslant i \leqslant t)$。最后输出的 H_t 就是输入 M 的 n 比特散列值。

参看 block cipher，unkeyed hash function，hash function based on block cipher。

比较 Davies-Meyer hash function，Miyaguchi-Preneel hash function。

Maurer's algorithm for provable prime generation　可证素数产生的默勒算法

一种生成随机可证素数的算法，这些可证素数几乎均匀分布在一个指定大小的所有素数的集合上。其主要思想如下(是泊克林顿定理的稍加修改)：令 $n \geqslant 3$ 是一个奇整数，并假定 $n = 1 + 2Rq$，其中 q 是一个奇素数。此外，假定 $q > R$。① 如果存在一个整数 a，满足 $a^{n-1} \equiv 1 \pmod{n}$，$\gcd(a^{2R} - 1, n) = 1$，那么 n 是一个素数；② 如果 n 是素数，随机选择满足 $a^{n-1} \equiv 1 \pmod{n}$ 和 $\gcd(a^{2R} - 1, n) = 1$ 的基 a 的概率是 $1 - 1/q$。

可证素数产生的默勒算法 PROVABLE_PRIME(k)

输入：一个正整数 k。

输出：一个 k 比特素数 n。

PP1　(如果 k 小，则用试除法检测随机整数。可以预先计算并列出一个小素数表以供检测用。)如果 $k \leqslant 20$，则反复执行下述步骤：

PP1.1　选择一个随机的 k 比特奇素数 n；

PP1.2　用小于 $\sqrt{n}$ 的所有素数来进行试除，以确定 n 是否是素数；

PP1.3　如果 n 是素数，则返回(n)。

PP2　置 $c \leftarrow 0.1$，$m \leftarrow 20$。

PP3　(试除界限)置 $B \leftarrow ck^2$。

PP4　(生成 r，和 n 有关的 q 的大小)如果 $k > 2m$，则反复执行下述步骤：在区间[0,1]中选择一个随机数 s，置 $r \leftarrow 2^{s-1}$，直到 $k - rk > m$ 为止；否则

(即 $k \leqslant 2m$)，置 $r \leftarrow 0.5$。

PP5 计算 $q \leftarrow \text{PROVABLE\_PRIME}(\lfloor rk \rfloor + 1)$。

PP6 置 $I \leftarrow \lfloor 2^{k-1}/(2q) \rfloor$。

PP7 $success \leftarrow 0$。

PP8 当 $success = 0$ 时，执行下述步骤：

PP8.1 （选择一个候选整数 n）在区间$[I+1, 2I]$中选择一个随机整数 R，并置 $n \leftarrow 2Rq + 1$。

PP8.2 使用试除法来确定 n 是否可被小于 B 的任意素数整除。如果不能，则执行下述步骤：

在区间$[2, n-2]$中选择一个随机整数 a；

计算 $b \leftarrow a^{n-1} (\bmod n)$。

如果 $b = 1$，则执行下述步骤：

计算 $b \leftarrow a^{2R} (\bmod n)$ 和 $d \leftarrow \gcd(b-1, n)$；

如果 $d = 1$，则 $success \leftarrow 1$。

PP9 返回(n)。

关于上述算法中的常数 c 和 m 的注释：① 定义试除界限 $B = ck^2$ 的常数 c 的最佳值取决于长整数算术的实现，最好通过试验来确定；② 常数 $m = 20$ 确保 I 至少有 20 比特长，因此，选择 R 的区间(即$[I+1, 2I]$)对有实际意义的 k 的值来说充分大，使得很可能至少含有一个 R 值，$n = 2Rq + 1$ 是素数。

参看 Pocklington's theorem，provable prime，trial division。

Maurer's randomized stream cipher 默勒随机化序列密码

默勒(U. M. Maurer)于 1990 年设计的一种具有高概率无条件保密的密码方案。更确切地说，一个敌人不能以任意接近于 1 的概率获得明文的任何信息，除非这个敌人能执行一个不可行的计算。这种密码利用一个可公开访问的随机二进制数字源，这个数字源的长度比待加密的所有明文的长度大得多，而且能使之更实用。这个密码是基于不实用的"Rip van Winkle 密码"而设计的。

默勒随机化序列密码

输入：明文 $x^N = (x_1, x_2, \cdots, x_N) \in GF(2^N)$；公开的随机数发生器 $R[s, t]$ $(1 \leqslant s \leqslant S, 0 \leqslant t \leqslant T-1)$；密钥 $k^S = (k_1, k_2, \cdots, k_S)$ $(k_i \in \mathbb{Z}_T, 1 \leqslant i \leqslant S)$。

输出：密文 y^N。

MS1 计算密钥流：

$$z_i \equiv \sum_{j=1}^{S} R[j, (k_j + i - 1) (\bmod T)] \pmod 2 \quad (1 \leqslant i \leqslant N)。$$

MS2 加密：$y^N = x^N \oplus z^N$。

上述默勒密码中的随机数发生器 $R[s,t]$ 可看作一个二维的二进制随机变量阵列：

$$
\begin{matrix}
R[1,k_1] & R[1,k_1+1] & \cdots & R[1,k_1+N-1] \\
R[2,k_2] & R[2,k_2+1] & \cdots & R[2,k_2+N-1] \\
\vdots & \vdots & & \vdots \\
R[S,k_S] & R[S,k_S+1] & \cdots & R[S,k_S+N-1]
\end{matrix}
$$

参看 randomized stream cipher，Rip van Winkle cipher。

Maurer's universal statistical test　默勒通用统计检验

NIST 特种出版物 800-22《A Statistical Test Suite for Random and Pseudo-random Number Generators for Cryptographic Applications》中提出的 16 项检验之一。

检验目的　待测序列 $S=s_0,s_1,s_2,\cdots,s_{n-1}$。这个检验的焦点是序列中匹配模式之间的比特数(这是与被压缩序列的长度有关系的度量)。默勒的通用统计检验的目的是检测一个序列在不丢失信息的情况下是否可被显著压缩。如果能被显著压缩，则这个序列不是随机的。

理论根据及检验技术描述　默勒的通用统计检验的基本想法是，(在不丢失信息的情况下)较大地压缩一个随机比特发生器的输出序列应当是不可能的。因此，如果能较大地压缩一个比特发生器的一个样本输出序列 S，那么就应当将之看作是有缺陷的发生器。通用统计检验不是实际压缩序列 S，而是计算和已压缩序列有关的一个量。

默勒通用统计检验的通用性，是由于它能够检测出一个比特发生器可能具有的、极其一般类型的可能缺陷中的任意一个，比如像局部随机性检验中的五项基本检验检测出的缺陷。通用统计检验的缺点和五项基本检验相比就是要求较长的样本输出序列，以使检验有效。只要所要求的输出序列能被有效地生成，这个缺点不是一个实际利害关系问题，因为通用统计检验是非常有效的。

首先在区间[6,16]中选择参数 L。待测序列 S 则被划分成不重叠的 L 比特长的字块，丢弃剩余的比特。字块的总数为 $Q+K$，其中 Q 为序列 S 的开头字块数，K 为其后面的字块数。对于 i $(1\leqslant i\leqslant Q+K)$，令 b_i 是一个二进制表示为第 i 个字块的整数。按次序扫描那些字块。操作一个表 T，使得在每一阶段 $T[j]$ 都是对应于整数 $j(0\leqslant j\leqslant 2^L-1)$ 的那个字块最后一次出现的位置。序列 S 的开头 Q 个字块用来初始化表 T；Q 至少应被选择为 $10\cdot 2^L$，这是为了使得在开头 Q 个字块中，"2^L 个 L 比特长字块中的每一个都至少出现一次"具有大的可能性。后面的 K 个字块用来定义检验的统计量 X_u。X_u 的定义如下：对于每个 i $(Q+1\leqslant i\leqslant Q+K)$，令 $A_i=i-T[b_i]$；A_i 是字块 b_i

最后一次出现的位置编号。则有

$$X_u = \frac{1}{K}\sum_{i=Q+1}^{Q+K} \lg A_i。$$

K 至少应为 $1\,000 \cdot 2^L$,因此样本序列 S 的长度至少应是 $1\,010 \cdot 2^L \cdot L$ 比特。表 M.2 是当 $Q \to \infty$ 时随机序列对于 L 的某种选择的统计量 X_u 的均值 μ 和方差 σ^2。

表 M.2

L	μ	σ_1^2	L	μ	σ_1^2
1	0.732 649 5	0.690	9	8.176 424 8	3.311
2	1.537 438 3	1.338	10	9.172 324 3	3.356
3	2.401 606 8	1.901	11	10.170 032	3.384
4	3.311 224 7	2.358	12	11.168 765	3.401
5	4.253 426 6	2.705	13	12.168 070	3.410
6	5.217 705 2	2.954	14	13.167 693	3.416
7	6.196 250 7	3.125	15	14.167 488	3.419
8	7.183 665 6	3.238	16	15.167 379	3.421

表中,σ_1^2 和 σ^2 的关系如下:

$$\sigma^2 = c(L,K)^2\sigma_1^2/K,$$

其中

$$c(L,K) \approx 0.7 - \frac{0.8}{L} + \left(1.6 + \frac{12.8}{L}\right)K^{-4/L} \quad (K \geqslant 2^L)。$$

这样一来,就可以应用参数性统计假设检验来进行通用统计检验了。统计量 $Z_u = (X_u - \mu)/\sigma$ 近似服从标准正态分布 $N(0,1)$。

然而,科伦(J-S. Coron)和纳卡契(D. Naccache)于 1998 年曾指出 $c(L,K)$ 的这种近似不准确,他们给出

$$c(L,K) = 0.7 - \frac{0.8}{L} + \left(4 + \frac{32}{L}\right)\frac{K^{-3/L}}{15}。$$

当然,为避开使用方差 σ^2,还可以采用 t 检验:

基本假设 H_0:$\mu = \mu_0$(将表 M.2 中的 μ 值作为 μ_0)。

显著性水平:α($0 < \alpha < 1$)。

检验的统计量:

$$t = \frac{\bar{\xi} - \mu_0}{s/\sqrt{K}},$$

其中，$\bar{\xi}=\frac{1}{K}\sum_{i=1}^{K}\xi_i$ 为样本均值，$s^2=\frac{1}{K-1}\sum_{i=1}^{K}(\xi-\bar{\xi})^2$ 为修正样本方差。在假设 H_0 下，统计量 t 服从自由度为 $K-1$ 的 t 分布。

检验统计量与参照的分布 t：固定长度序列的通用统计检验样本观测值和在随机性的一个假设之下的期望值怎样匹配好的一种度量。

这个检验统计量的参照分布是 t 分布。

检验方法描述 （1）在区间[6,16]中选择参数 L，选定 L 值对应的 μ 值就是 μ_0。

（2）将 n 比特序列 $S=s_0,s_1,\cdots,s_{n-1}$ 划分成两段：第一段，含有 Q 个不重叠 L 比特长字块；第二段，含有 K 个不重叠 L 比特长字块。如果最后还剩有不足 L 比特长的字块，则将其丢弃不用。即 $Q+K=[n/L]$。（$[x]$表示对 x 取整。）

（3）使用序列 S 的开头 Q 个字块初始化表 T，形式描述如下：

```
for j = 0 to 2^L - 1 do
    T[j] = 0
next j
for i = 1 to Q do
    b_i = a_{L-1}…a_1a_0        //第 i 个 L 比特字块为 a_{L-1}…a_1a_0
    T[b_i] ← i        // b_i是第 i 个 L 比特字块的十进制表示
next i
```

（4）使用后面的 K 个字块得出样本值。形式描述如下：

```
for i = Q + 1 to Q + K do
    b_i = a_{L-1}…a_1a_0        //第 i 个 L 比特字块为 a_{L-1}…a_1a_0，b_i是其十进制表示
    ξ_{i-Q} = log_2(i - T[b_i])
    T[b_i] ← i
next i
```

（5）计算均值 $\bar{\xi}$ 和无偏样本方差 s^2：

$$\bar{\xi}=\frac{1}{K}\sum_{i=1}^{K}\xi_i,\quad s^2=\frac{1}{K-1}\sum_{i=1}^{K}(\xi-\bar{\xi})^2。$$

（6）计算统计量 t：

$$t=\frac{\bar{\xi}-\mu}{s/\sqrt{K}}。$$

判决准则 基本假设 H_0 的 α 水平否定域：

$$\left\{(\xi_1,\cdots,\xi_K)\,\middle|\,|t|=\frac{|\bar{\xi}-\mu_0|}{s/\sqrt{K}}\geqslant t_{\alpha,m-1}\right\},$$

其中，$t_{\alpha,m-1}$是自由度为 $m-1$ 的 t 分布的α 水平双侧分位数，有表可查。

判决结论及解释 如果统计量 t 落在基本假设H_0的 α 水平否定域中，则得出这个序列不能通过"默勒通用统计检验" 的结论；否则，得出这个序列通过"默勒通用统计检验"的结论。

输入长度建议 字块的总数为 $Q+K$，Q 至少应被选择为 $10\cdot 2^L$，K 至少应为 $1\,000\cdot 2^L$，因此样本序列 S 的长度至少应是 $1\,010\cdot 2^L\cdot L$ 比特。可以将 L，Q 和 n 的值的对应选择列如表 M.3 所示。

表 M.3

n	L	$Q=10\cdot 2^L$
≥387 840	6	640
≥904 960	7	1 280
≥2 068 480	8	2 560
≥4 654 080	9	5 120
≥10 342 400	10	10 240
≥22 753 280	11	20 480
≥49 643 520	12	40 960
≥107 560 960	13	81 920
≥231 669 760	14	163 840
≥496 435 200	15	327 680
≥1 059 061 760	16	655 360

举例说明 序列 $S=01011011001001100111010110110010010100011$，$n=41$，$L=2$，$Q=8$，$K=12$（丢弃最后 1 比特）。

统计如表 M.4 所示。

$\mu=1.537\,438\,3$，$t_{0.01,11}=3.105\,8$，$\bar{\xi}=\dfrac{1}{12}\sum_{i=1}^{12}\xi_i=1.594\,642\,441$，$s^2=1.045\,214\,636$。

计算：$t=0.193\,827\,480$。

结论：因为 $t<t_{0.01,11}$，故这个序列通过默勒通用统计检验。

参看 local randomness test，NIST Special Publication 800-22，statistical hypothesis，statistical test，*t*-test。

表 M.4

类型	字块	内容	可能的 L 比特值				样本值 ξ_{i-8}
			00	01	10	11	
			T_0	T_1	T_2	T_3	
			0	0	0	0	
初始化段	1	01	0	1	0	0	
	2	01	0	2	0	0	
	3	10	0	2	3	0	
	4	11	0	2	3	4	
	5	00	5	2	3	4	
	6	10	5	2	6	4	
	7	01	5	7	6	4	
	8	10	5	7	8	4	
检验段	9	01	5	9	8	4	$\xi_1 = \log_2(9-7) = 1$
	10	11	5	9	8	10	$\xi_2 = \log_2(10-4) = 2.584\,962\,501$
	11	01	5	11	8	10	$\xi_3 = \log_2(11-9) = 1$
	12	01	5	12	8	10	$\xi_4 = \log_2(12-11) = 0$
	13	10	5	12	13	10	$\xi_5 = \log_2(13-8) = 2.321\,928\,095$
	14	11	5	12	13	14	$\xi_6 = \log_2(14-10) = 2$
	15	00	15	12	13	14	$\xi_7 = \log_2(15-5) = 3.321\,928\,095$
	16	10	15	12	16	14	$\xi_8 = \log_2(16-13) = 1.584\,962\,501$
	17	01	15	17	16	14	$\xi_9 = \log_2(17-12) = 2.321\,928\,095$
	18	01	15	18	16	14	$\xi_{10} = \log_2(18-17) = 0$
	19	00	19	18	16	14	$\xi_{11} = \log_2(19-15) = 2$
	20	01	19	20	16	14	$\xi_{12} = \log_2(20-18) = 1$

maxims of cryptology　密码学格言

对于从事密码事业的人来说,下面五条格言应引起注意:

(1) 不应当低估对手。

对于一个人来说,应具有自信、刚毅的性格以及不怕危险或威胁的精神,但是决不能过高地估计自己的能力,密码事业更是如此。一般来说,应当把保密的对手估计成:一个拥有最高计算能力和最多计算资源的人。

(2) 只有密码分析者才能够鉴定一个密码体制的保密性。

这就是说,要"鉴定一个密码体制的保密性",就必须使这个密码体制经受最严厉的密码分析(或称密码破译)。

(3) 在鉴定一类加密方法的保密性时，必须考虑到对手知道这类方法(即敌人知道在使用的密码体制)。

这就是克尔克霍夫斯在19世纪对军事密码体制提出的六项设计准则中的第二项原则："体制的泄露不应该给通信者带来麻烦。"这项原则最为著名，至今仍然是现代密码编码学的基本原则。用现代的语言来说，它就是"秘密必须全部寓于密钥之中"。其含义是，密码体制和密码算法是不保密的，也就是说，即使敌方得到了密码体制和算法，只要他无法得到当时所用的密钥，他也很难破译这种体制。这也就是衡量一个密码体制(算法)性能的"最坏情况条件"。这条格言的含义很清楚，如果你设计的一个密码体制(算法)在"最坏情况条件"下都能保得住密，那在其他任何情况条件下不就更能保得住密吗?

(4) 表面的错综复杂能够迷惑人，因为这只能把一种保密性假象提供给密码编码者。

说白了，就是要求所设计的密码体制(算法)是可分析的。如果连设计者自己都分析不了，那么这种密码体制(算法)就很可能存在一种保密性假象(即保密性缺陷)。

(5) 在鉴定一类加密方法的保密性时，必须注意到密码缺陷以及其他的保密性规定的违反现象。

人本身有些弱点(像麻痹大意、不在乎、一时疏忽)会影响保密性：非故意的密钥泄露；未按规定时间更换密钥；未按保密性规定操作密码设备；重复使用一个密钥序列；等等。

参看 cryptanalysis，cryptosystem。

maximum distance separable (MDS) code　最大距离可分编码

令 $G=[I_kA]$ 是一个 $k\times n$ 矩阵，其中每一行都是 $\mathbb{F}_q$(q 是一个素数或一个素数的幂)上的一个 n 元组。I_k 是一个 $k\times k$ 单位矩阵。通过取 G 的那些行的所有线性组合($\mathbb{F}_q$上的)所获得的 n 元组集合就是线性码 C。这 q^k 个 n 元组中的每一个都是一个码字，而且 $C=\{c\mid c=mG, m=(m_1m_2\cdots m_k), m_i\in\mathbb{F}_q\}$。$G$ 就是线性(n,k)码 C 的一个生成元矩阵。两个码字 c 和 c' 之间的距离等于它们不同的分量个数；代码的距离 d 就是所有不同码字对当中距离最小的那一个。对于线性编码界限 $d\leqslant n-k+1$，一个距离为 d 的代码能纠正一个码字中出现的 $e=\lfloor(d-1)/2\rfloor$ 个分量错误。满足界限 $d=n-k+1$ 的编码对于固定的 n 和 k 具有最大可能距离，称这种编码为最大距离可分(MDS)编码。

参看 Hamming distance，linear combination。

maximum length LFSR　最大长度线性反馈移位寄存器

如果描述 LFSR 的连接多项式是本原多项式，则称之为最大长度线性反馈移位寄存器。

参看 linear feedback shift register (LFSR), primitive polynomial。

maximum length LFSR sequence　最大长度线性反馈移位寄存器序列

最大长度线性反馈移位寄存器产生的输出序列,又称为 m 序列。如果最大长度线性反馈移位寄存器的级数为 L,则从任意一个非零初态出发所生成的输出序列都具有最大周期 2^L-1。

参看 maximal length LFSR。

maximum order complexity　最大阶复杂性

由荷兰人简森(C. J. A. Jansen)与波金(D. E. Boekee)定义的一个序列的最大阶复杂性是,能够生成这个序列的最短反馈移位寄存器(FSR)的级数(这个 FSR 不必是线性的)。一个长度为 n 的随机二进制序列的期望最大阶复杂性近似为 $2\log_2 n$。他们还提出了一个有效的线性时间算法来计算最大阶复杂度。

参看 binary sequence, feedback shift register (FSR)。

比较 linear complexity。

McEliece algorithm　迈克艾利斯算法

参看 McEliece public-key encryption。

McEliece public-key encryption　迈克艾利斯公开密钥加密

一种基于纠错编码的公开密钥加密方案。

1. McEliece 密码算法

设消息发送方为 B,消息接收方为 A。

(1) 密钥生成(A 建立自己的公开密钥/秘密密钥对)

KG1　整数 k, n 和 t 是固定不变的,作为公共系统参数;

KG2　A 应当执行步骤 KG3~KG7;

KG3　A 为一个能纠正 t 个错误的二元(n,k)线性码以及一个已知的有效译码算法选择一个 $k\times n$ 生成元矩阵 G;

KG4　A 选择一个随机的 $k\times k$ 二元非奇异矩阵 S;

KG5　A 选择一个随机的 $n\times n$ 置换矩阵 P;

KG6　A 计算 $k\times n$ 矩阵 $\hat{G}=SGP$;

KG7　A 的公开密钥是$(\hat{G},t)$,秘密密钥是(S,G,P)。

(2) B 加密消息 m

EM1　B 获得 A 的可靠的公开密钥$(\hat{G},t)$;

EM2　B 把消息表示为一个 k 长的二进制数字串 m;

EM3　B 选择一个 n 长的随机二进制错误向量 z, z 至多有 t 个"1";

EM4　B 计算二进制向量 $c = m\hat{G} + z$；

EM5　B 把密文 c 发送给 A。

(3) A 解密恢复消息 m

DM1　A 计算 $\hat{c} = cP^{-1}$，其中 P^{-1} 是矩阵 P 的逆；

DM2　A 把译码算法用于由 G 生成的代码，把 $\hat{c}$ 译成 $\hat{m}$；

DM3　A 通过计算 $m = \hat{m}S^{-1}$ 来恢复消息 m。

2. 解密正确性的证明

$$\hat{c} = cP^{-1} = (m\hat{G} + z)P^{-1} = (mSGP + z)P^{-1} = (mS)G + zP^{-1}。$$

而且 zP^{-1} 是带有至多 t 个“1”的一个向量，因此，由 G 生成的代码的译码算法把 $\hat{c}$ 校正成 $\hat{m} = mS$；最后可得出 $\hat{m}S^{-1} = m$。所以上述解密是正确的。

葛帕(Goppa)码是一种特殊类型的纠错码，可在上面的步骤 KG3 中使用。对 $GF(2^m)$ 上的每一个 t 次不可约多项式 $g(x)$，都存在一个二元葛帕码，它的长度为 $n = 2^m$，维数为 $k \geqslant n - mt$，能纠正至多 t 个错误的任意码型。另外，对这种编码而言，它具有有效的译码算法。

3. McEliece 密码体制的安全性

存在两种基本类型的攻击。

(1) 根据公开信息，敌人可以尝试计算密钥 G 或为等价于使用生成元矩阵 G 的那种编码的葛帕码计算一个密钥 G'。不存在有效的已知方法来完成这个计算。

(2) 已知某个密文 c，敌人可以尝试直接恢复明文 m。敌人从 $\hat{G}$ 中随机地抽出 k 列。如果 $\hat{G}_k$，c_k 和 z_k 分别表示 $\hat{G}$，c 和 z 的限制在那 k 列的范围，则有 $c_k + z_k = m\hat{G}_k$。如果 $z_k = 0$ 且 $\hat{G}_k$ 是非奇异的，则通过解方程组 $c_k = m\hat{G}_k$ 就能恢复 m。由于 $z_k = 0$（即已选择的 k 比特不是错误的）的概率仅为

$$\binom{n-t}{k} \Big/ \binom{n}{k},$$

所以这种攻击成功的概率小到可以忽略不计。

出于安全性要求，建议取 $n = 1\,024$，$t = 38$，$k \geqslant 644$。（迈克艾利斯原先建议取 $n = 1\,024$，$t = 50$，$k \geqslant 524$。）

这种密码体制的加密、解密速率相对来说比较快，但是，这种密码体制的缺陷是公开密钥太大，而且存在消息扩展现象。对于 $n = 1\,024$，$t = 38$，$k \geqslant 644$ 这些参数而言，公开密钥规模大约为 2^{19} 比特，消息扩展因子大约为 1.6。因此，实际上很少有人注意到这种密码方案。

参看 public key encryption。

MDC-2 hash function　MDC-2 散列函数

一种操作检测码(MDC)。此方案对每一个散列输入字块需要两次分组密码运算,它把玛塔斯-迈耶-奥西斯的单长度方案的两次迭代组合起来,产生一个2倍长度的散列结果。对于基础分组密码算法是DES的情况,MDC-2产生128比特的散列码。当然,基础分组密码算法也可以使用其他分组密码。不过MDC-2预先指定了利用下述组成部分:

① 使用DES分组密码算法,分组长度为64比特,密钥长度为56比特;

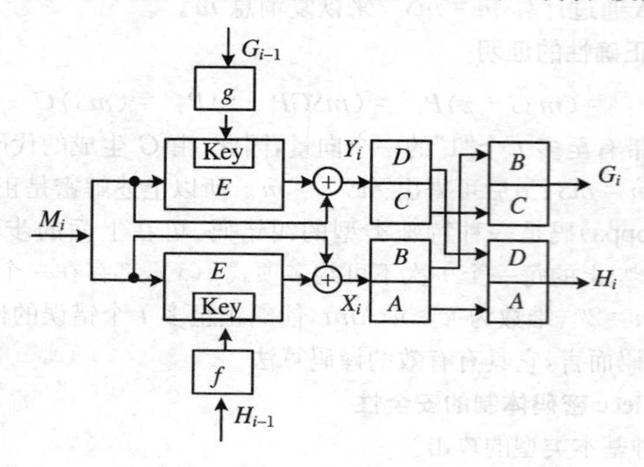

图 M.11

② 两个函数 f 和 g,它们都是把64比特值的 U 映射成适于DES的56比特密钥值,方法如下:对于 $U=u_1u_2\cdots u_{64}$,将它分成8组,删去每组的第8比特,并且将 u_2u_3 对函数 f 置成“10”,对函数 g 置成“01”,结果是 $f(U)=u_1 10 u_4u_5u_6u_7u_9u_{10}\cdots u_{63}$,$g(U)=u_1 01 u_4u_5u_6u_7u_9u_{10}\cdots u_{63}$。(这样是为了确保不是DES的弱密钥或半弱密钥,还确保了 $f(IV_1)\neq g(IV_2)$。)MDC-2的压缩函数如图M.11所示(图中所使用的分组密码 E 为DES,其中Key为 E 的密钥编制部分)。

(基于DES的)MDC-2散列函数

输入:长度 $r=64t(t\geqslant 2)$ 的比特串 M。

输出:M 的128比特散列码。

MDC2.1 将 M 划分成64比特字块 M_i:$M=M_1M_2\cdots M_t$。

MDC2.2 从一组推荐的规定值中选择64比特非密常数 IV_1 和 IV_2(对MDC验证必须使用相同的常数)。默认的规定值是(以十六进制表示):$IV_1=(5252525252525252)_{hex}$,$IV_2=(2525252525252525)_{hex}$。

MDC2.3 令‖表示并置。MDC-2的压缩函数定义如下:

对于 $i=1,2,\cdots,t$,执行下述步骤:

$H_0 = IV_1; K_i = f(H_{i-1}); X_i = E_{K_i}(M_i) \oplus M_i; X_i = A \| B;$

$G_0 = IV_2; k_i = g(G_{i-1}); Y_i = E_{k_i}(M_i) \oplus M_i; Y_i = C \| D;$

$H_i = A \| D; G_i = C \| B$。

MDC2.4　MDC-2 的输出为 $h(M) = H_t \| G_t$。

参看 DES block cipher, manipulation detection code (MDC), Matyas-Meyer-Oseas hash function。

MDC-4 hash function　MDC-4 散列函数

一种操作检测码(MDC)。此方案对每一个散列输入字块需要四次分组密码运算,它把玛塔斯-迈耶-奥西斯的单长度方案的四次迭代组合起来,产生一个 2 倍长度的散列结果。对于基础分组密码算法是 DES 的情况,MDC-4 产生 128 比特的散列码。当然,基础分组密码算法也可以使用其他分组密码。不过 MDC-4 预先指定了利用下述组成部分:

① 使用 DES 分组密码算法,分组长度为 64 比特,密钥长度为 56 比特;

② 两个函数 f 和 g,它们都是把 64 比特值的 U 映射成适于 DES 的 56 比特密钥值,方法如下:对于 $U = u_1 u_2 \cdots u_{64}$,将它分成 8 组,删去每组的第 8 比特,并且将 $u_2 u_3$ 对函数 f 置成"10",对函数 g 置成"01",结果是 $f(U) = u_1 10 u_4 u_5 u_6 u_7 u_9 u_{10} \cdots u_{63}$, $g(U) = u_1 01 u_4 u_5 u_6 u_7 u_9 u_{10} \cdots u_{63}$。(这样是为了确保不是 DES 的弱密钥或半弱密钥,还确保了 $f(IV_1) \neq g(IV_2)$。)MDC-4 的压缩函数如图 M.12 所示(图中所使用的分组密码 E 为 DES,其中 Key 为 E 的密钥编排部分)。

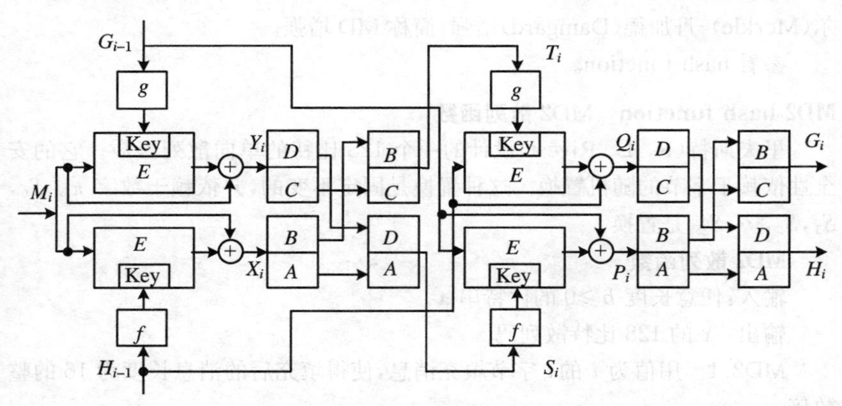

图 M.12

MDC-4 散列函数(基于 DES 的)

输入:长度 $r = 64t$ ($t \geqslant 2$)的比特串 M。

输出：M 的 128 比特散列码。

MDC4.1　将 M 划分成 64 比特字块 M_i：$M = M_1M_2\cdots M_t$。

MDC4.2　从一组推荐的规定值中选择 64 比特非密常数 IV_1 和 IV_2（MDC 验证必须使用相同的常数）。默认的规定值是（以十六进制表示）：$IV_1 = (5252525252525252)_{HEX}$，$IV_2 = (2525252525252525)_{HEX}$。

MDC4.3　令 ‖ 表示并置。MDC-4 的压缩函数定义如下：

对于 $i = 1, 2, \cdots, t$，执行下述步骤：

$H_0 = IV_1$；$K_i = f(H_{i-1})$；$X_i = E_{K_i}(M_i) \oplus M_i$；$X_i = A \parallel B$；

$G_0 = IV_2$；$k_i = g(G_{i-1})$；$Y_i = E_{k_i}(M_i) \oplus M_i$；$Y_i = C \parallel D$；

$S_i = A \parallel D$；$T_i = C \parallel B$。

$K_i = f(S_i)$；$P_i = E_{K_i}(G_{i-1}) \oplus G_{i-1}$；$P_i = A \parallel B$；

$k_i = g(T_i)$；$Q_i = E_{k_i}(H_{i-1}) \oplus H_{i-1}$；$Q_i = C \parallel D$；

$H_i = A \parallel D$；$G_i = C \parallel B$。

MDC4.4　MDC-4 的输出为 $h(M) = H_t \parallel G_t$。

参看 DES block cipher，manipulation detection code（MDC），Matyas-Meyer-Oseas hash function。

MD-strengthening　MD 增强

在散列一个长度为 b 比特的消息 $x = x_1, x_2, \cdots, x_t$（其中 x_i 是适于相关压缩函数的 r 比特长的字块）之前，附加一个最末长度字块 x_{t+1}，它包含 b 的右边对齐的二进制表示（假定 $b < 2^r$）。上述添加一个长度字块的方法称为莫克尔（Merkle）-丹加德（Damgård）增强，简称 MD 增强。

参看 hash function。

MD2 hash function　MD2 散列函数

里夫斯特（R. L. Rivest）设计的一个 128 比特的单向散列函数。它的安全性依赖于字节的随机置换。这种置换是固定不变的，并依赖于数字 π。S_0，$S_1, S_2, \cdots, S_{255}$ 是置换。

MD2 散列函数

输入：任意长度 $b \geq 0$ 的比特串 x。

输出：x 的 128 比特散列码。

MD2.1　用值为 i 的 i 字节填充消息，使得填充后的消息长度为 16 的整数倍。

MD2.2　把 16 字节校验和附加到消息上。

MD2.3　初始化一个 48 字节字块 $X = (X_0X_1X_2\cdots X_{47})$。将 X 的第一个 16 字节置为 0，把消息的第一个 16 字节赋给 X 的第二个 16 字节，X 的第三个 16 字节是 X 的第一个 16 字节与 X 的第二个 16 字节相异或。

MD2.4 压缩函数如下：

```
begin
  t = 0
  for j = 0 to 17 do
    for k = 0 to 47 do
      t = X_k XOR S_t
      X_k = t
    next k
    t = (t + j) (mod 256)
  next j
end
```

MD2.5 把消息的第二个 16 字节赋给 X 的第二个 16 字节，X 的第三个 16 字节是 X 的第一个 16 字节与 X 的第二个 16 字节相异或的结果。重复步骤 MD2.4。对消息的每一个 16 字节字块按次序执行步骤 MD2.5 和 MD2.4。

MD2.6 输出是 X 的第一个 16 字节。

参看 hash function。

MD4 hash function MD4 散列函数

R.L.里夫斯特设计的一种定制的散列函数，它是 128 比特的散列函数。最初 MD4 的设计目标是：破译它应当要求近似强力攻击，寻找具有相同散列值的不同消息大约需要 2^{64} 次运算，而寻找一个得到一预先指定散列值的消息大约需要 2^{128} 次运算。但是，目前知道，MD4 没有达到这个目标。

MD4 散列函数

输入：任意长度 $b \geqslant 0$ 的比特串 x。

输出：x 的 128 比特散列码。

1. 符号注释

u, v, w 为 32 比特变量；

$(\text{EFCDAB89})_{\text{hex}}$ 为十六进制表示的数；

$+$ 为模 2^{32} 加法；

$\bar{u}$ 为按位取补；

$u \lll s$ 表示将 32 比特变量循环左移 s 位；

uv 表示按位与；

$u \vee v$ 表示按位或；

$u \oplus v$ 表示按位异或；

$(X_1,\cdots,X_j)\leftarrow(Y_1,\cdots,Y_j)$表示分别将$Y_i$的值赋给$X_i$，即$X_i\leftarrow Y_i(i=1,2,\cdots,j)$；

$u\parallel v$ 表示并置：如果 $u=(u_0\cdots u_{31}),v=(v_0\cdots v_{31})$，则

$$u\parallel v=(u_0\cdots u_{31}v_0\cdots v_{31})。$$

2. 基本函数

$$f(u,v,w)=uv+\bar{u}w,$$
$$g(u,v,w)=uv+uw+vw,$$
$$h(u,v,w)=u\oplus v\oplus w。$$

3. 常数定义

定义四个 32 比特初始链接值(IV)：

$$h_1=(67452301)_{hex},\quad h_2=(EFCDAB89)_{hex},$$
$$h_3=(98BADCFE)_{hex},\quad h_4=(10325476)_{hex}。$$

定义 32 比特加法常数：

$$y[j]=0\quad(0\leqslant j\leqslant 15),;$$
$$y[j]=2^{1/2}\approx(5A827999)_{hex}\quad(16\leqslant j\leqslant 31),$$
$$y[j]=3^{1/2}\approx(6ED9EBA1)_{hex}\quad(32\leqslant j\leqslant 47)。$$

定义访问源字的次序：

$z[0\cdots15]=[0,1,2,3,4,5,6,7,8,9,10,11,12,13,14,15]$,

$z[16\cdots31]=[0,4,8,12,1,5,9,13,2,6,10,14,3,7,11,15]$,

$z[32\cdots47]=[0,8,4,12,2,10,6,14,1,9,5,13,3,11,7,15]$。

定义左环移的二进制位数：

$s[0\cdots15]=[3,7,11,19,3,7,11,19,3,7,11,19,3,7,11,19]$,

$s[16\cdots31]=[3,5,9,13,3,5,9,13,3,5,9,13,3,5,9,13]$,

$s[32\cdots47]=[3,9,11,15,3,9,11,15,3,9,11,15,3,9,11,15]$。

4. 预处理

填充 x 使得其比特长度为 512 的倍数，做法如下：在 x 之后先添加一个“1”，接着添加 $r-1$ 个“0”，再接着添加 $b(\mathrm{mod}\ 2^{64})$的 64 比特长表示。r 的取值要使得 $b+r+64=512m$ 时最小的那个值。这样，就将输入格式化成 $16m$ 个 32 比特长的字(因 $512m=32\cdot16m$)，表示成 $x_0\ x_1\cdots x_{16m-1}$。

5. 处理(这里用形式语言描述)

```
begin
  (H1,H2,H3,H4)←(h1,h2,h3,h4)      //初始化
  for i=0 to m-1 do
    for j=0 to 15 do       //取 16 个 32 比特消息字块
      X[j]←x_{16i+j}
```

next j
$(A,B,C,D) \leftarrow (H_1,H_2,H_3,H_4)$　//初始化工作变量
for $j=0$ to 15 do　//第1轮
$t \leftarrow (A+f(B,C,D)+X[z[j]]+y[j])$
$(A,B,C,D) \leftarrow (D,t \lll s[j],B,C)$
next j
for $j=16$ to 31 do　//第2轮
$t \leftarrow (A+g(B,C,D)+X[z[j]]+y[j])$
$(A,B,C,D) \leftarrow (D,t \lll s[j],B,C)$
next j
for $j=32$ to 47 do　//第3轮
$t \leftarrow (A+h(B,C,D)+X[z[j]]+y[j])$
$(A,B,C,D) \leftarrow (D,t \lll s[j],B,C)$
next j
$(H_1,H_2,H_3,H_4) \leftarrow (H_1+A,H_2+B,H_3+C,H_4+D)$ //更新链接值
next i
return $(H_1 \| H_2 \| H_3 \| H_4)$　//输出散列值
end

6．完成

最终输出的散列值是 $H_1 \| H_2 \| H_3 \| H_4$。

参看 brute-force attack，customized hash function，hash-code，hash function。

MD5 hash function　MD5 散列函数

MD4 散列函数的增强版本。MD5 对 MD4 所作的改进如下：① 增加第 4 轮及其轮函数；② 重新设计第 2 轮轮函数；③ 修改了第 2 轮和第 3 轮中消息字的访问次序；④ 修改了移位量(使得在不同轮中的移位不同)；⑤ 在每个四轮运算中使用了唯一的加法常数，这个加法常数在第 j 步取决于 $2^{32} \cdot \sin j$ 的整数部分；⑥ 在每个四轮运算中，其每一步都加入了上一步的运算结果。

MD5 散列函数

输入：任意长度 $b \geqslant 0$ 的比特串 x。

输出：x 的 128 比特散列码。

1．符号注释

同 MD4。

2. 基本函数

$$f(u,v,w)=uv+\bar{u}w,$$
$$g(u,v,w)=uw+v\bar{w},$$
$$h(u,v,w)=u\oplus v\oplus w,$$
$$k(u,v,w)=v\oplus(u\vee\bar{w})。$$

3. 常数定义

定义四个 32 比特初始链接值(IV):

$$h_1=(67452301)_{hex},\quad h_2=(EFCDAB89)_{hex},$$
$$h_3=(98BADCFE)_{hex},\quad h_4=(10325476)_{hex}。$$

定义唯一的 32 比特加法常数:

$y[j]=\text{abs}(\sin(j+1))$的开头 32 比特,$0\leqslant j\leqslant 63$,其中 j 以弧度为单位,abs 表示取绝对值;

定义访问源字的次序:

$z[0\cdots15]=[0,1,2,3,4,5,6,7,8,9,10,11,12,13,14,15]$,
$z[16\cdots31]=[1,6,11,0,5,10,15,4,9,14,3,8,13,2,7,12]$,
$z[32\cdots47]=[5,8,11,14,1,4,7,10,13,0,3,6,9,12,15,2]$,
$z[48\cdots63]=[0,7,14,5,12,3,10,1,8,15,6,13,4,11,2,9]$。

定义左环移的二进制位数:

$s[0\cdots15]=[7,12,17,22,7,12,17,22,7,12,17,22,7,12,17,22]$,
$s[16\cdots31]=[5,9,14,20,5,9,14,20,5,9,14,20,5,9,14,20]$,
$s[32\cdots47]=[4,11,16,23,4,11,16,23,4,11,16,23,4,11,16,23]$,
$s[48\cdots63]=[6,10,15,21,6,10,15,21,6,10,15,21,6,10,15,21]$。

4. 预处理

同 MD4。

5. 处理(这里用形式语言描述)

```
begin
 (H1,H2,H3,H4)←(h1,h2,h3,h4)   //初始化
 for i=0 to m-1 do
  for j=0 to 15 do     //取16个32比特消息字块
   X[j] ←x_{16i+j}
  next j
  (A,B,C,D)←(H1,H2,H3,H4)    //初始化工作变量
  for j=0 to 15 do      //第1轮
   t←(A+f(B,C,D)+ X[z[j]]+y[j])
   (A,B,C,D)←(D,B+(t<<< s[j]),B,C)
```

```
      next j
      for j = 16 to 31 do        //第 2 轮
        t←(A + g(B,C,D) + X[z[j]] + y[j])
        (A,B,C,D)←(D,B + (t<<<s[j]),B,C)
      next j
      for j = 32 to 47 do        //第 3 轮
        t←(A + h(B,C,D) + X[z[j]] + y[j])
        (A,B,C,D)←(D,B + (t<<<s[j]),B,C)
      next j
      for j = 48 to 63 do        //第 4 轮
        t←(A + k(B,C,D) + X[z[j]] + y[j])
        (A,B,C,D)←(D,B + (t<<<s[j]),B,C)
      next j
      (H1,H2,H3,H4)←(H1 + A,H2 + B,H3 + C,H4 + D) //更新链接值
    next i
    return (H1 ‖ H2 ‖ H3 ‖ H4)        //输出散列值
  end
```

6. 完成

最终输出的散列值是 $H_1 \| H_2 \| H_3 \| H_4$。

参看 MD4 hash function。

MD5-MAC　使用 MD5 构造的消息鉴别码

一种定制的消息鉴别码(MAC)算法,使用 MD5 散列函数构造 MAC 码。

MD5-MAC

输入:任意长度 $b \geqslant 0$ 的比特串 x;长度$\leqslant$128 比特的密钥 k。

输出:x 的 64 比特 MAC 码值。

MM1 常数定义。16 字节常数 T_0,T_1,T_2和 96 字节常数 U_0,U_1,U_2定义如下(以十六进制表示):

T_0:97 EF 45 AC 29 0F 43 CD 45 7E 1B 55 1C 80 11 34,

T_1:B1 77 CE 96 2E 72 8E 7C 5F 5A AB 0A 36 43 BE 18,

T_2:9D 21 B4 21 BC 87 B9 4D A2 9D 27 BD C7 5B D7 C3,

$U_0 = T_0 \| T_1 \| T_2 \| T_0 \| T_1 \| T_2$,

$U_1 = T_1 \| T_2 \| T_0 \| T_1 \| T_2 \| T_0$,

$U_2 = T_2 \| T_0 \| T_1 \| T_2 \| T_0 \| T_1$。

MM2 密钥扩展。

MM2.1　如果 k 的长度小于 128 比特，则将 k 自身并置足够次数，然后重新定义并置后的最左 128 比特为 k；

MM2.2　令 $\overline{\mathrm{MD5}}$ 表示既省去填充又省去添加长度的 MD5。可以采用下述方式把 k 扩展成三个 16 字节的子密钥 K_0, K_1, K_2：

$$K_i \leftarrow \overline{\mathrm{MD5}}(k \parallel U_i \parallel k) \quad (i = 0,1,2);$$

MM2.3　将 K_0 和 K_1 分别划分成四个 32 比特的子串 $K_j[\ i\ ]$ $(0 \leqslant i \leqslant 3)$。

MM3　用 K_0 替换 MD5 中的四个 32 比特初始向量(即 $h_i = K_0[i]$)。

MM4　$K_1[i]$ 和在 MD5 第 i 轮中使用的每个常数 $y[j]$ 都进行模 2^{32} 的加法。

MM5　K_2 被用来构造下述 512 比特字块：$K_2 \parallel K_2 \oplus T_0 \parallel K_2 \oplus T_1 \parallel K_2 \oplus T_2$，这个字块添加在已填充的输入 x 上，放在定义的正规填充和长度字块之后。

MM6　把使用 MD5 散列上述已被填充和扩展的输入串得出的 128 比特输出的最左 64 比特作为 MAC 值。

参看 MD5 hash function，message authentication code (MAC)。

mean　均值

同 expected value。

measure of roughness (MR)　粗糙度

粗糙度度量密文字符和一个平坦频率分布的偏差。令密文字母表为 $\{a_0, a_1, \cdots, a_{n-1}\}$，$a_i$ 是密文字母表中的任意一个字符，其可能出现的概率为 p_i，则粗糙度(MR)定义如下：

$$MR = \sum_{i=0}^{n-1}\left(p_i - \frac{1}{n}\right)^2 = \sum_{i=0}^{n-1} p_i^2 - \frac{1}{n}。$$

从上式中可见，$MR = 0$ 就说明密文字母表中的任意一个字符都是等概分布的，即 $p_i = 1/n$；$MR > 0$ 表示密文字母表中的字符分布是有偏差的；而当密文字母表中的字符分布和明文字母表中的字符的概率分布一致时，MR 达到最大值。

参看 alphabet of definition。

mechanism　机制，机理

与协议不同，机制是一个更通用的术语，它包含协议、算法(单个实体所遵循的特定步骤)，以及非密码技术(例如硬件保护与程序性控制)，用来完成特定的安全任务。

比较 protocol。

mechanism failure 机制失败

参看 protocol failure。

meet-in-the-middle algorithm for subset sum problem 子集合问题的中间相会算法

这是解一般子集合问题的、已知的最快的方法，但它是指数式时间算法。

子集合问题的中间相会算法

输入：一个正整数集合$\{a_1,a_2,\cdots,a_n\}$和一个正整数s。

输出：$x_i \in \{0,1\}$ $(1 \leqslant i \leqslant n)$，使得$\sum_{i=1}^{n} a_i x_i = s$，只要这样的$x_i$存在。

MS1 置$t \leftarrow \lfloor n/2 \rfloor$。

MS2 为$(x_1,x_2,\cdots,x_t) \in (\mathbb{Z}_2)^t$构造一个表，表项是$(\sum_{i=1}^{t} a_i x_i, (x_1,x_2,\cdots,x_t))$。用第一个分量对这个表分类。

MS3 对于每一个$(x_{t+1},x_{t+2},\cdots,x_n) \in (\mathbb{Z}_2)^{n-t}$，执行下述步骤：

MS3.1 计算$b = s - \sum_{i=t+1}^{n} a_i x_i$，并使用二进制搜索来检验$b$是否是表中某项的第一个分量。

MS3.2 如果$b = \sum_{i=1}^{n} a_i x_i$，则返回（一个解是$(x_1,x_2,\cdots,x_n)$）。

MS4 返回（无解存在）。

上述算法的时间复杂性是$O(n2^{n/2})$。

参看 subset sum problem。

meet-in-the-middle attack 中间相会攻击

对多重加密方案的一种攻击方法。下面以双重加密为例来说明基本的“中间相会”攻击。

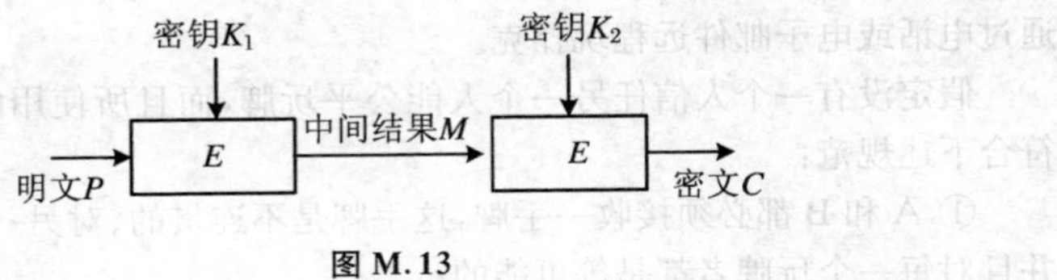

图 M.13

假定密钥K_1和K_2均为k比特。已知一个(P,C)对，对K_1的所有2^k个可能密钥值i $(i=0,1,2,\cdots,2^k-1)$，计算$M_i = E_i(P)$；存储所有的(M_i,i)对，并将之按M_i进行分类或索引（比如使用散列技术）。用K_2的所有2^k个可能密钥值j $(j=0,1,2,\cdots,2^k-1)$解密C，计算$M_j = D_j(C)$；对每对(M_j,j)对照第一个表中的表列值M_i检验$M_j = M_i$。这就可能建立第二个索引表，或者简单

地检验每个表列值 M_j 来生成。每个命中(即 $M_j = M_i$)都标识一个候选解密钥对(i,j),这是因为 $E_i(P) = M = D_j(C)$。使用第二个已知的(P', C')对,来排除那些不使 P' 映射到 C' 的候选密钥对。

参看 double encryption。

meet-in-the-middle chaining attack　中间相会链接攻击

对散列函数的一种链接攻击方式。类似于优沃尔生日攻击,此攻击方法实质上能做到无记忆,但它是对中间结果(即链接变量)寻找碰撞,而不是对整个散列结果寻找碰撞。和优沃尔攻击不同,在应用时允许人们找到一个具有预先指定散列结果的消息,或是一个第二原像或是一个碰撞。在一个候选(欺骗)消息的字块之间标记攻击点。生成这个攻击点的先导字块和后继字块的各种变化。这些变化是从算法指定的初始向量(IV)向前散列(计算 $H_i = f(H_{i-1}, x_i)$)以及从最终散列结果向后散列(对某个 H_{i+1}, x_{i+1} 计算 $H_i = f^{-1}(H_{i+1}, x_{i+1})$,理想地,是由敌手选择的)而得到的,以便在这个攻击点的链接变量中寻找一个碰撞。为使这种攻击能够进行,攻击者必须能通过这个链向后计算(当然更可以通过强力搜索),即以下述方法逆压缩函数:已知一个值 H_{i+1},求出一对(H_i, x_{i+1}),使得 $f(H_i, x_{i+1}) = H_{i+1}$。

参看 birthday attack,chaining attack,collision,hash function,preimage。

比较 correcting-block chaining attack, differential chaining attack, fixed-point chaining attack,Yuval's birthday attack。

memoryless combining function　无记忆组合函数

同 combining function without memory。

mental poker　智力扑克

密码学中的一种通信形式:可以对交换数据的单个用户隐蔽信息,又可以确保被隐蔽的信息以后所有的用户都能检验。其最简单形式就是用户 A 和 B 通过电话或电子邮件远程玩扑克。

假定没有一个人信任另一个人能公平玩牌,而且所使用的密码体制必须符合下述规范:

① A 和 B 都必须接收一手牌,这手牌是不连贯的、对另一玩牌者隐蔽的,并且对每一个玩牌者都是等可能的;

② 玩牌期间抽出的任意附加牌都必须符合上述要求,并且一个玩牌者必须能在不损害这手牌中其他牌的安全性的情况下出示一张牌;

③ 在玩牌结束时,玩牌者必须能证实玩牌是公平的,没有欺诈行为。

上述问题的一种解决办法是使用一种指数密码。假定用户 A 和 B 的加密/解密密钥对分别是(e_1, d_1)和(e_2, d_2)。加密变换必须是可交换的,以使得

$E_{e_1}(E_{e_2}(M))=E_{e_2}(E_{e_1}(M))$。玩牌过程如下：

(1) 52 张牌中的每一张都用 52 个消息 $M_1,M_2,\cdots,M_{52}$中的一个来表示。

(2) 用户 A 用加密密钥 e_1加密这 52 个消息，生成 52 个已加密消息

$$E_{e_1}(M_1),E_{e_1}(M_2),\cdots,E_{e_1}(M_{52}),$$

A 将这 52 个已加密的消息以一种随机次序转发给用户 B。

(3) B 随机选取 5 个已加密的消息，并回送给 A；A 接收这 5 个作为自己的一手牌；A 用解密密钥 d_1解密这 5 个加密消息。

(4) 然后 B 选择 5 个已加密的消息作为自己的一手牌；并用加密密钥 e_2加密这 5 个，得到 5 个双重加密的消息 $E_{e_2}(E_{e_1}(M_i))$，也将它们回送给 A。

(5) 用户 A 将这 5 个双重加密的消息用解密密钥 d_1解密，即

$$D_{d_1}(E_{e_2}(E_{e_1}(M_i)))=D_{d_1}(E_{e_1}(E_{e_2}(M_i)))=E_{e_2}(M_i);$$

A 再将这 5 个 $E_{e_2}(M_i)$消息传送给 B。

(6) B 用解密密钥 d_2解密它们，并将之作为他自己的一手牌。

(7) 用每个玩牌者出示牌的方式来玩牌；使用上面描述的技术进行新牌的分配。

(8) 在游戏结束时，A 和 B 双方出示他们的牌和密钥，使得任意一方都能够检验玩牌的进程。

基本的智力扑克协议可以很容易地扩展到三个或更多个玩牌者。

参看 exponentiation cipher。

Merkle-Hellman knapsack cipher　莫克尔-赫尔曼背包密码

一种基于 NP 完全问题中的子集和问题的公开密钥加密方案。

设消息发送方为 B，消息接收方为 A。

(1) 密钥生成(A 建立自己的公开密钥/秘密密钥对)：

KG1　整数 n 是固定不变的，作为公共系统参数；

KG2　A 应当执行步骤 KG3～KG7；

KG3　A 选择一个超递增序列$(b_1,b_2,\cdots,b_n)$以及一个模数 M，使得 $M>b_1+b_2+\cdots+b_n$；

KG4　A 选择一个随机整数 $W(1\leqslant W\leqslant M-1)$，使得 $\gcd(W,M)=1$；

KG5　A 选择整数$\{1,2,\cdots,n\}$的一个随机置换 π；

KG6　A 计算 $a_i=Wb_{\pi(i)}(\bmod M)$　$(i=1,2,\cdots,n)$；

KG7　A 的公开密钥是$(a_1,a_2,\cdots,a_n)$，秘密密钥是$(\pi,M,W,(b_1,b_2,\cdots,b_n))$。

(2) B 加密消息 m

EM1　B 获得 A 的可靠的公开密钥$(a_1,a_2,\cdots,a_n)$；

EM2　B 把消息 m 表示为一个 n 长的二进制数字串 $m=m_1m_2\cdots m_n$；

EM3　B计算整数 $c = m_1a_1 + m_2a_2 + \cdots + m_na_n$；

EM4　B把密文 c 发送给A。

(3) A解密恢复消息 m

DM1　A计算 $d = W^{-1}c(\mathrm{mod}\ M)$；

DM2　A通过解一个超递增子集和问题求得整数 $r_1, r_2, \cdots, r_n, r_i \in \{0,1\}$，使得 $d = r_1b_1 + r_2b_2 + \cdots + r_nb_n$；

DM3　A通过计算 $m_i = r_{\pi(i)}(i = 1,2,\cdots,n)$ 来恢复消息 m。

解密正确性的证明　因为

$$d \equiv W^{-1}c \equiv W^{-1}\sum_{i=1}^{n} m_ia_i \equiv \sum_{i=1}^{n} m_ib_{\pi(i)}(\mathrm{mod}\ M),$$

所以，步骤DM2内超递增子集和问题的解在应用随机置换 π 后就恢复了消息 m。

参看 subset sum problem, superincreasing subset sum problem。

Merkle-Hellman knapsack encryption　莫克尔-赫尔曼背包加密

同 Merkle-Hellman knapsack cipher。

Merkle one-time signature scheme　莫克尔一次签名方案

莫克尔一次签名方案和拉宾一次签名方案主要的不同点是在签名验证时不和签名者交互。要求可信第三方(TTP)或者其他可信工具鉴别算法中构造的确认参数。

设签名者为A，验证者为B。

(1) 密钥生成(A建立一个公开密钥/秘密密钥对)

KG1　A选择 $t = n + \lfloor \lg n \rfloor + 1$ 个秘密的、每个都是 l 比特长的随机二进制数字串 $k_1, k_2, \cdots, k_t$；

KG2　A计算 $v_i = h(k_i)$ $(1 \leqslant i \leqslant t)$，这里 h 是一个原像阻散列函数 $h:\{0,1\}^* \to \{0,1\}^l$；

KG3　A的公开密钥是 $(v_1, v_2, \cdots, v_t)$，秘密密钥是 $(k_1, k_2, \cdots, k_t)$。

(2) 签名生成(A签署一个 n 比特长的二进制消息 $m \in M$)

SG1　A计算 c，c 是消息 m 中"0"的个数的二进制表示；

SG2　A构成 $w = m \| c = (a_1a_2\cdots a_t)$；

SG3　A确定 w 中的坐标位置 $i_1 < i_2 < \cdots < i_u$，使得 $a_{i_j} = 1$ $(1 \leqslant j \leqslant u)$；

SG4　令 $s_j = k_{i_j}$ $(1 \leqslant j \leqslant u)$；

SG5　A对消息 m 的签名是 $(s_1, s_2, \cdots, s_u)$。

(3) 签名验证(B使用A的公开密钥验证A对消息 m 的签名)

SV1　B获得A的可靠的公开密钥 $(v_1, v_2, \cdots, v_t)$；

SV2　B计算 c，c 是消息 m 中"0"的个数的二进制表示；

SV3 B 构成 $w=m\parallel c=(a_1a_2\cdots a_t)$；

SV4 B 确定 w 中的坐标位置 $i_1<i_2<\cdots<i_u$，使得 $a_{i_j}=1\ (1\leqslant j\leqslant u)$；

SV5 B 接受这个签名，当且仅当对所有 $1\leqslant j\leqslant u$，都有 $v_{i_j}=h(s_j)$。

参看 one-time signature scheme，preimage resistance，trusted third party (TTP)。

比较 Rabin one-time signature scheme。

Merkle puzzle scheme 莫克尔谜方案

同 Merkle puzzle system。

Merkle puzzle system 莫克尔谜系统

莫克尔于 1974 年设想一种进行密钥协商的特殊方法。1975 年提交发表，1978 年 4 月发表的莫克尔的谜系统如下。Alice 构造 m 个谜，其中每一个谜都是一个密文，Bob 可以在 n 步内解这个谜(穷举尝试 n 个密钥，直到求得一个可识别的明文为止)。Alice 在一个不安全的信道上把所有 m 个谜都发送给 Bob。Bob 选择其中的一个，解之(耗费 n 步)，并把解出的明文当作约定密钥，然后用它来加密一个已知消息，再将加密结果发送给 Alice。这样，Alice 必须耗费 n 步(穷举尝试 n 个密钥)解那个已加密的消息，一个谜。对于 $m\approx n$，Alice 和 Bob 中的每一个都需要 $O(n)$ 步来进行密钥协商，而一个敌手就需要 $O(n^2)$ 步来推导密钥。选择一个适当的 n 值，使得 n 步是计算上可行的，n^2 步是计算上不可行的。

参看 key agreement。

Merkle's DES-based hash function 莫克尔基于 DES 的散列函数

此散列函数使用莫克尔的元方法，并应用一个压缩函数 f，f 以两个 DES 操作把 119 比特的输入映射成 112 比特的输出，使 7 比特的消息字块待处理(速率为 0.055)。一个优化了的形式以 6 个 DES 操作把 234 比特的输入映射成 128 比特的输出，使 106 比特的消息字块待处理(速率为 0.276)；遗憾的是，与"比特切割"有关的开销以及不合适的分组大小都是实际当中很重要的东西。可证明这种结构是和基础分组密码一样安全的，只要基础分组密码是无缺陷的。

参看 Merkle's meta-method for hashing，rate of an iterated hash function。

Merkle's meta-method for hashing 莫克尔的散列元方法

任意碰撞阻压缩函数都能被扩展成(取任意长度输入的)碰撞阻散列函数。

莫克尔的散列元方法

输入:碰撞阻压缩函数 f。

输出:无密钥碰撞阻散列函数。

MM1 假定把 $n+r$ 比特输入映射成 n 比特输出(举个具体例子,设 $n=128$, $r=512$)。根据 f 构造一个得到 n 比特散列值的散列函数 h,方法如下:

MM2 把一个长度为 b 比特的输入 x 划分成每个长度为 r 比特的字块 $x_1x_2\cdots x_t$。如果必要的话,用"0"填充最后一个字块 x_t。

MM3 定义一个附加的最终字块 x_{t+1},字块长度容纳 b 的右侧对齐的二进制表示(假定 $b<2^r$)。

MM4 令 0^j 表示 j 个"0"的二进制串。执行下述计算:$H_0=0^n$; $H_i=f(H_{i-1}\parallel x_i)$ $(1\leqslant i\leqslant t+1)$。定义 x 的 n 比特散列值为 $h(x)=H_{t+1}=f(H_t\parallel x_{t+1})$。

参看 collision resistant hash function (CRHF)。

Mersenne number　墨森尼数

形式为 2^s-1 的一个整数($s\geqslant 2$)。

参看 integer。

Mersenne prime　墨森尼素数,墨森尼质数

形式为 2^s-1 的素数。如果 2^s-1 是素数,则 s 必定是素数;但如果 s 是素数,2^s-1 未必是素数。

当 $s\geqslant 3$ 时,墨森尼数 2^s-1 是素数当且仅当下述两个条件被满足:① s 是素数;② 由 $u_0=4$ 及 $u_{k+1}=(u_k^2-2)(\mathrm{mod}\ 2^s-1)(k\geqslant 0)$定义的整数序列满足 $u_{s-2}=0$。到目前为止,据说已发现 46 个墨森尼素数,前 35 个是:$s=2$, 3,5,7,13,17,19,31,61,89,107,127,521,607,1 279,2 203,2 281,3 217,4 253,4 423,9 689,9 941,11 213,19 937,21 701,23 209,44 497,86 243,110 503,132 049,216 091,756 839,859 433,1 257 787,1 398 269。

参看 Mersenne number。

message　消息,报文

(1) 含有一个或多个事务,或者含有一条或多条有关信息的通信。

(2) 在数据通信中,指任意数量的信息,其开头和结尾都被定义或蕴含。

message attack　消息攻击

攻击公开密钥数字签名方案的一种基本攻击方法。在这种攻击方法中,敌人能够检验或是对应于已知消息的签名或是对应于选择消息的签名。消息攻击可以细分为三类:已知消息攻击、选择消息攻击和自适应选择消息攻击。

参看 adaptive chosen-message attack, chosen-message attack, digital signature, known-message attack。

比较 key-only attack。

message authentication　消息鉴别,报文鉴别

信息安全的一个目标任务,是和数据源鉴别同功使用的一个术语。它提供关于原始消息源的数据源鉴别及数据完整性,但是不提供唯一性和时间性保证。

参看 information security。

比较 transaction authentication。

message authenticator algorithm (MAA)　消息鉴别算法

一种定制的消息鉴别码(MAC)算法。

消息鉴别算法

输入:长度为 $32j(1\leqslant j\leqslant 10^6)$ 的数据 x;秘密的 64 比特的 MAC 密钥 $Z=Z[1]\cdots Z[8]$。

输出:x 的 32 比特 MAC 码。

MA1　消息无关的密钥扩展。把密钥 Z 扩展成六个 32 比特的量 X,Y,V,W,S,T(其中 X,Y 是初始值;V,W 是主循环变量;S,T 被附加在消息上),方法如下。

MA1.1　首先替换 Z 中的任意 $(00)_{hex}$ 和 $(FF)_{hex}$ 字节,方法如下:

$P\leftarrow 0$。

对于 $i=1,2,\cdots,8$,执行下述步骤:

$P\leftarrow 2P$;

如果 $Z[i]=(00)_{hex}$ 或 $(FF)_{hex}$,则 $(P\leftarrow P+1;Z[i]\leftarrow Z[i]\vee P)$。

MA1.2　令 J 和 K 是 Z 的开头 4 字节及最后 4 字节。计算:

$X\leftarrow J^4(\bmod 2^{32}-1)\oplus J^4(\bmod 2^{32}-2)$,

$Y\leftarrow[K^5(\bmod 2^{32}-1)\oplus K^5(\bmod 2^{32}-2)](1+P)^2(\bmod 2^{32}-2)$,

$V\leftarrow J^6(\bmod 2^{32}-1)\oplus J^6(\bmod 2^{32}-2)$,

$W\leftarrow K^7(\bmod 2^{32}-1)\oplus K^7(\bmod 2^{32}-2)$,

$S\leftarrow J^8(\bmod 2^{32}-1)\oplus J^8(\bmod 2^{32}-2)$,

$T\leftarrow K^9(\bmod 2^{32}-1)\oplus K^9(\bmod 2^{32}-2)$。

MA1.3　处理这三个结果对 $(X,Y)(V,W)$ 与 (S,T),如同 MA1.1 中那样消去任意 $(00)_{hex}$ 和 $(FF)_{hex}$ 字节。定义 4 个用于"或($\vee$)"及"与($\wedge$)"运算的常数:$A=(02040801)_{hex}$,$B=(00804021)_{hex}$,$C=(BFEF7F6F)_{hex}$,$D=(7DFEFBFF)_{hex}$。

MA2　初始化和预处理。初始化环移向量 $v\leftarrow V$;初始化链接变量 $H_1\leftarrow X,H_2\leftarrow Y$。把密钥导出字块 S 和 T 附加在消息 x 上,并令 $x_1x_2\cdots x_t$ 表示结果增添的 32 比特字块分段。(这个分段的最后两个字块包含密钥导出的秘密。）

MA3 分组处理。如下处理每个 32 比特字块 x_i：

对于 $i=1,2,\cdots,t$，执行下述步骤：

$v \leftarrow (v \lll 1)$， $U \leftarrow (v \oplus W)$；

$s_1 \leftarrow (((H_2 \oplus x_i)+U) \vee A) \wedge C$； $t_1 \leftarrow (H_1 \oplus x_i) \times s_1 \pmod{2^{32}-1}$；

$s_2 \leftarrow (((H_1 \oplus x_i)+U) \vee B) \wedge D$； $t_2 \leftarrow (H_2 \oplus x_i) \times s_2 \pmod{2^{32}-2}$；

$H_1 \leftarrow t_1$， $H_2 \leftarrow t_2$。

MA4 完成。得到的 MAC 是 $H=H_1 \oplus H_2$。

参看 message authentication code（MAC）。

message authentication code（MAC） 消息鉴别码，报文鉴别码，文电鉴别码

使用一个特定的密钥将一个消息通过一个鉴别算法处理结果得出的一个数。一个 MAC 算法是由一个秘密密钥 k 参数化的一族函数 h_k，这族函数具有如下特性：

（1）容易计算 对于一个已知函数 h_k，给定一个值 k 和一个输入 x，$h_k(x)$是容易计算的。这个计算的结果称为消息鉴别码值或消息鉴别码。

（2）压缩 h_k把任意具有有限长度（比特数）的一个输入 x 映射成一个具有固定长度（n 比特）的输出 $h_k(x)$。

此外，已知函数族 h 的说明，对于每个固定的、可允许的密钥值 k，下述特性成立：

（3）抗计算性 已知零个或多个"文本-MAC"对（$x_i, h_k(x_i)$），为任意一个新的输入 $x \neq x_i$（可能包括对于某个 i 的 $h_k(x)=h_k(x_i)$）计算任意"文本-MAC"对（$x, h_k(x)$）是计算上不可行的。

构造消息鉴别码的主要算法有：基于分组密码 CBC 工作方式的 MAC 算法、用操作检测码算法构造 MAC 算法、定制的 MAC 算法等。

参看 message authentication，CBC-MAC，CRC-based MAC，MAC from MDCs，message authenticator algorithm（MAA），MD5-MAC。

message certification 消息证明，报文证明

在鉴别中，接收方向发送方提供证明的一个过程，证明一个特殊消息已经收到。来自接收方的认可应当有签名，以确保这个认可不是来自于一个攻击者。

参看 message authentication。

message concealing in RSA RSA 中的消息隐匿

在 RSA 公开密钥加密方案中的一个明文消息 m（$0 \leqslant m \leqslant n-1$），如果将其加密成 m 自身，就称 m 为未隐匿的，也就是 $m^e \equiv m \pmod{n}$。总是存在

一些消息是未隐匿的,比如,$m=0,m=1,m=n-1$。实际上,未隐匿的消息数恰好是

$$[1+\gcd(e-1,p-1)]\cdot[1+\gcd(e-1,q-1)]。$$

由于 $e-1,p-1$ 和 $q-1$ 全都是偶数,所以未隐匿的消息数至少为 9。如果 p 和 q 是随机素数,且 e 为随机选择的(或者如果 e 被选择成一个小的数,如 $e=3$ 或 $e=2^{16}+1=65\,537$),那么,用 RSA 加密却未隐匿的那部分消息,一般说来,数量相当少,所以实际上未隐匿的消息对 RSA 加密的安全性不构成威胁。

参看 RSA algorithm。

message digest　消息摘要,报文摘要

鉴别中的一个数学函数,它把数值从一个大(可能非常大)的定义域映射到一个较小的值域中去。一个好的消息摘要应是:把此函数应用于定义域中一个大的数值集合的结果将是均匀地、随机地分布在那个值域上。

密码散列函数的基本思想是,把一个散列值作为一个输入字符串的压缩表示映像,有时候也称之为印记、数字指纹或消息摘要。这种用法就好像这个输入字符串能够唯一被识别一样。

参看 hash function。

message equivocation　消息暧昧度,消息疑义度

一个消息的暧昧度与一给定密文的接收有关,由下式给定:

$$H_C(M)=-\sum P(C)\sum P_C(M)\log_2(P_C(M)),$$

其中,$P(C)$是密文 C 的接收概率,$P_C(M)$是已知密文 C 被接收的条件下消息 M 的概率。

参看 equivocation,key equivocation。

message exhaustion attack　消息穷举攻击,报文穷举攻击

这是密码分析中的一种穷举攻击技术。所有可能的明文组合都被加密,并将之和其对应密文一同存储起来以供将来查阅。在公开密钥密码学中,加密密钥是密码分析者知道的,因此就能对照所存储的"明文-密文"对来检验接收到的密文。如果不知道加密密钥,则对所有可能密钥实施处理;如果后面有一段明文及其对应密文可利用,那么,就能够搜索所存储的"明文-密文"对,并确定对应的密钥。

参看 cryptanalysis,key exhaustion attack。

message expansion　消息扩展

明文经加密处理后,使所传输或存储消息的规模增大的现象。一般说来,人们不希望(但常常是强制)经加密处理后消息的规模增大。有些加密技术导

致消息扩展，比如多明码代替和随机化加密技术。

参看 homophonic substitution，randomized encryption。

message-independent key establishment　消息无关的密钥编制

在一个两用户密钥编制协议中，如果由每个用户发送的消息都和从其他用户接收的任意每次会话的时变数据（动态数据）无关，则称这个密钥编制协议是消息无关的。

参看 key establishment。

message integrity code（MIC）　消息完整性码

同 manipulation detection code（MDC）。

message key　消息密钥

一个长度为 s 比特的随机数。工作密钥确定后，密码算法所产生的伪随机序列圈就被确定下来。由于对明文加密时每次只使用很小很小的一个密码序列段，如果能做到不重复使用同一个密码序列段，那就有了"一次一密"的类似情况。解决办法就是设置消息密钥，用消息密钥来确定：那个伪随机序列圈上的哪一点作为密码序列的起点（图 M.14）。

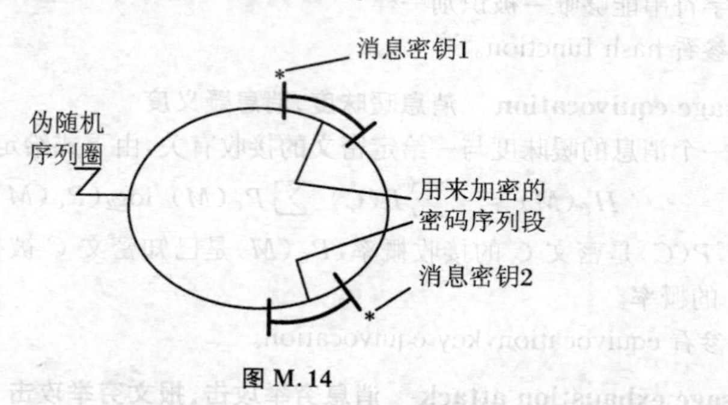

图 M.14

消息密钥的大小与通信次数有关。有一条规定：密码序列不允许重复使用！一旦有这种可能性，就必须更换工作密钥。怎样选择消息密钥的大小 s，有公式可计算推出：

$$p \approx e^{-r(r-1)/2^{s+1}}。$$

其中，r 是通信次数，p 为 r 个消息密钥全不相同的概率。当指定 $p \leqslant 2^{-t}$ 时，根据此公式，就可以推导出消息密钥长度 s 与通信次数 r 之间的关系：

$$s \geqslant t-1+\lceil \log_2 r(r-1) \rceil。$$

参看 one-time system，pseudorandom sequences。

message space　消息空间

消息源中所有可能的消息（明文集合）合在一起组成消息空间 M，消息空间中的一个元素就称作明文消息，或简单地称作明文。消息空间中的所有可能形式都是人们可以直接理解的，或者借助于公开可得到的工具就可理解的。

参看 plaintext。

Micali-Schnorr pseudorandom bit generator　米卡利-斯诺伪随机二进制数发生器

对 RSA 伪随机二进制数字发生器的一种改进。

MS1　设置：生成两个秘密的、RSA 类的素数 p 和 q，计算 $n=pq$ 及 $\varphi=(p-1)(q-1)$。令 $N=\lfloor \log_2 n \rfloor+1$。选择一个随机整数 e（$1<e<\varphi$），使得 $\gcd(e,\varphi)=1$ 且 $80e\leqslant N$。令 $k=\lfloor N(1-2/e)\rfloor$，$r=N-k$。

MS2　选择一个 r 比特长的随机序列 x_0（作为种子）。

MS3　产生一个 $k\cdot l$ 比特长的伪随机序列。对 $i=1,2,\cdots,l$，执行下述步骤：

MS3.1　$y_i \leftarrow x_{i-1}^e \pmod n$；

MS3.2　$x_i \leftarrow y_i$ 的 r 位最高有效的二进制数字；

MS3.3　$a_i \leftarrow y_i$ 的 k 位最低有效的二进制数字。

MS4　输出序列是 $a_1 \parallel a_2 \parallel \cdots \parallel a_l$。

比较 RSA pseudorandom bit generator。

Miller-Rabin primality test　米勒-拉宾素性检测

实际中最常用的一种概率素性检测，也称作强伪素数检测。

米勒-拉宾素性检测

输入：一个奇整数 $n\geqslant 3$ 及一个安全参数 $t\geqslant 1$。

输出：问题“n 是素数吗”的一个答案“素数”或“复合数”。

MR1　设 $n-1=2^s r$，使得 r 是奇数。

MR2　对 $i=1,2,\cdots,t$，执行下述步骤：

MR2.1　选择一个随机整数 a（$2\leqslant a\leqslant n-2$）。

MR2.2　使用平方-乘算法计算 $y\equiv a^r \pmod n$。

MR2.3　如果 $y\neq 1$ 且 $y\neq n-1$，则执行下述步骤：

(1) $j\leftarrow 1$。

(2) 当 $j\leqslant s-1$ 且 $y\neq n-1$ 时，执行下述步骤：

计算 $y\leftarrow y^2 \pmod n$。

如果 $y=1$，则返回（复合数）。

$j\leftarrow j+1$。

(3) 如果 $y\neq n-1$，则返回（复合数）。

MR3　返回（素数）。

注释　上述算法检测是否每个基数 a 都满足“n 的复合性的强证据”的条

件。在 MR2.3 中第 5 行，如果 $y=1$，则 $a^{2^j r}\equiv 1(\bmod n)$。由于它也是下述情况：$a^{2^{j-1}r}\not\equiv \pm 1(\bmod n)$，可得出 n 是复合数（事实上，$\gcd(a^{2^{j-1}r}-1,n)$ 是 n 的非平凡因子）。如果上述算法声称“复合数”，则 n 一定是复合数。等价地，如果 n 实际上是个素数，则上述算法总是声称“素数”。反之，如果 n 实际上是个奇复合数，则可推导出上述算法声称 n 是“素数”的概率小于 $1/4^t$。

参看 square-and-multiply algorithm，strong pseudoprime，strong witness。

minimal cover time　最小掩蔽时间

一个密码体制对任意可能攻击的最短的掩蔽时间。

参看 cover time。

minimum disclosure proof　最小泄露证明

任何数学证明都能被转化成一个零知识证明。采用这项技术，研究人员能向世人证明他们知道一个特殊定理的解法但又不会泄露那个证明是什么。

也存在一些最小泄露证明。在最小泄露证明中，

① 证明者不能欺骗验证者。如果证明者不知道证明，他使验证者相信他知道这个证明的概率是非常小的。

② 验证者不能欺骗证明者。除了“证明者知道证明”这个事实之外，关于证明的一点线索验证者都得不到。尤其在他自己没有从头证实这个证明的情况下，验证者不可能向其他任何人论证这个证明。

零知识证明有一个附加条件：

③ 除了“证明者知道证明”这个事实，验证者不能从证明者处得到任何东西，因为在没有证明者的情况下，他自己不可能获得任何东西。

最小泄露证明与零知识证明之间存在相当大的数学区别。

参看 polynomially-indistinguishable probabilistic distribution，prover，verifier。

比较 zero-knowledge proof。

minimum polynomial　极小多项式

令 $\mathbb{F}_q$ 是一个特征为 p 的有限域，并令 $\alpha\in\mathbb{F}_q$。称多项式环 $\mathbb{Z}_p[x]$ 中的以 α 为其根的最小次数首一多项式为 $\mathbb{Z}_p$ 上 α 的极小多项式。

参看 finite field，monic polynomial，polynomial ring。

misplaced trust in server　服务器中误置可信

攻击密钥编制协议的一种方法。奥特威-里斯协议有四个如下的消息：

$$\mathrm{A}\to\mathrm{B}:\ M,A,B,E_{K_{AT}}(N_A,M,A,B), \tag{1}$$

$$\mathrm{B}\to\mathrm{T}:\ M,A,B,E_{K_{AT}}(N_A,M,A,B),E_{K_{BT}}(N_B,M,A,B), \tag{2}$$

$$\mathrm{B}\leftarrow\mathrm{T}:\ E_{K_{AT}}(N_A,k),E_{K_{BT}}(N_B,k), \tag{3}$$

$$A \leftarrow B: E_{K_{AT}}(N_A, k)。 \tag{4}$$

当接收到消息(2)时,服务器必须验证消息(2)中两个加密字段(M,A,B)一致,并且还要验证这两个字段和明文(M,A,B)相匹配。如果后面的这个检验不能执行,则协议容易受到一个假冒B的敌人E的攻击,攻击方法如下。E修改消息(2),用E来替换明文B(但是原封不动地保留A和B识别符的加密形式),用E自己的现用值N_E来替换B的现用值N_B,并且使用K_{ET}(E事先和T共享的密钥)来替换K_{BT}。基于明文识别符E,T则在密钥K_{ET}的作用下加密消息(3)中的允许E恢复k的那部分消息;但是,A还像原来协议中那样相信k是他和B共享的。这种攻击可总结为

$$A \to B: M, A, B, E_{K_{AT}}(N_A, M, A, B), \tag{1}$$

$$B \to E: M, A, B, E_{K_{AT}}(N_A, M, A, B), E_{K_{BT}}(N_B, M, A, B), \tag{2}$$

$$E \to T: M, A, E, E_{K_{AT}}(N_A, M, A, B), E_{K_{ET}}(N_E, M, A, B), \tag{2'}$$

$$E \leftarrow T: E_{K_{AT}}(N_A, k), E_{K_{ET}}(N_E, k), \tag{3}$$

$$A \leftarrow E: E_{K_{AT}}(N_A, k)。 \tag{4}$$

参看 nonce,Otway-Rees protocol。

missed synchronization 漏同步

同步码组已被发端发送出去,但收端没有识别出来。令同步码组中码元数为n,码元的误码率为q,同步码组识别时允许发生k个码元出错,则漏同步的概率为

$$P_m(n) = 1 - P_c(n) = 1 - \sum_{j=0}^{k} C_n^j q^j (1-q)^{n-j}。$$

参看 cipher synchronization, correct synchronization。

MISTY1 block cipher MISTY1 分组密码

NESSIE选出的四个分组密码算法之一。MISTY1分组密码的分组长度为64比特,密钥长度为128比特;具有费斯特尔网络结构;建议轮数为8,一般为4的倍数。

MISTY1 分组密码

1. 符号注释

$\oplus$表示按位异或运算;$\wedge$表示按位与运算;$\vee$表示按位或运算。

$T = X \| Y$表示并置:如果$X = (x_{31} \cdots x_0)$,$Y = (y_{31} \cdots y_0)$,则

$$T = X \| Y = (x_{31} \cdots x_0 y_{31} \cdots y_0)。$$

例如,$X = (00)_b$,$Y = (y_6 \cdots y_0)$,则$T = X \| Y = (00 y_6 \cdots y_0)$。

$S7$是一个7输入/7输出的S盒,$S9$是一个9输入/9输出的S盒。见表M.5和表M.6(表中数据为十六进制)。

查表运算$y = S7(x)$表示:以x为地址去查表$S7$得出输出y。

查表运算 $y = S9(x)$ 表示：以 x 为地址去查表 $S9$ 得出输出 y。

表 M.5 S 盒 $S7$

	0	1	2	3	4	5	6	7	8	9	a	b	c	d	e	f
00	1b	32	33	5a	3b	10	17	54	5b	1a	72	73	6b	2c	66	49
10	1f	24	13	6c	37	2e	3f	4a	5d	0f	40	56	25	51	1c	04
20	0b	46	20	0d	7b	35	44	42	2b	1e	41	14	4b	79	15	6f
30	0e	55	09	36	74	0c	67	53	28	0a	7e	38	02	07	60	29
40	19	12	65	2f	30	39	08	68	5f	78	2a	4c	64	45	75	3d
50	59	48	03	57	7c	4f	62	3c	1d	21	5e	27	6a	70	4d	3a
60	01	6d	6e	63	18	77	23	05	26	76	00	31	2d	7a	7f	61
70	50	22	11	06	47	16	52	4e	71	3e	69	43	34	5c	58	7d

表 M.6 S 盒 $S9$

	0	1	2	3	4	5	6	7	8	9	a	b	c	d	e	f
000	1c3	0cb	153	19f	1e3	0e9	0fb	035	181	0b9	117	1eb	133	009	02d	0d3
010	0c7	14a	037	07e	0eb	164	193	1d8	0a3	11e	055	02c	01d	1a2	163	118
020	14b	152	1d2	00f	02b	030	13a	0e5	111	138	18e	063	0e3	0c8	1f4	01b
030	001	09d	0f8	1a0	16d	1f3	01c	146	07d	0d1	082	1ea	183	12d	0f4	19e
040	1d3	0dd	1e2	128	1e0	0ec	059	091	011	12f	026	0dc	0b0	18c	10f	1f7
050	0e7	16c	0b6	0f9	0d8	151	101	14c	103	0b8	154	12b	1ae	017	071	00c
060	047	058	07f	1a4	134	129	084	15d	19d	1b2	1a3	048	07c	051	1ca	023
070	13d	1a7	165	03b	042	0da	192	0ce	0c1	06b	09f	1f1	12c	184	0fa	196
080	1e1	169	17d	031	180	10a	094	1da	186	13e	11c	060	175	1cf	067	119
090	065	068	099	150	008	007	17c	0b7	024	019	0de	127	0db	0e4	1a9	052
0a0	109	090	19c	1c1	028	1b3	135	16a	176	0df	1e5	188	0c5	16e	1de	1b1
0b0	0c3	1df	036	0ee	1ee	0f0	093	049	09a	1b6	069	081	125	00b	05e	0b4
0c0	149	1c7	174	03e	13b	1b7	08e	1c6	0ae	010	095	1ef	04e	0f2	1fd	085
0d0	0fd	0f6	0a0	16f	083	08a	156	09b	13c	107	167	098	1d0	1e9	003	1fe
0e0	0bd	122	089	0d2	18f	012	033	06a	142	0ed	170	11b	0e2	14f	158	131
0f0	147	05d	113	1cd	079	161	1a5	179	09e	1b4	0cc	022	132	01a	0e8	004
100	187	1ed	197	039	1bf	1d7	027	18b	0c6	09c	0d0	14e	06c	034	1f2	06e
110	0ca	025	0ba	191	0fe	013	106	02f	1ad	172	1db	0c0	10b	1d6	0f5	1ec
120	10d	076	114	1ab	075	10c	1e4	159	054	11f	04b	0c4	1be	0f7	029	0a4
130	00e	1f0	077	04d	17a	086	08b	0b3	171	0bf	10e	104	097	15b	160	168
140	0d7	0bb	066	1ce	0fc	092	1c5	06f	016	04a	0a1	139	0af	0f1	190	00a
150	1aa	143	17b	056	18d	166	0d4	1fb	14d	194	19a	087	1f8	123	0a7	1b8
160	141	03c	1f9	140	02a	155	11a	1a1	198	0d5	126	1af	061	12e	157	1dc
170	072	18a	0aa	096	115	0ef	045	07b	08d	145	053	05f	178	0b2	02e	020

续表

180	1d5	03f	1c9	1e7	1ac	044	038	014	0b1	16b	0ab	0b5	05a	182	1c8	1d4
190	018	177	064	0cf	06d	100	199	130	15a	005	120	1bb	1bd	0e0	04f	0d6
1a0	13f	1c4	12a	015	006	0ff	19b	0a6	043	088	050	15f	1e8	121	073	17e
1b0	0bc	0c2	0c9	173	189	1f5	074	1cc	1e6	1a8	195	01f	041	00d	1ba	032
1c0	03d	1d1	080	0a8	057	1b9	162	148	0d9	105	062	07a	021	1ff	112	108
1d0	1c0	0a9	11d	1b0	1a6	0cd	0f3	05c	102	05b	1d9	144	1f6	0ad	0a5	03a
1e0	1cb	136	17f	046	0e1	01e	1dd	0e6	137	1fa	185	08c	08f	040	1b5	0be
1f0	078	000	0ac	110	15e	124	002	1bc	0a2	0ea	070	1fc	116	15c	04c	1c2

2. 基本函数

(1) FL 函数 $FL(X, KL_i)$（图 M.15）

输入：$X \in \{0,1\}^{32}, KL_i \in \{0,1\}^{32}$。

输出：$Y \in \{0,1\}^{32}$。

begin

$X = X_L \| X_R \quad // X_L, X_R \in \{0,1\}^{16}$

$KL_i = KL_{iL} \| KL_{iR} \quad // KL_{iL}, KL_{iR} \in \{0,1\}^{16}$

$Y_R = (X_L \wedge KL_{iL}) \oplus X_R$

$Y_L = (Y_R \vee KL_{iR}) \oplus X_L$

$Y = Y_L \| Y_R$

end

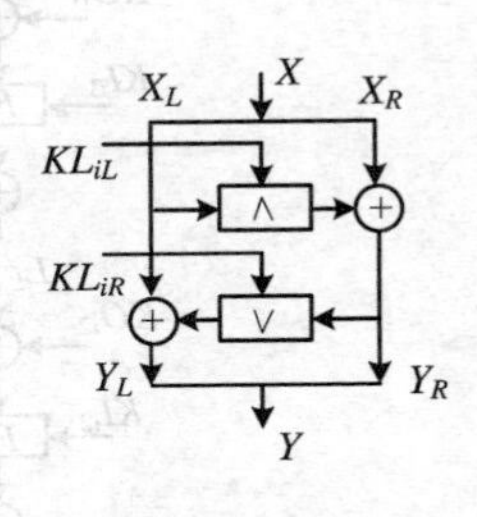

图 M.15

(2) FL^{-1} 函数 $FL^{-1}(Y, KL_i)$（图 M.16）

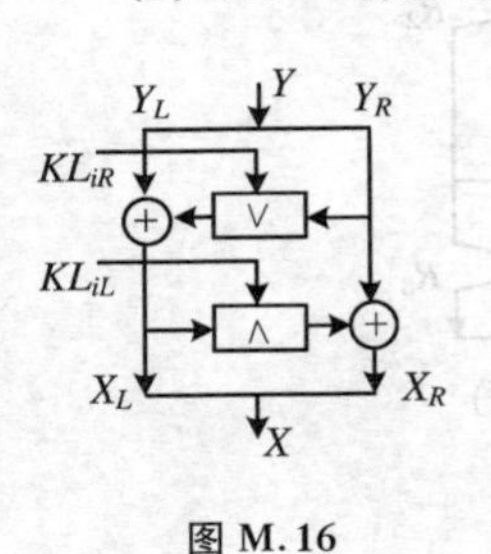

图 M.16

输入：$Y \in \{0,1\}^{32}, KL_i \in \{0,1\}^{32}$。

输出：$X \in \{0,1\}^{32}$。

begin

$Y = Y_L \| Y_R \quad // Y_L, Y_R \in \{0,1\}^{16}$

$KL_i = KL_{iL} \| KL_{iR} \quad // KL_{iL}, KL_{iR} \in \{0,1\}^{16}$

$X_L = (Y_R \vee KL_{iR}) \oplus Y_L$

$X_R = (X_L \wedge KL_{iL}) \oplus Y_R$

$X = X_L \| X_R$

end

(3) FO 函数 $FO(X, KO_i, KI_i)$（图 M.17）

输入：$X \in \{0,1\}^{32}, KO_i \in \{0,1\}^{64}, KI_i \in \{0,1\}^{48}$。

输出：$Y \in \{0,1\}^{32}$。

begin

$X = L_0 \| R_0 \quad // L_0, R_0 \in \{0,1\}^{16}$

$KO_i = KO_{i1} \| KO_{i2} \| KO_{i3} \| KO_{i4} \quad // KO_{ij} \in \{0,1\}^{16} (j = 1,2,3,4)$

$KI_i = KI_{i1} \| KI_{i2} \| KI_{i3}$ $\quad //KI_{ij} \in \{0,1\}^{16} (j=1,2,3)$

for $j=1$ to 3 do

$R_j = FI(L_{j-1} \oplus KO_{ij}, KI_{ij}) \oplus R_{j-1}$

$L_j = R_{j-1}$

next j

$Y = (L_3 \oplus KO_{i4}) \| R_3$

end

(4) FI 函数 $FI(X, KI_{ij})$(图 M.18)

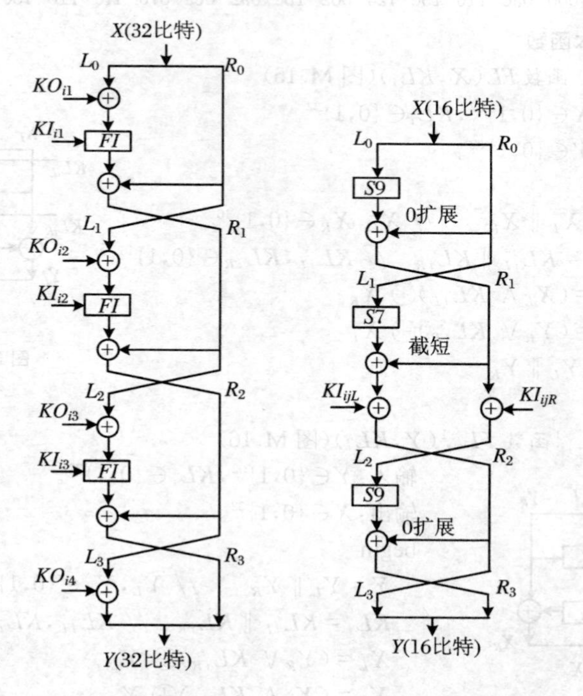

图 M.17

图 M.18

输入：$X \in \{0,1\}^{16}$，$KI_{ij} \in \{0,1\}^{16}$。

输出：$Y \in \{0,1\}^{16}$。

begin

$X = L_0 \| R_0$ $\quad //L_0 \in \{0,1\}^9, R_0 \in \{0,1\}^7$

$KI_{ij} = KI_{ijL} \| KI_{ijR}$ $\quad //KI_{ijL} \in \{0,1\}^7, KI_{ijR} \in \{0,1\}^9$

$R_1 = S9(L_0) \oplus ((00)_b \| R_0)$ $\quad //0$ 扩展

$L_1 = R_0$

$T = (\text{truncate}(R_1))$ //截断,取 R_1的右边 7 比特

$R_2 = S7(L_1) \oplus T \oplus KI_{ijL}$

$L_2 = R_1 \oplus KI_{ijR}$

$R_3 = S9(L_2) \oplus ((00)_b \| R_2)$ //0 扩展

$L_3 = R_2$

$Y = L_3 \| R_3$

end

3. 加密算法(图 M.19)

输入:64 比特明文字块 PB;扩展子密钥 $KL_i \in \{0,1\}^{32}$ $(i=1,2,\cdots,10)$;$KI_i \in \{0,1\}^{48}(i=1,2,\cdots,8)$;$KO_i \in \{0,1\}^{64}$ $(i=1,2,\cdots,8)$。

输出:64 比特密文字块 CB。

begin

$PB = L_0 \| R_0$ // $L_0, R_0 \in \{0,1\}^{32}$

for $i=1,3,\cdots,n-1$ do

$R_i = FL(L_{i-1}, KL_i)$

$L_i = FL(R_{i-1}, KL_{i+1}) \oplus FO(R_i, KO_i, KI_i)$

$L_{i+1} = R_i \oplus FO(L_i, KO_{i+1}, KI_{i+1})$

$R_{i+1} = L_i$

next i

$R_{n+1} = FL(L_n, KL_{n+1})$

$L_{n+1} = FL(R_n, KL_{n+2})$

$CB = L_{n+1} \| R_{n+1}$

end

4. 解密算法

解密过程与加密过程略有不同,但类似,如图 M.20 所示。解密时,将加密过程的 FL 函数改用其逆函数FL^{-1};按相反顺序使用扩展子密钥。下面给出解密全过程的形式语言描述。

输入:64 比特密文字块 CB;扩展子密钥 $KL_i \in \{0,1\}^{32}(i=1,2,\cdots,10)$;$KI_i \in \{0,1\}^{48}(i=1,2,\cdots,8)$;$KO_i \in \{0,1\}^{64}(i=1,2,\cdots,8)$。

输出:64 比特明文字块 PB。

begin

$CB = L_0 \| R_0$ $//L_0, R_0 \in \{0,1\}^{32}$

for $i=1,3,\cdots,n-1$ do

$R_i = FL^{-1}(L_{i-1}, KL_{n+3-i})$

$L_i = FL^{-1}(R_{i-1}, KL_{n+2-i}) \oplus FO(R_i, KO_{n+1-i}, KI_{n+1-i})$

$L_{i+1} = R_i \oplus FO(L_i, KO_{n-i}, KI_{n-i})$

$R_{i+1} = L_i$

next i

$R_{n+1} = FL^{-1}(L_n, KL_2)$

$L_{n+1} = FL^{-1}(R_n, KL_1)$

$PB = L_{n+1} \| R_{n+1}$

end

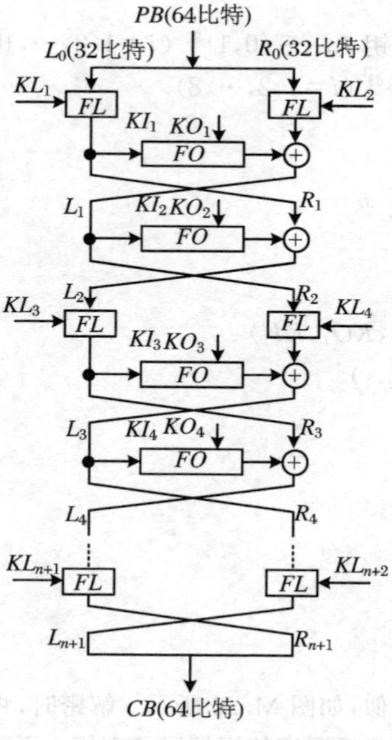

图 M.19

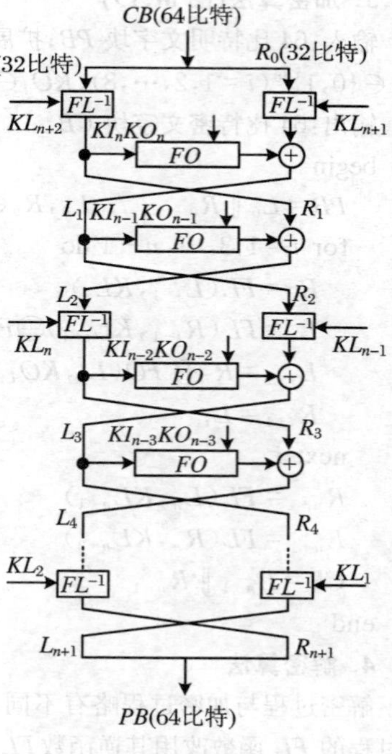

图 M.20

5．密钥编排(图 M.21)

下面给出密钥编排全过程的形式语言描述。

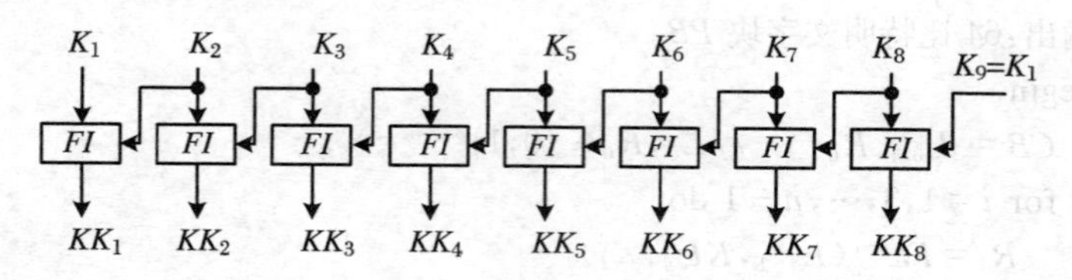

图 M.21

输入：128 比特密钥 K。

输出：扩展子密钥 $KL_i \in \{0,1\}^{32}(i=1,2,\cdots,10)$；$KI_i \in \{0,1\}^{48}(i=1,2,\cdots,8)$；$KO_i \in \{0,1\}^{64}(i=1,2,\cdots,8)$；

begin

$K = K_1 \| K_2 \| K_3 \| K_4 \| K_5 \| K_6 \| K_7 \| K_8$　　$//K_i \in \{0,1\}^{16}(i=1,2,\cdots,8)$

$K_9 = K_1$

for $i=1$ to 8 do

$KK_i = FI(K_i, K_{i+1})$　　$//KK_i \in \{0,1\}^{16}(i=1,2,\cdots,8)$

next i

for $i=1$ to 8 do

$KO_{i1} = K_i$

$KO_{i2} = K_{i+2(\mathrm{mod}\ 8)}$

$KO_{i3} = K_{i+7(\mathrm{mod}\ 8)}$

$KO_{i4} = K_{i+4(\mathrm{mod}\ 8)}$

$KO_i = KO_{i1} \| KO_{i2} \| KO_{i3} \| KO_{i4}$

next i

for $i=1$ to 8 do

$KI_{i1} = KK_{i+5(\mathrm{mod}\ 8)}$

$KI_{i2} = KK_{i+1(\mathrm{mod}\ 8)}$

$KI_{i3} = KK_{i+3(\mathrm{mod}\ 8)}$

$KI_i = KI_{i1} \| KI_{i2} \| KI_{i3}$

next i

for $i=1,3,5,7,9$ do

$KL_{iL} = K_{(i+1)/2}$

$KL_{iR} = KK_{((i+1)/2)+6\ (\mathrm{mod}\ 8)}$

$KL_i = KL_{iL} \| KL_{iR}$

next i

for $i=2,4,6,8,10$ do

$KL_{iL} = KK_{(i/2)+2}$

$KL_{iR} = K_{(i/2)+4\ (\mathrm{mod}\ 8)}$

$KL_i = KL_{iL} \| KL_{iR}$

next i

end

6. 测试向量

下面的数据均为十六进制。

密钥 K:00 11 22 33 44 55 66 77 88 99 aa bb cc dd ee ff,

子密钥 KK:cf 51 8e 7f 5e 29 67 3a cd bc 07 d6 bf 35 5e 11,

明文 PB:01 23 45 67 89 ab cd ef,

密文 CB:8b 1d a5 f5 6a b3 d0 7c。

参看 block cipher, Feistel cipher, integers modulo n, NESSIE project, substitution box (S-box)。

mixed-radix representation　混合基表示

同 modular representation。

mixing algebraic systems　混合代数系统

相同元素集合在不同代数群中的运算,例如 IDEA 分组密码中就使用了三种不同的代数群:一是 16 位的按位异或;一是模 2^{16} 的算术加;一是模 $2^{16}+1$ 的乘法。

参看 IDEA block cipher。

Miyaguchi-Preneel hash function　宫口-普利尼尔散列函数

使用分组密码构造的一类无密钥散列函数(称作操作检测码),它和玛塔斯-迈耶-奥西斯散列函数基本相同,不同点在于 H_{i-1}也用异或来求出 H_i。可用图 M.22 说明。

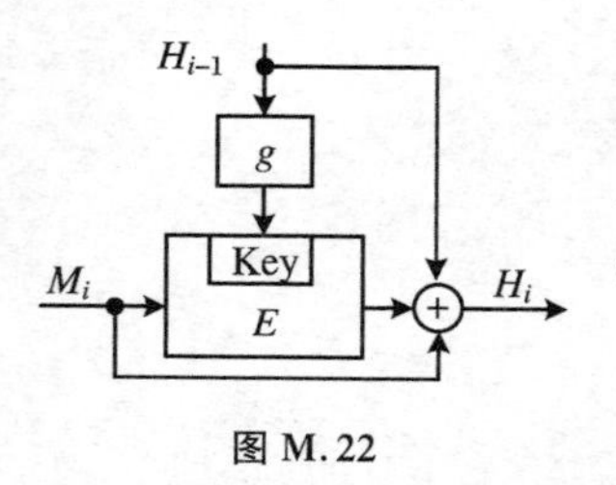

图 M.22

图中,E 是一个分组长度为 n 比特、密钥长度为 k 比特的分组密码;g 是一个把 n 比特输入映射成 k 比特的函数,其中 Key 为 E 的密钥编制部分。

首先,将任意长度的输入数据 M 划分成 n 比特长度的字块,比如,可划分成 t 个 n 比特长度的字块,则 $M = M_1 \| M_2 \| \cdots \| M_t$;如果第 t 个字块 M_t不完整,即其长度小于 n,则将 M_t左边对齐,右边填充“0”以使 M_t的长度补到 n 比特。然后预先指定一个初始向量 IV。

进行如下计算:$H_0 = IV$;$H_i = E_{g(H_{i-1})}(M_i) \oplus M_i \oplus H_{i-1}\ (1 \leqslant i \leqslant t)$。最后输出的 H_t就是输入 M 的 n 比特散列值。

参看 block cipher, unkeyed hash function, hash function based on block cipher。

比较 Davies-Meyer hash function, Matyas-Meyer-Oseas hash function。

Möbius function　默比乌斯函数

令 m 是正整数。定义默比乌斯函数 μ 为

$$\mu(m)=\begin{cases}1, & m=1,\\ 0, & m\text{可被一个素数的平方整除},\\ (-1)^k, & m\text{是}k\text{个不同素数的乘积},\end{cases}$$

前 50 个默比乌斯函数值如表 M.7 所示。

表 M.7

m	1	2	3	4	5	6	7	8	9	10	11	12	13	14	15	16	17
$\mu(m)$	1	−1	−1	0	−1	1	−1	0	0	1	−1	0	−1	1	1	0	−1
m	18	19	20	21	22	23	24	25	26	27	28	29	30	31	32	33	34
$\mu(m)$	0	−1	0	1	1	−1	0	0	1	0	0	−1	−1	−1	0	1	1
m	35	36	37	38	39	40	41	42	43	44	45	46	47	48	49	50	
$\mu(m)$	1	0	−1	1	1	0	−1	−1	−1	0	0	1	−1	0	0	0	

参看 integer。

Möbius inversion formula　默比乌斯反演公式

如果 $g(n)=\sum_{d|n}f(d)$，则

$$f(n)=\sum_{d|n}\mu(d)g(n/d),$$

这里，求和遍及所有能整除 n 的整数 d，$\mu(d)$ 为默比乌斯函数。

分圆多项式

$$\Phi_n(x)=\prod_{d|n}(1-x^{n/d})^{\mu(d)}$$

的对数就是默比乌斯反演公式。

参看 cyclotomic polynomial，integer，Möbius function。

modern cryptography　近代密码编码学，近代密码学

密码学发展历史中的第二个历史阶段。第二个阶段从 20 世纪初到 50 年代末。这半个世纪期间，由于莫尔斯发明了电报，电报通信建立起来了。为了适应电报通信，密码设计者设计出了一些采用复杂的机械和电动机械设备实现加/解密的体制。这和克尔克霍夫斯的六项原则中的第四项原则“密文应可用电报发送”相符。我们称这个时期产生出的密码体制为“近代密码体制”。

参看 Kerckhoffs' criteria，modern cryptosystem。

modern cryptology　近代密码学，近代密码术

密码学发展历史中的第二个历史阶段中的密码编码技术和密码分析技术。

参看 modern cryptography。

modern cryptosystem　近代密码体制

把密码学发展第二个历史阶段产生出的密码体制称为近代密码体制。近代密码体制主要是像转轮机那样的机械和电动机械设备。这些密码体制基本上已被证明是不保密的,但是要想破译它们往往需要很大的计算量。破译分析转轮体制的一般方法,就是利用特殊情况下(几份从同一起点开始加密的密文、可能字等)得到的线索,把那么多由于转轮转动所产生出来的派生密表还原成少数原始密表;不过,这要用到群论等数学知识。

参看 modern cryptography。

modes of operation for a block cipher　分组密码的工作方式

分组密码主要的实用工作方式有四种:电子密本(ECB)方式、密码分组链接(CBC)方式、密文反馈(CFB)方式及输出反馈(OFB)方式。

参看 block cipher, cipher block chaining (CBC), cipher feedback (CFB), electronic code book (ECB), output feedback (OFB)。

modification detection code　修改检测码

同 manipulation detection code (MDC)。

modified-Rabin signature scheme　修改的拉宾签名方案

由于在拉宾签名方案中不能确保所得到的整数是一个模 n 二次剩余,因此就有可能不能计算 $\widetilde{m}=R(m)$的平方根。这里提出的对基本拉宾签名方案的修改就是为克服上述问题的。此方案提出一种确定的方法,把消息和签署空间 M_S中的元素联系起来,使计算平方根总是可能的。

设签名者为 A,验证者为 B。

(1) 密钥生成(A 建立一个公开密钥/秘密密钥对)

KG1　A 选择随机素数 p 和 q,使得 $p\equiv 3 \pmod 8$, $q\equiv 7 \pmod 8$,并计算 $n=pq$;

KG2　A 的公开密钥是 n,秘密密钥是 $d=(n-p-q+5)/8$。

(2) 签名生成(A 签署一个任意长度的二进制消息 $m\in M$)

SG1　A 计算 $\widetilde{m}=R(m)=16m+6$;

SG2　A 计算雅克比符号 $J=\left(\frac{\widetilde{m}}{n}\right)$;

SG3　如果 $J=1$,则计算 $s=\widetilde{m}^d \pmod n$;

SG4　如果 $J=-1$ 则计算 $s=(\widetilde{m}/2)^d \pmod n$;

SG5　A 对消息 m 的签名是 s。

(3) 签名验证(B 使用 A 的公开密钥验证 A 对于消息 m 的签名并恢复消息 m)

SV1　B 获得 A 的可靠的公开密钥 n;

SV2　B 计算 $m'=s^2 \pmod{n}$；

SV3　如果 $m'\equiv 6 \pmod{8}$，则取 $\tilde{m}=m'$；

SV4　如果 $m'\equiv 3 \pmod{8}$，则取 $\tilde{m}=2m'$；

SV5　如果 $m'\equiv 7 \pmod{8}$，则取 $\tilde{m}=n-m'$；

SV6　如果 $m'\equiv 2 \pmod{8}$，则取 $\tilde{m}=2(n-m')$；

SV7　B 验证 $\tilde{m}\in M_R$，如果不是，则拒绝这个签名；

SV8　B 恢复 $m=R^{-1}(\tilde{m})=(\tilde{m}-6)/16$。

其中，消息空间 $M=\{m\in\mathbb{Z}_n \mid m\leqslant\lfloor(n-6)/16\rfloor\}$；签字空间 $M_S=\{m\in\mathbb{Z}_n \mid m\equiv 6 \pmod{16}\}$；签名空间 $S=\{s\in\mathbb{Z}_n \mid (s^2 \bmod n)\in M_S\}$；冗余函数 $R(m)=16m+6$，对所有 $m\in M$；R 的像 $M_R=\{m\in\mathbb{Z}_n \mid m\equiv 6 \pmod{16}\}$。

对签名验证的证明　令 p 和 q 是不同的素数，它们都是模 4 同余于 3 的，$n=pq$。那么有：① 如果 $\gcd(x,n)=1$，则 $x^{(p-1)(q-1)/2}\equiv 1 \pmod{n}$；② 如果 $x\in Q_n$，则 $x^{(n-p-q+5)/8} \bmod n$ 是 x 模 n 的一个平方根；③ 令 x 是具有雅克比符号 $\left(\dfrac{x}{n}\right)=1$ 的一个整数，并令 $d=(n-p-q+5)/8$，则 $x\in Q_n$ 时，$x^{2d} \pmod{n}=x$，当 $x\notin Q_n$ 时，$x^{2d} \pmod{n}=n-x$；④ 如果 $p\not\equiv q \pmod{8}$，则 $\left(\dfrac{2}{n}\right)=-1$。因此，任意一个整数 x 乘以 2 或乘以 $2^{-1} \pmod{n}$ 就可改变 x 的雅克比符号。在签名产生中，$v=\tilde{m}$ 或 $v=\tilde{m}/2$，取决于雅克比符号 J。根据④可知，$\tilde{m}$ 和 $\tilde{m}/2$ 两者恰好有一个具有雅克比符号 1。$v\equiv 3 \pmod{8}$，$v\equiv 6 \pmod{8}$。根据③可知，$s^2 \pmod{n}=v$ 或 $n-v$，取决于是否有 $v\in Q_n$。因为 $n\equiv 5 \pmod{8}$，所以能够唯一区别这种情况。

参看 Rabin signature scheme。

mod notation　mod 符号

整数的辗转相除法中所得的余数 r，即 $a=qb+r\,(0\leqslant r<b)$，可以用“mod”符号写成 $r\equiv a \pmod{b}$。

参看 division algorithm for integers。

modular addition　模加法

一种基本的多精度模运算。对具有相同数量基 b 数字的两个整数执行模加法运算。当两个整数的长度不同时，用“0”填充在较小整数的左边（即高位上）。

多精度模加法

输入：非负整数 $x=(x_n x_{n-1}\cdots x_1 x_0)_b$ 和 $y=(y_n y_{n-1}\cdots y_1 y_0)_b$，正整数 $m=(m_n m_{n-1}\cdots m_1 m_0)_b$。

输出：$x+y \pmod{m}=z=(z_n z_{n-1}\cdots z_1 z_0)_b$

MAD1　$c \leftarrow 0$。(注:c 是进位数字。)并令 $w=(w_{n+1}w_n\cdots w_1w_0)_b$。

MAD2　对 $i=0,1,\cdots,n$,执行下述步骤:

MAD2.1　$w_i \leftarrow x_i+y_i+c \pmod b$;

MAD2.2　如果 $x_i+y_i+c<b$,则 $c \leftarrow 0$,否则,$c \leftarrow 1$。

MAD3　$w_{n+1} \leftarrow c$。

MAD4　如果 $w \geqslant m$,则 $z=w-m$。

MAD5　返回($(z_nz_{n-1}\cdots z_1z_0)$)。

参看 base b representation,multiple-precision modular arithmetic。

比较 multiple-precision addition。

modular arithmetic　模算术

令 n 是一个正整数,x 和 y 都是非负整数,且 $x<n$,$y<n$。模算术是 $\mathbb{Z}_n$ 上的运算,模算术运算包括:① 模加,计算 $x+y \pmod n$;② 模减,计算 $x-y \pmod n$;③ 模乘,计算 $x \cdot y \pmod n$;④ 模逆,计算 $x^{-1} \pmod n$。

参看 integers modulo n,multiple-precision modular arithmetic。

modular exponentiation　模指数

$\mathbb{Z}_n^*$ 上的指数运算,即 $g^e \pmod n$。执行模指数运算的有效算法是平方-乘算法。

参看 exponentiation,square-and-multiply algorithm for exponentiation in $\mathbb{Z}_n$。

modular inversion　模求逆运算

用二元扩展 gcd 算法可以计算出一个整数 a 模 n 的乘法逆元 a^{-1}。方法如下:在二元扩展 gcd 算法中置 $x=n$,$y=a$;如果 $\gcd(x,y)=1$,则在算法终止时,当 $D>0$ 时,a 模 n 的乘法逆元 $a^{-1}=D$,当 $D<0$ 时,a 模 n 的乘法逆元 $a^{-1}=n-D$;如果 $\gcd(x,y)\neq 1$,则 a 没有模 n 的乘法逆元。

参看 binary extended gcd algorithm,multiplicative inverse in $\mathbb{Z}_n$。

modular multiplication　模乘法

经典的模乘法使用多精度乘法与多精度除法。

模乘法

输入:两个正整数 $x=(x_nx_{n-1}\cdots x_1x_0)_b$ 和 $y=(y_ny_{n-1}\cdots y_1y_0)_b$,模数 $m=(m_nm_{n-1}\cdots m_1m_0)_b$。

输出:$x \cdot y \pmod m$。

MM1　用多精度乘法计算 $x \cdot y$。

MM2　用多精度除法计算出 $x \cdot y$ 被 m 除所得的余数 r。

MM3　返回(r)。

实现模乘法的有效方法见蒙哥马利归约和蒙哥马利乘法。

参看 Montgomery multiplication, Montgomery reduction, multiple-precision division, multiple-precision multiplication。

modular reduction　模归约

令 z 是任意一个整数,称 $z(\text{mod } m)$是 z 关于m 的模归约。$z(\text{mod } m)$ 的含义是:z 被m 除后的整数余数,这个余数在区间$[0, m-1]$内。

参看 integer。

modular representation　模表示

非负整数的一种表示方法。令 B 是一个固定的正整数。令 $m_1, m_2, \cdots, m_t$ 是正整数,使得对所有 $i \neq j$ 都有 $\gcd(m_i, m_j) = 1$,并且 $M = \prod_{i=1}^{t} m_i \geqslant B$。那么,每个整数 $x(0 \leqslant x < B)$ 都能唯一地用整数序列 $v(x) = (v_1, v_2, \cdots, v_t)$ 表示,其中 $v_i = x(\text{mod } m_i)\ (1 \leqslant i \leqslant t)$。$v(x)$ 就称为 x 对模数$m_1, m_2, \cdots, m_t$ 的模表示或混合基表示。在 $0 \leqslant x < B$ 范围的所有整数x 的模表示集合称为剩余数系。

如果 $v(x) = (v_1, v_2, \cdots, v_t)$, $v(y) = (u_1, u_2, \cdots, u_t)$,则定义 $v(x) + v(y) = (w_1, w_2, \cdots, w_t)$,其中 $w_i = v_i + u_i(\text{mod } m_i)$;定义 $v(x) \cdot v(y) = (z_1, z_2, \cdots, z_t)$,其中 $z_i = v_i \cdot u_i(\text{mod } m_i)$。如果 $0 \leqslant x, y < M$,则 $v(x + y(\text{mod } M)) = v(x) + v(y)$;$v(x \cdot y(\text{mod } M)) = v(x) \cdot v(y)$。

举例说明:令 $M = 30 = 2 \times 3 \times 5$,则 $m_1 = 2, m_2 = 3, m_3 = 5, t = 3$。可得表 M.8。表 M.8 列出了模 30 的每一个剩余及其模表示。

参看 integer。

比较 base b representation。

表 M.8

x	$v(x)$	x	$v(x)$	x	$v(x)$	x	$v(x)$	x	$v(x)$
0	(000)	6	(001)	12	(002)	18	(003)	24	(004)
1	(111)	7	(112)	13	(113)	19	(114)	25	(110)
2	(022)	8	(023)	14	(024)	20	(020)	26	(021)
3	(103)	9	(104)	15	(100)	21	(101)	27	(102)
4	(014)	10	(010)	16	(011)	22	(012)	28	(013)
5	(120)	11	(121)	17	(122)	23	(123)	29	(124)

modular subtraction　模减法

一种基本的多精度模运算。只要 $x \geqslant y$,多精度模减法就使用多精度减法。

多精度模减法

输入：非负整数 $x=(x_n x_{n-1}\cdots x_1 x_0)_b$ 和 $y=(y_n y_{n-1}\cdots y_1 y_0)_b$，$x\geqslant y$，正整数 $m=(m_n m_{n-1}\cdots m_1 m_0)_b$。

输出：差 $x-y(\text{mod } m)=(w_n\cdots w_1 w_0)_b$。

SU1　$c\leftarrow 0$。

SU2　对 $i=0,2,\cdots,n$ 执行下述步骤：

SU2.1　$w_i\leftarrow x_i-y_i+c(\text{mod } b)$。

SU2.2　如果 $x_i-y_i+c\geqslant 0$，则 $c\leftarrow 0$；否则，$c\leftarrow -1$。

SU3　返回$((w_n\cdots w_1 w_0))$。

参看 base *b* representation，multiple-precision modular arithmetic。

比较 multiple-precision subtraction。

modulo-2 addition　模 2 加

同 exclusive-or（XOR）。

modulo-2 multiplication　模 2 乘

同 AND operation。

modulus　模数

整数同余中，$a\equiv b(\text{mod } n)$，整数 n 称作模数。

参看 congruences of integers。

monic irreducible polynomial　首一不可约多项式

如果不可约多项式 $f(x)$ 的首项系数等于 1，则称 $f(x)$ 为首一不可约多项式。在多项式环 $\mathbb{Z}_p[x]$ 中存在

$$\frac{1}{m}\sum_{d|m}\mu(d)p^{m/d}$$

个 m 次首一本原多项式，其中 $\mu(d)$ 为默比乌斯函数。下面给出生成 $\mathbb{Z}_p$ 上随机首一不可约多项式的算法及检测多项式不可约性的算法。

生成 $\mathbb{Z}_p$ 上随机首一不可约多项式的算法

输入：一个素数 p，一个正整数 m。

输出：$\mathbb{Z}_p[x]$ 中的一个 m 次首一不可约多项式 $f(x)$。

GI1　重复执行下述步骤，直到生成的 $f(x)$ 是不可约多项式为止：

GI1.1　在 0 和 $p-1$ 之间随机选择整数 $a_0,a_1,a_2,\cdots,a_{m-1}$，且 $a_0\neq 0$，令多项式 $f(x)=x^m+a_{m-1}x^{m-1}+\cdots+a_2x^2+a_1x+a_0$；

GI1.2　使用检测多项式不可约性的算法检测 $f(x)$ 的不可约性。

GI2　返回$(f(x))$。

检测多项式不可约性的算法

输入：一个素数 p，$\mathbb{Z}_p[x]$中的一个 m 次首一多项式$f(x)$。

输出：问题“$f(x)$是一个不可约多项式吗”的一个答案。

TI1　置 $u(x)\leftarrow x$。

TI2　对 $i=1,2,\cdots,\lfloor m/2\rfloor$，执行下述步骤：

TI2.1　使用$\mathbb{F}_q$上指数运算的平方-乘算法计算

$$u(x)=u^p(x)(\mathrm{mod}\ f(x))；$$

TI2.2　使用多项式欧几里得算法计算 $d(x)=\gcd(f(x),u(x)-x)$；

TI2.3　如果 $d(x)\neq 1$，则返回(可约)；

TI3　返回(不可约)。

参看 Euclidean algorithm for polynomials，irreducible polynomial，Möbius function，polynomial ring，square-and-multiply algorithm for exponentiation in $\mathbb{F}_q$。

monic polynomial　首一多项式

如果多项式 $f(x)$的首项系数等于 1，则称 $f(x)$为首一多项式。

参看 polynomial。

monic primitive polynomial　首一本原多项式

如果本原多项式 $f(x)$的首项系数等于 1，则称 $f(x)$为首一本原多项式。在多项式环$\mathbb{Z}_p[x]$中存在 $\phi(p^m-1)/m$ 个 m 次首一本原多项式，其中 ϕ 为欧拉函数。下述算法用来产生本原多项式。

产生$\mathbb{Z}_p$上一个随机的首一本原多项式的算法

输入：一个素数 p，一个整数 $m\geqslant 1$，p^m-1 的不同素因子 $r_1,r_2,\cdots,r_t$。

输出：$\mathbb{Z}_p[x]$中的一个 m 次首一本原多项式$f(x)$。

GP1　重复执行下述步骤，直到生成的 $f(x)$是本原多项式为止：

GP1.1　使用生成$\mathbb{Z}_p$上随机首一不可约多项式的算法生成$\mathbb{Z}_p[x]$中的一个 m 次随机首一不可约多项式 $f(x)$；

GP1.2　使用检测一个不可约多项式是否为本原多项式的算法检测$f(x)$的本原性；

GP2　返回($f(x)$)。

当 $p=2$ 时，$\mathbb{Z}_2$上存在 $\phi(2^m-1)/m$ 个 m 次本原多项式。

产生$\mathbb{Z}_2$上任意本原多项式的方法可以如下进行：

(1) 已知一个 m 次本原多项式(一般选取一个本原三项式或本原五项式作为已知的本原多项式)。

(2) 任给一个正整数 d，首先判断 d 是否和 2^m-1 互素。

(3) 如果 d 和 2^m-1 互素，则判断：d 所在的割圆陪集中，d 是否是最小的。若是最小的，则将之作为该割圆陪集的陪集代表；如果 d 不是最小的，则找到 d 所在的割圆陪集中最小的那个元素，并将其值赋给 d。

(4) 对已知的 m 次本原多项式产生的 m 序列进行 d 采样，得到该已知 m 次本原多项式的 d 采样序列。

(5) 用伯尔坎普-梅西移位寄存器综合算法对上述 d 采样序列进行综合，求出的就是另外一个 m 次本原多项式。

注 在附录 C 中列出了一些已知的模 2 本原多项式供读者参考使用。

参看 Berlekamp-Massey shift register synthesis algorithm，cyclotomic coset，d-th decimation，Euler phi (ϕ) function，irreducible polynomial，polynomial ring，primitive polynomial。

monoalphabetic substitution 单表代替

古典代替密码体制的一种加密方法，使用一个代替密表对明文进行加密。单表代替密码体制无法抗拒统计分析的攻击，其基本原因就是明文的统计规律全部在密文中反映出来。

比较 polyalphabetic substitution。

monoalphabetic substitution cipher 单表代替密码

同 simple substitution cipher。

monotone access structure 单调访问结构

如果无论何时用户集合 P 的一个特殊子集合 A 是一个授权子集，则 P 的包含子集合 A 的任意一个子集合也都是一个授权子集，就称这种访问结构为单调访问结构。很多应用中都要求单调访问结构。

参看 access structure，secret sharing，threshold scheme。

Montgomery exponentiation 蒙哥马利指数运算

一种计算 $x^e \pmod m$ 的算法。在下述算法中，$(m_{k-1} \cdots m_0)_b$ 为 m 的基 b 表示；m' 的定义中要求 $\gcd(m, R) = 1$；定义 $\mathrm{Mont}(u, v) = uvR^{-1} \pmod m$ $(0 \leqslant u, v < m)$。

蒙哥马利指数运算算法

输入：$m = (m_{n-1} \cdots m_0)_b$，$R = b^n$，$m' = -m^{-1} \pmod b$，$e = (e_t \cdots e_0)_2$ 且 $e_t = 1$，一个整数 x $(1 \leqslant x < m)$。

输出：$x^e \pmod m$。

ME1 $\widetilde{x} \leftarrow \mathrm{Mont}(x, R^2 \pmod m)$，$A \leftarrow R \pmod m$。

ME2 对 $i = t, t-1, \cdots, 0$，执行下述步骤：

ME2.1 $A = \mathrm{Mont}(A, A)$；

ME2.2 如果 $e_i = 1$，则 $A = \mathrm{Mont}(A, \widetilde{x})$。

ME3 $A=\text{Mont}(A,1)$。

ME4 返回(A)。

蒙哥马利指数运算总共要求单精度乘法运算的期望次数是 $3n(n+1)\cdot(t+1)$。

参看 base b representation, Montgomery multiplication, Montgomery reduction。

Montgomery inverse 蒙哥马利逆元

一个整数 a 模 m 的蒙哥马利逆元定义为 $a^{-1}2^t \pmod m$,其中 t 是 m 的二进制表示长度。

参看 integer。

Montgomery multiplication 蒙哥马利乘法

一种计算两个整数乘积的蒙哥马利归约算法。该算法把蒙哥马利归约与多精度乘法组合在一起。

蒙哥马利乘法

输入:整数 $m=(m_{n-1}\cdots m_1 m_0)_b$, $x=(x_{n-1}\cdots x_1 x_0)_b$, $y=(y_{n-1}\cdots y_1 y_0)_b(0\leqslant x,y<m)$, $R=b^n$, $\gcd(m,b)=1$, $m'=-m^{-1} \pmod b$。

输出:$xyR^{-1} \pmod m$。

ME1 $A\leftarrow 0$。(注:$A=(a_n a_{n-1}\cdots a_1 a_0)_b$。)

ME2 对 $i=0,1,\cdots,n-1$,执行下述步骤:

ME2.1 $u_i\leftarrow(a_0+x_i y_0)m' \pmod b$;

ME2.2 $A\leftarrow(A+x_i y+u_i m)/b$。

ME3 如果 $A\geqslant m$,则 $A\leftarrow A-m$。

ME4 返回(A)。

蒙哥马利乘法总共要求 $2n(n+1)$次单精度乘法运算。

参看 base b representation, Montgomery reduction, multiple-precision multiplication。

Montgomery reduction 蒙哥马利归约

一种能在没有明显执行经典模归约步骤的情况下有效实现模乘法的技术。令 m 是一个正整数,并令 R 和 T 都是整数,且使得 $R>m$, $\gcd(m,R)=1$, $0\leqslant T<mR$。描述一个在不使用经典模乘法的情况下计算 $TR^{-1} \pmod m$ 的方法。称 $TR^{-1} \pmod m$为关于 R 的 T 模 m 的蒙哥马利归约。只要适当地选择 R,就能有效地计算蒙哥马利归约。

蒙哥马利归约算法

输入:整数 $m=(m_{n-1}\cdots m_1 m_0)_b$, $\gcd(m,b)=1$, $R=b^n$, $m'=-m^{-1}$

(mod b),$T=(t_{2n-1}\cdots t_1t_0)_b<mR$。

输出:TR^{-1}(mod m)。

ME1 $A\leftarrow 0$。(注:$A=(a_{2n-1}\cdots a_1a_0)_b$。)

ME2 对 $i=0,1,\cdots,n-1$,执行下述步骤:

ME2.1 $u_i\leftarrow a_im'$(mod b);

ME2.2 $A\leftarrow A+u_imb^i$。

ME3 $A\leftarrow A/b^n$。

ME4 如果 $A\geqslant m$,则 $A\leftarrow A-m$。

ME5 返回(A)。

蒙哥马利归约算法总共要求 $n(n+1)$次单精度乘法运算。

参看 base b representation,modular reduction。

most significant digit 最高有效位

在正整数 a 的基 b 表示中,通常将 a 写成 $a=(a_na_{n-1}\cdots a_1a_0)_b$。整数 $a_i(0\leqslant i\leqslant n)$称作"位",$a_n$就是最高有效位,或称高位数。

参看 base b representation。

M-sequence M 序列

就是德·布鲁因序列。

参看 de Bruijn sequence。

m-sequence(= maximum-length sequence) m 序列

同 maximum length linear shift register sequence。

MTI/A0 key agreement MTI/A0 密钥协商

迪菲-赫尔曼密钥协商的一个变种,它是一种不要求签名的二趟协议,随时间变化的会话密钥具有隐式的相互密钥鉴别,可以抗被动攻击。像埃尔盖莫尔密钥协商那样,用户 A 发送一单个消息给用户 B,产生共享密钥 K。而用户 B 亦可类似去做,发送一单个消息给用户 A,产生共享密钥 K'。这样一来,用户 A 和用户 B 都可单独计算出共享密钥 k。这个协议既不提供实体鉴别,也不提供密钥确认,而且抗不住一些主动攻击。

MTI/A0 密钥协商协议

(1) 一次性设置 选择一个适当的素数 p 以及$\mathbb{Z}_p^*$的生成元 $\alpha(2\leqslant\alpha\leqslant p-2)$作为系统公开参数;用户 A 选择一个随机整数 $a(1\leqslant a\leqslant p-2)$作为 A 的长期秘密密钥,并计算 $z_A=\alpha^a$(mod p)作为 A 的长期公开密钥;用户 B 选择一个随机整数 $b(1\leqslant b\leqslant p-2)$作为 B 的长期秘密密钥,并计算 $z_B=\alpha^b$(mod p)作为 B 的长期公开密钥。

(2) 协议消息

$$A \rightarrow B: \alpha^x (\bmod p), \quad (1)$$

$$A \leftarrow B: \alpha^y (\bmod p)。 \quad (2)$$

(3) 协议动作　每当需要一个共享密钥时,就执行下述步骤:

(a) A 选择一个随机秘密 $x(1 \leqslant x \leqslant p-2)$,并把消息(1)发送给 B;

(b) B 选择一个随机秘密 $y(1 \leqslant y \leqslant p-2)$,并把消息(2)发送给 A;

(c) A 计算 $k=(\alpha^y)^a z_B^x (\bmod p)$作为共享密钥;

(d) B 计算 $k=(\alpha^x)^b z_A^y (\bmod p)$作为共享密钥。(实际上,$k=\alpha^{bx+ay} (\bmod p)$。)

参看 Diffie-Hellman key agreement, ElGamal key agreement, entity authentication, key agreement, key confirmation。

MTI protocols　MTI 协议

MTI 协议共有四个,它们都是二趟协议,都提供没有密钥确认或实体鉴别的相互密钥鉴别,而且是作用对称的:每个用户都直接运行类似的操作。这些协议还都是消息无关的协议(没有一个用户在发送他自己的消息之前要求接收其他用户的消息),虽然四个协议当中有三个要求事先访问其他用户的可靠的公开密钥。而 MTI/A0 协议不要求事先访问其他用户的可靠的公开密钥,并且不要求额外的通行证(或通信延迟)来检验这是否是真的;公开密钥可以被交换,例如,借助于用存在的协议消息包含的证书。因此,在 MTI/A0 协议中所发送的两个消息的内容也是与预期的接收者无关的(例如身份和公开密钥的内容)。表 M.9 概括了这四个 MTI 协议。

表 M.9

协议	m_{AB}	m_{BA}	K_A	K_B	密钥 K
MTI/A0	α^x	α^y	$m_{BA}^a z_B^x$	$m_{AB}^b z_A^y$	α^{bx+ay}
MTI/B0	z_B^x	z_A^y	$m_{BA}^{a^{-1}} \alpha^x$	$m_{AB}^{b^{-1}} \alpha^y$	α^{x+y}
MTI/C0	z_B^x	z_A^y	$m_{BA}^{a^{-1}x}$	$m_{AB}^{b^{-1}y}$	α^{xy}
MTI/C1	z_B^{xa}	z_A^{yb}	m_{BA}^x	m_{AB}^y	α^{abxy}

表 M.9 中,用户 A 和 B 分别拥有长期秘密 a 和 b,它们可靠地对应于长期公开密钥 $z_A \equiv \alpha^a (\bmod p)$, $z_B \equiv \alpha^b (\bmod p)$($p$ 为素数,α 为$\mathbb{Z}_p^*$的生成元 α),并且分别拥有每次会话的随机秘密 x 和 y。m_{AB}表示由 A 发送给 B 的消息;m_{BA}表示由 B 发送给 A 的消息。K_A和 K_B是由 A 和 B 计算的最终密钥。

参看 entity authentication, key agreement, key confirmation, message-independent key establishment, MTI/A0 key agreement, mutual authentication。

multilevel secure　多级安全的，多级保密的，多层保密的

在计算机安全中的一类系统，这类系统含有不同敏感性的信息，同时允许拥有不同安全性证书以及“需要才知道”的用户访问信息，但是可以阻止未经许可的用户访问信息。

参看 computer security (COMPUSEC)。

multilevel security　多级安全性，多级保密性

一种处理不同密级和不同类别信息的机制。这种机制允许具有不同安全(或保密)等级凭证的用户都可以访问信息资源，但是可以阻止用户访问那些未经授权于他的信息。

multiple encryption　多重加密

多重加密类似于多个相同密码的级联，但是级密钥不必是独立的，而且级密码或是一个分组密码的加密函数 E 或是其解密函数 $D=E^{-1}$。双重加密和三重加密是多重加密中的两种重要形式。

把每一级密码的工作模式选定，再把它们级联起来构成多重加密的工作模式。例如，三重加密中的每一级密码的工作模式都选定为密码分组链接(CBC) 模式，就构成“三重内部 CBC 模式”。因为许多多重加密的工作模式在安全性方面都弱于对应的多重电子密本(ECB) 模式(即多重加密就像只有外部反馈的一个黑盒)，而且在某些多重加密工作模式(例如 ECB-CBC-CBC 三重加密)下，其安全性并不显著强于单一加密。特别是，在某些攻击下，三重内部 CBC 模式显著地比三重外部 CBC 模式弱；而抗基于分组长度的其他攻击，三重内部 CBC 模式表现得更强一些。

参看 cascade cipher，double encryption，triple encryption，triple-inner-CBC mode。

multiple polynomial quadratic sieve　多重多项式二次筛法

二次筛因子分解算法的一个变种。为了汇集充分数量的(a_i, b_i)对，筛分区间必须相当大。从方程 $q(x)=(x+m)^2-n=x^2+2mx+m^2-n\approx x^2+2mx$ 中能够看出，$|q(x)|$随着$|x|$线性地增大，而因此平滑性的概率降低。为了克服这个问题，提出多重多项式二次筛法，利用这种算法，许多适当选择的二次多项式都能用来替代合适的 $q(x)$，每个多项式都在一个长度小得多的区间上进行筛分。这种算法的期望运行时间也为 $L_n[1/2,1]$，而且是实际当中选用的方法。此法适宜并行运算，并行计算机的每个节点，或者计算机网络的每台计算机，都经由不同多项式集简单地进行筛分。所找到的任意(a_i, b_i)对都报告给中央处理机。一旦汇集到充分数量的(a_i, b_i)对，就在一单台(可

能是并行的)计算机上求解相应的线性方程组。

参看 quadratic sieve factoring algorithm。

multiple-precision addition 多精度加法

对具有相同数量基 b 数字的两个整数执行加法运算。两个整数的长度不同时,用“0”填充在较小整数的左边(即高位上)。

多精度加法算法

输入:正整数 $x=(x_n x_{n-1}\cdots x_1 x_0)_b$和 $y=(y_n y_{n-1}\cdots y_1 y_0)_b$。

输出:和 $x+y=(w_{n+1}w_n\cdots w_1 w_0)_b$。

AD1 $c\leftarrow 0$。(注:c 是进位数字。)

AD2 对 $i=0,1,\cdots,n$,执行下述步骤:

AD2.1 $w_i\leftarrow(x_i+y_i+c)(\bmod b)$;

AD2.2 如果$(x_i+y_i+c)<b$,则 $c\leftarrow 0$,否则,$c\leftarrow 1$。

AD3 $w_{n+1}\leftarrow c$。

AD4 返回$(w_{n+1}w_n\cdots w_1 w_0)$。

参看 base b representation。

multiple-precision division 多精度除法

整数 x 除以 y 得到商 q 和余数 r。它们的基 b 数字长度分别为 $n+1$ 和 $t+1$。除法是最复杂和耗时的基本多精度运算。

多精度除法算法

输入:正整数 $x=(x_n x_{n-1}\cdots x_1 x_0)_b$ 和 $y=(y_t y_{t-1}\cdots y_1 y_0)_b$ ($n\geqslant t\geqslant 1$, $y_t\neq 0$)。

输出:商 $q=(q_{n-t}\cdots q_1 q_0)_b$,余数 $r=(r_t r_{t-1}\cdots r_1 r_0)_b$,使得 $x=qy+r$ $(0\leqslant r<y)$。

DV1 对 $i=0,1,\cdots,n-t$,执行:$q_j\leftarrow 0$。

DV2 当 $x\geqslant yb^{n-t}$时,执行:$q_{n-t}\leftarrow q_{n-t}+1, x\leftarrow x-yb^{n-t}$。

DV3 对 $i=n,n-1,\cdots,t+1$,执行下述步骤:

DV3.1 若 $x_i=y_t$,则置 $q_{i-t-1}\leftarrow b-1$;否则置 $q_{i-t-1}\leftarrow\lfloor(x_i b+x_{i-1})/y_t\rfloor$。

DV3.2 当 $q_{i-t-1}(y_t b+y_{t-1})>x_i b^2+x_{i-1}b+x_{i-2}$时,执行:$q_{i-t-1}\leftarrow q_{i-t-1}-1$。

DV3.3 $x\leftarrow x-q_{i-t-1}yb^{i-t-1}$。

DV3.4 如果 $x<0$,则置 $x\leftarrow x+yb^{i-t-1}, q_{i-t-1}\leftarrow q_{i-t-1}-1$。

DV4 $r\leftarrow x$。

DV5 返回(q,r)。

参看 base b representation。

multiple-precision integer　多精度整数

在整数 a 的基 b 表示中，$a=(a_n a_{n-1}\cdots a_1 a_0)_b$，而且 $a_n \neq 0$，则 a 的精度或长度为 $n+1$。如果 $n=0$，则称 a 为单精度整数；否则，称 a 为多精度整数。$a=0$ 也是单精度整数。

参看 base b representation。

multiple-precision integer arithmetic　多精度整数算术

多精度整数的基本运算包括加法、减法、乘法、平方和除法。

参看 multiple-precision addition，multiple-precision division，multiple-precision multiplication，multiple-precision squaring，multiple-precision subtraction。

multiple-precision modular arithmetic　多精度模算术

模 m 整数（即 $\mathbb{Z}_m$）上的多精度非负整数的基本运算包括模加法、模减法、模乘法和模乘法逆元。令 $m=(m_n m_{n-1}\cdots m_1 m_0)_b$ 是一个基 b 表示的正整数，令 $x=(x_n x_{n-1}\cdots x_1 x_0)_b$ 和 $y=(y_t y_{t-1}\cdots y_1 y_0)_b$ 是两个基 b 表示的非负整数，$x<m$，$y<m$。那么，模加法是 $x+y \pmod m$；模减法是 $x-y \pmod m$；模乘法是 $x\cdot y \pmod m$；模乘法逆元是 $x^{-1} \pmod m$。

参看 modular addition，modular inversion，modular multiplication，modular subtraction。

multiple-precision multiplication　多精度乘法

两个整数 x 和 y 执行乘法运算。它们的基 b 数字长度分别为 $n+1$ 和 $t+1$，则积 $x\cdot y$ 的基 b 数字长度为 $n+t+2$。

多精度乘法算法

输入：正整数 $x=(x_n x_{n-1}\cdots x_1 x_0)_b$ 和 $y=(y_t y_{t-1}\cdots y_1 y_0)_b$。

输出：积 $x\cdot y=(w_{n+t+1}\cdots w_1 w_0)_b$。

MU1　对 $i=0,1,\cdots,n+t+1$，执行：$w_i \leftarrow 0$。

MU2　对 $i=0,1,\cdots,t$，执行下述步骤：

MU2.1　$c \leftarrow 0$。

MU2.2　对 $j=0,1,\cdots,n$，执行：

计算 $(uv)_b = w_{i+j} + x_j \cdot y_i + c$，并置 $w_{i+j} \leftarrow v$，$c \leftarrow u$。

MU2.3　$w_{i+n+1} \leftarrow u$。

MU3　返回 $(w_{n+t+1}\cdots w_1 w_0)$。

参看 base b representation。

multiple-precision squaring　多精度平方

对一个整数 x 执行平方运算。

多精度平方算法

输入:正整数 $x=(x_{t-1}x_{t-2}\cdots x_1x_0)_b$。

输出:$x\cdot x=x^2=(w_{2t-1}w_{2t-2}\cdots w_1w_0)_b$。

SQ1　对 $i=0,1,\cdots,2t-1$,执行:$w_i\leftarrow 0$。

SQ2　对 $i=0,1,\cdots,t-1$,执行下述步骤:

SQ2.1　$(uv)_b\leftarrow w_{2i}+x_i\cdot x_i, w_{2i}\leftarrow v, c\leftarrow u$。

SQ2.2　对 $j=i+1,i+2,\cdots,t-1$,执行下述步骤:

$(uv)_b\leftarrow w_{i+1}+2x_j\cdot x_i+c$,　$w_{i+j}\leftarrow v$,　$c\leftarrow u$。

SQ2.3　$w_{i+t}\leftarrow u$。

SQ3　返回$(w_{2t-1}w_{2t-2}\cdots w_1w_0)$。

参看 base b representation。

multiple-precision subtraction　多精度减法

对具有相同数量基 b 数字的两个整数执行减法运算。两个整数的长度不同时,用“0”填充在较小整数的左边(即高位上)。

多精度减法算法

输入:正整数 $x=(x_nx_{n-1}\cdots x_1x_0)_b$和 $y=(y_ny_{n-1}\cdots y_1y_0)_b$, $x\geqslant y$。

输出:差 $x-y=(w_n\cdots w_1w_0)_b$。

SU1　$c\leftarrow 0$。

SU2　对 $i=0,1,\cdots,n$,执行下述步骤:

SU2.1　$w_i\leftarrow x_i-y_i+c(\mathrm{mod}\ b)$;

SU2.2　如果 $x_i-y_i+c\geqslant 0$,则 $c\leftarrow 0$,否则,$c\leftarrow -1$。

SU3　返回$(w_n\cdots w_1w_0)$。

参看 base b representation。

multiplexer generator　复合发生器

由詹宁斯(S. M. Jennings)提出的一种伪随机序列发生器。设有两个最大长度线性反馈移位寄存器(LFSR),它们的级数分别为 L_1和 L_2,且 L_1和 L_2是互素的。令 h 是一个正整数,满足 $h\leqslant\min(L_1,\log_2L_2)$。在每个时钟周期之后,选择第一个 LFSR 中的一个 h 级固定子集合的内容,并使用一个一一映射 θ 将之变换成区间$[0,L_2-1]$内的一个整数 t。最后,输出第二个 LFSR 的第 t 级内容作为密钥流序列的一部分。假设两个 LFSR 的连接多项式都是已知的,线性相容性攻击对复合发生器提供一种已知明文攻击,要求已知的密钥流序列的长度 $N\geqslant L_1+L_22^h$,并要求 2^{L_1+h}次线性相容性测试。这说明映射 θ 和第二个 LFSR 的选择对这种发生器的安全性没有显著的贡献。

参看 linear consistency attack, maximum length LFSR, pseudorandom bit generator。

multiplicative cipher　乘法密码

一种简单的代替密码。假定密文字符集和明文字符集相同，令明文字母表的长度为 q。对于一个位置编号为 j 的明文字母 m_j，在密钥 k（一个 0～$q-1$范围内的整数）的指示下，用第 $j\times k(\text{mod } q)$号位置上的字母代替。对乘法密码而言，密钥 k 必须和字母表的长度 q 互质，否则密文就不能唯一地确定明文，而导致解密引起多义性。

参看 integers modulo n，simple substitution cipher。

multiplicative group of $\mathbb{Z}_n$　$\mathbb{Z}_n$的乘法群

$\mathbb{Z}_n$上的乘法群是$\mathbb{Z}_n^*=\{a\in\mathbb{Z}_n \mid \gcd(a,n)=1\}$。特别是，当 n 为素数时，$\mathbb{Z}_n^*=\{a \mid 1\leqslant a\leqslant n-1\}$。$\mathbb{Z}_n^*$中元素的个数称作$\mathbb{Z}_n^*$的阶，用$|\mathbb{Z}_n^*|$表示。

参看 group，integers modulo n。

multiplicative group a finite field　有限域的乘法群

有限域$\mathbb{F}_q$的非零元素在乘法运算下构成一个群，称作$\mathbb{F}_q$的乘法群，用$\mathbb{F}_q^*$来表示。$\mathbb{F}_q^*$是一个 $q-1$ 阶循环群，因此，对所有 $a\in\mathbb{F}_q$，都有 $a^q=a$。

参看 finite field，group。

multiplicative inverse in $\mathbb{F}_q$ ($q=p^m$)　有限域$\mathbb{F}_q$($q=p^m$)上的乘法逆元

有限域$\mathbb{F}_q$($q=p^m$，p 是一个素数）上的乘法逆元可以使用多项式环$\mathbb{Z}_p[x]$的扩展欧几里得算法来计算。先把$\mathbb{F}_q$的元素表示成$\mathbb{Z}_p[x]/(f(x))$的元素，其中 $f(x)\in\mathbb{Z}_p[x]$是$\mathbb{Z}_p$上的 m 次不可约多项式。$a(x)\in\mathbb{Z}_p[x]$的模 $f(x)$乘法逆元是一个多项式 $b(x)\in\mathbb{Z}_p[x]$，并使 $a(x)b(x)\equiv 1(\text{mod } f(x))$。$a(x)$的逆元用 $a^{-1}(x)$来表示。

求$\mathbb{F}_q$($q=p^m$)上的乘法逆元的算法

输入：一个非零多项式 $a(x)\in\mathbb{F}_q(q=p^m)$。

输出：$a^{-1}(x)\in\mathbb{F}_q$。

MI1　使用多项式的扩展欧几里得算法，求出两个多项式 $s(x)$和 $t(x)$，使得 $s(x)a(x)+t(x)f(x)=1$。

MI2　返回($s(x)$)。

参看 extended Euclidean algorithm for polynomials，polynomial basis representation。

比较 multiplicative inverse in $\mathbb{Z}_n$。

multiplicative inverse in $\mathbb{Z}_n$　$\mathbb{Z}_n$上的乘法逆元

令 $a\in\mathbb{Z}_n$，a 的模n 乘法逆元是一个整数$x\in\mathbb{Z}_n$，并使得 $ax\equiv 1(\text{mod } n)$。如果这样的 x 存在，则它是唯一的，并称 a 是可逆的或可逆元素。a 的逆元用 a^{-1}来表示。

求$\mathbb{Z}_n$上的乘法逆元的算法

输入：$a \in \mathbb{Z}_n$。

输出：$a^{-1} \pmod n$，只要它存在。

MI1　使用扩展的欧几里得算法求出整数 x 和 y，使得 $ax + ny = d$，其中 $d = \gcd(a, n)$。

MI2　如果 $d > 1$，则 $a^{-1} \pmod n$ 不存在；否则，返回(x)。

参看 extended Euclidean algorithm for integers，integers modulo n。

multiplicative property in RSA　RSA 中的乘法特性

令 m_1和 m_2是两个明文消息，用 RSA 算法将它们加密得出的密文分别是 c_1和 c_2，则有

$$(m_1 m_2)^e \equiv m_1{}^e m_2{}^e \equiv c_1 c_2 \pmod n。$$

换句话说，就是对应于明文 $m \equiv m_1 m_2 \pmod n$ 的密文是 $c \equiv c_1 c_2 \pmod n$；有时称之为 RSA 的同态特性。这种特性就导致了下面的对 RSA 的自适应选择密文攻击。

假定一个主动敌手想要破译用户 A 指定的一个特殊密文 $c = m^e \pmod n$。还假定 A 将为那个敌手解密任意密文但不是 c 本身。那个敌手能够选择一个随机整数 $x \in \mathbb{Z}_n^*$ 并计算 $\bar{c} = cx^e \pmod n$ 把 c 隐匿起来。关于 $\bar{c}$ 的表达式，A 将为那个敌手计算 $\bar{m} = (\bar{c})^d \pmod n$。因为

$$\bar{m} \equiv (\bar{c})^d \equiv c^d (x^e)^d \equiv mx \pmod n,$$

所以，那个敌手能够计算 $m = \bar{m}x^{-1} \pmod n$。

参看 RSA public-key encryption scheme，adaptive chosen-ciphertext attack。

multiplication of large primes　大素数的乘法

适当地选择素数 p 和 q，$f(p, q) = pq$ 就是一个单向函数：给定 p 和 q，容易计算 $n = pq$，但是给定 n 求出 p 和 q（即整数因子分解）是困难的。RSA 体制及其他许多密码体制都依赖于这个特性。注意：与许多单向函数相反，这个函数 f 不具有类似随机函数的特性。

参看 integer factorization problem，one-way function，RSA public-key encryption scheme。

multi-secret threshold scheme　多秘密门限方案

一种带有扩展能力的广义秘密共享方案。在这种秘密共享方案中，不同的秘密和不同的授权子集相联系。

参看 generalized secret sharing。

multiset　多重集合

集合中的元素可以重复，称这样的集合为多重集合。

下面研究多重集合特性的一种演算，这种演算能够表征处在加密结构中心的中间值，即使关于该加密结构中的实际函数也不为人所知的情况下也能。每一个多重集合都能表示为(数值，重数)对的一个列表(例如，多重集合{1,1,1,2,2,2,2,7}也能表示为(1,3)，(2,4)，(7,1))。多重集合的规模是其所有重数之和(此例中是8)。下面定义几个多重集合性质。

定义1 如果一个 m 比特值的多重集合 M 含有一个单值的任意次数的重复，则称其具有性质 C(常数)。

定义2 如果一个 m 比特值的多重集合 M 中的 2^m 个可能值中的每一个都恰好含有一个，则称其具有性质 P(置换)。

定义3 如果一个 m 比特值的多重集合 M 中的每一个值都出现偶数次(包括完全不出现)，则称其具有性质 E(偶数)。

定义4 如果一个 m 比特值的多重集合 M 中的所有值的异或(取它们的重数)为0向量 0^m，则称其具有性质 B(平衡)。

定义5 如果一个 m 比特值的多重集合 M 或是具有性质 P 或是具有性质 E，则称其具有性质 D(双性)。

应考虑的问题是：上面定义的多重集合性质是怎样由不同映射转换而来的。一般说来，如果将一个双射函数应用于一个多重集合，得到一个可能具有新值的新的多重集合，但是具有相同的重数集合。如果将一个非双射函数应用于一个多重集合，那么，被映射到一个共同输出值的几个不同输入值的重数就要相加起来。下述引理是容易证明的：

引理1 (1) 具有性质 E 或 P(当 $m>1$ 时)的任意多重集合也具有性质 B。

(2) 任意 m 比特值函数都保持性质 E 和 C。

(3) 任意 m 比特值双射函数都保持性质 P。

(4) 当 $m>1$ 时，任意从 m 比特到 n 比特的任意线性映射都保持性质 B。当多重集合的规模是偶数时，任意仿射映射都保持性质 B。

下面用混合的多重集合性质来考察较大规模 $n=k\cdot m$ 的字块。例如，用 $C^{i-1}PC^{k-i}$ 表示一个多重集合，这个多重集合具有如下性质：当将每一个 n 比特值分解为 k 个连续字块(每个字块有 m 个连接比特)时，$k-1$ 个字块含有跨越多重集合的(可能不同的)常数，而第 i 个字块中 2^m 个可能的 m 比特值中的每一个都恰好包含一个。

类似地，用 D^k 表示一个多重集合，这个多重集合分解成 k 个多重集合，其中每一个都具有性质 D。这种分解法不应当理解为 k 个多重集合的叉积，而应当理解为 n 比特到 m 比特的 k 个投影的聚集。请注意：这种分解操作通常是不可逆的,因为失去了可以组合不同字块中数值的那种数量级。

例如,多重集合分解

$$\{0,1,2,3\},\quad \{1,1,2,2\},\quad \{1,1,1,1\}$$

(对于 $m=2$,具有多重集合性质 PEC)能够从几个不同的多重集合(比如 $\{(011),(111),(221),(321)\}$ 或者 $\{(021),(121),(211),(311)\}$)推导出来。现在来考察怎样由多层 S 盒和仿射映射变换而来的那些扩展的多重集合性质。

引理 2 (1) 一层任意 S 盒只要其第 i 个 S 盒是双射的,则保持性质 $C^{i-1}PC^{k-i}$。

(2) 一层双射 S 盒将性质 D^k 变换成性质 D^k。

(3) 任意 n 比特的线性映射将性质 D^k 变换成性质 B^k,而任意仿射映射在多重集合的规模是偶数时,也将性质 D^k 变换成性质 B^k。

(4) 任意仿射映射在多重集合的规模是偶数时,将性质 $C^{i-1}PC^{k-i}$ 变换成性质 D^k。

参看 affine function,bijection,S-box。

multiset attack　多重集合攻击

多重集合攻击是比利尤克夫(A. Biryukov)和沙米尔(A. Shamir)于 2001 年在分析代替-置换网络结构安全性时提出的攻击方法。

这是一种结构性攻击,攻击者不知道关于 S 盒、仿射映射或者密钥编排的任何知识,因为它们都能以一种复杂的密钥相关方法来定义。特别是,假设在一个单一的未知稠密仿射映射层之后雪崩是完备的,并假设猜测即使一小部分密钥的尝试都应需要一个不实际的时间量。

下面对具有五层的代替/仿射结构来描述多重集合攻击,攻击是意想不到的有效。这个方案是五层方案 $S_3A_2S_2A_1S_1$(图 M.23),其中每一个 S 层都含有 k 个可逆的、m 比特输入/m 比特输出的 S 盒,而每一个 A 层都含有一个可逆的、$GF(2)$上的 $n=km$ 比特向量的仿射映射:

$$A_i(x)=L_ix\oplus B_i。$$

攻击者可利用的唯一信息就是这个分组密码具有这种通用结构,以及 k 和 m 的值。由于所有的 S 盒及仿射映射都假定是不同的且秘密的,所以,这个五层方案的有效密钥长度是

$$\log(2^m!)^{3\cdot(n/m)}+2\log(0.29\cdot2^{n^2})\approx3\cdot2^m(m-1.44)\cdot\frac{n}{m}+2n^2。$$

注:m 个随机选择的含有 m 个未知数的线性方程是 $GF(2)$上线性无关的概率为

$$\left(\frac{2^m-1}{2^m}\right)\left(\frac{2^m-2}{2^m}\right)\left(\frac{2^m-2^2}{2^m}\right)\cdots\left(\frac{2^m-2^{m-1}}{2^m}\right)=\prod_{l=1}^{m}\left(1-\frac{1}{2^l}\right)>0.288\,788。$$

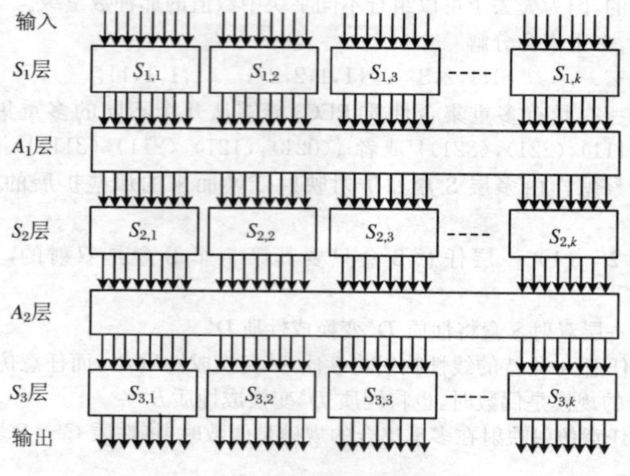

图 M.23 五层方案示意图

多重集合攻击可应用于 m 和 n 的任意选择，但为了简化这个分析，这里专注于 Rijndael 类的参数：$m=8$ 比特的 S 盒及 $n=128$ 比特的明文。这种版本的有效密钥长度大约为 $3\cdot 2^{12}\cdot 6.56+2^{15}\approx 113\,000\approx 2^{17}$ 比特，因此穷举搜索或中间相会攻击是完全不实际的。这里采用的多重集合攻击仅需要 2^{16} 个选择明文，以及 2^{28} 次运算求出所有的未知元素。这相当接近于信息界限，因为 2^{16} 个给定密文至多含有 2^{23} 比特关于 2^{17} 个密钥比特的信息。

重要的是：注意不是所有的关于 S 盒及仿射映射的信息都能从方案中获得，这是因为存在许多等价密钥，这些等价密钥产生相同的、从明文到密文的映射。例如，人们能改变一个单层中不同 S 盒的阶，为了补偿 S 盒的这种改变，可改变相邻仿射映射的定义。以类似的方法，人们可以把仿射映射中的加法常数移到相邻 S 盒的定义中。攻击时可以找到方案中所有元素的一个等价表示，使之能够加密及解密任意文本，但这个等价表示或许和这些元素的原始定义不同。

攻击的第一阶段：复原 S_1层和 S_3层。

攻击的第一阶段是寻找两个最外面的 S_1层和 S_3层，以便将它们剥离并攻击内层。

考察选择明文的一个多重集合，该多重集合具有性质 $C^{i-1}PC^{k-i}$。攻击之后的密钥观察是：

① 根据词条"multiset"中的引理 2(1)，由 S_1层将已知的多重集合变换成具有性质 $C^{i-1}PC^{k-i}$的一个多重集合。

② 根据词条"multiset"中的引理 2(4)，由仿射映射 A_1将具有性质

$C^{i-1}PC^{k-i}$的一个多重集合变换成具有性质D^k的一个多重集合。

③ 根据词条“multiset”中的引理 2(2),S_2层保持性质 D^k,因此输出多重集合也具有性质 D^k。

④ 仿射映射 A_2不必保持多重集合性质 D^k,但是保持较弱的性质 B^k。

⑤ 现在就能够表达下述事实:由齐次线性方程,在 S_3层中到每一个 S 盒的那个输入集合满足性质 B。人们应同时以 m 比特量进行运算,就好像是在 $GF(2^m)$上进行(在这个域上,异或 XOR 和加法 AND 相同)。变量 z_i表示到 S 盒的 m 比特输入,它产生 i 作为输出(即描述 S^{-1}的变量,由于 S 是可逆的,故这是良定义的),并且为 S_3层中的每一个 S 盒都使用 2^m个分离变量。当给定一批实际密文时,就能使用它们的 m 比特投影作为这些变量的指示,而且这些指示变量的异或等于 0^m。不同批次的选择明文好像用不同的随机查找的变量子集来生成线性方程(其中重复者被成对删除)。当获得足够多的线性方程的时候,就能够用高斯消去法解这个方程组,以便并行还原 S_3层中的所有 S 盒。

很遗憾,不能够获得具有满秩 2^m的线性方程组。把逆 S 盒的真值表看作是一个 $2^m\times m$ 比特矩阵。因为 S 盒为双射,这个矩阵的列是 m 个线性无关的 2^m比特向量。这个 S 盒输入比特(为逆 S 盒的输出)的任意一个线性组合也都是一个可能的解,因此,解空间必须至少具有 m 维。此外,因为所有方程都是偶数(2^m)个变量的异或,所以任意一个解的比特补也是一个解。因为这个线性方程组具有维数至少为 $m+1$ 的核,所以在我们的方程组中至多存在 2^m-m-1 个线性无关的方程。在实际攻击 $m=8$ 的情况下来检验这个论点时,总是在 256 个变量中得到秩为 247 的线性方程组。

幸运的是,这个秩亏在我们的攻击中不是一个问题。当我们获得任意一个非零解时,我们的确没有得到“真的”S^{-1},但得到 $A(S^{-1})$,其中 A 是m 比特上的任意一个可逆的仿射映射。通过取其逆,我们获得 $S(A^{-1})$。这是在这个阶段我们能够期望的最好的结果,因为,当我们找到的是 $A(A_2)=A_2'$而不是“真的”仿射变换时,能够补偿任意选择的 A^{-1},所以不同的解是简单等价的密钥,这表示相同的明文/密文映射。

一单批 2^m个选择明文在S_3层中的 k 个 S 盒的每一个之中都产生一个具有 2^m个未知数的方程。为了得到 2^m个方程,可能要使用 2^{2m} (2^{16}) 个形式为 (A,u,B,v,C) 的选择明文,在这个形式中将 P 结构 u 和 v 放置在任意两个字块位置,而且选择 A,B,C 为任意常数。对于 u 的每一个固定值,通过变化 v 直到所有可能的 2^m个值,就得到一单个的方程。然而,通过固定 v 而变化u 直到所有可能的 2^m个值,能得到另一单个的方程。因为得到 $2\cdot 2^m$ 个具有 2^m个未知数的方程,所以,通过消除 1/4 明文就能将选择明文的数量降低到 3/4

$\cdot 2^{2m}$，消除1/4明文的方法是，u 和 v 同时选择其最前面的一半。这些(u,v)值的矩阵缺少右上这四分之一部位，并且，需要根据这个“L”形状的矩阵所有行获得一半方程，而需要根据所有列获得一半方程。

用高斯消去法解每一个线性方程组需要 2^{3m} 步骤，因此，找到 S_3 层中的所有S盒则需要 $k \cdot 2^{3m}$ 步骤。对于Rijndael类的参数选择 $n=128, m=8, k=16$，可得出一个非常适中的时间复杂度 2^{28}。

为了找到另一个外部层 S_1，可以逆向使用相同的攻击。然而，总的攻击不但需要选择明文，而且需要选择密文。

攻击的第二阶段：攻击内层 *ASA*。

攻击的第二阶段是寻找中间的三层。这三层是结构 $A_2' S_2 A_1'$——两个(可能被修改的)仿射层以及中间的一个S盒层。为了还原仿射层，使用低秩检测技术。考察任意一对已知明文 P_1 和 P_2，它们的差分为 $P_1 \oplus P_2$。在 A_1' 之后，在到 S_2 中的 k 个S盒的输入中将不存在差分，概率为 $k/(2m)$。因此，在这个S盒的输出也将不存在差分。现在对许多随机选择的 n 比特常数 C_i 考察对 $P_1 \oplus C_i, P_2 \oplus C_i$ 的集合。这个集合中的任意一对仍然具有这个性质，因此在 A_2' 之后所获得的所有输出差分的集合都将具有至多 $n-m$ 的秩，这对随机的 n 维向量而言是非常稀少的。所以，随着大约 n 个修正 C_i 并应用低秩检测，就能够确定原明文对 P_1 和 P_2 的所希望的性质。

想要在 k 个S盒的每一个中都产生并检测具有0输入差分的输入对。选择一组 t 个随机向量 P_j 并选择另一组 n 个修正 C_i，加密所有这 nt 个组合 $P_j \oplus C_i$。大约有 $t^2/2$ 个可能对 P_j，它们之中的每一个都在那些S盒中的一个S盒处具有所希望性质的概率为 $k/2^m$，这大约需要 $k \cdot \log_2 k$ 次随机成功才能包含所有 k 个S盒。t 的临界值满足 $t^2/2 \cdot k/2^m = k \cdot \log_2 k$，因此 $t = \sqrt{2^{m+1}\log_2 k}$。对于 $n=128, m=8, k=16$，得到 $t=2^{5.5}$，因此需要的选择明文的总数是 $nt = 2^{12.5}$，这比在攻击的第一阶段所使用的数量要少得多。

下面使用线性代数，以便找到 A_2' 的结构。将 A_2' 表示为 n 个向量的一集合 $V_0, V_1, \cdots, V_{n-1}, V_i \in \{0,1\}^n$，其中 A_2' 通过生成线性组合来变换任意一个二进制向量 $b = b_0, b_1, \cdots, b_{n-1}$：

$$A_2'(b) = \bigoplus_{i=0}^{n-1} b_i V_i。$$

(这里能忽略看作S盒的一部分的仿射常数。)从数据组合中抽取关于 k 个不同的 $n-m(=120)$ 维线性子空间的信息。然后计算它们中任意 $k-1(=15)$ 个的交。这个交是一个 m 维线性子空间，它是由来自 S_2 层中一个S盒的所有可能输出所生成的，在此之后，A_2' 将之从8比特扩展到128比特。为每一个S盒执行这个操作，由此找到一个线性映射 A_2^*，它等价于原来的选择。这一阶段的复杂度就是对于一组 $O(n-m)$ 个方程的高斯消去法。

在找到并放弃 A_2'之后，留下的只有两层结构 S_2A_1'。如果必须执行唯一的解密，能够复原这个组合映射，通过写出每一比特的形式表达式，然后解具有 $k \cdot 2^m(2^{12})$个变量的线性方程。如果还必须执行加密，这个技术将不再工作，这是因为形式表达式将是庞大的。然而，通过使用选择密文人们正好能够在反方向重复这个攻击，来复原 A_1^*。在那之后，就能够以大约 2^m 个已知明文来找到余下的S_1层。此外，人们将找不到实际的S盒 S_2层，但等价的一个对应于修改的 A_1^*，A_2^* 在前面已经找到。

注释 对于这些映射中的一个映射，必须知道子空间的阶：能和 S_2层中的任意阶S盒一起假设 A_2中的任意阶子空间，然而此处 A_1中的子空间的阶就不再是任意的。如果在找到 A_2之后，对 S_2A_1从密文方向发动相同的攻击，就能和纠正阶信息一起复原 A_1'。

完整的攻击使用了大约 $2^{2m}(2^{16})$个选择明文，大约执行了 $k \cdot 2^{3m}(16 \cdot 2^{24} = 2^{28})$次运算步骤。比利尤克夫等研究者实际实现了这种攻击，而且总能在一个PC机上计算几秒钟之后就成功完成。即使将明文的规模从128增加到1 024并用16比特S盒替换8比特S盒，这种攻击仍然是实用的，只是对具有这些参数的方案的攻击需要 2^{32}个选择明文，需要执行 $64 \cdot 2^{3 \cdot 16} = 2^{54}$ 次运算步骤。

参看 equivalent keys, multiset, Rijndael block cipher, structural cryptanalysis, substitution-permutation (SP) network, square attack。

multispeed inner-product generator　多倍速率内积式发生器

这种伪随机二进制数字发生器中的两个线性反馈移位寄存器使用不同速率的驱动时钟来驱动它们的运转，将LFSR2的各级输出分别和LFSR1的输出相与后，再进行模2加输出。如图M.24所示。

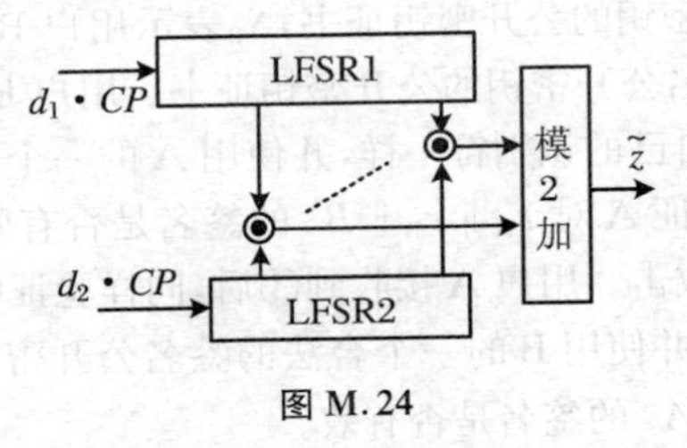

图 M.24

图中，CP 为系统供给的时钟，正整数 d_1，d_2（$d_1 \neq d_2$）分别为LFSR1和LFSR2的速率因子。

当LFSR1的级数 n_1和LFSR2的级数 n_2互素时，输出序列 $\tilde{z}$ 的线性复杂度为：$\Lambda(\tilde{z}) = n_1 \cdot n_2$。

参看 linear complexity, linear feedback shift register (LFSR), pseudorandom bit generator, simulated LFSR。

multivariate polynomial congruential generator　多元多项式同余发生器

一种同余发生器。其递归方程是一个多元多项式递归式，即

$$x_i = P(x_{i-n}, \cdots, x_{i-1}) \pmod m,$$

其中，P 是一个 n 变量多项式。

参看 congruential generator。

mutual authentication　相互鉴别

在鉴别中，两个通信用户需要互相进行鉴别。在数据安全中，提供有关主体和/或客体身份的相互保证。例如，一个系统需要鉴别一个用户，而这个用户也需要鉴别这个系统是否是真的。相互鉴别是两个方向上的鉴别，也可以在每个方向上使用一个单向鉴别来实现相互鉴别。

例如，在使用对称密钥技术进行的实体鉴别机制中使用随机数的相互鉴别：① A←B: r_B，② A→B: $E_K(\| r_B \| B^*)$，③ A←B: $E_K(r_B \| r_A)$，其中 r_A和 r_B都是随机数，B^* 表示用户 B 的识别符，$\|$ 表示并置，E_K表示一个对称密钥加密算法，其密钥为 K。B 解密接收到的消息②，并检验随机数是否匹配①中发送过去的那个随机数，检验②中的识别符 B^* 是否和他自己的识别符一样。此外，B 恢复出 r_A并将之用在③中。A 解密接收到的消息③，并检验两个随机数是否匹配先前使用的那两个。②中的随机数 r_A可阻止选择文本攻击。

再如，在使用数字签名进行的实体鉴别机制中使用随机数的相互鉴别：① A←B: r_B，② A→B: $cert_A, r_A, B^*, S_A(r_A \| r_B \| B^*)$，③ A←B: $cert_B, A^*, S_B(r_B \| r_A \| A^*)$，其中 r_A和 r_B都是随机数，B^* 表示用户 B 的识别符，A^* 表示用户 A 的识别符，$\|$ 表示并置，S_A表示用户 A 的签名机制，$cert_A$表示含有用户 A 的签名公开密钥的公开密钥证书，S_B表示用户 B 的签名机制，$cert_B$表示含有用户 B 的签名公开密钥的公开密钥证书。用户 B 接收到②后，验证明文识别符是否和他自己的识别符一样，并使用 A 的一个合法的签名公开密钥（例如取自 $cert_A$）验证 A 对 $r_A \| r_B \| B^*$ 的签名是否有效。已被签名的 r_A可明显阻止选择文本攻击。用户 A 接收到③后，同样验证明文识别符是否和他自己的识别符一样，并使用 B 的一个合法的签名公开密钥（例如，取自 $cert_B$）验证 B 对 $r_B \| r_A \| A^*$ 的签名是否有效。

参看 chosen-text attack, digital signature, public-key certificate, reflection attack, symmetric key technique。

比较 unilateral authentication。

mutual information　互信息

随机变量 X 和 Y 的互信息是 $I(X;Y) = H(X) - H(X|Y)$。类似地，随

机变量 X 和随机变量对(Y,Z) 的互信息是

$$I(X;Y,Z)=H(X)-H(X|Y,Z)。$$

互信息具有如下特性：

(1) 量 $I(X;Y)$可看作为 Y 泄露X 的信息量。类似地，量 $I(X;Y,Z)$可看作为 Y 和Z 一起泄露X 的信息量。

(2) $I(X;Y)\geqslant 0$。

(3) $I(X;Y)=0$，当且仅当 X 和 Y 是独立的(就是说，Y 对有关X 的信息无任何贡献)。

(4) $I(X;Y)= I(Y;X)$。

参看 conditional entropy，entropy。

mutually exclusive events　互斥事件

如果 $P(E_1\cap E_2)=0$，则两事件 E_1和 E_2称为互斥事件，即这两事件不可能同时出现。

N

name server　命名服务器

负责管理唯一用户名称的一个命名空间的可信第三方。

参看 trusted third party (TTP)。

native algorithm for subset sum problem　子集合问题的自然算法

解子集合问题的一种指数时间算法,其算法复杂度为 $O(2^n)$。

子集合问题的自然算法

输入:一个正整数集合 $\{a_1, a_2, \cdots, a_n\}$,一个正整数 s。

输出:$x_i \in \{0,1\}$ $(1 \leqslant i \leqslant n)$,使得 $\sum_{i=1}^{n} a_i x_i = s$,只要这样的 x_i 存在。

NS1　对每一个可能的向量 $(x_1, x_2, \cdots, x_n) \in (\mathbb{Z}_2)^n$,执行下述步骤:

NS1.1　计算 $t = \sum_{i=1}^{n} a_i x_i$;

NS1.2　如果 $t = s$,则返回(解$(x_1, x_2, \cdots, x_n)$)。

NS2　返回(无解)。

参看 algorithm complexity, subset sum problem。

native mode　自然模式

同 electronic codebook (ECB)。

Needham-Schroeder public-key protocol　尼达姆-施罗德公开密钥协议

提供相互实体鉴别和相互密钥传送(A 和 B 中的每一方都能传送一个对称密钥给另一方)的一种协议。A 和 B 交换三个消息,实现相互实体鉴别、相互密钥鉴别及相互密钥传送。

尼达姆-施罗德公开密钥协议

(1) 注释　$P_X(Y)$表示使用用户 X 的公开密钥对数据 Y 的公开密钥加密(例如 RSA)。

$P_X(Y_1 \| Y_2)$表示对 Y_1和 Y_2的并置进行加密。

k_1和 k_2分别是用户 A 和 B 选择的秘密对称会话密钥。

(2) 一次性设置　假设用户 A 和 B 都拥有其他每个用户的可靠的公开密钥。(如果每个用户都有一个携带其公开密钥的证书,则需要另外一个信息来传送这个证书。)

(3) 协议消息

$$\text{A}\rightarrow\text{B}: P_{\text{B}}(k_1 \| A), \quad (1)$$
$$\text{A}\leftarrow\text{B}: P_{\text{A}}(k_1 \| k_2), \quad (2)$$
$$\text{A}\rightarrow\text{B}: P_{\text{B}}(k_2)。 \quad (3)$$

(4) 协议动作

(a) A 把消息(1)发送给 B。

(b) B 根据接收的消息(1)恢复 k_1,并把消息(2)发送给 A。

(c) A 解密消息(2),检验所恢复的密钥 k_1是否和消息(1)中发送的一致。(只要 k_1从未被使用过,这就既把 B 的实体鉴别给了 A,又确保 B 知道了这个密钥。)A 把消息(3)发送给 B。

(d) B 解密消息(3),检验所恢复的密钥 k_2是否和消息(2)中发送的一致。这样双方就可以使用一个适当的、众所周知的不可逆函数 f 来计算出会话密钥 $K_s = f(k_1, k_2)$。

参看 certificate,entity authentication,key transport,mutual authentication,public key encryption,RSA public-key encryption scheme,session key。

Needham-Schroeder shared-key protocol　尼达姆-施罗德共享密钥协议

这个协议具有重要的历史意义,因为它是 1978 年以来提出的许多基于服务器鉴别和密钥分配协议(包括 Kerberos 鉴别协议和奥特威-里斯协议)的基础。它是一例和时间标记无关的协议,既提供实体鉴别保证,又提供带有密钥确认的密钥编制。然而,不再推荐使用它。

用户 A 与可信服务器 T 及用户 B 进行交互作用,实现实体鉴别以及带有密钥确认的密钥编制。

尼达姆-施罗德共享密钥协议

(1) 注释　E 是一个对称加密算法。

N_{A}和 N_{B}分别是用户 A 和 B 选择的现用值。

k 是由可信服务器 T 为用户 A 和 B 选择的共享会话密钥。

(2) 一次性设置　A 和 T 共享一个对称密钥 K_{AT},B 和 T 共享一个对称密钥 K_{BT}。

(3) 协议消息

$$\text{A}\rightarrow\text{T}: A, B, N_{\text{A}}, \quad (1)$$
$$\text{A}\leftarrow\text{T}: E_{K_{\text{AT}}}(N_{\text{A}}, B, k, E_{K_{\text{BT}}}(k, A)), \quad (2)$$
$$\text{A}\rightarrow\text{B}: E_{K_{\text{BT}}}(k, A), \quad (3)$$
$$\text{A}\leftarrow\text{B}: E_k(N_{\text{B}}), \quad (4)$$
$$\text{A}\rightarrow\text{B}: E_k(N_{\text{B}} - 1)。 \quad (5)$$

(4) 协议动作

(a) A 生成一个现用值 N_{A},并把消息(1)发送给 T。

(b) T 生成一个新的会话密钥 k。T 先使用共享密钥 K_{BT}对 k 和识别号 A 进行加密，然后使用共享密钥 K_{AT}对接收的现用值 N_A、识别号 B、k 以及前面用共享密钥K_{BT}对 k 和识别号 A 进行加密的结果再进行加密。T 把消息(2)发送给 A。

(c) A 使用共享密钥 K_{AT}解密消息(2)，恢复 k，N_A，以及用户 B 的识别号。A 验证这个识别号和 N_A是否与消息(1)中发送的一致。A 恢复出用共享密钥 K_{BT}对 k 和识别号A 进行加密的结果，并把消息(3)发送给 B。

(d) B 接收消息(3)，使用共享密钥 K_{BT}解密，得到 k 和 A 的识别号。B 用会话密钥 k 对自己的现用值N_B进行加密，并把消息(4)发送给 A。

(e) A 解密消息(4)，得到现用值 N_B。再用会话密钥 k 对N_B-1 进行加密，并把消息(5)发送给 B。

这个协议的弱点是：由于 B 一点也不知道密钥 k 是否是新的，是否已被泄露，而知道 k 的任何用户都可以重新发送消息(3)，而且能计算正确的消息(5)，这样任何用户都可以假冒用户 A。这种弱点在 Kerberos 鉴别协议中得到改善。

参看 entity authentication，Kerberos authentication protocol，key confirmation，nonce，Otway-Rees protocol，session key，symmetric key encryption。

NESSIE project　签名、完整性和加密的欧洲新方案项目

NESSIE 项目是用于签名、完整性和加密的新的欧洲方案(2000～2003)。NESSIE 是欧洲委员会的信息科学技术(IST)规划内的一个研究项目(IST-1999-12324)。主要用于保护在线银行交易、信用卡和个人信息，支持电子商务和电子政务。

2000 年 9 月，来自全球 10 多个国家的密码学者提交了 42 个密码算法。通过对这些密码算法的攻击尝试，以及速率估计等，于 2001 年 9 月，从这 42 个竞争算法中选出 24 个算法作为候选。最后于 2003 年 2 月，选出 12 个算法；此外，NESSIE 还推荐了 5 个算法，这 5 个算法都是从已存在或已形成标准的算法中选择出来的。

NESSIE 选出的 12 个算法以及 5 个已存在或已形成标准的算法(用 * 标识)如下。

分组密码：

MISTY1：Mitsubishi 电气公司(日本)；

Camellia：日本电报电话公司(日本)；

SHACAL-2：Gemplus(法国)；

AES(先进加密标准)*(USA FIPS 197)(Rijndael)。

公开密钥加密：

PSEC-KEM：日本电报电话公司（日本）；

RSA-KEM*（ISO/IEC 18033-2 草案）；

ACE-KEM：IBM 苏黎世研究实验室（瑞士）；

MAC 算法和散列函数：

Two-Track-MAC：K. U. Leuven（比利时）及 debis AG（德国）；

UMAC：Intel 公司（美国）；

EMAC*（ISO/IEC 9797-1）；

HMAC*（ISO/IEC 9797-1）；

Whirlpool：Scopus Tecnologia S. A.（巴西）和 K. U. Leuven（比利时）；

SHA-256*，SHA-384* 和 SHA-512*（USA FIPS 180-2）。

数字签名算法：

ECDSA：Certicom 公司（美国，加拿大）；

RSA-PSS：RSA 实验室（美国）；

SFLASH：Schlumberger（法国）。

身份识别方案：

GPS：France Télécom and LaPoste（法国）。

参看 ACE-KEM，AES block cipher，Camellia block cipher，ECDSA digital signature scheme，EUMAC message authentication code，GPS identification scheme，HMAC message authentication code，MISTY1 block cipher，PSEC-KEM，RSA-KEM，RSA-PSS digital signature scheme，secure hash algorithm (SHA-1)，SFLASH digital signature scheme，SHACAL block cipher，SHA-256 hash function，SHA-384 hash function，SHA-512 hash function，TTMAC message authentication code，UMAC message authentication code，Whirlpool hash function。

此外，颇为值得注意的是：提交的 6 个序列密码没有一个满足 NESSIE 提出的相当严格的安全性要求。为供读者参考、分析、研究、讨论，本书亦将曾入围的这 6 个序列密码列出。

参看 BMGL stream cipher，LEVIATHAN stream cipher，LILI-128 stream cipher，SNOW stream cipher，SOBER-t16 stream cipher，SOBER-t32 stream cipher。

netkey　网络密钥

在密码编码学中，把单个密钥用于一个给定网络中终端之间的所有传输的一种技术。

比较 session key。

network encryption　网络加密

在通信安全中,用来加密通过网络传输消息的技术。由于接收消息的中间节点的存在,以及为了适应输出链路需要将消息改向,因此,提供网络中的保密通信是错综复杂的。

涉及网络内部加密的方法有三种:链路加密、节点加密和端端加密(图 N.1)。

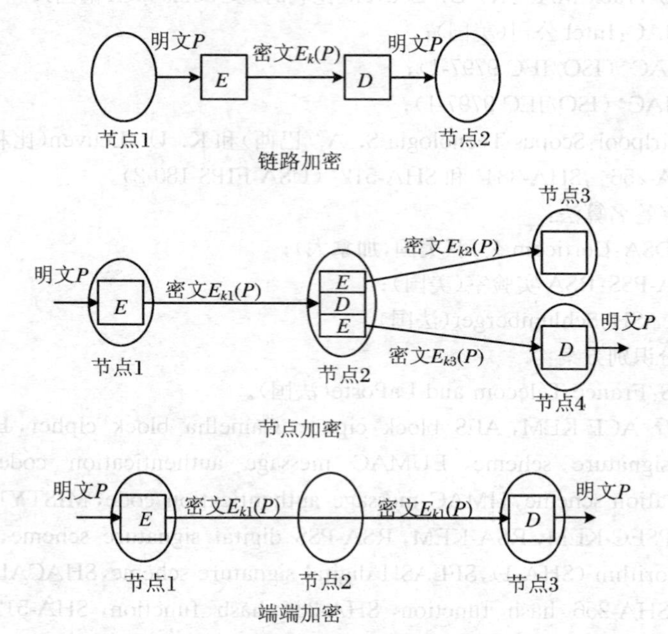

图 N.1　网络内部的三种加密方法

链路加密要求在通信链路的每个端点都配有密码设备,因此,消息在进入节点之前被解密;在离开节点之后进入下一通信链路之前用一个不同的密钥再将信息加密。节点加密则是先为消息提供解密,并为传输到下一节点用一个不同的密钥再将信息加密。端端加密不涉及中间的解密和再加密;为此,在通信路径每个端点的两个用户必须协商一致使用密钥。

链路加密对用户是完全透明的,但消息是以明文方式通过节点的。这种情形可能是某些拥有特别敏感数据的用户不能接受。节点加密对用户也是透明的,而端端加密则在用户的完全控制之下,即是专用的密码编码,或者也可以由系统操作员提供的设备。另外,还能把端端加密和节点加密或链路加密组合起来产生对消息的双重加密。

对于链路加密来说,加密设备的费用最高,每个通信链路上含有两个这样的设备。节点加密允许进入和离开节点的所有通信链路共享一个节点加密单元。端端加密仅在那些需要这样设备的端节点需要密码单元。

开放系统互连(OSI)的参考模式为在通信网络体系结构方面比较端端加密和链路加密提供一个有用的框架。在端端加密情况下,加密和解密过程必须发生在主机驻留层之一,即在应用层、表示层、会话层或传送层发生。一旦加密已经完成,由下一(较低)层添加到消息上的协议控制信息就以明文形式在网络上传输。因此,如果假定加密过程在传送层发生(图 N.2),则对中间网络节点的破坏或搭线窃听通信链路将泄露信息给通信分析,但未泄露消息的真实内容。在链路加密情况下,加密和解密过程在数据链路层执行。在这种情况下,在数据链路层添加到消息上的协议控制信息就以明文形式在该链路上传输(图 N.3)。因此,接收节点必须至少能把由网络层添加的协议控制信息解密,以便确定消息应当被路由到哪个节点。

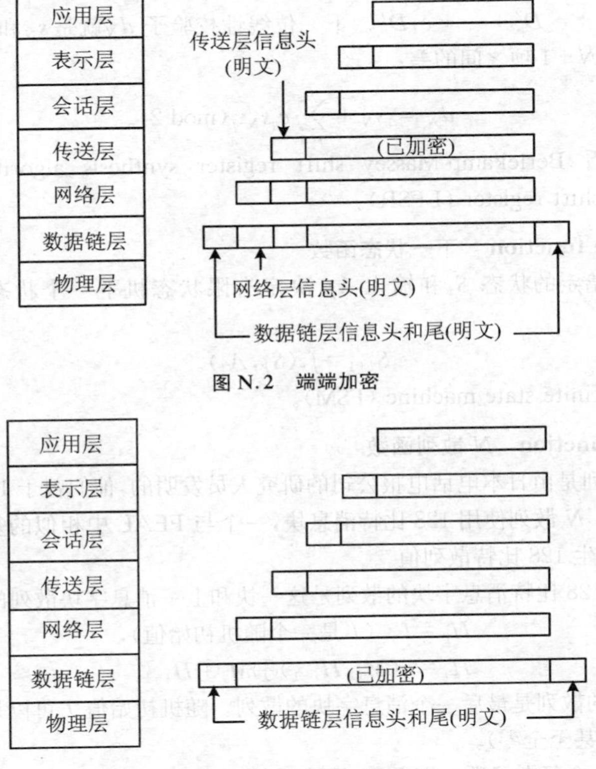

图 N.2 端端加密

图 N.3 链路加密

参看 link encryption，node encryption，end-to-end encryption。

next bit test　下一比特检验

当不存在一个多项式时间算法，能够以明显大于 1/2 的概率，根据一个输出序列 s 的开头 l 位二进制数字来预测 s 的第 $l+1$ 位二进制数字时，称这个伪随机二进制数字发生器通过了下一比特检验。

一个伪随机二进制数字发生器通过下一比特检验，当且仅当这个发生器通过所有多项式时间统计检验。

参看 polynomial-time statistical test，pseudorandom bit generator。

next discrepancy in LFSR-synthesis　线性反馈移位寄存器综合中的下一位线性校验子

考察一下有限二元序列 $s^{N+1}=s_0,s_1,\cdots,s_{N-1},s_N$。令 $\langle L,C(D)\rangle$ 是生成子序列 $s^N=s_0,s_1,\cdots,s_{N-1}$ 的一个线性反馈移位寄存器(LFSR)，其中 $C(D)=1+c_1D+c_2D^2+\cdots+c_LD^L$。下一位线性校验子 d_N 就是 s_N 和由该 LFSR 生成的第 $N+1$ 项之间的差：

$$d_N=s_N+\sum_{j=1}^{L}c_js_{N-j}\pmod 2)。$$

参看 Berlekamp-Massey shift register synthesis algorithm，linear feedback shift register (LFSR)。

next-state function　下一状态函数

根据给定的状态 S_i 和输入 A_j，决定有限状态机下一个状态 S_{i+1} 的函数 f_s：

$$S_{i+1}=f_s(S_i,A_j)。$$

参看 finite state machine (FSM)。

***N*-hash function　*N* 散列函数**

N 散列是由日本电话电报公司的研究人员发明的，他们曾于 1990 年发明了 FEAL。N 散列使用 128 比特消息块，一个与 FEAL 中相似的复杂的随机函数，并产生 128 比特散列值。

每个 128 比特消息字块的散列是这一块和上一消息字块散列的函数。

$$H_0=I\quad(I\text{ 是一个随机初始值}),$$

$$H_i=g(M_i,H_{i-1})\oplus M_i\oplus H_{i-1}。$$

整个消息的散列是最后一个消息字块的散列。随机初始值 I 可以是用户设置的任意值(甚至全零)。

g 是一个复杂函数。图 N.4 是算法的示意图。在处理第 i 个消息字块 M_i 时，先将上一消息字块的 128 比特散列值 H_{i-1} 的左半 64 比特和右半 64 比特进行交换，然后与 $V=1010\cdots1010$（128 比特）相异或，再与 M_i 相异或。该值串行进入 N（图中 $N=8$）级处理。每一级处理（PS）的另一输入是散列值 H_{i-1} 与该轮的二进制常数值的异或结果 $H_{i-1}\oplus V_j$。

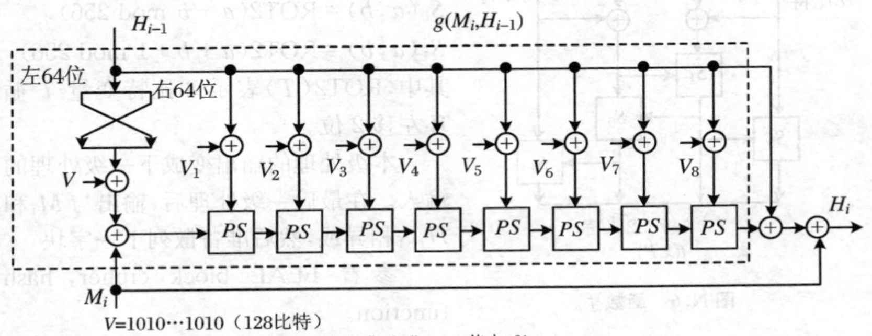

图 N.4　N 散列示意图

图 N.5 给出了一个处理级。消息字块 X 被分成四个 32 比特的值，$P=H_{i-1}\oplus V_j$ 也分成四个 32 比特的值。即

$$X=X_1\parallel X_2\parallel X_3\parallel X_4,\quad X_i\in\{0,1\}^{32},$$
$$P=P_1\parallel P_2\parallel P_3\parallel P_4,\quad P_i\in\{0,1\}^{32}。$$

本级的输出 $Y=PS(X,P)$，

$$Y=Y_1\parallel Y_2\parallel Y_3\parallel Y_4,\quad Y_i\in\{0,1\}^{32}$$

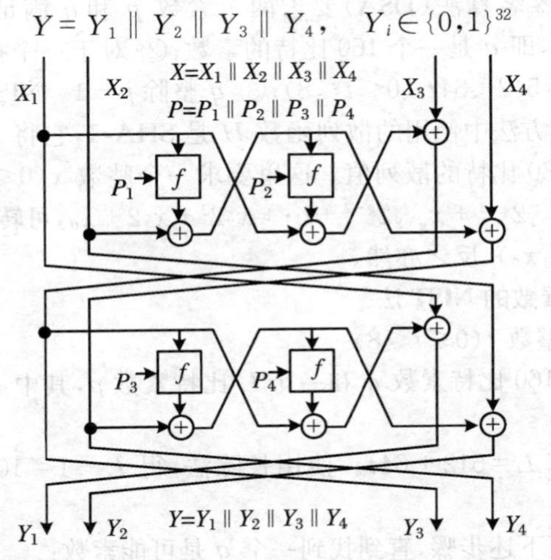

图 N.5　N 散列的一级处理

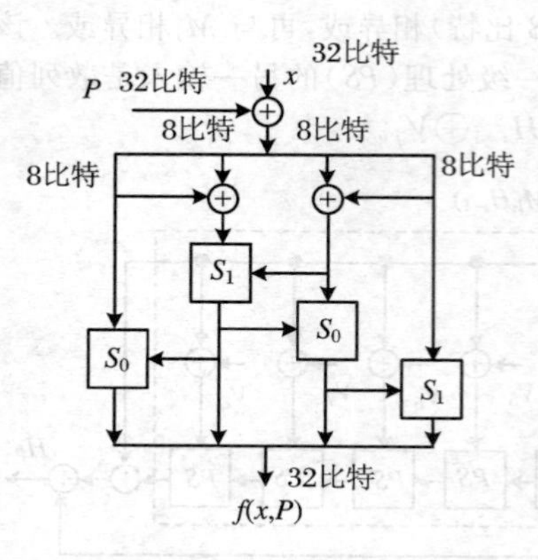

图 N.6 函数 f

图 N.6 给出了函数 f。函数 S_0 和 S_1 与在 FEAL 中的相同。

注

$S_0(a,b)=\mathrm{ROT2}(a+b \bmod 256)$,

$S_1(a,b)=\mathrm{ROT2}(a+b+1 \bmod 256)$,

其中,ROT2(T)表示 8 比特变量 T 循环左移 2 位。

本级处理的输出变成下一级处理的输入。在最后一级处理后,输出与 M_i 和 H_{i-1} 相异或,然后准备散列下一字块。

参看 FEAL block cipher, hash function。

nibble 半字节,四比特组

4 比特长的字块。共有 16 个,它们可用 16 进制数来表示,例如

$(0000)_2=(0)_{16}$,$(0001)_2=(1)_{16}$,$(0010)_2=(2)_{16}$,$(0011)_2=(3)_{16}$,

$(0100)_2=(4)_{16}$,$(0101)_2=(5)_{16}$,$(0110)_2=(6)_{16}$,$(0111)_2=(7)_{16}$,

$(1000)_2=(8)_{16}$,$(1001)_2=(9)_{16}$,$(1010)_2=(\mathrm{A})_{16}$,$(1011)_2=(\mathrm{B})_{16}$,

$(1100)_2=(\mathrm{C})_{16}$,$(1101)_2=(\mathrm{D})_{16}$,$(1110)_2=(\mathrm{E})_{16}$,$(1111)_2=(\mathrm{F})_{16}$。

参看 bit,hexadecimal digit。

NIST method for generating DSA primes 产生 DSA 素数的 NIST 法

NIST 数字签名算法(DSA)要求两个素数 p 和 q 满足下述三个条件:① $2^{159}<q<2^{160}$,即 q 是一个 160 比特的素数;② 对于一个指定的 L,$2^{L-1}<p<2^L$,其中 $L=512+64t$ $(0\leqslant t\leqslant 8)$;③ q 整除 $p-1$。NIST 提出产生这两个素数的方法。方法中使用的散列函数 H 是 SHA-1,它将 2^{64} 比特长度的二进制串映射成 160 比特的散列值。这里要求一个整数 $x(0\leqslant x<2^g)$,其二进制表示为 $x=x_{g-1}2^{g-1}+x_{g-2}2^{g-2}+\cdots+x_2 2^2+x_1 2+x_0$,可转换成 g 比特序列 $(x_{g-1}x_{g-2}\cdots x_2x_1x_0)$,反之亦然。

产生 DSA 素数的 NIST 法

输入:一个整数 $t(0\leqslant t\leqslant 8)$。

输出:一个 160 比特素数 q 和一个 L 比特素数 p,其中 $L=512+64t$ 且 $q|(p-1)$。

NM1 计算 $L=512+64t$。使用长除法,得 $L-1=160n+b(0\leqslant b<160)$。

NM2 重复下述步骤,直到找到一个 q 是可能素数:

NM2.1 选择一个比特长度为 $g\geqslant 160$ 的随机种子 s(不必是秘密的);

NM2.2　计算 $U = H(s) \oplus H(s+1(\bmod 2^g))$；

NM2.3　通过将 U 的最高有效位与最低有效位都置成“1”来形成 q（注意：是一个 160 比特的奇素数）；

NM2.4　使用米勒-拉宾素性检测算法检测 q 的素性（检测中取安全参数≥18）。

NM3　置 $i \leftarrow 0, j \leftarrow 2$。

NM4　当 $i < 4\,096$ 时，执行下述步骤：

NM4.1　对 $k = 0, 1, \cdots, n$，执行下述步骤：$V_k \leftarrow H(s+j+k(\bmod 2^g))$。

NM4.2　如下定义整数 W：令 $X = W + 2^{L-1}$（X 是 L 比特整数）。

$$W = V_0 + V_1 2^{160} + V_2 2^{320} + \cdots + V_{n-1} 2^{160(n-1)} + (V_n \bmod 2^b) 2^{160n}。$$

NM4.3　计算 $c = X(\bmod 2q)$，并置 $p = X - (c-1)$。（注意：$p \equiv 1 (\bmod 2q)$。）

NM4.4　如果 $p \geqslant 2^{L-1}$，则执行下述步骤：

使用米勒-拉宾素性检测算法检测 p 的素性（检测中取安全参数≥5）；

如果 p 是一个可能素数，则返回 (p, q)。

NM4.5　$i \leftarrow i+1, j \leftarrow j+n+1$。

NM5　转移到 NM2。

参看 digital signature algorithm (DSA), Miller-Rabin primality test, secure hash algorithm (SHA-1)。

NIST Special Publication 800-22　NIST 特种出版物 800-22

NIST 特种出版物 800-22，是由安德鲁·拉克欣(Andrew Rukhin)等人写的论文《密码应用的随机和伪随机数发生器的统计检验套件》(*A Statistical Test Suite for Random and Pseudorandom Number Generators for Cryptographic Applications*)。NIST 的这个统计检验套件是一个含有 16 项检验的软件包，它可以对基于硬件或软件实现的随机或伪随机数发生器所生成的任意长度的二进制序列进行随机性检验。

这 16 项统计检验分别是：频数（单比特）检验、一个字块内的频数检验、游程检验、一个字块内最大“1”游程检验、二元矩阵秩检验、离散傅里叶变换（谱）检验、非重叠模板匹配检验、重叠模板匹配检验、默勒的“通用统计”检验、伦佩尔-齐夫压缩检验、线性复杂性检验、序列检验、近似熵检验、累积和检验、随机偏移检验、随机偏移变形检验。

参看 approximate entropy test, binary matrix rank test, cumulative sums (cusums) test, discrete Fourier transform (spectral) test, frequency (monobit) test, frequency test within a block, Lempel-Ziv compression test, linear complexity test, Maurer's universal statistical test, non-overlapping template matching test, overlapping template matching test, random excursions test, random excursions variant test, runs test(2), serial test(2), test for the longest-run-of ones in a block, statistical test。

no cloning 不可克隆

量子信息的一种基本特性。不可克隆原理阐述:我们不能复制或克隆一个未知量子位。下面通过自相矛盾的说法来证明这个断言。令 U 是一个克隆变换,即 $U(|a0\rangle)=|aa\rangle$。令 $|a\rangle$ 和 $|b\rangle$ 是两个正交态。考察一下 $|c\rangle=\frac{1}{\sqrt{2}}(|a\rangle+|b\rangle)$。由线性性,有

$$U(|c0\rangle)=U\left(\frac{1}{\sqrt{2}}(|a\rangle+|b\rangle)\right)=\frac{1}{\sqrt{2}}(|aa\rangle+|bb\rangle)=|cc\rangle。$$

但是

$$|cc\rangle=|c\rangle\otimes|c\rangle=\frac{1}{2}(|aa\rangle+|ab\rangle+|ba\rangle+|bb\rangle),$$

这不等于前面已获得的结果。

参看 qubit, quantum information, quantum state。

node encryption 节点加密

对网络数据的一种加密方法。在一个中间节点内部将数据解密,并为传输到下一节点用一个不同的密钥再将数据加密。节点加密对用户也是透明的,解密和再加密是在保密模块内进行的。节点加密允许进入和离开节点的所有通信链路共享一个节点加密单元。

参看 network encryption。

比较 end-to-end encryption, link encryption。

nonautonomous switching circuit 非自律的开关电路

有输入的开关电路。例如除法电路和乘法电路那样的有输入的开关电路。

参看 circuit for dividing polynomials, circuit for multiplying polynomials, switching circuit。

比较 autonomous switching circuit。

nonce 现用值

一种随机时变参数。为抵抗重放攻击,在询问-应答识别协议中可以使用时变参数,用以提供唯一性和时间性保证,并能防止一些选择文本攻击。用来区别一个协议特例和另一个协议特例的时变参数有时称作现用值、唯一数,或不重复值。这些术语的定义传统上是不严密的,所要求的指定特性取决于实

际用法和协议。因此,现用值是一个为相同目的只使用一次的数值,典型地用作阻止(未被检测出的)重放攻击。

参看 chosen-text attack,replay attack,time-variant parameter。

noncyclic cellular automata　非循环细胞自动机

以 3 邻居$\{-1,0,1\}$的、由 n 个细胞单元组成的 1 维细胞自动机为例,当 $c_1(t+1)$只依赖于 $c_1(t)$和 $c_2(t)$,且 $c_n(t+1)$只依赖于 $c_{n-1}(t)$和 $c_n(t)$时,即

$$c_1(t+1)=\delta_1(c_1(t),c_2(t)),$$
$$c_i(t+1)=\delta_i(c_{i-1}(t),c_i(t),c_{i+1}(t))\quad(i=2,3,\cdots,n-1),$$
$$c_n(t+1)=\delta_n(c_{n-1}(t),c_n(t)),$$

就称之为非循环细胞自动机。

参看 cellular automata。

比较 cyclic cellular automata。

non-idempotent cryptosystem　非幂等的密码体制

如果一个密码体制 S 具有如下特性:$SS=S^2\neq S$,则称此密码体制是非幂等的。构造非幂等密码体制的一种方法就是使用乘积密码,取两个不同的密码体制的乘积,例如使用代替密码和换位密码的乘积。DES 分组密码等都是这样构造的。

多次迭代非幂等的密码体制有可能增大密码体制的性能。

参看 cryptographic system, DES block cipher, product cipher, substitution cipher,transposition cipher。

比较 idempotent cryptosystem。

non-interactive attack　非交互式攻击

对身份识别协议的一种脱机攻击,敌人猜测合法用户的秘密,但不和系统进行交互作用。对付非交互式攻击(或脱机攻击),应选择安全性参数使得一个攻击要求 2^{40} 次实时计算(在协议运行期间)是可以接受的,但是,如果能够脱机进行计算,则可以要求 $2^{60}\sim2^{80}$ 次计算界限(在所有情况中,后者应是适当的),并且这种攻击是可以检验的(即在和联机系统交互作用之前,敌人能够确认:他成功假冒的概率接近于 1;或者通过在一次交互作用之后进行脱机计算能够恢复一个长期秘密)。

参看 identification。

比较 local attack,remote attack。

non-interactive protocol　非交互式协议

在协议动作中不用发送消息的协议,或者发送一个消息但不用回答的协议。

参看 protocol。

non-interactive zero-knowledge proof　非交互式零知识证明

单向的零知识证明。

参看 zero-knowledge proof。

比较 interactive proof system。

noninvertibility　不可逆性

密码算法的一种特性。如果已知明文及其相对应的密文来确定密钥是计算上不可行的，则称这个密码算法是不可逆的。

参看 computationally infeasible。

non-linear approximations in linear cryptanalysis　线性密码分析中的非线性逼近

由克努森(L. R. Knudsen)和罗布肖(M. J. B. Robshaw)于 1996 年提出，它是线性密码分析的一种推广。目的是降低线性密码分析的复杂度。

非线性逼近一般有如下形式：

令 F 是一迭代密码的轮函数，K_i 是第 i 轮的子密钥，C^{i-1} 是第 i 轮的输入，$C^i = F(C^{i-1}, K_i)$ 是第 i 轮的输出，C^0 和 C^r 是一明密文对，

$$C^0[p_1(\alpha_1)] \oplus K[h(\gamma)] = C^r[q_r(\beta_r)]。$$

这是由一般单轮的非线性逼近 $B_1, B_2, \cdots, B_r$ 复合而成的，其中

$$B_i: C^{i-1}[p_i(\alpha_i)] = K[h_i(\gamma_i)] \oplus C^i[q_i(\beta_i)]$$

是第 i 轮线性逼近，p_i, q_i, h_i 都是多项式。

为了保证所构造的逼近仅涉及明文、密文和密钥，则 $B_1, B_2, \cdots, B_r$ 满足条件 $\alpha_{i+1} = \beta_i, p_{r+1} = q_i (1 \leqslant i \leqslant r-1)$。对一个密码，构造满足条件 $\alpha_{i+1} = \beta_i$，$p_{r+1} = q_i (1 \leqslant i \leqslant r-1)$ 的单轮逼近 $B_1, B_2, \cdots, B_r$ 不太现实，但是对 p_1, q_r，α_1, β_r 没有任何限制，因此，在非线性逼近的构造中，第 1 轮的输入和最后一轮的输出可以是非线性的。对于费斯特尔型密码，因为倒数第 2 轮的轮函数输入是已知的(一般和密文的相同)，所以在非线性逼近的构造中，倒数第 2 轮输入也可以是非线性的。

参看 complexity of attacks on a block cipher, Feistel cipher, linear cryptanalysis。

nonlinear Boolean function　非线性布尔函数

一个布尔函数的代数范式中至少有一个乘积项的次数是大于 1 的，就称之为非线性布尔函数。n 元非线性布尔函数共有 $2^{2^n} - 2^{n+1}$ 个。

参看 algebraic normal form, Boolean function。

nonlinear Boolean function table　非线性布尔函数表

由 m 个 n 变量的非线性布尔函数的真值表组成,称之为 n 个输入、m 个输出的非线性布尔函数表。这种类型的函数表常用于密码算法中构作 S 盒,或结构密钥。例如 DES 中,每个代替盒都是由四个(每个都具有六个自变量的)布尔函数的真值表组成的一个具有 6 个输入、4 个输出的布尔函数表。

参看 data encryption standard (DES), substitution box (S-box), structure key。

nonlinear cellular automata　非线性细胞自动机

如果细胞自动机(CA)的反馈函数 δ 中利用"与"、"或"运算,就构成非线性 CA。例如,对 3 邻居{$-1,0,1$}的细胞自动机来说,非线性 CA 的数量为 $256-16=240$,占 3 邻居 CA 总数的 15/16。

参看 cellular automata。

nonlinear combination　非线性组合

一种打破线性反馈移位寄存器(LFSR)中固有线性性的技术:把几个 LFSR 的输出作为某个非线性函数 F 的输入变量,将函数 F 的输出作为密钥流。

参看 nonlinear combiner generator。

nonlinear combination generator　非线性组合发生器

同 nonlinear combiner generator。

nonlinear combiner　非线性组合器

同 nonlinear combiner generator。

nonlinear combiner generator　非线性组合发生器

利用非线性组合技术构造的密钥流发生器,其结构见图 N.7。

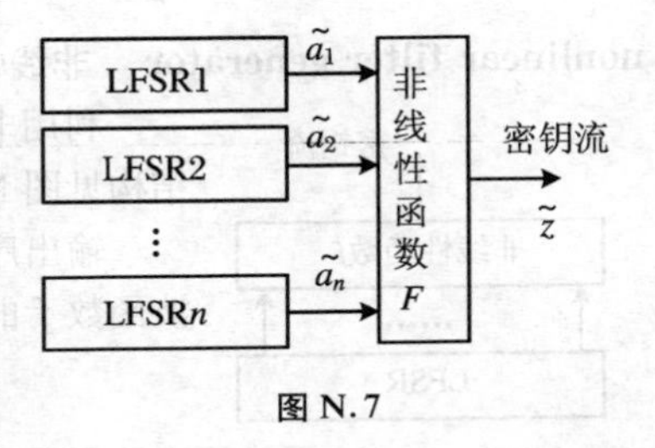

图 N.7

密钥流 $\tilde{z}$ 的线性复杂度 $\Lambda(\tilde{z})$ 完全取决于非线性组合函数 F 的代数范式和 F 的输入序列的线性复杂度:$\Lambda(\tilde{z})=F(\Lambda(\tilde{a}_1),\cdots,\Lambda(\tilde{a}_n))$。

为了抵抗相关攻击,必须把 F 设计成 m 阶相关免疫的。由于相关免疫阶数 m 和非线性次数 k 之间有如下关系:$k+m<n$, $1\leqslant m\leqslant n-2$,其中 n 表示 F 中自变量的个数,因此 k 的取值是有限制的,必须在 k 和 m 之间,也就是在非线性次数和相关免疫性之间权衡利弊、折中选取。

参看 algebraic normal form, correlation-immunity, linear complexity, linear feedback shift register (LFSR), nonlinear combination, nonlinear order of Boolean function。

nonlinear combining function 非线性组合函数

非线性组合技术中使用的非线性函数 F。它把几个 LFSR 的输出作为输入变量，而其输出作为密钥流。

参看 nonlinear combination，nonlinear combiner generator。

nonlinear feedback shift register (NLFSR) 非线性反馈移位寄存器

反馈移位寄存器(FSR)中，如果其反馈函数是一个非线性布尔函数，则称之为非线性反馈移位寄存器。

参看 feedback shift register(FSR)。

nonlinear feedforward filter 非线性前馈滤波器

同 nonlinear filter generator。

nonlinear feedforward filtering 非线性前馈滤波

同 nonlinear filter。

nonlinear feedforward function 非线性前馈函数

同 filtering function。

nonlinear feedforward generator 非线性前馈发生器

同 nonlinear filter generator。

nonlinear filter 非线性滤波

一种打破线性反馈移位寄存器(LFSR)中固有线性性的技术：把一个 LFSR 的某些级作为某个非线性函数 f 的输入变量，将函数 f 的输出作为密钥流。

参看 nonlinear filter generator。

nonlinear filter generator 非线性滤波发生器

利用非线性滤波技术构造的密钥流发生器，其结构见图 N.8。

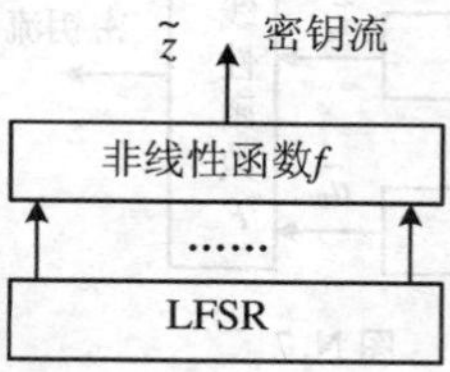

$\tilde{z}$ 密钥流

非线性函数f

......

LFSR

图 N.8

输出序列 $\tilde{z}$ 的线性复杂度取决于非线性状态滤波函数 f 的次数 k：

$$C_L^k \leqslant \Lambda(\tilde{z}) \leqslant \sum_{i=1}^{k} C_L^i。$$

参看 nonlinear filter，linear complexity，linear feedback shift register (LFSR)。

nonlinear filtering function 非线性滤波函数

非线性滤波技术中使用的非线性函数，它把一个 LFSR 的某些级作为输入变量，而把其输出作为密钥流。

参看 nonlinear filter,nonlinear filter generator。

nonlinearity 非线性度

设 $A_n=\{u\cdot x+v\mid u=(u_1,u_2,\cdots,u_n)\in\mathbb{F}_2^n,v\in\mathbb{F}_2\}$,则 A_n 表示$\mathbb{F}_2$上的所有仿射布尔函数所组成的集合,n 元布尔函数 $f(x)$ 的非线性度,定义为 $f(x)$ 与所有仿射函数之间的汉明距离的最小值,即

$$N_f=\min_{l(x)\in A_n}d_{\mathrm{H}}(f(x),l(x))=\min_{l(x)\in A_n}W_{\mathrm{H}}(f(x)+l(x))。$$

参看 affine function,Boolean function,Hamming distance。

nonlinearity of S-box 代替盒的非线性度

定义代替盒 $F(x)$ 的非线性度 N_F 为

$$N_F=\min_{g(x)}N_g,$$

其中,$g(x)$ 是 $F(x)$ 分量函数的任意非零线性组合,N_g 为 $g(x)$ 的非线性度。

参看 nonlinearity,substitution box (S-box)。

nonlinear order of Boolean function 布尔函数的非线性次数

参看 algebraic degree of Boolean function。

nonlinear state filter 非线性状态滤波器

同 nonlinear filter generator。

non-malleable encryption 无韧性加密

如果给定一个密文,产生一个不同的密文使得各自的明文以一种已知的方式相联系是计算上不可行的,则称这种公开密钥加密方案是无韧性的。如果一个公开密钥加密方案是无韧性的,则它也是语义上安全的。

参看 public key encryption,semantically secure public-key encryption。

non-overlapping template matching test 非重叠模板匹配检验

NIST 特种出版物 800-22《A Statistical Test Suite for Random and Pseudo-random Number Generators for Cryptographic Applications》中提出的 16 项检验之一。

检验目的 设待测序列 $S=s_0,s_1,s_2,\cdots,s_{n-1}$。检验预先指定的目标串出现的次数。检验目的是检测一个给定的非周期性模板在序列 S 中是否出现得太多。首先指定一个长度为 m 比特的模板,使用一个 m 比特窗口来搜索指定的 m 比特模式。如果指定的模板没有找到,窗口滑动一比特。如果模板被找到,则把窗口重新设置到已找到模板后面的那一比特,并重新开始搜索。

理论根据及检验技术描述 令 $B=(b_1,b_2,\cdots,b_m)$ 为一个给定的长度为 m 的模板。B 的周期集合 $\mathscr{B}$ 为

$$\mathscr{B}=\{j(1\leqslant j\leqslant m-1),b_{j+k}=b_k(k=1,\cdots,m-j)\}。$$

这个检验不使用属于上述集合 $\mathscr{B}$ 的那些周期性模板，而使用不属于集合 $\mathscr{B}$ 的非周期性模板。$m=2,3,4,5,6,7,8$ 这七种长度的非周期性模板见表 N.1。

表 N.1 非周期性模板

m	非周期性模板
2	01 10
3	001 011 100 110
4	0001 0011 0111 1000 1100 1110
5	00001 00011 00101 01011 00111 01111 11100 11010 10100 11000 10000 11110
6	000001 000011 000101 000111 001011 001101 001111 010011 010111 011111 100000 101000 101100 110000 110010 110100 111000 111010 111100 111110
7	0000001 0000011 0000101 0000111 0001001 0001011 0001101 0001111 0010011 0010101 0010111 0011011 0011101 0011111 0100011 0100111 0101011 0101111 0110111 0111111 1000000 1001000 1010000 1010100 1011000 1011100 1100000 1100010 1100100 1101000 1101010 1101100 1110000 1110010 1110100 1110110 1111000 1111010 1111100 1111110
8	00000001 00000011 00000101 00000111 00001001 00001011 00001101 00001111 00010011 00010101 00010111 00011001 00011011 00011101 00011111 00100011 00100101 00100111 00101011 00101101 00101111 00110101 00110111 00111011 00111101 00111111 01000011 01000111 01001011 01001111 01010011 01010111 01011011 01011111 01100111 01101111 01111111 10000000 10010000 10011000 10100000 10100100 10101000 10101100 10110000 10110100 10111000 10111100 11000000 11000010 11000100 11001000 11001010 11010000 11010010 11010100 11011000 11011010 11011100 11100000 11100010 11100100 11100110 11101000 11101010 11101100 11110000 11110010 11110100 11110110 11111000 11111010 11111100 11111110

令 $W=W(m,M)$ 表示序列串中给定模板 B 出现的次数。统计的最好途径是求和：

$$W=\sum_{i=1}^{n-m+1} I(s_{i+k-1}=b_k, k=1,\cdots,m)。$$

随机变量 $I(s_{i+k-1}=b_k, k=1,\cdots,m)$ 是 m 步相关的，因此中心极限定理对 W 成立。近似正态分布的均值和方差分别为

$$\mu = \frac{n - m + 1}{2^m}, \quad \sigma^2 = n\left(\frac{1}{2^m} - \frac{2m - 1}{2^{2m}}\right)。$$

统计该模板在序列 S 中出现的次数,如果出现的次数过多或过少,则都被认为未通过该项检测。指定长度为 m 的模板 B,将序列 S 分成 N 个长度为 M 的子块,即 $n = MN$。令 $W_j = W_j(m, M)$ 表示长度为 m 的模板 B 在第 j 个子块中的出现次数。令 $\mu = EW_j = (M - m + 1)2^{-m}$。则对大的 M, W_j 具有均值为 μ、方差为 σ^2 的正态分布,因此,统计量

$$\chi^2_{\text{obs}} = \sum_{j=1}^{N} \frac{(W_j - \mu)^2}{\sigma^2},$$

近似服从 χ^2 分布,自由度为 N。尾部概率

$$P\text{-}value = \text{igamc}\left(\frac{N}{2}, \frac{\chi^2_{\text{obs}}}{2}\right),$$

其中,χ^2_{obs} 是观测值,$\text{igamc}(a, x)$ 为不完全伽马函数:

$$\text{igamc}(a, x) = \frac{1}{\Gamma(a)} \int_x^{\infty} \mathrm{e}^{-u} u^{a-1} \mathrm{d}u。$$

检验统计量与参照的分布 统计量 χ^2_{obs} 近似满足 χ^2 分布(自由度为 N)。

检验方法描述 (1) 将长度为 n 的待检验序列 S 划分成 N 个独立字块,每个字块的长度均为 M。例如,待检验序列 $S = 10100100101110010110$,则 $n = 20$, $M = 10$, $N = 2$,那么分成的两个字块为 1010010010,1110010110。

(2) 计算指定模板 B 分别在这 N 个字块中的出现次数,令 $W_j(j = 1, 2, \cdots, N)$ 表示模板 B 在第 j 个字块中出现的次数。统计方法如下:在字块中建立一个长度为 m 的窗口,将窗口内的 m 比特和指定模板 B 进行比较,如果不匹配,则计数器不变,并将窗口滑动 1 比特再进行比较;如果匹配,则计数器加 1,并将窗口滑动 m 比特再进行比较。上述过程如此进行,直到结束。对于上面给出的例子,设 $m = 3$, $B = 001$,对两个字块匹配的过程如表 N.2 所示。

表 N.2

比特位置	第 1 字块 比特	第 1 字块 B 匹配	第 2 字块 比特	第 2 字块 B 匹配
1~3	101	不	111	不
2~4	010	不	110	不
3~5	100	不	100	不
4~6	001	匹配	001	匹配
5~7				
6~8				
7~9	001	匹配	011	不
8~10			110	不

最后匹配的结果为 $W_1=2, W_2=1$。

(3) 在随机性假设下，计算理论均值 μ 和方差 σ^2：

$$\mu=\frac{M-m+1}{2^m},\ \sigma^2=M\left(\frac{1}{2^m}-\frac{2m-1}{2^{2m}}\right)。$$

对于上面的例子，有

$$\mu=(10-3+1)/2^3=1,$$

$$\sigma^2=10\times((1/2^3)-(2\times 3-1)/2^{2\times 3})=0.468\,75。$$

(4) 计算：

$$\chi^2_{\mathrm{obs}}=\sum_{j=1}^{N}\frac{(W_j-\mu)^2}{\sigma^2}。$$

对于上面的例子，有

$$\chi^2_{\mathrm{obs}}=\frac{(2-1)^2+(1-1)^2}{0.468\,75}=2.133\,333。$$

(5) 计算尾部概率：

$$P\text{-}value=\mathrm{igamc}\left(\frac{N}{2},\frac{\chi^2_{\mathrm{obs}}}{2}\right)。$$

对于上面的例子，有

$$P\text{-}value=\mathrm{igamc}\left(\frac{2}{2},\frac{2.133\,333}{2}\right)=0.344\,154。$$

判决准则（在显著性水平 1%下） 如果 *P-value* <0.01，则该序列未通过该项检验；否则，通过该项检验。

判决结论及解释 根据上面第(5)步中的 *P-value*，得出结论：这个序列通过该项检验还是未通过该项检验。如果 *P-value* 值非常小(<0.01)，则说明所检验的序列中可能的模板模式是不规则出现的。

输入长度建议 参数 n，M 和 N 的选择应保证输入序列的长度满足 $n\geqslant 10^6$，$M=131\,072$，$N\leqslant 100$，推荐 $m=9$ 或 10。如果选择别的参数值，那么应满足下列条件：$M>0.01n$，并且 $N=\lfloor n/M\rfloor$。

举例说明 序列 S：使用 FIPS 186-2 中的伪随机数发生器产生的 2^{20} 比特序列，$n=2^{20}$。

指定模板：$B=000000001$，$m=9$。

计算：$\mu=255.984\,375$，$\sigma^2=247.499\,999$

统计：$W_1=259$，$W_2=229$，$W_3=271$，$W_4=245$，$W_5=272$，$W_6=262$，$W_7=259$，$W_8=246$。

计算：$\chi^2_{\mathrm{obs}}=5.999\,377$。

计算：$P\text{-}value=0.647\,302$。

结论：通过该项检验。

参看 chi square test, FIPS 186 pseudorandom bit generator, NIST Special Publication 800-22, statistical hypothesis, statistical test。

nonrepudiation　不可否认,不可抵赖

信息安全的一个目标任务,是防止一个实体不承认先前承诺或行为的一种业务。当由于一个实体不承认其采取过的一些行为而发生争论时,解决这种局势就必需一种方法,涉及可信第三方的证明过程就可解决上述争论。使用公开密钥密码学的数字签名的不可否认特性,可以防止一个签名者签署一个文献,随后又能成功地否认其签名的行为。

参看 digital signature, information security。

non-singular feedback shift register (FSR)　非奇异反馈移位寄存器

一个反馈移位寄存器(FSR)称为非奇异的,当且仅当 FSR(对所有可能的初始状态)的每一个输出序列(即对所有可能的初始状态的输出序列)都是周期性的。

一个具有反馈函数 $f(s_{j-1}, s_{j-2}, \cdots, s_{j-L})$ 的反馈移位寄存器(FSR)称为非奇异的,当且仅当 f 具有如下形式:$f = s_{j-L} \oplus g(s_{j-1}, s_{j-2}, \cdots, s_{j-L+1})$,$g$ 是一个布尔函数。

L 级非奇异 FSR 的输出序列的周期小于或等于 2^L。

参看 Boolean function, feedback shift register (FSR)。

non-singular Boolean function　非奇异布尔函数

如果一个 L 级反馈移位寄存器(FSR)的反馈函数 $f(x_{L-1}, x_{L-2}, \cdots, x_0)$ 可以表示成

$$f(x_{L-1}, x_{L-2}, \cdots, x_0) = x_0 \oplus g(x_{L-1}, x_{L-2}, \cdots, x_1),$$

则称 $f(x_{L-1}, x_{L-2}, \cdots, x_0)$ 为非奇异布尔函数,又称非奇异开关函数。其中 g 是一个布尔函数。

参看 Boolean function, feedback shift register(FSR)。

non-singular LFSR　非奇异线性反馈移位寄存器

如果线性反馈移位寄存器(LFSR)的连接多项式 $C(D) = 1 + c_1 D + c_2 D^2 + \cdots + c_L D^L$ 中,$c_L = 1$(即 $C(D)$ 的级数为 L),则称这个 LFSR 为非奇异线性反馈移位寄存器。

参看 linear feedback shift register (LFSR), connection polynomial of LFSR。

non-singular switching function　非奇异开关函数

同 non-singular Boolean function。

non-trivial factorization　非平凡因子分解

形如 $n=ab$ 的因子分解，其中 $1<a<n$ 且 $1<b<n$；称 a 和 b 是整数 n 的非平凡因子。这里 a 和 b 不一定是素数。

参看 integer factorization。

normal basis　正规基

如果有限域 $GF(q^n)$ 在其子域 $GF(q)$ 上的一组基的形式为 $(\alpha,\alpha^q,\alpha^{q^2},\cdots,\alpha^{q^{n-1}})$，则称这样的基为正规基。

参看 finite field。

normal distribution　正态分布

如果一个连续随机变量 X 的概率密度函数定义为

$$f(x)=\frac{1}{\sigma\sqrt{2\pi}}\exp\left\{\frac{-(x-\mu)^2}{2\sigma^2}\right\}\quad(-\infty<x<\infty),$$

则 X 具有均值为 μ、方差为 σ^2 的正态分布。记 $X\sim N(\mu,\sigma^2)$。

参看 continuous random variable，probability density function。

normal polynomial　正规多项式

令 $f(x)\in\mathbb{Z}_p[x]$ 是一个 m 次不可约多项式。如果集合 $\{x,x^p,x^{p^2},\cdots,x^{p^{m-1}}\}$ 形成 $\mathbb{Z}_p$ 上有限域 $GF(p^m)=\mathbb{Z}_p[x]/(f(x))$ 的一个基（即正规基），则称 $f(x)$ 是一个正规多项式。

参看 normal basis。

normal use　正常使用

密钥管理的一个阶段。密钥生存周期的目标是为了使标准密码用途的密钥资料的操作利用更方便。在正常情况下，这个状态继续下去直到密码周期终止为止；还可以再细分——例如，对于加密用的公开密钥/秘密密钥对，可以存在一个站点，在这个站点上不再认为那个公开密钥对加密是合法的，但那个秘密密钥仍然正常应用于解密。

参看 key management life cycle。

notary agent　公证代理

由可信第三方为用户提供的一种高级业务。用于验证在一个给定时间点的数字签名，以支持不可否认，或者更一般地说，在一个给定时间点建立任意语句的真实性，这些语句是可信的，或是允许管辖支配的。

参看 trusted third party (TTP)。

NOT gate　非门

实现非运算的电路，一般用框图(图 N.9)表示。

可用公式 $Y=\neg A$(或者 $Y=\bar{A}$)来表示。

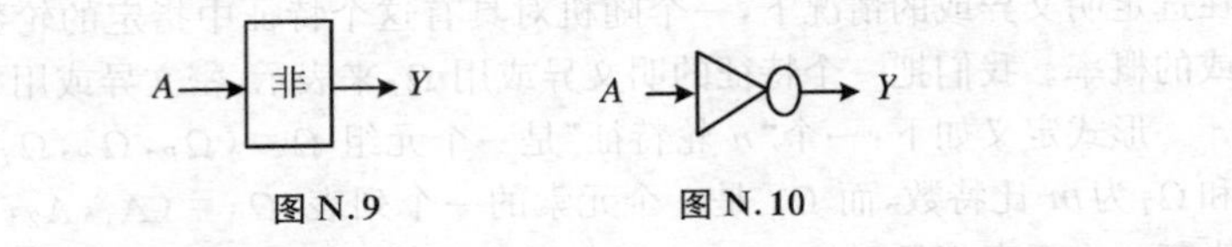

图 N.9　　图 N.10

图 N.10 是国际上通常使用的非门框图。

参看 NOT operation。

NOT operation　非运算

非运算用符号"¬"表示,运算规则定义如下:$\neg 0=1$,$\neg 1=0$。也有用上划线符号表示的,例如,$\bar{0}=1$,$\bar{1}=0$。

参看 Boolean algebra。

NP-complete problem　NP 完全问题

根据完全性概念,对于 NP 类语言,L_0是 NP 完全的,当且仅当 $L_0\in NP$,而且对任何 $L\in NP$,L 都可以 P 归约为 L_0。显而易见,NP 完全问题类是 NP 类问题的一个子集,而且是 NP 类中最难的问题。

由上述定义不难推出下面这个重要事实:令 L_0是 NP 完全的,如果 $L_0\in P$,则所有属于 NP 的语言 L 都属于 P,从而有 $P=NP$;如果能证明 $L_0\notin P$,则 $P\neq NP$。

这就是 NP 完全概念的重要意义。即把一个一般的"$P=NP$?"问题归结为一些具体的语言 L_0是否属于 P 的问题。

参看 completeness,NP-hard problem。

NP-hard problem　NP 难度问题

NP 难度问题是指,那些目前还仅有指数式时间算法,但是还不能证明无多项式时间算法存在的问题类。这也是对决定性机器而言的。如果用非决定性机器来解这类问题(即每一操作的结果及其下面应执行的指令不是唯一确定的),结果也会在多项式时间内解这类问题。(字母"NP"表示"非决定性多项式"。)如果能证明一个 NP 难度问题存在一个多项式时间解法,就意味着 $P=NP$。

参看 class NP problem。

***n*-round characteristic　*n* 轮特征**

伊莱・比汉姆(Eli Biham)和埃迪・沙米尔(Adi Shamir)针对 DES 类分组密码算法提出的差分密码分析中,定义了"n 轮特征"的概念。

与任意两次加密相联系的是其两个明文的异或值、两个密文的异或值、这两次加密运算中每一轮输入的异或值及这两次加密运算中每一轮输出的异或值。这些异或值形成一个“n 轮特征”。一个特征具有一个概率,这个概率是在选定明文异或的情况下,一个随机对具有这个特征中指定的轮数和密文异或的概率。我们把一个特征的明文异或用 Ω_P来表示,密文异或用 Ω_T来表示。

形式定义如下:一个“n 轮特征”是一个元组 $\Omega=(\Omega_P,\Omega_\Lambda,\Omega_T)$,这里 Ω_P 和Ω_T为m 比特数,而 Ω_Λ 是n 个元素的一个列表,$\Omega_\Lambda=(\Lambda_1,\Lambda_2,\cdots,\Lambda_n)$,其中每一个元素都是形如 $\Lambda_i=(\lambda_I^i,\lambda_O^i)$的一个数对,此处 λ_I^i 和 λ_O^i 为 $m/2$ 比特数,m 是密码体制的分组长度。一个特征满足下述要求:

$\lambda_I^1=\Omega_P$的右边一半,

$\lambda_I^2=\Omega_P\oplus\lambda_O^1$ 的左边一半,

$\lambda_I^n=\Omega_T$的右边一半,

$\lambda_I^{n-1}=\Omega_T\oplus\lambda_O^n$ 的左边一半。

而且,对于每一个 $i(2\leqslant i\leqslant n-1)$,都有

$$\lambda_O^i=\lambda_I^{i-1}\oplus\lambda_I^{i+1}。$$

例如对 DES 分组密码而言,两个明文对的异或值如果是0080820060000000(十六进制),则在去掉初始置换的情况下,经过三轮迭代之后,所得到的两个密文对的异或值仍然是 0080820060000000 的可能性是$(14/64)^2$,约为 5%。这就是 DES 的三轮差分特征(概率为 5%)(图 N.11)。

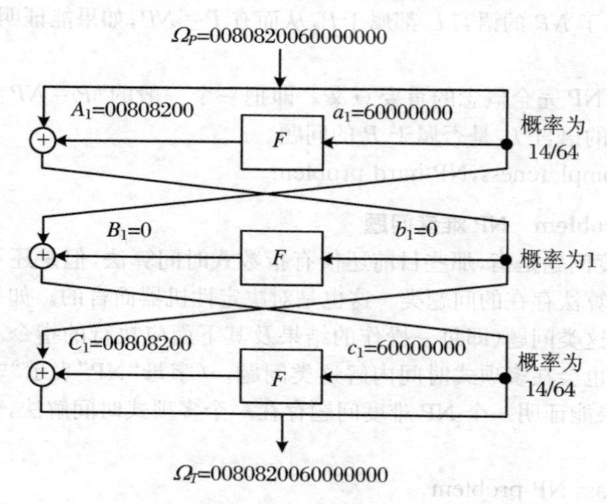

图 N.11

关于一个 n 轮特征 $\Omega=(\Omega_P,\Omega_\Lambda,\Omega_T)$和一个独立密钥 K 的一个正确对,指的是一对明文 P 和P^*,其差 $\Delta P=P\oplus P^*=\Omega_P$,而且对于它们使用独立密钥 K 进行加密的开头n 轮都有:第 i 轮输入异或等于λ_I^i,而轮函数 F 的输出异或等于λ_O^i。不是关于这个特征和独立密钥 K 的一个正确对的每一个对都

称为错误对。

一个 n 轮特征$\Omega^1=(\Omega_P^1,\Omega_\Lambda^1,\Omega_T^1)$和一个 m 轮特征$\Omega^2=(\Omega_P^2,\Omega_\Lambda^2,\Omega_T^2)$的串接是特征 $\Omega=(\Omega_P^1,\Omega_\Lambda,\Omega_T^2)$，其中 Ω_T^1等于 Ω_P^2的两个一半交换后的值，而 Ω_Λ 则是Ω_Λ^1 和Ω_Λ^2 的串接。

如果根据轮函数 F，$\lambda_I^i\rightarrow\lambda_O^i$ 具有概率 P_i^Ω，则一个特征 Ω 的第 i 轮具有概率P_i^Ω。

如果 P^Ω 是其n 轮的概率的乘积，$P^\Omega=\prod_1^n P_i^\Omega$，则一个 n 轮特征Ω 具有概率 P^Ω。

可以得出如下结论：一个特征 $\Omega=(\Omega_P,\Omega_\Lambda,\Omega_T)$的形式定义概率是一个实际概率，即在使用随机独立密钥时满足 $\Delta P=\Omega_P$的任意固定明文对都是正确对的概率。

参看 DES block cipher，difference，differential cryptanalysis。

NTRU public key cryptosystem　NTRU 公开密钥密码体制

NTRU (number theory research unit)公开密钥密码体制是由布朗大学三位数学教授霍夫斯坦(J. Hoffstein)、皮弗(J. Pipher)和西尔弗曼(J. H. Silverman)于 1996 年提出的。NTRU 公开密钥密码体制基于环理论，其安全性基于某些格问题(最短矢量问题、最近矢量问题)的困难性。NTRU 算法是公开密钥密码体制中最快的算法，也是比较容易实现的算法。

NTRU 公开密钥密码体制的一般描述：

令 $\mathscr{R}$ 是一个环，整数 p 和 q 互质，且是 $\mathscr{R}$ 上的两个理想。$\mathscr{R}$ 上的乘法用“$*$”表示。

设消息发送方为 B，消息接收方为 A。

(1) 密钥生成(A 建立自己的公开密钥/秘密密钥对)

KG1　A 选择元素 $f,g\in\mathscr{R}$，计算 f 的模 q 逆元 f_q^{-1}，并计算 f 的模 p 逆元f_p^{-1}。

KG2　A 计算 $h=p\cdot f_q^{-1}*g\ (\mathrm{mod}\ q)$。

KG3　A 的公开密钥是 h，秘密密钥是 f。

(2) B 加密消息 m

EM1　B 获得 A 的可靠的公开密钥 h。

EM2　B 把消息表示为 $\mathscr{R}$ 的一个元素 m。

EM3　B 随机选择一个元素 $r\in\mathscr{R}$。

EM4　B 计算 $c=r*h+m\ (\mathrm{mod}\ q)$。

EM5　B 把密文 c 发送给 A。

(3) A 解密恢复消息 m

DM1　A 使用秘密密钥 f 计算$a=f*c(\mathrm{mod}\ q)$。

DM2 A 选择一个满足同余式 $a \equiv f * c \pmod q$ 的 $a \in \mathcal{R}$,并且使 a 位于 $\mathcal{R}$ 的某个预先指定的子集合 $\mathcal{R}_a$ 之中。

DM3 A 计算 $f_p^{-1} * a \pmod p$,这个值等于 $m \pmod p$。

注释 实际上,元素 f, g, r 和 m 都是取自于 $\mathcal{R}$ 的某些预先指定的大子集合 $\mathcal{R}_f, \mathcal{R}_g, \mathcal{R}_r$ 和 $\mathcal{R}_m$。这些集合与 $\mathcal{R}_a$ 都选择足够大的集合,以使得一个攻击者根据 h 求出 f 或 g(或者根据 c 求出 r 或 m)都是不可行的,而解密过程却可以进行。

在上面所描述的一般的 NTRU 密码体制中,没有指定环 $\mathcal{R}$ 及其子集合 $\mathcal{R}_f, \mathcal{R}_g, \mathcal{R}_m, \mathcal{R}_r$ 和 $\mathcal{R}_a$ 具体是什么。NTRU 的一种标准实现使用卷积多项式环 $\mathcal{R} = \mathbb{Z}[x]/(x^N - 1)$。而子集合 $\mathcal{R}_f, \mathcal{R}_g, \mathcal{R}_r$ 和 $\mathcal{R}_m$ 都是“小”多项式集合,即它们的系数都被选择得很小,一般为二元的$\{0,1\}$或为三元的$\{-1,0,1\}$,而且可能具有指定数量的非零系数。(p, q) 的一个典型选择是(3,128),而且为了使解密正确,必须使多项式 $p \cdot r * g + m * f$ 的系数位于至多 q 长的一个区间上。也就是说,最大系数与最小系数之间的差不应超过 q。在这种情况下,称这个多项式为“模 q 窄的”。如果 p, q 和 $\mathcal{R}_f, \mathcal{R}_g, \mathcal{R}_m, \mathcal{R}_r$ 都选择适当,则对 f, g, m, r 的大多数选择多项式 $p \cdot r * g + m * f$ 都将是“模 q 窄的”。

参看 lattice, lattice basis reduction, public key cryptography (PKC)。

null cipher 虚字密码

隐语的一种。在使用虚字密码的报文中只有一些字母和字是有意义的,而其他的字母和字均作为没有意义的虚码。

参看 open code。

number field sieve 数域筛

随机平方算法族中的一种算法。其基本思想是:试图找到整数 x 和 y,使得 $x^2 \equiv y^2 \pmod n$ 但 $x \not\equiv \pm y \pmod n$。为了达到这个目的,使用两个因子基,一个由所有小于某个界限的素数组成,另一个由小于一个适当选择的代数数域的整数环上的某个界限的范数的所有素理想组成。数域筛算法细节相当复杂。数域筛算法有专用版本(称之为专用数域筛)和通用版本(称之为通用数域筛)。

参看 general number field sieve, random square factoring methods, special number field sieve。

number generator 数字发生器

一种算法:给定 n_0 个整数 $x_{-n_0}, \cdots, x_{-1}$(称之为初始值),输出一个无限的整数序列 $x_0, x_1, \cdots$,其中每个元素 x_i 都是根据先前的元素(包括初始值)确定性地计算出来的。

number of key variations　密钥变化量，密钥量

同 amount of key。

number of keys　密钥量

同 amount of key。

number-theoretic reference problems　数论基准问题

数论研究的一些计算问题，它们是公开密钥密码体制安全性的基础。人们只是相信解这些计算问题是相当困难的，但还不知道这些计算问题的真正计算复杂度到底是多少，也就是说，还未能证明这些计算问题的难解性。这些计算问题有：整数因子分解问题、RSA问题、二次剩余性问题、模 n 平方根问题、离散对数问题、广义的离散对数问题、迪菲-赫尔曼问题、广义的迪菲-赫尔曼问题、子集和问题。

参看 Diffie-Hellman problem, discrete logarithm problem, generalized Diffie-Hellman problem, generalized discrete logarithm problem, integer factorization problem, quadratic residuosity problem, RSA-problem, square root modulo n problem, subset sum problem。

Nyberg-Rueppel signature scheme　奈博格-鲁坡签名方案

此签名方案是埃尔盖莫尔数字签名方案的一个变种，它提供一种带有消息恢复的随机化数字签名方案。这个方案的消息空间是 M；签字空间是 $M_S = \mathbb{Z}_p^*$，其中 p 是一个素数；签名空间是 $S = \mathbb{Z}_p \times \mathbb{Z}_q$，其中 $q|(p-1)$是一个素数；冗余函数 $R: M \to M_S$。此方案的密钥生成和 DSA 的密钥生成一样，但不限制 p 和 q 的大小。

设签名者为 A，验证者为 B。

(1) 密钥生成（A 建立一个公开密钥/秘密密钥对）

KG1　A 选择一个素数 q，使得 $2^{159} < q < 2^{160}$。

KG2　A 选择 $t(0 \leqslant t \leqslant 8)$，选择一个素数 p，其中 $2^{511+64t} < p < 2^{512+64t}$，并且使得 q 整除 $p-1$。

KG3　选择乘法群 $\mathbb{Z}_p^*$ 上的 q 阶循环群的一个生成元 α。

KG3.1　A 选择一个元素 $g \in \mathbb{Z}_p^*$，并计算 $\alpha = g^{(p-1)/q} \pmod p$；

KG3.2　如果 $\alpha = 1$，则返回 KG3.1；

KG4　A 选择一个随机整数 a，使得 $1 \leqslant a \leqslant q-1$。

KG5　A 计算 $y = \alpha^a \pmod p$。

KG6　A 的公开密钥是(p, q, α, y)，秘密密钥是 a。

(2) 签名生成（A 签署一个任意长度的二进制消息 $m \in M$）

SG1　A 计算 $\widetilde{m} = R(m)$；

SG2 A选择一个随机的秘密整数 k（$1\leqslant k\leqslant q-1$），并计算 $r=\alpha^{-k}$（mod p）；

SG3 A计算 $e=\tilde{m}r$（mod p）；

SG4 A计算 $s=ae+k$（mod q）；

SG5 A对消息 m 的签名是(e,s)对。

(3) 签名验证(B使用A的公开密钥验证A对消息 m 的签名)：

SV1 B获得A的可靠的公开密钥(p,q,α,y)；

SV2 B验证 $0<e<p$，如果不是，则拒绝这个签名；

SV3 B验证 $0\leqslant s<q$，如果不是，则拒绝这个签名；

SV4 B计算 $v=\alpha^{s}y^{-e}$（mod p），$\tilde{m}\equiv ve$（mod p）；

SV5 B验证 $\tilde{m}\in M_R$，如果 $\tilde{m}\notin M_R$，则拒绝这个签名；

SV4 B恢复消息 m，$m=R^{-1}(\tilde{m})$。

对签名验证的证明

$$v\equiv\alpha^{s}y^{-e}\equiv\alpha^{s}\alpha^{-ae}\equiv\alpha^{s-ae}\equiv\alpha^{k}\ (\mathrm{mod}\ p),$$

$$ve\equiv\alpha^{k}\tilde{m}r\equiv\alpha^{k}\tilde{m}\alpha^{-k}\equiv\tilde{m}\ (\mathrm{mod}\ p)。$$

参看 digital signature scheme with message recovery。

比较 digital signature standard (DSS)，ElGamal digital signature。

O

observable　可观测量

量子测量理论中用来测量量子位的一种数学工具。一个可观测量是原则上能被测量的物理系统的一个性质。假定我们拥有一个探测头(或一个测量工具)P 以及待测量的量子态 $|\psi\rangle$ 的一个性质。这个性质可以是任意事项,例如位置或方向。一个可观测量是探测头 P 的数学表示。

定义　令 H 是用于表示一个量子系统的态矢的希尔伯特空间。一个可观测量 O 是一组子空间 $E_1, E_2, \cdots, E_k \subseteq H$,使得这些子空间完全划分 H,也就是

$$E_1 \times E_2 \times \cdots \times E_k \subseteq H。$$

这就是说,H 是和各个子空间的笛卡儿积同构的。此外,对所有 i, j,使得如果 $i \neq j$,则 $E_i \perp E_j$,即子空间是正交的。

参看 qubit,quantum state,Hilbert space。

octet　八比特组

8 比特长的字块,共有 256 个,为计算机和信息处理时常用的位组。每个八比特组可用 8 个二进制数来表示,也可用 2 个十六进制数来表示。例如,$(01001011)_2 = (4B)_{hex}$。

参看 bit,hexadecimal digit。

off-line attack　离线攻击,脱机攻击

同 non-interactive attack。

off-line ciphering　离线式加密,脱机加密

同 off-line encryption。

off-line crypto-operation　离线密码操作,脱机密码操作

和已加密文本的传输不同,加密/解密操作是单独执行的操作,用手工或是用不和信号线有电连接的机器来执行。

参看 encrypt,decrypt。

off-line encryption　离线式加密,脱机加密

参看 off-line crypto-operation。

off-line trusted third party　脱机可信第三方,离线可信第三方

一类可信第三方。协议中不实时地涉及可信第三方 T,但事先准备好信息,这些信息是 A,B 或 A 和 B 双方可利用的,并在协议执行期间使用。如图 O.1 所示。

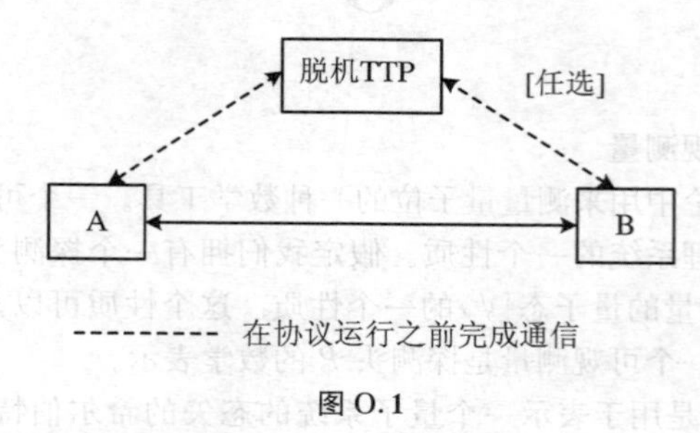

图 O.1

参看 trusted third party (TTP)。

比较 in-line trusted third party,on-line trusted third party。

Ohta-Okamoto identification protocol　太田-冈本身份识别协议

也是菲亚特-沙米尔身份识别协议的一个扩展,和吉劳-奎斯夸特(GQ)身份识别协议不同的是:① 此协议中,不是由可信中心 T 根据 A 的身份 I_A来计算 s_A,而是 A 选择自己的秘密 $s_A \in \mathbb{Z}_n$,并公布 $I_A = s_A^v \pmod n$;② 把验证关系 $x \equiv J_A^e \cdot y^v \pmod n$变成 $y^v \equiv x \cdot I_A^e \pmod n$。此协议避免了 GQ 身份识别协议中要求的 $\gcd(v, \phi) = 1$ 约束。

参看 Fiat-Shamir identification protocol。

比较 GQ identification protocol。

one-key　单密钥

同 single key。

one-key cryptoalgorithm　单密钥密码算法

同 single key cryptoalgorithm。

one-key cryptosystem　单密钥密码体制

同 single key cryptosystem。

one-key encryption　单密钥加密

由于对称密钥加密中加密变换和解密变换使用相同的秘密密钥,或者虽不同,但一种密钥可以很容易地从另一种密钥推导出来,故又称之为单密钥加密。

参看 symmetric key encryption。

one-sided statistical test　单侧统计检验

一种统计检验。假设一个随机序列的一个统计量 X 服从自由度为 v 的 χ^2 分布,并假设能够期望那个统计量 X 可取某个非随机序列的较大值。为了达到显著性水平 α,选择一个阈值 x_α,使得 $P(X>x_\alpha)=\alpha$。如果样本输出序列的统计量的值 X_S 满足 $X_S>x_\alpha$,则该序列未通过检验;否则,通过检验。

参看 significance level,statistical test。

比较 two-sided statistical test。

one-time insider　一次性局内人

在某个时间点获得有用信息,以供以后某个时间使用的局内人。

参看 insider。

比较 permanent insider。

one-time-pad　一次一密乱码本

在弗纳姆密码中,如果所使用的密钥串是随机选取的,并且决不再次使用,那么,弗纳姆密码就称作一次一密体制或称作一次一密乱码本。

参看 Vernam cipher。

one-time password scheme　一次一通行字方案

固定通行字方案的主要安全性问题是窃听以及以后重放该通行字。部分解决办法是使用一次一通行字:每个通行字只使用一次。这样的方案能阻止被动敌人的攻击(窃听及以后的假冒企图)。这种类型的方案有:

① 一次一通行字的共享列表　用户和系统使用一个含有 t 个秘密通行字的序列或集合,其中每一个通行字都对单个鉴别有效,这个序列或集合是作为预先共享的列表分配的。其缺点是需要维护这个共享列表。如果这个列表未被按序使用,系统则对照剩余的所有未使用的通行字来检验输入的通行字。这个方案的一个变种是:使用一个询问-应答表,利用这个表,用户和系统共享一个匹配"询问-应答"对的表,理想地,每一对至多一次有效;这种非密码技术不同于密码的"询问-应答"。

② 按序更新一次一通行字　起初只共享一个秘密通行字。在使用第 i 个通行字期间,用户建立一个新通行字(第 $i+1$ 个通行字),这个新通行字是在根据第 i 个通行字推导出的一个密钥作用下被加密,然后传送给系统。如果通信出现故障,这个方案就不好用。

③ 基于单向函数的一次一通行字序列　兰波特一次一通行字方案比按序更新一次一通行字更有效(与带宽有关),而且可以将之看作为一种询问-应答协议,其中询问由通行字序列中的当前位置隐式定义。

参看 Lamport's one-time-password scheme,one-way function,password。

比较 challenge-response identification。

one-time signature scheme　一次签名方案

能用来至多签署一个消息的数字签名机制，否则，就能够伪造这种签名。对被签署的每一个消息都要求一个新的公开密钥。为验证一次签名所必需的公开信息常称为有效参数。当一次签名和鉴别有效参数的技术组合在一起时，就能进行多次签名。

参看 authentication tree。

one-time system　一次一密体制

同 one-time-pad。

one-to-one function　1-1 函数

如果函数 f 的上域 Y 中的每个元素都是定义域 X 中的至多一个元素的像，那么，这个函数就是 1-1 的。

参看 function。

one-way function　单向函数

是一种这样的函数 f：对函数 f 的定义域中的每一个 x，计算 $f(x)$ 是容易的；但是，对于 f 的值域中的几乎所有 y（有少数例外），在其定义域中寻找一个 x 使得 $f(x)=y$，是计算上不可行的。

严格地按数学定义，目前既未证明出单向函数的存在性，又没有能构造单向函数的实际证据。人们所给出的一些例子只不过是看上去像是单向函数，例如模 p 指数运算、RSA 函数、拉宾函数（实际上，这三个单向函数都是单向置换），以及大素数的乘积等。

参看 exponentiation modulo p，multiplication of large primes，one-way permutation，RSA function，Rabin function。

one-way hash function (OWHF)　单向散列函数

一个单向散列函数既是单向函数又是散列函数。但除了具有单向函数和散列函数所具有的那些特性之外，还具有额外特性：原像阻及第二原像阻。

参看 one-way function，hash function，preimage resistance，second (2nd)-preimage resistance。

one-way permutation　单向置换

一类单向函数。如果确定一个置换的逆是计算上不可行的，则称这个置换为单向置换。

例如，令 $X=\{0,1,2,\cdots,pq-1\}$ 为一整数集合，其中 p 和 q 是不相同的两个大素数，并假设 $p-1$ 和 $q-1$ 都不能被 3 整除。那么，函数 $f(x)=r_x$，这里 r_x 是 x^3 被 pq 除的余数，$f(x)$ 或许就是一个置换。如果 p 和 q 是未知的，则确定 $f(x)$ 的逆就是计算上不可行的。

参看 one-way function，permutation。

Ong-Schnorr-Shamir（OSS）signature scheme 奥格-斯诺-沙米尔签名方案

这种签名方案使用模 n 多项式。

设签名者为 A，验证者为 B。

（1）密钥生成（A 建立一个公开密钥/秘密密钥对）

KG1 A 选择一个大整数 n（不必知道 n 的分解），并选择一个与 n 互素的随机数 k；

KG2 A 计算 $h=-k^2 \pmod n = -(k^{-1})^2 \pmod n$；

KG3 A 的公开密钥是 (h,n)，秘密密钥是 k。

（2）签名生成（A 签署一个消息 $m \in M$）：

SG1 A 产生一随机数 r，$\gcd(r,n)=1$；

SG2 A 计算 $s_1=(1/2)\cdot(m/r+r) \pmod n$，$s_2=(k/2)\cdot(m/r-r) \pmod n$；

SG2 A 对消息 m 的签名是 (s_1,s_2)。

（3）签名验证（B 使用 A 的公开密钥验证 A 对消息 m 的签名）

SV1 B 获得 A 的可靠的公开密钥 (h,n)；

SV2 B 计算 $w=(S_1^2+h\cdot S_2^2) \pmod n$；

SV3 如果 $w=m$，则接受这个签名，否则拒绝这个签名；

对签名验证的证明

$$
\begin{aligned}
w &= S_1^2 + h\cdot S_2^2 \\
&\equiv (1/2)^2\cdot(m/r+r)^2 + (-(k^{-1})^2)\cdot(k/2)^2\cdot(m/r-r)^2 \\
&\equiv (1/4)\cdot(m/r+r)^2 - (1/4)\cdot(m/r-r)^2 \equiv m \pmod n。
\end{aligned}
$$

上述是基于二次多项式的方案，已被证明是不安全的。所提出的基于三次多项式的算法及基于四次多项式的算法，都被破译了。

参看 digital signature。

on-line attack 在线攻击，联机攻击

对身份识别协议的在线攻击，使用最好的已知技术，有局部攻击、远程攻击等。通过和一联机系统交互作用，无限制地进行身份识别尝试（每一次尝试都涉及最小的计算工作）来猜测合法用户的秘密。

参看 local attack，remote attack。

on-line certificate 在线证书，联机证书

由认证机构实时根据请求建立的证书，这种证书没有持续的使用时间，或者由可信方来分发，可信方确保证书不被撤销。

参看 certification authority (CA)。

on-line ciphering　在线式加密，联机加密

同 on-line encryption。

on-line crypto-operation　在线式密码操作，联机密码操作

使用直接连接到信号线上的密码设备，使加密和传输或接收和解密连续进行处理。

参看 encrypt，decrypt。

on-line encryption　在线式加密，联机加密

参看 on-line crypto-operation。

on-line trusted third party　在线可信第三方，联机可信第三方

一类可信第三方。在每次协议实例期间都实时地涉及可信第三方 T，T 实时地和 A，B 或 A 和 B 双方进行通信，而 A 和 B 可以直接进行通信而不通过 T。如图 O.2 所示。

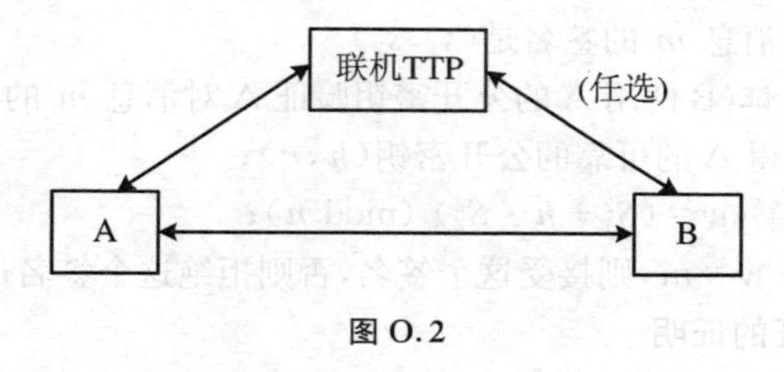

图 O.2

参看 trusted third party (TTP)。

比较 in-line trusted third party，off-line trusted third party。

onto function　映上函数

如果函数 f 的上域 Y 中的每个元素都是定义域 X 中的至少一个元素的像，那么，这个函数就是映上的。等价地说，如果 $\mathrm{Im}(f)=Y$，则 $f: X\to Y$ 是映上的。

参看 function。

open code　隐语

对通信信件中的语言进行隐蔽的方法，包括专门隐语、虚字密码和几何体制(如卡达诺漏格板之类)三种。

参看 jargon code，null cipher，Cardano grille。

operational key establishment　可用的密钥编制协议

如果在没有主动敌人和通信错误的情况下，遵守规范的诚实参与者总是完成协议,计算出一个共用密钥,并且知道和其共享这个密钥的用户身份,那么,这种密钥编制协议就是可(供使)用的密钥编制协议,又称柔性密钥编制协议。

参看 key establishment。

opponent 敌人,敌手,对手

和 adversary 同义。

参看 adversary。

optimal normal basis 最优正规基

令有限域 $GF(q^n)$在其子域 $GF(q)$上的正规基为 $N=(\alpha_0,\alpha_1,\cdots,\alpha_{n-1})$,其中 $\alpha_i=\alpha^{q^i}(i=0,1,\cdots,n-1)$,则 $GF(q^n)$上的两个元素 $A=(a_0,a_1,\cdots,a_{n-1})$和 $B=(b_0,b_1,\cdots,b_{n-1})$的乘积 $C=(c_0,c_1,\cdots,c_{n-1})$可用下式求出:

$$C = A \cdot B = (\sum_{i=0}^{n-1} a_i\alpha_i)\cdot(\sum_{j=0}^{n-1} b_j\alpha_j)。$$

令

$$\alpha_i\alpha_j = \sum_{k=0}^{n-1} t_{ij}^{(k)}\alpha_k,\quad t_{ij}^{(k)} \in GF(q)\quad (0 \leqslant i,j \leqslant n-1),$$

则有

$$c_k = \sum_{0\leqslant i,j\leqslant n-1} a_i b_j t_{ij}^{(k)} = AT_kB^{\mathrm{T}}\ (k=0,1,\cdots,n-1),$$

其中,$T_k=(t_{ij}^{(k)})$是 $GF(q)$上的一个 n 阶矩阵,称矩阵集 $T=\{T_0,T_1,\cdots,T_{n-1}\}$为 $GF(q^n)$在 $GF(q)$上的乘法表。将 T 中非零元素的个数称作正规基 N 的复杂度,记为 C_N。可证明,$C_N\geqslant 2n-1$。当 $C_N=2n-1$ 时,称 N 为 $GF(q^n)$在 $GF(q)$上的一个最优正规基。

参看 finite field, normal basis, type Ⅰ optimal normal basis, type Ⅱ optimal normal basis。

order of element 元素的阶

令 G 是个群且元素 $a\in G$。a 的阶定义为,使得 $a^t=1$ 的最小正整数 t,只要这样的整数存在。如果这样的整数不存在,则定义 a 的阶为无穷大。a 的阶用 ord(a)表示。

参看 group。

order of group 群的阶

令 G 是一个群,群中元素的个数称为该群的阶,用$|G|$表示。

参看 group。

order of polynomial 多项式的次数

同 degree of polynomial。

OR gate 或门

实现或运算的电路,一般用框图表示,如图 O.3 所示。

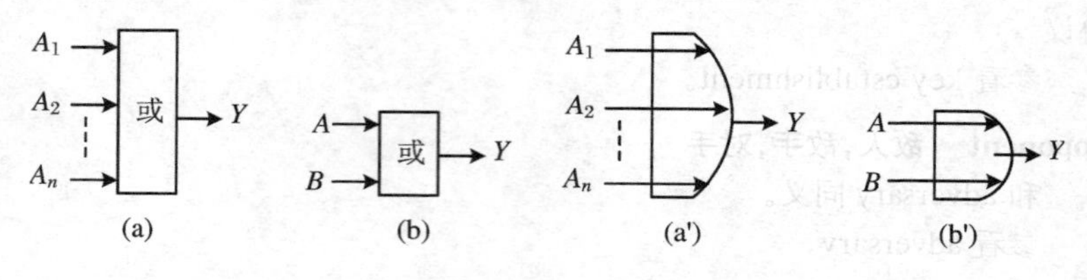

图 O.3

图(a)为多输入($n>2$)的情况,可用公式 $Y=A_1 \vee A_2 \vee \cdots \vee A_n$表示。

图(b)为二输入的情况,可用公式 $Y=A \vee B$ 表示。

而图(a′)和图(b′)是国际上通常使用的相应框图。

参看 OR operation。

OR operation 或运算

或运算用符号“∨”表示,运算规则定义如下:

$$0 \vee 0=0, \quad 0 \vee 1=1 \vee 0=1 \vee 1=1。$$

参看 Boolean algebra。

Otway-Rees protocol 奥特威-里斯协议

一种仅以四个消息提供鉴别密钥传送(即具有密钥鉴别及密钥新鲜性保证)的基于服务器的协议,这和 Kerberos 协议一样,但此协议不要求时间标记。然而,此协议不提供实体鉴别或密钥确认。

用户 B 与可信服务器 T 及用户 A 进行交互作用,在 A 和 B 之间建立新的共享密钥。

奥特威-里斯协议

(1) 注释

E 是一个对称加密算法。

k 是由可信服务器 T 为用户 A 和 B 生成的共享会话密钥。

N_A和 N_B分别是用户 A 和 B 选择的现用值,以便能验证密钥新鲜性(以此来检测重放)。

M 是用户 A 选择的第二现用值,用作交易识别符。

(2) 一次性设置

A 和 T 共享一个对称密钥 K_{AT},B 和 T 共享一个对称密钥 K_{BT}。

(3) 协议消息

$$A \to B:\ M, A, B, E_{K_{AT}}(N_A, M, A, B), \qquad (1)$$

$$B \to T:\ M, A, B, E_{K_{AT}}(N_A, M, A, B), E_{K_{BT}}(N_B, M, A, B), \qquad (2)$$

B←T: $E_{K_{AT}}(N_A, k), E_{K_{BT}}(N_B, k)$, (3)

A←B: $E_{K_{AT}}(N_A, k)$。 (4)

(4) 协议动作

(a) A生成两个现用值 N_A 和 M,并将它们和A自己的识别号及用户B的识别号一起用密钥 K_{AT} 进行加密,然后把消息(1)发送给B。

(b) B生成一个现用值 N_B,并将之和A的现用值 M、A的识别号及用户B自己的识别号一起用密钥 K_{BT} 进行加密,然后将加密结果与接收到的A发送过来的消息一道以消息(2)的形式发送给T。

(c) T先使用消息(2)中的明文识别号来检索 K_{AT} 和 K_{BT},然后验证明文 (M, A, B) 是否与解密消息(2)所恢复的 (M, A, B) 一致。如果一致,T则生成一个新的会话密钥 k,使用 K_{AT} 对 N_A 和 k 进行加密,使用 K_{BT} 对 N_B 和 k 进行加密。T把消息(3)发送给B。

(d) B使用 K_{BT} 解密消息(3)的第二部分,检验 N_B 是否与消息(2)中发送的一致。如果一致,则把消息(3)的第一部分(即消息(4))发送给A。

(e) A解密消息(4),检验 N_A 是否与消息(1)发送的一致。

如果所有检验都通过,则A和B双方都确信 k 是新的会话密钥。

参看 entity authentication, key authentication, key confirmation, key freshness, session key。

比较 Kerberos authentication protocol。

output feedback (OFB)　输出反馈

分组密码的一种工作方式。图O.4是这种工作方式的示意图。

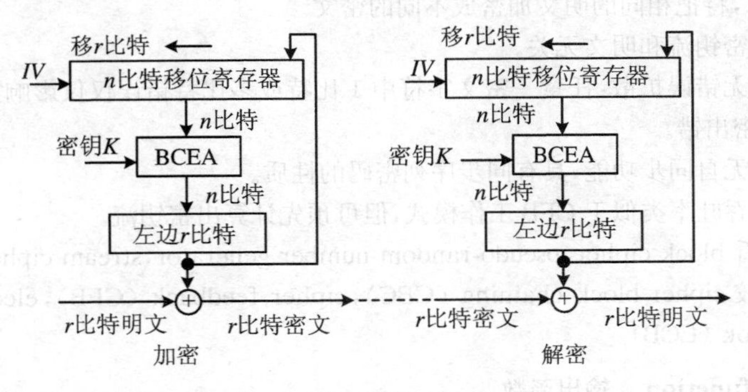

图 O.4

加密/解密过程:n 比特移位寄存器用初始向量 IV 来初始化;n 比特移位寄存器的内容作为分组密码算法BCEA的输入,在密钥 K 的作用下,产生 n 比特伪随机序列;用BCEA输出的 n 比特伪随机序列的左边 r 比特数据和 r

比特明文(密文)进行模 2 加,得到 r 比特密文(明文);将 n 比特移位寄存器左移 r 比特,再将伪随机序列的左边 r 比特反馈到 n 比特移位寄存器移位后空出的位置上,这样一来,就更新了 n 比特移位寄存器的内容;下面就把 n 比特移位寄存器的内容再作为分组密码算法 BCEA 的输入……以此类推下去。

为了适于硬件实现,常采用图 O.5 那样的 OFB 工作方式。

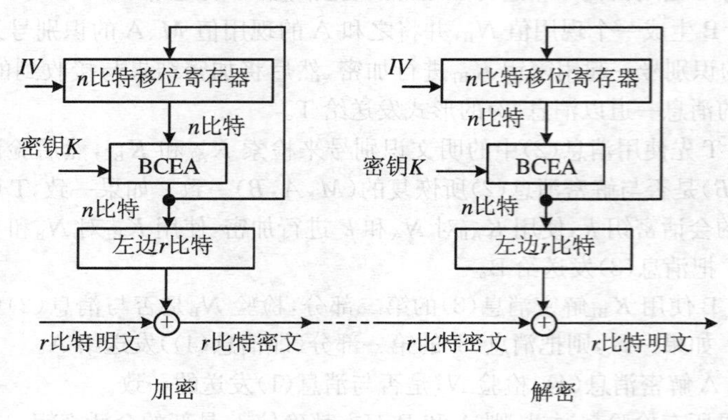

图 O.5

实际上,分组密码的 OFB 工作方式就是一种序列密码,只不过把分组密码算法 BCEA 当作一个伪随机数发生器来使用。

OFB 工作模式的特点是:

① 在同一个密钥和 IV 作用下,相同的明文被加密成相同的密文;改变密钥或 IV,将把相同的明文加密成不同的密文。

② 密钥流和明文无关。

③ 无错误扩散:任意一密文字符中 1 比特或多比特错误仅仅影响这个密文的解密出错。

④ 无自同步功能,具有同步序列密码的性质。

⑤ 吞吐率类似于 CFB 工作模式,但可预先计算出密钥流。

参看 block cipher,pseudo-random number generator,stream cipher。

比较 cipher block chaining (CBC),cipher feedback (CFB),electronic code book (ECB)。

output function　输出函数

有限状态机产生的输出是有限状态机当时的状态及输入的一个函数,称作输出函数。在序列密码中,输出函数 h 把密钥序列 z_i 和明文 m_i 组合在一起产生密文 c_i。

参看 finite state machine (FSM),synchronous stream cipher。

outsider 局外人

除了在公开信道上通过搭线窃听来获得可利用的协议消息之外，没有其他特殊知识的敌人。

参看 adversary。

比较 insider。

overlapping template matching test 重叠模板匹配检验

NIST 特种出版物 800-22《A Statistical Test Suite for Random and Pseudo-random Number Generators for Cryptographic Applications》中提出的 16 项检验之一。

检验目的 设待测序列 $S = s_0, s_1, s_2, \cdots, s_{n-1}$。检验预先指定的目标串出现的次数。首先指定一个长度为 m 比特的模板，使用一个 m 比特窗口来搜索指定的 m 比特模式。无论指定的模板找到没有，窗口都向前滑动一比特重新开始匹配。统计指定模板的出现次数，建立统计量，来判断序列的随机特性。

理论根据及检验技术描述 指定长度为 m 的模板，统计该模板在序列 S 中的出现次数，如果出现的次数过多或过少都被认为未通过该项检测。以长度为 m 的全"1"模板 B 为例（同样可以指定其他模板），将序列 S 分成 N 个长度为 M 的子块，即 $n = MN$。令 $W_j = W_j(m, M)$ 表示长度为 m 的 1 游程在第 j 个子块中出现的次数，则 W_j 的渐近分布为复合泊松分布，即当 $(M - m + 1)2^{-m} \to \lambda > 0$ 时，有

$$E\exp(tW_j) \to \exp\left[\frac{\lambda(\mathrm{e}^t - 1)}{2 - \mathrm{e}^t}\right],$$

其中，t 为一个实变量。那么对应的概率可利用合流超几何函数 $\Phi = {}_1F_1$ 来表示。如果 U 为具有复合泊松分布的随机变量，那么，对于 $u \geqslant 1, \eta = \lambda/2$，

$$P(U = u) = \frac{\mathrm{e}^{-\eta}}{2^u} \sum_{l=1}^{u} \binom{u-1}{l-1} \frac{\eta^l}{l!} = \frac{\eta \mathrm{e}^{-2\eta}}{2^u} \Phi(u+1, 2, \eta)。$$

例如

$$P(U=0) = \mathrm{e}^{-\eta}, \quad P(U=1) = \frac{\eta}{2}\mathrm{e}^{-\eta}, \quad P(U=2) = \frac{\eta \mathrm{e}^{-\eta}}{8}(\eta + 2),$$

$$P(U=3) = \frac{\eta \mathrm{e}^{-\eta}}{8}\left(\frac{\eta^2}{6} + \eta + 1\right), \quad P(U=4) = \frac{\eta \mathrm{e}^{-\eta}}{16}\left(\frac{\eta^3}{24} + \frac{\eta^2}{2} + \frac{3\eta}{2} + 1\right)。$$

这个随机变量的补分布函数可表示为

$$L(u) = P(U > u) = \mathrm{e}^{-\eta} \sum_{l=u+1}^{\infty} \frac{\eta^l}{l} \Delta(l, u),$$

其中

$$\Delta(l, u) = \sum_{k=l}^{u} \frac{1}{2^k} \binom{k-1}{l-1}。$$

将 U 分成 $K+1$ 类：$\{U=0\}$，$\{U=1\}$，…，$\{U=K-1\}$，$\{U\geqslant K\}$。由上面的公式计算这些类的理论概率 $p_0,p_1,\cdots,p_K$。一种合理的选择是，取 $K=5$，$\lambda=2$，$\eta=1$，此时，理论概率

$$p_0=P(U=0)=0.367\,879,\quad p_1=P(U=1)=0.183\,940,$$
$$p_2=P(U=2)=0.137\,955,\quad p_3=P(U=3)=0.099\,634,$$
$$p_4=P(U=4)=0.069\,935,\quad p_5=P(U\geqslant 5)=0.140\,657。$$

求出 $U_1,\cdots,U_N$ 之后，统计出每一类的频数 $v_0,v_1,\cdots,v_K$（$v_0+v_1+\cdots+v_K=N$），计算 χ^2 统计量：$\chi^2=\sum_{i=0}^{K}\frac{(v_i-Np_i)^2}{Np_i}$，自由度为 K。

检验统计量与参照的分布 统计量 χ^2 近似服从 χ^2 分布（自由度为 K）。

检验方法描述 (1) 将长度为 n 的待检验序列 S 划分成 N 个独立字块，每个字块的长度均为 M。例如，待检验序列

$S=$ 10111011110010110110011100101110111110000101101001，

则 $n=50$，设自由度 $K=5$，$M=10$，$N=5$，那么分成的 5 个字块为 1011101111，0010110110，0111001011，1011111000 和 0101101001。

(2) 计算指定模板 B 分别在这 N 个字块中出现的次数，方法如下：在字块中建立一个长度为 m 的窗口，将窗口内的 m 比特和指定模板 B 进行比较，如果匹配，那么计数器加 1，否则计数器不变，一次匹配完成后窗口滑动 1 比特再进行比较，如此直到结束。统计模板 B 在每个字块中出现的次数，若不出现，则 v_0 加 1；若出现 1 次，则 v_1 加 1……若出现 K 次或 K 次以上，则 v_K 加 1。对于上面给出的例子，设 $m=2$，$B=11$，对第一个字块匹配的过程如表 O.1 所示。

表 O.1

比特位置	比特	模板 $B=11$ 出现的次数
1～2	10	0
2～3	01	0
3～4	11(匹配)	1
4～5	11(匹配)	2
5～6	10	2
6～7	01	2
7～8	11(匹配)	3
8～9	11(匹配)	4
9～10	11(匹配)	5

对于剩下的子块，重复这个过程，最后匹配的结果为 $v_0=0, v_1=1, v_2=1, v_3=1, v_4=1, v_5=1$。

(3) 计算：$\lambda=(M-m+1)/2^m, \eta=\lambda/2$。

对于上面的例子，有

$$\lambda=\frac{(10-2+1)}{2^2}=2.25,\quad \eta=\frac{\lambda}{2}=\frac{2.25}{2}=1.125。$$

(4) 计算

$$\chi^2_{\text{obs}}=\sum_{i=0}^{5}\frac{(v_i-Np_i)^2}{Np_i}。$$

对于上面的例子，由 η 的值，重新计算每个 p_i：$p_0=0.324\,652$，$p_1=0.182\,617$，$p_2=0.142\,670$，$p_3=0.106\,645$，$p_4=0.077\,147$，$p_5=0.166\,269$，则有

$$\chi^2_{\text{obs}}=\frac{(0-5\times0.324\,652)^2}{5\times0.324\,652}+\frac{(1-5\times0.182\,617)^2}{5\times0.182\,617}+\frac{(1-5\times0.142\,670)^2}{5\times0.142\,670}+\frac{(1-5\times0.106\,645)^2}{5\times0.106\,645}+\frac{(1-5\times0.077\,147)^2}{5\times0.077\,147}+\frac{(1-5\times0.166\,269)^2}{5\times0.166\,269}=3.167\,729。$$

(5) 计算尾部概率 *P-value*：

$$P\text{-}value=\text{igamc}\left(\frac{5}{2},\frac{\chi^2_{\text{obs}}}{2}\right)。$$

对于上面的例子，有

$$P\text{-}value=\text{igamc}\left(\frac{5}{2},\frac{3.167\,729}{2}\right)=0.674\,113。$$

判决准则（在显著性水平 1%下） 如果 *P-value*＜0.01，则该序列未通过该项检验；否则，通过该项检验。

判决结论及解释 根据上面第(5)步中的 *P-value*，得出结论：这个序列通过该项检验还是未通过该项检验。

请注意，对于 2 比特模板（$B=11$）而言，如果整个序列中有太多的 2 比特“1”游程，则说明：① v_5 太大；② 检验统计量太大；③ *P-value* 小（＜0.01）；④ 可得出“未通过该项检验”的结论。

输入长度建议 参数 M,N 和 K 的选择应保证输入序列的长度满足 $n\geqslant10^6$，推荐 $M=1\,032$，$N=968$，$K=5$，基于时间上的考虑推荐 $m=9$ 或 10。如果选择别的参数值，那么应满足下列条件：

(1) $n>MN$；

(2) 选择 N，要使得 $N\cdot\min(p_i)>5$；

(3) $\lambda=(M-m+1)2^{-m}\approx2$；

(4) 选择 m，要使得 $m\approx\log_2 M$；

(5) 选择 K,要使得 $K\approx 2\lambda$。注意:如果 $K\neq 5$,则需要重新计算每个 p_i 的值。

举例说明 序列 S:自然对数的底 e 的二进制展开式中开头 1 000 000 比特,$n=1\,000\,000$,$m=9$,$K=5$。

指定模板:$B=111111111$。

统计:$v_0=329$,$v_1=164$,$v_2=150$,$v_3=111$,$v_4=78$,$v_5=136$。

计算:$\chi^2_{obs}=8.965\,859$。

计算:*P-value* = 0.110 434。

结论:由于 *P-value*≥0.01,故通过该项检验。

参看 chi square test, NIST Special Publication 800-22, statistical hypothesis, statistical test。

ownership 所有权

信息安全的一个目标任务。为一个实体提供使用或传送一种资源给其他实体的合法权利的一种方法。

参看 information security。

P

padding　填充

使用分组密码的 ECB 和 CBC 工作方式加密明文消息时所使用的一种技术。当被加密的明文消息的长度不是分组密码的分组长度的倍数时,就在明文消息上添加一些额外的字符,使得这样处理后的明文消息的长度为分组长度的倍数。

一般用一些规则的模式(比如,全用 0,或者全用 1,或者 0,1 交替使用)把最后一个分组填充成一个完整的分组。如果想在解密后将填充位去掉,在最后那个分组的最后一字节中加上填充字节的数目。例如,分组长度为 128 比特,某个明文消息的最后一个分组含有 5 字节(40 比特)。也就是说,需要填充 11 字节才能使最后那个分组达到 128 比特,这时就要添加 10 字节的 0,而最后一字节为“11”这个数(称之为填充指示符),则最后那个分组就是

＊＊ ＊＊ ＊＊ ＊＊ ＊＊ 00 00 00 00 00 00 00 00 00 00 0B

解密后删除最后那个分组的后面 11 字节。

上述处理方式的缺陷是有消息扩展。为了避免消息扩展,可用密文挪用方式。

参看 block cipher,ciphertext-stealing mode,padding indicator。

padding indicator　填充指示符

在使用填充技术处理明文消息时,用于指示填充多少额外字符的一个数字。

参看 cipher block chaining。

pairs XOR distribution table of an S-box　S 盒的对异或分布表

说明一个 S 盒的所有可能对的输入异或与其输出异或的分布情况的一个表,称之为该 S 盒的对异或分布表。在这个表中,每一行对应于一个特殊的输入异或,每一列对应于一个特殊的输出异或,而表中表项自身则是具有这样输入异或和输出异或的那些可能对的数量。

对于基于异或运算(⊕)的差分定义,S 盒的对异或分布表就是该 S 盒的差分分布表。由于 DES 算法中的八个代替盒都是差分分布不均匀的,所以明文对中的一些差值(异或值)在我们能得到的密文对中出现的概率很高,这就形成了一些差分特征。

参看 difference,DES block cipher,exclusive-or (XOR),*n*-round

characteristic, substitution box (S-box)。

palindromic key　回文密钥

如果 DES 使用了弱密钥，则 DES 的 16 个子密钥就有如下关系：$K_1 = K_{16}, K_2 = K_{15}, \cdots, K_8 = K_9$。

参看 weak key。

partially broken　部分破译的

如果只能从密文中恢复部分明文但未求出当时所用的密钥，就称这个密码体制(算法)为部分破译的密码体制(算法)。

参看 total break。

比较 totally broken。

party　用户，一方

同 entity。

passive adversary　被动敌手，被动敌人

一种只能从一个不安全信道读取信息的敌人。

比较 active adversary。

passive attack　被动攻击

就是一个敌人企图通过简单地记录数据和其后对这些数据的分析(例如，在密钥编制中确定会话密钥)来挫败一种密码技术。被动攻击只威胁数据的机密性。

参看 key establishment, passive adversary。

比较 active attack。

passive complexity　被动复杂性

对于对称密钥分组密码而言，像数据复杂度这样的攻击复杂度在敌人的控制之外，属于被动复杂性，因为敌人自己不能产生"明文-密文对"。

参看 complexity of attacks on a block cipher, processing complexity。

passkey　通行密钥

用一个单向散列函数把用户的通行字映射成密钥(例如，映射成一个 56 比特 DES 密钥)。这样的由通行字导出的密钥就称作"通行密钥"。这种密钥用来保证用户和系统之间的通信链路的安全，而系统也是知道用户通行字的。

参看 one-way hash function (OWHF), passwords。

passphrase　通行短语

将用户通行字扩展成通行短语。在这种情况下，用户写入的是一个短语或句子，而不是短的"词"。先将这个短语散列成一个固定大小的值，这个值就起一个通行字的作用。但这里,重要的是不能由系统简单地截断通行短语。

参看 passwords。

passwords 通行字

和每个用户(实体)有关联的通行字典型地由 6～10 个或更多个字符组成。通行字被用作用户和系统之间共享的一个秘密。用户要想访问系统资源,必须输入(用户身份识别号,通行字)。此处"用户身份识别号"是声称的身份,"通行字"就是支持这个声称的证据。系统检验这个通行字是否与系统所持有的对应数据相匹配。如果相匹配,则授权这个用户访问系统资源;否则拒绝访问。这种通行字方案提供所谓的弱鉴别。

参看 weak authentication。

password entropys 通行字熵

如果给定的每种字符有 c 种选择,可能的 n 字符通行字的数量就是 c^n。称 $\log_2 c^n$ 为这种通行字的熵。

假定通行字由 7 比特 ASCII 字符串组成,每一个的数值都在 0～127 范围内。(当使用 8 比特字符时,数值 128～255 构成扩展字符集,从标准键盘一般不可能存取。)ASCII 码 0～31 为控制字符;32 是空格字符;33～126 是键盘可存取可打印的字符;而 127 是一个特定字符。表 P.1 给出由典型的字符组合构成的不同 n 字符通行字的熵,这个熵指出这样的通行字空间的安全性的一个上界。

表 P.1 各种不同字符组合的通行字的熵(比特规模)

n \ c	26(小写字母)	36(小写字母+数字字母)	62(大写字母+小写字母+数字字母)	95(键盘字符)
5	23.5	25.9	29.8	32.9
6	28.2	31.0	35.7	39.4
7	32.9	36.2	41.7	46.0
8	37.6	41.4	47.6	52.6
9	42.3	46.5	53.6	59.1
10	47.0	51.7	59.5	65.7

注 表中,给定每种字符有 c 种选择,可能的 n 字符通行字的数量就是 c^n。表中给出了可能的 n 字符通行字的数量的以 2 为底的对数值。

令搜索整个通行字空间所需要的时间为 T,则有 $T = c^n \cdot t \cdot y$,其中,t 是被迭代的通行字映射的次数,而 y 是每次迭代的时间,例如,对于 $t = 25$,$y = 1/125\,000$秒(这近似于在一台高端 PC 机上以 1 MB/s 速率执行 DES 的 UNIX 加密命令)。

表 P.2 搜索整个通行字空间所需要的时间 T

n \ c	26（小写字母）	36（小写字母+数字字母）	62（大写字母+小写字母+数字字母）	95（键盘字符）
5	0.67 h	3.4 h	51 h	430 h
6	17 h	120 h	130 d	4.7 a
7	19 d	180 d	22 a	440 a
8	1.3 a	18 a	1 400 a	42 000 a
9	34 a	640 a	86 000 a	4.0×10^6 a
10	890 a	23 000 a	5.3×10^6 a	3.8×10^8 a

注 h 表示小时，d 表示天，a 表示年。

参看 DES block cipher，passwords。

password-guessing 通行字猜测

为了改善期望的穷举搜索成功概率，不是搜索所有可能通行字的整个空间，而是可以以递减的（期望）概率搜索这个空间。当理想的任意 n 字符串作为用户选择的通行字应是等可能的时候，大多数的用户都是从完整通行字空间的一个小的子空间中选择通行字，这样的小空间如短通行字、字典词、真名称、小写字符串。这样的弱通行字具有低的熵，容易被猜测出；的确，研究指出：所发现的大部分用户选择的通行字都是属于仅有 150 000 个词的典型的（中等）字典，即使有 250 000 个词的大字典也仅仅表示所有可能的 n 字符串通行字的一个很小部分。

参看 exhaustive password search，passwords。

Pauli gates 泡利门

实现泡利矩阵变换的量子逻辑门，它们的量子线路如图 P.1 所示。

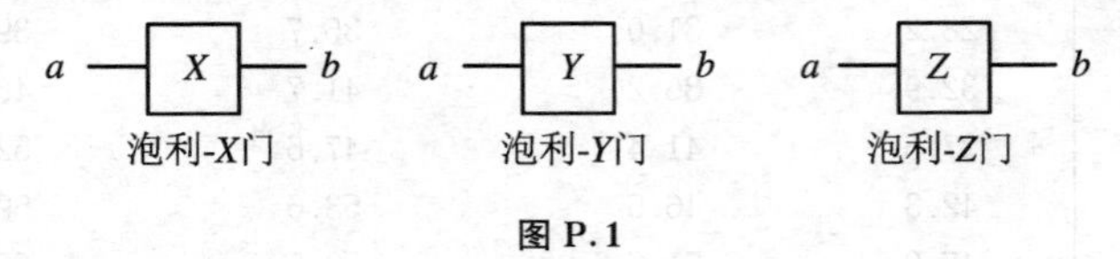

图 P.1

公式描述分别为

$$|a\rangle\to X|a\rangle=|b\rangle,\quad |a\rangle\to Y|a\rangle=|b\rangle,\quad |a\rangle\to Z|a\rangle=|b\rangle。$$

参看 Pauli matrices，quantum gates。

Pauli matrices 泡利矩阵

在量子计算和量子信息中极其有用的四个 2×2 矩阵，分别称作单位矩阵 I、泡利-X、泡利-Y 和泡利-Z。其中

$$I=\begin{pmatrix}1&0\\0&1\end{pmatrix},\quad X=\begin{pmatrix}0&1\\1&0\end{pmatrix},\quad Y=\begin{pmatrix}0&-\mathrm{i}\\\mathrm{i}&0\end{pmatrix},\quad Z=\begin{pmatrix}1&0\\0&-1\end{pmatrix}。$$

在文献中,I,X,Y 和 Z 还有其他表示符号:$\sigma_0=I,\sigma_1=\sigma_x=X,\sigma_2=\sigma_y=Y,\sigma_3=\sigma_z=Z$。

参看 quantum computing,quantum information。

Pearson's theorem　皮尔逊定理

假设一随机试验有 r 种不同的结局,$B_1,B_2,\cdots,B_r$,它们出现的概率相应为 $p_1,p_2\cdots,p_r$,其中 $\sum_{k=1}^{r}p_k=1,p_k>0$。以 μ_{mk} 表示 $B_k(k=1,2,\cdots,r)$ 在 m 次独立重复试验中出现的次数。那么当 $m\to\infty$ 时,随机变量

$$\chi_m^2=\sum_{k=1}^{r}\frac{(\mu_{mk}-mp_k)^2}{mP_k}$$

的极限分布是 χ^2 分布,自由度等于 $r-1$。

皮尔逊定理是分布拟合检验(即检验试验结果与某理论分布是否相吻合)的基础。

参看 chi-square (χ^2) distribution。

Pepin's primality test　佩平素性检测

费马数 $n=2^{2^k}+1$ 的素性检测方法:对于 $k\geqslant2,n=2^{2^k}+1$ 是素数当且仅当 $5^{(n-1)/2}\equiv-1(\bmod n)$。这是一个确定性多项式时间算法。

参看 Fermat number。

perfect cryptosystem　完全密码体制

同 perfect secrecy system。

perfect forward secrecy　完全的前向保密性

对一个密钥编制协议而言,如果一个长期密钥的泄露不危害过去的会话密钥,则称这个协议具有完全的前向保密性(有时称作后向破译保护)。

参看 key establishment。

perfect nonlinear function　完全非线性函数

迈耶(W. Meier)和斯坦福巴赫(O. Staffelbach)找到一类最佳函数,称之为完全非线性函数。此类函数具有到所有仿射函数的最大距离 $\delta=2^{n-1}-2^{n/2-1}$,同时具有到线性结构的最大距离 $\sigma=2^{n-2}$。此外,还和所有仿射函数之间具有最小的相关性。

如果用线性(仿射)函数来逼近完全非线性函数,则找不出最佳者,所有线性(仿射)函数逼近完全非线性函数的优势都相同。

实际上,完全非线性函数就是组合论中的 Bent 函数。

完全非线性函数虽具有良好的密码性质,但是它也是有一定缺陷的。

① 完全非线性函数是不平衡的,也就是说,其输出的 0/1 分布概率不是 1/2。具体地说,就是 n 变量完全非线性函数的 2^n 长函数序列(即其真值表)中"0"的个数为 $2^{n-1} \pm 2^{n/2-1}$。

② 完全非线性函数(二元 Bent 函数)仅当其变量数 n 为偶数时才存在,奇数个变量的函数中不存在完全非线性函数(二元 Bent 函数)。

③ 完全非线性函数的最大非线性次数是以 $n/2$ 为界的。这样就限制了输出序列的线性复杂度。

④ 完全非线性函数不是相关免疫的。

参看 bent function, best linear (affine) approximation, Boolean function with linear structure, distance criterion, nonlinear order, correlation-immune。

perfect power　完全幂

如果对于整数 $x \geqslant 2, k \geqslant 2$,有 $n = x^k$,则称整数 n 是一个完全幂。

参看 integer。

perfect secrecy　完全保密,完全保密性

完全保密没有给密码分析者任何额外的可用于破译的信息,因此密码分析者无法破译这种密码体制。但是为了确保完全保密的代价太大,就是必须使不同的密钥数至少要和可能的明文数一样多。在消息空间较小时还可以,当消息空间较大时,密钥管理就成了大问题。虽则如此,完全保密的思想至今还在指导着当代的密码设计者们。比如能提供完全保密的"一次一密乱码本"体制仍是当代密码设计者所极力追求的。

完全保密性的充分必要条件:

令 $P(M)$ 表示消息 M 的先验概率,$P(C|M)$ 表示选定消息 M 后密文 C 的条件概率,即由消息 M 产生密文 C 的所有密钥概率之和,$P(C)$ 表示用任一方式获得密文 C 的概率,$P(M|C)$ 表示密文 C 被截获时消息 M 的后验概率。

根据贝叶斯定理,有 $P(M|C) = [P(M)P(C|M)]/P(C)$。

对完全保密而言,对于所有 C 和 M,$P(M|C)$ 必须等于 $P(M)$。因此,或者是 $P(M) = 0$,这个解被排除在外,因为我们要求和 $P(M)$ 的值无关的等式;或者是对于每一个 M 和 C 都有 $P(C|M) = P(C)$。反之,如果 $P(C|M) = P(C)$,则 $P(M|C) = P(M)$。因此,完全保密的充分必要条件就是,对于所有 M 和 C 都有 $P(C|M) = P(C)$。也就是说,$P(C|M)$ 必须和 M 无关。

如果一个密码体制中,密文和明文是统计独立的,那么这种密码体制提供完全保密性。

参看 perfect secrecy system, theoretical secrecy。

perfect secrecy system　完全保密体制

具有完全保密性的密码体制。例如下述密码体制就是完全保密体制：在这种密码体制中，明文数、密钥数和密文数都相等；将每个明文变换成每个密文都恰好有一个密钥；所有密钥都是等可能的。图 P.2 就是这样的一例完全保密体制，明文为 $m_1,\cdots,m_5$，密钥为 $k_1,\cdots,k_5$，密文为 $c_1,\cdots,c_5$，它们的数量均是 5。表 P.3 为其加密矩阵表示。

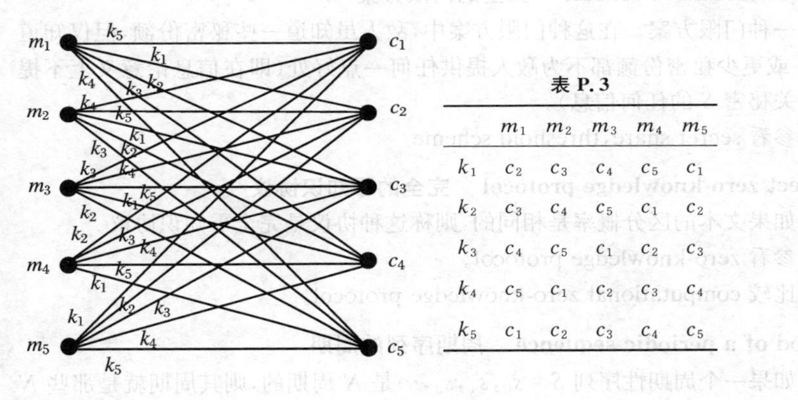

图 P.2

表 P.3

	m_1	m_2	m_3	m_4	m_5
k_1	c_2	c_3	c_4	c_5	c_1
k_2	c_3	c_4	c_5	c_1	c_2
k_3	c_4	c_5	c_1	c_2	c_3
k_4	c_5	c_1	c_2	c_3	c_4
k_5	c_1	c_2	c_3	c_4	c_5

参看 cryptosystem，encryption matrix，perfect secrecy。

perfect secret sharing scheme　完全的秘密共享方案

如果一个秘密共享方案中，对应于每个非授权子集的秘密份额在信息论意义上绝对不提供关于共享秘密的任何信息，那么这个秘密共享方案是完全的。形式定义如下：

$$H(S|A)=0,\quad 对于任意\ A\in AS,$$
$$H(S|B)=H(S),\quad 对于任意\ B\notin AS,$$

其中，H 表示熵，A 和 B 表示用户集合 P 的两个子集，AS 表示该秘密共享方案的访问结构。

参看 access structure，secret share，secret sharing scheme。

perfect security　完全保密，完全保密性

同 perfect secrecy。

perfect share bound　完全的份额界限

在任意一个完全的秘密共享方案中，

一用户份额的比特大小≥共享秘密的比特大小，

对所有用户份额都成立。因此，所有完全的秘密共享方案都必须是信息率

≤1。这是因为:如果任意一个用户 P_i 有一个份额的比特大小小于共享秘密的比特大小,那么对应于任意授权集合(P_i 属于这个集合)的那些份额(P_i 的那个份额除外)的知识,使共享秘密中的不确定性至多能减弱到 P_i 的那个份额上。这样,根据“完全的秘密共享方案”的定义,此方案就不是完全的。

参看 information rate,perfect secret sharing scheme,secret share。

perfect threshold scheme 完全的门限方案

一种门限方案。在这种门限方案中,敌人虽知道一些秘密份额,但仅知道 $t-1$ 或更少秘密份额都不为敌人提供任何一点好处(即在信息论意义上不提供有关秘密 S 的任何信息)。

参看 secret share,threshold scheme。

perfect zero-knowledge protocol 完全的零知识协议

如果文本的区分概率是相同的,则称这种协议是完全零知识协议。

参看 zero-knowledge protocol。

比较 computational zero-knowledge protocol。

period of a periodic sequence 周期序列的周期

如果一个周期性序列 $S=s_0,s_1,s_2,\cdots$ 是 N 周期的,则其周期就是那些 N 周期 S 序列的最小正整数 N。如果 S 是一个周期为 N 的周期性序列,则 S 的圈就是子序列 S^N。

参看 periodic sequence。

periodic binary sequence 周期性二元序列,周期性二进制序列

周期序列 $S=s_0,s_1,s_2,\cdots$ 中的每一个元素 s_i($i=0,1,2,\cdots$)均为二元字母表上的符号。

参看 periodic sequence。

periodic sequence 周期序列

令 $S=s_0,s_1,s_2,\cdots$ 是一个无穷序列(严格说,应称之为右无穷序列,s_0 是这个序列的头)。由 S 的开头 n 项组成的子序列用 $S^n=s_0,s_1,s_2,\cdots,s_{n-1}$ 表示。如果对于所有 $i\geqslant 0$ 都有 $s_i=s_{i+N}$,则称序列 $S=s_0,s_1,s_2,\cdots$ 是一个 N 周期的。如果对于某个正整数 N,序列 S 是 N 周期的,则 S 就是周期性的。

period of irreducible polynomial 不可约多项式的周期

对于有限域 $\mathbb{F}_q$($q=p^m$,p 是一个素数)上的一个 n 次不可约多项式 $f(x)\neq x$,$f(x)$ 的周期定义为 $f(x)$ 在 $\mathbb{F}_{q^n}$ 中 n 个根在 $\mathbb{F}_{q^n}^*$ 中公共的阶。如果 $f(x)$ 的周期等于 q^n-1,则 $f(x)$ 就是 $\mathbb{F}_q$ 上的本原多项式。

参看 finite field,irreducible polynomial,primitive polynomial。

period of polynomial　多项式的周期

设 $f(x)$ 是有限域 $\mathbb{F}_q$ 上的一个次数 $\geqslant 1$ 的多项式，并且其零次项不等于 0，定义 $f(x)$ 的周期为使得 $f(x)|(x^l-1)$ 的最小正整数 l。

参看 finite field，polynomial。

permanent insider　永久性局内人

可以连续访问特权信息的局内人。

参看 insider。

比较 one-time insider。

permutation　置换

令 S 是一个有限元素集合。S 上的置换就是从 S 到其自身的一个双射，即 $p:S\rightarrow S$。

例如

$$p=\begin{pmatrix}1 & 2 & 3 & 4 & 5\\3 & 5 & 4 & 2 & 1\end{pmatrix},\quad p^{-1}=\begin{pmatrix}1 & 2 & 3 & 4 & 5\\5 & 4 & 1 & 3 & 2\end{pmatrix}。$$

n 元置换共有 $n!$ 个不同的置换(包括单位置换)。

置换的乘法如下：

令

$$A=\begin{pmatrix}1 & 2 & \cdots & n\\a_1 & a_2 & \cdots & a_n\end{pmatrix},\quad B=\begin{pmatrix}1 & 2 & \cdots & n\\b_1 & b_2 & \cdots & b_n\end{pmatrix},$$

记 $C=AB$。例如

$$\begin{pmatrix}1 & 2 & 3 & 4 & 5 & 6\\3 & 6 & 2 & 1 & 4 & 5\end{pmatrix}\cdot\begin{pmatrix}1 & 2 & 3 & 4 & 5 & 6\\2 & 3 & 5 & 6 & 1 & 4\end{pmatrix}=\begin{pmatrix}1 & 2 & 3 & 4 & 5 & 6\\5 & 4 & 3 & 2 & 6 & 1\end{pmatrix}。$$

n 元置换乘法的基本性质如下：

① 若 A 与 B 都是 n 元置换，则 AB 也是一个 n 元置换；

② 乘法满足结合律，即当 A,B,C 都是 n 元置换时，$(AB)C=A(BC)$；

③ 令 $E=\begin{pmatrix}1 & 2 & \cdots & n\\1 & 2 & \cdots & n\end{pmatrix}$，则对任何 A，恒有 $EA=AE=A$，E 称为单位置换；

④ 对于任何一个特定的 A，一定存在唯一的一个置换 B，使得 $AB=BA=E$，称这个 B 为 A 的逆置换，记作 A^{-1}。

注意　置换的乘法不满足交换律，即 $AB\neq BA$。如果 $A=BC$，且 $A=DB$，一般说来，$C\neq D$。

参看 bijection。

permutation box（P-box）　置换盒，P 盒

加密算法的一个组成部分，它对输入信号应用换位密码。在数据加密标准（DES）中使用了置换盒。

参看 DES block cipher，transposition cipher。

permutation cipher　置换密码

同 transposition cipher。

permutation polynomial　置换多项式

$\mathbb{Z}_n$的一个置换多项式是一个多项式$f(x)\in\mathbb{Z}_n[x]$，它将$\mathbb{Z}_n$的一个置换归纳成依据$\mathbb{Z}_n$的元素的代替；也就是，$\{f(a)\mid a\in\mathbb{Z}_n\}=\mathbb{Z}_n$。RSA加密中使用$\mathbb{Z}_n$的一个置换多项式$x^e$，其中$\gcd(e,\phi)=1$。

参看 polynomial，RSA public-key encryption scheme。

phase gate　相位门

一种一位量子逻辑门，它是泡利-Z门的平方根，其量子线路如图 P.3 所示，矩阵表示为

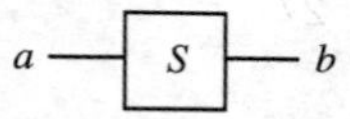

a —[S]— b

图 P.3

$$S=\begin{pmatrix}1 & 0\\ 0 & \mathrm{i}\end{pmatrix},$$

公式描述为$|a\rangle\rightarrow S\ |a\rangle=|b\rangle$。

参看 Pauli gates，quantum gates。

phi function (ϕ)　ϕ 函数

同 Euler phi function (ϕ)。

phi test　ϕ 检验

古典密码分析中基于 Kappa 值K_r和K_p的一种检验，这种检验和χ检验都是根据重合码的基本原则提出来的。正如频率统计把分散出现的各个字母集中起来便于归类一样，ϕ检验和χ检验把个别的频率统计数列结合起来便于比较各次统计。这两种检验是弗里德曼（William Frederick Friedman）的助手索洛蒙·库尔巴克（Solomon Kullback）博士在1935年发明的。

ϕ检验是χ检验的基础，可以判断某一给定的频率统计是反映单表代替加密作业还是多表代替加密作业。它可以通过检验纵行字母的单表代替性质，观察应用卡西斯基检定法判断的周期是否正确。如果周期是正确的，纵行频率统计就会出现单表代替的特点；如果不正确，纵行频率统计就会是随机的。

使用这种方法时，密码分析家首先要以密报字母总数N乘以$N-1$。然后把这个乘积和K_r相乘，求得多表代替要求的 Phi 理论值(ϕ_r)。接着用K_p以相同的方法求得单表代替要求的ϕ理论值(ϕ_p)。把这两个数值暂且搁置一边，着手进行密报频率统计，以每一个字母的频率f乘以$f-1$。把这些乘积

相加。这个总和(实际观察所得到的 ϕ 值)与单表代替和多表代替的 ϕ 理论值相比,如果更接近前者,则这个频率统计就是反映单表代替的,反之亦然。例如,在一份 26 字母的密报中,ϕ 理论值是

$$\phi_r = 26\times25\times0.0385 = 25,\quad \phi_p = 26\times25\times0.0667 = 43。$$

假如密报的频率统计确定的 ϕ 观察值是

A B C D E F G H I J K L M N O P Q R S T U V W X Y Z,

频率 f · 2 · · 1 1 3 4 · 1 · · 1 · 1 1 2 2 2 2 1 · 1 · 1 ·,

则 ϕ 的实际观察值 $= \sum f(f-1) = 0+2+0+0+0+0+6+12+0+0+0+0+0+0+0+0+2+2+2+2+0+0+0+0+0+0 = 28$。这个 ϕ 实际观察值显然更接近于多表代替的 ϕ 理论值,因此,加密类型可能是多表代替。这种检验在少量字母分布时能十分准确地作出这种判断,而肉眼是不能区别这两种类型的统计的。

参看 Kappa value,Kerckhoffs' superimposition。

比较 chi test。

physically secure channel　物理安全信道

敌人物理上不可访问的一种信道。

参看 channel。

physical noise source　物理噪声源

用于产生随机二进制数字序列的硬件设备,比如噪声二极管电路、频率不稳定的自由振荡器等。这些都是基于硬件的随机二进制数字发生器。

参看 hardware-based random bit generator,random bit generator。

比较 pseudorandom bit sequence。

π/8 gate　π/8 门

一种一位量子逻辑门,又称作 T 门,它是相位门的平方根,其量子线路如图 P.4 所示,矩阵表示为

$$T = \begin{pmatrix}1 & 0\\ 0 & e^{i\pi/4}\end{pmatrix},$$

公式描述为 $|a\rangle \to T\ |a\rangle = |b\rangle$。

图 P.4

参看 phase gates,quantum gates。

PIKE stream cipher　PIKE 序列密码

PIKE 是 FISH 算法的一个紧凑版本,是由破译 FISH 算法的安德森(R. Anderson)设计出来的。它使用三个加性发生器。例如

$$A_i = A_{i-55} + A_{i-24} \pmod{2^{32}},$$
$$B_i = B_{i-57} + B_{i-7} \pmod{2^{32}},$$
$$C_i = C_{i-58} + C_{i-19} \pmod{2^{32}}。$$

为了产生密钥流字,要寻找加法的进位位。如果这三个发生器相同(全为0或者全为1),则钟控所有的发生器。如果不是这样,则钟控两个相同的发生器。保存进位位以供下一个时钟时使用。最后的输出是三个发生器的异或值。

PIKE比FISH快,因为每产生一个输出大概需要2.75步运算而不需要3步。

比较FISH stream cipher。

PKCS standards　公开密钥密码标准

一套公开密钥密码规范,是RSA数据安全公司为公开密钥密码提供的一个工业标准接口。这些不是真正意义上的标准。这套规范如表P.4所示。

表P.4

编号	PKCS名称	中译文
1	RSA encryption standard	RSA加密标准
3	Diffie-Hellman key-agreement standard	迪菲-赫尔曼密钥协商标准
5	Password-based encryption standard	基于通行字的加密标准
6	extended certificate syntax standard	扩展证书语法标准
7	cryptographic message syntax standard	密码消息语法标准
8	private-key information syntax standard	秘密密钥信息语法标准
9	selected attribute types	选择属性类型
10	certification request syntax standard	认证申请语法标准
11	cryptographic token interface standard	密码标记接口标准
12	public key user information syntax standard	公开密钥用户信息语法标准

注　原先的PKCS＃2和PKCS＃4已被合并到PKCS＃1中。PKCS＃11又称为CRYPTOKI。

参看 Diffie-Hellman key agreement, RSA public-key encryption scheme。

plain code　密底码

可以对文字密本组或数字密本组进行移位或代替变换,未经过这种加密变换或者已从这种加密变换中解密的密本就叫作密底码。

参看 enciphered code，code book，codegroups，codenumbers，codewords。

plaintext　明文

人们可以理解其含义的文字、符号或其编码序列，都称之为明文。其实，一切需要进行加密处理（或称保护）的信息（包括话音、数字、图像、传真）都可称为“明文”。

比较 ciphertext。

plaintext autokey cipher　明文自身密钥密码

同 autokey cipher。

plaintext-aware encryption scheme　知晓明文的加密方案

如果一个敌人在不知道对应明文的情况下，产生一个有效的密文是计算上不可行的，则称这种公开密钥加密方案是知晓明文的加密方案。知晓明文这个性质的确是一个强有力的性质，它意味着加密方案是无韧性的（因此也是语义上安全的），并且能抗得住自适应选择密文攻击。

参看 adaptive chosen-ciphertext attack，non-malleable encryption，semantically secure public-key encryption。

plaintext-ciphertext avalanche effect　明文-密文雪崩效应

在密码编码中，密码的一种特性：在密钥固定的情况下，如果改变明文中的任意一比特值，密文输出中将平均有一半发生变化。

参看 avalanche effect。

比较 key-ciphertext avalanche effect。

plaintext-ciphertext block chaining（PCBC）　明文-密文分组链接

DES 的一种非标准、非自同步的工作模式。定义如下：对于 $i \geqslant 0$ 及明文 $x = x_1 x_2 \cdots x_t$，有 $c_{i+1} = E_k(x_{i+1} \oplus G_i)$，其中 $G_0 = IV$，$G_i = g(x_i, c_i)$ $(i \geqslant 1)$，g 是一个简单函数，例如，$g(x_i, c_i) = x_i + c_i \pmod{2^{64}}$。利用上述工作模式的错误扩散特性，一遍技术就能既提供加密又提供完整性，方法如下：添加一个明文字块以提供冗余度，例如 $x_{t+1} = IV$（也可以是一个固定常数或 x_1）。使用 PCBC 工作模式加密增大了的所有明文字块。$c_{t+1} = E_k(x_{t+1} \oplus g(x_t, c_t))$用作 MAC。对 c_{t+1}解密，如果在恢复的字块 x_{t+1}中预期的冗余度显著，接收者就接受这个消息具有完整性。对于这种完整性应用，为了避免已知明文攻击，PCBC 中的函数 g 应当不是简单异或形式。

参看 DES block cipher，error extension，data integrity。

plaintext space　明文空间

同 message space。

Playfair cipher　普莱费尔密码

由惠斯通(C. Wheatstone)于1854年发明的双字母代替体制。通过把25个字母(字母 I 和 J 视作相等)排列成一个5×5矩阵 M 来定义双字母代替。将相邻明文字符配成对。(p_1, p_2) 对用双字母 (c_3, c_4) 替换的方法如下:如果 p_1 和 p_2 处在不同的行和列,则定义 M 的一个子矩阵(可能是 M 本身),p_1 和 p_2 处在这个子矩阵的两个角上,处在另两个角上的就是 c_3 和 c_4;c_3 是处在和 p_1 同一行上的那个。如果 p_1 和 p_2 处在同一行上,则定义紧接 p_1 右边的那个字符为 c_3,紧接 p_2 右边的那个字符为 c_4,但把第一列看作是最后一列的右边。如果 p_1 和 p_2 处在同一列上,则定义紧接 p_1 下边的那个字符为 c_3,紧接 p_2 下边的那个字符为 c_4,但把第一行看作是最后一行的下边。如果 $p_1 = p_2$,则用一个很少出现的字符(例如 X)插在两个相同字符中间,并将明文重新分组。虽然基于单字母频率统计的密码分析破译不了普莱费尔密码,但利用双字母频率统计的密码分析可以破译。普莱费尔密码的密钥是5×5方表。可以使用密钥短语来构造。比如用密钥短语"DIGRAM SUBSTITUTION CIPHER",去掉重复的字母得到"DIGRAMSUBTONCPHE",再将字母表中剩下的字符"FKLQVWXYZ"排列在后面,列成方表如图P.5所示。

D I G R A
M S U B T
O N C P H
E F K L Q
V W X Y Z

图 P.5

比如,加密"communication security"。先在mm中间插入一个x,再对明文进行配对,变成"co mx mu ni ca ti on se cu ri ty",用图P.5所示的方表加密可得密文"PN UV SB FS HG SA NC MF KC AG BZ"。

参看 key phrase, frequency of digraphs, digram substitution。

Pless generator　普莱斯发生器

该发生器是基于J-K触发器的性能来设计的。八个LFSR驱动四个J-K触发器;每一个触发器都充当两个LFSR的非线性组合器。为了避免触发器的输出可推出下一个输出比特的值和触发器的输入,需钟控四个触发器,然后将交替把它们的输出作为最终密钥流。如图P.6所示。

图中循环计数器T的作用是:在每个时钟脉冲作用下,改变输出单元,使得在第 t 时刻输出第 $t + c \pmod 4$ 单元的值,c 是0~3范围内的一个常数。

通过独立攻击四个触发器中的每一个破译该算法。另外,组合J-K触发器是密码上弱的;这种类型的发生器抗不住相关攻击。

参看 correlation attack, linear feedback shift register (LFSR)。

P = NP? question　"P = NP?"问题

现在已经知道的是,对非决定性的机器而言,具有NP完全性的这类问题是有多项式时间界的算法的,即所说的复杂性属于NP类问题,而且是NP类中难度最大的问题。但是,对于决定性的机器(实际计算机都是决定性机器)而言,目前还不知道是否有多项式时间界的算法(即计算机上实际可行的算法)。这一类问题具有下列重要性质:只要能找到其中一个特定问题的实际可行的算法,就可以找到其他数百个问题的同类算法,而如果能证明其中某一个问题没有实际可行的算法,那么也就证明了其他数百个问题都没有实际可行的算法。由于这一类问题在许多数学分支(如代数、数论、数理逻辑、图论等)和工程技术中都有出现,而只要解决了其中的一个,就解决了同类的千百个问题,因此,这类问题一旦解决将产生无比重要的理论意义和实际意义。这就是"P=NP?"问题。这个问题是当前计算机科学中最大的未解决的问题之一。目前对"P=NP?"问题的回答有两种:一种是肯定的回答,一种是否定的回答,绝大多数人倾向于否定的回答。

参看 NP-complete problem。

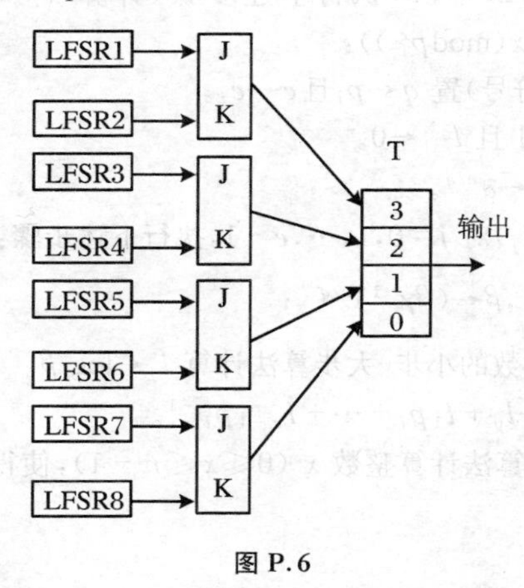

图 P.6

Pocklington's theorem　泊克林顿定理

令 $n \geqslant 3$ 是一个整数,并且令 $n=RF+1$(即 F 整除 $n-1$),其中 F 的素因子分解是

$$F=\prod_{j=1}^{t} q_j^{e_j}。$$

如果存在一个整数 a 满足:

① $a^{n-1} \equiv 1 (\bmod n)$;

② $\gcd(a^{(n-1)/q_j}-1, n)=1$,对每个 $j(1 \leqslant j \leqslant t)$都成立,

则 n 的每个素因子 p 都是模 F 同余于 1。由此得出,如果 $F>\sqrt{n}-1$,则 n 是素数。

参看 integer, integer factorization, prime number。

Pohlig-Hellman algorithm　波里格-赫尔曼算法

一种计算离散对数的方法。令 n 是群 G 的阶，其素因子分解为

$$n = p_1^{e_1} p_2^{e_2} \cdots p_r^{e_r}。$$

如果 $x = \log_\alpha \beta$，则计算方法就是：先确定 $x_i = x(\bmod\ p_i^{e_i})\ (1 \leqslant i \leqslant r)$；然后使用高斯算法来恢复 $x(\bmod\ n)$。

x_i 的 p_i 元表示是 $x_i = l_0 + l_1 p_i + \cdots + l_{e_i-1} p_i^{e_i-1}$，其中 $0 \leqslant l_j \leqslant p_i - 1$。

通过计算数字 $l_0, l_1, \cdots, l_{e_i-1}$，就能确定每一个整数 x_i。

计算离散对数的波里格-赫尔曼算法

输入：一个阶为 n 的循环群 G 的生成元 α 及一个元素 $\beta \in G$。

输出：离散对数 $x = \log_\alpha \beta$。

PH1　求 n 的素因子分解：$n = p_1^{e_1} p_2^{e_2} \cdots p_r^{e_r}$，其中 $e_i \geqslant 1$。

PH2　对 $i = 1, 2, \cdots, r$，执行下述步骤（计算 $x_i = l_0 + l_1 p_i + \cdots + l_{e_i-1} p_i^{e_i-1}$，其中 $x_i = x(\bmod p_i^{e_i})$）：

PH2.1　（简化符号）置 $q \leftarrow p_i$ 且 $e \leftarrow e_i$。

PH2.2　置 $\gamma \leftarrow 1$ 且 $l_{-1} \leftarrow 0$。

PH2.3　计算 $\bar{\alpha} \leftarrow \alpha^{n/q}$。

PH2.4　（计算 l_j）对 $j = 0, 1, \cdots, e-1$，执行下述步骤：

计算 $\gamma \leftarrow \gamma \alpha^{l_{j-1} q^{j-1}}$，$\bar{\beta} \leftarrow (\beta \gamma^{-1})^{n/q^{j+1}}$；

使用计算离散对数的小步-大步算法计算 $l_j \leftarrow \log_{\bar{\alpha}} \bar{\beta}$。

PH2.5　置 $x_i \leftarrow l_0 + l_1 p_i + \cdots + l_{e_i-1} p_i^{e_i-1}$。

PH3　使用高斯算法计算整数 $x\ (0 \leqslant x \leqslant n-1)$，使得 $x_i \equiv x(\bmod\ p_i^{e_i})\ (1 \leqslant i \leqslant r)$。

PH4　返回(x)。

波里格-赫尔曼算法的运行时间（即时间复杂度）为 $O(\sum_{i=1}^{r} e_i(\log_2 n + \sqrt{p_i}))$ 次群乘法运算。

参看 baby-step giant-step algorithm, discrete logarithm problem (DLP), Gauss's algorithm。

Pohlig-Hellman cipher　波里格-赫尔曼密码

一种指数运算密码。选择一个素数 q，以及一个秘密密钥 $K(1 \leqslant K \leqslant q-2)$，并由此计算出第二个密钥 $D(1 \leqslant D \leqslant q-2)$，使得 $KD \equiv 1(\bmod\ q-1)$。加密一个消息 M 是通过计算 $C = M^K(\bmod\ q)$，解密恢复消息 M 是通过计算 $M = C^D(\bmod\ q)$。

参看 exponentiation modulo p。

poker test 扑克检验

对一个长度为 n 的二进制数字序列的五种基本的统计检验(又称局部随机性检验)之一。

检验目的 检测序列 $S=s_0,s_1,s_2,\cdots,s_{n-1}$ 中任意不重叠的 m 长字块出现的概率是否相等,且均为 $1/2^m$。

理论根据及检验技术描述 基本假设 H_0:序列 S 中的任意 m 长字块的码形出现的概率均相等,为 $1/2^m$。

(a) 可能值集合 $X=\{0,1,\cdots,2^m-1\}$,其中 $k(k=0,1,\cdots,2^m-1)$ 为 m 长码组的二进制值所对应的十进制值。

(b) $f_k(k=0,1,\cdots,2^m-1)$ 表示十进制数值为 k 的 m 长码组的观测个数,显然有

$$\sum_{k=0}^{2^m-1} f_k = F = \left[\frac{n}{m}\right],$$

这里,$[x]$ 表示取 x 的整数部分。

(c) $P_k=P(\{\xi\in k\mid H_0\})=1/2^m(k=0,1,\cdots,2^m-1)$,则有 $E_k=FP_k=F/2^m\ (k=0,1,\cdots,2^m-1)$。

$$X_p=\frac{2^m}{F}\sum_{k=0}^{2^m-1} f_k^2-F。$$

检验统计量与参照的分布 X_p 服从自由度为 2^m-1 的 χ^2 分布。

检验方法描述 对于序列 S:样本序列的长度为 n。

(1) 将序列 S 划分成长度为 m 的字块。

(2) 统计序列 S 中长度为 m 的每一字块的频数 $f_0,f_1,\cdots,f_{2^m-1}$。

(3) 计算

$$X_p=\frac{2^m}{F}\sum_{i=0}^{2^m-1} f_i^2-F。$$

判决准则 在显著性水平 1% 下,2^m-1 的自由度的 χ^2 值为 P。

判决结论及解释 如果 $X_p<P$,则通过此项检验;否则没有通过此项检验。

输入长度建议 序列长度 n 和子序列长度 m 的取值应该满足不等式:$\lfloor n/m\rfloor\geqslant 5\times 2^m$。

建议序列长度不小于 100。

举例说明 序列 S(共 112 比特):

1010101010100100110100111010101001011001101011011010101

001001110101001010010101010100101110110000001111110100101。

统计:每 8 比特一个字块,可以分成 112/8=14 个字块:

10101010(170) 10100100(164) 11010011(211) 10101010(170) 01011001(89)
10101101(173) 11010101(213) 00100111(39) 01010010(82) 10010101(149)
01010010(82) 11101100(236) 00001111(15) 10100101(165)。

有

$$f_{15}=1,\ f_{39}=1,\ f_{82}=2,\ f_{89}=1,\ f_{149}=1,\ f_{164}=1,$$
$$f_{165}=1,\ f_{170}=2,\ f_{173}=1,\ f_{211}=1,\ f_{213}=1,\ f_{236}=1,$$

其余 $f_i=0$。

$$\sum_{i=0}^{2^m-1} f_i = F = \left\lfloor \frac{112}{8} \right\rfloor = 14。$$

计算:

$$X_p = \frac{2^m}{F}\sum_{i=0}^{2^m-1} f_i{}^2 - F = \frac{2^8}{14}\sum_{i=0}^{2^8-1} f_i{}^2 - 14 = 315.143。$$

结论:在显著性水平 1%下,查 2^8-1 自由度的 χ^2 值,得 $P=301.657$。由于 $X_p>P$,因此没有通过扑克检验。

参看 chi square test, frequency test, local randomness test, statistical hypothesis, statistical test。

Pollard's $p-1$ algorithm　波拉德 $p-1$ 算法

这是求一个复合整数的因子的专用因子分解算法。此算法能有效地求出复合整数 n 的任意素因子 p,不过 $p-1$ 是关于某个相对小的界限 B 平滑的。此算法的思想是:令 B 是一个平滑性界限。令 Q 是所有$\leqslant B(B\leqslant n)$的素数方幂的最小公倍数。如果 $q^k\leqslant n$,则 $k\ln q\leqslant \ln n$,所以 $k\leqslant\lfloor \ln n/\ln q\rfloor$。因此有

$$Q = \prod_{q\leqslant B} q^{\lfloor \ln n/\ln q\rfloor},$$

其中,乘积遍及所有的不同素数 $q\leqslant B$。如果 p 是n 的一个素因子,使得 $p-1$ 是 B 平滑的,则 $p-1\mid Q$,因此,对于满足 $\gcd(a,p)=1$ 的任意 a,费马定理都蕴涵着 $a^Q\equiv 1(\bmod p)$。所以,如果有 $d=\gcd(a^Q-1,n)$,则 $p\mid d$。也有可能 $d=n$,在这种情况下算法失败;然而,如果 n 至少有两个大的不同素因子,那么这种情况是不大可能发生的。如果 n 有一个素因子 p 使得 $p-1$ 是 B 平滑的,则波拉德 $p-1$ 算法找到 p 的运行时间是$O(B\ln n/\ln B)$次模乘法运算。

因子分解的波拉德 $p-1$ 算法

输入:一个不是素数方幂的复合整数 n。

输出:n 的非平凡因子 d。

PF1　选择一个平滑性界限 B。

PF2　选择一个随机整数 $a(2\leqslant a\leqslant n-1)$,并计算 $d=\gcd(a,p)$。如果 $d\geqslant 2$,则返回(d)。

PF3 对每个素数 $q \leqslant B$,执行下述步骤:

PF3.1 计算 $k = \lfloor \ln n / \ln q \rfloor$。

PF3.2 使用平方-乘算法计算 $a \leftarrow a^{q^k} \pmod n$。

PF4 计算 $d = \gcd(a-1, n)$。

PF5 如果 $d=1$ 或 $d=n$,则算法以失败终止;否则,返回(d)。

参看 integer factorization, smooth integers, square-and-multiply algorithm。

Pollard's rho algorithm 波拉德 ρ 算法

这是求一个复合整数的小因子的专用因子分解算法。令 $f: S \to S$ 是一个随机函数,其中 S 是一个势为 n 的有限集合。令 x_0 是 S 的一个随机元素,并考察用 $x_{i+1} = f(x_i)$ ($i \geqslant 0$)定义的序列 $x_0, x_1, x_2, \cdots$。由于 S 是有限的,这个序列最终必定是循环的,并且是由一个期望长度为 $\sqrt{\pi n/8}$ 的尾部组成的,其后继则是不断地重复这个期望长度为 $\sqrt{\pi n/8}$ 的循环。在一些密码分析任务(包括整数因子分解、离散对数)中产生的问题就是寻找两个不同的指数 i 和 j,使得 $x_i = x_j$,这就是所谓的碰撞。找到一个碰撞的明显方法是:计算并存储 x_i ($i = 0,1,2,\cdots$),查看完全相同者。在检测到完全相同者之前必须尝试的输入的期望数量是 $\sqrt{\pi n/2}$。这种方法需要 $O(\sqrt{n})$ 的存储量及 $O(\sqrt{n})$ 的运行时间,假定把 x_i 存储在一个散列表中以便定时添加新的表项。

因子分解的波拉德 ρ 算法

输入:一个不是素数方幂的复合整数 n。

输出:n 的非平凡因子 d。

PF1 置 $a \leftarrow 2, b \leftarrow 2$。

PF2 对 $i = 1, 2, \cdots$,执行下述步骤:

PF2.1 计算 $a \leftarrow a^2 + 1 \pmod n$, $b \leftarrow b^2 + 1 \pmod n$, $b \leftarrow b^2 + 1 \pmod n$;

PF2.2 计算 $d = \gcd(a-b, n)$;

PF2.3 如果 $1 < d < n$,则返回(d),算法以成功终止;

PF2.4 如果 $d = n$,则算法以失败终止。

参看 integer factorization。

polyalphabetic substitution 多表代替

古典代替密码体制的一种加密方法,使用多个代替密表对明文进行加密,而单表代替只使用一个代替密表。这样一来,相同明文用不同密表来代替,则产生不同的密文;同样,相同密文就有可能代表不同的明文。采用多表代替的好处就是使明文的统计规律尽量不在密文中反映出来,以抗拒对字母频率的统计分析攻击。

参看 statistical cryptanalysis，substitution cipher。

比较 monoalphabetic substitution。

polyalphabetic substitution cipher　多表代替密码

多表代替密码是一个字母表 A 上的、分组长度为 t 的分组密码，且具有下列特性：

① 密钥空间 K 由 t 个排列 $(p_1, p_2, \cdots, p_t)$ 的所有有序集合组成，其中每个排列 p_i 都被定义在集合 A 上；

② 对明文消息 $m=(m_1 m_2 \cdots m_t)$ 的一个加密变换 E_e 是

$$E_e(m)=(p_1(m_1)p_2(m_2)\cdots p_t(m_t))=(c_1 c_2 \cdots c_t)=c,$$

其中，$e=(p_1, p_2, \cdots, p_t)$ 是加密密钥。

③ 解密密钥是 $d=(p_1^{-1}, p_2^{-1}, \cdots, p_t^{-1})$，则解密变换 D_d 是

$$D_d(c)=(p_1^{-1}(c_1)p_2^{-1}(c_2)\cdots p_t^{-1}(c_t))=(m_1 m_2 \cdots m_t)=m。$$

参看 block cipher。

比较 monoalphabetic substitution cipher。

Polybius square　波利比乌斯方表

公元前 2 世纪希腊历史学家波利比乌斯设想的一种信号通信体制：用两个数字来代表一个字母，方法如表 P.5 所示。表中横行的数字和纵行的数字垂直交叉处的字母就用这两个数字来代表，比如，$11 \to a$，$12 \to b$，$\cdots$，$24 \to i$（或 j），$\cdots$，$55 \to z$。波利比乌斯方表（又称“棋盘密表”）是一些密码体制的基础。

表 P.5

	1	2	3	4	5
1	a	b	c	d	e
2	f	g	h	i j	k
3	l	m	n	o	p
4	q	r	s	t	u
5	v	w	x	y	z

参看 cryptosystem。

polygram substitution　多码代替，多字母代替

古典代替密码体制的一种加密方法，用另一个字符组（称作多码或多字母）来代替一个字符组。如果字符组为两个字符，就叫作双码（或双字母）代替；如果字符组为三个字符，就叫作三码（或三字母）代替；一般的就叫作 n 码（或 n 字母）代替。

参看 polygram substitution cipher。

polygram substitution cipher　多码代替密码，多字母代替密码

用其他字符组来代替一个字符组就称作多码代替密码（或叫多字母代替密码）。例如，两明文字符（双码）序列可以用其他双码来替换，这就是双码代替密码。

参看 substitution cipher。

polygraphic substitution　多字母代替

古典代替密码体制的一种加密方法，用一个字符组来代替另一个字符组。

参看 polygraphic substitution cipher，substitution cipher。

polygraphic substitution cipher　多字母代替密码

用一个字符组来代替另一个字符组的代替密码。例如，两个明文字符组成的双字母序列可以用其他双字母来替换；三个明文字符组成的三字母序列可以用其他三字母来替换；一般地说，n 个明文字符组成的 n 字母序列可以用其他 n 字母来替换。在有 26 个字母的英文中，双字母代替的密钥可以是 26^2 个可能双字母中的任一个，因此，有 26^2！个密钥。

参看 substitution cipher。

polynomial　多项式

如果 R 是一个交换环，则环 R 上的未定元 x 的多项式是下述形式的表达式：

$$f(x) = a_n x^n + \cdots + a_2 x^2 + a_1 x + a_0,$$

其中，每个 $a_i \in R$ 且 $n \geqslant 0$。元素 a_i 称为 $f(x)$ 中 x^i 的系数。$a_n \neq 0$ 的最大整数 n 称为 $f(x)$ 的次数，表示为 $\deg f(x)$；a_n 称为 $f(x)$ 的首项系数。如果 $f(x) = a_0$（常数多项式）且 $a_0 \neq 0$，则 $f(x)$ 的次数为 0。如果 $f(x)$ 的所有系数都为 0，则 $f(x)$ 称为零多项式，根据数学约定，其次数定义为 $-\infty$。如果首项系数等于 1，则称多项式 $f(x)$ 为首一多项式。

参看 ring。

polynomial addition　多项式加法

令多项式环 $R[x]$ 上的 n 次多项式 $f(x) = a_0 + a_1 x + a_2 x^2 + \cdots + a_n x^n$，$m$ 次多项式 $g(x) = b_0 + b_1 x + b_2 x^2 + \cdots + b_m x^m$。不失一般性，假定 $n \geqslant m$，定义多项式加法为

$$f(x) + g(x) = \sum_{i=0}^{n} (a_i + b_i) x^i。$$

参看 polynomial，polynomial ring。

polynomial basis　多项式基

如果有限域 $GF(p^n)$ 在其子域 $GF(p)$ 上的一组基的形式为 $\{1, \alpha, \cdots, \alpha^{n-1}\}$，则称这样的基为多项式基。

参看 finite field。

比较 normal basis。

polynomial basis representation　多项式基表示

有限域 $\mathbb{F}_q$（$q = p^n$，p 是一个素数）上的元素通常都用多项式基表示。如

果 $n=1$,则$\mathbb{F}_q$就是$\mathbb{Z}_p$。如果 n 次不可约多项式 $f(x)\in\mathbb{Z}_p[x]$,那么,$\mathbb{Z}_p[x]/(f(x))$就是一个 p^n 阶有限域,其上的运算就是模 $f(x)$的多项式加法、乘法运算。对于每一个 $n\geqslant 1$,都存在一个$\mathbb{Z}_p$上的n 次首一不可约多项式。因此,每一个有限域都有一个多项式基表示。

参看 finite field,polynomial basis。

比较 normal basis。

polynomial factorization 多项式因式分解

给定一个多项式 $f(x)\in\mathbb{F}_q[x]$,$q=p^m$(p 是一素数),求 $f(x)$的因式分解:

$$f(x)=f_1(x)^{e_1}f_2(x)^{e_2}\cdots f_t(x)^{e_t},$$

其中,每一个 $f_i(x)$都是$\mathbb{F}_q[x]$上的不可约多项式,并且 $e_i\geqslant 1$,称 e_i 为因式 $f_i(x)$的重数。

参看 polynomial。

polynomially-indistinguishable probabilistic distribution 多项式不可区分的概率分布

对每一个算法 A,令 $P_A(x)$表示 A 对于输入 x 和按照概率分布 $D(x)$选择一个元素输出 1 的概率;类似定义 $P'_A(x)$是相对于概率分布 $D'(x)$的。如果对每一个概率多项式时间算法,$|P_A(x)-P'_A(x)|\leqslant|x|^{-c}$对每一个常数 $c>0$及所有足够长的 x 都成立,则 D 和D'是多项式不可区分的概率分布。

参看 polynomial-time algorithm。

polynomially secure 多项式安全的,多项式保密的

如果没有一个被动敌手能够在多项式时间内选择两个明文消息 m_1和 m_2,并且能以显著大于 1/2 的概率区别 m_1和 m_2的加密,则称这种公开密钥加密方案是多项式安全(或保密)的。

参看 passive adversary,public key encryption。

polynomially secure public-key encryption 多项式安全的公开密钥加密,多项式保密的公开密钥加密

具有多项式安全性(或保密性)的公开密钥加密方案。

参看 polynomially secure。

polynomial multiplication 多项式乘法

令多项式环 $R[x]$上的 n 次多项式$f(x)=a_0+a_1x+a_2x^2+\cdots+a_nx^n$,$m$ 次多项式$g(x)=b_0+b_1x+b_2x^2+\cdots+b_mx^m$。不失一般性,假定 $n\geqslant m$,定义多项式乘法为

$$f(x) \cdot g(x) = \sum_{i=0}^{n+m} \left(\sum_{j=0}^{i} a_j b_{i-j} \right) x^i。$$

参看 polynomial, polynomial ring。

polynomial ring　多项式环

如果 R 是一个交换环，则多项式环 $R[x]$ 是由系数取自 R 的未定元 x 的所有多项式集合构成的环。两种运算是标准的多项式加法和乘法，其系数运算在环 R 中进行。

参看 polynomial, ring。

polynomial-time algorithm　多项式时间算法

如果某算法的执行时间是问题大小 n 的多项式函数，其渐近表示为 $O(n^k)$，这里 k 是一个常数，则称该算法为多项式时间算法。

参看 dynamic complexity measure。

polynomial-time statistical test　多项式时间统计检验

这种统计检验的运行时间是由被统计序列的长度 n 的一个多项式来界定的。当没有一个多项式时间算法，能够以明显大于 1/2 的概率区分一个伪随机二进制数字发生器的输出序列与一个相同长度的真随机序列时，就称这个伪随机二进制数字发生器通过了所有多项式时间统计检验。

参看 polynomial-time algorithm, pseudorandom bit generator, statistical test。

polyphonic substitution　多义码代替

古典代替密码体制的一种加密方法，一个给定的多义码可以同等地表示几个明文字母，通常最多表示两三个明文字母。这种加密方法很少使用。

参看 substitution cipher。

poly-random function　多项式随机函数

如果没有任何一个多项式时间算法能够把一个函数的值与真随机串区分开来，即使在允许该算法选择自变量到这个函数中也是如此，就称这个函数为多项式随机函数。

参看 polynomial-time algorithm, random function。

polytime reduction　多项式时间归约

设有语言 L_1 和 L_2，它们的字母表分别是 Σ_1 和 Σ_2。如果存在多项式时间界限函数 $f: \Sigma_1^* \to \Sigma_2^*$（注：$\Sigma_1^*$（$\Sigma_2^*$）表示由 Σ_1（Σ_2）中的符号所组成的所有句子的集合，包括空句子在内），使得 $x \in L_1 \Leftrightarrow f(x) \in L_2$，则称语言 L_1 可以归约为语言 L_2。将“多项式时间归约”简称为“P 归约”，并记作 $L_1 \leqslant_{\mathrm{P}} L_2$。

对“P 归约”的通俗解释就是：存在一种确定的多项式时间算法，它可以把

语言 L_1的一个给定的例子 x 变换成语言 L_2的一个例子 $f(x)$，以至于当且仅当对 L_2的这个例子的回答为“是”的时候，对 L_1的那个例子的回答也是“是”。

令 A 和B 是两个判定(或计算)问题。如果存在一个解问题 A 的算法，将之用来作为解问题 B 的子程序，也能在多项式时间内运行就可解问题 B，那么，就称问题 A 多项式时间归约为问题B，记作 $A\leqslant_P B$。

参看 computational problems，decision problems，language。

postulates of quantum mechanics　量子力学假设

第一条假设　量子力学系统的态由希尔伯特空间中的矢量完全描写。

一个量子位(qubit)是一个双态量子系统，即二维希尔伯特空间；态矢是一个二分量矢量；一般地，n 个量子位态张成一个 2^n维希尔伯特空间，存在 2^n个互相正交的态，通常记为$|i\rangle$，i 是一个 n 位二进制数。

第二条假设(态叠加原理)　量子力学系统可能处在$|\psi_1\rangle$和$|\psi_2\rangle$描述的态中，则它们的线性叠加态$|\psi\rangle=c_1|\psi_1\rangle+c_2|\psi_2\rangle$也是系统的一个可能态。

第三条假设　在量子力学中，每一个力学量 F 都用一个线性厄米(Hermitian)算子 $\hat{F}$ 表示。

一组力学量算子有共同完备本征函数系的充要条件是它们互相对易。

第四条假设　测量力学量 F 的可能值谱就是算子 $\hat{F}$ 的本征值谱；仅当系统处在 $\hat{F}$ 的某个本征态 $|u_n\rangle$时，测量力学量 F 才能得到唯一结果F_n，即本征态$|u_n\rangle$的本征值；若系统处在某一归一化态矢$|\psi>$所描写的状态，测得本征值之一 F_n的概率是$|C_n|^2$，C_n是态$|\psi\rangle$按 $\hat{F}$ 的正交归一完备函数系$|u_n\rangle$展开的展开系数，即

$$|\psi\rangle=\sum_n C_n|u_n\rangle,$$

其中，$C_n=\langle u_n|\psi\rangle$。

量子力学中的测量不仅不是单值的，而且测量对量子态将产生不可恢复的干扰破坏。这是量子不可克隆原理的物理基础。

第五条假设　孤立量子系统态矢量随时间的演化遵从薛定谔(Schrödinger)方程。

由此得出：量子力学中因果决定的是非物理量的概率幅，可观测力学量不必有唯一的因果关系。

参看 Hilbert space，no cloning，quantum state，qubit。

power attack　能量攻击

“边信道攻击”中的一种重要方法，是对密码的一种物理攻击技术。主要是通过分析实现密码算法的密码模块所消耗的能量来推导出加密系统所进行

的操作和在操作中涉及的秘密参量。能量攻击技术有两类:简单能量攻击和差分能量攻击。

参看 differential power attack, side channel attack, simple power attack。

practical secrecy　实际保密,实际保密性

和理论保密性不同,实际上密码分析者拥有的时间和人力(包括各种可利用的资源)都是有限的;在这种情况下,如果密码分析者对一个理论上可破译的密码体制(密码算法)的破译攻击感到"心有余而力不足",那么该密码体制(密码算法)就是理论上可破、实际上不可破的。通常称这种密码体制(密码算法)为计算上保密的,即理论上可破、计算上难破的。

参看 computationally secure。

比较 theoretical secrecy。

practical security　实际安全,实际安全性,实际保密,实际保密性

同 computational security。

prediction　预测

通过某种方法,在给定一定长度的密钥流后,攻击者能够比随机猜测更精确地预测出更多的密钥流。

参看 key stream。

P reduction　P 归约

同 polytime reduction。

preimage　原像

函数 $f: X \to Y$,集合 X 称为这个函数的定义域,而 Y 称为这个函数的上域。如果 $y \in Y$,则 y 的原像是使得 $f(x)=y$ 的元素 $x \in X$。

参看 function。

preimage attack　原像攻击

令 $y=h(IV, x)$ 表示一个散列函数,其中 IV 为初始链接值,x 为输入,y 为散列值。对于预先指定的一个初始链接值 $IV=V_0$ 和散列值 $y=y_0$,攻击者寻找一个输入 x,使得 $h(V_0, x)=y_0$。

对于一个 n 比特散列函数 $y=h(IV, x)$ 而言,如果原像攻击的复杂度低于 2^n,则认为这个散列函数存在缺陷。

参看 hash function, ideal security of unkeyed hash function, initial chaining value。

**preimage resistance　原像阻

对于一个散列函数 h 的所有预先指定的输出，寻找散列到那个输出的任意一个输入是计算上不可行的，也就是说，在给定任意一个 y 而不知其对应输入是什么的时候，求任意一个原像 x'，使得 $h(x')=y$ 是计算上不可行的。(注：以往称此特性为散列函数的单向性。)

对 n 比特无密钥散列函数而言，理想安全性为寻找原像需要大约 2^n 次运算。

参看 computationally infeasible, hash function, ideal security of unkeyed hash function, one-way function。

pre-play attack 预放攻击

像兰波特一次一通行字方案及类似的一次一通行字方案仍然抗不住主动敌人的攻击。主动敌人可以截取捕获(或者假冒系统以提取)一个到当时为止还未使用的一次通行字，以便以后假冒合法用户。为了阻止这种攻击，一个通行字只告诉一个用户，而这个用户本身是可靠的。

参看 active adversary, Lamport's one-time-password scheme。

pre-positioned secret sharing scheme 预先定位的秘密共享方案

一种带有扩展能力的广义秘密共享方案。除了一个单一的(固定)秘密份额之外，所有必需的秘密信息都被放置在适当位置，以后，通过广播传递那个固定秘密份额来启动这个方案。

参看 generalized secret sharing。

pretty good privacy (PGP) 优秀保密

由菲利普·齐默尔曼(Philip Zimmermann)设计的免费安全电子邮件软件包。其数据加密采用 IDEA 分组密码，密钥管理和数字签名用 RSA(密钥长度可达 2 047 比特)，用 MD5 作为单向散列函数。

PGP 的随机公开密钥采用概率素性检测程序，它通过测量用户打字时的键盘等待时间得到初始种子。PGP 采用 ANSI X9.17 伪随机二进制数发生器产生随机的 IDEA 密钥，PGP 中用对称算法 IDEA 分组密码替代 DES 算法。PGP 还使用已散列的通行短语(不用通行字)来加密用户的秘密密钥。

PGP 加密的消息具有层次性的安全性。假定密码分析者知道接收方的密钥 ID，他从加密过的消息中仅能知道接收方是谁。如果消息是签了名的，接收方只有在解密消息之后方知谁对此消息签名。此方法与 PEM 不同的是：PEM 在未加密的头部留下一些有关发送者、接收者和消息的信息。

PGP 中最令人感兴趣的是密钥管理中的分布式方法。PGP 中没有密钥认证机构，所有的用户都产生并分发他们自己的公开密钥。用户们签署其他每个人的公开密钥，建立一个 PGP 用户互连团体。

例如,Alice 可以将她的公开密钥实际传给 Bob。由于 Bob 知道 Alice,所以就签署 Alice 的公开密钥。然后 Bob 将签名的密钥传回给 Alice,自己保留一份拷贝。当 Alice 想与 Carol 通信时,Alice 将 Bob 签名的密钥拷贝发送给 Carol。Carol 可能在某个时候得到了 Bob 的公开密钥,他信任 Bob 确认的其他用户的密钥,Carol 验证 Bob 对 Alice 的密钥的签名,如果签名有效就接受。这样 Bob 就将 Alice 介绍给了 Carol。

参看 ANSI X9.17 pseudo-random bit generator, IDEA block cipher, MD5 hash function, RSA digital signature scheme。

primality proving algorithm　素性证明算法

常常把真素性检测称为素性证明算法。

参看 primality test。

primality test　素性检测

判定一个给定的整数是否是素数。有两大类素性检测算法,一类是概率素性检测,如费马素性检测、索洛威-斯特拉森素性检测、米勒-拉宾素性检测等。一类是真素性检测(或就称素性检测),常常称之为素性证明算法,如检测墨森尼数的卢卡斯-莱莫素性检测、使用 $n-1$ 的因子分解的素性检测、雅克比和检测以及使用椭圆曲线的检测等。

参看 Fermat's primality test, Jacobi sum primality test, Lucas-Lehmer primality test, Mersenne number, Miller-Rabin primality test, prime number, Solovay-Strassen primality test。

primary key　原始密钥,初级密钥

有些密码系统中把在数据加/解密中使用的密钥称为初级密钥。

同 data-encrypting key。

prime number　素数

对一个正整数 $p \geqslant 2$,如果其正整数因子只有 1 和 p,则称 p 为素数。

参看 integer。

比较 composite integer。

prime number theorem　素数定理

令 $\pi(x)$ 表示 $\leqslant x$ 的素数的数量,则 $\lim_{x\to\infty}\frac{\pi(x)}{x/\ln x}=1$。

参看 prime number。

primitive element　本原元

同 generator。

primitive normal polynomial　本原正规多项式

如果一个正规多项式是本原的,则称其为本原正规多项式。

参看 normal polynomial,primitive polynomial。

primitive polynomial　本原多项式

m 次不可约多项式 $f(x)\in\mathbb{Z}_p[x]$ 是一个本原多项式,当且仅当 $f(x)\mid(x^k-1)(k=p^m-1$,并且没有更小的正整数 k)。如果 p 是一个素数,且已知 p^m-1 的因子分解,令其不同素因子为 $r_1,r_2,\cdots,r_t$。那么,m 次不可约多项式 $f(x)\in\mathbb{Z}_p[x]$ 是一个本原多项式,当且仅当对每个 $i(1\leqslant i\leqslant t)$ 都有 $x^{(p^m-1)/r_i}\not\equiv 1\ (\mathrm{mod}\ f(x))$。(也就是说,$x$ 是域 $\mathbb{Z}_p[x]/(f(x))$ 中的 p^m-1 阶元素。)下述算法用于检测一个不可约多项式是否为本原多项式。

检测一个不可约多项式是否为本原多项式的算法

输入:一个素数 p,一个正整数 m,p^m-1 的不同素因子 $r_1,r_2,\cdots,r_t$,以及 $\mathbb{Z}_p[x]$ 中的一个 m 次首一不可约多项式 $f(x)$。

输出:问题"$f(x)$ 是一个本原多项式吗"的一个答案。

TP1　对 $i=1,2,\cdots,t$,执行下述步骤:

TP1.1　使用 $\mathbb{F}_q$ 上指数运算的平方-乘算法,计算

$$g(x)=x^{(p^m-1)/r_i}\ (\mathrm{mod}\ f(x));$$

TP1.2　如果 $g(x)=1$,则返回(非本原)。

TP2　返回(本原)。

参看 irreducible polynomial, square-and-multiply algorithm for exponentiation in $\mathbb{F}_q$。

primitive root　原根

设 p 为一个素数,将次数为 $p-1$ 的数称为模 p 的原根。令 g 为一个模 p 的原根,则

$$1,g,g^2,\cdots,g^{p-2}\ (\mathrm{mod}\ p)$$

两两互不同余。

设 m 为一个自然数,如果存在一个数 g,使得

$$1,g,g^2,\cdots,g^{\phi(m)-1}\ (\mathrm{mod}\ m)$$

两两互不同余,则称 g 为模 m 的原根。模 m 的原根存在的充分必要条件是

$$m=2,4,p^l,2p^l\quad(p\ 为奇素数,l\ 为正整数)$$

参看 congruences of integers,degree of integer,Euler phi(ϕ) function。

primitive root of unity　本原单位根

一个次数恰好为 h 的单位根叫作 h 次本原单位根(例如 $\zeta=e^{2\pi i/h}$ 就是一个 h 次本原单位根)。所有 h 次单位根构成的群是循环群,这个群由每一个本

原单位根 ζ 生成:

$$\zeta^0=1,\zeta^1,\zeta^2,\cdots,\zeta^{h-1}。$$

h 次本原单位根的个数是 $\phi(h)$。如果

$$h=q_1^{v_1}q_2^{v_2}\cdots q_m^{v_m},$$

则

$$\phi(h)=h\left(1-\frac{1}{q_1}\right)\left(1-\frac{1}{q_2}\right)\cdots\left(1-\frac{1}{q_m}\right)=h\prod_{i=1}^{m}\left(1-\frac{1}{q_i}\right)。$$

参看 Euler phi(ϕ) function,root of unity。

principal square root　主平方根

如果 $n=pq$ 是布卢姆整数,而 $a\in Q_n$(模 n 二次剩余集合),那么,确切地说,a 有 4 个平方根,恰好其中有一个也在 Q_n 中,就称这个在 Q_n 中的平方根为主平方根。

参看 Blum integer。

privacy　保密性,机密性

同 confidentiality。

privacy enhanced mail (PEM)　保密性增强邮件

PEM 是因特网保密性增强邮件标准。由因特网体系结构委员会(IAB)采用,以在因特网上提供保密电子邮件。它最初由因特网研究特别工作队(IRTF)的保密和安全研究组(PSRG)设计,然后提交给因特网工程特别工作组(IETF)的 PEM 研究组。PEM 协议提供了加密、鉴别、消息完整性和密钥管理功能。

PEM 是一个内容丰富的标准。PEM 的程序和协议考虑了与多种密钥管理方式的兼容,其中包括用于数据加密的秘密密钥和公开密钥方案。对称密码体制用于消息文本加密。密码散列算法用于消息完整性。另一些文档支持利用公开密钥证书的密钥管理机制、算法、格式和相关标识符,以及为支持这个业务必须建立密钥管理基础设施的电子格式和程序。

PEM 仅支持一些确定的算法,但也考虑到以后确定的不同的几套算法。消息用 DES 的 CBC 方式加密。由消息完整性检验(MIC)提供的鉴别使用 MD2 或 MD5。对称密钥管理可使用 ECB 方式的 DES,也可使用两个密钥(称为 EDE 方式)的三重 DES。PEM 还支持用于密钥管理的公开密钥证书的应用,使用了 RSA 算法(密钥长度可达 1 024 比特),证书结构使用 X.509 标准。

PEM 提供三项"保密性增强业务":机密性、鉴别和消息完整性。这些业务在电子邮件系统上没有增加特殊的处理要求。PEM 可在不影响网络其余部分的情况下由站点或用户有选择性地加入。

参看 authentication, confidentiality, data integrity, DES block cipher, public-key certificate, RSA public-key encryption scheme, triple-DES, X.509 standard。

privacy transformation 保密变换

同 encryption algorithm。

private key 秘密密钥

在公开密钥密码体制中,用户自己保持的、只有用户本人知道的一种密钥。

参看 public key technique。

private-key certificate 秘密密钥证书

同 symmetric-key certificate。

private key encryption 秘密密钥加密

同 secret key encryption。

probabilistic algorithm 概率算法

如果一个算法 A 的输入为 i,而其输出 $A(i)$是以某个概率 p 为 σ,记作 $p=P(A(i)=\sigma)$。称这种算法为概率算法。

如果一个算法 A 只接收一个输入,则写成"$A(\cdot)$";如果接收两个输入,则写成"$A(\cdot,\cdot)$";其他以此类推。

如果 $f(\cdot)$和 $g(\cdot,\cdots)$都是概率算法,则 $f(g(\cdot,\cdots))$是通过复合 f 和 g 而获得的一个概率算法(也就是对 g 的输出运行 f)。

参看 algorithm。

probabilistic cryptosystem 概率密码体制

一个概率公开密钥密码体制定义为一个六元组(P,C,K,E,D,R),其中 P 是明文集合,C 是密文集合,K 是密钥集合,E 是公开加密规则族,D 是秘密解密规则族,R 是随机数集合。对每一个 $k\in K$,$e_k\in E$,$d_k\in D$,下述特性将被满足:

① 每一个加密函数 $e_k:P\times R\rightarrow C$ 及解密函数 $d_k:C\rightarrow P$,对每一个明文 $x\in P$ 和每一个随机数 $r\in R$ 都能满足 $d_k(e_k(x,r))=x$。(特别是,如果 $x\neq x'$,则 $e_k(x,r)\neq e_k(x',r)$。)

② 设 ε 是一个指定的安全参数。对任意固定的 $k\in K$,以及任意的明文 $x\in P$,定义 C 的概率分布 $p_{k,x}(y)$,其中 $y\in C$(概率计算是在所有 $r\in R$ 上进行的)。假设 $x,x'\in P$,$x\neq x'$,$k\in K$,则概率分布 $p_{k,x}$ 和 $p_{k,x'}$ 是 ε 不可区分的。

参看 probabilistic encryption。

probabilistic encryption　概率加密

概率加密是戈德瓦泽(Goldwasser)和米卡利(Micali)的思想。通常的公开密钥加密方案都是确定性的,即在一个固定的公开密钥作用下,一个特定的明文 m 总是被加密成相同的一个密文 c。而确定性的公开密钥加密方案存在下述的某种或全部缺陷:一是这些方案对消息空间的所有概率分布是不安全的。例如对 RSA 而言,消息“0”和“1”总是被加密成它们自己。其次有时候根据密文容易计算有关明文的部分信息。例如对 RSA 而言,如果 $c = m^e (\mathrm{mod}\ n)$ 是对应于明文 m 的密文,则 $\left(\frac{c}{n}\right) = \left(\frac{m^e}{n}\right) = \left(\frac{m}{n}\right)^e = \left(\frac{m}{n}\right)$。由于 e 是奇数,因此敌人就能容易得到关于 m 的 1 比特信息,即雅可比符号 $\left(\frac{m}{n}\right)$。第三就是,当同一个消息被发送两次时容易被检测出。

概率加密体制中加密方案是概率算法,因此对每一个明文而言都有许多可能的加密,所以不能检测出一个给定的密文是否是某个特定明文的加密。概率加密利用随机性来获得可证明的且很强的安全性水平(多项式安全的、语义上安全的)。

参看 Goldwasser-Micali probabilistic public-key cryptosystem, polynomially secure, semantically secure, probabilistic cryptosystem。

probabilistic polynomial time algorithm　概率多项式时间算法

如果一个概率算法是一个多项式时间算法,则称之为概率多项式时间算法。

参看 polynomial-time algorithm。

probabilistic primality test　概率素性检测

一种检测任意正整数以提供关于其素性的部分信息的方法。更准确地说,概率素性检测具有下述框架结构。对于每一个奇正整数 n 定义一个集合 $W(n) \in \mathbb{Z}_n$,使得下述特性成立:

① 给定 $a \in \mathbb{Z}_n$,能够以确定型多项式时间检验是否 $a \in W(n)$;

② 如果 n 是一个素数,则 $W(n) = \varnothing$(空集合);

③ 如果 n 是一个复合数,则 $\# W(n) \geqslant n/2$。

索洛威-斯特拉森素性检测、米勒-拉宾素性检测都属于概率素性检测。

参看 liar, Miller-Rabin primality test, Solovay-Strassen primality test, witness。

比较 true primality test。

probabilistic public-key encryption scheme　概率型公开密钥加密方案

参看 Goldwasser-Micali probabilistic public-key cryptosystem。

probabilistic space arising from probabilistic algorithms 由概率算法产生的概率空间

如果 A 是一个概率算法,则对于任意输入 $x,y,\cdots$,符号 $A(x,y,\cdots)$指的是一个概率空间:关于输入 $x,y,\cdots$,A 将输出为 σ 的概率赋给二进制数字串 σ。

如果 S 是一个概率空间,则用$[S]$表示它的支集(正概率的元素集合)。如果 S 是一个概率空间,则 $x\leftarrow S$ 表示把根据 S 随机选择的一个元素赋给 x 的一个算法。在$[S]$仅由一个元素 e 组成的情况下,也可以写成 $x\leftarrow e$。对于概率空间 $S,T,\cdots$,符号 $\Pr\{x\leftarrow S;y\leftarrow T;\cdots|p(x,y,\cdots)\}$表示在算法 $x\leftarrow S,y\leftarrow T$ 等的(有序)执行之后谓词 $p(x,y,\cdots)$为真的概率。

概率算法 $f(\cdot)$和 $g(\cdot,\cdots)$复合的概率算法 $f(g(\cdot,\cdots))$,对于任意输入 $x,y,\cdots$而言,其概率空间可表示成 $f(g(x,y,\cdots))$。

参看 probabilistic algorithms。

probability density function 概率密度函数

一个连续随机变量 X 的概率密度函数是一个函数 $f(x)$,可以对它求积分,且 $f(x)$满足:

① 对所有 $x\in\mathbb{R}$,都有 $f(x)\geqslant 0$;

② $\int_{-\infty}^{\infty} f(x)\mathrm{d}x = 1$;

③ 对所有 $a,b\in\mathbb{R}$,都有 $P(a<X\leqslant b)=\int_a^b f(x)\mathrm{d}x$。

参看 continuous random variable。

probability distribution 概率分布

样本空间 S 上的概率分布 P 是一个数值序列 $p_1,p_2,\cdots,p_n$,其中每个 p_i $(i=1,2,\cdots,n)$都是非负实数,且有 $\sum_{i=1}^{n} p_i = 1$。数值 p_i 可解释成是试验结果 s_i 的概率。

参看 sample space。

probable prime 可能素数

如果一个整数 n 经由概率素性检测而被认为是素数,则称这个 n 是可能素数。

参看 probabilistic primality test。

probable word method 可能字法

破译密码的一种最强有力的工具之一。可能字可以是特定消息中期望的字或短语,或者是自然语言的任意文本中出现的普通字或音节,如英语中的 the,and,tion,that。

一般如下使用可能字法:假定一个可能字位于明文中的某一点上,来确定密钥或部分密钥;再将所确定的密钥或部分密钥用来把密文的其他部分解密,并进行一致性检验。如果得出合理明文,则假定是正确的。

参看 cryptanalysis。

problem complexity 问题复杂性

同 computational complexity。

processing complexity 进程复杂度

攻击一个分组密码体制(算法)的某种攻击方法处理输入数据以及(或者)用数据充填存储器(每个存储单元至少一个时间单元)所要求的预计操作数。

参看 complexity of attacks on a block cipher。

product cipher 乘积密码

将两种或更多种密码变换以某种方法组合起来构成乘积密码,企图使组合后的密码变换比单独的密码变换具有更高的安全性。例如,可将一些代替密码和换位密码组合成一种乘积密码;DES 中的 16 轮迭代就是基于乘积密码。

例如有两种密码变换 S_1 和 S_2:加密用 S_1 和 S_2,解密用 S_1^{-1} 和 S_2^{-1},则 $S=S_1S_2$ 就是一个乘积密码(图 P.7)。如果 S_1 使用密钥 k_1,S_2 使用密钥 k_2,则加密过程是

$$c=S_2(S_1(m,k_1),k_2),$$

而解密过程是

$$m=S_1^{-1}(S_2^{-1}(c,k_2),k_1)。$$

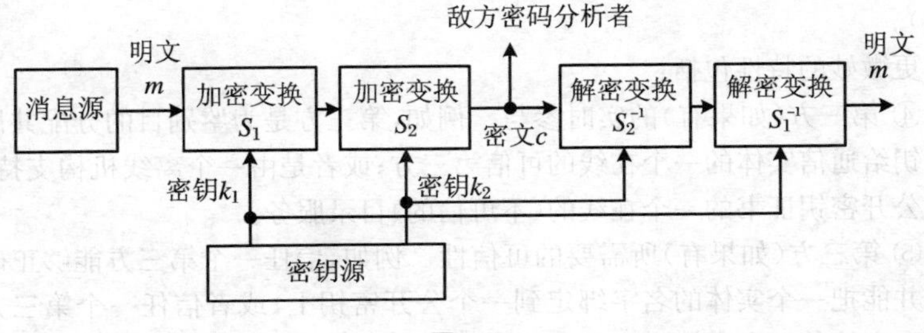

图 P.7

参看 cryptographic transformation, DES block cipher, substitution cipher, transposition cipher。

product transformation　乘积变换

将两种或更多种变换组合在一起。

参看 product cipher。

programmable cellular automata　可编程细胞自动机

如果细胞自动机(CA)在控制信息的作用下，对不同的时钟周期采用不同的状态转移变换，则称之为可编程细胞自动机。

参看 cellular automata。

proof of knowledge　知识证明

如果一个交互式证明具有完备性和强壮性两种特性，就称之为一个知识证明。

参看 completeness for interactive proof system，interactive proof system，soundness for interactive proof system。

propagation criteria　扩散准则

设 $f(x):\mathbb{F}_2^n\rightarrow\mathbb{F}_2$ 为 n 元布尔函数，$\beta\in\mathbb{F}_2^n\backslash\{0\}$。若 $f(x)+f(x+\beta)$ 是平衡的，则称 $f(x)$ 关于 β 满足扩散准则。若对任意的 $\beta\in\mathbb{F}_2^n,1\leqslant W_{\mathrm{H}}(\beta)\leqslant k$，$f(x)$ 都满足扩散准则，则称 $f(x)$ 满足 k 阶扩散准则。

参看 balanced Boolean function，Boolean function。

properties of identification protocols　身份识别协议的特性

用户感兴趣的特性有：

① 身份识别的互反性　一方或双方都可以向另一方证实他们的身份，分别提供单向身份识别或相互身份识别。

② 计算效率　即执行一个协议所要求的运算数量。

③ 通信效率　包括消息交换的次数以及所要求的带宽(所传输的总的比特数)。

更微妙的特性包括：

④ 第三方(如果有)的实时参与　例如，第三方是为鉴别目的分配共用对称密钥给通信实体的一个在线的可信第三方；或者是由一个离线机构支持的、分配公开密钥证书的一个在线的(不可信的)目录服务。

⑤ 第三方(如果有)所需要的可信性　例如，信任一个第三方能够正确地鉴别并能把一个实体的名字绑定到一个公开密钥上；或者信任一个第三方知道一个实体的秘密密钥。

⑥ 安全性保证的性质　例如，具有可证安全性和零知识特性。

⑦ 秘密的存储　包括用于存储关键密钥资料的位置和方法(例如只用软件、本地磁盘、硬件标识等)。

参看 keying material，mutual authentication，provable security，trusted third party（TTP），unilateral authentication，zero-knowledge protocal。

proposed encryption standard（PES） 推荐的加密标准

IDEA 分组密码算法的初始版本的名称。

参看 IDEA block cipher。

protocol 协议

一个协议是一种多方算法，该算法是用要求两方或多方执行的一系列步骤（确切地说是动作）以便完成一种特定的任务来定义的。

参看 algorithm。

protocol failure 协议失败

当一种机制未能达到预定的目的时，发生协议失败或机制失败，利用这种方式，一个敌人可以不通过直接破译像加密算法那样的基础密码基元来获得利益，而只要通过操纵协议或机制本身就可以了。

协议和机制失败的原因包括：

① 一个特定密码基元中的弱点，可能由协议或机制放大了；

② 声称或假设的安全性保证被夸大了或者未被理解清楚；

③ 对可应用于一大类密码基元（比如加密）的某个原则疏忽大意。

参看 cryptographic primitive，cryptographic protocol，mechanism，protocol。

provable prime 可证素数

如果一个整数 n 经由素性证明算法被认为是素数，则称这个 n 是可证素数。

参看 primality proving algorithm。

provable security 可证明的安全性，可证安全性；可证明的保密性，可证保密性

评价密码基元和协议的安全性的一种模式。如果破译一种密码方法的难度能够证明本质上是和解一个众所周知的困难问题（如数论中的整数因子分解问题、离散对数的计算问题）一样难，那么，这种密码方法就称为是可证（明的）安全的（或可证（明的）保密的）。这类模式可以看作是计算安全性（或计算保密性）的一个特殊子类。

参看 security evaluation，computational security。

prover 证明者

同 claimant。

PSEC-KEM　PSEC 密钥密封机制

NESSIE 选出的三个非对称加密方案之一。PSEC-KEM 为基于椭圆曲线上迪菲-赫尔曼密钥协商协议安全性的一种密钥密封机制。

1. 定义和符号

(1) 一般符号　⊕表示按位异或运算。

$T=X\parallel Y$ 表示并置：如果 $X=(x_1\cdots x_m)$，$Y=(y_1\cdots y_n)$，则 $T=X\parallel Y=(x_1\cdots x_m y_1\cdots y_n)$。

(2) 对字符的操作　令 $S=S_{Slen-1}S_{Slen-2}\cdots S_1S_0$ 表示用 $Slen$ 个 8 比特组组成的一个字符串。

$S_i(0\leqslant i\leqslant Slen-1)$ 表示字符串 S 的第 i 个 8 比特组字符。

$S=\varnothing$ 表示字符串 S 为空。

(3) 8 比特组字符串与整数之间的转换

$S=\mathrm{I2OSP}(x,Slen)$——把整数 x 转换成用 $Slen$ 个 8 比特组组成的字符串 S。转换方法如下：首先，把 x 写成以基 256 形式的唯一分解，即 $x=x_{Slen-1}256^{Slen-1}+x_{Slen-2}256^{Slen-2}+\cdots+x_1 256+x_0$；其次，令 $S_i=x_i(0\leqslant i\leqslant Slen-1)$；最后，$S=S_{Slen-1}S_{Slen-2}\cdots S_1S_0$。

$x=\mathrm{OS2IP}(S)$——把用 $Slen$ 个 8 比特组组成的字符串 $S=S_{Slen-1}S_{Slen-2}\cdots S_1S_0$ 转换成整数 x，即

$$x=\mathrm{OS2IP}(S)=\sum_{i=0}^{Slen-1}2^{8i}S_i。$$

(4) 有限域元素与整数之间的转换

$x=\mathrm{FE2IP}(a)$——把有限域 $\mathbb{F}_q$ 上的元素 a 转换成整数 x。转换方法如下：如果 $q=p$ 是一个奇素数，则存在一个唯一的整数 $x\in\{0,1,\cdots,p-1\}$，使得 $a\equiv x(\mathrm{mod}\ p)$；如果 $q=2^m$，a 是一个比特串 $a=(a_{m-1}a_{m-2}\cdots a_1a_0)$，则 $x=a_{m-1}2^{m-1}+a_{m-2}2^{m-2}+\cdots+2a_1+a_0$。

$a=\mathrm{I2FEP}(x)$——把整数 x 转换成有限域 $\mathbb{F}_q$ 上的元素 a。转换方法如下：当 $q=p$ 是一个奇素数时，如果 $x\notin\{0,1,\cdots,p-1\}$，则 x 无效，否则 $a=x$；当 $q=2^m$ 时，如果 $x\geqslant 2^m$，则 x 无效，否则将 x 写成 $x=a_{m-1}2^{m-1}+a_{m-2}2^{m-2}+\cdots+2a_1+a_0$，$a=(a_{m-1}a_{m-2}\cdots a_1a_0)$。

(5) 8 比特组字符串与有限域元素之间的转换

$S=\mathrm{FE2OSP}(a)$——把有限域 $\mathbb{F}_q$ 上的元素 a 转换成用 $Slen=\lceil(\log_2 q)/8\rceil$ 个 8 比特组组成的字符串 S。转换方法如下：计算 $x=\mathrm{FE2IP}(a)$；计算 $S=\mathrm{I2OSP}(x,\lceil(\log_2 q)/8\rceil)$。

$a=\mathrm{OS2FEP}(S)$——把用 $Slen$ 个 8 比特组组成的字符串 $S=S_{Slen-1}S_{Slen-2}\cdots S_1S_0$ 转换成有限域 $\mathbb{F}_q$ 上的元素 a。转换方法如下：计算 $x=\mathrm{OS2IP}(S)$；计算 $a=\mathrm{I2FEP}(x)$。

(6) 8 比特组字符串与椭圆曲线点之间的转换

$S=\text{ECP2OSP}(P)$——把椭圆曲线点 $P=(x_P,y_P)$转换成用 $Slen$ 个 8 比特组组成的字符串 S。

第一种转换方法如下：

① 如果 $P=O$,则 $S=(00)_{\text{hex}}$, $Slen=1$。

② 否则,计算 $X=\text{FE2OSP}(x_P)$, $Y=\text{FE2OSP}(y_P)$；

最后, $S=(04)_{\text{hex}}\parallel Y\parallel X$, $Slen=2\lceil(\log_2 q)/8\rceil+1$。

第二种转换方法使用点压缩技术：

① 如果 $P=O$,则 $S=(00)_{\text{hex}}$, $Slen=1$。

② 否则,计算 $X=\text{FE2OSP}(x_P)$；

计算：当 $q=p$ 是一个奇素数时, $yy=y_P(\text{mod }2)$；

当 $q=2^m$时, $yy=z_0$,其中 $z=z_{m-1}X^{m-1}+z_{m-2}X^{m-2}+\cdots+z_1X+z_0$ 可定义为 $z=y_PX_P^{-1}$；如果 $yy=0$,则 $Y=(02)_{\text{hex}}$,如果 $yy\neq0$,则 $Y=(03)_{\text{hex}}$。

最后, $S=Y\parallel X$, $Slen=\lceil(\log_2 q)/8\rceil+1$。

$P=\text{OS2ECPP}(S)$——把用 $Slen$ 个 8 比特组组成的字符串 $S=S_{Slen-1}S_{Slen-2}\cdots S_1S_0$转换成椭圆曲线点 $P=(x_P,y_P)$。转换方法如下：

(1) 如果 $S=(00)_{\text{hex}}$,则 $P=O$。

(2) 如果 $Slen=\lceil(log_2 q)/8\rceil+1$,则：

(a) $H=Y\parallel X$,其中 Y 是单个 8 比特组,而 X 是$(\log_2 q)/8$ 个 8 比特组组成的串。

(b) $a=\text{OS2FEP}(X)$。如果 OS2FEP 中子程序 I2FEP 输出“无效”,则 OS2FEP 输出“无效”。

(c) 如果 $Y=(02)_{\text{hex}}$,则 $yy=0$；如果 $Y=(03)_{\text{hex}}$,则 $yy=1$；否则,输出“无效”。

(d) 根据 x_P和 yy 将点 $P=(x_P,y_P)$解压缩：

(ⅰ) 当 $q=p$ 是一个奇素数时,在$\mathbb{F}_p$中计算元素$\alpha=x_P^3+ax_P+b$。

在$\mathbb{F}_p$中计算α 的平方根。如果在$\mathbb{F}_p$中 α 没有平方根,则输出“无效”；否则,令 β 为α 的平方根。

如果 $\beta\equiv yy(\text{mod }2)$,则 $y_P=\beta$；否则, $y_P=p-\beta$。

(ⅱ) 当 $q=2^m$ 且 $x_P=0$ 时, $y_P=b^{2^{m-1}}$。

(ⅲ) 当 $q=2^m$ 且 $x_P\neq0$ 时,

在$\mathbb{F}_q$中计算元素 $\gamma=x_P+a+bx_p^{-2}$。

计算$\mathbb{F}_q$中的元素 z: $z=z_{m-1}X^{m-1}+z_{m-2}X^{m-2}+\cdots+z_1X+z_0$；在$\mathbb{F}_q$中验证方程 $z^2+z=\gamma$ 成立；如果在$\mathbb{F}_q$中这样的 z 不存在,则输出“无效”。

如果 $z_0 \equiv yy \pmod 2$,则在$\mathbb{F}_q$中,$y_P = x_P z$;否则,$y_P = x_P(z+1)$。

(e) 输出 $P=(x_P, y_P)$。

③ 如果 $Slen = 2\lceil(\log_2 q)/8\rceil + 1$,则:

(a) $H= W \| X \| Y$,其中 W 是单个 8 比特组,而 X 和 Y 都是$(\log_2 q)/8$ 个 8 比特组组成的串。

(b) 如果 $W \neq (04)_{\text{hex}}$,则输出“无效”。

(c) $x_P = \text{OS2FEP}(X)$。如果 OS2FEP 中子程序 I2FEP 输出“无效”,则 OS2FEP 输出“无效”。

(d) $y_P = \text{OS2FEP}(Y)$。如果 OS2FEP 中子程序 I2FEP 输出“无效”,则 OS2FEP 输出“无效”。

(e) 检验点 $P=(x_P, y_P)$的坐标,验证曲线的定义方程。如果未证实,则输出“无效”。

(f) 输出 $P=(x_P, y_P)$。

(7) 密钥衍生函数 KDF(X, Len)(注:NESSIE 不推荐使用,这里只作为后面产生测试向量用。)

输入:一个任意长度的 8 比特组组成的串 X;输出串长度 Len。

输出:一个长度为 Len 的 8 比特组组成的串 Y。

① 如果 $Len > 2^{32} HashLen$,则输出“错误”并异常停机。(注:$HashLen$ 是 KDF 中使用的散列函数 $Hash$ 的输出值的 8 比特组组成的串的长度。)

② $k=\lceil Len/HashLen)\rceil$。

③ $Y= \varnothing$。

④ for $i=0$ to $k-1$ do

$Y= Y \| Hash(X \| \text{I2OSP}(i,4))$

next i

⑤ 取 Y 的开头 Len 个 8 比特组作为输出 Y。

2. 安全性参数 k 的选择

假设在有限域$\mathbb{F}_q$上的椭圆曲线$E(\mathbb{F}_q)$中选择的点 P 具有素数阶 p,并令 p 的长度为 $l(k)$。

如果 $l(k) \geqslant 18$ 个 8 比特组,则安全性参数 $k=72$;

如果 $l(k) \geqslant 20$ 个 8 比特组,则安全性参数 $k=80$;

如果 $l(k) \geqslant 28$ 个 8 比特组,则安全性参数 $k=112$;

如果 $l(k) \geqslant 32$ 个 8 比特组,则安全性参数 $k=128$。

3. 密钥生成(建立公开密钥/秘密密钥对)

输入:安全性参数 1^k;一个固定长度的随机串 r;一个椭圆曲线 $E(\mathbb{F}_q)$;椭圆曲线 $E(\mathbb{F}_q)$上的一个点 P;P 的阶 p。

输出:PSEC-KEM 的公开密钥 pk 及秘密密钥 sk。

KG1　验证 p 是否为素数,如果不是,则输出“错误”并异常停机。

KG2　验证事实:P 是椭圆曲线 $E(\mathbb{F}_q)$上的一个点且 P 的阶为 p。如果不是,则输出“错误”并异常停机。

KG3　使用随机种子 r 生成一个整数 s $(2\leqslant s\leqslant p-1)$,并需使得 s 的每一个可能值都近似等概地生成。

KG4　计算点 $W=sP$。

KG5　公开密钥 $pk=W$,秘密密钥 $sk=s$。

KG6　输出 pk 和 sk。

4. 密封算法

输入:公开密钥 pk;一个长度为 $rLen$ 的随机串 r;一个椭圆曲线 $E(\mathbb{F}_q)$;椭圆曲线 $E(\mathbb{F}_q)$上的一个点 P;P 的阶 p;所需要的对称密钥 K 的长度 $KeyLen$。

输出:$KeyLen$ 长的密钥 K 及一个密封 C。

EM1　确认公开密钥和系统参数。

EM2　$H=\mathrm{KDF}(\mathrm{I2OSP}(0,4)\parallel r, KeyLen+\ l(k)+16)$。

EM3　$H=\ t\parallel K$,其中 t 是 $l(k)+16$ 个 8 比特组组成的串,而 K 是 $KeyLen$ 个 8 比特组组成的串。

EM4　计算 $\alpha=\mathrm{OS2IP}(t)(\mathrm{mod}\ p)$。

EM5　计算 $Q=\alpha W$。

EM6　计算 $C_1=\mathrm{ECP2OSP}(\alpha P)$。

EM7　计算 $C_2=\mathrm{KDF}(\mathrm{I2OSP}(1,4)\parallel C_1\parallel \mathrm{ECP2OSP}(Q), rLen)\oplus r$。

EM8　$C=(C_1,C_2)$。

EM9　输出对称密钥 K 和密封 C。

5. 解封算法

输入:秘密密钥 sk;密封 C;一个椭圆曲线 $E(\mathbb{F}_q)$;椭圆曲线 $E(\mathbb{F}_q)$上的一个点 P;P 的阶 p;所需要的对称密钥 K 的长度 $KeyLen$。

输出:$KeyLen$ 长的密钥 K。

DM1　确认秘密密钥和系统参数。

DM2　$C=(C_1,C_2)$。

DM3　$X=\mathrm{OS2ECPP}(C_1)$。

DM4　验证:X 是椭圆曲线 $E(\mathbb{F}_q)$上的一个点且 X 在由 P 生成的子群之中。如果不是,则输出“错误”并异常停机。

DM5　令 $rLen$ 是 C_2 的长度。

DM6　计算 $Q=sX$。

DM7 计算 $r = C_2 \oplus \mathrm{KDF}(\mathrm{I2OSP}(1,4) \| C_1 \| \mathrm{ECP2OSP}(Q), rLen)$。

DM8 $H = \mathrm{KDF}(\mathrm{I2OSP}(0,4) \| r, KeyLen + l(k) + 16)$。

DM9 $H = t \| K$，其中 t 是 $l(k) + 16$ 个 8 比特组组成的串，而 K 是 $KeyLen$ 个 8 比特组组成的串。

DM10 计算 $\alpha = \mathrm{OS2IP}(t)(\mathrm{mod}\ p)$。

DM11 检验 $C_1 = \mathrm{ECP2OSP}(\alpha P)$。如果不是，则输出“错误”并异常停机。

DM12 输出 K。

6. 测试向量

安全性参数 $k = 80$。使用的散列函数是 SHA-1。椭圆曲线为 $E(\mathbb{F}_q)$，这里 q 是一个素数，

$$q = 8223961\mathrm{F0E209569238C61C0801A3C2B2634F651},$$

E 的魏尔斯特拉斯方程为 $y^2 = x^3 + ax + b$，其中

$$a = 43655667\mathrm{BBC2C6818E67576128B54D8910E81E38},$$

$$b = 585\mathrm{ED69A1A5E3AF3549DF5829428663C08677BC3}。$$

选取 $P = (x_P, y_P)$，其中

$$x_P = 44\mathrm{A82D7665486DE731466714B05403C3C8852A1D},$$

$$y_P = 2\mathrm{CEFA73540C723F2B25E5E8EC1E98B0E17B6F0B8}。$$

点 P 具有素数阶 $p = q$。算法要求产生长度 $KeyLen = 16$ 个 8 比特组的密钥。使用公开密钥 W，其中 $W = (x_W, y_W)$ 是一个椭圆曲线点，

$$x_W = 16741\mathrm{D8B8750ED51BCD8D30CF5A86B06BFA8F022},$$

$$y_W = 7\mathrm{A98E5DE25931089B03F8D9D4BDB471CDCBEC57A}。$$

其对应的秘密密钥为

$$s = 81117\mathrm{F9AED24B2E00A234D9919BE9E8094CFE905}。$$

椭圆曲线点以不压缩的格式存储。

密钥密封的测试向量：

r = 30313233343536373839616263646566 676A68696A6B6C6D6E6F707172737475，

K = 09AD82F3600D4D0CB420FF032A21E7A4，

C_1 = 0472500F21F2F048D3A226EECA8F1635 A611E5F91319123663348E7E758DE3D9 53B9C547DD5ACB13B5，

C_2 = 199D62F5C8403009AC30DC2B2B9CA63A D200E3D69CD51AA4C758E11B2F09AEC7。

密钥解封的测试向量：

C_1 = 0426992349860E2AF901E34E517D3011 D454239C7E208EA94F29B4F82F09C3F3 0DAE21795A2F7DE48D，

C_2 = 3C591D799AF57710E04A978B6C068900 14178290FAACDF6487180F94BC81FC10，

K = 264E3A9B8501D9D7BF9AB5F14E9CDE09。

失败的密钥解封：

下述的密钥密封 $C=(C_1,C_2)$未能解封，失败于解封算法的 DM11 步（不能做完整性校验）。

C_1 = 0426992349860E2AF901E34E517D3011 D454239C7E208EA94F29B4F82F09C3F3 0DAE21795A2F7DE48D，

C_2 = 11111111111111111111111111111111 11111111111111111111111111111111。

参看 Diffie-Hellman key agreement，elliptic curve over a finite field，finite field，key encapsulation mechanism（KEM），NESSIE project，octet。

pseudo-collision　伪碰撞

对于一个散列函数 h 来说，对两个不同的输入 x 和 x'，使用两个不同的初始链接值 IV 和 IV'，获得相同输出的散列值。也就是说，寻找两个输入 x 和 x' 且 $x'\neq x$ 以及 $IV\neq IV'$，使得 $h(IV,x)=h(IV',x')$。这种方法可以用来攻击散列函数。

参看 hash function，initial chaining value。

pseudo-collision attack　伪碰撞攻击

令 $y=h(IV,x)$表示一个散列函数，其中 IV 为初始链接值，x 为输入，y 为散列值。攻击者任意寻找两个初始链接值 V 和 V'，$V\neq V'$，并且任意寻找两个输入 x 和 x'，$x\neq x'$，使得 $h(V,x)=h(V',x')$。

参看 hash function，initial chaining value，pseudo-collision。

比较 collision（fixed IV）attack，collision（random IV）attack。

pseudo-Hadamard transform　伪阿达马变换

SAFER 分组密码算法中使用的一个线性变换 f，其定义是 $f(x,y)=(2x \boxplus y, x \boxplus y)$，其中运算符$\boxplus$表示模 2^8 加法运算。

参看 SAFER block cipher。

pseudo-noise（PN-）sequence　伪噪声序列，PN 序列

满足戈龙随机性公设的二进制序列。

参看 binary sequence，Golomb's randomness postulates。

pseudo-preimage attack　伪原像攻击

令 $y=h(IV,x)$表示一个散列函数，其中 IV 为初始链接值，x 为输入，y 为散列值。对于预先指定的一个散列值 $y=y_0$，攻击者寻找一个初始链接值 V 和一个输入 x，使得 $h(V,x)=y_0$。

参看 hash function，initial chaining value。

比较 preimage attack。

pseudoprime　伪素数

令 n 是一个奇复合数，a 是一个整数，且 $1\leqslant a\leqslant n-1$。如果 $a^{n-1}\equiv 1(\mathrm{mod}\ n)$，则认为 n 是一个基为 a 的伪素数。

参看 composite integer，integer，prime number。

pseudorandom bit generator　伪随机二进制数字发生器

一种确定的算法。如果输入给该发生器一个长度为 k 的真随机二进制数字序列，该发生器就输出一个长度 $l\gg k$ 的、看来像是随机的二进制数字序列。该发生器的输入称作种子，而其输出就称作伪随机二进制数字序列。

常用的、基于线性反馈移位寄存器（LFSR）的伪随机二进制数字发生器有：非线性组合发生器、非线性滤波发生器、多倍速率内积式发生器、复合发生器，以及各种钟控发生器。这些发生器都可以充作密钥流发生器，只不过密码强度各异。

单向函数 f 可以用于产生伪随机二进制数字序列，方法是：首先选取随机种子 s，然后再将函数应用于序列 $s,s+1,s+2,\cdots$，输出序列就是 $f(s),f(s+1),f(s+2),\cdots$。依据所使用的单向函数的性质，只保留输出值 $f(s+i)$的少量比特是必要的，以便消除后续产生值的可能相关性。适合上述单向函数 f 的例子包括密码散列函数（如 SHA-1），或使用密钥 k 的分组密码（如 DES）。

有两种已被标准化的伪随机比特和伪随机数的生成方法：ANSI X9.17 generator 和 FIPS 186 generator。但这些特定方法至今还未被证明是密码上安全的。

参看 ANSI X9.17 pseudorandom bit generator，binary digit sequence，cipher strength，clock controlled generator，DES block cipher，FIPS 186 pseudorandom bit generator，key stream generator，multiplexer generator，multispeed inner-product generator，nonlinear combiner generator，nonlinear filter generator，one-way function，pseudo-random number，secure hash algorithm (SHA-1)，seed。

比较 random bit generator。

pseudorandom bit sequence　伪随机二进制数字序列

伪随机二进制数字发生器的输出序列。

参看 pseudorandom bit generator。

pseudo-random number　伪随机数

用一种特定的算法产生的、近似于随机数的数。这样的算法被设计来产生具有特定统计特性的数。

参看 random number。

pseudo-random number generator　伪随机数发生器

用来产生伪随机数的一种特定的算法及其实现该算法的设备。

参看 pseudo-random number。

pseudorandom sequences 伪随机序列

用一种确定的算法产生的伪随机数序列。为了使其具有不可预测性，算法中使用较短的真随机序列作为种子。虽然产生伪随机序列的算法可以是众所周知的，但只要这个随机种子，除了产生此序列的实体知晓之外，再无人知道，就可以产生出符合密码要求的序列来。

除了常用的线性反馈移位寄存器序列和非线性反馈移位寄存器序列之外，伪随机二元序列还有二次剩余序列、霍尔序列、孪生素数序列。

参看 Hall sequence, linear feedback shift register sequence (LFSR-sequence), pseudo-random number, quadratic residue sequence, twin prime sequence。

pseudorandom source 伪随机源

同 pseudo-random number generator。

pseudosquares modulon 模 n 伪平方

令 $n \geqslant 3$ 是一个奇整数，并令 $J_n = \left\{ a \in \mathbb{Z}_n^* \mid \left(\frac{a}{n} \right) = 1 \right\}$。则定义模 n 伪平方集合(用 $\widetilde{Q}_n$ 表示)为 $J_n - Q_n$。

参看 Jacobi symbol, quadratic residue。

public key 公开密钥

在公开密钥密码体制中，用户的一种可以公开让其他用户都知道的密钥。

参看 public key technique。

public-key certificate 公开密钥证书

一个公开密钥证书系统通过认证机构进行工作，为公开/秘密密钥对持有者发行证书。每个证书都含有一个公开密钥值和唯一识别证书主体的信息，证书主体是持有相应秘密密钥的个人、设备或其他实体(图 P.8)。当一个证书的主体是一个人或某个其他类合法实体时，该主体常常被称为是认证机构的预约用户(subscriber)。这个证书由认证机构使用其签名秘密密钥进行数字签名。

一旦这个证书集合被建立起来，公开密钥用户的任务就有可能被大大地简化。假定一位公开密钥用户已经安全地(例如，通过人工公开密钥分配)获得认证机构的公开密钥，并假定这位公开密钥用户信赖发行有效证书的认证机构。那么，如果这位公开密钥用户需要那个认证机构的任意预约用户的公开密钥，简单地通过下述步骤就行了：获得那个预约用户证书的一个副本，抽

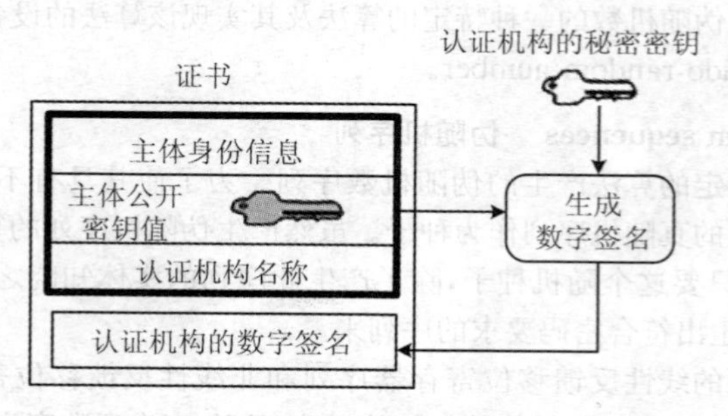

图 P.8 简单的公开密钥证书

取公开密钥值，并使用认证机构的公开密钥验证证书上的认证机构的签名。使用证书这种方法的公开密钥用户叫作可信赖用户。

证书有一个重要特征：能够在不需要借助于传统通信安全业务（机密性、鉴别和完整性）保护的情况下分配证书。因此，公开密钥证书能够通过不安全的工具（如不安全的文件服务器、不安全的目录系统和/或不安全的通信协议）进行分配。

证书系统的主要好处是，一位公开密钥用户能够可靠地获得大量其他用户的公开密钥，而开始时只需知道一个用户（认证机构）的公开密钥就行了。因此，证书是获得可测量性的一个工具，也就是说，在能够应用公开密钥技术的整个期间倍增用户总数。

参看 certification authority，private key，public key。

public key cryptography（PKC） 公开密钥密码学

公开密钥密码编码学的思想是在 1976 年由迪菲和赫尔曼提出的。其基本思想是：密钥成对出现，一个为加密密钥，一个为解密密钥，而且从其中一个推算出另一个是计算上不可行的。这样一来，就可把加密密钥和算法公布于众，任何人都可用它来加密自己要传送的明文消息。但是，只有拥有秘密的解密密钥的人才能将传送过来的已加了密的明文（即密文）消息解密，而得到原消息。

公开密钥密码体制又称作双密钥密码体制或非对称密码体制。

公开密钥密码体制发展至今，在安全性上还是有一定问题，因为所提出的各种公开密钥密码体制大部分已被破译。

绝大多数公开密钥密码算法的安全性都是基于下述三个计算困难性问题：

（1）背包问题 从一个给定的、由互不相同的正整数组成的集合中寻找一个其和等于 T 的子集。

(2) 离散对数问题　已知 p 是素数，g 和 M 都是整数，求出一个 x，使得 $g^x \equiv M(\mathrm{mod}\ p)$。

(3) 因子分解问题　已知 N 是两个素数的乘积。

① 分解 N；

② 给定整数 M 和 C，求满足 $M^d \equiv C(\mathrm{mod}\ N)$ 的 d；

③ 给定整数 e 和 C，求满足 $M^e \equiv C(\mathrm{mod}\ N)$ 的 M；

④ 给定整数 x，判定是否存在整数 y，使之满足 $x \equiv y^2(\mathrm{mod}\ N)$。

公开密钥密码学可在加密、鉴别、数字签名、密钥管理、密钥交换等领域中得到应用。

参看 discrete logarithm problem, integer factorization problem, knapsack problem。

public key cryptosystem　公开密钥密码体制

同 asymmetric cryptographic system。

public key distribution　公开密钥分配

一种在通信用户之间交换秘密密钥的方法，此法不要求使用秘密信道，而是用公开密钥方法进行密钥分配。

参看 Diffie-Hellman technique。

public key encryption　公开密钥加密

由两个变换集合组成的密码方案：加密变换集合 $\{E_{K_e} \mid K_e \in K\}$ 和解密变换集合 $\{D_{K_d} \mid K_d \in K\}$，其中 K 是密钥空间。加密变换和解密变换使用不同的密钥（$K_e \neq K_d$），而且从其中一种密钥推导出另一种密钥是计算上不可行的。这样，就可以将其中一种密钥 K_e 公开，而将另一种密钥 K_d 作为秘密密钥，只让拥有者本人知道。K_e 和 K_d 合在一起称作公开/秘密密钥对（K_e, K_d）。

参看 public key cryptography (PKC), public key technique。

public key infrastructure(PKI)　公开密钥基础设施

利用公开密钥理论和技术建立的提供信息安全服务的基础设施。PKI 的主要目的是通过自动管理密钥和证书，为用户建立起一个安全的网络运行环境，使用户可以在多种应用环境下方便地使用加密和电子签名技术，以便能从技术上解决网络安全问题。

PKI 由认证机构、数字证书与证书库、密钥备份及恢复系统、证书作废系统以及客户端证书处理系统五大基本组成部分。包含的功能模块有认证机构(CA)、注册机构(RA)、策略管理、密钥与证书管理、密钥备份与恢复、撤销系统等。

PKI 框架一般描述为三个层次:第一层是安全技术,第二层是服务器与代理机构,第三层是信息与网络服务。

参看 certificate, certificate revocation, certification authority (CA), certification path, public key cryptography (PKC), public key technique, registration authority。

public key technique　公开密钥技术

使用公开密钥加密的技术。图 P.9 是公开密钥加密/解密的通用模型。

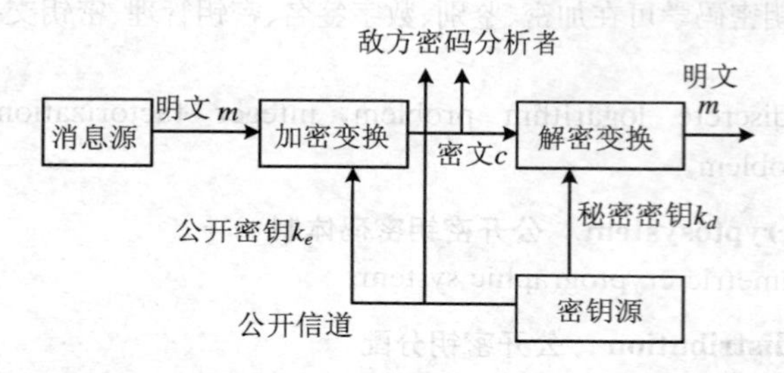

图 P.9

信息接收方预先产生两个密钥(K_e, K_d),把其中一个(K_e)公开作为自己的公开密钥,并将另一个(K_d)作为自己的秘密密钥。信息发送方就可以用 K_e 加密要发送给信息接收方的明文消息 m,将加密后的消息(密文 c)经由公开信道发送给信息接收方;信息接收方用自己的秘密密钥 K_d 将密文 c 解密获得明文消息 m。

参看 public key cryptography (PKC)。

PURPLE cipher　紫密密码

在第二次世界大战中日本使用的一种多表代替密码。日本称之为"九七式欧文印字机",是对德国"恩尼格马"密码机改造而成的转轮密码机。

参看 Enigma, polyalphabetic substitution cipher, rotor machine。

Q

quadratic congruential generator　二次同余发生器

一种同余发生器。根据递归方程：$x_n = ax_{n-1}^2 + bx_{n-1} + c \pmod{m}$（$n \geqslant 1$），产生一个伪随机数字序列 $x_1, x_2, x_3, \cdots$ 的一种发生器，其中参数 a, b, c 和 m 表征这个发生器，而 x_0 是一个秘密种子。这种发生器在密码上也是不安全的。

参看 congruential generator。

quadratic non-residue　二次非剩余

参看 quadratic residue。

quadratic residue　二次剩余

令 $\mathbb{Z}_n^*$ 表示模 n 整数集合上的一个乘法群，$a \in \mathbb{Z}_n^*$。如果存在一个 $x \in \mathbb{Z}_n^*$ 使得 $x^2 \equiv a \pmod{n}$，则称 a 是模 n 的一个二次剩余；如果不存在这样的 x，则称 a 是模 n 的一个二次非剩余。所有模 n 二次剩余构成的集合用 Q_n 表示，所有模 n 二次非剩余构成的集合用 $\bar{Q}_n$ 表示。

参看 integers modulo n。

quadratic residue sequence　二次剩余序列

一种伪随机序列。设 p 为一个奇素数，a 是一个与 p 互素的整数。勒让德符号为

$$\left(\frac{a}{p}\right) = \begin{cases} +1, & \text{如果 } a \text{ 是模} p \text{ 的二次剩余，} \\ -1, & \text{如果 } a \text{ 是模} p \text{ 的二次非剩余，} \end{cases}$$

并规定：对任意整数 m，有 $\left(\frac{mp}{p}\right) = +1$，特别有 $\left(\frac{0}{p}\right) = +1$。则二元序列

$$\left(\frac{0}{p}\right),\ \left(\frac{1}{p}\right),\ \left(\frac{2}{p}\right), \cdots$$

在 $(a, p) = 1$ 时为周期等于 p 的二元序列，称之为二次剩余序列，或勒让德序列。

可以证明，当 p 可以表成 $4t-1$（t 是正整数）形式的素数时，周期等于 p 的二次剩余序列是伪随机序列。

另外可以证明，要检查一个整数 a（$0 < a < p$）是否模 p 的二次剩余，只需检查这个整数是否在集合

$$\{1^2(\bmod p), 2^2(\bmod p), \cdots, \left(\frac{p-1}{2}\right)^2(\bmod p)\}$$

中出现就可以了。

二次剩余序列生成算法

输入：素数 p。

输出：二次剩余序列 $a_0, a_1, a_2, \cdots, a_i \in \{-1, +1\}$。

QRS1　构造正整数集合 $A = \{A_1, A_2, \cdots, A_{(p-1)/2}\}$：

for $j = 1$ to $(p-1)/2$ do

　　$A_j = j^2(\bmod p)$

next j

QRS2　生成二次剩余序列：

$a_0 = +1$

for $i = 1$ to $p-1$ do

　　if $i \in A$ then $a_i \leftarrow +1$

　　else $a_i \leftarrow -1$

next i

参看 binary sequence，Legendre symbol，pseudorandom sequences，quadratic residue。

quadratic residuosity problem　二次剩余性问题

给定具有雅可比符号 $\left(\frac{a}{n}\right) = 1$ 的一个奇复合整数 n 和一个整数 a，判定 a 是否是模 n 的二次剩余。

参看 Jacobi symbol，quadratic residue。

quadratic sieve factoring algorithm　二次筛因子分解算法

这是求一个复合整数因子的通用因子分解算法，它属于随机平方族算法。假定待因子分解的整数为 n，令 $m = \sqrt{n}$，考察一下多项式 $q(x) = (x+m)^2 - n$。由于 $q(x) = (x+m)^2 - n = x^2 + 2mx + m^2 - n \approx x^2 + 2mx$，如果绝对值是小的，则 $q(x)$ 相对于 n 来说是小的。二次筛算法选择 $a_i = x + m$，并检验 $b_i = (x+m)^2 - n$ 是否是 p_t 平滑的。注意，$a_i{}^2 = (x+m)^2 \equiv b_i(\bmod n)$。还注意，如果 $p \mid b_i$，则 $(x+m)^2 \equiv n\ (\bmod p)$，因此，$n$ 是模 p 的二次剩余。这样，因子基只需要包含那些勒让德符号 $\left(\frac{n}{p}\right)$ 为 1 的素数 p。由于 b_i 可以为负数，把 -1 也包括在因子基中。为了最优化二次筛算法的运行时间，应当审慎地选择因子基的规模。最佳选择 $t \approx L_n[1/2, 1/2]$，这可根据涉及接近于 $\sqrt{n}$ 的平滑整数的分布知识得出。用上述选择，并用后面词条“sieving”中提出的筛分方法,二次筛算法为次指数时间算法,其期望运行时间才为 $L_n[1/2,1]$,且和 n 的因子的大小无关。

因子分解的二次筛算法

输入:一个不是素数方幂的复合整数 n。

输出:n 的非平凡因子 d。

QS1 选择一个因子基 $S=\{p_1,p_2,\cdots,p_t\}$,其中 $p_1=-1$,而 $p_j(j\geqslant 2)$ 是第 $j-1$ 个素数 p,它使 n 是模 p 的一个二次剩余。

QS2 计算 $m=\lfloor\sqrt{n}\rfloor$。

QS3 (收集 $t+1$ 对 (a_i,b_i),按照次序 $0,\pm1,\pm2,\cdots$ 选择 x 的值。)置 $i\leftarrow 1$。当 $i\leqslant t+1$ 时,执行下述步骤:

QS3.1 计算 $b=q(x)=(x+m)^2-n$,并用 S 中的元素去试除检验 b 是否是 p_t 平滑的。如果不是,则挑选一个新的 x 并重复 QS3.1。

QS3.2 如果 b 是 p_t 平滑的,如 $b=\prod_{j=1}^{t}p_j^{e_{ij}}$,则置 $a_i\leftarrow(x+m)$,$b_i\leftarrow b$,并且 $v_i=(v_{i1},v_{i2},\cdots,v_{it})$,其中 $v_{it}\equiv e_{it}(\text{mod }2)\ (1\leqslant j\leqslant t)$。

QS3.3 $i\leftarrow i+1$。

QS4 使用 $\mathbb{Z}_2$ 上线性代数寻找一个非空子集合 $T\subseteq\{1,2,\cdots,t+1\}$,使得 $\sum_{i\in T}v_i=0$。

QS5 计算 $x=\prod_{i\in T}a_i(\text{mod }n)$。

QS6 对每一个 $j(1\leqslant j\leqslant t)$ 计算 $k_j=\left(\sum_{i\in T}e_{ij}\right)/2$。

QS7 计算 $y=\prod_{j=1}^{t}p_j^{k_j}(\text{mod }n)$。

QS8 如果 $x\equiv\pm y(\text{mod }n)$,则寻找另一个非空子集合 $T\subseteq\{1,2,\cdots,t+1\}$,使得 $\sum_{i\in T}v_i=0$,并转移到 QS5。(在可能性很小例如子集合 T 不存在的情况下,用新的整数对替换 QS3 中的一些 (a_i,b_i) 对,并转移到 QS4。)

QS9 计算 $d=\gcd(x-y,n)$,并返回 (d)。

参看 integer factorization, random square factoring methods, sieving, smooth integers, subexponential-time algorithm, trial division。

quantum circuits 量子线路

表示量子操作的线路,由各种量子门和连线组成。图 Q.1 给出一例含有三个量子门的量子线路。对量子线路应是从左到右看。图中每条线都表示量子线路中的连线,这里的连线不一定对应物理上的连接线,它可能对应于一个时间段,也可能对应于一个穿过空间从一个位置移动到另一个位置的物理粒子(比如光子)。和经典线路不同:量子线路不允许出现回路,是无回路的线路,也就是说,量子线路不允许有反馈;另外,量子线路不允许有“扇入”(这是因为扇入操作不可逆,不是幺正的),也不可能有“扇出”操作。

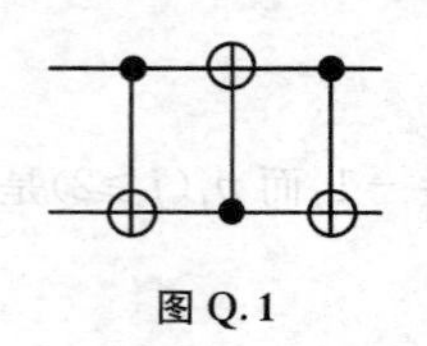

图 Q.1

这个线路完成的任务是:交换两个量子位的状态。

$$
\begin{aligned}
|a,b\rangle &\to |a,a\oplus b\rangle \\
&\to |a\oplus(a\oplus b),a\oplus b\rangle = |b,a\oplus b\rangle \\
&\to |b,a\oplus b\oplus b\rangle = |b,a\rangle。
\end{aligned}
$$

参看 controlled NOT (CNOT) gate, quantum gates, qubit。

quantum computer 量子计算机

量子计算机是一个量子力学系统,可以用它执行量子计算。量子计算机可以实现大规模的并行运算,具有经典计算机无法比拟的信息处理功能,这是由于在量子计算机内使用量子态编码信息,并利用了量子态相干叠加及纠缠性质。

参看 quantum computing。

quantum computing 量子计算

量子计算过程是量子计算机这个量子力学系统的量子态的演化过程。量子态具有量子干涉与量子纠缠性质,故而量子计算不同于经典计算。量子计算的主要特点是并行性。

参看 quantum computer。

quantum cryptography 量子密码学

基于量子力学理论的密码理论。量子力学理论的本质是量子系统在被测量时会受到扰动,这就是量子观测的不确定性。令量子算子 $\hat{A}$ 和 $\hat{B}$ 表示量子系统的两个实际观测量,如果

$$[\hat{A},\hat{B}] = \hat{A}\hat{B} - \hat{B}\hat{A} \neq 0,$$

则称这两个观测量是不相容的,即两者是不可对易的。和这一性质相联系的是一对物理性质之间的互补性,测量一种性质必将干扰另一种性质。上式的一个推论就是海森伯不确定关系式:

$$\langle(\Delta\hat{A})^2\rangle\langle(\Delta\hat{B})^2\rangle \geqslant \frac{1}{4}\,\|\langle[\hat{A},\hat{B}]\rangle\|^2。$$

在量子力学中,光子的线偏振和圆偏振是不可同时测量的;任何两组不可同时测量的物理量都是共轭的,满足互补性,在进行观测时,对其中一组量的精确测量必将导致另一组量的完全不确定。这就是当前一些基于量子理论的密钥产生及分发协议的理论基础。由于量子密码学的安全性得到不确定原理

的保证，因此这种密码体制具有可证明的安全性，同时还能很容易检测出窃听行为。

EPR效应：在一个球对称的原子系统中，同时向两个相反方向发射两个光子，初始时，两个光子均未被极化，测量其极化态（偏振态）时，对两个光子中任何一个进行测量可得到测量光子的极化态，而另一个光子的极化态亦同时被确定，但两个光子的极化态的方向相反。

量子不可克隆定理：对一个单量子的任意未知量子态不可以克隆，对两个非正交的量子态不可以克隆。此定理是量子信息科学的重要理论基础之一。量子态不可精确复制是量子密码术的重要前提，确保量子密码的安全性。

量子密码学是一种全新概念，已从纯理论阶段发展到试验阶段，但离实用还有很多问题有待研究和探讨。人们认为，量子计算机出现时，现有的所有密码体制的保密性都可能成问题，理由就是量子计算机的强大并行计算能力，因而只有使用量子密码才能保得住秘密。但量子密码到底是什么样子，还有待探索以及工程实践。

参看 no cloning，quantum computer。

quantum Fourier transform（QFT） 量子傅里叶变换

假定有一个数 a，对某个 q（一般取 $q=2^n$）有 $0 \leqslant a < q$，正交基 $|0\rangle$，$|1\rangle$，…，$|q-1\rangle$ 上的量子傅里叶变换定义为一个线性算子，这个线性算子对这些基的作用如下：

$$U_{\mathrm{QFT}} \mid a\rangle \rightarrow \frac{1}{q^{1/2}} \sum_{c=0}^{q-1} \mathrm{e}^{2\pi \mathrm{i} a c / q} \mid c\rangle 。$$

这是一个幺正变换。将 $|a\rangle$ 写成 $|a_{n-1}a_{n-2}\cdots a_1 a_0\rangle$，其中，$a_j \in \{0,1\}$ $(i=0, 1,\cdots,n-1)$，则上述量子傅里叶变换定义的乘积形式如下：

$$\frac{1}{\sqrt{2^n}}\{(|0\rangle + \mathrm{e}^{2\pi \mathrm{i}\cdot 0.a_0} \mid 1\rangle)\cdot(|0\rangle + \mathrm{e}^{2\pi \mathrm{i}\cdot 0.a_1 a_0} \mid 1\rangle)\cdot \cdots$$

$$\cdot(|0\rangle + \mathrm{e}^{2\pi \mathrm{i}\cdot 0.a_{n-2}\cdots a_1 a_0} \mid 1\rangle)\cdot(|0> + \mathrm{e}^{2\pi \mathrm{i}\cdot 0.a_{n-1}a_{n-2}\cdots a_1 a_0} \mid 1\rangle)\},$$

其中

$$0.a_0 = \frac{a_0}{2},$$

$$0.a_1 a_0 = \frac{a_1}{2} + \frac{a_0}{4},$$

$$\cdots,$$

$$0.a_{n-2}\cdots a_1 a_0 = \frac{a_{n-2}}{2} + \cdots + \frac{a_1}{2^{n-2}} + \frac{a_0}{2^{n-1}},$$

$$0.a_{n-1}a_{n-2}\cdots a_1 a_0 = \frac{a_{n-1}}{2} + \frac{a_{n-2}}{2^2} + \cdots + \frac{a_1}{2^{n-1}} + \frac{a_0}{2^n}。$$

量子傅里叶变换的有效量子线路如图 Q.2 所示。图中,H 是阿达马门,实施阿达马变换;量子门 R_k 实施如下变换:

$$R_k = \begin{pmatrix} 1 & 0 \\ 0 & e^{2\pi i/2^k} \end{pmatrix},$$

$$|b_{n-1}\rangle = \frac{1}{\sqrt{2}}(|0\rangle + e^{2\pi i \cdot 0.a_{n-1}a_{n-2}\cdots a_1 a_0}|1\rangle),$$

$$|b_{n-2}\rangle = \frac{1}{\sqrt{2}}(|0\rangle + e^{2\pi i \cdot 0.a_{n-2}\cdots a_1 a_0}|1\rangle),$$

$$\cdots,$$

$$|b_1\rangle = \frac{1}{\sqrt{2}}(|0\rangle + e^{2\pi i \cdot 0.a_1 a_0}|1\rangle),$$

$$|b_0\rangle = \frac{1}{\sqrt{2}}(|0\rangle + e^{2\pi i \cdot 0.a_0}|1\rangle)。$$

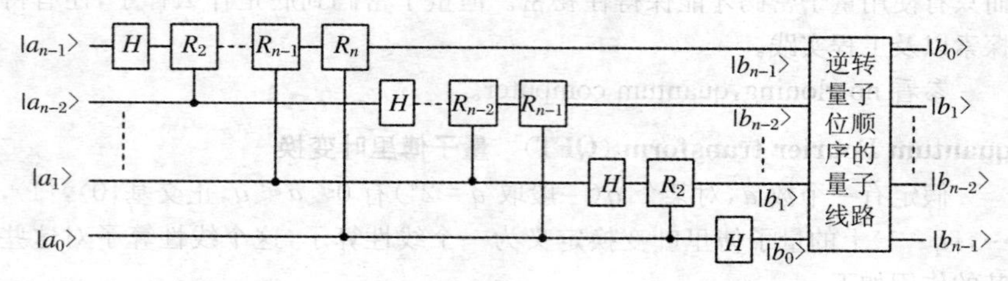

图 Q.2

量子傅里叶变换

输入:$|a_{n-1}a_{n-2}\cdots a_1 a_0\rangle$。

输出:$U_{\mathrm{QFT}}|a_{n-1}a_{n-2}\cdots a_1 a_0\rangle$。

QFT1 从 a_{n-1} 开始到 a_0,分别对单个量子位按下述顺序实施量子变换:

$R_n(R_{n-1}(\cdots(R_2(H(|a_{n-1}\rangle)))\cdots)) \to |b_{n-1}\rangle$,

$R_{n-1}(\cdots(R_2(H(|a_{n-2}\rangle)))\cdots) \to |b_{n-2}\rangle$,

$\cdots$,

$R_2(H(|a_1\rangle)) \to |b_1\rangle$,

$H(|a_0\rangle) \to |b_0\rangle$。

QFT2 逆转量子位的顺序:$b_{n-1}, b_{n-2}, \cdots, b_1, b_0 \to b_0, b_1, \cdots, b_{n-2}, b_{n-1}$。

QFT3 计算张量积:

$$b_0 \otimes b_1 \otimes \cdots \otimes b_{n-2} \otimes b_{n-1}。$$

例如,当 $n=3$ 时,量子傅里叶变换的量子线路如图 Q.3 所示。其中

$$|b_2\rangle = \frac{1}{\sqrt{2}}(|0\rangle + e^{2\pi i \cdot 0.a_2 a_1 a_0}|1\rangle),$$

$$|b_1\rangle = \frac{1}{\sqrt{2}}(|0\rangle + e^{2\pi i \cdot 0.a_1 a_0}|1\rangle),$$

$$|b_0\rangle = \frac{1}{\sqrt{2}}(|0\rangle + e^{2\pi i \cdot 0.a_0}|1\rangle)。$$

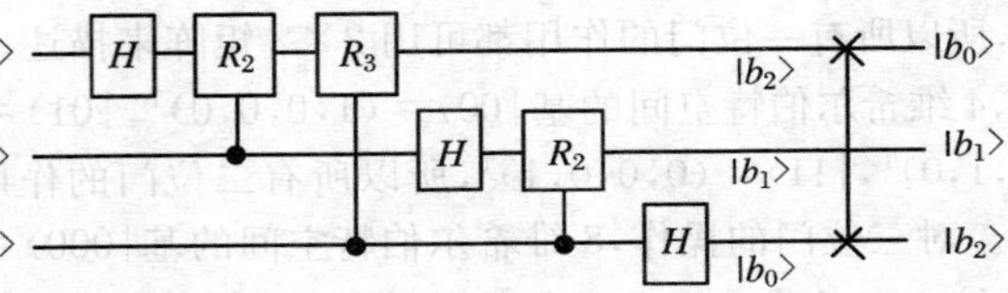

图 Q.3

因此$|a_2 a_1 a_0\rangle$的量子傅里叶变换就是

$$U_{\mathrm{QFT}}|a_2 a_1 a_0\rangle \to \frac{1}{\sqrt{8}}\{(|0\rangle + e^{2\pi i \cdot 0.a_0}|1\rangle) \cdot (|0\rangle + e^{2\pi i \cdot 0.a_1 a_0}|1\rangle) \cdot (|0\rangle + e^{2\pi i \cdot 0.a_2 a_1 a_0}|1\rangle)\}。$$

当$|a_2 a_1 a_0\rangle = |011\rangle$时,

$$\begin{aligned} U_{\mathrm{QFT}}|011\rangle &\to \frac{1}{\sqrt{8}}\{(|0\rangle + e^{2\pi i \cdot (1/2)}|1\rangle) \cdot (|0\rangle + e^{2\pi i \cdot (1/2+1/4)}|1\rangle) \cdot (|0\rangle + e^{2\pi i \cdot (0/2+1/4+1/8)}|1\rangle)\} \\ &= \frac{1}{\sqrt{8}}\{(|0\rangle + e^{\pi i}|1\rangle) \cdot (|0\rangle + e^{(3/2)\pi i}|1\rangle) \cdot (|0\rangle + e^{(3/4)\pi i}|1\rangle)\} \\ &= \frac{1}{\sqrt{8}}\{(|0\rangle - |1\rangle) \cdot (|0\rangle - e^{(1/2)\pi i}|1\rangle) \cdot (|0\rangle + e^{(3/4)\pi i}|1\rangle)\} \\ &= \frac{1}{\sqrt{8}}\{|000\rangle + e^{(3/4)\pi i}|001\rangle - e^{(1/2)\pi i}|010\rangle + e^{(1/4)\pi i}|011\rangle \\ &\quad - |100\rangle - e^{(3/4)\pi i}|101\rangle + e^{(1/2)\pi i}|110\rangle - e^{(1/4)\pi i}|111\rangle\}。 \end{aligned}$$

参看 Hadamard transformation, quantum circuits, quantum gates, qubit, unitary transformation。

quantum gates　量子门

实现量子态幺正变换的逻辑门。正如经典计算机中的门一样,量子计算机中也有门。量子计算机中的门与量子态的变换相对应。由于幺正变换是可逆的,所以,量子逻辑门必须是可逆的。这与经典计算机中的门不一样,经典的"非(NOT)"门是可逆的,但"与(AND)"、"或(OR)"及"非与(NAND)"门都不是可逆的。多伊奇(D. Deutsch)已证明,为任意经典计算函数构造可逆量子门是可能的。

常用的量子门有：一位门——阿达马门(H)、泡利-X门(X)、泡利-Y门(Y)、泡利-Z门(Z)、相位门(S)、$\pi/8$门(T)；二位门——控制非门(CNOT)、交换门、控制Z门、控制相位门；三位门——Toffoli门，等等。

对量子逻辑门的操作可以用对量子位的希尔伯特空间的基矢量的作用来定义。比如对一位门的操作，2维希尔伯特空间的基$|0\rangle$可记为$(1,0)^{\mathrm{T}}$，$|1\rangle$可记为$(0,1)^{\mathrm{T}}$，所以所有一位门的作用都可用2×2矩阵来描述。类似地，对二位门的操作，4维希尔伯特空间的基$|00\rangle=(1,0,0,0)^{\mathrm{T}}$，$|01\rangle=(0,1,0,0)^{\mathrm{T}}$，$|10\rangle=(0,0,1,0)^{\mathrm{T}}$，$|11\rangle=(0,0,0,1)^{\mathrm{T}}$，所以所有二位门的作用都可用$4\times4$矩阵来描述。对三位门的操作，8维希尔伯特空间的基$|000\rangle=(1,0,0,0,0,0,0,0)^{\mathrm{T}}$，$|001\rangle=(0,1,0,0,0,0,0,0)^{\mathrm{T}}$，$|010\rangle=(0,0,1,0,0,0,0,0)^{\mathrm{T}}$，$|011\rangle=(0,0,0,1,0,0,0,0)^{\mathrm{T}}$，$|100\rangle=(0,0,0,0,1,0,0,0)^{\mathrm{T}}$，$|101\rangle=(0,0,0,0,0,1,0,0)^{\mathrm{T}}$，$|110\rangle=(0,0,0,0,0,0,1,0)^{\mathrm{T}}$，$|111\rangle=(0,0,0,0,0,0,0,1)^{\mathrm{T}}$，所以所有三位门的作用都可用$8\times8$矩阵来描述。

参看 controlled-NOT (CNOT) gate, controlled-phase gate, controlled-swap gate, controlled-Z gate, Hadamard gate, Hilbert space, Pauli gates, Phase gate, $\pi/8$ gate, qubit, state (vector) space, swap gate, Toffli gate。

quantum information 量子信息

用量子态进行编码的信息。量子信息具有和经典信息不同的特性。

(1) *量子不可克隆(no-cloning)定理* 所谓克隆是指不改变原来的量子态，而在另一个系统中产生一个完全相同的量子态。量子不可克隆定理可以阐述为以下三条：

(a) 如果$|\alpha\rangle$和$|\beta\rangle$是两个不同的非正交态，则不存在一个物理过程可以作出$|\alpha\rangle$和$|\beta\rangle$两者的完全拷贝；

(b) 一个未知的量子态不能被完全拷贝；

(c) 要从编码在非正交态中获得信息，不扰动这些态是不可能的。

(2) *存在隐匿的量子信息* 四维空间中的一组处于最大纠缠态，并且两两正交的正交归一化基是贝尔基：

$$|\psi^+\rangle=\frac{1}{\sqrt{2}}(|01\rangle+|10\rangle),\quad |\phi^+\rangle=\frac{1}{\sqrt{2}}(|00\rangle+|11\rangle),$$

$$|\psi^-\rangle=\frac{1}{\sqrt{2}}(|01\rangle-|10\rangle),\quad |\phi^-\rangle=\frac{1}{\sqrt{2}}(|00\rangle-|11\rangle).$$

由于$\{|\phi^\pm\rangle,|\psi^\pm\rangle\}$是四个互相正交的态，可以用这四个态编码2比特的经典信息。一个用来区分$|\phi\rangle$或$|\psi\rangle$，一个用来区分叠加中的$\pm$号。通过测量力学量，即执行到贝尔基上的投影，可以完全区分开这些态，从而可以译出编

码在其中的信息。

又由于2量子位处在$|\phi^{\pm}\rangle$,$|\psi^{\pm}\rangle$的最大纠缠态,通过局域测量每个量子位,将不能提取编码在$|\phi^{\pm}\rangle$,$|\psi^{\pm}\rangle$中的信息。称这种编码在2量子位纠缠态中的信息是隐匿的,即它不能通过局域的测量读出来。虽然如此,但可以局域地操纵这一信息,即只能改变这四个纠缠态中的一个为另一个,但这种变换不能改变对每个量子位的描述。

(3) *稠密编码* 量子位可以用来存储,传输经典信息。但使用量子纠缠现象可以实现只传送一个量子位,而传输2比特的经典信息。

(4) *量子隐形传态* 利用量子纠缠现象,可以实现不发送任何量子位而把量子位未知态所包含的信息发送出去,但需要消耗2比特的经典信息。

参看 Bell basis, dense coding, entangled state, no cloning, quantum teleportation, quantum state。

quantum key distribution(QKD) 量子密钥分配

目前所研究的"量子密钥分配(QKD)",更准确一些应称作"量子密钥协商(quantum key agreement)"。所谓的量子密钥协商(或称量子密钥分配)指的是,通信双方以一种基于量子力学的方案来一致商定一个随机密钥。由于在密钥协商期间有可能检测到窃听者的存在,因此,在理论上认为窃听者不能获得有关这个密钥的任何信息。

从1984年贝内特等提出BB84协议以来,人们基于不同的物理原理和物理实现陆续提出了许多密钥分配协议。量子密钥分配的安全性主要体现为窃听的可检测性。根据量子力学性质,窃听者要想获得信息必定会扰动量子态,而合法通信者可以检测到这种扰动。即用户虽然不能阻止窃听,但可以判定是否存在窃听。如果存在则放弃传输结果,否则通信者得到一串共享的原始密钥,然后通过数据筛选、保密增强等处理就可以获得安全的密钥。尽管通过量子密钥分配,通信者可以建立一对共享的密钥,但他们不能确定对方的身份,从而不能防止有人假冒合法通信者进行通信。因此人们需要研究量子密钥分配中的身份认证问题。

量子密钥分配协议的实现方案有多种形式,大致可分为两大类,一类是基于非正交量子态的,例如1984年C. H. 贝内特和布拉萨得(G. Brassard)提出的BB84协议,1992年贝内特提出的B92协议。另一类是基于量子纠缠态的,例如1991年埃克特(A. K. Ekert)提出的E91协议。

由于环境噪声和窃听者的存在,量子密钥分配协议的实现需要完成以下四个过程。

① *量子传输* 是指光子态序列在量子信道中的发送和接收过程。但是,光子态序列中的光子极化态将受到噪声和窃听者的干扰,窃听者可能进行量

子拷贝、截取或重发。这些都将导致光子极化态的改变,必然影响接收者的测量结果,由此可以确定窃听者的存在与否。

② 数据筛选　在量子传输中,由于噪声和窃听者的存在,光子的极化态将发生变化;另外,接收方的接收仪器也不可能进行百分之百的精确测量。因此要对接收到的测量结果进行筛选,即对由于各种因素的影响而不合要求的测量结果进行筛选,经发送方和接收方比较测量基矢并计算错误率;如果错误率超过一定的阈值,就放弃所有的数据并重新开始;否则,发送方和接收方把将筛选下来的数据保存下来,此即为筛选数据。假设量子传输中发送方传给接收方的量子位为 m 比特,筛选掉 $m-n$ 比特,则筛选数据为 n 比特。

③ 数据纠错　因为数据筛选只是得到了 n 比特数据,它并不能保证发送方和接收方各自保存数据的完全一致性,因此要对原始数据进行纠错。一般采用奇偶校验法进行数据纠错。

④ 保密增强　保密增强是为了进一步提高密钥安全性和保密性而采取的一种非量子方法。其具体实现为:假设发送方发给接收方一个 n 比特随机串 S,窃听者从 S 中能获得的正确的随机串 S^e 的上界是 $t(t<n)$ 比特。为了使窃听者得不到任何有用信息,发送方和接收方公开选一个压缩函数 $G:\{0,1\}^n\to\{0,1\}^r$,其中 r 是压缩后的密钥长度。这样可以使窃听者从 S 和 G 获得的信息中得到关于新密钥 $K=G(S)$ 的尽可能少的信息。对任意的 $s<n-t$,发送方和接收方可得到新密钥 $K=G(S)$ 的长度为 $r=n-t-s$(比特),其中,$G:\{0,1\}^n\to\{0,1\}^{n-t-s}$,窃听者所获得的信息按 s 指数递减,$V=f(e^{ks})$。

参看 B92 protocol for QKD, BB84 protocol for QKD, E91 protocol for QKD, key agreement, key distribution problem。

quantum state　量子态

态是对一个物理系统的完整描述,一个量子系统的态用量子粒子的位置、动量、极化、自旋来描述。量子力学的第一假设就是:量子力学系统的态可以用希尔伯特空间的矢量完全描述。在量子力学中,一个态就是希尔伯特空间中的一个射线。

一般选择一个矢量 $|\psi\rangle$(狄拉克符号)来表示。注意:$|\psi\rangle$ 和 $\lambda|\psi\rangle$ 表示相同的物理态,其中 λ 是一个标量。

例如,光子的极化态(偏振态)能用指向适当方向的单位矢量来模仿。任意一个极化都能表示成水平和垂直极化(基矢量)的线性组合。

量子力学的测量公设指出:测量一个 2 维系统的任意一个设备都有关于进行量子测量的一个相关联的正交基。一个态的测量把这个态变换成测量设备的相关联的基矢量中的一个。态被当作一个基矢量测量的概率是态在那个基矢量的方向上的分量的幅度的平方模(称作概率幅)。

2 维希尔伯特空间 H 上的一个量子态形式为

$$|\psi\rangle=\alpha|0\rangle+\beta|1\rangle,$$

其中，$\alpha,\beta\in\mathbb{C}$，而且$\{|0\rangle,|1\rangle\}$构成希尔伯特空间的一个正交基。

参看 Dirac notation，Hilbert space。

quantum teleportation　量子隐形传态，量子远程传态

利用量子纠缠现象传递信息的一种方式，由 C. H. 贝内特等人于 1993 年提出。利用量子纠缠现象能把 1 量子比特的未知态传送到一个很远的地方。其目标任务是使用两个经典比特传输一个粒子的量子态，并在接收端重构准确的量子态。由于量子态不能被复制，所以一个给定粒子的量子态将必定被破坏。主要步骤如下：

(1) 制备一个 EPR(纠缠)对$|\psi_0\rangle=\frac{1}{\sqrt{2}}(|00\rangle+|11\rangle)$，并把纠缠对中的第一个粒子发送给 A，第二个粒子发送给 B。

(2) A 有一个量子位，其态是未知的。令这个态是 $\phi=a|0\rangle+b|1\rangle$。

(3) A 把拥有的两个粒子的态组合起来：

$$\begin{aligned}\phi\otimes\psi_0&=\frac{1}{\sqrt{2}}(a|0\rangle\otimes(|00\rangle+|11\rangle)+b|1\rangle\otimes(|00\rangle+|11\rangle))\\&=\frac{1}{\sqrt{2}}(a|000\rangle+a|011\rangle+b|100\rangle+b|111\rangle),\end{aligned}$$

其中，A 控制前面两个量子位，而 B 控制后面一个量子位。

(4) A 应用 $Cnot\otimes I$ 于这个态：

$$\begin{aligned}&(Cnot\otimes I)(\phi\otimes\psi_0)\\&=(Cnot\otimes I)\frac{1}{\sqrt{2}}(a|000\rangle+a|011\rangle+b|100\rangle+b|111\rangle)\\&=\frac{1}{\sqrt{2}}(a|000\rangle+a|011\rangle+b|110\rangle+b|101\rangle)。\end{aligned}$$

(5) A 应用 $H\otimes I\otimes I$ 于这个态：

$$\begin{aligned}&(H\otimes I\otimes I)\frac{1}{\sqrt{2}}(a|000\rangle+a|011\rangle+b|110\rangle+b|101\rangle)\\&=\frac{1}{2}\{a(|000\rangle+|011\rangle+|100\rangle+|111\rangle)+b(|010\rangle+|001\rangle\\&\quad+|110\rangle+|101\rangle)\}\\&=\frac{1}{2}\{|00\rangle\otimes(a|0\rangle+b|1\rangle)+|01\rangle\otimes(a|1\rangle+b|0\rangle)\\&\quad+|10\rangle\otimes(a|0\rangle-b|1\rangle)+|11\rangle\otimes(a|1\rangle-b|0\rangle)\}。\end{aligned}$$

(6) A 测量前两个量子位，等概地得到$|00\rangle$，$|01\rangle$，$|10\rangle$，$|11\rangle$四个中的一个。

（注：依赖于 A 的测量结果，B 的量子位的量子态被分别投影到 $a|0\rangle+b|1\rangle$，$a|1\rangle+b|0\rangle$，$a|0\rangle-b|1\rangle$，$a|1\rangle-b|0\rangle$。）

(7) A 把他的测量结果作为 2 经典比特发送给 B。

(8) B 根据接收到的来自 A 的 2 经典比特，应用适当的译码变换于纠缠对中他的那部分，就能重构 A 的量子位的原始态 $|\phi\rangle$。

表 Q.1

接收的经典比特	态	译码过程
00	$a\|0\rangle+b\|1\rangle$	$I(a\|0\rangle+b\|1\rangle)=a\|0\rangle+b\|1\rangle$
01	$a\|1\rangle+b\|0\rangle$	$X(a\|1\rangle+b\|0\rangle)=a\|0\rangle+b\|1\rangle$
10	$a\|0\rangle-b\|1\rangle$	$Z(a\|0\rangle-b\|1\rangle)=a\|0\rangle+b\|1\rangle$
11	$a\|1\rangle-b\|0\rangle$	$Y(a\|1\rangle-b\|0\rangle)=a\|0\rangle+b\|1\rangle$

上面的远程传态的过程可用图 Q.4 说明。图中，M_1 和 M_2 为对量子位的测量过程。

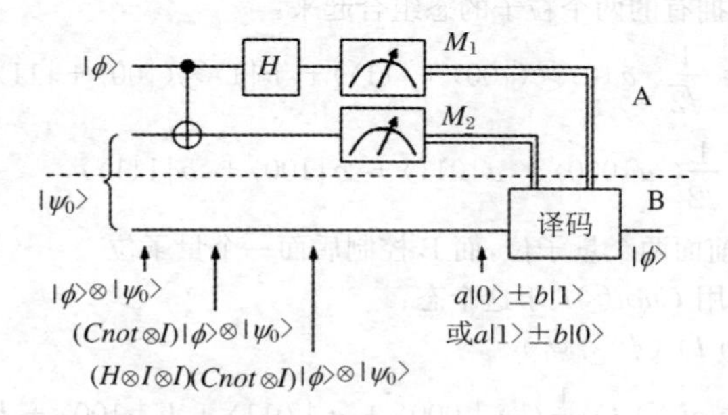

图 Q.4

参看 Bell basis，bit，controlled NOT（CNOT）gate，entangled state，Hadamard transformation，quantum state。

比较 dense coding。

qubit　量子位，量子比特

经典信息的最小单位是“位（比特）”，亦称作“香农位（比特）”，其取值为“1”或“0”。量子力学中相应的单位称作“量子位（比特）”。

定义　一个量子位是 2 维希尔伯特空间 H 上的一个量子态，形式为

$$|\psi\rangle=\alpha|0\rangle+\beta|1\rangle,$$

其中，$\alpha,\beta\in\mathbb{C}$，$\|\alpha\|^2+\|\beta\|^2=1$，而且 $\{|0\rangle,|1\rangle\}$ 构成希尔伯特空间的一个正交基。

量子位可以用光子的偏振或原子的自旋来编码信息。

经典比特和量子比特之间的差别是:量子位能取任意(无数)个 0 和 1(有时也把 $|x\rangle$ 表示成 x)的量子叠加。这样一来,用一单量子位通过适当的改变(定义)α 和 β 就能编码无穷多条信息。存在的一个较大问题就是怎样从这个量子位中提取信息。这可通过可观测量来进行。

参看 bit,Hilbert space,observable,quantum state。

R

Rabin function　拉宾函数

这是一个候选的单向函数(实际上是单向置换)。此函数易于计算,而其逆却要求计算模 n 平方根问题。

拉宾函数:令 $n = pq$,其中 p 和 q 是不同素数,但都模 4 同余于 3。定义函数 $f: Q_n \to Q_n$ 为 $f(x) = x^2 \pmod n$。

参看 one-way function, one-way permutation, square root modulo n (SQROOT) problem。

Rabin one-time signature scheme　拉宾一次签名方案

此签名方案允许签署一单个消息,对签名的验证需要签名者和验证者之间进行交互,和其他数字签名方案不一样,其验证只能做成一次。此方案不实用。方案中所使用的符号如下:0^l——l 比特长的全"0"字符串;$M_0(i) = 0^l \parallel b_{e-1}\cdots b_1 b_0$,其中 $b_{e-1}\cdots b_1 b_0$ 是 i 的二进制表示;K——l 比特长的字符串;E——由密钥空间标示的一组加密变换;E_t——一个加密变换,$E_t \in E$,$t \in K$,每个 E_t 都将 l 比特长的字符串映射成 l 比特长的字符串;$h: \{0,1\}^* \to \{0,1\}^l$——一个众所周知的单向散列函数;$n$——一个固定的正整数,用作安全参数。

设签名者为 A,验证者为 B。

(1) 密钥生成(A 建立一个公开密钥/秘密密钥对)

KG1　A 选择一个对称密钥加密方案 E;

KG2　A 生成 $2n$ 个随机秘密串 $k_1, k_2, \cdots, k_{2n} \in K$,每个 k_i 都是 l 比特长;

KG3　A 计算 $y_i = E_{k_i}(M_0(i))$ $(1 \leqslant i \leqslant 2n)$;

KG4　A 的公开密钥是$(y_1, y_2, \cdots, y_{2n})$,秘密密钥是$(k_1, k_2, \cdots, k_{2n})$。

(2) 签名生成(A 签署一个任意长度的二进制消息 $m \in M$)

SG1　A 计算 $h(m)$;

SG2　A 计算 $s_i = E_{k_i}(h(m))$ $(1 \leqslant i \leqslant 2n)$;

SG2　A 对消息 m 的签名是$(s_1, s_2, \cdots, s_{2n})$。

(3) 签名验证(B 使用 A 的公开密钥验证 A 对消息 m 的签名)

SV1　B 获得 A 的可靠的公开密钥$(y_1, y_2, \cdots, y_{2n})$;

SV2　B 计算 $h(m)$;

SV3 B 选择 n 个不同的随机数 $r_j(1\leqslant r_j\leqslant 2n,1\leqslant j\leqslant n)$；

SV4 B 向 A 要求密钥 $k_{r_j}(1\leqslant j\leqslant n)$；

SV5 B 通过计算 $z_j=E_{k_{r_j}}(M_0(r_j))$来验证所接收到的密钥的真实性，并检验 $z_j=y_{r_j}(1\leqslant j\leqslant n)$；

SV6 B 验证 $s_{r_j}=E_{k_{r_j}}(h(m))\ (1\leqslant j\leqslant n)$。

参看 one-time signature scheme。

Rabin public-key encryption scheme　拉宾公开密钥加密方案

这是一个可证明是安全的公开密钥加密方案，要想根据某些已知的密文恢复明文的一个被动敌人所面临的问题是模 n 平方根问题，这个问题计算上等价于因子分解问题。

设消息发送方为 B，消息接收方为 A。

(1) 密钥生成（A 建立自己的公开密钥/秘密密钥对）

KG1 A 生成两个不同的、规模大致相同的大随机素数 p 和 q；

KG2 A 计算 $n=pq$；

KG3 A 的公开密钥是 n，秘密密钥是(p,q)。

(2) B 加密消息 m

EM1 B 获得 A 的可靠的公开密钥 n；

EM2 B 把消息表示为区间$[0,n-1]$上的一个整数 m；

EM3 B 计算 $c=m^2(\bmod n)$；

EM4 B 把密文 c 发送给 A。

(3) A 解密恢复消息 m

DM1 A 使用秘密密钥(p,q)计算出 $c(\bmod n)$的四个平方根 m_1,m_2,m_3,m_4；

DM2 A 以某种方式判断这四个平方根中的哪一个是消息 m。

参看 integer factorization problem，square root modulo n (SQROOT) problem。

Rabin signature scheme　拉宾签名方案

一种类似于 RSA 签名方案的数字签名方案，只不过使用偶数加密指数 e，为简化起见，取 $e=2$。其签字空间 M_S就是模 n 二次剩余集合 Q_n，而签名是其平方根。选择一个从消息空间 M 映射到 M_S的冗余函数 R，并使之众所周知。

设签名者为 A，验证者为 B。

(1) 密钥生成（A 建立一个公开密钥/秘密密钥对）

KG1 A 生成两个不同的、规模大致相同的大随机素数 p 和 q；

KG2 A 计算 $n=pq$；

KG3 A的公开密钥是 n,秘密密钥是(p,q)。

(2) 签名生成(A签署一个任意长度的二进制消息 $m\in M$)

SG1 A计算 $\tilde{m}=R(m)$;

SG1 A计算 $\tilde{m}(\bmod n)$的一个平方根 s;

SG2 A对消息 m 的签名是s。

(3) 签名验证(B使用A的公开密钥验证A对于消息 m 的签名并恢复消息 m)

SV1 B获得A的可靠的公开密钥 n;

SV2 B计算 $\tilde{m}=s^2(\bmod n)$;

SV3 B验证 $\tilde{m}\in M_R$,如果不是,则拒绝这个签名;

SV4 B恢复消息 m:$m=R^{-1}(\tilde{m})$。

其中,M 是消息空间,签名者能够把一个数字签名签署在其上的一元素集;R 为冗余函数,是从消息空间 M 到签字空间 M_S的一一映射;M_R为R 的像,即 $M_R=\mathrm{Im}(R)$;R^{-1}为 R 的逆,即 $R^{-1}:M_R\to M$。

参看 quadratic residue,RSA digital signature scheme。

Rabin's information dispersal algorithm(IDA) 拉宾信息分散算法

一种分割文件及重组文件都是计算上有效的方法。把长度 $L=|F|$的一个文件 F 分割成n 个片段$F_i(1\leqslant i\leqslant n)$,每个片段的长度$|F_i|=L/m$,使得每 m 个片段都足以重构F。

令 $F=b_1,b_2,\cdots,b_N$是一个文件,也就是一个字符串。假定为了存储或传输,我们要分散 F,在给定的具有优势概率的条件下,由于节点或通信路径故障引起的损失不多于 k 个片段。

将字符 b_i看作为取自某个值域$\{0,1,\cdots,B\}$的整数。例如,当 b_i为8比特(1字节)时,$0\leqslant b_i\leqslant 255$。取一个素数 p,$B<p$。对字节而言,可取 $p=257$。这样,F 就成了模p 剩余的字符串,也就是有限域$\mathbb{Z}_p$上的一个元素串。

选择一个适当的整数 m,使得 $n=m+k$ 对于一个指定的$\varepsilon>0$,满足$n/m\leqslant 1+\varepsilon$。选择 n 个向量$a_i=(a_{i1},\cdots,a_{im})\in\mathbb{Z}_p^m(1\leqslant i\leqslant n)$,使得 m 个不同向量的每一个子集都是线性无关的。换句话说,只要假设高概率地在$\{a_1,a_2,\cdots,a_n\}$中随机选择的 m 个向量的子集都是线性无关的就可以了。

将文件 F 分割成m 长的序列。这样一来,$F=(b_1,\cdots,b_m),(b_{m+1},\cdots,b_{2m}),\cdots$。令 $S_1=(b_1,\cdots,b_m)$,$S_2=(b_{m+1},\cdots,b_{2m})$,$\cdots$。则对于 $i=1,2,\cdots,n$,有 $F_i=(c_{i1},c_{i2},\cdots,c_{iN/m})$,其中

$$c_{ik}=a_i\cdot S_k=a_{i1}\cdot b_{(k-1),m+1}+\cdots+a_{im}\cdot b_{km}\text{。}\tag{1}$$

因此$|F_i|=|F|/m$。

如果已知 F 的m 个片段,如 $F_1,\cdots,F_m$,可以按如下方式重构 F。令 $A=$

$(a_{ij})_{1\leqslant i,j\leqslant m}$是$m\times m$矩阵,其第$i$行是$a_i$。容易看出

$$A\cdot\begin{pmatrix}b_1\\ \vdots\\ b_m\end{pmatrix}=\begin{pmatrix}c_{11}\\ \vdots\\ c_{m1}\end{pmatrix}。$$

因此

$$\begin{pmatrix}b_1\\ \vdots\\ b_m\end{pmatrix}=A^{-1}\cdot\begin{pmatrix}c_{11}\\ \vdots\\ c_{m1}\end{pmatrix}$$

A^{-1}的第i行用$(\alpha_{i1},\cdots,\alpha_{im})$表示,则通常对于$1\leqslant k\leqslant N/m$,有

$$b_j=\alpha_{i1}c_{1k}+\cdots+\alpha_{im}c_{mk}\quad(1\leqslant j\leqslant N),\tag{2}$$

其中,$i\equiv j(\mathrm{mod}\ m)$,$k=\lceil j/m\rceil$(这里将剩余取为$1,2,\cdots,m$)。

这样,我们对所有情况求A的逆一次,就能通过式(2)重构F,式(2)中对F的每个字符都只涉及$2m$次模p运算。

参看 linearly independent,integer,modular arithmetic。

radix *b* representation　基 *b* 表示

同 base b representation。

ramp schemes　斜坡方案

具有秘密份额比秘密短的斜坡方案由伯莱克利(G. Blakley)和梅多斯(C. Meadows)研究的;当为较短的秘密份额折中选择完全安全性时,他们的研究仍然是信息论的。实际上,较适当的目标或许是计算上安全的秘密共享;在这里目标就是,如果遗漏了一个或多个秘密份额,敌人就没有足够的信息来(计算上)恢复共享的秘密。这个想法由克罗克哉科(H. Krawczyk)精巧地阐述如下。为了在n个用户之间共享一个大的s比特的秘密$S=P$(例如一个明文文件),首先在一个k比特对称密钥K作用下加密P,$C=E_K(P)$;使用一个完全的秘密共享方案(例如沙米尔(Shamir)的(t,n)方案)把K分裂成n个k比特份额$K_1,\cdots,K_n$;然后,使用拉宾的信息分散算法(IDA)把C分裂成n个片段$C_1,\cdots,C_n$,它们每一个都是s/t比特;最后,把秘密份额$S_i=(K_i,C_i)$分配给用户U_i。任意一个用户集中他们的秘密份额,就能够通过秘密共享恢复K,通过 IDA 恢复C,通过用K解密C就得到$P=S$。通过 IDA 的显著特性所使用的t个片段C_i的规模的和恰好就是所恢复的秘密S自身的规模(不可能超过)。总的来说,唯一的空间开销是短的密钥K_i,它们的规模k和大秘密S无关。

参看 Rabin's information dispersal algorithm (IDA),secret sharing。

random bit generator　随机二进制数字发生器

一种输出统计独立且无偏的二进制数字序列的设备或算法。

一个(真)随机二进制数字发生器要求一个自然存在的随机源。设计一种硬件设备或软件程序来开发这种随机性并产生一个无偏移和没有相关性的二进制数字序列,这是个困难任务。但对于大多数密码应用,这种发生器不必抗得住敌手的观察或操作。基于自然随机源的随机二进制数字发生器不受外部因素的影响,也经得起设备不正常的工作。但必须周期性地对这样的设备进行检验,比如使用统计检验。

参看 hardware-based random bit generator, physical noise source, software-based random bit generator, unbiased bits。

比较 pseudorandom bit generator。

random bit sequence　随机二进制数字序列

随机二进制数字发生器的输出序列。

参看 random bit generator。

比较 pseudorandom bit sequence。

random cipher model　随机密码模型

香农定义的一种密码体制模型,这是一个简化的密码模型。令 C 是表示密文的随机变量,K 是表示密钥的随机变量,并令 D 表示解密函数。如果 $D_K(C)$是均匀分布在 C 上的所有可能原像(有意义的消息及其他有多余度和没有多余度的消息)上的一个随机变量,则这个密码就是随机密码。从直觉意义上来看,上面定义的随机密码就是一个随机映射(较准确地应近似看作随机置换)。在随机密码模型下,密码的期望唯一解距离应是 $u_d = H(K)/d$,其中 $H(K)$是密钥空间的熵,d 是明文多余度。

参看 entropy, permutation, random mappings model, redundancy, unicity distance。

random excursions test　随机偏移检验

NIST 特种出版物 800-22《A Statistical Test Suite for Random and Pseudo-random Number Generators for Cryptographic Applications》中提出的 16 项检验之一。

检验目的　设待测序列 $S = s_0, s_1, s_2, \cdots, s_{n-1}$。检测累积和随机走动中恰好被访问 k 次的圈数。将二进制(0,1)序列转换成(−1,+1)序列,然后根据部分和导出累积和随机走动。随机走动的一个圈由随机选取的单位长度的步骤的序列组成,这个步骤序列从一个原点开始并返回这个原点。检验目的是:确定在一个圈之内访问一个特殊状态的次数是否偏离一个随机序列所期望的次数。

理论根据及检验技术描述 将二进制(0,1)序列转换成(-1,+1)序列,逐次求和,把这些和看作一维随机走动。这种检验检测随机走动访问某种"状态"(即任意一个整数值)次数分布的偏离情况。

把随机走动 $W_k = X_1 + \cdots + X_k$ 看作对 0 的偏移序列,

$$(i,\cdots,l):W_{i-1} = W_{l+1} = 0,\quad W_k \neq 0 \quad (i \leqslant k \leqslant l)。$$

令 J 表示上述序列串中这样的偏移的总数。则这个(随机)数 J(也就是 W_k $(k=1,2,\cdots,n)$中当 $W_k = 0$ 时数值 0 的数量)的极限分布是

$$\lim_{n\to\infty} P\left(\frac{J}{\sqrt{n}} < z\right) = \sqrt{\frac{2}{\pi}}\int_0^z \mathrm{e}^{-u^2/2}\mathrm{d}u \quad (z > 0)。$$

如果 $J < \max(0.005\sqrt{n}, 500)$,则拒绝随机性假设;否则统计随机走动访问某种"状态"的次数。

令 $\xi(x)$为一个 0 偏移期间访问 $x(x \neq 0)$的次数。对于 $k=0$,有 $P(\xi(x) = 0) = 1 - \frac{1}{2|x|}$;对于 $k=1,2,\cdots$,有 $P(\xi(x)=k) = \frac{1}{4x^2}\left(1-\frac{1}{2|x|}\right)^{k-1}$。这意味着 $\xi(x)=0$ 的概率为 $1-\frac{1}{2|x|}$,而等于其他值的概率为$\frac{1}{2|x|}$,这与参数为$\frac{1}{2|x|}$的几何随机变量分布一致。

显然,$E(\xi(x))=1$,$\mathrm{Var}(\xi(x))=4|x|-2$。有

$$P(\xi(x) \geqslant a+1 = 2xP(\xi(x) = a+1)$$

$$= \frac{1}{2|x|}\left(1-\frac{1}{2|x|}\right)^a \quad (a = 0,1,2,\cdots)。$$

将上述结果用于随机性检测,方法如下:对于 x 值的一个代表性集合(比方说 $1 \leqslant x \leqslant 7$ 或 $-7 \leqslant x \leqslant -1$,$-4 \leqslant x \leqslant 4$),统计在 J 次偏移期间序列串中出现的访问状态 x 的次数 k 的观察频数 $\nu_k(x)$。因此,$\nu_k(x) = \sum_{j=1}^{J} \nu_k^j(x)$,并且如果在 J 次偏移期间访问 x 的次数恰好等于 k,则 $\nu_k^j(x)=1$;而其余 $\nu_k^j(x)=0$。根据 k 的值将$\xi(x)$分类,比如说,可将 $\xi(x)$分为 6 类:$k=0,1,2,3,4$ 及 $k \geqslant 5$。这些类的理论概率为

$$p_0(x) = p(\xi(x) = 0) = 1 - \frac{1}{2|x|},$$

$$p_k(x) = p(\xi(x) = k) = \frac{1}{4x^2}\left(1-\frac{1}{2|x|}\right)^{k-1} \quad (k = 1,2,3,4),$$

$$p_5(x) = p(\xi(x) \geqslant 5) = \frac{1}{2|x|}\left(1-\frac{1}{2|x|}\right)^4。$$

这些概率如表 R.1 所示。

表 R.1

	$p_0(x)$	$p_1(x)$	$p_2(x)$	$p_3(x)$	$p_4(x)$	$p_5(x)$
$x=1$	0.500 0	0.250 0	0.125 0	0.062 5	0.031 2	0.031 2
$x=2$	0.750 0	0.062 5	0.046 9	0.035 2	0.026 4	0.079 1
$x=3$	0.833 3	0.027 8	0.023 1	0.019 3	0.016 1	0.080 4
$x=4$	0.875 0	0.015 6	0.013 7	0.012 0	0.010 5	0.073 3
$x=5$	0.900 0	0.010 0	0.009 0	0.008 1	0.007 3	0.065 6
$x=6$	0.916 7	0.006 9	0.006 4	0.005 8	0.005 3	0.058 8
$x=7$	0.928 6	0.005 1	0.004 7	0.004 4	0.004 1	0.053 1

使用 χ^2 检验把这些频数与理论频数作比较，

$$\chi^2(x) = \sum_{k=0}^{5} \frac{(\nu_k(x) - Jp_k(x))^2}{Jp_k(x)},$$

对于随机性假设下的任意 x 都必须近似于一个 χ^2 分布（上例中自由度为 5）。

检验统计量与参照的分布　统计量 χ^2 近似满足 χ^2 分布（自由度为 k 值的个数）。

检验方法描述　(1) 将(0,1)序列 S 转换成$(-1,+1)$序列 X，其中 $X_i = 2s_i - 1$。

例如，序列 $S=0110110101$，则 $X=-1,1,1,-1,1,1,-1,1,-1,1$。

(2) 计算部分和序列$\{\Sigma_i\}$，每次计算都是从 X_0 开始，记为 $\Sigma=\{\Sigma_i\}$：

$$\Sigma_0 = X_0,$$
$$\Sigma_1 = X_0 + X_1,$$
$$\Sigma_2 = X_0 + X_1 + X_2,$$
$$\cdots,$$
$$\Sigma_k = X_0 + X_1 + X_2 + \cdots + X_k,$$
$$\cdots,$$
$$\Sigma_{n-1} = X_0 + X_1 + X_2 + \cdots + X_k + \cdots + X_{n-1}。$$

对于上面的例子，可得到

$$\Sigma_0 = -1,\ \Sigma_1 = 0,\ \Sigma_2 = 1,\ \Sigma_3 = 0,\ \Sigma_4 = 1,$$
$$\Sigma_5 = 2,\ \Sigma_6 = 1,\ \Sigma_7 = 2,\ \Sigma_8 = 1,\ \Sigma_9 = 2。$$

集合 $\Sigma=\{-1,0,1,0,1,2,1,2,1,2\}$。

(3) 在集合 Σ 之前和之后各添加一个 0 形成一个新的序列 $\Sigma'=\{0,\Sigma_0,\Sigma_1,\cdots,\Sigma_{n-1},0\}$。

对于上面的例子，有 $\Sigma'=\{0,-1,0,1,0,1,2,1,2,1,2,0\}$。

(4) 令 J 表示序列 Σ' 中零交点的总数，也就是序列中起始 0 之后出现的 0 值的个数。J 也是 Σ' 中圈的个数。Σ' 中的一个圈是 Σ' 的一个子序列，它起始于一个 0，终止于另一个 0。一个圈的终止 0 可能是另一个的起始 0。若 $J<500$，则停止这种检验。

对于上面的例子，可得序列 Σ' 含有 $J=3$ 个循环：$\{0,-1,0\}$，$\{0,1,0\}$ 和 $\{0,1,2,1,2,1,2,0\}$。

(5) 对每个圈，统计每个状态 $x(-4\leqslant x\leqslant -1,1\leqslant x\leqslant 4)$ 出现的次数。对于上面的例子，结果如表 R.2 所示。

表 R.2

状态 x \ 圈	(0, −1,0)	(0,1,0)	(0,1,2,1,2,1,2,0)
−4	0	0	0
−3	0	0	0
−2	0	0	0
−1	1	0	0
1	0	1	3
2	0	0	3
3	0	0	0
4	0	0	0

(6) 对于每个状态 x，统计该状态刚好出现 k 次的圈数，记为 $v_k(x)(k=0,1,\cdots,5)$，对于所有 $k\geqslant 5$ 的情况，都统计在 $v_5(x)$ 中。注：对于每个状态 x，有 $\sum_{k=0}^{5} v_k(x) = J$。

对于上面的例子，结果如表 R.3 所示。

表 R.3

状态 x \ 圈数	0	1	2	3	4	5
−4	3	0	0	0	0	0
−3	3	0	0	0	0	0
−2	3	0	0	0	0	0
−1	2	1	0	0	0	0
1	1	1	0	1	0	0
2	2	0	0	1	0	0
3	3	0	0	0	0	0
4	3	0	0	0	0	0

(7) 对于每个状态 x，计算统计量 $\chi^2 = \sum_{k=0}^{5} \frac{(\nu_k(x) - Jp_k(x))^2}{Jp_k(x)}$，其中 $p_k(x)$ 为随机分布中状态 x 出现 k 次的概率。对于上面的例子，可产生 8 个统计量 χ^2，比如对状态 $x = 1$，有

$$\chi^2 = \frac{(1-3\times0.5)^2}{3\times0.5} + \frac{(1-3\times0.25)^2}{3\times0.25} + \frac{(0-3\times0.125)^2}{3\times0.125} + \frac{(1-3\times0.0625)^2}{3\times0.0625} + \frac{(0-3\times0.0312)^2}{3\times0.0312} + \frac{(0-3\times0.0312)^2}{3\times0.0312}$$

$= 4.333\,033$。

(8) 计算尾部概率 *P-value*：

$$P\text{-}value = \text{igamc}\left(\frac{5}{2}, \frac{\chi^2_{\text{obs}}}{2}\right)。$$

对于上面的例子状态 $x = 1$，有

$$P\text{-}value = \text{igamc}\left(\frac{5}{2}, \frac{4.333\,033}{2}\right) = 0.502\,529。$$

判决准则（在显著性水平 1%下） 如果 *P-value*＜0.01，则该序列未通过该项检验；否则，通过该项检验。

判决结论及解释 根据上面第(8)步中的 *P-value*，得出结论：这个序列通过该项检验还是未通过该项检验。如果 *P-value* 值小(＜0.01)，则说明所检验的序列中遍及所有圈访问一个给定状态的次数偏离一个随机序列所期望的。

输入长度建议 建议输入序列的长度应满足 $n \geqslant 10^6$。

举例说明 序列 S：自然对数的底 e 的二进制展开式中开头 1 000 000 比特，$n = 1\,000\,000$。

统计计算：$J = 1\,490$。

计算：结果如表 R.4 所示。

R.4

状态	χ^2	*P-value*	结论
$x=-4$	3.835 698	0.573 306	通过
$x=-3$	7.318 707	0.197 996	通过
$x=-2$	7.861 927	0.164 011	通过
$x=-1$	15.692 617	0.007 779	未通过
$x=1$	2.485 906	0.778 616	通过
$x=2$	5.429 381	0.365 752	通过
$x=3$	2.404 171	0.790 853	通过
$x=4$	2.393 928	0.792 378	通过

参看 chi square test，NIST Special Publication 800-22，statistical hypothesis，statistical test。

random excursions variant test　随机偏移变形检验

NIST 特种出版物 800-22《A Statistical Test Suite for Random and Pseudo-random Number Generators for Cryptographic Applications》中提出的 16 项检验之一。

检验目的　设待测序列 $S = s_0, s_1, s_2, \cdots, s_{n-1}$。检测累积和随机走动中访问特殊状态的总次数。检验目的是：确定在随机走动中访问各种状态的次数是否偏离一个随机序列所期望的次数。该检验设置了 18 个给定状态：$-9, -8, \cdots, -1$ 和 $+1, +2, \cdots, +9$。

理论根据及检验技术描述　这个检验是“随机偏移检验”的一个替代检验方法。仍使用“随机偏移检验”中的符号。

令 $\xi_J(x)$ 为 J 偏移期间访问 x 的总次数。由于在每一个零点都更新 Σ_k，所以 $\xi_J(x)$ 是与 $\xi(x) = \xi_1(x)$ 具有相同分布的一些独立同分布变量的和。因此，$\xi_J(x)$ 的极限分布

$$\lim_{J\to\infty} P\left(\frac{\xi_J(x) - J}{\sqrt{J(4|x| - 2)}} < z\right) = \Phi(z)$$

是正态分布。尾部概率为

$$P\text{-}value = \mathrm{erfc}\left(\frac{|\xi_J(x)(obs) - J|}{\sqrt{2J(4|x| - 2)}}\right)。$$

其中，$\mathrm{erfc}(x)$ 为补余误差函数，

$$\mathrm{erfc}(x) = \frac{2}{\sqrt{\pi}}\int_x^\infty \mathrm{e}^{-u^2}\mathrm{d}u。$$

检验统计量与参照的分布　统计量 ξ 为在整个随机走动期间访问给定状态 x 的总次数（参见“随机偏移检验”的“检验方法描述”中的步骤(4)）。对于大的 n，ξ 的参照分布是正态分布，$|\xi|$ 的参照分布是半正态分布。

检验方法描述　(1) 将(0,1)序列 S 转换成$(-1, +1)$序列 X，其中 $X_i = 2s_i - 1$。

例如，序列 $S = 0110110101$，则 $X = -1,1,1,-1,1,1,-1,1,-1,1$。

(2) 计算部分和序列$\{\Sigma_i\}$，每次计算都是从 X_0 开始，记为 $\Sigma = \{\Sigma_i\}$：

$$\begin{aligned}
\Sigma_0 &= X_0,\\
\Sigma_1 &= X_0 + X_1,\\
\Sigma_2 &= X_0 + X_1 + X_2,\\
&\cdots,\\
\Sigma_k &= X_0 + X_1 + X_2 + \cdots + X_k,
\end{aligned}$$

$$\cdots,$$

$$\Sigma_{n-1} = X_0 + X_1 + X_2 + \cdots + X_k + \cdots + X_{n-1}。$$

对于上面的例子,可得到

$$\Sigma_0 = -1,\quad \Sigma_1 = 0,\quad \Sigma_2 = 1,\quad \Sigma_3 = 0,\quad \Sigma_4 = 1,$$

$$\Sigma_5 = 2,\quad \Sigma_6 = 1,\quad \Sigma_7 = 2,\quad \Sigma_8 = 1,\quad \Sigma_9 = 2。$$

集合 $\Sigma = \{-1,0,1,0,1,2,1,2,1,2\}$。

(3) 在集合 Σ 之前和之后各添加一个 0 形成一个新的序列 $\Sigma' = \{0,\Sigma_0,\Sigma_1,\cdots,\Sigma_{n-1},0\}$。

对于上面的例子,$\Sigma' = \{0,-1,0,1,0,1,2,1,2,1,2,0\}$。

(4) 对 x 的 18 个非零状态中的每一个,统计状态 x 在所有 J 个圈内出现的总次数 $\xi(x)$。

对于上面的例子,可得 $\xi(-1)=1,\xi(1)=4,\xi(2)=3$,其他 $\xi(x)$ 全为 0。

(5) 对于每个 $\xi(x)$,分别计算其尾部概率 *P-value*,共计算出 18 个 *P-value*。

对于上面的例子,当 $x=1$ 时,$\xi(1)=4$,

$$P\text{-}value = \mathrm{erfc}\left(\frac{|4-3|}{\sqrt{2\times3\times(4|1|-2)}}\right) = 0.683\,091。$$

判决准则(在显著性水平 1%下) 如果 *P-value*<0.01,则该序列未通过该项检验;否则,通过该项检验。

判决结论及解释 上面的例子,当 $x=1$ 时,*P-value*≥0.01,所以通过该项检验。

输入长度建议 建议输入序列的长度应满足 $n \geqslant 10^6$。

举例说明 序列 S:自然对数的底 e 的二进制展开式中开头 1 000 000 比特,$n = 1\,000\,000$。

统计计算:$J = 1\,490$。

计算:结果如表 R.5 所示。

表 R.5

状态	计数	*P-value*	判决结论
$x=-9$	1 450	0.858 946	通过
$x=-8$	1 435	0.794 755	通过
$x=-7$	1 380	0.576 249	通过
$x=-6$	1 366	0.493 417	通过
$x=-5$	1 412	0.633 873	通过
$x=-4$	1 475	0.917 283	通过
$x=-3$	1 480	0.934 708	通过

续表

状态	计数	*P-value*	判决结论
$x=-2$	1 468	0.816 012	通过
$x=-1$	1 502	0.826 009	通过
$x=+1$	1 409	0.137 861	通过
$x=+2$	1 369	0.200 642	通过
$x=+3$	1 396	0.441 254	通过
$x=+4$	1 479	0.939 291	通过
$x=+5$	1 599	0.505 683	通过
$x=+6$	1 628	0.445 935	通过
$x=+7$	1 619	0.512 207	通过
$x=+8$	1 620	0.538 635	通过
$x=+9$	1 610	0.593 930	通过

结论:所有 18 个状态都通过该项检验。

参看 NIST Special Publication 800-22, normal distribution, statistical hypothesis, statistical test。

比较 random excursions test。

random function　随机函数

一个随机函数 $f:\{0,1\}^n \to \{0,1\}^n$ 是一个对所有自变量 $x\in\{0,1\}^n$ 都赋给独立且随机的值 $f(x)\in\{0,1\}^n$ 的函数。

参看 function。

randomized algorithm　随机化算法

每当调用输入数据运行算法时,由于该算法在一些运算节点上都要作随机判断(依据一个随机数发生器的输出结果进行判断),然后根据判断选择执行路径(运算序列),因此,虽调用相同的输入数据也可能选择不同执行路径(运算序列),这样的算法就称作随机化算法。

参看 algorithm。

比较 deterministic algorithm。

randomized DES (RDES) block cipher　随机化 DES 分组密码

DES 分组密码的一个变种。RDES 是在每一轮结束时用依赖密钥的交换来替换"将左、右两半交换"。这种交换是固定的,只依赖于密钥。这意味着,15 个依赖密钥的交换会有 2^{15} 种可能的实例。RDES 抗不住差分分析,有大量的弱密钥,事实上,几乎所有的 RDES 密钥都弱于典型的 DES 密钥,所以这个变种不能使用。较好的一种想法是在每一轮的开始,仅对右半边进行交换。另一种好的思路是使交换依赖于输入数据,而不是一个密钥的静态函数。有一些可能的变种，例如 RDES-1 中，在每一轮的开始，对 16 比特的字进行相关数据交换；RDES-2 中，在每一轮开始经像 RDES-1 中 16 比特的字相关数据交换后，再进行字节交换。以此类推，直到 RDES-4。RDES-1 是抗得住线性和差分分析的，故可推测 RDES-2 及更高者也如此。

参看 DES block cipher，differential cryptanalysis，linear cryptanalysis。

randomized digital signature scheme　随机化数字签名方案

如果签署的指标集合$\mathfrak{R}$中的元素数大于 1，即$|\mathfrak{R}|>1$，则称（带有附件的或带有消息恢复的）数字签名方案为随机化数字签名方案。

参看 indexing set for signing。

randomized encryption　随机化加密

随机化加密映射是一个从明文空间 V_n到密文空间 V_m，并从一个随机数空间 R 取元素的函数E，$m>n$。定义为 $E: V_n \times K \times R \to V_m$，使得对每一个密钥 $k \in K$ 以及 $r \in R$，$E(P, k, r)$都把 $P \in V_n$映射到 V_m。其用于解密的逆函数存在，即映射 $V_m \times K \to V_n$。

埃尔盖莫尔公开密钥加密、迈克艾利斯公开密钥加密、戈德瓦泽-米卡利概率公开密钥密码体制和布卢姆-戈德瓦泽概率公开密钥加密都是随机化加密方案。

参看 Blum-Goldwasser probabilistic public-key encryption，ElGamal public-key encryption，Goldwasser-Micali probabilistic public-key cryptosystem，McEliece public-key encryption。

randomized stream cipher　随机化序列密码

在加密、解密过程中，使用一个大的可公开访问的随机数字串的序列密码。设计这种密码的目的，不是确保密码分析过程需要不可行的工作量，而是确保密码分析问题具有不可行的规模，也就是增大密码分析过程中密码分析者必须分析研究的比特数，而仍然保持小的秘密密钥规模。使用这种密码时，密钥用来指定那个大随机数发生器的哪一部分是待使用的，而不知道秘密密钥的敌人则必须搜索所有的随机数据。

参看 Diffie's randomized stream cipher，Maurer's randomized stream cipher，Rip van Winkle cipher。

random mappings model　随机映射模型

令 F_n表示从一个大小为 n 的有限定义域到一个大小为 n 的有限上域的所有函数（映射）构成的集合。考察 F_n中的随机元素的模型称为随机映射模型，在这种模型中，等可能地选择 F_n中的每个函数。由于$|F_n| = n^n$，所以选择 F_n中的一个特定函数的概率是 $1/n^n$。

参看 function。

random number　随机数

由一个随机过程产生的数。这种随机过程具有下述特性：每一个数都独立于其先导，并且这些的概率分布遵从一个特定分布，例如高斯分布、泊松分布、均匀分布。

参看 random process。

random oracle　随机外部信息源，随机预言机

令$\{0,1\}^*$表示有限二进制数字串的空间，$\{0,1\}^\infty$表示无限二进制数字串的空间。一个随机外部信息源 R 是一个从$\{0,1\}^*$到$\{0,1\}^\infty$的映射，对于每一个输入串 x，这个映射都是通过均匀且独立地选择 $R(x)$的每一比特来选择的。用2^∞表示全部随机外部信息源的集合。实际上，没有一个实用协议的输出串是无限长的。

参看 bit string，mapping。

random oracle model　随机外部信息源模型，随机预言机模型

使用一个随机外部信息源作为一种数学模型，来证明某个密码基元的安全性。

参看 cryptographic primitive，random oracle。

比较 standard model。

random process　随机过程

根据系统变量知识不能完全预先确定其输出的数学过程，其结果取决于一个或多个随机事件。

参看 random number。

random square factoring methods　随机平方因子分解法

随机平方算法用于整数的因子分解。如果整数 x 和 y 使得 $x^2 \equiv y^2 \pmod n$ 但 $x \not\equiv \pm y \pmod n$，那么 n 能整除$x^2 - y^2 = (x+y)(x-y)$，但 n 既不能整除 $x+y$ 又不能整除$x-y$。因此，$\gcd(x-y, n)$必定是 n 的一个非平凡因子。

这样一来，就可以首先使用随机平方法随机求出满足 $x^2 \equiv y^2 \pmod n$的 x 和 y；然后检验这对整数是否满足 $x \not\equiv \pm y \pmod n$；如果满足，则求 $\gcd(x-y, n)$就得到 n 的一个非平凡因子，否则重复上述过程再寻找另一对整数(x, y)。

二次筛因子分解算法和数域筛因子分解算法都属于随机平方族算法。

参看 greatest common divisor，integer factorization，number field sieve，quadratic sieve factoring algorithm，random square methods。

random square methods　随机平方法

随机平方算法族的基本思想是：假设 x 和 y 都是使得 $x^2 \equiv y^2 \pmod{n}$ 但 $x \not\equiv \pm y \pmod{n}$ 的整数，那么，n 能整除 $x^2 - y^2 = (x+y)(x-y)$，但 n 既不能整除 $x+y$ 又不能整除 $x-y$。因此，$\gcd(x-y, n)$ 必定是 n 的一个非平凡因子。令 n 是一个奇复合整数，且可被 k 个不同奇素数整除。如果 $a \in \mathbb{Z}_n^*$，则同余式 $x^2 \equiv a^2 \pmod{n}$ 恰好有 2^k 个模 n 解，$x = a$ 和 $x = -a$ 是其中两个解。

使用随机平方算法随机求满足 $x^2 \equiv y^2 \pmod{n}$ 的 x 和 y 的共同策略是：首先选择一个由开头 t 个素数组成的集合 $S = \{p_1, p_2, \cdots, p_t\}$（称为因子基），着手求满足 $a_i^2 \equiv b_i \pmod{n}$ 及 $b_i = \prod_{j=1}^{t} p_j^{e_{ij}}$ $(e_{ij} \geqslant 0)$（可见，b_i 是 p_t 平滑的。）的一对整数 (a_i, b_i)。其次，求那些 b_i 的一个子集合，它们的乘积是一个完全平方。知道那些 b_i 的因子分解（这可以通过选择那些 b_i 的一个子集合，使得每一个 p_j 的方幂都出现在它们的乘积中）是有规律的。为此，只需要考虑那些非负整数指数 e_{ij} 的奇偶性。这样一来，为了简化情况，对每一个 i 都把二进制向量 $v_i = (v_{i1}, v_{i2}, \cdots, v_{it})$ 和整数指数 $(e_{i1}, e_{i2}, \cdots, e_{it})$ 相联系，使得 $v_{ij} \equiv e_{ij} \pmod{2}$。如果能获得 $t+1$ 对 (a_i, b_i)，则 t 维向量 $v_1, v_2, \cdots, v_{t+1}$ 必定是 $\mathbb{Z}_2$ 上线性相关的。也就是说，必定存在一个非空集合 $T \subseteq \{1, 2, \cdots, t+1\}$ 使得 $\sum_{i \in T} v_i = 0$，因此 $\prod_{i \in T} b_i$ 是一个完全平方。集合 T 可以使用普通的 $\mathbb{Z}_2$ 上的线性代数求得。显然，$\prod_{i \in T} a_i^2$ 也是一个完全平方。这样一来，置 $x = \prod_{i \in T} a_i$ 并置 y 是 $\prod_{i \in T} b_i$ 的整数平方根，就得到一对满足 $x^2 \equiv y^2 \pmod{n}$ 的整数 (x, y)。如果这对整数还满足 $x \not\equiv \pm y \pmod{n}$，则求 $\gcd(x-y, n)$ 就得到 n 的一个非平凡因子。否则，就将某些 (a_i, b_i) 对用一些新的整数对替换，并重复上述过程。实际上，在 $v_1, v_2, \cdots, v_{t+1}$ 这些向量中间有一些相关性，可以高概率地至少得到一对满足 $x \not\equiv \pm y \pmod{n}$ 的整数 (x, y)；因此，上述生成新的 (a_i, b_i) 对的那步不是经常发生的。

上面的描述不完全，因为：一是没有指明 t 的最佳选择（因子基的大小）；二是没有指明有效生成整数对 (a_i, b_i) 的方法。人们已经提出了一些技术，其中最简单的就是迪克逊算法。比较有效的技术是策略地选择 a_i 使得 b_i 相对小。因为在区间 $[2, x]$ 上随着 x 减小 p_t 平滑整数的比例变大，这样的 b_i 是小 p_t 平滑整数的概率较大。最有效的技术是二次筛法。

参看 Dixon's algorithm，greatest common divisor，integer factorization，quadratic sieve factoring algorithm，smooth integers。

random variable　随机变量

一个随机变量 X 是一个从样本空间 S 到实数集合 $\mathbb{R}$ 的函数;对于每一个简单事件 $s_i \in S$,X 都赋给一个实数 $X(s_i)$。

参看 function。

range of a function　函数的值域

从集合 X 到集合 Y 的一个函数 $f: X \to Y$。Y 中的那些至少有一个原像的所有元素组成的集合称为 f 的像(表示为 $\mathrm{Im}(f)$),又称之为函数 f 的值域。

参看 function。

rate of an iterated hash function　迭代散列函数的速率

令 h 是由一个分组密码构造的一个迭代散列函数,其压缩函数 f 为处理每一个连续 n 比特消息字块需要执行 s 次分组加密,则 h 的速率是 $1/s$。

参看 iterated hash function。

RC2 block cipher　RC2 分组密码

RC2 是 RSA 数据安全公司的里夫斯特(R. Rivest)设计的密钥长度可变的加密算法。它是有专利的,且它的细节未公开。

RC2 是一种密钥长度可变的、64 比特分组长度的分组密码,设计来替换 DES。按照这家公司的说法,用软件实现的 RC2 比 DES 快 3 倍。该算法采用可变长度的密钥,其长度可从 0 字节到计算机系统所能支撑的最大长度的字符串,加密速度与密钥的长度无关。对这个密钥进行预处理,得到一个 128 字节与密钥相关的表,所以其有效的不同密钥的数目是 2^{1024}。RC2 没有 S 盒,但有两个运算:"混合"和"磨碎",每一轮中选择其中一个运算。据称,RC2 不是一个迭代型的分组密码,并认为 RC2 比其他安全性依赖于模仿 DES 设计的分组密码算法更能对抗差分和线性攻击。

参看 block cipher, DES block cipher, differential cryptanalysis, linear cryptanalysis。

RC4 stream cipher　RC4 序列密码

RC4 是 R. 里夫斯特在 1987 年为 RSA 数据安全公司开发的可变密钥长度的序列密码。RC4 的描述很简单。该算法以 OFB 方式工作:密钥流与明文相互独立。它有一个 8×8 的 S 盒:$S_0, S_1, \cdots, S_{255}$。S 盒中的表项是数字 0～255 的一个置换,而且这个置换是一个长度可变密钥的函数。它有两个计数器:i 和 j,初值赋为 0。

要产生一个随机的字节,需要按下列步骤进行:

$$i = (i + 1) \pmod{256},$$
$$j = (j + S_i) \pmod{256},$$
$$S_i \leftrightarrow S_j,$$

$$t = (S_i + S_j) \pmod{256},$$
$$K = S_t。$$

字节 K 同明文异或产生密文或者同密文异或产生明文。加密速度大约比 DES 快 10 倍。

初始化 S 盒也很容易。首先，线性填充：$S_0 = 0, S_1 = 1, \cdots, S_{255} = 255$。然后用密钥填充另一个 256 字节的数组，必须不断重复，把密钥填充到整个数组中：$K_0, K_1, \cdots, K_{255}$。将指针 j 置为 0。然后，对 $i = 0,1,\cdots,255$ 执行下述运算：$j = j + S_i + K_i \pmod{256}$；交换 S_i 和 S_j。

RSA 数据安全公司宣称该算法对差分和线性分析是免疫的，似乎没有任何小周期，并有很高的非线性性。（没有公开密码分析结果。RC4 大约有 2^{1700}（$256! \times 256^2$）种可能的状态。）S 盒在使用中慢慢地演变：i 保证每个元素的改变，而 j 保证元素随机地改变。算法简单到足够大多数程序员能很快地从存储器中编程。

参看 block cipher，DES block cipher，differential cryptanalysis，linear cryptanalysis。

RC5 block cipher　RC5 分组密码

RC5 是 R. 里夫斯特设计的面向字处理的分组密码，字长 $w = 16, 32$ 或 64 比特，轮数 r 和密钥字节长度 b 都是可变的。可以将之完整地标识为 RC5-w，RC5-w/r 或 RC5-$w/r/b$。例如，RC5-32/12/16 就表示处理的字长 $w = 32$ 比特，轮数 $r = 12$，密钥长度 $b = 16$ 字节。建议 RC5-32 采用 12 轮，RC5-64 采用 16 轮。RC5 适宜于硬件实现或软件实现。

RC5 分组密码方案

1. 符号注释

所有变量均为 w 比特变量；

$\boxplus$ 为模 2^w 加法；

$\boxminus$ 为模 2^w 减法；

$\oplus$ 表示按位异或；

$X \lll s$ 表示将 w 比特变量 X 循环左移 s 位；

$X \ggg s$ 表示将 w 比特变量 X 循环右移 s 位。

P_w 与 Q_w 都是幻常数，用十六进制表示如表 R.6 所示。

表 R.6

w	16	32	64
P_w	B7E1	B7E15163	B7E15163 8AED2A6B
Q_w	9E37	9E3779B9	9E3779B9 7F4A7C15

2．RC5-$w/r/b$ 加密

输入：$2w$ 比特明文 $M=(A,B)$；轮数 r；密钥 $K=K[0]K[1]\cdots K[b-1]$。

输出：$2w$ 比特密文 C。

EN1　用密钥编制算法根据密钥 K 和轮数 r，计算出 $2r+2$ 个子密钥 $K_0,K_1,\cdots,K_{2r+1}$。

EN2　$A \leftarrow A \boxplus K_0, B \leftarrow B \boxplus K_1$。

EN3　对 $i=1,2,\cdots,r$，执行运算：

$$A \leftarrow ((A \oplus B) \lll B) \boxplus K_{2i},\quad B \leftarrow ((B \oplus A) \lll A) \boxplus K_{2i+1}。$$

EN4　输出密文 $C \leftarrow (A,B)$。

3．RC5-$w/r/b$ 解密

输入：$2w$ 比特密文 $C=(A,B)$；轮数 r；密钥 $K=K[0]K[1]\cdots K[b-1]$。

输出：$2w$ 比特明文 M。

DN1　用密钥编制算法根据密钥 K 和轮数 r 计算出 $2r+2$ 个子密钥 $K_0,K_1,\cdots,K_{2r+1}$。

DN2　对 $i=r\sim 1$ 执行运算：

$$B \leftarrow ((B \boxminus K_{2i+1}) \ggg A) \oplus A,$$
$$A \leftarrow ((A \boxminus K_{2i}) \ggg B) \oplus B。$$

DN3　$A \leftarrow A \boxminus K_0, B \leftarrow B \boxminus K_1$。

DN4　输出明文 $M \leftarrow (A,B)$。

4．RC5-$w/r/b$ 密钥编排

输入：字长 w 比特；轮数 r；密钥 $K=K[0]K[1]\cdots K[b-1]$。

输出：子密钥 $K_0,K_1,\cdots,K_{2r+1}$（其中 K_i 为 w 比特）。

KS1　令 $u=w/8$（每个字的字节数），$c=\lceil b/u \rceil$（密钥 K 可填满的字数）。必要时在 K 的右边用“0”填充，以达到 K 的字节数可被 u 整除（即 $K[j] \leftarrow 0, b \leqslant j \leqslant cu-1$）。对 $i=0,1,\cdots,c-1$，执行运算：

$$L_i \leftarrow \sum_{j=0}^{u-1} 2^{8j} K[i \cdot u + j]。$$

KS2　$K_0 \leftarrow P_w$；对 $i=1,2,\cdots,2r+1$，执行运算：$K_i \leftarrow K_{i-1} \boxplus Q_w$。

KS3　$i \leftarrow 0, j \leftarrow 0, A \leftarrow 0, B \leftarrow 0, t \leftarrow \max(c, 2r+2)$。对 $s=1,2,\cdots,3t$，执行运算：

$$K_i \leftarrow (K_i \boxplus A \boxplus B) \lll 3, A \leftarrow K_i, i \leftarrow i+1 \pmod{2r+2}。$$
$$L_j \leftarrow (L_j \boxplus A \boxplus B) \lll (A \boxplus B), B \leftarrow L_j, j \leftarrow j+1 \pmod{c}。$$

KS4　输出子密钥 $K_0,K_1,\cdots,K_{2r+1}$。

RC5-32/12/16 测试向量

明文 M = B278C165 CC97D184，

密钥 K = 5269F149 D41BA015 2497574D 7F153125，

密文 C = 15E444EB 249831DA。

参看 block cipher。

RC6 block cipher　RC6 分组密码

美国 21 世纪数据加密标准(AES)算法评选第一轮(1998 年 8 月)公布的 15 个候选算法之一,第二轮(1999 年 3 月)公布的 5 个候选算法之一,由美国 RSA 实验室的 R. L. 里夫斯特等人设计。RC6 是 RC5 的改进,目的是满足先进加密标准(AES)的要求。字长 $w=32$ 比特,轮数 $r=20$,密钥字节长度 b 可为 16,24 或 32。可以将之完整地标识为 RC6-$w/r/b$。例如,RC6-32/20/16 就表示处理的字长 $w=32$ 比特,轮数 $r=20$,密钥长度 $b=16$ 字节。

RC6 分组密码方案

1. 符号注释

所有变量均为 w 比特变量;

$+$ 为模 2^w 加法;

$-$ 为模 2^w 减法;

$\oplus$ 表示按位异或;

$\times$ 表示模 2^w 乘法;

$X \lll s$ 表示将 w 比特变量 X 循环左移 s 位;

$X \ggg s$ 表示将 w 比特变量 X 循环右移 s 位。

幻常数 $P_{32}=(\text{B7E15163})_{\text{hex}}$,$Q_{32}=(\text{9E3779B9})_{\text{hex}}$。

2. RC6-$w/r/b$ 加密

输入:$4w$ 比特明文 $M=(m_1,m_2,m_3,m_4)$;轮数 r;轮密钥 $RK_i\in\{0,1\}^w$ $(i=0,1,\cdots,2r+3)$。

输出:$4w$ 比特密文 $C=(c_1,c_2,c_3,c_4)$。

begin

　$T_1 \leftarrow m_1$

　$T_2 \leftarrow m_2 + RK_0$

　$T_3 \leftarrow m_3$

　$T_4 \leftarrow m_4 + RK_1$

　for $j=1$ to r do

　　$v \leftarrow (T_2\times(2T_2+1)) \lll \log_2 w$

　　$u \leftarrow (T_4\times(2T_4+1)) \lll \log_2 w$

　　$T_1 \leftarrow ((T_1\oplus v) \lll u) + RK_{2j}$

　　$T_3 \leftarrow ((T_3\oplus u) \lll v) + RK_{2j+1}$

　　$T \leftarrow T_1, T_1 \leftarrow T_2, T_2 \leftarrow T_3, T_3 \leftarrow T_4, T_4 \leftarrow T$

　next j

$c_1 \leftarrow T_1 + RK_{2r+2}$

$c_2 \leftarrow T_2$

$c_3 \leftarrow T_3 + RK_{2r+3}$

$c_4 \leftarrow T_4$

$C = (c_1, c_2, c_3, c_4)$

end

3. RC6-$w/r/b$ 解密

输入:4w 比特密文 $C = (c_1, c_2, c_3, c_4)$;轮数 r;轮密钥 $RK_i \in \{0,1\}^w$ ($i = 0,1,\cdots,2r+3$)。

输出:4w 比特明文 $M = (m_1, m_2, m_3, m_4)$。

begin

$T_1 \leftarrow c_1 - RK_{2r+2}$

$T_2 \leftarrow c_2$

$T_3 \leftarrow c_3 - RK_{2r+3}$

$T_4 \leftarrow c_4$

for $j = 1$ to r do

$T \leftarrow T_1, T_1 \leftarrow T_4, T_4 \leftarrow T_3, T_3 \leftarrow T_2, T_2 \leftarrow T$

$u \leftarrow (T_4 \times (2T_4 + 1)) \lll \log_2 w$

$v \leftarrow (T_2 \times (2T_2 + 1)) \lll \log_2 w$

$T_1 \leftarrow ((T_1 - RK_{2j}) \ggg u) \oplus v$

$T_3 \leftarrow ((T_3 - RK_{2j+1}) \ggg v) \oplus u$

next j

$m_1 \leftarrow T_1$

$m_3 \leftarrow T_3$

$m_2 \leftarrow T_2 - RK_0$

$m_4 \leftarrow T_4 - RK_1$

$M = (m_1, m_2, m_3, m_4)$

end

4. RC6-$w/r/b$ 密钥编排(与 RC5-$w/r/b$ 相同)

输入:字长 w 比特;轮数 r;密钥 $K = K[0]K[1]\cdots K[b-1]$。

输出:子密钥 $RK_0, RK_1, \cdots, RK_{2r+3}$(其中 RK_i 为 w 比特)。

KS1 令 $u = w/8$(每个字的字节数),$c = \lceil b/u \rceil$(密钥 K 可填满的字数)。必要时在 K 的右边用“0”填充,以达到 K 的字节数可被 u 整除(即 $K[j] \leftarrow 0$, $b \leqslant j \leqslant cu-1$)。对 $i = 0,1,\cdots,c-1$,执行运算:

$$L_i \leftarrow \sum_{j=0}^{u-1} 2^{8j} K[i \cdot u + j]。$$

KS2 $RK_0 \leftarrow P_{32}$；对 $i = 1, 2, \cdots, 2r+3$，执行运算：$RK_i \leftarrow RK_{i-1} + Q_{32}$。

KS3 $i \leftarrow 0, j \leftarrow 0, A \leftarrow 0, B \leftarrow 0, t \leftarrow 3 \times \max(c, 2r+4)$。对 $s = 1, 2, \cdots, t$，执行运算：

$RK_i \leftarrow (RK_i + A + B) \lll 3, A \leftarrow RK_i, i \leftarrow i + 1 (\bmod 2r+4)$；

$L_j \leftarrow (L_j + A + B) \lll (A + B), B \leftarrow L_j, j \leftarrow j + 1 (\bmod c)$。

KS4 输出子密钥 $RK_0, RK_1, \cdots, RK_{2r+3}$。

RC6-32/20/16 测试向量

明文 M = 00000000 00000000 00000000 00000000，

密钥 K = 00000000 00000000 00000000 00000000，

密文 C = 8FC3A536 56B1F778 C129DF4E 9848A41E；

明文 M = 02132435 46576879 8A9BACBD CEDFE0F1，

密钥 K = 01234567 89ABCDEF 01122334 45566778，

密文 C = 524E192F 4715C623 1F51F636 7EA43F18。

RC6-32/20/24 测试向量

明文 M = 00000000 00000000 00000000 00000000，

密钥 K = 00000000 00000000 00000000 00000000 00000000 00000000，

密文 C = 6CD61BCB 190B3038 4E8A3F16 8690AE82；

明文 M = 02132435 46576879 8A9BACBD CEDFE0F1，

密钥 K = 01234567 89ABCDEF 01122334 45566778 899AABBC CDDEEFF0，

密文 C = 688329D0 19E50504 1E52E92A F95291D4。

RC6-32/20/32 测试向量

明文 M = 00000000 00000000 00000000 00000000，

密钥 K = 00000000 00000000 00000000 00000000
00000000 00000000 00000000 00000000，

密文 C = 8F5FBD05 10D15FA8 93FA3FDA 6E857EC2；

明文 M = 02132435 46576879 8A9BACBD CEDFE0F1，

密钥 K = 01234567 89ABCDEF 01122334 45566778
899AABBC CDDEEFF0 10325476 98BADCFE，

密文 C = C8241816 F0D7E489 20AD16A1 674E5D48。

参看 Advanced Encryption Standard，block cipher，RC5 block cipher。

reblocking problem in RSA　RSA 中的重分组问题

人们建议：使用 RSA 对一个消息签名后，再将签名加密。在实现这个过程时，必须涉及模数的相对大小。假设用户 A 为用户 B 签名并加密一个消息。假设 A 的公开密钥是 (n_A, e_A)，B 的公开密钥是 (n_B, e_B)。如果 $n_A > n_B$，则存在一种可能性：B 不能恢复那个消息。例如，令 $n_A = 8\,387 \times 7\,499 =$

62 894 113，$e_A = 5$，$d_A = 37\ 726\ 937$；$n_B = 55\ 465\ 219$，$e_B = 5$，$d_B = 44\ 360\ 237$。假设消息 $m = 1\ 368\ 797$。A 用 d_A签名，然后用 e_B加密，计算如下：

① $s = m^{d_A} \pmod{n_A} = 1\ 368\ 797^{37\ 726\ 937} \pmod{62\ 894\ 113} = 59\ 847\ 900$；

② $c = s^{e_B} \pmod{n_B} = 59\ 847\ 900^5 \pmod{55\ 465\ 219} = 38\ 842\ 235$。

B 恢复消息并验证签名，计算如下：

① $\hat{s} = c^{d_B} (\mathrm{mod} n_B) = 38\ 842\ 235^{44\ 360\ 237} \pmod{55\ 465\ 219} = 4\ 382\ 681$；

② $\hat{m} = \hat{s}^{e_A} (\mathrm{mod} n_A) = 4\ 382\ 681^5 \pmod{62\ 894\ 113} = 54\ 383\ 568$。

可见这种情况下，$m \neq m$。原因就是 s 大于模数 n_B。这种重分组问题发生的概率为$(n_A - n_B)/n_A$。为了克服这种重分组问题，可采用如下方法。

(1) *重新安排运算顺序*　计算时先执行较小模数的运算就可克服重分组问题。但是当 $n_A > n_B$时，就得先加密消息，后对密文进行签名。然而，推荐的运算顺序总是先对消息进行签名，后对签名进行加密。这是因为，如果先加密后签名，敌人就可能去掉这个签名，而用他自己的签名来替换。即使敌人不知道正在签名，这种情况总是对敌人有利。因此这不是一个谨慎的解决办法。

(2) *每个实体两个模数*　每个实体为加密和签名各独立产生一个模数。如果每个用户的签名模数都小于所有可能的加密模数，就绝不会发生不正确解密的现象。为了确保上述要求，可以指定加密模数为 $t+1$ 位二进制数，签名模数为 t 位二进制数。

(3) *规定模数的形式*　在这种方法中，人们选择素数 p 和 q，使得模数 n 具有如下形式：最高位是一个“1”，接着 k 位全是“0”。这种形式的 t 位模数 n 能用下述方式找到：为了使具有所要求的形式，使 $2^{t-1} \leqslant n < 2^{t-1} + 2^{t-k-1}$。选择一个随机的$\lceil t/2 \rceil$位的素数 p，并在$\lceil 2^{t-1}/p \rceil$到$\lfloor (2^{t-1} + 2^{t-k-1})/p \rfloor$这个区间上搜索一个素数 q；这样 $n = pq$ 就是所希望类型的一个模数。这样选择模数 n 虽不能完全防止不正确解密的问题，但能够将不正确解密发生的概率减小到可忽略不计。

参看 RSA digital signature scheme，RSA public-key encryption scheme。

receipt　收据

信息安全的一个目标任务。承认信息已被收到。

参看 information security。

receiver　收方，接收者

两用户通信中的一个实体，它是信息的预期接收者。

参看 entity。

比较 sender。

reciprocal polynomial　互反多项式

如果有限域$\mathbb{F}_q$上的一个 n 次多项式 $f(x)=a_0+a_1x+a_2x^2+\cdots+a_nx^n$，且 $a_0a_n\neq0$，则称

$$g(x)=x^nf(1/x)=a_0x^n+a_1x^{n-1}+a_2{}^{n-2}+\cdots+a_n$$

是与 $f(x)$互反的多项式。两个互反多项式之间存在如下联系：

① 如果 $f(x)$是可约多项式，则 $g(x)$也是可约多项式；反之亦然。

② 如果 $f(x)$是不可约多项式，则 $g(x)$也是不可约多项式；反之亦然。

③ 当 $f(x)$是不可约多项式时，如果 $\alpha\in\mathbb{F}_{q^n}$是 $f(x)$的一个根，则 $\alpha^{-1}\in\mathbb{F}_{q^n}$就是 $g(x)$的一个根；而且由于 α 和 α^{-1}在$\mathbb{F}_{q^n}^*$中具有相同的阶，所以 $f(x)$和 $g(x)$具有相同的周期。

④ 如果 $f(x)$是本原多项式，则 $g(x)$也是本原多项式；反之亦然。

⑤ 如果 $f(x)$不是本原多项式，则 $g(x)$也不是本原多项式；反之亦然。

参看 finite field，irreducible polynomial，polynomial，primitive polynomial，reducible polynomial。

rectangle attack 矩形攻击

2001 年伊莱·比汉姆(Eli Biham)等人又将增强的飞去来器(飞镖)式攻击进行了改进，提出了矩形攻击。该攻击在寻找正确四重组时具有更高的效率。假设选取 N 个明文对，则找到符合条件的正确对约为 $N^2 2^{-n}(\hat{p}\hat{q})^2$，其中

$$\hat{p}=\sqrt{\sum_{\Delta^*}pr^2[\Delta\rightarrow\Delta^*]},\quad \hat{q}=\sqrt{\sum_{\nabla}pr^2[\nabla\rightarrow\nabla^*]}。$$

参看 amplified boomerang attack。

REDOCⅡ block cipher REDOCⅡ分组密码

伍德(M. C. Wood)设计的一个分组密码算法。分组长度为 80 比特，密钥为 20 字节(160 比特)。不过，最初的 REDOCⅡ只使用了 1 字节(8 比特)中的低 7 比特，因此最初的 REDOCⅡ的密钥长度实际上只有 140 比特。这里是以最初的 REDOCⅡ(所用密钥为 10 字节，实为 70 比特)为例进行描述的。

REDOCⅡ所有运算——置换、代替以及与密钥异或，都是面向字节的；该算法易于用软件实现。REDOCⅡ使用可变函数表，如可变的置换表和代替表。REDOCⅡ使用依赖于密钥和明文的表。REDOC Ⅱ由 10 个加密轮组成，每一轮是数据块的一个复杂运算。

另一个特点是使用掩码(MASK)。从密钥表中获得的数用来给给定轮的给定函数选择代替表(S 盒)。数据值和掩码一起用来选择函数表。

REDOCⅡ分组密码方案

1. 符号注释和常数定义

$X=(X_0,X_1,\cdots,X_9)$表示一个 10 字节数，X_i表示 X 的第 i 字节。

$\oplus$表示按位异或。

P_w表示第 w 个置换表，$w=0,1,\cdots,127$，其中每个 P_w都是10元置换。例如表 R.7。

表 R.7

初始值	0	1	2	3	4	5	6	7	8	9
P_0	0	5	6	8	9	1	4	7	2	3
P_1	9	3	7	2	0	6	1	8	4	5
P_2	0	5	3	8	7	4	9	1	2	6
P_3	9	7	2	3	4	9	5	0	6	1
…					…					
P_{86}	9	6	1	5	4	7	2	9	0	3
P_{87}	4	2	7	0	8	6	9	1	3	5
…					…					
P_{126}	8	7	2	6	0	9	4	5	1	3
P_{127}	6	7	4	9	8	2	3	1	0	5

用 P_w^{-1}表示第 w 个逆置换表，$w=0,1,\cdots,127$。

S_w表示第 w 个代替表，$w=0,\cdots,15$，其中每个 S_w都是具有 7 输入/7 输出的S盒，即每个 S_w都是含有128个表项的S盒，且每个表项都是7比特数。

用 S_w^{-1}表示第 w 个逆代替表，$w=0,1,\cdots,15$。

E_w表示第 w 个“飞地”表，$w=0,1,\cdots,31$，其中每个 E_w都是含有60个表项，且每个表项都是$\{1,2,3,4,5\}$这五个整数之一。将这60个表项划分成4组，每组15个数再分成5小组，分别表示成

$E_{w,A}=\{(a_{00},a_{01},a_{02}),(a_{10},a_{11},a_{12}),(a_{20},a_{21},a_{22}),(a_{30},a_{31},a_{32}),(a_{40},a_{41},a_{42})\}$,

$E_{w,B}=\{(b_{00},b_{01},b_{02}),(b_{10},b_{11},b_{12}),(b_{20},b_{21},b_{22}),(b_{30},b_{31},b_{32}),(b_{40},b_{41},b_{42})\}$,

$E_{w,C}=\{(c_{00},c_{01},c_{02}),(c_{10},c_{11},c_{12}),(c_{20},c_{21},c_{22}),(c_{30},c_{31},c_{32}),(c_{40},c_{41},c_{42})\}$,

$E_{w,D}=\{(d_{00},d_{01},d_{02}),(d_{10},d_{11},d_{12}),(d_{20},d_{21},d_{22}),(d_{30},d_{31},d_{32}),(d_{40},d_{41},d_{42})\}$。

其中，$a_{ji},b_{ji},c_{ji},d_{ji}\in\{1,2,3,4,5\}$。

K_w表示第 w 个密钥表，$w=0,1,\cdots,127$，其中每个 K_w都是10字节数，用 $K_{w,y}$表示K_w的第 y 字节，$K_{w,y}\in\{0,1\}^7$。密钥表由给定的密钥 *Key* 按设计的方法生成。

M_w表示第 w 个掩码表，$w=1,2,3,4$，其中每个 M_w都是10字节数，用 $M_{w,r}$表示M_w的第 r 字节，$M_{w,r}\in\{0,1\}^7$。掩码表根据密钥表生成。

2. 函数定义

(1) 置换函数 $Y=P_w(X)$　表示对输入 $X=(X_0,X_1,\cdots,X_9)$使用置换

P_w，得到输出 $Y=(Y_0,Y_1,\cdots,Y_9)$。

(2) 逆置换函数 $X=P_w^{-1}(Y)$　表示对输入 $Y=(Y_0,Y_1,\cdots,Y_9)$使用置换 P_w^{-1}，得到输出 $X=(X_0,X_1,\cdots,X_9)$。

(3) 代替函数 $Y=S_w(X)$　设 $X=(X_0,X_1,\cdots,X_9)$，$X_i\in\{0,1\}^7$，则有

$$Y=(Y_0,Y_1,\cdots,Y_9)=(S_w(X_0),S_w(X_1),\cdots,S_w(X_9))。$$

(4) 逆代替函数 $X=S_w^{-1}(Y)$　设 $Y=(Y_0,Y_1,\cdots,Y_9)$，$Y_i\in\{0,1\}^7$，则有

$$X=(X_0,X_1,\cdots,X_9)=(S_w^{-1}(Y_0),S_w^{-1}(Y_1),\cdots,S_w^{-1}(Y_9))。$$

(5)“飞地”函数 $EncFunction(X,w)$　其逻辑框图见图 R.1。用形式语言描述如下：

输入：$X=(X_0,X_1,\cdots,X_9)$，$X_j\in\{0,1\}^7(j=0,1,\cdots,9)$；$w$。

输出：$Y=(Y_0,Y_1,\cdots,Y_9)$，$Y_j\in\{0,1\}^7(j=0,1,\cdots,9)$。

begin

　$A\leftarrow E_{w,A}$，$B\leftarrow E_{w,B}$，$C\leftarrow E_{w,C}$，$D\leftarrow E_{w,D}$

　$(Y_5,Y_6,Y_7,Y_8,Y_9)\leftarrow EncSub(X_5,X_6,X_7,X_8,X_9,A)$

　$(Y_5,Y_6,Y_7,Y_8,Y_9)\leftarrow EncSub(Y_5,Y_6,Y_7,Y_8,Y_9,B)$

　for $j=0$ to 4 do

　　$Y_j\leftarrow X_j\oplus Y_{j+5}$

　next j

　$(Y_0,Y_1,Y_2,Y_3,Y_4)\leftarrow EncSub(Y_0,Y_1,Y_2,Y_3,Y_4,C)$

　$(Y_0,Y_1,Y_2,Y_3,Y_4)\leftarrow EncSub(Y_0,Y_1,Y_2,Y_3,Y_4,D)$

　for $j=0$ to 4 do

　　$Y_{j+5}\leftarrow Y_j\oplus Y_{j+5}$

　next j

　return $Y=(Y_0,Y_1,\cdots,Y_9)$

end

其中，子函数 $EncSub(T_1,T_2,T_3,T_4,T_5,A)$可描述如下：

输入：T_1,T_2,T_3,T_4,T_5，$T_j\in\{0,1\}^7(j=1,2,\cdots,5)$；$A=\{(a_{00},a_{01},a_{02}),(a_{10},a_{11},a_{12}),(a_{20},a_{21},a_{22}),(a_{30},a_{31},a_{32}),(a_{40},a_{41},a_{42})\}$。

输出：T_1,T_2,T_3,T_4,T_5，$T_j\in\{0,1\}^7(j=1,2,\cdots,5)$。

begin

　for $j=0$ to 4 do

　　$T_{a_{j0}}\leftarrow T_{a_{j0}}+T_{a_{j1}}+T_{a_{j2}}\pmod{128}$

　next j

end

(6) 逆"飞地"函数 *InvEncFunction*(X, w) 其逻辑框图见图 R.2。用形式语言描述如下：

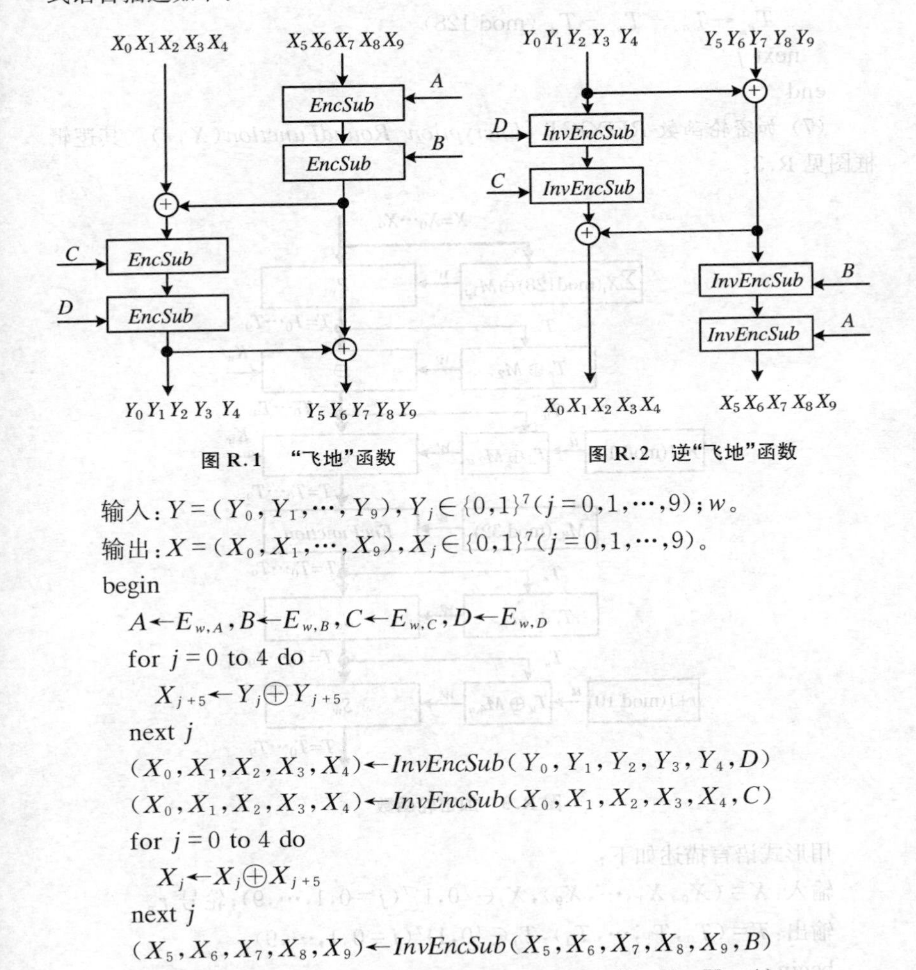

图 R.1 "飞地"函数　　　　图 R.2 逆"飞地"函数

输入：$Y=(Y_0, Y_1, \cdots, Y_9)$，$Y_j \in \{0,1\}^7 (j=0,1,\cdots,9)$；$w$。

输出：$X=(X_0, X_1, \cdots, X_9)$，$X_j \in \{0,1\}^7 (j=0,1,\cdots,9)$。

begin

　$A \leftarrow E_{w,A}$，$B \leftarrow E_{w,B}$，$C \leftarrow E_{w,C}$，$D \leftarrow E_{w,D}$

　for $j=0$ to 4 do

　　$X_{j+5} \leftarrow Y_j \oplus Y_{j+5}$

　next j

　$(X_0, X_1, X_2, X_3, X_4) \leftarrow InvEncSub(Y_0, Y_1, Y_2, Y_3, Y_4, D)$

　$(X_0, X_1, X_2, X_3, X_4) \leftarrow InvEncSub(X_0, X_1, X_2, X_3, X_4, C)$

　for $j=0$ to 4 do

　　$X_j \leftarrow X_j \oplus X_{j+5}$

　next j

　$(X_5, X_6, X_7, X_8, X_9) \leftarrow InvEncSub(X_5, X_6, X_7, X_8, X_9, B)$

　$(X_5, X_6, X_7, X_8, X_9) \leftarrow InvEncSub(X_5, X_6, X_7, X_8, X_9, A)$

　return $X=(X_0, X_1, \cdots, X_9)$

end

其中，子函数 $InvEncSub(T_1, T_2, T_3, T_4, T_5, A)$ 可描述如下：

输入：T_1, T_2, T_3, T_4, T_5，$T_j \in \{0,1\}^7 (j=1,2,\cdots,5)$；$A=\{(a_{00}, a_{01}, a_{02}), (a_{10}, a_{11}, a_{12}), (a_{20}, a_{21}, a_{22}), (a_{30}, a_{31}, a_{32}), (a_{40}, a_{41}, a_{42})\}$。

输出：T_1, T_2, T_3, T_4, T_5，$T_j \in \{0,1\}^7 (j=1,2,\cdots,5)$。

begin

for $j=4$ down to 0 do

$T_{a_{j0}} \leftarrow T_{a_{j0}} - T_{a_{j1}} - T_{a_{j2}} \pmod{128}$

next j

end

(7) 加密轮函数 *REDOCⅡ_Encryption_RoundFunction*(X,r) 其逻辑框图见 R.3。

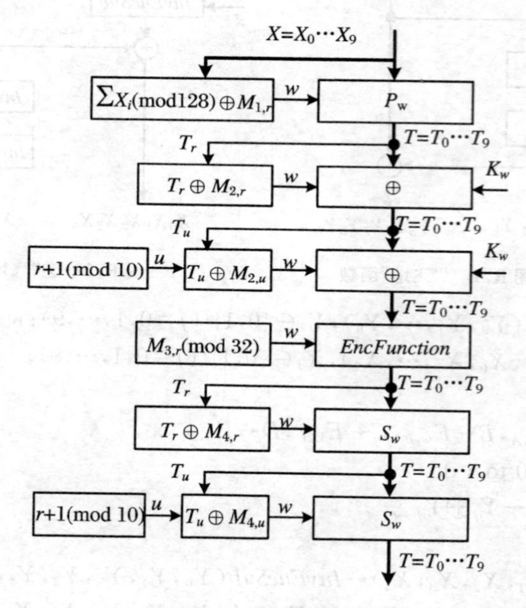

图 R.3 加密轮函数

用形式语言描述如下：

输入：$X=(X_0,X_1,\cdots,X_9)$，$X_j\in\{0,1\}^7(j=0,1,\cdots,9)$；轮号 r。

输出：$T=(T_0,T_1,\cdots,T_9)$，$T_j\in\{0,1\}^7(j=0,1,\cdots,9)$。

begin

$w=X_0+X_1+\cdots+X_9 \pmod{128} \oplus M_{1,r}$

$T=P_w(X)$

$w=T_r \oplus M_{2,r}$

for $y=0$ to 9 do

if $(y\neq r)$ $T_y \leftarrow T_y \oplus K_{w,y}$

next y

```
    u = r + 1(mod 10)
    w = T_u ⊕ M_{2,u}
    for y = 0 to 9 do
      if (y≠u) T_y ← T_y ⊕ K_{w,y}
    next y
    w = M_{3,r} mod 32
    T ← EncFunction(T, w)
    w = T_r ⊕ M_{4,r}
    for y = 0 to 9 do
      if (y≠r) T_y ← S_w(T_y)
    next y
    u = r + 1(mod 10)
    w = T_u ⊕ M_{4,u}
    for y = 0 to 9 do
      if (y≠u) T_y ← S_w(T_y)
    next y
    return T = (T_0, T_1, …, T_9)
  end
```

(8) 解密轮函数 *REDOC* Ⅱ_*Decryption*_*RoundFunction*（T，r） 其逻辑框图见图 R.4。用形式语言描述如下：

输入：$T=(T_0,T_1,\cdots,T_9)$，$T_j\in\{0,1\}^7(j=0,1,\cdots,9)$；轮号 r。

输出：$X=(X_0,X_1,\cdots,X_9)$，$X_j\in\{0,1\}^7(j=0,1,\cdots,9)$。

```
  begin
    u = r + 1(mod 10)
    w = T_u ⊕ M_{4,u}
    for y = 0 to 9 do
      if (y≠u) T_y ← S_w^{-1}(T_y)
    next y
    w = T_r ⊕ M_{4,r}
    for y = 0 to 9 do
      if (y≠r) T_y ← S_w^{-1}(T_y)
    next y
    w = M_{3,r}(mod 32)
    T ← InvEncFunction(T, w)
    u = r + 1 mod 10
```

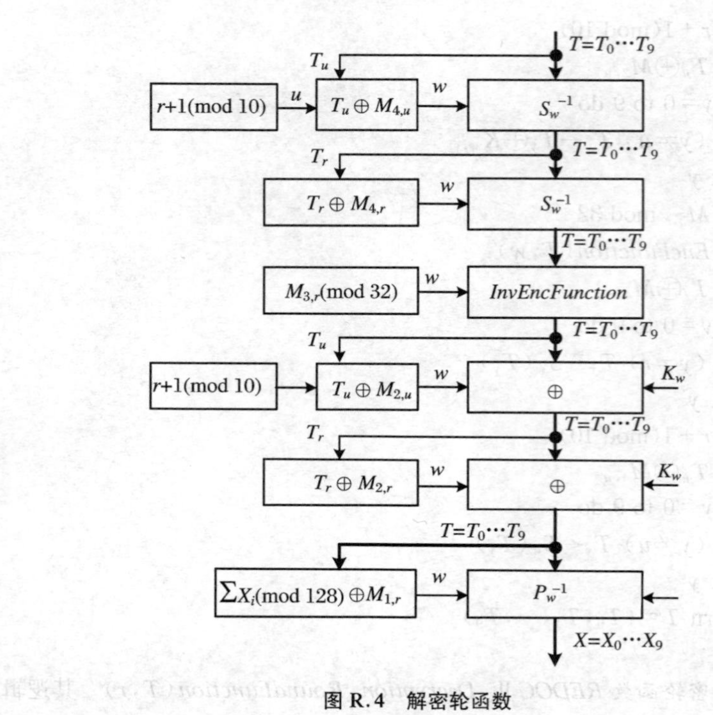

图 R.4 解密轮函数

  $w = T_u \oplus M_{2,u}$
  for $y = 0$ to 9 do
    if（$y \neq u$）$T_y \leftarrow T_y \oplus K_{w,y}$
  next y
  $w = T_r \oplus M_{2,r}$
  for $y = 0$ to 9 do
    if（$y \neq r$）$T_y \leftarrow T_y \oplus K_{w,y}$
  next y
  $w = T_0 + T_1 + \cdots + T_9 \pmod{128} \oplus M_{1,r}$
  $X = P_w^{-1}(T)$
end

3. 加密 *REDOC* Ⅱ_*Encryption*( )

输入:明文 $X=(X_0, X_1, \cdots, X_9)$, $X_j \in \{0,1\}^7 (j=0,1,\cdots,9)$;密钥 $Key = (Key_0, Key_1, \cdots, Key_9)$, $Key_j \in \{0,1\}^7 (j=0,1,\cdots,9)$。

输出:密文 $Y=(Y_0, Y_1, \cdots, Y_9)$, $Y_j \in \{0,1\}^7 (j=0,1,\cdots,9)$。

begin

$Initialization(Key)$

$Y \leftarrow X$

for $r=0$ to 9 do

$Y \leftarrow REDOC\,Ⅱ\_Encryption\_RoundFunction(Y, r)$

next r

return $Y=(Y_0, Y_1, \cdots, Y_9)$

end

4. 解密 *REDOC Ⅱ_Decryption*()

输入:密文 $Y=(Y_0, Y_1, \cdots, Y_9)$, $Y_j \in \{0,1\}^7 (j=0,1,\cdots,9)$;密钥 $Key=(Key_0, Key_1, \cdots, Key_9)$, $Key_j \in \{0,1\}^7 (j=0,1,\cdots,9)$。

输出:明文 $X=(X_0, X_1, \cdots, X_9)$, $X_j \in \{0,1\}^7 (j=0,1,\cdots,9)$。

begin

$Initialization(Key)$

$X \leftarrow Y$

for $r=9$ down to 9 do

$X \leftarrow REDOC\,Ⅱ\_Decryption\_RoundFunction(X, r)$

next r

return $X=(X_0, X_1, \cdots, X_9)$

end

5. 密钥编排

即最初 REDOCⅡ算法描述中的初始化过程,根据给定的密钥 Key 生成密钥表 $K_w (w=0,1,\cdots,127)$ 和掩码表 $M_w (w=1,2,3,4)$。

$Initialization(Key)$

输入:密钥 $Key=(Key_0, Key_1, \cdots, Key_9)$, $Key_j \in \{0,1\}^7 (j=0,1,\cdots,9)$。

输出:密钥表 $K_w (w=0,\cdots,127)$,掩码表 $M_w (w=1,2,3,4)$。

begin

用一个单向函数 h(注:读者可自行设计 h)将 10 字节密钥 Key 扩展成密钥表 K_w,其中

$K_w=(K_{w,0}, K_{w,1}, \cdots, K_{w,9})$, $K_{w,y} \in \{0,1\}^7 (y=0,1,\cdots,9; w=0,1,\cdots,127)$。

$M_1=K_0 \oplus K_1 \oplus \cdots \oplus K_{31}$

$M_2=K_{32} \oplus K_{33} \oplus \cdots \oplus K_{63}$

$M_3=K_{64} \oplus K_{65} \oplus \cdots \oplus K_{95}$

$M_4=K_{96} \oplus K_{97} \oplus \cdots \oplus K_{127}$

return $K_w(w=0,1,\cdots,127)$, $M_w(w=1,2,3,4)$

end

参看 block cipher，Feistel cipher。

REDOC Ⅲ block cipher　REDOC Ⅲ 分组密码

REDOCⅢ是 REDOCⅡ的精简型版本。分组长度为 80 比特，密钥长度可变，能长达到 2 560 字节(20 480 比特)。这个算法只包含消息字节和密钥字节间的异或运算，没有置换或代替。

(1) 用秘密密钥产生具有 256 个 10 字节密钥的密钥表。

(2) 产生两个 10 字节的掩码块：M_1和 M_2。其中 M_1是前 128 个 10 字节密钥的异或，M_2是后 128 个 10 字节密钥的异或。

(3) 加密 10 字节字块。

(a) 数据块的第一字节与 M_1的第一字节相异或。从(1)中计算出的密钥表中选择一个密钥，使用计算出的异或值作为该选择密钥的地址。除了第一字节外，将数据块中的每一字节与所选密钥对应的字节进行异或运算。

(b) 数据块的第二字节与 M_1的第二字节相异或。从(1)中计算出的密钥表中选择一个密钥，使用计算出的异或值作为该选择密钥的地址。除了第二字节外，将数据块中的每一字节与所选密钥对应的字节进行异或运算。

(c) 继续对整个数据块进行运行(3～10 字节)，直到每一个字节都已在与对应的 M_1值相异或后，用于从密钥表中选择一个密钥，然后将每一字节与密钥的每一字节相异或，除了用于选择密钥的字节外。

(d) 用 M_2重复步骤(a)～(c)。

REDOC Ⅲ分组密码是不安全的，抗不住差分攻击，利用 2^{23} 个选择明文就可重构两个掩码。

参看 block cipher，REDOCⅡ block cipher。

reduced basis　约化基

令 $B=\{b_1,b_2,\cdots,b_n\}$是 n 维实数空间$\mathbb{R}^n$中格 L 的一个基，$L\subset\mathbb{R}^n$。由下述两公式归纳定义向量 b_i^* $(1\leqslant i\leqslant n)$及实数 $\mu_{i,j}$ $(1\leqslant j<i\leqslant n)$：

$$\mu_{i,j}=\frac{\langle b_i,b_j^*\rangle}{\langle b_j^*,b_j^*\rangle}\quad(1\leqslant j<i\leqslant n),$$

$$b_i^*=b_i-\sum_{j=1}^{i-1}\mu_{i,j}b_j^*\quad(1\leqslant i\leqslant n)。$$

如果$|\mu_{i,j}|\leqslant 1/2$ $(1\leqslant j<i\leqslant n)$，并且

$$\|b_i^*\|^2\geqslant\left(\frac{3}{4}-\mu_{i,i-1}^2\right)\|b_{i-1}^*\|^2\quad(1<i\leqslant n),$$

则称基 B 是约化基(更确切地说,称之为洛瓦兹(Lovász)约化基)。(式中 $\|y\| = \sqrt{\langle y,y\rangle} = \sqrt{y_1^2+y_2^3+\cdots+y_n^2}$ 是个实数,称之为向量 $y=(y_1,y_2,\cdots,y_n)$ 的长度或模。)

参看 lattice。

reduced Gröbner bases　约化格罗波纳基

对于一个给定的理想 $\mathscr{I}$,其格罗波纳基不是唯一的。但是如下定义的约化格罗波纳基是唯一确定的:如果对于所有 i 都有 $\mathrm{LC}(f_i)=1$,并且 $\mathrm{LM}(f_i)$ 不被 $\mathrm{LM}(G\backslash f_i)$ 的任意元素整除,则称理想 $\mathscr{I}$ 的格罗波纳基 $G=\{f_1,f_2,\cdots,f_m\}$ 为约化格罗波纳基。

参看 Gröbner bases。

reducibility from hard problems　困难问题的可归约性

密码协议分析的常用方法之一。这种技术包括:证明任意成功协议攻击直接导出解决一个很好研究过的基准问题的能力,已知当前的知识,拥有有限资源的敌人认为这个问题本身是计算上不可行的。由这样的分析可得出所谓的可证安全协议,虽然这种安全性对于真正(而不是假设)困难的基准问题是有条件安全的。这种方法中提出的任务是确定已经考虑到的所有可能攻击,并使之实际上能等价于解等同基准问题。这种方法被认为和已存在的实际分析技术一样。这样的可证安全协议属于计算上安全的那一大类技术。

参看 computationally secure, number-theoretic reference problems, provable security。

reducible polynomial　可约多项式

令 $f(x)\in F[x]$(这里 F 是任意一个域)是一个次数至少为 1 的多项式。如果 $f(x)$ 能写成 $F[x]$ 中每个都是正次数的两个多项式的乘积,则 $f(x)$ 称为 F 上的可约多项式。

参看 finite field, polynomial, polynomial ring。

比较 irreducible polynomial。

redundancy　多余度

"多余度"的概念,从字面上来看,就是"多余的程度",指的是在通信过程中,所传送的符号比信息所需要的符号要多。这多余的部分在检错和纠错技术中是很有用的。在信息的传输和处理过程中,出错是难免的,为了检测错误和纠正错误,还要另外添加一些数据,如作奇偶校验用。这样做,对通信的可靠性是大有好处的。所有自然语言都有多余度。

但是,在密码学中这种多余度的存在就不是好事了。比如说,英语中的 the, of, and, to, a, in, that, it, is 和 I 这十个词,单独出现时是没有意义的,但它们却是英语中最常用的单词,任何一篇文章中都有四分之一的篇幅被这十个词汇占据。再比如说,对汉语中字词出现的频率进行统计的结果表明,“的、了、一、是、不、我、在、着、个、有”这十个字在汉语中出现的频数最大,合在一起竟达 17.675 75%。

由于这种情况的存在,密码分析者在进行破译分析时就有了可利用的东西。密文中出现频数最多的那些字母、字和词就很可能是在明文中出现频数最多的那些字母、字和词。对密码分析者有利,对密码设计者就不是好事。香农指出:多余度为密码分析奠定了基础。这是香农对密码学的巨大贡献。事实上确是如此,多余度越低,破译分析的困难性越大,这对保密是有利的。

定义多余度 $d=\log_2|P|-H_L$,其中 H_L 表示自然语言的每字母熵(即每字母携带的平均信息量),$\log_2|P|$ 表示一个随机语言理论上的每字母熵。

参看 entropy,entropy of natural language。

redundancy function　冗余函数

从消息空间 M 到签署空间 M_S 的一个一一映射;冗余函数 R 及其逆 R^{-1} 是人人皆知的。选择一个适当的 R 对于系统的安全性是关键的。为了说明这一点,假设 $M_R=M_S$。假设 $R:M\to M_R$ 和 $S_{A,k}:M_S\to S$ 是双射函数。这就意味着 M 和 S 具有相同数目的元素。那么,对于任意 $s^*\in S$,都有 $V_A(s^*)\in M_R$,并且很容易求出消息 m 及其对应的、将由验证算法接受的签名。求法如下:

(1) 选择随机数 $k\in\Re$ 及随机数 $s^*\in S$;

(2) 计算 $\tilde{m}=V_A(s^*)$;

(3) 计算 $m=R^{-1}(\tilde{m})$。

元素 s^* 是消息 m 的签名,而这是在不知道签名变换集合 S_A 的情况下建立的。

例　假设 $M=\{m\mid m\in\{0,1\}^n\}$,$n$ 是一个固定的正整数,并假设 $M_S=\{t\mid t\in\{0,1\}^{2n}\}$。定义 $R:M\to M_S$ 为 $R(m)=m\parallel m$,其中 $\parallel$ 表示并置;即 $M_R=\{m\parallel m\mid m\in M\}\subseteq M_S$。对于大的 n 值,量 $|M_R|/|M_S|=(1/2)^n$ 是一个很小的分数。只要敌人一方不合适地选择 s^*,那么,得出 $V_A(s^*)\in M_R$ 的概率就将不可忽视,从而这个冗余函数就是适当的。

冗余函数不适于所有具有消息恢复的数字签名方案,但可应用于 RSA 和拉宾数字签名方案。

参看 digital signature scheme with message recovery,Rabin signature scheme,RSA digital signature scheme,signing space,signing transformation。

redundancy of English　英语的多余度

英语的 26 个字母理论上是每字母携带 $\log_2|P|=\log_2 26\approx 4.7$ 比特信息,但是在有意义的英语字母文本中估算的每字母携带的平均信息量却是 $H_L\approx$

1.5 比特,因此英语的每字母多余度就是 $d=4.7-1.5=3.2$。d 的单位是"比特/字母"。

参看 redundancy。

reflection attack　反射攻击

一种交错攻击。把来自于一个正在进行的协议执行的信息返回给这个信息的源发方。防止反射攻击的一种对抗措施是:在询问-应答中嵌入目标用户的身份识别号;用每个不同形式的消息构造协议(避免消息的对称性);使用单向性密钥。

参看 challenge-response identification, identification, interleaving attack。

reflection attacks on identification　对身份识别的反射攻击

对身份识别协议的一种攻击方法。它也是一种交错攻击,只不过这种交错攻击是把从一个正在进行的协议运行中得到信息送回给这个信息的原创者。

防止反射攻击的一种对抗措施是:在询问-应答中嵌入目标用户的身份识别号;用每个不同形式的消息构造协议(避免消息的对称性);使用单向性密钥。

参看 challenge-response identification,identification。

比较 interleaving attacks on identification。

reflection attack on key establishment　对密钥编制的反射攻击

攻击密钥编制协议的一种方法。假定用户 A 和 B 共享一个对称密钥 K。如下是他们对一个询问进行加密或解密过程:

$$\mathrm{A}\rightarrow\mathrm{B}:\ r_{\mathrm{A}}, \qquad (1)$$

$$\mathrm{A}\leftarrow\mathrm{B}:\ E_K(r_{\mathrm{A}},r_{\mathrm{B}}), \qquad (2)$$

$$\mathrm{A}\rightarrow\mathrm{B}:\ r_{\mathrm{B}}。 \qquad (3)$$

通过上述过程来证明 A 和 B 都拥有这个密钥,以达到相互鉴别的目的。

敌人 E 可以如下方式假冒用户 B:

$$\mathrm{A}\rightarrow\mathrm{E}:\ r_{\mathrm{A}}, \qquad (1)$$

$$\mathrm{A}\leftarrow\mathrm{E}:\ r_{\mathrm{A}}, \qquad (1')$$

$$\mathrm{A}\rightarrow\mathrm{E}:\ E_K(r_{\mathrm{A}},r'_{\mathrm{A}}), \qquad (2')$$

$$\mathrm{A}\leftarrow\mathrm{E}:\ E_K(r_{\mathrm{A}},r_{\mathrm{B}}=r'_{\mathrm{A}}), \qquad (2)$$

$$\mathrm{A}\rightarrow\mathrm{E}:\ r_{\mathrm{B}}。 \qquad (3)$$

E 截获 A 发送的消息(1),并启动一个新的协议,把同一个 r_{A}发送给 A 作为消息(1),声称是从 B 发出的。在第二个协议中,用消息(1′)应答,这样一来,E

又一次截获A发送的消息(2′),并简单地重放这个消息返回给A,作为消息(2)来应答原协议中的询问 r_A。这样,A就完成了第一个协议,并且相信已经成功地鉴别了B,而实际上在通信中并没有涉及B。

从A到B的加密和从B到A的解密分别采用不同的密钥 K 与 K',就能够阻止这种攻击。另一种办法是避免消息的对称性,比如,在消息(2)的加密部分之内包含源发方的标识符。

参看 challenge-response identification, key establishment, symmetric key。

registration authority　注册机构,登记机构

一个本地注册机构(简称注册机构)是向一组认证机构的预约用户提供本地支持的一个人或组织——这些预约用户可能不同于他们的认证机构。本地注册机构自身不发行证书,相反,本地注册机构批准证书申请,随后由认证机构发行证书。一个本地注册机构提供的功能可能包括:

① 登记、撤销登记,以及改变属性;

② 识别和鉴别预约用户的身份;

③ 批准密钥对或证书生成的请求,或者恢复备份密钥;(一个被恢复的秘密密钥不应当被本地注册机构利用,否则,本地注册机构就好像一个预约用户一样,能够使用那个密钥。注册机构简单地审定密钥的恢复,然后将之传递给预约用户。)

④ 接受和批准证书中止或撤销;

⑤ 向已被批准的人实际分配个人标识,或恢复过时的标识。

注册机构应对授权实体负责,用唯一名称区分授权实体,作为一个安全域的成员。用户注册通常牵涉到与这个实体有联系的密钥资料。

参看 certificate, certification authority (CA), subscriber。

related-key attack　相关密钥攻击

同 related-key cryptanalysis。

related-key cryptanalysis　相关密钥密码分析

相关密钥密码分析反映了密钥扩展算法对分组密码安全性的影响,类似于差分密码分析,但它考查不同密钥之间的差值,这种攻击与其他攻击方法不同:密码分析者选择的是密钥对之间的关系,而不知道密钥本身。数据由两个密钥加密。在已知明文的相关密钥攻击中,密码分析者知道明文和用这两个密钥加密的密文。在选择密文的相关密钥攻击中,密码分析者选择用这两个密钥加密的明文。此攻击方法与密码算法轮数无关。

例如,若DES修改成其密钥在每轮后都环移两位,它的安全性就会降低。

相关密钥密码分析能用 2^{17} 个选择密钥选择明文或 2^{33} 个选择密钥已知明文破译 DES 的这种变体。

参看 chosen plaintext attack，DES block cipher，differential cryptanalysis，known plaintext attack。

relatively prime 互素，互质

令 a,b 都是整数。如果 $\gcd(a,b)=1$，则称整数 a 和 b 互素（或互质）。

参看 greatest common divisor。

relinearization method 再线性化法

求解超定多元多项式方程组的一种算法。下面以 4 次再线性化为例进行具体描述。

令 A 为一个二次齐次方程组，A 由含有 n 个变量 $x_1,x_2,\cdots,x_n$ 的 $m=\varepsilon n^2$ 个方程 $f_i=0\ (i=1,2,\cdots,m)$ 组成，其中 $f_i\in K[x_1,x_2,\cdots,x_n]$，$K$ 为一个域，$\varepsilon\geqslant 1/2-1/\sqrt{6}\approx 0.1$。

(1) 对于任意 $1\leqslant i,j\leqslant n$，令 $x_ix_j=y_{ij}$，则可得 $n(n+1)/2$ 个新的独立变量 y_{ij}，将之代入原方程组中，可得到一个含有 $n(n+1)/2$ 个变量的线性方程组 A'，仍为 m 个方程。

(2) 利用高斯消去法求解方程组 A'，其解空间的维数为 $(1/2-\varepsilon)n^2$，令自由变量为 $z_k(1\leqslant k\leqslant(1/2-\varepsilon)n^2)$，则每一个 y_{ij} 均可表示成 z_k 的线性组合。

(3) 将每一个 y_{ij} 都用 z_k 的线性组合来替代，则得到一个含有 $(1/2-\varepsilon)n^2$ 个新变量 z_k 的线性方程组 A''，方程个数为 $n^4/12$。

(4) 用一个新的变量 v_{ij} 来替代每一个乘积 $z_iz_j\ (i\leqslant j)$。新的方程组有 $n^4/12$ 个线性方程，$((1/2-\varepsilon)n^2)^2/2$ 个变量 v_{ij}。当 $n^4/12\geqslant((1/2-\varepsilon)n^2)^2/2$ 时，我们期望这个线性方程组是唯一可解的。只要 $\varepsilon\geqslant 1/2-1/\sqrt{6}\approx 0.1$，这是可以满足的，而这是简单线性化所要求的方程数量的 1/5。

一个小例子如下（三个变量 x_1,x_2,x_3，五个随机二次方程，模 7 运算）：

$$
\begin{aligned}
3x_1x_1+5x_1x_2+5x_1x_3+2x_2x_2+6x_2x_3+4x_3x_3&=5,\\
6x_1x_1+1x_1x_2+4x_1x_3+4x_2x_2+5x_2x_3+1x_3x_3&=6,\\
5x_1x_1+2x_1x_2+6x_1x_3+2x_2x_2+3x_2x_3+2x_3x_3&=5,\\
2x_1x_1+0x_1x_2+1x_1x_3+6x_2x_2+5x_2x_3+5x_3x_3&=0,\\
4x_1x_1+6x_1x_2+2x_1x_3+5x_2x_2+1x_2x_3+4x_3x_3&=0。
\end{aligned}
$$

(1) 在用 y_{ij} 来替代每一个乘积 x_ix_j 之后，得到六变量、含五个方程的一个方程组：

$$
\begin{aligned}
3y_{11}+5y_{12}+5y_{13}+2y_{22}+6y_{23}+4y_{33}&=5,\\
6y_{11}+1y_{12}+4y_{13}+4y_{22}+5y_{23}+1y_{33}&=6,
\end{aligned}
$$

$$5y_{11}+2y_{12}+6y_{13}+2y_{22}+3y_{23}+2y_{33}=5,$$
$$2y_{11}+0y_{12}+1y_{13}+6y_{22}+5y_{23}+5y_{33}=0,$$
$$4y_{11}+6y_{12}+2y_{13}+5y_{22}+1y_{23}+4y_{33}=0。$$

(2) 解之就可得

$$y_{11}=2+5y_{12},\quad y_{13}=3+2y_{12},\quad y_{22}=6+4y_{12},$$
$$y_{23}=6+y_{12},\quad y_{33}=5+3y_{12}。$$

(3) 令 $y_{12}=z$,则得

$$y_{11}=2+5z,\quad y_{12}=z,\quad y_{13}=3+2z,$$
$$y_{22}=6+4z,\quad y_{23}=6+z,\quad y_{33}=5+3z。$$

这个单一参数族含有七个可能解,但是它们之中只有两个能求解原始的二次方程组。为了过滤出寄生解,可以强加一些附加约束条件:$y_{11}y_{23}=y_{12}y_{13}$,$y_{12}y_{23}=y_{13}y_{22}$,$y_{12}y_{33}=y_{13}y_{23}$。替代每一个 y_{ij} 的参数表达式,得到

$$(2+5z)(6+z)=z(3+2z),$$
$$z(6+z)=(3+2z)(6+4z),$$
$$z(5+3z)=(3+2z)(6+z)。$$

这些方程可以简化成

$$3z^2+z+5=0,\quad 0z^2+4z+4=0,\quad 1z^2+4z+3=0。$$

(4) 引入两个新的变量:$z_1=z$,$z_2=z^2$,并把它们当作独立变量来对待。这样就有了由这两个新变量的三个线性方程组成的线性方程组:

$$\begin{cases}3z_2+1z_1+5=0,\\0z_2+4z_1+4=0,\\1z_2+4z_1+3=0。\end{cases}$$

其唯一解就是 $z_1=6$,$z_2=1$。将 $z=z_1=6$ 代入诸 y_{ij} 的式子中,就可求得 $y_{11}=4$,$y_{22}=2$,$y_{33}=2$,然后通过求它们的平方根(模 7)就得到 $x_1=\pm 2$,$x_2=\pm 3$,$x_3=\pm 3$。最后,使用 $y_{12}=6$ 和 $y_{23}=5$ 以恰好两种可能方式来组合这些根,就获得 $x_1=2$,$x_2=3$,$x_3=4$ 及 $x_1=5$,$x_2=4$,$x_3=3$,这就是原二次方程组的解。

参看 algebraic attack,relinearization technique。

比较 linearization method。

relinearization technique　再线性化技术

求解超定多元多项式方程组的一种技术。主要是针对随机生成的形如

$$\sum_{1\leqslant i<j\leqslant n} a_{ijk}x_ix_j=b_k\quad(k=1,2,\cdots,m)$$

的二次齐次方程组。

再线性化方法的一般想法是:首先使用线性化,以便求解有 $n(n+1)/2$

个变量的 m 个线性方程的方程组 $y_{ij}=x_ix_j$。这个方程组是典型欠定的，因此，要将每个 y_{ij} 表示为 $l< n(n+1)/2$ 个新参数 $t_1,t_2,\cdots,t_l$ 的一个线性组合。然后，建立一些附加方程，这些方程表示 x_i 的乘法的可交换性，x_i 能以不同次数配成对。令 $(a,b,c,d,\cdots,e,f)\sim(a',b',c',d',\cdots,e',f')$ 表示两个多元组相互置换的形式，则有

$$(x_ax_b)(x_cx_d)\cdots(x_ex_f)=(x_{a'}x_{b'})(x_{c'}x_{d'})\cdots(x_{e'}x_{f'})。$$

可将上述式子看作是以 y_{ij} 为变量的一个方程，因此也可以看作是以表示它们的参数 t_s（这个参数的数量较少）的一个方程。根据上面标出的多元组的所有可能选择和它们的置换导出的新的方程组，能通过另外一个线性化或者通过递归再线性化来求解。

以任意四元组下标 $1\leqslant a\leqslant b\leqslant c\leqslant d\leqslant n$ 为例。$x_ax_bx_cx_d$ 能以三种不同方式用括号括起来：

$$(x_ax_b)(x_cx_d)=(x_ax_c)(x_bx_d)=(x_ax_d)(x_bx_c)\ \Rightarrow\ y_{ab}y_{cd}=y_{ac}y_{bd}=y_{ad}y_{bc}。$$

大约有 $n^4/4!$ 种不同方式来选择所分类的不同下标的四元组，而每一种选择都产生两个方程。（注：还有其他的非不同下标的四元组，它只给出一个或不给出另外的方程。）这样，就得到大约 $n^4/12$ 个二次方程，变量（y_{ij}）数为 $n^2/2$，不难证明，它们都是线性无关的（虽然代数上是相关的）。还可以通过将其参数表示为新变量 z_k 的线性组合来替代每一个 y_{ij} 变量，把变量数降低 $(1/2-\varepsilon)\cdot n^2$，其中 $0<\varepsilon<1/2$。

参看 linearization method，relinearization method。

remote attack　远程攻击

对身份识别协议的攻击，敌人能够使用远程电子通信，通过和一联机系统交互作用的一个匿名申请人，无限制地进行身份识别尝试（每一次尝试都涉及最小的计算工作）来猜测合法用户的秘密，且没有任何尝试失败的代价。在这种环境中，应要求较高的安全性水平来对付这种攻击。这里可以要求 20～40 比特或更高的安全性，除非交互作用的次数可以设法受到限制。

参看 identification。

比较 local attack。

replay attack　重放攻击

对各种协议进行的一种实际攻击方法。敌人记录一次通信会话，并在以后某个时刻重放整个会话或者会话的一部分。防止重放攻击的对抗措施是：使用询问-应答技术；使用现用值；在应答中嵌入目标身份。

参看 challenge-response identification，nonce。

replay attacks on identification　对身份识别的重放攻击

对身份识别协议的一种攻击方法。重放攻击是一种假冒或其他欺骗手段，这种手段使用先前从协议对同一或者不同验证者进行的单次运行中得到的信息。对于存储文件，类似的重放攻击是恢复攻击，用文件的一个较早版本来替代。

防止重放攻击的一种对抗措施是：使用询问-应答技术；使用现用值；在应答中嵌入目标身份。

参看 challenge-response identification, identification, impersonation, nonce。

residual intelligibility 剩余可懂度

经过加密变换后的话音，直接进行收听时能听懂的百分比就称为剩余可懂度，这是衡量密码体制保密性的重要指标。

参看 encryption transformation。

resilient key establishment protocol 弹性的密钥编制协议

如果一个主动敌人不能使诚实的参与者误解最终结果的话，则这个密钥编制协议就是弹性的。

参看 key establishment。

resilient function 弹性函数

通俗地说，弹性函数 F 是这样一类多输入、多输出布尔函数：F 有 n 个输入、m 个输出；如果固定任意 t 个输入，当剩余的 $n-t$ 个输入的值取遍 2^{n-t} 个 $n-t$ 元组时，F 的输出是平衡的。称这样的函数 F 为(n,m,t)弹性函数。

对一个(n,m,t)弹性函数的形式描述如下：

令 $F(x)=(f_1(x),f_2(x),\cdots,f_m(x))$是从$\{0,1\}^n$到$\{0,1\}^m$的函数，其中每个 $f_i(x)(i=1,2,\cdots,m)$都是从$\{0,1\}^n$到$\{0,1\}$的布尔函数，$1\leqslant m\leqslant n$，$x=(x_1,x_2,\cdots,x_n)\in\{0,1\}^n$。

对于每一个 t 元子集$\{i_1,i_2,\cdots,i_t\}\subseteq\{1,2,\cdots,n\}$，$z_j\in\{0,1\}(1\leqslant j\leqslant t)$的每一种选择，以及每一个$(f_1(x),f_2(x),\cdots,f_m(x))\in\{0,1\}^m$，都有

$$\Pr\{F(x_1,x_2,\cdots,x_n)=(f_1(x),f_2(x),\cdots,f_m(x))\mid x_{i_j}=z_j,1\leqslant j\leqslant t\}=\frac{1}{2^m}。$$

参看 balance, balanced Boolean function, Boolean function。

response 应答，响应

在询问-应答身份识别协议中，“应答”依赖于实体的秘密和询问。如果通信线路被监听，执行一次身份识别协议中的应答不应把对后续身份识别有用的信息提供给敌方，后续的询问亦将不同。

参看 challenge-response identification。

reverse certificate　反向证书

令 CA_X 表示认证机构 X。和 CA_X 有关系的反向证书由 CA_X 建立，签署了 CA_X 的直接上级认证机构的公开密钥，并且在分层结构中用一个源于 CA_X 的向上的箭头说明。

比较 forward certificate。

reversed time segmentation　颠倒时间段

一种时域置乱技术，类似于频率倒置技术，进行时间段倒置。

参看 time domain scrambling。

reversible encryption　可逆加密

一种对明文进行加密变换的方法，但和不可逆加密不同，利用加密变换对应的解密变换可以将已被加密的文本解密恢复成原来的明文。

参看 irreversible encryption。

reversible linear network pair　可逆的线性网络对

使用线性有限状态开关电路构建的可逆网络对。比如，除法电路和乘法电路就可组成可逆网络对，如图 R.5 和图 R.6 所示的具体实例。

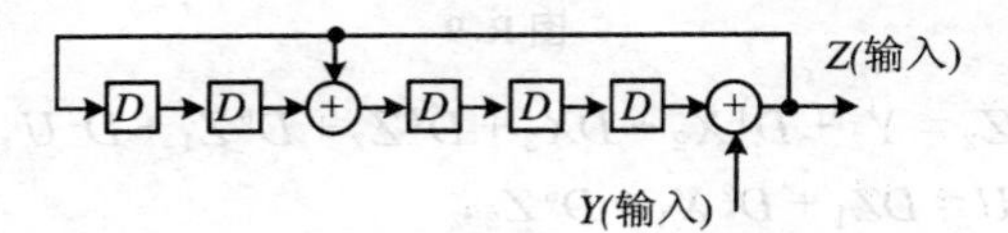

图 R.5　除法电路：$Z = Y + D^3Z + D^5Z$

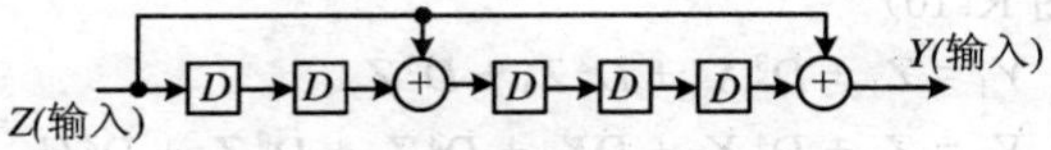

Y(输入)

Z(输入)

图 R.6　乘法电路：$Y = Z + D^3Z + D^5Z$

当然，可以有多个输入参量参加运算的可逆的线性网络对。如图 R.7 所示。其延迟方程为

$$Z = Y + D^2X_2 + D^4X_1 + D^3Z + D^5Z。$$

Z　X_1　X_2　Y

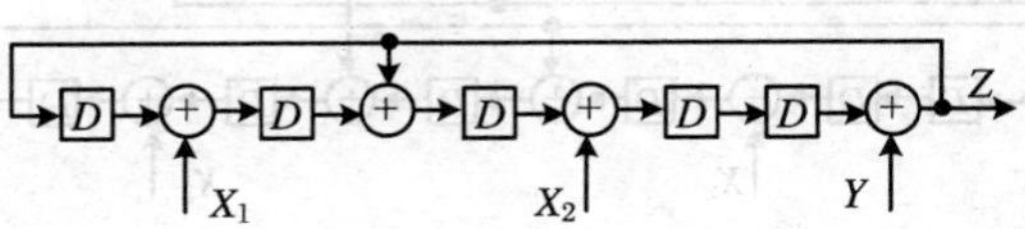

图 R.7

其逆变换如图 R.8 所示。其延迟方程为

$$Y = Z + D^2X_2 + D^4X_1 + D^3Z + D^5Z。$$

这种网络对可以用作加密/解密环节，其中 X_1，X_2 可作为密码信号和码化的语言信号。但是，请注意：利用上述网络对作加密/解密环节时，图 R.7 的网络只能作加密，图 R.8 的网络作解密。因为图 R.7 的网络有反馈，若线路中产生干扰则作解密时会产生错误积累。

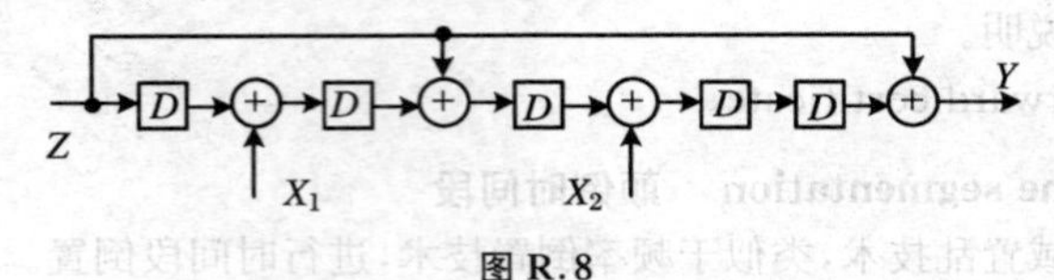

图 R.8

对前述网络对进行推广，可逆网络对还可以具有多个输入端、多个输出端。例如(图 R.9)。

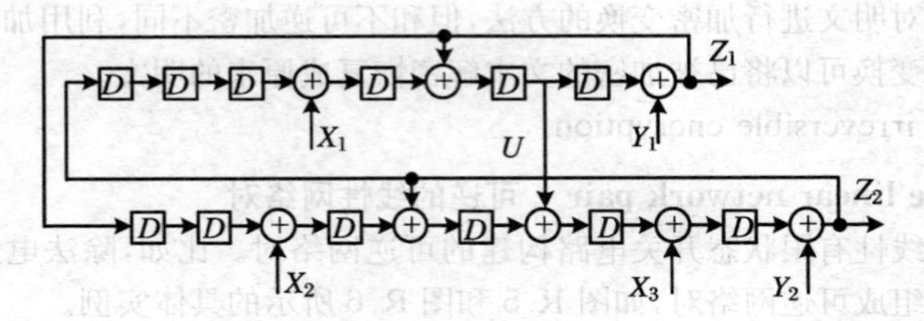

图 R.9

$$Z_2 = Y_2 + D^4 X_2 + DX_3 + D^3 Z_2 + D^6 Z_1 + D^2 U,$$
$$U = DZ_1 + D^2 X_1 + D^5 Z_2,$$
$$Z_1 = Y_1 + D^3 X_1 + D^2 Z_1 + D^6 Z_2。$$

其逆变换为(图 R.10)

$$Y_1 = Z_1 + D^3 X_1 + D^2 Z_1 + D^6 Z_2,$$
$$Y_2 = Z_2 + D^4 X_2 + DX_3 + D^3 Z_2 + D^6 Z_1 + D^2 U,$$
$$U = DZ_1 + D^2 X_1 + D^5 Z_2。$$

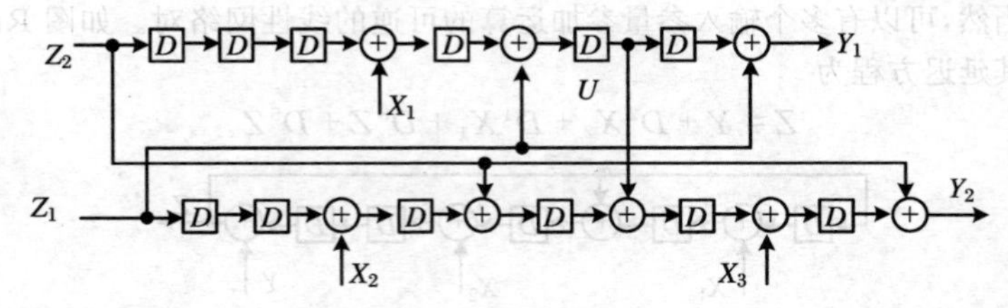

图 R.10

参看 circuit for dividing polynomials，circuit for multiplying polynomials，linear finite-state switching circuits，reversible network pair。

reversible network pair　可逆网络对

这里的“network”指的是使用开关电路构建的电路网络。包括可逆的线性网络对、可逆的非线性网络对等。

参看 reversible linear network pair，reversible nonlinear network pair，switching circuit。

reversible nonlinear network pair 可逆的非线性网络对

使用开关电路构建的非线性网络对。比如，使用非线性反馈移位寄存器及其互逆电路组成的可逆网络对，见图 R.11 所示的具体实例。其中组合逻辑 f 为非线性布尔函数。其延迟方程为 $Z = Y + D^5 Z + f$。其逆变换的延迟方程为(图 R.12) $Y = Z + D^5 Z + f$。

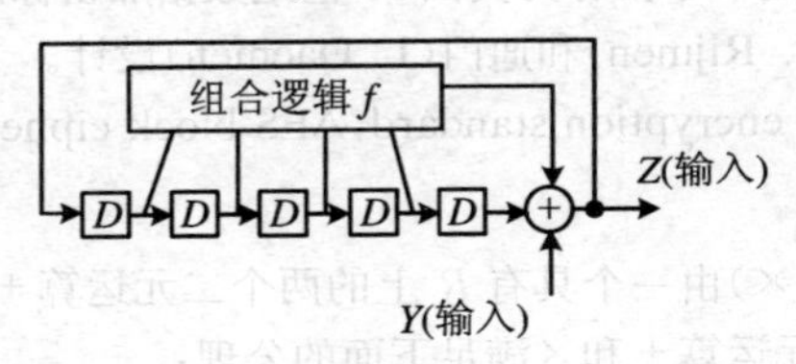

图 R.11

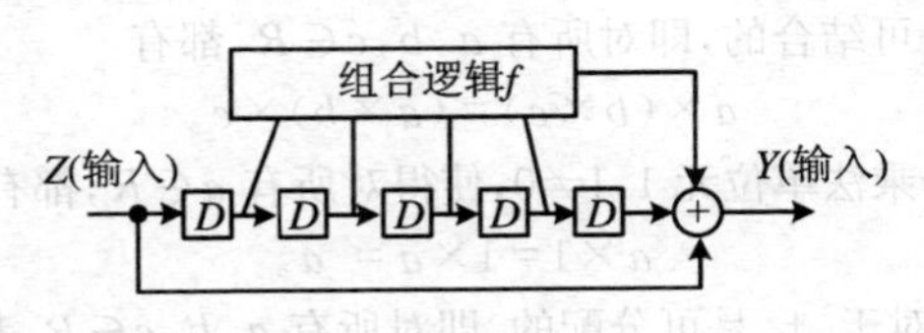

图 R.12

参看 nonlinear Boolean function，nonlinear feedback shift register (NLFSR)，reversible nonlinear network pair，switching circuit。

reversible public-key encryption scheme 可逆的公开密钥加密方案

一种特殊类型的公开密钥加密方案。假定 E_{Ke} 是一个公开密钥加密变换，其消息空间为 M，密文空间为 C，且 $M = C$；对应于 E_{Ke} 的解密变换为 D_{Kd}。因为 E_{Ke} 和 D_{Kd} 都是置换，对所有 $m \in M$，有 $D_{Kd}(E_{Ke}(m)) = E_{Ke}(D_{Kd}(m))$。称这种类型的加密方案为可逆的公开密钥加密方案。

参看 public key encryption。

revocation 撤销

信息安全的一个目标任务。撤销证书或授权。

参看 information security。

right rotation 循环右移，右循环移位

把一个字符串首尾相连向右进行循环移位。一般用符号“ROR_n”或

“$\ggg n$”表示“循环右移”n 位。例如，$X=(x_7x_6x_5x_4x_3x_2x_1x_0)$，则 $ROR_3(X)$表示“循环右移”3 位，即 $ROR_3(X)=ROR_3(x_7x_6x_5x_4x_3x_2x_1x_0)=(x_2x_1x_0x_7x_6x_5x_4x_3)$（或者写成 $X\ggg 3=(x_2x_1x_0x_7x_6x_5x_4x_3)$）。

参看 cyclic shift。

比较 left rotation。

Rijndael block cipher　Rijndael 分组密码

美国 21 世纪数据加密标准（AES）算法评选第一轮（1998 年 8 月）公布的 15 个候选算法之一，第二轮（1999 年 3 月）公布的 5 个候选算法之一，第三轮（2000 年 4 月）公布的 1 个推荐为美国 21 世纪数据加密标准（AES）的算法，由比利时的里吉门（V. Rijmen）和迪门（J. Daemen）设计。

参看 advanced encryption standard，AES block cipher。

ring　环

一个环$(R,+,\times)$由一个具有 R 上的两个二元运算 +（加法）和 ×（乘法）的集合 R 组成，二元运算 + 和 × 满足下面的公理：

① $(R,+)$是一个阿贝尔群，单位元为 0。

② 运算×是可结合的，即对所有 $a,b,c\in R$，都有

$$a\times(b\times c)=(a\times b)\times c。$$

③ 存在一个乘法单位元 $1,1\neq 0$，使得对所有 $a\in R$，都有

$$a\times 1=1\times a=a。$$

④ 运算 × 对于 + 是可分配的，即对所有 $a,b,c\in R$，都有

$$a\times(b+c)=a\times b+a\times c,(b+c)\times a=b\times a+c\times a。$$

参看 Abelian group。

RIPE-MAC　RIPE 消息鉴别码

基于密码分组链接的消息鉴别码（CBC-MAC）算法的变种。有两种版本：RIPE-MAC1 和 RIPE-MAC3。它们都产生 64 比特的散列值，不同点是 RIPE-MAC1 中使用单个 DES，密钥为 56 比特，而 RIPE-MAC3 中使用双密钥三重 DES，密钥为 112 比特。与 CBC-MAC 算法的区别是：① 压缩函数使用一个称为带有数据前馈的 CBC 的不可逆链接：$H_i\leftarrow E_k(H_{i-1}\oplus x_i)\oplus x_i$。② 为了使输入数据 x 是 64 的倍数，采用如下填充方式：先附加一个“1”；然后添加适当数量的“0”，使得 x 是 64 的倍数。在上述填充处理后，再附加一个 64 比特长度的字组，该字组给出原始输入 x 的比特长度。③ CBC-MAC 算法中的可选处理过程在 RIPE-MAC 中是强制性的，不过 k'是由密钥 k（$k=k_0k_1\cdots k_{63}$，DES 的 56 比特密钥以及 8 个奇偶校验位 $k_7k_{15}\cdots k_{63}$）导出的：

$$k'=k\oplus(\mathrm{F0F0F0F0F0F0F0F0})_{\mathrm{hex}}。$$

参看 CBC-MAC,DES block cipher,padding,triple-DES。

RIPEMD hash function　RIPEMD 散列函数

MD4 散列函数的一个增强版本。由邓波儿(B. den Boer)等人在 1992 年设计。该散列函数的压缩函数具有两个并行计算线路,每个线路有三轮计算,每轮计算有 16 步。在 1995 年,道伯廷(H. Dobbertin)证明了只有两轮(去掉第 1 轮或第 3 轮)的 RIPEMD 散列函数不是无碰撞的,可在 2^{31} 次压缩函数计算内找到碰撞。这个结果再加上对 128 比特散列结果的担心,促使 RIPEMD-160 散列函数的提出。

参看 MD4 hash function,RIPEMD-160 hash function。

RIPEMD-128 hash function　RIPEMD-128 散列函数

一种基于 MD4 的散列函数。和 RIPEMD-160 散列函数同时提出,其散列结果与链接变量都是 128 比特,它具有两个并行计算线路,每个线路有四轮计算,每轮计算有 16 步。

参看 MD4 hash function,RIPEMD-160 hash function。

RIPEMD-160 hash function　RIPEMD-160 散列函数

一种基于 MD4 的散列函数。RIPEMD-160 散列函数的散列结果与链接变量都是 160 比特,它具有两个并行计算线路(左路和右路),每个线路有五轮计算,每轮计算有 16 步。它的压缩函数将 21 个字输入(5 个字链接变量加上 16 个字消息,每个字 32 比特)映射成 5 个字输出。

RIPEMD-160 散列函数

输入:长度 $b \geqslant 0$ 的比特串 x。

输出:x 的 160 比特散列码。

1. 符号注释

u, v, w 为 32 比特变量;

$(\mathrm{EFCDAB89})_{\mathrm{hex}}$为十六进制数;

$+$ 为模 2^{32}加法;

$\bar{u}$ 表示对 u 按位取补;

$u \lll s$ 表示将 32 比特变量 u 循环左移 s 位;

$u \wedge v$ 表示 u 和 v 进行按位与;

$u \vee v$ 表示 u 和 v 进行按位或;

$u \oplus v$ 表示 u 和 v 进行按位异或;

$(X_1, \cdots, X_j) \leftarrow (Y_1, \cdots, Y_j)$ 表示分别将 Y_i 的值赋给 X_i,即 $X_i \leftarrow Y_i$ $(i = 1, 2, \cdots, j)$;

$u \parallel v$ 表示 u 和 v 的并置:如果 $u = (u_0 \cdots u_{31})$,$v = (v_0 \cdots v_{31})$,则 $u \parallel v =$

$(u_0 \cdots u_{31} v_0 \cdots v_{31})$。

2．常数定义

定义五个 32 比特初始链接值（IV）：

$h_1 = (67452301)_{\text{hex}}$，　$h_2 = (\text{EFCDAB89})_{\text{hex}}$，　$h_3 = (\text{98BADCFE})_{\text{hex}}$，
$h_4 = (10325476)_{\text{hex}}$，　$h_5 = (\text{C3D2E1F0})_{\text{hex}}$。

对左路定义五个 32 比特加法常数：

$y_{\text{L}}[j] = 0 \quad (0 \leqslant j \leqslant 15)$，

$y_{\text{L}}[j] = 2^{1/2} \approx (\text{5A827999})_{\text{hex}} \quad (16 \leqslant j \leqslant 31)$，

$y_{\text{L}}[j] = 3^{1/2} \approx (\text{6ED9EBA1})_{\text{hex}} \quad (32 \leqslant j \leqslant 47)$，

$y_{\text{L}}[j] = 5^{1/2} \approx (\text{8F1BBCDC})_{\text{hex}} \quad (48 \leqslant j \leqslant 63)$，

$y_{\text{L}}[j] = 7^{1/2} \approx (\text{A953FD4E})_{\text{hex}} \quad (64 \leqslant j \leqslant 79)$。

对右路定义五个 32 比特加法常数：

$y_{\text{R}}[j] = 2^{1/3} \approx (\text{50A28BE6})_{\text{hex}} \quad (0 \leqslant j \leqslant 15)$，

$y_{\text{R}}[j] = 3^{1/3} \approx (\text{5C4DD124})_{\text{hex}} \quad (16 \leqslant j \leqslant 31)$，

$y_{\text{R}}[j] = 5^{1/3} \approx (\text{6D703EF3})_{\text{hex}} \quad (32 \leqslant j \leqslant 47)$，

$y_{\text{R}}[j] = 7^{1/3} \approx (\text{7A6D76E9})_{\text{hex}} \quad (48 \leqslant j \leqslant 63)$，

$y_{\text{R}}[j] = 0 \quad (64 \leqslant j \leqslant 79)$。

对左路定义访问源字的次序：

$z_{\text{L}}[0,\cdots,15] = [0,1,2,3,4,5,6,7,8,9,10,11,12,13,14,15]$，

$z_{\text{L}}[16,\cdots,31] = [7,4,13,1,10,6,15,3,12,0,9,5,2,14,11,8]$，

$z_{\text{L}}[32,\cdots,47] = [3,10,14,4,9,15,8,1,2,7,0,6,13,11,5,12]$，

$z_{\text{L}}[48,\cdots,63] = [1,9,11,10,0,8,12,4,13,3,7,15,14,5,6,2]$，

$z_{\text{L}}[64,\cdots,79] = [4,0,5,9,7,12,2,10,14,1,3,8,11,6,15,13]$。

对右路定义访问源字的次序：

$z_{\text{R}}[0,\cdots,15] = [5,14,7,0,9,2,11,4,13,6,15,8,1,10,3,12]$，

$z_{\text{R}}[16,\cdots,31] = [6,11,3,7,0,13,5,10,14,15,8,12,4,9,1,2]$，

$z_{\text{R}}[32,\cdots,47] = [15,5,1,3,7,14,6,9,11,8,12,2,10,0,4,13]$，

$z_{\text{R}}[48,\cdots,63] = [8,6,4,1,3,11,15,0,5,12,2,13,9,7,10,14]$，

$z_{\text{R}}[64,\cdots,79] = [12,15,10,4,1,5,8,7,6,2,13,14,0,3,9,11]$。

对线路定义左环移的二进制位数：

$s_{\text{L}}[0,\cdots,15] = [11,14,15,12,5,8,7,9,11,13,14,15,6,7,9,8]$，

$s_{\text{L}}[16,\cdots,31] = [7,6,8,13,11,9,7,15,7,12,15,9,11,7,13,12]$，

$s_{\text{L}}[32,\cdots,47] = [11,13,6,7,14,9,13,15,14,8,13,6,5,12,7,5]$，

$s_{\text{L}}[48,\cdots,63] = [11,12,14,15,14,15,9,8,9,14,5,6,8,6,5,12]$，

$s_{\text{L}}[64,\cdots,79] = [9,15,5,11,6,8,13,12,5,12,13,14,11,8,5,6]$。

对右路定义左环移的二进制位数：

$s_R[0,\cdots,15]=[8,9,9,11,13,15,15,5,7,7,8,11,14,14,12,6]$，

$s_R[16,\cdots,31]=[9,13,15,7,12,8,9,11,7,7,12,7,6,15,13,11]$，

$s_R[32,\cdots,47]=[9,7,15,11,8,6,6,14,12,13,5,14,13,13,7,5]$，

$s_R[48,\cdots,63]=[15,5,8,11,14,14,6,14,6,9,12,9,12,5,15,8]$，

$s_R[64,\cdots,79]=[8,5,12,9,12,5,14,6,8,13,6,5,15,13,11,11]$。

3．轮函数

共有五个轮函数：

$$f(u,v,w)=u\oplus v\oplus w,$$
$$g(u,v,w)=(u\wedge v)\vee(\bar{u}\wedge w),$$
$$h(u,v,w)=(u\vee\bar{v})\oplus w,$$
$$k(u,v,w)=(u\wedge v)\vee(v\wedge\bar{w}),$$
$$l(u,v,w)=u\oplus(v\vee\bar{w})。$$

4．预处理

填充 x，使得其比特长度为 512 的倍数，做法如下：在 x 之后先添加一个“1”，接着添加 $r-1$ 个“0”，再接着添加 $b(\text{mod } 2^{64})$ 的 64 比特长表示。r 的取值要使得 $b+r+64=512m$ 最小的那个值。这样，就将输入格式化成 $16m$ 个 32 比特长的字(因 $512m=32\cdot 16m$)，表示成 $x_0\ x_1\cdots x_{16m-1}$。

5．处理(这里用形式语言描述)

```
begin
(H1,H2,H3,H4,H5)←(h1,h2,h3,h4,h5)          //初始化
 for i=0 to m-1 do
   for j=0 to 15 do      //取16个32比特消息字块
     X[j]←x_{16i+j}
   next j
        *****(以下分左右两个并行计算线路)*****
                 ════════左路════════
 (AL,BL,CL,DL,EL)←(H1,H2,H3,H4,H5)         //初始化工作变量
 for j=0 to 15 do      //第1轮
   t←(AL+f(BL,CL,DL)+X[zL[j]]+yL[j])
   (AL,BL,CL,DL,EL)←(EL,EL+(t<<<sL[j]),BL,CL<<<10,DL)
 next j
 for j=16 to 31 do      //第2轮
   t←(AL+g(BL,CL,DL)+X[zL[j]]+yL[j])
   (AL,BL,CL,DL,EL)←(EL,EL+(t<<<sL[j]),BL,CL<<<10,DL)
 next j
```

for $j=32$ to 47 do　　//第 3 轮

$t \leftarrow (A_L + h(B_L, C_L, D_L) + X[z_L[j]] + y_L[j])$

$(A_L, B_L, C_L, D_L, E_L) \leftarrow (E_L, E_L + (t \lll s_L[j]), B_L, C_L \lll 10, D_L)$

next j

for $j=48$ to 63 do　　//第 4 轮

$t \leftarrow (A_L + k(B_L, C_L, D_L) + X[z_L[j]] + y_L[j])$

$(A_L, B_L, C_L, D_L, E_L) \leftarrow (E_L, E_L + (t \lll s_L[j]), B_L, C_L \lll 10, D_L)$

next j

for $j=63$ to 79 do　　//第 5 轮

$t \leftarrow (A_L + l(B_L, C_L, D_L) + X[z_L[j]] + y_L[j])$

$(A_L, B_L, C_L, D_L, E_L) \leftarrow (E_L, E_L + (t \lll s_L[j]), B_L, C_L \lll 10, D_L)$

next j

══════左路结束══════

══════右路══════

$(A_R, B_R, C_R, D_R, E_R) \leftarrow (H_1, H_2, H_3, H_4, H_5)$　　//初始化工作变量

for $j=0$ to 15 do　　//第 1 轮

$t \leftarrow (A_R + l(B_R, C_R, D_R) + X[z_R[j]] + y_R[j])$

$(A_R, B_R, C_R, D_R, E_R) \leftarrow (E_R, E_R + (t \lll s_R[j]), B_R, C_R \lll 10, D_R)$

next j

for $j=16$ to 31 do　　//第 2 轮

$t \leftarrow (A_R + k(B_R, C_R, D_R) + X[z_R[j]] + y_R[j])$

$(A_R, B_R, C_R, D_R, E_R) \leftarrow (E_R, E_R + (t \lll s_R[j]), B_R, C_R \lll 10, D_R)$

next j

for $j=32$ to 47 do　　//第 3 轮

$t \leftarrow (A_R + h(B_R, C_R, D_R) + X[z_R[j]] + y_R[j])$

$(A_R, B_R, C_R, D_R, E_R) \leftarrow (E_R, E_R + (t \lll s_R[j]), B_R, C_R \lll 10, D_R)$

next j

for $j=48$ to 63 do　　//第 4 轮

$t \leftarrow (A_R + g(B_R, C_R, D_R) + X[z_R[j]] + y_R[j])$

$(A_R, B_R, C_R, D_R, E_R) \leftarrow (E_R, E_R + (t \lll s_R[j]), B_R, C_R \lll 10, D_R)$

next j

for $j=63$ to 79 do　　//第 5 轮

$t \leftarrow (A_R + f(B_R, C_R, D_R) + X[z_R[j]] + y_R[j])$

$(A_R, B_R, C_R, D_R, E_R) \leftarrow (E_R, E_R + (t \lll s_R[j]), B_R, C_R \lll 10, D_R)$

next j

══════右路结束══════

$t \leftarrow H_1$, $H_1 \leftarrow H_2 + C_L + D_R$　　//更新链接值

$H_2 \leftarrow H_3 + D_L + E_R$

$H_3 \leftarrow H_4 + E_L + A_R$

$H_4 \leftarrow H_5 + A_L + B_R$

$H_5 \leftarrow t + B_L + C_R$

next i

return（$H_1 \| H_2 \| H_3 \| H_4 \| H_5$）　//输出散列值

end

6. 完成

最终输出的散列值是 $H_1 \| H_2 \| H_3 \| H_4 \| H_5$。

参看 customized hash function，hash-code，hash function，MD4 hash function。

Rip van Winkle cipher　Rip van Winkle 密码

由梅西(J. L. Massey)和英格玛森(I. Ingemarsson)提出的一种随机化序列密码。但这个密码完全不实用。

Rip van Winkle 密码

输入：明文序列 $\tilde{x} = x_1, x_2, \cdots$；密钥的一个 n 比特数，$0 \leqslant k < n$。

输出：比特对序列（$y_i^{(1)}, y_i^{(2)}$）（$i = 1, 2, \cdots$）。

RW1　掷出一个随机的 k 比特报头标记 $r_1, r_2, \cdots, r_k$。

RW2　掷出一个随机的密钥流 $\tilde{z} = z_1, z_2, \cdots$。

RW3　对 $i = 1, 2, \cdots$，执行下述步骤：

RW3.1　用随机密钥流将明文加密成密文序列 $\tilde{y}^{(1)}$：$y_i^{(1)} = x_i \oplus z_i$。

RW3.2　通过将随机报头标记和随机密钥流并置起来形成第二序列 $\tilde{y}^{(2)}$：

$$y_i^{(2)} = \begin{cases} r_i, & 1 \leqslant i \leqslant k, \\ z_{k-i}, & k < i。 \end{cases}$$

RW4　交替发送 $\tilde{y}^{(1)}$ 的一比特和 $\tilde{y}^{(2)}$ 的一比特。

参看 randomized stream cipher。

Rivest-Shamir-Adleman algorithm　里夫斯特-沙米尔-艾德勒曼算法

同 RSA public-key encryption scheme。

root of unity　单位根

设 Π 为一个素域(即不含真子域的域)，h 是一个对于 Π 的特征来说不与零同余的自然数(如果特征为零，则 h 是任意一个自然数)。所谓一个 h 次单位根，可理解为多项式 $f(x) = x^h - 1$ 在任意扩域中的零点。具体来说，称分圆方程 $x^h - 1 = 0$ 的根

$$\zeta_k = e^{2\pi ik/h} = \cos\frac{2\pi k}{h} + i\sin\frac{2\pi k}{h}$$

为 h 次单位根。

在一个域内的 h 次单位根关于乘法构成一个阿贝尔群。

参看 Abelian group，cyclotomic equation，characteristic of a field，subfield。

root vertex　根顶点

二叉树中的三种类型顶点的一种。根顶点有两个指向它的边，一个称为左边，另一个称为右边。

参看 binary tree。

rotor-based machine　转轮机

同 rotor machine cipher。

rotor cipher　转轮密码

同 rotor machine cipher。

rotor machine　转轮机

人们用绝缘材料制作转轮，轮的正中是轴，将轮子的两个圆面分别当作输入面和输出面，并将这两个面的周围边缘按相等弧距分别嵌上 26 个铜制电接点。输入面的 26 个电接点分别代表英文的明文字母(a，b，c，…，x，y，z)，而输出面的 26 个电接点代表密文字母(A，B，C，…，X，Y，Z)。如果用 26 根导线将输入面的 26 个接点分别和输出面的 26 个接点任意连接，其每一种连接都可表示一种单表代替的密表。图 R.13 中的连接就表示下面一种单表代替密表(注：图中没有把所有 26 根连线都画出来，只画出了连线 a—X，b—Y，c—Z，y—U，z—V，其余的连线可按表 R.8 连接)。

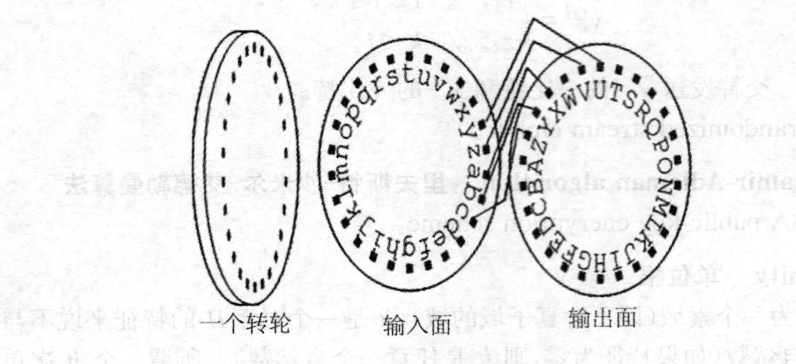

图 R.13

表 R.8

明文	a	b	c	d	e	f	g	h	i	j	k	l	m	n	o	p	q	r	s	t	u	v	w	x	y	z
密表	X	Y	Z	T	H	E	O	W	R	F	L	N	D	A	B	C	G	I	J	K	M	P	Q	S	U	V

一个转轮如果固定使用,只能起到单表代替的作用。只有使轮子转动起来才能起到多表代替的作用。具体方法是:使用两个固定起来的绝缘板,每个固定板也嵌有可以和转轮的两个面上的 26 个电接点相接触的接点(也是 26 个),固定板正中可固定转轮的轴,把转轮安放在两个固定板之间。其中一个固定板作为输入板(明文板),另一个固定板作为输出板(密文板)。输入板上的每个接点都固定连接一个明文字母,输出板上的每个接点都固定连接一个密文字母。当转轮转动时,由于转轮两个面上的接点连线的任意性,同一个明文字母就有可能对应不同的密文字母。这就成了多表代替,只不过周期为 26 罢了。

为了增大周期,需要使用多个转轮。假如我们使用三个转轮,也就是说,在输入板和输出板之间安放三个转轮,并使得当第一个转轮转动一圈时,第二个转轮才转动一格;同样,当第二个转轮转动一圈时,第三个转轮才转动一格,此时第一个转轮已转动了 26 圈;而当第三个转轮转动一圈时,第二个转轮转动了 26 圈,第一个转轮转动了 26×26 圈;由于每个转轮都有 26 个不同位置,故三个转轮结合在一起就有 26×26×26=17 576 个不同位置。这样,三个转轮就可以产生一个周期为 17 576 的多表代替加密体制。如果加密时,每加密一个明文字母,第一个转轮就转动一格,那么,只要需加密的明文字母数少于 17 576,明文字母中的每个字母就都是用不同密表加密的。当然,明文字母数超过 17 576 时,三个转轮的加密方式就会重复使用相同密表。如果这样,还可以增加转轮数来增大周期。

参看 monoalphabetic substitution,polyalphabetic substitution。

rotor machine cipher　转轮密码

基于转轮的密码体制一般都使用能转动的多个转轮,来实现长周期以及大的状态变化,以便提高保密性。著名的转轮密码机有:黑本密码机、恩尼格马、哈格林 M-209 密码机。

参看 rotor machine,Hebern machine,Enigma machine,Hagelin M-209 machine。

round function　轮函数,圈函数

在迭代分组密码中用于连续重复使用的一种内部函数。

参看 iterated block cipher。

round key 轮密钥，圈密钥

在迭代分组密码中每一轮使用的密钥，轮密钥是根据输入密钥 K 用密钥编排算法推导出来的。

参看 iterated block cipher。

RSA decryption exponent RSA 解密指数

RSA 算法的密钥生成过程所产生的秘密密钥 d 称作解密指数。

参看 RSA public-key encryption scheme。

RSA digital signature scheme RSA 数字签名方案

带有消息恢复的数字签名方案之一。

设签名者为 A，验证者为 B。

(1) 密钥生成(A 建立一个公开密钥/秘密密钥对)

KG1 A 生成两个不同的、规模大致相同的大随机素数 p 和 q；

KG2 A 计算 $n = pq$ 以及 $\varphi = (p-1)(q-1)$；

KG3 A 选择一个随机整数 e $(1 < e < \varphi)$，使得 $\gcd(e, \varphi) = 1$；

KG4 A 使用扩展的欧几里得算法计算唯一的整数 d $(1 < d < \varphi)$，使得 $ed \equiv 1 \pmod{\varphi}$；

KG5 A 的公开密钥是 (n, e)，秘密密钥是 d。

(2) 签名生成(A 签署一个任意长度的二进制消息 $m \in M$)

SG1 A 计算 $\tilde{m} = R(m)$，$\tilde{m}$ 为区间 $[0, n-1]$ 中的一个整数；

SG2 A 计算 $s = \tilde{m}^d \pmod{n}$；

SG3 A 对消息 m 的签名是 s。

(3) 签名验证(B 使用 A 的公开密钥验证 A 对消息 m 的签名，并恢复消息 m)：

SV1 B 获得 A 的可靠的公开密钥 (n, e)；

SV2 B 计算 $\tilde{m} = s^e \pmod{n}$；

SV3 B 验证 $\tilde{m} \in M_R$，如果不是，则拒绝这个签名；

SV4 B 恢复消息 m：$m = R^{-1}(\tilde{m})$。

其中，M 是消息空间，签名者能够把一个数字签名签署在其上的一元素集；R 为冗余函数，是从消息空间 M 到签字空间 M_S 的一一映射；M_R 为 R 的像，即 $M_R = \mathrm{Im}(R)$；R^{-1} 为 R 的逆，即 $R^{-1}: M_R \to M$。

对签名验证的证明 如果 s 是对消息 m 的签名，则 $s \equiv \tilde{m}^d \pmod{n}$，其中 $\tilde{m} = R(m)$。因为 $ed \equiv 1 \pmod{\varphi}$，所以 $s^e \equiv \tilde{m}^{ed} \equiv \tilde{m} \pmod{n}$。最后有 $R^{-1}(\tilde{m}) = R^{-1}(R(m)) = m$。

参看 digital signature，digital signature scheme with message recovery，

RSA public-key encryption scheme。

RSA encryption exponent　RSA 加密指数

RSA 算法的密钥生成过程所产生的公开密钥中的数 e 称作加密指数。

参看 RSA public-key encryption scheme。

RSA function　RSA 函数

这是一个候选的单向函数(实际上是单向置换)。此函数易于计算,而其逆却要求解 RSA 问题。

RSA 函数　令 p 和 q 是不同的奇素数,$n = pq$,e 是一个使得 $\gcd(e,(p-1)(q-1))=1$ 的整数。定义函数 $f:\mathbb{Z}_n \to \mathbb{Z}_n$ 为 $f(x) = x^e \pmod{n}$。

参看 one-way function,RSA-problem。

RSA-KEM　RSA 密钥密封机制

NESSIE 选出的三个非对称加密方案之一。RSA-KEM 为基于 RSA 加密算法的一种密钥密封机制。

1. 定义和符号

一般符号　$T = X \| Y$ 表示并置:若 $X = (x_1 \cdots x_m)$,$Y = (y_1 \cdots y_n)$,则

$$T = X \| Y = (x_1 \cdots x_m y_1 \cdots y_n)。$$

对字符的操作　令 $S = S_{Slen-1} S_{Slen-2} \cdots S_1 S_0$ 表示用 $Slen$ 个 8 比特组组成的一个字符串。

$S_i (0 \leqslant i \leqslant Slen-1)$表示字符串 S 的第 i 个 8 比特组字符。

$S = \varnothing$表示字符串 S 为空。

素数的生成　$p = PrimeGen(r, l(k))$,表示根据输入的固定长度的随机串 r 和 RSA 模数的长度 $l(k)$生成一个素数 p。(注:素数生成可参考公开的有关文献。)

随机数据串的生成　$r = NextRand(r)$,表示根据输入的固定长度的随机串 r 生成下一个随机串 r。(注:随机数据串生成可参考公开的有关文献。)

8 比特组字符串与整数之间的转换　$S = \mathrm{I2OSP}(x, Slen)$:把整数 x 转换成用 $Slen$ 个 8 比特组组成的字符串 S。转换方法如下:首先,把 x 写成以基 256 形式的唯一分解,即 $x = x_{Slen-1} 256^{Slen-1} + x_{Slen-2} 256^{Slen-2} + \cdots + x_1 256 + x_0$;其次,令 $S_i = x_i (0 \leqslant i \leqslant Slen-1)$;最后,$S = S_{Slen-1} S_{Slen-2} \cdots S_1 S_0$。

$x = \mathrm{OS2IP}(S)$:把用 $Slen$ 个 8 比特组组成的字符串 $S = S_{Slen-1} S_{Slen-2} \cdots S_1 S_0$ 转换成整数 x,即

$$x = \mathrm{OS2IP}(S) = \sum_{i=0}^{Slen-1} 2^{8i} S_i。$$

密钥衍生函数 KDF(X, Len)　(注:NESSIE 不推荐使用,这里只作为后面产生测试向量用。)

输入:一个任意长度的 8 比特组组成的串 X;输出串长度 Len。

输出:一个长度为 Len 的 8 比特组组成的串 Y。

(1) 如果 $Len > 2^{32}HashLen$,则输出“错误”并异常停机。(注:$HashLen$ 是 KDF 中使用的散列函数 $Hash$ 的输出值的 8 比特组组成的串的长度。)

(2) $k = \lceil Len / HashLen) \rceil$。

(3) $Y = \varnothing$。

(4) for $i = 0$ to $k - 1$ do

$$Y = Y \parallel Hash(X \parallel \mathrm{I2OSP}(i, 4))$$

next i

(5) 取 Y 的开头 Len 个 8 比特组作为输出 Y。

2. 安全性参数 k 的选择

假设 RSA 模数 n 的长度为 $l(k)$。

如果 $l(k) \geqslant 128$ 个 8 比特组,则安全性参数 $k = 72$;

如果 $l(k) \geqslant 192$ 个 8 比特组,则安全性参数 $k = 80$;

如果 $l(k) \geqslant 512$ 个 8 比特组,则安全性参数 $k = 112$;

如果 $l(k) \geqslant 750$ 个 8 比特组,则安全性参数 $k = 128$。

3. 密钥生成(建立公开密钥/秘密密钥对)

提供两种生成方法。

第一种方法:

输入:安全性参数 1^k;一个固定长度的随机串 r。

输出:RSA-KEM 的公开密钥 pk 及秘密密钥 sk。

KG1 $p = PrimeGen(r, l(k))$,p 的长度为$\lceil l(k) / 2 \rceil$。

KG2 $r = NextRand(r)$。

KG3 $q = PrimeGen(r, l(k))$,$q \neq p$,q 的长度为$\lceil l(k) / 2 \rceil$。

KG4 $r = NextRand(r)$。

KG5 计算 $n = pq$。

KG6 检验 n 的长度是否为 $l(k)$;如果不是,则返回 KG1。

KG7 在$[3, LCM(p-1, q-1))$范围内生成一个奇公开指数 e(即 RSA 加密指数)。生成方法应是:使用随机种子 r,且使 e 的每一个可能值都以近似相等的概率生成。

KG8 $r = NextRand(r)$。

KG9 检验 $\mathrm{GCD}(e, (p-1)(q-1)) = 1$;如果不是,则返回 KG7。

KG10 计算 $d = e^{-1}(\mathrm{mod}(p-1)(q-1))$。

KG11 检验 $d > n^{0.5}$;如果不是,则返回 KG7。

KG12 公开密钥 $pk = (n, e)$。

KG13　秘密密钥 $sk=(n,d)$。

KG14　输出 pk 和 sk。

第二种方法：

输入：安全性参数 1^k；一个固定长度的随机串 r。

输出：RSA-KEM 的公开密钥 pk 及秘密密钥 sk。

KG1　选择一个公开指数 e，它是一个大于 2 的奇整数。

KG2　$p=PrimeGen(r,l(k))$，p 的长度为$\lceil l(k)/2\rceil$。

KG3　$r=NextRand(r)$。

KG4　检验 $\mathrm{GCD}(e,p-1)=1$；如果不是，则返回 KG2。

KG5　$q=PrimeGen(r,l(k))$，$q\neq p$，q 的长度为$\lceil l(k)/2\rceil$。

KG6　$r=NextRand(r)$。

KG7　检验 $GCD(e,q-1)=1$；如果不是，则返回 KG2。

KG8　计算 $n=pq$。

KG9　检验 n 的长度是否为 $l(k)$；如果不是，则返回 KG2。

KG10　检验 $e<\mathrm{LCM}(p-1,q-1)$；如果不是，则返回 KG2。

KG11　计算 $d=e^{-1}(\mathrm{mod}(p-1)(q-1))$。

KG12　检验 $d>n^{0.5}$；如果不是，则返回 KG2。

KG13　公开密钥 $pk=(n,e)$。

KG14　秘密密钥 $sk=(n,d)$。

KG15　输出 pk 和 sk。

4．密封算法

输入：公开密钥 pk；一个固定长度的随机串 r；所需要的对称密钥 K 的长度 $KeyLen$。

输出：$KeyLen$ 长的密钥 K 及一个密封 C。

EM1　确认公开密钥和系统参数。

EM2　n 的长度为 Len 个 8 比特组。

EM3　在$[0,n)$范围内生成一个随机整数 m。生成方法应是：使用随机种子 r，且使 m 的每一个可能值都以近似相等的概率生成。

EM4　$M=\mathrm{I2OSP}(m,Len)$。

EM5　$K=\mathrm{KDF}(M,KeyLen)$。

EM6　计算 $C_{\mathrm{raw}}=m^e(\mathrm{mod}\ n)$。

EM7　$C=\mathrm{I2OSP}(C_{\mathrm{raw}},Len)$。

EM8　输出对称密钥 K 和密封 C。

5．解封算法

输入：秘密密钥 sk；密封 C；所需要的对称密钥 K 的长度 $KeyLen$。

输出：*KeyLen* 长的密钥 K。

DM1 确认秘密密钥和系统参数。

DM2 n 的长度为 *Len* 个 8 比特组。

DM3 检验 C 是否为一个长度为 *Len* 个 8 比特组组成的字符串；如果不是，则输出“错误”并异常停机。

DM4 C_{raw} = OS2IP(C)。

DM5 检验 C_{raw}是否为$[0,n)$范围内的一个整数。如果不是，则输出“错误”并异常停机。

DM6 计算 $m = C^d (\mathrm{mod}\ n)$。

DM7 M = I2OSP(m, *Len*)。

DM8 K = KDF(M, *KeyLen*)。

DM9 输出 K。

6. 测试向量

安全性参数 k = 80。使用的散列函数是 SHA-1。要求生成的密钥 K 的长度 *KeyLen* =16 个 8 比特组。使用的公开密钥 *pk* 和秘密密钥 *sk* 如下：

n= 9923916CF5589CE08EB945D635AE4534 2D443EC2E7D46980CCF48DC877ADA2C1
0F92A33D77D8AFB83DEA73C48CB5D42F 5A9D34F10A004C6904EEFFAEFF1DB64B
6DD770283F4F9B67370F570353DE0DFD 392CF6AA35FCE915D0F45B8087D90CBD
CE2C5C1205680ED36E69D5FC1C46D5C2 7BFA5BF0AD8D2C94C454EF33F21254EE
2704C031EEE0F19282D6F104A566B434 A5B562F24308FC2598BFBC9CEB7277FA
6149CD20C217A8AF9CEC19791C3D5DDA 4721877675F3ACB8B80E4012EA3622B1,

e= 00000000000000000000000000000000 00000000000000000000000000000000
00000000000000000000000000000000 00000000000000000000000000000000
00000000000000000000000000000000 00000000000000000000000000000000
00000000000000000000000000000000 00000000000000000000000000000000
00000000000000000000000000000000 00000000000000000000000000000000
00000000000000000000000000000000 00000000000000000000000000010001,

d= 870401F293B9C5CE82673CF868A9B660 134CE91CC472D575F6BDE2C78D24ACAB
1484CFA1A1298D7B9E3338506152EAB9 B9658348C4ED9070C325C88DCC65B0D4
7E0A84DB273E93A003BE65940C7C69CF 097AE81B17B05CFC9C16E519C42C0C7B
6A01AF12FF709FD952489E38ADF57776 1CA0B49A7E0CD71330C641B5CD3F3E3E
728E489506F545158535E1011B8F85F2 D4A0285594D6530A18FB0D1895662A22
F7D60506962412FA2EC5E0F3CA0CA6DC 2B139053E0A15E53D95A337A7F3AF731。

密钥密封的测试向量

r= 00000000000000000000000000000000 00000000000000000000000000000000

00000000000000000000000000000000 00000000000000000000000000000000

00000000000000000000000000000000 00000000000000000000000000000000

00000000000000000000000000000000 00000000000000000000000000000000

0000303132333435363738396162636465666768696A6B6C6D6E6F7071727374

75767778797A414243444546474849 4A 4B4C4D4E4F505152535455565758595A,

K= A2926ABCAF5AE7AC2ECDA7FEF959EE1B,

C= 7F6A4A769F055D72E01B09CB6F8726CD 4D9EFEE126CC70194E7EC4B2896548C3

AD3A3A26C2006A80E8B93027480C885B A49494E318DD200DA5CEA006A0B384DE

F0F9EDFC98553BB7D917AA7B8EE355B5 29854E6808D37125D32F124A2D68DEF6

693E6308C7ED8EFA5B491A7CDA9BDD20 6B155527789203DDF829C4A6F0BE50B6

1436C4D63C785A068BECBC9008D4EB5D FCCF9DC3DB281F2B30A5C3DAD645F058

18687B0BB115302D5E1E0B2BC4F6A416 D9CCA5E98C17D240E4EF08603F584A25。

密钥解封的测试向量

C= 07D4816C8406394DB9FB6884FC802A83 C20968C1502167FC19AFED75C15187F6

80A2E2A3E1E18D04645044F4EDFFFB55 C7F252E400B491FDA5C06FBBE9FF5EE9

AEC472208881A0D11EC4739FC0409008 D39DAD6DA9D35F9880D7F570459CDFCF

779377988216C14309152201CB6A3620 C1FB7AAF806AF44D8C51449545F2E01A

C5B8AE1063354629C212EC357B5EE2F2 777FD058B1F48E560E1643982B4B1BB7

DD5131AE621BA102A6A84DBA7CE1108D 3F32C2D9DFDFED02F2126E9B82638B0C,

K= D65B0E88B014E0C22F6F66CE453AE0E9。

下述的密钥密封 C 未能解封：

C= 11111111111111111111111111111111 11111111111111111111111111111111。

失败于解封算法的 DM3 步，C 的长度不够。

C= 9923916CF5589CE08EB945D635AE4534 2D443EC2E7D46980CCF48DC877ADA2C1

0F92A33D77D8AFB83DEA73C48CB5D42F 5A9D34F10A004C6904EEFFAEFF1DB64B

6DD770283F4F9B67370F570353DE0DFD 392CF6AA35FCE915D0F45B8087D90CBD

CE2C5C1205680ED36E69D5FC1C46D5C2 7BFA5BF0AD8D2C94C454EF33F21254EE

2704C031EEE0F19282D6F104A566B434 A5B562F24308FC2598BFBC9CEB7277FA

6149CD20C217A8AF9CEC19791C3D5DDA 4721877675F3ACB8B80E4012EA3622B2。

失败于解封算法的 DM5 步，C 的整数表示值大于模数 n。

参看 greatest common divisor, key encapsulation mechanism（KEM）, least common multiple, NESSIE project, octet, RSA public-key encryption scheme。

RSA modulus　RSA 模数

RSA 算法的密钥生成过程所产生的公开密钥中的数 n 称作模数。

参看 RSA public-key encryption scheme。

RSA-problem RSA 问题

给定一个正整数 n，它是两个不同的奇素数 p 和 q 的乘积，又有一个正整数 e，使 $\gcd(e,(p-1)(q-1))=1$，以及一个整数 c，求一个整数 m，使得 $m^e \equiv c \pmod n$。

参看 greatest common divisor, integer, prime number。

RSA pseudorandom bit generator RSA 伪随机二进制数字发生器

一种密码上安全的伪随机二进制数字发生器，用于产生一个 l 长的伪随机二进制数字序列。其安全性基于 RSA 问题的难解性。

RP1 设置：生成两个秘密的、RSA 类的素数 p 和 q，计算 $n = pq$ 及 $\varphi = (p-1)(q-1)$。选择一个随机整数 e $(1 < e < \varphi)$，使得 $\gcd(e,\varphi)=1$。

RP2 在区间 $[1, n-1]$ 内选择一个随机整数 x_0（作为种子）。

RP3 对 $i=1,2,\cdots,l$，执行下述步骤：

RP3.1 $x_i \leftarrow x_{i-1}^e \pmod n$；

RP3.2 $a_i \leftarrow x_i$ 的最低有效的二进制数字。

RP4 输出序列是 $a_1, a_2, \cdots, a_l$。

参看 cryptographically secure pseudorandom bit generator (CSPR BG), greatest common divisor, RSA-problem。

RSA-PSS digital signature scheme RSA-PSS 数字签名方案

NESSIE 选出的三个数字签名方案之一。RSA-PSS 是一个随机化的带有附件的数字签名方案，其安全性基于 RSA 问题。

1. 定义和符号

一般符号 $\oplus$表示按位异或运算。

$T = X \| Y$ 表示并置：如果 $X = (x_1 \cdots x_m)$，$Y = (y_1 \cdots y_n)$，则

$$T = X \| Y = (x_1 \cdots x_m y_1 \cdots y_n)。$$

对字符的操作 令 $S = S_{Slen-1} S_{Slen-2} \cdots S_1 S_0$ 表示用 $Slen$ 个 8 比特组组成的一个字符串。

S_i $(0 \leqslant i \leqslant Slen-1)$ 表示字符串 S 的第 i 个 8 比特组字符。

$S = \varnothing$表示字符串 S 为空。

素数的生成 $p = PrimeGen(\mathcal{R}, pLen)$，表示由随机源$\mathcal{R}$生成长度为 $pLen$ 的一个素数 p。（注：素数生成可参考公开的有关文献。）

8 比特组字符串与整数之间的转换 $S = \mathrm{I2OSP}(x, Slen)$：把整数 x 转换成用 $Slen$ 个 8 比特组组成的字符串 S。转换方法如下：首先，把 x 写成以基 256 形式的唯一分解，即 $x = x_{Slen-1}256^{Slen-1} + x_{Slen-2}256^{Slen-2} + \cdots + x_1 256 +$

x_0;其次,令 $S_i = x_i (0 \leqslant i \leqslant Slen - 1)$;最后,$S = S_{Slen-1} S_{Slen-2} \cdots S_1 S_0$。

$x = \text{OS2IP}(S)$:把用 $Slen$ 个 8 比特组组成的字符串 $S = S_{Slen-1} S_{Slen-2} \cdots S_1 S_0$ 转换成整数 x,即

$$x = \text{OS2IP}(S) = \sum_{i=0}^{Slen-1} 2^{8i} S_i 。$$

掩码生成函数 MGF(X,Len) (注:NESSIE 不推荐使用,这里只作为后面产生测试向量用。)

输入:一个任意长度的 8 比特组组成的串 X;输出串长度 Len。

输出:一个长度为 Len 的 8 比特组组成的串 Y。

(1) 如果 $Len > 2^{32} HashLen$,则输出“错误”并异常停机。(注:$HashLen$ 是 MGF 中使用的散列函数 $Hash$ 的输出值的 8 比特组组成的串的长度。)

(2) $k = \lceil Len / HashLen \rceil$。

(3) $Y = \varnothing$。

(4) for $i = 0$ to $k - 1$ do

$Y = Y \| Hash(X \| \text{I2OSP}(i, 4))$

next i

(5) 取 Y 的开头 Len 个 8 比特组作为输出 Y。

散列函数选择 $Hash = \text{ChooseHash}(TF)$ 设置一个尾部字段 TF。TF 可由 1 个 8 比特组组成:$(\text{BC})_{\text{hex}}$,输出一个散列值长度为 l_{H} 的散列函数 $Hash$;或者由 2 个 8 比特组组成:$HashID \| (\text{CC})_{\text{hex}}$,其中 $HashID$ 为某个散列函数的标识符,根据 $HashID$ 输出一个散列值长度为 l_H 的散列函数 $Hash$。

2. 安全性参数 k 的选择

假设 RSA 模数 n 的长度为 l_n,所用散列函数 $Hash$ 输出值的长度为 l_{H}。

如果 $l_n \geqslant 128$ 个 8 比特组,$l_{\text{H}} \geqslant 18$ 个 8 比特组,则安全性参数 $k = 72$;

如果 $l_n \geqslant 192$ 个 8 比特组,$l_{\text{H}} \geqslant 20$ 个 8 比特组,则安全性参数 $k = 80$;

如果 $l_n \geqslant 512$ 个 8 比特组,$l_{\text{H}} \geqslant 28$ 个 8 比特组,则安全性参数 $k = 112$;

如果 $l_n \geqslant 750$ 个 8 比特组,$l_{\text{H}} \geqslant 32$ 个 8 比特组,则安全性参数 $k = 128$。

3. 密钥生成(建立公开密钥/秘密密钥对)

输入:模数 n 的长度 l_n;奇指数 $e \geqslant 3$;随机源 $\mathcal{R}$。

输出:RSA-PSS 的公开密钥 pk 及秘密密钥 sk。

KG1 $p = PrimeGen(\mathcal{R}, \lceil l_n/2 \rceil)$,$p$ 的长度为 $\lceil l_n/2 \rceil$。

KG2 检验 $\text{GCD}(e, p-1) = 1$;如果不是,则返回 KG1。

KG3 $q = PrimeGen(\mathcal{R}, \lceil l_n/2 \rceil)$,$q$ 的长度为 $\lceil l_n/2 \rceil$。

KG4 检验 $q \neq p$;如果不是,则返回 KG3。

KG5 检验 $\text{GCD}(e, q-1) = 1$;如果不是,则返回 KG3。

KG6 计算 $n = pq$。

KG9 检验 n 的长度是否为 l_n；如果不是，则返回 KG1。

KG10 检验 $e < \mathrm{LCM}(p-1, q-1)$；如果不是，则返回 KG1。

KG11 计算 $d = e^{-1}(\mathrm{mod}(p-1)(q-1))$。

KG12 检验 $d > n^{0.5}$；如果不是，则返回 KG1。

KG13 公开密钥 $pk = n$。

KG14 秘密密钥 $sk = (n, d)$ 或 $sk = (p, q)$。

KG15 输出 pk 和 sk。

4. 签名生成

输入：参数 e, l_n, l_H 及尾部字段 TF；秘密密钥 sk 及公开密钥证书 $cert$；消息 m；一个长度为 l_r 的随机种子 r。

输出：附件 s。

SG1 $Hash = ChooseHash(TF)$。

SG2 计算 $h_0 = Hash(cert \| m)$。

SG3 计算 $h = Hash(0_{(8个8比特组)} \| h_0 \| r)$。

SG4 计算 $c = 0\cdots01 \| r$，c 的长度为 $l_c = l_n - l_H - t - 1$，其中 t 是 TF 的 8 比特组长度。

SG5 计算 $a = c \oplus \mathrm{MGF}(h, l_c)$，其中 MGF 输出 $Hash(h \| 0_{(4个8比特组)}) \| Hash(h \| 1_{(4个8比特组)}) \| \cdots$ 开头的一些 8 比特组。

SG6 计算整数 $x = \mathrm{OS2IP}(a \| h \| TF)$。

SG7 计算整数 $s = m^{1/e}(\mathrm{mod}\ n)$。

SG8 输出 s。

5. 签名验证

输入：参数 e, l_n, l_H 及尾部字段 TF；公开密钥 pk 及证书 $cert$；消息 m；附件 s。

输出：布尔值 valid/invalid（有效/无效）。

SV1 计算整数 $x = s^e(\mathrm{mod}\ n)$。

SV2 计算 8 比特组字符串 $a \| b \| TF = \mathrm{I2OSP}(x, \cdots)$，其中 TF 是 1（或 2）个 8 比特组（取决于 $ChooseHash$），而 b 是 $8l_H$ 比特。

SV3 如果 TF 是有效的，则 $Hash = ChooseHash(TF)$；否则输出“无效”，$Hash$ 取一个任意值。

SV4 计算 $h_0 = Hash(cert \| m)$。

SV5 计算 $c = a \oplus \mathrm{MGF}(b, l_c)$，其中 MGF 输出 $Hash(b \| 0_{(4个8比特组)}) \| Hash(b \| 1_{(4个8比特组)}) \| \cdots$ 开头的一些 8 比特组。

SV6 如果 c 开头的 8 比特组是 0 后跟着“01”8 比特组，则计算 r 使得 $c = 0\cdots01 \| r$，否则给 r 一个任意值并输出“无效”。

SV7 计算 $h = Hash(0_{(8个8比特组)} \| h_0 \| r)$。

SV8 如果 $b \neq h$ 或输出在前面已置成"无效",则输出"无效";否则输出"有效"。

6. 测试向量

安全性参数 $k = 80$。模数长度 $l_n = 192$ 个 8 比特组(1 536 比特)。公开指数 $e = 65\,537$。使用的散列函数是 SHA-1,其尾部字段 $TF = (\mathrm{BC})_{\mathrm{hex}}$。*cert* 为空串。使用的公开密钥 *pk* 和秘密密钥 *sk* 如下:

n= 9923916CF5589CE08EB945D635AE4534 2D443EC2E7D46980CCF48DC877ADA2C1
0F92A33D77D8AFB83DEA73C48CB5D42F 5A9D34F10A004C6904EEFFAEFF1DB64B
6DD770283F4F9B67370F570353DE0DFD 392CF6AA35FCE915D0F45B8087D90CBD
CE2C5C1205680ED36E69D5FC1C46D5C2 7BFA5BF0AD8D2C94C454EF33F21254EE
2704C031EEE0F19282D6F104A566B434 A5B562F24308FC2598BFBC9CEB7277FA
6149CD20C217A8AF9CEC19791C3D5DDA 4721877675F3ACB8B80E4012EA3622B1,

d= 870401F293B9C5CE82673CF868A9B660 134CE91CC472D575F6BDE2C78D24ACAB
1484CFA1A1298D7B9E3338506152EAB9 B9658348C4ED9070C325C88DCC65B0D4
7E0A84DB273E93A003BE65940C7C69CF 097AE81B17B05CFC9C16E519C42C0C7B
6A01AF12FF709FD952489E38ADF57776 1CA0B49A7E0CD71330C641B5CD3F3E3E
728E489506F545158535E1011B8F85F2 D4A0285594D6530A18FB0D1895662A22
F7D60506962412FA2EC5E0F3CA0CA6DC 2B139053E0A15E53D95A337A7F3AF731。

签名生成的测试向量

m= 0000000000000000000000000000000000000000,

r= 00000000000000000000,

s= 4E436D1345A84E64413168077B2304AC 9DB2F5CCE403FEAC076398ECA093FD3A
40D8AA3E2AFD5E49C3AA60BE57AB8622 884341E1D8A9047DFC95DE5A2010E056
CF9F5BC39B4E54C878BCD8BB688A56F6 A12BE4BBF05BCC30C2A4F3A39252BC9F
FC2289468755FD8B8F2CEE9ECBA90D22 8715EE8D48AA85ADF139AB31DA3BA3F4
4DEDB6EF06EE47CF23EB178C0417AD13 F9148212A0C6CE2115AEBEB2A55F26EC
8EDF92B1571E8DA133C5F1DCBE3200C4 D83B6D808732A015EC82750CFBF5112E。

签名验证的测试向量

m= BBBBBBBBBBBBBBBBBBBBBBBBBBBBBBBBBBBBBBBB,

s= 8ADA14B5C5DDF605C836960DE14E50ED 4A10378120D13928FBA4DDC3F8CB748C
9CD66286E161D939FF30BB55E62C3FD0 8091D0BD6E3A2EF558EFDE0F2340247F
7CC340123FB8795EFAE56742534BAE52 A1D445C15BFCCE70F46DF223EDB34671
D3C721E72048CF54C77A9DEE8E9E4B5C 851374690A8D4EF7BE95ABA9819D8A1D
DD2DC551EE748C534B28FB0D50421A42 05A9049E0F3DCF74792F42591E6812A9

2F0624C71E7D3FA3598BA4150792F677 D0ECB5AE860761210A4DE31479FB5094。

下述的无效签名在签名验证过程的 SV3 步检测出：

m= BBBBBBBBBBBBBBBBBBBBBBBBBBBBBBBBBBBBBBBB，

s= 33333333333333333333333333333333 33333333333333333333333333333333
33333333333333333333333333333333 33333333333333333333333333333333
33333333333333333333333333333333 33333333333333333333333333333333
33333333333333333333333333333333 33333333333333333333333333333333
33333333333333333333333333333333 33333333333333333333333333333333
33333333333333333333333333333333 33333333333333333333333333333333。

下述的无效签名在签名验证过程的 SV6 步检测出：

m= BBBBBBBBBBBBBBBBBBBBBBBBBBBBBBBBBBBBBBBB，

s= 0631045A205ECCB2ABBE872614B90D8A F0890C96D6D96112CCFCDC522A961539
7D675446D5ADFFB92C68BF57DD70DB04 490C27D0EF439C781B6727616F9A133A
33CAD7A7327F0DBD7D0EF9C0204004A4 1D4F51852F8B60A4870F2EF0A0FB5C08
19E41FA31D44CB9A578E00405C268E12 D563922C5A79AEE0C6D062A349950135
675DACE973138F78AEFE6534D71C398A 581E1D848252394117 4E88EEB5E07686
37BE874C8C94C50F112DAF01B37F4831 837C0C189123CE9246AAA87923317742。

下述的无效签名在签名验证过程的 SV8 步检测出。

m= 3333333333333333333333333333333333333333，

s= 8ADA14B5C5DDF605C836960DE14E50ED 4A10378120D13928FBA4DDC3F8CB748C
9CD66286E161D939FF30BB55E62C3FD0 8091D0BD6E3A2EF558EFDE0F2340247F
7CC340123FB8795EFAE56742534BAE52 A1D445C15BFCCE70F46DF223EDB34671
D3C721E72048CF54C77A9DEE8E9E4B5C 851374690A8D4EF7BE95ABA9819D8A1D
DD2DC551EE748C534B28FB0D50421A42 05A9049E0F3DCF74792F42591E6812A9
2F0624C71E7D3FA3598BA4150792F677 D0ECB5AE860761210A4DE31479FB5094。

参看 digital signature，digital signature scheme with appendix，NESSIE project，octet，randomized digital signature scheme，RSA-problem，RSA public-key encryption scheme。

RSA public-key encryption scheme　RSA 公开密钥加密方案

一种公开密钥加密方案，其安全性基于因子分解问题的难解性和 RSA 问题。

设消息发送方为 B，消息接收方为 A。

（1）密钥生成（A 建立自己的公开密钥/秘密密钥对）

KG1　A 生成两个不同的、规模大致相同的大随机素数 p 和 q；

KG2　A 计算 $n=pq$ 以及 $\varphi=(p-1)(q-1)$；

KG3 A选择一个随机整数 e $(1<e<\varphi)$,使得 $\gcd(e,\varphi)=1$;

KG4 A使用扩展的欧几里得算法计算唯一的整数 d $(1<d<\varphi)$,使得 $ed\equiv 1(\bmod\ \varphi)$;

KG5 A的公开密钥是(n,e),秘密密钥是 d。

(2) B加密消息 m

EM1 B获得A的可靠的公开密钥(n,e);

EM2 B把消息表示为区间$[0,n-1]$内的一个整数 m;

EM3 B计算 $c=m^e(\bmod\ n)$;

EM4 B把密文 c 发送给A。

(3) A解密恢复消息 m:

A使用秘密密钥 d 计算 $m=c^d(\bmod\ n)$来恢复消息 m。

解密正确性的证明 由 $ed\equiv 1(\bmod\ \varphi)$,存在一个整数 k,使得 $ed=1+k\varphi$。如果 $\gcd(m,p)=1$,则由费马定理(如果 $\gcd(a,p)=1$,则 $a^{p-1}\equiv 1(\bmod\ p)$),得

$$m^{p-1}\equiv 1(\bmod\ p)。$$

因此,有 $m^{1+k(p-1)(q-1)}\equiv m(\bmod\ p)$。(首先有 $m^{k(p-1)(q-1)}\equiv 1(\bmod\ p)$,再有 $m\cdot m^{k(p-1)(q-1)}\equiv m(\bmod\ p)$。)

另一方面,如果 $\gcd(m,p)=p$,则同余式 $m^{1+k(p-1)(q-1)}\equiv m(\bmod\ p)$也是正确的,这是因为两边都是模 p 同余于0的。因此,在所有情况下都有

$$m^{ed}\equiv m(\bmod\ p)。$$

同样,

$$m^{ed}\equiv m(\bmod\ q)。$$

最后,由于 p 和 q 是不同的素数,所以

$$m^{ed}\equiv m(\bmod\ n)。$$

因此,$c^d\equiv(m^e)^d\equiv m(\bmod\ n)$。

参看 extended Euclidean algorithm for integers, Fermat's theorem, greatest common divisor, integer factorization problem, RSA-problem。

running key 滚动密钥

同 cryptographic bit stream。

running key generator (RKG) 滚动密钥发生器

用来产生密码比特流(或称滚动密钥序列)的设备,其基本结构框架如图R.14所示。

(1) 伪随机源 一般使用最大长度线性反馈移位寄存器(LFSR)序列,又称之为"m序列",这是因为有关LFSR的理论完整,使用起来比较方便,电路又容易实现。根据实际情况可以用一个LFSR或多个LFSR来组成。

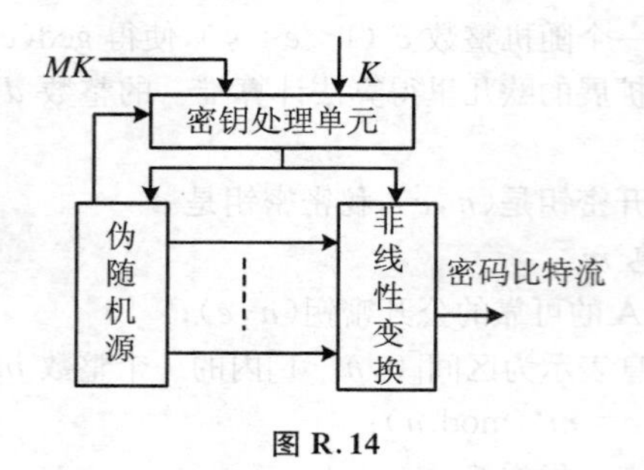

图 R.14

伪随机源的主要作用是用来保证密码序列的周期;另外还可提供一些随机特性。

当然,也可采用最大长度非线性反馈移位寄存器(M 序列)等其他伪随机序列发生器来担任"伪随机源"这个角色。

(2) 密钥处理单元　工作密钥 K 和消息密钥 MK 都要在这里进行混合处理。

(3) 非线性变换　这部分是核心部分,设计的好坏直接影响到算法的密码性能。

构作非线性变换的东西主要有:无记忆非线性组合函数(或函数表)、有记忆非线性组合函数(或函数表)、以 OFB 模式工作的分组密码算法、其他可实现非线性变换的算法。

众多伪随机二进制数字发生器都可以用来构造滚动密钥发生器。

参看 binary additive stream cipher, combining function with memory, combining function without memory, cryptographic bit stream, linear feedback shift register (LFSR), message key, m-sequence, nonlinear Boolean function table, output feedback (OFB), pseudorandom bit generator, pseudorandom source, working key。

running key stream　滚动密钥流,滚动密钥序列

同 cryptographic bit stream。

running time　运行时间

算法复杂性的一种动态度量,它是问题大小的一个函数。典型的动态复杂性度量是实现算法的程序的执行时间和存储空间,也就是所谓该算法的"时间耗费"和"空间耗费",统称"时空耗费"。一般说来,大多数的复杂性研究文章都是着重于程序执行时间,因为通常限制能够用计算机解决的那些问题的大小的最重要的因素就是程序执行时间。很多问题仅需要线性空间就可以了。当然,有些问题程序执行时间可能不是重要的,比如,它只需要线性时间即可，而存储空间可能是重要的限制因素。另外，也可能对某些问题两者都是重要的限制因素。一个算法关于某特定输入的运行时间，通常是用实现算法的程序的基本运算数或者运行的步数来表示的。

参看 average-case running time，dynamic complexity measure，worst-case running time。

run of a sequence　序列的游程

对一个序列 s 而言，其游程就是它的一个子序列，这个子序列由连续的"0"或连续的"1"组成，而且这个子序列的先导和后继都和子序列本身不同，连续的"0"的个数或连续的"1"的个数称为"0"游程的长度或"1"游程的长度。例如，二元序列 1000001 就是一个由连续 5 个"0"组成的 5 长"0"游程；01110 就是一个由连续 3 个"1"组成的 3 长"1"游程。另外，在序列 s 的开头不考虑游程的先导，结尾则不考虑游程的后继。例如，001011100011 这个二元序列，是从一个 2 长"0"游程开始，接着一个 1 长"1"游程，再接着一个 1 长"0"游程，再接着一个 3 长"1"游程，再接着一个 3 长"0"游程，最后结束在一个 2 长"1"游程上。

参看 binary sequence。

runs test (1)　游程检验(1)

对一个长度为 n 的二进制数字序列的五种基本的统计检验（又称局部随机性检验）之一。

检验目的　检测序列 $S=s_0,s_1,s_2,\cdots,s_{n-1}$ 中各种长度的（0 或 1）游程数是否是随机序列所期望的。

理论根据及检验技术描述　基本假设 H_0：样本 ξ 服从分布 $\left(\frac{1}{2},\frac{1}{4},\cdots,\frac{1}{2^k},\frac{1}{2^{k+1}},\cdots\right)$。

(a) 可能值集合 $X=\{R_1,R_2,\cdots,R_k,R_{k+1}\}$，其中 R_i 表示 i 长游程，$i=1,2,\cdots,k$，R_{k+1} 表示长度 $\geqslant k+1$ 的游程。

(b) $\mu_{ni}=r_i\,(i=1,2,\cdots,k,k+1)$；$r_i\,(i=1,2,\cdots,k)$ 表示 i 长游程的个数；r_{k+1} 表示长度 $\geqslant k+1$ 的游程的个数。$r=\sum_{i=1}^{k+1} r_i$ 表示游程总数。

(c) 由于 $p_i=P(\xi\in R_i\mid H_0)=1/2^i\,(i=1,2,\cdots,k)$，$p_{k+1}=P(\xi\in R_{k+1}\mid H_0)=1/2^k$，所以

$$E_{ni}=rp_i=r/2^i\quad(i=1,2,\cdots,k),$$
$$E_{n,k+1}=rp_{k+1}=r/2^k。$$

(d) $X_r = \sum_{i=1}^{k} \frac{(r_i - r/2^i)^2}{\frac{r}{2^i}} + \frac{(r_{k+1} - r/2^k)^2}{\frac{r}{2^k}}$。

对于“0”游程和“1”游程，分别用公式来计算 X_r。当“0”游程和“1”游程都通过检验时才算通过了游程检验。

取 $k = \lceil \log_2 n \rceil - 5$。

检验统计量与参照的分布 X_r服从自由度为k的χ^2分布。

检验方法描述 (1) 对待测 n 长序列，由 $k = \lceil \log_2 n \rceil - 5$，得到 k。

(2) 对于序列的“0”游程，统计：$r_1, r_2, \cdots, r_k, r_{k+1}$。

计算：

$$X_{r0} = \sum_{i=1}^{k} \frac{\left(r_i - \frac{r}{2^i}\right)^2}{\frac{r}{2^i}} + \frac{\left(r_{k+1} - \frac{r}{2^k}\right)^2}{\frac{r}{2^k}}。$$

(3) 对于序列的“1”游程，统计：$r_1, r_2, \cdots, r_k, r_{k+1}$。

计算：

$$X_{r1} = \sum_{i=1}^{k} \frac{\left(r_i - \frac{r}{2^i}\right)^2}{\frac{r}{2^i}} + \frac{\left(r_{k+1} - \frac{r}{2^k}\right)^2}{\frac{r}{2^k}}。$$

判决准则 在给定显著性水平 1%下，自由度为 k 的χ^2分布值 P。

判决结论及解释 在序列的“0”游程和“1”游程检验中，如果 $X_{r0} < P$ 且 $X_{r1} < P$，则通过游程检验；否则就没有通过游程检验。

输入长度建议 建议输入序列长度不小于 100。

举例说明 序列 S：

1100100100001111110110101010001000100001011010001 1
0000100011010011000100110001100110001010001011100 0；

序列长度 $n = 100$。

计算：$k = \lceil \log_2 n \rceil - 5 = 2$。

(1) 对于序列的“0”游程，统计：$r_1 = 9, r_2 = 5, r_3 = 12, r = 26$。

计算：

$$X_{r0} = \sum_{i=1}^{2} \frac{\left(r_i - \frac{r}{2^i}\right)^2}{\frac{r}{2^i}} + \frac{\left(r_3 - \frac{r}{2^2}\right)^2}{\frac{r}{2^2}} = 6.23。$$

结论：查 1%的显著性水平，自由度为 2 的 χ^2分布值 $P = 9.210$。

由于 $X_{r0} < P$，所以继续作“1”游程检验。

(2) 对于序列的“1”游程，统计：$r_1 = 15, r_2 = 9, r_3 = 2, r = 26$。

计算：

$$X_{r1} = \sum_{i=1}^{2} \frac{\left(r_i - \frac{r}{2^i}\right)^2}{\frac{r}{2^i}} + \frac{\left(r_3 - \frac{r}{2^2}\right)^2}{\frac{r}{2^2}} = 4.38。$$

结论：查1%的显著性水平，自由度为2的χ^2分布值$P=9.210$。

由于$X_{r1}<P$，所以通过该检验。

参看 chi square test，local randomness test，run of a sequence，statistical hypothesis，statistical test。

runs test (2) 游程检验(2)

NIST特种出版物800-22《A Statistical Test Suite for Random and Pseudo-random Number Generators for Cryptographic Applications》中提出的16项检验之一。

检验目的 检验序列$S=s_0,s_1,s_2,\cdots,s_{n-1}$中各种长度的0或1游程数是否是随机序列所期望的；还特别检验在这样的0和1之间的摆动是否太快或太慢。

理论根据及检验技术描述 这个检验基于游程总数V_n(0游程数+1游程数)的分布。根据"频数(单比特)检验"，S中"1"的比率p应接近1/2，即$|p-1/2|\leqslant 2/\sqrt{n}$。所以有

$$\lim_{n\to\infty} P\left(\frac{V_n - 2np(1-p)}{2\sqrt{2n}p(1-p)} \leqslant z\right) = \Phi(z),$$

其中，$\Phi(z)$为标准正态分布的累积概率函数。

定义 当$s_k = s_{k+1}$时，$r(k)=0$；当$s_k \neq s_{k+1}$时，$r(k)=1$。其中$k=0,1,\cdots,n-2$。则有

$$V_n = \sum_{k=0}^{n-2} r(k) + 1。$$

尾部概率

$$P\text{-}value = \mathrm{erfc}\left(\frac{|V_n(obs) - 2np(1-p)|}{2\sqrt{2n}p(1-p)}\right),$$

其中，$V_n(obs)$为观测值，erfc(x)为补余误差函数：

$$\mathrm{erfc}(x) = \frac{2}{\sqrt{\pi}}\int_x^{\infty} \mathrm{e}^{-u^2}\,\mathrm{d}u。$$

检验统计量与参照的分布 统计量$V_n(obs)$的参照分布是χ^2分布。

检验方法描述 这个检验的先决条件是序列S通过了频数检验。

(1) 计算序列S中"1"所占的比率p。

例如，$S=1001101011$，$n=10$，$p=6/10=3/5$。

(2) 确定先决条件频数检验是否通过：如果能证明 $|p-1/2|>2/\sqrt{n}$，则不必执行游程检验。

上例中，$|p-1/2|=|3/5-1/2|=0.1$，而 $2/\sqrt{n}=2/\sqrt{10}=0.63246$，得 $|p-1/2|<2/\sqrt{n}$，故可以应用游程检验。

(3) 计算统计量：$V_n(obs)=\sum_{k=0}^{n-1}r(k)+1$，当 $s_k=s_{k+1}$ 时，$r(k)=0$；当 $s_k\neq s_{k+1}$ 时，$r(k)=1$。其中 $k=0,\cdots,n-2$。

上例中，$V_n(obs)=(1+0+1+0+1+1+1+1+0)+1=7$。

(4) 计算尾部概率 *P-value*：

$$P\text{-}value=\operatorname{erfc}\left(\frac{|V_n(obs)-2np(1-p)|}{2\sqrt{2np}(1-p)}\right)。$$

上例中，

$$P\text{-}value=\operatorname{erfc}\left(\frac{\left|7-2\cdot 10\cdot\frac{3}{5}\left(1-\frac{3}{5}\right)\right|}{2\cdot\sqrt{2\cdot 10}\cdot\frac{3}{5}\left(1-\frac{3}{5}\right)}\right)=0.147232。$$

判决准则(在显著性水平 1%下)　如果 *P-value* <0.01，则该序列未通过该项检验；否则，通过该项检验。

判决结论及解释　因为在上面步骤(4)中 *P-value* ≥0.01(*P-value* = 0.147 232)，故得出结论：这个序列通过该项检验。

注意，*P-value* 大表示序列S中0和1之间的摆动太快，而 *P-value* 小表示摆动太慢。

输入长度建议　建议序列长度不小于100比特。

举例说明　序列 S：

1100100100001111110110101010001000100001011010001 1
0000100011010011000100110001100110001010001011100 0；

$n=100$，$2/\sqrt{n}=2/\sqrt{100}=0.2$，$p=0.42$。

计算：$V_n(obs)=52$。

计算：*P-value* = 0.500 798。

结论：由于 *P-value* ≥0.01，这个序列通过"游程检验(2)"。

参看 chi-square (χ^2) distribution, chi square test, frequency (monobit) test, NIST Special Publication 800-22, run of a sequence, statistical hypothesis, statistical test, tail probability。

比较 runs test (1)。

S

SAFER block cipher　SAFER 分组密码

瑞士密码学家梅西(J. L. Massey)设计的一个面向字节运算的分组密码算法。SAFER 分组密码的分组长度为 64 比特，密钥长度为 64 比特的 SAFER 分组密码称作 SAFER K-64。SAFER 分组密码是属于 SP 网络结构式的分组密码。

SAFER K-64 分组密码

1. 符号注释

$\oplus$表示按位异或；$\boxplus$表示模 2^8 加法；$\boxminus$表示模 2^8 减法。

EXP 表示指数运算；LOG 表示对数运算。

$T = X \parallel Y$ 表示并置：如果 $X = (x_0 \cdots x_7)$，$Y = (y_0 \cdots y_7)$，则 $T = X \parallel Y = (x_0 \cdots x_7 y_0 \cdots y_7)$。

$(T_0, T_1, T_2, T_3, T_4, T_5, T_6, T_7) \leftarrow (Z_0, Z_2, Z_4, Z_6, Z_1, Z_3, Z_5, Z_7)$ 表示：

$T_0 \leftarrow Z_0, T_1 \leftarrow Z_2, T_2 \leftarrow Z_4, T_3 \leftarrow Z_6, T_4 \leftarrow Z_1, T_5 \leftarrow Z_3, T_6 \leftarrow Z_5, T_7 \leftarrow Z_7$。

$\mathrm{ROL}_3(X)$表示将变量 X 向左循环移 3 位。

常数 $B_{ij} = \mathrm{EXP}(\mathrm{EXP}(9i + j))$ $(i = 2, 3, \cdots, 2r + 1; j = 1, 2, \cdots, 8)$。

2. 基本函数(注：下面各个函数中的变量均是 8 比特。)

(1) 模指数运算 EXP　$y = 45^x \pmod{257}$，如果 $x = 128$，则 $y = 0$。

(2) 模对数运算 LOG　$y = \log_{45} x \pmod{257}$，如果 $x = 0$，则 $y = 128$。

(3) 伪阿达马变换　$(z_1, z_2) = f(x, y) = (2x \boxplus y, x \boxplus y)$，如图 S.1 所示。

(4) 逆伪阿达马变换　$(z_1, z_2) = f^{-1}(x, y) = (x \boxminus y, 2y \boxminus x)$。如图 S.2 所示。

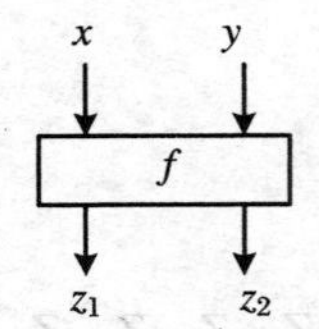

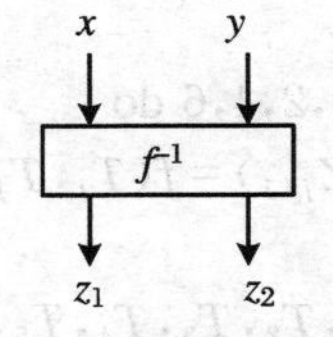

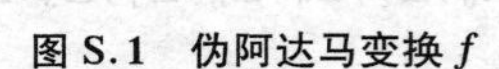

图 S.1　伪阿达马变换 f　　　　图 S.2　逆伪阿达马变换 f^{-1}

(5) 加密轮函数 F_j　如图 S.3 所示。形式描述如下：

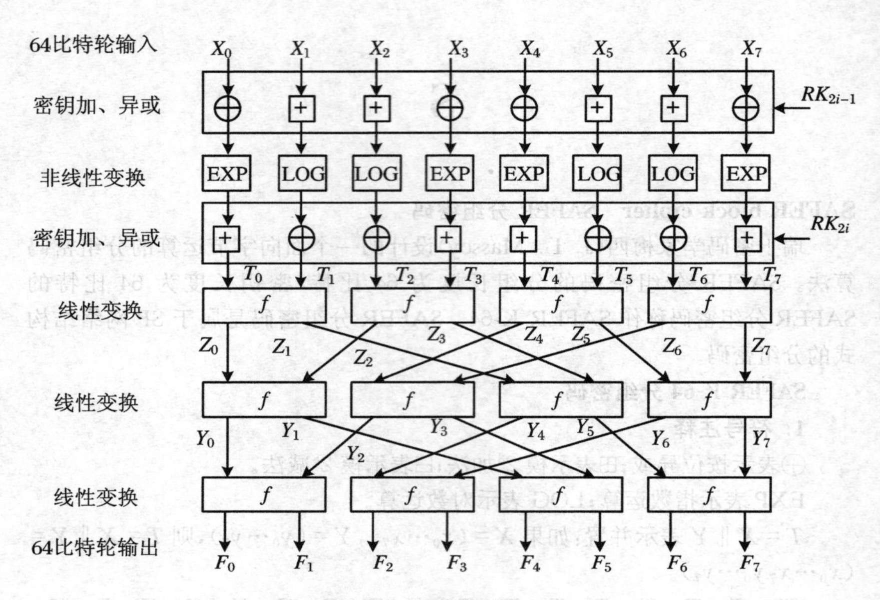

图 S.3 加密轮函数 F_j

输入：第 $i(i=1,2,\cdots,r)$轮输入 $I_i = X_0 \| X_1 \| \cdots \| X_7, X_j \in \{0,1\}^8 (j=0,1,\cdots,7)$；第 i 轮子密钥$RK_{2i-1} = K_{10} \| K_{11} \| \cdots \| K_{17}, K_{1j} \in \{0,1\}^8 (j=0,1,\cdots,7)$；$RK_{2i} = K_{20} \| K_{21} \| \cdots \| K_{27}, K_{2j} \in \{0,1\}^8 (j=0,1,\cdots,7)$。

输出：第 i 轮输出$O_i = F_0 \| F_1 \| \cdots \| F_7, F_j \in \{0,1\}^8 (j=0,1,\cdots,7)$。

begin

  for $j=0,3,4,7$ do

    $T_j = \mathrm{EXP}(X_j \oplus K_{1j}) \boxplus K_{2j}$

  next j

  for $j=1,2,5,6$ do

    $T_j = \mathrm{LOG}(X_j \boxplus K_{1j}) \oplus K_{2j}$

  next j

  for $j=0,2,4,6$ do

    $(Z_j, Z_{j+1}) = f(T_j, T_{j+1})$

  next j

  $(T_0, T_1, T_2, T_3, T_4, T_5, T_6, T_7) \leftarrow (Z_0, Z_2, Z_4, Z_6, Z_1, Z_3, Z_5, Z_7)$

  for $j=0,2,4,6$ do

    $(Y_j, Y_{j+1}) = f(T_j, T_{j+1})$

  next j

$(T_0, T_1, T_2, T_3, T_4, T_5, T_6, T_7) \leftarrow (Y_0, Y_2, Y_4, Y_6, Y_1, Y_3, Y_5, Y_7)$

for $j = 0,2,4,6$ do

$(F_j, F_{j+1}) = f(T_j, T_{j+1})$

next j

return $O_i = F_0 \| F_1 \| F_2 \| F_3 \| F_4 \| F_5 \| F_6 \| F_7$

end

(6) 解密轮函数 G_j　如图 S.4 所示。形式描述如下。

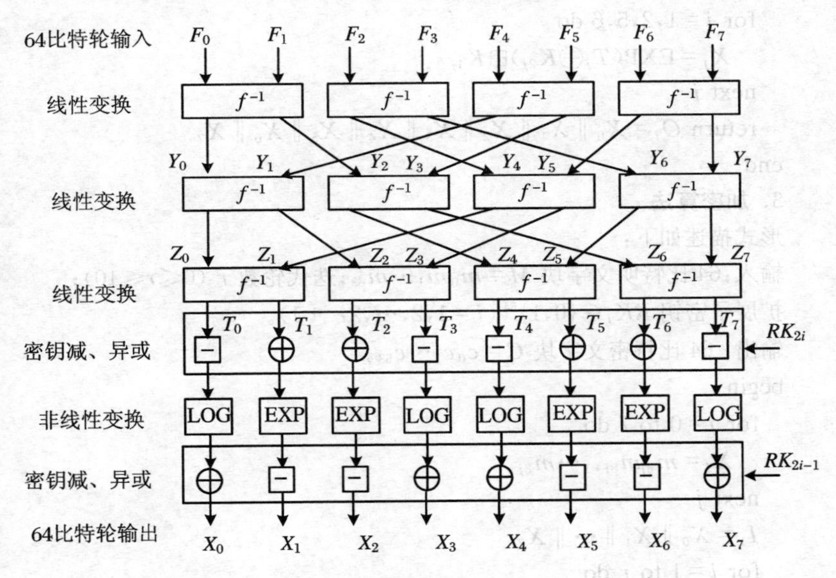

图 S.4　解密轮函数 G_j

输入:第 $i(i=1,2,\cdots,r)$轮输入 $I_i = F_0 \| F_1 \| \cdots \| F_7, F_j \in \{0,1\}^8 (j = 0,1,\cdots,7)$;第 i 轮子密钥 $RK_{2i-1} = K_{10} \| K_{11} \| \cdots \| K_{17}, K_{1j} \in \{0,1\}^8 (j=0,1,\cdots,7)$;$RK_{2i} = K_{20} \| K_{21} \| \cdots \| K_{27}, K_{2j} \in \{0,1\}^8 (j=0,1,\cdots,7)$。

输出:第 i 轮输出 $O_i = X_0 \| X_1 \| \cdots \| X_7, X_j \in \{0,1\}^8 (j=0,1,\cdots,7)$。

begin

for $j = 0,2,4,6$ do

$(T_j, T_{j+1}) = f^{-1}(F_j, F_{j+1})$

next j

$(Y_0, Y_1, Y_2, Y_3, Y_4, Y_5, Y_6, Y_7) \leftarrow (T_0, T_4, T_1, T_5, T_2, T_6, T_3, T_7)$

for $j = 0,2,4,6$ do

$(T_j, T_{j+1}) = f^{-1}(Y_j, Y_{j+1})$

$\quad$next j

$\quad(Z_0,Z_1,Z_2,Z_3,Z_4,Z_5,Z_6,Z_7)\leftarrow(T_0,T_4,T_1,T_5,T_2,T_6,T_3,T_7)$

$\quad$for $j=0,2,4,6$ do

$\quad\quad(T_j,T_{j+1})=f^{-1}(Z_j,Z_{j+1})$

$\quad$for $j=0,3,4,7$ do

$\quad\quad X_j=\mathrm{LOG}(T_j \boxminus K_{2j})\oplus K_{1j}$

$\quad$next j

$\quad$for $j=1,2,5,6$ do

$\quad\quad X_j=\mathrm{EXP}(T_j\oplus K_{2j})\boxminus K_{1j}$

$\quad$next j

$\quad$return $O_i=X_0\parallel X_1\parallel X_2\parallel X_3\parallel X_4\parallel X_5\parallel X_6\parallel X_7$

end

3. 加密算法

形式描述如下：

输入:64 比特明文字块 $M=m_0m_1\cdots m_{63}$;迭代轮数 r ($6\leqslant r\leqslant 10$);

扩展子密钥 $RK_i\in\{0,1\}^{64}$ ($i=1,2,\cdots,2r+1$)。

输出: 64 比特密文字块 $C=c_0c_1\cdots c_{63}$。

begin

$\quad$for $j=0$ to 7 do

$\quad\quad X_j=m_{8j}m_{8j+1}\cdots m_{8j+7}$

$\quad$next j

$\quad I_1=X_0\parallel X_1\parallel\cdots\parallel X_7$

$\quad$for $i=1$ to r do

$\quad\quad O_i=F_i(I_i,RK_{2i-1},RK_{2i})$

$\quad\quad I_{i+1}=O_i \quad //(X_0,X_1,\cdots,X_7)\leftarrow(F_0,F_1,\cdots,F_7)$

$\quad$next i

$\quad RK_{2r+1}=K_0\parallel K_1\parallel\cdots\parallel K_7 \quad //K_j\in\{0,1\}^8(j=0,1,\cdots,7)$

$\quad$for $j=0,3,4,7$ do

$\quad\quad U_j=F_j\oplus K_j$

$\quad$next j

$\quad$for $j=1,2,5,6$ do

$\quad\quad U_j=F_j\boxplus K_j$

$\quad$next j

$\quad$for $j=0$ to 7 do

$\quad\quad c_{8j}c_{8j+1}\cdots c_{8j+7}=U_j$

```
  next j
end
```

4. 解密算法

形式描述如下：

输入:64 比特密文字块 $C=c_0c_1\cdots c_{63}$；迭代轮数 r（$6\leqslant r\leqslant 10$）；扩展子密钥 $RK_i\in\{0,1\}^{64}(i=1,2,\cdots,2r+1)$。

输出:64 比特明文字块 $M=m_0m_1\cdots m_{63}$。

begin

  for $j=0$ to 7 do

    $U_j=c_{8j}c_{8j+1}\cdots c_{8j+7}$

  next j

  $RK_{2r+1}=K_0\parallel K_1\parallel\cdots\parallel K_7$ $//K_j\in\{0,1\}^8(j=0,1,\cdots,7)$

  for $j=0,3,4,7$ do

    $F_j=U_j\oplus K_j$

  next j

  for $j=1,2,5,6$ do

    $F_j=U_j\boxminus K_j$

  next j

  $I_1=F_0\parallel F_1\parallel F_2\parallel F_3\parallel F_4\parallel F_5\parallel F_6\parallel F_7$

  for $i=r$ to 1 do

    $O_i=G_i(I_i,RK_{2i-1},RK_{2i})$

    $I_{i+1}=O_i$ $//(F_0,F_1,\cdots,F_7)\leftarrow(X_0,X_1,\cdots,X_7)$

  next i

  for $j=0$ to 7 do

    $m_{8j}m_{8j+1}\cdots m_{8j+7}=X_j$

  next j

end

5. 密钥编排

下面给出密钥编排过程的形式描述：

输入:64 比特密钥 $K=k_0k_1\cdots k_{63}$；迭代轮数 r（$6\leqslant r\leqslant 10$）。

输出:扩展子密钥 $RK_i\in\{0,1\}^{64}(i=1,2,\cdots,2r+1)$。

begin

  $K=k_0k_1\cdots k_{63}$

  $RK_1=K$

  $(T_0,T_1,\cdots,T_7)\leftarrow(k_0k_1\cdots k_7,k_8k_9\cdots k_{15},\cdots,k_{56}k_{57}\cdots k_{63})$

```
  for i = 2 to 2r + 1 do
    for j = 0 to 7 do
      T_j = ROL_3(T_j)
      K_ij = T_j ⊞ B_ij
    next j
    RK_i = K_i0 ‖ K_i1 ‖ K_i2 ‖ K_i3 ‖ K_i4 ‖ K_i5 ‖ K_i6 ‖ K_i7
  next i
end
```

6. 增强型密钥编排 SAFER SK-64。

下面给出增强型密钥编排过程的形式描述：

输入：64 比特密钥 $K = k_0k_1\cdots k_{63}$；迭代轮数 r（$6\leqslant r\leqslant 10$）。

输出：扩展子密钥 $RK_i\in\{0,1\}^{64}$（$i=1,2,\cdots,2r+1$）。

```
begin
  K = k_0 k_1 … k_63
  RK_1 = K
  (T_0, T_1, …, T_7) ← (k_0 k_1 … k_7, k_8 k_9 … k_15, …, k_56 k_57 … k_63)
  T_8 = T_0 ⊕ T_1 ⊕ T_2 ⊕ T_3 ⊕ T_4 ⊕ T_5 ⊕ T_6 ⊕ T_7
  for i = 2 to 2r + 1 do
    for j = 0 to 8 do
      T_j = ROL_3(T_j)
    next j
    for j = 0 to 7 do
      p = i + j - 1 (mod 9)
      K_ij = T_p ⊞ B_ij
    next j
    RK_i = K_i0 ‖ K_i1 ‖ K_i2 ‖ K_i3 ‖ K_i4 ‖ K_i5 ‖ K_i6 ‖ K_i7
  next i
end
```

7. 测试向量

当 $r=6$ 时，(下面的数据均为十进制)SAFER K-64 的测试向量：

64 比特明文 $M=(1,2,3,4,5,6,7,8)$，

64 比特密钥 $K=(8,7,6,5,4,3,2,1)$，

64 比特密文 $C=(200,242,156,221,135,120,62,217)$。

当 $r=6$ 时，(下面的数据均为十进制)SAFER SK-64 的测试向量：

64 比特明文 $M=(1,2,3,4,5,6,7,8)$，

64 比特密钥 $K=(1,2,3,4,5,6,7,8)$，

64 比特密文 $C=(95,206,155,162,5,132,56,199)$。

参看 block cipher，substitution-permutation (SP) network。

SAFER + block cipher　SAFER + 分组密码

美国 21 世纪数据加密标准(AES)算法评选第一轮(1998 年 8 月)公布的 15 个候选算法之一，由瑞士的梅西(J. L. Massey)等人设计。SAFER + 分组密码是在 SAFER 系列密码的基础上做的改进。SAFER + 分组密码的分组长度为 128 比特，密钥长度有 128，192，256 比特三种可选。SAFER + 分组密码也是属于 SP 网络结构式的分组密码。

SAFER+分组密码

1. 符号注释

$\oplus$表示按位异或，$\boxplus$表示模 2^8 加法，$\boxminus$表示模 2^8 减法。

EXP 表示指数运算，LOG 表示对数运算。

常数矩阵 M——16×16 矩阵如下：

$$M=\begin{pmatrix}
2&2&1&1&16&8&2&1&4&2&4&2&1&1&4&4\\
1&1&1&1&8&4&2&1&2&1&4&2&1&1&2&2\\
1&1&4&4&2&1&4&2&4&2&16&8&2&2&1&1\\
1&1&2&2&2&1&2&1&4&2&8&4&1&1&1&1\\
4&4&2&1&4&2&4&2&16&8&1&1&1&1&2&2\\
2&2&2&1&2&1&4&2&8&4&1&1&1&1&1&1\\
1&1&4&2&4&2&16&8&2&1&2&2&4&4&1&1\\
1&1&2&1&4&2&8&4&2&1&1&1&2&2&1&1\\
2&1&16&8&1&1&2&2&1&1&4&4&4&2&4&2\\
2&1&8&4&1&1&1&1&1&1&2&2&4&2&2&1\\
4&2&4&2&4&4&1&1&2&2&1&1&16&8&2&1\\
2&1&4&2&2&2&1&1&1&1&1&1&8&4&2&1\\
4&2&2&2&1&1&4&4&1&1&4&2&2&1&16&8\\
4&2&1&1&1&1&2&2&1&1&2&1&2&1&8&4\\
16&8&1&1&2&2&1&1&4&4&2&1&4&2&4&2\\
8&4&1&1&1&1&1&1&2&2&2&1&2&1&4&2
\end{pmatrix},$$

M 的逆矩阵 M^{-1} 如下：

$$M^{-1}=\begin{pmatrix}
2 & -2 & 1 & -2 & 1 & -1 & 4 & -8 & 2 & -4 & 1 & -1 & 1 & -2 & 1 & -1\\
-4 & 4 & -2 & 4 & -2 & 2 & -8 & 16 & -2 & 4 & -1 & 1 & -1 & 2 & -1 & 1\\
1 & -2 & 1 & -1 & 2 & -4 & 1 & -1 & 1 & -1 & 1 & -2 & 2 & -2 & 4 & -8\\
-2 & 4 & -2 & 2 & -2 & 4 & -1 & 1 & -1 & 1 & -1 & 2 & -4 & 4 & -8 & 16\\
1 & -1 & 2 & -4 & 1 & -1 & 1 & -2 & 1 & -2 & 1 & -1 & 4 & -8 & 2 & -2\\
-1 & 1 & -2 & 4 & -1 & 1 & -1 & 2 & -2 & 4 & -2 & 2 & -8 & 16 & -4 & 4\\
2 & -4 & 1 & -1 & 1 & -2 & 1 & -1 & 2 & -2 & 4 & -8 & 1 & -1 & 1 & -2\\
-2 & 4 & -1 & 1 & -1 & 2 & -1 & 1 & -4 & 4 & -8 & 16 & -2 & 2 & -2 & 4\\
1 & -1 & 1 & -2 & 1 & -1 & 2 & -4 & 4 & -8 & 2 & -2 & 1 & -2 & 1 & -1\\
-1 & 1 & -1 & 2 & -1 & 1 & -2 & 4 & -8 & 16 & -4 & 4 & -2 & 4 & -2 & 2\\
1 & -2 & 1 & -1 & 4 & -8 & 2 & -2 & 1 & -1 & 1 & -2 & 1 & -1 & 2 & -4\\
-1 & 2 & -1 & 1 & -8 & 16 & -4 & 4 & -2 & 2 & -2 & 4 & -1 & 1 & -2 & 4\\
4 & -8 & 2 & -2 & 1 & -2 & 1 & -1 & 1 & -2 & 1 & -1 & 2 & -4 & 1 & -1\\
-8 & 16 & -4 & 4 & -2 & 4 & -2 & 2 & -1 & 2 & -1 & 1 & -2 & 4 & -1 & 1\\
1 & -1 & 4 & -8 & 2 & -2 & 1 & -2 & 1 & -1 & 2 & -4 & 1 & -1 & 1 & -2\\
-2 & 2 & -8 & 16 & -4 & 4 & -2 & 4 & -1 & 1 & -2 & 4 & -1 & 1 & -1 & 2
\end{pmatrix}。$$

$(X_0, X_1, \cdots, X_{15}) \leftarrow (M_0, M_1, \cdots, M_{15})$表示：

$$X_0 \leftarrow M_0, X_1 \leftarrow M_1, \cdots, X_{15} \leftarrow M_{15}。$$

$\mathrm{ROL}_3(X)$表示将变量 X 向左循环移 3 位。常数

$B_{ij} = \mathrm{EXP}(\mathrm{EXP}(17i + j)) \quad (i = 2, 3, \cdots, 17; j = 1, 2, \cdots, 16)$，

$B_{ij} = \mathrm{EXP}(17i + j) \quad (i = 18, 19, \cdots, 33; j = 1, 2, \cdots, 16)$。

2. 基本函数(注：下面各个函数中的变量均是 8 比特)

(1) 模指数运算 EXP　$y = 45^x \pmod{257}$，如果 $x = 128$，则 $y = 0$。

(2) 模对数运算 LOG　$y = \log_{45} x \pmod{257}$，如果 $x = 0$，则 $y = 128$。

(3) 矩阵乘法 $F = TM$ 和 $T = FM^{-1}$　矩阵元素相乘是模 256 乘法，其中

$F = [F_0, F_1, F_2, F_3, F_4, F_5, F_6, F_7, F_8, F_9, F_{10}, F_{11}, F_{12}, F_{13}, F_{14}, F_{15}]$，

$T = [T_0, T_1, T_2, T_3, T_4, T_5, T_6, T_7, T_8, T_9, T_{10}, T_{11}, T_{12}, T_{13}, T_{14}, T_{15}]$。

(4) 加密轮函数 F_i　如图 S.5 所示。形式描述如下：

输入：第 $i(i = 1, 2, \cdots, r)$轮输入 $I_i = (X_0, X_1, \cdots, X_{15})$，$X_j \in \{0,1\}^8 (j = 0, 1, \cdots, 15)$；第 i 轮子密钥$RK_{2i-1} = (K_{10}, K_{11}, \cdots, K_{1,15})$，$K_{1j} \in \{0,1\}^8 (j = 0, 1, \cdots, 15)$；$RK_{2i} = (K_{20}, K_{21}, \cdots, K_{2,15})$，$K_{2j} \in \{0,1\}^8 (j = 0, 1, \cdots, 15)$。

输出：第 i 轮输出 $O_i = (F_0, F_1, \cdots, F_{15})$，$F_j \in \{0,1\}^8 (j = 0, 1, \cdots, 15)$。

begin

　for $j = 0, 3, 4, 7, 8, 11, 12, 15$ do

　　$T_j = \mathrm{EXP}(X_j \oplus K_{1j}) \boxplus K_{2j}$

　next j

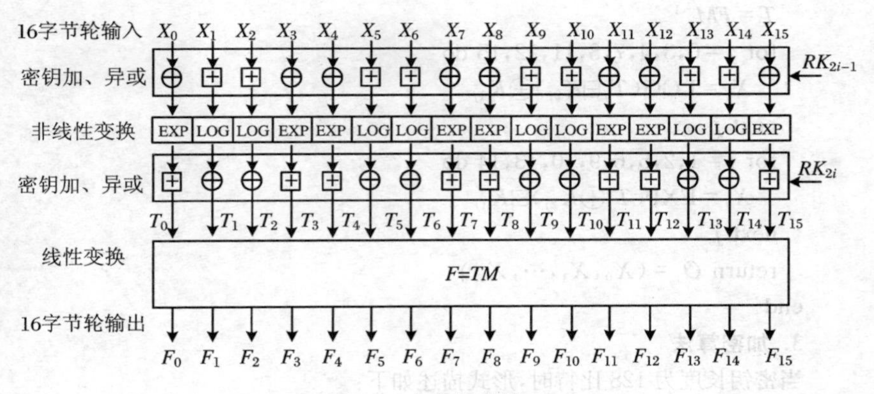

图 S.5 加密轮函数 F_i

for $j = 1,2,5,6,9,10,13,14$ do

$T_j = \mathrm{LOG}(X_j \boxplus K_{1j}) \oplus K_{2j}$

next j

$F = TM$

return $O_i = (F_0, F_1, \cdots, F_{15})$

end

(5) 解密轮函数 G_i 如图 S.6 所示。形式描述如下：

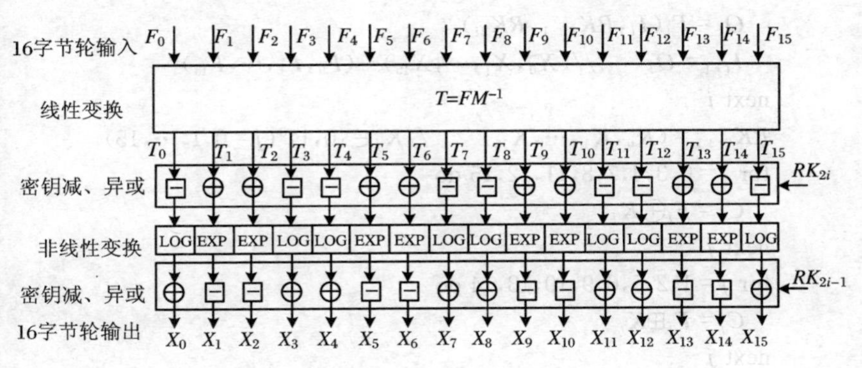

图 S.6 解密轮函数 G_i

输入：第 $i(i=1,2,\cdots,r)$轮输入 $I_i=(F_0,F_1,\cdots,F_{15})$，$F_j\in\{0,1\}^8(j=0,1,\cdots,7)$；第 i 轮子密钥$RK_{2i-1}=(K_{10},K_{11},\cdots,K_{1,15})$，$K_{1j}\in\{0,1\}^8(j=0,1,\cdots,15)$；$RK_{2i}=(K_{20},K_{21},\cdots,K_{2,15})$，$K_{2j}\in\{0,1\}^8(j=0,1,\cdots,15)$。

输出：第 i 轮输出$O_i=(X_0,X_1,\cdots,X_{15})$，$X_j\in\{0,1\}^8(j=0,1,\cdots,15)$。

begin

```
    T = FM^{-1}
    for j = 0,3,4,7,8,11,12,15 do
      X_j = LOG(T_j ⊟ K_{2j}) ⊕ K_{1j}
    next j
    for j = 1,2,5,6,9,10,13,14 do
      X_j = EXP(T_j ⊕ K_{2j}) ⊟ K_{1j}
    next j
    return O_i = (X_0, X_1, …, X_15)
end
```

3. 加密算法

当密钥长度为 128 比特时,形式描述如下:

输入:16 字节明文字块 $M=(M_0,M_1,\cdots,M_{15})$;迭代轮数 r(当密钥长度为 128 比特时,$r=8$;为 192 比特时,$r=12$;为 256 比特时,$r=16$);扩展子密钥 $RK_i\in\{0,1\}^{128}(i=1,2,\cdots,2r+1)$。

输出:16 字节密文字块 $C=(C_0,C_1,\cdots,C_{15})$。

```
begin
  (X_0, X_1, …, X_15) ← (M_0, M_1, …, M_15)
  I_1 = (X_0, X_1, …, X_15)
  for i = 1 to r do
    O_i = F_i(I_i, RK_{2i-1}, RK_{2i})
    I_{i+1} = O_i      //(X_0, X_1, …, X_15) ← (F_0, F_1, …, F_15)
  next i
  RK_{2r+1} = (K_0, K_1, …, K_15)      //K_j ∈ {0,1}^8 (j = 0,1, …, 15)
  for j = 0,3,4,7,8,11,12,15 do
    C_j = F_j ⊕ K_j
  next j
  for j = 1,2,5,6,9,10,13,14 do
    C_j = F_j ⊞ K_j
  next j
end
```

4. 解密算法

形式描述如下:

输入:16 字节密文字块 $C=(C_0,C_1,\cdots,C_{15})$;迭代轮数 r(8 或 12 或 16);扩展子密钥 $RK_i\in\{0,1\}^{128}(i=1,2,\cdots,2r+1)$。

输出:16 字节明文字块 $M=(M_0,M_1,\cdots,M_{15})$。

```
begin
  RK_{2r+1} = (K_0, K_1, ..., K_15)      //K_j ∈ {0,1}^8 (j = 0,1,...,15)
  for j = 0,3,4,7,8,11,12,15 do
    F_j = C_j ⊕ K_j
  next j
  for j = 1,2,5,6,9,10,13,14 do
    F_j = C_j ⊟ K_j
  next j
  I_1 = (F_0, F_1, ..., F_15)
  for i = r to 1 do
    O_i = G_i(I_i, RK_{2i-1}, RK_{2i})
    I_{i+1} = O_i      //(F_0, F_1, ..., F_15) ← (X_0, X_1, ..., X_15)
  next i
  (M_0, M_1, ..., M_15) ← (X_0, X_1, ..., X_15)
end
```

5. 密钥编排

下面给出密钥编排过程的形式描述：

输入：n 字节密钥 $K=(A_0,A_1,\cdots,A_{n-1})$；迭代轮数 r（当 $n=16$ 时，$r=8$；当 $n=24$ 时，$r=12$；当 $n=32$ 时，$r=16$）。

输出：扩展子密钥 $RK_i\in\{0,1\}^{128}(i=1,2,\cdots,2r+1)$。

```
begin
  RK_1 = K
  if n = 16 then do
    RK_1 = (A_0, A_1, ..., A_15)
    (T_0, T_1, ..., T_15) ← (A_0, A_1, ..., A_15)
    T_16 = T_0 ⊕ T_1 ⊕ ... ⊕ T_15
    for i = 2 to 17 do
      for j = 0 to 16 do
        T_j = ROL_3(T_j)
      next j
      for j = 0 to 15 do
        p = i + j - 1 (mod 17)
        K_ij = T_p ⊞ B_ij
      next j
      RK_i = (K_i0, K_i1, ..., K_i,15)
```

```
      next i
    doend
    else if n = 24 then do
      RK_1 = (A_0, A_1, …, A_15)
      (T_0, T_1, …, T_23) ← (A_0, A_1, …, A_23)
      T_24 = T_0 ⊕ T_1 ⊕ … ⊕ T_23
        for i = 2 to 25 do
        for j = 0 to 24 do
          T_j = ROL_3(T_j)
        next j
        for j = 0 to 15 do
          p = i + j - 1(mod 25)
          K_ij = T_p ⊞ B_ij
        next j
        RK_i = (K_i0, K_i1, …, K_i,15)
      next i
    doend
    else if n = 32 then do
      RK_1 = (A_0, A_1, …, A_15)
      (T_0, T_1, …, T_31) ← (A_0, A_1, …, A_31)
      T_32 = T_0 ⊕ T_1 ⊕ … ⊕ T_31
      for i = 2 to 25 do
        for j = 0 to 32 do
          T_j = ROL_3(T_j)
        next j
        for j = 0 to 15 do
          p = i + j - 1 (mod 33)
          K_ij = T_p ⊞ B_ij
        next j
        RK_i = (K_i0, K_i1, …, K_i,15)
      next i
    doend
  end
```

6. 测试向量

密钥为 128 比特(16 字节)时(下面数据均为十进制)的测试向量:

128 比特密钥 $K=$(41,35,190,132,225,108,214,174,82,144,73,241,241,187,233,235);

128 比特明文 $M=$(179,166,219,60,135,12,62,153,36,94,13,28,6,183,71,222);

128 比特密文 $C=$(224,31,182,10,12,255,84,70,127,13,89,249,9,57,165,220)。

密钥为 192 比特(24 字节)时(下面数据均为十进制)的测试向量:

192 比特密钥 $K=$(72,211,143,117,230,217,29,42,229,192,247,43,120,129,135,68,14,95,80,0,212,97,141,190);

128 比特明文 $M=$(123,5,21,7,59,51,130,31,24,112,146,218,100,84,206,177);

128 比特密文 $C=$(92,136,4,63,57,95,100,0,150,130,130,16,193,111,219,133)。

密钥为 256 比特(32 字节)时(下面数据均为十进制)的测试向量:

256 比特密钥 $K=$(243,168,141,254,190,242,235,113,255,160,208,59,117,6,140,126,135,120,115,77,208,190,130,190,219,194,70,65,43,140,250,48);

128 比特明文 $M=$(127,112,240,167,84,134,50,149,170,91,104,19,11,230,252,245);

128 比特密文 $C=$(88,11,25,36,172,229,202,213,170,65,105,153,220,104,153,138)。

参看 advanced encryption standard,block cipher,SAFER block cipher,substitution-permutation (SP) network。

safe prime　安全素数,安全质数

形如 $p=2q+1$ 的素数,其中 q 是一个奇素数。安全素数在 RSA 中是有意义的,这是因为很难对使用安全素数组成的模数进行因子分解。

参看 integer factorization,prime number,RSA public-key encryption scheme。

salting the message　填充消息

为了阻止对 RSA 公开密钥加密方案的攻击而采取的一种技术:在加密明文消息之前,预先把一个适当长度(如至少 64 比特)的伪随机产生的二进制数字串附加到明文消息上;对每一次加密而言,伪随机二进制数字串应当是独立产生的。这种过程称为填充消息。

使用这种技术能有效阻止“小加密指数攻击”和“向前搜索攻击”。

参看 forward search attack,RSA public-key encryption scheme,small encryption exponent in RSA。

sample space　样本空间

一次试验是得到一给定结果集合中的一个结果的过程，单个的可能结果称为简单事件(有称基本事件的)。所有可能结果构成的集合就称为样本空间。密码学仅考虑离散的样本空间，即样本空间只具有有限个可能结果。令样本空间 $S=\{s_1,s_2,\cdots,s_n\}$，其中 s_i 是 S 中的简单事件。

saturated multiset　渗透的多重集合

假定集合 S 是一个含有 $k\cdot 2^w$ 个表列值的多重集合，如果 $\{0,1\}^w$ 中的每一个值在 S 中都恰好出现 k 次，则称 S 为“k 渗透的多重集合”。如果 $k=1$，则渗透的多重集合是 1 渗透的，就是 $\{0,1\}^w$，简称为“渗透的”。

如果方程 $\bigoplus_{x_i\in M} x_i=0$ 成立，则称集合 $M\subseteq\{0,1\}^w$ 是“平衡的”。如果 M 是 k 渗透的多重集合，则 M 是平衡的。

参看 bit string，multiset。

saturation attack　渗透攻击

渗透攻击是斯蒂芬·勒克斯(Stefan Lucks)2001 年在分析 Twofish 分组密码的安全性时，将平方攻击的方法应用于费斯特尔密码而提出的攻击方法。

考察 w 比特字的一个置换 p。如果 p 应用于所有 2^w 个分离的字，则输出集合恰好和输入集合相同。渗透攻击利用这个事实。

现代的 b 比特分组密码常常使用置换 $p:\{0,1\}^w\to\{0,1\}^w(w<b)$ 作为结构单元。例如，p 可以是一个 S 盒、一个轮函数，或者一个其中运算数之一为常数的群运算。这个常数可以是密码分析者未知的，例如作为(轮)密钥的一部分。把 p 的输入看作是数据通道。对于密码分析者而言，p 可以是已知的或未知的，而且密码分析者或许不能确定 p 的输入。“渗透攻击”基于下述想法：选择一个含有 $k\cdot 2^w$ 个明文的集合，使得 p 的 2^w 个输入中的每一个都恰好出现 k 次。在这种情况下，我们说进入 p 的数据通道“被渗透”。渗透攻击利用下面这个事实：如果 p 的输入被渗透，则来自 p 的输出也被渗透。

“平方攻击”就是渗透攻击。对那些输入、输出都是 128 比特且具有 8 比特数据通道的分组密码，攻击从一含有 2^8 个明文的集合开始，这个明文集合具有一个被渗透的通道，而其他的 15 个通道都是常数。在 2 轮之后，所有 16 个数据通道都被渗透。在 3 轮之后，渗透性质可能已经失去，但数据通道中的所有值的和为零。这就可以区分 3 轮输出是否是随机的。

参看 Feistel cipher，multiset，permutation，saturated multiset，square attack，Twofish block cipher。

S-box　代替盒，S 盒

参看 substitution box (S-box)。

scalar multiplication of elliptic curve point　椭圆曲线点的纯量乘法

椭圆曲线点的二倍运算的推广。令 k 为一个整数，P 为椭圆曲线点，则称 $Q = kP$ 为 P 的 k 倍点，$Q = kP = P + P + \cdots + P$（共有 k 个 P 相加）。

参看 doubling operation of elliptic curve point。

Schnorr digital signature　斯诺数字签名

斯诺数字签名方案是 ElGamal 数字签名方案的一种变形。它和 DSS 数字签名标准一样，使用$\mathbb{Z}_p^*$中的一个 q 阶子群，其中 p 是一个大素数。它也要求一个散列函数 $h:\{0,1\}^* \to \mathbb{Z}_q$。它的密钥生成方法和 DSS 相同，但对 p 和 q 的大小没有限制。

设签名者为 A，验证者为 B。

(1) 密钥生成（A 建立一个公开密钥/秘密密钥对）

KG1　A 选择一个素数 q。

KG2　A 选择 t ($0 \leqslant t \leqslant 8$) 和一个素数 p，并且使得 $q \mid (p-1)$。

KG3　（选择乘法群$\mathbb{Z}_p^*$上的 q 阶循环群的一个生成元 α）

KG3.1　A 选择一个元素 $g \in \mathbb{Z}_p^*$，并计算 $\alpha = g^{(p-1)/q} \pmod p$；

KG3.2　如果 $\alpha = 1$，则返回 KG3.1。

KG4　A 选择一个随机整数 a，使得 $1 \leqslant a \leqslant q-1$。

KG5　A 计算 $y = \alpha^a \pmod p$。

KG6　A 的公开密钥是 (p, q, α, y)，秘密密钥是 a。

(2) 签名生成（A 签署一个任意长度的二进制消息 m）

SG1　A 选择一个随机整数 k ($1 \leqslant k \leqslant q-1$)；

SG2　A 计算 $r = \alpha^k \pmod p$，$e = h(m \parallel r)$，$s = ae + k \pmod q$；

SG3　A 对消息 m 的签名是 (s, e) 对。

(3) 签名验证（B 使用 A 的公开密钥验证 A 对消息 m 的签名）

SV1　B 获得 A 的可靠的公开密钥 (p, q, α, y)；

SV2　B 计算 $v = \alpha^s y^{-e} \pmod p$ 和 $e' = h(m \parallel v)$；

SV3　B 接受这个签名，当且仅当 $e' = e$。

对签名验证的证明　如果签名是由 A 建立的，则

$$v \equiv \alpha^s y^{-e} \equiv \alpha^s \alpha^{-ae} \equiv \alpha^k \equiv r \pmod p。$$

因此，$h(m \parallel v) = h(m \parallel r)$，$e' = e$。

参看 digital signature standard (DSS)，ElGamal digital signature，hash function，multiplicative group of $\mathbb{Z}_n$。

Schnorr identification protocol　斯诺身份识别协议

此协议的安全性基于离散对数问题的难解性。

假设A向B证明其身份(以一种三趟协议方式)。

(1) 系统参数的选择

(a) 选择一个适当的素数 p 和 q,使得 $q|(p-1)$。

(模 p 离散对数必须是计算上不可行的,选 $p\approx 2^{1024}$,$q\geqslant 2^{160}$。)

(b) 选择一个元素 α $(1\leqslant\alpha\leqslant p-1)$,$\alpha$ 具有乘法阶为 q。例如,对于模 p 的一个生成元 β,$\alpha=\beta^{(p-1)/q}(\mathrm{mod}\ p)$。

(c) 每个用户都获得系统参数 (p,q,α) 的一个可靠的副本以及可信方T的验证函数(公开密钥),允许验证T的对消息 m 的签名 $s_T(m)$。(s_T 还含有一个适当的签名之前用的已知散列函数,s_T 可以是任意签名机制。)

(d) A选择一个参数 t $(t\geqslant 40)$,$2^t<q$。(定义一个安全等级为 2^t。)

(2) 每个用户参数的选择

(a) 给每个申请人A一个唯一身份 I_A。

(b) A选择一个秘密密钥 a $(0\leqslant a\leqslant q-1)$,并计算 $v=\alpha^{-a}(\mathrm{mod}\ p)$。

(c) A通过传统方法(例如护照)向T验明自身,把 v 完整地传送给T,并从T获得一个证书:$cert_A=(I_A,v,S_T(I_A,v))$,把 I_A 和 v 绑在一起。

(3) 协议消息 协议含有三个消息:

$$\mathrm{A}\rightarrow\mathrm{B}:\ cert_A,\gamma=\alpha^k(\mathrm{mod}\ p), \quad (1)$$

$$\mathrm{A}\leftarrow\mathrm{B}:\ r(1\leqslant r\leqslant 2^t<q), \quad (2)$$

$$\mathrm{A}\rightarrow\mathrm{B}:\ y=ar+k(\mathrm{mod}\ q)。 \quad (3)$$

(4) 协议动作 A向验证者B证明自身:

(a) A选择一个随机的 k(承诺)$(1\leqslant k\leqslant q-1)$,计算(证据)$r=\alpha^k(\mathrm{mod}\ p)$,并把消息(1)发送给B。

(b) B通过验证T对 $cert_A$ 的签名鉴定A的公开密钥,然后发送给A一个(绝不是先前使用过的)随机数 r(询问)$(1\leqslant r\leqslant 2^t)$。

(c) A检验 $1\leqslant r\leqslant 2^t$,并发送给B(应答)$y=ar+k(\mathrm{mod}\ q)$。

(d) B计算 $z=yv^r(\mathrm{mod}\ p)$,只要 $z=\gamma$ 就承认A的身份。

参看 challenge-response identification, computationally infeasible, discrete logarithm problem (DLP), hash function。

Schnorr signature scheme 斯诺签名方案

同 Schnorr digital signature。

scrambler 置乱器

通信中的一种编码设备,应用这种编码设备的目的是保密或避免数字数据的有害的重复模式的出现。因为这样的重复模式在相位调制系统中可能发生,并在一个比较长的周期上产生零相移,导致发射机和接收机译码器之间失步。

参看 voice scrambling。

sealed authenticator　密封鉴别码

提供数据源鉴别的方法之一:(在加密之前)把一个秘密的鉴别码值附加到加密文本上。这样的秘密鉴别码有时称为附属鉴别码,把它和一种加密方法一道使用来提供错误扩展。这类似于使用加密和一个 MDC(操作检测码)的技术,而只不过 MDC 是明文的一个已知函数,密封鉴别码本身是秘密的。

参看 data origin authentication, encryption, manipulation detection code (MDC)。

sealed key　密封的密钥

在使用密钥公证技术中,根据身份通过修改密钥加密密钥来鉴别一个密钥,以使得必须正确说明的身份才能真正地恢复被保护的密钥。称这个密钥是用这些身份密封的。

参看 key notarization。

SEAL stream cipher　SEAL 序列密码

SEAL 是在 1993 年由罗加威(P. Rogaway)和科波史密斯(D. Coppersmith)提出的一种二进制加法型序列密码。SEAL 是一个长度递增的伪随机函数,它在一个 160 比特秘密密钥的控制下,将一个 32 比特序列号 n 映射成 L 比特密钥流。

SEAL 序列密码

1. 符号注释

算法中所用变量均为 32 比特。

$\oplus$表示按位异或,$\wedge$表示按位与,$\vee$表示按位或。

$\bar{A}$ 表示将变量 A 按位取补。

$+$ 表示模 2^{32} 加法。

$\mathrm{ROL}_s(A)$ 表示将变量 A 向左循环移 s 位。

$\mathrm{ROR}_s(A)$ 表示将变量 A 向右循环移 s 位。

$A \parallel B$ 表示并置:如果 $A=(a_{31}\cdots a_0)$,$B=(b_{31}\cdots b_0)$,则

$$A \parallel B=(a_{31}\cdots a_0 b_{31}\cdots b_0)。$$

$(T_0,T_1,\cdots,T_j)\leftarrow(X_0,X_1,\cdots,X_j)$表示 $T_0\leftarrow X_0,T_1\leftarrow X_1,\cdots,T_j\leftarrow X_j$。

四个常数:Y_1 = 0x5a827999, Y_2 = 0x6ed9eba1, Y_3 = 0x8f1bbcdc, Y_4 = 0xca62c1d6,其中“0x”表示其后的数字为十六进制(下同)。

2. 基本函数

(1) 函数　$f(B,C,D)=(B\wedge C)\vee(\bar{B}\wedge D)$。

(2) 函数 $g(B,C,D)=(B\wedge C)\vee(B\wedge D)\vee(C\wedge D)$。

(3) 函数 $h(B,C,D)=B\oplus C\oplus D$。

(4) 表生成函数 $G_K(i)$ 基于安全散列函数SHA-1。

输入:160比特密钥 K;一个整数 $i\in\{0,1\}^{32}$。

输出:160比特串 $G_K(i)$。

begin
  $X_0\leftarrow i$
  for $j=1$ to 15 do
    $X_j=0x00000000$
  next j
  for $j=16$ to 79 do
    $X_j=\mathrm{ROL}_1(X_{j-3}\oplus X_{j-8}\oplus X_{j-14}\oplus X_{j-16})$
  next j
  $K=H_0\parallel H_1\parallel H_2\parallel H_3\parallel H_4$ $//H_j\in\{0,1\}^{32}(j=0,1,2,3,4)$
  $(A,B,C,D,E)\leftarrow(H_0,H_1,H_2,H_3,H_4)$
  for $j=0$ to 19 do
    $T=\mathrm{ROL}_5(A)+f(B,C,D)+E+X_j+Y_1$
    $(A,B,C,D,E)\leftarrow(T,A,\mathrm{ROL}_{30}(B),C,D)$
  next j
  for $j=20$ to 39 do
    $T=\mathrm{ROL}_5(A)+h(B,C,D)+E+X_j+Y_2$
    $(A,B,C,D,E)\leftarrow(T,A,\mathrm{ROL}_{30}(B),C,D)$
  next j
  for $j=40$ to 59 do
    $T=\mathrm{ROL}_5(A)+g(B,C,D)+E+X_j+Y_3$
    $(A,B,C,D,E)\leftarrow(T,A,\mathrm{ROL}_{30}(B),C,D)$
  next j
  for $j=60$ to 79 do
    $T=\mathrm{ROL}_5(A)+h(B,C,D)+E+X_j+Y_4$
    $(A,B,C,D,E)\leftarrow(T,A,\mathrm{ROL}_{30}(B),C,D)$
  next j
  $(H_0,H_1,H_2,H_3,H_4)\leftarrow(H_0+A,H_1+B,H_2+C,H_3+D,H_4+E)$
  return $G_K(i)=H_0\parallel H_1\parallel H_2\parallel H_3\parallel H_4$
end

(5) 函数 $F_K(i)=H^i_{i(\mathrm{mod}\ 5)}$,其中 $H^i_0H^i_1H^i_2H^i_3H^i_4=G_K(\lfloor i/5\rfloor)$

3. 密钥流发生器(SEAL 2.0)

输入:160 比特密钥 K;整数 $n\in\{0,1\}^{32}$;输出密钥流长度 L 比特。

输出:长度为 L' 比特的密钥流 y,其中 $L'\geqslant L$ 且是 128 的最小倍数。

```
begin
    //生成三个表 T,S 和 R
  for i = 0 to 511 do
    T[i] = F_K(i)
  next i
  for j = 0 to 255 do
    S[j] = F_K(0x00001000 + j)
  next j
  for k = 0 to (4·⌈(L-1)/8192⌉-1) do
    R[k] = F_K(0x00002000 + k)
  next k
    //初始化过程:(A,B,C,D,n_1,n_2,n_3,n_4) = Initialize(n,t)
  A = n⊕R[4t]
  B = ROR_8(n)⊕R[4t+1]
  C = ROR_16(n)⊕R[4t+2]
  D = ROR_24(n)⊕R[4t+3]
  for j = 1 to 2 do
    P←A∧0x000007fc,B←B+T[P/4],A←ROR_9(A)
    P←B∧0x000007fc,C←C+T[P/4],B←ROR_9(B)
    P←C∧0x000007fc,D←D+T[P/4],C←ROR_9(C)
    P←D∧0x000007fc,A←A+T[P/4],D←ROR_9(D)
  next j
  (n_1,n_2,n_3,n_4)←(D,B,A,C)
  P←A∧0x000007fc,B←B+T[P/4],A←ROR_9(A)
  P←B∧0x000007fc,C←C+T[P/4],B←ROR_9(B)
  P←C∧0x000007fc,D←D+T[P/4],C←ROR_9(C)
  P←D∧0x000007fc,A←A+T[P/4],D←ROR_9(D)
    //初始化 y
  将 y 置为空串,y 的比特长度 y_length = 0
  t=0  // t 为控制字
    //重复下述过程产生 L 比特长度的密钥流 y
  while (y_length<L) do
```

$(A,B,C,D,n_1,n_2,n_3,n_4) = Initialize(n,t)$
for $i=1$ to 64 do
$P \leftarrow A \wedge$ 0x000007fc, $B \leftarrow B + T[P/4]$
$A \leftarrow ROR_9(A)$, $B \leftarrow B \oplus A$
$Q \leftarrow B \wedge$ 0x000007fc, $C \leftarrow C \oplus T[Q/4]$
$B \leftarrow ROR_9(B)$, $C \leftarrow C + B$
$P \leftarrow (P+C) \wedge$ 0x000007fc, $D \leftarrow D + T[P/4]$
$C \leftarrow ROR_9(C)$, $D \leftarrow D \oplus C$
$Q \leftarrow (Q+D) \wedge$ 0x000007fc, $A \leftarrow A \oplus T[Q/4]$
$D \leftarrow ROR_9(D)$, $A \leftarrow A + D$
$P \leftarrow (P+A) \wedge$ 0x000007fc, $B \leftarrow B \oplus T[P/4]$, $A \leftarrow ROR_9(A)$
$Q \leftarrow (Q+B) \wedge$ 0x000007fc, $C \leftarrow C + T[Q/4]$, $B \leftarrow ROR_9(B)$
$P \leftarrow (P+C) \wedge$ 0x000007fc, $D \leftarrow D \oplus T[P/4]$, $C \leftarrow ROR_9(C)$
$Q \leftarrow (Q+D) \wedge$ 0x000007fc, $A \leftarrow A + T[Q/4]$, $D \leftarrow ROR_9(D)$
$y \leftarrow y \| (B + S[4i-4]) \| (C \oplus S[4i-3]) \| (D + S[4i-2]) \|$
$(A \oplus S[4i-1])$
$y\_length \leftarrow y\_length + 128$
如果 $y\_length \geqslant L$，则跳出 while 循环；否则继续往下。
如果 i 是奇数，则置$(A,C) \leftarrow (A+n_1, C+n_2)$；否则置$(A,C) \leftarrow$
$(A+n_3, C+n_4)$。
next i
$t \leftarrow t+1$
doend
return y
end

参看 binary additive stream cipher，secure hash algorithm（SHA-1），stream cipher。

secondary key　辅助密钥，二级密钥，副密钥

有些密码系统中把保护初级密钥的密钥称为二级密钥。

同 key-encrypting key。

2nd-preimage attack　第二原像攻击

令 $y=h(IV,x)$表示一个散列函数，其中 IV 为初始链接值，x 为输入，y 为散列值。对于预先指定的一个初始链接值 $IV=V_0$、一个输入 $x=x_0$和一个散列值 $y=y_0$，攻击者寻找另一个输入 $x' \neq x_0$，使得 $h(V_0,x_0)=h(V_0,x')$。

对于一个 n 比特散列函数 $y=h(IV,x)$而言，如果第二原像攻击的复杂

度低于 2^n，则认为这个散列函数存在缺陷。

参看 hash function，ideal security of unkeyed hash function，initial chaining value。

second (2nd)-preimage resistance　第二原像阻

对于一个散列函数 h 来说，寻找和任意一个指定输入具有相同输出的任意第二个输入是计算上不可行的，也就是说，给定一个 x，寻找第二个原像 $x' \neq x$，使得 $h(x') = h(x)$ 是计算上不可行的。（注：以往称此特性为散列函数的弱无碰撞性。）

对 n 比特无密钥散列函数而言，理想安全性为寻找第二原像需要大约 2^n 次运算。

参看 computationally infeasible，hash function，ideal security of unkeyed hash function。

secrecy　保密性，秘密

同 confidentiality。

secret broadcasting scheme　秘密广播方案

消息发送者（广播者）T 广播一则消息，但他只希望某些特定接收者才能获得这则消息，而其他接收者不能获得这则消息（即只能得到无意义的消息）。有三种方法。

第一种方法　广播者 T 与每一个接收者都共享一个不同的密钥（公开密钥或秘密密钥）。他用一个随机密钥 K 加密消息，然后用每一个接收者的密钥加密 K 的拷贝。最后，他广播已加密的消息和每一个已加密的 K。接收者用自己的秘密密钥对所有的已被加了密的密钥 K 进行解密，寻找正确的一个密钥。如果发送者 T 不在乎大家知道他的消息是发送给谁的，他还可以把接收者的名字附在已加密的密钥之后。也可使用多重密钥加密方式。

图 S.7 示出一个由一个广播者 T 和七个接收者的简单广播系统，图中连线上标注的 K_1 为 T 和接收者 S_1 的共享密钥，K_2 为 T 和接收者 S_2 的共享密钥，其余以此类推。

图 S.8 示出广播者 T 的一次秘密广播。他为了将消息 M 广播发送给接收者 S_1，S_4，S_5 和 S_6，而又不让接收者 S_2，S_3 和 S_7 获得这个消息 M，T 就采用了以下步骤（这里假定系统所使用的加密算法用 E 表示，E 对应的解密算法用 D 表示）：

(1) 随机选择一个密钥 K，用加密算法 E 将 M 加密：$E_K(M)$；

(2) 用 K_1 和 E 将 K 加密：$E_{K_1}(K)$；

(3) 用 K_4 和 E 将 K 加密：$E_{K_4}(K)$；

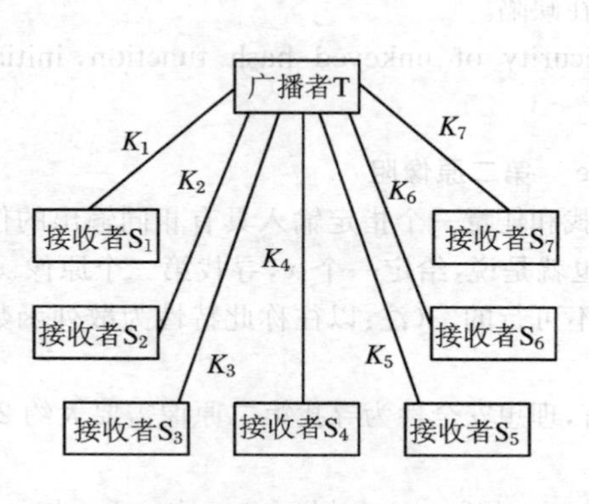

图 S.7 秘密广播系统

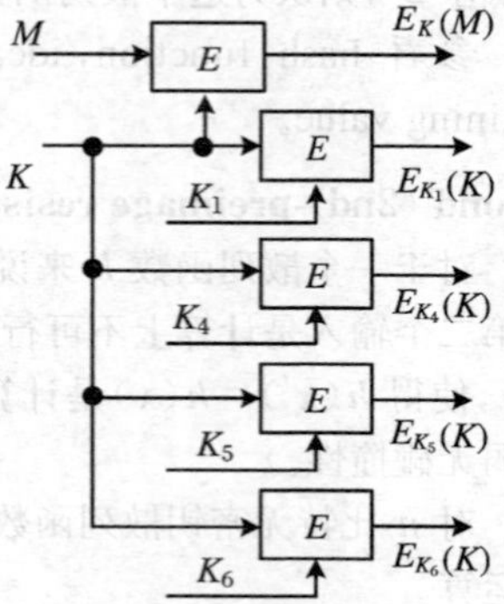

图 S.8 一次秘密广播

(4) 用 K_5 和 E 将 K 加密：$E_{K_5}(K)$；

(5) 用 K_6 和 E 将 K 加密：$E_{K_6}(K)$；

(6) 将上面所有加密结果并置起来广播发送出去：

$$E_K(M) \parallel E_{K_1}(K) \parallel E_{K_4}(K) \parallel E_{K_5}(K) \parallel E_{K_6}(K)。$$

这样，接收者 S_1 在接收到上述秘密广播消息后，就先用自己的秘密密钥 K_1 和解密算法 D 分别对 $E_{K_1}(K)$，$E_{K_4}(K)$，$E_{K_5}(K)$ 及 $E_{K_6}(K)$ 进行解密，其中只有 $D_{K_1}(E_{K_1}(K))$ 能获得正确密钥 K。然后接收者 S_1 就能用 K 解密恢复消息 M。同样，接收者 S_4，S_5 和 S_6 也可用相同步骤获得消息 M。由于接收者 S_2，S_3 和 S_7 无法得到密钥 K，也就无法获得消息 M。

如果上面步骤(6)改成：

(6′) 将上面所有加密结果及接收者的名字并置起来广播发送出去：

$$E_K(M) \parallel E_{K_1}(K) \parallel S_1 \parallel E_{K_4}(K) \parallel S_4 \parallel E_{K_5}(K) \parallel S_5 \parallel E_{K_6}(K) \parallel S_6,$$

那么，接收者只需用自己的秘密密钥对自己名字前面的已加密的密钥 K 进行解密就可以了。

第二种方法 广播者 T 与每一个接收者都分别共享一个不同的秘密密钥，所有的这些密钥都是两两互素的素数。T 用一个随机密钥 K 加密消息，然后计算一个整数 R，使得 R 模那些用于解密消息的秘密密钥时同余于 K，而 R 模其他的秘密密钥则同余于 0。

仍拿图 S.7 所示的秘密广播系统为例。$K_1, K_2, \cdots, K_7$ 是两两互素的素数。为了将消息 M 广播发送给接收者 S_1，S_4，S_5 和 S_6，而又不让接收者 S_2，S_3 和 S_7 获得这个消息 M，T 采用以下步骤：

(1) 随机选择一个密钥 K，用加密算法 E 将 M 加密：$E_K(M)$；

(2) 然后计算 R，使得

$$R \equiv K (\bmod K_1),$$

$$R \equiv 0 (\bmod K_2),$$
$$R \equiv 0 (\bmod K_3),$$
$$R \equiv K (\bmod K_4),$$
$$R \equiv K (\bmod K_5),$$
$$R \equiv K (\bmod K_6),$$
$$R \equiv 0 (\bmod K_7)。$$

这是孙子剩余定理问题,很容易解。

(3) 将 $E_K(M)$ 和 R 广播发送出去。

当接收者 S_1 收到广播时,他将 R 模自己的秘密密钥 K_1,得到密钥 K,再用 K 去恢复消息 M。同样,接收者 S_4,S_5 和 S_6 也可用相同步骤获得消息 M。由于接收者 S_2,S_3 和 S_7 将 R 模自己的秘密密钥得到的是 0,故不能获得消息 M。

第三种方法 伯科维茨(S. Berkovits)于 1991 年给出根据(t,n)-门限方案建立一个秘密广播方案的结构。这种秘密广播方案是会议密钥方案,这里所有消息都是广播式的。对于具有 t 个成员的会议,根据老的门限方案建立一个新的带有秘密 K 的$(t+1,2t+1)$-门限方案,而 t 个新的秘密份额是公开广播的,使得预期的会议成员中的 t 个预先赋予的秘密份额中的每一个都当作是第 $t+1$ 个份额,在新方案中允许恢复会议密钥 K。

这种门限方案和别的方案一样,每一个可能的接收者都得到一个称作"准秘密份额"的秘密密钥。

为了把消息 M 广播发送给 k 个接收者,广播者 T 采用以下步骤:

(1) 用密钥 K 加密 M。

(2) 选取一个随机数 j(j 用于隐藏接收者的数量。它不必很大,甚至可以为 0)。

(3) 建立一个$(k+j+1,2k+j+1)$-门限方案,此方案具有:

秘密 K;

预期接收者的"准秘密份额"作为真实的秘密份额;

非接收者的"准秘密份额"不可以是真实的秘密份额;

j 个随机选取的"准秘密份额"(这 j 个"准秘密份额"未赋予出去)。

(4) 广播 $k+j$ 个随机选取的秘密份额,这些秘密份额和(3)中已列出的那些完全不同。

(5) 每一个接收者在接收到 $k+j$ 个秘密份额后,添加上自己的"准秘密份额"。如果他自己的"准秘密份额"是真实的秘密份额,他就能恢复密钥 K;如果不是,则不能恢复密钥 K。

当然,只有能恢复密钥 K 的接收者才能恢复消息 M。

参看 Chinese remainder theorem，conference keying，secret share，threshold scheme。

secret key　秘密密钥

(1) 在秘密密钥密码体制(算法)(或称对称密钥密码体制(算法)、单密钥密码体制(算法))中，发方和收方共享的而敌方密码分析者不知道的一种秘密信息。

(2) 在公开密钥密码体制(算法)(或称非对称密钥密码体制(算法)、双密钥密码体制(算法))中，只有用户自己知道的一种秘密信息(英文可用 secret key，一般常用 private key)。

参看 asymmetric cryptographic system，symmetric cryptographic system。

secret key algorithm　秘密密钥算法

同 symmetric algorithm。

secret-key cryptosystem　秘密密钥密码体制

同 symmetric cryptographic system。

secret key encryption　秘密密钥加密

只使用用户的秘密密钥进行加密的加密算法。

参看 encryption algorithm。

secret prefix method　秘密前缀法

这是一种用操作检测码(MDC)算法构造 MAC 算法的方法。对于一个消息 $M = M_1 \| M_2 \| \cdots \| M_t$ 和一个压缩函数为 f 的迭代操作检测码算法 h：$H_0 = IV$；$H_i = f(H_{i-1}, M_i)(1 \leqslant i \leqslant t)$，$h(M) = H_t$，① 假设有人试图把 h 用作一个 MAC 算法，预先计谋一个秘密密钥 k，以使得关于消息 M 的 $MAC = h(k \| M)$。那么，人们在不知道秘密密钥 k 的情况下，用任意一单个字块 y，把原先的 $MAC = h(k \| M)$ 当作链接变量，计算 $f(MAC, y)$，可以推导出 $MAC' = h(k \| M \| y)$。即使对于那些用长度指示码预先处理填充输入的散列函数(比如 MD5)也是如此。在这种情况下，应把对原始消息 M 的填充/长度字块 z 作为扩展消息 $M \| z \| y$ 的一部分，但是对后者的伪造 MAC 仍然可以被推导出来。② 由于类似的原因，通过使用一个秘密密钥 k 作为初始向量 IV 来用 MDC 算法构造 MAC 算法也是不安全的。如果由整个第一分组字块组成，则可以预先有效地计算 $f(IV, k)$，这说明敌人只需要求出一个 k'(不必是 k)使得 $f(IV, k) = f(IV, k')$，这等价于使用一个秘密的 IV。

参看 initialization vector，MAC from MDCs，MD5 hash function。

secret share　秘密份额

在秘密共享方案中，将一个秘密划分成许多片段，每个片段都称作一个"秘密份额"。每一个"秘密份额"分配给一个用户。

参看 secret sharing。

secret sharing　秘密共享

秘密共享的想法从一个秘密开始，将这个秘密划分成许多片段，称作"秘密份额"，在用户之间进行分配，以使得集中指定数量用户的"秘密份额"，就可以重构原来的秘密。这可以看作是一种密钥预分配技术，用于简化一次性密钥编制，无论在什么地方，恢复的密钥是预先确定好的（静止的），而且在基本情况下，对所有用户群都是相同的。

参看 key pre-distribution scheme，secret share，secret sharing scheme。

secret sharing scheme　秘密共享方案

和密钥编制有关的多用户协议。提出秘密共享的起因是：防止密钥丢失，希望建立密钥备份拷贝，拷贝数量越大，安全性暴露的风险越大；拷贝数量越小，全部丢失的风险越大。秘密共享方案在不增大风险的情况下，通过增强可靠性来解决这个问题。秘密共享方案还为关键活动（例如签署法人支票、打开银库）简化责任分配和共享控制，这是通过由 n 个用户中的 t 个用户协同开启这种关键活动来实现的。

参看 key establishment，secret share，secret sharing。

secret sharing with disenrollment　带有除名功能的秘密共享

一种带有扩展能力的广义秘密共享方案。这种方案对准的论点是：当使一个(t,n)-门限方案的秘密份额公开时，它就变成一个$(t-1,n)$-门限方案。

参看 generalized secret sharing，secret share，threshold scheme。

secret suffix method　秘密后缀法

这是一种用操作检测码（MDC）算法构造 MAC 算法的方法。和秘密前缀法不同，这里把一个秘密密钥 k 作为后缀。对于一个消息 $M = M_1 \| M_2 \| \cdots \| M_t$ 和一个压缩函数为 f 的迭代操作检测码（MDC）算法 h：$H_0 = IV$；$H_i = f(H_{i-1}, M_i)$ $(1 \leqslant i \leqslant t)$，$h(M) = H_t$，假设有人试图把 h 用作一个 MAC 算法，预先计谋一个秘密密钥 k，以使得关于消息 M 的 $MAC = h(M \| k)$。在这种情况下，可以应用生日攻击。敌人可以自由选择消息 M（或其一个前缀），并可以在 $O(2^{n/2})$ 次运算之内求得一对消息 M 和 M'，使得 $h(M) = h(M')$。（这可以脱机进行，而且不要求知道密钥 k；这里假设 n 既是链接变量的大小又是最终输出的大小。）如果通过合法方法获得 M 的一个 MAC 码，则允许敌人为一个新的消息 M' 产生一个适当的文本——MAC 对(M', MAC)。注意，

这种方法实质上是散列，然后在最终迭代时加密散列值；在这种弱形式 MAC 中，MAC 值只依赖于最后一个链接值，而且密钥只在唯一的一步中使用。

参看 MAC from MDCs，birthday attack。

比较 secret prefix method。

secure channel　安全信道

同 physically secure channel。

secure hash algorithm（SHA-1）　安全散列算法

一种基于 MD4 的散列函数。由美国国家标准和技术协会（NIST）推荐，为美国政府标准（FIPS 180-1，1995 年发布）。SHA-1 在原先的标准 SHA（FIPS 180，1993 年发布）的基础上稍做改进：在从 16 到 79 的 32 比特字的字块扩展中添加了 1 比特左环移运算（参见下面的“5. 处理”）。

SHA-1 散列函数

输入：长度 $b \geqslant 0$ 的比特串 x。

输出：x 的 160 比特散列码。

1. 符号注释

u, v, w 为 32 比特变量；

$(\mathrm{EFCDAB89})_{\mathrm{hex}}$ 为十六进制表示的数；

$+$ 为模 2^{32} 加法；

$\bar{u}$ 为按位取补；

$u \lll s$ 表示将 32 比特变量循环左移 s 位；

uv 表示按位与；

$u \vee v$ 表示按位或；

$u \oplus v$ 表示按位异或；

$(X_1, \cdots, X_j) \leftarrow (Y_1, \cdots, Y_j)$ 表示分别将 Y_i 的值赋给 X_i，即 $X_i \leftarrow Y_i$（$i = 1, \cdots, j$）；

$u \parallel v$ 表示并置：如果 $u = (u_0 \cdots u_{31})$，$v = (v_0 \cdots v_{31})$，则

$$u \parallel v = (u_0 \cdots u_{31} v_0 \cdots v_{31})。$$

2. 基本函数

$$f(u, v, w) = uv + \bar{u}w,$$
$$g(u, v, w) = uv + uw + vw,$$
$$h(u, v, w) = u \oplus v \oplus w。$$

3. 常数定义

定义五个 32 比特初始链接值（IV）：

$h_1 = (67452301)_{\mathrm{hex}}$，$h_2 = (\mathrm{EFCDAB89})_{\mathrm{hex}}$，$h_3 = (\mathrm{98BADCFE})_{\mathrm{hex}}$，

$h_4 = (10325476)_{\mathrm{hex}}$，$h_5 = (\mathrm{C3D2E1F0})_{\mathrm{hex}}$。

定义四个 32 比特加法常数：

$$y_1=(5A827999)_{hex},\quad y_2=(6ED9EBA1)_{hex},$$
$$y_3=(8F1BBCDC)_{hex},\quad y_4=(CA62C1D6)_{hex}。$$

4. 预处理

填充 x 使得其比特长度为 512 的倍数，做法如下：在 x 之后先添加一个“1”，接着添加 $r-1$ 个“0”，再接着添加 $b(\mathrm{mod}\ 2^{64})$ 的 64 比特长表示。r 的取值要使得 $b+r+64=512m$ 时最小的那个值。这样，就将输入格式化成 $16m$ 个 32 比特长的字(因为 $512m=32\cdot 16m$)，表示成 $x_0\ x_1\cdots x_{16m-1}$。

5. 处理(这里用形式语言描述)

```
begin
  (H1,H2,H3,H4,H5)←(h1,h2,h3,h4,h5)   //初始化
  for i=0 to m−1 do
    for j=0 to 15 do     //取 16 个 32 比特消息字块
      Xj←x16i+j
  next j
  for j=16 to 79 do  //将 16 个 32 比特消息字块扩展成 80 个 32 比特
                         消息字块
    Xj←(Xj−3⊕Xj−8⊕Xj−14⊕Xj−16)<<<1
  next j
  (A,B,C,D,E)←(H1,H2,H3,H4,H5)   //初始化工作变量
  for j=0 to 19 do     //第 1 轮
    t←((A<<<5)+f(B,C,D)+E+Xj+y1)
    (A,B,C,D,E)←(t,A,B<<<30,C,D)
  next j
  for j=20 to 39 do    //第 2 轮
    t←((A<<<5)+h(B,C,D)+E+Xj+y2)
    (A,B,C,D,E)←(t,A,B<<<30,C,D)
  next j
  for j=40 to 59 do    //第 3 轮
    t←((A<<<5)+g(B,C,D)+E+Xj+y3)
    (A,B,C,D,E)←(t,A,B<<<30,C,D)
  next j
  for j=60 to 79 do    //第 4 轮
    t←((A<<<5)+h(B,C,D)+E+Xj+y4)
      (A,B,C,D,E)←(t,A,B<<<30,C,D)
```

next j

$(H_1, H_2, H_3, H_4, H_5) \leftarrow (H_1 + A, H_2 + B, H_3 + C, H_4 + D, H_5 + E)$

//更新链接值

next i

return $(H_1 \| H_2 \| H_3 \| H_4 \| H_5)$ //输出散列值

end

6. 完成

最终输出的散列值是 $H_1 \| H_2 \| H_3 \| H_4 \| H_5$。

参看 customized hash function，hash-code，hash function，MD4 hash function。

secured channel 安全的信道

一种信道，敌人不具有从这种信道上重排、删除、插入或读出的能力。

参看 channel。

比较 unsecured channel。

security 安全性

在信息安全和密码技术中，单称"安全性"不是一个明确的概念，而只是一个泛指。而对某个特定的事(如加密、签名、鉴别、密钥管理、秘密共享等)、物(如算法、体制、方案、协议等)的"安全性"则是相应的特指。下面针对信息安全和密码技术中的几个重要方面描述其"安全性"概念。

(1) 信息(或数据)安全 一般来说，主要是指信息(或数据)的机密性(或称保密性)、完整性、可鉴别性、可用性。

(2) 加密 包括使用对称密钥密码体制(分组密码或序列密码)的加密或使用公开密钥密码体制的加密。这里的安全性应是"隐藏数据的信息内容"的能力，称之为机密性(或称保密性)。

(3) 散列函数 其安全性应是抗碰撞的能力，称之为无碰撞性(或称碰撞阻)。

(4) 数字签名 其安全性应是抗伪造签名的能力，称之为不可伪造性；抗抵赖(或否认)的能力称为不可抵赖(或不可否认)性。

(5) 实体鉴别(身份识别) 其安全性应是防假冒的能力，称之为可鉴别性(可识别性)。

(6) 数据鉴别 数据本身的安全性应是确保计算机化数据和其源文献相同，防止被未授权或未知方法的偶然或恶意修改或破坏，称之为完整性。数据源鉴别的安全性应是防假冒的能力。

(7) 密钥管理 其安全性应是对密钥数据具有的防泄露、防窜改、防破坏的能力，称之为密钥数据的保密性、可靠性。

(8) 秘密共享　其安全性应是防一定数量参与者共谋窃密的能力，以及可靠恢复秘密的能力。

参看 data integrity, data origin authentication, digital signature, encryption, entity authentication, hash function, identification, information security, key management, secret sharing。

security domain　安全域

将安全域定义为在一单个机构控制下的一个(子)系统，其中的实体都是可信的。这个域上的安全策略由那个机构隐式或显式定义。

参看 security policy。

security evaluation　安全性评估，保密性评估

可以在几种不同的模式下评价密码基元和协议的安全(或保密)性。最实用的安全(或保密)性度量是计算安全(或保密)性、可证明的安全(或保密)性以及特定安全(或保密)性，不过特定安全(或保密)性是有危险的。由基于计算安全(或保密)性和特定安全(或保密)性的一个密码基元和协议所提供的安全(或保密)性量上的置信水平随着时间和方案的研究而增高。

参看 computational security, provable security, ad hoc security, complexity-theoretic security, unconditionally security。

security policy　安全性策略

(1) 在数据安全中，是一组保障安全服务的准则。

(2) 在计算机安全中，是一组法规、规则和操作规程，它们调节一个组织对敏感信息的管理、保护和分配。

(3) 在通信安全中，是为在一种或多种通信场合下保障安全服务所制定的规则的声明。安全性策略基于由适当的系统管理机构要求和强制执行的安全服务，而且还基于想要和系统进行通信的一个实体所要求的其他安全服务。

(4) 在信息安全中，是一个组织待采纳的行动过程或总的计划，以确保信息资产在机密性、可靠性和可用性方面被保护。

(5) 一个组织策略为该组织定义安全性要求、响应和控制。安全性策略将定义要达到的主要安全性目标和将要围绕的对于风险的组织看法，以及达到商业目的的安全性框架。重要的是建立安全性策略要求和安全性差错的商业影响之间的关系，以提供安全性措施的一个合理的、按重要性排列的顺序。策略将为安全性活动规定职责，并指出全体职员的责任和权力的等级，高级管理成员应承担安全性的全部职责。策略还应含有在安全性维护中所包含的那些控制的说明。

(6) 典型的安全性策略的内容包括：

· 所有者、用户、管理员和特定部门(如数据安全)的职责;
· 风险管理,风险估计以及数据保密级别分类/评价;
· 应急计划和回弹;
· 系统开发和实现期间的安全;
· 对数据和系统的访问和存储控制;
· 远程通信安全;
· 个人计算机安全;
· 物理安全;
· 环境和访问控制;
· 法律要求;
· 人事策略。

参看 communications security (COMSEC), computer security (COMPUSEC), data security, information security。

seed　种子

密钥流发生器从一个随机的初始状态(就称作种子)开始运行,产生出密码比特流。

参看 key stream generator。

selected ciphertext attack　选择密文攻击

同 chosen ciphertext attack。

selected plaintext attack　选择明文攻击

同 chosen plaintext attack。

selective forgery　选择性伪造

破译数字签名方案的准则之一。敌人能为事先选择的一个特殊消息或一类消息建立一个合法签名。建立这样的签名不直接涉及合法签名者。例如,对 RSA 数字签名方案而言,令 n 是模数,d 是秘密密钥;令 t 是一个固定的正整数且使得 $t<k/2$,其中 k 是 n 的二进制位数,即 $k=\lceil \log_2 n \rceil$;令消息 m 是区间$[1, n\cdot 2^{-t}-1]$上的整数。如果选用冗余函数 $R(m)=m\cdot 2^t$(即$R(m)$的二进制表示的最低有效的 t 比特都是“0”),则对 n 的大多数选择,冗余函数 R 没有乘法特性(即 $R(m_1\cdot m_2)\neq R(m_1)R(m_2)$),因为一般的存在伪造签名攻击成功的概率为$(1/2)^t$。但是对这种冗余函数可以使用选择性伪造签名攻击。过程如下:敌人知道 n 但不知道d,敌人能安装下述选择消息攻击来获得关于 m 的签名。对 n 和$\tilde{m}=R(m)=m\cdot 2^t=mw$(其中 $w=2^t$)应用扩展欧几里得算法。在扩展欧几里得算法的每个步骤中,计算出 x, y 和 r,使得 $xn+y\tilde{m}=r$。可以证明,只要 $w\leqslant\sqrt{n}$,就在某个步骤中存在一个 y 和一个 r,

使得$|y|<n/w$，$r<n/w$。如果$y>0$，则形成整数$m_2=rw$，$m_3=yw$；如果$y<0$，则形成整数$m_2=rw$，$m_3=-yw$。在每一种情况下，m_2和m_3都具有所要求的冗余。如果从合法签名者那里获得签名$s_2=m_2^d \pmod n$和$s_3=m_3^d \pmod n$，则敌人就能够如下计算m的一个签名：

(1) 如果$y>0$，则计算$\frac{s_2}{s_3}=\frac{m_2^d}{m_3^d}=\left(\frac{rw}{yw}\right)^d=\left(\frac{r}{y}\right)^d=\tilde{m}^d \pmod n$；

(2) 如果$y<0$，则计算$\frac{s_2}{-s_3}=\frac{m_2^d}{(-m_3)^d}=\left(\frac{rw}{yw}\right)^d=\left(\frac{r}{y}\right)^d=\tilde{m}^d \pmod n$。

这就是提供选择性伪造签名的选择消息攻击的一个例子。它强调审慎选择冗余函数R的必要性。

参看 criteria for breaking signature schemes，extended Euclidean algorithm for integers，redundancy function。

比较 existential forgery，total break(2)。

selective forgery on MAC　对MAC的选择性伪造

消息鉴别码(MAC)的一类伪造方法：凭借这种攻击，敌方能够为他选择的文本(或者部分在他控制下的文本)产生一个新的文本-MAC对。请注意，这里所选择的值是被伪造的MAC的文本，而在选择文本攻击中，所选择的值是用于分析目的的一个文本-MAC对的文本(例如，对一个不同的文本伪造一个MAC)。

参看 chosen-text attack，message authentication code (MAC)，types of MAC forgery。

比较 existential forgery on MAC。

self-clock controlled generator　自时钟控制发生器，自钟控发生器

同 self-decimation generator。

self-decimation generator　自采样发生器

一种反馈钟控发生器。已提出了两种类型的自采样发生器，一个是鲁坡(R. Rueppel)提出的(图S.9)，另一个是钱伯斯(B. Chambers)和戈尔曼(D. Gollmann)提出的(图S.10)。

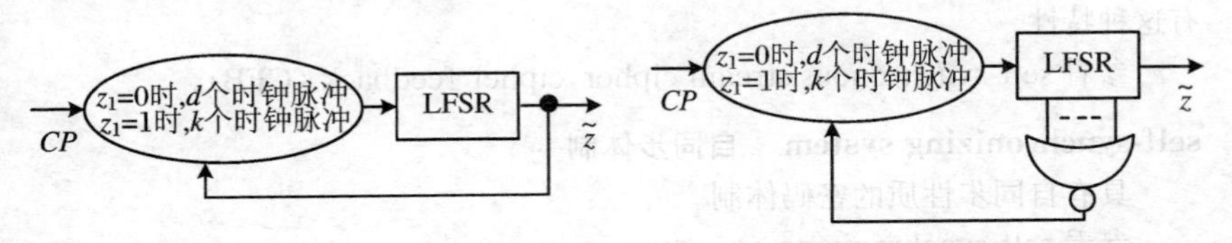

图S.9　鲁坡自采样发生器

图S.10　钱伯斯-戈尔曼自采样发生器

在鲁坡发生器中，当 LFSR 的输出为 0 时，驱动时钟 CP 中有 d 个时钟脉冲去驱动 LFSR，当 LFSR 输出为 1 时，CP 中有 k 个时钟脉冲去驱动 LFSR。具体可称之为[d,k]-自采样发生器。钱伯斯-戈尔曼发生器更复杂，但思想是相同的。这两个发生器都不安全。

参看 clock controlled generator，linear feedback shift register (LFSR)，pseudorandom bit generator。

self-shrinking generator　自收缩发生器

由迈耶(W. Meier)和斯坦福巴赫(O. Staffelbach)提出的一种伪随机二进制数字序列发生器。这种发生器只用一个最大长度线性反馈移位寄存器(LFSR)。将 LFSR 的输出序列划分成二进制数字对 b_j，当 $b_j=10$ 时，输出一个“0”；而当 $b_j=11$ 时，输出一个“1”；而丢弃 $b_j=00$ 或 01 这两种情况。迈耶和斯坦福巴赫证明：自收缩发生器能当作一个收缩发生器来实现。并且，收缩发生器能当作一个自收缩发生器来实现(其组成 LFSR 不是最大长度的)。更确切地说，如果一个收缩发生器的组成 LFSR 的连接多项式为 $C_1(D)$和 $C_2(D)$，那么，其输出序列就能用一个连接多项式为 $C(D)=(C_1(D))^2\cdot(C_2(D))^2$的自收缩发生器来产生。迈耶和斯坦福巴赫还证明：如果 LFSR 的级数为 L，则自收缩发生器输出序列的周期至少是$2^{\lfloor L/2\rfloor}$，线性复杂度至少是 $2^{\lfloor L/2\rfloor-1}$。此外，他们提供了上述周期和线性复杂度实际上在 2^{L-1}左右的强有力证据。在假定随机选择但不知道连接多项式的情况下，由迈耶和斯坦福巴赫提出的对自收缩发生器的最好攻击方法要耗费 $2^{0.79L}$ 步运算。1995 年，米哈列维克(M. J. Mihaljević)对自收缩发生器提出一种显著快的概率攻击方法。例如，当 $L=100$ 时，这种攻击方法耗费 2^{57} 步运算并需要长度为 4.9×10^8的一段输出序列。

参看 connection polynomial of LFSR，linear feedback shift register (LFSR)，pseudorandom bit generator，shrinking generator。

self-synchronizing　自同步

密码的一种特性，这种特性使得在发生一个错误后，密码能自动恢复。比如自同步序列密码、以密文反馈(CFB)方式工作的分组密码等密码体制都具有这种特性。

参看 self-synchronous stream cipher，cipher feedback (CFB)。

self-synchronizing system　自同步体制

具有自同步性质的密码体制。

参看 self-synchronizing。

self-synchronous　自同步

同 self-synchronizing。

self-synchronous stream cipher 自同步序列密码

一种所产生的密钥序列与密钥及一定数量的先前密文有关的密码。自同步序列密码的加/解密过程可用一组等式来描述：

$$\text{加密}:\begin{cases}\sigma_i=(c_{i-t},c_{i-t+1},\cdots,c_{i-1}),\\ z_i=g(\sigma_i,k),\\ c_i=h(z_i,m_i),\end{cases}$$

$$\text{解密}:\begin{cases}\sigma_i=(c_{i-t},c_{i-t+1},\cdots,c_{i-1}),\\ z_i=g(\sigma_i,k),\\ m_i=h^{-1}(z_i,c_i)。\end{cases}$$

其中，σ_0是初始状态，σ_i是第 i 时刻的状态；k 是密钥；g 是产生密钥序列 z_i 的函数；h 是把密钥序列 z_i 和明文 m_i 组合在一起产生密文 c_i 的输出函数；而 h^{-1} 是 h 的逆函数，它把密钥序列 z_i 和密文 c_i 组合在一起恢复明文 m_i。图 S.11 示出了自同步序列密码的加密/解密过程。

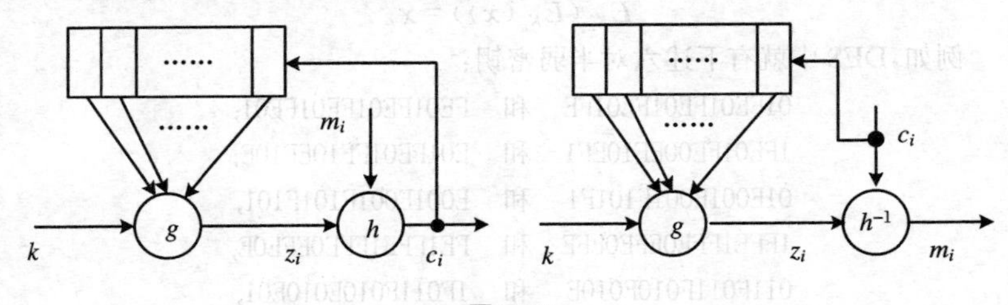

图 S.11

参看 self-synchronizing，stream cipher。

比较 synchronous stream cipher。

semantically secure 语义上安全的

如果对遍及消息空间的整个概率分布而言，无论怎样的一个被动敌人都能够在期望的多项式时间内计算出给定密文的相关明文，在没有密文的情况下它也能在期望的多项式时间内计算出，则称这种公开密钥加密方案是语义上安全的。

直觉地看，如果用一种公开密钥加密方案加密的密文不泄露相关明文的任意部分信息，无论该明文能在期望的多项式时间内被计算出来与否，那么这种公开密钥加密方案就是语义上安全的。

一个公开密钥加密方案是语义上安全的，当且仅当它是多项式安全的。

参看 polynomially secure。

semantically secure public-key encryption 语义上安全的公开密钥加密

具有语义安全性(或称保密性)的公开密钥加密方案。

参看 semantically secure。

semi-free-start collision attack 半自由起始碰撞攻击

同 collision (random IV) attack。

semi-saturatted multiset 半渗透的多重集合

如果多重集合 M 中有一比特是常数,并且 M 的 2^{w-1} 个剩余值中的每一个都恰好在 M 中出现 $2k$ 次,则 M 就是半渗透的。如果结果能弄清楚是有用的,也可考虑“半渗透”的数据通道。

参看 multiset,saturated multiset。

semiweak key 半弱密钥

在一个密码算法 E 中具有如下特性的密钥对 K_A 和 K_B:用其中一个密钥 K_A(或 K_B)对明文 x 进行加密得到密文 C,然后用另一个密钥 K_B(或 K_A)对 C 进行加密,得到的是原来那个明文 x,即

$$E_{K_A}(E_{K_B}(x)) = x。$$

例如,DES 中就有下述六对半弱密钥:

01FE01FE01FE01FE 和 FE01FE01FE01FE01,
1FE01FE00EF10EF1 和 E01FE01FF10EF10E,
01E001E001F101F1 和 E001E001F101F101,
1FFE1FFE0EFE0EFE 和 FE1FFE1FFE0EFE0E,
011F011F010E010E 和 1F011F010E010E01,
E0FEE0FEF1FEF1FE 和 FEE0FEE0FEF1FEF1。

参看 DES block cipher。

sender 发方,发送者

两用户通信中的一个实体,它是信息的合法发送者。

参看 entity。

比较 receiver。

sensitive data 敏感数据

不列入国家机密范围的一些数据,但这些数据未经许可的泄露、更改、丢失或破坏都将引起对某人或某事的明显损害。这样的一些数据必须加以保护。比如一些专利数据、有关个人隐私的一些记录等。

sensitive information 敏感信息

不列入国家机密范围的一些信息,但这些信息未经许可的泄露、更改、丢失或破坏都将引起对某人或某事的明显损害。这样的一些信息必须加以

保护。

参看 sensitive data。

sequence complexity test　序列复杂性检验

求一个 n 比特长序列 $s^n = s_0, s_1, s_2, \cdots, s_{n-1}$ 的序列复杂性是基于 Lempel-Ziv 算法的，就是从头到尾观察 s^n 中不同子串的数量 $W(n)$，并将这个数和一个阈值($n/\log_2 n$)相比较：如果 $W(n) < n/\log_2 n$，则认为所检验的序列是有模式的，因而是不随机的；否则，就认为所检验的序列是无模式的，是随机的。

参看 Ziv-Lempel complexity。

sequence numbers　序列号

用在身份识别协议中的一种时变参数。一个序列号用作为识别一个消息的唯一编号，它被典型地用于检测消息的重放。对于存储文件，序列号可以用作为这个文件的版本号。序列号特指一对特殊的实体：源发方和接收方，必须显式或隐式地与消息的源发方和接收方两者都相联系。而且对于从 A 到 B 以及从 B 到 A 的消息通常都必须是不同序列。

参看 replay attack，time-variant parameter。

serial test (1)　序列检验(1)

对一个长度为 n 的二进制数字序列的五种基本的统计检验(又称局部随机性检验)之一。

检验目的　检测序列 $S = s_0, s_1, s_2, \cdots, s_{n-1}$ 的转移概率是否相等，即检验 S 中 00,01,10,11 这四种码形出现的概率是否相等。

理论根据及检验技术描述　基本假设 H_0：序列 S 的转移概率相等，即

$$P_{ij} = P(\xi \in X_{ij} \mid H_0) = 1/4 \quad (i = 0,1; j = 0,1)。$$

(a) 可能值集合 $X = \{00, 01, 10, 11\}$；

(b) $\xi = 00$ 的频数 $\mu_{n0} = n_{00} = N_0$，

$\xi = 01$ 的频数 $\mu_{n1} = n_{01} = N_1$，

$\xi = 10$ 的频数 $\mu_{n2} = n_{10} = N_2$，

$\xi = 11$ 的频数 $\mu_{n3} = n_{11} = N_3$，

$n_{00} + n_{01} + n_{10} + n_{11} = n - 1$；

(c) $P_{ij} = P(\xi \in X_{ij} \mid H_0) = 1/4$ $(i = 0,1; j = 0,1)$；

(d) $E_{ij} = (n-1)P_{ij} = (n-1)/4$；

(e) 令 $E_{00} = E_{n0}, E_{01} = E_{n1}, E_{10} = E_{n2}, E_{11} = E_{n3}$；

(f) $X_s = \sum_{k=0}^{3} \frac{(\mu_{nk} - E_{nk})^2}{E_{nk}} = \sum_{k=0}^{3} \frac{(N_k - (n-1)/4)^2}{(n-1)/4}$

$$= \frac{4}{n-1}\sum_{k=0}^{3} N_k^2 - n + 1$$

$$= \frac{4}{n-1}\sum_{i=0}^{1}\sum_{j=0}^{1} n_{ij}^2 - n + 1。$$

由皮尔逊定理，X_s服从自由度为3的χ^2分布。

根据χ^2分布的可加性，有

$$X_s - X_f = \frac{4}{n-1}\sum_{i=0}^{1}\sum_{j=0}^{1} n_{ij}^2 - n + 1 - \frac{(n_1 - n_0)^2}{n}$$

$$= \frac{4}{n-1}\sum_{i=0}^{1}\sum_{j=0}^{1} n_{ij}^2 - \frac{2}{n}\sum_{i=0}^{1} n_i^2 + 1。$$

它服从自由度为$3-1=2$的χ^2分布。仍用X_s表示检验统计量，即得

$$X_s = \frac{4}{n-1}\sum_{i=0}^{1}\sum_{j=0}^{1} n_{ij}^2 - \frac{2}{n}\sum_{i=0}^{1} n_i^2 + 1。$$

这就是古德(I. J. Good)的序列检验公式。

检验统计量与参照的分布　X_s服从自由度为2的χ^2分布。

检验方法描述　(1) 统计序列S中，01出现的次数n_{01}、10出现的次数n_{10}、00出现的次数n_{00}、11出现的次数n_{11}、0出现的次数n_0、1出现的次数n_1。

(2) 计算：X_s。

判决准则　在显著性水平1%下，自由度为2的χ^2值为9.210。

判决结论及解释　如果$X_s < 9.210$，通过序列检验；否则没有通过序列检验。

输入长度建议　建议序列长度不小于100。

举例说明　序列S：

1010100101011100011011010101011001010101010010100。

统计：$n_{01}=18$，$n_{10}=19$，$n_{00}=6$，$n_{11}=5$，$n_0=25$，$n_1=24$，$n=49$。

计算：

$$X_s = \frac{4}{n-1}\sum_{i=0}^{1}\sum_{j=0}^{1} n_{ij}^2 - \frac{2}{n}\sum_{i=0}^{1} n_i^2 + 1$$

$$= \frac{4}{48}(n_{01}^2 + n_{10}^2 + n_{00}^2 + n_{11}^2) - \frac{2}{49}(n_0^2 + n_1^2) + 1$$

$$= 0.083\,33(324 + 361 + 36 + 25) - 0.040\,81(625 + 576) + 1$$

$$= 62.164\,18 - 49.012\,81 + 1$$

$$= 14.151\,37。$$

结论：$X_s > 9.210$，因此未通过该项检验。

参看 chi square test，local randomness test，statistical hypothesis，statistical test。

serial test (2) 序列检验(2)

NIST 特种出版物 800-22《A Statistical Test Suite for Random and Pseudo-random Number Generators for Cryptographic Applications》中提出的 16 项检验之一。

这是通常序列检验(1)的推广。

检验目的 待测序列 $S=s_0,s_1,s_2,\cdots,s_{n-1}$。检验目的是确定序列 S 中 2^m 个 m 比特重叠模式出现的频数是否是随机序列所期望的。

理论根据及检验技术描述 推广的序列检验描述一组基于检测给定长度模式的分布均匀性的过程。特别是，对于遍及所有 2^m 个长度为 m 的可能的 0/1 向量集合 $i_1,\cdots,i_m$ 而言，令 $\nu_{i_1\cdots i_m}$ 表示循环比特串($s_0,s_1,s_2,\cdots,s_{n-1},s_0,s_1,s_2,\cdots,s_{m-2}$)中长度为 m 的模式($i_1,\cdots,i_m$)出现的频数。

设

$$\psi_m^2=\frac{2^m}{n}\sum_{i_1,\cdots,i_m}\left(\nu_{i_1\cdots i_m}-\frac{n}{2^m}\right)^2=\frac{2^m}{n}\sum_{i_1,\cdots,i_m}\nu_{i_1\cdots i_m}^2-n。$$

这样一来，ψ_m^2 就是一个 χ^2 型统计量，但假设 ψ_m^2 具有 χ^2 分布是常见的错误。这是由于频数 $\nu_{i_1\cdots i_m}$ 不是独立的。而适合的广义序列统计量是

$$\nabla\psi_m^2=\psi_m^2-\psi_{m-1}^2$$
$$\nabla^2\psi_m^2=\psi_m^2-2\psi_{m-1}^2+\psi_{m-2}^2。$$

这里，$\psi_0^2=\psi_{-1}^2=0$。则 $\nabla\psi_m^2$ 服从 χ^2 分布，自由度为 2^{m-1}，$\nabla^2\psi_m^2$ 服从 χ^2 分布，自由度为 2^{m-2}。这样，对于小的 m 值($m\leqslant\lfloor\log_2 n\rfloor-2$)，能够求得相应的 $2m$ 个尾部概率值 *P-value*：

$$P\text{-}value=\text{igamc}(2^{m-2},\nabla\psi_m^2/2),$$
$$P\text{-}value=\text{igamc}(2^{m-3},\nabla^2\psi_m^2/2),$$

其中，igamc(a,x)为不完全伽马函数，

$$\text{igamc}(a,x)=\frac{1}{\Gamma(a)}\int_x^{\infty}\mathrm{e}^{-u}u^{a-1}\mathrm{d}u。$$

检验统计量与参照的分布 统计量 $\nabla\psi_m^2$ 服从自由度为 2^{m-1} 的 χ^2 分布，$\nabla^2\psi_m^2$ 服从自由度为 2^{m-2} 的 χ^2 分布。

检验方法描述 (1) 把待检验序列 S 开头的 $m-1$ 比特附加在 S 的末尾，以便建立一个 $n+m-1$ 比特长的扩张序列 S'。例如，待检验序列 $S=0011011101$，$n=10$。如果 $m=3$，则把 S 开头的 $m-1=2$ 比特 00 附加在 S 的末尾，得到序列 $S'=001101110100$；如果 $m=2$，则 $S'=00110111010$；如果 $m=1$，则 $S'=S=0011011101$。

(2) 统计：所有可能的 m 比特重叠字块出现的频数 $\nu_{i_1\cdots i_m}$，所有可能的 $m-1$ 比特重叠字块出现的频数 $\nu_{i_1\cdots i_{m-1}}$，以及所有可能的 $m-2$ 比特重叠字块出现的频数 $\nu_{i_1\cdots i_{m-2}}$。

对于上面的例子，当 $m=3$ 时，$m-1=2$，$m-2=1$；$v_{000}=0$，$v_{001}=1$，$v_{010}=1$，$v_{011}=2$，$v_{100}=1$，$v_{101}=2$，$v_{110}=2$，$v_{111}=1$；$v_{00}=1$，$v_{01}=3$，$v_{10}=3$，$v_{11}=3$；$v_0=4$，$v_1=6$。

(3) 计算：

$$\psi_m^2=\frac{2^m}{n}\sum_{i_1,\cdots,i_m}\left(v_{i_1\cdots i_m}-\frac{n}{2^m}\right)^2=\frac{2^m}{n}\sum_{i_1,\cdots,i_m}v_{i_1\cdots i_m}^2-n,$$

$$\psi_{m-1}^2=\frac{2^{m-1}}{n}\sum_{i_1,\cdots,i_{m-1}}\left(v_{i_1\cdots i_{m-1}}-\frac{n}{2^{m-1}}\right)^2=\frac{2^{m-1}}{n}\sum_{i_1,\cdots,i_{m-1}}v_{i_1\cdots i_{m-1}}^2-n,$$

$$\psi_{m-2}^2=\frac{2^{m-2}}{n}\sum_{i_1,\cdots,i_{m-2}}\left(v_{i_1\cdots i_{m-2}}-\frac{n}{2^{m-2}}\right)^2=\frac{2^{m-2}}{n}\sum_{i_1,\cdots,i_{m-2}}v_{i_1\cdots i_{m-2}}^2-n。$$

对于上面的例子，有

$$\psi_3^2=\frac{2^3}{10}(0+1+1+2^2+1+2^2+2^2+1)-10=2.8,$$

$$\psi_2^2=\frac{2^2}{10}(1+3^2+3^2+3^2)-10=1.2,$$

$$\psi_1^2=\frac{2}{10}(4^2+6^2)-10=0.4。$$

(4) 计算 $\nabla\psi_m^2=\psi_m^2-\psi_{m-1}^2$ 和 $\nabla^2\psi_m^2=\psi_m^2-2\psi_{m-1}^2+\psi_{m-2}^2$。

对于上面的例子，有

$$\nabla\psi_m^2=\psi_m^2-\psi_{m-1}^2=\psi_3^2-\psi_2^2=2.8-1.2=1.6,$$

$$\begin{aligned}\nabla^2\psi_m^2&=\psi_m^2-2\psi_{m-1}^2+\psi_{m-2}^2=\psi_3^2-2\psi_2^2+\psi_1^2\\&=2.8-2\times1.2+0.4=0.8。\end{aligned}$$

(5) 计算尾部概率 *P-value*：

$$P\text{-}value_1=\mathrm{igamc}(2^{m-2},\nabla\psi_m^2/2),$$

$$P\text{-}value_2=\mathrm{igamc}(2^{m-3},\nabla^2\psi_m^2/2)。$$

对于上面的例子，有

$$P\text{-}value_1=\mathrm{igamc}(2,1.6/2)=0.808\,792,$$

$$P\text{-}value_2=\mathrm{igamc}(1,0.8/2)=0.670\,320。$$

判决准则(在显著性水平 1%下)　如果 *P-value* <0.01，则该序列未通过该项检验；否则，通过该项检验。

判决结论及解释　根据上面的步骤(5)中的 *P-value*，得出结论：这个序列通过该项检验还是未通过该项检验。如果 $\nabla^2\psi_m^2$ 或 $\nabla\psi_m^2$ 值大，则意味着所检验的序列中 m 比特字块是不均匀的。

输入长度建议　参数 m 和 n 的选择应使得 $m\leqslant\lfloor\log_2 n\rfloor-2$。

举例说明　序列 S：自然对数的底 e 的二进制展开式中开头 1 000 000 比特，$n=1\,000\,000$。取 $m=2$。

统计：$v_{00}=250\ 116$，$v_{01}=249\ 855$，$v_{10}=249\ 855$，$v_{11}=250\ 174$；$v_0=499\ 971$，$v_1=500\ 029$。

计算：$\psi_2^2=0.343\ 128$，$\psi_1^2=0.003\ 364$，$\psi_0^2=0.000\ 000$。

计算：$\nabla\psi_2^2=0.339\ 764$，$\nabla^2\psi_2^2=0.336\ 400$。

计算：$P\text{-}value_1=0.843\ 764$，$P\text{-}value_2=0.561\ 915$。

结论：通过该项检验。

参看 chi square test，NIST Special Publication 800-22，statistical hypothesis，statistical test。

比较 serial test (1)。

SERPENT block cipher　SERPENT 分组密码

美国21世纪数据加密标准(AES)算法评选第一轮(1998年8月)公布的15个候选算法之一，第二轮(1999年3月)公布的5个候选算法之一，由英国的安德森(R. J. Anderson)设计。

SERPENT分组密码的分组长度为128比特，密钥长度有128，192，256比特三种可选。SERPENT分组密码属于SP网络结构式的分组密码，共32轮；也采用了一个初始置换 IP 及一个最终置换 FP($FP=IP^{-1}$，即 FP 为逆初始置换 IP^{-1})。如图S.12所示。

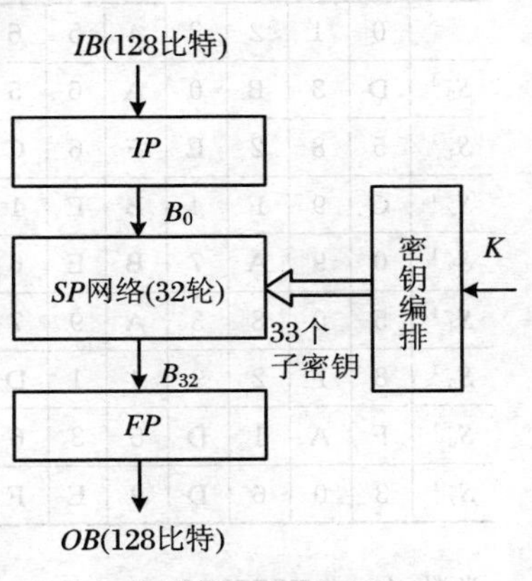

图 S.12　SERPENT

SERPENT 分组密码

1. 符号注释

⊕表示按位异或。

$X\lll n$ 表示将变量 X 向左循环移 n 位。

$X\ll n$ 表示将变量 X 向左移 n 位。

$T=X\parallel Y$ 表示并置：如果 $X=(x_{31}\cdots x_0)$，$Y=(y_{31}\cdots y_0)$，则

$$T=X\parallel Y=(x_{31}\cdots x_0\,y_{31}\cdots y_0)。$$

$S_0\sim S_7$是八个4输入/4输出的S盒。见表S.1。

表 S.1　八个 S 盒(数据为十六进制)

	0	1	2	3	4	5	6	7	8	9	A	B	C	D	E	F
S_0	3	8	F	1	A	6	5	B	E	D	4	2	7	0	9	C
S_1	F	C	2	7	9	0	5	A	1	B	E	8	6	D	3	4

续表

	0	1	2	3	4	5	6	7	8	9	A	B	C	D	E	F
S_2	8	6	7	9	3	C	A	F	D	1	E	4	0	B	5	2
S_3	0	F	B	8	C	9	6	3	D	1	2	4	A	7	5	E
S_4	1	F	8	3	C	0	B	6	2	5	4	A	9	E	7	D
S_5	F	5	2	B	4	F	9	C	0	3	E	8	D	6	7	1
S_6	7	2	C	5	8	4	6	B	E	9	1	F	D	3	A	0
S_7	1	D	F	0	E	8	2	B	7	4	C	A	9	3	5	6

$S_0^{-1} \sim S_7^{-1}$是八个 S 盒 $S_0 \sim S_7$的逆。见表 S.2。

表 S.2 八个逆 S 盒(表中数据为十六进制)

	0	1	2	3	4	5	6	7	8	9	A	B	C	D	E	F
S_0^{-1}	D	3	B	0	A	6	5	C	1	E	4	7	F	9	8	2
S_1^{-1}	5	8	2	E	F	6	C	3	B	4	7	9	1	D	A	0
S_2^{-1}	C	9	F	4	B	E	1	2	0	3	6	D	5	8	A	7
S_3^{-1}	0	9	A	7	B	E	6	D	3	5	C	2	4	8	F	1
S_4^{-1}	5	0	8	3	A	9	7	E	2	C	B	6	4	F	D	1
S_5^{-1}	8	F	2	9	4	1	D	E	B	6	5	3	7	C	A	0
S_6^{-1}	F	A	1	D	5	3	6	0	4	9	E	7	2	C	8	B
S_7^{-1}	3	0	6	D	9	E	F	8	5	C	B	7	A	1	4	2

常数 $\phi = (9E3779B9)_{hex}$（$(\sqrt{5}+1)/2$ 的小数部分）。

2. 基本函数

(1) *初始置换 IP* $B_0 = IP(IB)$。

表 S.3

0	32	64	96	1	33	65	97	2	34	66	98	3	35	67	99
4	36	68	100	5	37	69	101	6	38	70	102	7	39	71	103
8	40	72	104	9	41	73	105	10	42	74	106	11	43	75	107
12	44	76	108	13	45	77	109	14	46	78	110	15	47	79	111
16	48	80	112	17	49	81	113	18	50	82	114	19	51	83	115
20	52	84	116	21	53	85	117	22	54	86	118	23	55	87	119
24	56	88	120	25	57	89	121	26	58	90	122	27	59	91	123
28	60	92	124	29	61	93	125	30	62	94	126	31	63	95	127

(2) 逆初始置换 IP^{-1}　$OB = IP^{-1}(B_{32})$。

表 S.4

0	4	8	12	16	20	24	28	32	36	40	44	48	52	56	60
64	68	72	76	80	84	88	92	96	100	104	108	112	116	120	124
1	5	9	13	17	21	25	29	33	37	41	45	49	53	57	61
65	69	73	77	81	85	89	93	97	101	105	109	113	117	121	125
2	6	10	14	18	22	26	30	34	38	42	46	50	54	58	62
66	70	74	78	82	86	90	94	98	102	106	110	114	118	122	126
3	7	11	15	19	23	27	31	35	39	43	47	51	55	59	63
67	71	75	79	83	87	91	95	99	103	107	111	115	119	123	127

(3) 密钥混合　$A = X \oplus K, A, X, K \in \{0,1\}^{128}$。

(4) 查表运算　$Y = S_j(A), A, Y \in \{0,1\}^{128}$。

其中 $S_j(j=0,1,\cdots,7)$ 是 S 盒 $S_0 \sim S_7$ 及逆 S 盒 $S_0^{-1} \sim S_7^{-1}$ 中的一个。

$A = A_0 \parallel A_1 \parallel \cdots \parallel A_{31}, A_i \in \{0,1\}^4$；$Y = Y_0 \parallel Y_1 \parallel \cdots \parallel Y_{31}, Y_i \in \{0,1\}^4$；

$Y_i = S_j(A_i)$，就是以 4 比特地址 A_i 去查 S 盒 S_j 得到 4 比特输出 $Y_i(i=0,1,\cdots,31)$。

(5) 线性变换 $Y = L(X)$(图 S.13)

输入：$X \in \{0,1\}^{128}$。

输出：$Y \in \{0,1\}^{128}$。

begin

$X = X_0 \parallel X_1 \parallel X_2 \parallel X_3 // X_j \in \{0,1\}^{32}$

$T_0 = X_0 \lll 13$

$T_2 = X_2 \lll 3$

$T_1 = X_1 \oplus T_0 \oplus T_2$

$T_3 = X_3 \oplus T_2 \oplus (T_0 \ll 3)$

$Y_1 = T_1 \lll 1$

$Y_3 = T_3 \lll 7$

$Y_0 = (T_0 \oplus Y_1 \oplus Y_3) \lll 5$

$Y_2 = (T_2 \oplus Y_3 \oplus (Y_1 \ll 7) \lll 22$

$Y = Y_0 \parallel Y_1 \parallel Y_2 \parallel Y_3 \quad // Y_j \in \{0,1\}^{32}$

return Y

end

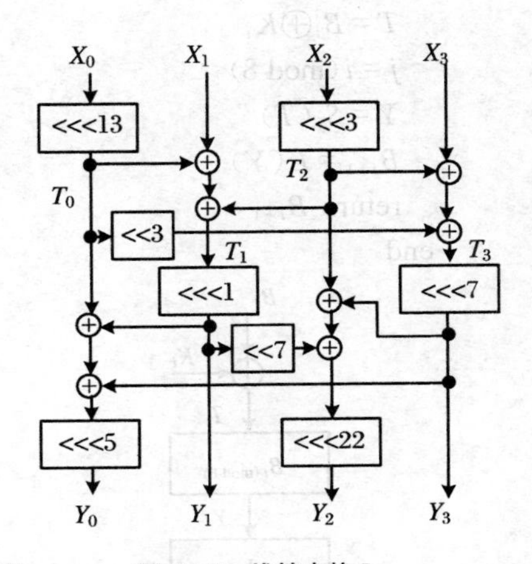

图 S.13　线性变换 L

(6) 逆线性变换 $X = L^{-1}(Y)$(图 S.14)

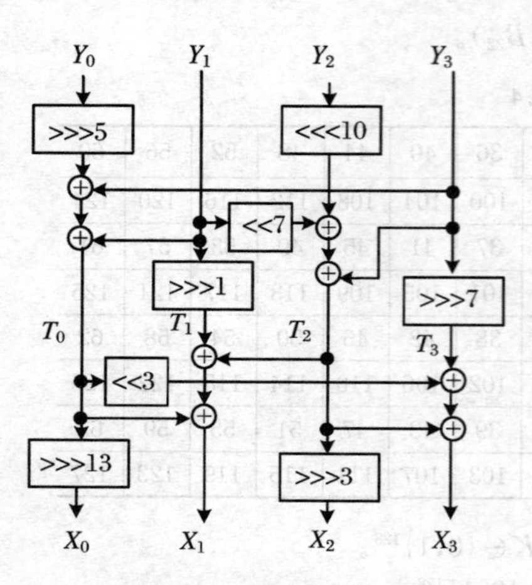

图 S.14 逆线性变换 L^{-1}

输入：$Y \in \{0,1\}^{128}$。

输出：$X \in \{0,1\}^{128}$。

begin

$Y = Y_0 \parallel Y_1 \parallel Y_2 \parallel Y_3 \quad // Y_j \in \{0,1\}^{32}$

$T_0 = Y_1 \oplus Y_3 \oplus (Y_0 \ggg 5)$

$T_1 = Y_1 \ggg 1$

$T_2 = Y_3 \oplus (Y_1 \ll 7) \oplus (Y_2 \lll 10)$

$T_3 = Y_3 \ggg 7$

$X_0 = T_0 \ggg 13$

$X_1 = T_0 \oplus T_1 \oplus T_2$

$X_2 = T_2 \ggg 3$

$X_3 = T_2 \oplus T_3 \oplus (T_0 \ll 3)$

$X = X_0 \parallel X_1 \parallel X_2 \parallel X_3 \quad // X_j \in \{0,1\}^{32}$

return X

end

(7) 加密轮函数 $B_{i+1} = F_i(B_i, K_i)$(图 S.15)

输入：第 i 轮输入 $B_i \in \{0,1\}^{128}$；第 i 轮子密钥 $K_i \in \{0,1\}^{128}$ $(i = 0,1,\cdots,30)$。

输出：第 i 轮输出 $B_{i+1} \in \{0,1\}^{128}$。

begin

$T = B_i \oplus K_i$

$j = i \pmod 8$

$Y = S_j(T)$

$B_{i+1} = L(Y)$

return B_{i+1}

end

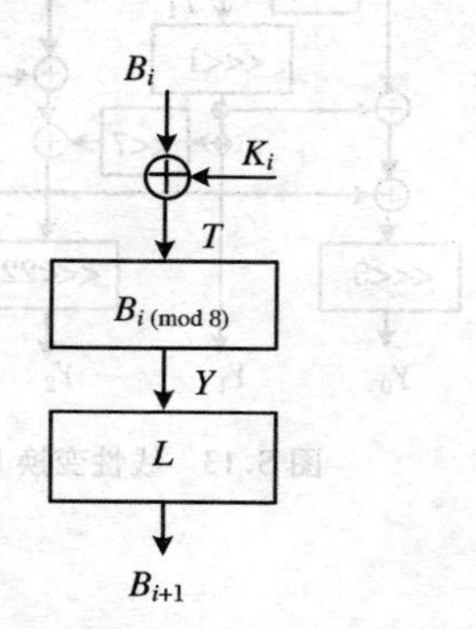

图 S.15 加密轮函数 F_i

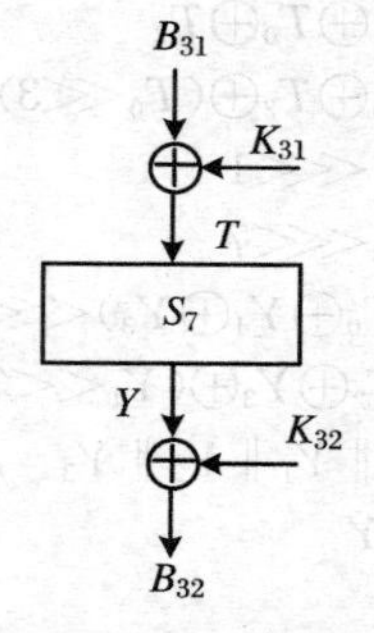

图 S.16 最终加密轮函数 F_{31}

最终加密轮函数 $B_{32}=F_{31}(B_{31},K_{31},K_{32})$,如图 S.16 所示。

输入:第 31 轮输入 $B_{31}\in\{0,1\}^{128}$;第 31 轮子密钥 $K_{31}\in\{0,1\}^{128}$,$K_{32}\in\{0,1\}^{128}$。

输出:第 31 轮输出 $B_{32}\in\{0,1\}^{128}$。

begin

  $T=B_{31}\oplus K_{31}$

  $Y=S_7(T)$

  $B_{32}=Y\oplus K_{32}$

  return B_{32}

end

(8) 解密轮函数 $B_i=G_i(B_{i+1},K_i)$(图 S.17)

输入:$B_{i+1}\in\{0,1\}^{128}$;$K_i\in\{0,1\}^{128}(i=0,1,\cdots,30)$。

输出:$B_i\in\{0,1\}^{128}$。

begin

  $Y=L^{-1}(B_{i+1})$

  $j=i(\bmod 8)$

  $T=S_j^{-1}(Y)$

  $B_i=T\oplus K_i$

  return B_i

end

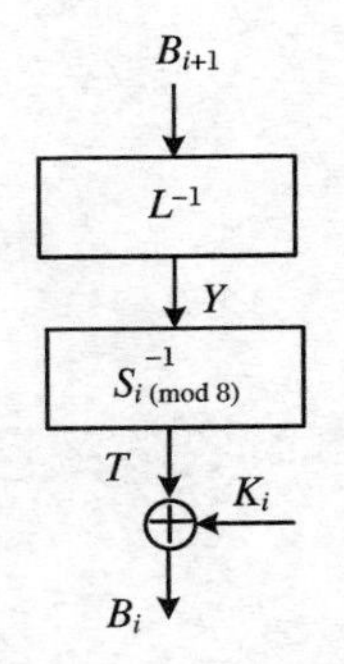

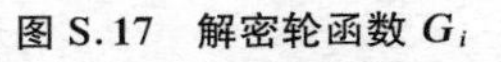

图 S.17 解密轮函数 G_i

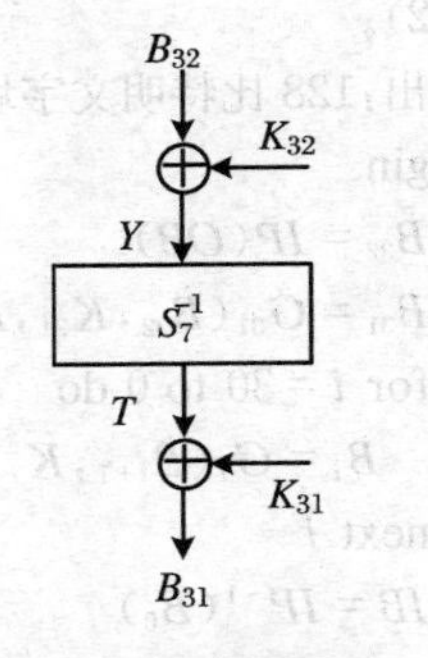

图 S.18 解密轮函数 G_{31}

解密轮函数 $B_{31}=G_{31}(B_{32},K_{31},K_{32})$,如图 S.18 所示。

输入:$B_{32}\in\{0,1\}^{128}$;$K_{31}\in\{0,1\}^{128}$,$K_{32}\in\{0,1\}^{128}$。

输出:$B_{31}\in\{0,1\}^{128}$。

begin

```
    Y = B_32 ⊕ K_32
    T = S_7^-1(Y)
    B_31 = T ⊕ K_31
    return B_31
end
```

3. 加密算法

输入：128 比特明文字块 $IB \in \{0,1\}^{128}$；扩展子密钥 $K_i \in \{0,1\}^{128}(i=0,1,\cdots,32)$。

输出：128 比特密文字块 $OB \in \{0,1\}^{128}$。

```
begin
    B_0 = IP(IB)
    for i = 0 to 30 do
        B_{i+1} = F_i(B_i, K_i)
    next i
    B_32 = F_31(B_31, K_31, K_32)
    OB = IP^-1(B_32)
    return OB
end
```

4. 解密算法

输入：128 比特密文字块 $OB \in \{0,1\}^{128}$；扩展子密钥 $K_i \in \{0,1\}^{128}(i=0,1,\cdots,32)$。

输出：128 比特明文字块 $IB \in \{0,1\}^{128}$。

```
begin
    B_32 = IP(OB)
    B_31 = G_31(B_32, K_31, K_32)
    for i = 30 to 0 do
        B_i = G_i(B_{i+1}, K_i)
    next i
    IB = IP^-1(B_0)
    return IB
end
```

5. 密钥编排

输入：n 比特密钥 $K=(k_{n-1},\cdots,k_1,k_0)$。

输出：扩展子密钥 $K_i \in \{0,1\}^{32}(i=0,1,\cdots,131)$。

begin

```
if n = 128 then do
    W = (0,0,…,0,1,k_127,…,k_1,k_0)     //W ∈ {0,1}^256
else if n = 192 then do
    W = (0,0,…,0,1,k_191,…,k_1,k_0)     //W ∈ {0,1}^256
else if n = 256 then do
    W = (k_255,…,k_1,k_0)     //W ∈ {0,1}^256
W = W_-8 ‖ W_-7 ‖ … ‖ W_-1
for i = 0 to 131 do
    W_i = (W_i-8 ⊕ W_i-5 ⊕ W_i-3 ⊕ W_i-1 ⊕ φ ⊕ i) <<< 11  //W_i ∈ {0,1}^32
next i
for j = 0 to 32 do
  if (j(mod 8) = 0) then do
      K_j = S_3(W_4j ‖ W_4j+1 ‖ W_4j+2 ‖ W_4j+3)
  else if (j(mod 8) = 1) then do
      K_j = S_2(W_4j ‖ W_4j+1 ‖ W_4j+2 ‖ W_4j+3)
  else if (j(mod 8) = 2) then do
      K_j = S_1(W_4j ‖ W_4j+1 ‖ W_4j+2 ‖ W_4j+3)
  else if (j(mod 8) = 3) then do
      K_j = S_0(W_4j ‖ W_4j+1 ‖ W_4j+2 ‖ W_4j+3)
  else if (j(mod 8) = 4) then do
      K_j = S_7(W_4j ‖ W_4j+1 ‖ W_4j+2 ‖ W_4j+3)
  else if (j(mod 8) = 5) then do
      K_j = S_6(W_4j ‖ W_4j+1 ‖ W_4j+2 ‖ W_4j+3)
  else if (j(mod 8) = 6) then do
      K_j = S_5(W_4j ‖ W_4j+1 ‖ W_4j+2 ‖ W_4j+3)
  else     //(j(mod 8) = 7)
      K_j = S_4(W_4j ‖ W_4j+1 ‖ W_4j+2 ‖ W_4j+3)
next j
return K_0, K_1, …, K_32
end
```

参看 advanced encryption standard (AES), block cipher, substitution-permutation (SP) network。

session key　会话密钥

密钥管理中的最低一层密钥。这种密钥只在一个受限时间内使用,比如终端上的一次用户会话,完毕就销毁。

参看 key layering。

session key establishment　会话密钥编制

同 dynamic key establishment。

SFLASH digital signature scheme　SFLASH 数字签名方案

NESSIE 选出的三个数字签名方案之一。SFLASH 基于多元二次多项式。

1. 定义和符号

(1) 一般符号　如果 $X=(x_0\cdots x_{m-1})$，则$[X]_{i-j}$ $(0\leqslant i<j\leqslant m-1)$表示由$(x_i\cdots x_j)$组成的比特串。

$T=X\parallel Y$ 表示并置：如果 $X=(x_0\cdots x_{m-1})$，$Y=(y_0\cdots y_{n-1})$，则

$$T=X\parallel Y=(x_0\cdots x_{m-1}y_0\cdots y_{n-1})。$$

$K=\mathbb{F}_{128}=\mathbb{F}_2[X]/(X^7+X+1)$是一个域，可用$\mathbb{F}_2^7$和 K 之间的一个双射 π 把它表示为$\mathbb{F}_2$的向量空间，π 的定义是

$$\forall b=(b_0,\cdots,b_6)\in\{0,1\}^7,\quad \pi(b)=b_6X^6+\cdots+b_1X+b_0。$$

$\mathcal{L}=K[X]/(X^{37}+X^{12}+X^{10}+X^2+1)$是 K 的一个 37 次扩域，可用 K^{37} 到$\mathcal{L}$的一个双射 ϕ 把它表示为 K 的向量空间，ϕ 的定义是

$$\forall a=(a_0,\cdots,a_{36})\in K^{37},\quad \phi(a)=a_{36}X^{36}+\cdots+a_1X+a_0。$$

从$\mathcal{L}$到$\mathcal{L}$的函数 F 定义为$F(x)=x^{128^{11}+1}$。

从 K^{37}到 K^{37}的双射仿射函数 σ 用 K 上的关于 K^{37}的典范基的一个 37×37 的方阵 S_L和一个 37×1 的列矩阵 S_C来描述，S_L和 S_C的所有系数都属于 K。

从 K^{37}到 K^{37}的双射仿射函数 τ 用 K 上的关于 K^{37}的典范基的一个 37×37 方阵 T_L和一个 37×1 列矩阵 T_C来描述，T_L和 T_C的所有系数都属于 K。

从 K^{37}到 K^{37}的函数 $y=\tau\circ\phi^{-1}\circ F\circ\phi\circ\sigma(x)$是 K 上的一个二次变换，其中，$y=(y_0,\cdots,y_{36})$，$x=(x_0,\cdots,x_{36})$，

$$\begin{cases}y_0=P_0(x_0,\cdots,x_{36}),\\ \cdots,\\ y_{36}=P_{36}(x_0,\cdots,x_{36}),\end{cases}$$

这里，每个 P_i都是下述形式的二次多项式：

$$P_i(x_0,\cdots,x_{36})=\sum_{0\leqslant j<k<37}\zeta_{i,j,k}x_jx_k+\sum_{0\leqslant j<37}\nu_{i,j}x_j+\rho_i。$$

(2) 函数 *Aff-Bij-Gen*()　生成 37×37 可逆方阵和 37×1 列矩阵。

输入：无。

输出：一个 37×37 可逆方阵 M 和 37×1 列矩阵 C。

```
begin
  for i = 1 to 37 do
```

```
    Ci =（next-8bit-random-string() & 127)
    for j = 1 to 37 do
      if（i<j）then do
        Ui,j =（next-8bit-random-string() & 127)
        Li,j = 1
      doend
      else if（i>j）then do
        Li,j =（next-8bit-random-string() & 127)
        Ui,j = 1
      doend
      else if（i = j）then do
        z = 0
        while（z = 0）do
          next-8bit-random-string() & 127)
        doend
        Ui,j = z
        Li,j = 1
      doend
    next j
  next i
  M = LU
  return M, C
end
```

(3) 函数 *next-8bit-random-string*（） 这个函数输出一个随机的 8 比特串。

输入：*position* = 19。

输出：一个 8 比特串。

```
begin
  生成一个熵最小为 80 的 51 字节种子 seed
  count3 = count2 = count1 = count0 = 0   //count3~count0均为 1 字节
  tab = seed ‖ count3 ‖ count2 ‖ count1 ‖ count0
  count = count3 ‖ count2 ‖ count1 ‖ count0   //count∈{0,1}^32
  if（position = 19）then do
    count = count + 1
    rando = SHA-1(tab)   //rando 为 20 字节(rando[0],…,rando[19])
```

$position = position - 1$

doend

$position = position + 1$

return *rando*[*position*] //输出 *rando* 的最低一字节(第 19 字节)

end

(4) 函数 $G(x_0,\cdots,x_{36})=(y_0,\cdots,y_{25})$ 指一个从 K^{37} 到 K^{26} 的函数。

2. 参数选择

NESSIE 数字签名方案使用两个域和一个固定函数。

第一个域是 $K=F_{128}=F_2[X]/(X^7+X+1)$;

第二个域 K^{37} 是 K 的一个 37 次扩域;

固定函数是 $F(x)=x^{128^{11}+1}$。

3. 密钥生成(建立公开密钥/秘密密钥对)

KG1 $(S_L,S_C)=\mathit{Aff\text{-}Bij\text{-}Gen}()$

KG2 $(T_L,T_C)=\mathit{Aff\text{-}Bij\text{-}Gen}()$

KG3 for $i=0$ to 9 do

$\Delta[i]=\mathit{next\text{-}8bit\text{-}random\text{-}string}()$

next i

KG4 公开密钥是函数 $G(x_0,\cdots,x_{36})=(y_0,\cdots,y_{25})$。

KG5 秘密密钥是两个双射仿射函数 σ 和 τ,以及 80 比特串 Δ。

4. 签名生成

SG1 计算 $h_1=\text{SHA-1}(m),h_1\in\{0,1\}^{160}$。

SG2 计算 $h_2=\text{SHA-1}(h_1),h_2\in\{0,1\}^{160}$。

SG3 令 $v=[h_1\parallel h_2]_{0\to181},v\in\{0,1\}^{182}$。

SG4 计算 $w=[\text{SHA-1}(v\parallel\Delta)]_{0\to76},w\in\{0,1\}^{77}$。

SG5 令 y 是如下定义的 K 的 26 个元素组成的串:

$y=\pi([v]_{0\to6}),\pi([v]_{7\to13}),\cdots,\pi([v]_{175\to181})$。

SG6 令 r 是如下定义的 K 的 11 个元素组成的串:

$y=\pi([w]_{0\to6}),\pi([w]_{7\to13}),\cdots,\pi([w]_{70\to76})$。

SG7 令 x 是如下定义的 K 的 37 个元素组成的串:

$x=(x_0,\cdots,x_{36})=\sigma^{-1}\circ\phi^{-1}\circ F^{-1}\circ\phi\circ\tau^{-1}(y\parallel r)$。

SG8 签名附件 $s=\pi^{-1}(x_0)\parallel\cdots\parallel\pi^{-1}(x_{36}),s\in\{0,1\}^{259}$。

5. 签名验证

SV1 计算 $h_1=\text{SHA-1}(m),h_1\in\{0,1\}^{160}$。

SV2 计算 $h_2=\text{SHA-1}(h_1),h_2\in\{0,1\}^{160}$。

SV3 令 $v=[h_1\parallel h_2]_{0\to181},v\in\{0,1\}^{182}$。

SV4 令 y 是如下定义的 K 的 26 个元素组成的串：

$$y=\pi([v]_{0\to 6}),\pi([v]_{7\to 13}),\cdots,\pi([v]_{175\to 181})。$$

SV5 令 y' 是如下定义的 K 的 26 个元素组成的串：

$$y'=G(\pi([s]_{0\to 6}),\pi([s]_{7\to 13}),\cdots,\pi([s]_{252\to 258})。$$

SV6 如果 $y'=y$,则接受这个签名;否则拒绝这个签名。

参看 digital signature, digital signature algorithm (DSA), digital signature scheme with appendix, elliptic curve discrete logarithm problem (ECDLP), NESSIE project, octet, randomized digital signature scheme。

SHA-1 hash function SHA-1 散列函数

同 secure hash algorithm (SHA-1)。

SHA-256 hash function SHA-256 散列函数

美国联邦信息处理标准(FIPS PUB 180-2,2002 年 8 月发布)中定义的三个新的 SHA 类散列函数之一,也是 NESSIE 选出的两个碰撞阻散列函数之一。SHA-256 输出的散列值为 256 比特。

SHA-256 散列函数

输入:长度 $b\geqslant 0$ 的比特串 x。

输出:x 的 256 比特散列码。

1. 符号注释

X,Y,Z 为 32 比特变量;

$(\mathrm{EFCDAB89})_{\mathrm{hex}}$ 为十六进制表示的数;

$+$ 为模 2^{32} 加法;

$\bar{X}$ 表示按位取补;

$X\ggg n$ 表示将 32 比特变量循环右移 n 位;

$X\wedge Y$ 表示按位与;

$X\vee Y$ 表示按位或;

$X\oplus Y$ 表示按位异或;

$(X_1,\cdots,X_j)\leftarrow(Y_1,\cdots,Y_j)$ 表示分别将 Y_i 的值赋给 X_i,即 $X_i\leftarrow Y_i$ $(i=1,\cdots,j)$;

$X\parallel Y$ 表示并置:如果 $X=(x_0\cdots x_{31})$, $Y=(y_0\cdots y_{31})$,则

$$X\parallel Y=(x_0\cdots x_{31}y_0\cdots y_{31})。$$

2. 基本函数

(1) 四个线性函数

$$\Sigma_0(X)=(X\ggg 2)\oplus(X\ggg 13)\oplus(X\ggg 22),$$

$$\Sigma_1(X)=(X\ggg 6)\oplus(X\ggg 11)\oplus(X\ggg 25),$$

$$\sigma_0(X)=(X\ggg 7)\oplus(X\ggg 18)\oplus(X\gg 3),$$

$$\sigma_1(X)=(X\ggg 17)\oplus(X\ggg 19)\oplus(X\gg 10)。$$

(2) 位方式选择函数 $Ch(X,Y,Z)=(X\wedge Y)\oplus(\bar{X}\vee Z)$。

(3) 位方式择多函数

$$Maj(X,Y,Z)=(X\wedge Y)\oplus(X\wedge Z)\oplus(Y\wedge Z)。$$

3．常数定义

定义八个 32 比特初始链接值(IV)：

$$h_1=(6A09E667)_{hex},\quad h_2=(BB67AE85)_{hex},$$
$$h_3=(3C6EF372)_{hex},\quad h_4=(A54FF53A)_{hex},$$
$$h_5=(519E527F)_{hex},\quad h_6=(9B05688C)_{hex},$$
$$h_7=(1F83D9AB)_{hex},\quad h_8=(5BE0CD19)_{hex}。$$

轮常数 $K_i\in\{0,1\}^{32}(i=0,1,\cdots,63)$。下面用十六进制表示：

i	K_i	i	K_i	i	K_i	i	K_i
0	428A2F98	1	71374491	2	B5C0FBCF	3	E9B5DBA5
4	3956C25B	5	59F111F1	6	923F82A4	7	AB1C5ED5
8	D807AA98	9	12835B01	10	243185BE	11	550C7DC3
12	72BE5D74	13	80DEB1FE	14	9BDC06A7	15	C19BF174
16	E49B69C1	17	EFBE4786	18	0FC19DC6	19	240CA1CC
20	2DE92C6F	21	4A7484AA	22	5CB0A9DC	23	76F988DA
24	983E5152	25	A831C66D	26	B00327C8	27	BF597FC7
28	C6E00BF3	29	D5A79147	30	06CA6351	31	14292967
32	27B70A85	33	2E1B2138	34	4D2C6DFC	35	53380D13
36	650A7354	37	766A0ABB	38	81C2C92E	39	92722C85
40	A2BFE8A1	41	A81A664B	42	C24B8B70	43	C76C51A3
44	D192E819	45	D6990624	46	F40E3585	47	106AA070
48	19A4C116	49	1E376C08	50	2748774C	51	34B0BCB5
52	391C0CB3	53	4ED8AA4A	54	5B9CCA4F	55	682E6FF3
56	748F82EE	57	78A5636F	58	84C87814	59	8CC70208
60	90BEFFFA	61	A4506CEB	62	BEF9A3F7	63	C67178F2

4．预处理

填充 x 使得其比特长度为 512 的倍数，做法如下：在 x 之后先添加一个“1”，接着添加 $r-1$ 个“0”，再接着添加 $b(\bmod 2^{64})$的 64 比特长表示。r 的取值要使得 $b+r+64=512m$ 时最小的那个值。这样，就将输入格式化成 $16m$ 个 32 比特长的字(因为 $512m=32\cdot 16m$)，表示成 $x_0x_1\cdots x_{16m-1}$。

5. 处理(这里用形式语言描述)

```
begin
  //初始化
  (H_1,H_2,H_3,H_4,H_5,H_6,H_7,H_8)←(h_1,h_2,h_3,h_4,h_5,h_6,h_7,h_8)
  for i=0 to m-1 do
    for j=0 to 15 do      //取16个32比特消息字块
      X_j←x_{16i+j}
    next j
    for j=16 to 63 do     //将16个32比特消息字块扩展成64个32
                            比特消息字块
      X_j←σ_1(X_{j-2})+X_{j-7}⊕σ_0(X_{j-15})⊕X_{j-16}
    next j
    //初始化工作变量
    (A,B,C,D,E,F,G,H)←(H_1,H_2,H_3,H_4,H_5,H_6,H_7,H_8)
    for j=0 to 63 do
      T_1=H+Σ_1(E)+Ch(E,F,G)+K_j+W_j
      T_2=Σ_0(A)+Maj(A,B,C)
      H←G
      G←F
      F←E
      E←D+T_1
      D←C
      C←B
      B←A
      A=T_1+T_2
    next j
    (H_1,H_2,H_3,H_4,H_5,H_6,H_7,H_8)←(H_1+A,H_2+B,H_3+C,H_4
+D,H_5+E,H_6+F,H_7+G,H_8+H)    //更新链接值
  next i
  return (H_1‖H_2‖H_3‖H_4‖H_5‖H_6‖H_7‖H_8)    //输出散列值
end
```

6. 完成

最终输出的散列值是$H_1 \| H_2 \| H_3 \| H_4 \| H_5 \| H_6 \| H_7 \| H_8$。

参看 collision resistant hash function (CRHF), customized hash function, hash-code, hash function, secure hash algorithm (SHA-1)。

SHA-384 hash function SHA-384 散列函数

美国联邦信息处理标准(FIPS PUB 180-2,2002 年 8 月发布)中定义的三个新的 SHA 类散列函数之一。也是 NESSIE 选出的两个碰撞阻散列函数之一,SHA-384 的基本结构与 SHA-256 相同,只是处理的字的规模加倍,SHA-384 为 64 比特,输出的散列值为 384 比特。

SHA-384 散列函数

输入:长度 $b \geqslant 0$ 的比特串 x。

输出:x 的 384 比特散列码。

1. 符号注释

X, Y, Z 为 64 比特变量;

$(\mathrm{EFCDAB8901234567})_{\mathrm{hex}}$为十六进制表示的数;

$+$ 为模 2^{64} 加法;

$\bar{X}$ 表示按位取补;

$X \ggg n$ 表示将 64 比特变量循环右移 n 位;

$X \wedge Y$ 表示按位与;

$X \vee Y$ 表示按位或;

$X \oplus Y$ 表示按位异或;

$(X_1, \cdots, X_j) \leftarrow (Y_1, \cdots, Y_j)$ 表示分别将 Y_i 的值赋给 X_i,即 $X_i \leftarrow Y_i (i = 1, 2, \cdots, j)$;

$X \parallel Y$ 表示并置:如果 $X = (x_0 \cdots x_{63})$, $Y = (y_0 \cdots y_{63})$,则

$$X \parallel Y = (x_0 \cdots x_{63} y_0 \cdots y_{63})。$$

2. 基本函数

(1) 四个线性函数

$$\Sigma_0(X) = (X \ggg 28) \oplus (X \ggg 34) \oplus (X \ggg 39),$$

$$\Sigma_1(X) = (X \ggg 14) \oplus (X \ggg 18) \oplus (X \ggg 41),$$

$$\sigma_0(X) = (X \ggg 1) \oplus (X \ggg 8) \oplus (X \gg 7),$$

$$\sigma_1(X) = (X \ggg 19) \oplus (X \ggg 61) \oplus (X \gg 6),$$

(2) 位方式选择函数 $Ch(X, Y, Z) = (X \wedge Y) \oplus (\bar{X} \vee Z)$。

(3) 位方式择多函数

$$Maj(X, Y, Z) = (X \wedge Y) \oplus (X \wedge Z) \oplus (Y \wedge Z)。$$

3. 常数定义

定义八个 64 比特初始链接值(IV):

$h_1 = (\mathrm{CBBB9D4DC1059ED8})_{\mathrm{hex}}$, $h_2 = (\mathrm{629A292A367CD507})_{\mathrm{hex}}$,

$h_3 = (\mathrm{9159015A3070DD17})_{\mathrm{hex}}$, $h_4 = (\mathrm{152FECD8F70E5939})_{\mathrm{hex}}$,

$h_5 = (\mathrm{67332667FFC00B31})_{\mathrm{hex}}$, $h_6 = (\mathrm{8EB44A8768581511})_{\mathrm{hex}}$,

$h_7 = (\text{DB0C2E0D64F98FA7})_{\text{hex}}$，　$h_8 = (\text{47B5481DBEFA4FA4})_{\text{hex}}$。

轮常数 $K_i \in \{0,1\}^{64}(i=0,1,\cdots,79)$。下面用十六进制表示：

i	K_i	i	K_i	i	K_i	i	K_i
0	428A2F98D728AE22	1	7137449123EF65CD	2	B5C0FBCFEC4D3B2F	3	E9B5DBA58189DBBC
4	3956C25BF348B538	5	59F111F1B605D019	6	923F82A4AF194F9B	7	AB1C5ED5DA6D8118
8	D807AA98A3030242	9	12835B0145706FBE	10	243185BE4EE4B28C	11	550C7DC3D5FFB4E2
12	72BE5D74F27B896F	13	80DEB1FE3B1696B1	14	9BDC06A725C71235	15	C19BF174CF692694
16	E49B69C19EF14AD2	17	EFBE4786384F25E3	18	0FC19DC68B8CD5B5	19	240CA1CC77AC9C65
20	2DE92C6F592B0275	21	4A7484AA6EA6E483	22	5CB0A9DCBD41FBD4	23	76F988DA831153B5
24	983E5152EE66DFAB	25	A831C66D2DB43210	26	B00327C898FB213F	27	BF597FC7BEEF0EE4
28	C6E00BF33DA88FC2	29	D5A79147930AA725	30	06CA6351E003826F	31	142929670A0E6E70
32	27B70A8546D22FFC	33	2E1B21385C26C926	34	4D2C6DFC5AC42AED	35	53380D139D95B3DF
36	650A73548BAF63D2	37	766A0ABB3C77B2A8	38	81C2C92E47EDAEE6	39	92722C851482353B
40	A2BFE8A14CF10364	41	A81A664BBC423001	42	C24B8B70D0F89791	43	C76C51A30654BE30
44	D192E819D6EF5218	45	D69906245565A910	46	F40E35855771202A	47	106AA07032BBD1B8
48	19A4C116B8D2D0C8	49	1E376C085141AB53	50	2748774CDF8EEB99	51	34B0BCB5E19B48A8
52	391C0CB3C5C95A63	53	4ED8AA4AE3418ACB	54	5B9CCA4F7763E373	55	682E6FF3D6B2B8A3
56	748F82EE5DEFB2FC	57	78A5636F43172F60	58	84C87814A1F0AB72	59	8CC702081A6439EC
60	90BEFFFA23631E28	61	A4506CEBDE82BDE9	62	BEF9A3F7B2C67915	63	C67178F2E372532B
64	CA273ECEEA26619C	65	D186B8C721C0C207	66	EADA7DD6CDE0EB1E	67	F57D4F7FEE6ED178
68	06F067AA72176FBA	69	0A637DC5A2C898A6	70	113F9804BEF90DAE	71	1B710B35131C471B
72	28DB77F523047D84	73	32CAAB7B40C72493	74	3C9EBE0A15C9BEBC	75	431D67C49C100D4C
76	4CC5D4BECB3E42B6	77	597F299CFC657E2A	78	5FCB6FAB3AD6FAEC	79	6C44198C4A475817

4. 预处理

填充 x 使得其比特长度为 1 024 的倍数，做法如下：在 x 之后先添加一个"1"，接着添加 $r-1$ 个"0"，再接着添加 $b(\text{mod } 2^{128})$ 的 128 比特长表示。r 的取值要使得 $b+r+128=1\,024m$ 时最小的那个值。这样，就将输入格式化成 $16m$ 个 64 比特长的字（因为 $1\,024m=64\cdot16m$），表示成 $x_0\ x_1\cdots x_{16m-1}$。

5. 处理（这里用形式语言描述）

begin

　//初始化

　$(H_1,H_2,H_3,H_4,H_5,H_6,H_7,H_8)\leftarrow(h_1,h_2,h_3,h_4,h_5,h_6,h_7,h_8)$

　for $i=0$ to $m-1$ do

　　for $j=0$ to 15 do　　//取 16 个 64 比特消息字块

　　　$X_j\leftarrow x_{16i+j}$

```
        next j
        for j = 16 to 79 do   //将 16 个 64 比特消息字块扩展成 80 个 64
                                比特消息字块
          X_j ← σ_1(X_{j-2}) + X_{j-7} ⊕ σ_0(X_{j-15}) ⊕ X_{j-16}
        next j
        //初始化工作变量
        (A, B, C, D, E, F, G, H) ← (H_1, H_2, H_3, H_4, H_5, H_6, H_7, H_8)
        for j = 0 to 79 do
          T_1 = H + Σ_1(E) + Ch(E, F, G) + K_j + W_j
          T_2 = Σ_0(A) + Maj(A, B, C)
          H ← G
          G ← F
          F ← E
          E ← D + T_1
          D ← C
          C ← B
          B ← A
          A = T_1 + T_2
        next j
        (H_1, H_2, H_3, H_4, H_5, H_6, H_7, H_8) ← (H_1 + A, H_2 + B, H_3 + C, H_4
      + D, H_5 + E, H_6 + F, H_7 + G, H_8 + H)   //更新链接值
      next i
      return(H_1 ‖ H_2 ‖ H_3 ‖ H_4 ‖ H_5 ‖ H_6)   //输出散列值
    end
```

6. 完成

最终输出的散列值是 $H_1 \| H_2 \| H_3 \| H_4 \| H_5 \| H_6$。

参看 collision resistant hash function (CRHF), customized hash function, hash-code, hash function, SHA-256 hash function。

SHA-512 hash function　SHA-512 散列函数

美国联邦信息处理标准(FIPS PUB 180-2,2002 年 8 月发布)中定义的三个新的 SHA 类散列函数之一。也是 NESSIE 选出的两个碰撞阻散列函数之一,SHA-512 的基本结构、处理过程与 SHA-384 完全相同,只是最后输出的散列值为 512 比特。

SHA-512 散列函数

输入:长度 $b \geqslant 0$ 的比特串 x。

输出：x 的 512 比特散列码。

1. 符号注释

同 SHA-384。

2. 基本函数

同 SHA-384。

3. 常数定义

定义八个 64 比特初始链接值（IV）：

$h_1=(6A09E667F3BCC908)_{hex}$，$h_2=(BB67AE8584CAA73B)_{hex}$，

$h_3=(3C6EF372FE94F82B)_{hex}$，$h_4=(A54FF53A5F1D36F1)_{hex}$，

$h_5=(510E527FADE682D1)_{hex}$，$h_6=(9B05688C2B3E6C1F)_{hex}$，

$h_7=(1F83D9ABFB41BD6B)_{hex}$，$h_8=(5BE0CD19137E2179)_{hex}$。

轮常数 $K_i\in\{0,1\}^{32}(i=0,1,\cdots,79)$。同 SHA-384。

4. 预处理

同 SHA-384。

5. 处理

中间处理过程完全同 SHA-384。只是最后输出不同：

return $(H_1\parallel H_2\parallel H_3\parallel H_4\parallel H_5\parallel H_6\parallel H_7\parallel H_8)$ //输出散列值

6. 完成

最终输出的散列值是 $H_1\parallel H_2\parallel H_3\parallel H_4\parallel H_5\parallel H_6\parallel H_7\parallel H_8$。

参看 collision resistant hash function (CRHF), customized hash function, hash-code, hash function, SHA-384 hash function。

SHACAL-2 block cipher SHACAL-2 分组密码

NESSIE 选出的 4 个分组密码算法之一。SHACAL-2 是基于 SHA-256 的压缩函数的一个分组密码，其分组长度为 256 比特，密钥长度支持 0～512 比特，但推荐最小为 128 比特。算法轮数为 64。

SHACAL-2 分组密码

1. 符号注释

$\oplus$表示按位异或；$\wedge$ 表示按位与；$\vee$ 表示按位或；

$\bar{X}$ 表示将变量 X 按位取补。

$+$表示模 2^{32} 加法；$-$表示模 2^{32} 减法。

$X\ggg n$ 表示将变量 X 向右循环移 n 位。

$X\gg n$ 表示将变量 X 向右移 n 位。

$T=X\parallel Y$ 表示并置：如果 $X=(x_0\cdots x_7)$，$Y=(y_0\cdots y_7)$，则 $T=X\parallel Y=(x_0\cdots x_7 y_0\cdots y_7)$。

轮常数 $K^i\in\{0,1\}^{32}$ $(i=0,1,\cdots,63)$。下面用十六进制表示：

i	K^i	i	K^i	i	K^i	i	K^i
0	428A2F98	1	71374491	2	B5C0FBCF	3	E9B5DBA5
4	3956C25B	5	59F111F1	6	923F82A4	7	AB1C5ED5
8	D807AA98	9	12835B01	10	243185BE	11	550C7DC3
12	72BE5D74	13	80DEB1FE	14	9BDC06A7	15	C19BF174
16	E49B69C1	17	EFBE4786	18	0FC19DC6	19	240CA1CC
20	2DE92C6F	21	4A7484AA	22	5CB0A9DC	23	76F988DA
24	983E5152	25	A831C66D	26	B00327C8	27	BF597FC7
28	C6E00BF3	29	D5A79147	30	06CA6351	31	14292967
32	27B70A85	33	2E1B2138	34	4D2C6DFC	35	53380D13
36	650A7354	37	766A0ABB	38	81C2C92E	39	92722C85
40	A2BFE8A1	41	A81A664B	42	C24B8B70	43	C76C51A3
44	D192E819	45	D6990624	46	F40E3585	47	106AA070
48	19A4C116	49	1E376C08	50	2748774C	51	34B0BCB5
52	391C0CB3	53	4ED8AA4A	54	5B9CCA4F	55	682E6FF3
56	748F82EE	57	78A5636F	58	84C87814	59	8CC70208
60	90BEFFFA	61	A4506CEB	62	BEF9A3F7	63	C67178F2

2. 基本函数(注:下面各个函数中的变量均是 32 比特。)

(1) 四个线性函数

$$\Sigma_0(X)=(X\ggg 2)\oplus(X\ggg 13)\oplus(X\ggg 22),$$
$$\Sigma_1(X)=(X\ggg 6)\oplus(X\ggg 11)\oplus(X\ggg 25),$$
$$\sigma_0(X)=(X\ggg 7)\oplus(X\ggg 18)\oplus(X\gg 3),$$
$$\sigma_1(X)=(X\ggg 17)\oplus(X\ggg 19)\oplus(X\gg 10)。$$

(2) 位方式选择函数 $Ch(X,Y,Z)=(X\wedge Y)\oplus(X\vee Z)$。

(3) 位方式择多函数 $Maj(X,Y,Z)=(X\wedge Y)\oplus(X\wedge Z)\oplus(Y\wedge Z)$。

(4) 加密轮函数

$(A',B',C',D',E',F',G',H')=Encrypt\_RF(A,B,C,D,E,F,G,H,K,W)$。

输入:$A,B,C,D,E,F,G,H\in\{0,1\}^{32}$;扩展子密钥 $W\in\{0,1\}^{32}$;轮常数 $K\in\{0,1\}^{32}$。

输出:轮输出 $A',B',C',D',E',F',G',H'\in\{0,1\}^{32}$。

begin

$T_1=H+\Sigma_1(E)+Ch(E,F,G)+K+W$

$T_2=\Sigma_0(A)+Maj(A,B,C)$

$A'=T_1+T_2$

$B' = A$

$C' = B$

$D' = C$

$E' = D + T_1$

$F' = E$

$G' = F$

$H' = G$

end

(5) 解密轮函数 $(A,B,C,D,E,F,G,H) = Decrypt\_RF(A',B',C',D',E',F',G',H',K,W)$。

输入:$A',B',C',D',E',F',G',H' \in \{0,1\}^{32}$;扩展子密钥 $W \in \{0,1\}^{32}$;轮常数 $K \in \{0,1\}^{32}$。

输出:轮输出 $A,B,C,D,E,F,G,H \in \{0,1\}^{32}$。

begin

$R_1 = \Sigma_0(B') + Maj(B',C',D')$

$R_2 = A' - R_1$

$A = B'$

$B = C'$

$C = D'$

$D = E' - R_2$

$E = F'$

$F = G'$

$G = H'$

$H = R_2 - \Sigma_1(F') - Ch(F',G',H') - K - W$

end

3. 加密算法

输入:256 比特明文字块 PB;扩展子密钥 $W^i \in \{0,1\}^{32}$ $(i=0,1,\cdots,63)$。

轮常数 $K^i \in \{0,1\}^{32}$ $(i=0,1,\cdots,63)$。

输出:256 比特密文字块 CB。

begin

$PB = p_0 \| p_1 \| \cdots \| p_{31}$ $\quad //p_i \in \{0,1\}^8$ $(i=0,1,\cdots,31)$

$A^0 = p_3 \| p_2 \| p_1 \| p_0$

$B^0 = p_7 \| p_6 \| p_5 \| p_4$

$C^0 = p_{11} \| p_{10} \| p_9 \| p_8$

$D^0 = p_{15} \| p_{14} \| p_{13} \| p_{12}$

$E^0 = p_{19} \| p_{18} \| p_{17} \| p_{16}$
$F^0 = p_{23} \| p_{22} \| p_{21} \| p_{20}$
$G^0 = p_{27} \| p_{26} \| p_{25} \| p_{24}$
$H^0 = p_{31} \| p_{30} \| p_{29} \| p_{28}$
for $i = 0$ to 63 do
$(A^{i+1}, B^{i+1}, C^{i+1}, D^{i+1}, E^{i+1}, F^{i+1}, G^{i+1}, H^{i+1})$
$= Encrypt\_RF(A^i, B^i, C^i, D^i, E^i, F^i, G^i, H^i, K^i, W^i)$
next i
$CB = A^{64} \| B^{64} \| C^{64} \| D^{64} \| E^{64} \| F^{64} \| G^{64} \| H^{64}$
end

4. 解密算法

解密过程与加密过程略有不同,但类似。

输入:256 比特密文字块 CB;扩展子密钥 $W^i \in \{0,1\}^{32}$ $(i = 0, 1, \cdots, 63)$。轮常数 $K^i \in \{0,1\}^{32}$ $(i = 0, 1, \cdots, 63)$。

输出:256 比特明文字块 PB。

begin
$CB = p_0 \| p_1 \| \cdots \| p_{31}$ $\quad // p_i \in \{0,1\}^8$ $(i = 0, 1, \cdots, 31)$
$A^{64} = p_3 \| p_2 \| p_1 \| p_0$
$B^{64} = p_7 \| p_6 \| p_5 \| p_4$
$C^{64} = p_{11} \| p_{10} \| p_9 \| p_8$
$D^{64} = p_{15} \| p_{14} \| p_{13} \| p_{12}$
$E^{64} = p_{19} \| p_{18} \| p_{17} \| p_{16}$
$F^{64} = p_{23} \| p_{22} \| p_{21} \| p_{20}$
$G^{64} = p_{27} \| p_{26} \| p_{25} \| p_{24}$
$H^{64} = p_{31} \| p_{30} \| p_{29} \| p_{28}$
for $i = 63$ to 0 step -1 do
$(A^i, B^i, C^i, D^i, E^i, F^i, G^i, H^i)$
$= Decrypt\_RF(A^{i+1}, B^{i+1}, C^{i+1}, D^{i+1}, E^{i+1}, F^{i+1}, G^{i+1}, H^{i+1}, K^i, W^i)$
next i
$PB = A^0 \| B^0 \| C^0 \| D^0 \| E^0 \| F^0 \| G^0 \| H^0$
end

5. 密钥编排

输入:密钥 $K \in \{0,1\}^n$ $(0 \leqslant n \leqslant 512)$。

输出:扩展子密钥 $W^i \in \{0,1\}^{32}$ $(i = 0, 1, \cdots, 63)$。

begin

```
    if (n<512) then do
        W = K ‖ 0^(512-n)      //填充 512-n 个"0"
    else
        W = K        //密钥长度为 512 比特时
    W = W^0 ‖ W^1 ‖ … ‖ W^15   // W^i ∈{0,1}^32 (i=0,1,…,15)
    for i = 16 to 63 do
        W^i = σ1(W^(i-2)) + W^(i-7) + σ0(W^(i-15)) + W^(i-16)
    next i
end
```

6. 测试向量

下面的数据均为十六进制。

密钥 K = 0000000000000000000000000000000000000000000000000000000000000000
0000000000000000000000000000000000000000000000000000000000000000，

明文 PB = 0000000000000000000000000000000000000000，

迭代 10^8 次 = AFEB41834793170CF687900B54779BA67EE91BC5；

密钥 K = 0101010101010101010101010101010101010101010101010101010101010101
0101010101010101010101010101010101010101010101010101010101010101，

明文 PB = 0101010101010101010101010101010101010101，

迭代 10^8 次 = A063F1D01331FE604DFB14C04CC4D9247EF74EA0；

密钥 K = 0202020202020202020202020202020202020202020202020202020202020202
0202020202020202020202020202020202020202020202020202020202020202，

明文 PB = 0202020202020202020202020202020202020202，

迭代 10^8 次 = 2E25B98D1AD2A39DACBD33C0AF3A8A170E2F3B1F；

密钥 K = 0303030303030303030303030303030303030303030303030303030303030303
0303030303030303030303030303030303030303030303030303030303030303，

明文 PB = 0303030303030303030303030303030303030303，

迭代 10^8 次 = 0D459C3A236C3E43F0305004FD502ECDCFB18FE1。

参看 block cipher，NESSIE project，SHA-256 hash function。

shadow　影子

在伯莱克利门限方案中，称秘密份额为"影子"。

参看 secret share。

Shamir's no-key protocol　沙米尔的无密钥协议

仅使用对称技术的一种密钥传送协议(虽然涉及模指数运算)。它允许在既不共享密钥也不公开密钥的情况下在一个公开信道上进行密钥编制。每个用户都只拥有他自己的局部对称密钥。这个协议只提供保护防止被动敌人的攻击，但不提供鉴别。这个协议解决的问题与基本的迪菲-赫尔曼密钥协商一样:两个用户不预先共享任何密钥素材,最后共享一个秘密密钥。用户 A 和用户 B 在一公开信道上交换三个消息,以秘密地把一个秘密的 K 从 A 传送给 B。

沙米尔的无密钥协议

(1) 一次性设置(系统参数的定义和公布)

(a) 选择并发布一个公用的素数 p,选择时使得模 p 离散对数的计算是不可行的。

(b) A 和 B 分别选择秘密随机数 a 和 b,$1\leqslant a,b\leqslant p-2$,且 a,b 都与 $p-1$ 互素。A 和 B 分别计算 $a^{-1}(\bmod\ p-1)$和 $b^{-1}(\bmod\ p-1)$。

(2) 协议消息

$$A\to B: K^a(\bmod\ p), \quad (1)$$

$$A\leftarrow B: (K^a)^b(\bmod\ p), \quad (2)$$

$$A\to B: (K^{ab})^{a^{-1}}(\bmod\ p)。 \quad (3)$$

(3) 协议动作　每当需要一个共享密钥时,就执行下述步骤:

(a) A 选择一个随机密钥 $K(1\leqslant K\leqslant p-1)$,计算 $K^a(\bmod\ p)$并把消息(1)发送给 B。

(b) B 接收 K^a 计算$(K^a)^b(\bmod\ p)$,并把消息(2)发送给 A。

(c) A 接收 K^{ab} 并计算$(K^{ab})^{a^{-1}}(\bmod\ p)$得到 $K^b(\bmod\ p)$,并把消息(3)发送给 B。

(d) B 接收 K^b,并计算$(K^b)^{b^{-1}}(\bmod\ p)$得到密钥 K。

参看 Diffie-Hellman key agreement, discrete logarithm problem (DLP), key establishment, key transport, modular exponentiation。

Shamir's threshold scheme　沙米尔的门限方案

这是一个基于多项式插值法的门限方案,一个单变量 $t-1$ 次多项式 $y=f(x)$由具有不同 x_i 的 t 个点(x_i,y_i)唯一定义,这是因为这些定义了 t 个含有 t 个未知元的线性独立的方程。

沙米尔门限方案的机制如下描述:一个可信方把一个秘密 S 分配给 n 个用户,每个用户各有一份秘密份额。任意 t 个用户集中他们各自的那一份秘密份额就能恢复 S。

沙米尔的门限方案

(1) 设置　可信方 T 从一个秘密整数 $S\geqslant 0$ 开始,希望在 n 个用户之间进行分配。

(a) T 选择一个素数 $p>\max(S,n)$,并定义 $a_0=S$。

(b) T 选择 $t-1$ 个随机的独立系数 $a_1,\cdots,a_{t-1}(0\leqslant a_j\leqslant p-1)$,定义$\mathbb{Z}_p$上的随机多项式 $f(x)=\sum_{j=0}^{t-1}a_jx^j$。

(c) T计算 $S_i = f(i) \pmod p$ $(1 \leqslant i \leqslant n)$(或者,对任意 n 个不同点 i,$1 \leqslant i \leqslant p-1$),并且安全地把秘密份额 S_i 连同公开指数 i 一起传送给用户 P_i。

(2) 集中秘密份额　任意 t 个或更多个用户群集中他们的秘密份额。他们的秘密份额提供 t 个不同点 $(x, y) = (i, S_i)$,使得能通过拉格朗日插值法计算出 $f(x)$ 的系数 a_j $(1 \leqslant j \leqslant t-1)$。通过计算 $f(0) = a_0 = S$ 恢复秘密。

一个次数至多为 t 的未知多项式 $f(x)$,其系数由点 (x_i, y_i) $(1 \leqslant i \leqslant n)$ 定义。由拉格朗日插值公式可得

$$f(x) = \sum_{i=1}^{t} y_i \prod_{1 \leqslant j \leqslant t, j \neq i} \frac{x - x_j}{x_i - x_j}。$$

因为 $f(0) = a_0 = S$,所以共享秘密可以表示为

$$S = \sum_{i=1}^{t} c_i y_i, \quad c_i = \prod_{1 \leqslant j \leqslant t, j \neq i} \frac{x_j}{x_j - x_i}。$$

这样一来,用户群中每个成员都可以像计算 t 个秘密份额 y_i 的一个线性组合一样计算出共享秘密 S,这是因为 c_i 是非密常数(对一 t 个用户的固定集团而言,可以预先计算出这些常数)。

参看 Lagrange's interpolation formula, threshold scheme。

Shannon's communication theory of secrecy systems　香农的保密系统通信理论

信息论(亦有人称作"通信的数学理论")是研究信息率、信道容量、噪声以及其他影响信息传输的因素的一种数学理论。将信息论应用于密码学,产生了许多新的概念,其中主要有:

多余度和唯一解距离;

理论保密和实际保密;

完全保密体制和理想保密体制;

扩散原理和混乱原理;

组合密码。

参看 combining cipher, confusion, diffusion, ideal secrecy, information theory, perfect secrecy, practical secrecy, redundancy, theoretical secrecy, unicity distance。

Shannon's five criteria　香农的五条准则

在《保密体制的通信理论》(*Communication Theory of Secrecy System*)一书中,香农曾提出过评价保密体制的五条准则:

(1) 保密量　敌人无法破译一个完全保密体制。对于那些非完全保密体制,只要保密量达到一定程度,敌人从截获的密文中就无法得出唯一解。

(2) 密钥大小　由于需记忆,希望密钥尽可能小。

(3) 加/解密操作的复杂性　加密/解密应尽可能简单。

(4) 错误的扩散　解密时,错误扩散应尽可能小,以避免信息损失大,需要重发密文。

(5) 消息的扩展　经加密处理后,不希望消息的规模增大。

和克尔克霍夫斯的六项原则类似,香农所提出的五项准则之间也有一定的不相容性。任何一个密码体制要想满足全部五项准则是不大可能的。不过,现代科学技术的发展,尤其是微电子学的发展,使克尔克霍夫斯的六项原则和香农的五项准则中的某些要求自然而然地过时了。现在所设计的密码算法(体制)可以达到很高的保密量、较大的密钥量、相当复杂的加/解密运算。一般来说,现在所设计的密码体制都是属于"计算上保密的"体制。所谓"计算上保密"的含义就是密码体制"理论上是可破的,实际上难破,而不是不可破"。由此看来,"计算上保密的"密码体制既符合克尔克霍夫斯的第一项原则,又符合香农的第一项准则。

参看 amount of secrecy, decrypt, encrypt, error extension, expansion of message, Kerckhoffs' criteria, key size, perfect secrecy system。

Shannon's general secrecy system　香农的通用保密体制

香农的通用密码模型。如图 S.19 所示。

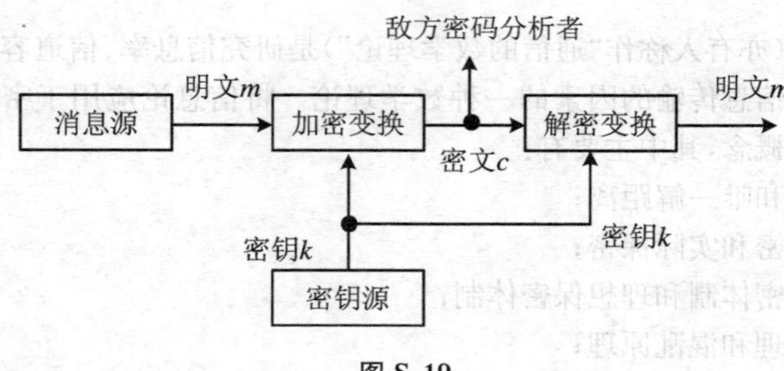

图 S.19

图 S.19 中,除了那个所谓的"密码分析者"之外,其他的每个方框是任何一个密码体制都必须拥有的基本单元。"消息源"中所有可能的明文总合在一起就叫作"明文空间"M,明文空间中的所有可能形式都是人们可以直接理解的或者借助于公开可得到的工具就可理解的。同样,所有可能的密文亦可总合在一起叫作"密文空间"C。密文空间中的所有可能形式应当都是人们不可以直接理解的。所有的可能密钥组成一个"密钥空间"K。

加密变换 E 使用密钥空间 K 中的一个加密密钥 k 把明文空间 M 中的一个明文消息 m 映射成密文空间 C 中的一个密文 c,解密变换 D 用对应的解密密钥执行加密的逆变换。

参看 ciphertext，ciphertext space，cryptographic system，decryption transformation，encryption transformation，key，key space，plaintext，plaintext space。

Shannon's yardsticks　香农的衡量标准

同 Shannon's five criteria。

share　秘密份额

同 secret share。

shared control schemes　共享控制方案

如果要求来自两个或更多个用户的输入(秘密份额)能允许临界动作(或许已恢复的密钥允许这种动作来触发,或者恢复本身就是临界动作),那么一个秘密共享方案就可以用作共享控制方案。有两个简单的共享控制方案：

(1) 使用模加的双重控制方案；

(2) 使用模加的全体一致同意控制方案。

参看 dual control，secret share，secret sharing scheme，unanimous consent control。

shift-and-add property of m-sequence　m 序列的平移可加特性

令 $A_1=\{a_1,a_2,a_3,\cdots\}$是一个周期为 $p=2^n-1$ 的 m 序列,且 $A_2=\{a_2,a_3,a_4,\cdots\}$, $A_3=\{a_3,a_4,a_5,\cdots\}$, $\cdots$, $A_p=\{a_p,a_{p+1},a_{p+2},\cdots\}$,又令 $A_0=\{0,0,0,\cdots\}$。对集合$\{A_0,A_1,A_2,A_3,\cdots,A_p\}$定义一种加法运算——按位模 2 加(即异或,这里用$\oplus$来表示)。例如,此集合中有两个元素 $B=\{b_1,b_2,b_3,\cdots\}$和 $C=\{c_1,c_2,c_3,\cdots\}$,则 B 和 C 的按位模 2 加就定义为 $B\oplus C=\{b_1\oplus c_1,b_2\oplus c_2,b_3\oplus c_3,\cdots\}$。那么,集合$\{A_0,A_1,A_2,A_3,\cdots,A_p\}$对按位模 2 加运算构成一个交换群。

参看 commutative group，m-sequence。

shift cipher　移位密码

一种简单代替密码,每个明文字母都用其后面的第 k 个字母来代替。假定密文字符集和明文字符集相同,令明文字母表的长度为 q。对于一个位置编号为 j 的明文字母 m_j,在密钥 k(一个 $0\sim q-1$ 范围内的整数)的指示下,用第 $j+k(\text{mod } q)$号位置上的字母代替。恺撒密码就是 $k=3$ 的移位密码。移位密码又叫加法密码。

参看 additive cipher，Caesar cipher。

Shor's factoring algorithm　肖尔因子分解算法

一个著名的量子算法。每一个整数 n 都有一个唯一的素因子分解。然而，当 n 大的时候，找到这个分解是一个困难问题。已经证明，如果人们能够找到一个元素的阶，就能解决因子分解问题。已知 x 和 n，求 r（称为阶），使得 $x^r \equiv 1 \pmod{n}$。

程序(因子分解)

输入：一个奇整数 n。

$x \leftarrow \mathrm{random}\{0,1,\cdots,n\}$，随机选择一个 x，并使 $\gcd(x,n)=1$。

$r \leftarrow$ 使用外部信息源寻找 $x \pmod{n}$ 的阶。

输出：如果 r 是奇数或 $x^{r/2} \equiv -1 \pmod{n}$，则失败。

否则计算 $\gcd(x^{r/2}-1,n)$ 和 $\gcd(x^{r/2}+1,n)$，并测试这两个数是否是平凡因子，若不是则返回该数。

求一个元素的阶 下面描述求一个元素 $x \pmod{n}$ 的阶 r 的肖尔算法。选择 m 个量子位，使得 $n \leqslant q = 2^m \leqslant 2n^2$。由于能够在多项式时间内做模指数运算，故存在一个有效实现这种运算的量子门 F。因此，给定一个输入 $|a,0\rangle$，量子门 F 就返回 $|a, x^a \pmod{n}\rangle$。

算法中的两个步骤如下：

(1) 把 m 个量子位的系统嵌入所有可能量子态的叠加态中，并将门 F 应用于这个态，这样就得到态

$$\psi = \frac{1}{\sqrt{q}}\sum_{j=0}^{q-1} | j, x^j \pmod{n}\rangle。$$

测量包含值 $x^j \pmod{n}$ 的叠加态的一部分。函数 $f(a)=x^a \pmod{n}$ 是周期性的，其周期为 r，这是由于 $x^r \equiv 1 \pmod{n}$。因此，这个系统将坍缩成所有那些使得 $y=f(j)$ 的那些态 j 的一个叠加态。将有 q/r 个这样的 j 值（假设 q 是 r 的一个倍数）。这样一来，就有态

$$\psi' = \sqrt{\frac{r}{q}}\sum_{j=0}^{\frac{q}{r}-1} | jr + l\rangle,$$

其中，l 是使得 $y=f(l)$ 的最小值。

(2) 将量子傅里叶变换应用于 ψ'，对每一个基态，

$$QFT(| jr + l\rangle) \rightarrow \frac{1}{\sqrt{q}}\sum_{c=0}^{q-1} \mathrm{e}^{2\pi\mathrm{i}(jr+l)c/q} | c\rangle。$$

因此有

$$\varphi = QFT(\psi') = \frac{\sqrt{r}}{q}\sum_{j=0}^{\frac{q}{r}-1}\sum_{c=0}^{q-1} \mathrm{e}^{2\pi\mathrm{i}(jr+l)c/q} | c\rangle$$

$$= \frac{\sqrt{r}}{q}\sum_{c=0}^{q-1} \mathrm{e}^{2\pi\mathrm{i}lc/q}\sum_{j=0}^{\frac{q}{r}-1} \mathrm{e}^{2\pi\mathrm{i}jrc/q} | c\rangle。$$

此时

$$\sum_{j=0}^{M-1} e^{2\pi ijc/M} = \begin{cases} M, & M \text{ 整除 } c, \\ 0, & \text{其他。} \end{cases}$$

其中，$M = q/r$。我们有

$$\varphi = \sum_{c=0}^{q-1} \alpha_c \mid c\rangle,$$

其中

$$\alpha_c = \begin{cases} \frac{1}{\sqrt{r}} e^{2\pi ilc/q}, & M \text{ 整除 } c, \\ 0, & \text{其他。} \end{cases}$$

因此

$$\varphi = \sum_{j=0}^{r-1} e^{2\pi ilc/q} \mid j\frac{q}{r}\rangle。$$

此刻，测量态 φ 就返回一个值 $c = \lambda q/r, \lambda \in \{0,1,\cdots,r-1\}$。如果 $\gcd(\lambda, r) = 1$，则通过将 c/q 约成不可约分数就能确定 r。小于或等于 N 的素数的个数是 $N/\log N$（对大的 N 值而言）。所以，小于或等于 r 且和 r 互素的数的个数将是

$$co\text{-}primes(r) \geqslant r/\log r。$$

因此，$\gcd(\lambda, r) = 1$ 的概率大于 $1/\log r$。所以，可能需要重复此算法 $O(\log r) < O(\log N)$ 次，才能成功地找到阶 r。

例 1 $n = 15, n^2 = 225 < 2^8 = 256 = q, m = 8$；取 $x = 7$。

$$\psi = \frac{1}{\sqrt{q}} \sum_{j=0}^{q-1} \mid x, x^j (\text{mod } n)\rangle = \frac{1}{\sqrt{256}} \sum_{j=0}^{255} \mid 7, 7^j (\text{mod } 15)\rangle$$

$$= \frac{1}{16}(\mid 0\rangle \mid 1\rangle + \mid 1\rangle \mid 7\rangle + \mid 2\rangle \mid 4\rangle + \mid 3\rangle \mid 13\rangle$$

$$+ \mid 4\rangle \mid 1\rangle + \mid 5\rangle \mid 7\rangle + \mid 6\rangle \mid 4\rangle + 7\rangle \mid 13\rangle$$

$$+ \cdots + \mid 252\rangle \mid 1\rangle + \mid 253\rangle \mid 7\rangle + \mid 254\rangle \mid 4\rangle + \mid 255\rangle \mid 13\rangle)。$$

可看出，ψ 中第二寄存器只有 4 个值：1，7，4，13。这就将第一寄存器划分成四组：

$$|0\rangle + |4\rangle + |8\rangle + \cdots + |252\rangle \rightarrow y = f(j) = 7^j (\text{mod } 15) = 1,$$

$$|1\rangle + |5\rangle + |9\rangle + \cdots + |253\rangle \rightarrow y = f(j) = 7^j (\text{mod } 15) = 7,$$

$$|2\rangle + |6\rangle + |10\rangle + \cdots + |254\rangle \rightarrow y = f(j) = 7^j (\text{mod } 15) = 4,$$

$$|3\rangle + |7\rangle + |11\rangle + \cdots + |255\rangle \rightarrow y = f(j) = 7^j (\text{mod } 15) = 13。$$

从而有

$$\psi' = \sqrt{\frac{r}{q}} \sum_{j=0}^{\frac{q}{r}-1} \mid jr + l\rangle = \sqrt{\frac{4}{256}} \sum_{j=0}^{63} \mid 4j + l\rangle,$$

$$\psi' = \frac{1}{8} \sum_{j=0}^{63} \mid 4j\rangle = \frac{1}{8}(\mid 0\rangle + \mid 4\rangle + \mid 8\rangle + \cdots + \mid 252\rangle),$$

$$\psi' = \frac{1}{8}\sum_{j=0}^{63} |4j+1\rangle = \frac{1}{8}(|1\rangle + |5\rangle + |9\rangle + \cdots + |253\rangle),$$

$$\psi' = \frac{1}{8}\sum_{j=0}^{63} |4j+2\rangle = \frac{1}{8}(|2\rangle + |6\rangle + |10\rangle + \cdots + |254\rangle),$$

$$\psi' = \frac{1}{8}\sum_{j=0}^{63} |4j+3\rangle = \frac{1}{8}(|3\rangle + |7\rangle + |11\rangle + \cdots + |255\rangle),$$

$$\varphi = QFT(\psi') = \sum_{j=0}^{r-1} e^{2\pi ilc/q} \,|\, j\frac{q}{r}\rangle$$

$$= e^{2\pi ilc/q}(|0\rangle + |\frac{q}{r}\rangle + |\frac{2q}{r}\rangle + \cdots + |\frac{(r-1)q}{r}\rangle)$$

$$= e^{2\pi ilc/256}(|0\rangle + |64\rangle + |128\rangle + |192\rangle)。$$

测量态 φ：

如果返回一个值 $c=64$，则有 $\frac{c}{q}=\frac{64}{256}=\frac{1}{4}=\frac{\lambda}{r}$，从而得出：$r=4,\lambda=1$。

如果返回一个值 $c=128$，则有 $\frac{c}{q}=\frac{128}{256}=\frac{1}{2}=\frac{\lambda}{r}$，从而得出：$r=4,\lambda=2$。

如果返回一个值 $c=192$，则有 $\frac{c}{q}=\frac{192}{256}=\frac{3}{4}=\frac{\lambda}{r}$，从而得出：$r=4,\lambda=3$。

对于 q 不是 r 的倍数的情况，

$$\varphi = QFT(\psi'_l) = \sum_{c=0}^{q-1} \widetilde{F}(c) \,|\, c\rangle,$$

其中

$$\widetilde{F}(c) = \frac{\sqrt{r}}{q}\sum_{j=0}^{[q/r-1]} e^{2\pi i(jr+l)c/q}。$$

对第一寄存器进行测量，坍缩到 $|c\rangle$ 态，概率为 $|\widetilde{F}(c)|^2$。

当 c 在 $[0,1,2,\cdots,q-1]$ 中取某些值时，严格存在

$$|rc(\mathrm{mod}\ q)| \leqslant \frac{r}{2},$$

即

$$|rc-\lambda q| \leqslant \frac{r}{2},$$

其中，λ 是 $[0,1,2,\cdots,r-1]$ 中的一个整数。上式可写成

$$\left|\frac{c}{q}-\frac{\lambda}{r}\right| \leqslant \frac{1}{2q},$$

这里，c 是测得的，q 是已知的，且 $r\leqslant n$，$n^2\leqslant q$。根据数论的结果，这里严格存在一个分数 λ/r。这个分数值可由 c/q 的连分数展开有效地求出。因此，如果 $\gcd(\lambda,r)=1$，就可得到 r 的值。如果 $\gcd(\lambda,r)\neq 1$，就是说 λ 和 r 有公因子。由于 $0\leqslant\lambda\leqslant r-1$，此时得到的 r 值将不是真正的阶的值，而是真正的

阶的值的一个因子。通过验算就可知是错的！此时,必须返回重新计算。由数论的结果,$\gcd(\lambda,r)=1$ 的概率大于 $1/\log r$。因此,我们可能需要重复此算法 $O(\log r)<O(\log N)$ 次,才能成功地找到阶 r。

例 2 $n=21$。$n^2=441<2^9=512=q<2n^2, m=9$。

(1) 在 $\{0,1,\cdots,21\}$ 中取 $x=11, \gcd(11,21)=1$。

(2) 寻找 $11^{a+r}=11^a=1 \pmod{21}$。

(3) 计算得

$$\psi=\frac{1}{\sqrt{q}}\sum_{j=0}^{q-1}|j,x^j(\mathrm{mod}\ n)\rangle=\frac{1}{\sqrt{512}}\sum_{j=0}^{511}|j,11^j(\mathrm{mod}\ 21)\rangle$$

$$=512^{-1/2}(|0\rangle|1\rangle+|1\rangle|11\rangle+|2\rangle|16\rangle+|3\rangle|8\rangle+|4\rangle|4\rangle$$
$$+|5\rangle|2\rangle+|6\rangle|1\rangle+|7\rangle|11\rangle+\cdots+|504\rangle|1\rangle+|505\rangle|11\rangle$$
$$+|506\rangle|16\rangle+|507\rangle|8\rangle+|508\rangle|4\rangle+|509\rangle|2\rangle+|510\rangle|1\rangle$$
$$+|511\rangle|11\rangle)。$$

ψ 中第二寄存器只有 6 个值:1,11,16,8,4,2。这就将第一寄存器划分成六组:

$$|0\rangle+|6\rangle+|12\rangle+\cdots+|504\rangle+|510\rangle\to y=11^j(\mathrm{mod}\ 21)=1,$$
$$|1\rangle+|7\rangle+|13\rangle+\cdots+|505\rangle+|511\rangle\to y=11^j(\mathrm{mod}\ 21)=11,$$
$$|2\rangle+|8\rangle+|14\rangle+\cdots+|506\rangle\to y=11^j(\mathrm{mod}\ 21)=16,$$
$$|3\rangle+|9\rangle+|15\rangle+\cdots+|507\rangle\to y=11^j(\mathrm{mod}\ 21)=8,$$
$$|4\rangle+|10\rangle+|16\rangle+\cdots+|508\rangle\to y=11^j(\mathrm{mod}\ 21)=4,$$
$$|5\rangle+|11\rangle+|17\rangle+\cdots+|509\rangle\to y=11^j(\mathrm{mod}\ 21)=2。$$

则有

$$\psi'_l=\sqrt{\frac{r}{q}}\sum_{j=0}^{[\frac{q}{r}-1]}|jr+l\rangle=\sqrt{\frac{6}{512}}\sum_{j=0}^{84}|6j+l\rangle\quad(l=0,1,\cdots,5),$$

$$\varphi=QFT(\psi')=\frac{\sqrt{r}}{q}\sum_{c=0}^{q-1}\sum_{j=0}^{[q/r-1]}\mathrm{e}^{2\pi\mathrm{i}(jr+l)c/q}|c\rangle=\frac{\sqrt{6}}{512}\sum_{c=0}^{511}\sum_{j=0}^{84}\mathrm{e}^{2\pi\mathrm{i}(6j+l)c/512}|c\rangle。$$

测量态 φ:

如果返回值 $c=85(|rc(\mathrm{mod}\ 512)|\leqslant r/2)$,则由

$$\frac{c}{q}=\frac{85}{512}=\frac{1}{6+\cfrac{1}{42+\cfrac{1}{2}}}\approx\frac{1}{6}=\frac{\lambda}{r},$$

得 $r=6,\lambda=1$。$\gcd(\lambda,r)=1$。

如果返回值 $c=171(|rc(\mathrm{mod}\ 512)|\leqslant r/2)$,则由

$$\frac{c}{q}=\frac{171}{512}=\frac{1}{2+\cfrac{1}{1+\cfrac{1}{170}}}\approx\frac{1}{3}=\frac{\lambda}{r},$$

得 $r=3,\lambda=1$。r 是奇数。

如果返回值 $c=256(|rc(\text{mod } 512)|\leqslant r/2)$，则由

$$\frac{c}{q}=\frac{256}{512}=\frac{1}{2}=\frac{\lambda}{r},$$

得 $r=2,\lambda=1$。$\gcd(\lambda,r)=1$。

如果返回值 $c=341(|rc(\text{mod } 512)|\leqslant r/2)$，则由

$$\frac{c}{q}=\frac{341}{512}=\cfrac{1}{1+\cfrac{1}{1+\cfrac{1}{1+\cfrac{1}{170}}}}\approx\frac{2}{3}=\frac{\lambda}{r},$$

得 $r=3,\lambda=2$。r 是奇数。

如果返回值 $c=427(|rc(\text{mod } 512)|\leqslant r/2)$，则由

$$\frac{c}{q}=\frac{427}{512}=\cfrac{1}{1+\cfrac{1}{5+\cfrac{1}{42+\cfrac{1}{2}}}}\approx\frac{5}{6}=\frac{\lambda}{r},$$

得 $r=6,\lambda=5$。$\gcd(\lambda,r)=1$。

由以上可得到 $r=6$。这样就可得出 $n=21$ 的两个因子：

$$\gcd(x^{r/2}-1,n)=\gcd(11^{6/2}-1,21)=\gcd(1\,330,21)=7,$$

$$\gcd(x^{r/2}+1,n)=\gcd(11^{6/2}+1,21)=\gcd(1\,332,21)=3。$$

参看 integer factorization，integer factorization problem，quantum state，qubit，quantum Fourier transform（QFT），superposition state。

short-term key　短期密钥

对密钥基于时间上的考虑来进行分类，短期密钥是其中一类，包括通过密钥传送或密钥协商所建立的密钥，常常是作为数据密钥或会话密钥用于一次单独的通信会话。一般说来，短期密钥用于通信，常用长期密钥来保护。

参看 data key，key agreement，key transport，session key。

比较 long-term key。

shrinking generator　收缩式发生器

一种伪随机二进制数字发生器：用一个线性反馈移位寄存器 LFSR1 的输出作为控制，来选择第二个线性反馈移位寄存器 LFSR2 的输出序列的一部分作为发生器的输出。因此，发生器的输出序列是 LFSR2 的输出序列的一个缩减版本（亦可称作不规则采样子序列）。

令 LFSR1 的输出序列为 $a_0,a_1,a_2,\cdots$，LFSR2 的输出序列为 $b_0,b_1,b_2,\cdots$。则由收缩式发生器产生的密钥序列是 $x_0,x_1,x_2,\cdots$，其中 $x_j=b_{i_j}\,(j\geqslant0)$，

i_j是序列$a_0,a_1,a_2,\cdots$中的第 j 个“1”的位置。图 S.20 示出了这种发生器。

参看 linear feedback shift register (LFSR), pseudorandom bit generator。

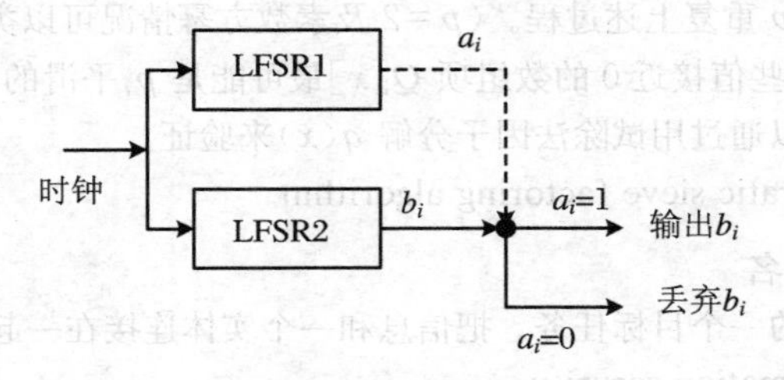

图 S.20

side channel attack　边信道攻击

针对分组密码算法边信道特征的分析技术。边信道攻击避开了复杂的分组密码算法本身,利用分组密码算法在软、硬件实现中泄露的各种信息进行攻击。这些泄露的信息包括程序运行的时间、能量的消耗、硬件发出的各种电磁辐射等。通过监测这些信息,然后分析、推断这些信息,得到算法内部运行的情况,最终破解各种秘密信息。边信道攻击技术包括:科克(P. Kocher)在1996 年提出的主要应用于公钥密码系统的定时分析技术;1997 年比汉姆(E. Biham)等人针对分组密码提出的差分故障分析技术,他指出攻击 DES 的子密钥仅需 50～200 个密文分块;1998 年约翰·凯尔西(John Kelsey)提出的在软件环境下针对较大 S 盒的高速缓冲存储器攻击技术;1999 年科克等人针对密码算法的智能卡实现提出的简单能量分析和差分能量分析技术;2001 年拉奥(J. R. Rao)提出的电磁辐射攻击技术,2003 年皮雷(G. F. Piret)提出的单字节差分故障分析技术(它指出攻击满轮 AES 的末轮子密钥仅需 2 个故障诱导密文,其工作复杂度约为 2^{40} 量级)。这些分析技术都利用了密码算法实现过程中泄露的边信道信息。

参看 DES block cipher, differential fault analysis, differential power attack, fault analysis, power attack, simple power attack, timing attack。

sieving　筛分

二次筛因子分解算法中检验平滑性的一种技术。实际中,二次筛因子分解算法中步骤 QS3.1 不用试除法检验平滑性,而是应用一种更有效的“筛分”的这种技术。如果 p 是因子基中的一个奇素数,且 p 整除 $q(x)$,那么,对每一个整数 k,p 也整除 $q(x+kp)$。这样就可通过解方程 $q(x)\equiv 0 \pmod p$ 求出 x,人们对于那些整除 $q(y)$的 p,知道了其他 y 值的一个或两个(这取决于二次方程解的个数)完整序列。筛分过程如下:建立一个用 x 作索引的数组 $Q[x]$, $-M\leqslant x\leqslant M$,其中第 x 项初始化为$\lfloor \log_2 |q(x)| \rfloor$。令 x_1,x_2是 $q(x)\equiv$

0 (mod p)的解,其中 p 是因子基中的一个奇素数。然后,从数组中的那些 $Q[x]$($x\equiv x_1$或 x_2(mod p)且 $-M\leqslant x\leqslant M$)项减去值$\lfloor\log_2 p\rfloor$。对因子基中的每一个奇素数 p 重复上述过程。($p=2$ 及素数方幂情况可以类似方法处理。)在筛分之后,那些值接近 0 的数组项 $Q[x]$最可能是 p_t平滑的(必须考虑舍入错误),而这可以通过用试除法因子分解 $q(x)$来验证。

参看 quadratic sieve factoring algorithm。

signature　签名

信息安全的一个目标任务。把信息和一个实体连接在一起的方法。

参看 information security。

signature generation algorithm　签名产生算法

同 digital signature generation algorithm。

signature notarization　签名公证

一种高级、可信的第三方业务。用户获得对一个重要文献的一个签名后,把这个签名提交给公证代理进行签名公证。公证代理验证那个签名,并通过把一个(证明成功签名验证的)语句及时间标记附加到签名上来公证结果,最后公证代理还要对签名、语句及时间标记三者的并置进行签名。一个合理的时间周期(许可证周期)考虑到遗失秘密密钥的声明,在声明之后必须采纳公证人的验证记录作为关于在那个时间点上重要签名有效性的真实性,这是因为所有用户都信任公证人并能验证公证人的签名,即使对应于那个重要签名的秘密密钥后来被泄露也应当如此。

参看 notary agent,signature,timestamp。

signature space　签名空间

签名空间 S 是与消息空间 M 中的消息有关的那些元素的集合。这些元素用来把签名者和消息连接在一起。

signature stripping　签名剥离

在组合使用公开密钥加密算法 P 和签名算法 S 的协议中,如果简单地先使用用户 B 的公开密钥 e_B对秘密数据 k 进行加密得$P_{e_B}(k)$,然后使用用户 A 的秘密密钥 d_A对 $P_{e_B}(k)$进行签名得 $S_{d_A}(P_{e_B}(k))$,那么,这种做法就阻止不了签名剥离的攻击:敌人 C 可以把 $P_{e_B}(k)$提取出来,然后用C自己的密钥 d_C在 $P_{e_B}(k)$上签名,这样就使鉴别失去作用。阻止这种攻击的方法是:先使用用户 B 的公开密钥 e_B对秘密数据(d_A,k)进行加密得 $P_{e_B}(d_A,k)$,然后使用用户 A 的秘密密钥 d_A对 $P_{e_B}(d_A,k)$进行签名得 $S_{d_A}(e_B,P_{e_B}(d_A,k))$。

参看 digital signature,public key encryption。

signed-digit representation　有符号位表示

如果整数 $e = \sum_{i=0}^{t} d_i 2^i$，其中 $d_i \in \{0,1,-1\}, 0 \leqslant i \leqslant t$，则称 $(d_t \cdots d_1 d_0)_{SD}$ 为 e 的有符号位的基 2 表示。

参看 base b representation。

signer　签名者

为消息空间 M 中的一个消息 m 建立一个签名的实体。

参看 digital signature。

significance level　显著性水平

一种统计假设 H_0 的检验的显著性水平 α 是当这种假设为真时拒绝它的概率。

参看 statistical hypothesis。

signing space　签署空间

签署空间 M_S 是一个将签名变换应用其上的元素集合。通常，签名变换不是直接应用于消息空间 M 上，而是使用一个所谓冗余函数 $R: M \to M_S$ 先将消息映射到签署空间 M_S 上，然后再对 M_S 上的元素进行签名变换。

参看 redundancy function，signing transformation。

signing transformation　签名变换

从消息集合 M 到签名集合 S 的一个变换，记作 $S_A: M \to S$，并称之为实体 A 的签名变换。A 保持变换 S_A 的秘密，并且将用来为取自 M 的消息建立签名。

参看 digital signature。

比较 verification transformation。

simple power attack　简单能量攻击

能量攻击的一类。是指对实现密码算法的密码模块在密码处理期间执行单条指令的电源消耗模式和定时情况进行直接分析（主要是观察）。这种模式可通过监视密码模块电源消耗的变化情况而获得，利用这种模式可以揭示密码算法的特征和实现方法，进而推出密钥值。

参看 power attack。

比较 differential power attack。

simple substitution　简单代替

古典代替密码体制的一种加密方法，用另一个单字符（密文字符）来代替一个单字符（明文字符）。

参看 simple substitution cipher。

simple substitution cipher 简单代替密码

又称单表代替密码。令 A 是一个含有 q 个符号的字母表，M 是 A 上所有长度为 t 的符号串所组成的集合。令 K 是 A 上所有置换构成的集合。为每个 $e \in K$ 定义一个加密变换 E_e：

$$E_e(m) = (e(m_1)e(m_2)\cdots e(m_t)) = (c_1c_2\cdots c_t) = c,$$

其中，$m = (m_1m_2\cdots m_t) \in M$。换句话说，$t$ 长符号串中的每个符号，都依照某种固定置换 e 用 A 中的另一个符号来替换（代替）。解密 $c = (c_1c_2\cdots c_t)$，需计算逆置换 $d = e^{-1}$，有解密变换 D_d，

$$D_d(c) = (d(c_1)d(c_2)\cdots d(c_t)) = (m_1m_2\cdots m_t) = m,$$

这里，E_e就是简单代替密码，或称作单表代替密码。

参看 simple substitution。

simple transposition 简单换位

古典密码体制的一种加密方法，不像简单代替那样将明文字母用密文字母替换，而是按某种规律改变明文字母的排列位置。实际上是重排明文字母的顺序，使人看不出明文的原意来。

参看 simple transposition cipher。

比较 simple substitution。

simple transposition cipher 简单换位密码

这是一个对称密钥分组加密方案，假定分组长度为 t。令 K 是集合$\{1, 2, \cdots, t\}$上的所有置换组成的集合。对于消息空间 M 中的一个消息 $m = (m_1m_2\cdots m_t)$，定义加密函数

$$E_e(m) = (m_{e(1)}m_{e(2)}\cdots m_{e(t)}) = (c_1c_2\cdots c_t) = c,$$

其中，密钥 $e \in K$，$(e(1), e(2), \cdots, e(t))$是集合$\{1,2,\cdots,t\}$的一个置换。通常可写成

$$\begin{pmatrix} 1 & 2 & \cdots & t \\ e(1) & e(2) & \cdots & e(t) \end{pmatrix}。$$

对应于加密密钥 e 的解密密钥 $d = e^{-1}$，是逆置换。解密函数是

$$D_d(c) = (c_{d(1)}c_{d(2)}\cdots c_{d(t)}) = (m_1m_2\cdots m_t) = m。$$

简单换位密码又称作置换密码。

参看 simple transposition。

比较 simple substitution cipher。

simulated LFSR 模拟的线性反馈移位寄存器

给定一个线性反馈移位寄存器(LFSR) $\langle L, C(D)\rangle$，级数为 L，连接多项式为 $C(D)$。假设系统时钟速率为 CP，而驱动 LFSR 的时钟速率为 CP 的 d

倍,即 $d \cdot CP$,那么,当按照系统时钟速率输出这个 LFSR 序列时,就相当于 d 采样这个 LFSR 序列。图 S.21 是这种结构的示意图(图 S.22 是其等效的 LFSR)。此时,如果对 d 采样后的序列施用伯尔坎普-梅西移位寄存器综合算法,就可以获得能产生这个序列的一个线性反馈移位寄存器$\langle L', C'(D)\rangle$,其中 $L' \leqslant L$。就称呼这个线性反馈移位寄存器$\langle L', C'(D)\rangle$为"模拟的线性反馈移位寄存器"。称 L 级 LFSR$\langle L, C(D)\rangle$为"原始线性反馈移位寄存器",正整数 d 为速率因子,且 $1 \leqslant d \leqslant 2^L - 1$。

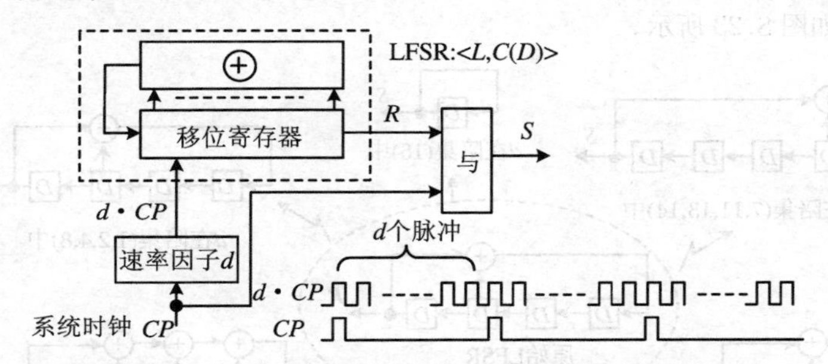

图 S.21　对具有固定反馈连接的原始 LFSR,进行 d 倍时钟驱动并按系统时钟输出的结构示意图

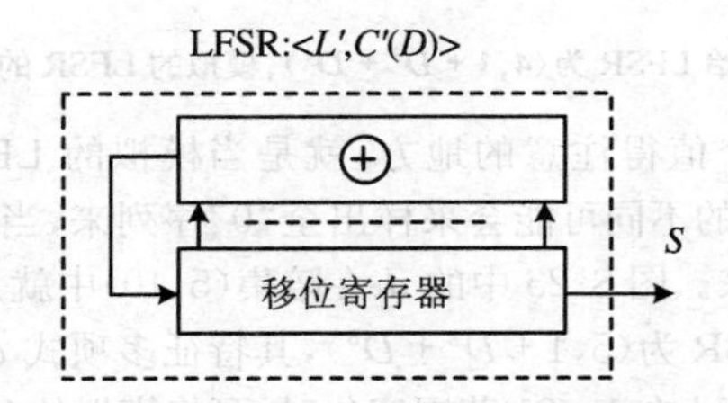

图 S.22　与图 S.21 结构等效的 LFSR

采用这种"模拟的线性反馈移位寄存器"技术,在硬件实现一个给定结构的 LFSR 后,可以通过改变速率因子 d 来获得不同结构的线性反馈移位寄存器$\langle L', C'(D)\rangle$。这些不同结构的 LFSR 可以根据速率因子 d 所属的模 $p = 2^L - 1$ 的割圆陪集来划分等价类。如果速率因子 d 是密钥的一部分,这对使用这种技术的序列密码算法的密码性能是大有益处的。

假定原始线性反馈移位寄存器$\langle L, C(D)\rangle$产生出的序列表示为 $R = r_0, r_1, r_2, \cdots$,其特征多项式 $c(x)$ 为 $GF(q)$ 上的 L 次不可约多项式(注:特征多项式 $c(x)$ 是连接多项式 $C(D)$ 的互反多项式)。令 α 是 $c(x)$ 的一个根,T 是 $c(x)$ 的周期。如果序列 $S = s_0, s_1, s_2, \cdots$ 是对序列 $R = r_0, r_1, r_2, \cdots$ 的 d 采样序列,即 $S = R^{(d)} = r_0, r_d, r_{2d}, \cdots, s_j = r_{jd}$,那么,产生序列 S 的"模拟的线性反

馈移位寄存器"$\langle L', C'(D)\rangle$具有如下特性：

(1) $\langle L', C'(D)\rangle$的特征多项式 $c'(x)$是 $GF(q^L)$上 α^d的极小多项式；

(2) $c'(x)$的周期 $T' = T/\gcd(d, T)$；

(3) $c'(x)$的次数 L'等于 q 在 $\mathbb{Z}_T$ 中的乘法阶。

下面举两个原始 LFSR 的特征多项式在 $GF(2)$上的例子来说明。

例 1 原始 LFSR 为$\langle 4, 1 + D^3 + D^4\rangle$，其特征多项式 $c(x) = x^4 + x + 1$，$p = 15$。当速率因子 d 在 1～15 范围变化时，可将模拟的 LFSR 划分成 5 个等价类，如图 S.23 所示。

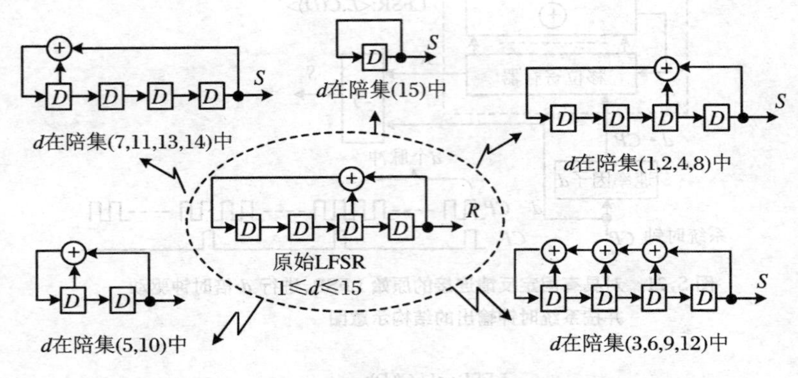

图 S.23 原始 LFSR 为$\langle 4, 1 + D^3 + D^4\rangle$，模拟的 LFSR 的等价类划分

这个例子中有个值得注意的地方，就是当模拟的 LFSR 的次数小于 L 时，由于采样起始点的不同可能会采样出全"0"序列来，当然也会采样出具有极小多项式的序列来。图 S.23 中的 d 在陪集(5,10)中就是这样。

例 2 原始 LFSR 为$\langle 5, 1 + D^2 + D^5\rangle$，其特征多项式 $c(x) = x^5 + x^3 + 1$，$p = 31$。当速率因子 d 在 1～31 范围变化时，可将模拟的 LFSR 划分成 6 个等价类，见图 S.24 所示。

从这个例子中可以看出，当原始 LFSR 的特征多项式 $c(x)$为本原多项式时，只要速率因子 d 与 $p = 2^L - 1$ 互质，所得出的模拟的 LFSR 也就具有本原的特征多项式。

参看 Berlekamp-Massey shift register synthesis algorithm，clock pulse for driving feedback shift register，connection polynomial of LFSR，characteristic polynomial of LFSR，cyclotomic coset，d-th decimation of periodic sequence，integers modulo n，linear feedback shift register (LFSR)，linear feedback shift register sequence (LFSR-sequence)。

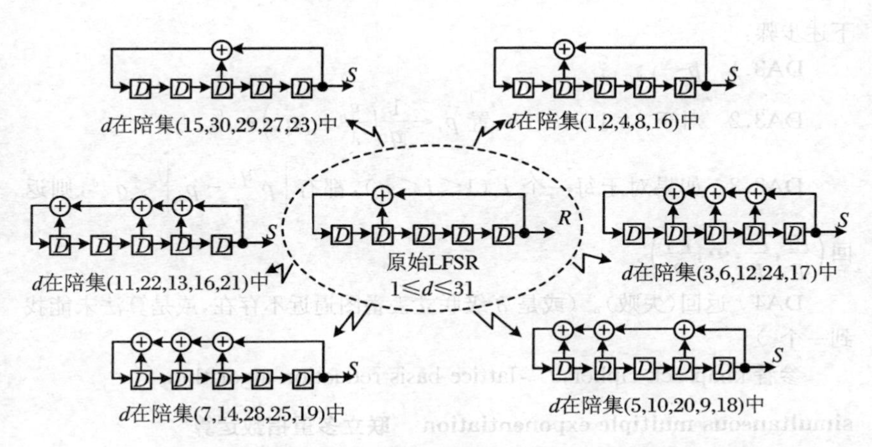

图 S.24 原始 LFSR 为〈5, $1+D^2+D^5$〉, 模拟的 LFSR 的等价类划分

simultaneous Diophantine approximation 联立丢番图逼近

设有两个有理数向量$\left(\frac{p_1}{p},\frac{p_2}{p},\cdots,\frac{p_n}{p}\right)$和$\left(\frac{q_1}{q},\frac{q_2}{q},\cdots,\frac{q_n}{q}\right)$。如果 $p<q$ 且$\left|p\frac{q_i}{q}-p_i\right|\leqslant q^{-\delta}(i=1,2,\cdots,n)$,则称向量$\left(\frac{p_1}{p},\frac{p_2}{p},\cdots,\frac{p_n}{p}\right)$是对向量$\left(\frac{q_1}{q},\frac{q_2}{q},\cdots,\frac{q_n}{q}\right)$的 δ 级联立丢番图逼近。

求联立丢番图逼近的算法已被用来破译某些背包公开密钥加密方案。

求 δ 级联立丢番图逼近的算法

输入:有理数向量 $w=\left(\frac{q_1}{q},\frac{q_2}{q},\cdots,\frac{q_n}{q}\right)$和有理数 δ。

输出:w 的 δ 级联立丢番图逼近$\left(\frac{p_1}{p},\frac{p_2}{p},\cdots,\frac{p_n}{p}\right)$。

DA1 选择一个整数 $\lambda\approx q^{\delta}$。

DA2 使用 L^3-格基约化算法求 $n+1$ 维格 L 的约化基 B,格 L 是由下述矩阵 A 的行生成的:

$$A=\begin{pmatrix}\lambda q & 0 & 0 & \cdots & 0 & 0\\ 0 & \lambda q & 0 & \cdots & 0 & 0\\ 0 & 0 & \lambda q & \cdots & 0 & 0\\ \vdots & \vdots & \vdots & & \vdots & \vdots\\ 0 & 0 & 0 & \cdots & \lambda q & 0\\ -\lambda q_1 & -\lambda q_2 & -\lambda q_3 & \cdots & -\lambda q_n & 1\end{pmatrix}。$$

DA3 对于 B 中使得 $v_{n+1}\neq q$ 的每一个 $v=(v_1,v_2,\cdots,v_n,v_{n+1})$,执行

下述步骤：

DA3.1 $p \leftarrow v_{n+1}$；

DA3.2 对于 $i=1,2,\cdots,n$，置 $p_i \leftarrow \frac{1}{q}\left(\frac{v_i}{\lambda}+pq_i\right)$；

DA3.3 如果对于每一个 i（$1\leqslant i\leqslant n$），都有 $\left|p\frac{q_i}{q}-p_i\right|\leqslant q^{-\delta}$，则返回 $\left(\frac{p_1}{p},\frac{p_2}{p},\cdots,\frac{p_n}{p}\right)$。

DA4 返回(失败)。(或是 δ 级联立丢番图逼近不存在，或是算法未能找到一个。)

参看 knapsack cipher，L^3-lattice basis reduction algorithm。

simultaneous multiple exponentiation 联立多重指数运算

计算几个具有不同基及不同指数的指数运算乘积的一种方法。在一些情况下，要求这样的计算，例如，在验证埃尔盖莫尔签名时。这里提出的一种方法，不用分别计算每个方幂而是同时计算所有方幂。

令 $e_0,e_1,\cdots,e_{k-1}$ 是正整数，每一个的比特长度都是 t；某些指数的高位二进制数字或许为0，但至少有一个 e_i，其高位二进制数字是1。形成一个 $k\times t$ 阵列 EA（称作指数阵列），其行就是指数 e_i（$0\leqslant i\leqslant k-1$）的二进制表示。令 I_j 是非负整数，它是 EA 的第 j（$1\leqslant j\leqslant t$）列的二进制表示。

联立多重指数运算

输入：群元素 $g_0,g_1,\cdots,g_{k-1}$ 与非负 t 比特整数 $e_0,e_1,\cdots,e_{k-1}$。

输出：$g_0^{e_0}g_1^{e_1}\cdots g_{k-1}^{e_{k-1}}$。

ME1 预先计算。对 $i=0,1,\cdots,2^k-1$，执行计算：$G_i \leftarrow \prod_{j=0}^{k-1} g_j^{i_j}$，其中 $i=(i_{k-1}\cdots i_0)$；

ME2 $A\leftarrow 1$；

ME3 对 $i=1,2,\cdots,t$，执行计算：$A\leftarrow A\cdot A$，$A\leftarrow A\cdot G_{I_i}$；

ME4 返回(A)。

参看 ElGamal digital signature，exponentiation。

simultaneously secure bits 联立安全位，联立安全比特

如果单向函数 $f:S\rightarrow S$ 的一个硬 k 比特谓词 $B^{(k)}$ 存在，则称 f 隐藏 k 比特或者称这 k 比特是联立安全的。

参看 hard k-bit predicate。

single key 单密钥

在对称密钥中，加密密钥等于解密密钥。

参看 symmetric key。

single-key cryptoalgorithm 单密钥密码算法

加密密钥等于解密密钥的对称密码算法。

参看 symmetric key。

single key cryptographic system 单密钥密码体制

加密密钥等于解密密钥的对称密码体制。

同 symmetric cryptographic system。

single key cryptosystem 单密钥密码体制

同 single key cryptographic system。

single-key encryption 单密钥加密

同 one-key encryption。

single-length MDC 单一长度 MDC

基于分组密码的散列函数产生的操作检测码(MDC)的长度为该分组密码的分组长度。比如,把 DES 分组密码作为基础分组密码,则产生的操作检测码(MDC)的长度是 64 比特。

参看 DES block cipher,manipulation detection code (MDC)。

比较 double-length MDC。

single letter frequency distribution 单字母频率分布

自然语言的统计特性是密码分析的重要依据,再加上字母的连缀关系(一个字母可以和哪些字母相连接,不可以和哪些字母相连接),就有可能破译出一些密码体制。例如,英语中单字母的频率分布如图 S.25 所示。

参看 letter contact chart,statistical nature of English。

single-letter statistics 单字母统计

除了统计单字母出现的频率,还应统计单字母的连缀关系等。这些统计数据都是密码分析的依据。

参看 letter contact chart,single letter frequency distribution。

single-precision integer 单精度整数

在整数 a 的基 b 表示中,$a=(a_n a_{n-1}\cdots a_1\ a_0)_b$,而且 $b\neq 0$,则 a 的精度或长度为 $n+1$。如果 $n=0$,则称 a 为单精度整数;否则,称 a 为多精度整数。$a=0$ 也是单精度整数。

参看 base b representation。

比较 multiple-precision integer。

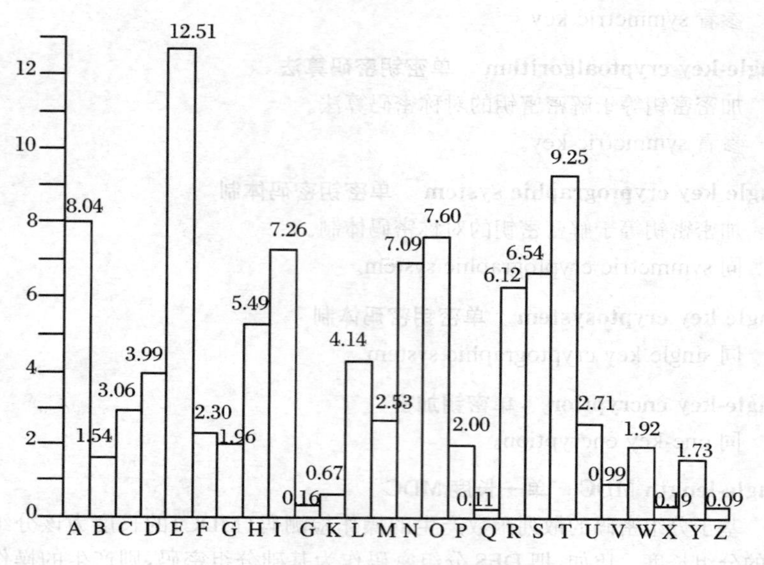

图 S.25 英语中单字母的频率分布

SKID2 identification protocol SKID2 身份识别协议

一种基于有密钥单向散列函数(即消息鉴别码 MAC)的、只提供单向身份识别的询问-应答协议。SKID2 是为 RACE/RIPE(欧洲先进通信研究/全欧洲 IP 网络)项目开发的对称密码(假设用户 A 和 B 双方共享一个秘密密钥 K)身份识别协议。

SKID2 允许 A 向 B 证明他的身份。

SKID2 身份识别协议

(1) 注释 h_K是一个 MAC 算法,K 是秘密密钥。

(2) 一次性设置 A 和 B 共享密钥 K。

(3) 协议消息

$$A \leftarrow B: r_B, \tag{1}$$

$$A \rightarrow B: r_A, h_K(r_A, r_B, B)。 \tag{2}$$

(4) 协议动作

(a) B 选择一个随机数 r_B(RIPE 文件规定为 64 比特数),并把消息(1)发送给 A。

(b) A 选择一个随机数 r_A(RIPE 文件规定为 64 比特数),用 MAC 算法 h_K计算出($r_A \parallel r_B \parallel B$)的 MAC 值,把消息(2)发送给 B。

(c) B 计算 $h_K(r_A, r_B, B)$,并将之和接收到的消息(2)进行比较,如果一致,则 B 知道是在与 A 进行通信。

这种协议抗不住中间人攻击。一般说来,中间人攻击能够击败任何不包含某类秘密的协议。

参看 challenge-response identification, identification, keyed hash function, message authentication code (MAC), unilateral authentication。

SKID3 identification protocol SKID3 身份识别协议

一种基于有密钥单向散列函数(即消息鉴别码 MAC)的、可提供相互身份识别的三趟询问-应答协议。SKID3 是为 RACE/RIPE(欧洲先进通信研究/全欧洲 IP 网络)项目开发的对称密码(假设用户 A 和 B 双方共享一个秘密密钥 K)身份识别协议。

SKID3 允许 A 和 B 相互识别他们的身份。

SKID3 身份识别协议

(1) 注释 h_K是一个 MAC 算法,K 是秘密密钥。

(2) 一次性设置 A 和 B 共享密钥 K。

(3) 协议消息

$$\text{A} \leftarrow \text{B}: r_\text{B}, \tag{1}$$

$$\text{A} \rightarrow \text{B}: r_\text{A}, h_K(r_\text{A}, r_\text{B}, B), \tag{2}$$

$$\text{A} \leftarrow \text{B}: h_K(r_\text{B}, r_\text{A}, A)。 \tag{3}$$

(4) 协议动作

(a) B 选择一个随机数 r_B(RIPE 文件规定为 64 比特数),并把消息(1)发送给 A。

(b) A 选择一个随机数 r_A(RIPE 文件规定为 64 比特数),用 MAC 算法 h_K计算出($r_\text{A} \| r_\text{B} \| B$)的 MAC 值,把消息(2)发送给 B。

(c) B 计算 $h_K(r_\text{A}, r_\text{B}, B)$,并将之和接收到的消息(2)进行比较,如果一致,则 B 知道是在与 A 进行通信。

(d) B 计算 $h_K(r_\text{B}, r_\text{A}, A)$,把消息(3)发送给 A。

(e) A 计算 $h_K(r_\text{B}, r_\text{A}, A)$,并将之和接收到的消息(3)进行比较,如果一致,则 A 知道是在与 B 进行通信。

参看 challenge-response identification, identification, keyed hash function, message authentication code (MAC), mutual authentication。

比较 SKID2 identification protocol。

SKIPJACK block cipher SKIPJACK 分组密码

一种 64 比特分组、80 比特密钥的分组密码。使用了 6 个 8 输入、32 输出的 S 盒,每个 S 盒都可以看作 32 个函数,每个函数都是具有 8 个变量的 Bent 函数。

SKIPJACK 分组密码方案

1. 符号注释

$A \oplus B$ 表示 A 和 B 按位异或。

$A \| B$ 表示并置:如果 $A=(a_0 \cdots a_7)$,$B=(b_0 \cdots b_7)$,则

$$A \| B=(a_0 \cdots a_7 b_0 \cdots b_7)。$$

2. 基本函数与结构

(1) 规则 A　逻辑框图见图 S.26;规则 A 的逆 A^{-1} 的逻辑框图见图S.27。$w_i \in \{0,1\}^{16}(i=1,2,3,4)$,则有

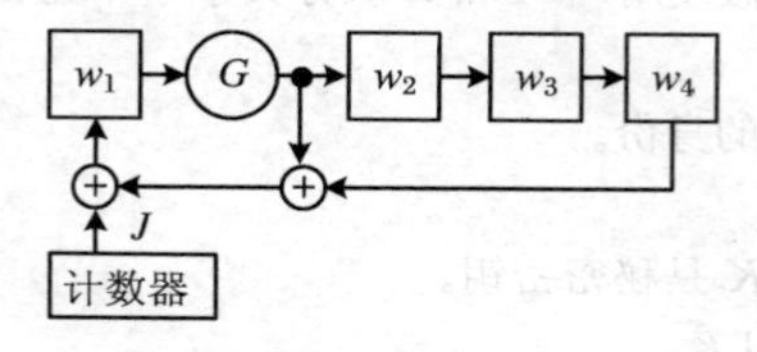

图 S.26　规则 A

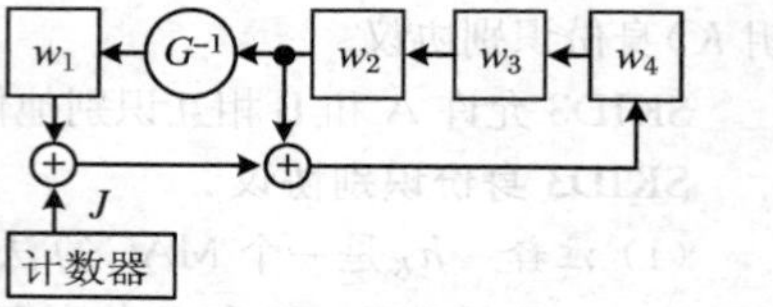

图 S.27　规则 A^{-1}

(w_1, w_2, w_3, w_4)

　　$\leftarrow \mathrm{RuleA}(w_1, w_2, w_3, w_4)$

begin

　$T \leftarrow G(w_1)$

　$w_1 \leftarrow T \oplus w_4 \oplus J$

　$w_4 \leftarrow w_3$

　$w_3 \leftarrow w_2$

　$w_2 \leftarrow T$

end

(w_1, w_2, w_3, w_4)

　　$\leftarrow \mathrm{RuleA}^{-1}(w_1, w_2, w_3, w_4)$

begin

　$T \leftarrow w_4$

　$w_4 \leftarrow w_1 \oplus w_2 \oplus J$

　$w_1 \leftarrow G^{-1}(w_2)$

　$w_2 \leftarrow w_3$

　$w_3 \leftarrow T$

end

(2) 规则 B　逻辑框图见图 S.28,规则 B 的逆 B^{-1} 的逻辑框图见图 S.29。$w_i \in \{0,1\}^{16}\ (i=1,2,3,4)$,则有

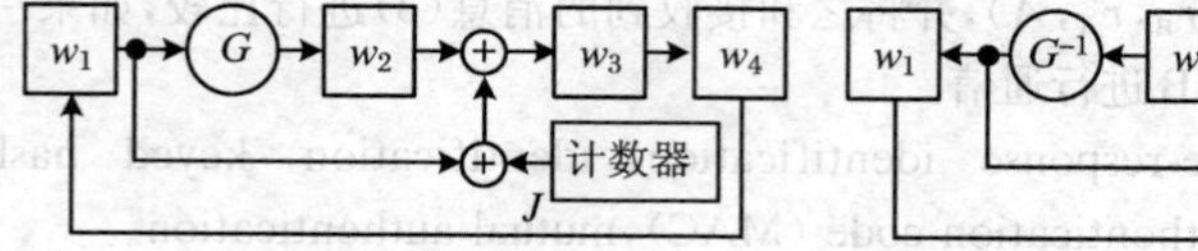

图 S.28　规则 B

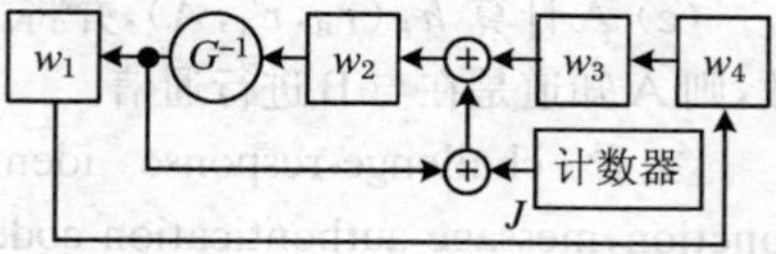

图 S.29　规则 B^{-1}

(w_1, w_2, w_3, w_4)

　　$\leftarrow \mathrm{RuleB}(w_1, w_2, w_3, w_4)$

begin

　$T \leftarrow w_3$

(w_1, w_2, w_3, w_4)

　$\leftarrow \mathrm{RuleB}^{-1}(w_1, w_2, w_3, w_4)$

begin

　$T \leftarrow G^{-1}(w_2)$

$w_3 \leftarrow w_1 \oplus w_2 \oplus J$

$w_2 \leftarrow G(w_1)$

$w_1 \leftarrow w_4$

$w_4 \leftarrow T$

end

$w_2 \leftarrow T \oplus w_3 \oplus J$

$w_3 \leftarrow w_4$

$w_4 \leftarrow w_1$

$w_1 \leftarrow T$

end

(3) G 是一个具有 4 轮费斯特尔结构的、与密钥相关的置换函数　逻辑框图见图 S.30，而图 S.31 是其逆 G^{-1} 的逻辑框图。则有

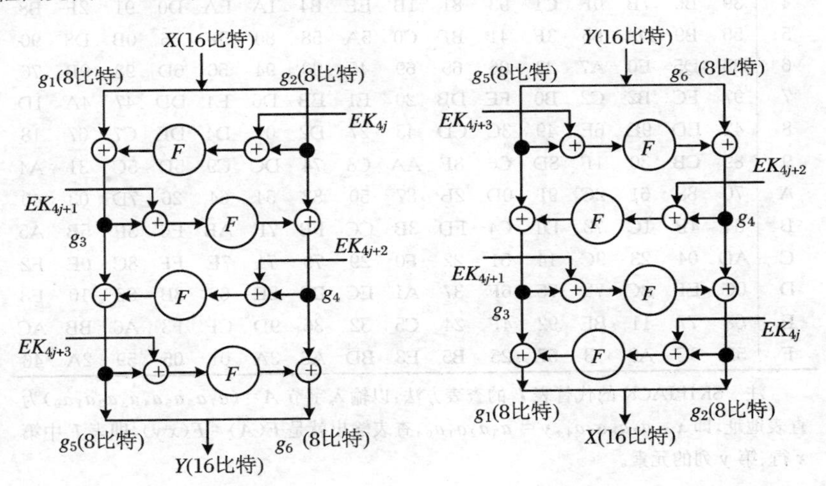

图 S.30　置换 G

图 S.31　置换 G^{-1}

$Y \leftarrow G(X)$

begin

$X = g_1 \parallel g_2$

$g_3 \leftarrow F(g_2 \oplus EK_{4j}) \oplus g_1$

$g_4 \leftarrow F(g_3 \oplus EK_{4j+1}) \oplus g_2$

$g_5 \leftarrow F(g_4 \oplus EK_{4j+2}) \oplus g_3$

$g_6 \leftarrow F(g_5 \oplus EK_{4j+3}) \oplus g_4$

$Y = g_5 \parallel g_6$

end

$X \leftarrow G^{-1}(Y)$

begin

$Y = g_5 \parallel g_6$

$g_4 \leftarrow F(g_5 \oplus EK_{4j+3}) \oplus g_6$

$g_3 \leftarrow F(g_4 \oplus EK_{4j+2}) \oplus g_5$

$g_2 \leftarrow F(g_3 \oplus EK_{4j+1}) \oplus g_4$

$g_1 \leftarrow F(g_2 \oplus EK_{4j}) \oplus g_3$

$X = g_1 \parallel g_2$

end

(4) $F(A)$ 是一个查表函数　表示以 A 为地址去查 F 表，得出一字节数据。F 表是一个 8 输入、8 输出的 S 盒(见表 S.5)。

表 S.5 SKIPJACK 的代替表 F(表中数据为十六进制)

x \ y	0	1	2	3	4	5	6	7	8	9	A	B	C	D	E	F
0	A3	D7	09	83	F8	48	F6	F4	B3	21	15	78	99	B1	AF	F9
1	E7	2D	4D	8A	CE	4C	CA	2E	52	95	D9	1E	4E	38	44	28
2	0A	DF	02	A0	17	F1	60	68	12	B7	7A	C3	E9	FA	3D	53
3	96	84	6B	BA	F2	63	9A	19	7C	AE	E5	F5	F7	16	6A	A2
4	39	B6	7B	0F	C1	93	81	1B	EE	B4	1A	EA	D0	91	2F	B8
5	55	B9	DA	85	3F	41	BF	C0	5A	58	80	5F	66	0B	D8	90
6	35	D5	E0	A7	33	06	65	69	45	00	94	56	6D	98	9B	76
7	97	FC	B2	C2	B0	FE	DB	20	E1	EB	D6	E4	DD	47	4A	1D
8	42	ED	9E	6E	49	3C	CD	43	27	D2	07	D4	DE	C7	67	18
9	89	CB	30	1F	8D	C6	8F	AA	C8	74	DC	C9	5D	5C	31	A4
A	70	88	61	2C	9F	0D	2B	87	50	82	54	64	26	7D	03	40
B	34	4B	1C	73	D1	C4	FD	3B	CC	FB	7F	AB	E6	3E	5B	A5
C	AD	04	23	9C	14	51	22	F0	29	79	71	7E	FF	8C	0E	E2
D	0C	EF	BC	72	75	6F	37	A1	EC	D3	8E	62	8B	86	10	E8
E	08	77	11	BE	92	4F	24	C5	32	36	9D	CF	F3	A6	BB	AC
F	5E	6C	A9	13	57	25	B5	E3	BD	A8	3A	01	05	59	2A	46

注　SKIPJACK 的代替表 F 的查表方法：以输入字节 $A=(a_7a_6a_5a_4a_3a_2a_1a_0)$ 为查表地址，即 $x=a_7a_6a_5a_4$，$y=a_3a_2a_1a_0$，查表输出就是 $F(A)=F(x\,y)$，即表 F 中第 x 行、第 y 列的元素。

3. 加密算法

输入：64 比特明文字块 m；密钥 $K=K_0\parallel K_1\parallel\cdots\parallel K_9, K_i\in\{0,1\}^8(i=0,1,\cdots,9)$。

输出：64 比特密文字块 c。

```
begin
    m = w1 ‖ w2 ‖ w3 ‖ w4
    for J = 1 to 8 do
        (w1, w2, w3, w4) ← RuleA(w1, w2, w3, w4)
    next J
    for J = 9 to 16 do
        (w1, w2, w3, w4) ← RuleB(w1, w2, w3, w4)
    next J
    for J = 17 to 24 do
        (w1, w2, w3, w4) ← RuleA(w1, w2, w3, w4)
    next J
```

```
    for J = 25 to 32 do
      (w1, w2, w3, w4) ← RuleB(w1, w2, w3, w4)
    next J
    c = w1 ‖ w2 ‖ w3 ‖ w4
end
```

4. 解密算法

输入:64 比特密文字块 c;密钥 $K = K_0 \| K_1 \| \cdots \| K_9, K_i \in \{0,1\}^8 (i = 0,1,\cdots,9)$。

输出:64 比特明文字块 m。

```
begin
    c = w1 ‖ w2 ‖ w3 ‖ w4
    for J = 32 to 25 step = -1 do
      (w1, w2, w3, w4) ← RuleB^-1(w1, w2, w3, w4)
    next J
    for J = 24 to 17 step = -1 do
      (w1, w2, w3, w4) ← RuleA^-1(w1, w2, w3, w4)
    next J
    for J = 16 to 9 step = -1 do
      (w1, w2, w3, w4) ← RuleB^-1(w1, w2, w3, w4)
    next J
    for J = 8 to 1 step = -1 do
      (w1, w2, w3, w4) ← RuleA^-1(w1, w2, w3, w4)
    next J
    m = w1 ‖ w2 ‖ w3 ‖ w4
end
```

5. 密钥编排

输入:80 比特(即 10 字节)密钥 $K = K_0 \| K_1 \| \cdots \| K_9, K_i \in \{0,1\}^8 (i = 0,1,\cdots,9)$。

输出:;扩展子密钥 $EK_j \in \{0,1\}^8 (j = 0,1,\cdots,31)$。

```
begin
    for j = 0 to 31 do
        EK_{4j} ← K_{4j(mod 10)}
        EK_{4j+!} ← K_{4j+1(mod 10)}
        EK_{4j+2} ← K_{4j+2(mod 10)}
        EK_{4j+3} ← K_{4j+3(mod 10)}
```

next j
end

SKIPJACK 测试向量

明文:33221100DDCCBBAA。

密钥:00998877665544332211。

中间步骤:

	w_1	w_2	w_3	w_4
0	3322	1100	DDCC	BBAA
1	B004	0BAF	1100	DDCC
2	E688	3B46	0BAF	1100
3	3C76	2D75	3B46	0BAF
4	4C45	47EE	2D75	3B46
5	B949	820A	47EE	2D75
6	F0E3	DD90	820A	47EE
7	F9B9	BE50	DD90	820A
8	D79B	5599	BE50	DD90
9	DD90	1E0B	820B	BE50
10	BE50	4C52	C391	820B
11	820B	7F51	F209	C391
12	C391	F9C2	FD56	F209
13	F209	25FF	3A5E	FD56
14	FD56	65DA	DF78	3A5E
15	3A5E	69D9	9883	DF78
16	DF78	8990	5397	9883
17	9C00	0492	8990	5397
18	9FDC	CC59	0492	8990
19	3731	BEB2	CC59	0492
20	7AFB	7E7D	BEB2	CC59
21	7759	BB15	7E7D	BEB2
22	FB64	45C0	BB15	7E7D
23	6F7F	1115	45C0	BB15
24	65A7	DEAA	1115	45C0
25	45C0	E0F9	BB14	1115
26	1115	3913	A523	BB14
27	BB14	8EE6	281D	A523

28	A523	BFE2	35EE	281D
29	281D	0D84	1ADC	35EE
30	35EE	E6F1	2587	1ADC
31	1ADC	60EE	D300	2587
32	2587	CAE2	7A12	D300

密文:2587CAE27A12D300。

参看 block cipher,bent function。

slide attack　滑动攻击

对乘积密码的一种已知(有时候为选择)明文攻击,由亚历克斯·比利乌科夫(Alex Biryukov)和戴维·瓦格纳(David Wagner)于 1999 年提出。滑动攻击的基本思想是:通过寻找滑动对的方法,使乘积密码的中间加密过程变得毫不相干,以达到减少乘积密码的轮数的目的。

滑动攻击可应用于所有乘积(主要是迭代)密码,甚至可应用于有限范围(序列密码等)上的任意迭代(或递归)过程。一旦迭代过程显示出某种程度的自相似性就可以应用这样的攻击,而且在很多情况下都和迭代轮函数的确切特性及轮数无关。虽然增加几轮迭代通常能阻止非常复杂的密码分析攻击(像差分攻击和线性攻击),相反,抗不住滑动攻击的密码通过增加迭代轮数是不能增强的。人们必须改变密钥编排或轮函数的设计。

滑动攻击研究的一个密码的自相似性程度,依赖于密码的设计,滑动攻击的范围从利用密钥编排的弱点到利用一个密码的更一般的结构特点。通过破坏迭代过程的自相似性可以很容易地阻止这种攻击,例如,通过加迭代计数器或加上一个固定的随机常数就可以。然而这种技术更为复杂的变种是难以分析和防御的。

对于 n 比特分组的分组密码,滑动攻击的复杂度(如果它们奏效的话)通常接近于 $O(2^{n/2})$ 个已知明文。对于费斯特尔密码,其轮函数 F_j 只修改分组的一半,也存在一个选择明文变种,它能把复杂度降低到 $O(2^{n/4})$ 个选择文本。

图 S.32 示出用一个典型的乘积密码加密 n 比特明文 X_0 获得密文 X_r 的进程。这里 X_j 表示加密的第 j 轮后分组的中间值,$X_j = F_j(X_{j-1}, k_j)$。为清晰起见,常省略 k,用 $F(x)$ 或 $F_i(x)$ 代替 $F(x,k)$ 或 $F_i(x,k)$。

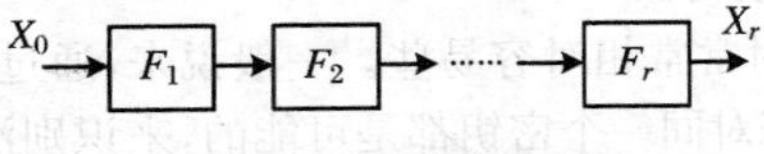

$$X_0 \rightarrow \boxed{F_1} \rightarrow \boxed{F_2} \rightarrow \cdots\cdots \rightarrow \boxed{F_r} \rightarrow X_r$$

图 S.32　典型的分组密码

在最简单的情况下,有一个 r 轮密码 E,其所有轮都使用相同的子密钥,

使得 $E=F\circ F\circ\cdots\circ F=F^r$。如果一个密码的密钥编排是周期性的,周期为 p,则可以把 F 看作是一个由 p 轮原始密码组成的“广义”轮。称这样的密码为 p 轮自相似的。

这种攻击与密码的轮数无关,因为它把密码看作是一些相同置换 $F(x,k)$ 的乘积,其中 k 是一个固定的秘密密钥(这里 F 本身或许也是一个多于 1 轮的密码)。对 F 的唯一要求是:抗具有两个明文-密文对的已知明文攻击是非常弱的(可以放宽这个要求)。更准确地说,如果给定两个方程 $F_k(x_1)=y_1$ 和 $F_k(x_2)=y_2$,得到密钥 k 是容易的,则称 $F_k(x)$ 是一个弱置换。这样的密码(具有 n 比特分组)仅用 $2^{n/2}$ 已知文本就能被破译,从那时起就获得 2^n 个可能对 (P,C),(P',C');每一对都具有 2^{-n} 的概率形成一个滑动对,预期能看到一个泄露密钥的滑动对。可以证明 3 轮 DES 形成一个弱置换。一轮半 IDEA 也是弱的。

图 S.33 说明对这样的一个密码怎样进行滑动攻击。想法是:相对于加密进程的另外一个拷贝滑动加密进程的一个拷贝,使得两个进程是一轮相异。令 X_0 和 X_0' 表示两个明文,$X_j=F_j(X_{j-1})$,$X_j'=F_j(X_{j-1}')$。用这种符号,我们使 X_1 紧跟在 X_0' 之后,使 X_{j+1} 紧跟在 X_j' 之后,排成一行。

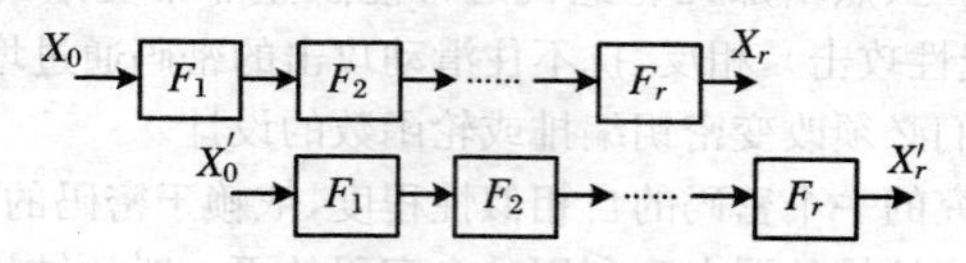

图 S.33 典型的滑动攻击

其次,假设对于所有 $j\geqslant 1$ 都有 $F_j=F_{j+1}$;这是进行滑动攻击工作所要求的假设。在这种情况下,所有的轮函数都是相同的,所以对同属轮变换都可简写成 F。

关键的观察结果是:如果有一个匹配 $X_1=X_0'$,则一定有 $X_r=X_{r-1}'$。用归纳法可证明。假设 $X_j=X_{j-1}'$。则可以计算 $X_{j+1}=F(X_j)=F(X_{j-1}')=F(X_{j-1}')=X_j'$,这就完成了证明。因此,如果 $F(P)=P'$ 且 $F(C)=C'$,则称(具有对应密文的)一对已知明文 (P,C) 和 (P',C') 为一个滑动对。

根据这种观察结果,攻击进程如下:获得 $2^{n/2}$ 个已知文本 (P_i,C_i),并且找到了滑动对。通过生日悖论,期望找到大约一对下标 i 和 i',其中 $F(P_i)=P_{i'}$,这就得到一个滑动对。

此外,识别滑动对常常相对容易些。一般说来,通过检验 $F(P_i)=P_{i'}$ 和 $F(C_i)=C_{i'}$ 两者是否对同一个密钥都是可能的,来识别滑动对。当轮函数是弱的时候,确信这个条件是容易识别的。一旦找到一个滑动对,就期望能够恢复这个密码的某些密钥比特。如果轮函数是弱的,就能事实上恢复整个密钥,而不用花费太多的工作。一般来说,期望单个滑动对泄露大约 n 比特密钥资料;当密码的密钥长度大于 n 比特时,可以使用穷举搜索来恢复密钥的剩余部分,或者可以另外获得稍多一些滑动对,并用它们得到密钥资料的余下部分。

因此,对于一个分组长度为 n 比特及重复轮子密钥的密码而言,需要大约 $O(2^{n/2})$个已知明文来恢复未知密钥。尽管天然途径将要求 $O(2^n)$量级的工作,通过利用 F 函数中的弱点常常能够使攻击快得多。这个技巧应用于非常广泛的轮函数类。

费斯特尔密码形成一种重要的特殊滑动情况,因为攻击复杂性比起一般情况被显著地降低。图 S.34 描绘出对带有重复轮子密钥的费斯特尔密码的常规的滑动攻击。费斯特尔轮结构给出一个关于滑动对的 n 比特过滤条件,此条件使我们把分析的复杂度降低到大约 $2^{n/2}$时间和空间,这是对上面列出的一般攻击所要求的 2^n次工作量的重大改进。更进一步,存在一个选择文本的变种,其和费斯特尔密码相比较,工作量大约为 $2^{n/4}$个选择明文:可以简单地使用"旁路第一轮"的结构。

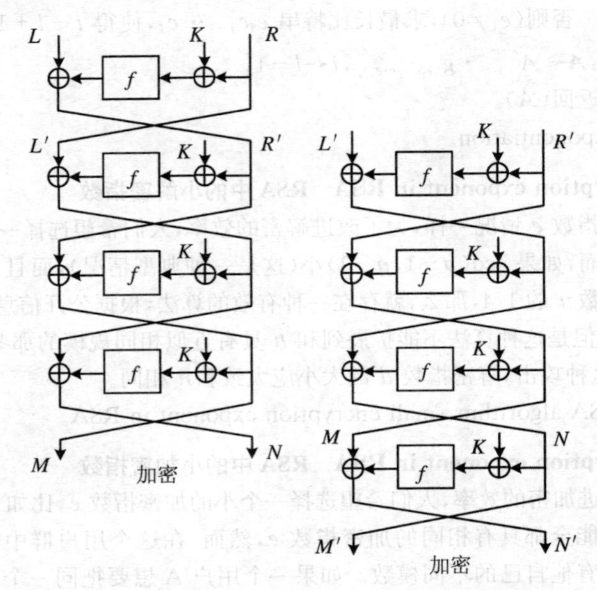

图 S.34 对具有 1 轮自相似性的一般费斯特尔密码的常规滑动攻击

如果 $L'=R$ 和 $R'=L\oplus f(K\oplus R)$,上面示出的文本形成一个滑动对,一定有 $M'=N$ 和 $N'=M\oplus f(K\oplus N)$

参看 birthday paradox, block cipher, chosen plaintext attack, DES block cipher, differential cryptanalysis, exhaustive search, Feistel cipher, IDEA block cipher, known plaintext attack, linear cryptanalysis。

sliding-window exponentiation 滑动窗指数运算

一种指数运算方法。下述算法中整数 k 称为窗口大小。

滑动窗指数运算

输入：一个群元素 g，正整数 $e=(e_t e_{t-1}\cdots e_1 e_0)$，其中 $e_t=1$，一个整数 $k\geqslant 1$。

输出：g^e。

SW1 预先计算。

SW1.1 $g_1\leftarrow g, g_2\leftarrow g^2$；

SW1.2 对 $i=1,2,\cdots,2^{k-1}-1$，执行计算：$g_{2i+1}\leftarrow g_{2i-1}\cdot g_2$。

SW2 $A\leftarrow 1, i\leftarrow t$。

SW3 当 $i\geqslant 0$ 时，执行下述计算：

SW3.1 如果 $e_i=0$，则计算：$A\leftarrow A^2, i\leftarrow i-1$；

SW3.2 否则（$e_i\neq 0$），求最长比特串 $e_i e_{i-1}\cdots e_l$，使得 $i-l+1\leqslant k$ 且 $e_l=1$，并计算：$A\leftarrow A^{2^{i-l+1}}\cdot g_{(e_i e_{i-1}\cdots e_l)_2}, i\leftarrow l-1$。

SW4 返回（A）。

参看 exponentiation。

small decryption exponent in RSA RSA 中的小解密指数

和加密指数 e 情况一样，为了改进解密的效率，人们希望选择一个小解密指数 d。然而，如果 $\gcd(p-1,q-1)$ 小（这是一种典型情况），而且 d 的比特长度近似模数 n 的 1/4，那么，就存在一种有效的算法，根据公开信息（n,e）计算出 d 来。但是这种算法不能扩展到和 n 具有近似相同规模的那些 d 值，因此，要避免这种攻击，解密指数 d 的大小应大致和 n 相同。

参看 RSA algorithm, small encryption exponent in RSA。

small encryption exponent in RSA RSA 中的小加密指数

为了改进加密的效率，人们希望选择一个小的加密指数 e，比如 $e=3$。一个用户群可能全都具有相同的加密指数 e，然而，在这个用户群中的每个用户都必须拥有他自己的不同模数。如果一个用户 A 想要把同一个明文消息 m 发送给三个其他用户，A 分别使用三个不同模数 n_1, n_2 和 n_3，而使用相同的加密指数 $e=3$，A 所发送的密文就分别是 $c_1=m^3 \pmod{n_1}$，$c_2=m^3 \pmod{n_2}$，$c_3=m^3 \pmod{n_3}$。由于这三个模数极可能是两两互素的，因此，一个窃听者在观测到 c_1, c_2 和 c_3 之后，就能够使用高斯算法对同余方程组

$$\begin{cases} x \equiv c_1 (\bmod\ n_1), \\ x \equiv c_2 (\bmod\ n_2), \\ x \equiv c_3 (\bmod\ n_3), \end{cases}$$

求得一个解 x（$0 \leqslant x < n_1 n_2 n_3$）。因为 $m^3 < n_1 n_2 n_3$，由孙子定理，必须是 $x = m^3$。因此，通过计算 x 的整数立方根，就能够恢复明文 m。

如果把同一个明文消息 m（即使带有一些已知的变化）发送给多个其他用户，不能使用如 $e = 3$ 这样的小加密指数。如果想阻止这样的攻击，可以在加密明文消息 m 之前，使用填充消息技术。

小加密指数对于小的明文消息也是问题，因为，如果 $m < n^{1/e}$，则能根据密文 $c = m^e (\bmod\ n)$ 简单地通过计算 c 的整数 e 次方根恢复明文 m；填充明文消息也能避免这个问题。

参看 RSA public-key encryption scheme，salting the message。

smart card　智能卡

同 chipcard。

SM3 cryptographic hash algorithm　SM3 密码杂凑算法

中国国家密码管理局于 2001 年 12 月发布的一个密码杂凑算法。

SM3 密码杂凑算法

输入：长度为 l（$l < 2^{64}$）比特的消息 m。

输出：m 的 256 比特散列码（杂凑值）。

1. 符号注释

X, Y, Z 为 32 比特变量；

$ABCDEFGH$：8 个字寄存器或它们的值的串联；

$B^{(i)}$：第 i 个消息分组；

CF：压缩函数；

FF_j：布尔函数，随 j 的变化取不同的表达式；

GG_j：布尔函数，随 j 的变化取不同的表达式；

IV：初始值，用于确定压缩函数寄存器的初态；

P_0：压缩函数中的置换函数；

P_1：消息扩展中的置换函数；

T_j：常量，随 j 的变化取不同的值；

m：消息；

m'：填充后的消息；

mod：模运算；

$\wedge$：32 比特与运算；

$\vee$：32 比特或运算；

$\oplus$:32 比特异或运算；

$\neg$:32 比特非运算；

$+$:mod 2^{32} 算术加运算；

$\lll k$:循环左移 k 比特运算；

$\leftarrow$:左向赋值运算符；

2. 基本函数

(1) 布尔函数

$$FF_j=\begin{cases}X\oplus Y\oplus Z, & 0\leqslant j\leqslant 15,\\(X\wedge Y)\vee(X\wedge Z)\vee(Y\wedge Z), & 16\leqslant j\leqslant 63,\end{cases}$$

$$GG_j=\begin{cases}X\oplus Y\oplus Z, & 0\leqslant j\leqslant 15,\\(X\wedge Y)\vee(\neg X\wedge Z), & 16\leqslant j\leqslant 63。\end{cases}$$

(2) 置换函数

$$P_0(X)=X\oplus(X\lll 9)\oplus(X\lll 17),$$
$$P_1(X)=X\oplus(X\lll 15)\oplus(X\lll 23)。$$

3. 常数定义(数据为十六进制)

256 比特初始值：

IV = 7380166f 4914b2b9 172442d7 da8a0600
a96f30bc 163138aa e38dee4d b0fb0e4e。

轮常数 $T_j\in\{0,1\}^{32}$ $(j=0,1,\cdots,63)$。

$$T_j=\begin{cases}79cc4519, & 0\leqslant j\leqslant 15,\\7a879d8a, & 16\leqslant j\leqslant 63。\end{cases}$$

4. 预处理

假设消息 m 的长度为 l 比特。首先将比特“1”添加到消息的末尾，再添加 k 个“0”，k 是满足 $l+1+k\equiv 448(\text{mod } 512)$的最小的非负整数。然后再添加一个 64 位比特串，该比特串是长度 l 的二进制表示。填充后的消息 m' 的比特长度为 512 的倍数。

例如，对消息 01100001 01100010 01100011，其长度 $l=24$，经填充得到比特串：

$$01100001\ 01100010\ 01100011\ 1\ \overbrace{000\cdots 00}^{423\text{比特}}\underbrace{\overbrace{00\cdots 011000}^{64\text{比特}}}_{l\text{的二进制表示}}$$

5. 迭代压缩

(1) 迭代过程　将填充后的消息 m' 按 512 比特进行分组：$m'=B^{(0)}B^{(1)}\cdots B^{(n-1)}$，其中 $n=(l+k+65)/512$。

对 m' 按下列方式迭代：

for $i=0$ to $n-1$

$V^{(i+1)} = CF(V^{(i)}, B^{(i)})$

end for

其中,CF 是压缩函数,$V^{(0)}$ 为 256 比特初始值 IV,$B^{(i)}$ 为填充后的消息分组,迭代压缩的结果为 $V^{(n)}$。

(2) 消息扩展 将消息分组 $B^{(i)}$ 按以下方法扩展生成 132 个字 $W_0, W_1, \cdots, W_{67}, W'_0, W'_1, \cdots, W'_{63}$,用于压缩函数 CF:

(a) 将消息分组 $B^{(i)}$ 划分为 16 个字 $W_0, W_1, \cdots, W_{15}$。

(b) for $j = 16$ to 67

$W_j \leftarrow P_1(W_{j-16} \oplus W_{j-9} \oplus (W_{j-3} \lll 15))$
$\oplus (W_{j-13} \lll 7) \oplus W_{j-6}$

end for

(c) for $j = 0$ to 63

$W'_j = W_j \oplus W_{j+4}$

endfor

(3) 压缩函数 令 A, B, C, D, E, F, G, H 为字寄存器,$SS1, SS2, TT1, TT2$ 为中间变量,压缩函数 $V^{i+1} = CF(V^{(i)}, B^{(i)})$ $(0 \leqslant i \leqslant n-1)$。计算过程描述如下:

$ABCDEFGH \leftarrow V^{(i)}$

for $j = 0$ to 63

$SS1 \leftarrow ((A \lll 12) + E + (T_j \lll j)) \lll 7$

$SS2 \leftarrow SS1 \oplus (A \lll 12)$

$TT1 \leftarrow FF_j(A, B, C) + D + SS2 + W'_j$

$TT2 \leftarrow GG_j(E, F, G) + H + SS1 + W_j$

$D \leftarrow C$

$C \leftarrow B \lll 9$

$B \leftarrow A$

$A \leftarrow TT1$

$H \leftarrow G$

$G \leftarrow F \lll 19$

$F \leftarrow E$

$E \leftarrow P_0(TT2)$

endfor

$V^{(i+1)} \leftarrow ABCDEFGH \oplus V^{(i)}$

其中,字的存储为大端(big-endian)格式。

6. 完成

$ABCDEFGH \leftarrow V^{(n)}$

输出 256 比特的杂凑值 $y = ABCDEFGH$。

参看 big-endian convention, cryptographic hash function, customized hash function, hash-code, hash function。

smooth integers 平滑整数

令 B 是一个正整数。如果一个整数 n 的所有素因子都不大于 B,则称 n 为 B 平滑的,或为关于界限 B 平滑的。

参看 integer。

smooth polynomials 平滑多项式

对有限域$\mathbb{F}_q(q = 2^m)$的乘法群$\mathbb{F}_q^*$而言,多项式环$\mathbb{F}_2[x]$中的那些次数小于 m 的多项式,其不可约因式都具有比较小的次数,则称这样的多项式为平滑多项式。

参看 finite field, multiplicative group of a finite field, polynomial。

SMS4 block cipher SMS4 分组密码

中国国家密码管理局于 2005 年发布的一个分组密码算法。该算法的分组长度为 128 比特,密钥长度为 128 比特。加密算法与密钥扩展算法都采用 32 轮非线性迭代结构。解密算法与加密算法的结构相同,只是轮密钥的使用顺序相反,解密轮密钥是加密轮密钥的逆序。

SMS4 分组密码算法

1. 符号注释

$\oplus$表示按位异或。

$X \lll i, X \in \{0,1\}^{32}$,表示 32 比特变量 X 循环左移 i 位。

$T = X \parallel Y$ 表示并置:如果 $X = (x_0 \cdots x_7)$, $Y = (y_0 \cdots y_7)$,那么 $T = X \parallel Y = (x_0 \cdots x_7 y_0 \cdots y_7)$;如果 $X = (x_0 \cdots x_{31})$, $Y = (y_0 \cdots y_{31})$,那么 $T = X \parallel Y = (x_0 \cdots x_{31} y_0 \cdots y_{31})$。

$(Y_0, Y_1, Y_2, Y_3) \leftarrow (X_{35}, X_{34}, X_{33}, X_{32})$表示:$Y_0 \leftarrow X_{35}$, $Y_1 \leftarrow X_{34}$, $Y_2 \leftarrow X_{33}$, $Y_3 \leftarrow X_{32}$。

Sbox 为 8 比特输入、8 比特输出的 S 盒(见表 S.6)。

密钥长度为 128 比特,表示为 $Key = Key_0 \parallel Key_1 \parallel Key_2 \parallel Key_3$,其中 $Key_i \in \{0,1\}^{32}$ $(i = 0,1,2,3)$。第 i 轮轮密钥表示为 $rk_i \in \{0,1\}^{32}(i = 0,1,\cdots,31)$。

表 S.6 SMS4 的代替表 *Sbox*（表中数据为十六进制）

x \ y	0	1	2	3	4	5	6	7	8	9	a	b	c	d	e	f
0	d6	90	e9	fe	cc	e1	3d	b7	16	b6	14	c2	28	fb	2c	05
1	2b	67	9a	76	2a	be	04	c3	aa	44	13	26	49	86	06	99
2	9c	42	50	f4	91	ef	98	7a	33	54	0b	43	ed	cf	ac	62
3	e4	b3	1c	a9	c9	08	e8	95	80	df	94	fa	75	8f	3f	a6
4	47	07	a7	fc	f3	73	17	ba	83	59	3c	19	e6	85	4f	a8
5	68	6b	81	b2	71	64	da	8b	f8	eb	0f	4b	70	56	9d	35
6	1e	24	0e	5e	63	58	d1	a2	25	22	7c	3b	01	21	78	87
7	d4	00	46	57	9f	d3	27	52	4c	36	02	e7	a0	c4	c8	9e
8	ea	bf	8a	d2	40	c7	38	b5	a3	f7	f2	ce	f9	61	15	a1
9	e0	ae	5d	a4	9b	34	1a	55	ad	93	32	30	f5	8c	b1	e3
a	1d	f6	e2	2e	82	66	ca	60	c0	29	23	ab	0d	53	4e	6f
b	d5	db	37	45	de	fd	8e	2f	03	ff	6a	72	6d	6c	5b	51
c	8d	1b	af	92	bb	dd	bc	7f	11	d9	5c	41	1f	10	5a	d8
d	0a	c1	31	88	a5	cd	7b	bd	2d	74	d0	12	b8	e5	b4	b0
e	89	69	97	4a	0c	96	77	7e	65	b9	f1	09	c5	6e	c6	84
f	18	f0	7d	ec	3a	dc	4d	20	79	ee	5f	3e	d7	cb	39	48

注 代替表 *Sbox* 的查表方法：以输入字节 $A=(a_7a_6a_5a_4a_3a_2a_1a_0)$ 查表地址，即 $x=a_7a_6a_5a_4$，$y=a_3a_2a_1a_0$，查表输出就是 $Sbox(A)=Sbox(x\,y)$，即表 S 中第 x 行、第 y 列的元素。

系统参数 $FK_i\in\{0,1\}^{32}$ $(i=0,1,\cdots,3)$。这里给出一例：

$$FK_0=(\text{A3B1BAC6})_{\text{hex}},\quad FK_1=(\text{56AA3350})_{\text{hex}},$$
$$FK_2=(\text{677D9197})_{\text{hex}},\quad FK_3=(\text{B27022DC})_{\text{hex}}。$$

第 i 个轮常数 $CK_i\in\{0,1\}^{32}(i=0,1,\cdots,31)$。其取值方法如下：令 $CK_i=ck_{i,0}\parallel ck_{i,1}\parallel ck_{i,2}\parallel ck_{i,3}$，其中 $ck_{i,j}\in\{0,1\}^8(j=0,1,2,3)$，则 $ck_{i,j}\equiv(4i+j)\times 7(\text{mod }256)$。

所计算出的 32 个轮常数 CK_i 的 16 进制表示如下：

00070e15，1c232a31，383f464d，545b6269，
70777e85，8c939aa1，a8afb6bd，c4cbd2d9，
e0e7eef5，fc030a11，181f262d，343b4249，
50575e65，6c737a81，888f969d，a4abb2b9，
c0c7ced5，dce3eaf1，f8ff060d，141b2229，
30373e45，4c535a61，686f767d，848b9299，
a0a7aeb5，bcc3cad1，d8dfe6ed，f4fb0209，
10171e25，2c333a41，484f565d，646b7279。

2. 基本函数

(1) 查表运算 $b = Sbox(a)$　表示以 a 为地址去查S盒得到输出 b,其中 $a,b \in \{0,1\}^8$。

(2) 非线性变换 τ　τ 由四个并行的查表运算构成。设输入为 $A = a_0 \parallel a_1 \parallel a_2 \parallel a_3$,其中 $a_i \in \{0,1\}^8 (i=0,1,2,3)$。输出为 $B = b_0 \parallel b_1 \parallel b_2 \parallel b_3$,其中 $b_i \in \{0,1\}^8$ $(i=0,1,2,3)$。则

$$B = \tau(A) = Sbox(a_0) \parallel Sbox(a_1) \parallel Sbox(a_2) \parallel Sbox(a_3)。$$

(3) 线性变换 L　非线性变换 τ 的输出是线性变换 L 的输入。设输入为 $B \in \{0,1\}^{32}$,输出为 $C \in \{0,1\}^{32}$,则

$$C = L(B) = B \oplus (B \lll 2) \oplus (B \lll 10) \oplus (B \lll 18) \oplus (B \lll 24)。$$

(4) 线性变换 L'　设输入为 $B \in \{0,1\}^{32}$,输出为 $C \in \{0,1\}^{32}$,则

$$C = L'(B) = B \oplus (B \lll 13) \oplus (B \lll 23)。$$

(5) 轮函数 F　设轮函数的输入为 $X_0 \parallel X_1 \parallel X_2 \parallel X_3$,其中 $X_i \in \{0,1\}^{32}$ $(i=0,\cdots,3)$。输入的轮密钥 $rk \in \{0,1\}^{32}$,输出为 $Y \in \{0,1\}^{32}$,则

$$Y = F(X_0, X_1, X_2, X_3, rk) = X_0 \oplus L(\tau(X_1 \oplus X_2 \oplus X_3 \oplus rk))。$$

(6) 密钥扩展轮函数 F'　设轮函数的输入为 $K_0 \parallel K_1 \parallel K_2 \parallel K_3$,其中 $K_i \in \{0,1\}^{32}$ $(i=0,\cdots,3)$。输入的轮常数 $CK \in \{0,1\}^{32}$,输出为 $rk \in \{0,1\}^{32}$,则

$$rk = F'(K_0, K_1, K_2, K_3, CK) = K_0 \oplus L'(\tau(K_1 \oplus K_2 \oplus K_3 \oplus CK))。$$

3. 加密变换

输入:明文 $X_0 \parallel X_1 \parallel X_2 \parallel X_3, X_i \in \{0,1\}^{32}$ $(i=0,1,2,3)$;轮密钥 $rk_i \in \{0,1\}^{32}$ $(i=0,\cdots,31)$。

输出:密文 $Y_0 \parallel Y_1 \parallel Y_2 \parallel Y_3, Y_i \in \{0,1\}^{32}$ $(i=0,1,2,3)$。

begin
　for $i=0$ to 31 do
　　$X_{i+4} = F(X_i, X_{i+1}, X_{i+2}, X_{i+3}, rk_i)$
　　　$= X_i \oplus L(\tau(X_{i+1} \oplus X_{i+2} \oplus X_{i+3} \oplus rk_i))$
　next i
　$(Y_0, Y_1, Y_2, Y_3) \leftarrow (X_{35}, X_{34}, X_{33}, X_{32})$
end

4. 解密变换

解密变换与加密变换结构相同,不同的仅是轮密钥的使用顺序。

解密时轮密钥的使用顺序为 $(rk_{31}, rk_{30}, \cdots, rk_0)$。

输入:密文 $Y_0 \parallel Y_1 \parallel Y_2 \parallel Y_3, Y_i \in \{0,1\}^{32} (i=0,1,2,3)$;轮密钥 $rk_i \in \{0,1\}^{32}$ $(i=0,1,\cdots,31)$。

输出：明文 $X_0 \| X_1 \| X_2 \| X_3$，$X_i \in \{0,1\}^{32}$ $(i=0,1,2,3)$。

begin

for $i=0$ to 31 do

$$Y_{i+4} = F(Y_i, Y_{i+1}, Y_{i+2}, Y_{i+3}, rk_{31-i})$$
$$= Y_i \oplus L(\tau(Y_{i+1} \oplus Y_{i+2} \oplus Y_{i+3} \oplus rk_{31-i}))$$

next i

$(X_0, X_1, X_2, X_3) \leftarrow (Y_{35}, Y_{34}, Y_{33}, Y_{32})$

end

5. 密钥扩展

令 $K_i \in \{0,1\}^{32}$ $(i=0,1,\cdots,35)$，则轮密钥生成方法为

$$(K_0, K_1, K_2, K_3) = (Key_0 \oplus FK_0, Key_1 \oplus FK_1, Key_2 \oplus FK_2, Key_3 \oplus FK_3),$$

$$rk_i = K_{i+4} = K_i \oplus L'(\tau(K_{i+1} \oplus K_{i+2} \oplus K_{i+3} \oplus CK_i)) \quad (i=0,1,\cdots,31)。$$

SMS4 测试向量 以 ECB 工作方式运算，数据采用十六进制表示。

例 1 对一组明文用密钥加密一次。

明文：01 23 45 67 89 ab cd ef fe dc ba 98 76 54 32 10。

密钥：01 23 45 67 89 ab cd ef fe dc ba 98 76 54 32 10。

轮密钥与每轮输出状态：

rk[0] = f12186f9, X[0] = 27fad345;
rk[1] = 41662b61, X[1] = a18b4cb2;
rk[2] = 5a6ab19a, X[2] = 11c1e22a;
rk[3] = 7ba92077, X[3] = cc13e2ee;
rk[4] = 367360f4, X[4] = f87c5bd5;
rk[5] = 776a0c61, X[5] = 33220757;
rk[6] = b6bb89b3, X[6] = 77f4c297;
rk[7] = 24763151, X[7] = 7a96f2eb;
rk[8] = a520307c, X[8] = 27dac07f;
rk[9] = b7584dbd, X[9] = 42dd0f19;
rk[10] = c30753ed, X[10] = b8a5da02;
rk[11] = 7ee55b57, X[11] = 907127fa;
rk[12] = 6988608c, X[12] = 8b952b83;
rk[13] = 30d895b7, X[13] = d42b7c59;
rk[14] = 44ba14af, X[14] = 2ffc5831;
rk[15] = 104495a1, X[15] = f69e6888;

rk[16] = d120b428,　X[16] = af2432c4;
rk[17] = 73b55fa3,　X[17] = ed1ec85e;
rk[18] = cc874966,　X[18] = 55a3ba22;
rk[19] = 92244439,　X[19] = 124b18aa;
rk[20] = e89e641f,　X[20] = 6ae7725f;
rk[21] = 98ca015a,　X[21] = f4cba1f9;
rk[22] = c7159060,　X[22] = 1dcdfa10;
rk[23] = 99e1fd2e,　X[23] = 2ff60603;
rk[24] = b79bd80c,　X[24] = eff24fdc;
rk[25] = 1d2115b0,　X[25] = 6fe46b75;
rk[26] = 0e228aeb,　X[26] = 893450ad;
rk[27] = f1780c81,　X[27] = 7b938f4c;
rk[28] = 428d3654,　X[28] = 536e4246;
rk[29] = 62293496,　X[29] = 86b3e94f;
rk[30] = 01cf72e5,　X[30] = d206965e;
rk[31] = 9124a012,　X[31] = 681edf34。

密文：68 1e df 34 d2 06 96 5e 86 b3 e9 4f 53 6e 42 46。

例 2　利用相同密钥对一组明文反复加密 1 000 000 次。

明文：01 23 45 67 89 ab cd ef fe dc ba 98 76 54 32 10，

密钥：01 23 45 67 89 ab cd ef fe dc ba 98 76 54 32 10，

密文：59 52 98 c7 c6 fd 27 1f 04 02 f8 04 c3 3d 3f 66。

参看 advanced encryption standard，block cipher，electronic code book (ECB)。

Snefru hash function　Snefru 散列函数

莫克尔(R. C. Merkle)于 1990 年设计发表的一种单向散列函数，它将任意长的消息散列成 128 或 256 比特的值。首先将消息划分成每个长为 $512-m$ 的字块（m 是散列值的长度）。若输出是 128 比特散列值，则每个字块长 384 比特；若输出是 256 比特散列值，则每个字块长 256 比特。

算法的核心是函数 H，它将 512 比特的值散列成 m 比特的值。H 输出的前 m 比特是这一字块的散列，余下的丢弃。下一字块附在上一字块的散列后面，然后又进行散列（初始块附在一串零之后。）。在最后一个字块散列之后（如果消息不是字块的整倍长，要用零去填充最后一个字块），将最先的 m 比特消息附在消息长度的二进制表示之后并进行最后一次散列。

函数 H 基于另一个作用于 512 比特字块的可逆的分组密码函数 E。H 是 E 输出的最后 m 比特与输入 E 的最先 m 比特相异或的结果。

Snefru 的安全性取决于函数 E,它用几轮运算使数据随机化。每轮由 64 个随机化的子轮组成。在每一子轮中用不同的字节作为 S 盒的输入;S 盒输出的一个字与消息相邻的两个字相异或。S 盒的构造方式与 Khafre 分组密码中的相似,同时还加入一些循环移位。最初的 Snefru 设计为两轮。

比汉姆(Biham)和沙米尔(Shamir)利用差分密码分析证明了两轮 Snefru (128 比特散列值)是不安全的。数分钟内他们找到了能散列到相同值的一对消息。

对四轮或更少轮的 128 比特的 Snefru,能够找到比穷举攻击更好的方法。对 Snefru 的生日攻击要 2^{64} 次操作,而差分密码分析用 $2^{28.5}$ 次操作能找到三轮 Snefru 的一对 *hash* 到同样值的消息,四轮 Snefru 为 $2^{44.5}$ 次操作。寻找一散列到给定值的消息用穷举攻击需要 2^{128} 次操作,差分密码分析对三轮 Snefru 要 2^{56} 次操作,对四轮 Snefru 要 2^{88} 次操作。

尽管比汉姆和沙米尔没有分析 256 比特散列值,但他们已将他们的分析扩展至 224 比特。和需要 2^{112} 次操作的生日攻击比较,他们找到了两轮 Snefru 仅需要 $2^{12.5}$ 次操作就能散列到同样值的消息,而三轮 Snefru 只要 2^{33} 次操作,对四轮 Snefru 只要 2^{81} 次操作。

1993 年,莫克尔建议使用至少八轮的 Snefru,但是如此多轮的算法比 MD5 或 SHA 要慢得多。

参看 differential cryptanalysis,Khafre block cipher。

比较 MD5 hash function,secure hash algorithm (SHA-1)。

SNOW stream cipher　SNOW 序列密码

一种面向字的序列密码,它输出一个具有一定字长(如 32 比特长)的字序列。由瑞典的伦德大学的帕特里克・埃克达尔(Patrik Ekdahl)和托马斯・约翰逊(Thomas Johansson)设计提交给 NESSIE 项目。2000 年推荐的 SNOW 序列密码 SNOW 被随后的一些攻击而指出设计中的一些弱点。后在 2002 年又提出 SNOW 的一个新版本(SNOW 2.0)。这里只给出 SNOW 2.0。

SNOW 序列密码算法

1. 符号注释

算法中所用变量均为 32 比特。

$Y \parallel X$ 表示并置:如果 $Y=(y_7\cdots y_0)$,$X=(x_7\cdots x_0)$,则

$$Y \parallel X=(y_7\cdots y_0 x_7\cdots x_0)。$$

32 比特变量 $W=(w_{31}\cdots w_0)$,将之划分成 4 字节,即 $W=W_3 \parallel W_2 \parallel W_1 \parallel W_0$,其中 $W_3=(w_{31}\cdots w_{24})$,$W_2=(w_{23}\cdots w_{16})$,$W_1=(w_{15}\cdots w_8)$,$W_0=(w_7\cdots w_0)$。

$\oplus$表示按位异或。

田表示模 2^{32} 整数加法。

R1 和 R2 均为 32 比特的寄存器。

S 表示 S 盒。

2．基本结构和函数

（1）伪随机源　为 $\mathbb{F}_{2^{32}}$ 上的 16 级线性反馈移位寄存器（见图 S.35）。

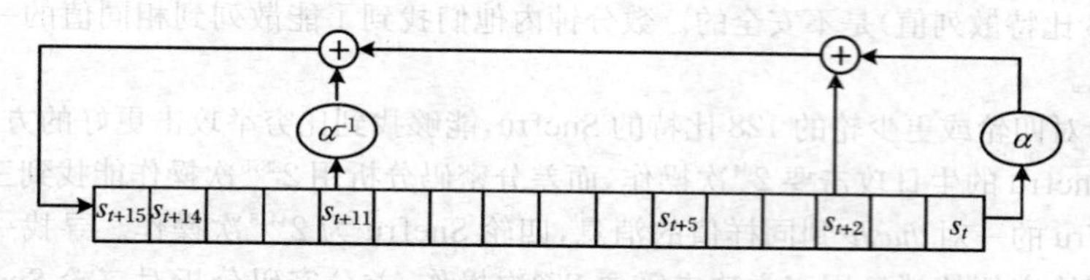

图 S.35　16 级 LFSR

反馈多项式为

$$\pi(x)=\alpha x^{16}+x^{14}+\alpha^{-1}x^5+1\in\mathbb{F}_{2^{32}}[x],$$

其中，α 是 $x^4+\beta^{23}x^3+\beta^{245}x^2+\beta^{48}x+\beta^{239}\in\mathbb{F}_{2^8}[x]$ 的一个根，而 β 是 $x^8+x^7+x^5+x^3+1\in\mathbb{F}_2[x]$ 的一个根。

LFSR 在 t 时刻的状态表示成 $(s_{t+15},s_{t+14},\cdots,s_t)$，$s_{t+i}\in\mathbb{F}_{2^{32}}$（$i\geqslant 0$）。

LFSR 的反馈字为 $s_{t+16}=\alpha^{-1}s_{t+11}\oplus s_{t+2}\oplus\alpha s_t$。

（2）有限状态机（FSM）（图 S.36）。

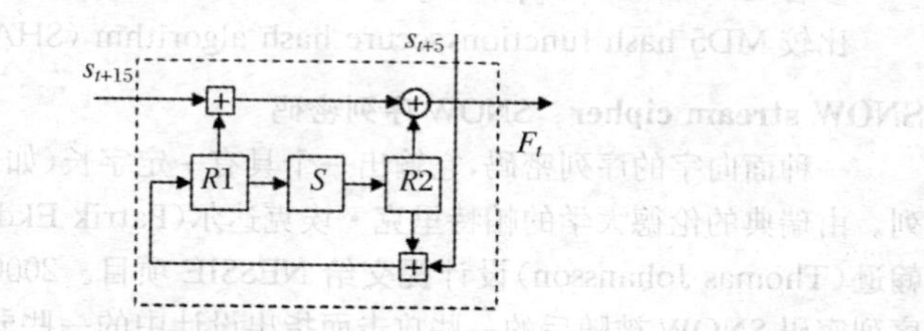

图 S.36　FSM

FSM 的两个寄存器 $R1$ 和 $R2$ 均为 32 比特。

$R1$ 和 $R2$ 在时刻 $t\geqslant 0$ 时的值分别表示成 $R1_t$ 和 $R2_t$。

FSM 的输出 F_t 计算如下：

$$F_t=(s_{t+15}\boxplus R1_t)\oplus R2_t\quad(t\geqslant 0)。$$

根据如下计算更新寄存器 $R1$ 和 $R2$ 的值：

$$R1_{t+1}=s_{t+5}\boxplus R2_t,$$

$$R2_{t+1}=S(R1_t)\quad(t\geqslant 0)。$$

（3）S 盒

S 盒用 $S(W)$ 表示，它是 $\mathbb{Z}_{2^{32}}$ 上的、基于 Rijndael 的轮函数的一个置换。

令 $W = W_3 \parallel W_2 \parallel W_1 \parallel W_0$ 是 $S(W)$ 的输入，其中 $W_i(i=0,1,2,3)$ 是 W 的 4 字节。将 W 的 4 字节输入写成列矢量形式：$W = (W_0\ W_1\ W_2\ W_3)^{\mathrm{T}}$。将 Rijndael 的 S 盒（用 S_{R} 表示）应用于每一字节，就得到矢量 $S_{\mathrm{R}}(W) = (S_R[W_0]\ S_{\mathrm{R}}[W_1]\ S_{\mathrm{R}}[W_2]\ S_{\mathrm{R}}[W_3])^{\mathrm{T}}$。

在 Rijndael 的轮函数的 MixColumn 变换中，每 4 字节字都看作为 $\mathbb{F}_{2^8}$ 上以 y 为变元的一个多项式，$\mathbb{F}_{2^8}$ 由不可约多项式 $x^8+x^4+x^3+x+1 \in \mathbb{F}_2[x]$ 定义。每一字都能用一个至多 3 次的多项式表示。可以认为矢量 $S_{\mathrm{R}}(W)$ 是在 $\mathbb{F}_{2^8}$ 上表示一个多项式，并且是用一个 $\mathbb{F}_{2^8}[y]$ 中的固定多项式 $c(y) = (x+1)y^3 + y^2 + y + x \pmod{y^4+1}$（$y^4+1 \in \mathbb{F}_{2^8}[y]$）去乘。这个多项式乘法可以当作一个矩阵乘法来计算：

$$\begin{pmatrix} R_0 \\ R_1 \\ R_2 \\ R_3 \end{pmatrix} = \begin{pmatrix} x & x+1 & 1 & 1 \\ 1 & x & x+1 & 1 \\ 1 & 1 & x & x+1 \\ x+1 & 1 & 1 & x \end{pmatrix} \cdot \begin{pmatrix} S_{\mathrm{R}}[W_0] \\ S_{\mathrm{R}}[W_1] \\ S_{\mathrm{R}}[W_2] \\ S_{\mathrm{R}}[W_3] \end{pmatrix},$$

其中，R_3, R_2, R_1, R_0 是 S 盒的 4 个输出字节。把这些字节并置起来构成 S 盒的输出字节，$R = S(W)$。

3．密钥流发生器（图 S.37）。

由 LFSR 产生的序列是 $(s_0, s_1, s_2, \cdots)$。时刻 $t=0$ 是直接在密钥初始化之后的那个时间点。然后在产生第一个密钥流字之前密码被时钟驱动一次，即在时刻 $t=1$ 产生第一个密钥流字，表示成 z_1。所产生的密钥流字序列表示成 $(z_1, z_2, z_3, \cdots)$。密钥流 $z_t = F_t \oplus s_t\ (t \geqslant 1)$。

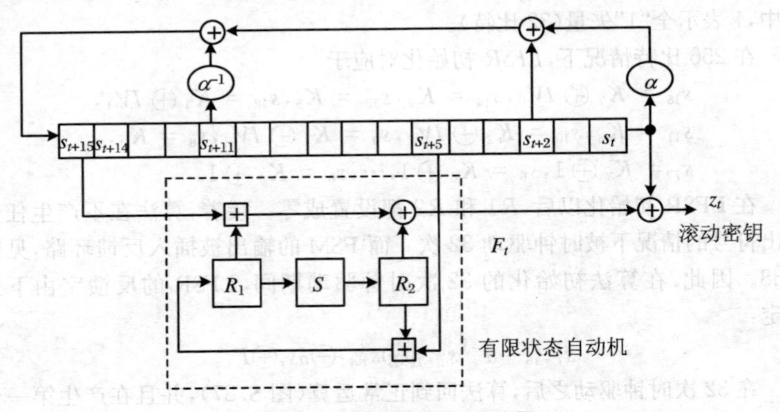

图 S.37 SNOW 密钥流发生器

4．算法初始化

SNOW 2.0 有两个参数输入：秘密密钥 K（128 比特或 256 比特）和初始

化向量 IV(128 比特)。IV 的值可以看作是四字输入字 $IV=(IV_3, IV_2, IV_1, IV_0)$,其中 IV_0是最低有效字。IV 的可能值域是 $0\sim2^{128}-1$。

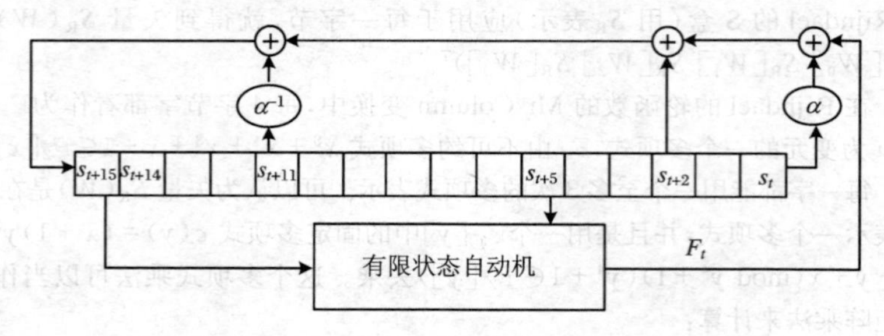

图 S.38 算法初始化

初始化过程如下进行。LFSR 中的寄存器在图 S.38 中从左到右用(s_{15}, s_{14}, …, s_0)表示。这样一来,在正常的密码运算过程中,s_{15}对应于保存 s_{t+15}的元素。令秘密密钥在 128 比特情况下用 $K=(K_3, K_2, K_1, K_0)$表示,而在 256 比特情况下用 $K=(K_7, K_6, K_5, K_4, K_3, K_2, K_1, K_0)$表示,其中每一个 K_i都是一个字,K_0是最低有效字。首先,用 K 和 IV 按下述计算初始化移位寄存器:

$$s_{15}=K_3\oplus IV_0, s_{14}=K_2, s_{13}=K_1, s_{12}=K_0\oplus IV_1,$$
$$s_{11}=K_3\oplus 1, s_{10}=K_2\oplus 1\oplus IV_2, s_9=K_1\oplus 1\oplus IV_3,$$
$$s_8=K_0\oplus 1, s_7=K_3, s_6=K_2, s_5=K_1, s_4=K_0,$$
$$s_3=K_3\oplus 1, s_2=K_2\oplus 1, s_1=K_1\oplus 1, s_0=K_0\oplus 1,$$

其中,1 表示全“1”矢量(32 比特)。

在 256 比特情况下,*LFSR* 初始化对应于

$$s_{15}=K_7\oplus IV_0, s_{14}=K_6, s_{13}=K_5, s_{12}=K_4\oplus IV_1,$$
$$s_{11}=K_3, s_{10}=K_2\oplus IV_2, s_9=K_1\oplus IV_3, s_8=K_0,$$
$$s_7=K_7\oplus 1, s_6=K_6\oplus 1, \cdots, s_0=K_0\oplus 1。$$

在 LFSR 初始化以后,$R1$ 和 $R2$ 都设置成零。接着,算法在不产生任何输出符号的情况下被时钟驱动 32 次。而 FSM 的输出被插入反馈环路,见图 S.38。因此,在算法初始化的 32 次时钟驱动期间,LFSR 的反馈字由下式给定:

$$s_{t+16}=\alpha^{-1}s_{t+11}\oplus s_{t+2}\oplus\alpha s_t\oplus F_t。$$

在 32 次时钟驱动之后,算法回到正常运算(图 S.37),并且在产生第一个密钥流符号之前被时钟驱动 1 次。

5. 算法运行流程

(1) 算法初始化。

(2) 将初始值赋给寄存器 $R1$ 和 $R2$。

(3) $t=0$。

(4) LFSR 被时钟驱动 1 次。

(5) 计算 $F_t=(s_{t+15}\boxplus R1_t)\oplus R2_t$。

(6) 更新寄存器 $R1$ 和 $R2$ 的值：$R1_{t+1}=s_{t+5}\boxplus R2_t, R2_{t+1}=S(R1_t)$。

(7) 计算密钥流输出：$z_t=F_t\oplus s_t$。

(8) 如果需要继续产生密钥流比特，则 $t=t+1$，返回(4)；否则算法停止。

注意 允许的密钥流字的最大编号设置为 2^{50}，此后密码必须使用新的密钥。

6. 测试向量

密钥为 128 比特，下述数据均为十六进制。

初始向量：$(IV_3, IV_2, IV_1, IV_0)=(0,0,0,0)$，

密钥 K：80000000000000000000000000000000，

密钥流输出 $z_1\cdots z_5$：

8D590AE9 A74A7D05 6DC9CA74 B72D1A45 99B0A083。

初始向量：$(IV_3, IV_2, IV_1, IV_0)=(0,0,0,0)$，

密钥 K：AAAAAAAAAAAAAAAAAAAAAAAAAAAAAAAA，

密钥流输出 $z_1\cdots z_5$：

E00982F5 25F02054 214992D8 706F2B20 DA585E5B。

初始向量：$(IV_3, IV_2, IV_1, IV_0)=(4,3,2,1)$，

密钥 K：80000000000000000000000000000000

密钥流输出 $z_1\cdots z_5$：

D6403358 E0354A69 57F43FCE 44B4B13F F78E24C2。

初始向量：$(IV_3, IV_2, IV_1, IV_0)=(4,3,2,1)$，

密钥 K：AAAAAAAAAAAAAAAAAAAAAAAAAAAAAAAA，

密钥流输出 $z_1\cdots z_5$：

C355385D B31D6CBD F774AF53 66C2E877 4DEADAC7。

参看 AES block cipher, NESSIE project, pseudorandom bit generator, stream cipher。

SOBER-t16 stream cipher SOBER-t16 序列密码

SOBER-t16 是一个为秘密密钥长度直到 128 比特而设计的同步序列密码。由澳大利亚的格雷格·罗斯(Greg Rose)和菲利普·霍克斯(Philip Hawkes)设计提交给 NESSIE 项目。此密码以 16 比特一组方式输出密钥流。SOBER-t16 是一个面向软件的、基于 16 比特运算的密码，并且参考小固定存储器数组。因此，SOBER-t16 适用于许多计算环境，从智能卡到大计算机。

SOBER-t16 序列密码算法

1. 符号注释

算法中所用变量均为 16 比特。

$Y \parallel X$ 表示并置:如果 $Y = (y_{15} \cdots y_0)$,$X = (x_{15} \cdots x_0)$,则

$$Y \parallel X = (y_{15} \cdots y_0 x_{15} \cdots x_0)。$$

+表示 $GF(2^{16})$上的加法。

·(或者两个 16 比特变量直接连写):表示 $GF(2^{16})$上的乘法。

$\oplus$表示按位异或。

$\boxplus$表示模 2^{16}整数加法。

SBOX 表示 8 比特输入/16 比特输出的 S 盒。SBOX 是由 Skipjack 的 S 盒与昆士兰工业大学的信息安全研究中心(ISRC)改造设计的 S 盒组合而成的。ISRC 的 S 盒由八个相互不相关的、平衡的且高度非线性的单比特函数构成。假设 S 盒的输入为 aH。其输出的八个最高有效比特等于已知输入为 aH 时 Skipjack S 盒的输出。其输出的八个最低有效比特等于已知输入为 aH 时 ISRC S 盒的输出。完整的 SBOX 见表 S.7(表中数据位十六进制)。

表 S.7 SBOX 表

	0	1	2	3	4	5	6	7	8	9	A	B	C	D	E	F
0	a3db	d76e	0966	83d0	f8be	4858	f611	f4cf	b314	212d	15a2	78dd	99f5	b1c4	afed	f981
1	e79b	2daa	4d40	8a75	ce54	4cd5	cad5	2e75	522d	951a	d91a	1e73	4e4a	387c	442c	28b3
2	0a21	dfb6	02d4	a03e	1734	f158	6074	682c	1271	b7f5	7a76	c391	e9df	fab5	3d04	532e
3	96e2	843b	6b22	ba34	f2a7	63c8	9afb	1932	7c2e	aee5	e540	f5ad	f727	163e	6a9a	a2ee
4	3919	b68e	7be1	0ff9	c1e9	9348	816a	1bd0	ee85	b4c9	1a63	ea16	d013	9186	2f7b	b828
5	559d	b917	dabc	8541	3f12	4140	bfc1	e0cb	5a4e	588d	80eb	5f96	663f	0b58	d882	902f
6	35dd	d522	c045	a7a2	33bc	068a	65a0	6965	4515	00b6	9422	5615	6dcb	985f	9b67	762c
7	9795	fc94	b20c	c2bd	b0f8	feeb	db44	20f6	e1a9	eb0b	d6e3	e4c0	dd18	47b7	4a03	1d16
8	42db	ed8f	9e11	6e60	4950	3cd9	cdfa	43ae	27d8	d28c	0765	d451	dedb	c780	67d8	1868
9	890f	cbf7	303d	1f5a	8daa	c6d9	8fad	aac4	c862	74a3	dc5a	c94d	5d1b	5cf1	3169	a45c
A	7098	88a8	61a0	2c66	9f03	0d5d	2b3c	8736	502f	82a0	540b	648a	267e	7db9	0345	400d
B	345e	4bce	1cd6	73fe	d1b0	c485	fd5e	3bfc	ccd6	fbd3	7f06	ab01	e668	3ee8	5ba5	a56e
C	adce	041d	2313	9c5f	14c6	51f0	22e0	f0f3	29d5	7933	7182	7eef	ff9b	8c65	0e23	e2c1
D	0c3d	ef61	bcf8	7296	7581	6f90	37ff	a145	ec47	d363	8e13	62bf	8b2e	8628	103b	e83c
E	08ce	7782	11f7	bec0	92ef	4f2c	244b	c593	326b	36bd	9dd0	cfd7	f380	a6f6	bb4e	ac75
F	5e68	6cf3	a933	1347	570b	2503	b597	e33c	Bdef	a872	3a38	01aa	053f	5991	2a0e	4698

注 (1) SBOX 表的查表方法:SBOX(aH)以输入字节 $aH = (a_{15} a_{14} a_{13} a_{12} a_{11} a_{10} a_9 a_8)$为查表地址,则查表输出就是 SBOX 表中第($a_{15} a_{14} a_{13} a_{12}$)行、第($a_{11} a_{10} a_9 a_8$)列的元素。

(2) 表中最左边的一列数据是行编号,顶端的一行数据是列编号。

R 为存储 17 个 16 比特字的寄存器，$R=(r_0,r_1,\cdots,r_{16})$，其中 $r_i(i=0,1,\cdots,16)$ 为 16 比特字。

2. 基本结构和函数

(1) 线性反馈移位寄存器(LFSR)　为 $GF(2^{16})$ 上的 17 级线性反馈移位寄存器(图 S.39)。

连接多项式为 $p(x)=x^{17}+\alpha x^{15}+x^4+\beta$。

线性递归关系式为 $s_{t+17}=\alpha s_{t+15}\oplus s_{t+4}\oplus \beta s_t$。

LFSR 使用阶为 2^{16} 的伽罗瓦域上的运算(即 $GF(2^{16})$ 上的乘法和加法)来产生序列 $\{s_t\}$。称字 s_t 为一个 L 字，而称序列为一个 L 序列。向量 $\sigma_t=(s_t,\cdots,s_{t+16})$ 叫作 LFSR 在时刻 t 的状态，而状态 $\sigma_0=(s_0,\cdots,s_{16})$ 称为初始状态。

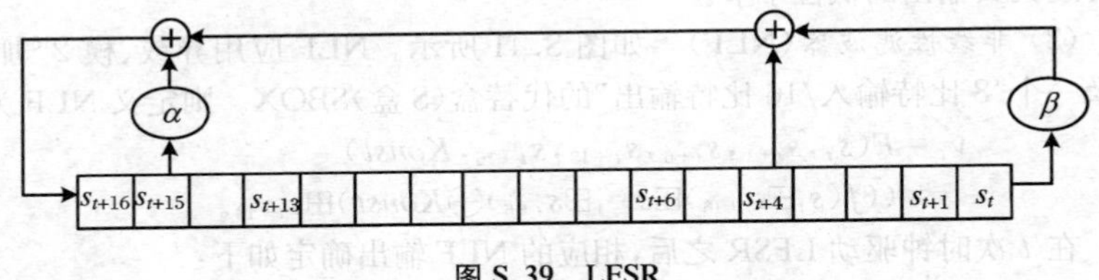

图 S.39　LFSR

在 $GF(2^{16})$ 域中，每一个元素都是 16 比特字，写成 $a=(a_{15},\cdots,a_0)$，都能表示成一个次数至多为 15 的多项式：

$$a(x)=a_{15}x^{15}+\cdots+a_1x^1+a_0x^0。$$

两个 $GF(2^{16})$ 中的元素的加法，通过对应的多项式的加法并模 2 约减系数来实现。因此，$GF(2^{16})$ 上的加法等价于 16 比特异或。两个 $GF(2^{16})$ 中的元素的乘法，通过对应的多项式相乘并模 2 约减系数，然后模一个指定的不可约多项式约减成结果多项式。结果多项式的次数小于 16，并且被转换成一个 16 比特字。在 SOBER-t16 中，多项式的乘积模 $x^{16}+x^{14}+x^{12}+x^7+x^6+x^4+x^2+x+1$ 约减。

通过迭代线性递归关系式 $s_{t+17}=\alpha s_{t+15}\oplus s_{t+4}\oplus \beta s_t$ 来产生 SOBER-t16 的 L 序列，上式中乘法为 $GF(2^{16})$ 上的乘法，"$\oplus$"表示异或($GF(2^{16})$ 上的加法)，$\alpha=0\text{xE382}$，$\beta=0\text{x67C3}$。根据 s_{t+15}，s_{t+4} 和 s_t 来确定 s_{t+17}，称之为时钟驱动 LFSR。初始状态 $\sigma_0=(s_0,\cdots,s_{16})$ 的值含有确定整个 L 序列的充分信息。

名称"线性反馈移位寄存器"是基于产生 L 序列的传统方法的。绝不需要 LFSR 的整个序列。为了时钟驱动 LFSR，仅需要那些在当前状态 $\sigma_t=(s_t,\cdots,s_{t+16})$ 中的元素。因此，在 LFSR 的 t 个时钟驱动之后，只需要保留状态 σ_t。这个状态的当前值被存储在寄存器 R 之中，$R=(r_0,r_1,\cdots,r_{16})$，也就是

$$R=(r_0,r_1,\cdots,r_{16})=(s_t,\cdots,s_{t+16})=\sigma_t。$$

当 LFSR 被时钟驱动时，寄存器从 $R=\sigma_t$ 改变成 $R=\sigma_{t+1}$。实现过程

如下：

① 根据 s_{t+15}，s_{t+4}和 s_t计算 s_{t+17}；

② 通过置 $r_i = r_{i+1}(0\leqslant i\leqslant 15)$，将值 $r_1,\cdots,r_{16}$移到 $r_0,\cdots,r_{15}$；

③ 置 $r_{16}=s_{t+17}$。

(2) 函数 f　如图 S. 40 所示。假设 f 的输入为 16 比特变量 $a=(a_{15}\cdots a_0)$，$a=aH\parallel aL$，aH 为其高 8 比特($a_{15}\cdots a_8$)，aL 为其低 8 比特($a_7\cdots a_0$)，则

$$f(a)=\mathrm{SBOX}(aH)\oplus(0\parallel aL)。$$

这样定义函数 f 是为了在唯一使用一单个的、小 S 盒时，确保它是一一的且是高度非线性的。函数 f 还起到如下作用：把其输入中的高位字节的非线性传递到其输出的低位字节。

(3) 非线性滤波器(NLF)　如图 S. 41 所示。NLF 应用异或、模 2^{16}加法以及一个“8 比特输入/16 比特输出”的代替盒(S 盒)SBOX。则定义 NLF 为

$$v_t=F(s_t,s_{t+1},s_{t+6},s_{t+13},s_{t+16},Konst)$$
$$=((f(s_t\boxplus s_{t+16})\boxplus s_{t+1}\boxplus s_{t+6})\oplus Konst)\boxplus s_{t+13}。$$

在 t 次时钟驱动 LFSR 之后，相应的 NLF 输出确定如下：

$$v_t=((f(r_0\boxplus r_{16})\boxplus r_1\boxplus r_6)\oplus Konst)\boxplus r_{13}。$$

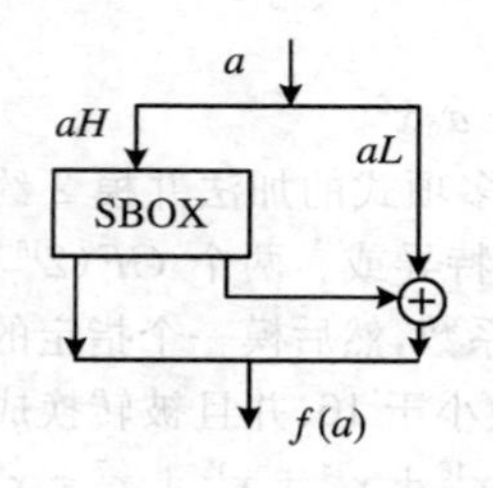

图 S. 40　函数 f

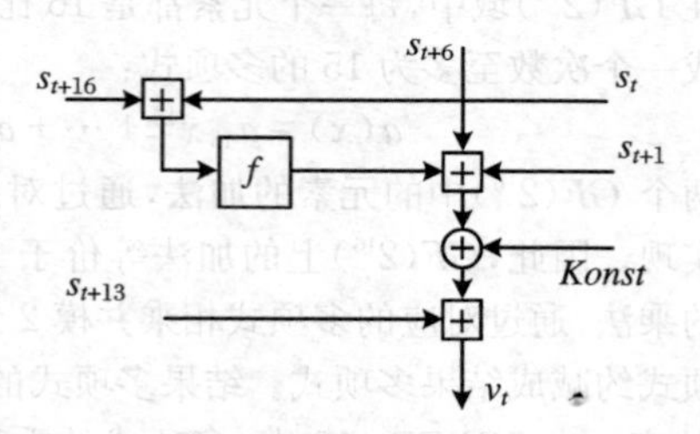

图 S. 41　非线性滤波器(NLF)

L 序列馈入 NLF 产生 16 比特 N 字 v_t。组合这些 N 字形成 N 序列 $\{v_t\}$。

(4) “口吃式”(*stuttering*)采样　“口吃式”采样 N 序列，方式如下：NLF 的第一个输出($v_1=NLF(\sigma_1)$)是第一个采样控制字(SCW)。请注意：LFSR 已经在产生一个 NLF 输出之前就被时钟驱动。SCW 被划分成八个比特对(每对都称为“双比特”)。从最低有效的双比特开始，并依照双比特的值执行四个动作中的一个动作。这些动作与双比特值的对应如表 S. 8 所示。在所有的双比特值都已被读出时，时钟驱动 LFSR，NLF 的输出就变成下一个 SCW。这个 SCW 被划分成八个双比特，用以确定下面的动作。这个过程继续下去直到足够数量的密钥流字被确定为止。结果序列就是密钥流，用$\{z_n\}$表示。

表 S.8　对应于四个可能的双比特值的采样动作

双比特	动　作
00	时钟驱动 LFSR,但不输出任何东西
01	时钟驱动 LFSR; 将下一个密钥流字的值置成 0x6996 与 NLF 输出的异或值,并且再一次时钟驱动 LFSR(在不产生任何输出的情况下)
10	时钟驱动 LFSR 一次(在不产生输出的情况下); 再一次时钟驱动 LFSR,并且将下一个密钥流字的值置成 NLF 输出的值
11	时钟驱动 LFSR,并且将下一个密钥流字的值置成 0x9669 与 NLF 输出的异或值

3. 密钥流发生器

见图 S.42。

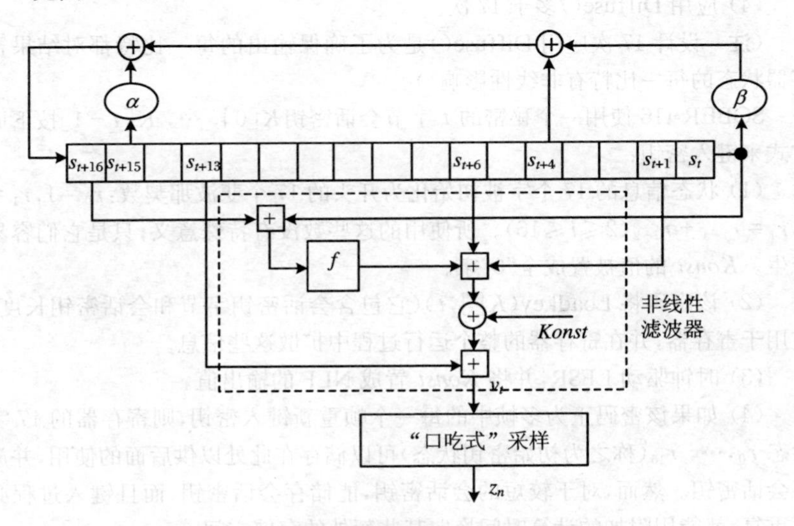

图 S.42　密钥流发生器

4. 密钥装入及算法初始化

SOBER-t16 通过使用一些运算来键入及重新键入密钥,这些运算在密钥材料的作用下变换寄存器中的值。应用下面两个主要运算:

Include(X):把字 X 与 r_{15} 进行模 2^{16} 加法。

Diffuse():时钟驱动寄存器,获得 NLF 的输出 v,并且用 $r_4 \oplus v$ 的值替

代r_4的值。

用来装入会话密钥和帧密钥的主函数都是 *Loadkey*(k[],*keylen*),其中k[]是一个数组,它含有"*keylen*"字节密钥,在k[]的每一项中都存储一字节密钥。Loadkey()运算使用k[]中的值来变换寄存器的当前状态。

Loadkey(k[],*keylen*)算法

(1) 将"k[]"划分成$kwl=\lceil keylen/2\rceil$个字,并将之存储在数组"$kw$[]"之中,数组"$kw$[]"有$kwl$个字,存储方式是按大端约定:

当 *keylen* 为偶数时,

$$\{kw[0],kw[1],\cdots\}=\{(k[0],k[1]),(k[2],k[3]),\cdots\};$$

当 *keylen* 为奇数时,

$$\{kw[0],kw[1],\cdots\}=\{(0,k[0]),(k[1],k[2]),\cdots\}。$$

(2) 对每一个i $(0\leqslant i\leqslant kwl-1)$,Include($kw[i]$),并应用 Diffuse()。(请注意,在第 2 步中每一次 Include()之后都跟着应用 Diffuse()。)

(3) Include(*keylen*)。

(4) 应用 Diffuse()多于 17 次。

(**注** 设计 17 次应用 Diffuse()是为了确保输出的每一比特都对结果寄存器状态的每一比特有非线性影响。)

SOBER-t16 使用一个秘密的t字节会话密钥$K[0]$, …, $K[t-1]$按下面方式来键入密钥:

(1) 状态信息的 17 个字被初始化为开头的 17 个斐波那契数:$r_0=1$,$r_1=1$,$r_i=r_{i-1}+r_{i-2}$$(2\leqslant i\leqslant 16)$。所使用的这些数没有特殊意义,只是它们容易产生。*Konst* 的值被置成全"0"字。

(2) 该密码将 Loadkey(K[],t)(它包含会话密钥字节和会话密钥长度)应用于寄存器,并在寄存器的整个运行过程中扩散这些信息。

(3) 时钟驱动 LFSR,并将 *Konst* 置成 NLF 的输出值。

(4) 如果该密码正为多帧中的每一个帧重新键入密钥,则寄存器的 17 字状态r_0,…, r_{16}(称之为初始密钥状态)可以储存在此处以供后面的使用,并放弃会话密钥。然而,对于较短的会话密钥,能储存会话密钥,而且键入过程必然重复,就能用附加的计算时间换取某些额外的存储空间。

(5) 如果该密码不和帧密钥一起使用,则该密码随着寄存器从初始密钥状态起始产生一个密钥流。也就是,将初始密钥状态当作初始状态使用。然而,如果该密码使用一个帧密钥,则该密码首先将寄存器状态重新设置成所储存的初始密钥状态,并且使用 Loadkey(*frame*[],n)装入n字节帧密钥 *frame*[0],…,*frame*[$n-1$]。跟着重新键入的寄存器的状态则取作为初始状态,且密码随着寄存器从这个状态起始产生一个密钥流。

5. 算法运行流程

(1) 密钥装入及算法初始化。

(2) 时钟驱动 LFSR。

(3) 将 LFSR 状态值赋给寄存器 R。

(4) 计算 v_t。

(5) 利用"口吃式"采样,产生密钥流 z_n。

(6) 如果需要继续产生密钥流比特,则返回(2);否则算法停止。

注意 在某些场合中,密钥流比特的数可能不要求是 16 的倍数。在这样的场合中,使用最高有效比特。例如,如果最后一个密钥流字为 $w_{15}w_{14}\cdots w_0$,而明文是 $m_{x-1}m_{x-2}\cdots m_0$,则密钥流应是 $w_{15}w_{14}\cdots w_{16-x}$,密文应是

$$(w_{15}\oplus m_{x-1})(w_{14}\oplus m_{x-2})\cdots(w_{16-x}\oplus m_0)。$$

参 看 big-endian convention, NESSIE project, nonlinear filter, pseudorandom bit generator, SKIPJACK block cipher, stream cipher.

SOBER-t32 stream cipher SOBER-t32 序列密码

SOBER-t32 是一个为秘密密钥长度直到 256 比特而设计的同步序列密码。由澳大利亚的格雷格·罗斯(Greg Rose)和菲利普·霍克斯(Philip Hawkes)设计提交给 NESSIE 项目。此密码以 32 比特一组方式输出密钥流。SOBER-t32 是一个面向软件的、基于 32 比特运算的密码,并且参考小固定存储器数组。因此,SOBER-t32 适用于许多计算环境,从智能卡到大计算机。

SOBER-t32 序列密码算法

1. 符号注释

算法中所用变量均为 32 比特。

$Y \| X$ 表示并置:如果 $Y=(y_{15}\cdots y_0)$, $X=(x_{15}\cdots x_0)$,则

$$Y \| X=(y_{15}\cdots y_0 x_{15}\cdots x_0)。$$

+表示 $GF(2^{32})$ 上的加法。

·(或者两个 32 比特变量直接连写)表示 $GF(2^{32})$ 上的乘法。

$\oplus$表示按位异或。

$\boxplus$表示模 2^{32} 整数加法。

SBOX 表示 8 比特输入/32 比特输出的 S 盒。SBOX 是由 Skipjack 的 S 盒与昆士兰工业大学的信息安全研究中心(ISRC)改造设计的 S 盒组合而成的。ISRC 的 S 盒由 24 个相互不相关的、平衡的且高度非线性的单比特函数构成。假设 S 盒的输入为 aH。其输出的八个最高有效比特等于已知输入为 aH 时 Skipjack 的 S 盒的输出。其输出的 24 个最低有效比特等于已知输入为 aH 时 ISRC 的 S 盒的输出。完整的 SBOX 见表 S.9(表中数据为十六进制)。

表 S.9　SBOX 表

00	a3aa1887	d75e435c	0965c042	830e6ef4	f857ee20	4884fed3	f666c502	f454e8ae
08	b32ee9d9	211f38d4	15829b5d	785cdf3c	99864249	b12e3963	aff4429f	f9432c35
10	e7f40325	2dc0dd70	4d973ded	8a02dc5e	ce175b42	4c0012bf	ca94d78c	2eaab26b
18	52c11b9a	95168146	d9ea8ec5	1e8ac28f	4eed5c0f	38b4101c	442db082	280929e1
20	0a1843de	df8299fc	022fbc4b	a03915dd	17a803fa	f146b2de	60233342	68cee7c3
28	12d607ef	b797ebab	7a7f859b	c31f2e2f	e95b71da	fae2269a	3d39c3d1	53a56b36
30	96c9def2	84c9fc5f	6b27b3a3	baa56ddf	f225b510	630f85a7	9ae82e71	19cb8816
38	7c951e2a	aef5f6af	e5cbc2b3	f54ff55d	f76b6214	160b83e3	6a9ea6f5	a2e041af
40	392f1f17	b63b99ee	7ba65ec0	0f7016c6	c17709a4	93326e01	81b280d9	1bfb1418
48	eeaff227	b4548203	1a6b9d96	ea17a8c0	d0d5bf6e	91ee7888	2ffcfe64	b8a193cd
50	550d0184	b9ae4930	da014f36	85a87088	3fad6c2a	4122c678	bf204de7	e0c2e759
58	5a00248e	583b446b	800d9fc2	5f14a895	666cc3a1	0bfef170	d8c19155	907b8a66
60	351b5e69	d5a8623e	c0bdfa35	a7f068cc	333a6acd	0655e936	65602db9	69df13c1
68	450bb16d	0080b83c	94b23763	56d8a911	6db6bc13	985579d7	9b5c2fa8	76f4196e
70	97db5476	fc64a866	b26e16ad	c27fc515	b06feb3c	fec8a306	db6799d9	201a9133
78	e12466dd	ebeb5dcd	d6118f50	e4afb226	ddb9cef3	47b36189	4a7a19b1	1dc73084
80	427ded5c	ed8bc58f	9edde421	6e1e47fb	49cc715e	3cc0ff99	cd122f0f	43d25184
88	277a5e6c	d2bf18bc	07d7c6e0	d4b7e420	de1f523f	c7d9b8a2	67da1a6b	18888c02
90	89d1e354	cbba7d79	30cc7753	1f2d9655	8d829da1	c61590a7	8fc1c149	aa537f1c
98	c8779b69	7471f2b7	dc3c58fa	c9dc4418	5d8c8c76	5c20d9f0	31a80d4d	a474c473
A0	709410e9	880e4211	61c8082b	2c6b334a	9ff68ed2	0d43cc1b	2b3c0ff3	87e564a0
A8	50f55a4f	8240f8e7	54a7f15f	6400fe21	266d37d6	7dd506f1	03e00973	40bbde36
B0	34670fa8	4b31ab9e	1cdab618	731f52f5	d158eb4f	c4b9e343	fd8d77dd	3bb93da6
B8	cc0fd52d	fb5412f8	7fa63360	abe53ad0	e6700f1c	3e24ed0b	5b3dc1ec	a5366795
C0	ad549d15	04ce46d7	237abe76	9c48e0a0	14f07c02	511249b7	229ed6ba	f0a47f78
C8	29cfffbd	7907ca84	7165f4da	7e9f35da	ffd2aa44	8c7452ac	0ed674a7	e261a46a
D0	0c63152a	ef12b7aa	bc615927	724fb118	7551758d	6f81687b	3752f0b3	a14254ed
D8	ecc77271	d331acab	8ef94aec	62e994cd	8b4d9e81	86623730	108a21e8	e8917f0b
E0	08a9b5d6	7797adf8	11d30431	becac921	92b35d46	4f430a36	24194022	c5bca65e
E8	32ec70ba	36aea8cc	9d7bae8b	cf2924d5	f3098a5a	a6396b81	bbde2522	ac5c1cb8
F0	5eb8fe1d	6cb3c697	a9164f83	13c16376	5719224c	25203b35	b53ac0fe	e366a19a
F8	bdf0b24f	a8fda998	3ad52d71	010896a8	05e6053f	59b0d300	2a99cbcc	465e3d40

注　(1) SBOX 表的查表方法：SBOX(aH)以输入字节 $aH=(a_{31}a_{30}a_{29}a_{28}a_{27}a_{26}a_{25}a_{24})$为查表地址，则查表输出就是 SBOX 表中第($a_{31}a_{30}a_{29}a_{28}$)行、第($a_{27}a_{26}a_{25}a_{24}$)列的元素。

(2) 表中最左边的一列数据是第二列数据的地址编号。

R 为存储 17 个 32 比特字的寄存器，$R=(r_0,r_1,\cdots,r_{16})$，其中 $r_i(i=0,1,\cdots,16)$为 32 比特字。

2. 基本结构和函数

(1) 线性反馈移位寄存器(LFSR) 为 $GF(2^{32})$上的 17 级线性反馈移位寄存器(图 S.43)。

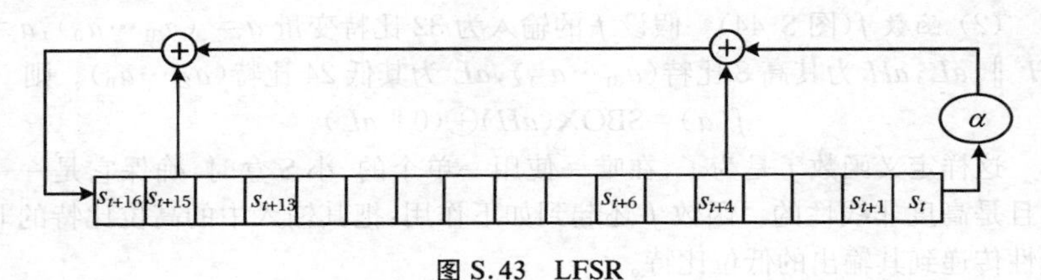

图 S.43　LFSR

连接多项式为 $p(x)=x^{17}+x^{15}+x^4+\alpha$。

线性递归关系式为 $s_{t+17}=s_{t+15}\oplus s_{t+4}\oplus \alpha s_t$。

LFSR 使用阶为 2^{32} 的伽罗瓦域上的运算(即 $GF(2^{32})$上的乘法和加法)来产生序列$\{s_t\}$。称字 s_t为一个 L 字，而称序列为一个 L 序列。向量 $\sigma_t=(s_t,\cdots,s_{t+16})$叫作 LFSR 在时刻 t 的状态，而状态 $\sigma_0=(s_0,\cdots,s_{16})$称为初始状态。

在 $GF(2^{32})$域中，每一个元素都是 32 比特字，写成 $a=(a_{31},\cdots,a_0)$，都能表示成一个次数至多为 31 的多项式：

$$a(x)=a_{31}x^{31}+\cdots+a_1x^1+a_0x^0。$$

两个 $GF(2^{32})$上的元素的加法，通过对应的多项式的加法并模 2 约减系数来实现。因此，$GF(2^{32})$上的加法等价于 32 比特异或。两个 $GF(2^{32})$上的元素的乘法，通过对应的多项式相乘并模 2 约减系数，然后模一个指定的不可约多项式约减成结果多项式。结果多项式的次数小于 32，并且被转换成一个 32 比特字。在 SOBER-t 32 中，多项式的乘积模 $x^{32}+(x^{24}+x^{16}+x^8+1)(x^6+x^5+x^2+1)$约减。

通过迭代线性递归关系式 $s_{t+17}=s_{t+15}\oplus s_{t+4}\oplus \alpha s_t$来产生 SOBER-t 32 的 L 序列，上式中乘法为 $GF(2^{32})$上的乘法，“$\oplus$”表示异或($GF(2^{32})$上的加法)，$\alpha=0\text{xC2DB2AA3}$。根据 s_{t+15}，s_{t+4}和 s_t来确定s_{t+17}，称之为时钟驱动 LFSR。初始状态 $\sigma_0=(s_0,\cdots,s_{16})$的值含有确定整个 L 序列的充分信息。

“线性反馈移位寄存器”是基于产生 L 序列的传统方法。绝不需要 LFSR 的整个序列。为了时钟驱动 LFSR，仅需要那些在当前状态 $\sigma_t=(s_t,\cdots,s_{t+16})$中的元素。因此，在 LFSR 的 t 个时钟驱动之后，只需要保留状态 σ_t。这个状态的当前值被存储在寄存器 R 之中，$R=(r_0,r_1,\cdots,r_{16})$，也就是

$$R=(r_0,r_1,\cdots,r_{16})=(s_t,\cdots,s_{t+16})=\sigma_t。$$

当 LFSR 被时钟驱动时，寄存器从 $R=\sigma_t$ 改变成 $R=\sigma_{t+1}$。实现过程如下：

① 根据 s_{t+15}，s_{t+4} 和 s_t 计算 s_{t+17}；

② 通过置 $r_i=r_{i+1}(0\leqslant i\leqslant 15)$，将值 $r_1,\cdots,r_{16}$ 移到 $r_0,\cdots,r_{15}$；

③ 置 $r_{16}=s_{t+17}$。

(2) 函数 f(图 S.44)　假设 f 的输入为 32 比特变量 $a=(a_{31}\cdots a_0)$，$a=aH\parallel aL$，aH 为其高 8 比特 $(a_{31}\cdots a_{24})$，aL 为其低 24 比特 $(a_{23}\cdots a_0)$。则

$$f(a)=\text{SBOX}(aH)\oplus(0\parallel aL)。$$

这样定义函数 f 是为了，在唯一使用一单个的、小 S 盒时，确保它是一一的且是高度非线性的。函数 f 还起到如下作用：把其输入中的高位比特的非线性传递到其输出的低位比特。

(3) 非线性滤波器(NLF，图 S.45)　NLF 应用异或、模 2^{32} 加法以及一个“8 比特输入/32 比特输出”的代替盒(S 盒)SBOX。则定义 NLF 为

$$\begin{aligned} v_t &= F(s_t, s_{t+1}, s_{t+6}, s_{t+13}, s_{t+16}, Konst) \\ &= ((f(s_t \boxplus s_{t+16}) \boxplus s_{t+1} \boxplus s_{t+6}) \oplus Konst) \boxplus s_{t+13}。\end{aligned}$$

在 t 次时钟驱动 LFSR 之后，相应的 NLF 输出确定如下：

$$v_t=((f(r_0\boxplus r_{16})\boxplus r_1\boxplus r_6)\oplus Konst)\boxplus r_{13}。$$

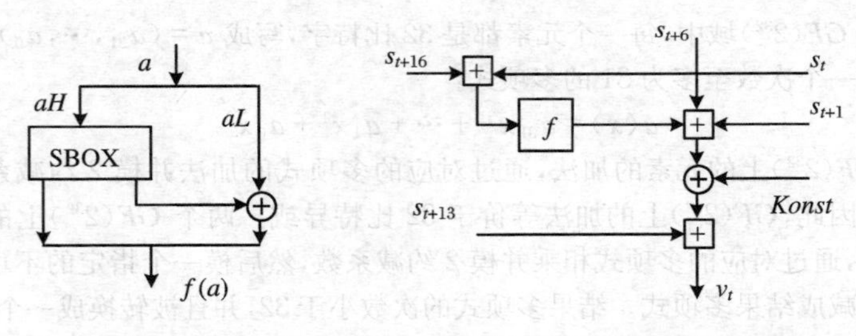

图 S.44　函数 f　　图 S.45　非线性滤波器(NLF)

L 序列馈入 NLF 产生 32 比特 N 字 v_t。组合这些 N 字形成 N 序列 $\{v_t\}$。

(4) “口吃式”(stuttering)采样　“口吃式”采样 N 序列，方式如下：NLF 的第一个输出 $(v_1=NLF(\sigma_1))$ 是第一个采样控制字(SCW)。请注意：LFSR 已经在产生一个 NLF 输出之前就被时钟驱动。SCW 被划分成 16 个比特对(每对都称为“双比特”)。从最低有效的双比特开始，并依照双比特的值执行四个动作中的一个动作。这些动作与双比特值的对应见表 S.10 所示。在所有的双比特值都已被读出时，时钟驱动 LFSR，NLF 的输出就变成下一个 SCW。这个 SCW 被划分成 16 个双比特，用以确定下面的动作。这个过程继续下去直到足够数量的密钥流字被确定为止。结果序列就是密钥流，用 $\{z_n\}$ 表示。

表 S.10　对应于四个可能的双比特值的采样动作

双比特	动作
00	时钟驱动 LFSR,但不输出任何东西
01	时钟驱动 LFSR; 将下一个密钥流字的值置成 0x6996C53A 与 NLF 输出的异或值,并且再一次时钟驱动 LFSR(在不产生任何输出的情况下)
10	时钟驱动 LFSR 一次(在不产生输出的情况下); 再一次时钟驱动 LFSR,并且将下一个密钥流字的值置成 NLF 输出的值
11	时钟驱动 LFSR,并且将下一个密钥流字的值置成 0x96693AC5 与 NLF 输出的异或值

3．密钥流发生器

见图 S.46。

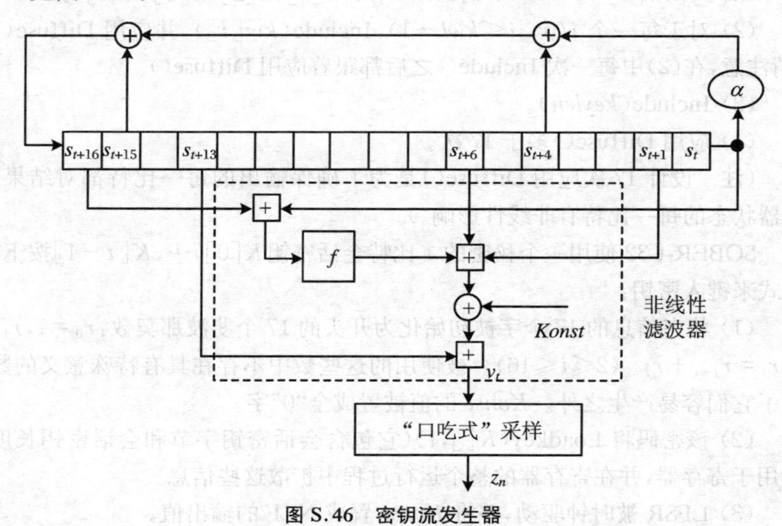

图 S.46　密钥流发生器

4．密钥装入及算法初始化

SOBER-t32 通过使用一些运算来键入及重新键入密钥,这些运算在密钥材料的作用下变换寄存器中的值。应用下面两个主要运算:

Include(X):把字 X 与 r_{15}进行模 2^{32} 加法;

Diffuse():时钟驱动寄存器,获得 NLF 的输出 v,并且用 $r_4 \oplus v$ 的值替代 r_4的值。

用来装入会话密钥和帧密钥的主函数都是 Loadkey(k[],*keylen*),其中 k[]是一个数组,它含有“*keylen*”字节密钥,在 k[]的每一项中都存储一个字节密钥。Loadkey()运算使用 $k[\,]$中的值来变换寄存器的当前状态。

Loadkey($k[\,]$, *keylen*)算法

(1) 将“$k[\,]$”划分成 $kwl = \lceil keylen/4 \rceil$个字,并将之存储在数组“$kw[\,]$”之中,数组“$kw[\,]$”有 kwl 个字,存储方式是按大端约定:

当 $keylen \equiv 0 \pmod 4$时,

$$\{kw[0], kw[1], \cdots\} = \{(k[0], k[1], k[2], k[3]), (k[4], k[5], k[6], k[7]), \cdots\};$$

当 $keylen \equiv 1 \pmod 4$时,

$$\{kw[0], kw[1], \cdots\} = \{(0, k[0], k[1], k[2]), (k[3], k[4], k[5], k[6],), \cdots\};$$

当 $keylen \equiv 2 \pmod 4$时,

$$\{kw[0], kw[1], \cdots\} = \{(0, 0, k[0], k[1]), (k[2], k[3], k[4], k[5]), \cdots\};$$

当 $keylen \equiv 3 \pmod 4$时,

$$\{kw[0], kw[1], \cdots\} = \{(0, 0, 0, k[0]), (k[1], k[2], k[3], k[4]), \cdots\}。$$

(2) 对于每一个 $i(0 \leqslant i \leqslant kwl - 1)$, Include($kw[i]$),并应用 Diffuse()。(请注意,在(2)中每一次 Include()之后都跟着应用 Diffuse()。)

(3) Include(*keylen*)。

(4) 应用 Diffuse()多于 17 次。

(**注**　设计 17 次应用 Diffuse()是为了确保输出的每一比特都对结果寄存器状态的每一比特有非线性影响。)

SOBER-t 32 使用一个秘密的 t 比特会话密钥 $K[0], \cdots, K[t-1]$按下面方式来键入密钥:

(1) 状态信息的 17 个字被初始化为开头的 17 个斐波那契数:$r_0 = 1, r_1 = 1, r_i = r_{i-1} + r_{i-2}(2 \leqslant i \leqslant 16)$。被使用的这些数中不存在具有特殊意义的数,除了它们容易产生之外。*Konst* 的值被置成全“0”字。

(2) 该密码将 Loadkey($K[\,], t$)(它包含会话密钥字节和会话密钥长度)应用于寄存器,并在寄存器的整个运行过程中扩散这些信息。

(3) LFSR 被时钟驱动,并将 *Konst* 置成 NLF 的输出值。

(4) 如果该密码正为多帧中的每一个帧重新键入密钥,则寄存器的 17 字状态 $r_0, \cdots, r_{16}$(称之为初始密钥状态)可以储存在此处以供后面的使用,并放弃会话密钥。然而,对于较短的会话密钥,能储存会话密钥,而且键入过程必然重复,就能用附加的计算时间换取某些额外的存储空间。

(5) 如果该密码不和帧密钥一起使用,则该密码随着寄存器从初始密钥状态起始产生一个密钥流。也就是,将初始密钥状态当作初始状态使用。然而,如果该密码使用一个帧密钥,则该密码首先将寄存器状态重新设置成被省去的初始密钥状态,并且使用 Loadkey(*frame*$[\,], n$)装入 n 字节帧密钥

frame[0],…,*frame*[$n-1$]。跟着重新键入的寄存器的状态则取作为初始状态,且密码随着寄存器从这个状态起始产生一个密钥流。

5. 算法运行流程

(1) 密钥装入及算法初始化。

(2) 时钟驱动 LFSR。

(3) 将 LFSR 状态值赋给寄存器 R。

(4) 计算 v_t。

(5) 进行"口吃式"采样,产生密钥流 z_n。

(6) 如果需要继续产生密钥流比特,则返回(2);否则算法停止。

注意 在某些场合,密钥流比特的数可能不要求是 32 的倍数。在这样的场合,使用最高有效比特。例如,如果最后一个密钥流字为 $w_{31}w_{30}\cdots w_0$,而明文是 $m_{x-1}m_{x-2}\cdots m_0$,则密钥流应是 $w_{31}w_{30}\cdots w_{32-x}$,密文应是

$$(w_{31}\oplus m_{x-1})(w_{30}\oplus m_{x-2})\cdots(w_{32-x}\oplus m_0)。$$

参看 big-endian convention, NESSIE project, nonlinear filter, pseudorandom bit generator,SKIPJACK block cipher,stream cipher。

software-based random bit generator 基于软件的随机二进制数字发生器

以软件方式设计随机二进制数字发生器比以硬件方式更困难。软件随机二进制数字发生器可以依据的过程包括:

① 系统时钟;

② 敲击键盘或鼠标移动中间的所用时间;

③ 输入/输出缓冲器的内容;

④ 用户输入;

⑤ 操作系统的参数值,例如系统加载量和网络统计量。

这些过程的性能因不同的因素(例如计算机平台)变化相当大。阻止敌方对这些过程进行观察和操纵也是困难的。例如,如果敌方对何时生成随机序列有所了解,他就能以较高的准确度来猜测那一时刻系统时钟的内容。一个设计良好的软件随机二进制数字发生器应该像许多好的随机源那样可以利用。使用多种随机源是为了防止少数随机源失效,或者被敌手观察或操纵。应对每一种随机源采样,然后再利用复杂的混合函数对样本序列进行组合;为此推荐一种技术就是应用密码散列函数(如 SHA-1 或 MD5)对样本序列进行连接。混合函数的目的是从样本序列中提取出(真)随机二进制数字。

参看 active adversary, biased bits, cryptographic hash function, MD5 hash function,random bit generator,secure hash algorithm (SHA-1)。

Solovay-Strassen primality test 索洛威-斯特拉森素性检测

一种概率素性检测,是 R. 索洛威和 V. 斯特拉森于 1977 年提出的,后由

阿特金(A. O. L. Atkin)和拉森(R. G. Larson)修改。

索洛威-斯特拉森素性检测

输入:一个奇整数 $n \geqslant 3$ 及一个安全参数 $t \geqslant 1$。

输出:问题“n 是素数吗”的一个答案“素数”或“复合数”。

SS1 对 $i=1,2,\cdots,t$,执行下述步骤:

SS1.1 选择一个随机整数 a $(2 \leqslant a \leqslant n-2)$。

SS1.2 使用平方-乘算法计算 $r = a^{(n-1)/2} \pmod n$。

SS1.3 如果 $r \neq 1$ 并且 $r \neq n-1$,则返回(复合数)。

SS1.4 使用雅克比符号计算算法,计算雅克比符号 $s = \left(\frac{a}{n}\right)$。

SS1.5 如果 $r \neq s \pmod n$,则返回(复合数)。

SS2 返回(素数)。

注释 如果 $\gcd(a,n)=d$,则 d 是 $r = a^{(n-1)/2} \pmod n$ 的一个因子。因此,上述算法中检测是否有 $r \neq 1$ 就避免了检测是否有 $\gcd(a,n) \neq 1$ 的必要性。如果上述算法声称“复合数”,则 n 一定是复合数,因为素数不违背欧拉准则。等价地,如果 n 实际上是个素数,则上述算法总是声称“素数”。反之,如果 n 实际上是个奇复合数,则因为上述算法中 SS1 步的每次迭代期间,SS1.1 步中基数 a 的选择都是独立的,就可推导出上述算法声称 n 是“素数”的概率为小于 $(1/2)^t$。

参看 Euler liar, Euler's criterion, Jacobi symbol computation, probabilistic primality test, square-and-multiply algorithm。

soundness for interactive proof system 交互式证明系统的强壮性

一个期望的多项式时间算法 M 具有下述特性:如果一个不诚实的证明者(假冒的 A)能够以不可忽略的概率成功地和验证者 B 一起执行协议,那么他就能使用算法 M 得到这个证明者的知识(这种知识实质上等价于 A 的秘密),这样一来他就能以优势概率成功地执行后面的协议。如果存在这样的算法 M,则称这个交互式证明(协议)是强壮的。

上述条件的另外一种解释:证明者的秘密 s 和公开数据一起满足某个多项式时间谓词,而且能够得到这个谓词的另一个解(可能是相同的解),这就允许后面协议实例的成功执行。

因为能够假冒 A 的任意用户都必须知道 A 的秘密知识的等价物(能使用算法 M 在多项式时间内从这个用户中得到这个等价物),强壮性确保该协议的确提供一个知识证明——这个知识等价于要求继续查询所需要的那个知识。这样一来,强壮性就阻止一个不诚实的证明者使一个诚实的验证者相信的企图。建立一个特殊协议的强壮性的标准方法是,假定存在一个能成功执行该协议的不诚实的证明者，并且说明这会允许人们怎样计算真实验证者的秘密。注意，强壮性不能保证协议是安全的。

参看 interactive proof system，polynomial-time algorithm。

space complexity　空间复杂性，空间复杂度

动态复杂性度量的一种典型方法，又称空间耗费。对同一个算法而言，其程序所需存储空间随着问题大小 n（n 是问题大小的某种测度）的变化而变化，即是问题大小的函数 $f(n)$。由问题大小的函数表示的某算法的程序所需存储空间就称为这个算法的空间复杂性（或称该算法的“空间界”）。

参看 dynamic complexity measure。

space cost　空间耗费

同 space complexity。

special number field sieve　专用数域筛法

数域筛算法的专用版本。此算法应用于形式为 $n = r^e - s$ 那样的整数，其中 r 和 $|s|$ 小。此算法为次指数时间算法，其期望运行时间为 $L_n[1/3, c]$，其中 $c = (32/9)^{1/3} \approx 1.526$。

参看 number field sieve，subexponential-time algorithm。

比较 general number field sieve。

special-purpose factoring algorithm　专用因子分解算法

针对特殊形式的整数 n 提出的因子分解算法，这些算法的运行时间典型地依赖于整数 n 的因子的一些特性。专用因子分解算法有：试除法、波拉德 ρ 算法、波拉德 $p-1$ 算法、椭圆曲线因子分解算法、特定数域筛法。

参看 elliptic curve factoring algorithm，Pollard’s $p-1$ algorithm，Pollard’s rho algorithm，special number field sieve，trial division。

比较 general-purpose factoring algorithm。

speech inverter　倒频器

同 inverter。

speech scrambling　言语置乱

同 voice scrambling。

splitting an integer　分裂整数

为了解整数因子分解问题，只要研究分裂整数的算法就足够了。分裂整数 n 就是求 n 的非平凡因子分解 $n = ab$。一旦求得，就能检测 a 和 b 的素性。如果 a 和 b 两个之中仍是复合数，则可以递归应用分裂整数的算法。这样一来，总能够得到 n 的素因子分解。

参看 integer factorization，non-trivial factorization。

SP-network 代替置换网络

参看 substitution-permutation（SP）network。

spurious key decipherment 假密钥解密，假密钥脱密

在密码编码学中，用一个密钥 K_1 对一个已知的密文消息 C 进行解密，得到一个有意义的明文消息 P_1，而用另一个密钥 K_2 对这个密文消息 C 进行解密，也得到一个有意义的明文消息 P_2，P_2 可能和 P_1 相同。这个 K_2 就是假密钥。

参看 cryptographic key。

square-and-multiply algorithm for exponentiation in $\mathbb{Z}_n$ $\mathbb{Z}_n$上指数运算的平方-乘算法

一种计算 $x^k \pmod n$ 的有效算法。此法可以将模乘法的次数至多缩小到 $2t$，这里 t 是 k 的二进制表示比特数。令 k 的二进制表示为 $k = \sum_{i=0}^{t-1} k_i 2^i$，其中 $k_i \in \{0,1\}$ $(0 \leqslant i \leqslant t-1)$。则有

$$x^k = \prod_{i=0}^{t-1} x^{k_i 2^i} = (x^{2^0})^{k_0} (x^{2^1})^{k_1} \cdots (x^{2^{t-1}})^{k_{t-1}}。$$

$\mathbb{Z}_n$上指数运算的平方-乘算法

输入：$x \in \mathbb{Z}_n$，整数 k $(0 \leqslant k < n)$，且 $k = \sum_{i=0}^{t-1} k_i 2^i$。

输出：$y = x^k \pmod n$。

SM1 置 $y \leftarrow 1$。如果 $k = 0$，则返回 y。

SM2 置 $A \leftarrow x$。

SM3 如果 $k_0 = 1$，则置 $y \leftarrow x$。

SM4 对于 $i = 1, 2, \cdots, t-1$，执行下述步骤：

SM4.1 置 $A \leftarrow A^2 \pmod n$；

SM4.2 如果 $k_i = 1$，则置 $y \leftarrow A \cdot y \pmod n$。

SM5 返回 y。

参看 integers modulo n，modular exponentiation。

square-and-multiply algorithm for exponentiation in $\mathbb{F}_q$ $\mathbb{F}_q$上指数运算的平方-乘算法

可以将指数运算的平方-乘算法用来执行有限域$\mathbb{F}_q$（$q = p^m$，p 是一个素数）上的指数运算。先把$\mathbb{F}_q$的元素表示成$\mathbb{Z}_p[x]/(f(x))$的元素，其中 $f(x) \in \mathbb{Z}_p[x]$是$\mathbb{Z}_p$上的 m 次不可约多项式。

$\mathbb{F}_q$上指数运算的平方-乘算法

输入:$g(x) \in \mathbb{F}_q$,整数 $k(0 \leqslant k < p^m - 1)$,其二进制表示为 $k = \sum_{i=0}^{t-1} k_i 2^i$。

输出:$s(x) = g^k(x) (\bmod f(x))$。

SM1 置 $s(x) \leftarrow 1$。如果 $k = 0$,则返回($s(x)$)。

SM2 置 $A(x) \leftarrow g(x)$。

SM3 如果 $k_0 = 1$,则置 $s(x) \leftarrow g(x)$。

SM4 对于 $i = 1, 2, \cdots, t-1$,执行下述步骤:

SM4.1 置 $A(x) \leftarrow A^2(x) (\bmod f(x))$;

SM4.2 如果 $k_i = 1$,则置 $s(x) \leftarrow A(x) \cdot s(x) (\bmod f(x))$。

SM5 返回($s(x)$)。

参看 finite field, irreducible polynomial, square-and-multiply algorithm for exponentiation in $\mathbb{Z}_n$。

square attack　平方攻击

1997 年迪门(Joan Daemen)等人针对类 SQUARE 密码算法首次提出了平方攻击。平方攻击是一种选择明文攻击,利用的是扩散层及活跃字节变化的特点进行分析;这种分析技术在 AES 等标准算法分析中发挥着重要的作用。

平方攻击主要利用了 SQUARE 密码的阵列操作特性和 SPN 结构密码中每一变换的可逆性提出的一种攻击方法。它对攻击低轮数类似 SQUARE 的密码是十分有效的。

平方攻击中的两个重要概念——Λ 集、平衡性。

(1) Λ 集　是一个包含 2^{32} 个状态的集合,这些状态在某些字(称为活动字)上两两互异(因而遍历字的所有可能值),而在其他字(称为非活动字)上则完全相同,即对任意状态 $A, B \in \Lambda$,有

$$\begin{cases} A_{i,j} \neq B_{i,j}, & 若(i,j)位置上是活动字, \\ A_{i,j} = B_{i,j}, & 若(i,j)位置上是非活动字。\end{cases}$$

(2) 平衡性　对包含 2^{32} 个状态的集合 P,某个位置(i,j)上的字是平衡的当且仅当所有状态在该位置上的字的异或结果为 0,即

$$字(i,j)是平衡的 \quad \Leftrightarrow \quad \bigoplus_{A \in P} A(i,j) = 0。$$

平方攻击的基本攻击过程:

(1) 选择一个 Λ 集。

(2) 对此 Λ 集加密,并观察加密过程中平衡字的传播路径(此过程包含密钥猜测)。

(3) 对路径末端平衡字的所有可能值求和,由此来决定保留或删除所猜

测的密钥，可以选择多个 Λ 集重复上述过程来验证所保留密钥的正确性。

(4) 输出正确的密钥。

下面以 6 轮 AES 为例，介绍平方攻击。

如果两个明文是在第 2 轮的输出仅有一字节不同 Λ 集，则第 3 轮输出所有 16 字节都不同的 Λ^{16}集。这些集合一直维持着 Λ 集的特性，直到第 4 轮的列混淆步骤。而第 4 轮输出中所有字节相加之后为零，称该性质为平衡性。因此，第 5 轮输入时刻的所有字节都是平衡的，这一平衡性通常因紧接的 S 盒替换作用而受到破坏。根据这一特点，第 4 轮输出的任意字节都可以通过猜测第 6 轮的 4 个轮子密钥 $k^{(6)}$ 和第 5 轮的 1 个等价密钥 $k^{(5)'}$ 来计算。如图 S.47所示，其中 *SB* 表示 S 盒替换，*SR* 表示行移位，*MC* 表示列混淆，*AR* 表示密钥加法；SB^{-1}，SR^{-1}，MC^{-1} 和 AR^{-1} 分别表示它们的逆运算。白色框表示该字节为被动字节（相应的状态相等），黑色框表示该字节遍历所有 2^8 种可能，灰色框表示情况不定，其中深灰色框是需要猜测部分密钥得到当前状态的字节。第 4 轮列混淆输出的第 1 个状态（深灰色框）的所有字节相加为零。

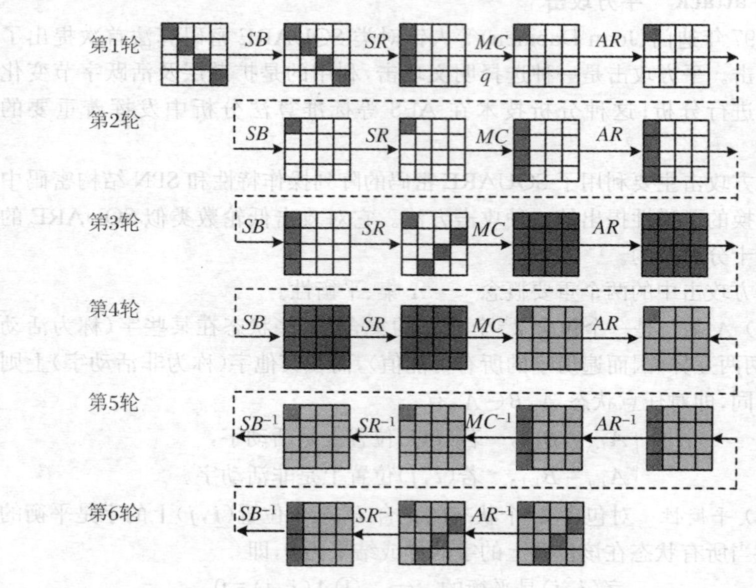

图 S.47 Square 攻击分析 6 轮 AES

利用这一性质，我们通过猜测第 6 轮的 4 字节和第 5 轮的 1 个等价密钥可以恢复出所有秘密密钥。通过以上方法攻击 6 轮 AES 需要 2^{32} 选择明文、2^{32} 记忆存储空间、2^{72} 计算复杂度。

参看 AES block cipher，chosen plaintext attack，complexity of attacks on a block cipher，iterated block cipher，SP-network，SQUARE block cipher。

SQUARE block cipher　SQUARE 分组密码

迪门(Joan Daemen)等人于 1997 年提出的一种迭代型分组密码，其分组长度和密钥长度均为 128 比特。SQUARE 分组密码可以说是后来成为美国 21 世纪数据加密标准算法(AES)分组密码的前身。

SQUARE 分组密码算法

1. 表示方法

(1) 字节表示　一字节 A 由 8 比特组成：$a_7 a_6 a_5 a_4 a_3 a_2 a_1 a_0$。

(2) 输入/输出字块及密钥字块的阵列表示　128 比特(16 字节)输入字块

$$A = A_{00} A_{10} A_{20} A_{30} A_{01} A_{11} A_{21} A_{31} A_{02} A_{12} A_{22} A_{32} A_{03} A_{13} A_{23} A_{33}$$

的阵列表示如表 S.11 所示。

表 S.11

A_{00}	A_{01}	A_{02}	A_{03}
A_{10}	A_{11}	A_{12}	A_{13}
A_{20}	A_{21}	A_{22}	A_{23}
A_{30}	A_{31}	A_{32}	A_{33}

128 比特(16 字节)输出字块

$$B = B_{00} B_{10} B_{20} B_{30} B_{01} B_{11} B_{21} B_{31} B_{02} B_{12} B_{22} B_{32} B_{03} B_{13} B_{23} B_{33}$$

的阵列表示如表 S.12 所示。

表 S.12

B_{00}	B_{01}	B_{02}	B_{03}
B_{10}	B_{11}	B_{12}	B_{13}
B_{20}	B_{21}	B_{22}	B_{23}
B_{30}	B_{31}	B_{32}	B_{33}

128 比特(16 字节)的密钥字块

$$K = K_{00} K_{10} K_{20} K_{30} K_{01} K_{11} K_{21} K_{31} K_{02} K_{12} K_{22} K_{32} K_{03} K_{13} K_{23} K_{33}$$

的阵列表示如表 S.13 所示。

表 S.13

K_{00}	K_{01}	K_{02}	K_{03}
K_{10}	K_{11}	K_{12}	K_{13}
K_{20}	K_{21}	K_{22}	K_{23}
K_{30}	K_{31}	K_{32}	K_{33}

2. 基本运算

(1) 位方式加法 $S=A\oplus B$

比特长度相同的两个变量的按位加：如果 $A=(a_0,a_1,\cdots,a_{n-1})$，$B=(b_0,b_1,\cdots,b_{n-1})$，则

$$S=A\oplus B=(a_0\oplus b_0,a_1\oplus b_1,\cdots,a_{n-1}\oplus b_{n-1})。$$

(2) $GF(2^8)$上的乘法 $B=CA,B,C,A\in GF(2^8)$。

由于域 $GF(2^8)$的特征是 2，故 $GF(2^8)$上的加法就是位方式加法($\oplus$)。

(3) 密钥阵列的行字节循环左移一位

$$\mathrm{ROTL}(K_i)=\mathrm{ROTL}(K_{i0},K_{i1},K_{i2},K_{i3})=(K_{i1},K_{i2},K_{i3},K_{i0})。$$

3. 基本函数

(1) 线性变换 θ 作用于输入阵列 A 的每一行。

$$\theta:B=\theta(A)\quad\Leftrightarrow\quad B_{ij}=c_jA_{i0}\oplus c_{j-1}A_{i1}\oplus c_{j-2}A_{i2}\oplus c_{j-3}A_{i3}$$
$$(i=0,1,2,3;j=0,1,2,3)。$$

其中，$(c_0,c_1,c_2,c_3)=(02,01,01,03)_{\mathrm{hex}}$。$c$ 的下标值取模 4。

θ 的逆变换

$$\theta^{-1}:A=\theta^{-1}(B)\quad\Leftrightarrow\quad A_{ij}=d_jB_{i0}\oplus d_{j-1}B_{i1}\oplus d_{j-2}B_{i2}\oplus d_{j-3}B_{i3}$$
$$(i=0,1,2,3;j=0,1,2,3)。$$

其中，$(d_0,d_1,d_2,d_3)=(0E,09,0D,0B)_{\mathrm{hex}}$。$d$ 的下标值取模 4。

(2) 非线性变换 γ 字节代替(查 S 盒)。

$$\gamma:B=\gamma(A)\quad\Leftrightarrow\quad B_{ij}=S_\gamma(A_{ij})。$$

其中，S_γ 是一个可逆的 8 输入/8 输出的代替表(S 盒)。S 盒的三种构造方法：可采用非线性代数变换确切构造；对上述代数构造结果再稍加进行修改以破坏其代数结构；随机选择可逆的映射。

γ 的逆变换就是逆代替 S_γ^{-1}，查逆 S 盒。

(3) 字节置换 π 交换输入阵列 A 的行和列。

$$\pi:B=\pi(A)\quad\Leftrightarrow\quad B_{ij}=A_{ji}。$$

π 的逆变换 $\pi^{-1}=\pi$。

(4) 位方式轮密钥加 σ 输入阵列 A 和轮密钥 k^t之间进行简单的模 2 加。

$$\sigma[k^t]:B=\sigma[k^t](A)\quad\Leftrightarrow\quad B=A\oplus k^t。$$

$\sigma[k^t]$的逆变换 $\sigma^{-1}[k^t]=\sigma[k^t]$。

(5) 轮密钥扩展 ψ 根据密钥 K 衍生出轮密钥 $k^0,k^1,\cdots,k^8$，$k^t\in\{0,1\}^{128}$ $(t=0,1,\cdots,8)$。

$$k^0=K,\quad k^t=\psi(k^{t-1})。$$

ψ 的定义如下：

$$k_0^{t+1} = k_0^t \oplus \mathrm{ROTL}(k_3^t) \oplus C_t,$$
$$k_1^{t+1} = k_1^t \oplus k_0^{t+1},$$
$$k_2^{t+1} = k_2^t \oplus k_1^{t+1},$$
$$k_3^{t+1} = k_3^t \oplus k_2^{t+1},$$

其中,k_j^t 为轮密钥 k^t 阵列的第 j 行的 4 字节($j=0,1,2,3$)。轮常数 $C_0 = (01)_{\text{hex}}$,$C_t = (02)_{\text{hex}} \cdot C_{t-1}$。

(6) 加密轮变换 ρ　令轮输入为阵列 A,输出为阵列 B,轮密钥为 k^t,则加密轮变换为

$$B = \rho[k^t](A) = \sigma[k^t] \circ \pi \circ \gamma \circ \theta(A)。$$

(7) 解密轮变换 ρ'　令轮输入为阵列 B,输出为阵列 A,轮密钥为 k^t,则加密轮变换 ρ 的逆变换为

$$A = \rho^{-1}[k^t](B) = \theta^{-1} \circ \gamma^{-1} \circ \pi \circ \sigma[k^t](B)。$$

因为 $\theta^{-1}(A) \oplus k^t = \theta^{-1}(A \oplus \theta(k^t))$,故有

$$\sigma[k^t] \circ \theta^{-1}(A) = \theta^{-1} \circ \sigma[\theta(k^t)](A)。$$

又因为 $\gamma^{-1} \circ \pi = \pi \circ \gamma^{-1}$,故可以定义解密轮变换 ρ' 为

$$A = \rho'[k^t](B) = \sigma[k^t] \circ \pi \circ \gamma^{-1} \circ \theta^{-1}(B)。$$

以便使解密轮变换与加密轮变换在结构上类似。

4. 加密 E

输入:阵列 A,轮密钥为 $k^0, k^1, \cdots, k^8 \in \{0,1\}^{128}$。

输出:阵列 B。

```
begin
  B = θ^(-1)(A)
  B = σ[k^0](B)
  for i = 1 to 8 do
    B = ρ[k^i](B)
  next i
  return B
end
```

5. 解密 D

输入:阵列 B,轮密钥为 $k^0, k^1, \cdots, k^8 \in \{0,1\}^{128}$。

输出:阵列 A。

```
begin
  for i = 0 to 8 do
    d^i = θ(k^(8-i))
  next i
```

$A=\theta(B)$

$A=\sigma[d^0](A)$

for $i=1$ to 8 do

$A=\rho'[d^i](A)$

next i

return A

end

参看 AES block cipher，block cipher，iterated block cipher。

square-free factorization 无平方因式分解

有限域上的一种多项式因式分解算法。令首一多项式 $f(x)\in\mathbb{F}_q[x]$，$q=p^m$。$f(x)$ 的无平方因式分解就是 $f(x)=\prod_{i=1}^{k}f_i(x)^i$，其中每一个 $f_i(x)$ 都是一个无平方多项式，而且对于 $i\neq j$，有 $\gcd(f_i(x),f_j(x))=1$。($f(x)$ 的无平方因式分解中的某些 $f_i(x)$ 可以是 1。) 令 $f(x)=\sum_{i=0}^{n}a_ix^i$ 是一个次数 $n\geqslant 1$ 的多项式。$f(x)$ 的(形式)导数是多项式 $f'(x)=\sum_{i=0}^{n-1}a_{i+1}(i+1)x^i$。如果 $f'(x)=0$，则由于 p 是$\mathbb{F}_q$的特征，在 $f(x)$ 的每一个 $a_i\neq 0$ 的项 a_ix^i 中，x 的指数必须是 p 的倍数。因此，$f(x)$ 的形式为 $f(x)=a(x)^p$，其中 $a(x)=\sum_{i=0}^{n/p}a_{ip}^{q/p}x^i$，而求 $f(x)$ 的无平方因式分解的问题就归结为求 $a(x)$ 的无平方因式分解。那么，$a'(x)=0$ 是可能的，但重复这个过程是必需的，可以假设 $f'(x)\neq 0$。另外，令 $g(x)=\gcd(f(x),f'(x))$。如果 $\gcd(k,p)=1$，则 $f(x)$ 中一个 k 重不可约因式在 $f'(x)$ 中将有一个 $k-1$ 重不可约因式，否则将在 $f'(x)$ 中保留一个 k 重不可约因式。这样，可以得出下述结论：如果 $g(x)=1$，则 $f(x)$ 没有重因式；如果 $g(x)$ 有正阶，则 $g(x)$ 是 $f(x)$ 的一个非平凡因式，且 $f(x)/g(x)$ 没有重因式。注意，$g(x)$ 有重因式的可能性实际上是 $g'(x)=0$ 的可能性。

无平方因式分解算法：SQUARE-FREE($f(x)$)

输入：一个首一多项式 $f(x)\in\mathbb{F}_q[x]$，其中$\mathbb{F}_q$的特征是 p。

输出：$f(x)$的无平方因式分解。

SF1 置 $i\leftarrow 1$，$F\leftarrow 1$，计算 $f'(x)$。

SF2 如果 $f'(x)=0$，则置

$$f(x)\leftarrow f(x)^{1/p},\quad F\leftarrow(\text{SQUARE-FREE}(f(x)))^p。$$

否则(即 $f'(x)\neq 0$)，执行下述步骤：

SF2.1 计算 $g(x)\leftarrow\gcd(f(x),f'(x))$ 及 $h(x)\leftarrow f(x)/g(x)$。

SF2.2 当 $h(x)\neq 1$ 时，执行下述步骤：

计算 $u(x) \leftarrow \gcd(h(x), g(x))$ 及 $v(x) \leftarrow h(x)/u(x)$。

置 $F \leftarrow F \cdot v(x)^i, i \leftarrow i+1, h(x) \leftarrow u(x), g(x) \leftarrow g(x)/u(x)$。

SF2.3 如果 $g(x) \neq 1$,则置

$g(x) \leftarrow g(x)^{1/p}$, $F \leftarrow F \cdot (\text{SQUARE-FREE}(g(x)))^p$。

SF3 返回(F)。

一旦求出无平方因式分解 $f(x) = \prod_{i=1}^{k} f_i(x)^i$,无平方多项式 $f_1(x)$, $f_2(x), \cdots, f_k(x)$ 需要因式分解,以便获得 $f(x)$ 的完全因式分解。

参看 finite field, polynomial factorization, square-free polynomial。

比较 Berlekamp's Q-matrix algorithm。

square-free integer 无平方整数

不能被任意一个素数的平方整除的整数。

参看 integer。

square-free polynomial 无平方多项式

令 $f(x) \in \mathbb{F}_q[x]$。如果没有重因式(即不存在一个 $g(x)$,使 $\deg g(x) \geq 1$)的多项式使得 $g(x)^2$ 整除 $f(x)$,则 $f(x)$ 是无平方多项式。

参看 polynomial。

square root modulo *n* (SQROOT) problem 模 *n* 平方根问题

给定一个复合整数 n 和一个模 n 二次剩余 a,求 a 的一个模 n 平方根。

参看 number-theoretic reference problems。

stage of an FSR 反馈移位寄存器的级

构成长度为 L 的反馈移位寄存器(FSR)的 L 个延迟单元,可按顺序编号为 $0,1,\cdots,L-1$,每个延迟单元就称作 FSR 的一级,分别称之为第 0 级、第 1 级……第 $L-1$ 级。每个延迟单元都能存储 1 比特数,并且具有一个输入和一个输出,还有一个时钟控制数据的移动。

参看 feedback shift register (FSR)。

stage of an LFSR 线性反馈移位寄存器的级

构成长度为 L 的线性反馈移位寄存器(LFSR)的 L 个延迟单元,可按顺序编号为 $0,1,\cdots,L-1$,每个延迟单元就称作 LFSR 的一级,分别称之为第 0 级、第 1 级……第 $L-1$ 级。每个延迟单元都能存储 1 比特数,并且具有一个输入和一个输出,还有一个时钟控制数据的移动。

参看 linear feedback shift register (LFSR)。

standard deviation 标准偏差

随机变量 X 的标准偏差就是 X 的方差 Var(X) 的非负方根。

参看 random variable，variance。

standard model　标准模型

使用一个计算困难性假设作为一种数学模型，来证明某个密码基元的安全性。

参看 cryptographic primitive，number-theoretic reference problems，provable security。

比较 random oracle model。

standard normal distribution　标准正态分布

一个服从正态分布的连续随机变量 X，如果其均值 $\mu=0$，方差 $\sigma^2=1$，则称 X 具有标准正态分布，记作 $X\sim N(0,1)$。

参看 normal distribution。

state cycle of FSR　反馈移位寄存器的状态圈

L 级反馈移位寄存器（FSR）的状态转移变化最终一定会形成圈。而圈上的状态（顶点）个数或者这个圈上的弧的个数称作这个圈的长度，也称作这个圈的周期。

如果 L 级 FSR 是非奇异的，即其反馈逻辑 $s_j=f(s_{j-1},s_{j-2},\cdots,s_{j-L})$ 可以表示成

$$f(s_{j-1},s_{j-2},\cdots,s_{j-L})=s_{j-L}\oplus g(s_{j-1},s_{j-2},\cdots,s_{j-L+1})\quad(j\geqslant L),$$

那么，FSR 的状态转移图是没有枝的，所有状态形成一个或几个两两没有公共顶点的状态圈。

如果 L 级 FSR 是奇异的，则 FSR 的状态转移图是有枝的，即 FSR 的输出序列并不都是周期序列，但这些序列却都是终归周期性的。

L 级非线性反馈移位寄存器（NLFSR）的状态圈的周期不大于 2^L。当周期等于 2^L 时，就是最大长度非线性反馈移位寄存器序列，或称德・布鲁因序列，简称 M 序列。

L 级线性反馈移位寄存器（LFSR）的状态圈的周期不大于 2^L-1。当周期等于 2^L-1 时，就是最大长度线性反馈移位寄存器序列，简称 m 序列。

例 1　4 级反馈移位寄存器（图 S.48）：$s_j=s_{j-3}\oplus s_{j-4}\oplus(s_{j-2}\wedge s_{j-1})\ (j\geqslant4)$。

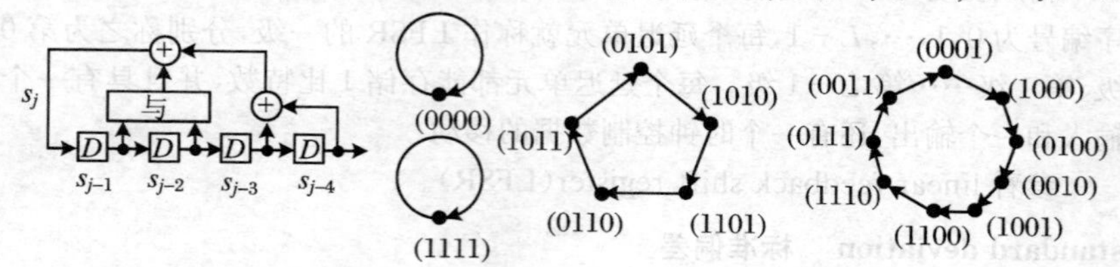

图 S.48

这个反馈移位寄存器的状态转移图没有枝，有四个两两没有公共顶点的状态圈，它们的圈周期分别为 1,1,5 和 9。

例 2 4 级反馈移位寄存器(图 S.49)：$s_j = s_{j-4} \oplus (s_{j-2} \wedge s_{j-1})$ $(j \geqslant 4)$。

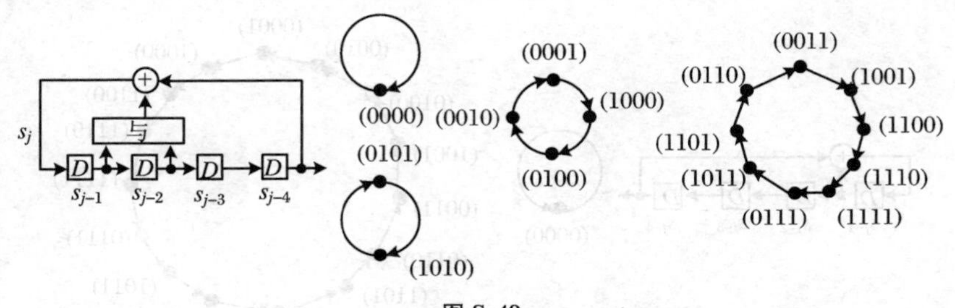

图 S.49

这个反馈移位寄存器的状态转移图没有枝，有四个两两没有公共顶点的状态圈，它们的圈周期分别为 1,2,4 和 9。

例 3 4 级反馈移位寄存器(图 S.50)：$s_j = (s_{j-4} \wedge s_{j-3}) \oplus s_{j-2} \oplus s_{j-1}$ $(j \geqslant 4)$。

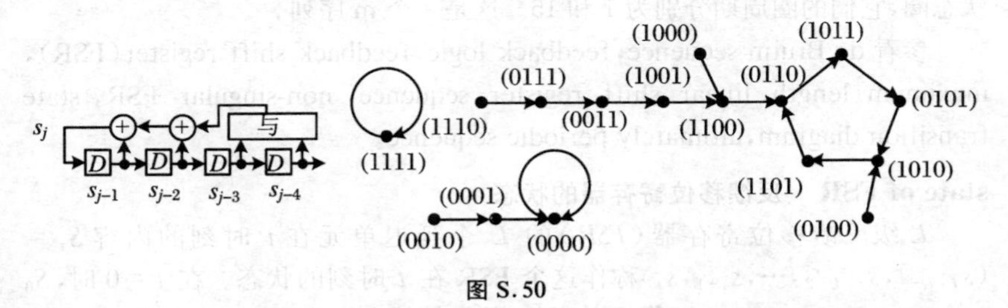

图 S.50

这个反馈移位寄存器的状态转移图有两个带枝的、终归周期状态圈(圈周期分别为 1 和 5)，一个无枝的状态圈(周期为 1)。

例 4 4 级反馈移位寄存器(图 S.51)：$s_j = s_{j-4} \oplus s_{j-3} \oplus (\bar{s}_{j-3}\bar{s}_{j-2}\bar{s}_{j-1})$ $(j \geqslant 4)$。

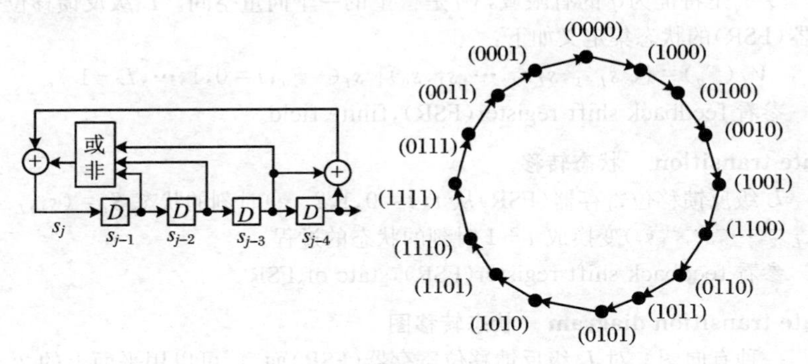

图 S.51

这个反馈移位寄存器的状态转移图是一个周期等于 2^4 的状态圈，是一个M序列。

例5　4级LFSR(图S.52)：反馈逻辑是 $s_j = s_{j-1} \oplus s_{j-4} (j \geqslant 4)$。

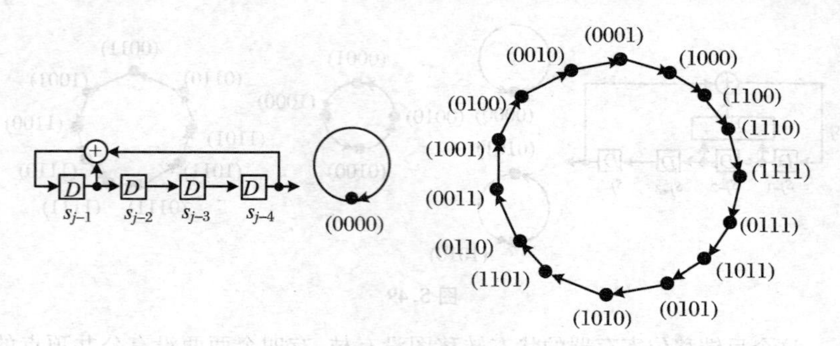

图S.52

这个反馈移位寄存器的状态转移图没有枝，有两个两两没有公共顶点的状态圈，它们的圈周期分别为1和15。这是一个m序列。

参看 de Bruijn sequence，feedback logic，feedback shift register(FSR)，maximum length linear shift register sequence，non-singular FSR，state transition diagram，ultimately periodic sequence。

state of FSR　反馈移位寄存器的状态

L 级反馈移位寄存器(FSR)的 L 个延迟单元在 t 时刻的内容 $S_t = (s_{t+L-1}, s_{t+L-2}, \cdots, s_{t+1}, s_t)$ 称作这个FSR在 t 时刻的状态。在 $t=0$ 时，$S_0 = (s_{L-1}, s_{L-2}, \cdots, s_1, s_0)$，称 S_0 为FSR的初始状态。

参看 feedback shift register(FSR)。

state set of FSR　反馈移位寄存器的状态集

令 $\mathbb{F}_q$ 是特征为 q 的有限域，V_L 是 $\mathbb{F}_q$ 上的一个向量空间。L 级反馈移位寄存器(FSR)的状态集定义如下：

$$V_L(\mathbb{F}_q) = \{(s_{L-1}, s_{L-2}, \cdots, s_1, s_0) \mid s_i \in \mathbb{F}_q, i = 0, 1, \cdots, L-1\}。$$

参看 feedback shift register(FSR)，finite field。

state transition　状态转移

L 级反馈移位寄存器(FSR)从 $t(t=0,1,2,\cdots)$ 时刻的状态 $S_t = (s_{t+L-1}, s_{t+L-2}, \cdots, s_{t+1}, s_t)$ 变换成 $t+1$ 时刻的状态的过程。

参看 feedback shift register(FSR)，state of FSR。

state transition diagram　状态转移图

一种有向图。对 L 级反馈移位寄存器(FSR)而言，可以用平面上的 2^L 个点来代表一个 FSR 的 2^L 个状态，在每个点（称为顶点）的附近标上状态值。如果 FSR 的一个状态（$s_{L-1},s_{L-2},\cdots,s_1,s_0$）经过这个 FSR 的状态转移变换变到另一个状态（$s_L,s_{L-1},\cdots,s_2,s_1$），就用一个带箭头的连线（直线或曲线）把代表状态（$s_{L-1},s_{L-2},\cdots,s_1,s_0$）的顶点与代表状态（$s_L,s_{L-1},\cdots,s_2,s_1$）的顶点连接起来，箭头方向是从顶点（$s_{L-1},s_{L-2},\cdots,s_1,s_0$）（称作起点）到顶点（$s_L,s_{L-1},\cdots,s_2,s_1$）（称作终点）。这个带箭头的连线称作弧。将 FSR 的 2^L 个状态用弧连接成一个有向图，就称之为这个 FSR 的状态转移图。如果状态转移图中一条弧以（$s_{L-1},s_{L-2},\cdots,s_1,s_0$）为起点、以（$s_L,s_{L-1},\cdots,s_2,s_1$）为终点，则称（$s_{L-1},s_{L-2},\cdots,s_1,s_0$）为（$s_L,s_{L-1},\cdots,s_2,s_1$）的先导，而称（$s_L,s_{L-1},\cdots,s_2,s_1$）为（$s_{L-1},s_{L-2},\cdots,s_1,s_0$）的后继。

例 1 4 级 LFSR（图 S.53）：反馈逻辑是 $s_j=s_{j-1}\oplus s_{j-2}\oplus s_{j-3}\oplus s_{j-4}$（$j\geqslant 4$）。

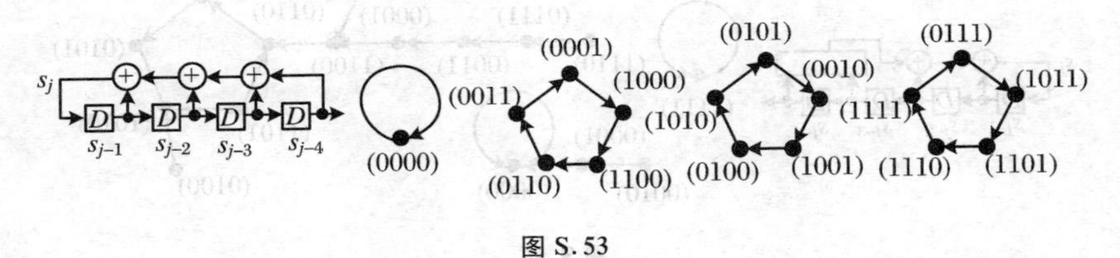

图 S.53

例 2 4 级 LFSR（图 S.54）反馈逻辑是 $s_j=s_{j-2}\oplus s_{j-4}$（$j\geqslant 4$）。

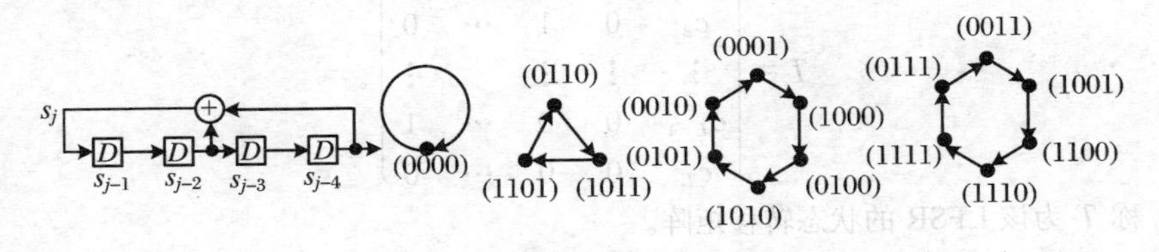

图 S.54

例 3 4 级 LFSR（图 S.55）：反馈逻辑是 $s_j=s_{j-1}\oplus s_{j-4}$（$j\geqslant 4$）。

例 4 4 级反馈移位寄存器（图 S.56）：$s_j=(s_{j-4}\wedge s_{j-3})\oplus s_{j-2}\oplus s_{j-1}$（$j\geqslant 4$）。

参看 feedback shift register（FSR），linear feedback shift register（LFSR），state transition，state transition transformation。

state transition matrix　状态转移矩阵

L 级线性反馈移位寄存器（LFSR）的状态转移变换 T_f 可用状态（$s_{L-1},s_{L-2},\cdots,s_1,s_0$）右乘以矩阵 T 来描述：（$s_L,s_{L-1},\cdots,s_1$）=（$s_{L-1},s_{L-2},\cdots,s_1,s_0$）$T$，其中

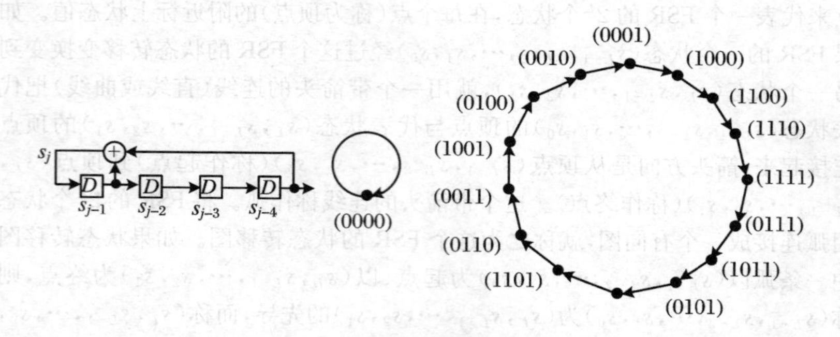

图 S.55

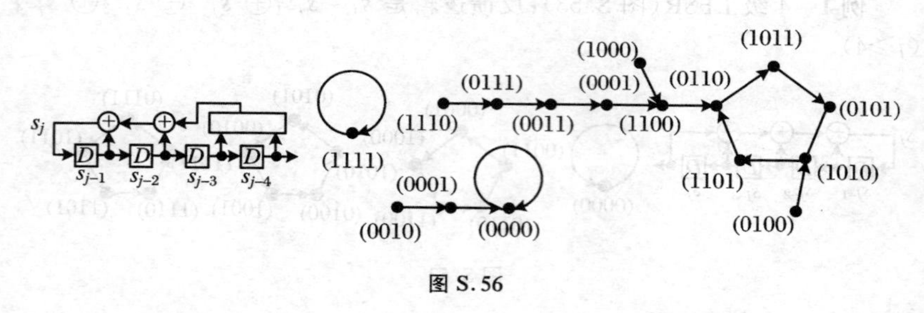

图 S.56

$$T=\begin{pmatrix} c_1 & 1 & 0 & \cdots & 0 \\ c_2 & 0 & 1 & \cdots & 0 \\ \vdots & \vdots & \vdots & & \vdots \\ c_{L-1} & 0 & 0 & \cdots & 1 \\ c_L & 0 & 0 & \cdots & 0 \end{pmatrix}。$$

称 T 为该 LFSR 的状态转移矩阵。

参看 linear feedback shift register（LFSR），state transition transformation。

state transition transformation　状态转移变换

L 级反馈移位寄存器(FSR)的状态转移变换 T_f 指的是

$$T_f:(s_{L-1},s_{L-2},\cdots,s_1,s_0)\to(s_L,s_{L-1},\cdots,s_1),$$

其中，$s_L=f(s_{L-1},s_{L-2},\cdots,s_1,s_0)$。

如果是 L 级线性反馈移位寄存器(LFSR)，则其状态转移变换 T_f 可表示为

$$T_f:(s_{L-1},s_{L-2},\cdots,s_1,s_0)\to(s_L,s_{L-1},\cdots,s_1),$$

其中，$s_L=c_1s_{L-1}+c_2s_{L-2}+\cdots+c_{L-1}s_1+c_Ls_0$。

参看 linear feedback shift register（LFSR），feedback shift register

(FSR),state transition。

state vector 态矢量

量子力学系统中表示量子态的矢量。希尔伯特空间就是态矢量张起的空间,称作态矢空间。狄拉克发明了两个矢量符号:右矢和左矢。如果表征一个具体态矢量的特征量或符号为 ψ,那么右矢 $|\psi\rangle$ 就用来表示这个态矢量,而左矢 $\langle\psi|$ 就用来表示态矢量 $|\psi\rangle$ 的共轭矢量。

参看 Dirac notation,Hilbert space,quantum state。

state (vector) space 态矢空间

量子态矢量张起的空间。希尔伯特空间就是态矢空间。一个量子系统的态空间,由各种粒子的位置、动量、极化、自旋等组成,能够用波函数的希尔伯特空间来模仿。对量子计算而言,我们只需要涉及有限量子系统,只要考虑到有限维希尔伯特空间就够了。

参看 Hilbert space,quantum state,state vector。

static complexity measure 静态复杂性度量

衡量一个算法的效率和质量的方法。一种典型的静态度量就是表示算法的程序的长度,即“程序复杂性问题”。从理论上讲,对任何一个可计算的问题,都有无穷种算法来解决它,因此,用来计算它的程序就是极其复杂多样的。但是,显而易见的事实是:对任何一个计算问题都有最短程序。在某些意义上,程序长度可以度量算法的简单性和精致性(具有短程序和短的正确性证明的算法是简单的;具有短程序而长的正确性证明的算法是精致的)。对程序复杂性的度量是使用称为“极小程序复杂性度量”这一概念的。它的意思是:一个极小程序复杂性度量是用计算任一部分函数的首段的最短程序来确定的。在问题较小,或编程序的时间比较重要,或这个程序仅仅是偶尔执行的时候,使用这种度量还是可取的。

参看 complexity measure。

比较 dynamic complexity measure。

station-to-station (STS) key agreement 站-站密钥协商

迪菲-赫尔曼密钥协商的一个变种,是一种三趟协议,它使两用户之间所建立的共享秘密密钥具有相互实体鉴别及显式的相互密钥鉴别功能。这个协议还便于匿名,可以保护用户 A 和用户 B 的身份免遭窃听。此法使用数字签名,下述协议描述中使用 RSA 签名。

站-站密钥协商协议

(1) 注释 E 是一个对称加密算法。$S_A(m)$ 表示 A 对 m 的签名,H 表示一个单向散列函数,$S_A(m)=(H(m))^{d_A}(\mathrm{mod}\ n_A)$,$H(m)<n_A$。

(2) 一次性设置(界定并发布系统参数)

(a) 选择一个适当的素数 p 以及 $\mathbb{Z}_p^*$ 的生成元 $\alpha(2\leqslant\alpha\leqslant p-2)$ 作为系统的公开参数;(为了更多安全性,每个用户都可以有他自己唯一拥有的这样的参数作为其公开密钥的一部分。)

(b) 用户 A 选择 RSA 公开密钥/秘密密钥对 (e_A, n_A) 和 d_A;用户 B 选择 RSA 公开密钥/秘密密钥对 (e_B, n_B) 和 d_B。

(3) 协议消息

$$A\rightarrow B:\alpha^x(\text{mod } p),\tag{1}$$

$$A\leftarrow B:\alpha^y(\text{mod } p), E_k(S_B(\alpha^y, \alpha^x)),\tag{2}$$

$$A\rightarrow B:E_k(S_A(\alpha^x, \alpha^y))。\tag{3}$$

(4) 协议动作　每当需要一个共享密钥时,就执行下述步骤:

(a) A 产生一个随机秘密 $x(1\leqslant x\leqslant p-2)$,并把消息(1)发送给 B。

(b) B 产生一个随机秘密 $y(1\leqslant y\leqslant p-2)$,并计算共享密钥 $k=(\alpha^x)^y(\text{mod } p)$。B 先对 α^y 和 α^x 的并置 $\alpha^y \| \alpha^x$ 进行签名,然后用 k 将签名加密,最后把消息(2)发送给 A。

(c) A 计算共享密钥 $k=(\alpha^y)^x(\text{mod } p)$,并用 k 解密获得 B 的签名。然后,用 B 的公开密钥验证该签名。如果验证成功,A 就接收那个 k 作为和 B 实际共享的密钥,并把消息(3)发送给 B。

(d) B 用 k 解密接收到的消息(3),并验证 A 的签名。如果验证成功,B 就接收那个 k 作为和 A 实际共享的密钥。

参看 Diffie-Hellman key agreement, ElGamal key agreement, entity authentication, key agreement, RSA digital signature scheme。

statistical attack　统计攻击

参看 statistical cryptanalysis。

statistical cryptanalysis　统计密码分析

源语言的统计特性是密码分析的重要依据,单表代替密码体制之所以无法抗拒统计分析的攻击,就是因为明文的统计规律全部在密文中反映出来。由于自然语言的多余度,语言中的每个字母都有自己的个性:该字母出现的可能频率;该字母能和其他哪些字母相连接;该字母在语言中的可能位置……密码分析者统计密文中单字母出现的频率、单字母的连缀关系、双字母出现的频率、三字母出现的频率等,将这些统计数据和作为密码分析依据的明文统计特性相比较,就有可能攻破该密码体制(算法)。

参看 frequency of digraphs, frequency of trigraphs, letter contact chart, single letter frequency distribution, monoalphabetic substitution。

statistical hypothesis　统计假设

统计假设(用 H_0表示)是关于一个或多个随机变量的分布的一个断言。统计假设检验是一个过程,它基于随机变量的观测值,得出接受还是拒绝假设 H_0。这种检验只提供关于证据强度的一种测度,这种证据强度是通过把数据和假设相对照来提供的。

参看 random variable,statistical test。

statistical hypothesis test　统计假设检验

一个过程。这种检验基于随机变量的观测值,得出结论:接受假设 H_0或拒绝假设 H_0。这种检验只提供证据强度的一种测度,而这个证据是通过将数据和假设 H_0进行对照得出的;因此,检验得出的结论不是确定的而是概率的。

由于样本的随机性,统计假设检验可能出现两种类型的错误。第一类错误:否定了真实假设;第二类错误:接受了不真实假设。

在选定检验准则时,应力求两类错误的概率都最小。然而,当样本容量 m 固定时,建立两类错误的概率都任意小的检验准则,一般是不可能的。因此,在习惯上处理这类问题通常遵循如下两个重要原则:

(1) 样本容量 m 固定,控制第一类错误概率:根据所要检验的基本假设的特点和实际问题的具体要求,选定第一类错误概率的一个上界 α($0<\alpha<1$)。对于给定的 m 和 α,来选择检验的准则,使它犯第一类错误的概率不大于 α。α 叫作检验的显著性水平。根据这种原则建立的检验准则叫作统计假设的 α 水平显著性检验。

(2) 样本容量 m 固定,显著性水平 α 固定,使第二类错误概率最小:在一切 α 水平的显著性检验之中选择第二类错误概率最小的检验准则。接受不真实假设的概率叫作第二类错误概率,而否定不真实假设的概率叫作检验的功效。按上述原则建立的检验叫作 α 水平最大功效检验。

参看 statistical hypothesis。

statistical nature of English　英语的统计特性

英语使用 26 个字母。人们对英语中这 26 个字母的出现频数做了统计,包括单字母、双字母组和三字母组。

根据单字母统计,可将英语中 26 个字母按出现概率的大小划分成五组:

第一组:E(出现概率最大);

第二组:T,A,O,I,N,S,R,H;

第三组:L,D;

第四组:C,U,M,F,P,G,W,Y,B;

第五组:V,K,X,J,Q,Z(出现概率最小)。

参看 frequency of digraphs, frequency of trigraphs, single letter frequency distribution。

statistical nature of natural language　自然语言的统计特性

任何自然语言都具有一定的统计特性，自然语言的统计特性是密码分析的重要依据，再加上字母的连缀关系(一个字母可以和哪些字母相连接，不可以和哪些字母相连接)，就有可能破译出一些密码体制。

例如，人们对 26 个英文字母的单字母出现概率进行的统计表明，字母 E 出现频数最高，其次是字母 T，A，…。再如，对汉语中字词出现的频率进行统计的结果表明，"的、了、一、是、不、我、在、着、个、有"这 10 个词在汉语中出现的频数最大，合在一起竟达 17.675 75%。

由于这种情况的存在，密码分析者在进行破译分析时就有了可利用的东西。密文中出现频数最多的那些字母、字和词就很可能是在明文中出现频数最多的那些字母、字和词。

参看 statistical nature of English。

statistical test　统计检验

用于度量那些声称是随机二进制数字发生器的一个发生器的质量。当不能为一个发生器给出数学证明其是随机二进制数字发生器时，一些统计检验就能帮助检测出该发生器可能具有的弱点类型。欲达到这个目的，可以通过取该发生器的一个样本输出序列，并使之经受各种各样的统计检验。每一种统计检验都确定：这个序列是否拥有真随机序列可能呈现出的一些属性；每个检验的结论都不是确定的而是概率的。如果这个序列通不过任意一种统计检验，就可以认为它不是随机序列，而否决这个发生器；否则，需对这个发生器作进一步检验。换句话说，如果这个序列通过所有统计检验，则可以接受该发生器为随机数的。更确切地说，应当用"不否决"这个术语来替换"接受"这个术语，这是因为通过检验只提供概率性证据，证明这个发生器产生的序列具有随机序列的一些特征。

参看 Golomb's randomness postulates，random bit generator。

statistical zero-knowledge protocol　统计零知识协议

在统计零知识协议情况下，文本的概率分布必须是统计上不可区分的(是一个拥有无限计算能力但只能给出多项式那么多样本的观察者不可区分的)。

参看 zero-knowledge protocol。

比较 computational zero-knowledge protocol，perfect zero-knowledge protocol。

steganography　隐写术

信息保密的一个分支，它企图通过一些设备(如隐显墨水、微点、秘密间隔、使用阈下信道等类似设备)使存在的数据模糊,达到隐蔽信息的目的。

参看 confidentiality。

比较 cryptography。

step-1/step-2 generator　步进 1/步进 2 发生器

同 step-once-twice generator。

step-once-twice generator　步进一步两步发生器

一种前馈钟控发生器,是对停走式发生器的一种改进。和停走式发生器一样,其中的线性反馈移位寄存器 LFSR2 的驱动时钟是受 LFSR1 的输出控制的。当 LFSR1 的输出为"0"时,LFSR2 被时钟驱动往下转移一拍,产生一个输出二进制数字;当 LFSR1 的输出为"1"时,LFSR2 被时钟驱动往下转移两拍,才产生一个输出二进制数字。

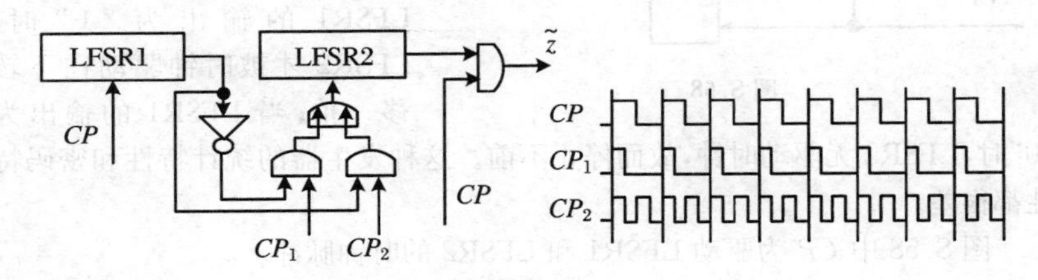

图 S.57

图 S.57 中 CP 为驱动 LFSR1 的系统时钟脉冲,而 CP_1 和 CP_2 为驱动 LFSR2 的受控时钟脉冲。

参看 clock-controlled generator, clock pulse for driving feedback shift register, linear feedback shift register (LFSR), pseudorandom bit generator。

比较 stop-and-go generator。

Stirling numbers　斯特林数

令 n, t 都是非负整数,且 $n \geqslant t$。第二类斯特林数(用 $\left\{ \begin{matrix} n \\ t \end{matrix} \right\}$ 表示)就是

$$\left\{ \begin{matrix} n \\ t \end{matrix} \right\} = \frac{1}{t!} \sum_{k=0}^{t} (-1)^{t-k} \binom{t}{k} k^n,$$

而 $\left\{ \begin{matrix} 0 \\ 0 \end{matrix} \right\} = 1$ 除外。符号 $\left\{ \begin{matrix} n \\ t \end{matrix} \right\}$ 是一个数,指把含有 n 个物体的一个集合划分成 t 个非空子集合的方法数。

参看 classical occupancy problem。

Stirling's formula　斯特林公式

对于所有整数 $n \geqslant 1$,都有

$$\sqrt{2\pi n}\left(\frac{n}{\mathrm{e}}\right)^n \leqslant n! \leqslant \sqrt{2\pi n}\left(\frac{n}{\mathrm{e}}\right)^{n+1/(12n)}。$$

因此,$n! = \sqrt{2\pi n}\left(\frac{n}{\mathrm{e}}\right)^n\left(1+\Theta\left(\frac{1}{n}\right)\right)$。同样,

$$n! = o(n^n), \quad n! = \Omega(2^n)。$$

参看 big-O notation。

stop-and-go generator　停走式发生器

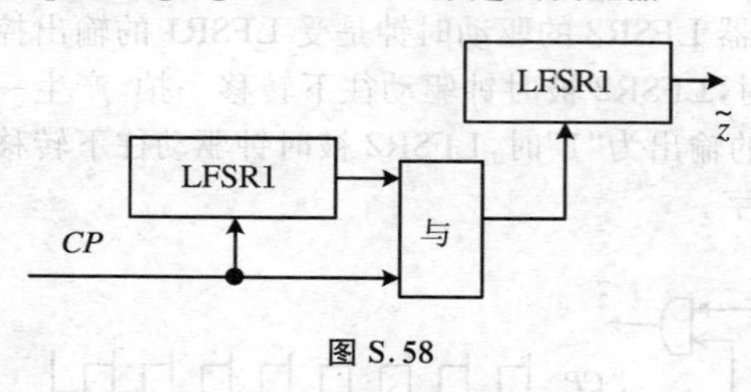

图 S.58

一种前馈钟控发生器。停走式发生器中的线性反馈移位寄存器 LFSR2 的驱动时钟是受 LFSR1 的输出控制的,当 LFSR1 的输出为“1”时,LFSR2 才被时钟驱动往下转移一拍;当 LFSR1 的输出为“0”时,LFSR2 无驱动时钟,故而停止不前。这种发生器的统计特性和密码特性都很差。

图 S.58 中 CP 为驱动 LFSR1 和 LFSR2 的时钟脉冲。

参看 clock-controlled generator, clock pulse for driving feedback shift register, linear feedback shift register (LFSR), pseudorandom bit generator。

storage complexity　存储复杂度

攻击一个分组密码体制(算法)的某种攻击方法所要求的预计存储单元数。

参看 complexity of attacks on a block cipher。

stream cipher　序列密码

采用一种随时间变化的函数(时变函数)来对明文逐个进行加密的密码体制。时变函数的时间相关性由序列密码的内部状态所决定,每加密一个明文字符后,其内部状态就按照某种规则进行改变(称为状态转移)。因此,序列密码有如下特点:

(1) 序列密码产生时序序列;

(2) 在一个固定密钥作用下,对相同的明文字符进行加密,并不一定得到相同的密文字符;

(3) 可将序列密码看作是一种“具有内部记忆的设备”(图 S.59)。

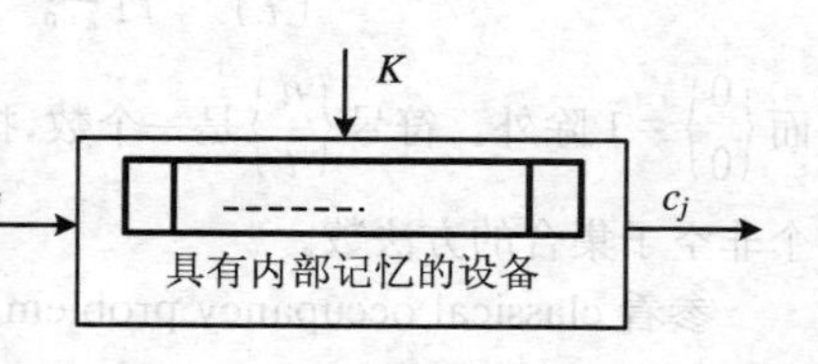

图 S.59

$$c_j = E_{Z_j}(m_j),\ Z_j = f(K, \sigma_j)。$$

其中,σ_j是第 j 时间的内部状态。

通常,最常用的也是最简单的加密运算是模 2 加运算,即

$$c_j = m_j \oplus Z_j。$$

解密亦简单:

$$m_j = c_j \oplus Z_j。$$

参看 cryptosystem,modulo-2 addition。

比较 block cipher。

stream cipher chaining　序列密码链接

密码编码学中使用反馈来生成密码比特流的一种序列密码。使用一个和密文无关的密码比特流的序列密码,既没有错误扩散又没有自同步性质。如果密码比特流和传输的密文无关,那么一个攻击者就能够直接逐比特地影响所接收的明文。使用取自密文的反馈生成密码比特流能确保密文中 1 比特的改变(偶然地或故意引起的),在所接收的明文中影响多于 1 比特的明文,这样就指出密文发生了改变。当密码处理过程中的一个错误使密码比特流在发、收两端引起不同时,没有明文或密文反馈的序列密码无法提供错误恢复。序列密码中的链接能够产生必要的自同步程度。

比较 block cipher chaining,output feedback (OFB)。

参看 cryptographic bit stream, error extension, self-synchronizing, stream cipher。

strict avalanche criterion (SAC)　严格雪崩准则

将完备性和雪崩效应组合在一起,就得出严格雪崩准则(SAC)的概念。其定义是:如果一种密码变换满足严格雪崩准则,则每当其任一输入位取补时,其每一输出位都将以 1/2 概率发生变化。

下面给出精确定义。

令 E 表示具有 n 个输入、m 个输出的任意密码变换,$X = (x_0, x_1, \cdots, x_{n-1})$表示 n 比特输入向量,$Y = (y_0, y_1, \cdots, y_{m-1})$表示 m 比特输出向量,则有

$$(y_0, y_1, \cdots, y_{m-1}) = E(x_0, x_1, \cdots, x_{n-1}),$$

简记作 $Y = E(X)$。

令 $X_j = (x_0, x_1, \cdots, \bar{x}_j, \cdots, x_{n-1})$是和$(x_0, x_1, \cdots, x_j, \cdots, x_{n-1})$仅在第 j $(j = 0, 1, \cdots, n-1)$位不同的输入向量,则有

$$V_j = Y \oplus Y_j = E(X) \oplus E(X_j),$$

称 V_j为雪崩向量。

对于 n 比特输入向量而言,仅在第 j 位不同的向量对共有 2^{n-1}个。

如果对所有可能的输入向量 X 而言，V_j 中每比特等于“1”的概率均是 1/2，则称此密码变换 E 满足严格雪崩准则。

福里(R. Forré)用沃尔什变换谱给出了一个函数满足严格雪崩准则的充分必要条件：

一个函数 $f(x)$满足严格雪崩准则，当且仅当此函数的沃尔什变换 $S_F(\omega)$ 对于所有 $i=1,2,\cdots,n$，都满足

$$\sum_{\omega=0}^{2^n-1}(-1)^{\underline{c_i}\cdot\underline{\omega}}\cdot S_F^2(\omega)=2^nF(0)-2^{2n-2},$$

其中，$F(0)$等于 $f(x)$的真值表中“1”的个数，$\underline{c_i}$表示在第 i 位为“1”、其余位为“0”的 n 维单位向量。$\underline{\omega}$ 表示整数 $\omega(0\sim 2^n-1)$的 n 比特二进制向量值。

参看 avalanche effect，completeness of cryptographic transformation，Walsh transform。

strong collision resistance　强碰撞阻

同 collision resistance。

strong equivalent signature schemes　强等价签名方案

对两个签名方案而言，如果在不知道秘密密钥的情况下，用其中一个签名方案对消息 m 的签名能够变换成用另一个签名方案对 m 的签名，就称这两个签名方案是强等价的。

参看 digital signature。

strong intersymbol dependence　强码间相关性

分组密码的一个特性：输出字块的每一比特都是输入字块和密钥中每一比特的充分复杂的函数。由单个 64 比特字块组成的 DES 消息就呈现这种强码间相关性。

参看 intersymbol dependence。

strong liar　强说谎者

米勒-拉宾概率素性检测中的一个术语。令 n 是一个奇复合整数，并令 $n-1=2^s r$，其中 r 是奇数。令 a 是区间$[1,n-1]$中的一个整数。如果 $a^r\equiv 1(\mathrm{mod}\ n)$或者对某个 j $(0\leqslant j\leqslant s-1)$，有 $a^{2^j r}\equiv -1(\mathrm{mod}\ n)$，则称 a 为n 的素性的强说谎者，而 n 称为强伪素数。

参看 Miller-Rabin primality test，probabilistic primality test。

strongly collision-free　强无碰撞

同 collision resistance。

strong one-way hash function　强单向散列函数

同 collision resistant hash function (CRHF)。

strong prime 强素数

如果存在整数 r,s 和 t,使得下述三个条件满足:① $p-1$ 有一个大素数因子 r;② $p+1$ 有一个大素数因子 s;③ $r-1$ 有一个大素数因子 t,那么称素数 p 是一个强素数。可以使用戈登算法来生成强素数。

参看 Gordon's algorithm for strong prime generation。

strong pseudoprime 强伪素数

米勒-拉宾概率素性检测中的一个术语。令 n 是一个奇复合整数,并令 $n-1=2^s r$,其中 r 是奇数。令 a 是区间$[1,n-1]$中的一个整数。如果 $a^r \equiv 1(\mathrm{mod}\ n)$或者对某个 j $(0 \leqslant j \leqslant s-1)$,有 $a^{2^j r} \equiv -1(\mathrm{mod}\ n)$,则称 a 为n 的素性的强说谎者,而 n 称为强伪素数。

参看 Miller-Rabin primality test,probabilistic primality test。

strong pseudoprime test 强伪素数检测

同 Miller-Rabin primality test。

strong witness 强证据

米勒-拉宾概率素性检测中的一个术语。令 n 是一个奇复合整数,并令 $n-1=2^s r$,其中 r 是奇数。令 a 是区间$[1,n-1]$中的一个整数。如果 $a^r \not\equiv 1(\mathrm{mod}\ n)$并且对所有 j $(0 \leqslant j \leqslant s-1)$,都有 $a^{2^j r} \not\equiv -1(\mathrm{mod}\ n)$,则称 a 为n 的复合性的强证据。

参看 Miller-Rabin primality test,probabilistic primality test。

structural attack 结构性攻击

同 structural cryptanalysis。

structural cryptanalysis 结构性密码分析

密码术的一个分支,它研究用通用方框图描述的密码体制的安全性。它分析各种各样字块之间的语法作用,但忽略它们的作为特殊函数的语义定义。例如,对双重加密的中间相会攻击就是一种结构性密码分析;多重集合攻击就是比利尤克夫(Biryukov)和沙米尔(Shamir)2001 年在分析代替-置换网络结构安全性时提出的一种结构性密码分析方法。如果人们想要研究各种各样链接结构的特性,以及轮数较少的费斯特尔结构的特性等等,都可以应用结构性密码分析。

结构性攻击常常弱于对给定密码体制的实际攻击,因为结构性攻击不能利用具体函数的特殊弱点(比如坏的差分特性或弱的雪崩效应)。这种攻击令人触动的是它们可应用于一大类密码体制,包括那些其内部函数未知或者内部函数与密钥相关的密码体制。由结构性攻击常常得出基本结构的更深的理论上的理解,因此在为强密码体制编制一般的设计准则方面,结构性攻击是非常有用的。

参看 Feistel cipher，meet-in-the-middle attack，multiset attack。

structure key　结构密钥

结构密钥实际上可以是一些非线性函数表或随机数表，或者其他一些可以用来使密码算法的某些结构发生变化的参数，用以分割用户集团。

参看 cryptographic algorithm，nonlinear Boolean function table。

subexponential-time algorithm　次指数时间算法

令 A 是一个算法，其输入或是有限域 $\mathbb{F}_q$ 的元素，或是一个整数 q。如果 A 的期望运行时间是如下形式：

$$L_q[\alpha,c]=O(\exp((c+o(1))(\ln q)^{\alpha}(\ln\ln q)^{1-\alpha})),$$

其中，c 是一个正常数，α 是一个满足 $0<\alpha<1$ 的常数。就称 A 为次指数时间算法。

参看 big-O notation，finite field。

subfield　子域

如果域 E 的一个子集合 F 自身也是关于 E 的运算的一个域，则称 F 是 E 的一个子域。而 E 称作 F 的一个扩域。

参看 field。

subgroup　子群

如果群 G 的一个非空子集合 H 自身也是关于 G 的运算的一个群，则称 H 是 G 的一个子群。如果群 G 的一个子群 $H\neq G$，则称 H 为 G 的真子群。

参看 group。

subkey　子密钥

在迭代型分组密码体制中，如果每轮迭代所使用的密钥数据，都是由算法的工作密钥通过密钥编排算法进行扩展而产生的，则称之为子密钥，或称之为该分组密码算法的轮密钥。例如 DES 中有 16 轮，每一轮使用的子密钥都是 48 比特；这 16 个 48 比特子密钥是把 DES 的 56 比特密钥作为其密钥编排算法的输入而由密钥编排算法产生出来的。

参看 DES block cipher，iterated block cipher，key scheduling algorithm。

subliminal channel　阈下信道

某些数字签名方案使得容易将信息隐匿在签名中，这些被隐匿的信息只能由暗中持有隐匿方法的实体来恢复。这种传递信息的方式称作阈下，而这种传输机制就称作阈下信道。西蒙斯（G. J. Simmons）证明：如果一个签名要求传输 l_1 比特，并且提供 l_2 比特安全性，那么，l_1-l_2 比特就可用于阈下信道。

事实上,这不意味所有的 $l_1 - l_2$ 比特都能由这个信道使用;这依赖于签名机制。如果这些比特中的大部分是可利用的,则称这样的阈下信道为宽带的;否则,就称窄带的。西蒙斯指出:埃尔盖莫尔类的签名方案提供宽带阈下信道。例如,如果签名方程是 $s = k^{-1} \cdot (h(m) - ar) \pmod{p-1}$,其中 a 是秘密密钥,为签名者和这个签名的接收者所知,那么,就能使用 k 来携带阈下消息。这带来的缺点是:签名者必须把秘密密钥提供给接收者,使得接收者能像签名者那样对将接收的消息进行签名。西蒙斯还描述过使用 DSA 前面机制的窄带阈下信道。

参看 digital signature, digital signature algorithm (DSA), ElGamal digital signature。

subscriber 预约用户

证书主体是持有相应秘密密钥的个人、设备或其他实体。当一个证书的主体是一个人或某个其他类合法实体时,该主体常常称为是认证机构的预约用户。

参看 certificate, certification authority (CA)。

subset sum problem 子集和问题

给定一个正整数集合 $\{a_1, a_2, \cdots, a_n\}$(此集合称为背包集合)和一个正整数 s,确定是否存在 $a_j(j=1,2,\cdots,n)$ 的一个子集,其元素的总和等于 s。等价地说,就是确定是否存在 $x_i \in \{0,1\}$ $(1 \leqslant i \leqslant n)$,使得

$$\sum_{i=1}^{n} a_i x_i = s。$$

参看 knapsack problem。

subspace of a vector space 向量空间的子空间

令 V 是域 F 上的一个向量空间,V 的一个子空间是 V 的一个加法群 U,它在标量乘法下封闭,即对于所有 $a \in F$ 和 $v \in U$,都有 $av \in U$。

参看 vector space。

substitution box (S-box) 代替盒,S 盒

一般说来,代替盒由 m 个 n 变量的布尔函数的真值表组成,也可称之为 n 输入/m 输出的非线性函数表。例如,对 DES 而言,可把代替盒看作是由四个(每个都具有六个自变量的)函数的真值表组成的一个具有六个输入和四个输出的函数表。S 盒可以作为密码算法的一个组成部分,用以实现代替密码的作用。

可将一个 $n \times m$ 的 S 盒描述为有 n 个输入、m 个输出的多输出布尔函数 $F(x) = (f_1(x), \cdots, f_m(x)): \mathbb{F}_2^n \to \mathbb{F}_2^m (n \geqslant m)$,$x = (x_1, \cdots, x_n) \in \mathbb{F}_2^n$。称其中

的 $f_1(x),\cdots,f_m(x)$ 为 $F(x)$ 的分量函数。

设 $g(x)$ 为 S 盒 $F(x)$ 的分量函数的任意一个非零线性组合，则 $g(x)$ 为一个单输出的布尔函数，即存在 $a_1,\cdots,a_m\in\mathbb{F}_2$，且不全为零，使得

$$g(x)=a_1f_1(x)+\cdots+a_mf_m(x)。$$

参看 DES block cipher，nonlinear Boolean function。

substitution cipher　代替密码

一种用另外的符号或符号组替换符号或符号组的分组密码。主要类型包括单表代替密码、多名码代替密码、多表代替密码等。

参看 monoalphabetic substitution cipher，homophonic substitution cipher，polyalphabetic substitution cipher。

substitution-permutation (SP) network　代替-置换网络，SP 网络

一个代替-置换网络是一种乘积密码，它由一些级组成，每一级都含有代替 S 和置换 P。如图 S.60 所示。

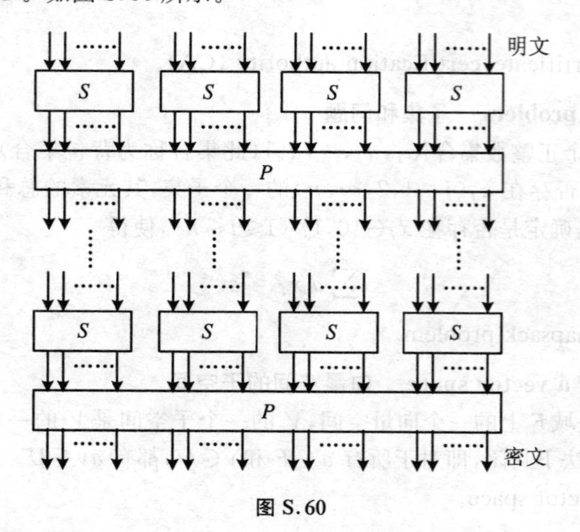

图 S.60

参看 permutation cipher，product cipher，substitution cipher。

summation generator　求和式发生器

一种非线性组合发生器，其组合函数是基于 $\mathbb{Z}_2$ 上的整数加法，也是一个有记忆的非线性函数，且具有最大相关免疫度。图 S.61 示出一般形式的求和式发生器。

图 S.61 中，使用了 n 个最大长度 LFSR，它们的级数分别为 $L_1,L_2,\cdots,L_n$，且两两互素。秘密密钥由所有 LFSR 的初态以及进位 C_0 的值构成。密钥序

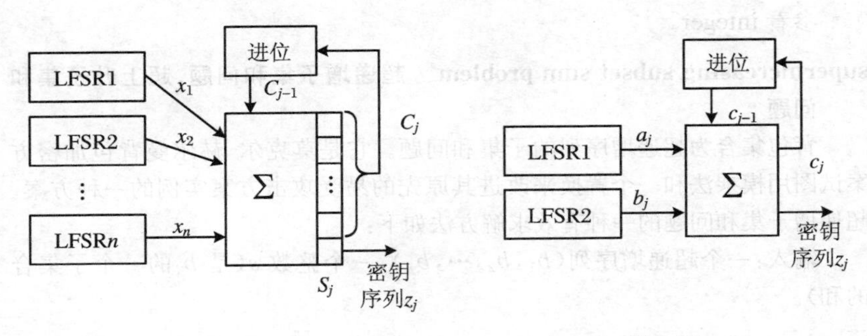

图 S.61　　　　图 S.62

列的生成方式如下：在第 j ($j \geqslant 1$) 拍节，各个LFSR已步进，产生输出比特 x_1，$x_2, \cdots, x_n$，计算整数和 $S_j = \sum_{i=1}^{n} x_i + C_{j-1}$。密钥序列比特是 $S_j \pmod 2$（即 S_j 的最低有效位），而新的进位是 $C_j = S_j/2$（即 S_j 的其余位）。密钥序列的周期是 $\prod_{i=1}^{n}(2^{L_i} - 1)$，而其线性复杂度接近这个数。

图 S.62 是 $n=2$ 时的一个特例。其中

$$\begin{cases} z_j = f_1(a_j, b_j, c_{j-1}) = a_j \oplus b_j \oplus c_{j-1}, \\ c_j = f_2(a_j, b_j, c_{j-1}) = a_j b_j \oplus (a_j \oplus b_j) c_{j-1}。\end{cases}$$

参看 combining function with memory，correlation-immune，linear complexity，maximum length LFSR，nonlinear combiner generator。

superencipherment　超加密

利用两个密码变换的乘积进行加密的过程叫作超加密。假设有两个密码变换 T_1和 T_2，它们的明文消息空间分别为 M_1和 M_2，密文空间分别为 C_1和 C_2，即 $C_1 = T_1(M_1)$，$C_2 = T_2(M_2)$；如果使得 T_1的密文空间 C_1是 T_2的明文空间 M_2（当然 $C_1 \subseteq M_2$，可以使 $C_1 = M_2$），那么超加密就是 $C = C_2 = T_2(M_2) = T_2(C_1) = T_2(T_1(M_1)) = T_2(T_1(M))$，总的加密变换可以写作 $T = T_2 T_1$，$C = T(M) = T_2 T_1(M) = T_2(T_1(M))$。

参看 cryptographic transformation。

superimposition　重叠法

同 Kerckhoffs' superimposition。

superincreasing sequence　超递增序列，超上升序列

一种具有如下特性的正整数序列 $(b_1, b_2, \cdots, b_n)$：对于每个 i ($2 \leqslant i \leqslant n$)，都有 $b_i > \sum_{j=1}^{i-1} b_j$。

参看 integer。

superincreasing subset sum problem 超递增子集和问题，超上升子集和问题

背包集合为超递增序列的子集和问题。它是莫克尔-赫尔曼背包加密方案试图用模乘法和一个置换来改进其原先的易受攻击方案实例的一种方案。超递增子集和问题的一种有效求解方法如下：

输入：一个超递增序列$(b_1,b_2,\cdots,b_n)$，一个整数s（是b_i的一个子集合的和）。

输出：$(x_1,x_2,\cdots,x_n)$，其中$x_i\in\{0,1\}$，使得$\sum_{i=1}^{n}x_ib_i=s$。

SP1 $i\leftarrow n$。

SP2 当$i\geqslant 1$时，执行以下步骤：

SP2.1 如果$s\geqslant b_i$，则$x_i\leftarrow 1, s=s-b_i$；否则$x_i\leftarrow 0$。

SP2.2 $i\leftarrow i-1$。

SP3 返回$(x_1,x_2,\cdots,x_n)$。

参看 subset sum problem, Merkle-Hellman knapsack cipher, superincreasing sequence。

superposition principle of quantum mechanics 量子力学的叠加原理

如果$|x\rangle$和$|y\rangle$是量子系统的两个可能状态，那么，任意一个线性叠加态$\alpha|x\rangle+\beta|y\rangle$也应是量子系统的一个可能状态，其中$|\alpha|^2+|\beta|^2=1$。

参看 superposition state。

superposition state 叠加态

描述量子态的一个非常有用的术语。态$|\phi_i\rangle(i=1,2,\cdots,n)$的任意线性组合$\alpha_1|\phi_1\rangle+\alpha_2|\phi_2\rangle+\cdots+\alpha_n|\phi_n\rangle$称作态$|\phi_1\rangle,|\phi_2\rangle,\cdots,|\phi_n\rangle$（它们的幅度分别为$\alpha_1,\alpha_2,\cdots,\alpha_n$且$|\alpha_1|^2+|\alpha_2|^2+\cdots+|\alpha_n|^2=1$）的叠加态。

例如态$\frac{1}{\sqrt{2}}(|0\rangle-|1\rangle)$就是态$|0\rangle$和$|1\rangle$的叠加，态$|0\rangle$的幅度为$\frac{1}{\sqrt{2}}$，而$|1\rangle$幅度为$-\frac{1}{\sqrt{2}}$。

参看 quantum state。

surjective function 满射函数

同 onto function。

swap gate 交换门

二位量子逻辑门。这个线路完成的任务是：交换两个量子位的状态。其

量子线路可用图 S. 63 表示。图 S. 64 是其实现线路。公式描述为 $|a\rangle|b\rangle \to |a\rangle|a\oplus b\rangle \to |b\rangle|a\oplus b\rangle \to |b\rangle|a\rangle$。

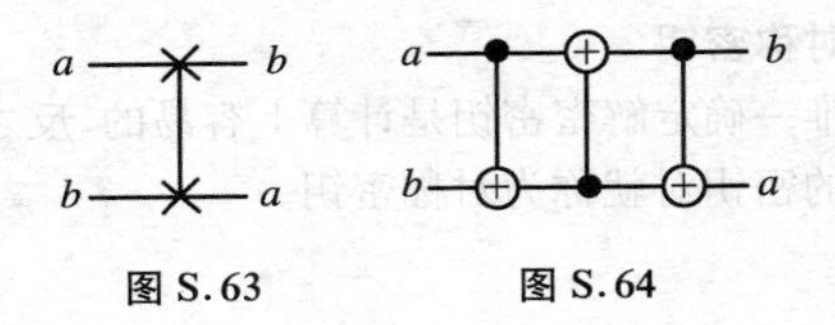

图 S. 63　　图 S. 64

交换门的矩阵表示为

$$SWAP = \begin{pmatrix} 1 & 0 & 0 & 0 \\ 0 & 0 & 1 & 0 \\ 0 & 1 & 0 & 0 \\ 0 & 0 & 0 & 1 \end{pmatrix}。$$

参看 controlled operation，quantum gates。

switching circuit　开关电路

用于实现编码功能的一些电路。

参看 linear finite-state switching circuits。

switching function　开关函数

同 Boolean function。

symmetric algorithm　对称算法

使用对称密钥进行加密/解密的密码算法。

参看 decrypt，encrypt，symmetric key。

symmetric cipher　对称密码

同 symmetric algorithm。

symmetric cipher system　对称密码体制

同 symmetric cryptosystem。

symmetric cryptographic system　对称密码体制

同 symmetric cryptosystem。

symmetric cryptography　对称密码学

使用对称密钥进行加密/解密的密码算法的编码方法学。

symmetric cryptosystem　对称密码体制

含有两个变换的密码体制：一个是发方的加密变换，另一个是收方的解密变换。收发两方使用相同的秘密密钥（或称对称密钥），或者虽不同，但一种密钥可以很容易地从另一种密钥推导出来。

参看 decryption transformation，encryption transformation，symmetric key。

symmetric key　对称密钥

已知加密密钥唯一确定解密密钥是计算上容易的，反之亦然，此时加密密钥和解密密钥构成的密钥对就称为对称密钥。

参看 key。

symmetric-key certificate　对称密钥证书

对称密钥证书为密钥转发中心(KTC)T 提供一种工具，利用这种工具可以避免维护用户秘密安全数据库的要求，或者避免依据转发申请从数据库中检索这样密钥的要求。每个用户 B 都和 KTC 共享一个密钥 K_{BT}，将 K_{BT}嵌入在一个对称密钥证书中，方法是：用仅为 KTC 已知的对称主密钥 K_T对 K_{BT}及 B 的身份进行加密，即 $E_{K_T}(K_{BT}, B)$。(生存期参数 L 也能包括在证书中作为有效周期。)证书可充当从 T 到其自身的、能单独打开的备忘录，并且把它传给 B，以使 B 以后在为消息转发请求访问 B 的对称密钥 K_{BT}时，可以把它正确地送回 T。T 现在不是存储所有用户的密钥，而只需要安全地存储主密钥 K_T。

对称密钥证书可以用在消息转发协议中，只需要修改协议中的消息为

$$A \to T: SCert_A, E_{K_{AT}}(B, M), SCert_B \quad (1)$$

其中

$$SCert_A = E_{K_T}(K_{AT}, A), \quad SCert_B = E_{K_T}(K_{BT}, B)。$$

对称密钥证书和公开密钥证书的不同如表 S.14 所示。不过这两个证书都可以存储在一个公开的目录中。

表 S.14

对称密钥证书	公开密钥证书
用 T 的主密钥进行对称密钥加密	用 T 的秘密密钥进行签名
只有 T 能提取其内的对称密钥	许多用户都能验证一个公开密钥证书
要求 T 对密钥转发是联机的	T 是一个脱机的认证机构

参看 key translation，key translation center(KTC)。

比较 public-key certificate。

symmetric key encryption　对称密钥加密

由两个变换集合组成的密码方案：加密变换集合$\{E_e | e \in K\}$和解密变换集合$\{D_d | d \in K\}$，其中 K 是密钥空间。加密变换和解密变换可以使用相同的秘密密钥($e = d$，或称单密钥)，或者虽不同，但一种密钥可以很容易地从另一种密钥推导出来(对称密钥)。

参看 symmetric cryptosystem。

symmetric key system　对称密钥体制

加密/解密依赖于对称密钥的保密性的密码体制。

同 symmetric cryptosystem。

symmetric key technique　对称密钥技术

使用对称密钥加密的技术。信息发送方和信息接收方预先商定好一个秘密密钥(K)。信息发送方用密钥 K 加密要发送给信息接收方的明文消息 M，将加密后的消息(密文 C)经由公开信道发送给信息接收方;信息接收方用密钥 K 将密文 C 解密获得明文消息 M。

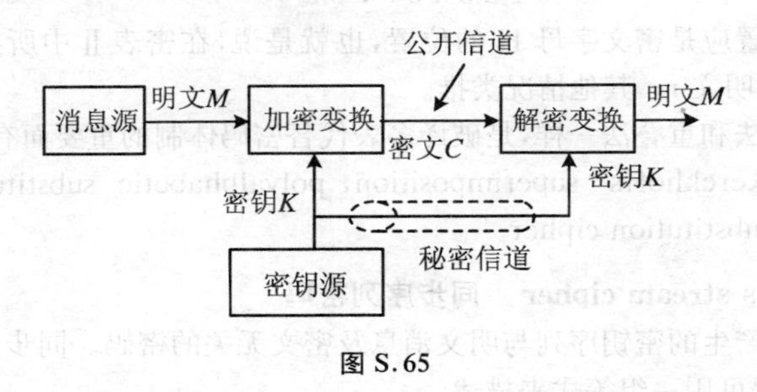

图 S.65

参看 symmetric key encryption。

symmetry of position　位对称法

克尔克霍夫斯(Kerckhoffs)发现的破译多表代替密码体制的另一种方法。主要是依据两个密文字母在每一个密表中的相对位置。例如，某个多表代替体制具有下述几个密表:

明文：a b c d e f g h i j k l m n o p q r s t u v w x y z
密表1：N E W Y O R K C I T A B D F G H J L M P Q S U V X Z
密表2：E W Y O R K C I T A B D F G H J L M P Q S U V X Z N
密表3：W Y O R K C I T A B D F G H J L M P Q S U V X Z N E
密表4：Y O R K C I T A B D F G H J L M P Q S U V X Z N E W
……

从上表中可以看出:N 和 E 两个密文字母在每一个密表中都处于相邻位置;而 N 和 Y 在每一个密表中的距离都是 3 个字母的间隔。因此，如果人们确定了两个密文字母在一个密表中的横行距离，那么，如果在另一个密表中确定了这两个密文字母中的任意一个字母的位置后，就可以根据已确定的距离来确定另一个密文字母的位置。

举例说明:人们在破译一份用上述多表代替体制加密的密文中，已确定密文字母 K 代替明文 e，密文字母 H 代替明文 n。因此，K 和 H 两者在密表Ⅰ中的位置之间的距离为 9。

明文：a b c d e f g h i j k l m n o p q r s t u v w x y z
密表Ⅰ：　　K　　　　　　H
距离：　　0 1 2 3 4 5 6 7 8 9

如果在一个密表Ⅱ中发现密文字母 K 代替明文 i，那么，就可以立即推算出与 K 相距为 9 的位置：

明文：a b c d e f g h i j k l m n o p q r s t u v w x y z
密表Ⅱ：　　　　　　K
距离：　　　　　　0 1 2 3 4 5 6 7 8 9

这个位置应是密文字母 H 的位置，也就是说，在密表Ⅱ中所有的密文字母 H 都代替明文 r。其他情况类推。

位对称法和重叠法一样，是破译多表代替密码体制的重要而有效的技术。

参看 Kerckhoffs' superimposition，polyalphabetic substitution，polyalphabetic substitution cipher。

synchronous stream cipher　同步序列密码

一种所产生的密钥序列与明文消息及密文无关的密码。同步序列密码的加/解密过程可用一组等式来描述：

加密：$\sigma_{i+1}=f(\sigma_i,k)$，$z_i=g(\sigma_i,k)$，$c_i=h(z_i,m_i)$；

解密：$\sigma_{i+1}=f(\sigma_i,k)$，$z_i=g(\sigma_i,k)$，$m_i=h^{-1}(z_i,c_i)$。

其中，σ_0是初始状态，可以由密钥 k 确定，σ_i是第 i 时刻的状态，f 是下一状态函数；g 是产生密钥序列z_i的函数；h 是把密钥序列z_i和明文m_i组合在一起产生密文 c_i的输出函数；而 h^{-1}是 h 的逆函数，它把密钥序列 z_i和密文c_i组合在一起恢复明文m_i。图 S.66 示出了同步序列密码的加/解密过程。

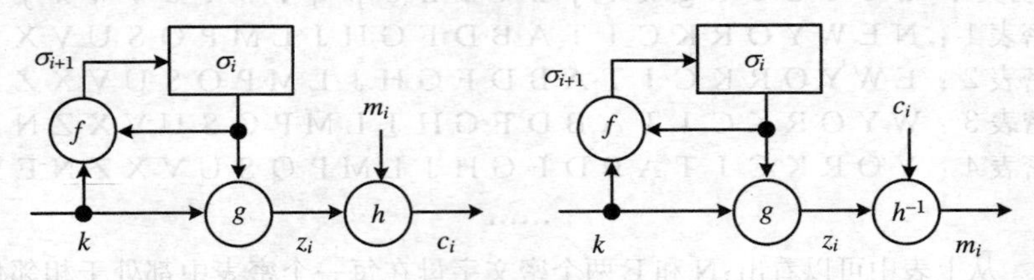

图 S.66

参看 decrypt，encrypt，key stream。

比较 self-synchronous stream cipher。

T

tail probability　尾部概率

在随机性的虚假设下，在考虑虚假设时，所选择的检验统计量等于或坏于观察的检验统计量的概率。

参看 statistical hypothesis，statistical hypothesis test。

tap sequence　抽头序列

L 级线性反馈移位寄存器(LFSR)的反馈位 s_j 的值是那 L 个延迟单元中所有可能单元的当前值的一个线性函数(即寄存器中一些延迟单元的当前值的简单异或)，把参与这个线性函数运算的那些延迟单元的级编号(也就是这个 LFSR 的连接多项式的那些系数为"1"的项的那个延迟单元的形式幂次)写成一个序列，称之为抽头序列。

例 1　4 级 LFSR(Ⅰ)。如图 T.1 所示。

连接多项式为 $C(D)=1+D+D^2+D^3+D^4$。

抽头序列为(4,3,2,1)。

例 2　4 级 LFSR(Ⅱ)。如图 T.2 所示。

连接多项式为 $C(D)=1+D+D^4$。

抽头序列为(4,1)。

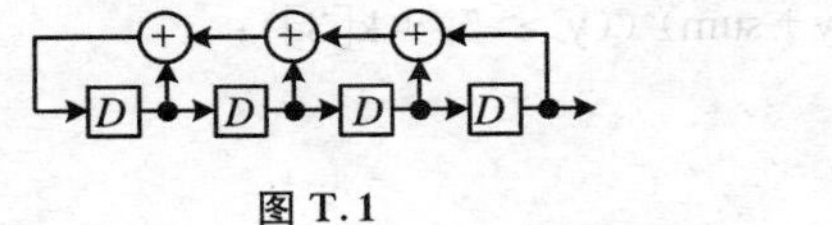

图 T.1

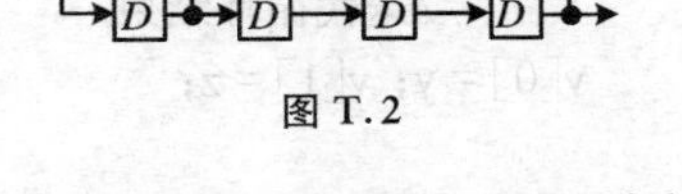

图 T.2

参看 linear feedback shift register (LFSR)，connection polynomial of LFSR。

tapper　搭线窃听者，窃听者

和 adversary 同义。

参看 adversary。

target attack　目标攻击

同 preimage attack 或 2nd-preimage attack。

***t*-distribution　*t* 分布**

如果一个(连续)随机变量 X 的概率密度函数定义为

$$f(x)=\frac{\Gamma\left(\frac{n+1}{2}\right)}{\sqrt{n\pi}\Gamma\left(\frac{n}{2}\right)}\left(1+\frac{x^2}{n}\right)^{-(n+1)/2} \quad (-\infty<x<\infty),$$

则称其为具有 n 自由度的 t 分布(又称学生 t 分布),其中 Γ 是伽马函数。这种分布的均值 $\mu=0(n>1)$,方差 $\sigma^2=n/(n-2)$。可以证明,当自由度 $n\to\infty$ 时,t 分布的极限分布是标准正态分布。

参看 standard normal distribution。

TEA block cipher TEA 分组密码

由惠勒(D. J. Wheeler)和尼达姆(R. M. Needham)提出的一个非常简单的分组密码算法,分组长度为 64 比特,密钥为 128 比特,运算面向 32 比特字。它既没有预先设置的随机数表(或函数表),也没有长的设置过程,只使用一个弱的非线性迭代轮函数,其保密性能依赖于足够的迭代轮数。用 C 语言编写的加密与解密源程序如下:

```
void code(unsigned long *v,unsigned long *k)    //加密子程序
{
  unsigned long y=v[0],z=v[1],sum=0,    //设置
  delta=0x9E3779B9,    //密钥编排常数 delta=(√5-1)2^31
  n=32;
  while(n-->0){    //32 轮基本迭代循环
    sum+=delta;
    y+=((z<<4)+k[0])^(z+sum)^((z>>5)+k[1]);
    z+=((y<<4)+k[2])^(y+sum)^((y>>5)+k[3]);
  } //迭代循环结束
  v[0]=y; v[1]=z;
}
void decode(unsigned long *v,unsigned long *k)    //解密子程序
{
  unsigned long n=32,sum,y=v[0],z=v[1],delta=0x9E3779B9;
  while(n-->0){    //32 轮基本迭代循环
    z-=((y<<4)+k[2])^(y+sum)^((y>>5)+k[3]);
    y-=((z<<4)+k[0])^(z+sum)^((z>>5)+k[1]);
    sum-=delta;
  }    //迭代循环结束
  v[0]=y; v[1]=z;
}
```

参看 block cipher。

tensor product　张量积

令矢量空间 V 由矢量 v_i 张成,矢量空间 W 由 w_i 张成,即

$$V = \text{span}\{v_i\}, \quad W = \text{span}\{w_i\},$$

则两矢量空间的张量积定义如下:

$$V \otimes W = \text{span}\{v_i \otimes w_i\},$$

即两矢量空间的张量积空间由矢量 $v_i \otimes w_i$ 张成。

注　可将$(b_1 \otimes b_2 \otimes \cdots \otimes b_n)$写成$(b_1 b_2 \cdots b_n)$,例如,$|0\rangle \otimes |1\rangle = |01\rangle$。

一般矢量空间是由矢量空间中的矢量集合 V 来定义的,在这个意义上,上述定义有点不直观,而这里是通过它的基矢量集合来定义张量积空间的。

张量积的性质如下:

对矩阵 A,B,C,D,矢量 x,y,u 以及标量 a,b,有

$$(A \otimes B)(C \otimes D) = (AC \otimes BD),$$
$$(A \otimes B)(x \otimes y) = Ax \otimes By,$$
$$(x + y) \otimes u = x \otimes u + y \otimes u,$$
$$u \otimes (x + y) = u \otimes x + u \otimes y,$$
$$ax \otimes by = ab(x \otimes y)。$$

例如

$$(a|0\rangle + b|1\rangle) \otimes (c|0\rangle + d|1\rangle) = ac|00\rangle + bc|10\rangle + ad|01\rangle + bd|11\rangle。$$

如果 $\dim(V) = n$,$\dim(W) = k$,则 $\dim(V \otimes W) = nk$。如果 A 是一个 n 维空间上的一个变换,B 是一个 k 维空间上的一个变换,则 $A \otimes B$ 是 nk 维空间上的一个变换。

这样,对于其中每一个都有基$\{|0\rangle,|1\rangle\}$的两量子位的态空间就具有基$\{|00\rangle,|01\rangle,|10\rangle,|11\rangle\}$。如果我们有 n 个量子位,则态空间的维数将为 2^n。

在经典物理学中,对于一个 n 粒子系统的状态,可通过列举单个粒子的状态来表示整个系统的状态,但对量子系统就不是这种情况,n 个粒子的单一状态不能定义整个系统的状态。

在经典系统中,n 个粒子的单一状态空间通过笛卡儿积组合,而在量子系统中是通过张量积,也就是,n 个粒子的完整状态能被模拟作为单一状态空间的张量积空间的一个矢量。

参看 quantum state,state (vector) space,vector space。

比较 Cartesian product。

terminal key　终端密钥

假定预先定义的一个集合中的每一个终端 X 都与一个可信中央节点 C 共享一个密钥加密密钥(这里就称之为终端密钥)K_X,而且 C 存储一个列有

所有终端密钥的表，这个表中列出的每个终端密钥都是在主密钥 K_M 作用下加密成密文形式，如图 T.3 所示。图中 E 表示系统中使用的加密算法，其对应解密算法用 D 表示。

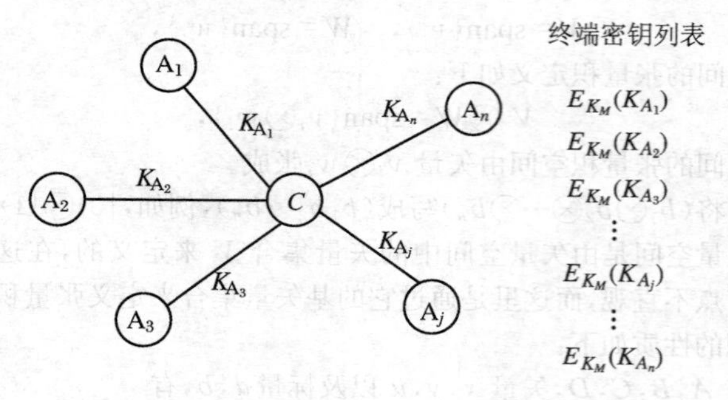

图 T.3

如果终端 A_2 想要和终端 A_j 进行通信，中央节点 C 可以提供一个会话密钥分发给 A_2 和 A_j，过程如下：

(1) C 获得一个随机数 R（可以自己产生或从外部获得）；

(2) C 计算 $S = D_{K_M}(R)$；

(3) C 计算 $D_{K_M}(E_{K_M}(K_{A_2})) = K_{A_2}$，C 计算 $D_{K_M}(E_{K_M}(K_{A_j})) = K_{A_j}$；

(4) C 计算 $E_{K_{A_2}}(S)$，并将之发送给 A_2，C 计算 $E_{K_{A_j}}(S)$，并将之发送给 A_j；

(5) A_2 计算 $D_{K_{A_2}}(E_{K_{A_2}}(S)) = S$，获得会话密钥 S；

(6) A_j 计算 $D_{K_{A_j}}(E_{K_{A_j}}(S)) = S$，获得会话密钥 S。

参看 key-encrypting key，key layering，master key，session key。

test for the longest-run-of ones in a block　一个字块内最大"1"游程检验

NIST 特种出版物 800-22《A Statistical Test Suite for Random and Pseudo-random Number Generators for Cryptographic Applications》中提出的 16 项检验之一。

检验目的　检验序列 $S = s_0, s_1, s_2, \cdots, s_{n-1}$ 中最长"1"游程的长度是否符合随机序列所期望的。

理论根据及检验技术描述　将序列 S 划分成 N 个子串，每个子串长 M 比特，则 $n = MN$。依据 M 的大小选择 K 值，将每个子串的最长"1"游程的长度分布情况划分成 $K+1$ 类：$v_j\,(j = 0, 1, \cdots, K)$。对每个子串，统计其最长 1 游程的长度，看这个长度属于那 $K+1$ 类中的哪一类，就将那一类的计数加 1。如果在一个 m 比特字块中有 r 个"1"和 $m - r$ 个"0"，则在这个字块中最长 v（$v \leqslant m$）个"1"的串的条件概率有如下形式：

$$P(\nu \leqslant m \mid r) = \frac{1}{\binom{M}{r}} \sum_{j=0}^{U} (-1)^j \binom{M-r+1}{j} \binom{M-j(m+1)}{M-r},$$

其中，$U = \min(M-r+1, [r/(m+1)])$，因此

$$P(\nu \leqslant m) = \sum_{r=0}^{M} \binom{M}{r} P(\nu \leqslant m \mid r) \frac{1}{2^M}。$$

根据上式可以确定这 $K+1$ 类的理论概率 $p_0, p_1, \cdots, p_K$。

表 T.1 列出不同 M 值和根据 M 值确定的适当的 K 值和最小的 N 值，以及分类情况与对应的理论概率。

表 T.1

M	K	N	分类	理论概率
8	3	16	$\nu_0 = \{\nu \leqslant 1\}$	$p_0 = 0.2148$
			$\nu_1 = \{\nu = 2\}$	$p_1 = 0.3672$
			$\nu_2 = \{\nu = 3\}$	$p_2 = 0.2305$
			$\nu_3 = \{\nu \geqslant 4\}$	$p_3 = 0.1875$
128	5	49	$\nu_0 = \{\nu \leqslant 4\}$	$p_0 = 0.1174$
			$\nu_1 = \{\nu = 5\}$	$p_1 = 0.2430$
			$\nu_2 = \{\nu = 6\}$	$p_2 = 0.2493$
			$\nu_3 = \{\nu = 7\}$	$p_3 = 0.1752$
			$\nu_4 = \{\nu = 8\}$	$p_4 = 0.1027$
			$\nu_5 = \{\nu \geqslant 9\}$	$p_5 = 0.1124$
512	5		$\nu_0 = \{\nu \leqslant 6\}$	$p_0 = 0.1170$
			$\nu_1 = \{\nu = 7\}$	$p_1 = 0.2460$
			$\nu_2 = \{\nu = 8\}$	$p_2 = 0.2523$
			$\nu_3 = \{\nu = 9\}$	$p_3 = 0.1755$
			$\nu_4 = \{\nu = 10\}$	$p_4 = 0.1015$
			$\nu_5 = \{\nu \geqslant 11\}$	$p_5 = 0.1077$
1 000	5		$\nu_0 = \{\nu \leqslant 7\}$	$p_0 = 0.1307$
			$\nu_1 = \{\nu = 8\}$	$p_1 = 0.2437$
			$\nu_2 = \{\nu = 9\}$	$p_2 = 0.2452$
			$\nu_3 = \{\nu = 10\}$	$p_3 = 0.1714$
			$\nu_4 = \{\nu = 11\}$	$p_4 = 0.1002$
			$\nu_5 = \{\nu \geqslant 12\}$	$p_5 = 0.1088$
10 000	6	75	$\nu_0 = \{\nu \leqslant 10\}$	$p_0 = 0.0882$
			$\nu_1 = \{\nu = 11\}$	$p_1 = 0.2092$
			$\nu_2 = \{\nu = 12\}$	$p_2 = 0.2483$
			$\nu_3 = \{\nu = 13\}$	$p_3 = 0.1933$
			$\nu_4 = \{\nu = 14\}$	$p_4 = 0.1208$
			$\nu_5 = \{\nu = 15\}$	$p_5 = 0.0675$
			$\nu_6 = \{\nu \geqslant 16\}$	$p_6 = 0.0727$

那么统计量

$$\chi^2 = \sum_{i=0}^{K} \frac{(\nu_i - Np_i)^2}{Np_i}$$

近似服从 χ^2 分布，自由度为 K。尾部概率

$$P\text{-}value = \text{igamc}\left(\frac{K}{2}, \frac{\chi^2_{\text{obs}}}{2}\right),$$

其中，χ^2_{obs} 是观测值，$\text{igamc}(a, x)$ 为不完全伽马函数：

$$\mathrm{igamc}(a,x)=\frac{1}{\Gamma(a)}\int_x^{\infty}\mathrm{e}^{-u}u^{a-1}\mathrm{d}u。$$

检验统计量与参照的分布 统计量 χ_{obs}^2的参照分布是 χ^2分布。

检验方法描述 (1) 将序列 S 分割成M 比特长的N 个字块。

(2) 选择 K 值。观察每个字块的最长“1”游程的长度,根据表 T.1 统计出每个分类的观测频数 $v_j(j=0,1,\cdots,K)$。

(3) 根据表 T.1 和 $v_j(j=0,1,\cdots,K)$值计算统计量:

$$\chi_{\mathrm{obs}}^2=\sum_{i=0}^{K}\frac{(v_i-Np_i)^2}{Np_i}。$$

(4) 计算尾部概率 *P-value*:

$$P\text{-}value=\mathrm{igamc}\left(\frac{K}{2},\frac{\chi_{\mathrm{obs}}^2}{2}\right)。$$

判决准则(在显著性水平 1%下) 如果 $P\text{-}value<0.01$,则该序列未通过该项检验;否则,通过该项检验。

判决结论及解释 根据上面的步骤(4)中的 *P-value*,得出结论:这个序列通过该项检验还是未通过该项检验。

注意,χ_{obs}^2大表示序列 S 中“1”聚集成堆。

输入长度建议 序列 S 的长度n 应不小于MN 比特。比如,当 $M=8$ 时,$n\geqslant8\times16=128$。

举例说明 序列 S:

11001100000010101011011000100110011100000000001001
00110101010001000100111101011010000000110101111100
1100111001101101100010110010,

$n=128,M=8,N=16$;选择 $K=3$。

观察每个字块的最长“1”游程的长度:

11001100(2) 00010101(1) 01101100(2) 01001100(2)
11100000(3) 00000010(1) 01001101(2) 01010001(1)
00010011(2) 11010110(2) 10000000(1) 11010111(3)
11001100(2) 11100110(3) 11011000(2) 10110010(2)

统计:$v_0=4,v_1=9,v_2=3,v_3=0$。

计算:$\chi_{\mathrm{obs}}^2=4.882\,605$。

计算:$P\text{-}value=0.180\,598$。

结论:由于 $P\text{-}value\geqslant0.01$,这个序列通过“一个字块内最大‘1’游程检验”。

参看 chi-square (χ^2) distribution, chi square test, NIST Special Publication 800-22, run of a sequence, statistical hypothesis, statistical test, tail probability。

test vectors　测试向量

在指定明文输入 M 和密钥 K 的情况下，密码算法输出 C 是预先计算好的那个密文。这可用来检验密码算法的工程实现是否正确，检测密码设备是否正常运行。比如，DES 分组密码的测试向量就是：

密钥 K= 0123456789ABCDEF；

明文 P= 4E6F772069732074　68652074696D6520　666F7220616C6C20；

密文 C= 3FA40E8A984D4815　6A271787AB8883F9　893D51EC4B563B53。

参看 DES block cipher。

T-function　T 函数

如果一个从 n 比特输入到 n 比特输出的函数 $f(x)$ 从左到右不扩散信息，即输出的第 i 比特（用 $[f(x)]_i$ 表示，其中最低有效位定义为第 0 比特，而最高有效位定义为第 $n-1$ 比特）只取决于输入的第 $j=0,1,\cdots,i$ 比特，则称这个 $f(x)$ 为 T 函数（它是三角形函数"triangular function"的缩写）。

下述公式完全描述了这种函数形式：

$$[f(x)]_0 = f_0([x]_0),$$
$$[f(x)]_1 = f_1([x]_0,[x]_1),$$
$$[f(x)]_2 = f_2([x]_0,[x]_1,[x]_2),\cdots,$$
$$[f(x)]_{n-1} = f_{n-1}([x]_0,\cdots,[x]_{n-2},,[x]_{n-1}),$$

其中，输入 $x=[x]_{n-1}[x]_{n-2}\cdots[x]_1[x]_0$，$[x]_i$ 为输入 x 的第 i 比特，$i=0,\cdots,n-1$。

可以证明，使用 T 函数能构造特别有效的密码基础模块。例如序列密码中的最大长度非线性状态转移函数、分组密码中的大 S 盒、散列函数中的非代数式多重置换等。

参看 hash function，state transition，state transition transformation，substitution box (S-box)。

theoretically breakable　理论上可破译的，理论上可破的

假定密码分析者拥有无限的时间、人力、设备和资金，在这种情况下，如果密码分析者能够破译一个密码体制（密码算法），那么，该密码体制（密码算法）就是理论上可破（译）的。

参看 crypeosystem，cipher algorithm。

theoretically secure　理论上保密的

假定密码分析者拥有无限的时间、人力、设备和资金，在这种情况下，如果一个密码体制（密码算法）能够抗得住密码分析者的破译攻击，那么，该密码体制（密码算法）就是理论上保密的（也称作理论上不可破译的）。

参看 crypeosystem,cipher algorithm。

theoretically unbreakable　理论上不可破译的,理论上不可破的

同 theoretically secure。

theoretical secrecy　理论保密,理论保密性

假定密码分析者拥有无限的时间、人力、设备和资金,在这种情况下,如果一个密码体制(密码算法)能够抗得住密码分析者的破译攻击,那么,它就称为理论上保密的(也称作理论上不可破译的)密码体制(密码算法)。香农在对理论保密性的研究中得出了完全保密和理想保密两种体制。

参看 ideal secrecy system,perfect secrecy system,theoretically secure。

threat analysis　威胁分析

在密码学中,威胁分析是使一些密码操作(如在密钥管理方案中的一些密码操作)经受一系列假设攻击的过程。和密码分析不同,威胁分析的目的主要是在保密系统中寻找漏洞,以便采取相应措施,堵住安全漏洞。

参看 cryptanalysis。

three-layer architecture　三层体系结构,三层结构

一种密钥管理体系结构。在这种体系结构中,第一层为密钥加密密钥(或称主密钥),是人工分配的,用于加密自动分配的第二层密钥加密密钥;第三层为数据密钥,它用第二层密钥加密密钥加密后进行自动分配。

参看 key layering。

3-WAY block cipher　3-WAY 分组密码

3-WAY 算法是迪门(J. Daemen)设计的一种 n 轮(迪门推荐使用 11 轮)迭代的分组密码算法。它的分组长度和密钥的长度皆为 96 比特。它的设计既考虑到便于硬件实现,又考虑到便于软件实现。

3-WAY 分组密码方案

1. 符号注释

所有变量均为 32 比特变量;

$\oplus$表示按位异或;$\vee$表示按位或;$\bar{a}$ 表示 a 按位取补;$\|$ 表示并置。

$x \ll s$ 表示将 32 比特变量 x 左移 s 位;

$x \gg s$ 表示将 32 比特变量 x 右移 s 位。

加密轮常数 $ERCON_i$ 与解密轮常数 $DRCON_i$($i=0,1,\cdots,n$)。

2. 基本函数

$y=\text{theta}(x)$是一个线性函数。设 $x=a_0 \| a_1 \| a_2, a_i \in \{0,1\}^{32}$($i=0,1,2$),则有

$b_0 = a_0 \oplus (a_0 \gg 16) \oplus (a_1 \ll 16) \oplus (a_1 \gg 16) \oplus (a_2 \ll 16)$

$\oplus(a_1 \gg 24)\oplus(a_2 \ll 8)\oplus(a_2 \gg 8)\oplus(a_0 \ll 24)\oplus(a_2 \gg 16)$

$\oplus(a_0 \ll 16)\oplus(a_2 \gg 24)\oplus(a_0 \ll 8)$,

$b_1 = a_1\oplus(a_1 \gg 16)\oplus(a_2 \ll 16)\oplus(a_2 \gg 16)\oplus(a_0 \ll 16)\oplus(a_2 \gg 24)$

$\oplus(a_0 \ll 8)\oplus(a_0 \gg 8)\oplus(a_1 \ll 24)\oplus(a_0 \gg 16)\oplus(a_1 \ll 16)$

$\oplus(a_0 \gg 24)\oplus(a_1 \ll 8)$,

$b_2 = a_2\oplus(a_2 \gg 16)\oplus(a_0 \ll 16)\oplus(a_0 \gg 16)\oplus(a_1 \ll 16)\oplus(a_0 \gg 24)$

$\oplus(a_1 \ll 8)\oplus(a_1 \gg 8)\oplus(a_2 \ll 24)\oplus(a_1 \gg 16)\oplus(a_2 \ll 16)$

$\oplus(a_1 \gg 24)\oplus(a_2 \ll 8)$,

$y = b_0 \parallel b_1 \parallel b_2$, $b_i \in \{0,1\}^{32}$ $(i = 0,1,2)$。

pi_1(x)和 pi_2(x)是简单的置换。设 $x = a_0 \parallel a_1 \parallel a_2, a_i \in \{0,1\}^{32}(i = 0,1,2)$,则有

$y = \text{pi\_1}(x)$:

$a_0 = (a_0 \gg 10)\oplus(a_0 \ll 22)$,

$a_2 = (a_2 \ll 1)\oplus(a_2 \gg 31)$, $y = a_0 \parallel a_1 \parallel a_2$。

$y = \text{pi\_2}(x)$:

$a_0 = (a_0 \ll 1)\oplus(a_0 \gg 31)$,

$a_2 = (a_2 \gg 10)\oplus(a_2 \ll 22)$, $y = a_0 \parallel a_1 \parallel a_2$。

$y = \text{gamma}(x)$是一个非线性函数。设 $x = a_0 \parallel a_1 \parallel a_2, a_i \in \{0,1\}^{32}(i = 0,1,2)$,则有

$b_0 = a_0 \oplus a_1 \vee \bar{a}_2$,

$b_1 = a_1 \oplus a_2 \vee \bar{a}_0$,

$b_2 = a_2 \oplus a_0 \vee \bar{a}_1$,

$y = b_0 \parallel b_1 \parallel b_2$, $b_i \in \{0,1\}^{32}$ $(i = 0,1,2)$。

$y = \text{reverse}(x)$是一个将 n 比特变量 x 的数位顺序反向的函数。设 $x = (a_{n-1}, a_{n-2}, \cdots, a_1, a_0)$,则 $y = (a_0, a_1, \cdots, a_{n-2}, a_{n-1})$。

3. 加密算法

输入:96 比特明文字块 $m = m_0 \parallel m_1 \parallel m_2, m_i \in \{0,1\}^{32}(i = 0,1,2)$;加密扩展子密钥 $EK_i \in \{0,1\}^{32}$ $(i = 0,1,\cdots,n)$。

输出:96 比特密文字块 $c = c_0 \parallel c_1 \parallel c_2, c_i \in \{0,1\}^{32}(i = 0,1,2)$。

```
begin
  c←m
  for i = 0 to n − 1 do
    c←c⊕EK_i
    c←theta(c)
    c←pi−1(c)
```

```
    c←gamma(c)
    c←pi-2(c)
  next i
  c←c⊕EK_n
  c←theta(c)
end
```

4. 解密算法

输入:96 比特密文字块 $c=c_0\parallel c_1\parallel c_2, c_i\in\{0,1\}^{32}$ $(i=0,1,2)$;解密扩展子密钥 $DK_i\in\{0,1\}^{32}$ $(i=0,1,\cdots,n)$。

输出:96 比特明文字块 $m=m_0\parallel m_1\parallel m_2, m_i\in\{0,1\}^{32}$ $(i=0,1,2)$。

```
begin
  m←reverse(c)
  for i=0 to n-1 do
    m←m⊕DK_i
    m←theta(m)
    m←pi-1(m)
    m←gamma(m)
    m←pi-2(m)
  next i
  m←m⊕DK_n
  m←theta(m)
  m←reverse(m)
end
```

5. 密钥编排

输入:96 比特密钥 $K=K_0\parallel K_1\parallel K_2, K_i\in\{0,1\}^{32}$ $(i=0,1,2)$。

输出:加密扩展子密钥 $EK_i\in\{0,1\}^{32}$,解密扩展子密钥 $DK_i\in\{0,1\}^{32}$ $(i=0,1,\cdots,n)$。

```
begin
  ERCON_0←(0B0B)_hex
  DRCON_0←(B1B1)_hex
  for i=0 to n do
    ERCON_i←ERCON_{i-1}<<1
    if (ERCON_i≥2^16) then ERCON_i←ERCON_i⊕(11011)_hex
  next i
  KI←theta(K)
```

$KI \leftarrow \text{reverse}(KI)$

$KI = KI_0 \| KI_1 \| KI_2$

for $i = 0$ to n do

$EK_i \leftarrow (K_0 \oplus (ERCON_i \ll 16)) \| K_1 \| (K_2 \oplus ERCON_i)$

$DK_i \leftarrow (KI_0 \oplus (DRCON_i \ll 16)) \| KI_1 \| (KI_2 \oplus DRCON_i)$

next i

end

6. 测试向量(数字均为十六进制表示)

密钥: 00000000 00000000 00000000,

明文: 00000001 00000001 00000001,

密文: ad21ecf7 83ae9dc4 4059c76e;

密钥: 00000004 00000005 00000006,

明文: 00000001 00000002 00000003,

密文: cab920cd d6144138 d2f05b5e;

密钥: bcdef012 456789ab def01234,

明文: 01234567 9abcdef0 23456789,

密文: 7cdb76b2 9cdddb6d 0aa55dbb;

密钥: cab920cd d6144138 d2f05b5e,

明文: ad21ecf7 83ae9dc4 4059c76e,

密文: 15b155ed 6b13f17c 478ea871。

参看 block cipher。

threshold scheme 门限方案

一个(t, n)门限方案是一种方法,通过这种方法,一个可信方根据一个初始秘密 S 来计算秘密的 n 个份额 $S_i (1 \leqslant i \leqslant n)$,并安全地把 S_i 分配给用户 P_i,使得任意 t 个或更多的用户集中他们各自的那一份份额就可以很容易地恢复 S,但是仅知道 $t-1$ 或更少秘密份额的任意用户群都不能恢复 S。

参看 secret share,Shamir's threshold scheme。

throughput 吞吐量

对一个系统或设备处理数据的速率的一种度量。在密码系统或设备中,吞吐量和密码映射的复杂性有关系,是使密码映射满足特殊的实现媒体或平台要求的程度。

参看 complexity of cryptographic mapping。

time complexity 时间复杂性,时间复杂度

动态复杂性度量的一种典型方法,又称时间耗费。对同一个算法而言,其程序执行时间随着问题大小 n（n 是问题大小的某种测度）的变化而变化，即是问题大小的函数 $f(n)$。由问题大小的函数表示的某算法的程序执行时间就称为这个算法的时间复杂性（或称该算法的“时间界”）。

参看 dynamic complexity measure。

time cost　时间耗费

同 time complexity。

time division scrambling　时分置乱

同 time element scrambling。

time domain scrambling　时域置乱

通过改变时间单元的时序关系，造成奇异的话音结合，致使话音的节奏、能量、韵律等发生变化。时域置乱技术包括：颠倒时间段、时间单元跳动窗置乱、时间单元滑动窗置乱、时间样点置乱等。

参看 reversed time segmentation，time element scrambling。

time element scrambling　时间单元置乱

一种基于时分多路技术的话音置乱形式，故又称时分置乱。这种置乱技术将话音信号划分成若干帧，每帧又被划分成若干时间单元（称作段），每个段长为 20～60 毫秒。在一帧之内（一般有 8～16 个时间单元）对各时间单元的时序进行置换。以何种顺序改变置换只有收发双方知晓。图 T.4 示出了一帧有 8 个时间单元的置乱原理。

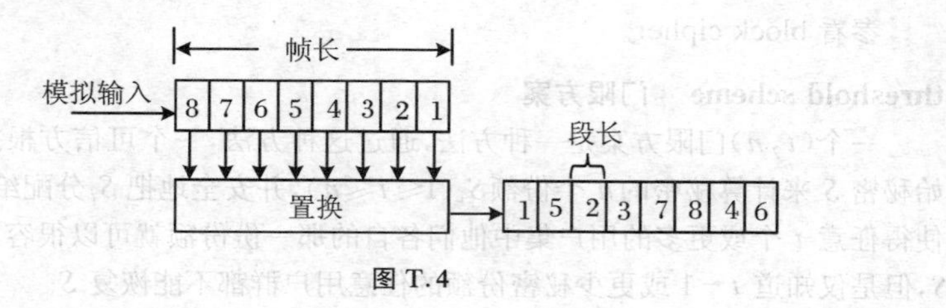

图 T.4

参看 voice scrambling。

time-memory tradeoff　时间-存储器折中

某些破译分析（或称攻击）算法的时间和空间耗费的乘积是个定数。如果想加快运行时间，就需要增加存储空间；反之亦然。例如，对双重加密的中间相会攻击，通过独立猜测 k 比特密钥 K_1 的 s 比特与 K_2 的 s 比特（对每个固定的 s，$0 \leqslant s \leqslant k$），就可以减小存储空间，而使原先需要的具有 2^k 个表项的一个表消去 2^s 个表项，成为具有 2^{k-s} 个表项的一个表，但攻击算法必须在 $2^s \cdot 2^s$ 对这样的表上运行才能遍及所有的可能密钥对。这样，算法的存储空间需要存

储 $2 \cdot 2^{k-s}$ 个表项，算法运行时间则是 $2^{2s} \cdot 2^{k-s} = 2^{k+s}$。时间和存储空间的乘积是 2^{2k+1}。

参看 DES block cipher，double encryption，meet-in-the-middle attack。

time sample scrambling　时间样点置乱

一种时间域的模/数/模置乱体制。根据采样定理，一个带宽为 B Hz 的受限信号，可以通过样点间隔不大于 $1/(2B)$ 的模拟样点序列来精确表示。可以对这个模拟样点序列进行置乱，而后再经过数/模转换就可得到被置乱的模拟信号，从而达到话音保密的目的。其中只对模拟样点的位置进行置乱的方案就称为时间样点置乱。图 T.5 给出了一例。

图(a)是原始话音信号；图(b)表示模拟样点序列 $\{a_1, a_2, \cdots, a_{32}\}$；图(c)示出了对模拟样点序列 $\{a_1, a_2, \cdots, a_{32}\}$ 进行置换的结果(置换过程如下：先将模拟样点序列 $\{a_1, a_2, \cdots, a_{32}\}$ 按每 8 个样点组成一帧进行置换，这里用的置换用轮换来表示就是(16247538))；图(d)就是和图(c)相对应的被置乱后的模拟话音信号。

参看 analog scrambling。

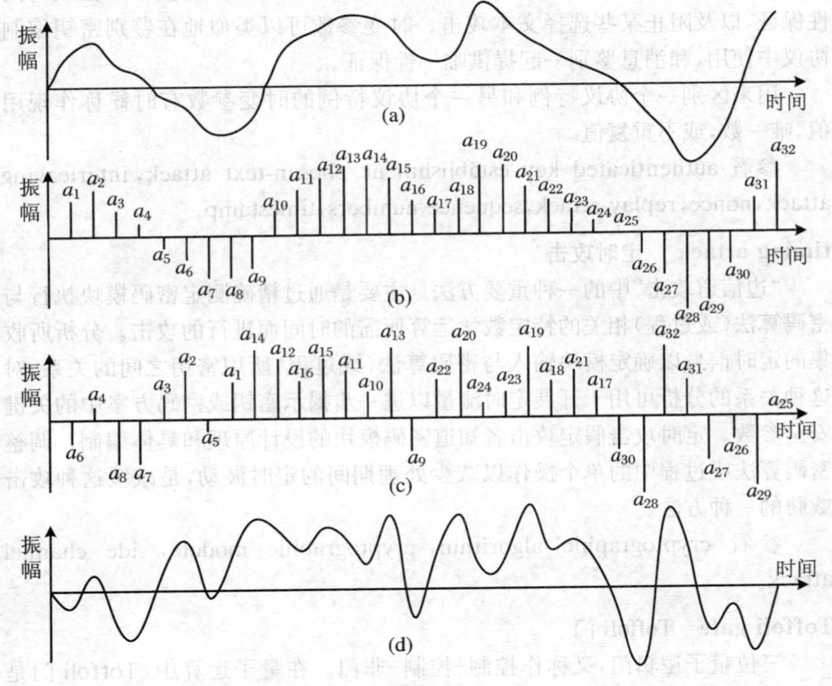

图 T.5

time-space cost 时空耗费

动态复杂性度量中程序执行时间和存储空间(即所谓的时间耗费和空间耗费)的统称。

参看 dynamic complexity measure。

timestamp 时间标记

信息安全的一个目标任务。记录信息建立或存在的时间。

参看 information security。

timestamp agent 时间标记代理

由可信第三方(TTP)为用户提供的一种高级业务。用于认定一个指定文献在一定时间点的存在,或者附加一个可信日期到一个交易或数字消息上。

参看 timestamp, trusted third party (TTP), trusted timestamping service。

time-variant parameter 时变参数

随时间变化的参数,像随机数、序列号、时间标记等都是时变参数。可以在身份识别协议中使用时变参数来抵抗重放和交错攻击,提供唯一性或时间性保证,以及阻止某些选择文本攻击。时变参数可以类似地在鉴别密钥编制协议中使用,和消息鉴别一起提供唯一性保证。

用来区别一个协议特例和另一个协议特例的时变参数有时候称作现用值、唯一数,或不重复值。

参看 authenticated key establishment, chosen-text attack, interleaving attack, nonce, replay attack, sequence numbers, timestamp。

timing attack 定时攻击

"边信道攻击"中的一种重要方法。主要是通过精确测定密码模块执行与密码算法(或过程)相关的特定数学运算所需的时间而进行的攻击。分析所收集的定时信息以确定模块输入与密码算法(或过程)所用密钥之间的关系,对这种关系的分析可用于开展定时测量以进一步揭示密钥或密码方案中的关键安全参数。定时攻击假定攻击者知道密码模块的设计原理和具体编制。调整密码算法或过程中的单个操作以减少处理期间的定时波动,是减缓这种攻击威胁的一种方法。

参看 cryptographic algorithm, cryptographic module, side channel attack。

Toffoli gate Toffoli 门

三位量子逻辑门,又称作控制-控制-非门。在量子运算中,Toffoli 门是极其有用的,其量子线路可用图 T.6 表示。用公式描述为

$|a\rangle|b\rangle|c\rangle \rightarrow |a\rangle|b\rangle|ab \oplus c\rangle$。

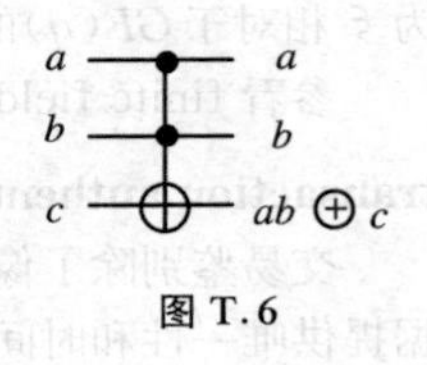

图 T.6

Toffoli 门的矩阵表示为

$$Toffoli = \begin{pmatrix} 1 & 0 & 0 & 0 & 0 & 0 & 0 & 0 \\ 0 & 1 & 0 & 0 & 0 & 0 & 0 & 0 \\ 0 & 0 & 1 & 0 & 0 & 0 & 0 & 0 \\ 0 & 0 & 0 & 1 & 0 & 0 & 0 & 0 \\ 0 & 0 & 0 & 0 & 1 & 0 & 0 & 0 \\ 0 & 0 & 0 & 0 & 0 & 1 & 0 & 0 \\ 0 & 0 & 0 & 0 & 0 & 0 & 0 & 1 \\ 0 & 0 & 0 & 0 & 0 & 0 & 1 & 0 \end{pmatrix}。$$

参看 controlled operation，quantum gates。

tomographic cipher system　分部密码体制

同 fractionating cipher system。

total break　完全破译

(1) 密码(序列密码、分组密码或公开密钥密码)的任务是提供机密性保证。敌人对一个密码体制(算法)进行破译分析的目标任务是从密文恢复明文。如果能找到密钥，这个密码体制(算法)就被完全破译了。

参看 cryptanalysis。

比较 partially broken。

(2) 对某签名方案而言，如果敌人能计算出签名者的秘密密钥信息，或是能找到一个功能上等价于合法签名算法的有效签名算法，那就称完全破译了这种签名方案。

参看 criteria for breaking signature schemes。

比较 existential forgery，selective forgery。

totally broken　完全破译的

如果能找到一个密码体制(算法)当时所用的密钥，就称这个密码体制(算法)为完全破译的密码体制(算法)。

参看 total break(1)。

比较 partially broken。

trace function　迹函数

研究线性反馈移位寄存器(LFSR)及其组合运算的一种数学工具。其定义是：设 $GF(q^n)$是含有 q^n个元素的有限域，$GF(q)$是 $GF(q^n)$的子域，$\xi \in GF(q^n)$。则称

$$T_r(\xi) = \xi + \xi^q + \xi^{q^2} + \cdots + \xi^{q^{n-1}}$$

为 ξ 相对于 $GF(q)$ 的迹。实际上,迹函数是从 $GF(q^n)$ 到 $GF(q)$ 上的映射。

参看 finite field,linear feedback shift register (LFSR)。

transaction authentication　交易鉴别

交易鉴别除了像消息鉴别那样提供数据源鉴别及数据完整性外,还对数据提供唯一性和时间性保证。这样一来,就可以防止未暴露的消息重放。可以通过适当地使用时变参数来提供唯一性和时间性保证。

参看 time-variant parameter。

比较 message authentication。

transformation　变换

同 function。

transinformation　互信息

同 mutual information。

translation cipher　平移密码

就是加法密码。

参看 additive cipher,Caesar cipher。

transposition cipher　换位密码

按某种规律改变明文字母的排列位置。实际上是重排明文字母的顺序,使人看不出明文的原意来。换位密码又称作置换密码。比如,将明文按一组六个字母进行分组,并给出如下换位的规律:将每组中的第一个字母换到第五位,第二个字母换到第四位,第三个字母换到第六位,第四个字母换到第三位,第五个字母换到第二位,第六个字母换到第一位。这种规律可表述为

明文分组:1　2　3　4　5　6

换位到:　5　4　6　3　2　1

这种规律可用置换 T 来表示:

$$T:\begin{pmatrix}1 & 2 & 3 & 4 & 5 & 6\\ 6 & 5 & 4 & 2 & 1 & 3\end{pmatrix}$$

明文消息"Strengthen information legislation Guarantee information security"中有 60 个字母,可分成 10 个组(如果最后一组字母数少于 6,则需添加字母以补到这一组有 6 个字母)。用换位规则进行加密后,就成了

GNETSR　NINHTE　TAMOFR　GELOIN　ITASIL

RAUNOG　IEENAT　AMRFNO　ESNITO　YTIUCR

解密时,倒过来换位就行了,即

密文分组:1　2　3　4　5　6

换位到:　6　5　4　2　1　3

这种规律可用逆置换 T^{-1}来表示：

$$T^{-1}:\begin{pmatrix}1 & 2 & 3 & 4 & 5 & 6\\5 & 4 & 6 & 3 & 2 & 1\end{pmatrix}$$

参看 permutation。

trapdoor claw-free pair of permutations　陷门无爪置换对

令 g_0和 g_1是一无爪置换对。如果 g_0和 g_1都具有下述特性：已知附加信息分别确定 g_0^{-1} 和 g_1^{-1} 是计算上可行的，则称这种置换是陷门无爪置换对。

参看 claw-free。

trapdoor information　陷门信息

陷门单向函数中的某种额外信息。如果已知这种额外信息，就容易计算单向函数的逆函数了。

参看 trapdoor one-way function。

trapdoor one-way function　陷门单向函数

一个具有附加特性的单向函数：给定某种额外的信息（称作陷门信息），对任意给定的 $y \in \mathrm{Im}(f)$就容易求出一个 $x \in X$，使得 $f(x)=y$。

参看 one-way function。

trapdoor permutations　陷门置换

形式上，一个陷门置换族是拥有下述特性的一族置换 f：

(1) 给定一个整数，在这个族中随机选择置换 f，f 具有安全参数 k，同时具有某个附加的“陷门”信息，则容易（即在多项式时间内）求出所选择置换的逆。

(2) 在不知道 f 的陷门的情况下，求所选择置换的逆是困难（即计算上不可行）的。

定义　如果 G 是一个陷门置换生成元，则称$[G(1^k)]$是一族陷门置换。如果对于某个 k 和陷门置换生成元 G，有$(d,f,f^{-1}) \in [G(1^k)]$，则称 f 和 f^{-1}是陷门置换。

参看 computationally infeasible，computational problems，permutation，probabilistic space arising from probabilistic algorithms，trapdoor information，trapdoor permutations generator。

trapdoor permutations generator　陷门置换生成元

令 G 是RA（RA 表示概率多项式时间算法集合）中的一个算法：输入 1^k，输出算法的一个有序三元组(d,f,f^{-1})。如果存在一个多项式 p，使得：

(1) 算法 d 总是在 $p(k)$步内停止，并定义有限集合 $D=[d()]$（$D=[d()]$表示陷门置换 f 及其逆f^{-1}的定义域）上的一个均匀概率分布（即在没有任何输入的情况下运行 d，均匀地从 D 中选择一个元素)；

(2) 对于任意输入 $x \in D$，算法 f 和 f^{-1} 总是在 $p(k)$ 步内停止(对于不在 D 中的输入 x，算法 f 和 f^{-1} 或是永远循环，或是停止并打印一个错误消息：输入不在适应的定义域中)，此外，$x \mapsto f(x)$ 和 $x \mapsto f^{-1}(x)$ 是 D 的逆置换；

(3) 对于所有(逆)算法 $I(\cdot,\cdot,\cdot,\cdot) \in RA$、所有 c 以及充分大的 k，都有

$$P(y = f^{-1}(z) \mid (d, f, f^{-1}) \leftarrow G(1^k),\ z \leftarrow d();\ y \leftarrow I(1^k, d, f, z)) < k^{-c},$$

则称 G 是一个陷门置换生成元。

参看 probabilistic polynomial time algorithm，probabilistic space arising from probabilistic algorithms，trapdoor permutations。

trapdoor predicate 陷门谓词

概括地说，陷门谓词就是一个布尔函数 $B:\{0,1\}^* \to \{0,1\}$，使得已知一比特 v 容易随机地选择一个满足 $B(x) = v$ 的 x。此外，已知一个比特串 x，以显著大于 1/2 概率正确计算 $B(x)$ 是困难的；然而，如果知道一定陷门信息，就容易计算 $B(x)$。如果实体 A 的公开密钥是个陷门谓词 B，那么，其他任意一个用户都可以通过随机选择一个 x_i 使得 $B(x_i) = m_i$，然后把 x_i 发送给 A。因为 A 知道陷门信息，所以就能计算 $B(x_i)$ 以恢复 m_i，而一个敌人要想获得 m_i，就只有对 m_i 的值进行猜测。戈德瓦泽(Goldwasser)和米卡利(Micali)证明，如果陷门谓词存在，则它们的概率加密方案就是多项式安全的。

参看 Boolean function，polynomially secure，trapdoor information，Goldwasser-Micali probabilistic public-key cryptosystem。

tree authentication 树形鉴别

利用鉴别树进行鉴别。其主要机能是可以省去先前一次签名方案所固有的大存储需求，虽然这种思想有较广的应用。树形鉴别的主要思想是：使用一个二叉树和一个单向散列函数来鉴别和每个用户 i 有关联的叶子的值 Y_i。

参看 authentication tree，binary tree，one-way hash function。

trial division 试除法

一旦确定一个整数 n 是复合数，在随着更强的技术消耗大量时间之前，人们首先应当尝试的就是用所有的“小”素数去试除 n。这里的所谓“小”应是 n 的大小的一个函数。极端情况下，试除法应尝试 $\leq \sqrt{n}$ 的所有素数。如果这样做，当 n 是两个相同大小的素数的乘积时，试除法就能完全分解出 n 的因子，而在最坏情况下该过程将约略用了 $\lfloor \sqrt{n} \rfloor$ 次除法。一般来说，如果每个阶段求出的因子都要进行素性检测，那么，用试除法完全分解 n 的因子要用

$O(p+\log_2 n)$次除法,其中 p 是 n 的次大素因子。

参看 integer factorization。

trifid cipher　三叉密表

在二叉密表中,如果每个字母都用三个数字来表示(例如,$a=111$,$b=112$,$c=113$,等等),将这些数字代码打乱并重新组合成不同的数码,这种体制就叫三叉密表。

参看 bifid cipher。

trinomial　三项式

恰好含有三个非零项的多项式。

参看 polynomial。

triple-DES　三重 DES

使用 DES 分组密码算法的三重加密。

参看 DES block cipher,triple encryption。

triple encryption　三重加密

多重加密的一种重要情形。明文 P 先输入第一级并在密钥 K_1的作用下进行加密,然后将结果 A 作为第二级的输入在密钥 K_2的作用下再进行加密,最后将结果 B 作为第三级的输入在密钥 K_3的作用下再进行加密得出密文 C 作为输出。如图 T.7 所示(图中 E 是加密变换,D 是解密变换,即 $D=E^{-1}$)。三重加密中的三个级密钥 K_1,K_2和 K_3可以是相互独立的;有时为了节省密钥管理和存储的成本,也常常使用相关的级密钥。例如,$E(P)=E_{K3}(D_{K2}(E_{K1}(P)))$这种三重加密方式(称作 E-D-E 三重加密)中就可使 $K_1=K_3$,通常称之为双密钥三重加密。

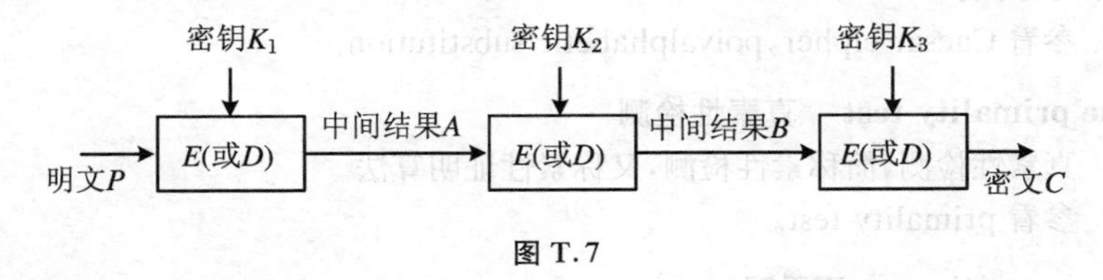

图 T.7

参看 multiple encryption。

triple-inner-CBC mode　三重内部 CBC 模式

三重加密的一种工作模式。三重加密中的每一级密码的工作模式都是密码分组链接(CBC)模式。借助相同的硬件,三重内部 CBC 模式可以是管道式的,使其表现类似于优于三重外部 CBC 模式的单一加密。但很遗憾,三重内部 CBC 模式常常是不大安全的。

参看 cipher block chaining（CBC），multiple encryption，triple encryption。

比较 triple-outer-CBC mode。

triple-outer-CBC mode　三重外部 CBC 模式

三重加密的一种工作模式。三重加密中的每一级密码的工作模式都是电子密本（ECB）模式，但把第三级密码输出的密文往下链接。

参看 cipher block chaining（CBC），multiple encryption，triple encryption。

比较 triple-inner-CBC mode。

Trithemius' tableau　特里特米乌斯底表

16 世纪初出现得最早的一种方形密表，它用处于各个不同位置的自然序字母序列作为密表，每个密表都产生一个恺撒代替。这种方形密表如下：

a b c d e f g h i k l m n o p q r s t u x y z w
b c d e f g h i k l m n o p q r s t u x y z w a
c d e f g h i k l m n o p q r s t u x y z w a b
d e f g h i k l m n o p q r s t u x y z w a b c
e f g h i k l m n o p q r s t u x y z w a b c d
……
z w a b c d e f g h i k l m n o p q r s t u x y
w a b c d e f g h i k l m n o p q r s t u x y z

用此表进行多表代替加密：用第一个密表加密明文的第一个字母，用第二个密表加密明文的第二个字母，以此类推。此表的第一行字母序列可用作明文字母序列。

参看 Caesar cipher，polyalphabetic substitution。

true primality test　真素性检测

真素性检测，简称素性检测，又称素性证明算法。

参看 primality test。

true repetitions　真重码

在古典密码的多表代替密码体制中，在密钥反复部分和明文重码的重合处，密文会产生重码，这种重码称作"真重码"。但是密文中有些重码并不表示明文一定反复，那些不是在密钥反复部分和明文重码的重合处产生的密文重码，在对多表代替密码体制的密码分析中就称作"偶合重码"。

真重码现象泄露了密文掩盖下的密钥字的有关信息，通过分析真重码之间的间隔，就能推出密钥字的长度。这是破译多表代替密码体制的关键一步。

参看 accidental repetitions, Kasiski examination, Kasiski's method, polyalphabetic substitution cipher。

truncated differential analysis　截断差分分析

截断差分是差分概念的扩张。由克努森(L. R. Knudsen)定义,并用来分析 SAFER 分组密码。截断差分的定义:只能预测一个 n 比特值的一部分的差分称作截断差分。两个 n 比特值 a 和 b 的差分定义为 $(a,b)=(a-b)\pmod{2^n}$,如果 a'是 a 的一个子序列,b'是 b 的一个子序列,那么,(a',b')就是一个截断差分。截断差分的主要思想是:保留部分未指定的差分,这样就可以把一些差分集结在一起。做法如下:在整个分组上指定 m 比特固定(其中 m 小于分组长度 n),像 $(A,-A,B,2B)$,其中 A,B 可取任意值;或者通过把部分数据字块固定为某个值,并允许其余的数据任意变化,像(0,*,3,*,255,*,*),其中"*"可以取任意值。截断差分分析对面向字处理结构的密码分析是一个强有力的工具,在差分分析技术的扩张中起着重要作用。截断差分常常与把数据合并成结构的一种技术组合在一起,这样即使在低于 2^{-n} 的概率下也能使用截断差分。

参看 differential cryptanalysis, SAFER block cipher。

truncated linear congruential generator　截断式线性同余发生器

一种线性同余发生器。这种发生器将 x_i 的一小部分最低有效位废弃不用。

参看 linear congruential generator。

trust model　可信模型

同 certification topology。

trusted server　可信服务器

一个中央用户或称可信用户。许多密钥编制协议的初始系统设置和联机动作(即实时参与)都涉及这个用户。这个用户依据其所起的作用而有各种各样的名称,包括:可信第三方、可信服务器、鉴别服务器、密钥分配中心(KDC)、密钥转发中心(KTC)、认证机构(CA)。

参看 authentication server, certification authority (CA), key distribution center (KDC), key translation center(KTC), trusted third party (TTP)。

trusted third party (TTP)　可信第三方

一个中央用户或称可信用户。例如使用对称密钥技术进行密钥管理的网络系统中的一个特殊实体,网络中的其他所有实体都信任这个特殊实体。

参看 key management。

trusted timestamping service 可信时间标记服务

由可信第三方(TTP)为用户提供的一种高级业务。可信时间标记服务用一个注明(呈递文献时的)日期的收据提供给用户,以便在这以后,其他人能对之进行验证,证实这个文献在较早的一个接收日期呈递或存在。特殊应用包括:编制文献存在时间(例如和专利申请有关的已签订的合同或实验室记录),或支持数字签名的不可否认性。

可信时间标记服务的基本思想是:可信第三方 T(这里应称时间标记代理)把一个时间标记 t_1附加到提交的数字文献或数据文件之中,签署合成文献(由此证明其存在的时间),并将包含 t_1的已签名的文献返回给提交者。基于对 T 的信任,以后只要验证了 T 的签名就证实了文献在时间 t_1的存在。

如果为时间标记提供的数据是对文献的散列,则那个文献内容本身不需要在时间标记的时间点揭示。这也提供了保密性,防止在一个不安全的信道上提交文献时被窃听,而且还降低了大文献的带宽和存储消耗。

参看 digital signature,trusted third party (TTP)。

trusted timestamping service based on tree authentication 基于树形鉴别的可信时间标记服务

相信时间标记代理 T 未泄露其签名密钥,也相信 T 有能力建立真正的签名。还希望有一种能预防共谋的特性,这里"共谋"指的是:T 能成功地(和任意用户)共谋,以便不易发现而追溯一个文献。使用下述的把数字签名和基于散列的树形鉴别组合在一起的机制就能预防共谋。

基于树形鉴别的可信时间标记服务:

用户 A 和一个可信时间标记代理 T 相互配合,就可根据下述步骤获得一个关于一个数字文献 D 的时间标记。

(1) 提交散列值 $h(D)$给 T。(h 是一个碰撞阻散列函数。)

(2) T 记录接收的日期和时间 t_1,将 $h(D)$和 t_1并置,对 $h(D) \parallel t_1$进行数字签名,然后把 t_1和签名(称这个签名为合格的时间标记)返回给 A。A 可以验证这个签名以进一步确认 T 的能力。

(3) 在每个固定时间周期结束时,或者在存在大量合格时间标记时,T 更频繁地执行下述步骤:

(a) 根据这些计算出一个鉴别树 T^*,其根标记为 R;

(b) 把到其合格时间标记的鉴别路径值返回给 A;

(c) 使根值 R 是广泛地借助于一种方法可利用的,此法允许可验证 T^*的建立时间 t_c的真实性和编制(例如,在一种像报纸那样的、可信的、注明日期的媒体上公布)。

(4) 允许其他任意用户 B(用 T 的验证公开密钥)验证:D 是在 t_1时间提

交的,A 产生合格时间标记。如果信任 T 本身受到质疑(就追溯 t_1而论),那么,A 就提供从其合格时间标记到根 R 的鉴别路径值,B 就可以对照独立获得的可靠的 t_c时期的根值R 来验证。

注 为了确保可验证性,A 应当自己验证关于在上面步骤(3)中接收到的路径值的鉴别路径。

参看 authentication path, collision resistant hash function (CRHF), digital signature, tree authentication, trusted timestamping service。

t-test ***t* 检验**

一种参数性假设检验——关于正态分布参数假设的显著性检验。这里只提及对于一个正态总体的假设检验问题。假设随机变量 ξ 服从正态分布 $N(\mu,\sigma^2)$,而 $\xi_1,\cdots,\xi_m$是来自ξ 的简单随机样本。

***t* 检验的步骤** 基本假设为 $H_0:\mu=\mu_0$,在方差 $\sigma^2(0<\sigma^2<\infty)$未知的情形下,检验假设 $\mu=\mu_0$。

显著性水平:$\alpha(0<\alpha<1)$。

检验的统计量:

$$t=\frac{\bar{\xi}-\mu_0}{s/\sqrt{m}},$$

其中,$\bar{\xi}=\frac{1}{m}\sum_{i=1}^{m}\xi_i$ 为样本均值,$s^2=\frac{1}{m-1}\sum_{i=1}^{m}(\xi-\bar{\xi})^2$ 为修正样本方差。在假设 H_0 下,统计量 t 服从自由度为$m-1$ 的 t 分布。

基本假设 H_0的 α 水平否定域:

$$\left\{(\xi_1,\cdots,\xi_m)\,\middle|\,|t|=\frac{|\bar{\xi}-\mu_0|}{s/\sqrt{m}}\geqslant t_{\alpha,m-1}\right\},$$

其中,$t_{\alpha,m-1}$是自由度为 $m-1$ 的 t 分布的α 水平双侧分位数,有表可查(见附录 F)。

参看 hypothesis testing, standard normal distribution, statistical hypothesis, statistical hypothesis test, t-distribution。

TTMAC message authentication code TTMAC 消息鉴别码

NESSIE 选出的四个消息鉴别码之一。TTMAC 基于无密钥散列函数 RIPEMD-160,只是做了某些小修改。

TTMAC 消息鉴别码

输入:长度 $n\geqslant 0$ 比特的消息 M,160 比特密钥 K。

输出:M 的 160(或 32 或 64 或 96 或 128)比特 MAC 码。

1. 符号注释

与 RIPEMD-160 相同。

2. 常数定义

与 RIPEMD-160 相同。

3. 基本函数

与 RIPEMD-160 相同。

五个轮函数与 RIPEMD-160 相同。为后面描述方便起见,这里将五个轮函数的表示符号做一下改变:

$$f_j(u,v,w)=\begin{cases} u\oplus v\oplus w, & 0\leqslant j\leqslant 15; \\ (u\wedge v)\vee(\bar{u}\wedge w), & 16\leqslant j\leqslant 31; \\ (u\vee\bar{v})\oplus w, & 32\leqslant j\leqslant 47; \\ (u\wedge w)\vee(v\wedge\bar{w}), & 48\leqslant j\leqslant 63; \\ u\oplus(v\vee\bar{w}), & 64\leqslant j\leqslant 79。\end{cases}$$

(2) *左路压缩函数* F_{LT} $(Y_0,Y_1,\cdots,Y_4)=F_{LT}((I_0,I_1,\cdots,I_4);(X[0],X[1],\cdots,X[15]))$

输入:$I_i\in\{0,1\}^{32}(i=0,1,2,3,4)$;$X[j]\in\{0,1\}^{32}(j=0,1,\cdots,15)$。

输出:$Y_i\in\{0,1\}^{32}(i=0,1,2,3,4)$。

begin

$(A_L,B_L,C_L,D_L,E_L)\leftarrow(I_0,I_1,I_2,I_3,I_4)$

for $j=0$ to 79 do

$temp\leftarrow(A_L+f_j(B_L,C_L,D_L)+X[z_L[j]]+y_L[j])\lll s_L[j]+E_L$

$(A_L,B_L,C_L,D_L,E_L)\leftarrow(E_L,temp,B_L,C_L\lll 10,D_L)$

next j

$(Y_0,Y_1,Y_2,Y_3,Y_4)\leftarrow(A_L,B_L,C_L,D_L,E_L)$

return (Y_0,Y_1,Y_2,Y_3,Y_4)

end

(3) *右路压缩函数* F_{RT} $(Y_0,Y_1,\cdots,Y_4)=F_{RT}((I_0,\cdots,I_4);(X[0],X[1],\cdots,X[15]))$

输入:$I_i\in\{0,1\}^{32}(i=0,1,2,3,4)$;$X[j]\in\{0,1\}^{32}(j=0,1,\cdots,15)$。

输出:$Y_i\in\{0,1\}^{32}(i=0,1,2,3,4)$。

begin

$(A_R,B_R,C_R,D_R,E_R)\leftarrow(I_0,I_1,I_2,I_3,I_4)$

for $j=0$ to 79 do

$temp\leftarrow(A_R+f_{79-j}(B_R,C_R,D_R)+X[z_R[j]]+y_R[j])\lll s_R[j]+E_R$

$(A_R,B_R,C_R,D_R,E_R)\leftarrow(E_R,temp,B_R,C_R\lll 10,D_R)$

next j

$(Y_0, Y_1, Y_2, Y_3, Y_4) \leftarrow (A_R, B_R, C_R, D_R, E_R)$

return $(Y_0, Y_1, Y_2, Y_3, Y_4)$

end

(4) 左路混合函数 F_{LM}　$(R_0, R_1, \cdots, R_4) = F_{\mathrm{LM}}((Q_0, Q_1, \cdots, Q_9)$

输入：$Q_i \in \{0,1\}^{32}(i=0,1,\cdots,9)$。

输出：$R_i \in \{0,1\}^{32}(i=0,1,2,3,4)$。

begin

$R_0 \leftarrow (Q_1 + Q_4) - Q_8 \pmod{2^{32}}$

$R_1 \leftarrow Q_2 - Q_9 \pmod{2^{32}}$

$R_2 \leftarrow Q_3 - Q_5 \pmod{2^{32}}$

$R_3 \leftarrow Q_4 - Q_6 \pmod{2^{32}}$

$R_4 \leftarrow Q_0 - Q_7 \pmod{2^{32}}$

return $(R_0, R_1, R_2, R_3, R_4)$

end

(5) 右路混合函数 F_{RM}　$(R_5, R_6, \cdots, R_9) = F_{\mathrm{RM}}((Q_0, Q_1, \cdots, Q_9)$

输入：$Q_i \in \{0,1\}^{32}(i=0,1,\cdots,9)$。

输出：$R_i \in \{0,1\}^{32}(i=5,6,\cdots,9)$。

begin

$R_5 \leftarrow Q_3 - Q_9 \pmod{2^{32}}$

$R_6 \leftarrow (Q_4 + Q_2) - Q_5 \pmod{2^{32}}$

$R_7 \leftarrow Q_0 - Q_6 \pmod{2^{32}}$

$R_8 \leftarrow Q_1 - Q_7 \pmod{2^{32}}$

$R_9 \leftarrow Q_2 - Q_8 \pmod{2^{32}}$

return $(R_5, R_6, R_7, R_8, R_9)$

end

(6) 压缩函数 F　$(R_0, R_1, \cdots, R_9) = F((H_0, H_1, \cdots, H_9); (X[0], X[1], \cdots, X[15]))$

输入：$H_i \in \{0,1\}^{32}(i=0,1,\cdots,9)$；$X[j] \in \{0,1\}^{32}(j=0,1,\cdots,15)$。

输出：$R_i \in \{0,1\}^{32}(i=0,1,\cdots,9)$。

begin

$(Y_0, Y_1, Y_2, Y_3, Y_4) = F_{\mathrm{LT}}((H_0, H_1, H_2, H_3, H_4);$
$(X[0], X[1], \cdots, X[15]))$

$(P_0, P_1, P_2, P_3, P_4) \leftarrow (Y_0, Y_1, Y_2, Y_3, Y_4)$

$(Y_0, Y_1, Y_2, Y_3, Y_4) = F_{\mathrm{RT}}((H_5, H_6, H_7, H_8, H_9);$

$(X[0], X[1], \cdots, X[15]))$

$(P_5, P_6, P_7, P_8, P_9) \leftarrow (Y_0, Y_1, Y_2, Y_3, Y_4)$

for $j = 0$ to 9 do

$Q_j \leftarrow P_j - H_j \pmod{2^{32}}$

next j

$(R_0, R_1, \cdots, R_4) = F_{LM}(Q_0, Q_1, \cdots, Q_9)$

$(R_5, R_6, \cdots, R_9) = F_{RM}(Q_0, Q_1, \cdots, Q_9)$

return $(R_0, R_1, \cdots, R_9)$

end

(7) 修改的压缩函数 F' $(R_0, R_1, \cdots, R_9) = F'((H_0, H_1, \cdots, H_9); (X[0], X[1], \cdots, X[15]))$

输入:$H_i \in \{0,1\}^{32} (i = 0, 1, \cdots, 9)$;$X[j] \in \{0,1\}^{32} (j = 0, 1, \cdots, 15)$。

输出:$R_i \in \{0,1\}^{32} (i = 0, 1, \cdots, 9)$。

begin

$(Y_0, Y_1, Y_2, Y_3, Y_4) = F_{RT}((H_0, H_1, H_2, H_3, H_4); (X[0], X[1], \cdots, X[15]))$

$(P_0, P_1, P_2, P_3, P_4) \leftarrow (Y_0, Y_1, Y_2, Y_3, Y_4)$

$(Y_0, Y_1, Y_2, Y_3, Y_4) = F_{LT}((H_5, H_6, H_7, H_8, H_9); (X[0], X[1], \cdots, X[15]))$

$(P_5, P_6, P_7, P_8, P_9) \leftarrow (Y_0, Y_1, Y_2, Y_3, Y_4)$

for $j = 0$ to 9 do

$R_j \leftarrow P_j - H_j \pmod{2^{32}}$

next j

return$(R_0, R_1, \cdots, R_9)$

end

(8) 输出变换 G $(R_0, R_1, R_2, R_3, R_4) = G(H_0, H_1, \cdots, H_9)$

输入:$H_i \in \{0,1\}^{32} (i = 0, 1, \cdots, 9)$。

输出:$R_i \in \{0,1\}^{32} (i = 0, 1, 2, 3, 4)$。

begin

for $j = 0$ to 4 do

$R_j \leftarrow H_j - H_{j+5} \pmod{2^{32}}$

next j

return$(R_0, R_1, R_2, R_3, R_4)$

end

截断函数 T_j:$(R_0, \cdots, R_{j-1}) = T_j(H_0, H_1, H_2, H_3, H_4)$

输入：$H_i \in \{0,1\}^{32}$（$i=0,1,2,3,4$；$j=1,2,3,4$）。

输出：$R_i \in \{0,1\}^{32}$（$i=0,1,2,3,4$）。

```
begin
  if (j=1) then do
    R0 ← H0 + H1 + H2 + H3 + H4 (mod 2^32)
  doend
  else if (j=2) then do
    R0 ← H0 + H1 + H3 (mod 2^32)
    R1 ← H1 + H2 + H4 (mod 2^32)
  doend
  else if (j=3) then do
    R0 ← H0 + H1 + H3 (mod 2^32)
    R1 ← H1 + H2 + H4 (mod 2^32)
    R2 ← H2 + H3 + H0 (mod 2^32)
  doend
  else if (j=4) then do
    R0 ← H0 + H1 + H3 (mod 2^32)
    R1 ← H1 + H2 + H4 (mod 2^32)
    R2 ← H2 + H3 + H0 (mod 2^32)
    R3 ← H3 + H4 + H1 (mod 2^32)
  doend
  return (R0, ..., R(j-1))
end
```

4．消息扩展(预处理)

与 RIPEMD-160 略有不同。

填充 M 使得其比特长度为 512 的倍数，做法如下：在 n 比特 M 之后先添加一个“1”，接着添加 $r-1$ 个“0”，再接着添加 $n \pmod{2^{32}}$ 的 32 比特长表示，最后添加 $n \pmod{2^{64}}$ div 2^{32}（即 $n \pmod{2^{64}}$ 除以 2^{32} 得到的商值）的 32 比特长表示。r 的取值要使得 $n+r+64=512m$ 时最小的那个值。这样，就将输入格式化成 $16m$ 个 32 比特长的字（因 $512m=32 \cdot 16m$），表示成 $x_0 x_1 \cdots x_{16m-1}$。

5．消息鉴别码：*MAC* = TTMAC(*K*, *M*, *Outlen*)

输入：消息扩展后的字块 $x_0\ x_1 \cdots x_{16m-1}$；160 比特密钥 K；

整数 *Outlen* = 32,64,96,128 或 160。

输出：M 的 *Outlen* 比特 *MAC* 值。

```
begin
  K = K_0 ‖ K_1 ‖ K_2 ‖ K_3 ‖ K_4     //K_i ∈ {0,1}^32 (i = 0,1,2,3,4)
  for j = 0 to 4 do
    H_j ← K_j
    H_{j+5} ← K_j
  next j
  for i = 0 to m − 2 do
    for j = 0 to 15 do       //取16个32比特消息字块
      X[j] ← x_{16i+j}
    next j
    (H_0, H_1, …, H_9) = F((H_0, H_1, …, H_9);
                          (X[0], X[1], …, X[15]))
  next i
  for j = 0 to 15 do       //取最后16个32比特消息字块
    X[j] ← x_{16(m−1)+j}
  next j
  (H_0, H_1, …, H_9) = F′((H_0, H_1, …, H_9);
                         (X[0], X[1], …, X[15]))
  (H_0, H_1, H_2, H_3, H_4) = G(H_0, H_1, …, H_9)
  if (Outlen = 160) then do
    MAC = H_0 ‖ H_1 ‖ H_2 ‖ H_3 ‖ H_4
  doend
  else do
    j = Outlen/32
    (R_0, …, R_{j−1}) = T_j(H_0, H_1, H_2, H_3, H_4)
    MAC = R_0 ‖ … ‖ R_{j−1}
  doend
end
```

6．测试向量

消息 M 中字符为 ASCII 码，密钥 K 和 MAC 中数据为十六进制。运算中采用小端约定。

消息 M = ""（空串），

密钥 K = 0123456789ABCDEF0123456789ABCDEF01234567，

MAC = AAB071094FD5843B8509D4202CC8D50D98676EE9；

消息 M = "a"，

密钥 K = 0123456789ABCDEF0123456789ABCDEF01234567，

MAC = CEF8E42E78BC879C81579A48B8190B8E71E5832C；

消息 M = "abc"，

密钥 K = 0123456789ABCDEF0123456789ABCDEF01234567，

MAC = 6B4514D4F0AA0496DB4B6BD4352D8C778F6AC3DC；

消息 M = "message digest"，

密钥 K = 0123456789ABCDEF0123456789ABCDEF01234567，

MAC = EA1048408269CD0D10EB58F53878DF03E4D966FE；

消息 M = "abcdefghijklmnopqrstuvwxyz"，

密钥 K = 0123456789ABCDEF0123456789ABCDEF01234567，

MAC = DC4A53AB697D0F3579EF8C2A6073D421BEA8D1E5；

消息 M = "abcdbcdecdefdefgefghfghighij
hijkijkljklmklmnlmnomnopnopq"，

密钥 K = 0123456789ABCDEF0123456789ABCDEF01234567，

MAC = 1C346FF07021E5655E74E3D4B914768105793C28；

消息 M = "A…Za…z0…9"，

密钥 K = 0123456789ABCDEF0123456789ABCDEF01234567，

MAC = C870219D72D51FDC8A5C63977D60BF393C50738D；

消息 M = 8 个"1234567890"

密钥 K = 0123456789ABCDEF0123456789ABCDEF01234567

MAC = BC737B0864B58E2FF0164D9732860C3F9AC4CF75；

消息 M = "Now is the time for all "，

密钥 K = 0123456789ABCDEF0123456789ABCDEF01234567，

MAC = 56244897814A3A1D893CBDAEE398A422C638DBAE；

消息 M = "Now is the time for it"，

密钥 K = 0123456789ABCDEF0123456789ABCDEF01234567，

MAC = 207040D6BA62517EDD2CD32E15E9EE0479EA448D；

消息 M = 10^6个 "a"，

密钥 K = 0123456789ABCDEF0123456789ABCDEF01234567，

MAC = CAB10B780471AA8EDB4C3C02565624D6A4D4209A；

参看 little-endian convention，message authentication code（MAC），NESSIE project，RIPEMD-160 hash function，unkeyed hash function。

Turing-Kolmogorov-Chaitin complexity　图灵-柯尔莫戈洛夫-蔡廷复杂性

由 A.柯尔莫戈洛夫和 G.J.蔡廷引入所谓的图灵-柯尔莫戈洛夫-蔡廷复杂性概念，是度量输入到一个固定的通用图灵机的输入的规模，这个图灵机能产生一个给定的序列。而这个复杂性度量具有理论意义,不存在计算这个复杂性的已知算法。因此,没有明显的实际意义。

参看 complexity measure。

twin prime sequence 孪生素数序列

一种伪随机序列。如果 p 和 $p+2$ 都是素数,则称$(p,p+2)$为一对孪生素数。定义一个序列 $a_0,a_1,a_2,\cdots$,其中

$$a_i=\begin{cases}\left(\frac{i}{p}\right)\left(\frac{i}{p+2}\right), & (i,p(p+2))=1,\\ +1, & i\equiv 0(\bmod\ p+2),\\ -1, & 其他。\end{cases}$$

这样就得到一个周期等于 $p(p+2)$的伪随机二元序列,称之为孪生素数序列。

孪生素数序列生成算法

输入:素数 p 和 $p+2$。

输出:孪生素数序列 $a_0,a_1,a_2,\cdots,a_i\in\{-1,+1\}$。

TPS1 调用二次剩余序列生成算法生成周期为 p 的二次剩余序列

$$\left(\frac{0}{p}\right),\ \left(\frac{1}{p}\right),\ \left(\frac{2}{p}\right),\cdots,\ \left(\frac{p-1}{p}\right)。$$

TPS2 调用二次剩余序列生成算法生成周期为 $p+2$ 的二次剩余序列

$$\left(\frac{0}{p+2}\right),\ \left(\frac{1}{p+2}\right),\ \left(\frac{2}{p+2}\right),\cdots,\ \left(\frac{p+1}{p+2}\right)。$$

TPS3 for $i=0$ to $p(p+2)$ do

if $(\gcd(i,p(p+2))=1)$ then $a_i=\left(\frac{i}{p}\right)\left(\frac{i}{p+2}\right)$

else if $(i\equiv 0\ (\bmod\ p+2))$ then $a_i=+1$

else $a_i=-1$

next i

参看 binary sequence, greatest common divisor, Legendre symbol, pseudorandom sequences, quadratic residue sequence。

2-adic span 2 进生成

周期序列的 2 进生成是能产生这个序列的最小 FCSR 中的级数和存储器位数。

参看 feedback with carry shift register (FCSR)。

two-dimensional scrambling 二维置乱

将模拟置乱技术中的三种置乱技术(频域置乱、时域置乱、幅度域置乱)中的任意两个组合起来使用,就构成二维置乱技术。

参看 analog scrambling。

Twofish block cipher　Twofish 分组密码

美国 21 世纪数据加密标准(AES)算法评选第一轮(1998 年 8 月)公布的 15 个候选算法之一,第二轮(1999 年 3 月)公布的 5 个候选算法之一,由美国的施奈尔(B. Schneier)等人设计。Twofish 分组密码的分组长度有 128 比特,密钥长度为 128,192,256 比特三种可选。Twofish 分组密码是一个 16 轮的费斯特尔密码,其轮函数 F 是一个双射函数。F 的组成包括:四个密钥相关的 8 输入/8 输出的 S 盒,一个 $GF(2^8)$上固定的 4×4 最大距离可分(MDS)矩阵,一个伪阿达马变换及一些位方式循环移位。设计者还对密钥编排进行了精心设计。

Twofish 分组密码

1. 符号注释与常数

$A \oplus B$ 表示变量 A 和 B 按位异或。

$A \boxplus B$ 表示变量 A 和 B 模 2^{32} 加法,即 $A + B \pmod{2^{32}}$。

$X \lll n$ 表示将变量 X 向左循环移 n 位。

$X \ggg n$ 表示将变量 X 向右循环移 n 位。

$T = X \| Y$ 表示并置:如果 $X = (x_{31} \cdots x_0)$, $Y = (y_{31} \cdots y_0)$,则

$$T = X \| Y = (x_{31} \cdots x_0 y_{31} \cdots y_0)。$$

$t_{00} \sim t_{03}$是四个 4 输入/4 输出的 S 盒,见表 T.2。

表 T.2　四个 S 盒 $t_{00} \sim t_{03}$(表中数据为十六进制)

	0	1	2	3	4	5	6	7	8	9	A	B	C	D	E	F
t_{00}	8	1	7	D	6	F	3	2	0	B	5	9	E	C	A	4
t_{01}	E	C	B	8	1	2	3	5	F	4	A	6	7	0	9	D
t_{02}	B	A	5	E	6	D	9	0	C	8	F	3	2	4	7	1
t_{03}	D	7	F	4	1	2	6	E	9	B	3	0	8	5	C	A

$t_{10} \sim t_{13}$是四个 4 输入/4 输出的 S 盒,见表 T.3。

表 T.3　四个 S 盒 $t_{10} \sim t_{13}$(表中数据为十六进制)

	0	1	2	3	4	5	6	7	8	9	A	B	C	D	E	F
t_{10}	2	8	B	D	F	7	6	E	3	1	9	4	0	A	C	5
t_{11}	1	E	2	B	4	C	3	7	6	D	A	5	F	9	0	8
t_{12}	4	C	7	5	1	6	9	A	0	E	D	8	2	B	3	F
t_{13}	B	9	5	1	C	3	D	E	6	4	7	F	2	0	8	A

常数 $\rho=(01010101)_{hex}$。

MDS 矩阵：

$$\begin{pmatrix} 01 & EF & 5B & 5B \\ 5B & EF & EF & 01 \\ EF & 5B & 01 & EF \\ EF & 01 & EF & 5B \end{pmatrix}。$$

RS 码矩阵：

$$\begin{pmatrix} 01 & A4 & 55 & 87 & 5A & 58 & DB & 9E \\ A4 & 56 & 82 & F3 & 1E & C6 & 68 & E5 \\ 02 & A1 & FC & C1 & 47 & AE & 3D & 19 \\ A4 & 55 & 87 & 5A & 58 & DB & 9E & 03 \end{pmatrix}。$$

2. 基本函数

(1) 查表运算 $b=t_{ij}(a)$　其中 $t_{ij}(i=0,1;j=0,1,2,3)$ 是 S 盒 $t_{00}\sim t_{03}$ 及 $t_{10}\sim t_{13}$ 中的一个。

$a,b\in\{0,1\}^4$。

$b=t_{ij}(a)$，就是以 4 比特地址 a 去查 S 盒 t_{ij} 得到 4 比特输出 b。

(2) 伪阿达马变换 *PHT*

$$(Z_0,Z_1)=PHT(T_0,T_1)=(T_0 \boxplus T_1, T_0 \boxplus 2T_1)。$$

(3) 置换函数 $y=q_i(x)(i=0,1)$

输入：$x\in\{0,1\}^8$。

输出：$y\in\{0,1\}^8$。

begin

$x=a_0 \parallel b_0$　　$//a_0,b_0\in\{0,1\}^4$

$a_1=a_0\oplus b_0, b_1=a_0\oplus(b_0 \ggg 1)\oplus((a_0 \lll 3)\wedge F)$

//F 为十六进制数

$a_2=t_{i0}(a_1)$，　$b_2=t_{i1}(b_1)$

$a_3=a_2\oplus b_2$，　$b_3=a_2\oplus(b_2 \ggg 1)\oplus((a_2 \lll 3)\wedge F)$

$a_4=t_{i2}(a_3)$，　$b_4=t_{i3}(b_3)$

$y=b_4 \parallel a_4$

return y

end

(4) h 函数 $Z=h(X,L,k)$　如图 T.8 所示。

输入：$X\in\{0,1\}^{32}, L\in\{0,1\}^{32\times k}, k$。

输出：$Z\in\{0,1\}^{32}$。

begin

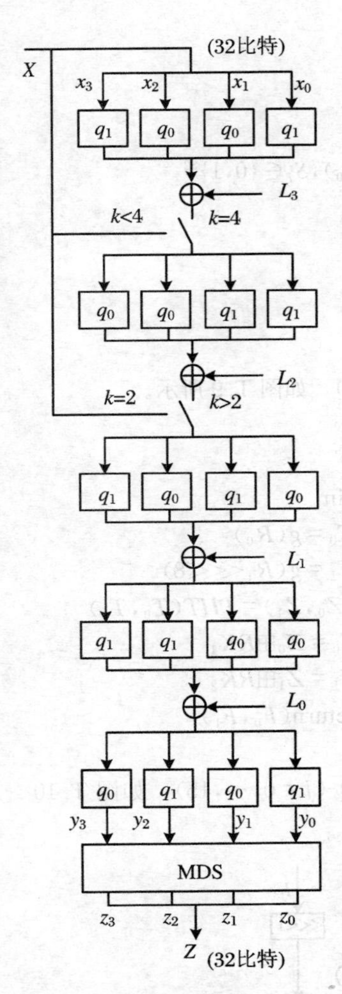

图 T.8 h 函数

$X = x_3 \| x_2 \| x_1 \| x_0 \quad //x_j \in \{0,1\}^8$

if $k = 4$ then do //密钥为 256 比特

$L = L_0 \| L_1 \| L_2 \| L_3 \quad //L_j \in \{0,1\}^{32}$

$L_0 = l_{03} \| l_{02} \| l_{01} \| l_{00} \quad //l_{0j} \in \{0,1\}^8$

$L_1 = l_{13} \| l_{12} \| l_{11} \| l_{10} \quad //l_{1j} \in \{0,1\}^8$

$L_2 = l_{23} \| l_{22} \| l_{21} \| l_{20} \quad //l_{2j} \in \{0,1\}^8$

$L_3 = l_{33} \| l_{32} \| l_{31} \| l_{30} \quad //l_{3j} \in \{0,1\}^8$

$y_0 = q_1(q_0(q_0(q_1(q_1(x_0) \oplus l_{30}) \oplus l_{20}) \oplus l_{10}) \oplus l_{00})$

$y_1 = q_0(q_0(q_1(q_1(q_0(x_1) \oplus l_{31}) \oplus l_{21}) \oplus l_{11}) \oplus l_{01})$

$y_2 = q_1(q_1(q_0(q_0(q_0(x_2) \oplus l_{32}) \oplus l_{22}) \oplus l_{12}) \oplus l_{02})$

$y_3 = q_0(q_1(q_1(q_0(q_1(x_3) \oplus l_{33}) \oplus l_{23}) \oplus l_{13}) \oplus l_{03})$

doend

else if $k = 3$ then do //密钥为 192 比特

$L = L_0 \| L_1 \| L_2 \quad //L_j \in \{0,1\}^{32}$

$L_0 = l_{03} \| l_{02} \| l_{01} \| l_{00} \quad //l_{0j} \in \{0,1\}^8$

$L_1 = l_{13} \| l_{12} \| l_{11} \| l_{10} \quad //l_{1j} \in \{0,1\}^8$

$L_2 = l_{23} \| l_{22} \| l_{21} \| l_{20} \quad //l_{2j} \in \{0,1\}^8$

$y_0 = q_1(q_0(q_0(q_1(x_0) \oplus l_{20}) \oplus l_{10}) \oplus l_{00})$

$y_1 = q_0(q_0(q_1(q_1(x_1) \oplus l_{21}) \oplus l_{11}) \oplus l_{01})$

$y_2 = q_1(q_1(q_0(q_0(x_2) \oplus l_{22}) \oplus l_{12}) \oplus l_{02})$

$y_3 = q_0(q_1(q_1(q_0(x_3) \oplus l_{23}) \oplus l_{13}) \oplus l_{03})$

doend

else then do //$k = 2$,密钥为 128 比特

$L = L_0 \| L_1 \quad //L_j \in \{0,1\}^{32}$

$L_0 = l_{03} \| l_{02} \| l_{01} \| l_{00} \quad //l_{0j} \in \{0,1\}^8$

$L_1 = l_{13} \| l_{12} \| l_{11} \| l_{10} \quad //l_{1j} \in \{0,1\}^8$

$y_0 = q_1(q_0(q_0(x_0) \oplus l_{10}) \oplus l_{00})$

$y_1 = q_0(q_0(q_1(x_1) \oplus l_{11}) \oplus l_{01})$

$y_2 = q_1(q_1(q_0(x_2) \oplus l_{12}) \oplus l_{02})$

$y_3 = q_0(q_1(q_1(x_3) \oplus l_{13}) \oplus l_{03})$

doend

$(z_0, z_1, z_2, z_3)^{\mathrm{T}} = MDS \cdot (y_0, y_1, y_2, y_3)^{\mathrm{T}}$

$Z = z_3 \| z_2 \| z_1 \| z_0 \quad //z_j \in \{0,1\}^8$

return Z

end

(5) g 函数 $T = g(X)$

输入：$X \in \{0,1\}^{32}, S = (S_{k-1}, S_{k-2}, \cdots, S_1, S_0), S_i \in \{0,1\}^{32}$。

输出：$T \in \{0,1\}^{32}$。

begin

$T = h(X, S)$

return T

end

(6) 轮函数 $(F_0, F_1) = F(R_0, R_1, RK_1, RK_2)$　如图 T.9 所示。

输入：$R_0, R_1, RK_1, RK_2 \in \{0,1\}^{32}$。

输出：$F_0, F_1 \in \{0,1\}^{32}$。

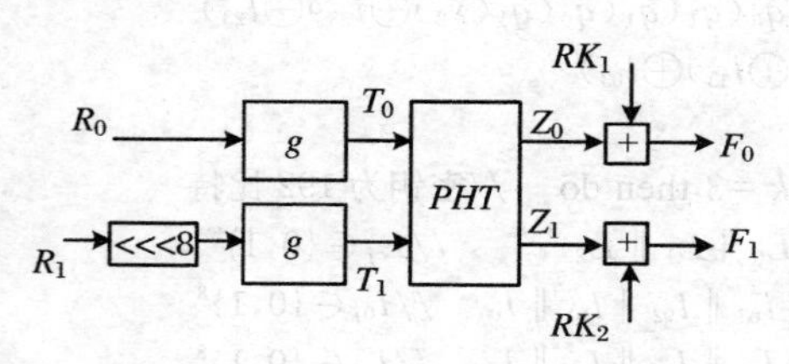

图 T.9　轮函数 F

begin

$T_0 = g(R_0)$

$T_1 = g(R_1 \lll 8)$

$(Z_0, Z_1) = PHT(T_0, T_1)$

$F_0 = Z_0 ⊞ RK_1$

$F_1 = Z_1 ⊞ RK_2$

return(F_0, F_1)

end

(7) 第 j 轮运算 $I_{j+1} = RF(I_j, K_{2j+8}, K_{2j+9})$ $(j = 0, \cdots, 15)$　如图 T.10 所示。

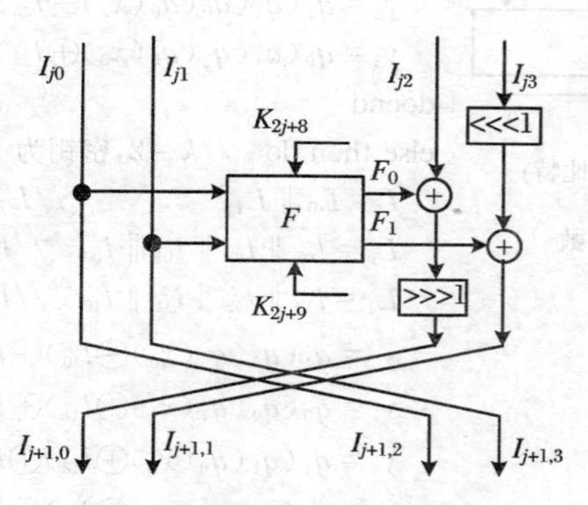

图 T.10　第 j 轮运算

输入：$I_j \in \{0,1\}^{128}, K_{2j+8}, K_{2j+9} \in \{0,1\}^{32}$。

输出：$I_{j+1}\in\{0,1\}^{128}$。

begin

$I_j = I_{j0} \| I_{j1} \| I_{j2} \| I_{j3}$

$//I_{ji}\in\{0,1\}^{32}$

$(F_0, F_1) = F(I_{j0}, I_{j1}, K_{2j+8}, K_{2j+9})$

$I_{j+1,0} = (I_{j2} \oplus F_0) \ggg 1$

$I_{j+1,1} = (I_{j3} \lll 1) \oplus F_1$

$I_{j+1,2} = I_{j0}$

$I_{j+1,3} = I_{j1}$

$I_{j+1} = I_{j+1,0} \| I_{j+1,1} \| I_{j+1,2} \| I_{j+1,3}$

return I_{j+1}

end

3. 加密算法

输入：128 比特明文字块 $IB\in\{0,1\}^{128}$；扩展子密钥 $K_i\in\{0,1\}^{32}(i=0,1,\cdots,39)$。

输出：128 比特密文字块 $OB\in\{0,1\}^{128}$。

begin

$I_0 = IB \oplus (K_0 \| K_1 \| K_2 \| K_3)$

for $j=0$ to 15 do

$I_{j+1} = RF(I_j, K_{2j+8}, K_{2j+9})$

next j

$I_{16} = I_{16,0} \| I_{16,1} \| I_{16,2} \| I_{16,3}$

$O_0 = I_{16,2} \oplus K_4$

$O_1 = I_{16,3} \oplus K_5$

$O_2 = I_{16,0} \oplus K_6$

$O_3 = I_{16,1} \oplus K_7$

$OB = O_0 \| O_1 \| O_2 \| O_3$

return OB

end

4. 解密算法(加密算法的逆过程)

输入：128 比特密文字块 $OB\in\{0,1\}^{128}$；扩展子密钥 $K_i\in\{0,1\}^{32}(i=0,1,\cdots,39)$。

输出：128 比特明文字块 $IB\in\{0,1\}^{128}$。

begin

$I_{16} = OB \oplus (K_4 \| K_5 \| K_6 \| K_7)$

for $j = 15$ to 0 do

$I_j = RF(I_{j+1}, K_{2j+8}, K_{2j+9})$

next j

$I_0 = I_{00} \| I_{01} \| I_{02} \| I_{03}$

$B_0 = I_{02} \oplus K_0$

$B_1 = I_{03} \oplus K_1$

$B_2 = I_{00} \oplus K_2$

$B_3 = I_{01} \oplus K_3$

$IB = B_0 \| B_1 \| B_2 \| B_3$

return IB

end

5. 密钥编排

输入：n 字节密钥 $K = (m_0, m_1, \cdots, m_{n-1})$，$n = 16, 24, 32$，$k = n/8$。

输出：扩展子密钥 $K_i \in \{0,1\}^{32}$ $(i = 0, 1, \cdots, 39)$；$S = (S_{k-1}, S_{k-2}, \cdots, S_1, S_0)$，$S_i \in \{0,1\}^{32}$。

begin

//密钥数据整理

for $i = 0$ to $2k-1$ do

$M_i = m_{4i+3} \| m_{4i+2} \| m_{4i+1} \| m_{4i}$ // $M_i \in \{0,1\}^{32}$

next i

$M_e = (M_0, M_2, \cdots, M_{2k-2})$

$M_o = (M_1, M_3, \cdots, M_{2k-1})$

for $i = 0$ to $k-1$ do

$(s_{i0}, s_{i1}, s_{i2}, s_{i3})^T = RS \cdot (m_{8i}, m_{8i+1}, \cdots, m_{8i+7})^T$

$S_i = s_{i3} \| s_{i2} \| s_{i1} \| s_{i0}$ // $S_i \in \{0,1\}^{32}$

next i

$S = (S_{k-1}, S_{k-2}, \cdots, S_1, S_0)$

//扩展子密钥生成过程

for $i = 0$ to 19 do

$A_i = h(2i\rho, M_e, k)$

$B_i = h((2i+1)\rho, M_o, k)$

$K_{2i} = (A_i \boxplus B_i)$

$K_{2i+1} = (A_i \boxplus 2B_i) \lll 9$

next i

return $K_0, K_1, \cdots, K_{39}, S$

end

6. 测试向量(数据均为十六进制)

密钥为 128 比特(16 字节)时的测试向量：

128 比特密钥 K= 9F589F5CF6122C32B6BFEC2F2AE8C35A,

128 比特明文 M= D491DB16E7B1C39E86CB086B789F5419,

128 比特密文 C= 019F9809DE1711858FAAC3A3BA20FBC3;

密钥为 192 比特(24 字节)时的测试向量：

192 比特密钥 K= 88B2B2706B105E36B446BB6D731A1E88EFA71F788965BD44,

128 比特明文 M= 39DA69D6BA4997D585B6DC073CA341B2,

128 比特密文 C= 182B02D81497EA45F9DAACDC29193A65;

密钥为 256 比特(32 字节)时的测试向量：

256 比特密钥 K= D43BB7556EA32E46F2A282B7D45B4E0D,
57FF739D4DC92C1BD7FC01700CC8216F,

128 比特明文 M= 90AFE91BB288544F2C32DC239B2635E6,

128 比特密文 C= 6CB4561C40BF0A9705931CB6D408E7FA。

参看 advanced encryption standard（AES），bijection，block cipher，Feistel cipher，maximum distance separable（MDS）code，pseudo-Hadamard transform。

two-key cryptosystem　双密钥密码体制

同 asymmetric cryptographic system。

two-key triple-encryption　双密钥三重加密

三重加密方式中的一种，如图 T.11 所示(图中 E 是加密变换，D 是解密变换，即 $D=E^{-1}$)。用公式表示为 $C=E_{K_1}(D_{K_2}(E_{K_1}(P)))$。

参看 triple-encryption。

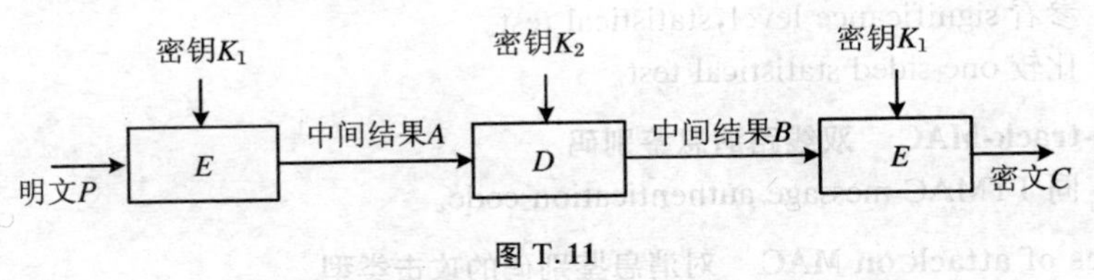

图 T.11

two-layer architecture　双层体系结构，双层结构

一种密钥管理体系结构。在这种体系结构中，第一层为密钥加密密钥(或称主密钥)是人工分配的，用于加密自动分配的数据密钥。

参看 key layering。

two's complement representation　二进制补码表示

补码表示是有符号数的一种表示方法。在区间$[0, b^{n-1}-1]$中的非负整数可以用基 b 的一个 n 长序列来表示，不过其高位为 0。假定一个正整数 $x=(x_n x_{n-1} \cdots x_1 x_0)_b$，其中 $x_n=0$。则 $-x$ 就用序列$(\bar{x}_n \bar{x}_{n-1} \cdots \bar{x}_1 \bar{x}_0)+1$ 来表示，其中"+"是带进位的算术加，而 $\bar{x}_i=b-1-x_i$。使用补码表示的加法和减法都不需要检验符号位。当 $b=2$ 时的补码表示就叫二进制补码表示。表 T.4 是$[-7,7]$区间中的整数的二进制补码表示。

表 T.4

序列	符号量	二进制补码	序列	符号量	二进制补码
0111	7	7	1111	−7	−1
0110	6	6	1110	−6	−2
0101	5	5	1101	−5	−3
0100	4	4	1100	−4	−4
0011	3	3	1011	−3	−5
0010	2	2	1010	−2	−6
0001	1	1	1001	−1	−7
0000	0	0	1000	−0	−8

参看 base b representation。

two-sided statistical test　双侧统计检验

一种统计检验。假设一个随机序列的一个统计量 X 服从标准正态分布 $N(0,1)$，并假设能够期望那个统计量 X 既可取某个非随机序列的较大值，又可取非随机序列的较小值。为了达到 α 显著性水平，选择一个阈值 x_α，使得 $P(X>x_\alpha)=P(X<-x_\alpha)=\alpha/2$。如果样本输出序列的统计量的值 X_S 满足 $X_S>x_\alpha$ 或 $X_S<-x_\alpha$，则该序列未通过检验；否则，它通过检验。

参看 significance level，statistical test。

比较 one-sided statistical test。

two-track-MAC　双线路消息鉴别码

同 TTMAC message authentication code。

types of attack on MAC　对消息鉴别码的攻击类型

对任意一个 MAC 进行攻击的类型有如下三种：已知文本攻击、选择文本攻击、自适应选择文本攻击。

参看 adaptive chosen-text attack，chosen-text attack，known-text attack，message authentication code (MAC)。

types of MAC forgery　消息鉴别码伪造的类型

对任意一个 MAC 进行伪造的类型有如下两种：选择性伪造、存在性伪造。

参看 existential forgery，selective forgery。

type Ⅰ optimal normal basis Ⅰ型最优正规基

设 $n+1$ 是一个素数，q 是模 $n+1$ 的一个原根，其中 q 是一个素数或素数幂，则 $GF(q)$ 上 n 个非单位元的 $n+1$ 次单位根是线性无关的，且组成 $GF(q)$ 在 $GF(q)$ 上的一组最优正规基。这样构造出的最优正规基称作Ⅰ型最优正规基。

参看 finite field，optimal normal basis，primitive root。

比较 type Ⅱ optimal normal basis。

type Ⅱ optimal normal basis Ⅱ型最优正规基

设 $2n+1$ 是一个素数，假设 2 是模 $2n+1$ 的一个原根，或者 $2n+1 \equiv 3 \pmod 4$ 且 2 模 $2n+1$ 的阶为 n，则 $\alpha = r + r^{-1}$（r 为一个 $2n+1$ 次本原单位根）生成一个 $GF(2^n)$ 到 $GF(2)$ 上的最优正规基。这样构造出的最优正规基称作Ⅱ型最优正规基。

参看 finite field，optimal normal basis，primitive root。

比较 type Ⅰ optimal normal basis。

U

ultimately periodic sequence　终归周期性序列

如果一个无穷序列 $S = s_0, s_1, s_2, \cdots$ 通过去掉开头有限数量的项就是周期性的了，则称之为终归周期性序列。下述序列就是一例：S = 110011010110101101…，去掉开头 3 项“110”，后面的序列就是一个周期为 5 的周期性序列“01101”。

参看 periodic sequence。

UMAC message authentication code　UMAC 消息鉴别码

NESSIE 选出的四个消息鉴别码之一。UMAC 基于通用的散列函数，并把 AES 分组密码用作为一个组件。

1. 定义和符号

(1) 一般符号

$\oplus$表示按位异或运算；$\wedge$ 表示按位与运算。

$\lceil x \rceil$为 x 的上整数，即取大于或等于 x 的最小整数。

$T = X \| Y$ 表示并置：如果 $X = (x_1 \cdots x_m)$，$Y = (y_1 \cdots y_n)$，则 $T = X \| Y = (x_1 \cdots x_m y_1 \cdots y_n)$。

(2) 对整数的操作　prime(x)表示小于 2^x的最大素数。

(3) 对字符的操作　令 S 表示一个字符串。

$S = \varnothing$表示字符串 S 为空。

$S[i]$表示字符串 $S = S[1]S[2]\cdots$的第 i 比特。

$S[i, \cdots, j]$表示字符串 S 中由 $S[i]S[i+1]\cdots S[j]$构成的 $j - i + 1$ 比特子字符串（$i < j$）。

zeroes(n)表示由 n 个“0”组成的 n 比特字符串。

ones(n)表示由 n 个“1”组成的 n 比特字符串。

padzero(S, w) = $S \|$ zeroes(n)，其中 n 是使得 $S \|$ zeroes(n)的比特长度能被 w 整除的最小数。

padonezero(S, w) = $S \|$ ones(1) $\|$ zeroes(n)，其中 n 是使得 $S \|$ ones(1) $\|$ zeroes(n)的比特长度能被 w 整除的最小数。

bytereverse(S, w) = $S_{w/8} \| S_{(w/8)-1} \| \cdots \| S_1$，其中 S 是 w 比特字符串，$S = S_1 \| \cdots \| S_{(w/8)-1} \| S_{w/8}$，$S_i \in \{0,1\}^8$，$i = 1, \cdots, w/8$。

(4) 字符串与整数之间的转换

x = str2unit(S)表示把 t 比特字符串 S 转换成非负整数 x，即

$$x = 2^{t-1} \times S[1] + 2^{t-2} \times S[2] + \cdots + 2 \times S[t-1] + S[t]。$$

$S = \text{unit2str}(x, w)$表示把非负整数 x 转换成 w 比特字符串 S,使得

$$x = \text{str2unit}(S) = 2^{w-1} \times S[1] + 2^{w-2} \times S[2] + \cdots + 2 \times S[w-1] + S[w]。$$

$x = \text{str2sint}(S)$表示把 t 比特字符串 S 转换成整数 x,使得

$$x = -2^{t-1} \times S[1] + 2^{t-2} \times S[2] + \cdots + 2 \times S[t-1] + S[t]。$$

$\text{sint2str}(x, w)$表示把整数 x 转换成 w 比特字符串 S,使得

$$x = \text{str2sint}(S)。$$

(5) 对字符串的数学运算

在 UMAC32 中,

将运算 $\text{unit2str}(\text{str2unit}(S) + \text{str2unit}(T) \bmod 2^w, w)$用 $S +_w T$ 表示;

将运算 $\text{unit2str}(\text{str2unit}(S) \times \text{str2unit}(T) \bmod 2^w, w)$用 $S \times_w T$ 表示。

在 UMAC16 中,

将运算 $\text{unit2str}(\text{str2sint}(S) + \text{str2sint}(T) \bmod 2^w, w)$用 $S +_w T$ 表示;

将运算 $\text{unit2str}(\text{str2sint}(S) \times \text{str2sint}(T) \bmod 2^w, w)$用 $S \times_w T$ 表示。

2. 基本函数

(1) 加密函数 $Y = \text{AES}(K, T)$。表示用 AES 分组密码算法,在密钥 K 的作用下,对 T 进行加密得到密文 Y。密钥 K 的长度默认为 128 比特,也可用 192 或 256 比特。

(2) 密钥导出函数 $Y = \text{KDF}(K, index, Subkeylen)$。使用 AES 分组密码算法的输出反馈方式来产生所需要的伪随机比特串。形式描述如下:

输入:$K \in \{0,1\}^{128}$;整数 $index(0 \leqslant index \leqslant 255)$;正整数 $Subkeylen$。

输出:$Subkeylen$ 比特长字符串 Y。

```
begin
  t = ⌈Subkeylen/128⌉
  T = zeroes(120) ‖ unit2str(index, 8)
  Y = ∅
  for i = 1 to t do
    T = AES(K, T)
    Y = Y ‖ T
  next i
  return Y = Y[1, …, Subkeylen]
end
```

(3) 64 比特字的多项式散列 $y = \text{POLY64}(k, M)$。

输入:整数 $k(0 \leqslant k \leqslant \text{prime}(64) - 1)$;$Mlen$ 比特长字符串 M,64 整除 $Mlen$。

输出:整数 $y(0 \leqslant y \leqslant \mathrm{prime}(64)-1)$。

```
begin
  p = prime(64) = 2^64 - 59
  t = Mlen/64
  M = M_1 ‖ … ‖ M_t      //M_i ∈ {0,1}^64 (i = 1,2,…,t)
  y = 1
  for i = 1 to t do
    m = str2unit(M_i)
    if (m < 2^64 - 2^32) then do
      y = ky + m (mod p)
    doend
    else do
      y = ky + (p - 1) (mod p)
      y = ky + (m - 59) (mod p)
    doend
  next i
  return y
end
```

(3) 128 比特字的多项式散列 $y = \mathrm{POLY128}(k, M)$。

输入:整数 $k(0 \leqslant k \leqslant \mathrm{prime}(128)-1)$;$Mlen$ 比特长字符串 M,128 整除 $Mlen$。

输出:整数 $y(0 \leqslant y \leqslant \mathrm{prime}(128)-1)$。

```
begin
  p = prime(128) = 2^128 - 159
  t = Mlen/128
  M = M_1 ‖ … ‖ M_t      //M_i ∈ {0,1}^128 (i = 1,2,…,t)
  y = 1
  for i = 1 to t do
    m = str2unit(M_i)
    if (m < 2^128 - 2^96) then do
      y = ky + m (mod p)
    doend
    else do
      y = ky + (p - 1) (mod p)
      y = ky + (m - 159) (mod p)
```

```
      doend
    next i
    return y
  end
```

(5) 32 比特字的多项式散列　$y = \mathrm{POLY32}(k, M)$。

输入:整数 $k(0 \leqslant k \leqslant \mathrm{prime}(32) - 1)$; $Mlen$ 比特长字符串 M,32 整除 $Mlen$。

输出:整数 $y(0 \leqslant y \leqslant \mathrm{prime}(32) - 1)$。

```
  begin
    p = prime(32) = 2^32 - 5
    t = Mlen/32
    M = M_1 || ··· || M_t        //M_i ∈ {0,1}^32 (i = 1,2,···,t)
    y = 1
    for i = 1 to t do
      m = str2unit(M_i)
      if (m < 2^32 - 6) then do
        y = ky + m (mod p)
      doend
      else do
        y = ky + (p - 1)(mod p)
        y = ky + (m - 5)(mod p)
      doend
    next i
    return y
  end
```

(6) 32 比特字的 NH 散列　$Y = \mathrm{NH32}(K, M)$。

输入:8 192 比特字符串 K; $Mlen \leqslant 8\,192$ 比特长字符串 M,256 整除 $Mlen$。

输出:$Y \in \{0,1\}^{64}$。

```
  begin
    t = Mlen/32
    M = M_1 || ··· || M_t        //M_i ∈ {0,1}^32 (i = 1,2,···,t)
    for i = 1 to t do
      M_i = bytereverse(M_i, 32)
    next i
```

```
    K[1,⋯,Mlen] = K_1 ‖ ⋯ ‖ K_t      //K_i ∈ {0,1}^32 (i = 1,2,⋯,t)
    for i = 1 to t do
        K_i = bytereverse(K_i, 32)
    next i
    Y = 0
    i = 1
    while (i < t) do
        Y = Y +_64 ((M_{i+0} +_32 K_{i+0}) ×_64 (M_{i+4} +_32 K_{i+4}))
        Y = Y +_64 ((M_{i+1} +_32 K_{i+1}) ×_64 (M_{i+5} +_32 K_{i+5}))
        Y = Y +_64 ((M_{i+2} +_32 K_{i+2}) ×_64 (M_{i+6} +_32 K_{i+6}))
        Y = Y +_64 ((M_{i+3} +_32 K_{i+3}) ×_64 (M_{i+7} +_32 K_{i+7}))
        i = i + 8
    doend
    return Y
end
```

(7) 16 比特字的 NH 散列 $Y = \mathrm{NH16}(K, M)$。

输入:8 192 比特字符串 K;$Mlen \leqslant 8\ 192$ 比特长字符串 M,256 整除 $Mlen$。

输出:$Y \in \{0,1\}^{32}$。

```
begin
    t = Mlen/16
    M = M_1 ‖ ⋯ ‖ M_t      //M_i ∈ {0,1}^16 (i = 1,2,⋯,t)
    for i = 1 to t do
        M_i = bytereverse(M_i, 16)
    next i
    K[1,⋯,Mlen] = K_1 ‖ ⋯ ‖ K_t      //K_i ∈ {0,1}^16 (i = 1,2,⋯,t)
    for i = 1 to t do
        K_i = bytereverse(K_i, 16)
    next i
    Y = 0
    i = 1
    while (i < t) do
        Y = Y +_32 ((M_{i+0} +_16 K_{i+0}) ×_32 (M_{i+8} +_16 K_{i+8}))
        Y = Y +_32 ((M_{i+1} +_16 K_{i+1}) ×_32 (M_{i+9} +_16 K_{i+9}))
        Y = Y +_32 ((M_{i+2} +_16 K_{i+2}) ×_32 (M_{i+10} +_16 K_{i+10}))
```

$Y = Y +_{32} ((M_{i+3} +_{16} K_{i+3}) \times_{32} (M_{i+11} +_{16} K_{i+11}))$

$Y = Y +_{32} ((M_{i+4} +_{16} K_{i+4}) \times_{32} (M_{i+12} +_{16} K_{i+12}))$

$Y = Y +_{32} ((M_{i+5} +_{16} K_{i+5}) \times_{32} (M_{i+13} +_{16} K_{i+13}))$

$Y = Y +_{32} ((M_{i+6} +_{16} K_{i+6}) \times_{32} (M_{i+14} +_{16} K_{i+14}))$

$Y = Y +_{32} ((M_{i+7} +_{16} K_{i+7}) \times_{32} (M_{i+15} +_{16} K_{i+15}))$

$i = i + 16$

doend

return Y

end

(8) UHASH32 中的第一层散列 $Y = \text{L1HASH32}(K, M)$。

输入:8 192 比特字符串 K;$Mlen < 2^{67}$ 比特长字符串 M。

输出:$64 \times \lceil Mlen/8192 \rceil$比特长字符串 Y。

begin

$t = \lceil Mlen/8192 \rceil$

$M = M_1 \| \cdots \| M_{t-1} \| M_t$ $//M_i \in \{0,1\}^{8192} (i = 1, 2, \cdots, t-1)$

$//M_t$的长度 $tlen \leqslant 8\,192$ 比特

$Y = \varnothing$

$Len = \text{unit2str}(8\,192, 64)$

for $i = 1$ to $t - 1$ do

$Y = Y \| (\text{NH32}(K, M_i) +_{64} Len)$

next i

$Len = \text{unit2str}(tlen, 64)$

$M_t = \text{padzero}(M_t, 256)$

$Y = Y \| (\text{NH32}(K, M_t) +_{64} Len)$

return Y

end

(9) UHASH32 中的第二层散列 $Y = \text{L2HASH32}(K, M)$。

输入:192 比特字符串 K;$Mlen < 2^{67}$ 比特长字符串 M。

输出:字符串 $Y \in \{0,1\}^{128}$。

begin

$K = K_{64} \| K_{128}$ $//K_{64} \in \{0,1\}^{64}, K_{128} \in \{0,1\}^{128}$

$Mask_{64} = \text{unit2str}((\text{01FFFFFF01FFFFFF})_{\text{hex}}, 64)$

$Mask_{128} = \text{unit2str}((\text{01FFFFFF01FFFFFF01FFFFFF01FFFFFF})_{\text{hex}}, 128)$

$k_{64} = \text{str2unit}(K_{64} \wedge Mask_{64})$

```
  k_128 = str2unit(K_128 ∧ Mask_128)
  if (Mlen≤2^20) then do
    y = POLY64(k_64, M)
  doend
  else do
    M = M_1 ‖ M_2          //M_1为 2^20 比特长,M_2小于 2^67 - 2^20 比特长
    M_2 = padonezero(M_2, 128)
    y = POLY64(k_64, M_1)
    y = POLY128(k_128, unit2str(y, 128) ‖ M_2)
  doend
  Y = unit2str(y, 128)
  return Y
end
```

(10) UHASH32 中的第三层散列　$Y = \mathrm{L3HASH32}(K, T, M)$。

输入:512 比特字符串 K;32 比特长字符串 T;128 比特长字符串 M。

输出:字符串 $Y \in \{0,1\}^{32}$。

```
begin
  p = prime(36) = 2^36 - 5
  M = M_1 ‖ … ‖ M_8       //M_i ∈ {0,1}^16 (i = 1,2,…,8)
  K = K_1 ‖ … ‖ K_8       //K_i ∈ {0,1}^64 (i = 1,2,…,8)
  for i = 1 to 8 do
    m_i = str2unit(M_i)
    k_i = str2unit(K_i) (mod p)
  next i
  y = ((m_1 × k_1 + m_2 × k_2 + … + m_8 × k_8) mod p) (mod 2^32)
  Y = unit2str(y, 32) ⊕ T
  return Y
end
```

(11) 三层散列 UHASH32　$Y = \mathrm{UHASH32}(K, M, Outlen)$。

输入:128 比特字符串 K;$Mlen < 2^{67}$ 比特长字符串 M;整数 $Outlen = 32$, 64,96 或 128。

输出:$Outlen$ 比特长字符串 Y。

```
begin
  t = Outlen/32
  K1 = KDF(K, 0, 8 192 + (t - 1) × 128)
```

$K2 = KDF(K, 1, t \times 192)$

$K3 = KDF(K, 2, t \times 512)$

$T3 = KDF(K, 3, t \times 32)$

$Y = \varnothing$

for $i = 1$ to t do

$K1_i = K1[((i-1) \times 128 + 1), \cdots, ((i-1) \times 128 + 8\,192)]$

$K2_i = K2[((i-1) \times 192 + 1), \cdots, (i \times 192)]$

$K3_i = K3[((i-1) \times 512 + 1), \cdots, (i \times 512)]$

$T3_i = T3[((i-1) \times 32 + 1), \cdots, (i \times 32)]$

$A = \mathrm{L1HASH32}(K1_i, M)$

if ($Mlen \leqslant 8\,192$) then do

$B = \mathrm{zeroes}(64) \parallel A$

doend

else do

$B = \mathrm{L2HASH32}(K2_i, A)$

doend

$C = \mathrm{L3HASH32}(K3_i, T3_i, B)$

$Y = Y \parallel C$

next i

return Y

end

(12) UHASH16 中的第一层散列　$Y = \mathrm{L1HASH16}(K, M)$。

输入:8 192 比特字符串 K;$Mlen < 2^{67}$ 比特长字符串 M。

输出:$32 \times \lceil Mlen/8\,192 \rceil$比特长字符串 Y。

begin

$t = \lceil Mlen/8\,192 \rceil$

$M = M_1 \parallel \cdots \parallel M_{t-1} \parallel M_t$　$//M_i \in \{0,1\}^{8\,192} (i = 1, 2, \cdots, t-1)$;

M_t的长度 $tlen \leqslant 8\,192$ 比特

$Y = \varnothing$

$Len = \mathrm{unit2str}(8\,192, 32)$

for $i = 1$ to $t-1$ do

$Y = Y \parallel (\mathrm{NH16}(K, M_i) +_{32} Len)$

next i

$Len = \mathrm{unit2str}(tlen, 32)$

$M_t = \mathrm{padzero}(M_t, 256)$

$Y = Y \| (\mathrm{NH16}(K, M_t) +_{32} Len)$

return Y

end

(13) UHASH16 中的第二层散列 $Y = \mathrm{L2HASH16}(K, M)$。

输入:224 比特字符串 K;$Mlen < 2^{67}$ 比特长字符串 M。

输出:字符串 $Y \in \{0,1\}^{128}$。

begin

$K = K_{32} \| K_{64} \| K_{128}$ $//K_{32} \in \{0,1\}^{32}, K_{64} \in \{0,1\}^{64}, K_{128} \in \{0,1\}^{128}$

$Mask_{32} = \mathrm{unit2str}((\mathrm{01FFFFFF})_{\mathrm{hex}}, 32)$

$Mask_{64} = \mathrm{unit2str}((\mathrm{01FFFFFF01FFFFFF})_{\mathrm{hex}}, 64)$

$Mask_{128} = \mathrm{unit2str}((\mathrm{01FFFFFF01FFFFFF01FFFFFF01FFFFFF})_{\mathrm{hex}}, 128)$

$K_{32} = \mathrm{str2unit}(K_{32} \wedge Mask_{32})$

$k_{64} = \mathrm{str2unit}(K_{64} \wedge Mask_{64})$

$k_{128} = \mathrm{str2unit}(K_{128} \wedge Mask_{128})$

if $(Mlen \leqslant 2^{14})$ then do

$y = \mathrm{POLY32}(k_{32}, M)$

doend

else if $(Mlen \leqslant 2^{36})$ then do

$M = M_1 \| M_2$ $//M_1$为 2^{14} 比特长,M_2小于 $2^{36} - 2^{14}$ 比特长

$M_2 = \mathrm{padonezero}(M_2, 64)$

$y = \mathrm{POLY32}(k_{32}, M_1)$

$y = \mathrm{POLY64}(k_{64}, unit2str(y, 64) \| M_2)$

doend

else do

$M = M_1 \| M_2 \| M_3$ $//M_1$为 2^{14} 比特长,M_2为 $2^{36} - 2^{14}$ 比特长,M_3小于 $2^{67} - 2^{36}$ 比特长

$M_3 = \mathrm{padonezero}(M_3, 128)$

$y = \mathrm{POLY32}(k_{32}, M_1)$

$y = \mathrm{POLY64}(k_{64}, \mathrm{unit2str}(y, 64) \| M_2)$

$y = \mathrm{POLY128}(k_{128}, \mathrm{unit2str}(y, 128) \| M_3)$

doend

$Y = \mathrm{unit2str}(y, 128)$

return Y

end

(14) UHASH16 中的第三层散列　$Y = \text{L3HASH16}(K, T, M)$。

输入:256 比特字符串 K;16 比特长字符串 T;128 比特长字符串 M。

输出:字符串 $Y \in \{0,1\}^{16}$。

begin

　$p = \text{prime}(19) = 2^{19} - 1$

　$M = M_1 \| \cdots \| M_8$　　$//M_i \in \{0,1\}^{16} (i = 1,2,\cdots,8)$

　$K = K_1 \| \cdots \| K_8$　　$//K_i \in \{0,1\}^{32} (i = 1,2,\cdots,8)$

　for $i = 1$ to 8 do

　$m_i = \text{str2unit}(M_i)$

　$k_i = \text{str2unit}(K_i) \pmod p$

　next i

　$y = ((m_1 \times k_1 + m_2 \times k_2 + \cdots + m_8 \times k_8) \bmod p) \bmod 2^{16}$

　$Y = \text{unit2str}(y, 16) \oplus T$

　return Y

end

(15) 三层散列 UHASH16　$Y = \text{UHASH16}(K, M, Outlen)$。

输入:128 比特字符串 K;$Mlen < 2^{67}$ 比特长字符串 M;整数 $Outlen = 32$, 64,96 或 128。

输出:$Outlen$ 比特长字符串 Y。

begin

　$t = Outlen/16$

　$K1 = \text{KDF}(K, 0, 8\,192 + (t - 1) \times 128)$

　$K2 = \text{KDF}(K, 1, t \times 224)$

　$K3 = \text{KDF}(K, 2, t \times 256)$

　$T3 = \text{KDF}(K, 3, t \times 16)$

　$Y = \varnothing$

　for $i = 1$ to t do

　　$K1_i = K1[((i - 1) \times 128 + 1), \cdots, ((i - 1) \times 128 + 8\,192)]$

　　$K2_i = K2[((i - 1) \times 224 + 1), \cdots, (i \times 224)]$

　　$K3_i = K3[((i - 1) \times 256 + 1), \cdots, (i \times 256)]$

　　$T3_i = T3[((i - 1) \times 16 + 1), \cdots, (i \times 16)]$

　　$A = \text{L1HASH16}(K1_i, M)$

　　if ($Mlen \leqslant 8\,192$) then do

　　　$B = \text{zeroes}(96) \| A$

　　doend

```
        else do
          B = L2HASH16(K2_i, A)
        doend
        C = L3HASH16(K3_i, T3_i, B)
        Y = Y || C
        next i
    return Y
  end
```

3．消息鉴别码 UMAC32：*MAC* = UMAC32(*K*, *M*, *Nonce*, *Outlen*)

输入：128 比特字符串 K；$Mlen < 2^{67}$ 比特长字符串 M；$Nlen$ 比特长字符串 $Nonce$，$8 \leqslant Nlen \leqslant 128$，8 整除 $Nlen$；整数 $Outlen = 32, 64, 96$ 或 128。

输出：$Outlen$ 比特长字符串 MAC。

```
begin
  Hash = UHASH32(K, M, Outlen)
  K_Enc = KDF(K, 128, 128)
  Nonce = Nonce || zeros(128 - Nlen)
  Pad = AES(K_Enc, Nonce)
  Pad = Pad[1, …, Outlen]
  MAC = Hash ⊕ Pad
end
```

4．消息鉴别码 UMAC16：*MAC* = UMAC16(*K*, *M*, *Nonce*, *Outlen*)

输入：128 比特字符串 K；$Mlen < 2^{67}$ 比特长字符串 M；$Nlen$ 比特长字符串 $Nonce$，$8 \leqslant Nlen \leqslant 128$，8 整除 $Nlen$；整数 $Outlen = 32, 64, 96$ 或 128。

输出：$Outlen$ 比特长字符串 MAC。

```
begin
  Hash = UHASH16(K, M, Outlen)
  K_Enc = KDF(K, 128, 128)
  Nonce = Nonce || zeros(128 - Nlen)
  Pad = AES(K_Enc, Nonce)
  Pad = Pad[1, …, Outlen]
  MAC = Hash ⊕ Pad
end
```

5．测试向量

下面，消息 M 和 $Nonce$ 中字符为 ASCII 码；密钥 K 和 MAC 中数据为十六进制。运算中采用小端约定。

UMAC32 测试向量：

消息 M = ""（空串），

$Nonce$ = "123456789"，

密钥 K = 0123456789ABCDEF0123456789ABCDEF，

MAC = FF2ECE16C08698D3；

消息 M = "a"，

$Nonce$ = "123456789"，

密钥 K = 0123456789ABCDEF0123456789ABCDEF，

MAC = 1A6F8D49C06E45E4；

消息 M = "abc"，

$Nonce$ = "123456789"，

密钥 K = 0123456789ABCDEF0123456789ABCDEF，

MAC = 256ABE68D8C28A02；

消息 M = "message digest"，

$Nonce$ = "123456789"

密钥 K = 0123456789ABCDEF0123456789ABCDEF，

MAC = 4232400D2FF7A5DD；

消息 M = "abcdefghijklmnopqrstuvwxyz"，

$Nonce$ = "123456789"，

密钥 K = 0123456789ABCDEF0123456789ABCDEF，

MAC = D599E5F2A4D5434A；

消息 M = "abcdbcdecdefdefgefghfghighij
hijkijkljklmklmnlmnomnopnopq"，

$Nonce$ = "123456789"，

密钥 K = 0123456789ABCDEF0123456789ABCDEF，

MAC = D735E16B8AD0587F；

消息 M = "A…Za…z0…9"，

$Nonce$ = "123456789"，

密钥 K = 0123456789ABCDEF0123456789ABCDEF，

MAC = FD7A926ABAD80321；

消息 M = 8 个 "1234567890"，

$Nonce$ = "123456789"，

密钥 K = 0123456789ABCDEF0123456789ABCDEF，

MAC = 5DAD9004B3DB0280；

消息 M = "Now is the time for all"，

Nonce = "123456789",
密钥 K = 0123456789ABCDEF0123456789ABCDEF,
MAC = 09DC488E3E93B941;
消息 M = "Now is the time for it",
Nonce = "123456789",
密钥 K = 0123456789ABCDEF0123456789ABCDEF,
MAC = AA09663BDE4C24B1;
消息 M = 10^6个 "a",
Nonce = "123456789",
密钥 K = 0123456789ABCDEF0123456789ABCDEF,
MAC = 930A8AD2BAF5C7A1。
UMAC16 测试向量:
消息 M = ""（空串),
Nonce = "123456789",
密钥 K = 0123456789ABCDEF0123456789ABCDEF,
MAC = 2511CCA2391013F4;
消息 M = "a",
Nonce = "123456789",
密钥 K = 0123456789ABCDEF0123456789ABCDEF,
MAC = 4ABD61A21EC4C65D;
消息 M = "*abc*",
Nonce = "123456789",
密钥 K = 0123456789ABCDEF0123456789ABCDEF,
MAC = 0B77207ACFBEBA28;
消息 M = "message digest",
Nonce = "123456789",
密钥 K = 0123456789ABCDEF0123456789ABCDEF,
MAC = 46362C34678676DF;
消息 M = "abcdefghijklmnopqrstuvwxyz",
Nonce = "123456789",
密钥 K = 0123456789ABCDEF0123456789ABCDEF,
MAC = 34EEFA9A6DF25298;
消息 M = "abcdbcdecdefdefgefghfghighij
hijkijkljklmklmnlmnomnopnopq",
Nonce = "123456789",

密钥 K = 0123456789ABCDEF0123456789ABCDEF，

MAC = F187F5BC514A5E05；

消息 M = "A…Za…z0…9"，

$Nonce$ = "123456789"，

密钥 K = 0123456789ABCDEF0123456789ABCDEF，

MAC = C869A08C7F73EF24；

消息 M = 8 个"1234567890"，

$Nonce$ = "123456789"，

密钥 K = 0123456789ABCDEF0123456789ABCDEF，

MAC = A844FC0885A7238C；

消息 M = "Now is the time for all"，

$Nonce$ = "123456789"，

密钥 K = 0123456789ABCDEF0123456789ABCDEF，

MAC = B56F03EB69DADF21；

消息 M = "Now is the time for it"，

$Nonce$ = "123456789"，

密钥 K = 0123456789ABCDEF0123456789ABCDEF，

MAC = 90287B810E096BBB；

消息 M = 10^6个"a"，

$Nonce$ = "123456789"，

密钥 K = 0123456789ABCDEF0123456789ABCDEF，

MAC = 397BD9D499A54416。

参看 AES block cipher，hash function，little-endian convention，message authentication code（MAC），NESSIE project。

unanimous consent control　全体一致同意控制

一种简单的共享控制方案，是双重控制方案的推广。将秘密 S 在 t 个用户间进行拆分，为了恢复 S 需要他们所有人参与。实现如下：可信方 T 生成 $t-1$个随机数 S_i（$1 \leqslant S_i \leqslant m-1, 1 \leqslant i \leqslant t-1$）。把 S_i分别发送给用户 P_i（$1 \leqslant i \leqslant t-1$），而把

$$S_t = S - \sum_{i=1}^{t-1} S_i \pmod m$$

发送给用户 P_t。这样，就可通过计算

$$S = \sum_{i=1}^{t} S_i \pmod m$$

来恢复秘密 S。

方案中的模运算都可以用异或运算替代，使用的数据值 S 和 S_i 的二进制长度都是固定的，为 $\log_2 m$。

参看 dual control，shared control schemes，trusted third party (TTP)。

unbalanced Feistel cipher　不平衡费斯特尔密码

费斯特尔密码中，如果将一个 $2t$ 比特分组的明文划分成左右两个长度相等的字块 L_0 和 R_0（均为 t 比特分组）来处理，就称之为“平衡费斯特尔密码”；如果划分成左右两个长度不等的字块 L_0 和 R_0 来处理，就称之为“不平衡费斯特尔密码”。

参看 Feistel cipher。

unbalanced RSA　不平衡 RSA

由沙米尔（A. Shamir）提出的 RSA 加密方案的一个变种。想通过增大模数的规模（例如，从 500 比特增大到 5 000 比特）来增强安全性，而又不降低性能。此变种方案中，公开模数 n 是两个素数 p 和 q 的乘积，其中一个素数在规模上显著大于另一个。举例说明，取 p 为一个 500 比特的素数，q 为一个 4 500比特的素数，模数 n 就是一个 5 000 比特的复合数，而明文消息 m 取在 $[0, p-1]$ 区间中。这样的一个数的因子分解是目前能力所不及的。沙米尔建议加密指数 e 取在 20～100 范围内，使得用 5 000 比特模数时的加密次数和用 500 比特模数时的解密次数相差不多。密文 $c(=m^d \pmod n)$ 的解密是通过计算 $m_1 = c^{d_1} \pmod p$（其中 $d_1 \equiv d \pmod{p-1}$）来实现的。因为 $0 \leqslant m < p$，所以实际上 m_1 就等于 m。不平衡 RSA 中的解密只涉及一种模 500 比特素数的指数运算，因此解密用的次数和普通具有 500 比特模数的 RSA 中的一样。不过这种变种不能应用于 RSA 数字签名，这是因为签名的验证者不知道公开模数 n 的因子 p。

参看 RSA public-key encryption scheme。

unbiased bits　无偏位，无偏二进制数字

在生成随机数或伪随机数期间，二进制数字“1”（或者“0”）出现的概率等于 1/2。

参看 bias。

比较 biased bits。

unblinding function　解盲函数

盲签名协议的第二个组成部分是：“仅为发送方知道的函数 f 和 g，并使得 $g(S_B(f(m))) = S_B(m)$。f 称为盲函数，g 称为解盲函数，$f(m)$ 称为盲消息。”

参看 blind signature protocol。

unbreakable cipher 不可破密码

参看 theoretical secrecy。

uncertainty 不确定性

同 entropy。

unconcealed message 未隐匿消息

在 RSA 公开密钥加密方案中的一个明文消息 m $(0\leqslant m\leqslant n-1)$,如果将其加密成 m 自身,就称 m 为未隐匿的,也就是 $m^e\equiv m \pmod{n}$。

参看 message concealing in RSA。

unconditionally secure 无条件保密的,无条件安全的

如果对手拥有无限的计算资源也不能破译一个密码,则称该密码是无条件保密的。这就要求:即使对于极长的消息,密钥暧昧度也绝不趋近于 0。

参看 unconditionally security,key equivocation。

unconditionally security 无条件安全性,无条件保密性

评价密码基元和协议的安全性的一种模式,这是最严格的一种测度。假定对手拥有无限的计算资源,问题在于是否有足够的信息可用于攻破系统。

对加密体制而言,无条件保密性称作完全保密。对于完全保密,在观测密文之后明文中的不确定性必须等于关于这个明文的先验不确定性,也就是说,对密文的观测没有给对手一点信息。

对称加密方案是无条件保密的一个必要条件是,密钥至少和消息一样长。一次一密乱码本就是一例无条件保密的加密算法。一般说来,加密方案不提供无条件保密性,所观测的每个密文字符都降低明文和密钥中理论上的不确定性。公开密钥加密方案不可能是无条件保密的,这是因为,已知一个密文 c,原则上能够通过加密所有可能的明文直到得到 c 来恢复明文。

无条件安全性在许多应用场合既不必要又不实际。尽管这样,研究密码基元和协议的无条件安全性,能促进人们对密码实际设计的深入理解,并能启发出密码设计实践中许多必要的指导原则。一些有用的指导原则如下:

(1) 要想使密文和明文是统计独立的,建议人们使用加性序列密码。

(2) 要想达到接近“一次一密”的效果,建议人们频繁更换所用的密钥。

(3) 要想降低多余度对唯一解距离的影响,建议人们使明文数据尽可能随机。比如,在加密之前先将明文数据进行压缩;在消息字块中加入随机比特串字段;或者使用随机化加密机制。然而,后两种技术会增大数据长度,或者要使信道隐蔽。

参看 additive stream cipher, cryptographic primitive, one-time pad, perfect secrecy, randomized encryption, redundancy, unicity distance。

unconditionally trusted third party　无条件可信的第三方

如果对于所有情形一个可信第三方都是可信的,那么,就称这个可信第三方是无条件可信的。例如,无条件可信的第三方可以访问用户的秘密和秘密密钥,还能负责公开密钥和识别号的联系。

参看 trusted third party (TTP)。

比较 functionally trusted third party。

undeniable signature scheme　不可否认的签名方案

在签名验证协议要求签名者给以协作这个意义上,不可否认的签名方案不同于数字签名。下面的例子描述两个可能应用不可否认签名方案的情况。

(1) 实体 A(顾客)想要访问由实体 B(银行)控制的一个安全领域。例如安全领域或许是一个银行保险箱房间。在许可访问之前,B 要求 A 签署一个时间日期凭证。如果 A 使用一个不可否认的签名,那么,在 A 没有直接卷入签名验证过程的情况下,B 没有能力(在以后某个日期)证明 A 使用过这个设施。

(2) 假设某个大公司 A 建立一个软件包。A 签署这个软件包并把它卖给实体 B,B 决定制作这个软件包的拷贝,并把它转卖给第三个用户 C。在没有 A 的协作情况下,C 不能验证这个软件的真实性。当然,这种情况不阻止 B 用它自己的签名重新签署这个软件包,而和公司 A 的命名有关联的市场利益则被 B 得到。跟踪 B 的欺诈活动还是容易的。

参看 Chaum-van Antwerpen undeniable signature scheme, digital signature。

unicity distance　唯一解距离,唯一解码量

一个密码的唯一解距离就是,使一个具有无限计算能力的敌人能够恢复唯一的加密密钥所需要的最少密文量(字符数)。在达到唯一解距离时,密钥暧昧度趋近于 0。对随机密码而言,其唯一解距离 $U_d = H(K)/d$,其中$H(K)$是密钥空间的熵,d 是明文的多余度。例如,英语的每字母多余度就是 $d =3.2$,因此,英语单表代替密码的唯一解距离 $U_d = (\lg 26!)/3.2 \approx 28$(字母);英语简单换位密码(周期为 t)的唯一解距离 $U_d = (\lg t!)/3.2$(字母)。

从唯一解距离公式 $U_d = H(K)/d$ 可以看出,当一个密码体制的密钥空间的熵 $H(K) \to \infty$ 时,或者明文的多余度 $d \to 0$ 时,唯一解距离 $U_d \to \infty$,也就是说,在唯密文攻击情况下,这个密码体制就是理论上不可破译的。$H(K) \to \infty$ 是不实际的,但在对明文消息进行加密之前先进行压缩却是可以降低多余度的。

参看 entropy, entropy of natural language, key equivocation, random cipher, redundancy of English, simple substitution cipher, simple transposition cipher，theoretically unbreakable。

unicity point　唯一解点

同 unicity distance。

uniform cellular automata　单一型细胞自动机

当CA的各级反馈函数均相同时，即 $\delta_1=\delta_2=\cdots=\delta_n$，称之为单一型细胞自动机。

参看 cellular automata。

比较 hybrid cellular automata。

unilateral authentication　单向鉴别

只在一个方向上进行鉴别。单向鉴别可以基于时间标记，也可以使用随机数。例如，在使用对称密钥技术进行的实体鉴别机制中：

(1) 基于时间标记的单向鉴别。$A\to B$：$E_K(t_A \parallel B^*)$，其中 t_A表示一个时间标记，B^*表示用户B的识别符（为可选消息），$\parallel$表示并置，E_K表示一个对称密钥加密算法，其密钥为 K。这就表示，用户A用对称密钥加密算法在密钥 K 作用下对 $t_A \parallel B^*$ 进行加密，并将加密结果发送给用户B。依据接收和解密，B验证时间标记是否是可接受的；可选地验证所接收的识别符是否和他自己的识别符一样。这里B的识别符可阻止敌人在使用一单个双向密钥 K 的情况下再直接使用关于A的消息。

(2) 使用随机数的单向鉴别。为了避免对时间标记的依赖，可以用一个随机数来替换时间标记，但要耗费一个附加消息：① $A\leftarrow B$：r_B；② $A\to B$：$E_K(r_B \parallel B^*)$。其中 r_B是一个随机数。B解密接收到的消息，并检验随机数是否匹配①中发送过去的那个随机数。B可选地检验②中的识别符是否和他自己的识别符一样。这可阻止使用双向密钥 K 的情况下的反射攻击。为了阻止对加密方案 E_K的选择文本攻击，可以在②中嵌入一个另外的随机数 r_A，即 $A\to B$：$E_K(r_A \parallel r_B \parallel B^*)$。

再如，在使用数字签名进行的实体鉴别机制中：

(1) 带有时间标记的单向鉴别。$A\to B$：$cert_A$，t_A，B^*，$S_A(t_A \parallel B^*)$，其中 t_A表示一个时间标记，B^*表示用户B的识别符，$\parallel$表示并置，S_A表示用户A的签名机制，$cert_A$表示含有用户A的签名公开密钥的公开密钥证书。这就表示，用户A对 $t_A \parallel B^*$ 进行签名，并将自己的公开密钥证书 $cert_A$、时间标记 t_A、用户B的识别符和用户A的签名一起发送给用户B。依据接收，B验证时间标记是否是可接受的，以及所接收的识别符是否和他自己的识别符一样；并检验A的签名是否正确。

(2) 使用随机数的单向鉴别。为了避免对时间标记的依赖，可以用一个

随机数来替换时间标记,但要耗费一个附加消息:① A←B: r_B;② A→B: $cert_A, r_A, B^*, S_A(r_A \| r_B \| B^*)$。其中 r_A和 r_B都是随机数。B 验证明文识别符是否和他自己的识别符一样,并使用 A 的一个合法的签名公开密钥(例如,取自 $cert_A$)验证 A 对 $r_A \| r_B \| B^*$ 的签名是否有效。已被签名的 r_A可明显阻止选择文本攻击。

参看 chosen-text attack, digital signature, public-key certificate, reflection attack, symmetric key technique。

比较 mutual authentication。

union of sets 集合的并

设 A 和 B 是两个集合,则 A 和 B 的并是集合 $A \cup B = \{x \mid x \in A$ 或 $x \in B\}$。

比较 difference of sets, intersection of sets。

unique factorization domain 唯一的因子分解域

多项式环$\mathbb{Z}_p[x]$是一个唯一的因子分解域。这就是说,每一个非零多项式 $f(x) \in \mathbb{Z}_p[x]$都有一个因子分解

$$f(x) = af_1(x)^{e_1} f_2(x)^{e_2} \cdots f_k(x)^{e_k},$$

其中,$f_i(x)$都是$\mathbb{Z}_p[x]$中不同的首一不可约多项式,e_i是正整数,$a \in \mathbb{Z}_p$。此外,只要重新排列因式的顺序,这个因子分解就是唯一的。

参看 polynomial ring。

unitary matrix 酉矩阵

如果方阵 A 满足条件

$$\bar{A}^{\mathrm{T}} = A^{-1},$$

其中,$\bar{A}^{\mathrm{T}}$ 是 A 的共轭矩阵的转置,A^{-1}是 A 的逆矩阵,则称 A 为酉矩阵。

unitary space 酉空间

设 V 为复数域$\mathbb{C}$上的一个线性空间。若在 V 中定义了两个矢量α, β 的内积(数量积),记作(α, β),且满足:

(1) $(\alpha, \beta) = (\beta, \alpha)^*$,其中$(\beta, \alpha)^*$是$(\alpha, \beta)$的共轭复数;

(2) $(\alpha, \alpha) \geqslant 0$,等号当且仅当 $\alpha = 0$ 时成立;

(3) $(a\alpha + b\beta, \gamma) = a(\alpha, \gamma) + b(\beta, \gamma)$,对任意 $\alpha, \beta, \gamma \in V$, $a, b \in \mathbb{C}$ 成立,则称 V 为酉空间,又称为内积空间。

在酉空间 V 中,如果两个矢量 α, β 的内积$(\alpha, \beta) = 0$,则称 α 正交于β。

如果一组单位矢量两两正交,则称之为一个标准正交基。如果这组单位矢量又生成整个空间 V,则称之为 V 的标准正交基。

unitary transformation　幺正变换,酉变换

数学上的一般定义为:如果对酉空间 V 中的任意两个元素 α 和 β,有线性变换 L,使得

$$(L(\alpha), L(\beta)) = (\alpha, \beta),$$

则称 L 为幺正变换(或称酉变换)。

幺正变换具有如下性质:

(1) 恒等变换 I 为幺正变换;

(2) 如果线性变换 L 和 M 为幺正变换,则 LM 亦为幺正变换;

(3) 如果线性变换 L 为幺正变换,则其逆变换 L^{-1} 亦为幺正变换;

(4) 线性变换 L 为幺正变换的充分必要条件是 $LL^* = I$ 或 $L^* = L^{-1}$,其中 L^* 为 L 的共轭变换。

(5) 在标准正交基下,幺正变换 L 的矩阵是酉矩阵,反之,线性变换关于一标准正交基的矩阵是酉矩阵,则必为幺正变换;

(6) 幺正变换的特征值的绝对值都是 1。

参看 unitary matrix,unitary space。

universal exponent　通用指数

在 RSA 方案的密钥生成中,用数 $\lambda = \mathrm{lcm}(p-1, q-1)$ 来替代 $\phi = (p-1)(q-1)$,这个 λ 有时候就称为 n 的通用指数。请注意,λ 是 ϕ 的真因子。使用 λ 可以导致较小的解密指数 d,这样可使解密速率较快。然而,如果 p 和 q 是随机选择的,则期望 $\gcd(p-1, q-1)$ 小,因此,ϕ 和 λ 的大小大致相同。

参看 RSA public-key encryption scheme。

universal statistical test　通用统计检验

同 Maurer's universal statistical test。

unkeyed hash function　无密钥散列函数

对散列函数在最高层次上进行分类,无密钥散列函数是其中一类,它只要求把一个消息作为其输入参数。

无密钥散列函数的主要有:基于分组密码的散列函数、定制的散列函数以及基于模算术的散列函数。

参看 customized hash function,hash function,hash function based on block cipher,hash function based on modular arithmetic。

unpredictability　不可预测性

根据一个二进制数字序列的先前所有数字不能预测其下一位的性能。

参看 binary digit。

unsecured channel　不安全的信道

一种信道。那些预定计划之外的用户，也具有从这种信道上重排、删除、插入或读出能力。

参看 channel。

比较 secured channel。

unusually good simultaneous Diophantine approximation　异常好的联立丢番图逼近

δ 级的联立丢番图逼近的 $\delta > 1/n$。

参看 simultaneous Diophantine approximation。

upper bound on complexity　复杂性上界

解一类问题的所有已知算法之中，时空耗费最小的那个算法的复杂性函数，就称为解这类问题的计算复杂性的"上界"。这种算法能否有改进的地方，即"这种算法是否是最佳的算法"这种判定问题，称之为"上界问题"。实际上，上界问题是要解决"解这类问题需要多少时间及空间就足够了"的问题。例如，矩阵乘法的复杂性上界是 $n^{2.52}$。

参看 computational complexity，computational problems。

比较 lower bound on complexity。

user initialization　用户初始化

密钥管理的一个阶段。一个实体初始化其密码应用(例如，安装并初始化软件或硬件)，包括在用户登记期间获得的初始密钥资料的使用或安装。

参看 key management life cycle，user registration。

user registration　用户登记

密钥管理的一个阶段。一个实体变成一个安全域的已授权成员。用户登记包括初始密钥资料的获得或者建立与交换。共享的初始密钥资料(例如通行字或个人识别号)是通过一种安全的、一次性技术(例如亲自交换、注册邮递、可靠信使)进行分配的。

参看 key management life cycle，security domain。

***u*-test　*u* 检验**

一种参数性假设检验——关于正态分布参数假设的显著性检验。这里只提及对于一个正态总体的假设检验问题。假设随机变量 ξ 服从正态分布 $N(\mu,\sigma^2)$，而 $\xi_1,\xi_2,\cdots,\xi_m$ 是来自 ξ 的简单随机样本。

***u* 检验的步骤**

基本假设 $H_0:\mu=\mu_0$，在方差 $\sigma^2=\sigma_0^2$ 已知的情形下，检验假设 $\mu=\mu_0$。

显著性水平：$\alpha(0<\alpha<1)$。

检验的统计量：

$$u = \frac{\bar{\xi} - \mu_0}{\sigma_0 / \sqrt{m}},$$

其中，$\bar{\xi} = \frac{1}{m}\sum_{i=1}^{m}\xi_i$ 为样本均值。在假设 H_0 下，$\bar{\xi}$ 服从正态分布 $N(\mu_0, \sigma_0^2/m)$，因此统计量 u 服从标准正态分布 $N(0,1)$。

基本假设 H_0 的 α 水平否定域：

$$\left\{(\xi_1, \cdots, \xi_m) \mid |u| = \frac{|\bar{\xi} - \mu_0|}{\sigma_0 / \sqrt{m}} \geqslant u_\alpha\right\}$$

其中，u_α 是标准正态分布的 α 水平双侧分位数，有表可查(见附录 D)。

参看 hypothesis testing，standard normal distribution，statistical hypothesis，statistical hypothesis test。

V

validation　确认

信息安全的一个目标任务。提供授权使用或维护信息或资源的时间性的一种方法。

参看 information security。

validation parameters　有效参数

为验证一次签名所必需的公开信息。

参看 one-time signature scheme。

variance　方差

一个均值为 μ 的随机变量 X 的方差是一个非负数，由下式定义：$\mathrm{Var}(X)=E((X-\mu)^2)$。

参看 mean。

vector-addition chains　向量加法链

令 s 和 k 都是正整数，并令 v_i 表示一个 k 维非负整数向量。如果一个有序集合 $V=\{v_i \mid -k+1\leqslant i\leqslant s\}$满足：① 每一个 $v_i(-k+1\leqslant i\leqslant 0)$中，除了第 $i+k-1$ 坐标位置上是"1"之外，其他每个坐标位置上都是"0"（坐标位置被标注为0 到 $k-1$）；② 对每一个 $v_i(1\leqslant i\leqslant s)$，都存在一相关联的整数对 $w_i=(i_1,i_2)$使得 $-k+1\leqslant i_1,i_2<i$，且有 $v_i=v_{i_1}+v_{i_2}$（允许 $i_1=i_2$），则称 V 是 s 长 k 维向量加法链。向量加法链指数运算用来计算 $g_0^{e_0}g_1^{e_1}\cdots g_{k-1}^{e_{k-1}}$，其中 g_0，$g_1,\cdots,g_{k-1}$是群 G 中的任意元素，而 $e_0,e_1,\cdots,e_{k-1}$是固定的正整数。

向量加法链指数运算算法

输入：群元素 $g_0,g_1,\cdots,g_{k-1}$；s 长 k 维向量加法链 V 及其一个伴生序列：$w_1,w_2,\cdots,w_s$，其中 $w_i=(i_1,i_2)$。

输出：$g_0^{e_0}g_1^{e_1}\cdots g_{k-1}^{e_{k-1}}$，其中 $v_s=(e_0,e_1,\cdots,e_{k-1})$。

VA1　对 $i=-k+1,-k+2,\cdots,0$，执行计算：$a_i\leftarrow g_{i+k-1}$；

VA2　对 $i=1,2,\cdots,s$，执行计算：$a_i\leftarrow a_{i_1}\cdot a_{i_2}$；

VA3　返回(a_s)。

参看 addition chains，exponentiation。

比较 simultaneous multiple exponentiation。

vector space　向量空间,矢量空间

域 F 上的一个向量空间 V 是一个阿贝尔群$(V,+)$,并且有一个乘法运算$\times:F\times V\to V$(通常将 $F\times V$ 写成FV),使得对所有 $a,b\in F$ 和 $v,w\in V$,下述公理被满足:

(1) $a(v+w)=av+aw$;

(2) $(a+b)v=av+bv$;

(3) $(ab)v=a(bv)$;

(4) $1v=v$。

V 的元素称为向量,而 F 的元素称为标量。群运算“+”称为向量加法,而乘法运算称为标量乘法。

参看 Abelian group。

verifiable secret sharing　可验证的秘密共享

带有扩展能力的秘密共享方案。这个方案针对由一个或多个群成员和秘密份额的分配者进行的欺骗。

参看 secret sharing scheme。

verification algorithm　验证算法

同 digital signature verification algorithm。

verification transformation　验证变换

V_A是从集合 $M\times S$ 到集合$\{true,false\}$的一个变换,$V_A:M\times S\to\{true,false\}$。$V_A$称为实体 A 的签名的一个验证变换,它是众所周知的,其他任何实体都可以用来验证由实体 A 建立的签名。(注意:M 和 S 的笛卡儿积$M\times S$由所有的(m,s)对组成,其中 $m\in M,s\in S$。)

参看 digital signature。

比较 signing transformation。

verifier　验证者

一个实体(用户)。在数字签名中是指对签名进行验证的实体;而在身份识别(实体鉴别)中是指获得另一个人(申请人或证明者)身份保证的实体。

参看 digital signature scheme with appendix,identification。

比较 claimant。

Vernam cipher　弗纳姆密码

一种定义在字母表 $A=\{0,1\}$上的序列密码。一串二进制明文消息 $m_1,m_2,\cdots,m_t$和一个相同长度的二进制密钥串 $k_1,k_2,\cdots,k_t$进行模 2 加(异或)运算,产生出一个密文串 $c_1,c_2,\cdots,c_t$,即

$$c_i=m_i\oplus k_i\quad(1\leqslant i\leqslant t)。$$

如果所使用的密钥串是随机选取的,并且决不再次使用,那么,弗纳姆密码称作一次一密体制或称作一次一密乱码本。

参看 exclusive-or (XOR),one-time-pad,stream cipher。

Vernam system　弗纳姆体制

同 Vernam cipher。

Vigenère cipher　维吉尼亚密码,维吉尼亚密表

维吉尼亚密码主要采用叫作维吉尼亚方阵的加密阵列(表 V.1)。

表 V.1　维吉尼亚方阵

明文	a	b	c	d	e	f	g	h	i	j	k	l	m	n	o	p	q	r	s	t	u	v	w	x	y	z
密 a	A	B	C	D	E	F	G	H	I	J	K	L	M	N	O	P	Q	R	S	T	U	V	W	X	Y	Z
钥 b	B	C	D	E	F	G	H	I	J	K	L	M	N	O	P	Q	R	S	T	U	V	W	X	Y	Z	A
字 c	C	D	E	F	G	H	I	J	K	L	M	N	O	P	Q	R	S	T	U	V	W	X	Y	Z	A	B
母 d	D	E	F	G	H	I	J	K	L	M	N	O	P	Q	R	S	T	U	V	W	X	Y	Z	A	B	C
序 e	E	F	G	H	I	J	K	L	M	N	O	P	Q	R	S	T	U	V	W	X	Y	Z	A	B	C	D
列 f	F	G	H	I	J	K	L	M	N	O	P	Q	R	S	T	U	V	W	X	Y	Z	A	B	C	D	E
g	G	H	I	J	K	L	M	N	O	P	Q	R	S	T	U	V	W	X	Y	Z	A	B	C	D	E	F
h	H	I	J	K	L	M	N	O	P	Q	R	S	T	U	V	W	X	Y	Z	A	B	C	D	E	F	G
i	I	J	K	L	M	N	O	P	Q	R	S	T	U	V	W	X	Y	Z	A	B	C	D	E	F	G	H
j	J	K	L	M	N	O	P	Q	R	S	T	U	V	W	X	Y	Z	A	B	C	D	E	F	G	H	I
k	K	L	M	N	O	P	Q	R	S	T	U	V	W	X	Y	Z	A	B	C	D	E	F	G	H	I	J
l	L	M	N	O	P	Q	R	S	T	U	V	W	X	Y	Z	A	B	C	D	E	F	G	H	I	J	K
m	M	N	O	P	Q	R	S	T	U	V	W	X	Y	Z	A	B	C	D	E	F	G	H	I	J	K	L
n	N	O	P	Q	R	S	T	U	V	W	X	Y	Z	A	B	C	D	E	F	G	H	I	J	K	L	M
o	O	P	Q	R	S	T	U	V	W	X	Y	Z	A	B	C	D	E	F	G	H	I	J	K	L	M	N
p	P	Q	R	S	T	U	V	W	X	Y	Z	A	B	C	D	E	F	G	H	I	J	K	L	M	N	O
q	Q	R	S	T	U	V	W	X	Y	Z	A	B	C	D	E	F	G	H	I	J	K	L	M	N	O	P
r	R	S	T	U	V	W	X	Y	Z	A	B	C	D	E	F	G	H	I	J	K	L	M	N	O	P	Q
s	S	T	U	V	W	X	Y	Z	A	B	C	D	E	F	G	H	I	J	K	L	M	N	O	P	Q	R
t	T	U	V	W	X	Y	Z	A	B	C	D	E	F	G	H	I	J	K	L	M	N	O	P	Q	R	S
u	U	V	W	X	Y	Z	A	B	C	D	E	F	G	H	I	J	K	L	M	N	O	P	Q	R	S	T
v	V	W	X	Y	Z	A	B	C	D	E	F	G	H	I	J	K	L	M	N	O	P	Q	R	S	T	U
w	W	X	Y	Z	A	B	C	D	E	F	G	H	I	J	K	L	M	N	O	P	Q	R	S	T	U	V
x	X	Y	Z	A	B	C	D	E	F	G	H	I	J	K	L	M	N	O	P	Q	R	S	T	U	V	W
y	Y	Z	A	B	C	D	E	F	G	H	I	J	K	L	M	N	O	P	Q	R	S	T	U	V	W	X
z	Z	A	B	C	D	E	F	G	H	I	J	K	L	M	N	O	P	Q	R	S	T	U	V	W	X	Y

在维吉尼亚方阵中,密钥字母序列中的每个字母所确定的那个行都是一个加法密码,因此维吉尼亚密码实际上是把 26 个加法密码(其中第一行是一个恒等密码)组合在一起构成最多可有 26 个代替表的多表代替密码体制。具体使用几个代替表,由密钥字(或短语)确定。如果选择的密钥字(或短语)无重复字母时长为 p,则加密时就使用 p 个代替表。使用哪 p 个代替表,按什么顺序使用这 p 个代替表,都由密钥字(或短语)中的密钥字母序列确定。

比如,选择"chengdu"作密钥字对明文消息"Strengthen information legislation Guarantee information security"进行加密:明文字母 s 用密钥字母 c 指示的那个代替表加密成 U,明文字母 t 用密钥字母 h 指示的那个代替表加密成 A,明文字母 r 用密钥字母 e 指示的那个代替表加密成 V,以此类推。当密钥字用完时,就回头重复使用。

密钥字:chengduchengduchengduchengduchengduchengduchengduchen;

明　文:strengtheninformationlegislationguaranteeinformationsecurity;

密　文:UAVRTJNJLRVTIITTEGORHNLKVYOUVPSAMXUTHRGKHCJMSESDNKVRFKFOTPXL。

参看 additive cipher, key phrase, keyword, polyalphabetic substitution cipher。

Vigenère polyalphabetic cipher　维吉尼亚多表密码

参看 Vigenère cipher。

Vigenère square　维吉尼亚方表,维吉尼亚方阵

参看 Vigenère cipher。

visual cryptography　可视密码学

可视密码学的巧妙想法是为了便于图片的共享(或加密),是由内奥(M. Naor)和沙米尔(A. Shamir)提出的。一个(秘密)图片的像素被当作待共享的单个秘密来处理。把图片划分成两个或更多个图像,其中每个图像都含有每个原始像素的一个秘密份额。每个原始像素通过再细分成适当大小的子像素,被划分成一些秘密份额,通过选择子像素斑点(黑和白)的适当组合,使得堆积图像还以原始的明晰度显示,而每个单一图像却显得是随机的。图片恢复不要求计算(它是可视的);只拥有这些图像中的一个图像的任意一个人都仍然没有任何信息(可证明的)。

参看 secret share, secret sharing。

voice encryption　话音加密

话音通信的加密技术。话音加密技术可以分成模拟置乱和数字话音加密两大类。

参看 analog scrambling，digital voice encryption。

voice scrambling 话音置乱

一类话音加密技术。使用模拟置乱技术对话音的频率、时间和振幅三个要素进行处理和变换，破坏话音的原有特性。

同 analog scrambling。

W

WAKE block cipher　WAKE 分组密码

由惠勒(D. J. Wheeler)设计的一种分组密码,它使用一个密钥相关的表,期望能在 32 位处理器上快速加密大量数据。

WAKE 分组密码方案

1. 符号注释

所有变量均为 32 比特变量。

$\oplus$表示按位异或;

$\wedge$表示按位与;

$\vee$表示按位或;

+ 表示模 2^{32} 加法;

$x \gg 8$ 表示将 32 比特变量 x 右移 8 位。

2. 基本函数

函数 $f = \text{MIX}(x, y) = [(x+y) \gg 8] \oplus T[(x+y) \wedge 255]$。

$y = T(x)$是一个查表函数,表示以 x 为地址去查 T 表。T 表含有 256 个表项,每个表项都是一个 32 比特的数。

3. 加密算法(图 W.1)

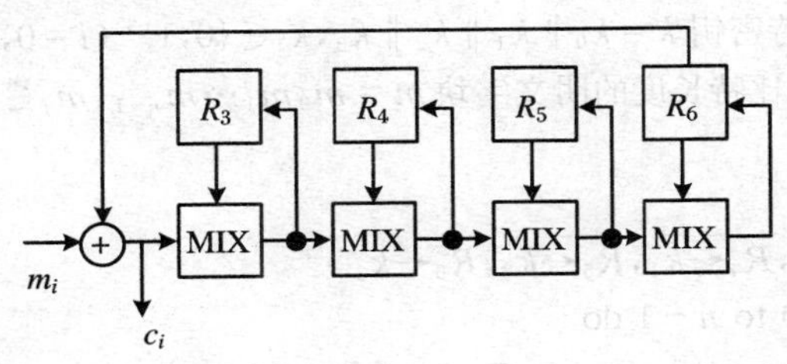

图 W.1　加密算法

输入:任意 $32n$ 比特长度的明文字块 $m = m_0 m_1 \cdots m_{n-1}$, $m_i \in \{0,1\}^{32}$ $(i = 0,1,\cdots,n-1)$;256 比特密钥 $k = k_0 \parallel k_1 \parallel k_2 \parallel k_3$, $k_i \in \{0,1\}^{32}$ $(i = 0,1,2,3)$。

输出:$32n$ 比特长度的密文字块 $c = c_0 c_1 \cdots c_{n-1}$, $c_i \in \{0,1\}^{32}$ $(i = 0,1,\cdots,n-1)$。

```
begin
  R3←k0, R4←k1, R5←k2, R6←k3
  for i = 0 to n - 1 do
    R1←mi
    R2←R1⊕R6
    ci←R2
    R3←MIX(R3, R2)
    R4←MIX(R4, R3)
    R5←MIX(R5, R4)
    R6←MIX(R6, R5)
next i
end
```

4. 解密算法(图 W.2)

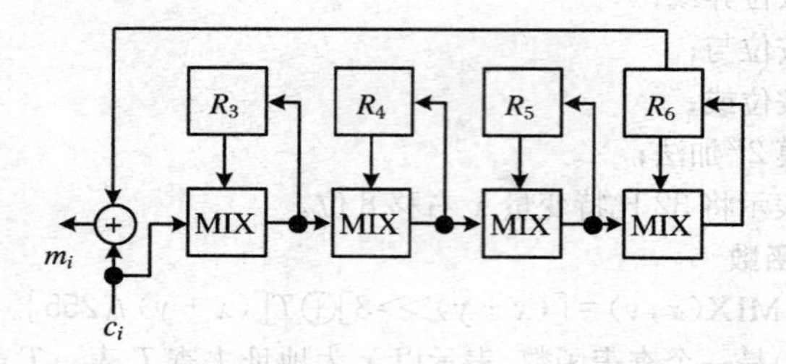

图 W.2 解密算法

输入:$32n$ 比特长度的密文字块 $c=c_0c_1\cdots c_{n-1}, c_i\in\{0,1\}^{32}(i=0,1,\cdots,n-1)$;256 比特密钥 $k=k_0\parallel k_1\parallel k_2\parallel k_3, k_i\in\{0,1\}^{32}(i=0,1,2,3)$。

输出:$32n$ 比特长度的明文字块 $m=m_0m_1\cdots m_{n-1}, m_i\in\{0,1\}^{32}(i=0,1,\cdots,n-1)$。

```
begin
  R3←k0, R4←k1, R5←k2, R6←k3
  for i = 0 to n - 1 do
    R1←ci
    R2←R1⊕R6
    mi←R2
    R3←MIX(R3, R1)
    R4←MIX(R4, R3)
    R5←MIX(R5, R4)
    R6←MIX(R6, R5)
```

```
    next i
end
```

5. T 表的生成

输入：256 比特密钥 $k = k_0 \| k_1 \| k_2 \| k_3, k_i \in \{0,1\}^{32} (i = 0,1,2,3)$。

输出：T 表的 256 个表项 $T[i] (i = 0,1,\cdots,255)$。

```
begin
  S_0 ← (726A8F3B)_hex
  S_1 ← (E69A3B5C)_hex
  S_2 ← (D3C71FE5)_hex
  S_3 ← (AB3C73D2)_hex
  S_4 ← (4D3A8EB3)_hex
  S_5 ← (0396D6E8)_hex
  S_6 ← (3D4C2F7A)_hex
  S_7 ← (9EE27CF3)_hex
  for i = 0 to 3 do
    T[i] ← k_i
  next i
  for i = 4 to 255 do
    x ← T[i-4] + T[i-1]
    j ← x ∧ 7
    T[i] ← (x >> 3) ⊕ S_j
  next i
  for i = 0 to 22 do
    T[i] ← T[i] + T[i+89]
  next i
  x ← T[33]
  z ← T[59] ∨ (01000001)_hex
  z ← z ∧ (FF7FFFFF)_hex
  for i = 0 to 255 do
    x ← (x ∧ (FF7FFFFF)_hex) + z
    T[i] ← (T[i] ∧ (00FFFFFF)_hex) ⊕ x
  next i
  T[256] ← T[0]
  x ← x ∧ 255
  for i = 0 to 255 do
```

$x \leftarrow (T[i \oplus x] \oplus x) \wedge 255$

$T[i] \leftarrow T[x]$

$T[x] \leftarrow T[i+1]$

next i

end

参看 block cipher。

Walsh-Hadamard transformation　沃尔什-阿达马变换

把阿达马变换 H 应用于 n 比特的变换称作沃尔什变换或沃尔什-阿达马变换。它还能被定义为形式如下的递归分解：

$$W_1 = H,$$

$$W_{n+1} = H \otimes W_n。$$

当应用于 n 个量子位时，它作用于 n 个量子位中的每一个，并建立 2^n 个量子态的一个叠加态。

参看 Hadamard transformation，superposition state。

Walsh spectrum of Boolean function　布尔函数的沃尔什谱

设 $f(x)$ 是 $\mathbb{F}_2^n$ 上的布尔函数，对于任意的 $\omega = (\omega_1, \omega_2, \cdots, \omega_n) \in \mathbb{F}_2^n$，称

$$W_f(\omega) = \sum_{x \in \mathbb{F}_2^n} (-1)^{f(x) + \omega \cdot x}$$

为 $f(x)$ 在 ω 点的沃尔什谱值，其中 $\omega \cdot x$ 表示 ω 与 x 的内积，所有的 $W_f(\omega)$ 构成 $f(x)$ 的沃尔什谱。

参看 Boolean function，Walsh transform。

Walsh transform　沃尔什变换

沃尔什变换在研究非线性函数的性能时是一种非常有用的数学工具。

令 $F(x)$ 是 $GF(2^N)$ 上的任意实值函数，其沃尔什变换定义为

$$S_F(\omega) = \sum_{x=0}^{2^N-1} F(x)(-1)^{x \cdot \omega},$$

其中，x 和 ω 是 $GF(2^N)$ 上的两个二元 N 维向量，$x \cdot \omega$ 是 x 和 ω 的内积：

$$x \cdot \omega = x_0\omega_0 + x_1\omega_1 + \cdots + x_{N-1}\omega_{N-1} \in GF(2)。$$

沃尔什逆变换的定义是

$$F(x) = 2^{-N} \sum_{x=0}^{2^N-1} S_F(\omega)(-1)^{x \cdot \omega}。$$

参看 nonlinear Boolean function。

weak authentication　弱鉴别

传统的通行字方案提供弱鉴别。

参看 passwords。

weak collision resistance 弱碰撞阻

同 second-preimage function。

weak key 弱密钥

在一个密码算法 E 中具有如下特性的密钥 K:加密和解密产生相同的变换。也就是说,用密钥 K 对明文 x 进行加密得到密文 C,然后再用此密钥 K 对 C 进行加密,得到的是原来那个明文 x,即 $E_K(E_K(x))=x$。

例如,DES 中就有下述四个弱密钥:

0101010101010101, FEFEFEFEFEFEFEFE,
1F1F1F1F0E0E0E0E, E0E0E0E0F1F1F1F1。

参看 DES block cipher。

weakly collision-free 弱无碰撞

同 second-preimage function。

weak one-way hash function 弱单向散列函数

有些文献中使用这个术语来替代"单向散列函数",但常常不明显地考虑其原像阻。

参看 one-way hash function, preimage resistance。

Wheatstone disc 惠斯通密码圆盘

惠斯通密码圆盘又称"惠斯通密码器械",类似于特里特米乌斯的多表代替。密码圆盘的外圈字母为明文字母,共有 27 个字母单元(26 个自然序英文字母加上一个作为间隔的空当);内圈为密文字母,共有 26 个字母单元,但是乱序排列。圆盘面上有两个像时钟指针一样的指针,也是一长一短,它们由齿轮连接起来。在加密开始时,长针必须对准外圈的那个空挡,短针直接置于其下方。加密过程:长针根据报文中字母(明文)顺序依次指向外圈相应位置,同时记录下短针指向的内圈字母(密文)。每当加密完一个字时,就把长针拨回空挡位置,同时也必须记录下短针指向的内圈字母。这样安排是为了使密码连续,没有字间隔的痕迹。无论何时出现二连码,就必须用一个非常用字母来代替重复的字母,或者略去后一个字母。由于内圈和外圈字母单元数不同,长针转完一圈,短针已超前一个字母进入第二圈。

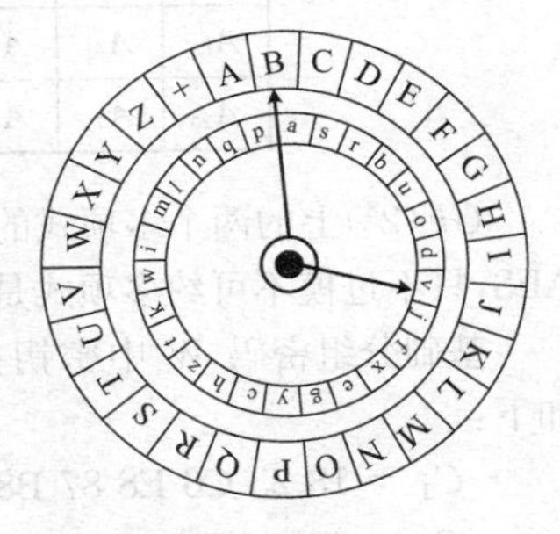

图 W.3

参看 cipher disk, Trithemius' tableau。

Whirlpool hash function Whirlpool 散列函数

NESSIE 选出的两个碰撞阻散列函数之一。Whirlpool 散列函数基于一个基础分组密码,并采用宫口-普利尼尔散列函数模式。其中基础分组密码在结构上类似于 AES 分组密码,只是分组长度为 512 比特。

Whirlpool 散列函数

输入:长度为 *Mlen* 的消息 *M*。

输出:*M* 的 512 比特散列码。

1. 符号及表示方法

基础分组密码 *W* 中采用的字节表示、输入/输出字块和密钥字块的阵列表示方法,以及基本运算都类似于 AES 分组密码。

W 中输入/输出字块和密钥字块阵列均为 8×8 字节阵列。例如 64 字节(512 比特)字块

$$A = A_{00}A_{01}\cdots A_{07}A_{10}A_{11}\cdots A_{17}A_{20}\cdots A_{70}A_{71}\cdots A_{77},$$

写成阵列形式如表 W.1 所示。所有运算都是对这个字节阵列进行的。

表 W.1

A_{00}	A_{01}	A_{02}	A_{03}	A_{04}	A_{05}	A_{06}	A_{07}
A_{10}	A_{11}	A_{12}	A_{13}	A_{14}	A_{15}	A_{16}	A_{17}
A_{20}	A_{21}	A_{22}	A_{23}	A_{24}	A_{25}	A_{26}	A_{27}
A_{30}	A_{31}	A_{32}	A_{33}	A_{34}	A_{35}	A_{36}	A_{37}
A_{40}	A_{41}	A_{42}	A_{43}	A_{44}	A_{45}	A_{46}	A_{47}
A_{50}	A_{51}	A_{52}	A_{53}	A_{54}	A_{55}	A_{56}	A_{57}
A_{60}	A_{61}	A_{62}	A_{63}	A_{64}	A_{65}	A_{66}	A_{67}
A_{70}	A_{71}	A_{72}	A_{73}	A_{74}	A_{75}	A_{76}	A_{77}

$GF(2^8)$上的两个多项式的加法 $S = A \oplus B$ 以及模乘法 $P = A \otimes B$ 类似于 AES,只不过模不可约多项式是 $x^8 + x^4 + x^3 + x^2 + 1$。

基础分组密码 *W* 中密钥扩展所用的 10 个 512 比特(64 字节)轮常数如下:

C_1 = 18 23 C6 E8 87 B8 01 4F (后 56 字节均为全“0”字节),

C_2 = 36 A6 D2 F5 79 6F 91 52 (后 56 字节均为全“0”字节),

C_3 = 60 BC 9B 8E A3 0C 7B 35 (后 56 字节均为全“0”字节),

C_4 = 1D E0 D7 C2 2E 4B FE 57 (后 56 字节均为全“0”字节),

C_5 = 15 77 37 E5 9F F0 4A DA (后 56 字节均为全“0”字节),

C_6 = 58 C9 29 0A B1 A0 6B 85 (后 56 字节均为全“0”字节),

C_7 = BD 5D 10 F4 CB 3E 05 67 (后 56 字节均为全“0”字节),

C_8 = E4 27 41 8B A7 7D 95 D8 （后 56 字节均为全“0”字节），

C_9 = FB EE 7C 66 DD 17 47 9E （后 56 字节均为全“0”字节），

C_{10} = CA 2D BF 07 AD 5A 83 33 （后 56 字节均为全“0”字节）。

2. 基础分组密码 *W*

基础分组密码 W 是一个 10 轮的代替置换网络(SPN)。分组长度为 512 比特,密钥长度亦为 512 比特。

（1） W 中所使用的基本函数　字节代替 SubBytes()和轮密钥加 AddRoundKey()类似于 AES 分组密码。而另两个基本函数是列移位 ShiftColumns ()和行混合 MixRows (),它们与 AES 分组密码不同。

· 字节代替 SubBytes(A)

如表 W.2 所示,这里 $B_{ij}=S(A_{ij})$ $(i,j=0,1,\cdots,7)$,表示以 A_{ij} 为地址去查 S 盒得到 B_{ij}。W 中所使用的 S 盒如表 W.3 所示。

表 W.2

A_{00}	A_{01}	A_{02}	A_{03}	A_{04}	A_{05}	A_{06}	A_{07}
A_{10}	A_{11}	A_{12}	A_{13}	A_{14}	A_{15}	A_{16}	A_{17}
A_{20}	A_{21}	A_{22}	A_{23}	A_{24}	A_{25}	A_{26}	A_{27}
A_{30}	A_{31}	A_{32}	A_{33}	A_{34}	A_{35}	A_{36}	A_{37}
A_{40}	A_{41}	A_{42}	A_{43}	A_{44}	A_{45}	A_{46}	A_{47}
A_{50}	A_{51}	A_{52}	A_{53}	A_{54}	A_{55}	A_{56}	A_{57}
A_{60}	A_{61}	A_{62}	A_{63}	A_{64}	A_{65}	A_{66}	A_{67}
A_{70}	A_{71}	A_{72}	A_{73}	A_{74}	A_{75}	A_{76}	A_{77}

$B_{ij}=S(A_{ij})$ →

B_{00}	B_{01}	B_{02}	B_{03}	B_{04}	B_{05}	B_{06}	B_{07}
B_{10}	B_{11}	B_{12}	B_{13}	B_{14}	B_{15}	B_{16}	B_{17}
B_{20}	B_{21}	B_{22}	B_{23}	B_{24}	B_{25}	B_{26}	B_{27}
B_{30}	B_{31}	B_{32}	B_{33}	B_{34}	B_{35}	B_{36}	B_{37}
B_{40}	B_{41}	B_{42}	B_{43}	B_{44}	B_{45}	B_{46}	B_{47}
B_{50}	B_{51}	B_{52}	B_{53}	B_{54}	B_{55}	B_{56}	B_{57}
B_{60}	B_{61}	B_{62}	B_{63}	B_{64}	B_{65}	B_{66}	B_{67}
B_{70}	B_{71}	B_{72}	B_{73}	B_{74}	B_{75}	B_{76}	B_{77}

表 W.3

x \ y	0	1	2	3	4	5	6	7	8	9	a	b	c	d	e	f
0	18	23	C6	E8	87	B8	01	4F	36	A6	D2	F5	79	6F	91	52
1	60	BC	9B	8E	A3	0C	7B	35	1D	E0	D7	C2	2E	4B	FE	57
2	15	77	37	E5	9F	F0	4A	DA	58	C9	29	0A	B1	A0	6B	85
3	BD	5D	10	F4	CB	3E	05	67	E4	27	41	8B	A7	7D	95	D8
4	FB	EE	7C	66	DD	17	47	9E	CA	2D	BF	07	AD	5A	83	33
5	63	02	AA	71	C8	19	49	D9	F2	E3	5B	88	9A	26	32	B0
6	E9	0F	D5	80	BE	CD	34	48	FF	7A	90	5F	20	68	1A	AE
7	B4	54	93	22	64	F1	73	12	40	08	C3	EC	DB	A1	8D	3D
8	97	00	CF	2B	76	82	D6	1B	B5	AF	6A	50	45	F3	30	EF
9	3F	55	A2	EA	65	BA	2F	C0	DE	1C	FD	4D	92	75	06	8A
a	B2	E6	0E	1F	62	D4	A8	96	F9	C5	25	59	84	72	39	4C
b	5E	78	38	8C	D1	A5	E2	61	B3	21	9C	1E	43	C7	FC	04
c	51	99	6D	0D	FA	DF	7E	24	3B	AB	CE	11	8F	4E	B7	EB
d	3C	81	94	F7	B9	13	2C	D3	E7	6E	C4	03	56	44	7F	A9
e	2A	BB	C1	53	DC	0B	9D	6C	31	74	F6	46	AC	89	14	E1
f	16	3A	69	09	70	B6	D0	ED	CC	42	98	A4	28	5C	F8	86

注　代替表 S 的查表方法：以输入字节 $A=(a_7a_6a_5a_4a_3a_2a_1a_0)$ 为查表地址，即 $x=a_7a_6a_5a_4$，$y=a_3a_2a_1a_0$，查表输出就是 $S(A)=S(x\ y)$，即表 S 中第 x 行、第 y 列的元素。

· 轮密钥加 AddRoundKey(A, RK)

输入阵列和轮密钥之间进行简单的模 2 加，即

$$S_{ij}=A_{ij}\oplus RK_{ij}\quad (i,j=0,1,\cdots,7)。$$

· 列移位 ShiftColumns(A)

如表 W.4 所示。

· 行混合 MixRows (A)

如表 W.5 所示，行混合 MixRows (A)是一个线性变换，可表示成矩阵乘的形式：

表 W.4

A_{00}	A_{01}	A_{02}	A_{03}	A_{04}	A_{05}	A_{06}	A_{07}
A_{10}	A_{11}	A_{12}	A_{13}	A_{14}	A_{15}	A_{16}	A_{17}
A_{20}	A_{21}	A_{22}	A_{23}	A_{24}	A_{25}	A_{26}	A_{27}
A_{30}	A_{31}	A_{32}	A_{33}	A_{34}	A_{35}	A_{36}	A_{37}
A_{40}	A_{41}	A_{42}	A_{43}	A_{44}	A_{45}	A_{46}	A_{47}
A_{50}	A_{51}	A_{52}	A_{53}	A_{54}	A_{55}	A_{56}	A_{57}
A_{60}	A_{61}	A_{62}	A_{63}	A_{64}	A_{65}	A_{66}	A_{67}
A_{70}	A_{71}	A_{72}	A_{73}	A_{74}	A_{75}	A_{76}	A_{77}

列移位 →

A_{00}	A_{71}	A_{62}	A_{53}	A_{44}	A_{35}	A_{26}	A_{17}
A_{10}	A_{01}	A_{72}	A_{63}	A_{54}	A_{45}	A_{36}	A_{27}
A_{20}	A_{11}	A_{02}	A_{73}	A_{64}	A_{55}	A_{46}	A_{37}
A_{30}	A_{21}	A_{12}	A_{03}	A_{74}	A_{65}	A_{56}	A_{47}
A_{40}	A_{31}	A_{22}	A_{13}	A_{04}	A_{75}	A_{66}	A_{57}
A_{50}	A_{41}	A_{32}	A_{23}	A_{14}	A_{05}	A_{76}	A_{67}
A_{60}	A_{51}	A_{42}	A_{33}	A_{24}	A_{15}	A_{06}	A_{77}
A_{70}	A_{61}	A_{52}	A_{43}	A_{34}	A_{25}	A_{16}	A_{07}

表 W.5

A_{00}	A_{01}	A_{02}	A_{03}	A_{04}	A_{05}	A_{06}	A_{07}
A_{10}	A_{11}	A_{12}	A_{13}	A_{14}	A_{15}	A_{16}	A_{17}
A_{20}	A_{21}	A_{22}	A_{23}	A_{24}	A_{25}	A_{26}	A_{27}
A_{30}	A_{31}	A_{32}	A_{33}	A_{34}	A_{35}	A_{36}	A_{37}
A_{40}	A_{41}	A_{42}	A_{43}	A_{44}	A_{45}	A_{46}	A_{47}
A_{50}	A_{51}	A_{52}	A_{53}	A_{54}	A_{55}	A_{56}	A_{57}
A_{60}	A_{61}	A_{62}	A_{63}	A_{64}	A_{65}	A_{66}	A_{67}
A_{70}	A_{71}	A_{72}	A_{73}	A_{74}	A_{75}	A_{76}	A_{77}

行混合 →

B_{00}	B_{01}	B_{02}	B_{03}	B_{04}	B_{05}	B_{06}	B_{07}
B_{10}	B_{11}	B_{12}	B_{13}	B_{14}	B_{15}	B_{16}	B_{17}
B_{20}	B_{21}	B_{22}	B_{23}	B_{24}	B_{25}	B_{26}	B_{27}
B_{30}	B_{31}	B_{32}	B_{33}	B_{34}	B_{35}	B_{36}	B_{37}
B_{40}	B_{41}	B_{42}	B_{43}	B_{44}	B_{45}	B_{46}	B_{47}
B_{50}	B_{51}	B_{52}	B_{53}	B_{54}	B_{55}	B_{56}	B_{57}
B_{60}	B_{61}	B_{62}	B_{63}	B_{64}	B_{65}	B_{66}	B_{67}
B_{70}	B_{71}	B_{72}	B_{73}	B_{74}	B_{75}	B_{76}	B_{77}

$$\begin{pmatrix} B_{i0} \\ B_{i1} \\ B_{i2} \\ B_{i3} \\ B_{i4} \\ B_{i5} \\ B_{i6} \\ B_{i7} \end{pmatrix}^{\mathrm{T}} = \begin{pmatrix} A_{i0} \\ A_{i1} \\ A_{i2} \\ A_{i3} \\ A_{i4} \\ A_{i5} \\ A_{i6} \\ A_{i7} \end{pmatrix}^{\mathrm{T}} \cdot M = \begin{pmatrix} A_{i0} \\ A_{i1} \\ A_{i2} \\ A_{i3} \\ A_{i4} \\ A_{i5} \\ A_{i6} \\ A_{i7} \end{pmatrix}^{\mathrm{T}} \cdot \begin{pmatrix} 01 & 01 & 03 & 01 & 05 & 08 & 09 & 05 \\ 05 & 01 & 01 & 03 & 01 & 05 & 08 & 09 \\ 09 & 05 & 01 & 01 & 03 & 01 & 05 & 08 \\ 08 & 09 & 05 & 01 & 01 & 03 & 01 & 05 \\ 05 & 08 & 09 & 05 & 01 & 01 & 03 & 01 \\ 01 & 05 & 08 & 09 & 05 & 01 & 01 & 03 \\ 03 & 01 & 05 & 08 & 09 & 05 & 01 & 01 \\ 01 & 03 & 01 & 05 & 08 & 09 & 05 & 01 \end{pmatrix},$$

即

$$B_{i0} = A_{i0} \oplus (A_{i1} \otimes 05) \oplus (A_{i2} \otimes 09) \oplus (A_{i3} \otimes 08) \oplus (A_{i4} \otimes 05) \oplus A_{i5} \oplus (A_{i6} \otimes 03) \oplus A_{i7},$$
$$B_{i1} = A_{i0} \oplus A_{i1} \oplus (A_{i2} \otimes 05) \oplus (A_{i3} \otimes 09) \oplus (A_{i4} \otimes 08) \oplus (A_{i5} \otimes 05) \oplus A_{i6} \oplus (A_{i7} \otimes 03),$$
$$B_{i2} = (A_{i0} \otimes 03) \oplus A_{i1} \oplus A_{i2} \oplus (A_{i3} \otimes 05) \oplus (A_{i4} \otimes 09) \oplus (A_{i5} \otimes 08) \oplus (A_{i6} \otimes 05) \oplus A_{i7},$$
$$B_{i3} = A_{i0} \oplus (A_{i1} \otimes 03) \oplus A_{i2} \oplus A_{i3} \oplus (A_{i4} \otimes 05) \oplus (A_{i5} \otimes 09) \oplus (A_{i6} \otimes 08) \oplus (A_{i7} \otimes 05),$$
$$B_{i4} = (A_{i0} \otimes 05) \oplus A_{i1} \oplus (A_{i2} \otimes 03) \oplus A_{i3} \oplus A_{i4} \oplus (A_{i5} \otimes 05) \oplus (A_{i6} \otimes 09) \oplus (A_{i7} \otimes 08),$$
$$B_{i5} = (A_{i0} \otimes 08) \oplus (A_{i1} \otimes 05) \oplus A_{i2} \oplus (A_{i3} \otimes 03) \oplus A_{i4} \oplus A_{i5} \oplus (A_{i6} \otimes 05) \oplus (A_{i7} \otimes 09),$$
$$B_{i6} = (A_{i0} \otimes 09) \oplus (A_{i1} \otimes 08) \oplus (A_{i2} \otimes 05) \oplus A_{i3} \oplus (A_{i4} \otimes 03) \oplus A_{i5} \oplus A_{i6} \oplus (A_{i7} \otimes 05),$$
$$B_{i7} = (A_{i0} \otimes 05) \oplus (A_{i1} \otimes 09) \oplus (A_{i2} \otimes 08) \oplus (A_{i3} \otimes 05) \oplus A_{i4} \oplus (A_{i5} \otimes 03) \oplus A_{i6} \oplus A_{i7},$$

其中 01,03,05,08,09 都是 $GF(2^8)$ 上的元素。

(2) 加密过程 $C = W_K(P)$

输入:明文 $P \in \{0,1\}^{512}$,密钥 $K \in \{0,1\}^{512}$。

输出:密文 $C \in \{0,1\}^{512}$。

```
begin
  KeyExpand(K) //密钥扩展产生轮密钥 RK_i ∈ {0,1}^512 (i = 0,1,…,10)
  S = AddRoundKey(P, RK_0)
  for i = 1 to 10 do
    S = SubBytes(S)
    S = ShiftColumns(S)
    S = MixRows(S)
    S = AddRoundKey(S, RK_i)
  next i
  C = S
end
```

(3) 密钥扩展 KeyExpand(K)

输入:密钥 $K \in \{0,1\}^{512}$,轮常数 $C_i \in \{0,1\}^{512}$ $(i = 0,1,\cdots,10)$。

输出:轮密钥 $RK_i \in \{0,1\}^{512}$ $(i = 0,1,\cdots,10)$。

```
begin
  K_0 = K
```

```
    for i = 1 to 10 do
        S = SubBytes(K_{i-1})
        S = ShiftColumns(S)
        S = MixRows(S)
        K_i = AddRoundKey(S, C_i)
    next i
end
```

3. 预处理

对长度为 *Mlen* 的消息 M 进行填充,使得其比特长度为 512 的倍数,做法如下:在 M 之后先添加一个“1”,接着添加 r 个“0”,$0\leqslant r\leqslant 511$,再接着添加整数 *Mlen* 的 256 比特长表示。r 的取值要使得 $Mlen+1+r+256=512t$ 时最小的那个值。这样,就将输入格式化成 t 个 512 比特长的字块,表示成 M_0, $M_1,\cdots,M_{t-1}$。

4. 处理

输入:预处理后的消息 $M_i\in\{0,1\}^{512}(i=0,1,\cdots,t-1)$。

输出:散列值 $H\in\{0,1\}^{512}$。

```
begin
    H_0 ← 全“0”      //初始化, H_0 ∈ {0,1}^512
    for i = 0 to t-1 do
        H_{i-1} = W_{H_i}(M_i) ⊕ M_i ⊕ H_i
    next i
    H = H_t
end
```

5. 更新

将行混合 MixRows(A)中的扩散矩阵 M 更新为

$$M=\begin{pmatrix} 01 & 01 & 04 & 01 & 08 & 05 & 02 & 09 \\ 09 & 01 & 01 & 04 & 01 & 08 & 05 & 02 \\ 02 & 09 & 01 & 01 & 04 & 01 & 08 & 05 \\ 05 & 02 & 09 & 01 & 01 & 04 & 01 & 08 \\ 08 & 05 & 02 & 09 & 01 & 01 & 04 & 01 \\ 01 & 08 & 05 & 02 & 09 & 01 & 01 & 04 \\ 04 & 01 & 08 & 05 & 02 & 09 & 01 & 01 \\ 01 & 04 & 01 & 08 & 05 & 02 & 09 & 01 \end{pmatrix}。$$

参看 AES block cipher, collision resistant hash function (CRHF), hash-code, hash function, Miyaguchi-Preneel hash function, substitution-permutation (SP) network。

Whitfield Diffie　惠特菲尔德·迪菲

密码学家。1976年,和马丁·赫尔曼一起提出公开密钥密码编码学的思想,发表了开创性论文《密码学的新方向》(*New Directions in Cryptography*)。

参看 public key cryptography (PKC)。

William Frederick Friedman　威廉·弗雷德里克·弗里德曼(1891～1969)

美国人,出生于俄罗斯,杰出的密码分析学家。撰写了许多密码技术方面的论文,收入《河岸丛书》(*Riverbank Publications*)之中:

No.15《一种从一系列派生密表中的一个派生密表还原原始密表的方法》(*A Method of Reconstructing the Primary Alphabet from a Single One of the Series of Secondary Alphabets*);

No.16《滚动密钥密码的破译分析》(*Methods for the Solution of Running-Key Ciphers*);

No.17《密表破译方法入门》(*An Introduction to Methods for the Solution of Ciphers*);

No.18《密码破译略表及密码文献书目》(*Synoptic Tables for the Solution of Ciphers and A Bibliography of Cipher Literature*);

No.19《几何换位密码破译公式》(*Formulae for the Solution of Geometrical Transposition Ciphers*);

No.20《几种机器密码及其破译方法》(*Several Machine Ciphers and Methods for Their Solution*);

No.21《还原原始密表的方法》(*Methods for the Reconstruction of Primary Alphabets*);

No.22《重合码索引及其在密码编码学中的应用》(*The Index of Coincidence and Its Applications in Cryptography*);

1920年的河岸丛书第22号为密码学中最重要的著作,提出了重合码及Kappa检验等概念,为破译复杂密码体制的密码分析技术作出了巨大贡献。

参看 coincidence,Kappa test。

Williams' public-key encryption　威廉姆斯公开密钥加密

一种类似于拉宾公开密钥加密的方案,不过使用的模数 $n = pq$ 中,素数 $p\equiv3 \pmod 8)$, $q\equiv7 \pmod 8$。破译这个方案代数难度也是等价于因子分解,但有一个优于拉宾方案的优点,即从一个二次多项式的四个根中识别期望的消息的过程容易。关于素数 p 和 q 的限制,后来由威廉姆斯取消了。

参看 Rabin public-key encryption scheme。

witness　证据

概率素性检测中的一个术语。在概率素性检测中,如果一个奇正整数 n 是复合数,则称 $W(n)$的元素为 n 的复合性的证据,而补集合 $L(n)=Z(n)\backslash W(n)$ 的元素为说谎者。

参看 probabilistic primality test。

witnessing　证据

信息安全的一个目标任务。由一个实体而不是建立者来验证信息的建立或存在。

参看 information security。

word　字

计算机或信息处理系统中当作一个单元来操作的二进制数。一般来说,字的长度常用的有 8 比特、16 比特、32 比特、64 比特等,其中 8 比特的字又称作字节。

参看 bit,byte。

work factor　工作因子

评估一个密码方案(算法)保密强度的量。一般地说,是密码分析者破译一个密码方案(算法)所需要的工作量(度量单位可以是基本运算次数、时钟周期等)。在对称密钥密码方案情况下,工作因子就是确定秘密密钥所要求的最小工作量。在公开密钥密码方案情况下,工作因子就是已知公开密钥确定秘密密钥所需要的最小工作量。更准确地说,可以把工作因子看作是:已知 n 个密文在唯密文攻击下所需要的最小工作量。工作因子对应于真实安全水平。

参看 cipher strength,public key cryptosystem,symmetric cryptosystem。

比较 historical work factor。

working key　工作密钥

正在密码算法中使用的密钥。工作密钥参与密码算法的运算,和算法结构一起决定着密码输出序列。现代的密码体制一般都用非易失性存储器来存储若干组工作密钥供使用,每组工作密钥使用指定时间间隔就被更换掉。

在不同用途的密码算法中,工作密钥可有不同的称呼。如在密钥分层中,用于保护数据密钥的密码算法中使用的工作密钥称为“密钥加密密钥”;而用于保护密钥加密密钥的密码算法中使用的工作密钥则称为“主密钥”;用于保护数据的密码算法中使用的工作密钥就称为“数据密钥(数据加密密钥或会话密钥)”。

参看 data key, key-encrypting key, key layering, master key。

worst-case analysis　最坏情况分析

为了评估一个密码方案(算法)的保密强度,在最坏情况条件下对该密码体制(算法)进行密码分析。

参看 worst-case condition。

worst-case complexity　最坏情况复杂性

算法复杂性的一种动态度量,它是问题大小的一个函数。最坏情况度量就是对某一给定的问题大小,确定出在最坏情况下解此问题的程序执行时间和存储空间的耗费量是多大,也就是在这个问题大小之下取其所有输入数据的执行时间(或存储空间)的最大者作为复杂性函数值,称之为"最坏情况时间(空间)复杂性"。显然,其他情况下的时空耗费量肯定比最坏情况下的要小。

参看 dynamic complexity measure, running time。

比较 average-case complexity。

worst-case condition　最坏情况条件

根据克尔克霍夫斯假设,"为了评估一个密码的保密性,习惯上总是假定敌人知道除秘密密钥之外的全部加密函数的细节。"英国数学家贝克(H. Beker)和派普尔(F. Piper)提出最坏情况条件下密码分析,并对"最坏情况条件"给出了下述定义:

(1) 密码分析者具有该密码体制的完整知识;

(2) 密码分析者已得到相当数量的密文;

(3) 密码分析者知道一定数量的与密文对应的等价明文。

从上可见,"最坏情况条件"是对密码编码者而言的;而对密码分析者而言,却是最有利的条件,只是不知道密钥。

参看 ciphertext, cryptanalysis, cryptosystem, Kerckhoffs' assumption, plaintext。

worst-case running time　最坏情况运行时间

用运行时间度量最坏情况复杂性。一个算法的最坏情况运行时间是任意输入的运行时间的上界,它是问题输入大小的一个函数。

参看 running time, worst-case complexity。

比较 average-case running time。

X

X. 509 strong authentication protocol　X. 509 强鉴别协议

这是把公开密钥加密技术和签名技术组合在一起使用的密钥传送协议。X. 509 建议定义了“强双向”和“强三向”两个鉴别协议，它们给相互实体鉴别提供可选的密钥传送。这里的“强”是为了把这两个鉴别协议和基于通行字的简单鉴别方法区别开来，而且“双向”和“三向”指的是这两个协议具有二趟和三趟消息交换，它们分别使用基于随机数的时间标记和询问-应答。这两个协议都被设计来向应答者提供下面列出的保证(以及源发方想要的相互保证)：

(1) A 的身份，且 B 接收到的令牌是由 A 构造的(不是其后更改过的)；

(2) B 接收到的令牌是 B 特别想要的；

(3) B 接收到的令牌具有“新鲜性”(先前未被使用过，而且产生在一个可接受的最近时间范围内)；

(4) 已转移密钥的相互保密性。

这里，“令牌”指的是密码保护数据。

参看 challenge-response identification, digital signature, key transport, public key technique, timestamp, X. 509 strong three-way authentication protocol, X. 509 strong two-way authentication protocol。

X. 509 strong three-way authentication protocol　X. 509 强三向鉴别协议

这是一个三趟协议。该协议是在“X. 509 强双向鉴别协议”基础上形成的，用户 A 和用户 B 交换三个消息。该协议也提供相互实体鉴别以及具有密钥鉴别的密钥传送，但不要求时间标记。

该协议和“X. 509 强双向鉴别协议”的不同之处在于：

(1) 时间标记 t_A和 t_B可以置为 0，而且不需要检验；

(2) 当接收到消息(2)时，A 检验接收到的 r_A是否匹配消息(1)中的那个 r_A；

(3) 从 A 发送给 B 的第三个消息是

$$A \to B: (r_B, B), S_A(r_B, B); \tag{3}$$

(4) 当接收到消息(3)时，B 验证签名是否匹配接收到的明文，验证那个明文标识符 B 是否正确，并验证接收到的明文 r_B是否匹配消息(2)中的那个 r_B。

参看 X. 509 strong two-way authentication protocol。

X.509 strong two-way authentication protocol　X.509 强双向鉴别协议

这是一个二趟协议。用户 A 发送一个消息给用户 B,而用户 B 用一个消息应答用户 A。该协议提供相互实体鉴别以及具有密钥鉴别的密钥传送。

(1) 注释

$P_X(y)$表示把 X 的加密公开密钥应用于数据 y 的结果。

$S_X(y)$表示把 X 的签名秘密密钥应用于 y 的结果。

r_A, r_B是绝不重复使用的数(为检测重放和假冒)。

$cert_X$是一个证书,它把用户 X 和既适于加密又适于签名验证的一个公开密钥捆绑在一起。

(2) 系统设置

(a) 每个用户都有其用于签名和加密的公开密钥对。

(b) 用户 A 必须事先获得(并鉴别)B 的加密公开密钥。(这可以要求附加消息和计算。)

(3) 协议消息(星号表示该项是任选的)

令 $D_A=(t_A, r_A, B, data_1^*, P_B(k_1)^*)$,$D_B=(t_B, r_B, A, r_A, data_2^*, P_A(k_2)^*)$,

$$A \rightarrow B: cert_A, D_A, S_A(D_A), \quad (1)$$

$$A \leftarrow B: cert_B, D_B, S_B(D_B)。 \quad (2)$$

(4) 协议动作

(a) A 获得一个指示终止时间的时间标记 t_A,产生 r_A,任选地获得一个对称密钥 k_1,并把消息(1)发送给 B。($data_1$是可选数据,希望用于数据源鉴别。)

(b) B 验证 $cert_A$的真实性(检验签名中终止日期),提取 A 的签名公开密钥,并验证 A 对数据块 D_A的签名。然后,B 检验消息(1)中的标识符指定 B 自己作为预期的接收者,检验时间标记是有效的,并检验 r_A没有被重放过。(r_A包含一个连续分量,B 对照局部维护状态信息,检验这个连续分量在由 t_A定义的合法周期内的唯一性。)

(c) 如果所有检验都成功,B 宣称对 A 的鉴别成功,使用其秘密解密密钥解密 k_1,并保存它作为当前共享密钥。(如果只希望单向鉴别,至此就可终止协议。)然后,B 获得时间标记 t_B,产生 r_B,并将消息(2)发送给 A。($data_2$是可选数据,而 k_2是提供给 A 的一个可选对称密钥。)

(d) A 执行的动作类似于 B。如果所有检验都成功,A 宣称对 B 的鉴别成功,并保存 k_2供以后使用。A 和 B 共享相互秘密 k_1和 k_2。

参看 X.509 strong authentication protocol。

X.509 certificate　X.509 证书

这是最广泛公认的标准公开密钥证书格式，它在ISO/IEC/ITU的X.509标准中定义。

X.509证书格式经过了三个版本——1988年的第1版、1993年的第2版和1996年的第3版的演变。第1版和第2版的格式在图X.1中示出。

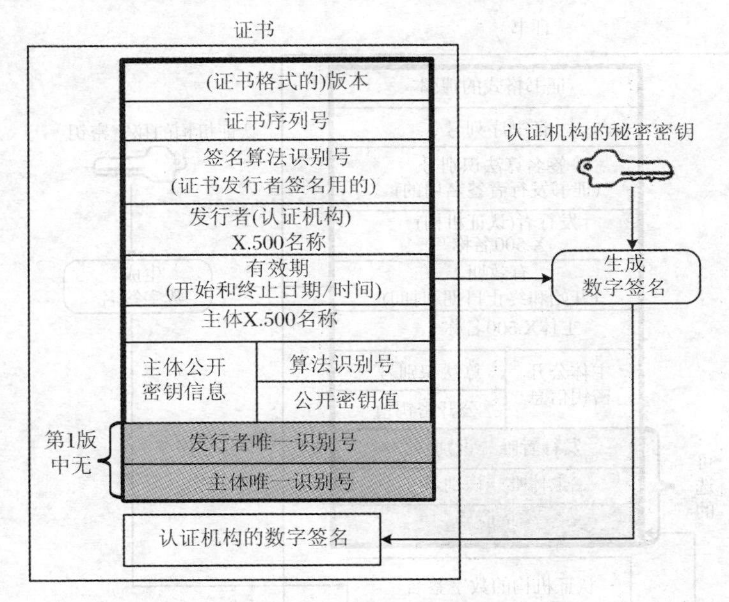

图X.1　X.509第1版和第2版的证书格式

对证书各个字段的解释如下：

(a) *版本*　版本1、2或3的指示符，容许可能的将来版本。

(b) *序列号*　这个证书的唯一识别号，由发行的检定机构分配。

(c) *签名*　检定机构签署证书所使用的数字签名算法的算法识别号。

(d) *发行者*　发行检定机构的X.500名称。

(e) *有效期*　该证书的开始和终止日期/时间。

(f) *主体*　秘密密钥持有者的X.500名称，其对应的公开密钥已被检定过。

(g) *主体公开密钥信息*　主体的公开密钥值以及使用这个公开密钥的算法的识别号。

(h) *发行者唯一识别号*　一个可选的比特串，用于使发行检定机构的名称无二义性，即使整个发行时间内已将相同的名称再分配给不同的实体也是如此。

(i) 主体唯一识别号　一个可选的比特串,用于使主体的名称无二义性,即使整个发行时间内已将相同的名称再分配给不同的实体也是如此。

第 3 版证书的格式,除了一个添加的扩展字段之外,和第 2 版一样,如图 X.2 所示。新扩展字段可以保证能将任意数量的附加字段并入证书中去。

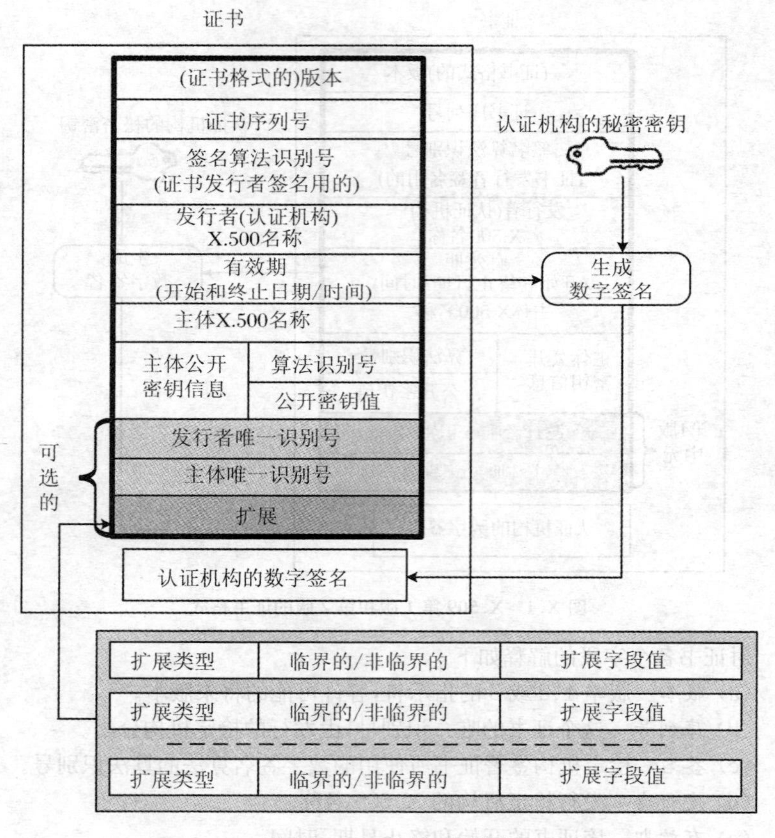

图 X.2　X.509 第 3 版证书

每一个扩展字段都有一个需要以和登记算法相同的方法进行登记的类型,也就是说,通过将一个客体识别号赋给类型。因此,原则上扩展类型可以由任意一个人定义。实际上,为了实现互操作性,共用扩展类型必须为不同实现工具所广泛理解。事实上,最重要的扩展类型是标准化。然而,同业界能够定义他们自己的扩展类型来满足他们自己的特殊需要。

在第 3 版证书中,每一个扩展字段都有一个指示扩展类型的客体识别号值、一个临界状态指示符和一个值。在值这个子字段中的数据项的类型(比如一个文本串、日期或复杂数据结构)以及与这个值有关联的语义由扩展类型来决定。

临界状态指示符的作用是适应不同系统工具识别不同扩展集合这种环境。这可以以这样的证书形式出现:证书被设计成支持多个应用需要,或者以通过技术转移逐步引入的新扩展形式出现。临界状态指示符是一个简单的标记,它指示一个扩展的出现是否是临界状态或非临界状态。如果它指示非临界状态,则允许一个使用证书的系统,在不识别扩展类型的时候忽略那个扩展字段。如果它指示临界状态,则一个系统使用证书的任意部分是不安全的,除非该系统识别扩展类型并且实现有关的功能。

例如,假定设计一个扩展字段,以便把名称的另一个形式传送给证书主体,这个证书主体通过应用的一个特定集合来使用名称的另一个形式。由于不使用另一个名称形式的其他应用或许仍然能够在原来的主体名称基础上有效地使用证书,即使其他应用不了解另一个名称扩展也可以这样,因此,这样的一个字段可被标记为非临界状态的。换句话说,假定存在一个传送信息的扩展,它限制认证机构企图使证书被使用的作用。如果一个证书使用系统不了解那个扩展,忽略那个扩展,就可能是不安全操作。在后种情况下,认证机构应将那个扩展标记为临界状态。

临界性概念经常被误解。对于一个被证书用户认为是重要的扩展,将那个扩展标记为临界状态不是必需的。一个证书使用系统可以在证书将被考虑是可接受的之前要求:在证书中提供一些扩展,或者在证书字段中提供一些信息。这样的要求是和临界性无关的——证书使用系统可以要求提供特殊的非临界状态扩展,也可以要求提供一些临界状态扩展。

非临界状态扩展便于不同应用的证书共享,并且通过逐步添加新的扩展类型来促进适度的技术转移。临界状态扩展导致互操作性问题,应予避免,除了提出安全性利害关系之外。通常使用的大部分扩展都是非临界状态扩展。

参看 X.509 standard。

X.509 standard　X.509 标准

该标准(ISO/IEC 9594-8)和 ITU-T X.509 建议相同。它既定义了简单鉴别技术(基于通行字)又定义了所谓的强鉴别技术(这里不把秘密值本身泄露给验证者)。强鉴别技术包括基于数字签名并使用随时间变化的参数(简称时变参数)的二趟或三趟 X.509 交换。一个隐含的假设就是使用一个像 RSA 那样的算法,将之既用作加密又用作签名;然而,这个规范可以修改(例如,使用 DSA)。这个标准还规范了一些技术,包括获得或分配可靠公开密钥的 X.509证书;论述了交叉证书以及证书链的使用。

参看 certificate chain,cross-certificate (CA-certificate),RSA public-key encryption scheme, X.509 certificate, X.509 strong authentication protocol。

Xiao-Massey's theorem　肖(国镇)-梅西定理

n 个变量的布尔函数 $f(x)$ 是 m 阶相关免疫的（$1 \leqslant m < n$），当且仅当 $f(x)$ 的沃尔什变换 $S_f(\omega) = 0$（$1 \leqslant W(\omega) \leqslant m$），其中，$W(\omega)$ 表示二进制 n 元组 ω 的汉明重量。

参看 Boolean function, correlation-immune, Hamming weight, Walsh transform。

XOR operation　异或运算

同 exclusive-or (XOR)。

Y

Yuval's birthday attack　尤瓦尔生日攻击

生日悖论的一种密码应用：当从一个 N 元素集合中随机地抽取并放回元素时，在 $O(\sqrt{N})$ 次选择后，将高概率地出现一个重复元素。

和散列函数有关的是，找到一个单向散列函数的碰撞比找到特定散列值的原像阻或第二原像阻容易。因此，那些使用单向散列函数的数字签名方案抗不住尤瓦尔生日攻击。这种攻击可以用于所有无密钥散列函数，运行时间是 $O(2^{m/2})$，其中 m 是散列值的比特长度。

尤瓦尔生日攻击算法

输入：合法消息 x_1；假消息 x_2；m 比特单向散列函数 H。

输出：对 x_1 和 x_2 作些小修改得出的 x_1' 和 x_2'，且有 $H(x_1')=H(x_2')$（这样一来，对 x_1' 的一个签名就可以充当对 x_2' 的一个有效签名）。

YB1　生成 x_1 的 $t=2^{m/2}$ 个小修改 x_1'。

YB2　对每一个这样的修改消息进行散列运算，并存储这些散列值（将之和其对应的消息成组存储），以便于以后能够搜索这些散列值。（使用普通的散列技术在 $O(t)$ 时间内就能做到。）

YB3　生成 x_2 的小修改 x_2'，对每一个 x_2' 计算 $H(x_2')$，并检验是否和上述的任意一个 x_1' 相匹配；如果不匹配，则继续进行，直到找到一个匹配为止。（每次查表需要固定时间；在大约 t 个候选 x_2' 之后能有希望找到一个匹配。）

参看 birthday attack，hash function。

Z

zero-knowledge identification　零知识身份识别

特定设计来实现身份识别的、基于交互式证明系统和零知识证明思想的协议。这种协议使用非对称密码技术，但不依赖于数字签名或公开密钥加密，而且避免使用分组密码、序列号及时间标记。

参看 interactive proof system，zero-knowledge proof，zero-knowledge protocol。

zero-knowledge proof　零知识证明

在密码学中，发送方（称证明者）在没有泄露某个事实的情况下使接收方相信自己知道这个事实的一种方法；而接收方（称验证者）想用发送方提供的信息来确定那个事实却是计算上不可行的。

直观地说，零知识证明是一个证明，这个证明使我们除了得出其有效性之外什么也未得到。这意味着对所有实际目的，在与一个零知识证明者交互作用之后无论做了什么，在相信证明者所提出的断言的确有效时也就能做什么。（我们用"无论什么"意思不仅是指函数计算，而且也指概率分布的产生。）所以零知识就是预定的证明者的一种性质：其抵抗任何（多项式时间）验证者试图经过交互作用获取证明者知识的强度。下面公式化地概述这种性质。

用 $V^*(x)$表示由机器 V^* 所产生的概率分布，机器 V^* 对于公共输入 $x \in L$ 与证明者相互作用。如果对所有概率多项式时间机器 V^*，都存在一个概率多项式时间算法 M_{V^*}，对输入 x 能产生一个与 $V^*(x)$是多项式不可区分的概率分布 $M_{V^*}(x)$，我们就称这个证明系统是零知识的。

参看 polynomially-indistinguishable probabilistic distribution，prover，verifier。

zero-knowledge property　零知识性质

称一个知识的证明的协议具有零知识性质，指的是它在下述意义上是可仿真的：存在一个期望多项式时间算法（称作仿真者），这个算法依据待证明的断言的输入就能够产生抄本，而不用与实际的证明者进行交互作用，难以把这种抄本和由与实际的证明者交互作用产生的抄本区别开来。

参看 proof of knowledge，zero-knowledge protocol。

zero-knowledge protocol 零知识协议

基于零知识证明思想的协议。零知识协议允许一个证明者说明一个秘密的知识，而在传递这个知识说明给其他人的过程中不把使用的任何信息泄露给验证者（验证者在协议运行之前能推断出的那些信息除外）。这种观点是，只需要传递1比特信息，即证明者实际上不知道这个秘密。更一般地说，零知识协议允许一个断言真实性的一个证明，除了这个断言的真实性之外，没有传递关于这个断言本身的任何信息（此概念能在严格意义上量化）。在这个意义上，零知识证明类似于从一个（可信）外部信息源获得的一个回答。

零知识协议是交互式证明系统的一个实例。

参看 interactive proof system，zero-knowledge proof。

Ziv-Lempel complexity 齐夫-伦佩尔复杂度

由J. 齐夫和A. 伦佩尔引入，用于度量有限序列的复杂性。令 $S = s_1 s_2 \cdots s_n$ 是长度为 n 的序列。则使用下述规则能够获得序列 S 的齐夫-伦佩尔复杂度：

① 在 s_1 后面插入一个斜线；

② 假定第 i 个斜线跟在字母 S_{k_i}（$1 \leqslant k_i \leqslant n-1$）后面出现，下一个斜线将在 $S_{k_{i+1}}$ 后面插入（这里 $k_{i+1} = k_i + L_i + 1 \leqslant n$），并且 L_i 是子串 $s_{k_i+1} \cdots s_{k_i+L_i}$ 的最大长度，使得对 $s_{p_i} \cdots s_{p_i+L_i-1} = s_{k_i+1} \cdots s_{k_i+L_i}$ 存在一个整数 p_i（$1 \leqslant p_i \leqslant k_i$）。如果 s_n 后跟一个斜线，则序列 S 的齐夫-伦佩尔复杂度就等于斜线的数量，否则，等于斜线的数量加1。例如，序列 $S = 1001101110000111$，利用上述两个规则就可以得到划分 $S = 1/0/01/101/1100/00111/$，因此，这个序列的齐夫-伦佩尔复杂度就等于6。

$\mathbb{Z}_p$-operation $\mathbb{Z}_p$运算

p 阶有限域 $\mathbb{Z}_p$ 上的加、减、乘、求逆、除这五种基本运算。

参看 finite field。

附录A 缩写词

AC（Authentication Code） 鉴别码

AES（Advanced Encryption Standard） 先进加密标准

ARL（Authority Revocation List） 认证机构撤销表

BSS（Binary Symmetric Source） 二进制对称源

CA（Certification Authority） 认证机构

CBC（Cipher Block Chaining） 密码分组链接

CBC-MAC（CBC-based MAC） 基于密码分组链接的消息鉴别码

CBCC（CBC with Checksum） 具有校验和的密码分组链接

CFB（Cipher Feed Back） 密文反馈

COMPUSEC（COMPUter SECurity） 计算机安全

COMSEC（COMmunications SECurity） 通信安全，通信保密

CKDS（Cryptographic Key Data Set） 密钥数据集

CRC（Cyclic Redundancy Code） 循环冗余码

CRHF（Collision Resistant Hash Function） 碰撞阻散列函数

CRL（Certificate Revocation List） 证书撤销表

CSPRBG（Cryptographically Secure Pseudo Random Bit Generator） 密码上安全的伪随机二进制数字发生器

DAA(Data Authentication Algorithm） 数据鉴别算法

DAC（Data Authentication Code） 数据鉴别码

DEA（Data Encryption Algorithm） 数据加密算法

DES（Data Encryption Standard） 数据加密标准

DFT（Discrete Fourier Transform） 离散傅里叶变换

DLP（Discrete Logarithm Problem） 离散对数问题

DNA(Desoxyribo Nucleic Acid） 脱氧核糖核酸

DSA（Digital Signature Algorithm） 数字签名算法

DSS（Digital Signature Standard） 数字签名标准

ECB（Electronic Code Book） 电子密本

ECDLP（Elliptic Curve Discrete Logarithm Problem） 椭圆曲线离散对数问题

ECPP（Elliptic Curve Primality Proving） 椭圆曲线素性证明

EDE（Encrypt-Decrypt-Encrypt）mode　加密-解密-加密方式
EES（Escrowed Encryption Standard）　密钥托管加密标准
exp（exponential function）　指数函数
FCSR（Feedback with Carry Shift Register）　带进位反馈的移位寄存器
FEAL（Fast data Encryption ALgorithm）　快速数据加密算法
FIPS（Federal Information Processing Standards）　（美国）联邦信息处理标准
FSM（Finite State Machine）　有限状态机
FSR（Feedback Shift Register）　反馈移位寄存器
gcd（greatest common divisor）　最大公约数，最大公因子
GDLP（Generalized Discrete Logarithm Problem）　广义的离散对数问题
I.C.（Index of Coincidence）　重合指数
ICV（Integrity Check Value）　完整性校验值
IDA（Information Dispersal Algorithm）　信息扩散算法
IDEA（International Data Encryption Algorithm）　国际数据加密算法
KDC（Key Distribution Center）　密钥分配中心
KDS（Key Distribution System）　密钥分配体制
KMC（Key Management Center）　密钥管理中心
KTC（Key Translation Center）　密钥转发中心
lcm（least common multiple）　最小公倍数
LEAF（Law Enforcement Access Field）　法律强制访问字段
LFSR（Linear Feedback Shift Register）　线性反馈移位寄存器
MAA（Message Authenticator Algorithm）　消息鉴别算法
MAC（Message Authentication Code）　消息[报文，文电]鉴别码
MDC（Manipulation Detection Code）　操作检测码
MDS（Maximum Distance Separable）code　最大距离可分编码
MIC（Message Integrity Code）　消息完整性码
MR（Measure of Roughness）　粗糙度
MRD（Maximum-Rank-Distance）code　最大秩距离编码
NLFSR（NonLinear Feedback Shift Register）　非线性反馈移位寄存器
OFB（Output FeedBack）　输出反馈
P-box（Permutation box）　置换盒，P 盒
PCBC（Plaintext-Ciphertext Block Chaining）　明文-密文分组链接
PEM（Privacy Enhanced Mail）　保密性增强邮件
PES（Proposed Encryption Standard）　推荐的加密标准

PGP（Pretty Good Privacy） 优秀保密
PIN（Personal Identification Number） 个人身份识别号
PN-（Pseudo-Noise）sequence 伪噪声序列，PN-序列
PKC（Public Key Cryptography） 公开密钥密码学
QFT（Quantum Fourier Transform） 量子傅里叶变换
QKA（Quantum Key Agreement） 量子密钥协商
QKD（Quantum Key Distribution） 量子密钥分配
RDES（Randomized DES） 随机化 DES
RKG（Running Key Generator） 滚动密钥发生器
SAC（Strict Avalanche Criterion） 严格雪崩准则
S-box（Substitution box） 代替盒，S 盒
SHA（Secure Hash Algorithm） 安全散列算法
SQROOT（square root modulo n） 模 n 平方根
TTP（Trusted Third Party） 可信第三方
XOR（Exclusive-or） 异或

附录 B 人名汉英对照

Abadi 阿巴笛
Abel 阿贝尔
Adams 亚当斯
Adi 埃迪
Adleman 艾德勒曼
Alberti 艾尔伯蒂
Aldous 奥尔德斯
Anderson 安德森
Andrew 安德鲁
Atkin 阿特金
Auguste 奥古斯特

Battista 巴蒂斯塔
Bayes 贝叶斯
Bazeries 巴泽里埃斯
Beaufort 博福特
Beker 贝克
Bell 贝尔
Bellare 贝莱尔
Beller 贝勒
Bennett 贝内特
Berkovits 伯科维茨
Berlekamp 伯尔坎普
Bernoulli 伯努利
Biham 比汉姆
Biryukov 比利尤克夫
Bitzer 比泽
Blakley 伯莱克利
Blom 布罗姆
Blum 布卢姆
Blundo 布伦多
Boole 布尔
Brassard 布拉萨得
Brickell 布利克尔
Brown 布朗
Buchberger 布克伯格
Burmester 伯梅斯特
Burrows 伯罗斯
Burwick 伯维克

Caesar 恺撒
Cardano 卡达诺
Carmichael 卡迈克尔
Chaitin 蔡廷
Chambers 钱伯斯
Chase 蔡斯
Chaum 沙姆
Chebyshëv 切比雪夫
Chor 乔
Church 丘奇
Claude 克劳德
Coppersmith 科波史密斯
Coron 科伦
Courtois 科托依斯

Daemen 迪门
Damgård 丹加德
David 戴维
Davies 戴维斯
Dawson 道森

de Bruijn 德·布鲁因
den Boer 邓波儿
Desmedt 德斯莫特
Dickson 迪克森
Diffie 迪菲
Dirac 狄拉克
Dirichlet 狄利克雷
Dixon 迪克逊
Dobbertin 道伯廷

Ekdahl 埃克达尔
Ekert 埃克特
ElGamal 埃尔盖莫尔
Eli 伊莱
Elwood 埃尔伍德
Euclid 欧几里得
Euler 欧拉

Feige 菲基
Feistel 费斯特尔
Fermat 费马
Fiat 菲亚特
Fibonacci 斐波那契
Floyd 弗洛伊德
Fluhrer 弗卢勒
Forré 福里
Fourier 傅里叶
Frederick 弗雷德里克
Friedman 弗里德曼
Friedrich 弗里德里希

Galois 伽罗瓦
Garner 加纳
Gauss 高斯
Geffe 杰弗
Georgoudis 乔高迪斯
Giovanni 乔瓦尼
Girault 吉劳尔特
Goldreich 戈德莱克
Goldwasser 戈德瓦泽
Golić 戈利克
Gollmann 戈尔曼
Golomb 戈龙
Good 古德
Goppa 葛帕
Gordon 戈登
Graham 格拉罕姆
Greg 格雷格
Gröbner 格罗波讷
Grover 格罗弗
Guillou 吉劳
Günther 冈瑟

Hadamard 阿达马
Hagelin 哈格林
Harris 哈里斯
Hastad 哈斯塔德
Hawkes 霍克斯
Hebern 黑本
Heisenberg 海森伯
Hellman 赫尔曼
Heyst 海斯特
Hilbert 希尔伯特
Hill 希尔
Hoffstein 霍夫斯坦

Ingemarsson 英格玛森

Jefferson　杰斐逊
Jennings　詹宁斯
Johan　约翰
Johansson　约翰逊

Kahn　卡恩
Karatsuba　卡拉茨巴
Kasiski　卡西斯基
Kerckhoffs　克尔克霍夫斯
Kirschenhofer　基尔申霍夫
Klimov　克里莫夫
Knudsen　克努森
Knuth　克努特
Koblitz　科布利茨
Kolmogorov　柯尔莫戈洛夫
Krawczyk　克罗克哉科
Kullback　库尔巴克

Lagrange　拉格朗日
Lai Xuejia　来学嘉
Lamport　兰波特
Larson　拉森
Legendre　勒让德
Lehmer　莱莫
Lempel　伦佩尔
Leon　利昂
Luby　鲁比
Lucas　卢卡斯
Lucks　勒克斯

Markov　马尔可夫
Martin　马丁
Massey　梅西
Mats　马茨
Matsui　松井
Matyas　玛塔斯
Maurer　默勒
McCurley　迈克卡勒
McGrew　麦格鲁
McEliece　迈克艾利斯
Meadows　梅多斯
Meier　迈耶
Merkle　莫克尔
Mersenne　墨森尼
Meyer　迈耶
Micali　米卡利
Mihaljević　米哈列维克
Miller　米勒
Mitsuru Matsui　松井充
Miyaguchi　宫口
Möbius　默比乌斯
Montgomery　蒙哥马利
Müller　缪勒

Naccache　纳卡契
Naor　内奥
Naslund　纳斯伦
Needham　尼达姆
Nöbauer　诺鲍尔
Nyberg　奈博格

Ofman　奥夫曼
Ohta　太田
Okamoto　冈本
Ong　奥格
Oseas　奥西斯
Otway　奥特威

Patarin 帕塔林
Patrik 帕特里克
Pauli 泡利
Pearson 皮尔逊
Pedersen 佩得森
Pepin 佩平
Philip 菲利普
Piper 派普尔
Pipher 皮弗
Playfair 普莱费尔
Pless 普莱斯
Pocklington 波克林顿
Pohlig 波里格
Pollard 波拉德
Polybius 波利比乌斯
Porta 波他
Preneel 普利尼尔
Prodinger 普罗丁格

Quisquater 奎斯夸特

Rabin 拉宾
Rackoff 拉可夫
Rees 里斯
Riemann 黎曼
Rijmen 里吉门
Rivest 里夫斯特
Rogaway 罗加威
Rose 罗斯
Rueppel 鲁坡
Rukhin 拉克欣

Schneier 施奈尔
Schnorr 斯诺
Schroeder 施罗德
Schroeppel 施罗佩尔
Scott 斯科特
Shamir 沙米尔
Shannon 香农
Shields 希尔兹
Shor 肖尔
Shub 舒布
Siegenthaler 西根塔勒
Silverman 西尔弗曼
Simmons 西蒙斯
Solovay 索洛威
Staffelbach 斯坦福巴赫
Stefan 斯蒂芬
Stirling 斯特林
Strassen 斯特拉森
Szpankowski 斯捷潘可夫斯基

Tavares 塔瓦雷斯
Thomas 托马斯
Trithemius 特里特米乌斯
Tuchman 塔奇曼
Turing 图灵

van Antwerpen 范安特卫本
Vernam 弗纳姆
Vigenère 维吉尼亚

Wagner 瓦格纳
Walsh 沃尔什
Weierstrass 魏尔斯特拉斯
Wheatstone 惠斯通
Wheeler 惠勒
Whitfield 惠特菲尔德

William　威廉
Williams　威廉姆斯
Wood　伍德

Xiao Guozhen　肖国镇

Yacobi　雅克比
Yuval　尤瓦尔

Zimmermann　齐默尔曼
Ziv　齐夫

附录 C　模 2 本原多项式

以下每一个 3 元组$(m,k,0)$都表示$\mathbb{Z}_2$上的一个 m 次本原三项式x^m+x^k+1;每一个 5 元组$(m,k_1,k_2,k_3,0)$都表示$\mathbb{Z}_2$上的一个 m 次本原五项式$x^m+x^{k_1}+x^{k_2}+x^{k_3}+1$;每一个 7 元组$(m,k_1,k_2,k_3,k_4,k_5,0)$都表示$\mathbb{Z}_2$上的一个 m 次本原七项式$x^m+x^{k_1}+x^{k_2}+x^{k_3}+x^{k_4}+x^{k_5}+1$。

(1,0)
(2,1,0)
(3,1,0)
(4,1,0)
(5,2,0)
(6,1,0)
(7,1,0)
(7,3,0)
(8,4,3,2,0)
(9,4,0)
(10,3,0)
(11,2,0)
(12,6,4,1,0)
(13,4,3,1,0)
(14,5,3,1,0)
(15,1,0)
(16,5,3,2,0)
(17,3,0)
(17,5,0)
(17,6,0)
(18,7,0)
(18,5,2,1,0)
(19,5,2,1,0)
(20,3,0)
(21,2,0)
(22,1,0)
(23,5,0)
(24,4,3,1,0)
(25,3,0)
(26,6,2,1,0)
(27,5,2,1,0)
(28,3,0)
(29,2,0)
(30,6,4,1,0)
(31,3,0)
(31,6,0)
(31,7,0)
(31,13,0)
(32,7,6,2,0)
(33,13,0)
(33,16,4,1,0)
(34,8,4,3,0)
(34,7,6,5,2,1,0)
(35,2,0)
(36,11,0)
(36,6,5,4,2,1,0)
(37,6,4,1,0)
(37,5,4,3,2,1,0)
(38,6,5,1,0)
(39,4,0)
(40,5,4,3,0)
(41,3,0)
(42,7,4,3,0)
(42,5,4,3,2,1,0)
(43,6,4,3,0)
(44,6,5,2,0)
(45,4,3,1,0)
(46,8,7,6,0)
(46,8,5,3,2,1,0)
(47,5,0)
(48,9,7,4,0)
(48,7,5,4,2,1,0)
(49,9,0)
(49,6,5,4,0)
(50,4,3,2,0)
(51,6,3,1,0)
(52,3,0)
(53,6,2,1,0)
(54,8,6,3,0)
(54,6,5,4,3,2,0)
(55,24,0)
(55,6,2,1,0)
(56,7,4,2,0)
(57,7,0)
(57,5,3,2,0)
(58,19,0)
(58,6,5,1,0)
(59,7,4,2,0)

(59,6,5,4,3,1,0)
(60,1,0)
(61,5,2,1,0)
(62,6,5,3,0)
(63,1,0)
(64,4,3,1,0)
(65,18,0)
(65,4,3,1,0)
(66,9,8,6,0)
(66,8,6,5,3,2,0)
(67,5,2,1,0)
(68,9,0)
(68,7,5,1,0)
(69,6,5,2,0)
(70,5,3,1,0)
(71,6,0)
(71,5,3,1,0)
(72,10,9,3,0)
(72,6,4,3,2,1,0)
(73,25,0)
(73,4,3,2,0)
(74,7,4,3,0)
(75,6,3,1,0)
(76,5,4,2,0)
(77,6,5,2,0)
(78,7,2,1,0)
(79,9,0)
(79,4,3,2,0)
(80,9,4,2,0)
(80,7,5,3,2,1,0)
(81,4,0)
(82,9,6,4,0)
(83,7,4,2,0)
(84,13,0)
(84,8,7,5,3,1,0)
(85,8,2,1,0)
(86,6,5,2,0)
(87,13,0)
(87,7,5,1,0)
(88,11,9,8,0)
(88,8,5,4,3,1,0)
(89,38,0)
(89,51,0)
(89,6,5,3,0)
(90,5,3,2,0)
(91,8,5,1,0)
(91,7,6,5,3,2,0)
(92,6,5,2,0)
(93,2,0)
(94,21,0)
(94,6,5,1,0)
(95,11,0)
(95,6,5,4,2,1,0)
(96,10,9,6,0)
(96,7,6,4,3,2,0)
(97,6,0)
(98,11,0)
(99,7,5,4,0)
(100,37,0)
(100,8,7,2,0)
(101,7,6,1,0)
(102,6,5,3,0)
(103,9,0)
(104,11,10,1,0)
(105,16,0)
(106,15,0)
(107,9,7,4,0)
(108,31,0)
(109,5,4,2,0)
(110,6,4,1,0)
(111,10,0)
(111,49,0)
(112,11,6,4,0)
(113,9,0)
(113,15,0)
(113,30,0)
(114,11,2,1,0)
(115,8,7,5,0)
(116,6,5,2,0)
(117,5,2,1,0)
(118,33,0)
(119,8,0)
(119,45,0)
(120,9,6,2,0)
(121,18,0)
(122,6,2,1,0)
(123,2,0)
(124,37,0)
(125,7,6,5,0)
(126,7,4,2,0)
(127,1,0)
(127,7,0)
(127,15,0)
(127,30,0)
(127,63,0)
(128,7,2,1,0)
(129,5,0)
(130,3,0)
(131,8,3,2,0)
(132,29,0)
(133,9,8,2,0)
(134,57,0)
(135,11,0)
(135,16,0)
(135,22,0)

(136,8,3,2,0)
(137,21,0)
(138,8,7,1,0)
(139,8,5,3,0)
(140,29,0)
(141,13,6,1,0)
(142,21,0)
(143,5,3,2,0)
(144,7,4,2,0)
(145,52,0)
(145,69,0)
(146,5,3,2,0)
(147,11,4,2,0)
(148,27,0)
(149,10,9,7,0)
(150,53,0)
(151,3,0)
(151,9,0)
(151,15,0)
(151,31,0)
(151,39,0)
(151,43,0)
(151,46,0)
(151,51,0)
(151,63,0)
(151,66,0)
(151,67,0)
(151,70,0)
(152,6,3,2,0)
(153,1,0)
(153,8,0)
(154,9,5,1,0)
(155,7,5,4,0)
(156,9,5,3,0)
(157,6,5,2,0)
(158,8,6,5,0)
(159,31,0)
(159,34,0)
(159,40,0)
(160,5,3,2,0)
(161,18,0)
(161,39,0)
(161,60,0)
(162,8,7,4,0)
(163,7,6,3,0)
(164,12,6,5,0)
(165,9,8,3,0)
(166,10,3,2,0)
(167,6,0)
(168,17,15,2,0)
(170,23,0)
(172,2,0)
(174,13,0)
(175,6,0)
(175,16,0)
(175,18,0)
(175,57,0)
(177,8,0)
(177,22,0)
(177,88,0)
(178,87,0)
(183,56,0)
(194,87,0)
(198,65,0)
(201,14,0)
(201,17,0)
(201,59,0)
(201,79,0)
(202,55,0)
(207,43,0)
(212,105,0)
(218,11,0)
(218,15,0)
(218,71,0)
(218,83,0)
(225,32,0)
(225,74,0)
(225,88,0)
(225,97,0)
(225,109,0)
(231,26,0)
(231,34,0)
(234,31,0)
(234,103,0)
(236,5,0)
(250,103,0)
(255,52,0)
(255,56,0)
(255,82,0)
(258,83,0)
(266,47,0)
(270,133,0)
(282,35,0)
(282,43,0)
(286,69,0)
(286,73,0)
(294,61,0)
(322,67,0)
(333,2,0)
(350,53,0)
(366,29,0)
(378,43,0)
(378,107,0)
(390,89,0)
(462,73,0)

(521,32,0)
(521,48,0)
(521,158,0)
(521,168,0)
(607,105,0)
(607,147,0)
(607,273,0)
(1279,216,0)
(1279,418,0)
(2281,715,0)
(2281,915,0)
(2281,1029,0)
(3217,67,0)
(3217,576,0)
(4423,271,0)
(9689,84,0)

附录 D 标准正态分布的双侧分位数值 u_α

$$\int_{-u_\alpha}^{u_\alpha} \frac{1}{\sqrt{2\pi}} e^{-v^2/2} dv = 1 - \alpha$$

α	0.00	0.01	0.02	0.03	0.04	0.05	0.06	0.07	0.08	0.09
0.0	∞	2.575 83	2.326 35	2.170 09	2.053 75	1.959 96	1.880 79	1.811 91	1.750 69	1.695 40
0.1	1.644 85	1.598 19	1.554 77	1.514 10	1.475 79	1.439 53	1.405 07	1.372 20	1.340 76	1.310 58
0.2	1.281 55	1.253 57	1.226 53	1.200 36	1.174 99	1.150 35	1.126 39	1.103 06	1.080 32	1.058 12
0.3	1.036 43	1.015 22	0.994 46	0.974 11	0.954 17	0.934 59	0.915 37	0.896 47	0.877 90	0.859 62
0.4	0.841 62	0.823 89	0.806 42	0.789 19	0.772 19	0.755 42	0.738 85	0.722 48	0.706 30	0.690 31
α	0.000	0.001	0.002	0.003	0.004	0.005	0.006	0.007	0.008	0.009
u_α	∞	3.290 53	3.090 23	2.967 74	2.878 16	2.807 03	2.747 78	2.696 84	2.652 07	2.612 05

附录 E　χ^2分布的临界值 χ_α^2（自由度为 n）

$$\int_{\chi_\alpha^2}^{\infty} f(x)\mathrm{d}x = \alpha,\ f(x) = \begin{cases} \dfrac{1}{\Gamma(n/2)2^{n/2}} x^{(n/2)-1}\mathrm{e}^{-x/2}, & 0 \leqslant x < \infty \\ 0, & x < 0 \end{cases}$$

n \ σ	0.05	0.01	n \ α	0.05	0.01
1	3.841	6.635	24	36.415	42.980
2	5.991	9.210	25	37.652	44.314
3	7.815	11.345	26	38.885	45.642
4	9.488	13.277	27	40.113	46.963
5	11.071	15.086	28	41.337	48.278
6	12.592	16.812	29	42.557	49.588
7	14.067	18.475	30	43.773	50.892
8	15.507	20.090	31	44.985	52.191
9	16.919	21.666	32	46.194	53.486
10	18.307	23.209	33	47.400	54.776
11	19.675	24.725	34	48.602	56.061
12	21.026	26.217	35	49.802	57.342
13	22.362	27.688	36	50.998	58.619
14	23.685	29.141	37	52.192	59.892
15	24.996	30.578	38	53.384	61.162
16	26.296	32.000	39	54.572	62.428
17	27.587	33.409	40	55.758	63.691
18	28.869	34.805	41	56.942	64.950
19	30.144	36.191	42	58.124	66.206
20	31.410	37.566	43	59.304	67.459
21	32.671	38.932	44	60.481	68.710
22	33.924	40.289	45	61.656	69.957
23	35.172	41.638			

附录 F t 分布的双侧分位数值 t_α(自由度为 n)

$$\int_{-t_\alpha}^{t_\alpha} f(x)\mathrm{d}x = 1 - \alpha, f(x) = \frac{\Gamma\left(\frac{n+1}{2}\right)}{\sqrt{n\pi}\Gamma\left(\frac{n}{2}\right)}\left(1 + \frac{x^2}{n}\right)^{-(n+1)/2} \quad (-\infty < x < \infty)$$

n \ σ	0.05	0.01	n \ σ	0.05	0.01
1	12.7062	63.6574	23	2.0687	2.8073
2	4.3027	9.9248	24	2.0639	2.7969
3	3.1824	5.8409	25	2.0595	2.7874
4	2.7764	4.6041	26	2.0555	2.7787
5	2.5706	4.0322	27	2.0518	2.7707
6	2.4469	3.7074	28	2.0484	2.7633
7	2.3646	3.4995	29	2.0452	2.7564
8	2.3060	3.3554	30	2.0423	2.7500
9	2.2622	3.2498	31	2.0395	2.7440
10	2.2281	3.1693	32	2.0369	2.7385
11	2.2010	3.1058	33	2.0345	2.7333
12	2.1788	3.0545	34	2.0322	2.7284
13	2.1604	3.0123	35	2.0301	2.7238
14	2.1448	2.9768	36	2.0281	2.7195
15	2.1315	2.9467	37	2.0262	2.7154
16	2.1199	2.9208	38	2.0244	2.7116
17	2.1098	2.8982	39	2.0227	2.7079
18	2.1009	2.8784	40	2.0211	2.7045
19	2.0930	2.8609	41	2.0195	2.7012
20	2.0860	2.8453	42	2.0181	2.6981
21	2.0796	2.8314	43	2.0167	2.6951
22	2.0739	2.8188	44	2.0154	2.6923

续表

σ / n	0.05	0.01	σ / n	0.05	0.01
45	2.014 1	2.689 6	59	2.001 0	2.661 8
46	2.012 9	2.687 0	60	2.000 3	2.660 3
47	2.011 7	2.684 6	65	1.997 1	2.653 6
48	2.010 6	2.682 2	70	1.994 4	2.647 9
49	2.009 6	2.680 0	75	1.992 1	2.643 0
50	2.008 6	2.677 8	80	1.990 1	2.638 7
51	2.007 6	2.675 7	85	1.988 3	2.634 9
52	2.006 6	2.673 7	90	1.986 7	2.631 6
53	2.005 7	2.671 8	100	1.984	2.626
54	2.004 9	2.670 0	120	1.980	2.617
55	2.004 0	2.668 2	200	1.972	2.601
56	2.003 2	2.666 5	500	1.965	2.586
57	2.002 5	2.664 9	1000	1.962	2.581
58	2.001 7	2.663 3	∞	1.960	2.576

参 考 文 献

[1] Kahn D. The Codebreakers[M]. New York: Macmillan Publishing Company, 1967.

[2] Menezes A J, van Oorschot P C, Vanstone S A. Handbook of Applied Cryptography[M]. CRC Press, 1996.

[3] Beker H, PIPER F. Cipher Systems, The Protection of Communications[M]. New York: John Wiley and Sons, 1982.

[4] Schneier B. Applied Cryptography: Protocols, Algorithms and Source Code in C[M]. 2nd ed. John Wiley and Sons, 1996.

[5] Shannon C E. Communication theory of secrecy systems[J]. Bell Systems Technical Journal, 1949(28): 656 - 715.

[6] Meyer C H, Matyas S M. Cryptography: A New Dimension in Computer Data Security[M]. New York: John Wiley & Sons, 1982.

[7] Rueppel R A. Analysis and Design of Stream Ciphers[M]. Berlin: Springer-Verlag, 1986.

[8] Stinson D R. Cryptography: Theory and Practice[M]. CRC Press, 1995.

[9] Advances in Cryptology-CRYPTO Proceedings.

[10] Advances in Cryptology-EUROCRYPT Proceedings.

[11] Advances in Cryptology-ASIACRYPT Proceedings.

[12] Advances in Cryptology-AUSCRYPT Proceedings.

[13] Fast Software Encryption.

[14] The NESSIE Project.

[15] NIST, Advanced Encryption Standard (AES).

索　引

D

E

F

H

K

L

Q

X

Y